建筑工程模板施工手册

（第三版）

主　编　杨嗣信

副主编　高玉亭　侯君伟　吴　琏

中国建筑工业出版社

图书在版编目（CIP）数据

建筑工程模板施工手册/杨嗣信主编．—3版．—北京：中国建筑工业出版社，2014.12

ISBN 978-7-112-17137-8

Ⅰ．①建…　Ⅱ．①杨…　Ⅲ．①模板法工程-技术手册　Ⅳ．①TU755.2-62

中国版本图书馆CIP数据核字（2014）第180000号

本书为《建筑工程模板施工手册》（第三版），全书共有10章，即概述；现浇混凝土结构工业化模板技术；现浇混凝土结构现场加工拼装模板技术；模板工程施工新技术；现浇混凝土结构模板制作、安装、拆除、维护要求；模板工程施工质量及验收要求；现浇混凝土结构整体模板设计；预制混凝土构件钢模板；隔离剂的选用；模板工程绿色施工。本书图文并茂、全面介绍了近20年来我国在模板技术方面的新工艺、新成果、新产品，可供建筑施工技术人员学习查阅，也可供设计人员和大专院校土建专业师生参考。

*　*　*

责任编辑：周世明
责任设计：李志立
责任校对：陈晶晶　赵　颖

建筑工程模板施工手册

（第三版）

主　编　杨嗣信

副主编　高玉亭　侯君伟　吴　琏

*

中国建筑工业出版社出版、发行（北京西郊百万庄）
各地新华书店、建筑书店经销
北京红光制版公司制版
北京圣夫亚美印刷有限公司印刷

*

开本：787×1092毫米　1/16　印张：35¾　字数：888千字
2015年1月第三版　2015年1月第十次印刷
定价：**89.00**元

ISBN 978-7-112-17137-8
（25932）

《建筑工程模板施工手册》
（第三版）
编　写　人　员

组 织 编 写 单 位： 北京双圆工程咨询监理有限公司

编　委　会

主 任 委 员（主　编）： 杨嗣信
副主任委员（副主编）： 高玉亭　侯君伟　吴　琏
编　　　委（按姓氏笔画）：

丁志文　于益生　马　锴　王　远　王书成
王国卿　王绍民　毛凤林　邓克斌　刘　东
刘　扬　刘文航　刘永忠　关伯卿　安　民
寿建绍　李　扬　李　佳　李　峥　李克锐
杨　尧　杨　晅　吴大为　狄　超　汪学军
张　婷　张新军　赵玉章　赵碧华　胡裕新
娄晞欣　郭　珺　郭劲光　陶利兵　曹　力
褚炳锋　潜宇维

1. 概述　杨嗣信
2. 现浇混凝土结构工业化模板技术
2.1　组合式模板
2.1.1　全钢组合式模板　侯君伟
2.1.2　钢框胶合板模板
2.1.2.1　GZ90 钢框胶合板模板　赵玉章
2.1.2.2　凯博 75 系列模板　侯君伟
2.1.3　组合式塑料模板　高玉亭　吴　琏　李　扬
2.1.4　组合式铝合金模板　高玉亭　吴　琏　杨　尧
2.1.5　用于水平构件的支撑柱　侯君伟　赵玉章
2.2　工具式模板
2.2.1　大模板　侯君伟

2.2.2　滑动模板　毛凤林

2.2.3　爬升模板　王国卿　赵玉章

2.2.4　飞（台）模施工　侯君伟

2.2.5　柱模　侯君伟

2.2.6　密肋楼盖模壳　丁志文

2.3　永久性模板　侯君伟

3. 现浇混凝土结构现场加工拼装模板技术

3.1　胶合板模板及木模板　侯君伟　胡裕新

3.2　塑料模板　高玉亭　吴　琏

4. 模板工程施工新技术

4.1　早拆模板技术　侯君伟

4.2　清水混凝土模板技术　侯君伟

5. 现浇混凝土结构模板制作、安装、拆除、维护要求　侯君伟

6. 模板工程施工质量及验收要求　侯君伟

7. 现浇混凝土结构整体模板设计　胡裕新

8. 预制混凝土构件钢模板　王绍民

9. 隔离剂的选用　吴　琏

10. 模板工程绿色施工　侯君伟

前　　言

自从20世纪80年代国家提出“以钢代木”以来，我国建筑模板技术已研发了组合式、工具式、永久式三大系列十多种模板工艺技术，有适用于梁、柱、板-墙施工的组合式模板、钢框木（竹）胶合板组合式模板；有适用于墙体等竖向结构施工的大模板、滑动模板、爬升模板以及钢、塑、玻璃钢柱模；有适用于密肋楼盖施工的模壳，也有适用于楼（顶）板施工的永久式模板。上述模板的运用对节约木材资源，减轻劳动强度，提高工效，加快工程进度，起到了很大作用。我们在第一、二版中均作了详细介绍，受到了广大读者的欢迎。

遗憾的是进入21世纪以来，由于建筑行业广泛实行项目经理负责制，加之模板专业化设计施工的进程迟缓，在项目经理部不堪重负加工购置上述模板的情况下，除了支撑部件外，其他均改用了一次性投资少的木（竹）胶合板，木龙骨。木模板占据了建筑模板的半边天，对实现绿色施工不利。另外，塑料模板、铝模板正在受到建筑行业的青睐，在一些高层、超高层建筑中推广使用；新型压型钢板永久性模板也得到应用。在实现绿色施工的要求下，“以钢代木”、“以塑代木”、“以铝代木”仍是我国建筑模板工艺技术发展的方向。

本手册第三版本着以上精神和原则，进行了修订，对目前已很少使用的组合式模板中的一些品种进行了删减；增加了工具式液压爬模、塑料模板、铝模板和永久性新型压型钢板内容。现浇混凝土模板的设计内容，按现行《混凝土结构工程施工规范》GB 50666进行了修改和补充。

这次修订，虽然得到各方面的大力支持，但难免有挂一漏万之虞，加之编者水平所限，难免有不少错误，恳切欢迎广大读者批评指正。

编　者

目　　录

3 现浇混凝土结构现场加工拼装模板技术

4 模板工程施工新技术

5 现浇混凝土结构模板制作、安装、拆除、维护要求

6　模板工程施工质量及验收要求

7　现浇混凝土结构整体模板设计

8　预制混凝土构件钢模板

9　隔离剂的选用

10　模板工程绿色施工

1 概　述

模板工程的现状是：散装散拆的木模取代了（钢或钢木混合）组合定型模板，“以钢代木”严重受挫；现浇混凝土水平构件的支撑系统有较大的改进，但快速拆模推广不力。各种现浇构件的面板几乎都采用多层板（即胶合板或竹胶板），铝制和塑料定型模板开始发展，不抹灰的清水混凝土模板深得人心发展很快，装饰清水混凝土模板仍较少使用；随着住宅装配式混凝土结构的发展，永久性模板已重新开始使用，钢结构的混凝土楼板模板目前仍大量使用各种压型钢板制成的永久性模板；剪力墙混凝土结构仍大面积采用各种大模板，较多的使用组装式钢制大模板或钢、木混合大模板，效果较好。可喜的是，随着高层建筑和超高层建筑日益增多，无论是超高层混凝土结构或超高层钢结构都有核心筒，并且大部分都是钢筋混凝土或钢骨混凝土结构，剪力墙需用大量竖向结构模板，为了加快核心筒施工速度、保证质量，一般都采用了“爬模”施工工艺，近年来已大量采用“液压爬模”替代“电动爬模”，解决了高层或超高层核心筒竖向混凝土结构支、拆模的难题，并且一般都由专业队伍来施工。

总之，近十年来，模板工程的发展不太理想，20 世纪 80 年代末全国搞得轰轰烈烈的模板定型化、工具化，“以钢代木”的成果未能巩固发展。特别令人心痛的是，我国的木材资源本来就很贫乏，可是近十年来一直在建设系统中长期耗用，而丰富的钢材资源却不能得到利用。与一些发达国家（如美国）对比，从 20 世纪 70 年代起就大力推广钢木组合定型模板实行了模板工具化、定型化、标准化、迄今 40 年一直不断巩固和发展，而我国却在倒退，值得深思。造成这种局面原因是多方面的，其中很重要的原因是我们目前在施工企业执行的是“项目经理负责制”，对每个工程进行经济核算，实行承包，所以项目上不会投入很大资金去购买价格昂贵的工具式定型模板，愿意使用价格低的木模板，一旦工程结束，木模费用也就摊销得差不多了，再加上目前租赁体制问题较多，且我国预算中对模板的收入费用也不合理，与国外有一定差距，其中也有属于国家的政策问题，总之问题比较复杂。很久前曾提出学习国外模板专业化施工问题，从模板设计、制作、安装、拆除实行专业化公司一条龙分包，这个方向肯定是正确的，但一直未能推行。

关于今后的发展，还是应该学习先进国家的经验，实行专业化施工，通过专业化施工（实行分包）来促进模板工具化、定型化、标准化的发展，推进模板工程的不断创新，推广各种模板采用新材料、新工艺和新技术，但是问题是复杂的。这不仅仅是施工企业的问题，涉及方方面面，包括国家的政策、施工单位的体制、建筑材料的发展情况、绿色施工、环保以及经济上的问题，估计短期内难以解决。针对目前的形势应采取的措施建议如下：

1.1　把模板定型化、工具化和标准化放在首位

把模板定型化、工具化和标准化放在首位，走“节约利废”的道路。目的是为了大大

提高模板周转次数，减少资源损耗，加紧研制一种价格低廉使项目经理部容易接受的定型模板，如塑料模板、木制定型模板或塑木混合模板等。充分利用短、残木方作定型模板框架，面板采用已周转多次后的尺寸狭小的小块多层木胶合板或塑料平板，既利用了旧、废小料，又解决了定型模板的用料问题。当然这种定型模板只能用于基础、地下工程等非清水混凝土的构件或用于带有吊顶的混凝土楼板模板和带有饰面的梁、柱构件中。现浇混凝土楼板的主、次龙骨也应该实行定型化、工具化和标准化，可采用钢包木方、几字型钢木混合龙骨或铝合金龙骨，龙骨规格（尤其是长度）不宜过多，龙骨的连接可以采用搭接方法。混凝土现浇楼板、梁支撑系统，可采用工具化支撑，充分利用诸如碗扣式、盘插式、钢管扣件式（用于层高较高的模板支撑）等脚手架系统，尤其在高架城铁、层高较高（如火车站、机场、体育场馆……）以及大跨度钢结构楼板、屋顶吊装钢杆件（散装或小单元安装）时作满堂临时支撑架。在一般工程中虽有用独立钢支柱作支撑立柱，但还有不少工程使用木立柱，应彻底淘汰。各种定型模板的面板，除采用多层木（竹）胶合板外，宜采用塑料板作面板。

1.2　推广塑料模板

塑料模板是一种再生材料，应当大力推广。目前我国已有不少生产塑料模板的企业，有各种各样的定型塑料模板，有的用钢材作骨架，有的是全塑料的，宽度尺寸一般为600mm左右。从目前来看使用塑料模板优点很多，尤其是在楼板模板中推广优点更多，其周转次数肯定远远超过木（竹）胶合板。为了减少锯割损耗，可以配制一些异形塑料平板，配合使用。

1.3　进一步研究推广铝合金组合式定型模板

要进一步研究推广铝合金定型模板，铝模板以前有些地区已开始使用，但进展很慢，原因是造价较高。定型铝模优点较多，突出的是重量轻、耐久、板面光滑、耐锈蚀、周转率高，采用这类模板，最好在企业内部实行租赁办法。

1.4　推广“液压爬模”

在超高层建筑或层数超过25层的工程中（包括钢结构），核心筒部分应坚决推广“液压爬模”。实践证明，不仅可以大大加快施工速度，而且节省劳动力、保证质量、安全，一般均由专业队伍来施工。这项工艺建议以后在单层面积不大，建筑平面比较简单的高层剪力墙结构中（如住宅）采用。采用“液压爬模”工艺另外一个突出优点是大大减轻了塔式起重机的压力，核心筒施工的垂直运输除钢筋仍采用塔吊外，混凝土采用泵送，其他均由“爬升”工艺解决，模板不再落地，问题是组装和拆除时难度较大，所以一般低于15层、平面和造型比较复杂的工程不宜推广使用。

1.5 积极推广各种“快拆体系”

积极推广各种“快拆体系”，这是现浇混凝土水平构件支、拆模的一项重要推广项目。早在20世纪90年代北京曾较多使用。这项新技术起码可节省模板三分之一。最早的快拆方法是使用各种早拆柱头配合定型模板施工，后来又出现其他早拆体系，最近北京建工、中建一局都编制了早拆体系的地方标准和企业标准。这项技术比较成熟，今后宜继续推广应用，并不断进行定型化、标准化。最近有的单位开始研究现浇梁局部快速脱模，现浇混凝土柱采用四侧定型整块模板进行快速拆模，值得提倡。

1.6 大力推广各种“永久式模板”

要大力推广各种“永久式模板”。目前在钢结构工程中已大面积推广了“压型钢板永久式模板”，在混凝土结构中只有在预制装配式混凝土结构中使用了预制叠合楼板（简称混凝土薄板）。其实早在20世纪八九十年代北京已在上百万平方米的工程中推广应用，如北京住总在北京亚运村工程中、北京建工在许多大型公共建筑中的混凝土结构中均已大量使用厚于50mm的混凝土薄板，钢筋为预应力钢筋、冷轧扭钢筋或双钢筋等，一般均在构件厂内生产薄板，现场安装，几乎都取消了现浇楼板的支、拆模工艺，在薄板下只加少量临时支撑，跨度最大可达到8～9m，每跨由几块薄板拼成。最近全国预制装配式结构正在蓬勃发展，因此这种薄板又重新开始发展。建议在现浇混凝土结构中宜全面发展这类工艺，薄板在工厂生产，可以大大提高劳动效率、节省人工，在我国目前劳动力成本日益上涨的情况下，是值得引起我们重视的一项新工艺。

1.7 积极推广应用一些模板新技术

以往已经采用的一些模板新技术，应该积极推广应用，在推广中不断创新和完善，诸如：滑升模板可以用于筒仓、烟囱等工程，飞模用于无梁楼盖模板工艺；其他如：模壳、玻璃钢圆柱模板等，这些新技术都是比较成熟的，且都具有很好的经济效益，对保证混凝土质量和加快速度、降低成本都有较明显的经济效益和社会效益，建议能因地制宜积极推广应用。

这里特别要提出的是“清水混凝土模板”（拆模后不再抹灰），近十年来发展很快，就北京地区而言，现浇混凝土构件已很少再抹灰，拆模后只简单处理后刮上2～3mm粉刷石膏，再刮上1～2mm耐水腻子就完工了，大大节省人工、缩短工期、降低成本、减少湿作业。做法十分简单，只要重视支模质量、解决混凝土表面平整度即可，希望能积极推广。

1.8 模板工程专业化

只有实现模板工程专业化才能不断提高我国模板工程的水平，才能更好的推广模板工程中的许多新技术、新工艺、新材料。并且实行专业化可以大大促进技术创新、管理创新，更利于模板工程人才的培养（包括操作工人），加快模板周转率，降低成本，节省国家资源和劳动力，完全符合绿色施工“四节一环保”的要求。早在20世纪70年代，世界上一些先进国家（如美国）已实现“模架工程专业化”，负责模板设计、制作、安装、拆除全过程一条龙服务。我们已落后了30年，这些国家的模架专业公司在20世纪80年代就已到过中国来扩展他们的业务、推销他们的产品，有的已成为跨国专业公司。因此，建议可否先在我国一些大的集团公司（如中建、北京建工、上海建工等）带头成立“模板专业公司”，先行在内部承包模板工程任务，逐步向外扩展，这些集团也可以先与现在国内现有的“模板公司”（主要是制作模板的厂家）合作成立合资公司，先打开内部市场，逐步发展走向社会。

2 现浇混凝土结构工业化模板技术

现浇混凝土结构施工，主要依靠模板系统成型，完成每立方米混凝土构件，平均需用模板（包括模板面板，支承件，连接件和支撑结构等）约 4～5m²，费用约占混凝土结构总造价的 1/3，劳动用量的 1/4。

随着现浇混凝土结构的发展，模板技术也得到了飞速发展，从 20 世纪 80 年代以来，"以钢代木"研制了各种新型工业化模板，对于确保现浇混凝土结构构件的成型质量、降低劳动量、提高劳动生产率、降低工程成本、实现文明施工，具有十分重要的作用。

2.1 组合式模板

组合式模板，在现代模板技术中具有通用性强、装拆方便、周转使用次数多的一种新型模板，用它进行现浇混凝土结构施工。可事先按设计要求组拼成梁、柱、墙、楼板的大型模板，整体吊装就位，也可采用散支散拆方法。

2.1.1 全钢组合式模板

目前采用较多的为肋高 55～70mm，板外宽度为 600mm 的模板。钢模板的部件，主要由钢模板、连接件和支承件三部分组成。

2.1.1.1 55 型组合式模板

1. 模板

模板主要包括平面模板图 2-1-1、阴角模板、阳角模板、连接角模等。平面模板由面板和肋条组成，采用 Q235 钢板制成，面板厚 2.5mm，对于≥400mm 宽面钢模板的钢板

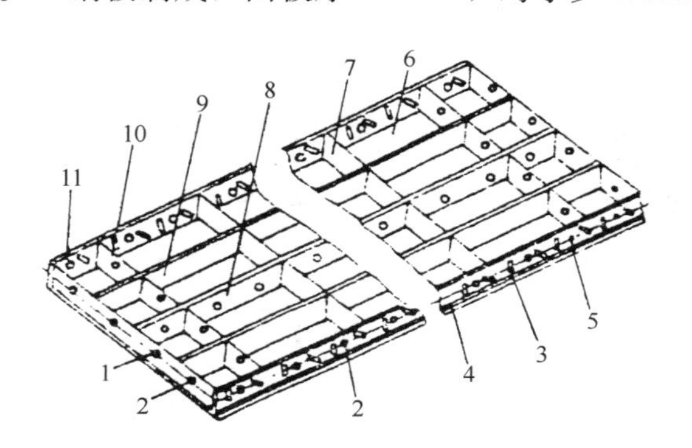

图 2-1-1 平面模板

1—插销孔；2—U 形卡孔；3—凸鼓；4—凸棱；5—边肋；6—主板；7—无孔横肋；8—有孔纵肋；9—无孔纵肋；10—有孔横肋；11—端肋

厚度采用 2.75mm 或 3.0mm 钢板。肋条上设有 U 形卡孔。平面模板利用 U 形卡和 L 形插销等可拼装成大块模板。U 形卡孔两边设凸鼓，以增加 U 形卡的夹紧力。边肋倾角处有 0.3mm 的凸棱，可增强模板的刚度，并使拼缝严密。

（1）平面模板的规格，详见表 2-1-1 所示。

钢模板规格编码表（mm）　　**表 2-1-1**

模板名称		模板长度													
		450		600		750		900		1200		1500		1800	
		代号	尺寸	代号	尺寸	代号	尺寸	代号	尺寸	代号	尺寸	代号	尺寸	代号	尺寸
平面模板代号P	宽度 600	P6004	600×450	P6006	600×600	P6007	600×750	P6009	600×900	P6012	600×1200	P6015	600×1500	P6018	600×1800
	550	P5504	550×450	P5506	550×600	P5507	550×750	P5509	550×900	P5512	550×1200	P5515	550×1500	P5518	550×1800
	500	P5004	500×450	P5006	500×600	P5007	500×750	P5009	500×900	P5012	500×1200	P5015	500×1500	P5018	500×1800
	450	P4504	450×450	P4506	450×600	P4507	450×750	P4509	450×900	P4512	450×1200	P4515	450×1500	P4518	450×1800
	400	P4004	400×450	P4006	400×600	P4007	400×750	P4009	400×900	P4012	400×1200	P4015	400×1500	P4018	400×1800
	350	P3504	350×450	P3506	350×600	P3507	350×750	P3509	350×900	P3512	350×1200	P3515	350×1500	P3518	350×1800
	300	P3004	300×450	P3006	300×600	P3007	300×750	P3009	300×900	P3012	300×1200	P3015	300×150	P3018	300×1800
	250	P2504	250×450	P2506	250×600	P2507	250×750	P2509	250×900	P2512	250×1200	P2515	250×1500	P2518	250×1800
	200	P2004	200×450	P2006	200×600	P2007	200×750	P2009	200×900	P2012	200×1200	P2015	200×1500	P2018	200×1800
	150	P1504	150×450	P1506	150×600	P1507	150×750	P1509	150×900	P1512	150×1200	P1515	150×1500	P1518	150×1800
	100	P1004	100×450	P1006	100×600	P1007	100×750	P1009	100×900	P1012	100×1200	P1015	100×1500	P1018	100×1800
阴角模板（代号 E）		E1504	150×150×450	E1506	150×600×600	E1507	150×150×750	E1509	150×150×900	E1512	150×150×1200	E1515	150×150×1500	E1518	150×150×1800
		E1004	100×150×450	E1006	100×150×600	E1007	100×150×750	E1009	100×150×900	E1012	100×150×1200	E1015	100×150×1500	E1018	100×150×1800
阳角模板（代号 Y）		Y1004	100×100×450	Y1006	100×100×600	Y1007	100×100×750	Y1009	100×100×900	Y1012	100×100×1200	Y1015	100×100×1500	Y1018	100×100×1800
		Y0504	50×50×450	Y0506	50×50×600	Y0507	50×50×750	Y0509	50×50×900	Y0512	50×50×1200	Y0515	50×50×1500	Y0518	50×50×1800
连接角模（代号 J）		J0004	50×50×450	J0006	50×50×600	J0007	50×50×750	J0009	50×50×900	J0012	50×50×1200	J0015	50×50×1500	J0018	50×50×1800
倒棱模板	角棱模板（代号 JL）	JL1704	17×450	JL1706	17×600	JL1707	17×750	JL1709	17×900	JL1712	17×1200	JL1715	17×1500	JL1718	17×1800
		JL4504	45×450	JL4506	45×600	JL4507	45×750	JL4509	45×900	JL4512	45×1200	JL4515	45×1500	JL4518	45×1800
	圆棱模板（代号 YL）	YL2004	20×450	YL2006	20×600	YL2007	20×750	YL2009	20×900	YL2012	20×1200	YL2015	20×1500	YL2018	20×1800
		YL3504	35×450	YL3506	35×600	YL3507	35×750	YL3509	35×900	YL3512	35×1200	YL3515	35×1500	YL3518	35×1800
梁腋模板（代号 IY）		IY1004	100×50×450	IY1006	100×50×600	IY1007	100×50×750	IY1009	100×50×900	IY1012	100×50×1200	IY1015	100×50×1500	IY1018	100×50×1800
		IY1504	150×50×450	IY1506	150×50×600	IY1507	150×50×750	IY1509	150×50×900	IY1512	150×50×1200	IY1515	150×50×1500	IY1518	150×50×1800
柔性模板（代号 Z）		Z1004	100×450	Z1006	100×600	Z1007	100×750	Z1009	100×900	Z1012	100×1200	Z1015	100×1500	Z1018	100×1800
搭接模板（代号 D）		D7504	75×450	D7506	75×600	D7507	75×750	D7509	75×900	D7512	75×1200	D7515	75×1500	D7518	75×1800

续表

模板名称	模板长度													
	450		600		750		900		1200		1500		1800	
	代号	尺寸	代号	尺寸	代号	尺寸	代号	尺寸	代号	尺寸	代号	尺寸	代号	尺寸
双曲可调模板（代号 T）	—	—	T3006	300×600	—	—	T3009	300×900	—	—	T3015	300×1500	T3018	300×1800
	—	—	T2006	200×600	—	—	T2009	200×900	—	—	T2015	200×1500	T2018	200×1800
变角可调模板（代号 B）	—	—	B2006	200×600	—	—	B2009	200×900	—	—	B2015	200×1500	B2018	200×1800
	—	—	B1606	160×600	—	—	B1609	160×900	—	—	B1615	160×1500	B1618	160×1800

（2）阴角、阳角和连接角模（图 2-1-2）。主要用于结构的转角部位。

转角模板的长度与平面模板相同，其中阴角模板的宽度有 150mm×150mm、100mm×150mm 两种；阳角模板的宽度有 100mm×100mm、50mm×50mm 两种；连接角模的宽度为 50mm×50mm。

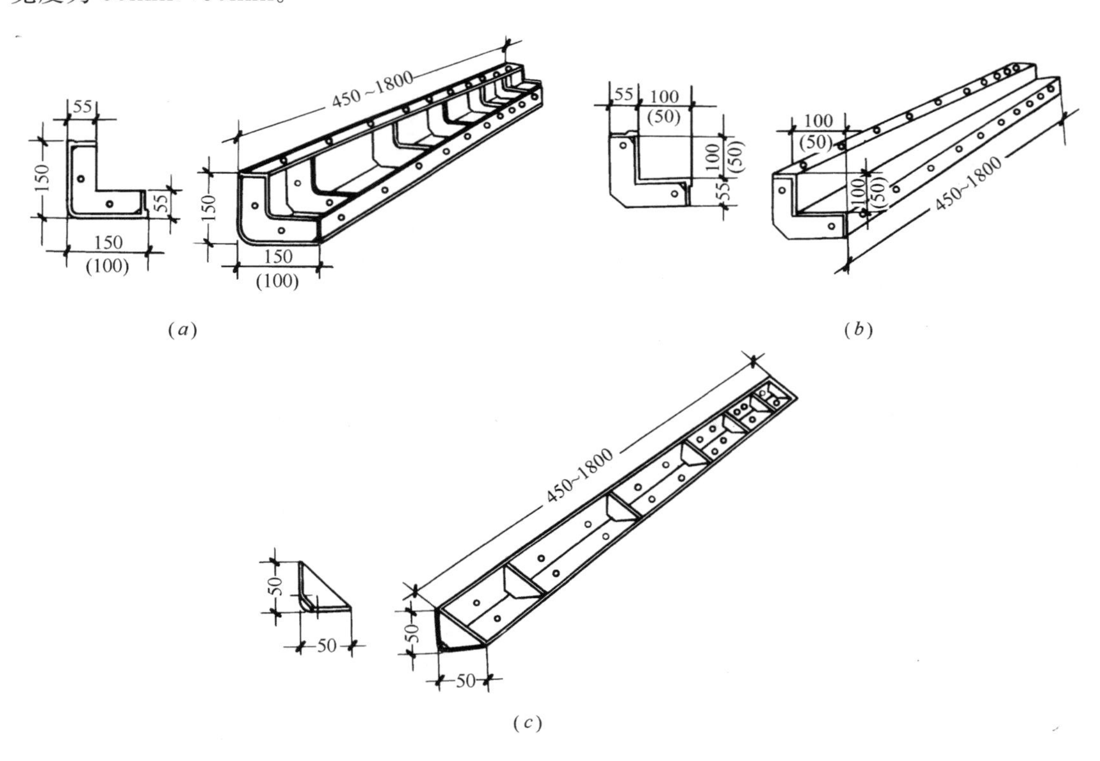

图 2-1-2 转角模板

（*a*）阴角模板；（*b*）阳角模板；（*c*）连接角模

（3）倒棱模板。分角棱和圆棱模板两种（图 2-1-3），主要用于梁、柱、墙等阳角的倒棱部位。

倒棱模板的长度与平面模板相同，其中角棱模板的宽度有 17mm、45mm 两种；圆棱模板的半径有 *R*20、*R*35 两种。

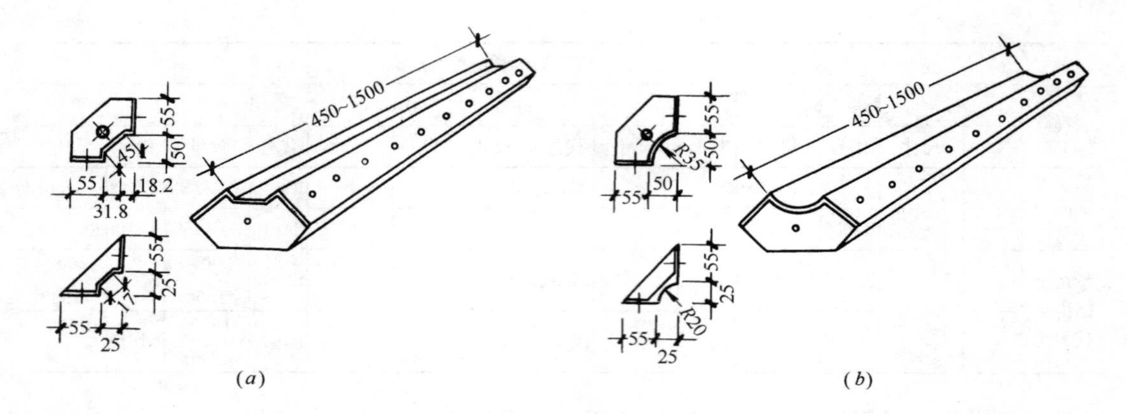

图 2-1-3　倒棱模板

(a) 角棱模板；(b) 圆棱模板

（4）梁腋模板。主要用于渠道、沉箱和各种结构的梁腋部位，见图 2-1-4 所示。宽度有 50mm×150mm、50mm×100mm 两种。

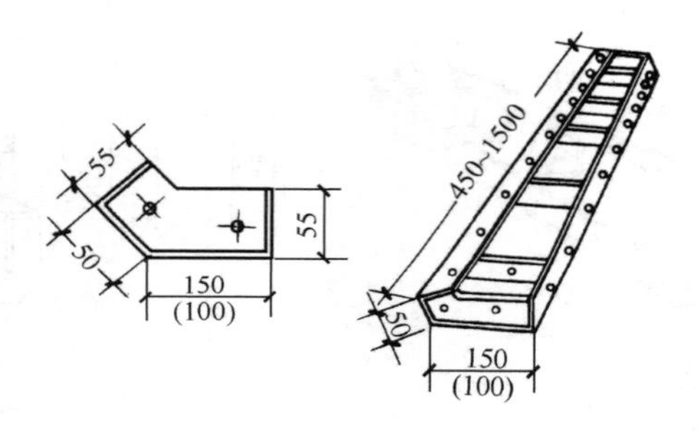

图 2-1-4　梁腋模板

（5）其他模板。包括柔性模板、搭接模板、可调模板和嵌补模板等，其用途和规格见表 2-1-2 所示。

表 2-1-2

名　称	图　示	用　途	宽度（mm）	长度（mm）
柔性模板		用于圆形筒壁、曲面墙体等部位	100	1500、1200、900、750、600、450
搭接模板			75	

续表

名称		图示	用途	宽度（mm）	长度（mm）
可调模板	双曲			300、200	1500、900、600
	变角			200、160	
嵌补模板	平面嵌板		用于梁柱、板、墙等结构接头部位	200、150、100	300、200、150
	阴角嵌板			150×150、100×150	
	阳角嵌板			100×100、50×50	

2. 连接件

(1) U形卡。主要用于钢模板纵横向的自由拼接，宜用30号钢制作，如无30号钢时，也可Q235钢代用，直径为12mm（图2-1-5）。

(2) L形插销。是用来增强钢模的纵向拼接刚度，确保接头处板面平整的连接件。用Q235圆钢制成，直径为12mm（图2-1-6）。

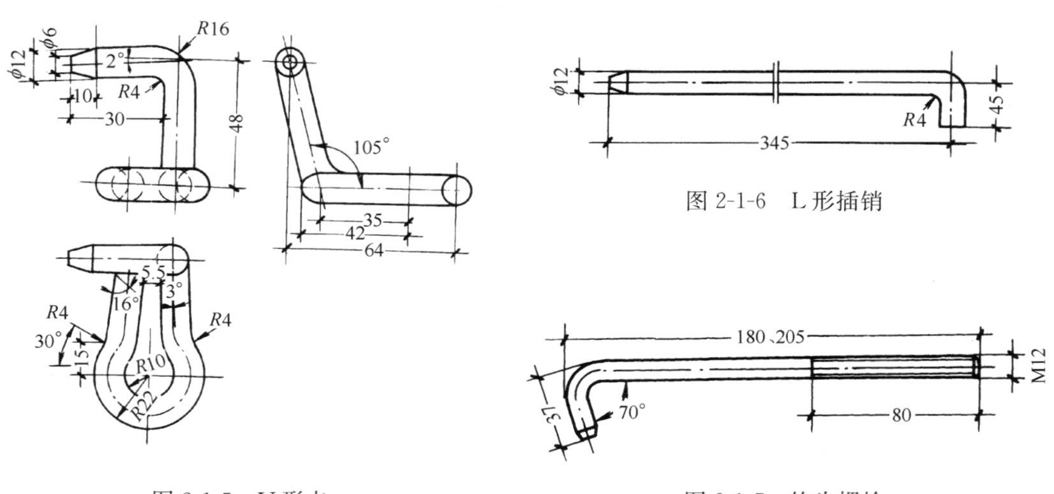

图2-1-5 U形卡

图2-1-6 L形插销

图2-1-7 钩头螺栓

（3）钩头螺栓。用于钢模板与内、外钢楞之间的连接固定，用 Q235 圆钢制成，直径为 12mm（图 2-1-7）。

（4）紧固螺栓。用于紧固内、外钢楞，增强模板拼装后的整体刚度，用 Q235 圆钢制成，直径为 12mm（图 2-1-8）。

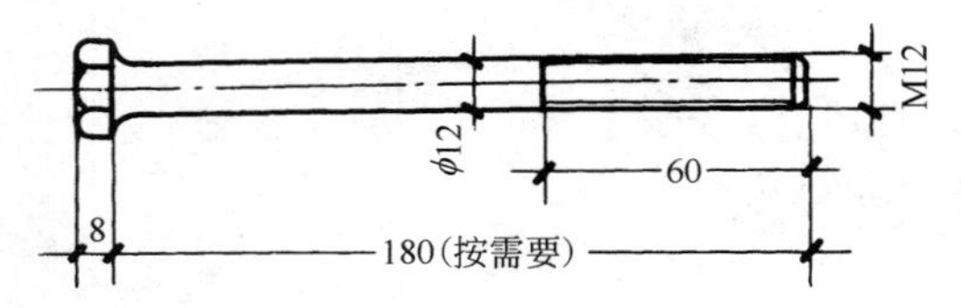

图 2-1-8　紧固螺栓

（5）扣件。见表 2-1-3。扣件容许荷载，见表 2-1-4。

表 2-1-3

名称		图示	用途	规格	备注
扣件	3 形扣件		用于钢楞与钢模板或钢楞之间的紧固连接，与其他配件一起将钢模板拼装连接成整体，扣件应与相应的钢楞配套使用。按钢楞的不同形状，分别采用蝶形和 3 形扣件，扣件的刚度与配套螺栓的强度相适应	26 型、12 型	Q235 钢板
	蝶形扣件			26 型、18 型	

扣件容许荷载（kN）　　表 2-1-4

项目	型号	容许荷载
蝶形扣件	26 型	26
	18 型	18
3 形扣件	26 型	26
	12 型	12

(6) 拉杆。用于连接内、外模板，保持内、外模板的间距，承受新浇筑混凝土的侧压力和其他荷载，使模板具有足够的刚度和强度。常用的为圆杆式拉杆，又称穿墙螺栓、对拉螺栓，分组合式（图 2-1-9）和整体式（图 2-1-10）两种，由 Q235 圆钢制成，规格有 M12、M14、M16 等。

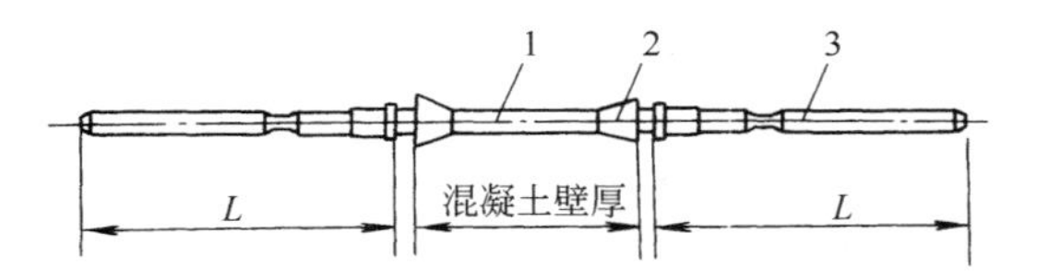

图 2-1-9 对拉螺栓
1—内拉杆；2—顶帽；3—外拉杆

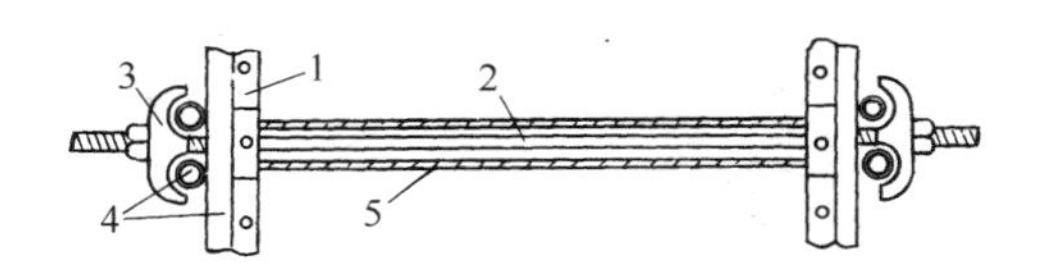

图 2-1-10 整体式拉杆
1—钢模板；2—对拉螺栓；3—扣件；
4—钢楞；5—套管

整体式拉杆一般为自制通长螺栓。拆除时，可将对拉螺栓齐混凝土表面切断，亦可在混凝土内加埋套管，将对拉螺栓从套管中抽出重复使用。

穿墙螺栓的力学性能，见表 2-1-5。

对拉螺栓的规格和性能 **表 2-1-5**

螺栓直径（mm）	螺纹内径（mm）	净面积（mm^2）	容许拉力（kN）
M12	10.11	76	12.90
M14	11.84	105	17.80
M16	13.84	144	24.50
T12	9.50	71	12.05
T14	11.50	104	17.65
T16	13.50	143	24.27
T18	15.50	189	32.08
T20	17.50	241	40.91

3. 支承件

(1) 钢楞。又称龙骨，主要用于支承钢模板并加强其整体刚度。钢楞的材料，有 Q235 圆钢管、矩形钢管、内卷边槽钢、轻型槽钢、轧制槽钢等，可根据设计要求和供应条件选用。

内钢楞直接支承模板，承受模板传递的多点集中荷载。

常用各种型钢钢楞的规格和力学性能，见表 2-1-6 所示。

常用各种型钢钢楞的规格和力学性能 **表 2-1-6**

规格（mm）		截面积 A（cm^2）	重量（kg/m）	截面惯性矩 I_x（cm^4）	截面最小模量 W_x（cm^3）
圆钢管	$\phi48\times3.0$	4.24	3.33	10.78	4.49
	$\phi48\times3.5$	4.89	3.84	12.19	5.08
	$\phi51\times3.5$	5.22	4.10	14.81	5.81

续表

规格（mm）		截面积 A（cm^2）	重量（kg/m）	截面惯性矩 I_x（cm^4）	截面最小模量 W_x（cm^3）
矩形钢管	□60×40×2.5	4.57	3.59	21.88	7.29
	□80×40×2.0	4.52	3.55	37.13	9.28
	□100×50×3.0	8.64	6.78	112.12	22.42
轻型槽钢	⊏80×40×3.0	4.50	3.53	43.92	10.98
	⊏100×50×3.0	5.70	4.47	88.52	12.20
内卷边槽钢	⊏80×40×15×3.0	5.08	3.99	48.92	12.23
	⊏100×50×20×3.0	6.58	5.16	100.28	20.06
轧制槽钢	⊏80×43×5.0	10.24	8.04	101.30	25.30

（2）柱箍。又称柱卡箍、定位夹箍，用于直接支承和夹紧各类柱模的支承件，可根据柱模的外形尺寸和侧压力的大小来选用（图 2-1-11）。

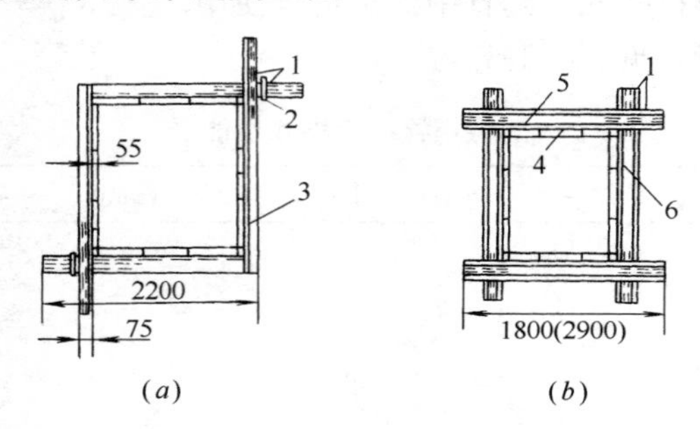

图 2-1-11　柱箍

（a）角钢型；（b）型钢型

1—插销；2—限位器；3—夹板；4—模板；5—型钢；6—型钢 B

常用柱箍的规格和力学性能，见表 2-1-7 所示。

常用柱箍的规格和力学性能　　**表 2-1-7**

材　料	规　格（mm）	夹板长度（mm）	截面积 A（mm^2）	截面惯性矩 I_x（mm^4）	截面最小模量 W_x（mm^3）	适用柱宽范围（mm）
扁钢	—60×6	790	360	10.80×10^4	3.60×10^3	250～500
角钢	∟75×50×5	1068	612	34.86×10^4	6.83×10^3	250～750
轧制槽钢	⊏80×43×5	1340	1024	101.30×10^4	25.30×10^3	500～1000
	⊏100×48×5.3	1380	1074	198.30×10^4	39.70×10^3	500～1200
钢管	ϕ48×3.5	1200	489	12.19×10^4	5.08×10^3	300～700
	ϕ51×3.5	1200	522	14.81×10^4	5.81×10^3	300～700

注：采用 Q235。

（3）梁卡具。又称梁托架。是一种将大梁、过梁等钢模板夹紧固定的装置，并承受混凝土侧压力，其种类较多，其中钢管型梁卡具（图 2-1-12），适用于断面为 700mm×

500mm 以内的梁；扁钢和圆钢管组合梁卡具（图 2-1-13），适用于断面为 600mm×500mm 以内的梁，上述两种梁卡具的高度和宽度都能调节。

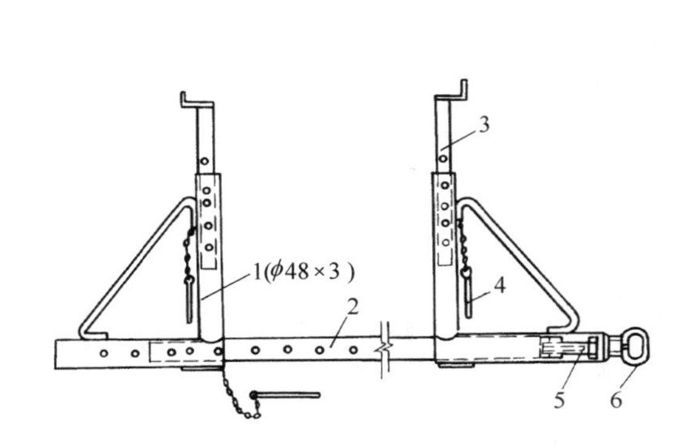

图 2-1-12 钢管型梁卡具

1—三脚架；2—底座；3—调节杆；4—插销；5—调节螺栓；6—钢筋环

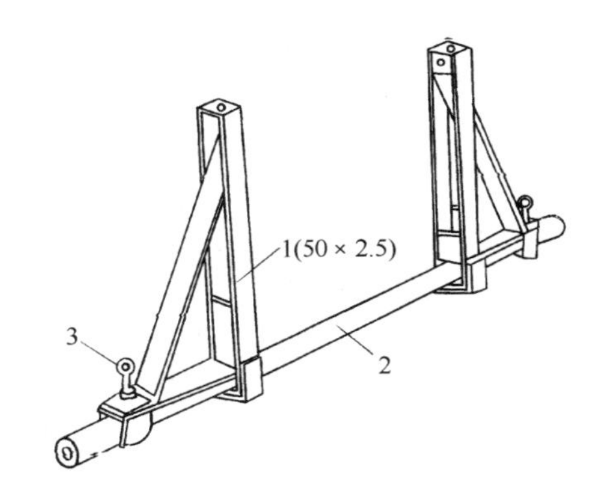

图 2-1-13 扁钢和圆钢管组合梁卡具

1—三脚架；2—底座；3—固定螺栓

（4）圈梁卡。用于圈梁、过梁、地基梁等方（矩）形梁侧模的夹紧固定。目前各地使用的形式多样，现介绍以下几种施工简便的圈梁卡，见图 2-1-14、图 2-1-15 和图 2-1-16 所示。

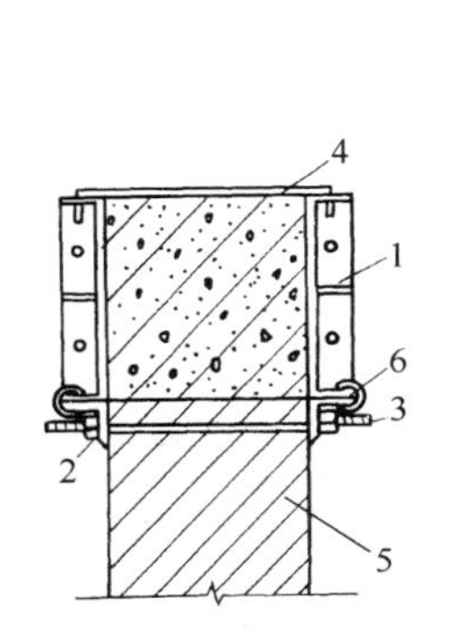

图 2-1-14 圈梁卡之一

1—钢模板；2—连接角模；3—拉结螺栓；4—拉铁；5—砖墙；6—U 形卡

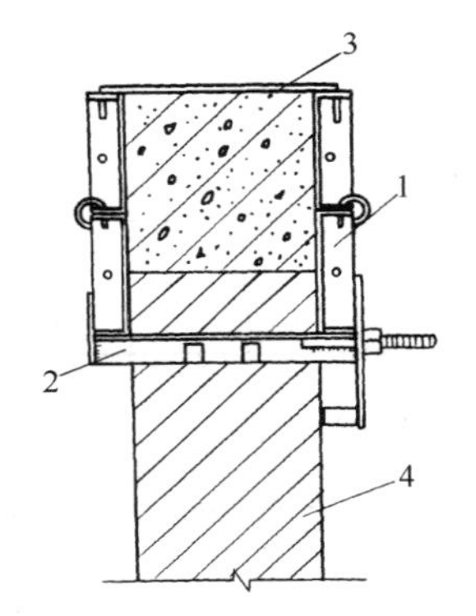

图 2-1-15 圈梁卡之二

1—钢模板；2—卡具；3—拉铁；4—砖墙

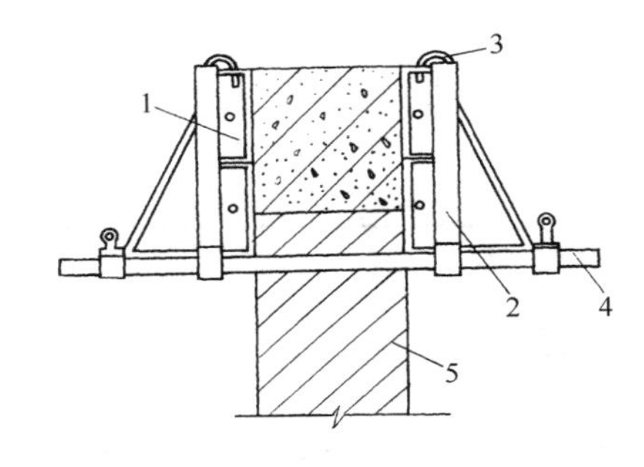

图 2-1-16 圈梁卡之三

1—钢模板；2—梁卡具；3—弯钩；4—圈钢管；5—砖墙

图 2-1-14 为用连接角模和拉结螺栓做梁侧模底座，梁侧模上部用拉铁固定。

图 2-1-15 为用角钢和钢板加工成的工具式圈梁卡。

图 2-1-16 为用梁卡具做梁侧模的底座，上部用弯钩固定钢模板的位置。

（5）钢支柱。用于大梁、楼板等水平模板的垂直支撑，采用 Q235 钢管制作，有单管支柱和四管支柱多种形式（图 2-1-17）。单管支柱分 C-18 型、C-22 型和 C-27 型三种，其长度分别为 1812～3112mm、2212～3512mm 和 2712～4012mm。单管钢支柱的截面特征见表 2-1-8 所示，四管支柱截面特征见表 2-1-9 所示。

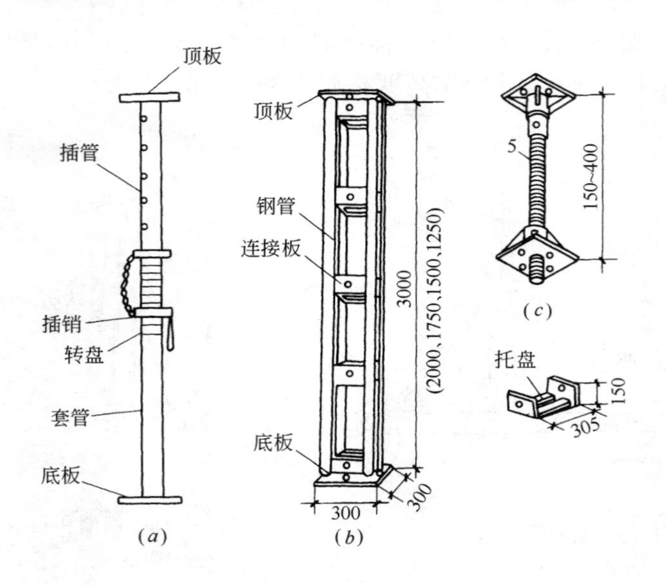

图 2-1-17　钢支柱

(a) 单管支柱；(b) 四管支柱；(c) 螺栓千斤顶

单管钢支柱截面特征　　**表 2-1-8**

类　型	项　　目	直径（mm）		壁厚	截面积 A	惯性矩 I	回转半径 r
		外径	内径	(mm)	(cm^2)	(cm^4)	(cm)
CH	插管	48	43	2.5	3.57	9.28	1.61
	套管	60	55	2.5	4.52	18.7	2.03
YJ	插管	48	41	3.5	4.89	12.19	1.58
	套管	60	53	3.5	6.21	24.88	2.00

四管支柱截面特性　　**表 2-1-9**

管柱规格 (mm)	四管中心距 (mm)	截面积 (cm^2)	惯性矩 (cm^4)	截面模量 (cm^3)	回转半径 (cm)
ϕ48×3.5	200	19.57	2005.35	121.24	10.12
ϕ48×3.0	200	16.96	1739.06	105.34	10.13

(6) 早拆柱头。用于梁和楼板模板的支撑柱头，以及模板的早拆柱头（图 2-1-18）。

(7) 斜撑。用于承受墙、柱等侧模板的侧向荷载和调整竖向支模的垂直度（图 2-1-19）。

(8) 桁架

1) 平面可调桁架：用于楼板、梁等水平模板的支架。用它支设模板，可以节省模板支撑和扩大楼层的施工空间，有利于加快施工速度。

平面可调桁架采用的类型较多，其中轻型桁架（图 2-1-20）采用角钢、扁钢和圆钢筋制成，由两榀桁架组合后，其跨度可调整到 2100～3500mm，一个桁架的承载力为 20kN（均匀放置）。

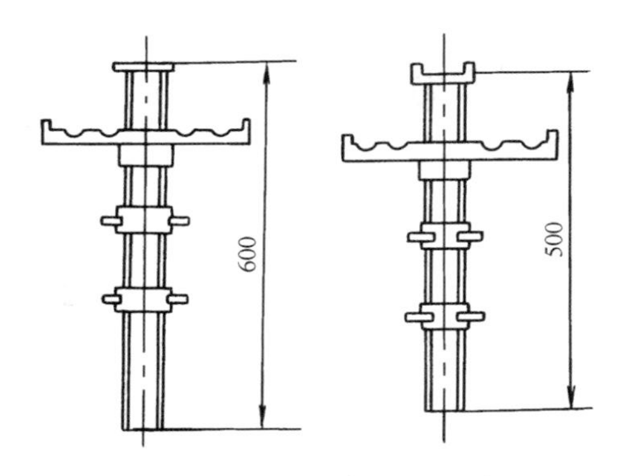

图 2-1-18 螺旋式早拆柱头

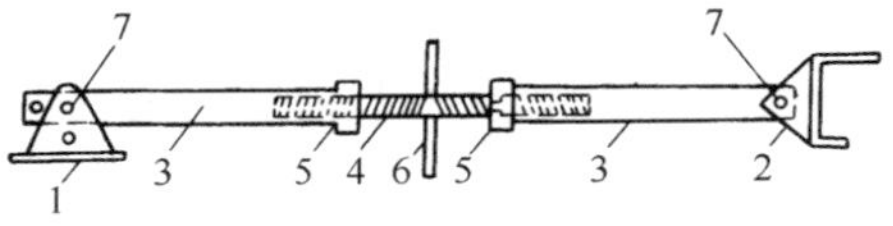

图 2-1-19 斜撑

1—底座；2—顶撑；3—钢管斜撑；4—花篮螺栓；5—螺帽；6—旋杆；7—销钉

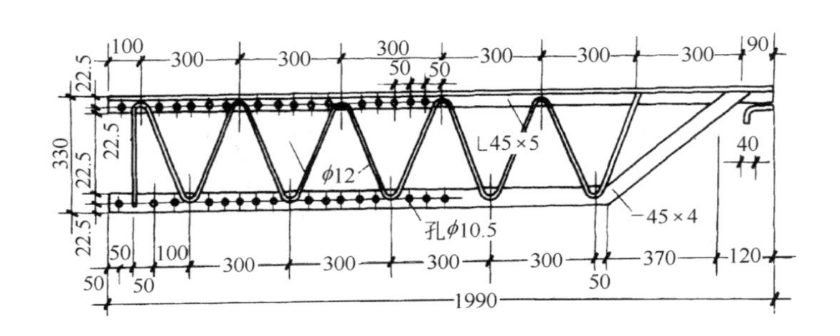

图 2-1-20 轻型桁架

2）曲面可变桁架：曲面可变桁架由桁架、连接件、垫板、连接板、方垫块等组成。适用于筒仓、沉井、圆形基础，明渠、暗渠、水坝、桥墩、挡土墙等曲面构筑物模板的支撑（图 2-1-21）。

桁架用扁钢和圆钢筋焊接制成，内弦与腹筋焊接固定，外弦可以伸缩，曲面弧度可以自由调节，最小曲率半径为 3m。

桁架的截面特征，见表 2-1-10 所示。

桁架截面特征 **表 2-1-10**

项　　目	杆件名称	杆件规格 (mm)	毛截面积 A (cm²)	杆件长度 l (mm)	惯性矩 I (cm⁴)	回转半径 r (mm)
平面可调桁架	上弦杆	∟63×6	7.2	600	27.19	1.94
	下弦杆	∟63×6	7.2	1200	27.19	1.94
	腹　杆	∟36×4	2.72	876	3.3	1.1
		∟36×4	2.72	639	3.3	1.1
曲面可变桁架	内外弦杆	25×4	2×1=2	250	4.93	1.57
	腹　　杆	φ18	2.54	277	0.52	0.45

4. 施工设计

（1）施工前，应根据结构施工图及施工现场实际条件，编制模板工程施工设计，作为

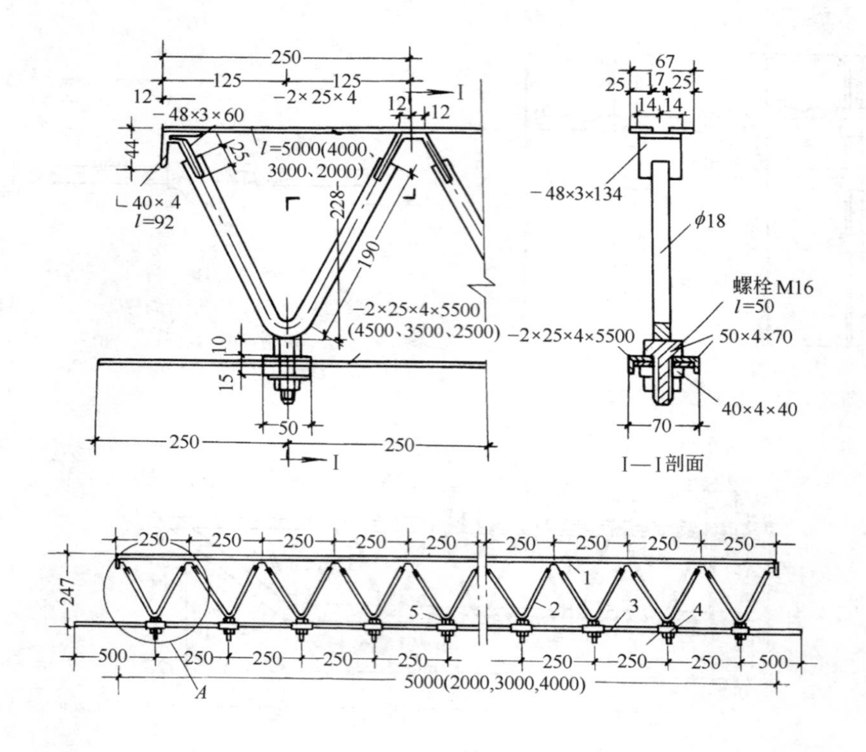

图 2-1-21　可变桁架示意图

1—内弦；2—腹筋；3—外弦；4—连接件；5—螺栓

工程项目施工组织设计的一部分。模板工程施工设计应包括以下内容：

1）绘制配板设计图、连接件和支承系统布置图，以及细部结构、异形模板和特殊部位详图；

2）根据结构构造形式和施工条件，对模板和支承系统等进行力学验算；

3）制定模板及配件的周转使用计划，编制模板和配件的规格、品种与数量明细表；

4）制定模板安装及拆模工艺，以及技术安全措施。

（2）为了加快模板的周转使用，降低模板工程成本，宜选择以下措施：

1）采取分层分段流水作业，尽可能采取小流水段施工；

2）竖向结构与横向结构分开施工；

3）充分利用有一定强度的混凝土结构，支承上部模板结构；

4）采取预装配措施，使模板做到整体装拆；

5）水平结构模板宜采用“先拆模板（面板），后拆支撑”的“早拆体系”；充分利用各种钢管脚手架做模板支撑。

（3）模板的强度和刚度验算，应按照下列要求进行：

1）模板承受的荷载参见现行《混凝土结构工程施工规范》（GB 50666）的有关规定进行计算；

2）组成模板结构的钢模板、钢楞和支柱应采用组合荷载验算其刚度，其容许挠度应符合表 2-1-11 的规定；

钢模板及配件的容许挠度（mm） 表 2-1-11

部件名称	容许挠度	部件名称	容许挠度
钢模板的面积	1.5	柱箍	$b/500$
单块钢模板	1.5	桁架	$L/1000$
钢楞	$L/500$	支承系统累计	4.0

注：L 为计算跨度，b 为柱宽。

3）模板所用材料的强度设计值，应按国家现行规范的有关规定取用。并应根据模板的新旧程度、荷载性质和结构不同部位，乘以系数 1.0～1.18；

4）采用矩形钢管与内卷边槽钢的钢楞，其强度设计值应按现行《冷弯薄壁型钢结构技术规范》（GBJ 18）有关规定取用；强度设计值不应提高；

5）当验算模板及支承系统在自重与风荷作用下抗倾覆的稳定性时，抗倾覆系数不应小于 1.15。风荷载应根据现行国家标准《建筑结构荷载规范》（GB 50009）的有关规定取用。

（4）配板设计和支承系统的设计，应遵守以下规定：

1）要保证构件的形状尺寸及相互位置的正确。

2）要使模板具有足够的强度、刚度和稳定性，能够承受新浇混凝土的重量和侧压力，以及各种施工荷载。

3）力求构造简单，装拆方便，不妨碍钢筋绑扎，保证混凝土浇筑时不漏浆。柱、梁墙、板的各种模板面的交接部分，应采用连接简便、结构牢固的专用模板。

4）配制的模板，应优先选用通用、大块模板，使其种类和块数最小，木模镶拼量最少。设置对拉螺栓的模板，为了减少钢模板的钻孔损耗，可在螺栓部位改用 55mm×100mm 刨光方木代替。或应使钻孔的模板能多次周转使用。

5）相邻钢模板的边肋，都应用 U 形卡插卡牢固，U 形卡的间距不应大于 300mm，端头接缝上的卡孔，也应插上 U 形卡或 L 形插销。

6）模板长向拼接宜采用错开布置，以增加模板的整体刚度。

7）模板的支承系统应根据模板的荷载和部件的刚度进行布置：

① 内钢楞应与钢模板的长度方向相垂直，直接承受钢模板传递的荷载；外钢楞应与内钢楞互相垂直，承受内钢楞传来的荷载，用以加强钢模板结构的整体刚度，其规格不得小于内钢楞；

② 内钢楞悬挑部分的端部挠度应与跨中挠度大致相同，悬挑长度不宜大于 400m，支柱应着力在外钢楞上；

③ 一般柱、梁模板，宜采用柱箍和梁卡具作支承件。断面较大的柱、梁，宜用对拉螺栓和钢楞及拉杆；

④ 模板端缝齐平布置时，一般每块钢模板应有两处钢楞支承。错开布置时，其间距可不受端缝位置的限制；

⑤ 在同一工程中可多次使用的预组装模板，宜采用模板与支承系统连成整体的模架；

⑥ 支承系统应经过设计计算，保证具有足够的强度和稳定性。当支柱或其节间的长细比大于 110 时，应按临界荷载进行核算，安全系数可取 3～3.5；

⑦ 对于连续形式或排架形式的支柱，应适当配置水平撑与剪刀撑，以保证其稳定性。

⑧ 模板的配板设计应绘制配板图，标出钢模板的位置、规格、型号和数量。预组装大模板，应标绘出其分界线。预埋件和预留孔洞的位置，应在配板图上标明，并注明固定方法。

（5）配板步骤

1）根据施工组织设计对施工区段的划分、施工工期和流水段的安排，首先明确需要配制模板的层段数量。

2）根据工程情况和现场施工条件，决定模板的组装方法。

3）根据已确定配模的层段数量，按照施工图纸中梁、柱、墙、板等构件尺寸，进行模板组配设计。

4）明确支撑系统的布置、连接和固定方法。

5）进行夹箍和支撑件等的设计计算和选配工作。

6）确定预埋件的固定方法、管线埋设方法以及特殊部位（如预留孔洞等）的处理方法。

7）根据所需钢模板、连接件、支撑及架设工具等列出统计表，以便备料。

5. 基础、柱、墙、梁、楼板配板设计

（1）基础的配板设计

混凝土基础中箱基、筏基等是由厚大的底板、墙、柱和顶板所组成，可以参照柱、墙、楼板的模板进行配板设计。下面，介绍条形基础、独立基础和大体积设备基础的配板设计。

1）组合特点：基础模板的配制有以下特点：

①一般配模为竖向，且配板高度可以高出混凝土浇筑表面，所以有较大的灵活性。

②模板高度方向如用两块以上模板组拼时，一般应用竖向钢楞连固，其接缝齐平布置时，竖楞间距一般宜为750mm；当接缝错开布置时，竖楞间距最大可为1200mm。

③基础模板由于可以在基槽设置锚固桩作支撑，所以可以不用或少用对拉螺栓。

④ 高度在1400mm以内的侧模，其竖楞的拉筋或支撑，可按最大侧压力和竖楞间距计算竖楞上的总荷载布置，竖楞可采用$\phi48\times3.5$钢管。高度在1500mm以上的侧模，可按墙体模板进行设计配模。

2）条形基础：条形基础模板两边侧模，一般可横向配置，模板下端外侧用通长横楞连固，并与预先埋设的锚固件楔紧。竖楞用$\phi48\times3.5$钢管，用U形钩与模板固连。竖楞上端可对拉固定（图2-1-22*a*）。

阶形基础，可分次支模。当基础大放脚不厚时，可采用斜撑（图2-1-22*b*）；当基础大放脚较厚时，应按计算设置对拉螺栓（图2-1-22*c*），上部模板可用工具式梁卡固定，亦可用钢管吊架固定。

3）独立基础：独立基础为各自分开的基础，有的带地梁，有的不带地梁，多数为台阶式（图2-1-23）。其模板布置与单阶基础基本相同。但是，上阶模板应搁置在下阶模板上，各阶模板的相对位置要固定结实，以免浇筑混凝土时模板位移。杯形基础的芯模可用楔形木条与钢模板组合。

① 各台阶的模板用角模连接成方框，模板宜横排，不足部分改用竖排组拼。

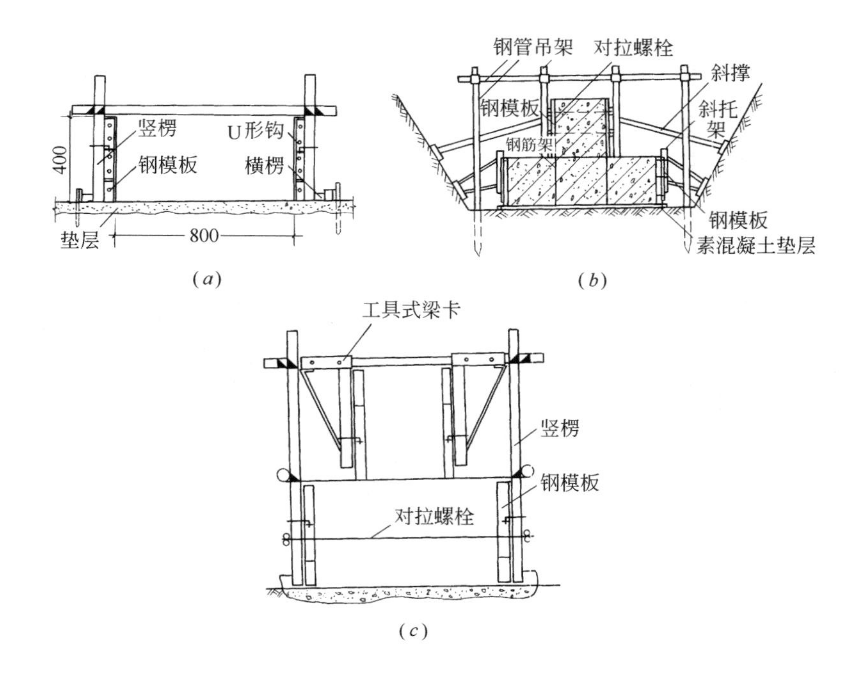

图 2-1-22 条（阶）形基础支模示意图

(*a*) 竖楞上端对拉固定；(*b*) 斜撑；(*c*) 对拉螺栓

② 竖楞间距可根据最大侧压力经计算选定。竖楞可采用 ϕ48×3.5 钢管。

③ 横楞可采用 ϕ48×3.5 钢管，四角交点用钢管扣件连接固定。

④ 上台阶的模板可用抬杠固定在下台阶模板上，抬扛可用钢楞。

⑤ 最下一层台阶模板，最好在基底上设锚固桩支撑。

4）筏基、箱基和设备基础

① 模板一般宜横排，接缝错开布置。当高度符合主钢模板块时，模板亦可竖排。

② 支承钢模的内、外楞和拉筋、支撑的间距，可根据混凝土对模板的侧压力和施工荷载通过计算确定。

③ 筏基宜采取底板与上部地梁分开施工、分次支模（图 2-1-24*a*）。当设计要求底板与地梁一次浇筑时，梁模要采取支垫和临时支撑措施。

④ 箱基一般采用底板先支模施工。要特别注意施工缝止水带及对拉螺栓的处理，一般不宜采用可回收的对拉螺栓（图 2-1-24*b*）。

⑤大型设备基础侧模的固定方法，可以采用对拉方式（图 2-1-24*c*），亦可采用支拉方式（图 2-1-24*d*）。

厚壁内设沟道的大型设备基础，配模方式可参见图 2-1-24（*e*）。

（2）柱的配板设计

柱模板的施工设计，首先应按单位工程中不同断面尺寸和长度的柱，所需配制模板的数量作出统计，并编号、列表。然后，再进行每一种规格的柱模板的施工设计，其具体步骤如下：

1）依照断面尺寸选用宽度方向的模板规格组配方案并选用长（高）度方向的模板规

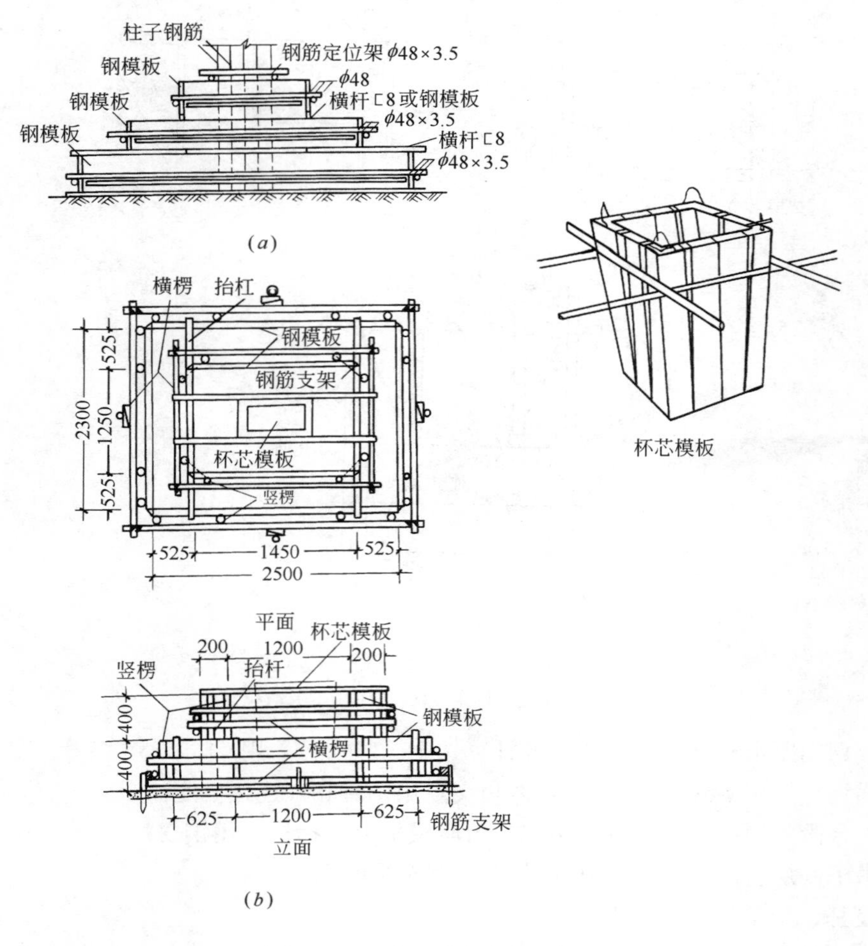

图 2-1-23　独立基础支模示意图

（a）现浇柱独立基础；（b）杯形基础

格进行组配；

2）根据施工条件，确定浇筑混凝土的最大侧压力；

3）通过计算，选用柱箍、背楞的规格和间距；

4）按结构构造配置柱间水平撑和斜撑。

（3）墙的配板设计

按图纸，统计所有配模平面的尺寸并进行编号，然后对每一种平面进行配板设计，其具体步骤如下：

1）根据墙的平面尺寸，若采用横排原则，则先确定长度方向模板的配板组合，再确定宽度方向模板的配板组合，然后计算模板块数和需镶拼木模的面积；

2）根据墙的平面尺寸，若采用竖排原则，可确定长度和宽度方向模板的配板组合，并计算模板块数和拼木模面积；

对于上述横、竖排的方案进行比较，择优选用；

3）计算新浇筑混凝土的最大侧压力；

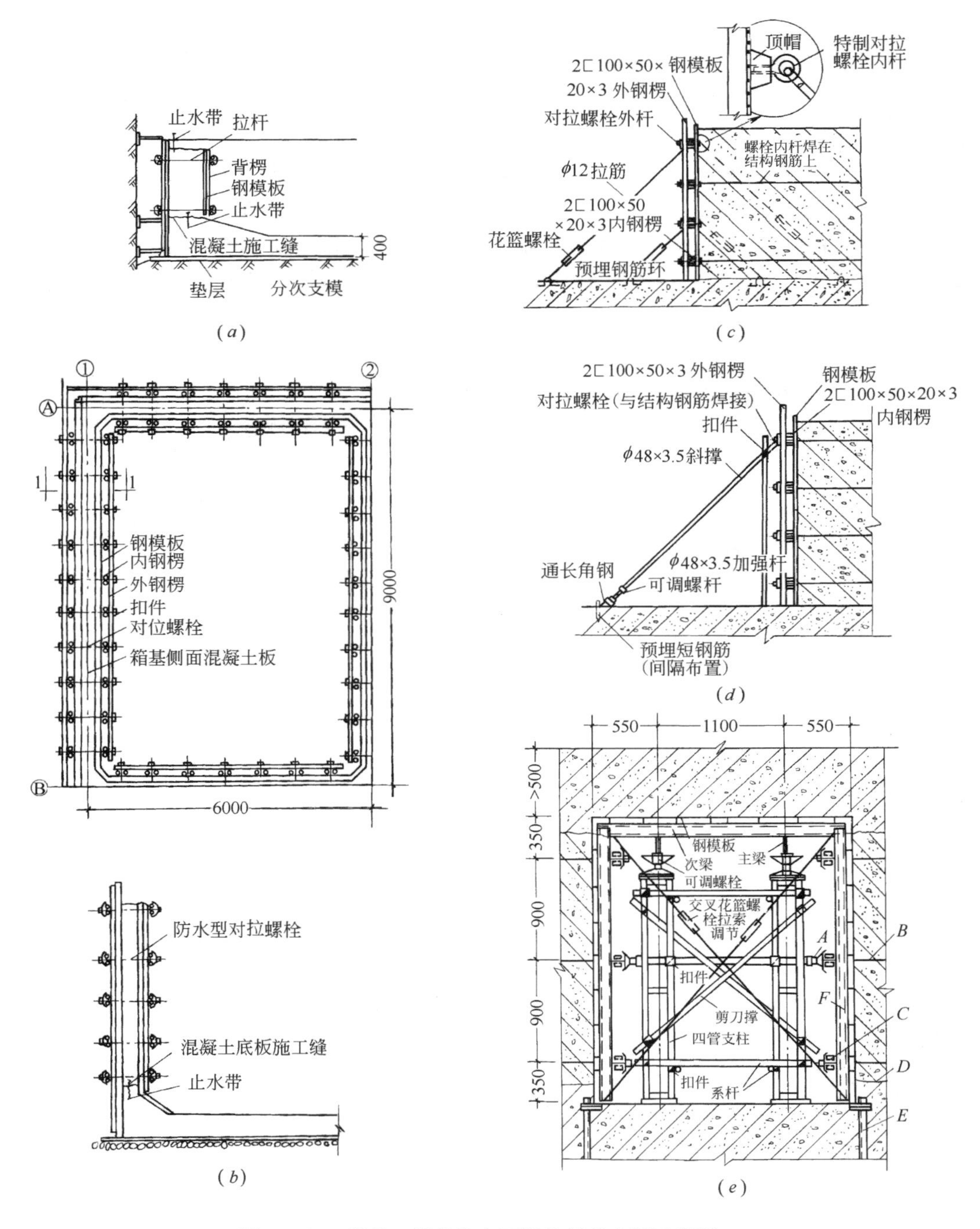

图 2-1-24　筏基、箱基和大型设备基础支模示意图

(*a*) 单管横向支杆，两头设可调千斤顶；(*b*) 对拉螺栓；(*c*) 2[100×50×20×3mm 外楞；(*d*) 施工缝；(*e*) 模板支承架

4）计算确定内、外钢楞的规格、型号和数量；

5）确定对拉螺栓的规格、型号和数量；

6）对需配模板、钢楞、对拉螺栓的规格型号和数量进行统计、列表，以便备料。

（4）梁的配板设计

梁模板往往与柱、墙、楼板相交接，故配板比较复杂。另外，梁模板既需承受混凝土的侧压力，又承受垂直荷载，故支承布置也比较特殊。因此，梁模板的施工设计有它的独特情况。

梁模板的配板，宜沿梁的长度方向横排，端缝一般都可错开，配板长度虽为梁的净跨长度，但配板的长度和高度要根据与柱、墙和楼板的交接情况而定。

正确的方法是在柱、墙或大梁的模板上，用角模和不同规格的钢模板作嵌补模板拼出梁口（图 2-1-25），其配板长度为梁净跨减去嵌补模板的宽度。或在梁口用木方镶拼（图 2-1-26），不使梁口处的板块边肋与柱混凝土接触，在柱身梁底位置设柱箍或槽钢，用以搁置梁模。

梁模板与楼板模板交接，可采用阴角模板或木材拼镶（图 2-1-27）。

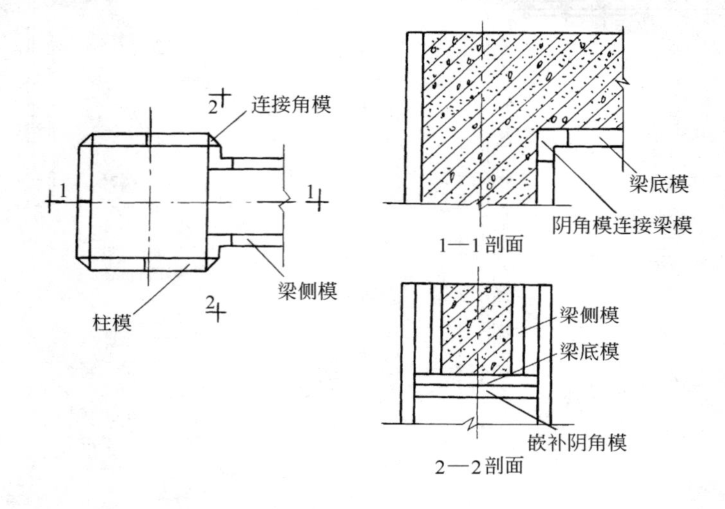

图 2-1-25　柱顶梁口采用嵌补模板

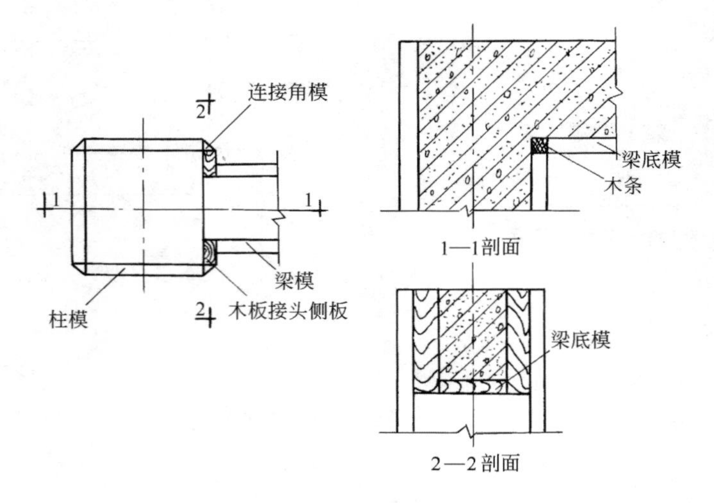

图 2-1-26　柱顶梁口用方木镶拼

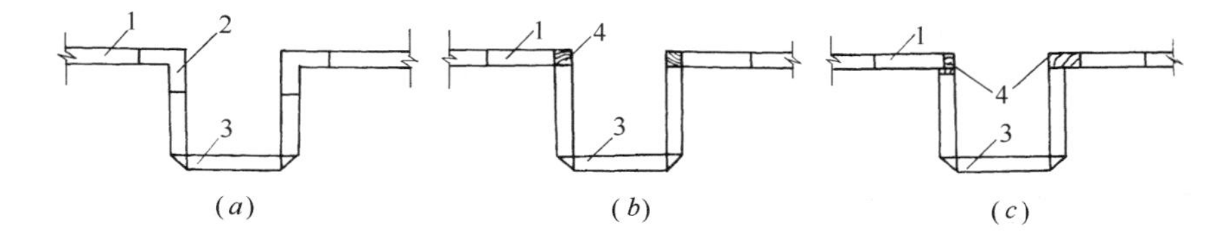

图 2-1-27 梁模板与楼板模板交接

(a) 阴角模连接；(b)、(c) 木材拼镶。

1— 楼板模板；2—阴角模板；3—梁模板；4—木材

梁模板侧模的纵、横楞布置，主要与梁的模板高度和混凝土侧压力有关，应通过计算确定。

直接支承梁底模板的横楞或梁夹具，其间距尽量与梁侧模板的纵楞间距相适应，并照顾楼板模板的支承布置情况。在横楞或梁夹具下面，沿梁长度方向布置纵楞或桁架，由支柱加以支撑。纵楞的截面和支柱的间距，通过计算确定。

(5) 楼板配板设计

楼板模板一般采用散支散拆或预拼装两种方法。配板设计可在编号后，对每一平面进行设计。其步骤如下：

1) 可沿长边配板或沿短边配板，然后计算模板块数及拼镶木模的面积，通过比较作出选择。

2) 确定模板的荷载，选用钢楞。

3) 计算选用钢楞。

4) 计算确定立柱规格型号，并作出水平支撑和剪力撑的布置。

6. 施工工艺

组合钢模板的施工，是以模板工程施工设计为依据，根据结构工程流水分段施工的布置和施工进度计划，将钢模板、配件和支承系统组装成柱、墙、梁、板等模板结构，供混凝土浇筑使用。

(1) 施工前的准备工作

1) 模板的定位基准工作：组合钢模板在安装前，要做好模板的定位基准工作，其工作步骤是：

①进行中心线和位置线的放线：首先引测建筑物的边柱或墙轴线，并以该轴线为起点，引出每条轴线。

模板放线时，应先清理好现场，然后根据施工图用墨线弹出模板的内边线和中心线，墙模板要弹出模板的内边线和外侧控制线，以便于模板安装和校正。

②做好标高量测工作：用水准仪把建筑物水平标高根据实际标高的要求，直接引测到模板安装位置。在无法直接引测时，也可以采取间接引测的方法，即用水准仪将水平标高先引测到过渡引测点，作为上层结构构件模板的基准点，用来测量和复核其标高位置。

③进行找平工作：模板承垫底部应预先找平，以保证模板位置正确，防止模板底部漏浆。常用的找平方法是沿模板内边线用 1∶3 水泥砂浆抹找平层（图 2-1-28*a*）。另外，在外墙、外柱部位，继续安装模板前，要设置模板承垫条带（图 2-1-28*b*），并校正其平直。

④ 设置模板定位基准：传统作法是，按照构件的断面尺寸，先用同强度等级的细石

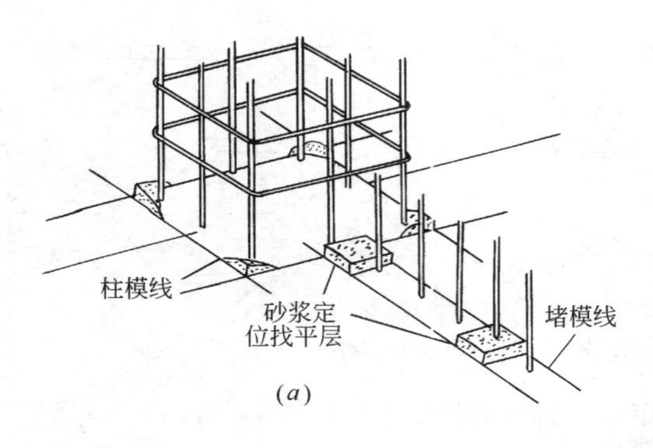

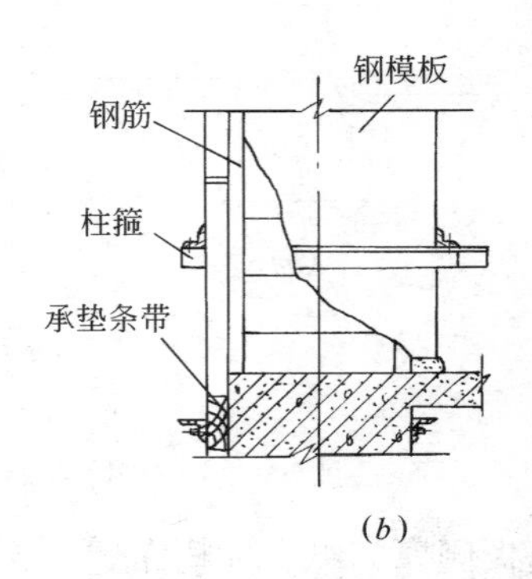

图 2-1-28　墙、柱模板找平

(a) 砂浆找平层；(b) 外柱外模板设承垫条带

混凝土浇筑 50～100mm 的短柱或导墙，作为模板定位基准。

另一种作法是采用钢筋定位：墙体模板可根据构件断面尺寸切割一定长度的钢筋焊成定位梯子支撑筋（钢筋端头刷防锈漆），绑（焊）在墙体两根竖筋上（图 2-1-29*a*），起到支撑作用，间距 1200mm 左右；柱模板，可在基础和柱模上口用钢筋焊成井字形套箍撑位模板并固定竖向钢筋，也可在竖向钢筋靠模板一侧焊一短截钢筋，以保持钢筋与模板的位置（图 2-1-29*b*）。

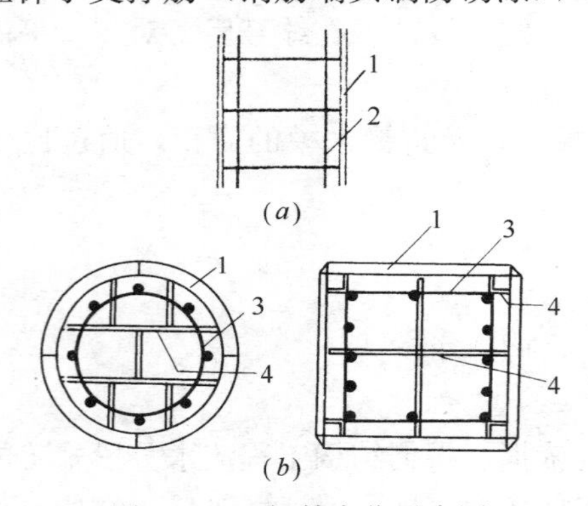

图 2-1-29　钢筋定位示意图

(a) 墙体梯子支撑筋；(b) 柱井字套箍支撑筋

1—模板；2—梯形筋；3—箍筋；4—井字支撑筋

2）模板及配件的检查：按施工需用的模板及配件对其规格、数量逐项清点检查，未经修复的部件不得使用。

3）预拼装：采取预拼装模板施工时，预拼装工作应在组装平台或经平整处理的地面上进行，并按表 2-1-12 要求逐块检验后进行试吊，试吊后再进行复查，并检查配件数量、位置和紧固情况。

模板预拼装允许偏差　　**表 2-1-12**

项　目	允许偏差（mm）
两块模板之间拼接缝隙	≤2.0
相邻模板面的高低差	≤2.0
组装模板板面平整度	≤2.0（用 2m 平尺检查）
组装模板板面的长宽尺寸	≤长度和宽度的 1/1000，最大取 4.0
组装模板对角线长度差值	≤7.0（≤对角线长度的 1/1000）

4）模板堆放与运输：经检查合格的模板，应按照安装程序进行堆放或装车运输。重叠平放时，每层之间应加垫木，模板与垫木均应上下对齐，底层模板应垫离地面不小于 20cm。

运输时，应避免碰撞，防止倾倒，采取措施，保证稳固。

5）安装前的准备工作：模板安装前，应做好下列准备工作：

① 向施工班组进行技术交底，并且做样板，经监理、有关人员认可后，再大面积展开；

② 支承支柱的土层地面，应事先夯实整平，并做好防水、排水设置，准备支柱底垫木；

③ 竖向模板安装的底面应平整坚实，并采取可靠的定位措施，按施工设计要求预埋支承锚固件；

④ 模板应涂刷隔离剂。结构表面需作处理的工程，严禁在模板上涂刷废机油或其他油类。

（2）模板的支设安装

1）模板的支设安装，应遵守下列规定：

① 按配板设计循序拼装，以保证模板系统的整体稳定；

② 配件必须装插牢固。支柱和斜撑下的支承面应平整垫实，要有足够的受压面积。支承件应着力于外钢楞；

③ 预埋件与预留孔洞必须位置准确，安设牢固；

④ 基础模板必须支撑牢固，防止变形，侧模斜撑的底部应加设垫木；

⑤ 墙和柱子模板的底面应找平，下端应与事先做好的定位基准靠紧垫平，在墙、柱子上继续安装模板时，模板应有可靠的支承点，其平直度应进行校正；

⑥ 楼板模板支模时，应先完成一个格构的水平支撑及斜撑安装，再逐渐向外扩展，以保持支撑系统的稳定性；

⑦ 预组装墙模板吊装就位后，下端应垫平，紧靠定位基准；两侧模板均应利用斜撑调整和固定其垂直度；

⑧ 支柱所设的水平撑与剪刀撑，应按构造与整体稳定性布置；

⑨ 多层支设的支柱，上下应设置在同一竖向中心线上，下层楼板应具有承受上层荷载的承载能力或加设支架支撑。下层支架的立柱应铺设垫板。

2）模板安装时，应符合下列要求：

① 同一条拼缝上的U形卡，不宜向同一方向卡紧；

② 墙模板的对拉螺栓孔应平直相对，穿插螺栓不得斜拉硬顶。钻孔应采用机具，严禁采用电、气焊灼孔；

③ 钢楞宜采用整根杆件，接头应错开设置，搭接长度不应少于200mm。

3）对现浇混凝土梁、板，当跨度不小于4m时，模板应按设计要求起拱；当设计无具体要求时，起拱高度宜为跨度的1/1000～3/1000；

4）曲面结构可用双曲可调模板，采用平面模板组装时，应使模板面与设计曲面的最大差值不得超过设计的允许值。

5）模板安装及应注意的事项：模板的支设方法基本上有两种，即单块就位组拼（散装）和预组拼，其中预组拼又可分为分片组拼和整体组拼两种。采用预组拼方法，可以加快施工速度，提高工效和模板的安装质量，但必须具备相适应的吊装设备和有较大的拼装场地。

（3）工艺要点

1）柱模板

① 保证柱模的长度符合模数，不符合部分放到节点部位处理；或以梁底标高为准，由上往下配模，不符合模数部分放到柱根部位处理；高度在 4m 和 4m 以上时，一般应四面支撑。当柱高超过 6m 时，不宜单根柱支撑，宜几根柱同时支撑连成构架。

② 柱模根部要用水泥砂浆堵严，防止跑浆；柱模的浇筑口和清扫口，在配模时应一并考虑留出。

③ 梁、柱模板分两次支设时，在柱子混凝土达到拆模强度时，最上一段柱模先保留不拆，以便于与梁模板连接。

④ 柱模的清渣口应留置在柱脚一侧，如果柱子断面较大，为了便于清理，亦可两面留设。清理完毕，立即封闭。

⑤ 柱模安装就位后，立即用四根支撑或有张紧器花篮螺栓的缆风绳与柱顶四角拉结，并校正其中心线和偏斜（图 2-1-30），全面检查合格后，再群体固定。

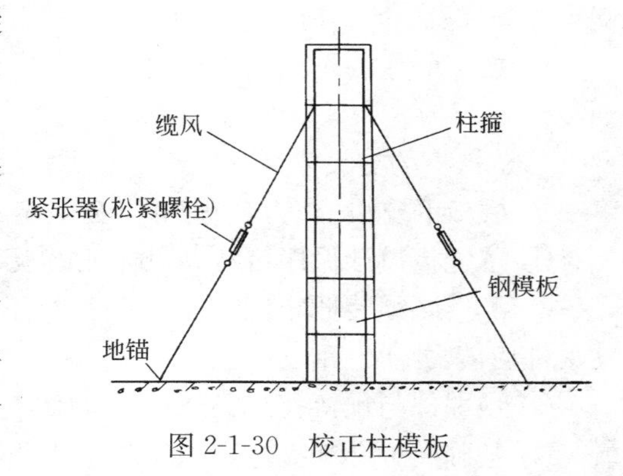

图 2-1-30　校正柱模板

几种柱模支设方法，见图 2-1-31。

2）梁模板

① 梁柱接头模板的连接特别重要，一般可按图 2-1-25 和图 2-1-26 处理；或用专门加工的梁柱接头模板。

② 梁模支柱的设置，应经模板设计计算决定，一般情况下采用双支柱时，间距以 60～100cm 为宜。

③ 模板支柱纵、横方向的水平拉杆、剪刀撑等，均应按设计要求布置；一般工程当设计无规定时，支柱间距一般不宜大于 2m，纵横方向的水平拉杆的上下间距不宜大于 1.5m，纵横方向的垂直剪刀撑的间距不宜大于 6m；跨度大或楼层高的工程，必须认真进行设计，尤其是对支撑系统的稳定性，必须进行结构计算，按设计精心施工。

④ 采用扣件钢管脚手或碗扣式脚手作支架时，扣件要拧紧，杯口要紧扣，要抽查扣件的扭力矩。横杆的步距要按设计要求设置（图 2-1-32）。采用桁架支模时，要按事先设计的要求设置，要考虑桁架的横向刚度上下弦要设水平连接，拼接桁架的螺栓要拧紧，数量要满足要求。

⑤ 由于空调等各种设备管道安装的要求，需要在模板上预留孔洞时，应尽量使穿梁管道孔分散，穿梁管道孔的位置应设置在梁中（图 2-1-33），以防削弱梁的截面，影响梁的承载能力。

3）墙模板

① 按位置线安装门洞口模板，下预埋件或木砖。

② 把预先拼装好的一面模板按位置线就位，然后安装拉杆或斜撑，安装支固套管和穿墙螺栓。穿墙螺栓的规格和间距，由模板设计规定。

③ 清扫墙内杂物，再安装另一侧模板，调整斜撑（或拉杆）使模板垂直后，拧紧穿墙螺栓。

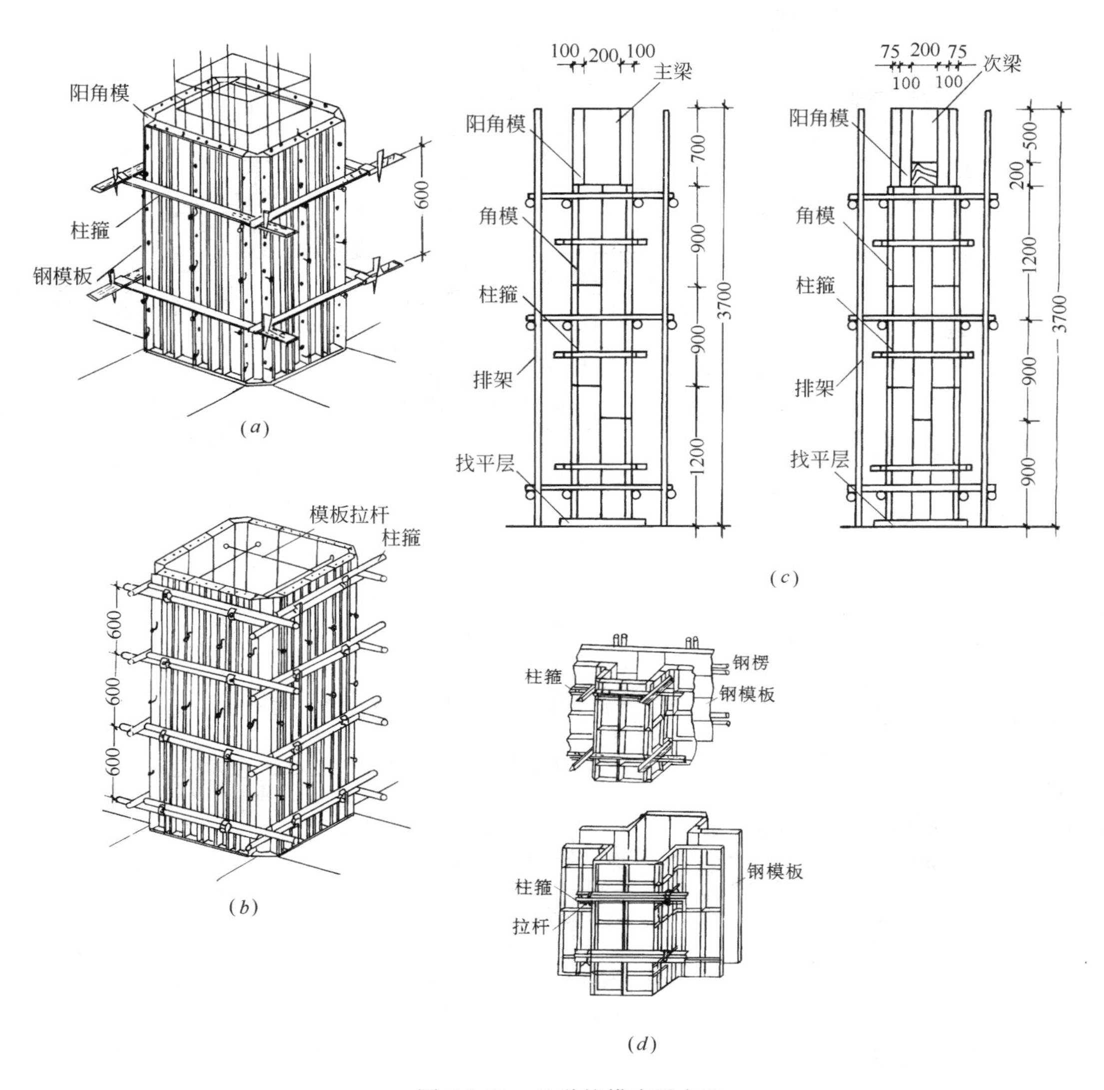

图 2-1-31　几种柱模支设方法

（*a*）型钢柱箍；（*b*）钢管柱箍；（*c*）钢管脚手支柱模；（*d*）附壁柱模

④ 墙模板安装注意事项：

● 单块就位组拼时，应从墙角模开始，向互相垂直的两个方向组拼，这样可以减少临时支撑设置。否则，要随时注意拆换支撑或增加支撑，以保证墙模处于稳定状态。

● 当完成第一步单块就位组拼模板后，可安装内钢楞，内钢楞与模板肋用钩头螺栓紧固，其间距不大于 600mm。当钢楞长度不够需要接长时，接头处要增加同样数量的钢楞。

● 预组拼模板安装时，应边就位、边校正，并随即安装各种连接件、支承件或加设临时支撑。必须待模板支撑稳固后，才能脱钩。当墙面较大，模板需分几块预拼安装时，模板之间应按设计要求增加纵横附加钢楞。当设计无规定时，连接处的钢楞数量和位置应与预组拼模板上的钢楞数量和位置等同。附加钢楞的位置在接缝处两边，与预组拼模板上钢楞的搭接长度，一般为预组拼模板全长（宽）的 15%～20%。

● 在组装模板时，要使两侧穿孔的模板对称放置，以使穿墙螺栓与墙模保持垂直。

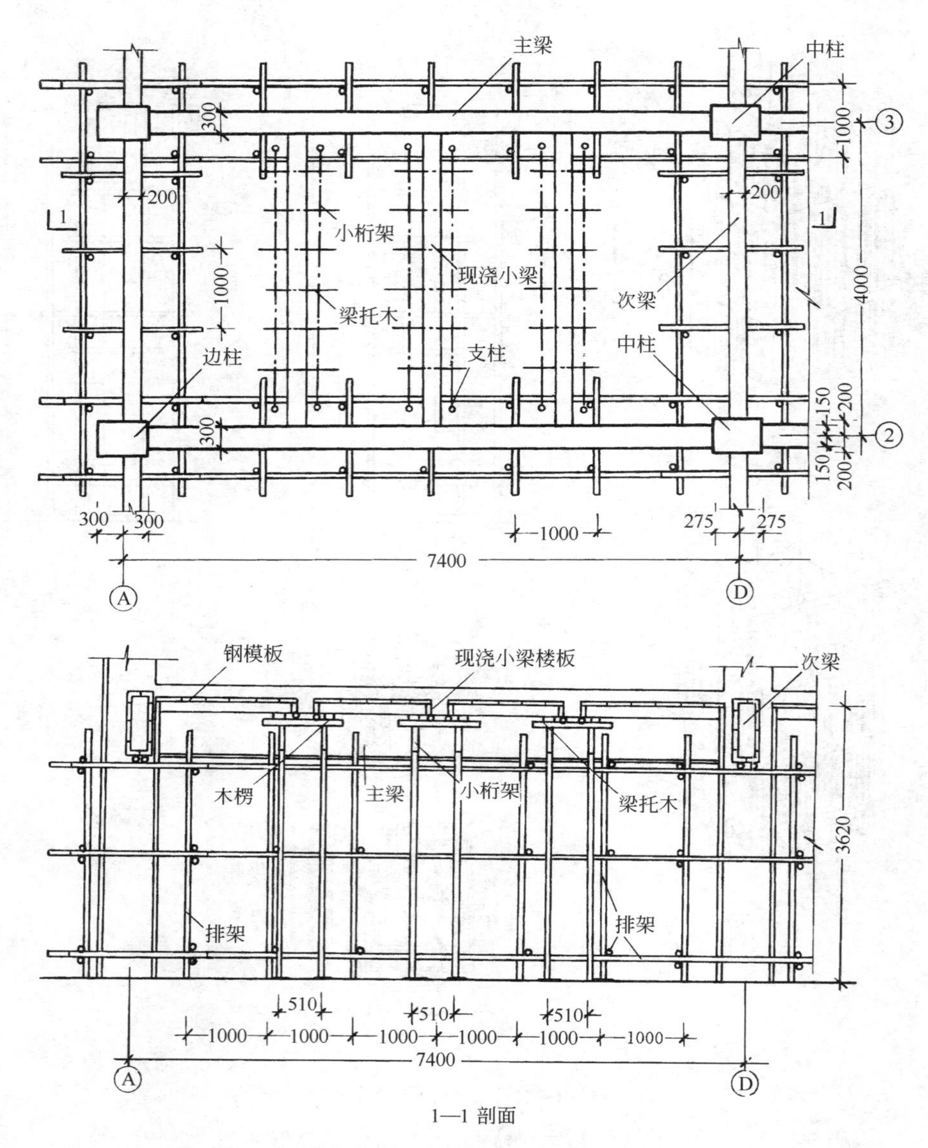

图 2-1-32　框架梁、柱模板采用钢管脚手架支设

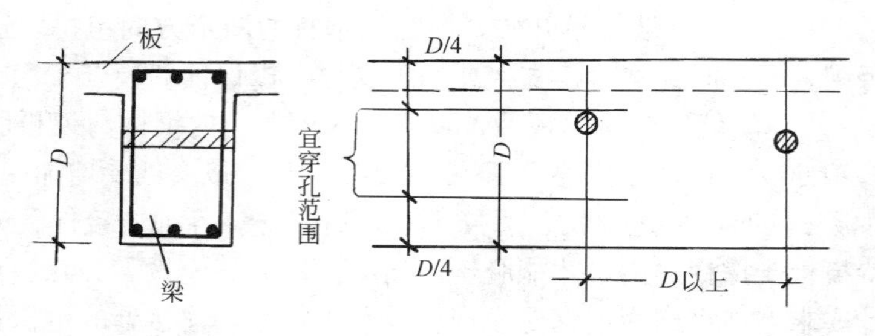

图 2-1-33　穿梁管道孔设置的高度范围

● 相邻模板边肋用U形卡连接的间距，不得大于300mm，预组拼模板接缝处宜满上。U形卡要反正交替安装。

●上下层墙模板接槎的处理，当采用单块就位组拼时，可在下层模板上端设一道穿墙螺栓，拆模时该层模板暂不拆除，在支上层模板时，作为上层模板的支承面（图 2-1-34）。当采取预组拼模板时，可在下层混凝土墙上端往下 200mm 左右处，设置水平螺栓，紧固一道通长的角钢作为上层模板的支承（图 2-1-35）。

●预留门窗洞口的模板，应有锥度，安装要牢固，既不变形，又便于拆除。

●对拉螺栓的设置，应根据不同的对拉螺栓采用不同的做法：

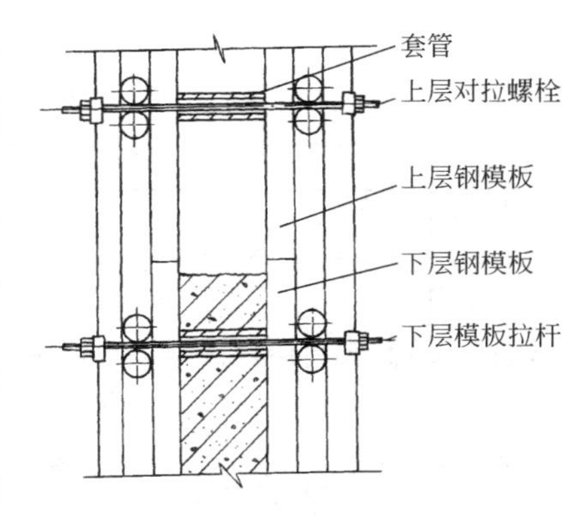

图 2-1-34　下层模板不拆作支承图

组合式对拉螺栓——要注意内部杆拧入尼龙帽有 7～8 个丝扣；

通长螺栓——要套硬塑料管，以确保螺栓或拉杆回收使用。塑料管长度应比墙厚小 2～3mm。

●墙模板上预留的小型设备孔洞，当遇到钢筋时，应设法确保钢筋位置正确，不得将钢筋移向一侧（图 2-1-36）。

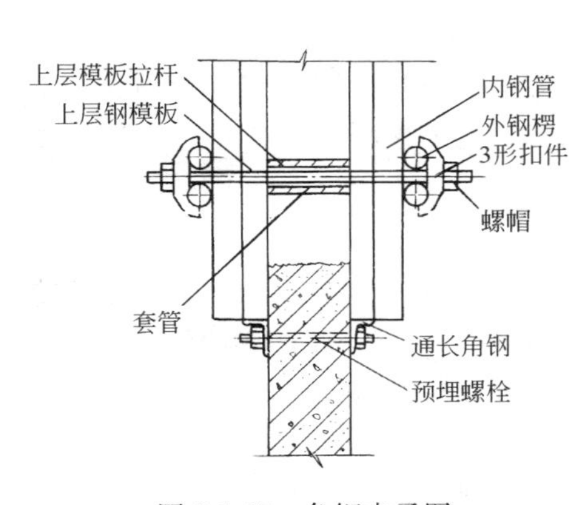

图 2-1-35　角钢支承图

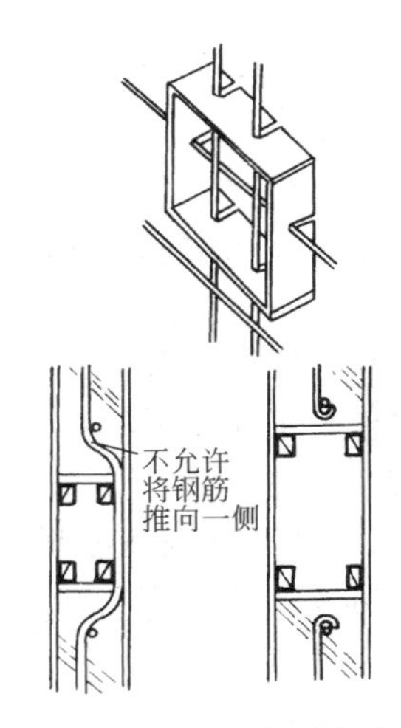

图 2-1-36　墙模板上设备孔洞模板做法

墙模板的组装方法，见图 2-1-37 所示。

4）楼板模板

① 采用立柱作支架时，从边跨一侧开始逐排安装立柱，并同时安装外钢楞（大龙骨）。

立柱和钢楞（龙骨）的间距，根据模板设计规定，一般情况下立柱与外钢楞间距为 600～1200mm，内钢楞（小龙骨）间距为 400～600mm。调平后即可铺设模板。

在模板铺设完标高校正后，立柱之间应加设水平拉杆，其道数根据立柱高度决定。一般情况下离地面 200～300mm 处设一道，往上纵横方向每隔 1.6m 左右设一道。

② 采用桁架作支承结构时，一般应预先支好梁、墙模板，然后将桁架按模板设计要

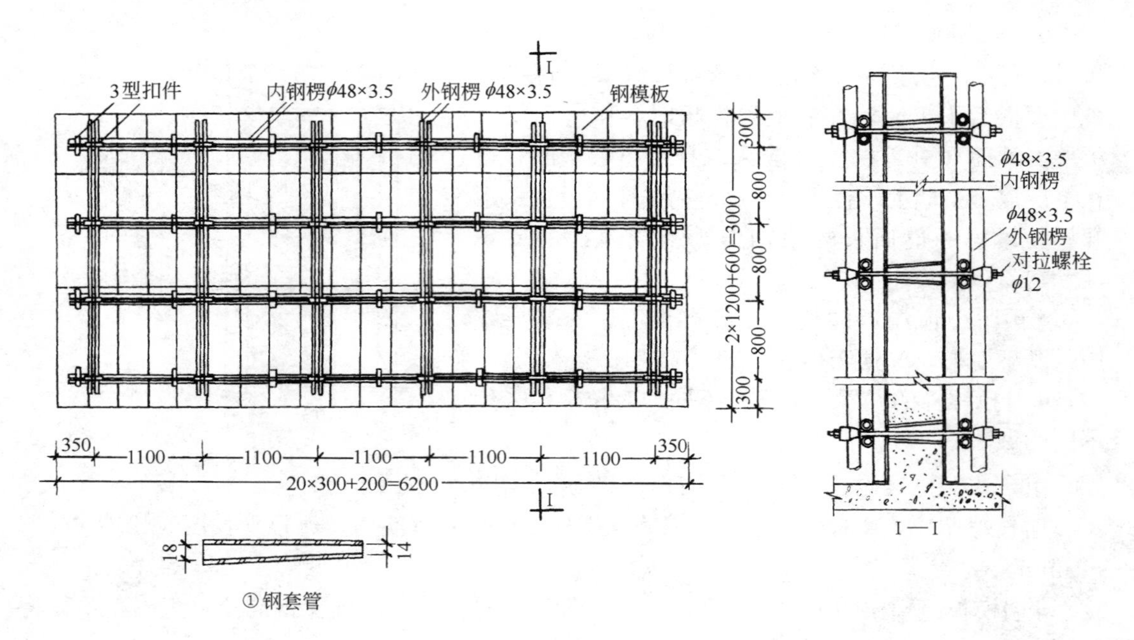

图 2-1-37　墙模板

求支设在梁侧模通长的型钢或方木上，调平固定后再铺设模板。

③ 当墙、柱已先行施工，可利用已施工的墙、柱作垂直支撑（图 2-1-38），采用悬挂支模。

④ 楼板模板当采用单块就位组拼时，宜以每个节间从四周先用阴角模板与墙、梁模板连接，然后向中央铺设。相邻模板边肋应按设计要求用 U 形卡连接，也可用钩头螺栓与钢楞连接。亦可采用 U 形卡预拼大块再吊装铺设。

⑤ 楼板模板施工注意事项：

• 底层地面应夯实，并垫通长脚手板，楼层地面立支柱（包括钢管脚手架作支撑）也应垫通长脚手板。采用多层支架模板时，上下层支柱应在同一竖向中心线上。

• 桁架支模时，要注意桁架与支点的连接，防止滑动，桁架应支承在通长的型钢上，使支点形成一直线。

• 预组拼模板块较大时，应加钢楞再吊装，以增加板块的刚度。

• 预组拼模板在吊运前应检查模板的尺寸、对角线、平整度以及预埋件和预留孔洞的位置。安装就位后，立即用角模与梁、墙模板连接。

• 采用钢管脚手架作支撑时，在支柱高度方向每隔 1.2～1.3m 设一道双向水平拉杆。

楼板模板支设方法，见图 2-1-39、图 2-1-40。

5）基础模板

① 条形基础：根据基础边线就地组拼模板。将基槽土壁修整后用短木方将钢模板支撑在土壁上。然后在基槽两侧地坪上打入钢管锚固桩，搭钢管吊架，使吊架保持水平，用线锤将基础中心引测到水平杆上，按中心线安装模板，用钢管、扣件将模板固定在吊架上，用支撑拉紧模板（图 2-1-22*b*），亦可采用工具式梁卡支模（图 2-1-22*c*）。

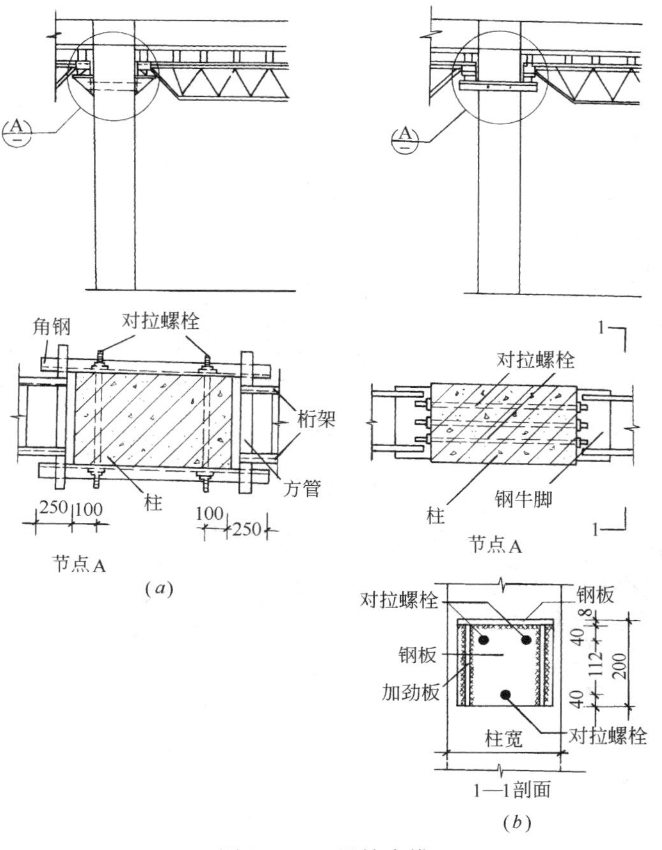

图 2-1-38 悬挂支模

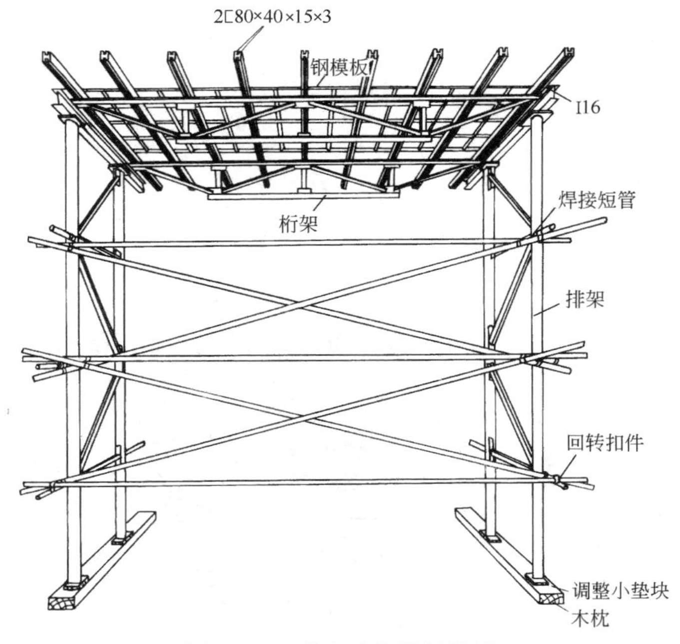

图 2-1-39 桁架支设楼板模板

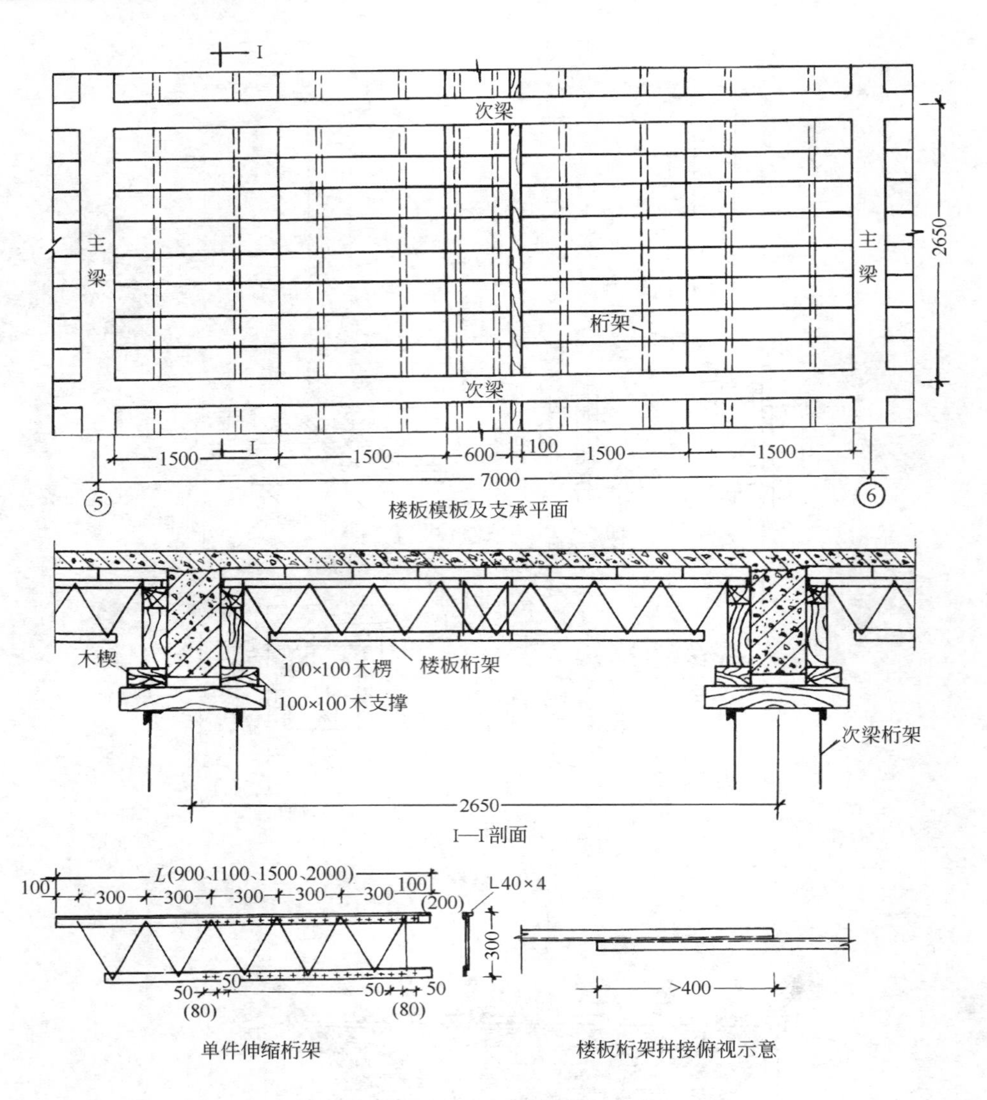

图 2-1-40　梁和楼板桁架支模

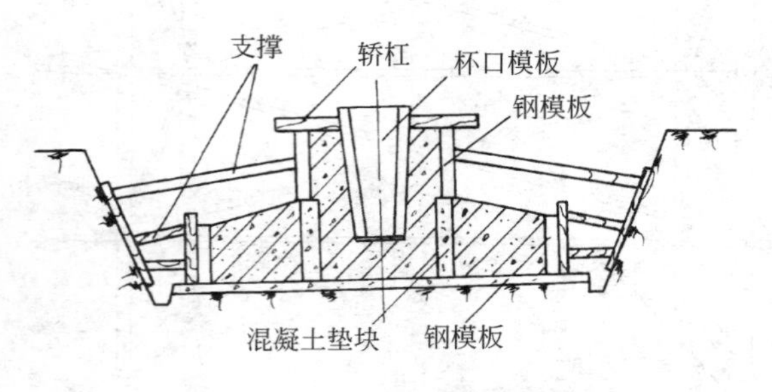

图 2-1-41　杯形基础模板

施工注意事项：

● 模板支撑于土壁时，必须将松土清除修平，并加设垫板；

● 为了保证基础宽度，防止两侧模板位移，宜在两侧模板间相隔一定距离加设临时木条支撑，浇筑混凝土时拆除。

②杯形基础：第一层台阶模板可用角模将四侧模板连成整体，四周用短木方撑于土壁上；第二层台阶模板可直接搁置在混凝土垫块（图 2-1-41）上，也可参照条形基础采用钢管支架吊设。

杯口模板可采用在杯口钢模板四角加设四根有一定锥度的方木，或在四角阴角模与平模间嵌上一块楔形木条，使杯口模形成锥度（图 2-1-23*b*）。

施工注意事项：

● 侧模斜撑与侧模夹角不宜小于 45°；

● 为了防止浇筑混凝土时杯口模板上浮和杯口落入混凝土，宜在杯口模板上加设压重，并将杯口临时遮盖。

③ 独立基础：就地拼装各侧模板，并用支撑撑于土壁上。搭设柱模井字架，使立杆下端固定在基础模板外侧，用水平仪找平井字架水平杆后，先将第一块柱模用扣件固定在水平杆上，同时搁置在混凝土垫块上。然后按单块柱模组拼方法组拼柱模，直至柱顶（图 2-1-42）。

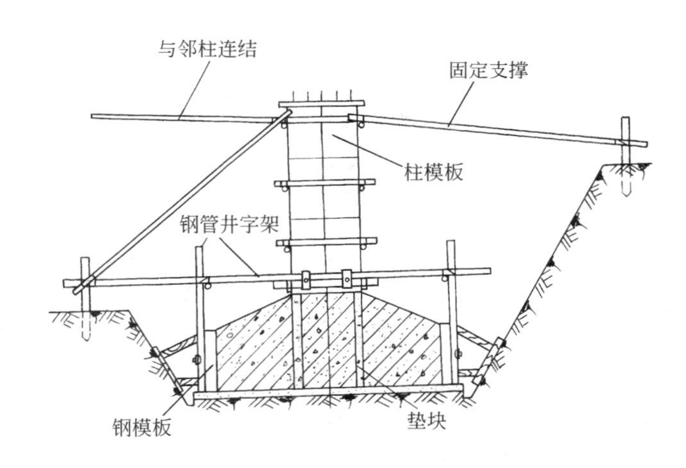

图 2-1-42　独立柱基模板

施工注意事项：

● 基础短柱顶伸出的钢筋间距，更符合上段柱子的要求；

● 柱模板之间要用水平撑和斜撑连成整体；

● 基础短柱模板的 U 形卡不要一次上满，要等校正固定后再上满；安装过程中要随时检查对角线，防止柱模扭转。

④ 大体积基础：工业和民用建筑的大体积基础，多为筏形或箱形基础，埋置深，有抗渗防水要求，对模板支撑系统的强度、刚度和稳定性要求较高。

● 对于厚大墙体的模板，由于两侧模板相距较远，不易构成对拉条件，最好以钢管脚手为稳固结构，采用钢管扣件将模板与其连接固定。

● 对于不太厚的墙体模板，有条件设置对拉螺栓时，应优先采用组合式对拉螺栓。

使用组合式对拉螺栓时应注意：先将内螺栓与尼龙帽事先对好，再根据墙截面尺寸安上内螺栓。立好钢模板后拧紧外螺栓，这样可以起到准确固定模内向尺寸的作用。但是，当墙厚在 500mm 以下时，人不能在模板内拧紧内螺栓，因此要随时找正墙模，及时拧紧外螺栓；当墙厚在 500mm 以上时，人可进入模板内操作，可在模板支设一定高度后，再成批地穿放拧紧螺栓。

钢楞可选用[100×50×20×3、ϕ48×3.5 和[80×40×3。为了防止模板的整体偏移，应设置一定数量的稳定支撑，见图 2-1-43 和图 2-1-44 所示。

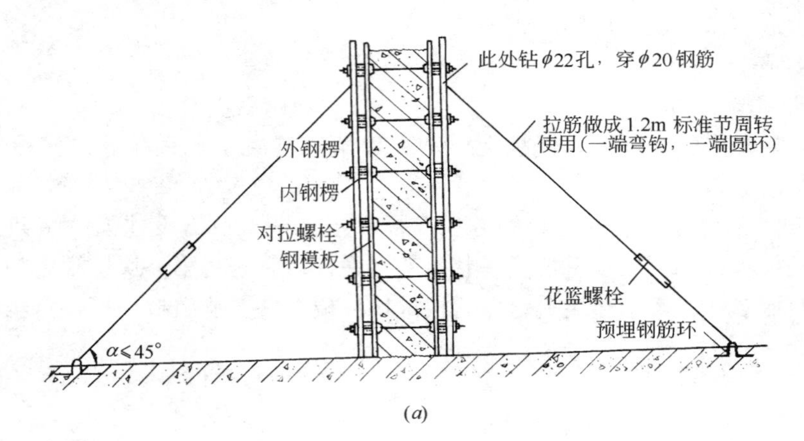

(*a*)

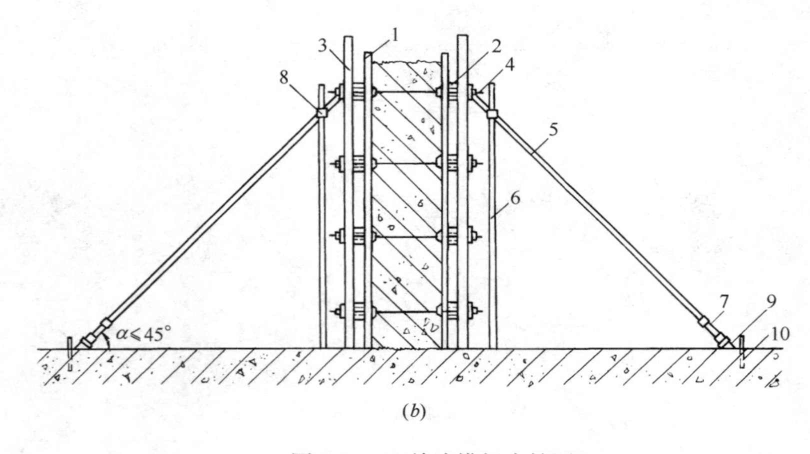

(*b*)

图 2-1-43　单墙模板支撑图

(*a*) 4m 以上；(*b*) 4m 以下

1—钢模板；2—内钢楞；3—外钢楞；4—对拉螺栓；5—斜撑钢管；6—加固杆（钢管）；7—可旋千斤顶；8—扣件；9—通长角钢；10—预埋短钢筋（间隔布置）

● 基础的顶板往往与墙和基础形成整体，厚度较大，因此要根据空间、板厚和荷载情况选用不同的支顶方法。一般顶板厚度超过 0.5m 时，可采用四管支柱支顶（图 2-1-45），间距在 1500～2000mm。柱结系杆可采用 ϕ48×3.5 钢管。主次梁可采用型钢，其规格根据计算确定。

● 大型设备基础模板的支设，可参见图 2-1-24（*c*）、（*d*）、（*e*）。

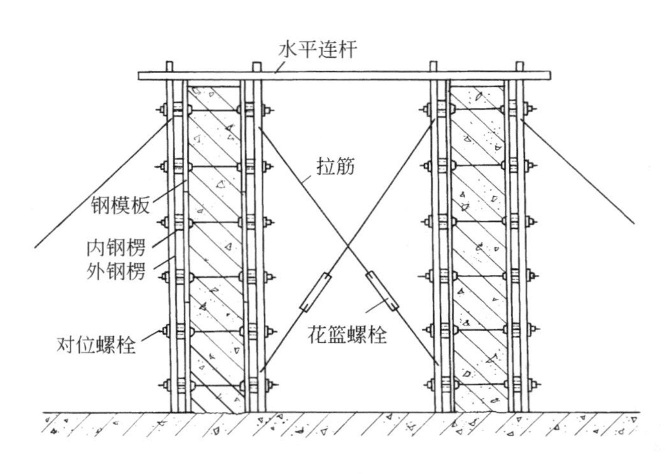

图 2-1-44 两近墙模板支撑图

6）楼梯模板：楼梯模板一般比较复杂，常见的有板式和梁式楼梯，其支模工艺基本相同。

施工前应根据实际层高放样，先安装休息平台梁模板，再安装楼梯模板斜楞，然后铺设楼梯底模。安装外帮侧模和踏步模板。安装模板时要特别注意斜向支柱（斜撑）的固定，防止浇筑混凝土时模板移动。

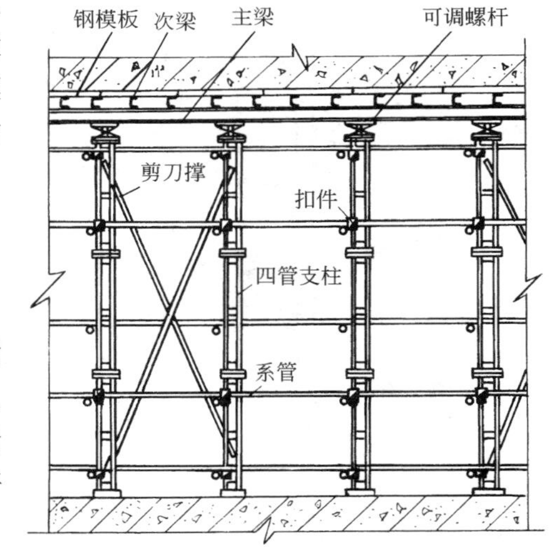

图 2-1-45 厚大基础顶板支模示意图

楼梯段模板组装示意，见图 2-1-46 所示。

7）预埋件和预留孔洞的设置

① 竖向构件预埋件的留置

● 焊接固定。焊接时先将预埋件外露面紧贴钢模板，锚脚与钢筋骨架焊接（图 2-1-47）。当钢筋骨架刚度较小时，可将锚脚加长，顶紧对面的钢模，焊接不得咬伤钢筋。但此方法严禁与预应力筋焊接。

● 绑扎固定。用钢丝将预埋件锚脚与钢筋骨架绑扎在一起（图 2-1-48）。为了防止预埋件位移，锚脚应尽量长一些。

② 水平构件预埋件的留置

● 梁顶面预埋件。可采用圆钉固定的方法（图 2-1-49）。

● 板顶面预埋件。将预埋件锚脚做成八字形，与楼板钢筋焊接。用改变锚脚的角度，调整预埋件标高（图 2-1-50）。

③ 预留孔洞的留置

● 梁、墙侧面。采用钢筋焊成的井字架卡住孔模（图 2-1-51），井字架与钢筋焊牢。

● 板底面。可采用在底模上钻孔，用铁丝固定在定位木块上，孔模与定位木块之间用木楔塞紧（图 2-1-52）；亦可在模板上钻孔，用木螺钉固定木块，将孔模套上固定（图 2-1-53）。

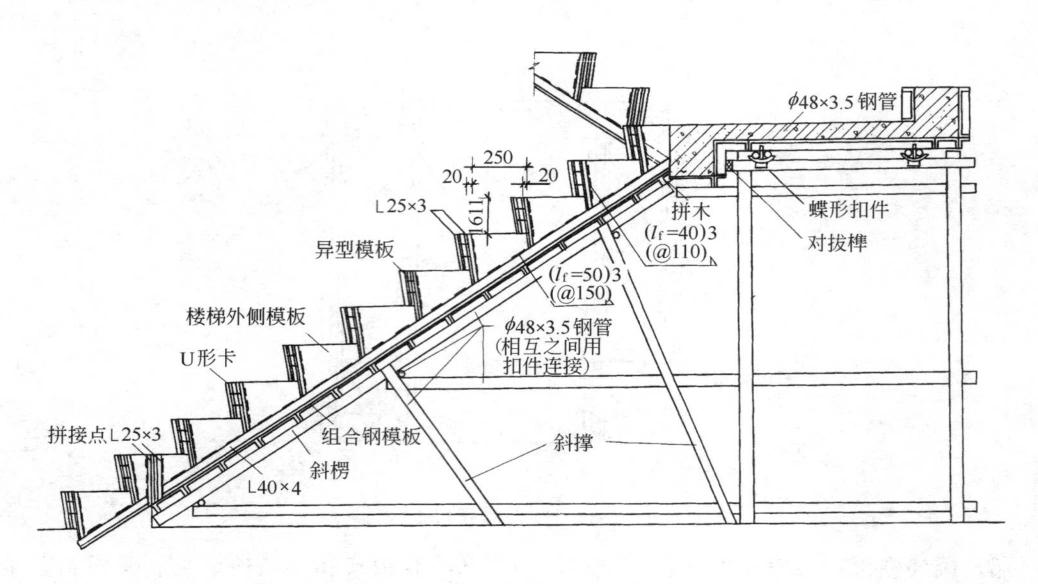

图 2-1-46　楼梯模板支设示意

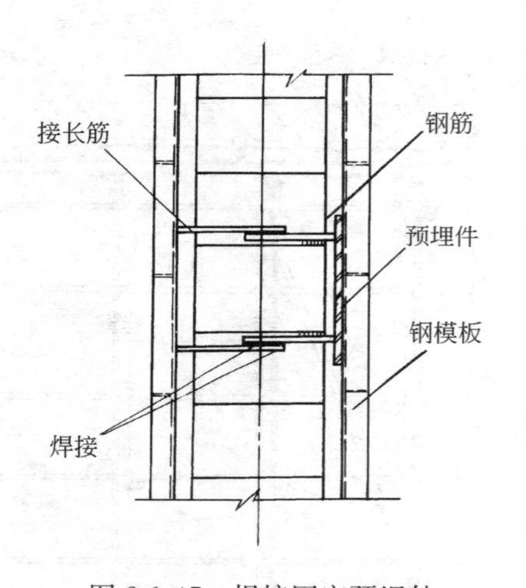

图 2-1-47　焊接固定预埋件

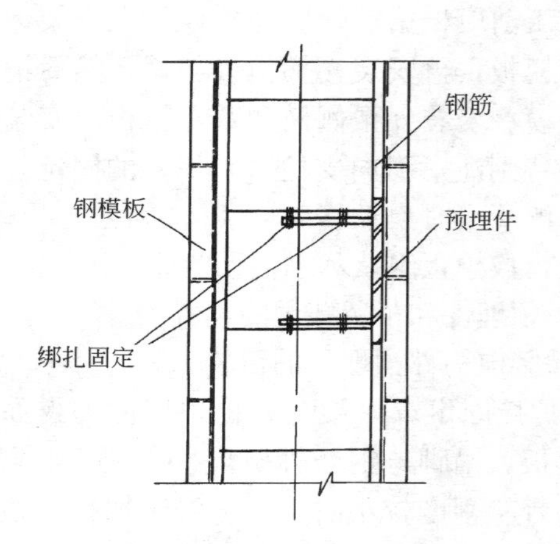

图 2-1-48　绑扎固定预埋件

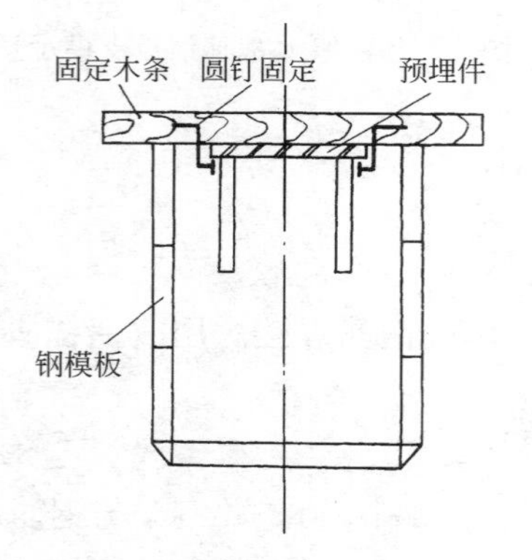

图 2-1-49　梁顶面圆钉固定预埋件

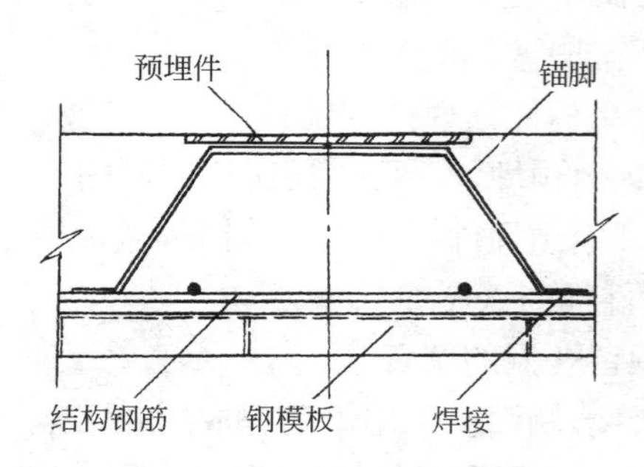

图 2-1-50　板顶面固定预埋件

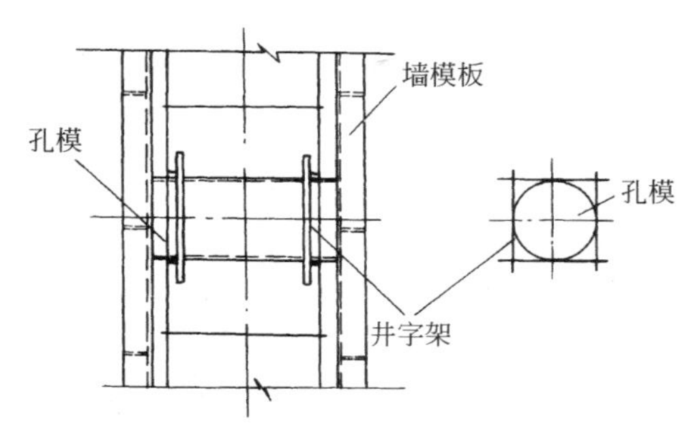

图 2-1-51 井字架固定孔模

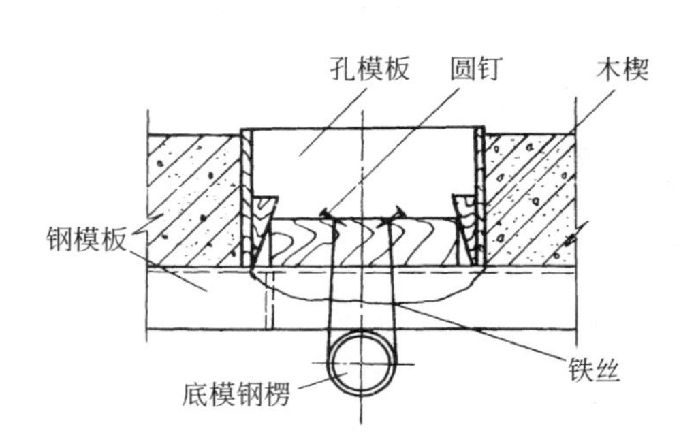

图 2-1-52 楼板用铁丝固定孔模

当楼板板面上留设较大孔洞时，留孔处留出模板空位，用斜撑将孔模支于孔边上(图2-1-54)。

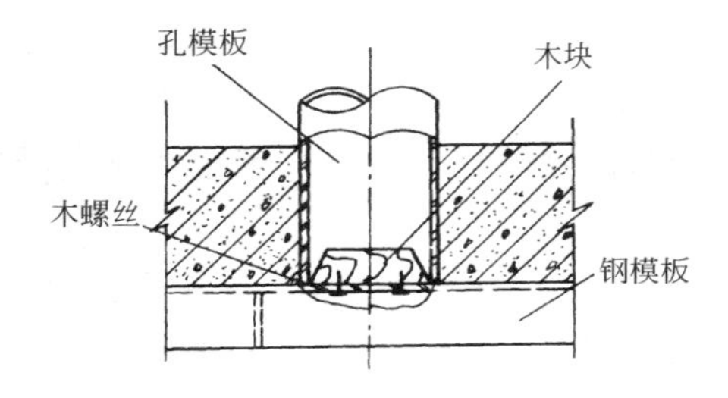

图 2-1-53 楼板用木螺丝固定孔模

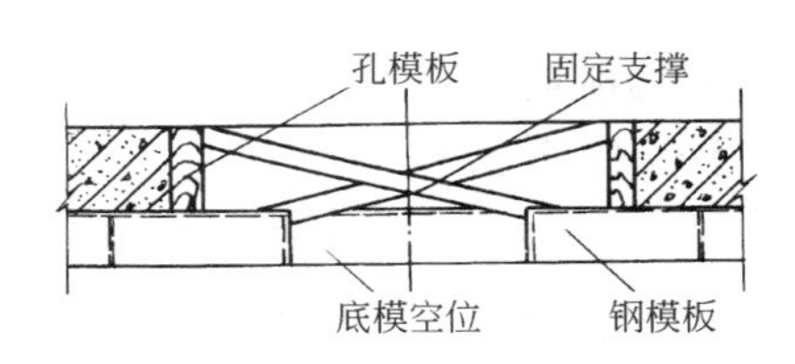

图 2-1-54 支撑固定方孔孔模

7. 钢模板工程安装质量检查及验收

(1) 钢模板工程安装过程中，应进行下列质量检查和验收：

1) 钢模板的布局和施工顺序；

2) 连接件、支承件的规格、质量和紧固情况；

3) 支承着力点和模板结构整体稳定性；

4) 模板轴线位置和标志；

5) 竖向模板的垂直度和横向模板的侧向弯曲度；

6) 模板的拼缝度和高低差；

7) 预埋件和预留孔洞的规格数量及固定情况；

8) 扣件规格与对拉螺栓、钢楞的配套和紧固情况；

9) 支柱、斜撑的数量和着力点；

10) 对拉螺栓、钢楞与支柱的间距；

11) 各种预埋件和预留孔洞的固定情况；

12) 模板结构的整体稳定；

13) 有关安全措施。

(2) 模板工程验收时，应提供下列文件：

1) 模板工程的施工设计或有关模板排列图和支承系统布置图；

2) 模板工程质量检查记录及验收记录；

3) 模板工程支模的重大问题及处理记录。

（3）关于模板安装的质量验收要求（包括预埋件、预留孔洞的允许偏差、预组装模板安装的允许偏差等），以及模板的拆除，参见本手册“2.4 模板安装质量验收要求”和“2.5 模板拆除”。

（4）施工安全要求

1）模板安装时，应切实做好安全工作，应符合以下安全要求：

① 模板上架设的电线和使用的电动工具，应采用36V的低压电源或采取其他有效的安全措施；

② 登高作业时，各种配件应放在工具箱或工具袋中，严禁放在模板或脚手架上；各种工具应系挂在操作人员身上或放在工具袋内，不得掉落；

③ 高耸建筑施工时，应有防雷击措施；

④ 高空作业人员严禁攀登组合钢模板或脚手架等上下，也不得在高空的墙顶、独立梁及其模板等上面行走；

⑤ 模板的预留孔洞、电梯井口等处，应加盖或设置防护栏，必要时应在洞口处设置安全网；

⑥ 装拆模板时，上下应有人接应，随拆随运转，并应把活动部件固定牢靠，严禁堆放在脚手板上和抛掷；

⑦ 装拆模板时，必须采用稳固的登高工具，高度超过3.5m时，必须搭设脚手架。装拆施工时，除操作人员外，下面不得站人。高处作业时，操作人员应挂上安全带；

⑧ 安装墙、柱模板时，应随时支撑固定，防止倾覆；

⑨ 预拼装模板的安装，应边就位、边校正、边安设连接件，并加设临时支撑稳固；

⑩ 预拼装模板垂直吊运时，应采取两个以上的吊点；水平吊运应采取四个吊点。吊点应作受力计算，合理布置；

⑪ 预拼装模板应整体拆除。拆除时，先挂好吊索，然后拆除支撑及拼接两片模板的配件，待模板离开结构表面后再起吊；

⑫ 拆除承重模板时，必要时应先设立临时支撑，防止突然整块坍落。

2）模板的拆除时，应符合以下安全要求：

① 模板拆除的顺序和方法，应按照配板设计的规定进行，遵循先支后拆，先非承重部位，后承重部位以及自上而下的原则。拆模时，严禁用大锤和撬棍硬砸硬撬；

② 先拆除侧面模板（混凝土强度大于1N/mm^2），再拆除承重模板；

③ 组合大模板宜大块整体拆除；

④ 支承件和连接件应逐件拆卸，模板应逐块拆卸传递，拆除时不得损伤模板和混凝土。

⑤ 拆下的模板和配件均应分类堆放整齐，附件应放在工具箱内。

8. 模板的运输、维修和保管

（1）运输

1）不同规格的钢模板不得混装混运。运输时，必须采取有效措施，防止模板滑动、倾倒。长途运输时，应采用简易集装箱，支承件应捆扎牢固，连接件应分类装箱。

2）预组装模板运输时，应分隔垫实，支捆牢固，防止松动变形。

3）装卸模板和配件应轻装轻卸，严禁抛掷，并应防止碰撞损坏。严禁用钢模板作其他非模板用途。

（2）维修和保管

1）钢模板和配件拆除后，应及时清除粘结的灰浆，对变形和损坏的模板和配件，宜采用机械整形和清理。钢模板及配件修复后的质量标准，见表 2-1-13 所示。

钢模板及配件修复后的质量标准　　表 2-1-13

	项　　目	允许偏差（mm）
钢模板	板面平整度	≤2.0
	凸棱直线度	≤1.0
	边肋不直度	不得超过凸棱高度
配　件	U形卡卡口残余变形	≤1.2
	钢楞和支柱不直度	≤L/1000

注：L 为钢楞和支柱的长度。

2）维修质量不合格的模板及配件，不得使用。

3）对暂不使用的钢模板，板面应涂刷隔离剂或防锈油。背面油漆脱落处，应补刷防锈漆，焊缝开裂时应补焊，并按规格分类堆放。

4）钢模板宜存放在室内或棚内，板底支垫离地面 100mm 以上。露天堆放，地面应平整坚实，有排水措施模板底支垫离地面 200mm 以上，两点距模板两端长度不大于模板长度的 1/6。

5）入库的配件，小件要装箱入袋，大件要按规格分类整数成垛堆放。

2.1.1.2 G70 型组合钢模板

G70 型组合钢模板是根据我国目前建筑模板状况，研究开发的一种比 55 型组合钢模板刚度大，整体性好的新产品。技术成果已列为国家科委重点推广项目，国家火炬计划优秀项目。

1. G70 型组合钢模板体系

G-70 组合钢模板体系包括散支散拆和组合式整体大墙模板。楼（顶）板早拆支撑体系模板，单轴和三轴铰链筒模，以及元柱箍可变截面柱模等。统称为 G-70 组合钢模板及早拆支撑体系。

G-70 组合钢模板由模板块、连接件、配件及早拆支撑系统组成。

（1）模板块。全部采用厚度为 2.75～3mm 厚优质薄钢板制成：四周边肋呈 L 形，肋高为 70mm，弯边宽度为 20mm；模板块内侧，每 300mm 设一条横肋，每 150～200mm 设一条纵肋。模板边肋及纵横肋上的连接孔为碟形，孔距为 50mm，采用板销连接，也可以用一对楔板或螺栓连接。

平面模板块的规格，标准块的宽度为 300mm 和 600mm 两种，非标准块的宽度为 250mm、200mm、150mm、100mm 四种，标准长度为 1500mm、1200mm、900mm 三种，总共 18 种规格（图 2-1-55）。其代号、规格、有效面积、重量详见表 2-1-14 所示。

（2）角模、连接角钢、调节板

1）阴角模：用于墙的内角，翼宽为 150mm×150mm，长度为 1500mm、1200mm、900mm 三种（图 2-1-56a），可与模板块、连接角钢、调节板拼装，其代号、规格、有效面积、重量详见表 2-1-15 所示。

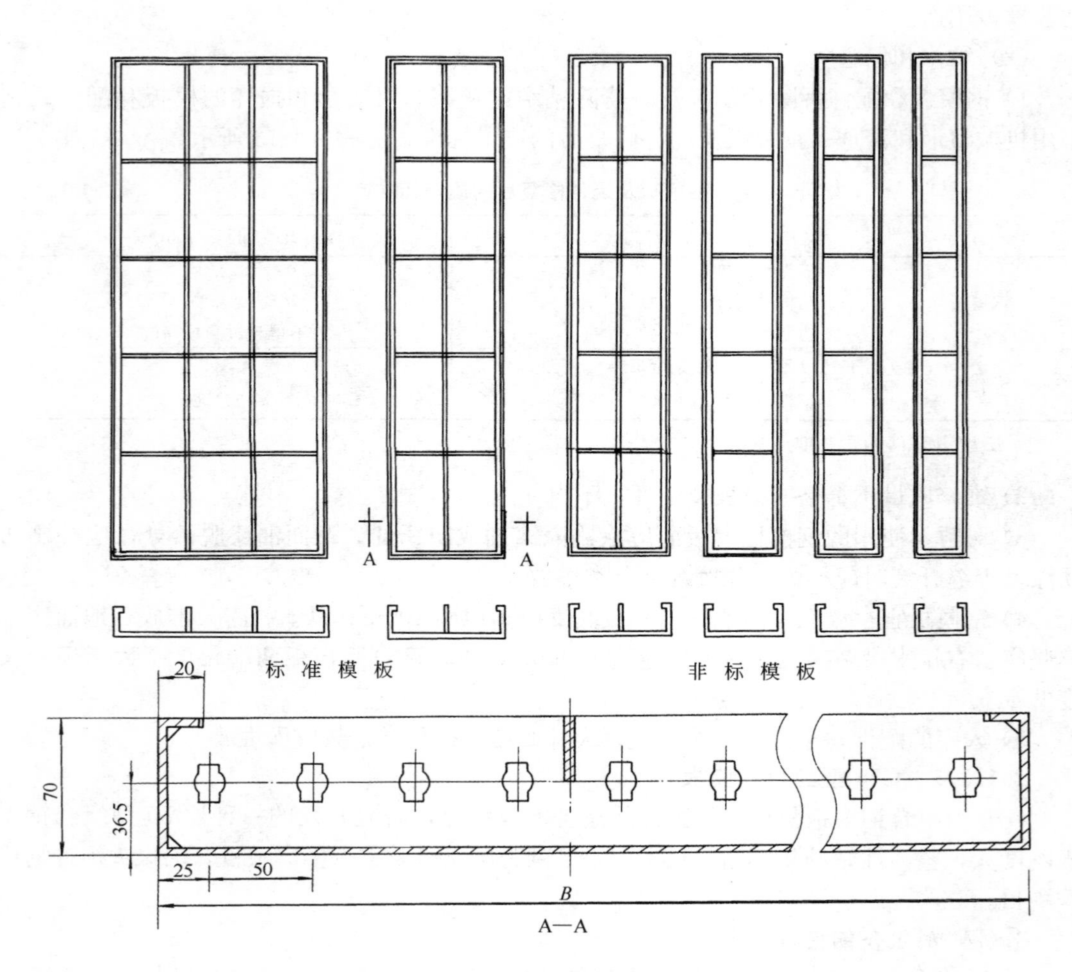

图 2-1-55 G-70 平面模板块示意图

G-70 组合钢模平面模板块规格一览表　　**表 2-1-14**

代号	规格 宽×长（mm）	有效面积 （m²）	重量（kg）	
			δ=3mm	δ=2.75mm
7P6009	600×900	0.54	23.28	21.34
7P6012	600×1200	0.72	30.61	28.06
7P6015	600×1500	0.90	37.92	34.76
7P3009	300×900	0.27	13.42	12.30
7P3012	300×1200	0.36	17.67	16.20
7P3015	300×1500	0.45	21.93	20.10
7P2509	250×900	0.225	11.16	10.23
7P2512	250×1200	0.30	14.76	13.53
7P2515	250×1500	0.375	18.35	16.82

续表

代号	规格 宽×长（mm）	有效面积 （m^2）	重量（kg）	
			δ=3mm	δ=2.75mm
7P2009	200×900	0.18	8.38	7.68
7P2012	200×1200	0.24	11.07	10.15
7P2015	200×1500	0.30	13.78	12.63
7P1509	150×900	0.135	6.97	6.39
7P1512	150×1200	0.18	9.23	8.46
7P1515	150×1500	0.225	11.48	10.52
7P1009	100×900	0.09	5.61	5.14
7P1012	100×1200	0.12	7.43	6.81
7P1015	100×1500	0.15	9.26	8.49

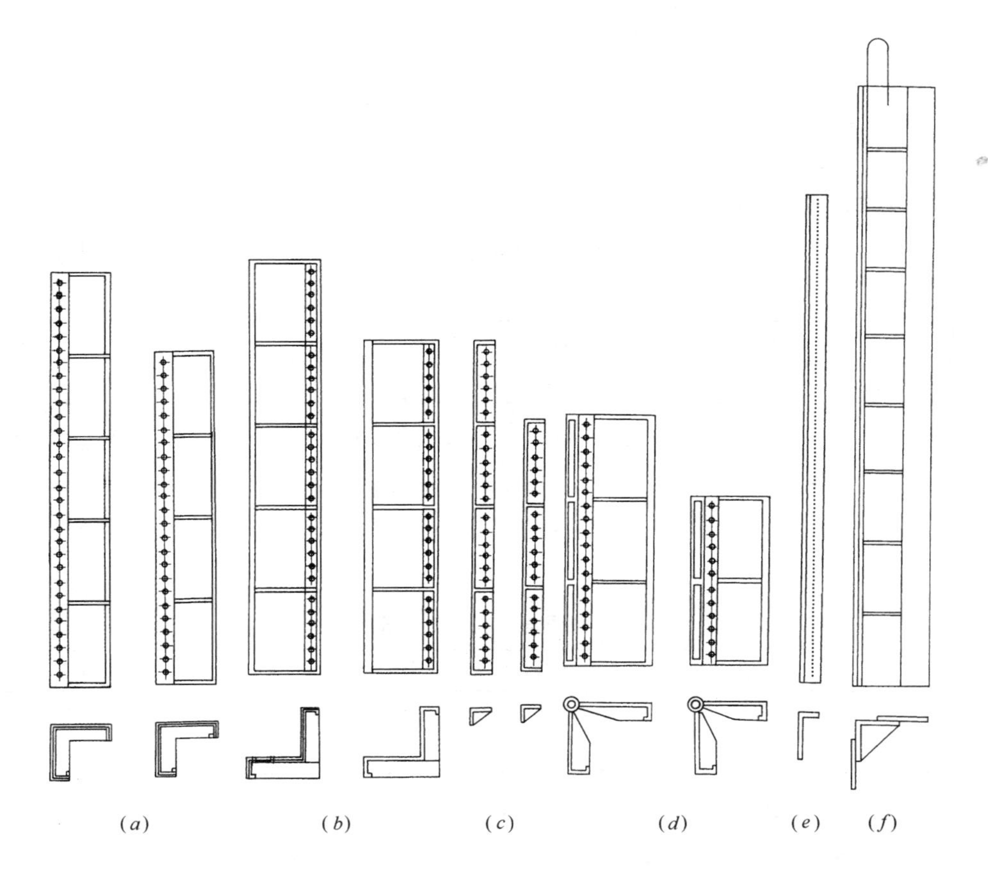

图 2-1-56　角模、连接角钢、调节板示意图

（*a*）阴角模；（*b*）阳角模；（*c*）连接角钢；（*d*）铰链角模；（*e*）L形调节板；（*f*）可调阴角模

阴角模规格一览表　　表 2-1-15

名　称	代　号	规　格 (mm)	有效面积 (m^2)	重　量 (kg)	
				δ=3mm	δ=2.75mm
阴角模	7E1509	150×150×900	0.27	11.06	10.14
	7E1512	150×150×1200	0.36	14.64	13.42
	7E1515	150×150×1500	0.45	18.20	16.69

2）阳角模：用于墙的外角，翼宽为 150mm×150mm，长度为 1500mm、1200mm、900mm 三种（图 2-1-56*b*）可与模板块、连接角钢、调节板拼装，其代号、规格、有效面积、重量详见表 2-1-16 所示。

阳角模规格一览表　　表 2-1-16

名　称	代　号	规　格 (mm)	有效面积 (m^2)	重　量 (kg)	
				δ=3mm	δ=2.75mm
阳角模	7Y1509	150×150×900	0.27	11.62	10.65
	7Y1512	150×150×1200	0.36	15.30	14.07
	7Y1515	150×150×1500	0.45	19.00	17.49

3）铰链角模：用于电梯井筒模阴角，翼宽为 150mm×150mm，长度为 900mm、600mm 两种（图 2-1-56*d*）可与模板块拼装，由于铰链角模角度可变，利于拆模。其代号、规格、有效面积、重量详见表 2-1-17 所示。

铰链角模规格一览表　　表 2-1-17

名　称	代　号	规格 (mm)	有效面积 (m^2)	重　量 (kg)
铰链角模	7L1506	150×150×600	0.18	11.00 (δ=4～5mm)
	7L1509	150×150×900	0.27	16.38 (δ=4～5mm)

4）可调阴角模：用于墙的阴角，翼宽为 180mm×180mm，可调量为 100mm，长度为 3000mm、2700mm 两种（图 2-1-56*f*），可与平面大模板配合使用，两翼分别与两块平模搭接，可起到调节模板长度的作用，也利于模板的支拆。其代号、规格、有效面积、重量详见表 2-1-18 所示。

可调阴角模规格一览表　　表 2-1-18

名　称	代　号	规格 (mm)	有效面积 (m^2)	重量 (kg)
可调阴角模	TE2827	280×280×2700	1.35	63.00 (δ=4mm)
	TE2830	280×280×3000	1.50	70.00 (δ=4mm)

5）L 形调节板：用于两块模板（平模与阴角模、平模与平模）的连接处，一翼翼宽为 74mm，另一翼翼宽分别为 130mm 或 80mm，长度为 3000mm 和 2700mm 两种，总共四种规格（图 2-1-56*e*），调节板的一翼与其中一块模板连接，一翼与另一块模板搭接，可起到调节模板长度的作用，也利于模板的支拆。其代号、规格、有效面积、重量详见表 2-1-19 所示。

L 形调节板规格一览表　　　　**表 2-1-19**

名　　称	代　　号	规格（mm）	有效面积（m^2）	重量（kg）
L 形调节板	7T0827	74×80×2700	0.135	15.36（δ=5mm）
	7T1327	74×130×2700	0.27	20.87（δ=5mm）
	7T0830	74×80×3000	0.15	17.07（δ=5mm）
	7T1330	74×130×3000	0.30	23.20（δ=5mm）

6）连接角钢：用于墙的外角，两翼的宽度均为 70mm，长度为 1500mm、1200mm、900mm 三种（图2-1-56*c*）。可在墙的外角处，将两块平模连接在一起成阳角，其代号、重量详见表 2-1-20 所示。

连接角钢规格一览表　　　　**表 2-1-20**

名　　称	代　　号	规　格　（mm）	重　量　（kg）
连接角钢	7J0009	70×70×900	4.02（δ=4mm）
	7J0012	70×70×1200	5.33（δ=4mm）
	7J0015	70×70×1500	6.64（δ=4mm）

（3）连接件及配件

1）连接件：包括：楔板、小钢卡、大钢卡、双环钢卡、板销等。

① 楔板：楔板是平面模板块、角模、调节板、连接角钢相互销定的连接件（图 2-1-57*a*），采用 4mm 厚钢板制作，两块楔板相互对楔就能将两块模板结合在一起，既牢固支拆又方便，其代号、规格、重量详见表 2-1-21 所示。

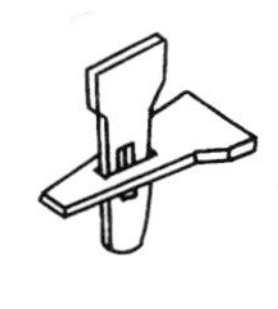

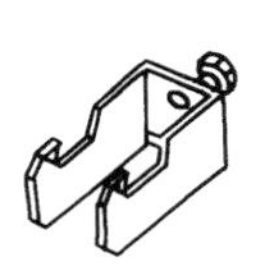

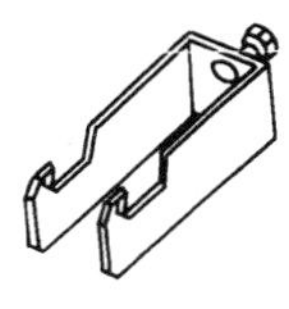

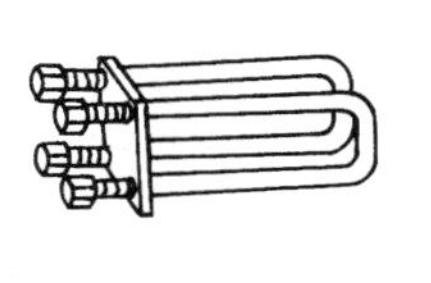

图 2-1-57　模板连接件示意图

（*a*）楔板；（*b*）小钢卡；（*c*）大钢卡；（*d*）双环钢卡；（*e*）板销

G-70 模板连接件规格一览表　　　　**表 2-1-21**

名　　称	代　　号	规格（mm）	重量（kg）
楔　　板	J01	1 对楔板	0.13
小 钢 卡	J02	卡 ϕ48	0.44
大 钢 卡	J03A	卡□50×100	0.64
大 钢 卡	J03B	卡⊏ 8 槽钢	0.60
双环钢卡	J04A	卡 2□50×100	2.40
双环钢卡	J04B	卡 2 个⊏ 8 槽钢	1.70
板　　销	J05	1 个楔板、1 个销键	0.11

② 小钢卡：小钢卡是模板块与圆钢管龙骨的连接件（图 2-1-57*b*），钢卡的一头与模板块的销眼钩住，另一头卡住圆钢管龙骨并用顶丝顶牢。小钢卡采用 4mm 厚钢板制作，

其代号、规格、重量详见表 2-1-21 所示。

③ 大钢卡：大钢卡是模板块与方钢管龙骨或槽钢龙骨的连接件（图 2-1-57*c*），钢卡的一头与模板块的销眼钩住，另一头卡住方钢管龙骨或槽钢龙骨，并用顶丝顶牢。大钢卡采用 4mm 厚钢板制作，其代号、规格、重量详见表 2-1-21 所示。

④ 双环钢卡：双环钢卡是组合大墙模板纵横两根方钢管龙骨或纵横两根槽钢龙骨的连接件（图 2-1-57*d*），双环钢卡的一头卡住一根横龙骨，另一头卡住一根纵龙骨，并采用螺栓与钢垫板锁紧。双环钢卡采用 8mm 厚钢板及 ϕ16 螺栓制作，其代号、规格、重量详见表 2-1-21 所示。

⑤ 板销：板销是与楔板配合使用的模板连接件（图 2-1-57*e*），板销从两块模板边肋上的销眼穿过，再用一块楔板从板销眼中穿过楔紧，即可将两块模板锁紧，板销采用 ϕ13 高强度圆钢制作，其代号、重量详见表 2-1-21 所示。

2）模板配件：模板配件是指将模板块组成整体大模板的部件，包括：平台支架、斜支撑、外墙挂架、钢爬梯、工具箱、吊环、塑料堵塞、方钢管龙骨、槽钢龙骨，圆钢管龙骨等。

① 平台支架：平台支架是整体大墙模板浇筑混凝土操作平台的支架（图 2-1-58*a*），平台支架上横梁钢住大墙模板顶部边肋的销眼，下横梁卡住模板的横肋，并用螺栓锁牢。制作材料分 A、B 型两种，A 型采用 40mm×40mm 方钢；B 型采用[5 槽钢，其护身栏立杆均采用 ϕ48 钢管制作。其代号、规格、重量详见表 2-1-22 所示。

G-70 组合钢模配件规格一览表　　**表 2-1-22**

名　称	代　号	规　格　(mm)	重　量　(kg)
平台支架	P01A	40×40 方钢管	11.07
	P01B	50×26 槽钢	13.10
斜支撑	P02A	ϕ60 钢管 1 底座 2 销轴卡座	30.64
	P02B	50×26 槽钢	12.82
外墙挂架	P03	[8 槽钢 ϕ48 钢管 T25 高强螺栓	65.84
钢爬梯	P04	ϕ16 钢筋	18.42
工具箱	P05	3 厚钢板	26.80
吊　环	P06	8 厚、ϕ12 螺栓 3 个	1.38

② 斜支撑：斜支撑是组合整件大墙模板调整模板垂直度及支撑的工具。斜支撑分 A、B 型两种（图 2-1-58*b*），A 型既可调整模板的垂直度，又可调整支撑与模板之间的距离；B 型仅能调整模板的垂直度。A 型采用 ϕ60 钢管及 ϕ38 丝杠制作；B 型采用[5 槽钢及 ϕ38 顶丝制作。其代号、规格、重量详见表 2-1-22 所示。

③ 外墙挂架：外墙挂架是外墙组合大模板的支撑平台支架（图 2-1-58*c*），悬挂在下一层的外墙上，外墙挂架靠墙一侧采用[8 槽钢制作，其余采用 ϕ48 钢管制作，悬挂外墙挂架的穿墙螺栓，采用高强度（T25）钢制作，其代号、规格、重量详见表 2-1-22 所示。

④ 钢爬梯：钢爬梯是组合大钢模操作平台上下人用的爬梯（图 2-1-58*d*），爬梯上端挂在平台支架水平钢管上，下端羊眼圈贴紧模板边肋的销眼，并用螺栓锁牢。其代号、规

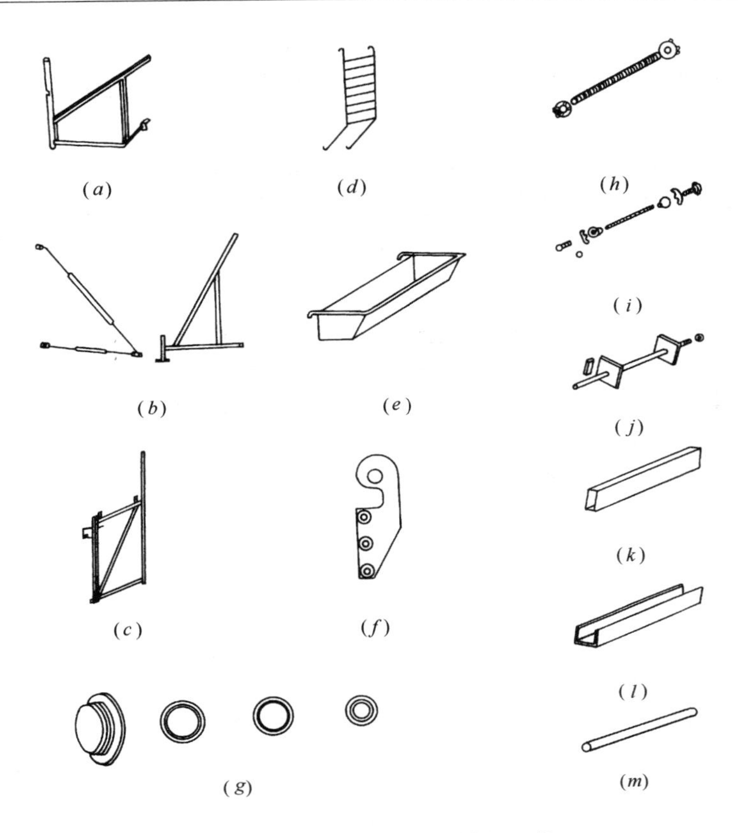

图 2-1-58 G-70 组合钢模板配件

(a) 平台支架；(b) 斜支撑 A、B 型；(c) 外墙挂架；(d) 钢爬梯；(e) 工具箱；(f) 吊环；(g) 塑料堵塞；(h) 对拉螺栓；(i) 组合对拉螺栓；(j) 锥形对拉螺栓；(k) 方钢管龙骨；(l) 槽钢龙骨；(m) 圆钢管龙骨

格、重量见表 2-1-22 所示。

⑤ 工具箱：工具箱是施工时支拆组合大模板存放工具及零配件用钢（图 2-1-58*e*），支托在组合大模板横龙骨上，并采用 ϕ12 螺栓锁在模板块的销眼上。工具箱采用 3mm 厚钢板 ϕ12 钢筋制作，其代号、规格、重量详见表 2-1-22 所示。

⑥ 吊环：吊环是用来吊装组合大模板挂钩的（图 2-1-58*f*），采用 8mm 厚钢板制作，下部三个螺栓眼采用 ϕ12 螺栓与组合大模板边肋上的销眼连接，上部圆孔是挂吊钩用的。其代号、规格、重量详见表 2-1-22。

⑦ 塑料堵塞：塑料堵塞是临时堵塞组合大钢模板穿墙螺栓孔用的（图 2-1-58*g*），采用塑料制作，其代号、规格、重量详见表 2-1-23 所示。

G-70 组合钢模板配件一览表 **表 2-1-23**

名　称	代　号	规格（mm）	重量（kg）
塑料堵塞	SS25	ϕ25	1/500 个
	SS18	ϕ18	
	SS16	ϕ16	

⑧ 穿墙螺栓：穿墙螺栓有对拉螺栓、组合对拉螺栓和锥形对拉螺栓三种（图 2-1-58*h*～图 2-1-58*j*），其性能各不相同。对拉螺栓使用时需附加套管，便于螺栓的安装和拆除，也利于螺栓的重复使用，采用 ϕ22 或 ϕ25 圆钢制作；组合对拉螺栓分三节，采用止水螺栓连接，使用时中间一节浇筑在混凝土墙体内，起到止水的作用，两个端节及止水螺栓可以拆除后重复使用，采用 ϕ16 圆钢制作；锥形对拉螺栓使用时不用附加套管，由于螺杆一头粗（ϕ30），一头细（ϕ26），利于螺栓的安装和拆除，采用 ϕ30 圆钢制作。其代号、规格、重量详见表 2-1-24 所示。

G-70 组合钢模板配件规格一览表　　**表 2-1-24**

名　称	代　号	规格（mm）	重量（kg）
对拉螺栓	DS2570	T25 L=700mm	3.35
	DS2270	T22 L=700mm	3.00
组合对拉螺栓	ZS1670	M16 L=650mm	2.14
锥形对拉螺栓	ZUS3096	ϕ26～30　L=965mm	7.12
	ZUS3081	ϕ26～30　L=815mm	6.29

⑨ 龙骨（背楞）：龙骨有方钢管龙骨、槽钢龙骨、圆钢管龙骨三种（图 2-1-58*k*、*l*、*m*），用于组合大钢模的背楞，方钢管龙骨采用 3mm 厚钢板定型生产，槽钢龙骨及圆钢管龙骨采用通用型材及管材，其代号、规格、重量详见表 2-1-25 所示。

G-70 组合钢模板配件一览表　　**表 2-1-25**

名　称	代　号	规　格　（mm）	重　量　（kg）
方钢管龙骨	LGA	□50×100　L 按需要	6.6/m
槽钢龙骨	LGB	[8 槽钢　L 按需要	8.04/m
圆钢管龙骨	LGC	ϕ48　L 按需要	3.84/m

(4) 早拆支撑系统

早拆支撑系统是由支撑楼（顶）板模板的早拆柱头，主次梁及支撑杆件组成。

1）柱头：有早拆柱头、多功能早拆柱头和可调托三种。

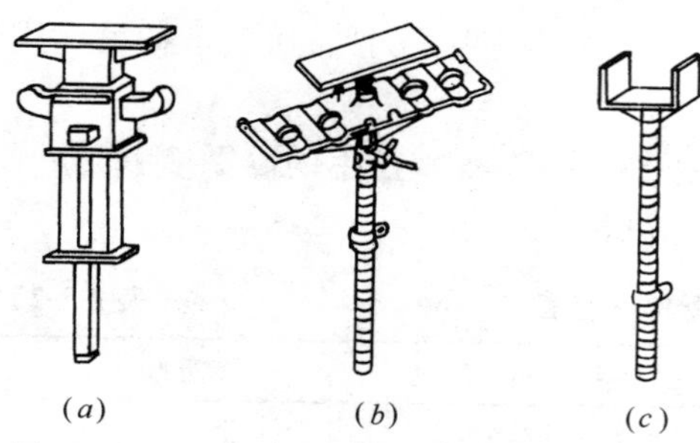

图 2-1-59　楼（顶）板模板支撑柱头示意图
(*a*) 早拆柱头；(*b*) 多功能早拆柱头；(*c*) 可调托撑

① 早拆柱头：早拆柱头为精密铸钢件，是用于支撑模板梁的支拆装置（图 2-1-59*a*）箱形主梁的梁头挂在柱头的梁托上，当楼板混凝土浇筑 3～4 天后（混凝土强度达到设计强度的 50%以上），可用锤子敲击柱头的支承板，使梁托下落 115mm。此时便可先拆除模板梁及模板，而柱头顶板仍然支顶着现浇楼板，直到混凝土强度增长到符合规范允许拆模数值为止。柱头的承载力为 35.3kN，其代号、规格、重量详见表 2-1-26 所示。

早拆支撑配件（柱头）规格一览表　　表 2-1-26

名　称	代　号	规　格　(mm)	重　量　(kg)
早拆柱头	ZTOA	70 型	4.26
多功能早拆柱头	ZTOB	多功能型	7.83
可调托撑	KLT300	可调范围 0～300	6.10
可调托撑	KLT600	可调范围 0～600	8.35

② 多功能早拆柱头：多功能早拆柱头（图 2-1-59*b*），是在早拆柱头原理基础上研制成可与□50×100 方钢管、槽钢、方木支撑梁配合使用的早拆装置，既适用于支撑 G-70 组合钢模板，也适用于支撑 55 型钢模板，木模板、胶合板模板以及其他类型的模板，故称为多功能早拆柱头。采用铸钢和 ϕ38 丝杠制作，其代号、规格、重量详见表 2-1-26 所示。

③ 可调托撑：可调托撑（图 2-1-59*c*），是一种不能早拆的柱头，但可调节高度，可与不同材质、不同规格的支撑梁配合使用。可调托撑采用 ϕ38 丝杠与 6mm 厚钢板制作，其代号、规格、重量详见表 2-1-26 所示。

2）主、次梁：包括：箱形主梁、悬臂梁头及次梁头。

① 箱形主梁（图 2-1-60*a*）：为 3mm 厚钢板空腹结构，上端有 50mm 宽的翼缘，安装后上表面与模板面平，两侧翼缘用于支设模板块，两端通过舌头挂在柱头的梁托上，其代号、规格、重量详见表 2-1-27 所示。

② 悬臂梁头：悬臂梁头（图 2-1-60*b*），采用 ϕ48 钢管及 4mm 厚钢板制作，用作端头非标准模板的支撑。它与模板箱形主梁一样，当梁头挂在柱头的梁托上支起后，能够自锁不会脱落。梁体为木质，其代号、规格、重量详见表 2-1-27 所示。

③ 次梁头：次梁头（图 2-1-60*c*），采用 4mm 厚钢板制作，用于无边框模板系统，梁头挂在箱形主梁的翼缘上（图 2-1-61），梁体为木质，其代号、规格、重量详见表 2-1-27 所示。

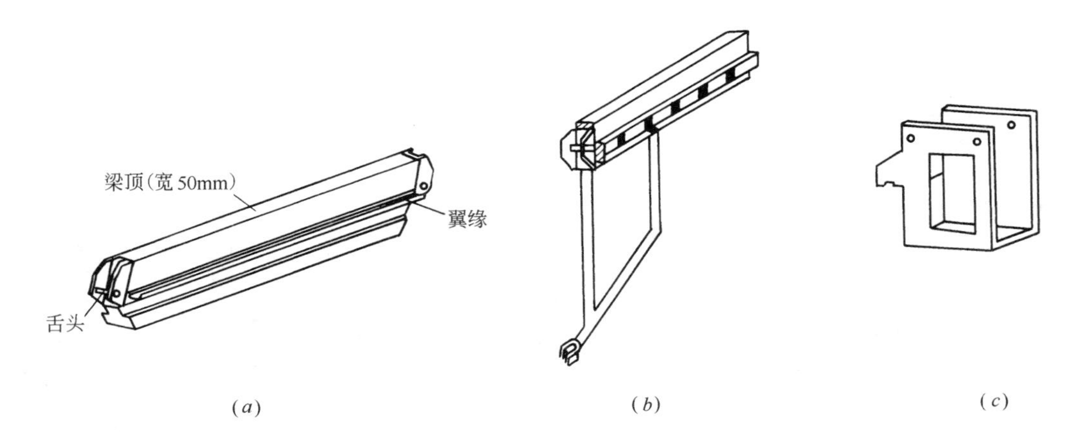

图 2-1-60　楼（顶）板模板主次梁示意图
（*a*）箱形梁；（*b*）悬臂梁头；（*c*）次梁头

支撑配件（主次梁）规格一览表　　表 2-1-27

名　称	代　号	规　格　(mm)	重　量　(kg)
箱形主梁	7L185	柱心距 1850	14.10
	7L155	柱心距 1550	11.95
	7L125	柱心距 1250	9.7
	7L095	柱心距 950	7.53
悬臂梁头	7XL	70 型	5.90
次梁头	7CL	70 型	0.85

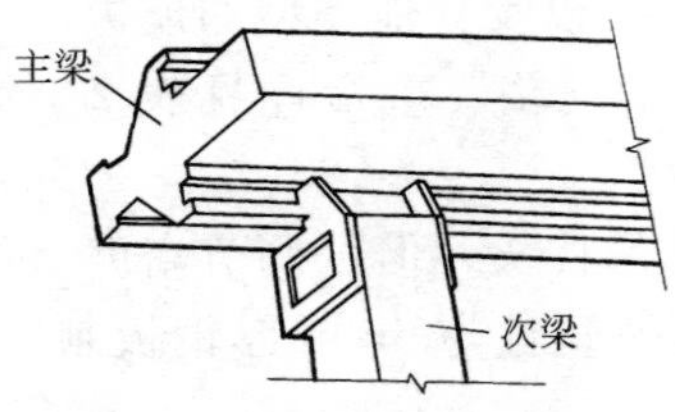

图 2-1-61　主次梁连接及次梁示意图

④ 方钢管梁及槽钢梁：方钢梁及槽钢梁与组合整体大墙模板方钢管龙骨及槽钢龙骨相同（图 2-1-58*k*、*l*）。其代号、规格、重量详见表 2-1-25 所示。

3）支撑杆件：包括立杆、横杆、斜杆、地脚调节丝杠、立杆销。

① 立杆：用于支设楼（顶）板模板的垂直支撑（图 2-1-62*a*），每 600mm 有一个碗扣，以便与横杆连接。当横杆间隔为 1.5m 时，每根立杆可承受荷载 35.3kN。其代号、规格、重量详见表 2-1-28 所示。

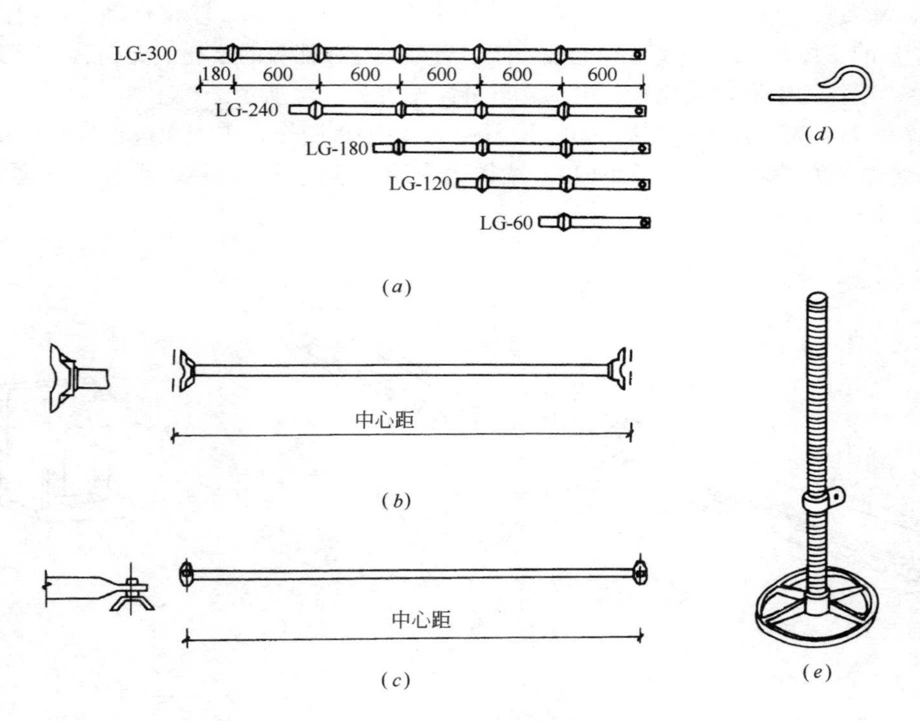

图 2-1-62　楼（顶）板模板支撑杆件示意图

(*a*) 立杆；(*b*) 横杆；(*c*) 斜杆；(*d*) 立杆销；(*e*) 地脚调节丝杠

楼顶板模板支撑杆件及配件规格一览表 表 2-1-28

名　称	代　号	规　格 (mm)	重　量 (kg)
立　杆	LG300	有效 L=3000	16.68
	LG240	有效 L=2400	13.45
	LG180	有效 L=1800	10.35
	LG120	有效 L=1200	7.20
	LG060	有效 L=600	4.00
横　杆	HG185	心距 1850	7.46
	HG155	心距 1550	6.32
	HG125	心距 1250	5.16
	HG95	心距 950	3.95
	HG65	心距 650	2.78
斜　杆	XG300	心距 3000 2400×1800	13.10
	XG258	心距 2581 1850×1800	11.46
	XG220	心距 2205 1850×1200	10.00
	XG237	心距 2375 1550×1800	10.70
	XG196	心距 1960 1550×1200	9.10
	XG173	心距 1733 1250×1200	8.20
立杆销	LX	ϕ10	0.125
地脚调节丝杠	TG060A	T38 L=760	6.9
	TG060B	T36 L=760	6.13
	TG050A	T38 L=660	6.1
	TG050B	T36 L=660	5.47
	TG030A	T38 L=460	4.7
	TG030B	T36 L=460	4.19

② 横杆：用于支设楼顶板模板的水平横撑（图 2-1-62*b*），横杆的两端焊有连接销，以便与立杆的碗扣连接。其代号、规格、重量详见表 2-1-28 所示。

③ 斜杆：用于支设楼顶板模板的斜撑（图 2-1-62*c*），斜杆两端焊有旋转连接销，以便与立杆的碗扣连接，其代号、规格、重量详见表 2-1-28 所示。

④ 立杆销：立杆销为立杆连接的锁定配件（图 2-1-62*d*），其代号、重量详见表 2-1-28 所示。

⑤ 地脚调节丝杠：地脚调节丝杠是楼（顶）板模板的垂直地脚支撑杆件（图 2-1-62*e*），可调节垂直高度，也便于模板找平，其代号、规格重量详见表 2-1-28 所示。

4）柱模配件：由 G-70 平面钢模板、加强板、板销、斜支撑等组成。除加强板外均采用墙体模板块及配件。加强板（图 2-1-63），采用 4mm 厚钢板制作。其代号、规格、重量详见表 2-1-29。

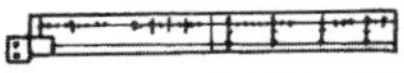

图 2-1-63 柱模加强板示意图

柱模配件规格一览表 表 2-1-29

名　称	代　号	规格 (mm)	重量 (kg)
柱模加强板	ZGOA12	L=1200，4 根一组	21.84
柱模加强板	ZGOA09	L=900，4 根一组	17.04

2. G-70 组合钢模板组合

(1) 组合式整体墙模板

1) 模板的组成；组合式整体大墙模由 G-70 组合钢模板平面模板块、50×100 方钢管纵横龙骨、模板连接件、操作平台支架、斜支撑等组成。见图 2-1-64 所示。

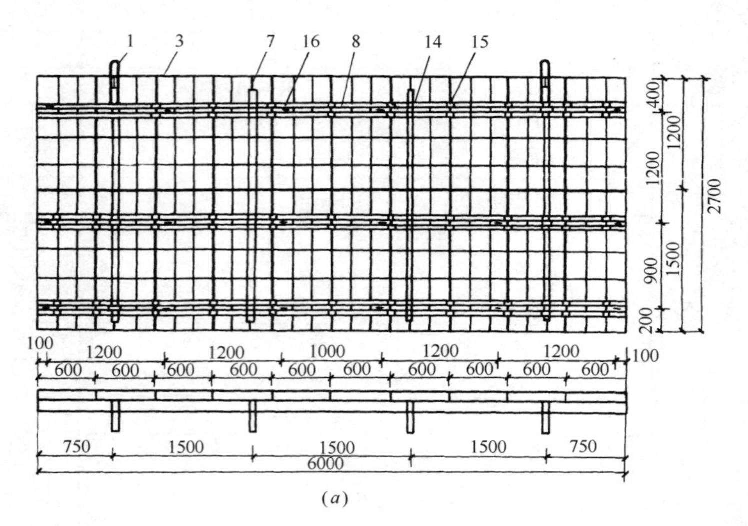

(a)

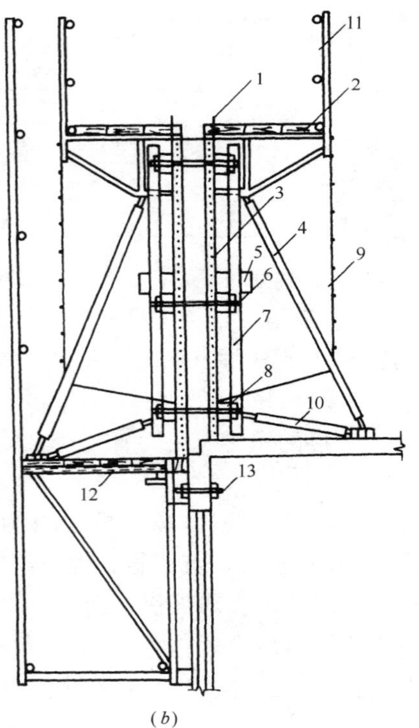

(b)

图 2-1-64 组合式整体大模板

(a) 拼装示意；(b) 内外墙大模板组合

1—吊环；2—操作平台；3—平面模板块；4—斜支撑斜杆；5—工具箱；6—穿墙对拉螺栓；7—(50×100)方钢管纵龙骨；8—(50×100)方钢管横龙骨；9—钢筋爬梯；10—斜支撑横杆；11—护身栏立杆；12—外墙挂架；13—高强度穿墙对拉螺栓；14—双环钢卡；15—大钢卡；16—穿墙螺栓孔

2）模板的配制：G-70组合钢模板可根据墙体不同的构造，灵活地进行模板组拼，见图2-1-65。

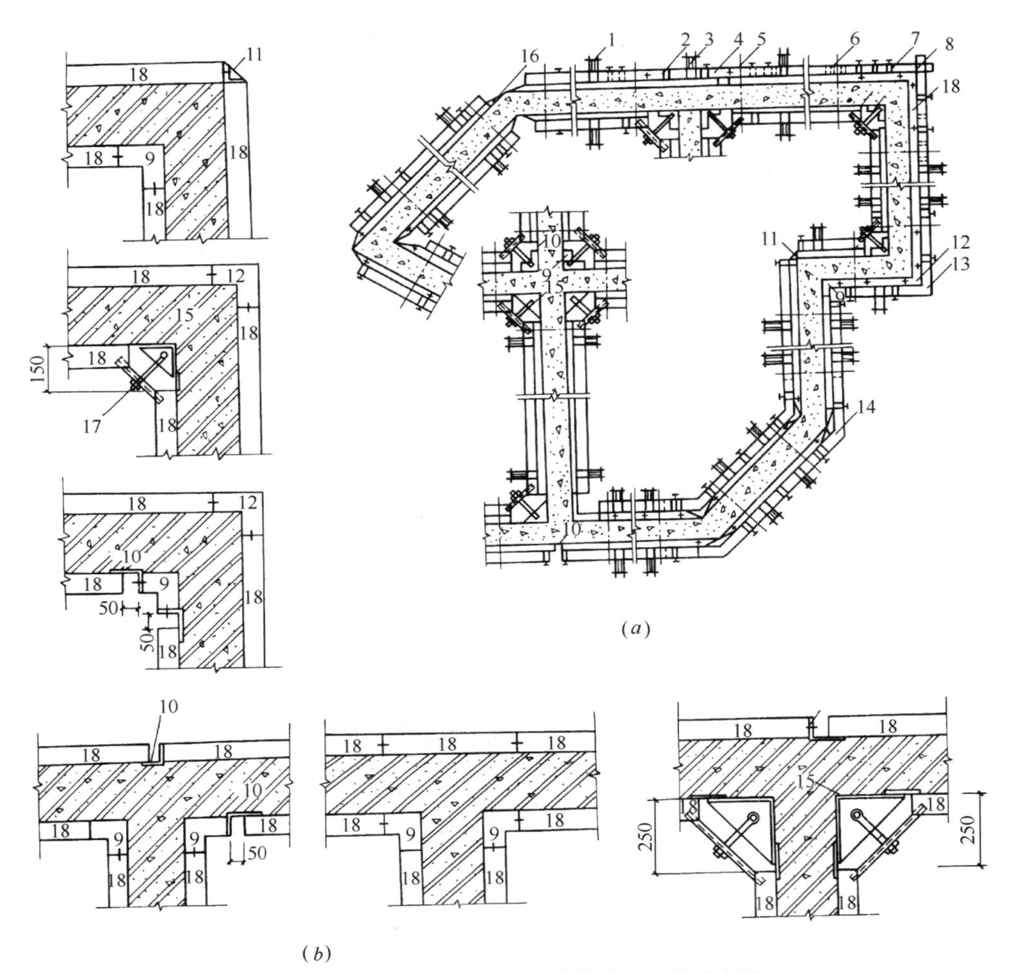

图2-1-65 G-70组合钢模板墙体模板配模示意图

（a）总体配模情况；（b）详图

1—双环钢卡；2—大钢卡；3—竖龙骨；4—横龙骨；5—穿墙螺栓；6—小钢卡；7—ϕ48钢管；8—马钢扣件；9—阴角模；10—L形可调板；11—连接角钢；12—阳角模；13—L形龙骨；14—异形龙骨；15—可调阴角模；16—铰链角模；17—钩头螺栓；18—平面模板

3）墙体模板对拉螺栓的布置：墙体模板对拉螺栓的布置，按每根对拉螺栓所承担的拉力不超过每平方米墙体混凝土产生的侧压力进行设置，垂直方向其间距为600～900mm，水平方向其间距小于1200mm，模板上下、左右两端与对拉螺栓的距离不大于300mm。当墙体混凝土侧压力等于50kN/m^{2}时，各种高度墙体模板对拉螺栓的布置见图2-1-66。

（2）单轴铰链筒模

单轴铰链筒模是由标准的G-70平面模板、模板连接件、紧固件、单轴铰链、花篮螺栓式脱模器、纵横龙骨等组成。适用于电梯井筒模或筒体结构工程的施工。见图2-1-67所示。

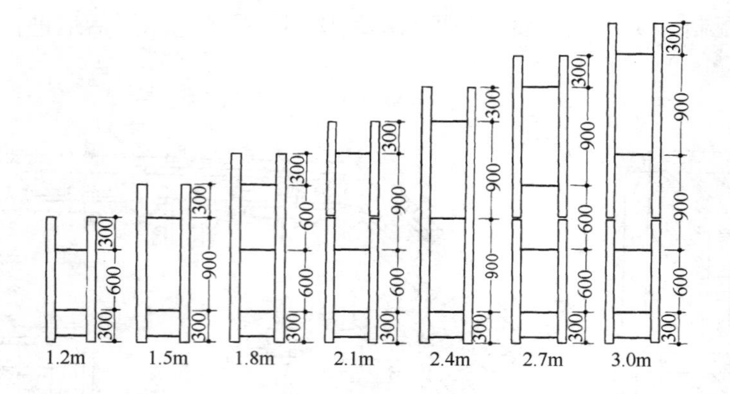

图 2-1-66　各种高度墙体模板对拉螺栓布置示意图（混凝土侧压力 50kN/m²）

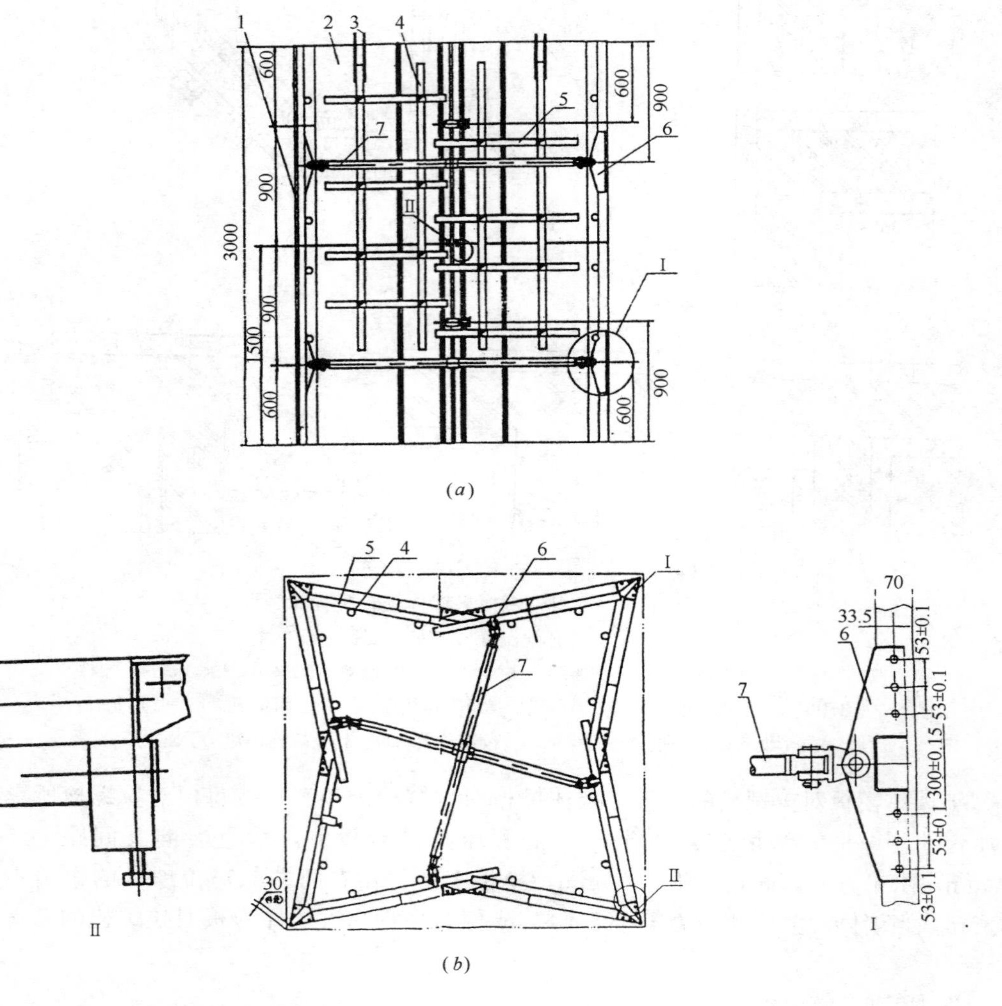

图 2-1-67　单轴铰链同模平、立面及施工现场图

（a）单轴铰链筒模立面；（b）单轴铰链筒模平面

1—单轴铰链角模；2—吊环；3—平面模板块；4—立龙骨；5—横龙骨；6—连接板；7—脱模器

脱模时，通过旋转花篮螺栓脱模器，牵动斜对两片大模板向内移动，使单轴铰链收缩，达到脱模的目的，支模时，反转花篮螺栓脱模器，使斜对两片大模板向外推移，使单轴铰链伸张，达到支模的目的。

（3）三轴铰链筒模

三轴铰链筒模以 G-70 标准模板、三轴铰链和花篮螺栓脱膜器，组成不同开间和进深尺寸的筒模，适用于电梯井和筒体结构施工。见图 2-1-68 所示。

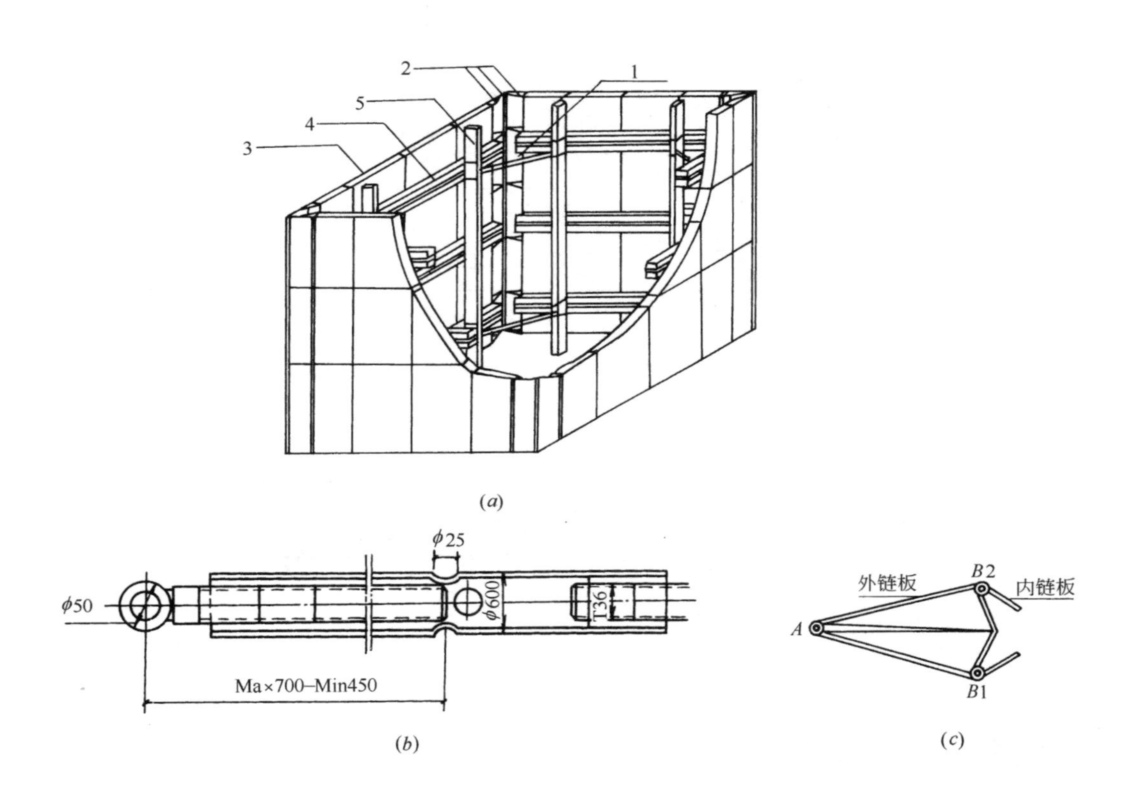

图 2-1-68 立轴铰链筒模板

（a）筒模构造示意图；（b）花篮螺栓脱模器；（c）三轴铰链示意图

1—脱模器；2—三轴铰链；3—模板；4—方钢横龙骨；5—方钢纵龙骨

这种筒模整体刚度大，不易变形；能整体吊装；有配套的作业平台容易脱模和安装。

（4）电梯井筒模工作平台、电梯井筒模工作平台由主、次梁、支腿组件、托板、支承架、吊环、面板等部件组成（图 2-1-69 和图 2-1-70）。是支承筒模和支拆筒模的工作平台。

提升时，将塔吊挂钩钩住吊环后，起吊使整个平台上升，支腿借筒体的力量下垂，待支腿上升到上一层预留洞时，自动弹入洞内，再将工作平台落实，支腿放平，整个工作平台提升完毕，即可吊运筒模和进行支模的工作。

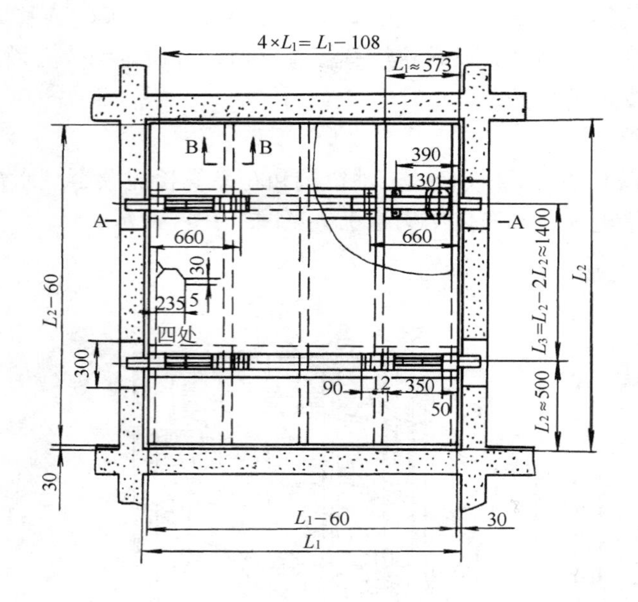

图 2-1-69　电梯井工作平台平面、剖面及主梁示意图（一）

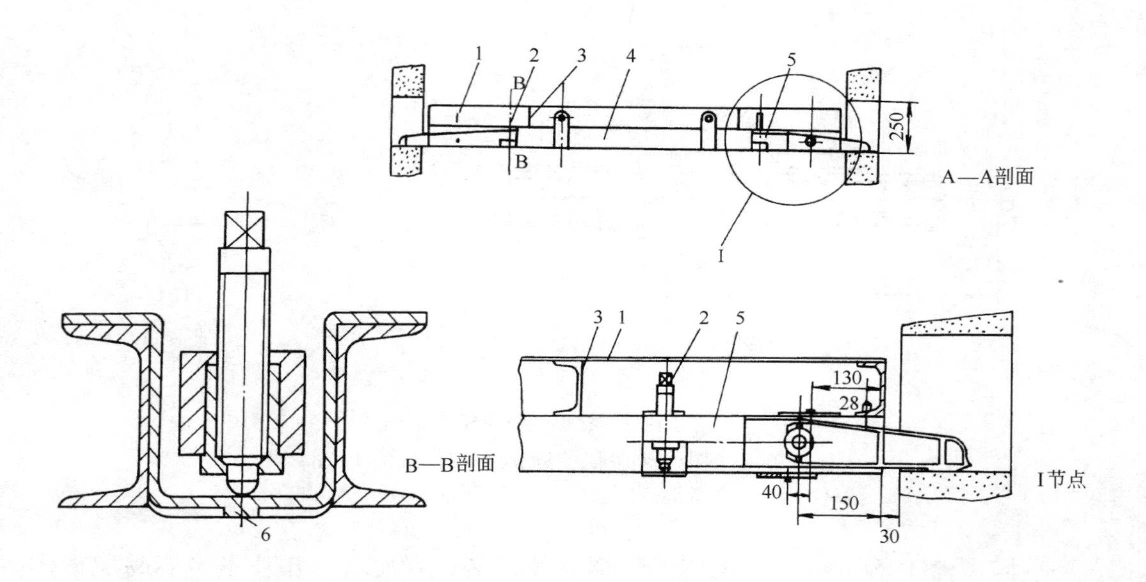

图 2-1-70　电梯井工作平台平面、剖面及主梁示意图（二）

1—面板；2—螺杆；3—次梁；4—主梁；5—支腿组件；6—托板

2.1.2　钢框胶合板模板

2.1.2.1　GZ90 钢框胶合板模板

该模板体系由组合模板、多功能早拆托座、箱形模板支承梁和多功能门式脚手架组成。

1. GZ90 组合模板

模板的边框高度为 90mm，它具有刚度大、承载力高和重量轻的特点。

① 平面模板：平面模板、宽度分为 200mm、300mm 和 600mm 三种，其中 600mm 为标准块的宽度；常用的长度为 1200mm、1500mm 和 1800mm 三种。规格尺寸见表 2-1-30。

GZB-90 平面模板的常用规格 **表 2-1-30**

序号	代　号	规格尺寸 宽×长×高（mm）	每块面积 （m^2）	每块重量 （kg）
1	P6018	600×1800×90	1.08	27.73
2	P6015	600×1500×90	0.90	23.65
3	P6012	600×1200×90	0.72	19.59
4	P3018	300×1800×90	0.54	14.99
5	P3015	300×1500×90	0.45	12.62
6	P3012	300×1200×90	0.36	10.26
7	P2018	200×1800×90	0.36	12.07
8	P2015	200×1500×90	0.30	10.15
9	P2012	200×1200×90	0.24	8.24

模板钢框由 2～2.5mm 厚冷轧锰钢板轧制成型的边框、纵横肋焊接而成（图 2-1-71）。

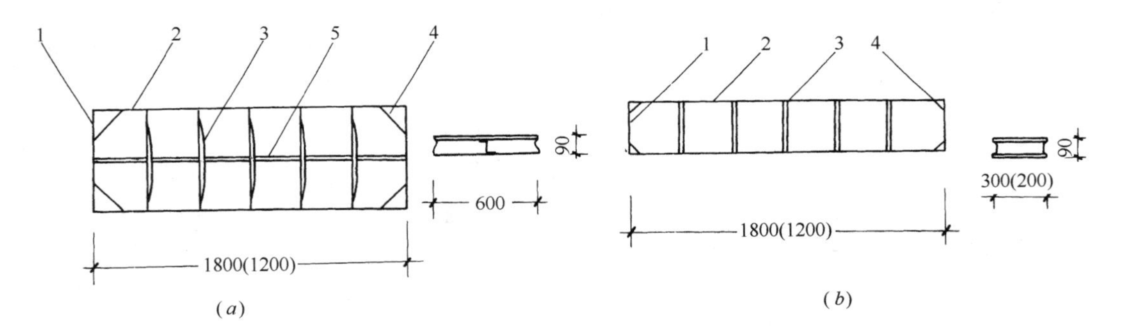

图 2-1-71　90 系列模板钢框

（a）标准块模板钢框；（b）小块模板钢框

1—短边框；2—长边框；3—横肋；4—加强角；5—纵肋

边框的高度为 90mm，其上设有供组合用的销孔。

面板采用单片木面覆膜竹芯胶合板和竹编覆膜胶合板两种。前一种是用竹片纵横交错组坯胶合成板，经定厚砂光后两面贴薄木单板及三聚氰胺浸渍纸胶压制而成，厚度为 12mm，表面平整光洁，能满足清水混凝土模板的要求，周转使用为 100 次左右；后一种是用竹片编织后经层压组坯，双面覆膜，上胶压制而成，厚度为 12mm，表面比较平整，周转使用次数为 60 次左右。

两种面板及标准模板的物理力学性能见表 2-1-31、表 2-1-32 所示。

表 2-1-31

序号	项　目	单　位	单片木面覆膜竹芯胶合板	竹编覆膜胶合板
1	纵向弹性模量	N/mm^2	10000	9000

续表

序号	项　目	单　位	单片木面覆膜竹芯胶合板	竹编覆膜胶合板
2	横向弹性模量	N/mm²	7000	6000
3	纵向静曲强度	N/mm²	98	85
4	横向静曲强度	N/mm²	65	50
5	含 水 率	%	≤12	≤10
6	密　度	t/m³	0.95	1.0
7	胶 合 强 度		水煮3h不开胶	

表 2-1-32

序　号	模板尺寸（mm）	支点距离（mm）	容许承载力（kN/m²）
1	600×1800×90	1800	15
2	600×1800×90	1200	35
3	600×1800×90	900	70
4	600×1800×90	600	80

面板通过铝铆钉或自攻螺钉固定在模板钢框上。

模板块相互之间的组装连接，可采用模板销（图 2-1-72）。

② 角模。阴角模截面尺寸为 150mm×150mm×90mm、阳角模截面尺寸为 90mm×90mm（图 2-1-73）。常用的长度为 1200、1500 和 1800mm，其规格尺寸见表 2-1-33。

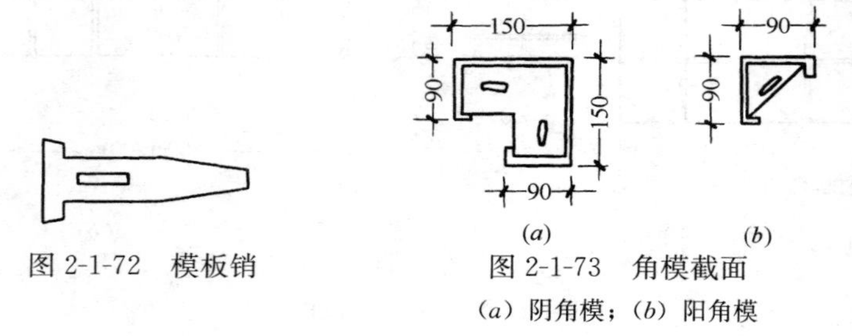

图 2-1-72　模板销

图 2-1-73　角模截面
（a）阴角模；（b）阳角模

表 2-1-33

序　号	代　号	宽×宽×长（mm）	每块面积（m²）	每块重量（kg）
1	E1518	150×150×1800	0.54	16.56
2	E1515	150×150×1500	0.45	13.70
3	E1512	150×150×1200	0.36	10.85
4	Y0918	90×90×1800	—	5.98
5	Y0915	90×90×1500	—	5.00
6	Y0912	90×90×1200	—	4.03

角模材料为 2～2.5mm 厚冷轧锰钢板。

2. 多功能早拆托座

早拆托座，亦称快拆托座，是实现早期拆模加快模板周转的专用部件。它既具有早期拆模的功能，又具有调节支承高度等功能，因此称为多功能早拆托座。多功能早拆托座有卡板式、销轴式和螺旋式三种，前两种采用较多。现以卡板式为例介绍如下：

(1) 卡板式多功能早拆托座的构造，见图 2-1-74 所示。其中托杆为圆柱状，采用 45 号或 Q235 圆钢加工制成，下部一段长度内带有螺纹，中部的挡板是托杆的一部分，顶端焊有顶板，安装在上、下挡板之间的托板与卡板可以上下滑动。

(2) 多功能早拆托座的规格，见表 2-1-34 所示。

(3) 多功能早拆托座的承载力为 75kN，安全系数为 2.0。

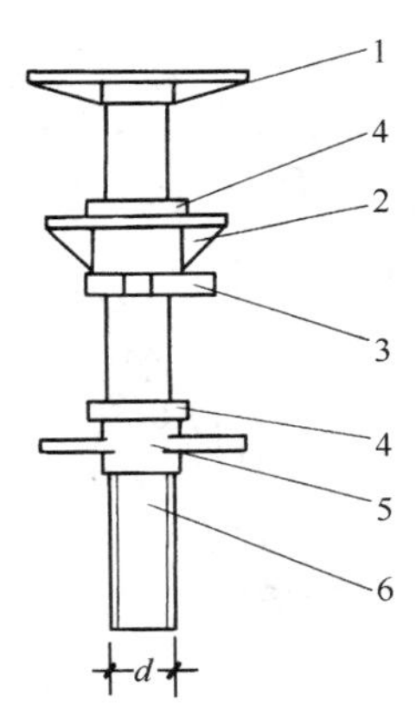

图 2-1-74 早拆托座
1—顶板；2—托板；3—卡板；4—挡板；5—螺母；6—托杆

3. 箱型支承梁

模板支承梁是箱型结构，具有刚度大、承载力高、重量较轻的特点，它由上梁体、下梁体、梁体加强筋与梁头支承构成（图 2-1-75）。梁体由 2.0mm 厚冷轧钢板冷弯成型后组焊而成，其规格见表 2-1-35 所示。

图 2-1-76 是悬臂支承梁，由梁体及钢管组焊而成，长度有 300mm、450mm 两种。

4. 多功能门式脚手架

多功能门式脚手架是模板体系中的垂直支撑，主要由门式架、加荷座、三角支架与连接棒、自锁销钩、斜拉杆、水平拉杆等组成（图 2-1-77）。

多功能门式脚手架规格 表 2-1-34

序号	代号	钢管外径 D (mm)	托杆直径 d (mm)	托座长度 (mm)	重量 (kg)
1	GZT38×400	48	38	400	4.8
2	GZT38×450	48	38	450	5.2
3	GZT38×550	48	38	550	6.0
4	GZT38×650	48	38	650	6.8
5	GZT38×750	48	38	750	7.6
6	GZT34×400	42	34	400	4.35
7	GZT34×450	42	34	450	4.7
8	GZT34×550	42	34	550	5.4
9	GZT34×650	42	34	650	6.1
10	GZT34×750	42	34	750	6.8

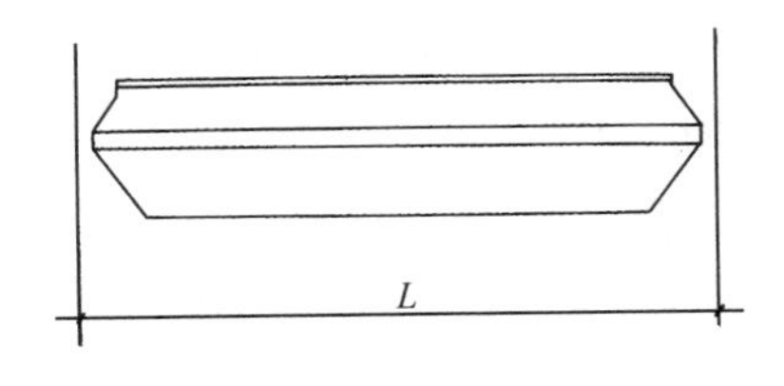

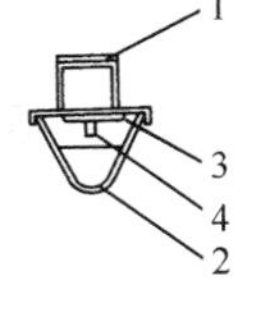

图 2-1-75 模板支承梁
1—上梁体；2—下梁体；3—加强筋；4—梁头支承

箱形支承架规格 表 2-1-35

序号	代号	长度 (mm)	重量 (kg)
1	L1800	1800	17.0
2	L1500	1500	14.2
3	L1200	1200	11.5

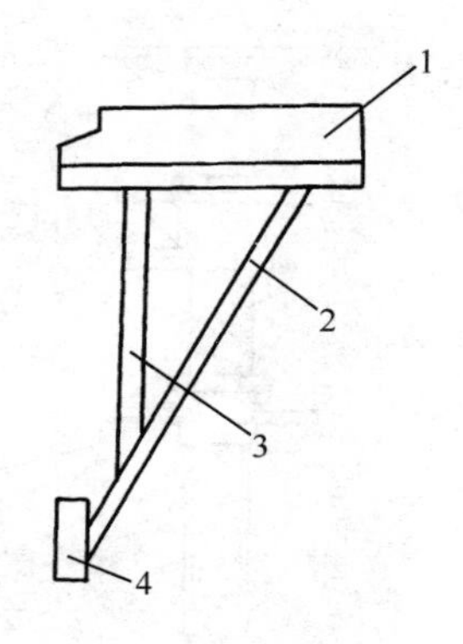

图 2-1-76　悬臂支承梁
1—梁体；2—斜杆；3—直杆；
4—底杆

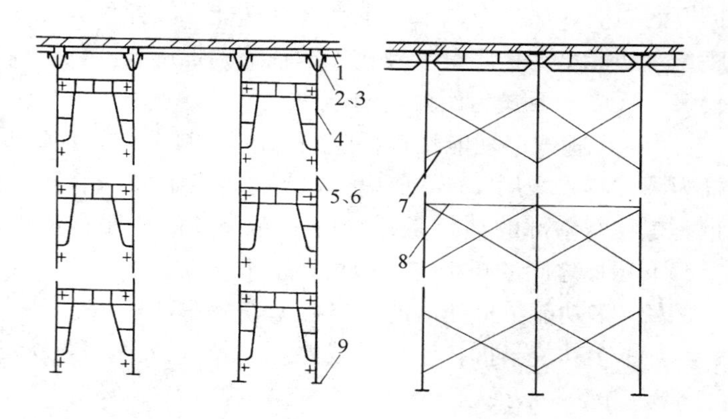

图 2-1-77　门架支撑
1—组合模板；2—支承梁；3—多功能早拆托座；
4—门式架；5—连接棒；6—自锁销钩；
7—斜拉杆；8—水平拉杆；9—底座

（1）门架

1）标准型门架（简称标准架）：它的上部由两根横杆与几根腹杆组焊在立杆之间，形成一个构架式横梁，在横梁与立杆之间设有供装拆攀登用的脚手杆，常用规格见表 2-1-36 所示。

2）调节型门架（简称调节架或简易型门架）：调节架的高度较小，可以与标准架配合使用，也可单独使用，常用规格见表 2-1-37 所示。

标准门架规格　　　　**表 2-1-36**

简　图	系列	代　号	B（mm）	H（mm）	重量（kg）
B H 1 2 3 4 5 6 1—立杆；2—上横杆； 3—腹杆；4—下横杆；5—脚手杆；6—止退销	ϕ48	M1200(1250)×1800	1200 (1250)	1800	21.3 (21.6)
		M1200(1250)×1500	1200 (1250)	1500	18.8 (19.1)
		M900(950)×1800	900 (950)	1800	19.6 (19.9)
		M900(950)×1500	900 (950)	1500	17.1 (17.4)
	ϕ42	M1200×1800	1200	1800	18.2
		M1200×1500	1200	1500	16.2
		M900×1800	900	1800	16.5
		M900×1500	900	1500	14.5

调节型门架规格 表 2-1-37

简图	系列	代号	B(mm)	H(mm)	重量(kg)
1—立杆；2—上横杆；3—腹杆；4—下横杆；5—止退销	ϕ48	M1200(1250)×1200	1200 (1250)	1200	15.1 (15.4)
		M1200(1250)×900	1200 (1250)	900	13.2 (13.5)
		M1200(1250)×600	1200 (1250)	600	11.2 (11.5)
		M900(950)×1200	900 (950)	1200	13.4 (13.7)
		M900(950)×900	900 (950)	900	11.5 (11.8)
		M900(950)×600	900 (950)	600	9.5 (9.8)
	ϕ42	M1200×1200	1200	1200	13.1
		M1200×900	1200	900	11.6
		M1200×600	1200	600	10.1
		M900×1200	900	1200	11.4
		M900×900	900	900	9.9
		M900×600	900	600	8.4

3）加宽架：加宽架有两个宽度，上部的宽度与下部的宽度不相同，但其中的一个宽度与标准架或调节架是相同的，常用规格见表 2-1-38 所示。

门架钢管为高频焊接钢管，其管径与壁厚见表 2-1-39 所示。

标准架、调节架及加宽架的承载能力与门架的管径、宽度和高度有关，尤其以门架的高度的影响为最大。若用几种高度不同的门架组合使用时，以最大高度的门架为依据。ϕ48 和 ϕ42 系列常用门架的承载力见表 2-1-40 所示。

加宽架规格 表 2-1-38

简图	系列	代号	B(mm)	C(mm)	H(mm)	重量(kg)
	ϕ48	M1200(1250)×1850×900	1200 (1250)	1850	900	18.5 (18.8)
		M900(950)×1250×900	900 (950)	1250	900	14.96 (15.26)
		M900(950)×1250×600	900 (950)	1250	600	12.96 (13.26)
	ϕ42	M1200(1250)×1850×900	1200 (1250)	1850	900	16.07 (16.37)
		M900(950)×1250×900	900 (950)	1250	900	12.73 (13.03)
		M900(950)×1250×600	900 (950)	1250	600	11.23 (11.53)

门架钢管规格　表 2-1-39

系　列	立　杆	横　杆	腹　杆	斜　杆	脚手杆
ϕ48	ϕ48×3.0	ϕ42×3.0	ϕ38×2.0	ϕ42×3.0	ϕ17×2.25
ϕ42	ϕ42×3.0	ϕ42×3.0	ϕ38×2.0	ϕ42×3.0	ϕ17×2.25

常用门架承载力　表 2-1-40

序　号	代　号	门架宽（mm）	门架高（mm）	允许承载力（kN）	
				ϕ48 系列	ϕ42 系列
1	M1200（1250）×1800	1200（1250）	1800	75	55
2	M1200（1250）×1500	1200（1250）	1500	80	65
3	M1200（1250）×1200	1200（1250）	1200		

（2）加荷支座。加荷支座是当门架的宽度缩小使用时设置的一种荷载支承装置，它主要由小立杆和底杆组成（图 2-1-78）。小立杆的管径与门架立杆相同，长 100～300mm；底杆为半圆管，长100～200mm。使用时，将底杆扣在上横杆上，然后用扣件固结好。小立杆的钢管与门架立杆相同，底杆为 ϕ48×3.0。

（3）三角支承架。三角支承架是当门架的宽度需要加大使用时而设置的一种支承装置（图 2-1-79）。小立杆与插杆之间的中心距离即三角支承架的宽度（c），是根据使用要求确定或者可以随使用要求进行调节。

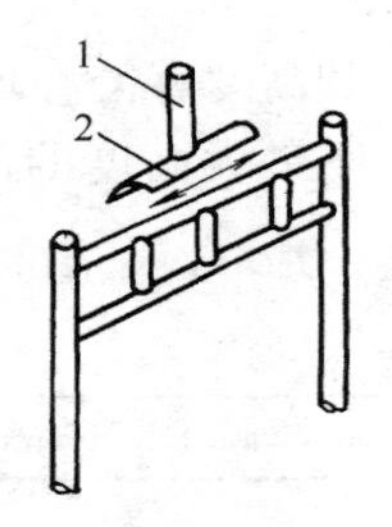

图 2-1-78　加荷支座与安装示意图
1—小立杆；2—底杆

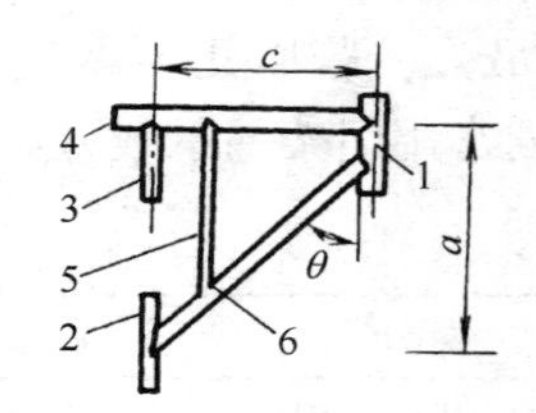

图 2-1-79　三角支承架示意图
1—小立杆；2—底杆；3—插杆；4—小横杆；5—拉杆；6—斜杆

三角支承架的钢管，插杆与连接棒的芯管一样，底杆与加荷座的底杆相同，其余与门架相同。

（4）斜拉杆。斜拉杆是用于门架支设后纵向之间交叉设置的斜撑。常用规格见表 2-1-41。轻型拉杆用钢管，重型拉杆用∟30×3 角钢。

（5）水平拉杆。水平拉杆又称水平架，用于门架架设后纵向之间设置的水平支撑。常用的规格见表 2-1-42 所示。

斜拉杆规格 表 2-1-41

简图	H（mm）	A（mm）	C（mm）	重量（kg）	
				轻型	重型
	1200	1850	2205	5.5	6.1
		1550	1960	5.0	5.4
		1250	1733	4.5	4.8
	800	1850	2015	5.1	5.5
		1550	1744	4.4	4.8
		1250	1484	3.8	4.1
	500	1850	1916	4.7	4.8
		1550	1628	4.1	4.5
		1250	1346	3.4	3.8

水平拉杆规格 表 2-1-42

简图	A（mm）	B（mm）	重量（kg）
1—水平杆；2—腹杆；3—搭钩	1850	1000	15.6
		500	13.0
	1550	500	11.3
	1250	500	9.6

水平杆钢管为 $\phi42\times3.0$，腹杆钢管为 $\phi38\times2.0$，搭钩为铸钢件。

（6）连接棒。是门架在竖直方向架设时连接用的一种装置，见图 2-1-80 所示。$\phi48$ 系列的门架，套管为 $\phi48\times3.0$，芯管为 $\phi38\times2.0$；$\phi42$ 系列的门架，套管为 $\phi42\times3.0$，芯管为 $\phi33.5\times3.25$。

（7）自锁销钩。门架在竖直方向架设时，除了要用连接棒连接外，还要用自锁销钩进行固定（图 2-1-81），销钩用钢筋冷弯制成，d 为 $\phi12$ 或 $\phi10$，D 等于门架立杆的外径。

（8）固定底座：固定底座是安装在门架底端或顶端使用的一种固定托座（图 2-1-82），芯管直径与连接棒相同，座管与连接棒的套管相同，底板为 140mm×140mm×6mm 的钢板，在底板上有 2～4 个 $\phi5$ 钉子孔。

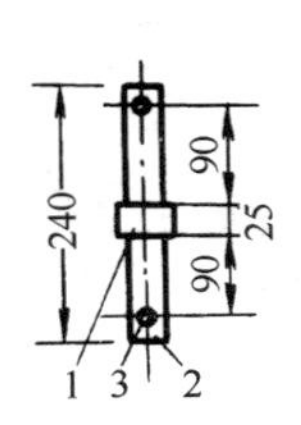

图 2-1-80 连接棒示意图
1—套管；2—芯管；3—销孔

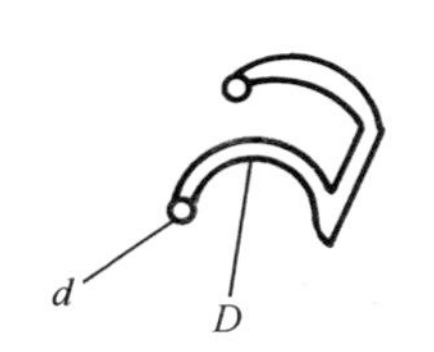

图 2-1-81 自锁销钩示意图

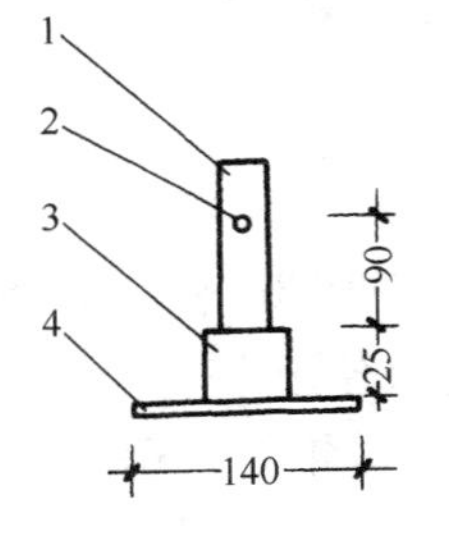

图 2-1-82 固定底座示意图
1—芯管；2—销孔；3—座管；4—底板

（9）可调托座：可调托座是安装在门架底端或顶端的一种可调节门架支撑高度的托座，常用的规格见表 2-1-43 所示。

可调托座规格　　**表 2-1-43**

简　图	系列	代　号	D（mm）	H（mm）	重量（kg）
D；90~100；H；140	$\phi48$	KT38×400	38	400	5.2
		KT38×600	38	600	7.0
		KT38×800	38	800	8.7
	$\phi42$	KT34×400	34	400	4.5
		KT34×600	34	600	6.0
		KT34×800	34	800	7.4

2.1.2.2　凯博 75 系列模板

1. 模板块

由平面模板（图 2-1-83）和阴角模、连接角模、调缝角钢三种组成。

2. 连接件

由楔形销、单双管背楞卡、L 形插销、扁杆对拉、厚度定位板等（图 2-1-84）组成。

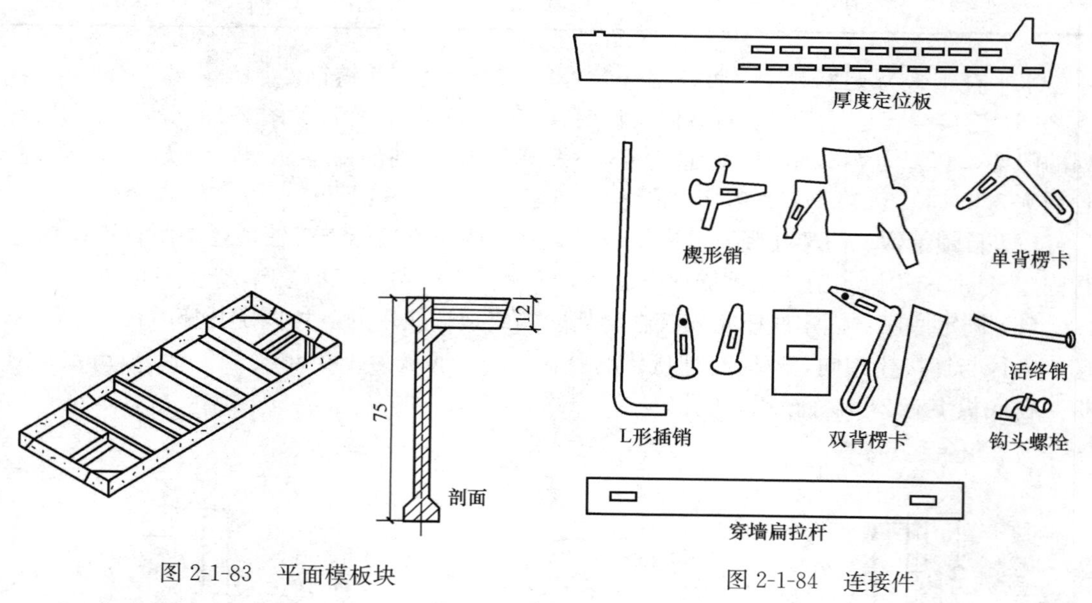

图 2-1-83　平面模板块

图 2-1-84　连接件

3. 支承件

由脚手架钢管背楞、操作平台、斜撑等（图 2-1-85）组成。

2.1.3　组合式塑料模板

模板技术采用“以塑代木”、“以塑代钢”是节能环保的发展趋势。

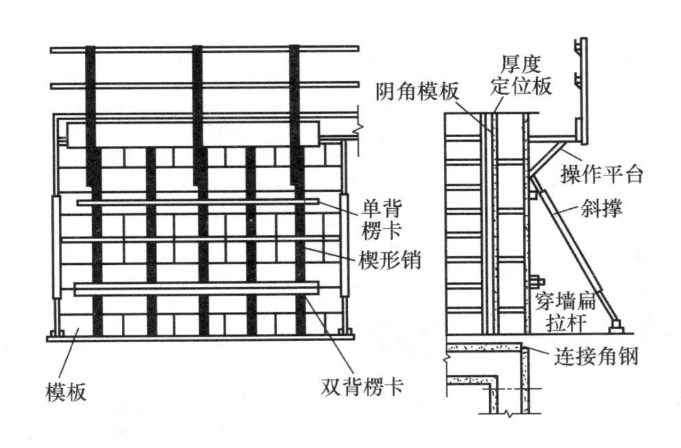

图 2-1-85 操作平台与斜撑用法

1. 塑料模板的种类

塑料模板由废塑料 PP、PE、PVC、ABS 等再生粒子组成，掺入不同的填充物而制成，见表 2-1-44。组合式塑料模板是塑料模板中的一种，它是根据设计要求，通过不同的模具形式，生产出各种不同形状和规格的模块。

塑料模板的种类 表 2-1-44

种类	组成
木塑建筑模板	由废塑料 PP、ABS、PVC、PE 等再生料子组成，里面掺有木粉或者秸秆粉末为填充料生产而成（颜色为黑色）
粉煤灰塑料建筑模板	由最差的废塑料 PP、PE、PVC、ABS 等再生粒子组成，里面填充物为粉煤灰、石粉
玻璃纤维塑料建筑模板	中等废塑料 PP、PE、PVC、ABS 等再生粒子组成，填充物为三层玻纤布压塑而成

2. 采用塑料模板的优缺点

（1）优点

1）表面光洁，不需要使用隔离剂，有助于实现清水混凝土效果。

2）不吸潮、不吸水、防腐蚀，有助于堆放储存。

3）重量轻并具有足够的机械强度，可以多次周转使用，节省工程成本。

4）可锯、可钻、可以回收再利用，生产塑料模板或其他产品。

（2）缺点

1）电焊渣易烫坏板面，影响混凝土成型质量。

2）热胀冷缩系数比钢铁、木材要大，昼夜温差过大时（达 40℃），模板易变形、易破裂。

3. 组合式塑料模板组成*

（1）塑料模板模块，见表 2-1-45

---

* 北京奥宇模板体系

塑料模板模块　　表 2-1-45

类别	品　种	说　明
标准模板	 100mm 标准板	塑料模板标准宽度尺寸有：100mm 300mm 500mm 三种。塑料模板长度尺寸按建筑模数定型，也可按模位尺寸需要加工
	 300mm 标准板	
	 500mm 标准板	
填充模板	 200mm 子口板	平面布置设计中不符合模数“破尺寸”处理构件
	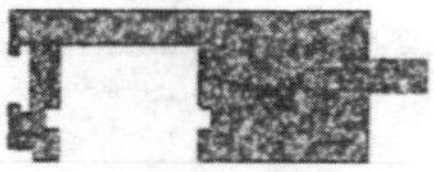 150mm 托角板	平面布置设计中不符合模数“破尺寸”处理构件
	 100mm 连接板	阴、阳角平面布置设计中不符合模数“破尺寸”处理构件
	 标准阴、阳角模板	阴、阳角模板构件相同

（2）支承件和连接件，见表 2-1-46

塑料模板支承件和连接件 表 2-1-46

品种		说明
标准钢背楞	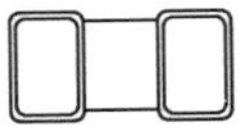 方钢管	1. 标准钢背楞有方钢管、槽钢和圆管三种截面形式。 2. 钢背楞长度按建筑模数设计定型，相互组合可满足任何尺寸需要
	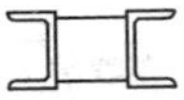 槽钢	
	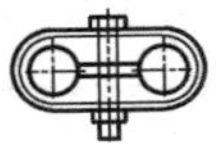 圆管	
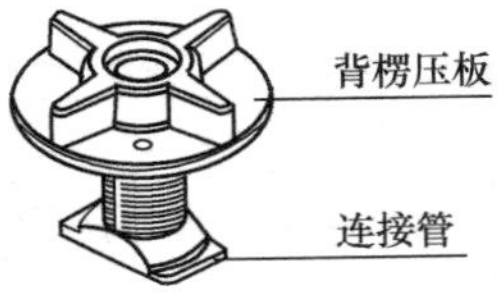 背楞压板 连接管 穿心式螺母		用于塑料模板拼装大模板时钢背楞与料模组装紧固。同时兼于对拉螺栓垫片
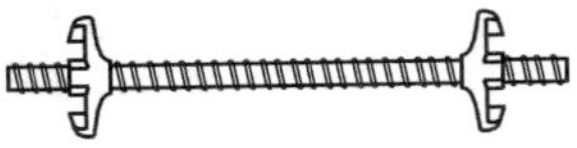 对拉螺栓		1. 螺扣通长加工可满足任何墙厚变截面需要。 2. 采用高强度螺栓可在不同模板侧压力作用下统一螺栓规格尺寸便于现场管理
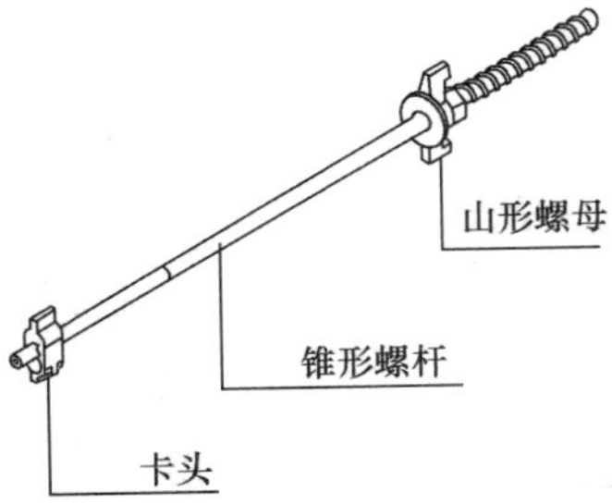 山形螺母 锥形螺杆 卡头		1. 锥形螺杆可取消体内预埋套管。 2. 螺杆螺扣用于进行截面尺寸调整。 3. 卡头构造处理使对拉螺栓的装拆更为方便
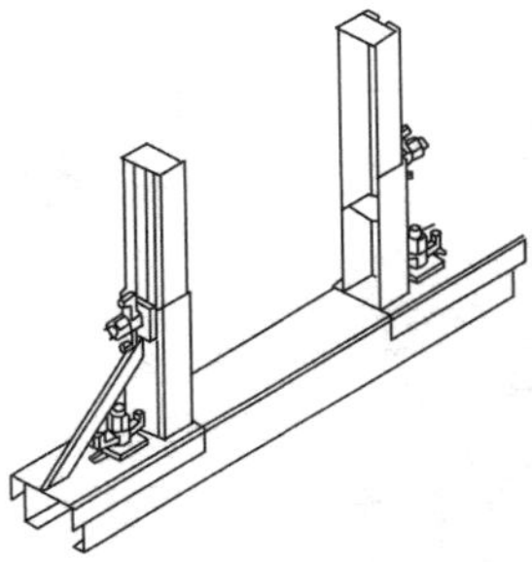 梁卡具		同于框架结构梁模板

(3) 塑料模板产品质量标准，见表 2-1-47。

塑料模板产品验收质量标准　　表 2-1-47

项次	项　目	允许偏差	检验方法
1	材料复检	合格	复检报告
2	模板厚度	±0.5mm	游标卡尺
3	模板宽度	±0.5mm	钢卷尺
4	模板长度	±1.0mm	钢卷尺
5	模板平整度	1.0mm	2m 靠尺、塞尺对角检查
6	模板整体扭曲	5.0mm	模板放平双向对角拉线塞尺
7	边框“子母扣”	完整	目测
8	模板面板	无塌陷、破损、麻面	目测
9	端部封边	无开胶、脱漏	目测

4. 组合式塑料模板工程应用技术*

(1) 组拼墙体大模板，见图 2-1-86 及表 2-1-48。

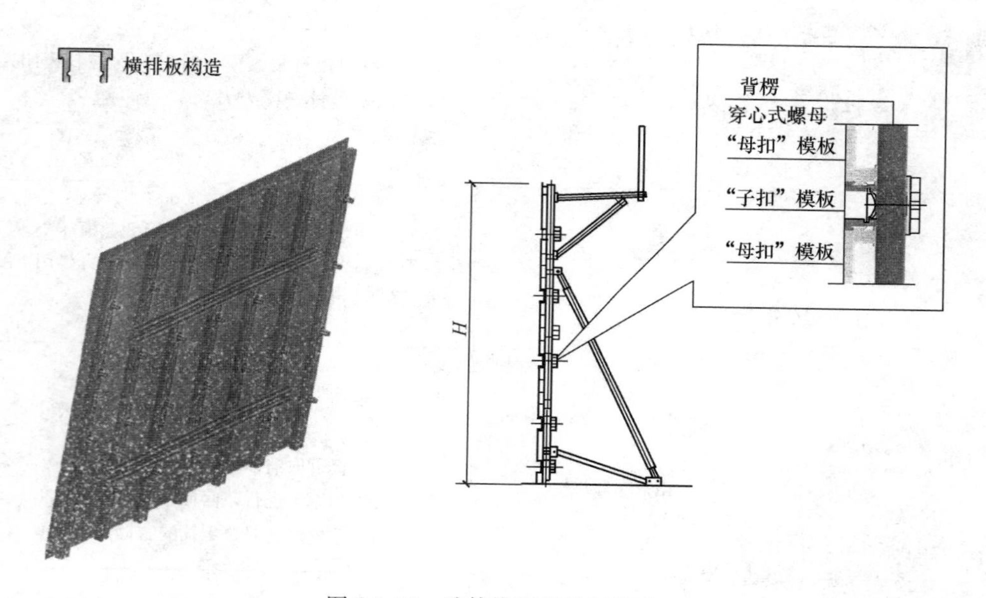

图 2-1-86　墙体模板横排板构造

墙体模板支模节点　　表 2-1-48

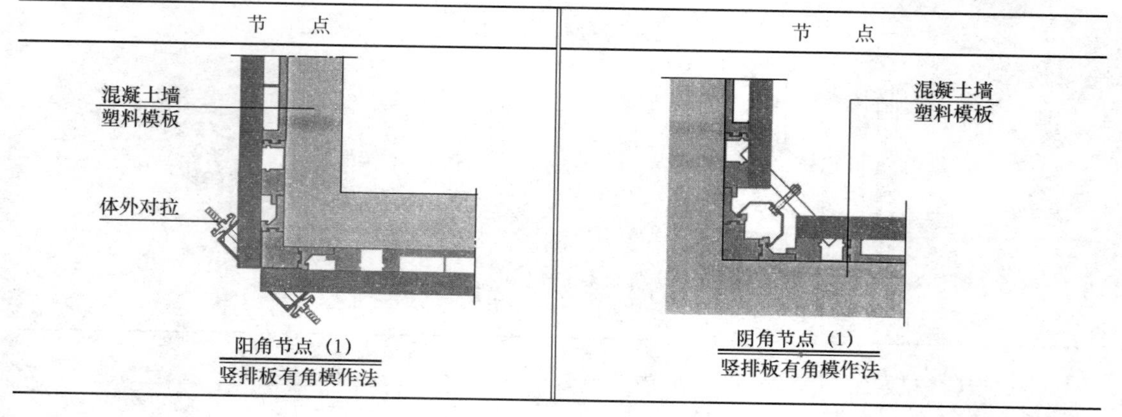

续表

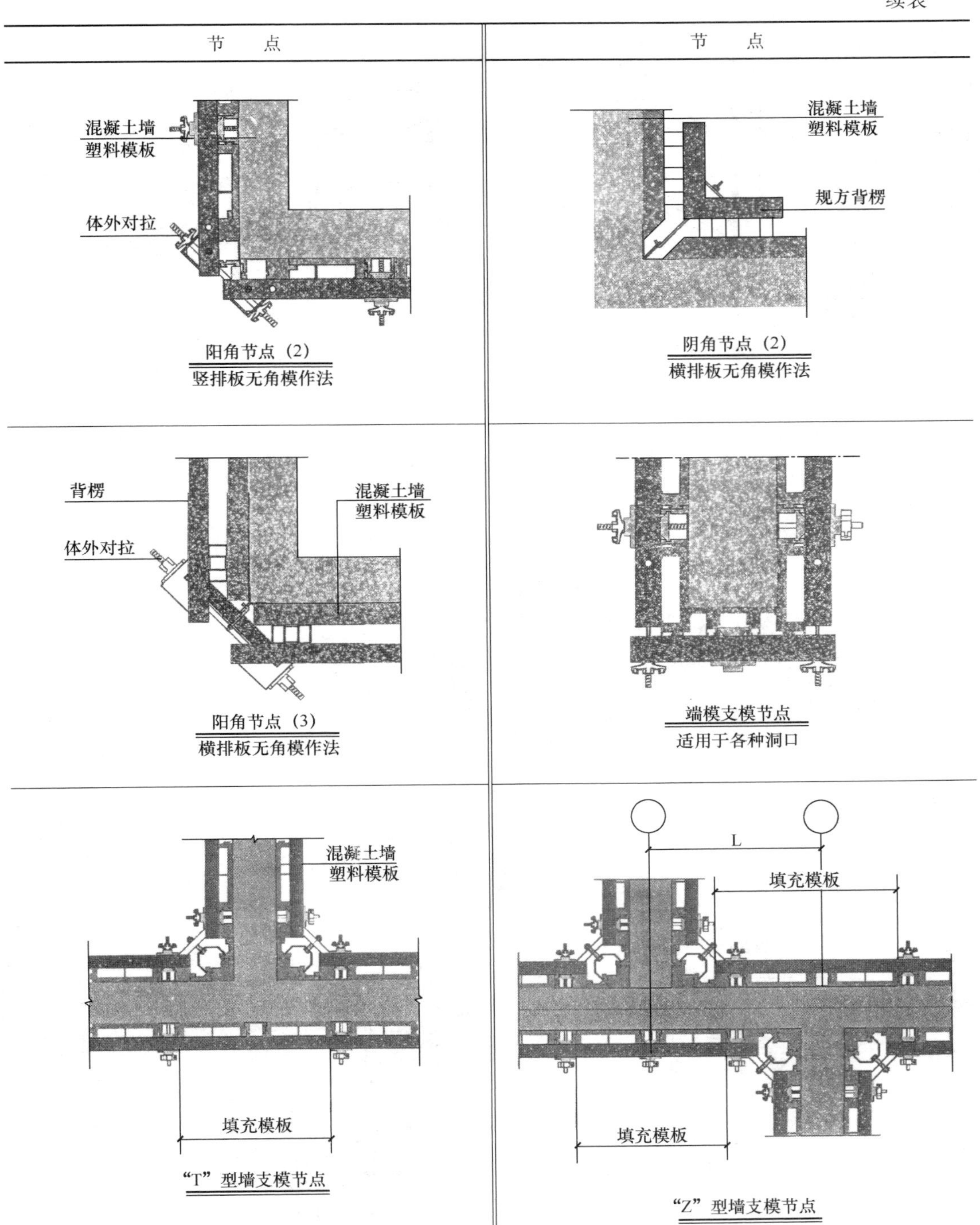

阳角节点（2）
竖排板无角模作法

阴角节点（2）
横排板无角模作法

阳角节点（3）
横排板无角模作法

端模支模节点
适用于各种洞口

“T”型墙支模节点

“Z”型墙支模节点

（2）门窗洞口模板及楼梯模板构造，见图 2-1-87、图 2-1-88。

（3）方柱模板构造，见图 2-1-89。

（4）框架结构梁、板模板构造，见图 2-1-90。

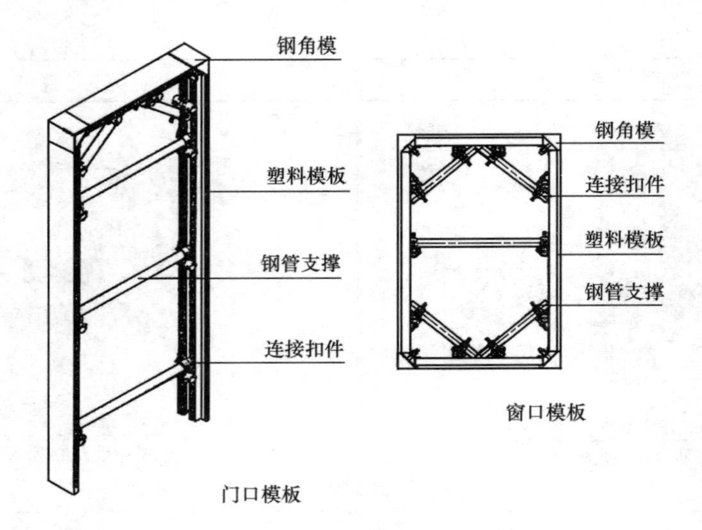

图 2-1-87　门窗洞口模板

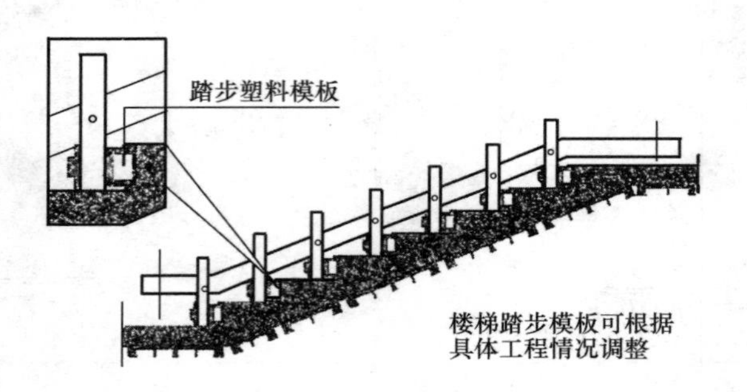

图 2-1-88　板式楼梯模板

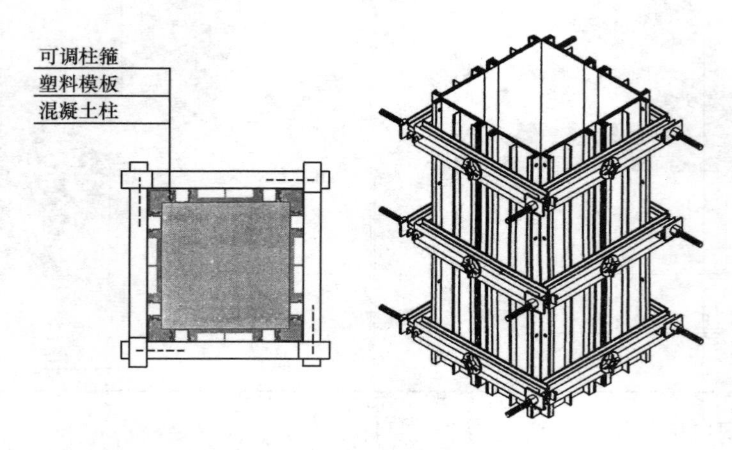

图 2-1-89　方柱模板

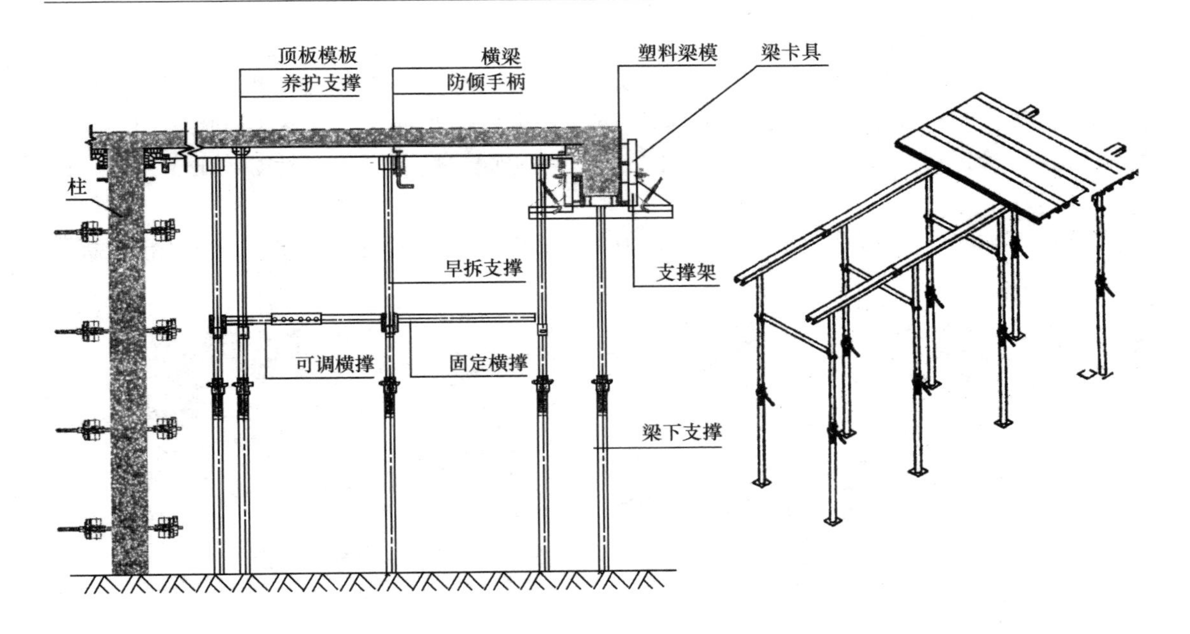

图 2-1-90 梁、板模板

（5）塑料模板组拼质量标准，见表 2-1-49。

模板组拼质量标准 表 2-1-49

项次	项 目	允许偏差	检验方法
1	模板组拼高度	+3.0mm	钢尺检查
2	横板组拼长度	±2.0mm	钢尺检查
3	组拼对角线	±2.0mm	钢尺通长检查
4	模板锯口通直度	±3.0mm	通长拉塞尺
5	模板组拼平整度	+1.5mm	2 米靠尺塞尺
6	背楞 布置间距	±5.0mm	卷尺检查
7	背楞螺栓紧固力矩	≥40N·m	扭力扳手
8	相邻模板拼缝间隙	≤1.0mm	塞尺检查
9	相邻模板拼缝高低差	≤1.0mm	平尺塞尺检查
10	对拉孔位中心距	±1.5mm	按图纸卷尺检查
11	组拼后模板编号	不允许	按图纸检查

5. 组合式塑料模板施工

参见本手册 2.1.1 全钢组合式模板。

2.1.4 组合式铝合金模板

铝合金模板是新一代建筑模板，具有重量轻、拆装灵活、刚度高、使用寿命长、维护费用低、回收价值高等特点。

组合式铝合金模板的主要部件由模板块、连接件和支承件三大部分组成。模板块基本上分为全铝合金组合式模块和铝合金框覆膜胶合板模块两种。支承系统可以采用快拆体系。组合式铝合金模块的规格各厂家生产的尺寸不同，最大模块可达 2743mm×914mm（图 2-1-91）。

组合式铝合金模板可用于墙体模板（图 2-1-92）、梁模板（图 2-1-93）、梁和楼顶板模板早拆体系（图 2-1-94）。

图 2-1-91　组合式铝合金模板

图 2-1-92　墙体模板

图 2-1-93　梁模板

图 2-1-94　梁与楼顶板模板采用早拆体系

组合式铝合金模板的施工可以将模块组拼成小型、中型或大型模板，连接主要采用插销或插片，模板的支撑可采用专用支撑，也可采用钢管或方管背楞，施工工艺可参见 2.1.1 全钢组合式模板。

2.1.5　用于水平构件的支撑柱

除前面介绍的专用支撑柱外，这里主要介绍用于层高较高的梁、板等水平均件的模板支撑柱，常用的有扣件式钢管脚手架、碗扣式钢管脚手架以及插接式钢管脚手架、盘销式钢管脚手架等，还有门式支架。

1. 扣件式钢管脚手支架

(1) 钢管

一般采用外径 $\phi48$，壁厚 3.5mm 的焊接钢管，长有（mm）：2000、3000、4000、5000、6000 几种，另配有 200mm、400mm、600mm、800mm 长的短钢管，供接长调距使用。

(2) 扣件

是钢管脚手架连接固定的重要部件。按材质分为玛钢扣件和钢板扣件；按用途分为直角扣件、回转扣件和对接扣件，见表 2-1-50 所示。

钢管脚手架用扣件　　表 2-1-50

扣件品种	用途分类	简　图	容许荷载（N）	重量（kg）
玛钢扣件	直接扣件	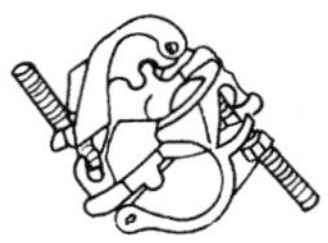	6000	1.25
	回转扣件	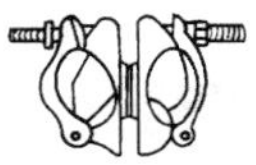	5000	1.50
	对接扣件	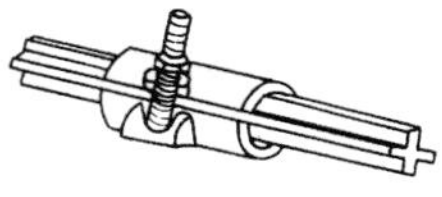	2500	1.60
钢板扣件	直角扣件	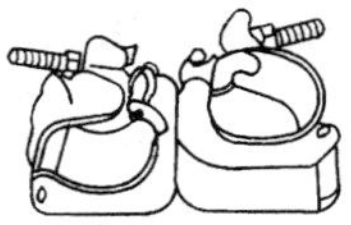	6000	0.69
	回转扣件	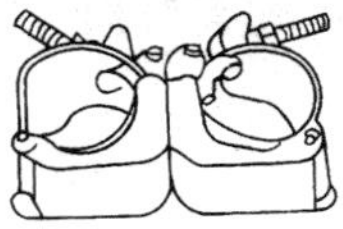	5000	0.70
	对接扣件	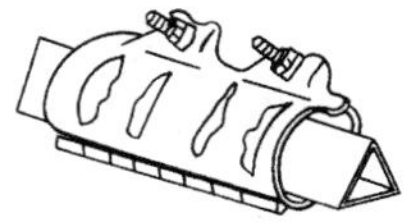	2500	1.00

（3）底座

安装在立杆下部，分可调式和固定式两种（图 2-1-95）。

（4）调节杆

用于调节支架的高度。可调高度为 150～350mm，容许荷载为 20kN。分螺栓调节和螺管调节两种（图 2-1-96）。

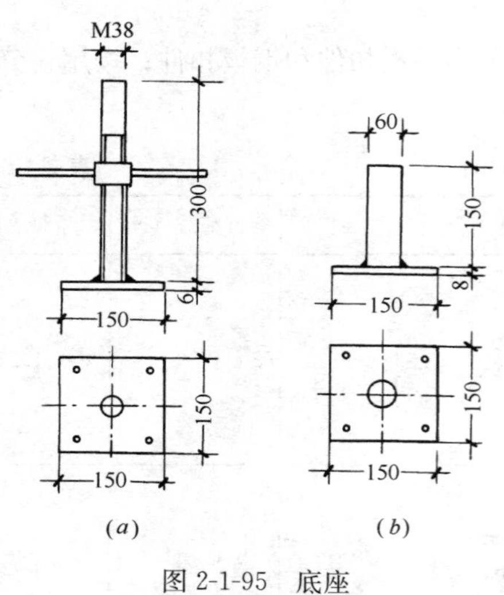

图 2-1-95　底座

（a）可调式底座；

（b）固定式底座（外径 60mm，壁厚 3mm）

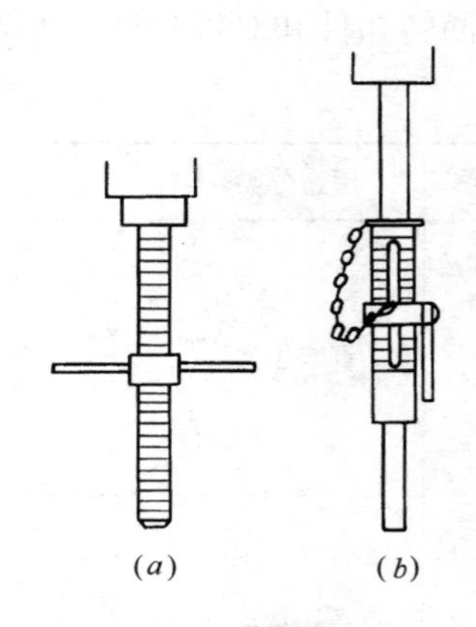

图 2-1-96　调节杆

（a）螺栓调节杆；（b）螺管调节杆

2. 碗扣式钢管脚手架

又称多功能碗扣型钢脚手架。它由上、下碗扣、横杆接头和上碗扣的限位销等组成（图 2-1-97）。碗扣接头是该脚手架系统的核心部件。

碗扣接头可以同时连接 4 根横杆，完全避免了螺栓作业。上、下碗扣和限位销按 600mm 间距设置在钢管立杆上。

碗扣式钢管脚手架的构配件，主要有以下几种：

（1）立杆

长度分 1800mm 和 3000mm 两种。

（2）顶杆

支撑架顶部立杆，其上可装设承座或托座，长度有 900mm 和 1500mm 两种。

立杆与顶杆配合可以构成任意高度的支撑架。

（3）横杆

支承架的水平承力杆，长度分 300mm、900mm、1200mm、1800mm 和 2400mm 五种。

（4）斜杆

支承架的斜向拉压杆，长度有 1690mm、2160mm、2550mm 和 3000mm 四种，分别用于 1.2m×1.2m，1.2m×1.8m，1.8m×1.8m 和 1.8m×2.4m 网格。

支座：用于支垫立杆底座或做支撑架顶撑支垫，分有垫座和可调座两种形式。

3. 门式支架

又称框组式脚手架，其主要部件有：门形框架、剪刀撑，水平梁架和可调底座等

（图2-1-98）。

门形框架有多种形式，标准型门架的宽度为1219mm，高度为1700mm。剪刀撑和水平梁架亦有多种规格，可以根据门架间距来选择，一般多采用1.8m。可调底座的可调高度为200～550mm。

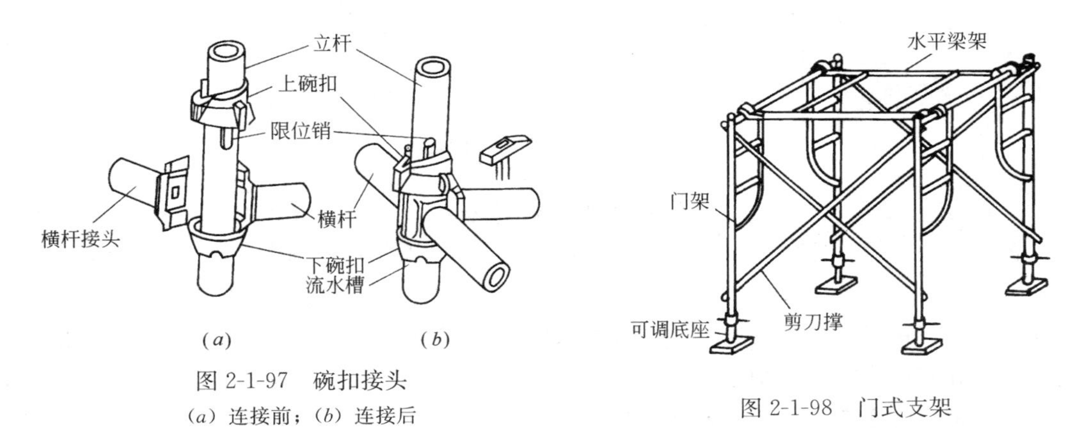

(*a*) (*b*)

图 2-1-97 碗扣接头

(*a*) 连接前；(*b*) 连接后

图 2-1-98 门式支架

4. 插接式钢管脚手支架

（1）基本组件为：立杆、横杆、斜杆、底座等。

（2）功能组件为：顶托、承重横杆、用于安装踏板的横杆、踏板横梁、中部横杆、水平杆上立杆。

（3）连接配件为：锁销、销子、螺栓。

其特征是沿立杆杆壁的圆周方向均匀分布有四个U形插接耳机，横杆端部焊接有横向的C形或V形卡，斜杆端部有销轴。

（4）连接方式：立杆与横杆之间采用预先焊接于立杆上的U形插接耳组与焊接于横杆端部的C形或V形卡以适当的形式相扣，再用楔形锁销穿插其间的连接形式；立杆与斜杆之间采用斜杆端部的销轴与立杆上的U形卡侧面的插孔相连接；根据管径不同，上下立杆之间可采用内插或外套两种连接方式。

节点的承载力由扣件的材料、焊缝的强度决定，并且由于锁销的倾角远小于锁销的摩擦角，受力状态下，锁销始终处于自锁状态。

架体杆件主要承重构件采用低碳合金结构钢，结构承载力得到极大的提高。该类产品均热镀锌处理。

5. 盘销式钢管脚手支架

盘销式钢管脚手架的立杆上每隔一定距离焊有圆盘，横杆、斜拉杆两端焊有插头，通过敲击楔型插销将焊接在横杆、斜拉杆的插头与焊接在立杆的圆盘锁紧。见图2-1-99。

盘销式钢管脚手架分为ϕ60系列重型支撑架和ϕ48系列轻型脚手架两大类：

（1）ϕ60系列重型支撑架：立杆为$\phi60\times3.2$mm焊管制成（材质为Q345、Q235）；立杆规格有：1m、2m、3m，每隔0.5m焊有一个圆盘；横杆及斜拉杆均采用$\phi48\times3.5$mm焊管制成，两端焊有插头并配有契型插销；搭设时每隔1.5m搭设一步横杆。

（2）ϕ48系列轻型脚手架：立杆为$\phi48\times3.5$mm焊管制成（材质为Q345）；立杆规格

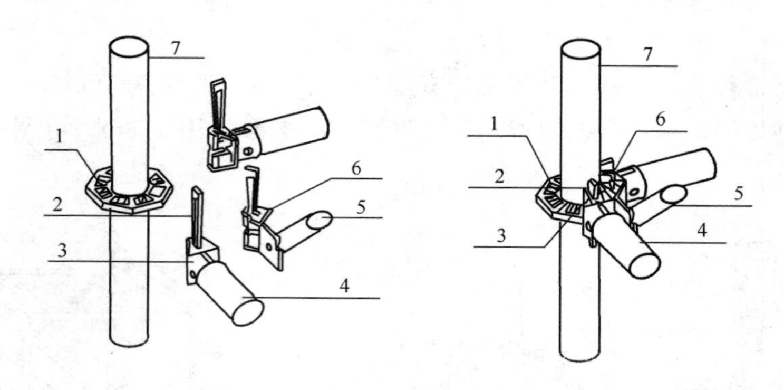

图 2-1-99　盘扣节点

1—连接盘；2—插销；3—水平杆杆端扣接头；4—水平杆；5—斜杆；
6—斜杆杆端扣接头；7—立杆

有：1m、2m、3m，每隔 1.0m 焊有一个圆盘；横杆及斜拉杆均为采用 ϕ48×3.5mm 焊管制成，两端焊有插头并配有契型插销；搭设时每隔 2.0m 搭设一步横杆。

盘销式钢管脚手架一般与可调底座、可调托座以及连墙撑等多种辅助件配套使用。

2.2　工具式模板

工具式模板，是指针对现浇混凝土结构的墙体、柱、楼板等构件的构造及规格尺寸，加工制成定型化模板，整支整拆，多次周转，实行工业化施工。

2.2.1　大模板

大模板，是大型模板或大块模板的简称。它的单块模板面积较大，通常是以一面现浇混凝土墙体为一块模板。大模板是采用定型化的设计和工业化加工制作而成的一种工具式模板，施工时配以相应的吊装和运输机械，用于现浇钢筋混凝土墙体。它具有安装和拆除简便、尺寸准确和板面平整等特点。

采用大模板进行建筑施工的工艺特点是：利用工业化建筑施工的原理，以建筑物的开间、进深、层高尺寸为基础，进行大模板的设计和制作。以大模板为主要施工手段，以现浇钢筋混凝土墙体为主导工序，组织的节奏的均衡施工。这种施工方法工艺简单，施工速度快，工程质量好，结构整体性和抗震性能好，混凝土表面平整光滑，并可以减少装修抹灰湿作业。由于它的工业化、机械化施工程度高，综合经济技术效益好，因而受到普遍欢迎。

采用大模板进行结构施工，主要用于剪力墙结构或框架-剪力墙结构中的剪力墙施工。

2.2.1.1　大模板工程分类

1. 内浇外板工程

又称内浇外挂工程。这种工程的特点是：外墙为预制钢筋混凝土墙板，内墙为大模板现浇钢筋混凝土承重墙体，是预制与现浇相结合的一种剪力墙结构。预制外墙板的材料种类有：轻骨料混凝土外墙板及普通混凝土与轻质保温材料复合外墙板内、外墙板的节点构造如图 2-2-1 所示。

预制外墙板的饰面，可以采用涂料或面砖等块材类饰面一次成型，亦可采用装饰混凝土一次成型。

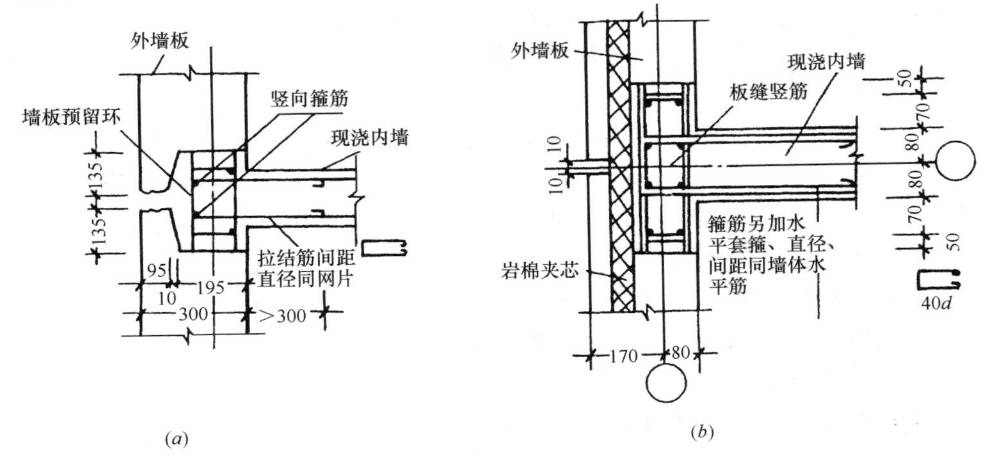

图 2-2-1 内浇外板内、外墙节点

(a) 单一材料外墙板；(b) 岩棉复合外墙板

2. 内外墙全现浇工程

内墙与外墙全部以大模板为工具浇筑的钢筋混凝土墙体。由于这种工艺不受外墙板生产、运输和吊装能力的制约，减少了施工环节，加强了结构整体性，降低了工程成本。

内外墙全现浇工程，内墙与外墙可以采用普通混凝土一次浇筑成型，然后用高效保温材料做外墙外保温处理，从而达到舒适和节能的目的。

内外墙全现浇工程中内墙采用普通混凝土，外墙也可以采用热工性能良好的轻骨料混凝土。这种做法宜先浇内墙，后浇外墙，并且在内外墙交接处做好连接处理。

3. 内浇外砌工程

外墙为了达到节能保温的目的，可以采用砖砌体外保温或其他轻质材料砌体，内墙为大模板现浇钢筋混凝土墙体。这种体系一般用于多层建筑。也可用于 10 层以下的住宅或宾馆。

2.2.1.2 大模板的板面材料

大模板的板面是直接与混凝土接触部分，要求表面平整，有一定刚度和强度，能多重复使用。

1. 整块钢板面

通常采用厚 4～6mm 的钢板拼焊而成，具有良好的强度和刚度，能承受较大的混凝土侧压力及其他施工荷载。重复使用次数多，一般可调转使用 200 次以上，故比较经济。另外，由于钢板面平整光洁，容易清理，耐磨性能好，这些均有利于提高混凝土的表面质量。但也存在耗钢量大、重量大（40kg/m^2）、易生锈、不保温和损坏后不易修复的缺点。

2. 组合钢模板组拼板面

这种面板虽具有一定的强度和刚度，自重较整块钢板面要轻（35kg/m^2）等特点，但拼缝较多，整体性差，浇筑的混凝土表面不够光滑，周转使用次数也不如整块钢板面多。

3. 多层胶合板板面

采用多层胶合板，用机螺钉固定于板面结构上。胶合板货源广泛，价格便宜，板面平整，易于更换，同时还具有一定的保温性能。但周转使用次数少。

4. 覆膜胶合板板面

以多层胶合板作基材，表面敷以聚氰胺树脂薄膜，具有表面光滑、防水、耐磨、耐酸碱、易膜模（在前8次使用中可以不刷隔离剂）等特点。

5. 覆面竹胶合板板面

以多层竹片互相垂直配置，经胶粘剂压接而成。表面涂以酚醛薄膜或其他覆膜材料。它具有吸水率低、膨胀率小、结构性能稳定、强度和刚度好、耐磨、耐腐蚀、阻燃等特点。这种板面原材料丰富，对开发农村经济，提高竹材的利用率，降低工程成本，都具有一定的意义。

6. 高分子合成材料板面

采用玻璃钢或硬质塑料板作板面，它具有自重轻、表面平整光滑、易于脱模、不锈蚀、遇水不膨胀等特点，缺点是刚度小、怕撞击。

2.2.1.3　构造形式

大模板主要由面板、支撑系统、操作防护系统组成。按照其构造和组拼方式的不同，用于内横、纵墙的大模板可分为固定式大模板、组合式大模板、拼装式大模板、筒形模板，以及外墙大模板。

1. 固定式大模板

固定式大模板是我国最早采用的工业化模板。由板面、支撑桁架和操作平台组成，如图2-2-2所示。

板面由面板、横肋和竖肋组成。面板采用4～5mm厚钢板，横肋用[8槽钢，间距300～330mm，竖肋用[8槽钢成组对焊接，与支撑桁架连为一体，间距1000mm左右。桁架上方铺设脚手板作为操作平台，下方设置可调节模板高度和垂直度的地脚螺栓。

固定式大模板通用性差。为了解决横墙和纵墙能同时浇筑混凝土，需要另配角模解决纵横墙间的接缝处理，如图2-2-3所示。适用于标准化设计的剪力墙施工，目前已很少采用。

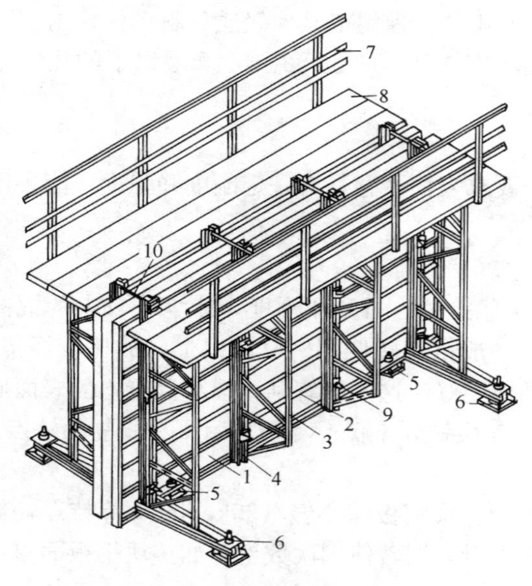

图2-2-2　桁架式大模板构造示意

1—面板；2—水平肋；3—支撑桁架；4—竖肋；5—水平调整装置；6—垂直调整装置；7—栏杆；8—脚手板；9—穿墙螺栓；10—固定卡具

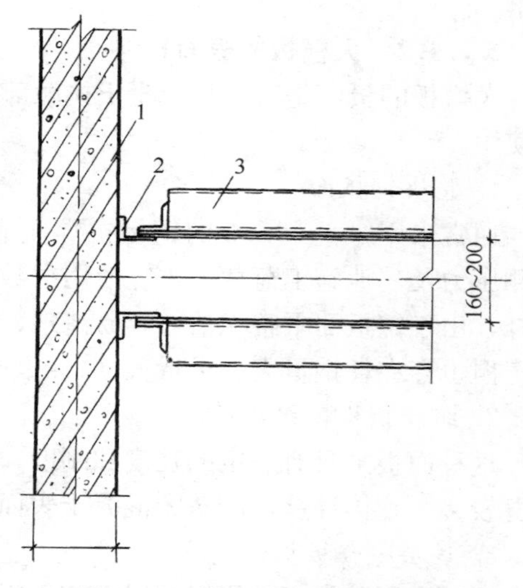

图2-2-3　横、纵墙分两次支模

1—已完横墙；2—补缝角模；3—纵墙模板

2. 组合式大模板

组合式大模板是通过固定于大模板上的角模，能把纵、横墙模板组装在一起，用以同时浇筑纵、横墙的混凝土，并可利用模数条模板调整大模板的尺寸，以适应不同开间、进深尺寸的变化。

该模板由板面、支撑系统、操作平台及连接件等部分组成。如图 2-2-4 所示。

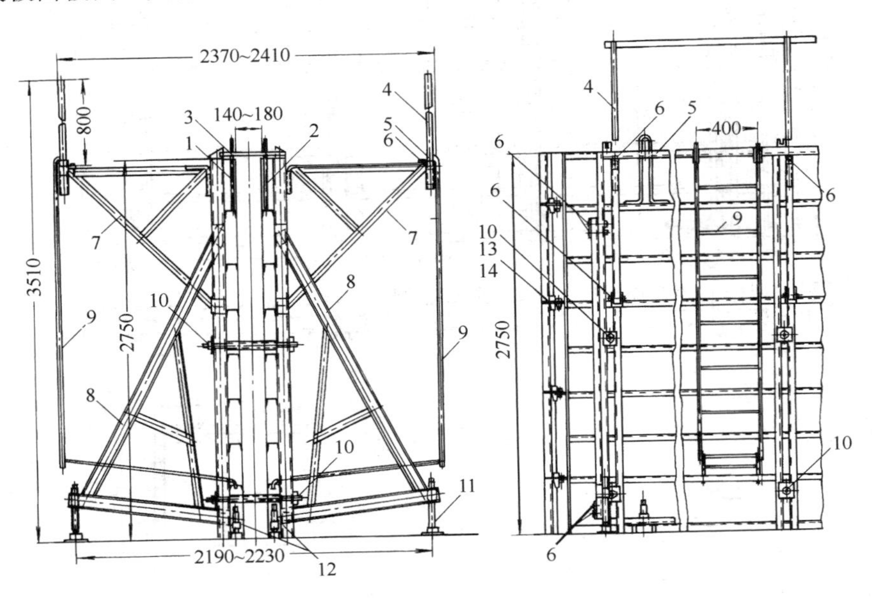

图 2-2-4 大模板构造

1—反向模板；2—正向模板；3—上口卡板；4—活动护身栏；5—爬梯横担；6—螺栓连接；7—操作平台斜撑；8—支撑架；9—爬梯；10—穿墙螺栓；11—地脚螺栓；12—地脚；13—反活动角模；14—正活动角模

(1) 板面结构。板面系统由面板、横肋和竖肋以及竖向（或横向）背楞（龙骨）所组成，如图 2-2-5 所示。

面板通常采用材质 Q235A，厚度 4～6mm 的钢板，也可选用胶合板等材料。由于板面是直接承受浇筑混凝土的侧压力，因此要求具有一定的刚度、强度，板面必须平整，拼缝必须严密，与横、竖肋焊接（或钉接）必须牢固。

横肋一般采用[8 槽钢，间距 300～350mm。竖肋一般用 6mm 厚扁钢，间距 400～500mm，以使板面能双向受力。

背楞骨（竖肋）通常采用[8 槽钢成对放置，两槽钢之间留有一定空隙，以便于穿墙螺栓通过，龙骨间距一般为 1000～1400mm。背楞骨与横肋连接要求满焊，形成一个结构整体。

在模板的两端一般都焊接角钢边框（图 2-2-5），以使板面结构形成一个封闭骨架，加强整体性。从功能上也可解决横墙模板与纵墙横板之间的搭接，以及横墙模板与预制外墙组合柱模板的搭接问题。

(2) 支撑系统。支撑系统的功能在于支持板面结构，保持大模板的竖向稳定，以及调节板面的垂直度。支撑系统由三角支架和地脚螺栓组成。

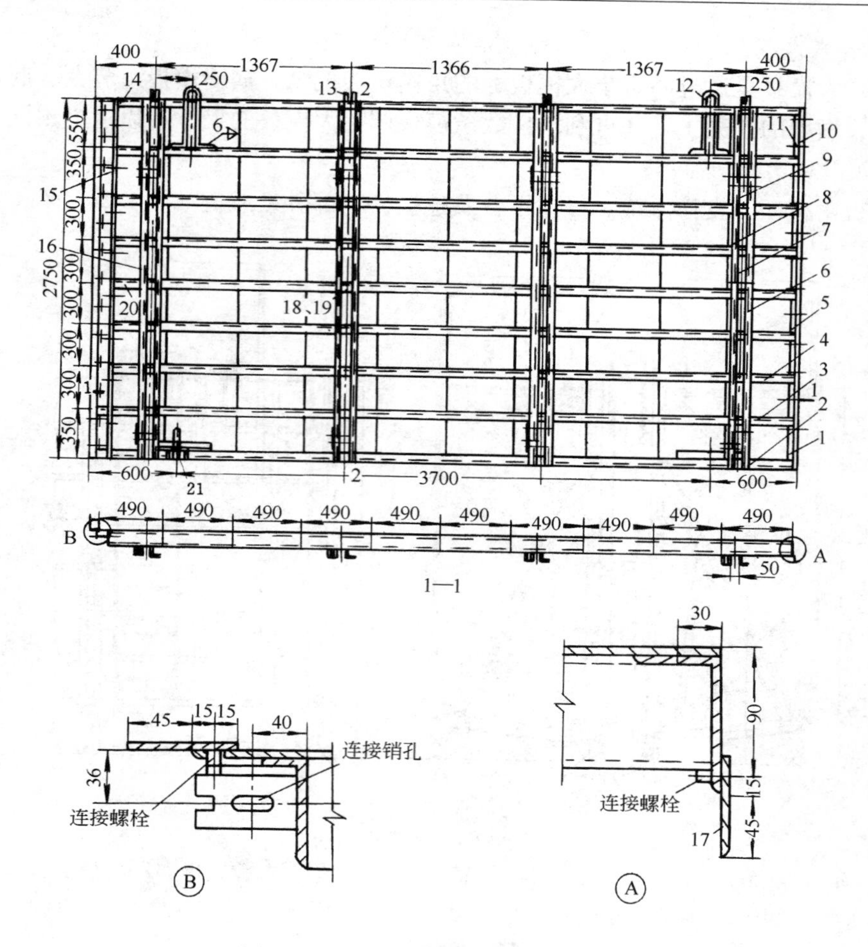

图 2-2-5　组合大模板板面系统构造

1—面板；2—底横肋（横龙骨）；3、4、5—横肋（横龙骨）；6、7—竖肋（竖龙骨）；8、9—小肋（扁钢竖肋）；10、17—拼缝扁钢；11、15—角龙骨；12—吊环；13—上卡板；14—顶横龙骨；16—撑板钢管；18—螺母；19—垫圈；20—沉头螺钉；21—地脚螺栓

三角支架用角钢和槽钢焊接而成，见图 2-2-6 所示。一块大模板最少设置两个三角支架，通过上、下两个螺栓与大模板的竖向龙骨连接。

三角支架下端横向槽钢的端部设置一个地脚螺栓（图 2-2-7），用来调整模板的垂直度和保证模板的竖向稳定。

支撑系统一般用 Q235 型钢制作，地脚螺栓用 45 号钢制作。

（3）操作平台。操作平台系统由操作平台、护身栏、铁爬梯等部分组成。

（4）模板连接件

1）穿墙螺栓与塑料套管：穿墙螺栓是承受混凝土侧压力、加强板面结构的刚度、控制模板间距（即墙体厚度）的重要配件，它把墙体两侧大模板连接为一体。

为了防止墙体混凝土与穿墙螺栓粘结，在穿墙螺栓外部套一根硬质塑料管，其长度与墙厚相同，两端顶住墙模板，内径比穿墙螺栓直径大 3～4mm。这样在拆模时，既保证了穿墙螺栓的顺利脱出，又可在拆模后将套管抽出，以便于重复使用，如图 2-2-8 所示。

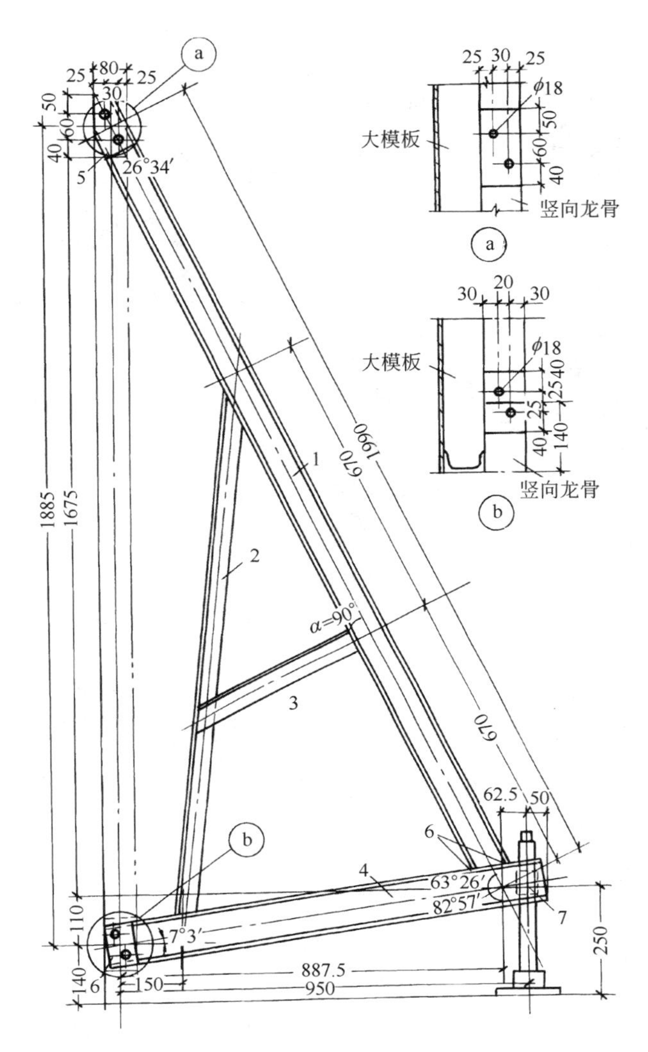

图 2-2-6 支撑架

1—槽钢；2、3—角钢；4—下部横杆槽钢；5—上加强板；
6—下加强板；7—地脚螺栓

穿墙螺栓用 Q235A 钢制作，一端为梯形螺纹，长约 120mm，以适应不同墙体厚度（140～200mm）的施工。另一端在螺杆上车上销孔，支模时，用板销打入销孔内，以防止模板外涨。板销厚 6～8mm，作成大小头，以方便拆卸。

穿墙螺栓一般设置在模板的中部与下部，其间距、数量根据计算确定。为防止塑料管将面板顶凸，在面板与龙骨之间宜设加强管。

2）上口卡子：上口卡子设置于模板顶端，与穿墙螺栓上下对直，其作用与穿墙螺栓相同。直径为 $\phi30$，依据墙厚不同，在卡子的一端车上不同距离的凹槽，以便与卡子支座相连接，如图 2-2-9（*a*）所示。

卡子支座用槽钢或钢板焊接而成，焊于模板顶端，如图 2-2-9（*b*）所示，支完模板后将上口卡子放入支座内。

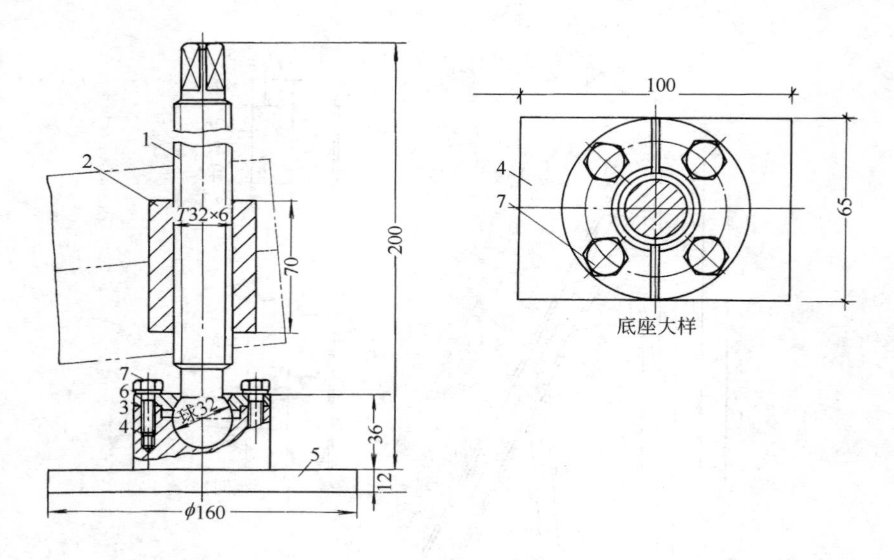

图 2-2-7　支撑架地脚螺栓

1—螺杆；2—螺母；3—盖板；4—底座；5—底盘；6—弹簧垫圈；7—螺钉

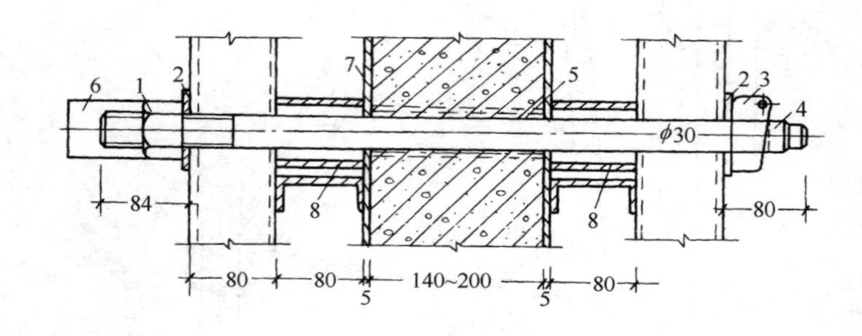

图 2-2-8　穿墙螺栓构造

1—螺母；2—垫板；3—板销；4—螺杆；5—塑料套管；6—丝扣保护套；
7—模板；8—加强管

(5) 模数条及其连接方法。模数条模板基本尺寸为 30cm、60cm 两种，也可根据需要作成非模数的模板条。模数条的结构与大模板基本一致。在模数条与大模板的连接处的横向龙骨上钻好连接螺孔，然后用角钢或槽钢将两者连接为一体，见图 2-2-10 (*a*) 所示。

采用这种模数条，能使普通大模板的适应性提高，在内墙施工的“丁”字墙处及大模板全现浇工程的内外墙交接处，都可采用这种办法解决模板的适应性问题。图 2-2-10 (*b*) 为丁字墙处的模板做法。

3. 拼装式大模板

拼装式大模板是将面板、骨架、支撑系统全部采用螺栓或销钉连接固定组装成的大模板，这种大模板比组合式大模板拆改方便，也可减少因焊接而产生的模板变形问题。

(1) 全拆装大模板。全拆装式大模板（图 2-2-11）也是由板面结构、支撑系统、操作平台等三部分组成。各部件之间的连接不是采用焊接，而是全部采用螺栓连接。

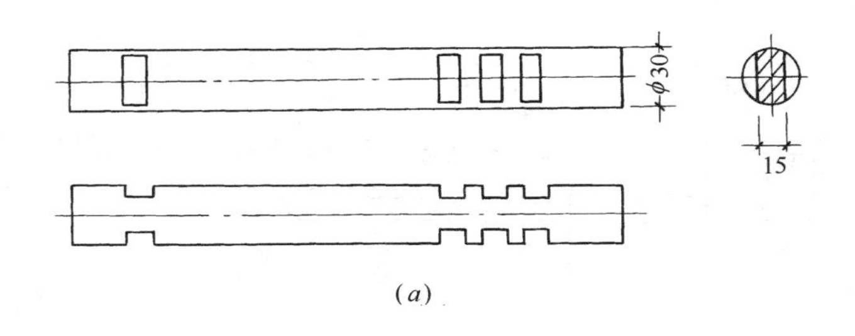

(a)

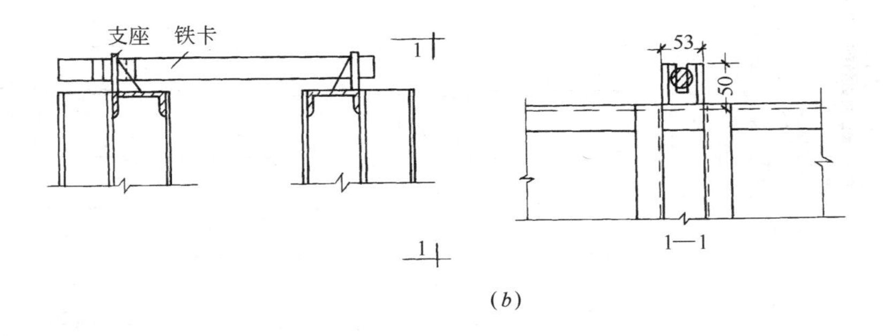

(b)

图 2-2-9 上口卡子

(a) 铁卡子大样；(b) 支座大样

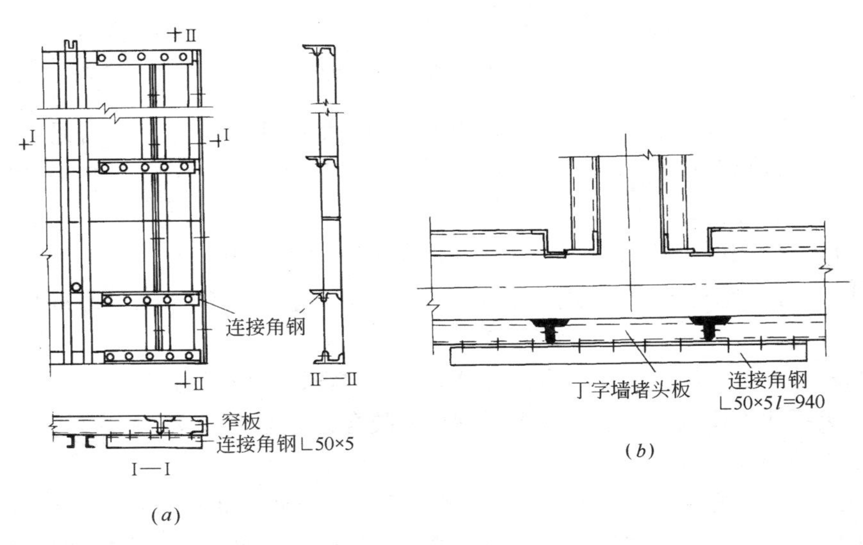

(a)

(b)

图 2-2-10 组合式大模板模数条的拼接

(a) 平面模板拼接；(b) 丁字墙节点模板拼接

1）面板：采用钢板或胶合板等面板。面板与横肋用 M16 螺栓连接固定，其间距为 350mm。为了保证板面平整，在高度方向拼接时，面板的接缝处应放在横肋上；在长度方向拼接时，在接缝处的背面应增加一道木龙骨。

2）骨架：各道横肋及周边框架全部用 M16 螺栓连接成骨架，连接螺孔直径为 φ18。为了防止胶合板等木质面板四周损伤，故四周的边框比中间的横肋要大一个面板的厚度。

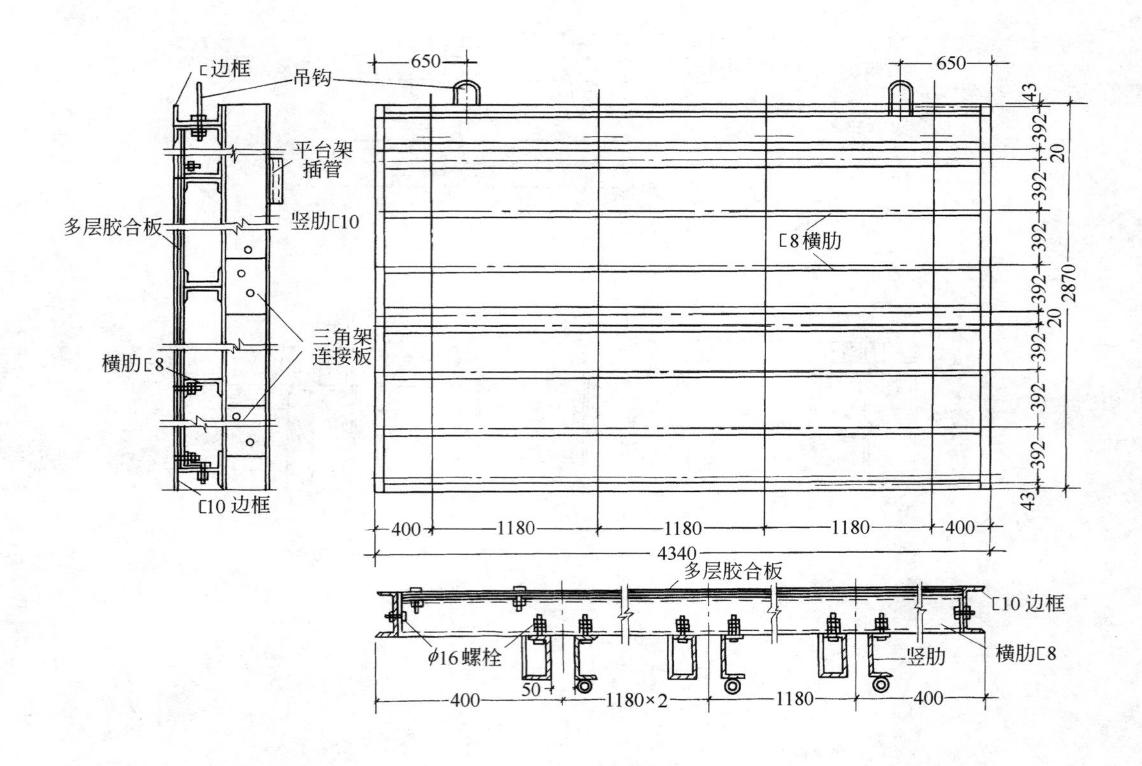

图 2-2-11　拼装式大模板

如采用 20mm 厚胶合板，中间横肋为[8 槽钢，则边框采用[10 槽钢；若采用钢板面板，其边框槽钢与中部横肋槽钢尺寸相同。边框的四角焊以 8mm 厚钢板，钻 ϕ18 螺孔，用以互相连接，形成整体。

3）竖向龙骨：用两根[10 槽钢成对放置，用螺栓与横肋相连接。

4）吊环：用螺栓与上部边框连接（图 2-2-12）。材质为 Q235A，不准使用冷加工处理。

面板结构与支撑系统及操作平台的连接方法与组合式大模板相同。

这种全装拆式大模板，由于面板采用钢板或胶合板等木质面板，板块较大，中间接缝少，因此浇筑的混凝土墙面光滑平整。

（2）用组合式模板拼装大模板。这种模板是采用组合钢模板或者钢框胶合板模板作面板，以管架或型钢作横肋和竖肋，用角钢（或槽钢）作上下封底，用螺栓和角部焊接作连接固定 。它的特点是板面模板可以因地制宜，就地取材。大模板拆散后，板面模板仍可作为组合模板使用，有利于降低成本。

1）用组合式钢模板拼装大模板（图 2-2-13）：为用组合钢模板拼装的大模板。竖肋采用 ϕ48 钢管，每组两根，成对放置，间距视钢模的长度而定，但最大间距不得超过 1.2m。横向龙骨设上、中、下三道，每道用两根[8 槽钢，槽钢之间用 8mm 厚钢板作连接板，龙骨与模板用 ϕ12 钩头螺栓与模板的肋孔连接。底部用∟ 60×6 封底，并用 ϕ12 螺栓与组合钢模板连接，这样就使整个板面兜住，防止吊装和支模时底部损坏。大模板背面用钢管作

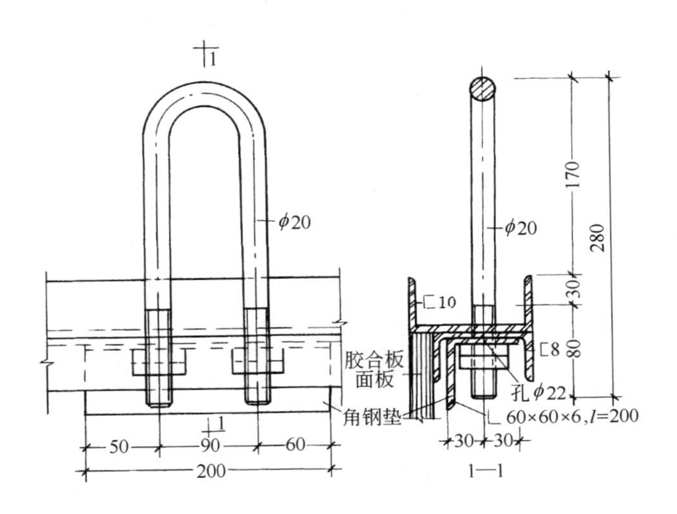

图 2-2-12 活动吊环

支架和操作平台，其间的连接可以采用钢管扣件，如图 2-2-14 所示。

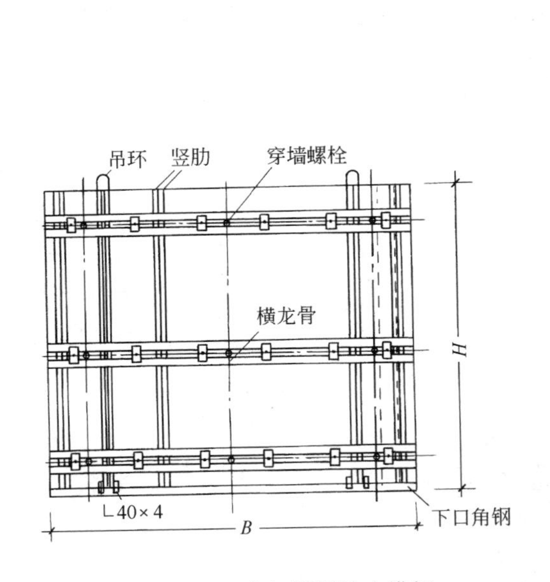

图 2-2-13 组合钢模拼装大模板

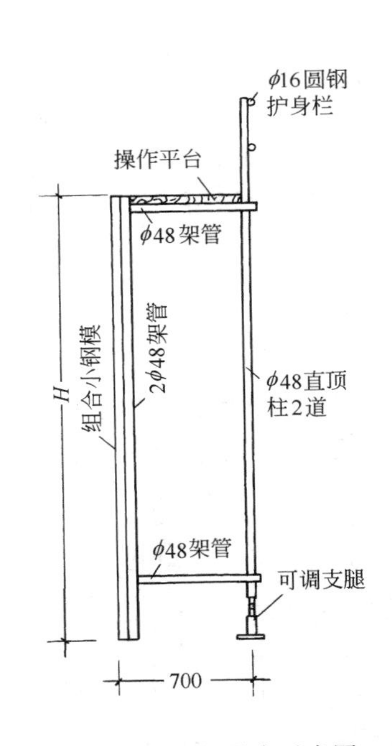

图 2-2-14 支架平台示意图

为了避免在组合钢模板上随意钻穿墙螺栓孔，可在水平龙骨位置处，用[10 轻型槽钢或 10cm 宽的组合钢模板作水平向穿墙螺栓连接带，其缝隙用环氧树脂胶泥嵌缝，如图 2-2-15 所示。

纵横墙之间的模板连接，用∟160×8 角钢作成角模，来解决纵横墙同时浇筑混凝土的问题，如图 2-2-16 所示。

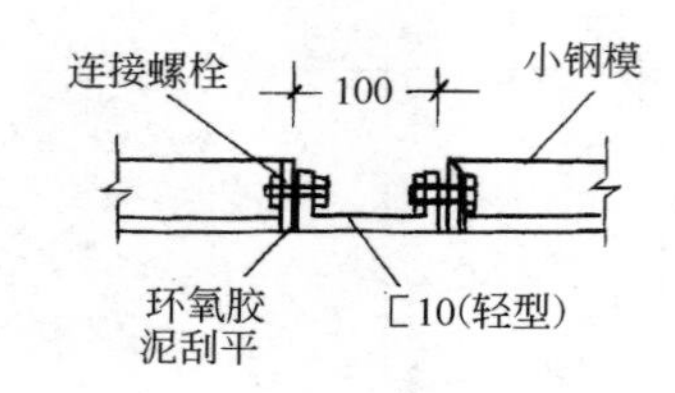

图 2-2-15　轻型[10 补缝

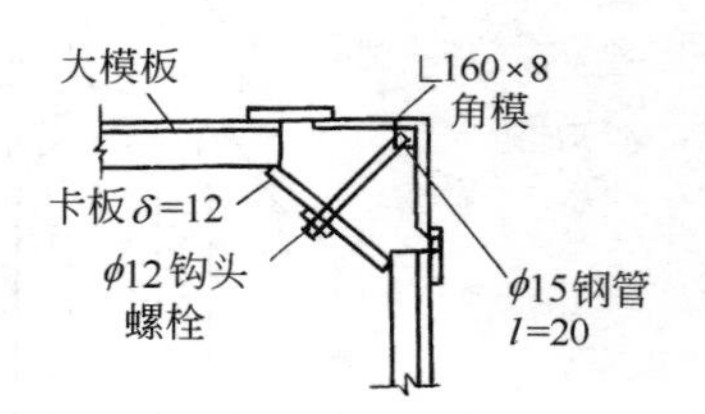

图 2-2-16　角模与大模板组合示意图

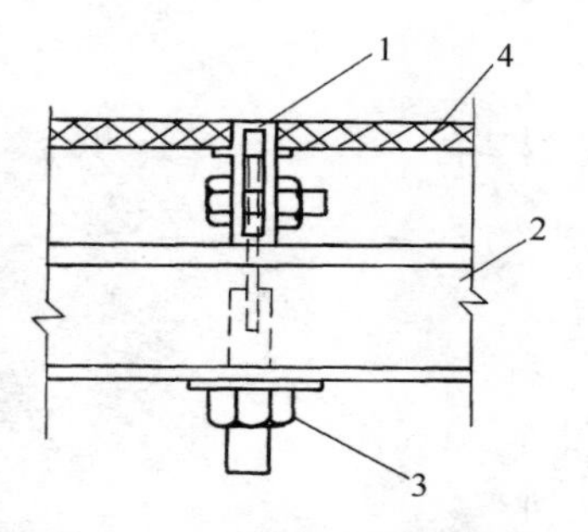

图 2-2-17　模板与拉接横梁连接
1—模板钢框；2—拉接横梁；
3—插板螺栓；4—胶合板板面

以上做法，组合钢模板之间可能会出现拼缝不严的现象。为解决这一问题，可在组合钢模板的长向每隔 450mm 间距及短向 125mm 间距，用 $\phi 12$ 螺栓加以连接紧固形成整体。

用这种方法组装成的大模板，可以显著降低钢材用量和模板重量，并可节省加工周期和加工费用。与采用组合钢模板浇筑墙体混凝土相比，能大大提高工效。

2）用钢框胶合板模板拼装的大模板：由于钢框胶合板模板的钢框为热轧成型，并带有翼缘，刚度较好，组装大模板时可以省去竖向龙骨，直接将钢框胶合板和横向龙骨组装拼装。横向龙骨为两根[12 槽钢，以一端采用螺栓，另一端为带孔的插板与板面相连，如图 2-2-17 所示。

大模板的上下端采用∟65×4 和槽钢进行封顶和兜底，板面结构如图 2-2-18 所示。

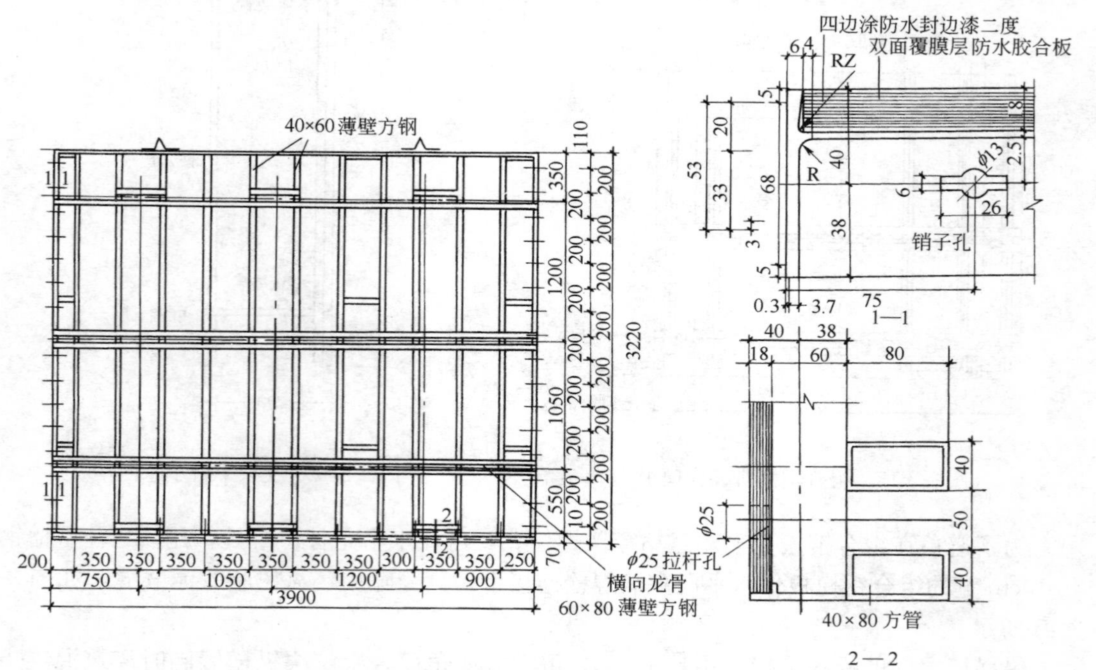

图 2-2-18　钢框胶合板模板拼装的大模板

为了不在钢框胶合板板面上钻孔，而又能解决穿墙螺栓安装问题，同样设置一条10cm宽的穿墙螺栓板带。该板带的四框与模板钢框的厚度相同，以使与模板能连为一体，板带的板面采用钢板。

角模用钢板制成，尺寸为150mm×150mm，上下设数道加劲肋，与开间方向的大模板用螺栓连接固定在一起，另一侧与进深方向的大模板采用伸缩式搭接连接，见图2-2-19。

模板的支撑采用门形架。门架的前立柱为槽钢，用钩头螺栓与横向龙骨连接。其余部分用 $\phi48$ 钢管组成；后立柱下端设地脚螺栓，用以调整模板的垂直度。门形架上端铺设脚手板，形成操作平台。门形架上部可以接高，以适应不同墙体高度的施工。门形架构造见图2-2-20所示。

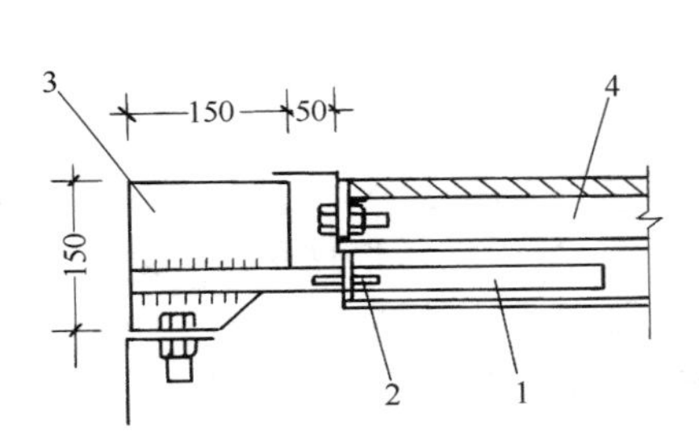

图2-2-19 角模断面图
1—活动拉杆；2—销孔；3—角模；
4—钢框胶合板模板

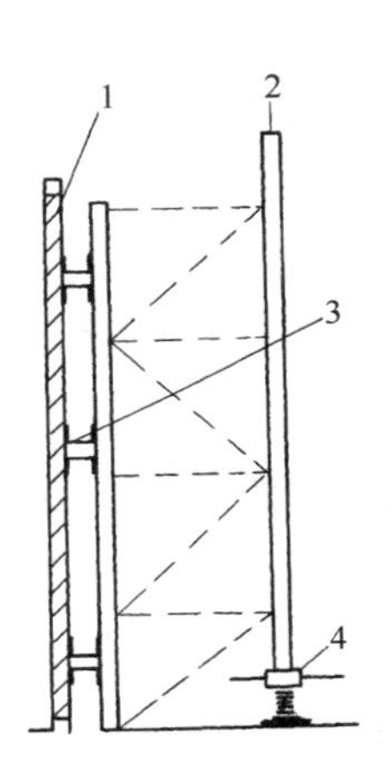

图2-2-20 支撑门形架
1—钢框胶合板模板；2—门形架；
3—拉接横梁；4—可调支座

4. 筒形模板

筒形大模板是将一个房间或电梯中筒的两道、三道或四道墙体的大模板，通过固定架和铰链、脱模器等连接件，组成一组大模板群体。它的特点是将一个房间的模板整体吊装就位和拆除，因而减少了塔吊吊次，简化了工艺，并且模板的稳定性能好，不易倾覆。缺点是自重较大。设计角形模板时要作到定位准确，支拆方便，确保混凝土墙体的成型和质量。

现就用于电梯井的筒形模板作介绍如下：

(1) 组合式铰接筒形模板。组合式铰接筒形模板，以铰链式角模作连接，各面墙体配以钢框胶合板大模板，如图2-2-21所示。

1) 铰接式筒形模板的构造：组合式铰接筒模是由组合式模板组合成大模板、铰接式角模、脱模器、横竖龙骨、悬吊架和紧固件组成，见图2-2-22所示。

① 大模板：大模板采用组合式模板，用铰接角模组合成任意规格尺寸的筒形大模板(如尺寸不合适时，可配以木模板条)。每块模板周边用4根螺栓相互连接固定，在模板背面用50mm×100mm方钢管横龙骨连接，在龙骨外侧再用同样规格的竖向方钢管龙骨连接。模板两端与角模连接，形成整体筒模。

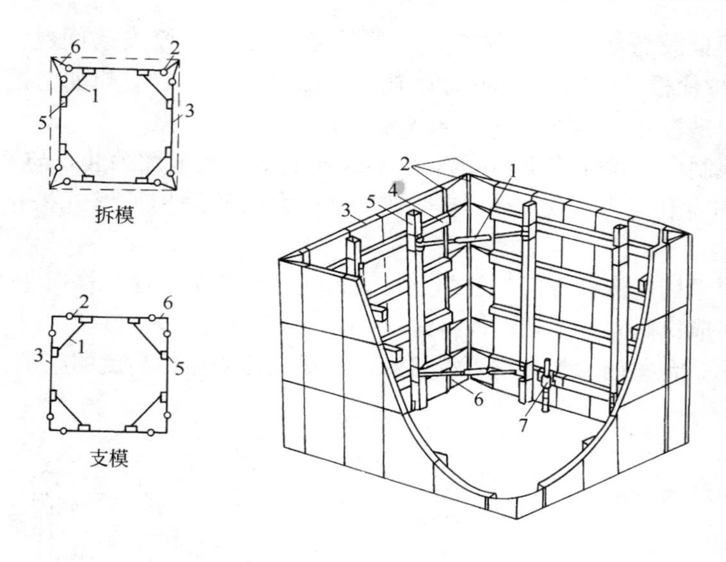

图 2-2-21　组合式铰接筒模

1—脱模器；2—铰链；3—模板；4—横龙骨；5—竖龙骨；6—三角铰；7—支脚

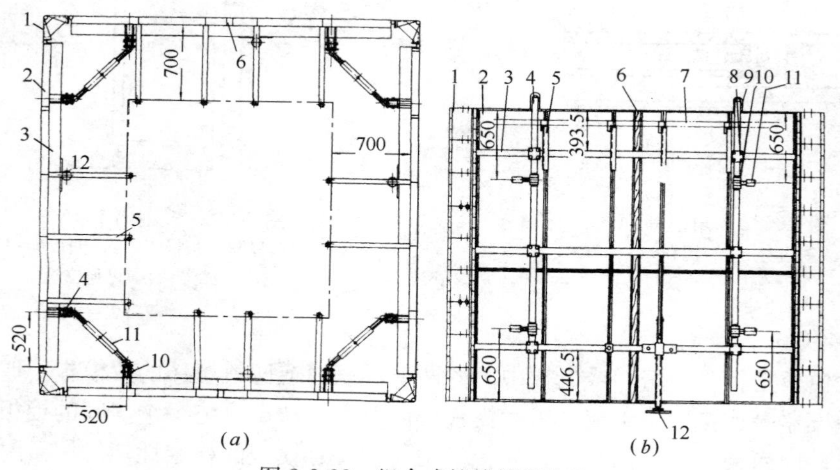

图 2-2-22　组合式铰接筒模构造

(a) 平面图；(b) 立面图

1—铰接角模；2—组合式模板；3—横龙骨（□50mm×100mm）；4—竖龙骨（□50mm×100mm）；5—轻型悬吊撑架；6—拼条；7—操作平台脚手架；8—方钢管管卡；9—吊钩；10—固定支架；11—脱模器；12—地脚螺栓支脚

② 铰接角模：铰接式角模除作为筒形模的角部模板外，还具有进行支模和拆模的功能。支模时，角模张开，两翼呈 90°；拆模时，两翼收拢。角模有三个铰链轴，即 A、B_1、B_2，如图2-2-23所示。脱模时，脱模器牵动相邻的大模板，使大模板脱离墙面并带动内链板的 B_1、B_2 轴，使外链板移动，从而使 A 轴也脱离墙面，这样就完成了脱模工作。

角模按 0.3m 模数设计，每个高 0.9m 左右，通常由三个角模连接在一起，以满足 2.7m 层高施工的需要，也可根据需要加工。

③ 脱模器：脱模器由梯形螺纹正反扣螺杆和螺套组成，可沿轴向往复移动。脱模器

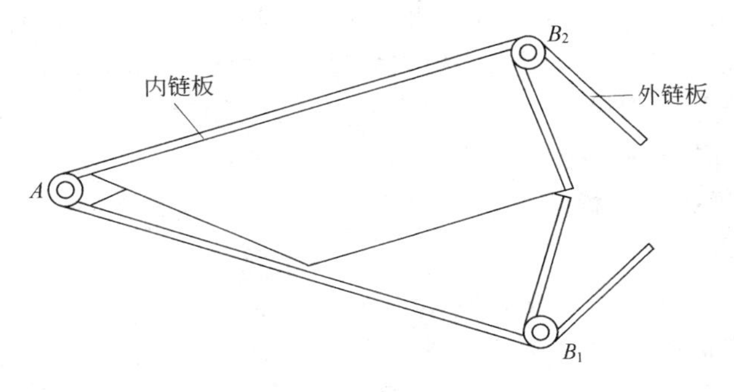

图 2-2-23 铰链角模

每个角安设 2 个，与大模板通过连接支架固定，如图 2-2-24 所示。

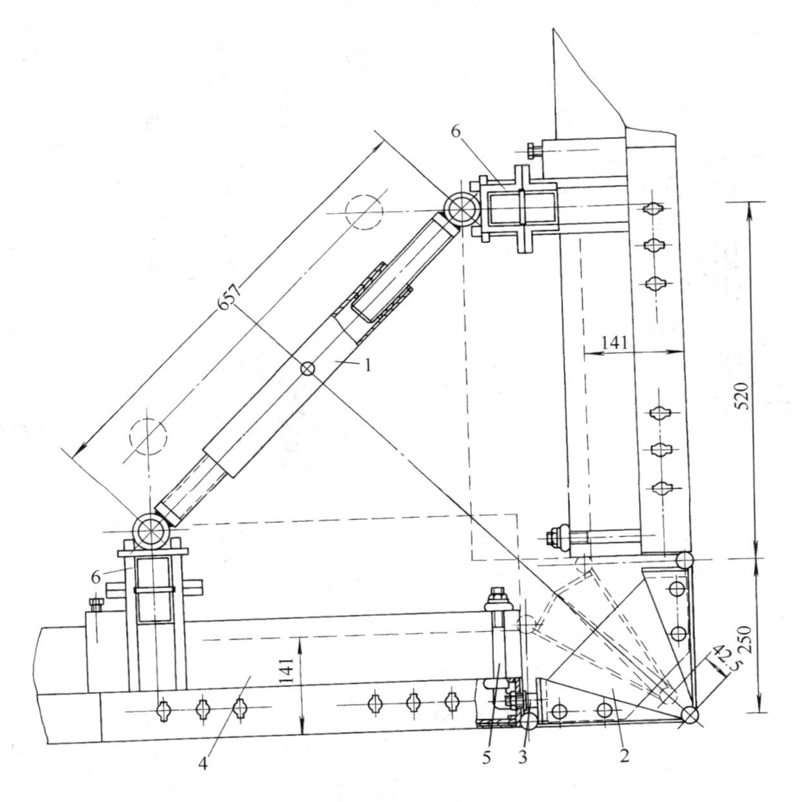

图 2-2-24 脱模器

1—脱模器；2—角模；3—内六角螺栓；4—模板；5—钩头螺栓；6—脱模器固定支架

脱模时，通过转动螺套，使其向内转动，使螺杆作轴向运动，正反扣螺杆变短，促使两侧大模板向内移动，并带动角模滑移，从而达到脱模的目的。

2）铰接式筒模的组装：

① 按照施工栋号设计的开间、进深尺寸进行配模设计和组装。组装场地要平整坚实。

② 组装时先由角模开始按顺序连接，注意对角线找方。先安装下层模板，形成筒体，再依次安装上层模板，并及时安装横向龙骨和竖向龙骨。用地脚螺栓支脚进行调平。

③ 安装脱模器时，必须注意四角和四面大模板的垂直度，可以通过变动脱模器（放松或旋紧）调整好模板位置，或用固定板先将复式角模位置固定下来。当四个角都调到垂直位置后，用四道方钢管围拢，再用方钢管卡固定，使铰接筒模成为一个刚性的整体。

④ 安装筒模上部的悬吊撑架，铺脚手板，以供施工人员操作。

⑤ 进行调试。调试时脱模器要收到最小限位，即角部移开 42.5mm，四面墙模可移进 141mm。待运行自如后再行安装。

(2) 滑板平台骨架筒模：滑板平台骨架筒模，是由装有连接定位滑板的型钢平台骨架，将井筒四周大模板组成单元筒体，通过定位滑板上的斜孔与大模板上的销钉相对滑动，来完成筒模的支拆工作（图2-2-25）。

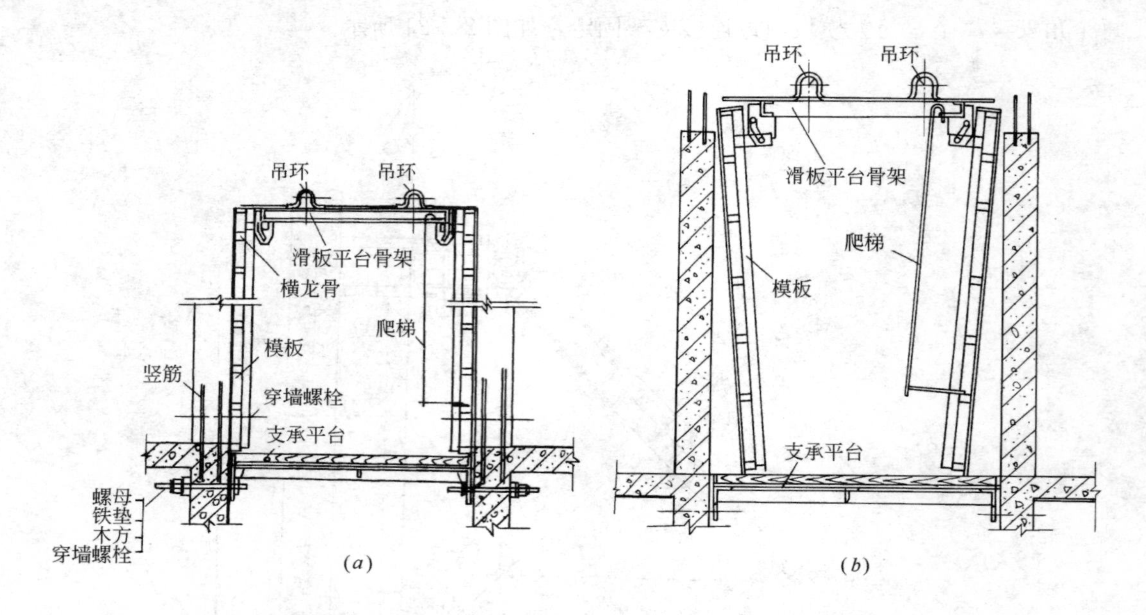

图 2-2-25　滑板平台骨架筒模安装示意

(a) 安装就位；(b) 拆模

滑板平台骨架筒模，由滑板平台骨架、大模板、角模和模板支承平台等组成。根据梯井墙体的具体情况，可设置三面大模板或四面大模板。

1) 滑板平台骨架：滑板平台骨架是连接大模板的基本构架，也是施工操作平台，它设有自动脱模的滑动装置。平台骨架由[12 槽钢焊接而成，上盖 1.2mm 厚钢板，出入人孔旁挂有爬梯，骨架四角焊有吊环，见图 2-2-26 所示。

连接定位滑板是筒模整体支拆的关键部件。

2) 大模板：采用[8 槽钢或□50mm×100mm×2.5mm 薄壁型钢作骨架，焊接 5mm 厚钢板或用螺栓连接胶合板。

3) 角模：按一般大模板的角模配置。

4) 支承平台：支承平台是井筒中支承筒模的承重平台，用螺栓固定于井壁上。

(3) 电梯井自升筒模。这种模板的特点是将模板与提升机具及支架结合为一体，具有构造简单合理、操作简便和适用性强等特点。

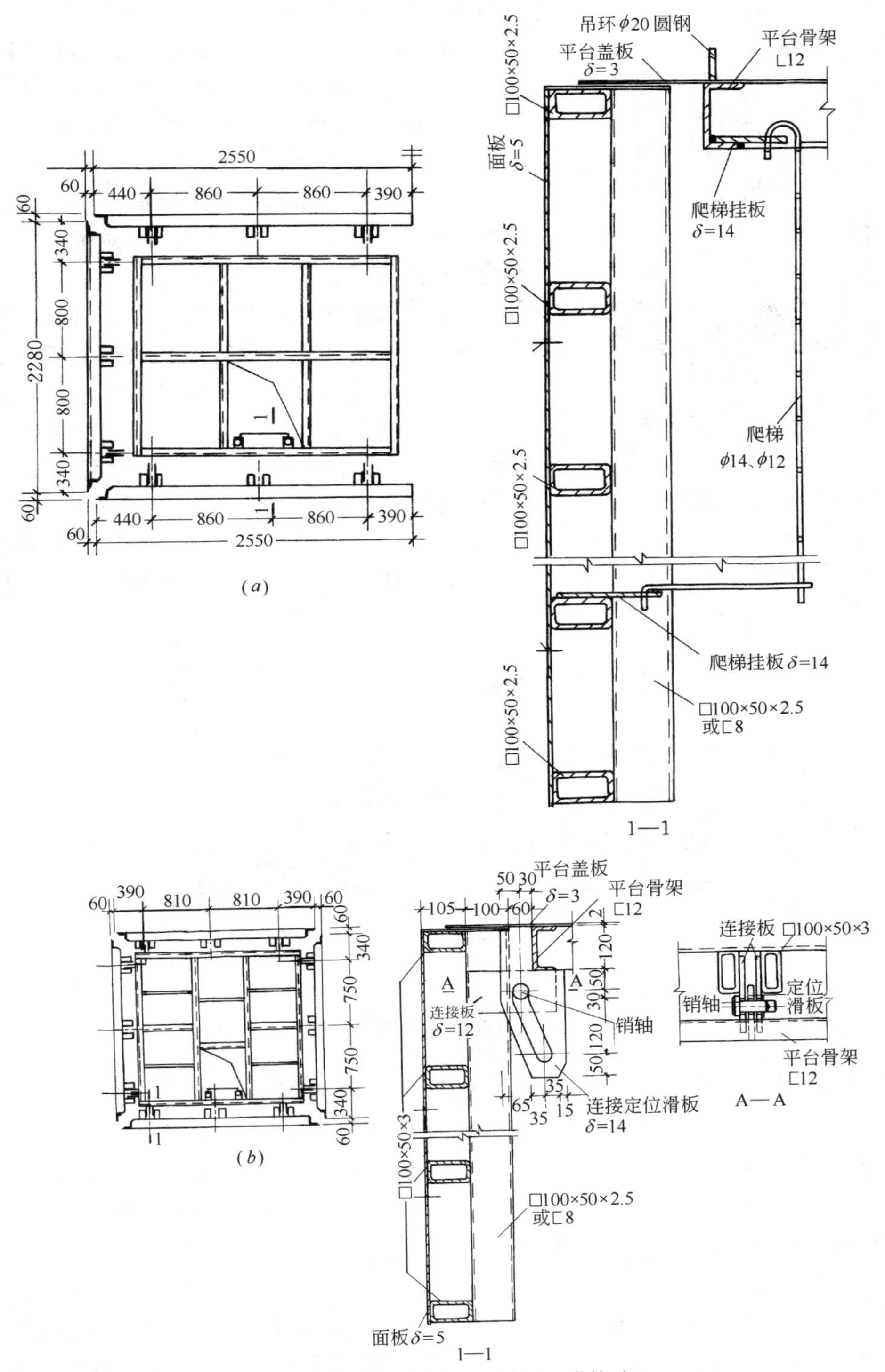

图 2-2-26 滑板平台骨架筒模构造

(a) 三面大模板；(b) 四面大模板

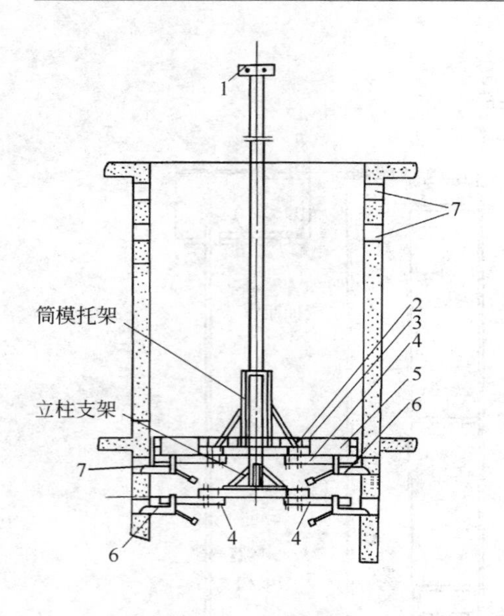

图 2-2-27　电梯井筒模自升机构
1—吊具；2—面板；3—方木；4—托架调节梁；5—调节丝杠；6—支腿；7—支腿洞

自升筒模由模板、托架和立柱支架提升系统两大部分组成，如图 2-2-27 所示。

1）模板：模板采用组合式模板及铰链式角模，其尺寸根据电梯井结构大小决定。在组合式模板的中间，安装一个可转动的直角形铰接式角模，在装、拆模板时，使四侧模板可进行移动，以达到安装和拆除的目的。模板中间设有花篮螺栓退模器，供安装、拆除模板时使用。模板的支设及拆除情况如图 2-2-28 所示。

2）托架：筒模托架由型钢焊接而成，如图 2-2-29 所示。托架上面设置方木和脚手板。托架是支承筒模的受力部件，必须坚固耐用。托架与托架调节梁用 U 形螺栓组装在一起，并通过支腿支撑于墙体的预留孔中，形成一个模板的支承平台和施工操作平台。

3）立柱支架及提升系统：立柱支架用型钢焊接而成，如图 2-2-30 所示。其构造形式与上述筒

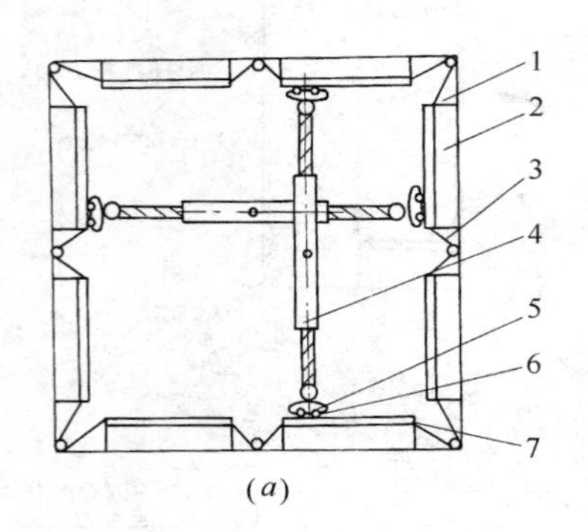

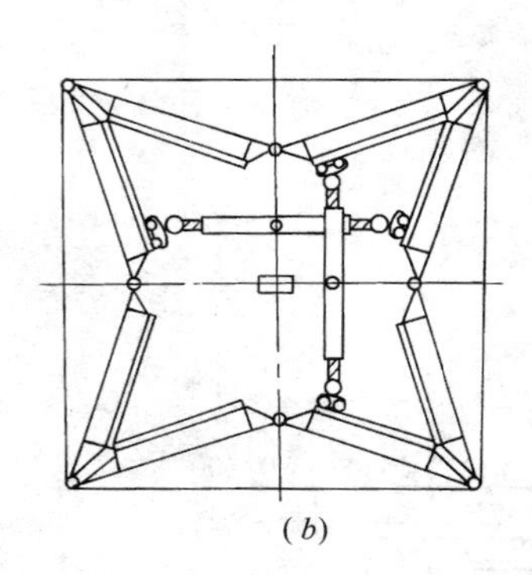

图 2-2-28　自升式筒模支拆示意图
(*a*) 支模；(*b*) 拆模
1—四角角模；2—模板；3—直角形铰接式角模；4—退模器；5—3 形扣件；6—竖龙骨；7—横龙骨

模托架相似。它是由立柱、立柱支架、支架调节梁和支腿等部件组成。支架调节梁的调节范围必须与托架调节梁相一致。立柱上端起吊梁上安装一个手拉捯链，起重量为 2～3t，用钢丝绳与筒模托架相连接，形成筒模的提升系统。

5. 外墙大模板

用于全现浇结构的外墙大模板的构造与组合式大模板基本相同。由于对外墙面的垂直平整度要求更高，特别是需要做清水混凝土或装饰混凝土的外墙面，对外墙大模板的设计、制作也有其特殊的要求。主要要解决以下几个方面的问题：

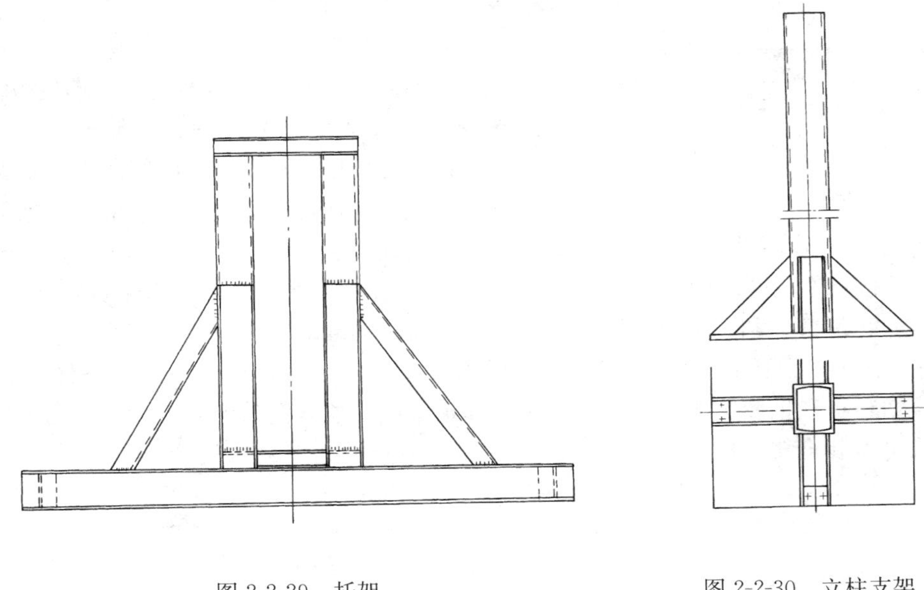

图 2-2-29 托架　　图 2-2-30 立柱支架

- 解决外墙墙面垂直平整和大角的垂直方正，以及楼层层面的平整过渡；
- 解决门窗洞口模板设计和门窗洞口的方正；
- 解决装饰混凝土的设计制作及脱模问题；
- 解决外墙大模板的安装支设问题。

现将外墙大模板有关的设计和技术处理方法介绍如下：

(1) 保证外墙面平整的措施。外墙大模板要着重解决水平接缝和层间接缝的平整过渡问题，以及大角的垂直方正问题。

1) 大模板的水平接缝处理：可以采用平接、企口接缝处理。即在相邻大模板的接缝处，拉开 2～3cm 距离，中间用梯形橡胶条、硬塑料条或 30×4 的角钢作堵缝，用螺栓与两侧大模板连接固定，见图 2-2-31 所示。这样既可以防止接缝处漏浆，又可使相邻开间的外墙面有一个过渡带，拆模后可以作为装饰线条，也可以用水泥砂浆抹平。

在模板制作时，相邻大模板可以做成企口对接，见图 2-2-32 所示。这样既可以保证

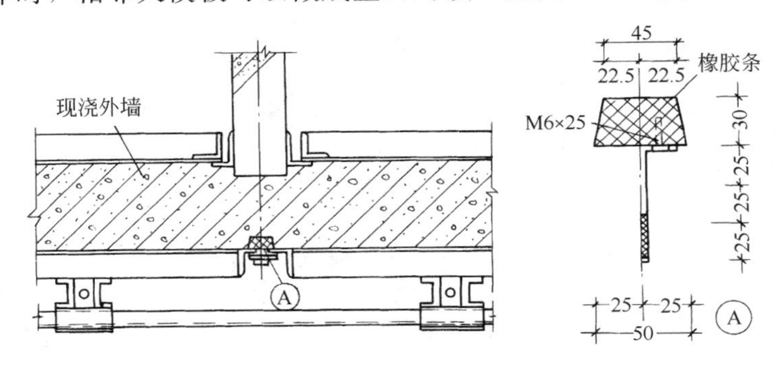

图 2-2-31 外墙外侧大模板垂直接缝构造处理

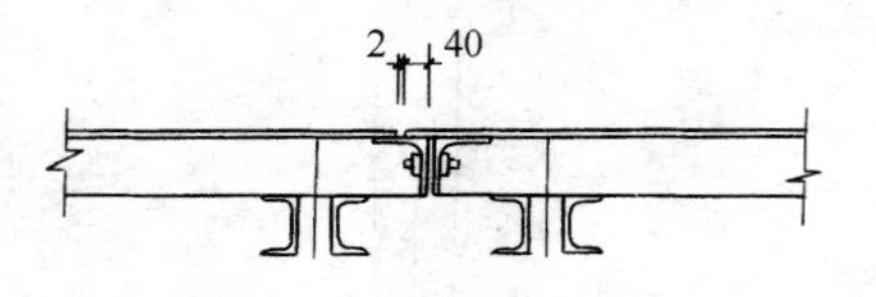

图 2-2-32　板与板连接示意图

墙面平整，又解决了漏浆问题。

2）层间接缝处理。

① 设置导墙：采用外墙模板高于内墙模板，浇筑混凝土时，使外墙外侧高出内侧，形成导墙，见图 2-2-33所示。在支上层大模板时，使其大模板紧贴导墙。为防止漏浆，还可在此处加塞泡沫塑料处理。

② 模板上下设置线条：常见的做法是在外墙大模板的上端固定一条宽 175mm、厚 30mm 与模板宽度相同的硬塑料板；在模板下部固定一条宽 145mm、厚 30mm 的硬塑料板，为了防止漏浆，利用下层的墙体作为上层大模板的导墙。在大模板底部连接固定一根［12 槽钢，槽钢外侧固定一根宽 120mm、厚 32mm 的橡胶板，如图 2-2-34 和图 2-2-35 所示。连接塑料板和橡胶板的螺栓必须拧紧，固定牢固。这样浇筑混凝土后的墙面形成两道凹槽，既可做装饰线，也可抹平。

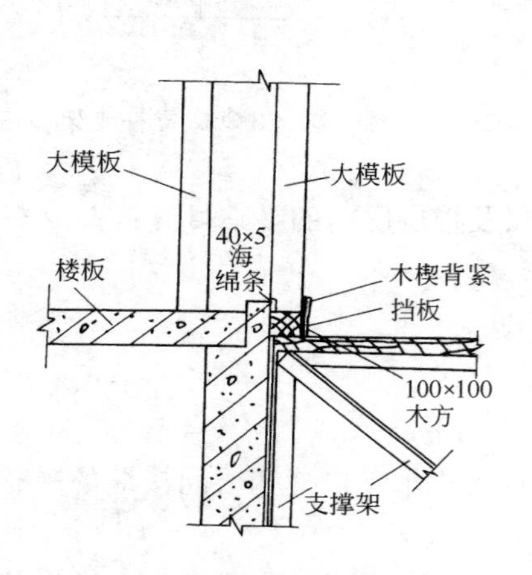

图 2-2-33　大模板底部导墙支模图

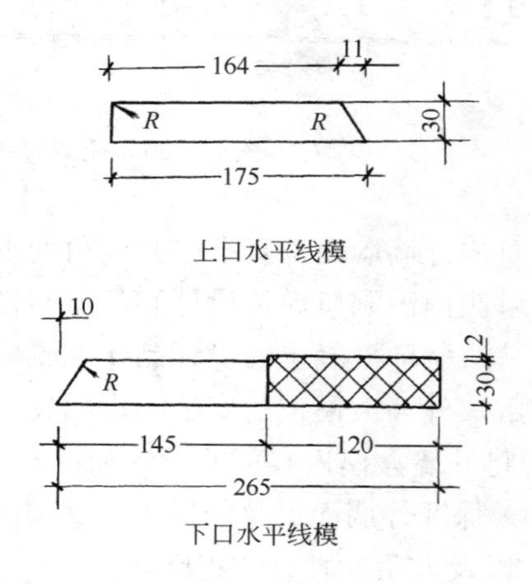

图 2-2-34　横向腰线线模

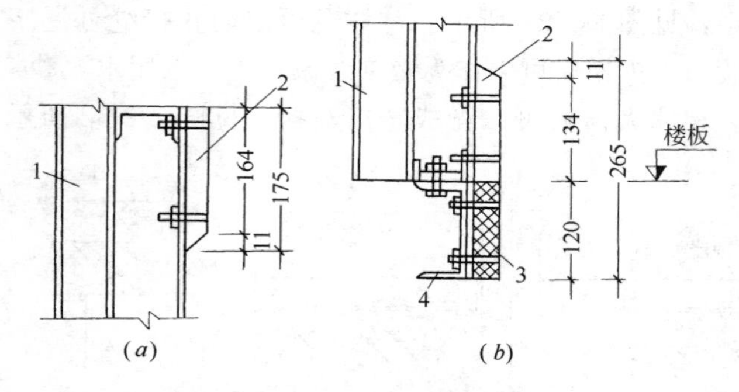

图 2-2-35　外墙外侧大模板腰线条设置示意

(a) 上部作法；(b) 下部作法

1—模板；2—硬塑料板；3—橡胶板；4—连接槽钢

③ 大角方正问题的处理：为了保证外墙大角的方正，关键是角模处理，必要时可采用机加工刨光角模。图 2-2-36 为大角模组装示意图，图 2-2-37 为小角模固定示意图。要

保证角模刚度好、不变形，与两侧大模板紧密地连接在一起。

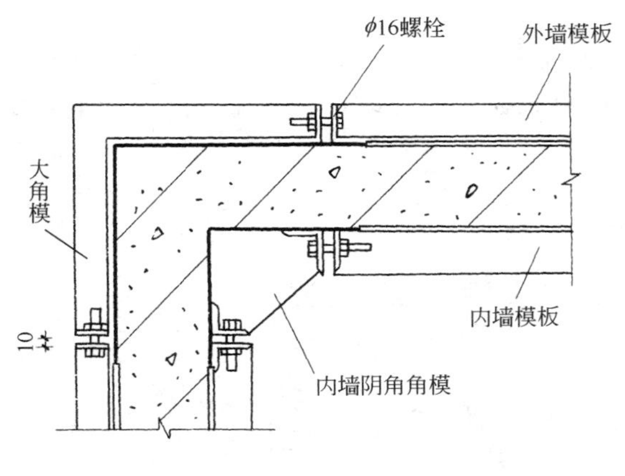

图 2-2-36 大角模做法示意图

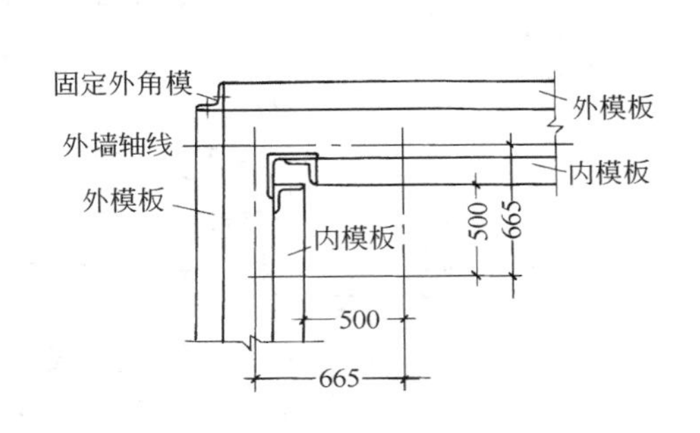

图 2-2-37 外墙外侧大模板大角部位的连接构造

(2) 外墙门窗口模板构造与设置方法。外墙大模板需解决门窗洞口模板的设置，既要

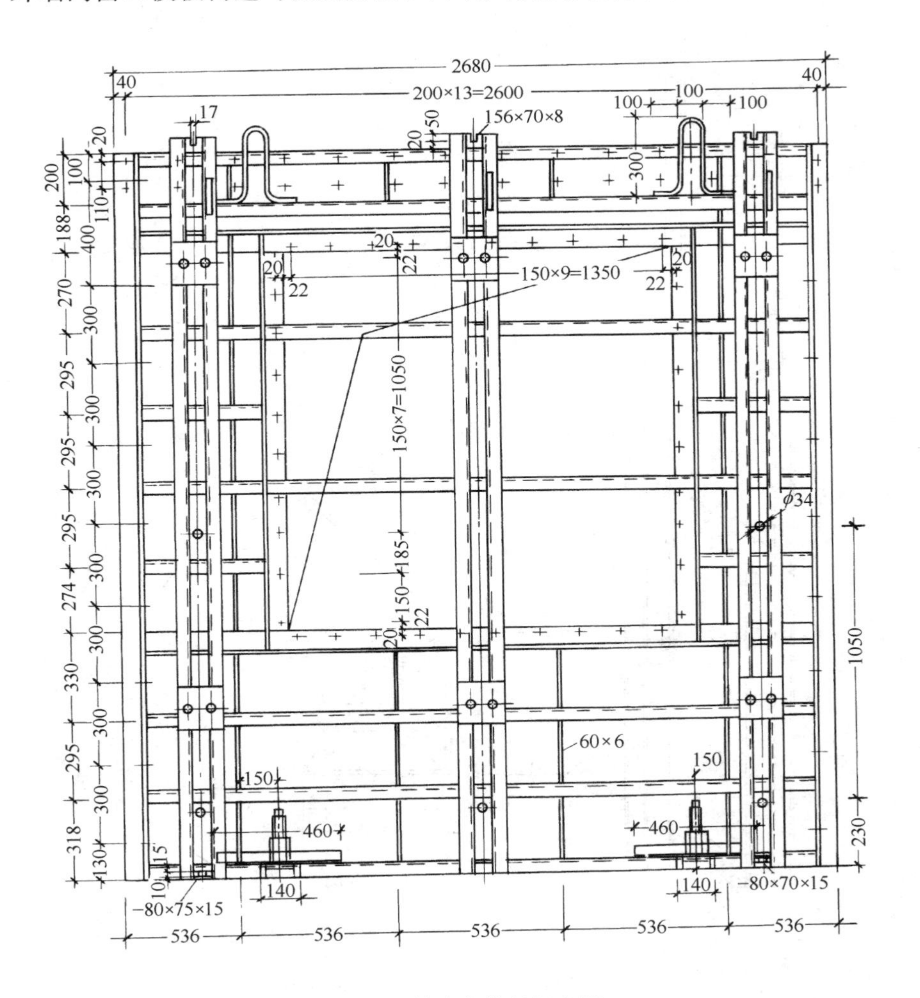

图 2-2-38 外墙大模板门窗洞口

克服设置门窗洞口模板后大模板刚度受到削弱的问题；还要解决支、拆和浇筑混凝土的问题，使浇筑的门窗洞口阴阳角方正，不位移、不变形。常见的做法是：

1）将门窗洞口部位的模板骨架取掉，按门窗洞口的尺寸，在骨架上作一边框，与大模板焊接为一体（图 2-2-38）。门窗洞口宜在内侧大模板上开设，以便在振捣混凝土时便于进行观察。

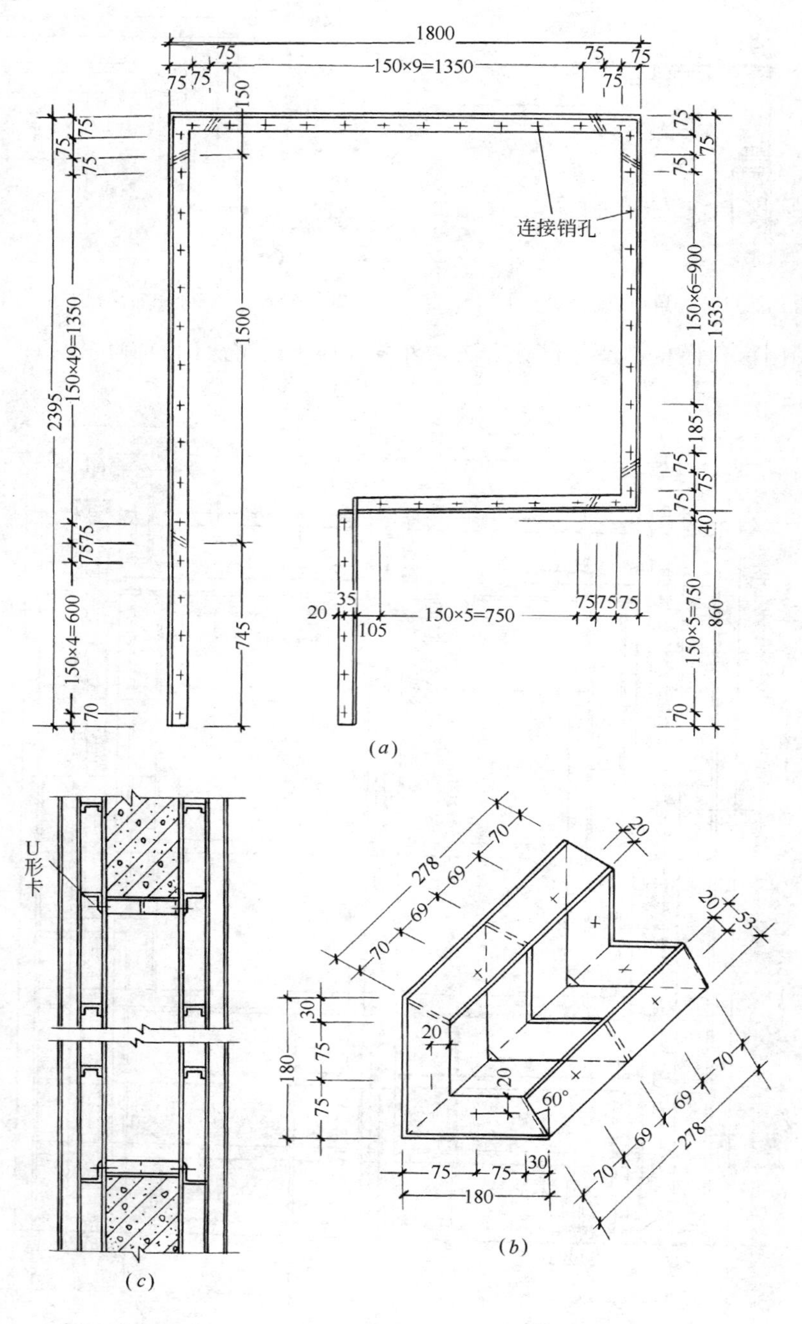

图 2-2-39　散装散拆门窗洞口模板示意

(*a*) 门、窗洞口模板组装图；(*b*) 角模；(*c*) 门、窗洞口模板安装后剖面图

2）保存原有的大模板骨架，将门窗洞口部位的钢板面取掉。同样做一个型钢边框，并采取以下两种方法支设门洞模板：

① 散支散拆：按门窗洞口尺寸加工好洞口的侧模和角模，钻好连接销孔。在大模板的骨架上按门窗洞口尺寸焊接角钢边框，其连接销孔位置要和门窗洞口模板上的销孔一致（图 2-2-39）。支模时将各片模板和角模按门窗洞口尺寸组装好，并用连接销将门窗洞口模板与钢边框连接固定。拆模时先拆侧帮模板，上口模板应保留至规定的拆模强度时方能拆除，或在拆模后加设临时支撑。

② 板角结合形式：把门窗洞口的各侧面模板用钢铰合页固定在大模板的骨架上，各个角部用等肢角钢做成专用角模，形成门窗洞口模板。支模时用支撑杆将各侧侧模支撑到位，然后安装角模，角模与侧模采用企口连接，如图 2-2-40 所示。拆模时先拆侧模，然后拆角模。

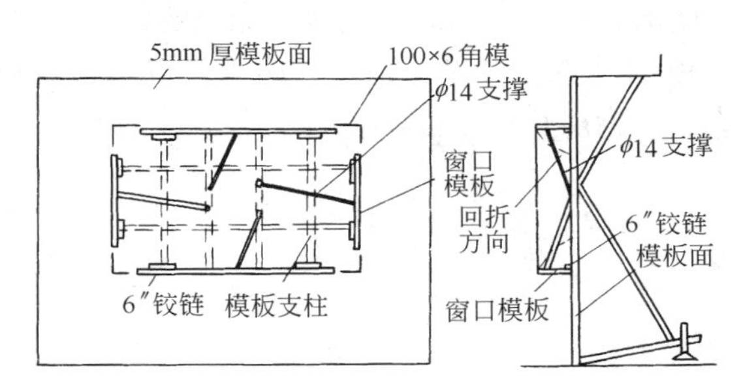

图 2-2-40 外墙窗洞口模板固定方法

③ 独立式门窗洞口模板：将门窗洞口模板采用板角结合的形式一次加工成型。模板框用 5cm 厚木板做成，为便于拆模，外侧用硬塑料板做贴面，角模用角钢制作，见图 2-2-41 所示。支模时将组装好的门窗洞口模板整体就位，用两侧大模板将其夹紧，并用螺栓固定。洞口上侧模板还可用木条做成滴水线槽模板，一次将滴水槽浇筑成型，以减少装修工作量。

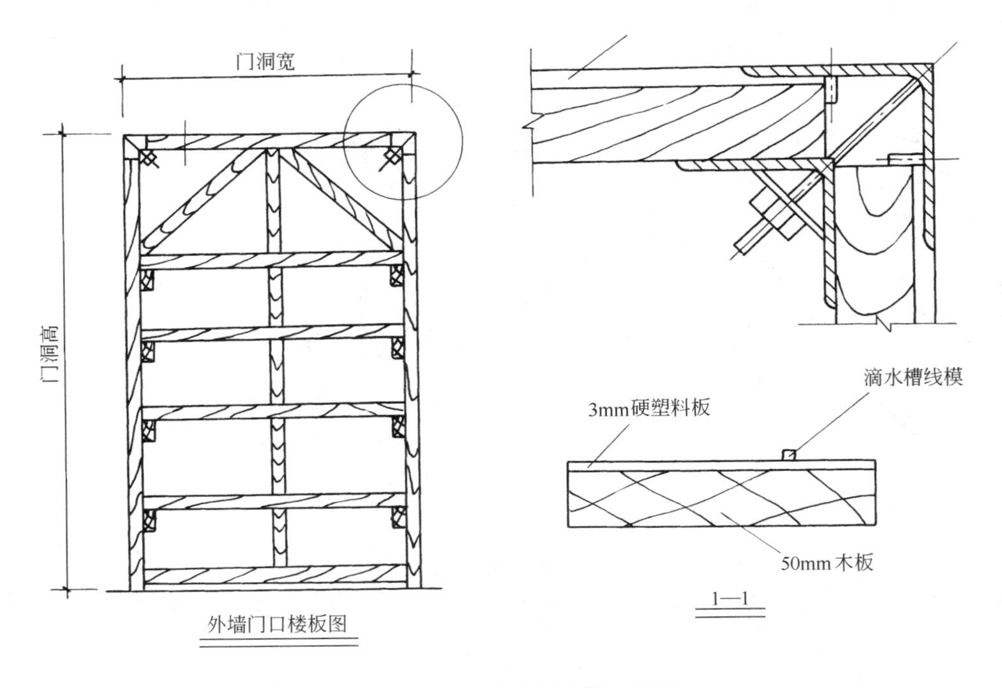

图 2-2-41 独立式门窗洞口模板

(3) 装饰混凝土衬模：为了丰富现浇外墙的质感，可在外墙外侧大模板的表面设置带有不同花饰的聚氨酯、玻璃钢、型钢、塑料、橡胶等材料制成的衬模，塑造成混凝土表面的花饰图案，起到装饰效果。

衬模材料要货源充裕、易于加工制作、安装简便；同时，要有良好的物理和机械性能，耐磨、耐油、耐碱，化学性能稳定、不变形，且周转使用多次。常用的衬模材料有：

1) 铁木衬模：铁木衬模是用1mm厚薄钢板轧制成凹凸型图案，用机螺栓固定于大模板表面。为防止凸出部位受压变形，需在其内垫木条，如图2-2-42所示。

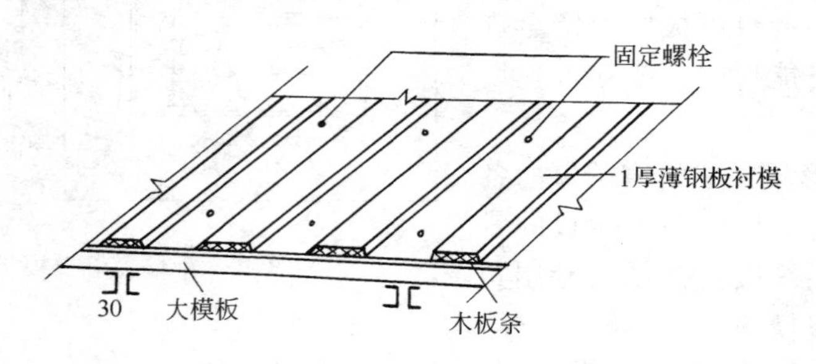

图 2-2-42　铁木衬模

2) 聚氨酯衬模：聚氨酯衬模有两种作法：一种是预制成型，按设计要求制成带有图案的片状预制块，然后粘贴在大模板上；另一种作法是在现场制作，将大模板平放，清除板面杂质和浮锈后先涂刷聚氨酯底漆，厚度0.5～1.2mm，然后再按图案设计涂刷聚氨酯面漆，待固化后即可使用。这种作法多做成花纹图形。

3) 角钢衬模：用30×30角钢焊在外墙外侧大模板表面（图2-2-43）。焊缝须磨光，角钢端部接头、角钢与模板的缝隙以及板面不平整处，均需用环氧砂浆嵌填、刮平、磨光，干后再涂刷两遍环氧清漆。

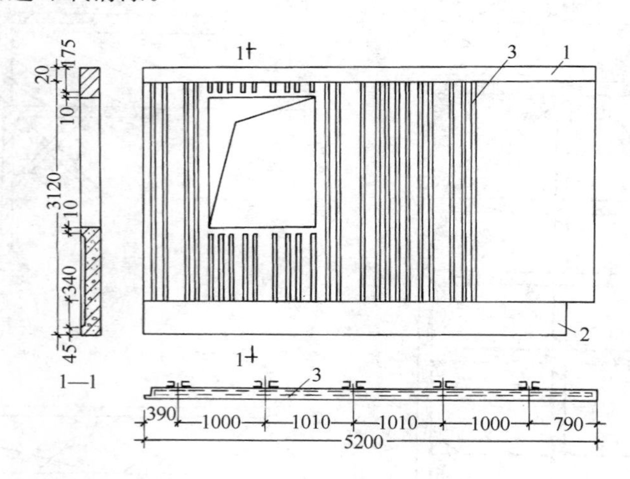

图 2-2-43　角钢衬模

1—上口腰线（水平装饰线）；2—下口腰线（水平装饰线）；3—30×30角钢竖线衬模

4) 铸铝衬模：用模具铸造成形，可以作成各种花饰图案的板块，将它用机螺钉固定于模板上。这种衬模可以多次周转使用，图案磨损后，还可以重新铸造成形。

5）橡胶衬模：由于衬模要经常接触油类隔离剂，应选用耐油橡胶制作衬模。一般在工厂按图案要求辊轧成形（图2-2-44），在现场安装固定。线条端部应做成45°斜角，以利于脱模。

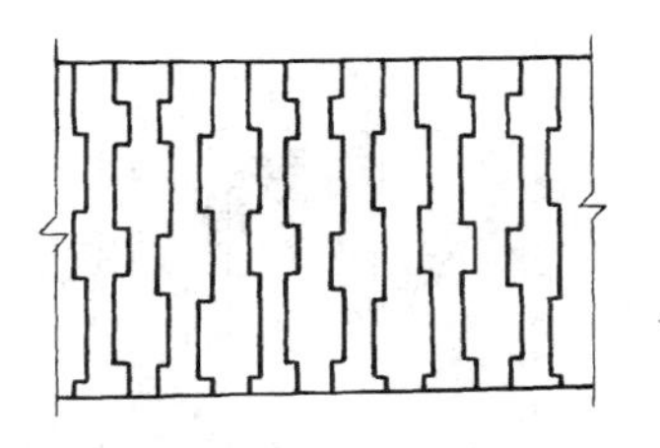

图2-2-44 橡胶衬模

6）玻璃钢衬模：玻璃钢衬模是采用不饱和树脂为主料，加入耐磨填料，在设计好的模具上分层裱糊成形，固定24小时后脱模。在进行固化处理后，方能使用。它是用螺栓固定于模板板面。玻璃钢衬模可以做成各种花饰图案，耐油、耐磨、耐碱，周转使用次数可达100次以上。

（4）外墙大模板的移动装置

由于外墙外侧大模板采用装饰混凝土的衬模，为了防止拆模时碰坏装饰图案，可在外墙外侧大模板底部应设置轨枕和移动装置。

移动装置（又称滑动轨道）设置于外侧模板三角架的下部（图2-2-45），每根轨道上装有顶丝，大模板位置调整后，用顶丝将地脚盘顶住，防止前后移动。滑动轨道两端滚轴位置的下部，各设一个轨枕，内装与轨道滚动轴承方向垂直的滚动轴承。轨道坐落在滚动轴承上，可左右移动。滑动轨道与模板地脚连接，通过模板后支架与模板同时安装或拆除。这样，在拆除大模板时，可以先将大模板作水平移动，既方便拆模，又可防止碰坏装饰混凝土。

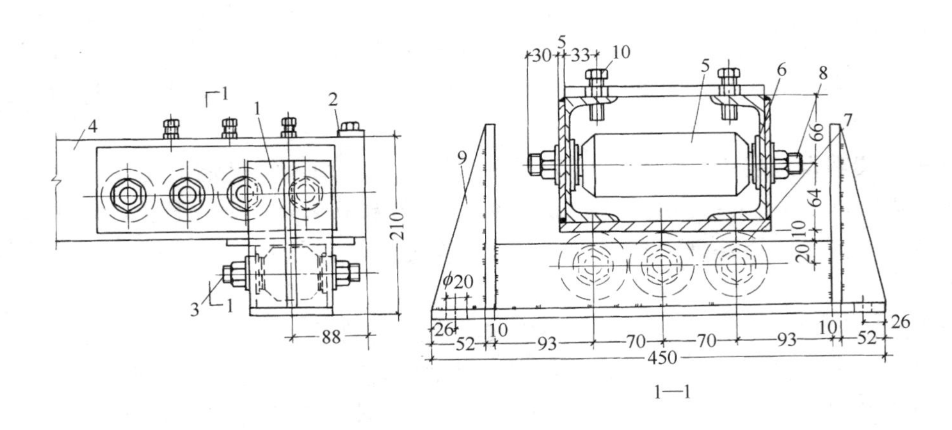

图2-2-45 模板滑动轨道及轨枕滚轴

1—支架；2—端板；3、8—轴辊；4—活动装置骨架；5、7—轴滚；6—垫板；9—加强板；10—螺栓顶丝

（5）外墙大模板的支设平台。解决外墙大模板的支设问题是全现浇混凝土结构工程的关键技术。主要有以下两种形式：

1）三角挂架支设平台：三角挂架支设平台由三角挂架、平台板、护身栏和安全立网组成，见图2-2-46所示。它是安放外墙外侧大模板，进行施工操作和安全防护的重要设施。

外墙外侧大模板在有阳台的部位时，可以支设在阳台板上。

三角挂架是承受大模板和施工荷载的部件，必须保证有足够的强度和刚度，安装拆除

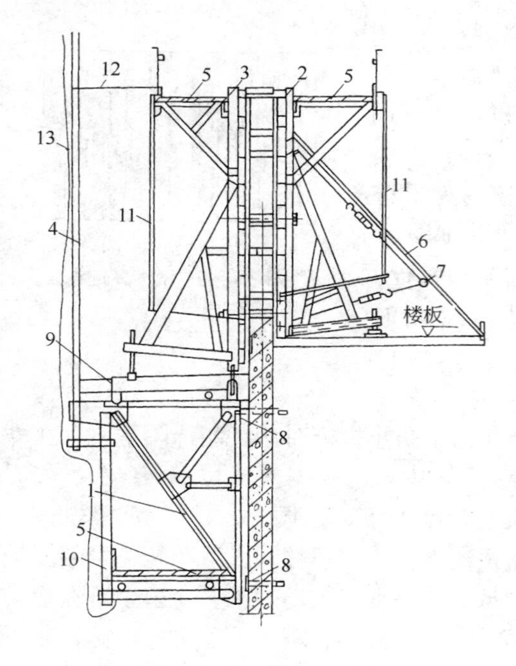

图 2-2-46　三角挂架支模平台

1—三角挂架；2—外墙内侧大模板；3—外墙外侧大模板；4—护身栏；5—操作平台；6—防侧移撑杆；7—防侧移位花篮螺栓；8—L形螺栓挂钩；9—模板支承滑道；10—下层吊笼吊杆；11—上人爬梯；12—临时拉结；13—安全网

简便。各种杆件用 2 根 50×50 的角钢焊接而成。每个开间设置 2 个，用 ϕ40 的“L”形螺栓固定在下层的外墙上，如图 2-2-46 所示。

平台板用型钢做大梁，上面焊接钢板或满铺脚手板，宽度与三角挂架一致，以满足支模和操作。在三角挂架外侧设可供两个楼层施工用的护身栏和安全网。为了施工方便，还可在三角挂架上做成上下二层平台，上层供结构施工用，下层供墙面修理用。

2）利用导轨式爬架支设大模板：导轨式爬架由爬升装置，桁架、扣件架体及安全防护设施组成。在建筑物的四周布置爬升机构，由安装在剪力墙上的附着装置外侧安装架体，它利用导轮组通过导轨进行安装，导轨上部安装提升倒链，架体依靠导轮沿轨道上下运动，从而实现导轨式爬架的升降。架体由水平承力桁架和竖向主框架和钢管脚手架搭设而成。宽 0.9m，距墙 0.4～0.7m，架体高度不小于 4.5 倍的标准层层高。架体上设控制室，内设配电柜，并用电缆线与每一个电动捯链连接。电动捯链动力为 500～750W，升降速度为 9cm/min。

这种爬架铺设三层脚手板，可供上下三个楼层施工用，每层施工允许荷载 2kN/m^2。脚手板距墙 20cm，最下一层的脚手板与墙体空隙用木板和合页做成翻板，防止施工人员及杂物坠落伤人。架体外侧满挂安全网，在每个施工层设置护身栏。图 2-2-47 为导轨式爬架安装立面。

导轨式爬架须与支模三角架配套使用。导轨爬架的最上层设置安放大模板的三角支架，并设有施工平台。支模三角架承受大模板的竖向荷载，如图 2-2-48 所示。

导轨式爬架当用于上升时供结构施工支设大模板，下降时又可作为外檐施工的脚手架。

导轨式爬架的提升工艺流程为：墙体拆模→拆装导轨→转换提升挂座位置→挂好电动倒链→检查验收→同步提升 50mm→挂除限位锁、保险钢丝绳→同步提升一个楼层的高度→固定支架、保险绳→施工人员上架施工。

爬架的提升时间以混凝土强度为依据，常温时一般在浇筑混凝土之后 2～3 天。爬架下降时，要考虑爬架的安装周期，一般控制在两天以上为宜。

爬架在升降前要检查所有的扣件连接点是否紧固，约束是否解除，导轨是否垂直，防坠套环是否套住提升钢丝绳。在升降过程中，要保持各段桁架的同步，当行程高差大于 50mm 时，应停止爬升，调平后再行升降。爬架升降到位后，将限位锁安装至合适位置，挂好保险钢丝绳。升降完毕投入使用前，应检查所有扣件是否紧固，限位锁和保险绳能否

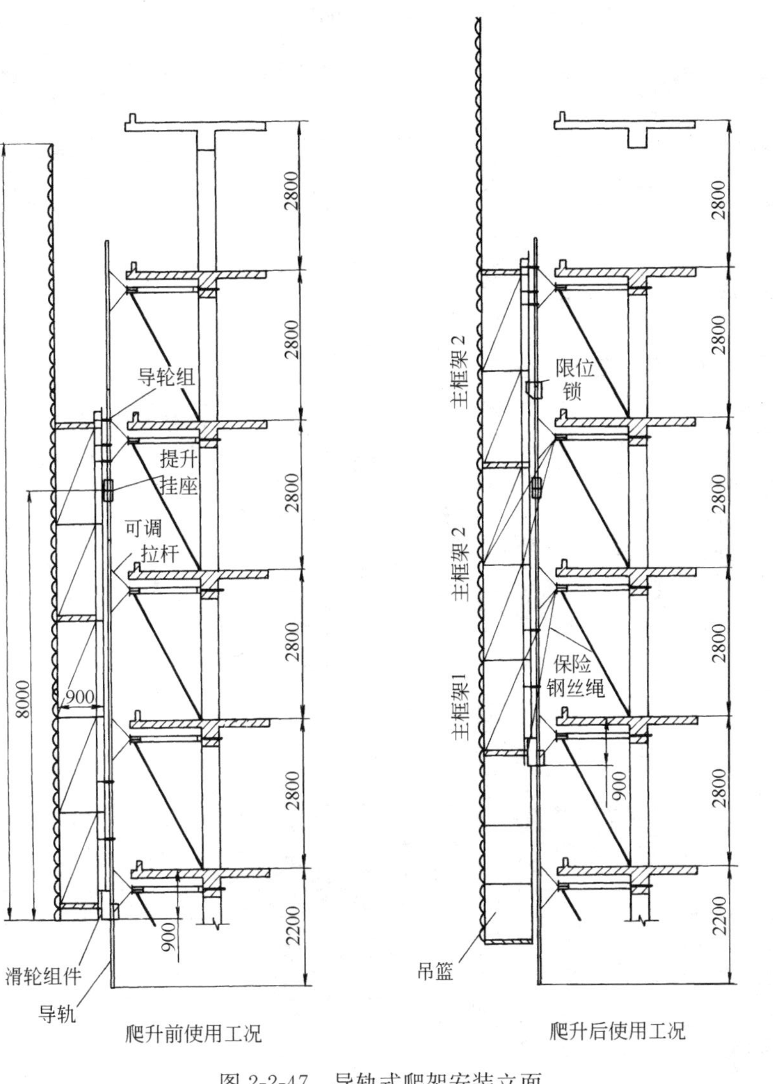

图 2-2-47 导轨式爬架安装立面

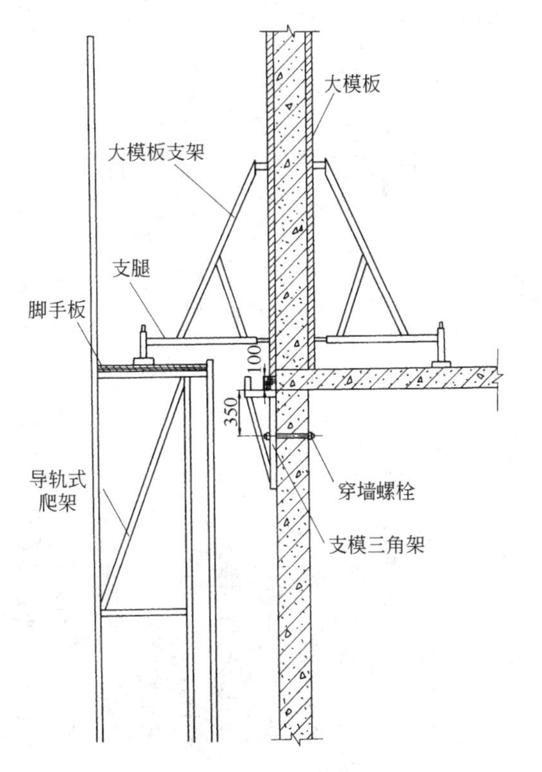

图 2-2-48 支模三角架与大模板安装示意图

有效地传力，临边防护是否等位。

对配电框要做好防雨防潮措施，对电源线路和接地情况也要经常进行检查。

2.2.1.4　大模板的配制设计、制作和维修

1. 大模板的配制设计

(1) 配制设计原则

1) 大模板的配制设计应根据工程类型和施工设备情况进行设计。作到通用性强，规格类型少，能满足不同平面组合的要求并兼顾后续工程的需要。

由于建筑物的构造和用途不同，其开间、进深、层高的尺寸也不相同，所以要求大模板的设计能有一定的通用性，并便于改装，以适用不同开间、进深和层高的要求，这样使大模板的周转使用次数增加，以降低模板摊销费用。

2) 力求结构构造简单，制作、装拆灵活方便。模板的结构在满足施工要求的前提下，应力求结构简单，便于加工制作，便于安装、拆除，以利于提高施工效率。其平块大模板重量应满足现场起重能力的要求。

3) 模板组合方便。模板的组合，便于划分施工流水段，尽量做到纵横墙同时浇筑混凝土，以利于加强结构的整体性。做到接缝严密，不漏浆，阴阳角方正，棱角整齐。

4) 坚固耐用，经济合理。大模板的设计首先要满足刚度要求，确保大模板在堆放、组装、拆除时的自身稳定，以增加其周转使用次数。同时应采用合理的结构构造，恰当地选材，尽量做到减少一次投资量。虽然模板做到坚固耐用，会使钢材用量和投资增多，但由于周转次数的增加，摊销费用可以降低。如果模板质量不好，不仅周转次数少，经常维修费用增高，而且还要增加墙面修理的费用。所以在设计模板时，应把坚固耐用放到第一位。

(2) 设计方法

1) 按建筑物的平面尺寸确定模板型号。根据建筑设计的轴线尺寸，确定模板的尺寸，凡外形尺寸和节点构造相同的模板均为同一种型号。当节点相同，外形尺寸变化不大时，可以用常用的开间、进深尺寸为基数作定型模板，另配模板条。如开间为3.6m和3.3m时，可以依3.3m为基数制作模板，用于3.6m轴线时，配以30cm的模板条，与之连接固定。

每道墙体由两片大模板组成，一般可采用正反号表示。同一侧墙面的模板为正号，另一侧墙面用的模板则为反号，正反号模板数量相等，以便于安装时对号就位。

2) 根据流水段大小确定模板数量。常温条件下，大模板施工一般每天完成一个流水段，所以在考虑模板数量时，必须以满足一个流水段的墙体施工来确定。

另外，在考虑模板数量时，还应考虑特殊部位的施工需要。如电梯间以及全现浇工程中山墙模板的型号和数量。

3) 根据开间、进深、层高确定模板的外形尺寸

① 内墙模板高度：模板高度与层高及楼板厚度有关，可以通过式(2-2-1)计算。

$$H=h-h_1-c_1 \tag{2-2-1}$$

式中　H——模板高度(mm)；

h——楼层高度(mm)；

h_1——楼板厚度(mm)；

c_1——余量，考虑找平层砂浆厚度、模板安装不平等因素而采用的一个常数，通常取20～30mm。

② 内横墙模板的长度：与房间进深轴线尺寸、墙体厚度及模板搭接方法有关，按式(2-2-2)确定：

$$L_1=l_1-l_2-l_3-c_2 \tag{2-2-2}$$

式中 L_1——横墙模板长度（mm）；

l_1——进深轴线尺寸（mm）；

l_2——外墙轴线至内墙皮的距离（mm）；

l_3——内墙轴线至墙面的距离（mm）；

c_2——为拆模方便设置的常数，此段空隙用角钢填补。

③ 内纵墙模板的长度：与开间轴线尺寸、墙体厚度、横墙模板厚度有关，按式（2-2-3）确定：

$$L_2=l_4-l_5-l_6-c_3 \tag{2-2-3}$$

式中 L_2——纵墙模板长度（mm）；

l_4——开间轴线尺寸（mm）；

l_5——内横墙厚度。如为端部开间时，l_5 尺寸为内横墙厚度的$\frac{1}{2}$加山墙轴线到内墙皮的尺寸；

l_6——横墙模板厚度×2；

c_3——模板搭接余量，为使模板能适应不同墙体的厚度而取的一个常数。

④ 外墙模板高度与楼梯间墙模板高度：

$$H=h+h_0 \tag{2-2-4}$$

式中 H——模板高度；

h——楼层高度；

h_0——考虑到模板与导墙的搭接，取一常数，通常为 5cm。

⑤ 外墙模板长度：通常按轴线尺寸设计，如采用塑料条做接缝处理时，可比轴线尺寸小 2cm。

(3) 设计要求。大模板设计除绘制构造、节点、拼装和零配件图纸外，尚应绘制配板平面布置图和施工说明书。

2. 大模板制作质量要求

(1) 加工制作模板所用的各种材料与焊条，以及模板的几何尺寸必须符合设计要求。

(2) 各部位焊接牢固，焊缝尺寸符合设计要求，不得有漏焊、夹渣、咬肉、开焊等现象。

(3) 毛刺、焊渣要清理干净，防锈漆涂刷均匀。

(4) 质量允许偏差，应符合表 2-2-1 的规定。

表 2-2-1

序号	检查项目	允许偏差(mm)	检查方法
1	表面平整	2	2m 靠尺、楔尺检查
2	平面尺寸	长度−2，高度±3	尺检
3	对角线差	3	尺检
4	螺孔位置偏差	2	尺检

3. 大模板的维修保养

大模板的一次性耗资较大，用钢量较多，要求周转使用次数在400次以上。因此要加强管理，及时做好维护、维修保养工作。

(1) 日常保养要点

1) 在使用过程中应尽量避免碰撞，拆模时不得任意撬砸，堆放时要防止倾覆。

2) 每次拆模后，必须及时清除模板表面的残渣和水泥浆，涂刷隔离剂。

3) 对模板零件要妥善保管，螺母螺杆经常擦油润滑，防止锈蚀。拆下来的零件要随手放在工具箱内，随大模一起吊走。

4) 当一个工程使用完毕后，在转移到新的工程使用前，必须进行一次彻底清理，零件要入库保存，残缺丢件一次补齐。易损件要准备充足的备件。

(2) 大模板的现场临时修理。板面翘曲、凹凸不平、焊缝开焊、地脚螺栓折断以及护身栏杆弯折等情况，是大模板在使用过程中的常见病和多发病。简易的修理办法是：

1) 板面翘曲可按前述制作方法修理。

2) 板面凹凸不平。常见部位在穿墙螺栓孔周围，其原因是：塑料套管偏长（板面凹陷）或偏短（板面外凹）。修理时，将模板板面向上放置，用磨石机将板面的砂浆和脱模剂打磨干净。板面凸出部分可用大锤砸平或用气焊烘烤后砸平；板面凹陷，可在板面与纵向龙骨间放上花篮丝杠，拧转螺母，把板面顶回原来的位置。整平后，在螺栓孔两侧加焊扁钢或角钢，以加强板面局部的刚度。

3) 焊缝开裂。先将焊缝中的砂浆清理干净，整平后再在横肋上多加几个焊点即可。当板面拼缝不在横肋上时，要用气焊边烤边砸，整平后满补焊缝，然后用砂轮磨平。周边开焊时，应用卡子将板面与边框卡紧，然后施焊。

4) 模板角部变形。由于施工中的碰撞和撬动，容易出现模板角部后闪现象，造成骨架变形。修理时，先用气焊烘烤，边烤边砸，使其恢复原状。

5) 地脚螺栓损坏。应及时更换。

6) 护身栏撞弯。应及时调直，断裂部位要焊牢。

7) 胶合板面局部破损。可用扁铲将破损处剔凿整齐，然后刷胶，补上一块同样大小的胶合板，再涂以覆面剂。

如损坏严重，需在工厂进行大修。

2.2.1.5 大模板工程施工

1. 流水段的划分与模板配备

(1) 流水段划分的方法

大模板工程施工的周期性很强，必须合理划分施工流水段，组织流水作业，实行有节奏的均衡施工，以提高效率，加快模板周转和施工进度。划分流水段要注意以下几点：

1) 根据建筑物的平面、工程量、工期要求和机具设备等条件综合考虑，尽量使各流水段的工程量大致相等，模板的型号和数量基本一致，劳动力配备相对稳定，以利于组织均衡施工。

2) 要使各流水段的吊装次数大致相等，以充分发挥垂直起重设备的能力。

3) 采用有效的技术组织措施，做到每天完成一个流水段的支、拆模板工序，使大模板得以充分利用。由于大模板的施工周期与结构施工的一些技术要求有关，如：墙体混凝土达到 1N/mm^2 时方可拆模，达到 4N/mm^2 时方可安装楼板。因此施工周期的长短，与每个流水段是否能在 24h 内完成有着密切关系。所以要采取一定的技术措施和周密的安排，实现每天完成一个流水段。

4）内外墙全现浇工程，必须根据其结构工艺特点划分流水分段。因为现浇外墙混凝土强度必须达到 7.5N/mm^2 以上时，才能挂三角挂架，达到这一强度常温下 C20 混凝土需要 3d，加上本段施工及安装三角挂架和护身栏等工序，则共需 5d。施工流水段的划分和施工周期的安排，必须满足这一要求。所以全现浇工程的流水段数宜在五段或五段以上。如果混凝土强度等级高，施工流水段数量也可减少。

（2）模板配备

模板配备的数量应根据流水段的大小和结构类型来决定。另外，在山墙及变形缝墙体部位还需另外配备大模板。

在冬期施工中，由于施工周期相对延长，模板占用量也相对增大，此时，可以采取增加每个流水段的轴线，或多配备供两个流水段施工用的模板，以满足冬期施工混凝土强度增长的需要。

2. 施工前的准备工作

大模板工程的施工，除了按照常规要求，编制施工组织设计做好施工准备总体部署外，并要针对大模板施工的特点，做好以下准备工作：

（1）安排好大模板堆放场地。由于大模板体形大、比较重，故应堆放在塔式起重机工作半径范围之内，以便于直接吊运。在拟建工程的附近，留出一定面积的堆放区。每块组合式大模板平均占地约 8m^2，按五条轴线的流水段的外板内浇工程，模板占地约 270m^2；内外墙全现浇工程，模板占地约430～480m^2；筒形模占地面积应适当增加。

如为外板内浇工程，在平面布置中，还必须妥善安排预制外墙板的堆放区，亦应堆放在塔式起重机起吊半径范围之内。

（2）做好技术交底。针对大模板施工的特点和每栋建筑物的具体情况做好班组的技术交底。交底必须有针对性、指导性和可操作性。

（3）进行大模板的试组装。在正式安装大模板之前，应先根据模板的编号进行试验性安装，以检查模板的各部尺寸是否合适，操作平台架及后支架是否“打架”，模板的接缝是否严密，如发现问题应及时进行修理，待问题解决后方可正式安装。

如采用筒形模时，应事先进行全面组装，并调试运转自如后方能使用。

（4）做好测量放线工作

1）轴线和标高的控制和引测方法

① 轴线：每幢建筑物的各个大角和流水段分段处，均应设置标准轴线控制桩，据此用经纬仪引测各层控制轴线。然后拉通尺放出其他墙体轴线、墙体的边线、大模板安装位置线和门洞口位置线等。

由于受场地限制，用经纬仪外测控制轴线非常困难。近年来一些单位使用激光铅垂仪进行竖向轴线控制。它具有精度高、误差小等优点，是高层建筑施工中较简便易行的测量方法。通常作法是用激光铅直仪垂直投点，用经纬仪在楼层水平布线。具体作法是：

在制定施工组织设计或测量方案时，根据建筑物的轴线情况设计出激光测量用的洞口位置。该位置宜选在墙角处，每个流水段不少于3个，呈"L"形，分别控制纵、横墙的轴线，见图2-2-49。在现浇楼板施工时，每层楼板上预留20cm×20cm的孔洞，垂直穿越各层楼板，作为激光的通视线。在首层地面上设垂直控制点，于相邻两外墙内皮50cm控制线的交点处，即铅垂控制点。控制点可以用预埋钢板或钢筋制作，用经纬仪量测出中心点，并刻划出十字线。以上各层测量时均以此点为准。如图2-2-50所示。

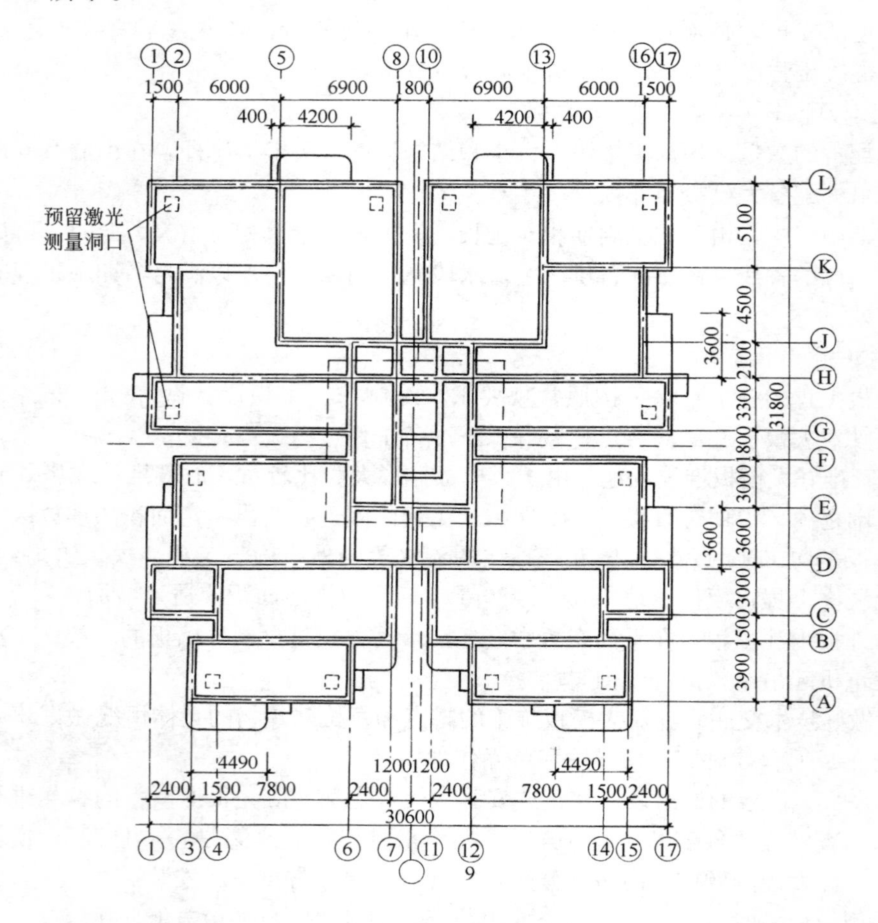

图2-2-49　某工程铅垂控制点平面留洞图

测量时，在首层支放激光铅直仪，使其定位于控制点上，将水平气泡对中，使激光束垂直通过铅垂控制点。在要测设的楼层预留的洞口上，放置激光接收板，激光板为250mm×250mm×5mm的玻璃，上贴半透明靶心纸，如图2-2-51所示。打开激光仪，分别在0°、90°、180°、270°四次投射激光，在激光接收板上确定相应的4个激光斑点的位置，然后移动靶心，使4个激光斑点分别重合在同一个圆上，其靶心即该楼层的铅垂控制点。依上述方法将本流水段各控制点作完，然后在"L"形控制线的转角处架设经纬仪，测设本流水段的各条轴线和模板位置线。如图2-2-52所示。

测设时，激光铅直仪要安放稳定，在其上方设立防护板，防止坠物伤害仪器。操作时，

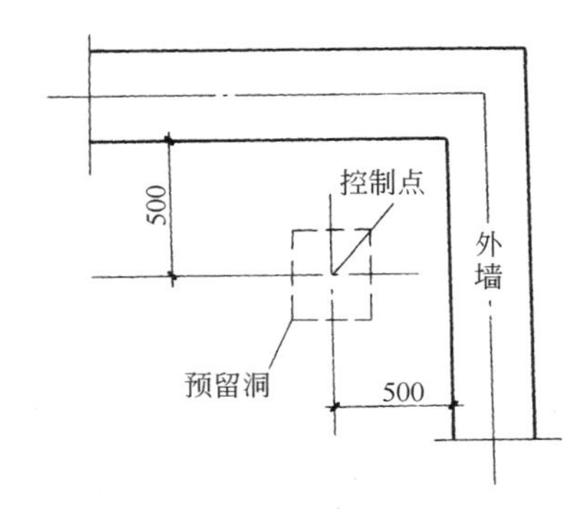

图 2-2-50 预留孔洞具体位置

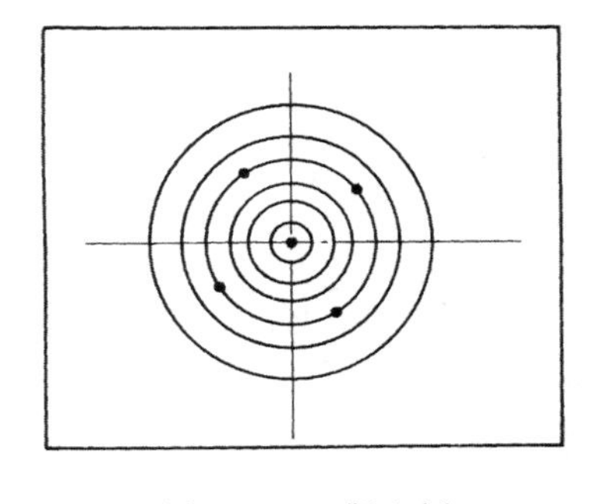

图 2-2-51 靶心纸

上下联系使用对讲机。操作后，预留的测量方孔要用盖板封严，防止坠物伤人。当结构封顶不再需要激光测量时，要将预留洞周边剔出钢筋，与加强筋焊接后浇筑混凝土进行封堵。

② 水平标高：每幢建筑物设标准水平桩 1～2 个，并将水平标高引测到建筑物的首层墙上，作为水平控制线。各楼层的标高均以此线为基准，用钢尺逐层引测。每个楼层设两条水平线，一条离地面 50cm 高，供立口和装修工程用；另一条距楼板下皮 10cm，用以控制墙体找平层和楼板安装的高度。

另外，在墙体钢筋上应弹出水平线，据此抹出砂浆找平层，以控制墙板和大模板安装的水平度。

2）验线：轴线、模板位置线测设完成后，应由质量检查人员、施工员或监理进行验线。

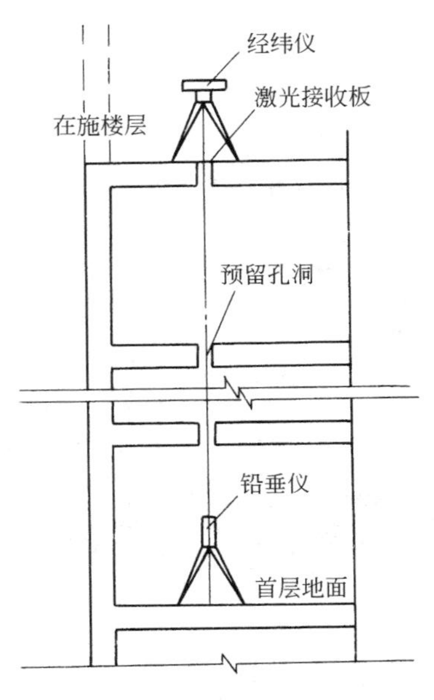

图 2-2-52 垂直投点水平布线示意图

3. 大模板施工工艺流程

（1）内浇外板工艺流程

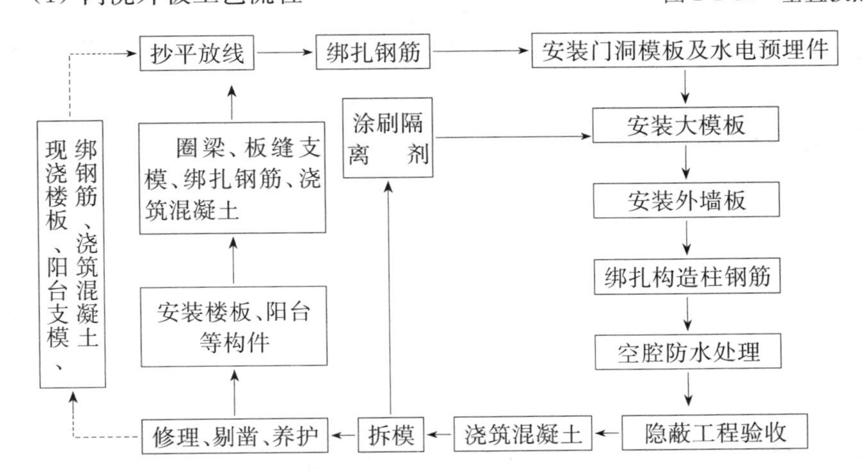

（2）内浇外砌工程

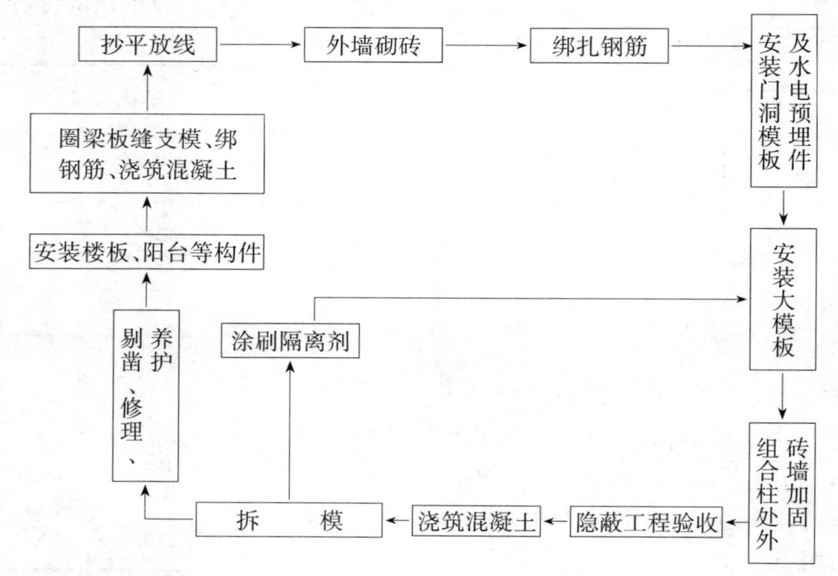

（3）内外墙全现浇工艺流程

内、外墙为同一品种混凝土时，应同时进行内、外墙施工，其工艺流程如下：

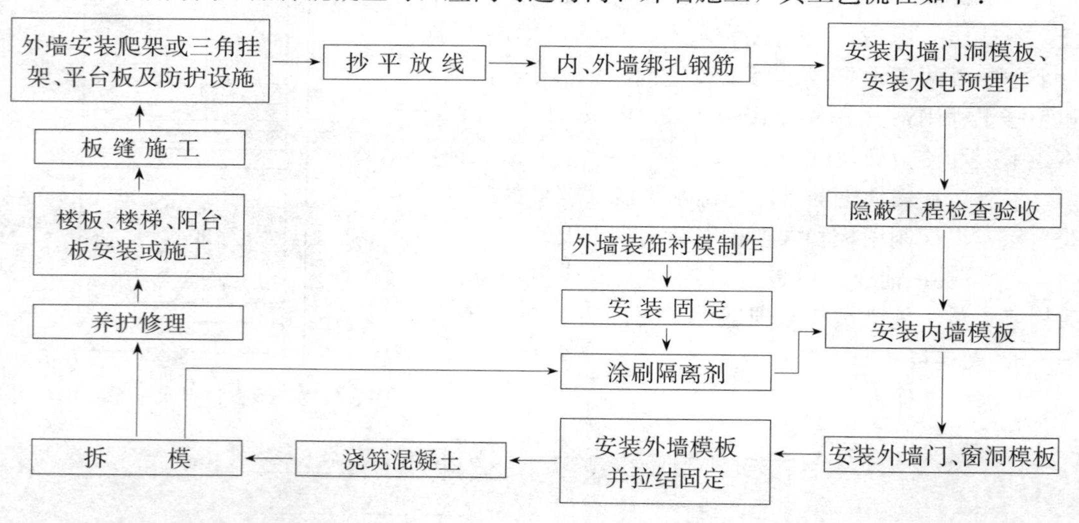

4. 大模板的安装

（1）普通内墙大模板的安装

1）安装大模板之前，内墙钢筋必须绑扎完毕，水电预埋管件必须安装完毕。外砌内浇工程安装大模板之前，外墙砌砖及内墙钢筋和水电预埋管件等工序也必须完成。

2）大模板安装前，必须做好抄平放线工作，并在大模板下部抹好找平层砂浆，依据放线位置进行大模板的安装就位。

3）安装大模板时，必须按施工组织设计中的安排，对号入座吊装就位。先从第二间开始，安装一侧横墙模板靠吊垂直，并放入穿墙螺栓和塑料套管后，再安装另一侧的模板，经靠吊垂直后，旋紧穿墙螺栓。横墙模板安装后，再安装纵墙模板。安装一间，固定一间。

4）在安装模板时，关键要做好各个节点部位的处理。采用组合式大模板时，几个建筑节点部位的模板安装处理方法如下：

外（山）墙节点：外墙节点用活动角模，山墙节点用85mm×100mm木方解决组合柱的支模问题，如图2-2-53所示。

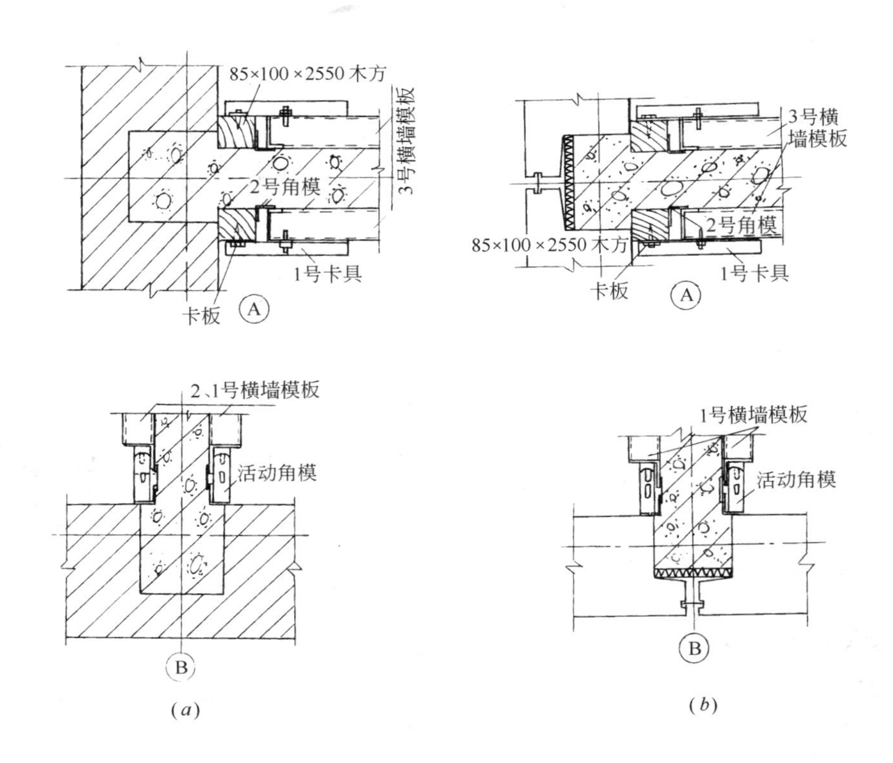

图2-2-53 内外（山）墙节点模板安装图

（a）外砖内浇结构；（b）外板内浇结构；

Ⓐ山墙节点；Ⓑ外墙节点

十字形内墙节点：用纵、横墙大模板直接连为一体，如图2-2-54所示。

错墙处节点：支模比较复杂，既要使穿墙螺栓顺利固定，又要使模板连接处缝隙严实，如图2-2-55所示。

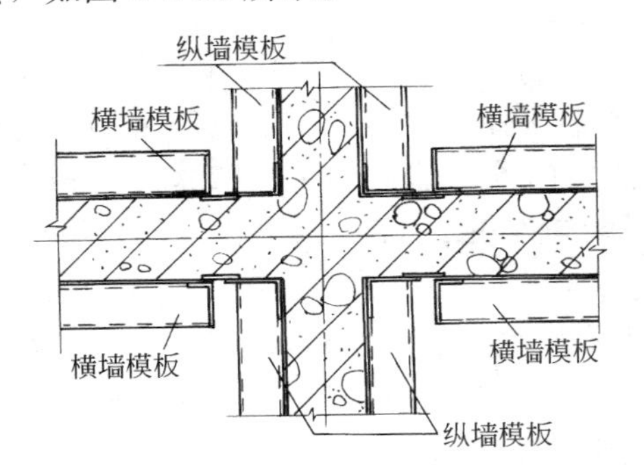

图2-2-54 十字形节点模板安装图

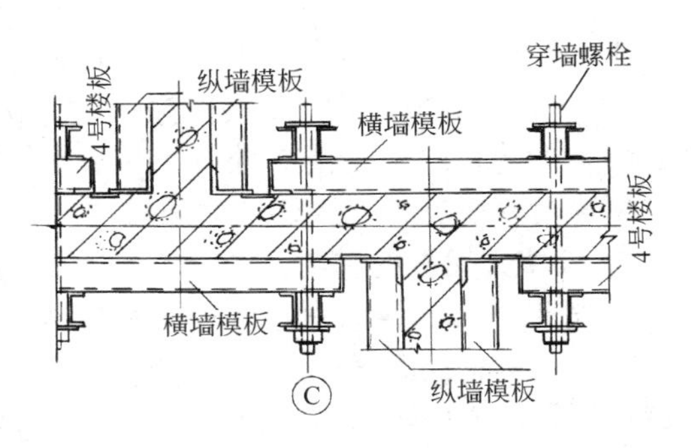

图2-2-55 错墙处节点模板安装图

流水段分段处：前一流水段在纵墙外端采用木方作堵头模板，在后一流水段纵墙支模时用木方作补模，如图 2-2-56 所示。

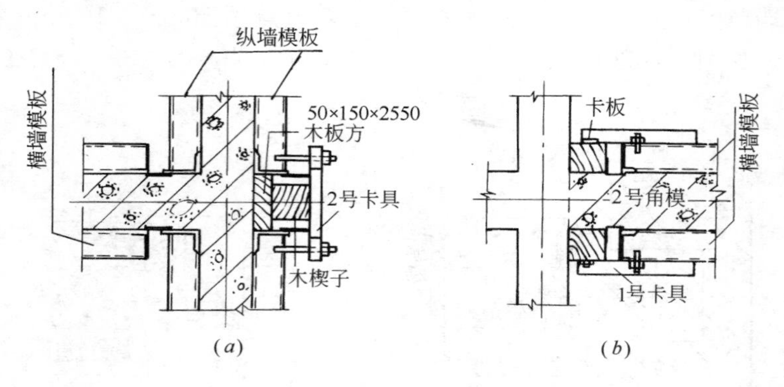

图 2-2-56　流水段分段处模板安装图
(a) 前流水段；(b) 后流水段

5）拼装式大模板，在安装前要检查各个连接螺栓是否拧紧，保证模板的整体不变形。

6）模板的安装必须保证位置准确，立面垂直。安装的模板可用双十字靠尺在模板背面靠吊垂直度（图 2-2-57）。发现不垂直时，通过支架下的地脚螺栓进行调整。模板的横向应水平一致，发现不平时，亦可通过模板下部的地脚螺栓进行调整。

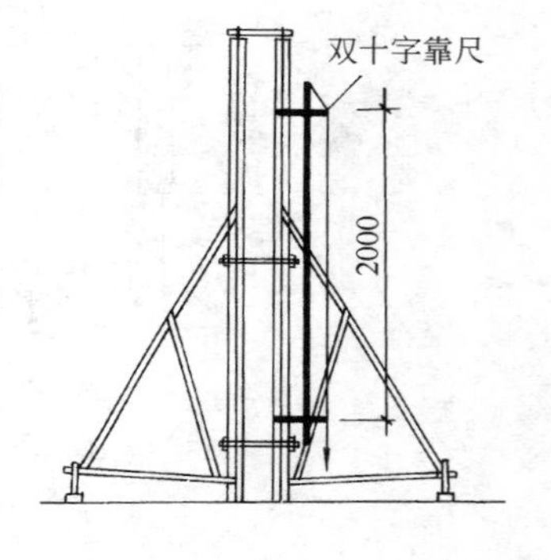

图 2-2-57　双十字靠尺

7）模板安装后接缝部位必须严密，防止漏浆。底部若有空隙，应用聚氨酯泡沫条、纸袋或木条塞严，以防漏浆。但不可将纸袋、木条塞入墙体内，以免影响墙体的断面尺寸。

8）每面墙体大模板就位后，要拉通线进行调直，然后进行连接固定。紧固对拉螺栓时要用力得当，不得使模板板面产生变形。

（2）外墙大模板的安装。内外墙全现浇工程的施工，其内墙部分与内浇外板工程相同；现浇外墙部分，其工艺不同，特别当采用装饰混凝土时，必须保证外墙面光洁平整，图案、花纹清晰，线条棱角整齐。

1）施工工艺：外墙墙体混凝土的骨料不同，采用的施工工艺也不同。

① 内外墙为同一品种混凝土时，应同时进行内外墙的施工。

② 内外墙采用不同品种的混凝土时，例如外墙采用轻骨料混凝土，内墙采用普通混凝土时，为防止内外墙接槎处产生裂缝，宜分别浇筑内外墙体混凝土。即先进行内墙施工，后进行外墙施工，内外墙之间保持三个流水段的施工流水步距。

2）外墙大模板的安装：

① 安装外墙大模板之前，必须先安装三角挂架和平台板。利用外墙上的穿墙螺栓孔，插入“L”形连接螺栓，在外墙内侧放好垫板，旋紧螺母，然后将三角挂架钩挂在“L”形螺栓上，再安装平台板。也可将平台板与三角挂架连为一体，整拆整装。

“L”形螺栓如从门窗洞口上侧穿过时，应防止碰坏新浇筑的混凝土。

② 要放好模板的位置线，保证大模板就位准确。应把下层竖向装饰线条的中线，引至外侧模板下口，作为安装该层竖向衬模的基准线，以保证该层竖向线条的顺直。

在外侧大模板底面10cm处的外墙上，弹出楼层的水平线，作为内外墙模板安装以及楼梯、阳台、楼板等预制构件的安装依据。防止因楼板、阳台板出现较大的竖向偏差，造成内外侧大模板难以合模，以及阳台处外墙水平装饰线条发生错台和门窗洞口错位等现象。

③ 当安装外侧大模板时，应先使大模板的滑动轨道（图2-2-58）搁置在支撑挂架的轨枕上，要先用木楔将滑动轨道与前后轨枕固定牢，在后轨枕上放入防止模板向前倾覆的横栓，方可摘除塔吊的吊钩。然后松开固定地脚盘的螺栓，用撬棍拨动模板，使其沿滑动轨道滑至墙面位置，调整好标高位置后，使模板下端的横向衬模进入墙面的线槽内（见图2-2-59），并紧贴下层外墙面，防止漏浆。待横向及水平位置调整好以后，拧紧滑动轨道上的固定螺钉，将模板固定。

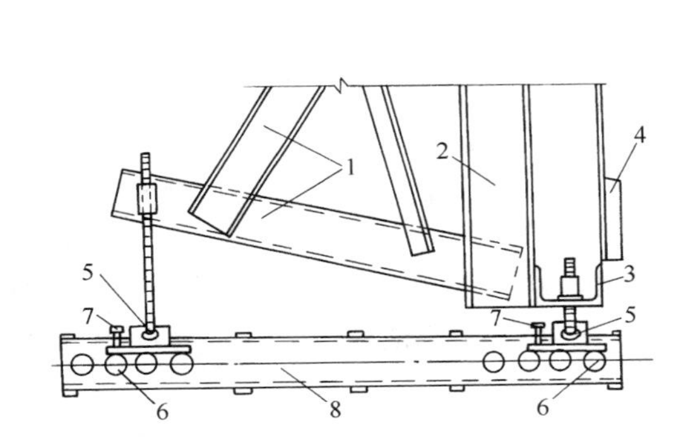

图2-2-58 外墙外侧大模板与滑动轨道安装示意图

1—大模板三角支撑架；2—大模板竖龙骨；3—大模板横龙骨；4—大模板下端横向腰线衬模；5—大模板前、后地脚；6—滑动轨道辊轴；7—固定地脚盘螺栓；8—轨道

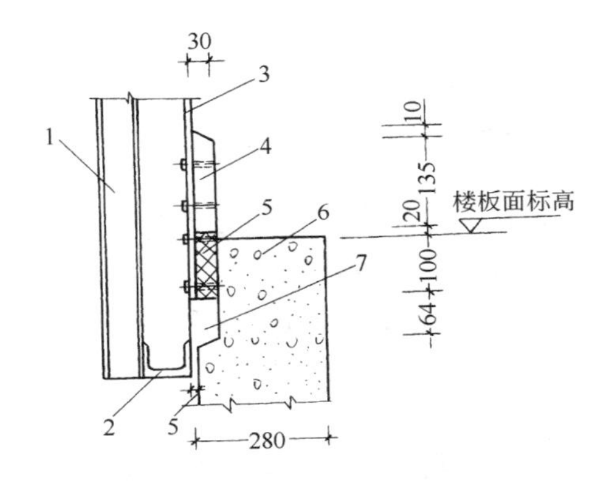

图2-2-59 大模板下端横向衬模安装示意图

1—大模板竖龙骨；2—大模板横龙骨；3—大模板板面；4—硬塑料衬模；5—橡胶板导向和密封衬模；6—已浇筑外墙；7—已形成的外墙横向线槽

④ 外侧大模板经校正固定后，以外侧模板为准，安装内侧大模板。为了防止模板位移，必须与内墙模板进行拉结固定。其拉结点应设置在穿墙螺栓位置处，使作用力通过穿墙螺栓传递到外侧大模板，防止拉结点位置不当而造成模板位移。

⑤ 当外墙采取后浇混凝土时，应在内墙外端留好连接钢筋，并用堵头模板将内墙端部封严。

⑥ 外墙大模板上的门窗洞口模板必须安装牢固，垂直方正。

⑦ 装饰混凝土衬模要安装牢固，在大模板安装前要认真进行检查，发现松动应及时进行修理，防止在施工中发生位移和变形，防止拆模时将衬模拔出。

镶有装饰混凝土衬模的大模板，宜选用水乳性隔离剂，不宜用油性隔离剂，以免污染墙面。

3）外墙装饰混凝土施工注意事项：外墙装饰混凝土施工，除应遵守一般规定外，尚应注意以下几点：

① 装饰衬模安装固定后，与大模板之间的缝隙必须用环氧树脂腻子嵌严，防止浇筑混凝土时水泥浆进入缝内，造成脱模困难和装饰图案被拉坏或衬模松动脱落。

② 外侧大模板安装校正后，应在所有衬模位置加设钢筋的保护层垫块，以防止装饰图案成型后出现露筋现象。

③ 外墙浇筑混凝土之前，应先浇筑 50mm 厚与混凝土同配合比的去石砂浆，以保证墙体接槎处混凝土密实均匀。

④ 浇筑墙体混凝土时要使用串筒下料，避免振捣器触碰衬模。为保证混凝土浇捣密实，减少墙面气泡，应采用分层振捣并进行二次振捣。

⑤ 宽度较大的门窗洞口，两侧应对称浇筑混凝土，并从窗台模板的预留孔处再进行补浇和振捣，防止窗台下部出现孔洞和露筋现象。

⑥ 外墙若采用轻骨料混凝土，应加强搅拌，采用保水性能好的运输车，防止离析，保证混凝土的和易性和坍落度。应选用大直径振捣棒振捣，振捣时间不宜过长，插点要密，提棒速度要慢，防止出现骨料、浆料的分层现象。

（3）筒形大模板的安装

1）组合式提模的安装：模板涂刷隔离剂后，便可进行安装就位。校正好位置后，再校正垂直度，并用承力小车和千斤顶进行调整，将大模板底部顶至筒壁。再用可调卡具将大模板精调至垂直。连接好四角角模，将预留洞定位卡压紧，门洞处将内外模的钢管紧固，穿好穿墙螺栓，检查无误后，即可浇筑混凝土。

2）组合式铰接筒模的安装：先在平整坚实的场地上将筒模组装好。成型后要求垂直方正，每个角模两侧的板面保持一致，误差不超过 10mm，两对角线长度误差不超过 10mm。

筒模吊装就位之前，要将筒模通过脱模器收缩到最小位置，然后起吊入模，就位找正。

3）自升筒模的安装：在电梯井墙绑扎钢筋后，即安装筒模。首先调整各连接部件，使其运转自如，并注意调整好水平标高和筒模的垂直度，接缝要严密。

当浇筑的混凝土强度达到 $1N/mm^2$ 时，即可脱模。通过花篮螺杆脱模器使模板收缩，脱离混凝土，然后拉动捯链，使筒模及其托架慢慢升起，托架支腿自动收缩。当支腿升至上面的预留孔部位时，在配重的作用下会自动的伸入孔中。当支腿进入预留孔后，让支腿稍微上悬，停止拉动捯链。然后找正托架面板与四周墙壁的位置，使其周边间隙均保持在 30mm。通过拧动调节丝杠使托架面板调至水平，再将筒模调整就位。

当完成筒模提升就位后，再提升立柱支架，作法是：在筒模顶部安装专备的横梁，并注意放在承力部位，然后在横梁上悬挂捯链，通过钢丝绳和吊钩将立柱支架徐徐升起，其过程和提升筒模相似。最后将立柱及支架支撑于墙壁的下一排预留孔上，与筒模支架支腿预留孔上下错开一定距离，以免互相干扰，并将立柱支架找正找平。自升式筒模的提升过程，如图 2-2-60 所示。其工艺流程如下：

筒模就位找正→绑扎钢筋→浇筑混凝土→提升平台→抽出筒模穿墙螺栓和预留孔模板→吊升筒模井架、脱模→吊升筒模及其平台至上一层→就位找正。

（4）门窗洞口模板安装。墙体门窗洞口有两种做法：一种是先立口，即把门窗框在支模时预先留置在墙体的钢筋上，在浇筑混凝土时浇筑于墙内。做法是用方木或型钢做成带

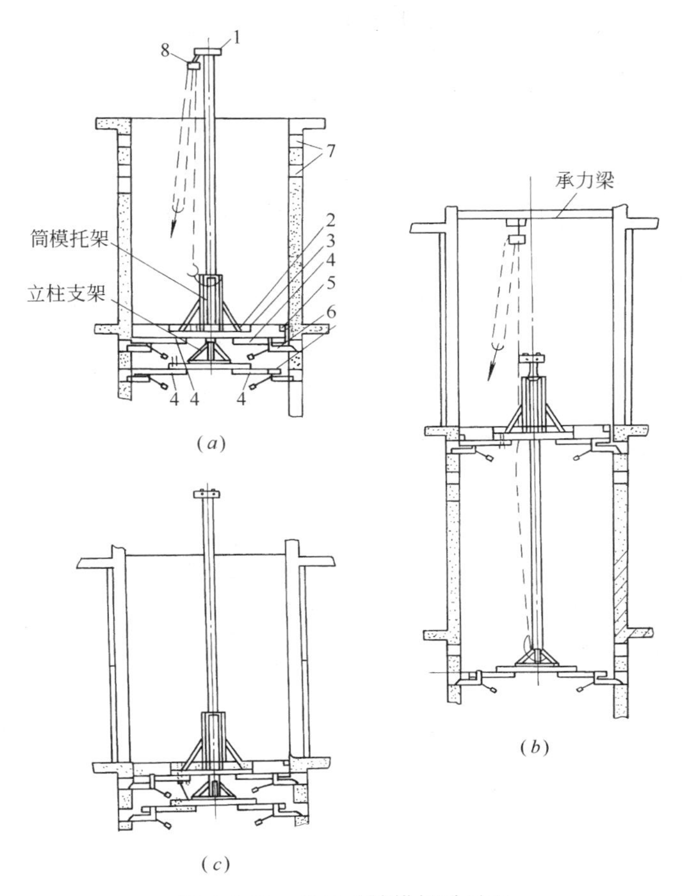

图 2-2-60 自升式筒模提升过程

(a) 悬挂捯链，提升筒模及托架、找平；(b) 提升立柱支架；(c) 立柱支架固定找平

1—起吊梁；2—面板；3—方木；4—托架调节梁；5—调节丝杠；6—支腿；7—支腿洞；8—捯链

有斜度的（约 1～2cm）门框套模，夹住安装就位的门框，然后用大模板将套模夹紧，用螺栓固定牢固。门框的横向用水平横撑加固，防止浇捣混凝土时发生变形、位移。如果采用标准设计，门窗洞口位置不变时，可以设计成定型门窗框模板，固定在大模板上，这样既方便施工，也有利于保证门窗框安装位置的质量。

另一种是后立口，即用门窗洞口模板和大模板把门窗洞口预留好，然后再安装门窗框。随着钻孔机械和粘结材料的发展，现在采用后立口的做法较为普遍。

(5) 外墙组合柱模板安装。预制外墙板与现浇内墙相交处的组合柱模板，不需要单独支模，一般借助内墙大模板的角模，但必须将角模与外墙板之间的缝隙封严，防止出现漏浆。

山墙及大角部位的组合柱模板，需另配钢模或木模，并设立模板支架或操作平台，以利于浇筑混凝土。对这一部位的模板必须加强支撑，保证缝隙严密，不走形，不漏浆。

预制岩棉复合外墙板的组合柱模板，需另设计配置。可采用 2mm 厚钢板压制成型，中间加焊加劲肋，通过转轴与大模板连接固定。支模时模板要进入组合柱 0.5mm，以防拆模后剔凿。大角部位的组合柱模板，为防止振捣混凝土时模板变形、位移，可用角钢框与外墙板固定，并通过穿墙螺栓与组合柱模板拉结在一起。如图 2-2-61 所示。

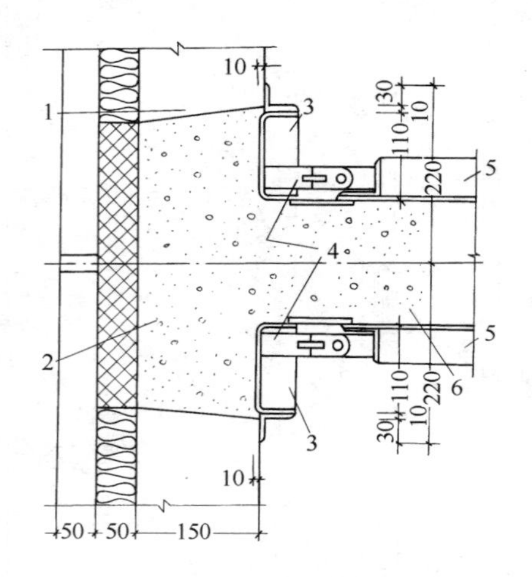

图 2-2-61　岩棉复合外墙板与内墙交接组合柱模板

1—岩棉复合外墙板；2—现浇组合柱；3—组合柱模板；4—连接板；5—大模板；6—现浇内墙

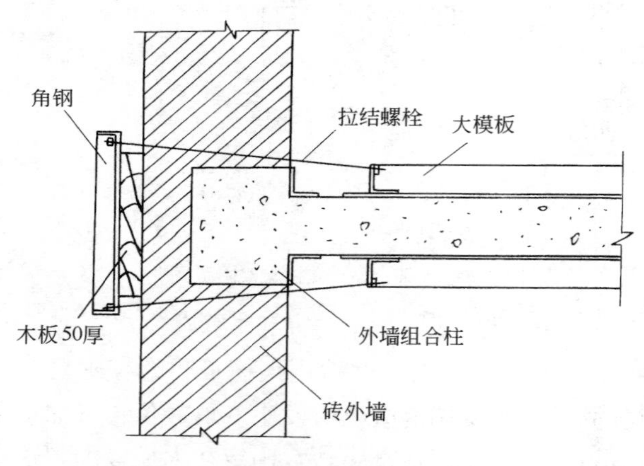

图 2-2-62　外砌内浇工程组合柱支护示意

外砖内模工程的组合柱支模时，为了防止在浇筑混凝土时将组合柱外侧砖墙挤坏，应在组合柱砖墙外侧加以支护。办法是沿组合柱外墙上下放置模板，并用螺栓与大模板拉结在一起，拆模时再一起拆除。如图 2-2-62 所示。

（6）楼梯间模板的安装。楼梯间内由于两个休息平台板之间的高差较大，所以支模比较困难；另外，由于楼梯间墙体未被楼板分割，上下层墙体如有不平或错台，极易暴露。这些，均要在支模时，采取措施妥善处理。

1）支模的方法：

① 利用支模平台（图 2-2-63）安放大模板。将支模平台安设在休息平台板上，以保持大模板底面的水平一致，如有不平，可用木楔调平。

② 解决墙面错台和漏浆的措施：楼梯间墙体由于放线误差或模板位移，容易出现错台，影响结构质量，也给装修造成困难。另外，由于模板下部封闭不严，常常出现漏浆现象，所以，必须在支设模板时采取措施，解决这一质量通病。方法是：

把墙体大模板与圈梁模板连接为一体，同时浇筑混凝土。具体做法是：针对圈梁的高度，把一根 24 号槽钢切割成 140mm 和 100mm 高的两根，长度可根据休息平台至外墙的净空尺寸决定，然后将切割后的槽钢搭接 30mm 对焊在一起。在槽钢下侧打孔，用 $\phi6$ 螺栓和 3mm×50mm 的扁钢固定两道 b 字形的橡皮条（图 2-2-64a），作为圈梁模板。在圈梁

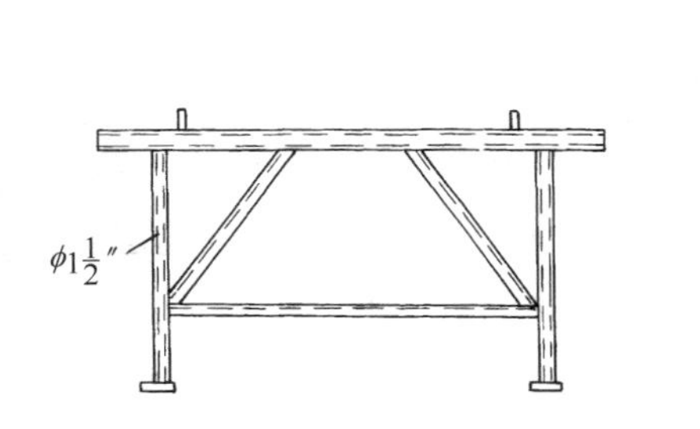

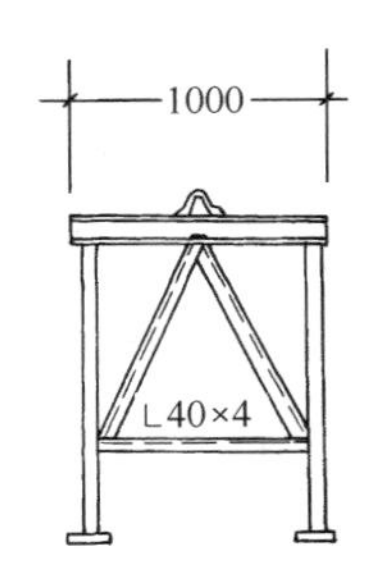

图 2-2-63 支模平台

模板与楼梯平台的相交处，根据平台板的形状做成企口，并留出 20mm 的空隙，以便于支拆模板（图 2-2-64*b*）。圈梁模板与大模板用螺栓连接固定在一起，其缝隙用环氧腻子嵌平。

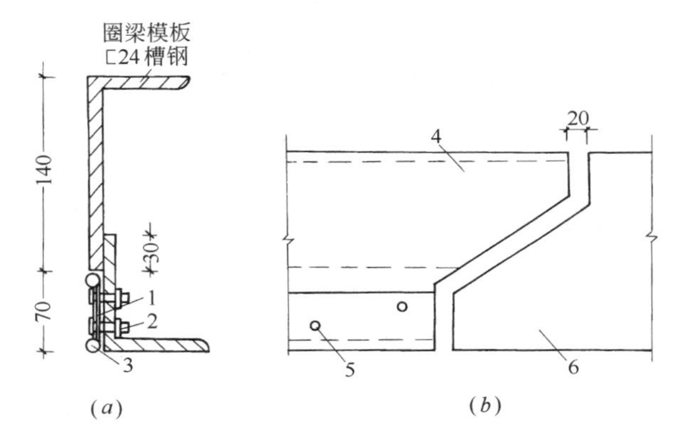

图 2-2-64 楼梯间圈梁模板作法之一

1—压胶条的扁钢，3mm×50mm；2—ϕ6 螺栓；3—b 字形橡胶条；4—[24 圈梁模板，长度按楼梯段定；5—ϕ6.5 螺孔，间距 150；6—楼梯平台板

直接用[16 或[20 槽钢与大模板连接固定，槽钢外侧用扁钢固定 b 字形橡皮条，如图 2-2-65 所示。

支模板时，必须保证模板位置的准确和垂直度。先安装一侧的模板，并将圈梁模板与下层墙体贴紧，靠吊垂直度，用 100mm×100mm 的木方将两侧大模板撑牢，如图 2-2-66 所示。

安装楼梯踏步段模板前，先进行放线定位。然后安装休息平台模板，再安装楼梯斜底模，最后安装楼梯外侧模板和踢脚挡板。施工时注意控制好楼梯上下平台标高和踏步尺寸。

2）利用导墙支模：楼梯间墙的上部设置导墙（在模板设计一节中已介绍），楼梯间墙大模板的高度与外墙大模板相同，将大模板下端紧贴于导墙上，下部用螺旋钢支柱和木方支撑大模板。两面楼梯间墙用数道螺旋钢支柱做横撑，支顶两侧的大模板。大模板下部用泡沫条塞封，防止漏浆。如图 2-2-67 所示。

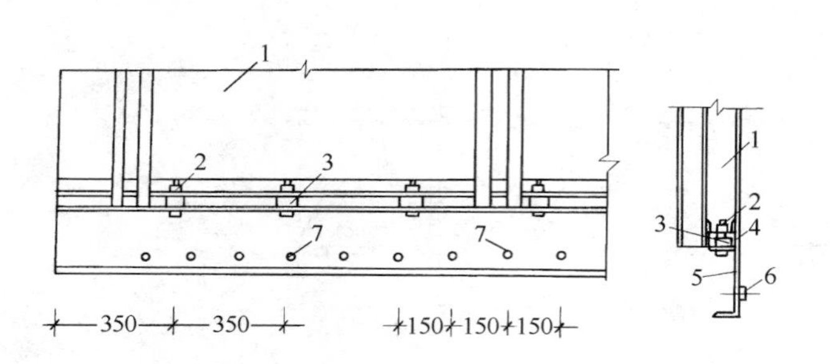

图 2-2-65　楼梯间圈梁模板作法之二

1—大模板；2—连接螺栓（ϕ18）；3—螺母垫；4—模板角钢；5—圈梁模板；6—橡皮压板（3mm×30mm）；7—橡皮条连接螺孔

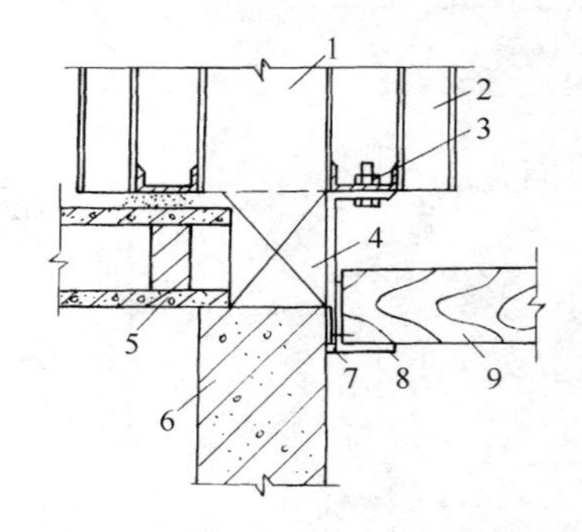

图 2-2-66　楼梯间支模示意图

1—上层拟浇筑墙体；2—大模板；3—连接螺栓；4—圈梁；5—圆孔楼板；6—下层墙体；7—橡皮条；8—圈梁模板；9—木横撑

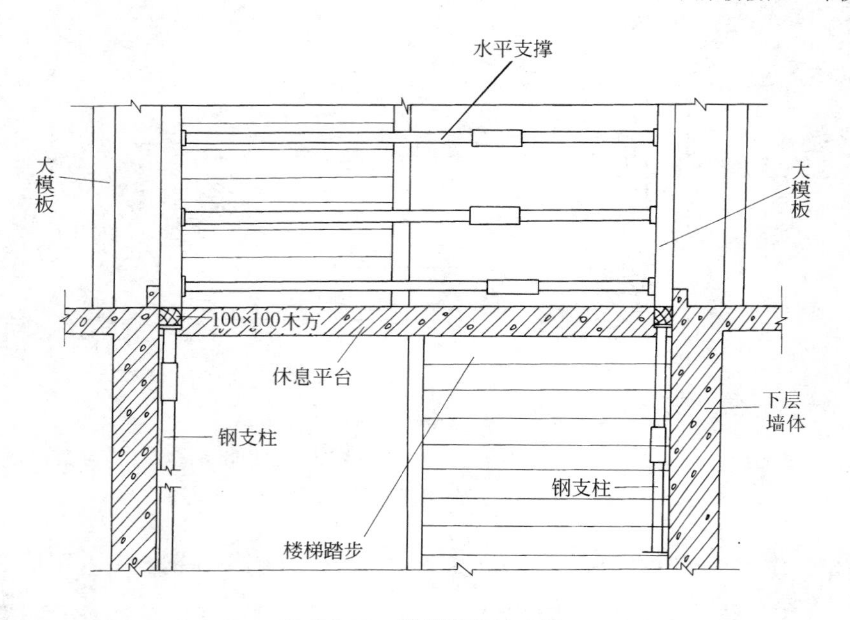

图 2-2-67　楼梯间导墙支模

3）楼梯踏步段支模：在全现浇大模板工程中，楼梯踏步段往往与墙体同时浇筑施工。楼梯模板支撑采用碗扣支架或螺旋钢支柱。底模用竹胶合板，侧模用[16 槽钢，依照踏步尺寸，在槽钢上焊 12mm 厚三角形钢板，踢面挡板用 6mm 厚钢板做成，各踢脚挡板用[12 槽钢做斜支撑进行固定，如图 2-2-68 所示。

(7) 现浇阳台底板支模。大模板全现浇工程中的阳台板往往与结构同时施工，因此也必然涉及阳台的支模问题。

阳台板模板可做成定型的钢模板，一次吊装就位，也可采用散支散拆的办法。支撑系统采用螺旋钢支柱，下铺 5cm 厚木板。钢支柱横向要用钢管及扣件连接，保持稳定。散支散拆时，立柱上方放置 10cm×10cm 方木做龙骨，然后铺 5cm×10cm 小龙骨，间距

25cm，面板和侧模可采用竹胶合板或木胶合板。阳台模的外端要比根部高 5mm。如图 2-2-69 所示。

在阳台模板外侧 3cm 处，可用小木条固定“U”形塑料条，以使浇筑成滴水线。

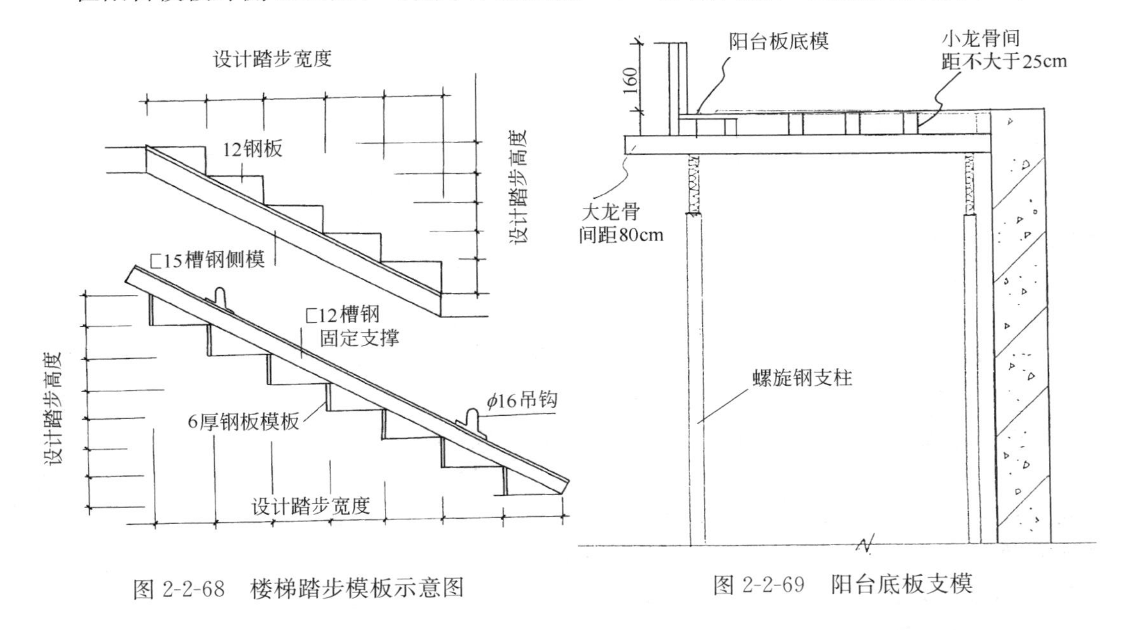

图 2-2-68　楼梯踏步模板示意图

图 2-2-69　阳台底板支模

（8）大模板安装质量要求

1）基本要求：

① 大模板安装必须垂直，角模方正，位置标高正确，两端水平标高一致。

② 模板之间的拼缝及模板与结构之间的接缝必须严密，不得漏浆。

③ 门窗洞口必须垂直方正，位置准确。如采用先立口的作法，门窗框必须固定牢固，连接紧密，在浇筑混凝土时不得位移和变形；如采用后立口的作法，位置要准确，模框要牢固，并便于拆除。

④ 隔离剂必须涂刷均匀。

⑤ 拆除大模板时严禁碰撞墙体。对拆下的模板要及时进行清理和保养，如发现变形、开焊，应及时进行修理。

⑥ 装饰衬模及门窗洞口模板必须牢固，不变形，对大于 1m 的门窗洞口拆模后应加以支护。

⑦ 全现浇外墙、电梯井筒及楼梯间墙支模时，必须保证上下层接槎顺直，不错台，不漏浆。

2）大模板安装质量标准：大模板安装的质量标准见表 2-2-2 所示。

表 2-2-2

序　　号	检　查　项　目	允许偏差（mm）	检查方法
1	模　板　垂　直	$h \leqslant 5$m，3；$h > 5$m，5	2m 靠尺
2	轴　线　位　置	4	钢尺量测
3	截　面　尺　寸	±2	钢尺量测

续表

序　号	检　查　项　目	允许偏差(mm)	检查方法
4	相邻模板高低差	2	水平仪测量、验线
5	表面平正度	<4	20m内上口拉直线尺检 下口按模板定位线检查

2.2.1.6　大模板的拆除

大模板的拆除时间，以能保证其表面不因拆模而受到损坏为原则。一般情况下，当混凝土强度达到1.0MPa以上时，可以拆除大模板。但在冬期施工时，应视其施工方法和混凝土强度增长情况决定拆模时间。

门窗洞口底模、阳台底模等拆除，必须依据同条件养护的试块强度和国家规范执行。模板拆除后混凝土强度尚未达到设计要求时，底部应加临时支撑支护。

拆完模板后，要注意控制施工荷载，不要集中堆放模板和材料，防止造成结构受损。

1. 内墙大模板的拆除

拆模顺序是：先拆纵墙模板，后拆横墙模板和门洞模板及组合柱模板。

每块大模板的拆模顺序是：先将连接件，如花篮螺栓、上口卡子、穿墙螺栓等拆除，放入工具箱内，再松动地脚螺栓，使模板与墙面逐渐脱离。脱模困难时，可在模板底部用撬棍撬动，不得在上口撬动、晃动和用大锤砸模板。

2. 角模的拆除

角模的两侧都是混凝土墙面，吸附力较大，加之施工中模板封闭不严，或者角模位移，被混凝土握裹，因此拆模比较困难。可先将模板外表的混凝土剔除，然后用撬棍从下部撬动，将角模脱出。千万不可因拆模困难用大锤砸角模，造成变形，为以后的支模、拆模造成更大困难。

3. 门洞模板的拆除

固定于大模板上的门洞模板边框，一定要当边框离开墙面后，再行吊出。

后立口的门洞模板拆除时，要防止将门洞过梁部分的混凝土拉裂。

角模及门洞模板拆除后，凸出部分的混凝土应及时进行剔凿。凹进部位或掉角处应用同强度等级水泥砂浆及时进行修补。

跨度大于1m的门洞口，拆模后要加设支撑，或延期拆模。

4. 外墙大模板的拆除

(1) 拆除顺序：拆除内侧外墙大模板的连接固定装置如捯链、钢丝绳等→拆除穿墙螺栓及上口卡子→拆除相邻模板之间的连接件→拆除门窗洞口模板与大模板的连接件→松开外侧大模板滑动轨道的地脚螺栓紧固件→用撬棍向外侧拨动大模板，使其平稳脱离墙面→松动大模板地脚螺栓，使模板外倾→拆除内侧大模板→拆除门窗洞口模板→清理模板、刷隔离剂→拆除平台板及三角挂架。

(2) 拆除外墙装饰混凝土模板必须使模板先平行外移，待衬模离开墙面后，再松动地脚螺栓，将模板吊出。要注意防止衬模拉坏墙面，或衬模坠落。

(3) 拆除门窗洞口框模时，要先拆除窗台模并加设临时支撑后，再拆除洞口角模及两侧模板。上口底模要待混凝土达到规定强度后再行拆除。

(4) 脱模后要及时清理模板及衬模上的残渣，刷好隔离剂。隔离剂一定要涂刷均匀，衬模的阴角内不可积留有隔离剂，并防止隔离剂污染墙面。

(5) 脱模后，如发现装饰图案有破损，应及时用同一品种水泥所拌制的砂浆进行修补，修补的图案造型力求与原图案一致。

5. 筒形大模板的拆除

(1) 组合式提模的拆除

拆模时先拆除内外模各个连接件，然后将大模板底部的承力小车调松，再调松可调卡具，使大模板逐渐脱离混凝土墙面。当塔吊吊出大模板时，将可调卡具翻转再行落地。

大模板拆模后，便可提升门架和底盘平台，当提至预留洞口处，搁脚自动伸入预留洞口，然后缓缓落下电梯井筒模。预留洞位置必须准确，以减少校正提模的时间。

由于预留洞口要承受提模的荷载，因此必须注意墙体混凝土的强度，一般应在 $1N/mm^2$ 以上。

提模的拆模与安装顺序，如图 2-2-70 所示。

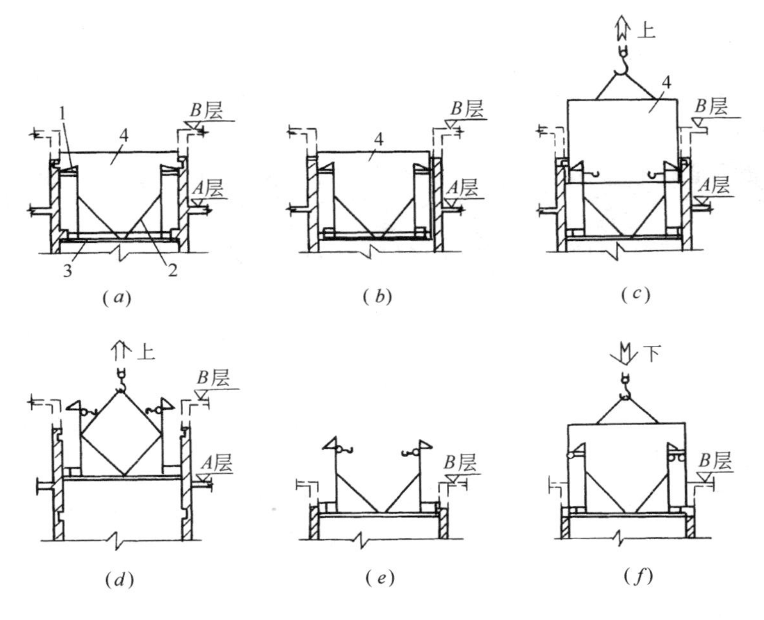

图 2-2-70 电梯井组合式提模施工程序

(a) 混凝土浇筑完；(b) 脱模；(c) 吊离模板；(d) 提升门架和底盘平台；
(e) 门架和底盘平台就位；(f) 模板吊装就位
1—支顶模板的可调三角架；2—门架；3—底盘平台；4—模板

(2) 铰接式筒形大模板应先拆除连接件，再转动脱模器，使模板脱离墙面后吊出。

筒形大模板由于自重大，四周与墙体的距离较近，故在吊出吊进时，挂钩要挂牢，起吊要平稳，不准晃动，防止碰坏墙体。

2.2.1.7 大模板施工安全技术措施

1. 基本要求

(1) 在编制施工组织设计时，必须针对大模板施工的特点制定行之有效的安全措施，并层层进行安全技术交底，经常进行检查，加强安全施工的宣传教育工作。

(2) 大模板和预制构件的堆放场地，必须坚实平整。

(3) 吊装大模板和预制构件，必须采用自锁卡环，防止脱钩。

(4) 吊装作业要建立统一的指挥信号。吊装工要经过培训，当大模板等吊件就位或落地时，要防止摇晃碰人或碰坏墙体。

(5) 要按规定支搭好安全网，在建筑物的出入口，必须搭设安全防护棚。

(6) 电梯井内和楼板洞口要设置防护板，电梯井口及楼梯处要设置护身栏，电梯井内每层都要设立一道安全网。

2. 大模板的堆放、安装和拆除安全措施

(1) 大模板的存放应满足自稳角的要求，并进行面对面堆放，长期堆放时，应用杉槁通过吊环把各块大模板连在一起。

没有支架或自稳角不足的大模板，要存放在专用的插放架上，不得靠在其他物体上，防止滑移倾倒。

(2) 在楼层上放置大模板时，必须采取可靠的防倾倒措施，防止碰撞造成坠落。遇有大风天气，应将大模板与建筑物固定。

(3) 在拼装式大模板进行组装时，场地要坚实平整，骨架要组装牢固，然后由下而上逐块组装。组装一块立即用连接螺栓固定一块，防止滑脱。整块模板组装以后，应转运至专用堆放场地放置。

(4) 大模板上必须有操作平台、上人梯道、护身栏杆等附属设施，如有损坏，应及时修补。

(5) 在大模板上固定衬模时，必须将模板卧放在支架上，下部留出可供操作用的空间。

(6) 起吊大模板前，应将吊装机械位置调整适当，稳起稳落，就位准确，严禁大幅度摆动。

(7) 外板内浇工程大模板安装就位后，应及时用穿墙螺栓将模板连成整体，并用花篮螺栓与外墙板固定，以防倾斜。

(8) 全现浇大模板工程安装外侧大模板时，必须确保三角挂架、平台板的安装牢固，及时绑好护身栏和安全网。大模板安装后，应立即拧紧穿墙螺栓。安装三角挂架和外侧大模板的操作人员必须系好安全带。

(9) 大模板安装就位后，要采取防止触电的保护措施，将大模板加以串联，并同避雷网接通，防止漏电伤人。

(10) 安装或拆除大模板时，操作人员和指挥必须站在安全可靠的地方，防止意外伤人。

(11) 拆模后起吊模板时，应检查所有穿墙螺栓和连接件是否全都拆除，在确认无遗漏、模板与墙体完全脱离后，方准起吊。待起吊高度超过障碍物后，方准转臂行车。

(12) 在楼层或地面临时堆放的大模板，都应面对面放置，中间留出60cm宽的人行道，以便清理和涂刷隔离剂。

(13) 筒形模可用拖车整车运输，也可拆成平模重叠放置用拖车运输；其他形式的模板，在运输前都应拆除支架，卧放于运输车上运送，卧放的垫木必须上下对齐，并封绑牢固。

(14) 在电梯间进行模板施工作业，必须逐层搭好安全防护平台，并检查平台支腿伸入墙内的尺寸是否符合安全规定。拆除平台时，先挂好吊钩，操作人员退到安全地带后，方可起吊。

(15) 采用自升式提模时，应经常检查倒链是否挂牢，立柱支架及筒模托架是否伸入墙内。拆模时要待支架及托架分别离开墙体后再行起吊提升。

2.2.2　滑动模板

滑动模板（简称滑模）工程，是现浇混凝土工程的一项机械化程度较高的施工工艺，与常规施工方法相比，这种施工工艺具有施工速度快、机械化程度高、可节省支模和搭设脚手架所需的工料、能较方便地将模板进行拆除和灵活组装并可重复使用。

近年来，随着我国高耸建筑、新型结构以及特种工程日益增多（图 2-2-71、图 2-2-72)，滑模技术又有了许多创新和发展，例如，大（中）吨位千斤顶的应用、支承杆在结构体内和体外的布置、高强度等级混凝土的应用、混凝土泵送和布料机的应用、“滑框倒模”、“滑提结合”、“滑砌结合”、“滑模托带”，以及竖井筑壁、复合筒壁、抽孔筒壁、双曲线冷却塔等特种工程滑模施工，均得到了应用，说明这项技术已逐步成熟。

图 2-2-71　北京国际饭店

图 2-2-72　中央电视塔

为了进一步提高滑模施工技术水平，保证滑模工程质量和施工安全，并使滑模施工规范化，我国自 1988 年以来，相继颁布了《液压滑动模板施工技术规范》、《液压滑动模板施工安全技术规程》、《滑模液压提升机》和《滑动模板工程技术规范》等国家标准和行业标准。采用滑模工艺施工的工程，在设计和施工中除应遵照上述标准外，还应遵照其他有关的国家标准和行业标准，如：《混凝土结构设计规范》、《混凝土结构工程施工与验收规范》、《烟囱工程施工与验收规范》等，对于矿山井巷工程和水电工程，还应遵照《矿山井巷工程施工及验收规范》、《水工建筑物滑动模板施工技术规范》和《水电水利工程模板施工规范》等，进行滑模工程的设计和施工。

本内容侧重介绍滑模工艺用于高耸构筑物部分。

2.2.2.1　滑模施工工程的设计

1. 一般规定

(1) 建筑结构的平面布置，可按设计需要确定。但在竖向布置方面，应使一次滑升的上下构件沿模板滑动方向的投影重合，有碍模板滑动的局部凸出结构应做设计处理。

(2) 平面面积较大的结构物，宜设计成分区段或部分分区段进行滑模施工。当区段分界与变形缝不一致时，应对分界处作设计处理。

(3) 平面面积较小而高度较高的结构物，宜按滑模施工工艺要求进行设计。

(4) 竖向结构型式存在较大变异的结构物，可择其适合滑模施工的区段或滑模施工要求进行设计。其他区段宜配合其他施工方法设计。

(5) 施工单位应与设计单位共同确定横向结构构件的施工程序，以及施工过程中保持结构稳定的技术措施。

(6) 结构截面尺寸应符合下列规定：

1) 钢筋混凝土墙板的厚度不宜小于140mm；

2) 圆形变截面筒壁结构的筒壁厚度不应小于160mm；

3) 轻骨科混凝土墙板厚度不应小于180mm；

4) 钢筋混凝土梁的宽度不应小于200mm；

5) 钢筋混凝土矩形柱短边不应小于300mm，长边不应小于400mm。

当采用滑框倒模等工艺时，可不受本条各款限制。

(7) 采用滑模施工的结构，其混凝土强度等级应符合下列规定：

1) 普通混凝土不应低于C20；

2) 轻骨料混凝土不应低于C15；

3) 同一个滑升区段内的承重构件，在同一标高范围宜采用同一强度等级的混凝土。

(8) 受力钢筋的混凝土保护层厚度（从主筋的外缘算起）应符合下列规定：

1) 墙体不应小于20mm；

2) 连续变截面筒壁不应小于30mm；

3) 梁、柱不应小于30mm。

(9) 沿模板滑动方向结构的截面尺寸应减少变化，宜采取变换混凝土强度等级或配筋量来满足结构承载力的要求。

(10) 结构配筋应符合下列规定：

1) 各种长度、形状的钢筋，应能在提升架横梁以下的净空内绑扎；

2) 施工设计时，对交汇于节点处的各种钢筋应作详细排列；

3) 对兼作受力钢筋的支承杆，其设计强度宜降低10%～25%，并根据支承杆的位置进行钢筋代换，其接头的连接质量应与钢筋等强；

4) 预留与横向结构连接的连接筋，应采用圆钢，直径不宜大于8mm，连接筋的外露部分不应先设弯钩，埋入部分宜为U形，当连接筋直径大于10mm时，应采取专门措施。

(11) 滑模施工工程宜采用后锚固装置代替预埋件。当需要用预埋件时，其形状和尺寸应易于安装、固定，且与构件表面持平，不得凸出混凝土表面。

(12) 各层预埋件或预留洞的位置宜沿垂直或水平方向规律排列。

(13) 对二次施工的构件，其预留孔洞的尺寸应比构件的截面每边适当增大。

2. 筒体结构

(1) 当贮仓群的面积较大时，可根据施工能力和经济合理性，设计成若干个独立的贮仓组。

(2) 贮仓筒壁截面宜上下一致。当壁厚需要改变时，宜在筒壁内侧采取阶梯式变化或变坡方式处理。

（3）贮仓底板以下的支承结构，当采用与贮仓筒壁同一套滑模装置施工时，宜保持与上部筒壁的厚度一致。当厚度不一致时，宜在筒壁的内侧扩大尺寸。

（4）贮仓底板、漏斗和漏斗环梁与筒壁设计成整体结构时，可采用空滑或部分空滑的方法浇筑成整体。设计应尽可能减低漏斗环梁的高度。

（5）结构复杂的贮仓，底板以下的结构宜支模浇筑。在生产工艺许可时，可将底板、漏斗设计成与筒壁分离式，分离部分采用二次支模浇筑。

（6）贮仓的顶板结构应根据施工条件，选择预制装配或整体浇筑。顶板梁可设计成劲性承重骨架梁。

（7）井塔类结构的筒壁，宜设计成带肋壁板，沿竖向保持壁板厚度不变，必要时可变更壁柱截面的长边尺寸。壁柱与壁板或壁板与壁板交合处的阴角宜设置斜角。

（8）井塔内楼层结构的二次施工设计宜采用以下几种方式：

1）仅塔身筒壁结构一次滑模施工，楼层结构（包括主梁，次梁及楼板）均为二次浇筑。应沿竖向全高度内保持壁柱的完整，由设计做出主梁与壁柱连接大样；

2）楼层的主梁与筒壁结构同为一次滑模施工，仅次梁和楼板为二次浇筑，主梁上预留次梁二次施工的槽口宜为锯齿状，槽口深度的选择，应满足主梁在次梁未浇筑前受弯压状态的强度：主梁端部上方负弯矩区，应配置二层负弯矩钢筋，其下层负弯矩钢筋应设置在楼板厚度线以下；

3）塔体壁板与楼板二次浇筑的连接。在壁板内侧应预留与接板连接的槽口。当采取预留胡子筋时，其埋入部分不得为直线单根钢筋。

（9）电梯井道单独采用滑模施工时，宜使井道平面的内部净空尺寸比安装尺寸每边放大 30mm 以上。

（10）烟囱等带有内衬的筒壁结构，当筒壁与内村同时滑模施工时，支承内衬的牛腿宜采用矩形，同时应处理好牛腿的隔热问题。

（11）筒壁结构的配筋宜采热轧带肋钢筋，直径不应小于 10mm。两层钢筋网片之间应配置拉结筋，拉结筋的间距与形状应作设计规定。

（12）筒壁结构中的环向钢筋接头，宜采用机械方法可靠连接。

3. 框架结构

（1）框架结构布置应符合下列规定：

1）各层梁的竖向投影应重合，宽度宜相等；

2）同一滑升区段内宜避免错层横梁；

3）柱宽宜比梁宽每边大 50m 以上；

4）柱的截面尺寸应减少变化，当需要改变时，边柱宜在同一侧变动，中柱宜按轴线对称变动。

（2）大型构筑物的框架结构选型，可设计成异形截面柱，以增大层间高度，减少横梁数量。

（3）当框架的楼层结构（包括次梁及楼板）采用在主梁上预留板厚及次梁梁窝作二次浇筑施工时，设计可按整体计算。

（4）柱上无梁侧的牛腿宽度宜与柱同宽，有梁侧的牛腿与梁同宽。当需加宽牛腿支承面时，加宽部分可采取二次浇筑。

(5) 框架梁的配筋应符合下列规定：

1) 与楼板为二次浇筑时，在梁支座负弯矩区段，应配置承受施工阶段负弯矩的钢筋；

2) 梁内不宜设弯起筋，宜根据计算加强箍筋。当有弯起筋时，弯起筋的高度应小于提升架横梁下缘距模板上口的净空尺寸；

3) 箍筋的间距应根据计算确定，可采用不等距排列；

4) 纵向筋端部伸入柱内的锚固长度不宜弯折，当需要时可朝上弯折；

5) 当主梁上预留次梁梁窝时，应根据验算需要对梁窝截面采取加强措施。

(6) 当框架梁采用自承重的劲性骨架或柔性配筋的焊接骨架时，应符合下列规定：

1) 骨架的承载能力应大于梁体混凝土自重的1.2倍以上；

2) 骨架的挠度值不应大于跨度的1/500；

3) 骨架的端腹杆宜采用下斜式；

4) 当骨架的高度大于提升架横梁下的净空高度时，骨架上弦杆的端部节间可采取二次拼接。

(7) 柱的配筋应符合下列规定：

1) 纵向受力筋宜选配粗直径钢筋以减少根数，千斤顶底座及提升架横梁宽度所占据的竖向投影位置应避开纵向受力筋；

2) 纵向受力筋宜采用热轧带肋钢筋，钢筋直径不宜小于16mm；

3) 当各层柱的配筋量有变化时，宜保持钢筋根数不变而调整钢筋直径；

4) 箍筋形式应便于从侧面套入柱内，当采用组合式箍筋时，相邻两个箍筋的拼接点位置应交替错开。

(8) 二次浇筑的次梁与主梁的连接构造，应满足施工期及使用期的受力要求。

(9) 双肢柱及工字形柱采用滑模施工时，应符合下列规定：

1) 双肢柱宜设计成平腹杆，腹杆宽度宜与肢杆等宽，腹杆的间距宜相等；

2) 工形柱的腹板加劲肋宜与翼缘等宽。

4. 墙板结构

(1) 墙板结构各层平面布置，在竖向的投影应重合；

(2) 各层门窗洞口位置宜一致，同一楼层的梁底标高及门窗洞口的高度和标高宜统一；

(3) 同一滑升区段内楼层标高宜一致；

(4) 当外墙具有保温、隔热功能要求时，内外墙体可采用不同性能的混凝土；

(5) 当墙板结构含暗框架时，暗框架柱的配筋率宜取下限值，并应符合本节“3. 框架结构”第(7)条的要求；

(6) 当墙体开设大洞口时，其梁的配筋应符合框架结构第(5)条的要求；

(7) 各种洞口周边的加强钢筋配置，不宜在洞口角部设45°斜钢筋，宜加强其竖向和水平钢筋。当各楼层门窗洞口位置一致时，其侧边的竖向加强钢筋宜连续配置；

(8) 墙体竖向钢筋伸入楼板内的锚固段，其弯折长度不得超出墙板厚度。当不能满足钢筋的锚固长度时，可用焊接的方法接长；

(9) 支承在墙体上的梁，其钢筋伸入墙体内的锚周段宜向上弯。当梁为二次施工时，梁端钢筋的形式及尺寸应适应二次施工的要求；

（10）墙板结构的钢筋，应符合筒体结构第（11）条的要求。

2.2.2.2 滑模装置的组成

滑模装置主要由模板系统、操作平台系统、液压系统以及施工精度控制系统和水、电配套系统等部分组成（图 2-2-73）。

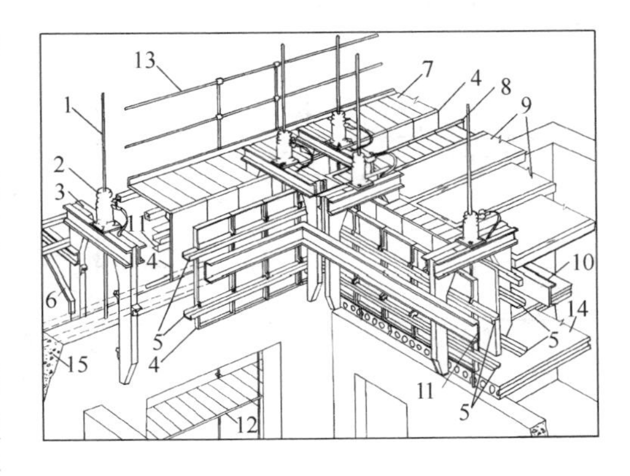

图 2-2-73 滑模装置示意图

1—支承杆；2—液压千斤顶；3—提升架；4—模板；5—围圈；6—外挑三角架；7—外挑操作平台；8—固定操作平台；9—活动操作平台；10—内围梁；11—外围梁；12—吊脚手架；13—栏杆；14—楼板；15—混凝土墙体

1. 模板系统

（1）模板。模板又称作围板，依靠围圈带动其沿混凝土的表面向上滑动。模板的主要作用是承受混凝土的侧压力、冲击力和滑升时的摩阻力，并使混凝土按设计要求的截面形状成型。

模板按其所在部位及作用不同，可分为内模板、外模板、堵头模板以及变截面工程的收分模板等。

模板的高度一般为 900～1200mm，烟囱等筒壁结构可采用 1400～1600mm。模板的宽度一般为 200～500mm。图 2-2-74 为一般墙体钢模板，主要用于平面形墙体。

当施工对象的墙体尺寸变化不大时，亦可将模板宽度适当加大，或采用围圈与模板组合成的大块模板，以节约安装拆卸用工（图 2-2-75）。

模板可采用钢材、木材或钢木混合制成；也可采用胶合板等其他材料制成。钢模板一般采用钢板压轧成型或加焊角钢、扁钢肋条制成。也可采用定型组合式钢模板，但需在边

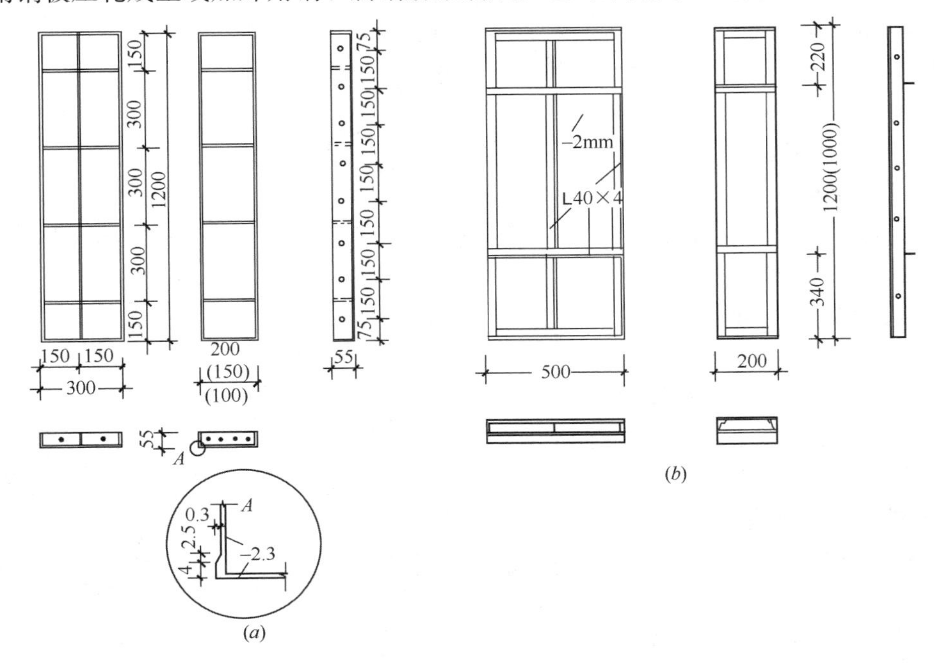

图 2-2-74 一般墙体钢模板

（a）压轧组合钢模板；（b）焊接钢模板

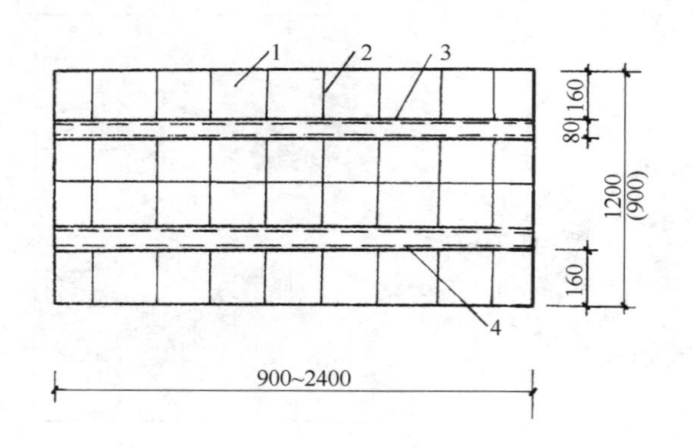

图 2-2-75　围圈组合大块模板

1—4mm 厚钢板；2—6mm 厚、80mm 宽肋板；3—[8 槽钢上围圈；4—[8 槽钢下围圈

肋加开适当孔洞，以便于与围圈连接。

烟囱等圆锥形变截面工程，模板在滑升过程中，要按照设计要求的倾斜度及壁厚，不断调整内外模板的直径，使收分模板与活动模板的重叠部分逐渐增加，当收分模板与活动模板完全重叠且其边缘与另一块模板搭接时，即可拆去重叠的活动模板。收分模板必须沿圆周对称成双布置，每对收分模板的收分方向应相反。收分模板的搭接边必须严密，不得有间隙，以免漏浆。图 2-2-76 为烟囱钢模板，主要用于烟囱等圆锥形变截面工程。

墙板结构与框架结构宜采用围圈与模板合一组合的大块模板。框架柱的阴阳角处，宜采用相同材料制成的角模。角模的上下口的倾斜度应与墙体模板的倾斜度相同。

（2）围圈。围圈又称作围檩。其主要作用，是使模板保持组装的平面形状，并将模板与提升架连接成一个整体。围圈在工作时，承受由模板传递来的混凝土侧压力、冲击力和风荷载等水平荷载，及滑升时的摩阻力，作用于操作平台上的静荷载和施工荷载等竖向荷载，并将其传递到提升架、千斤顶和支承杆上。

在每侧模板的背后，按建筑物的结构形状，通常设置上下各一道闭合式围圈，其间距一般为 450～750mm。围圈应有一定的强度和刚度，其截面应根据实际荷载通过计算确定。

围圈在转角处应设计成刚性节点，围圈接头应用等强度的型钢连接，连接螺栓每边不得小于 2 个。围圈构造见图 2-2-77。

当提升架间距大于 2.5m 或操作平台的承重骨架直接支承在围圈上时，宜采用桁架式围圈。

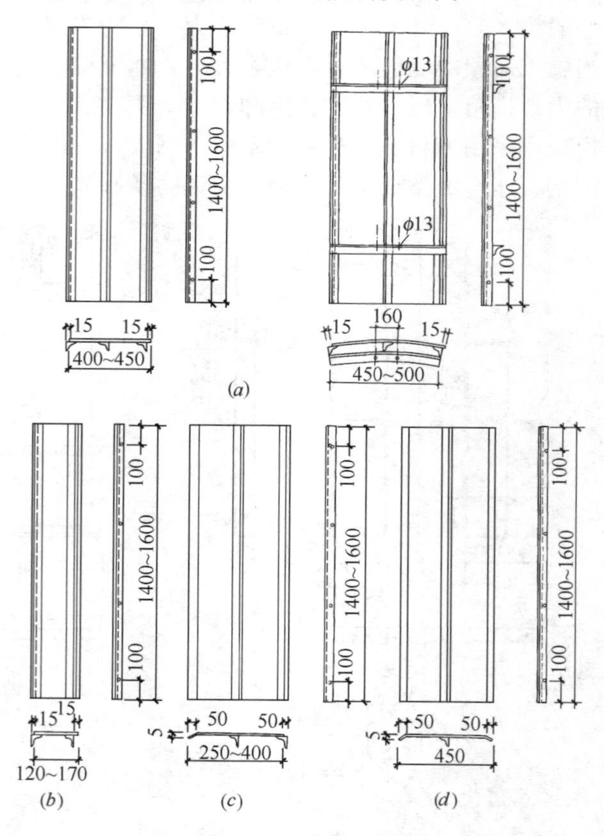

图 2-2-76　烟囱钢模板

（a）内外固定模板；（b）内外活动模板；（c）单侧收分模板；（d）双侧收分模板

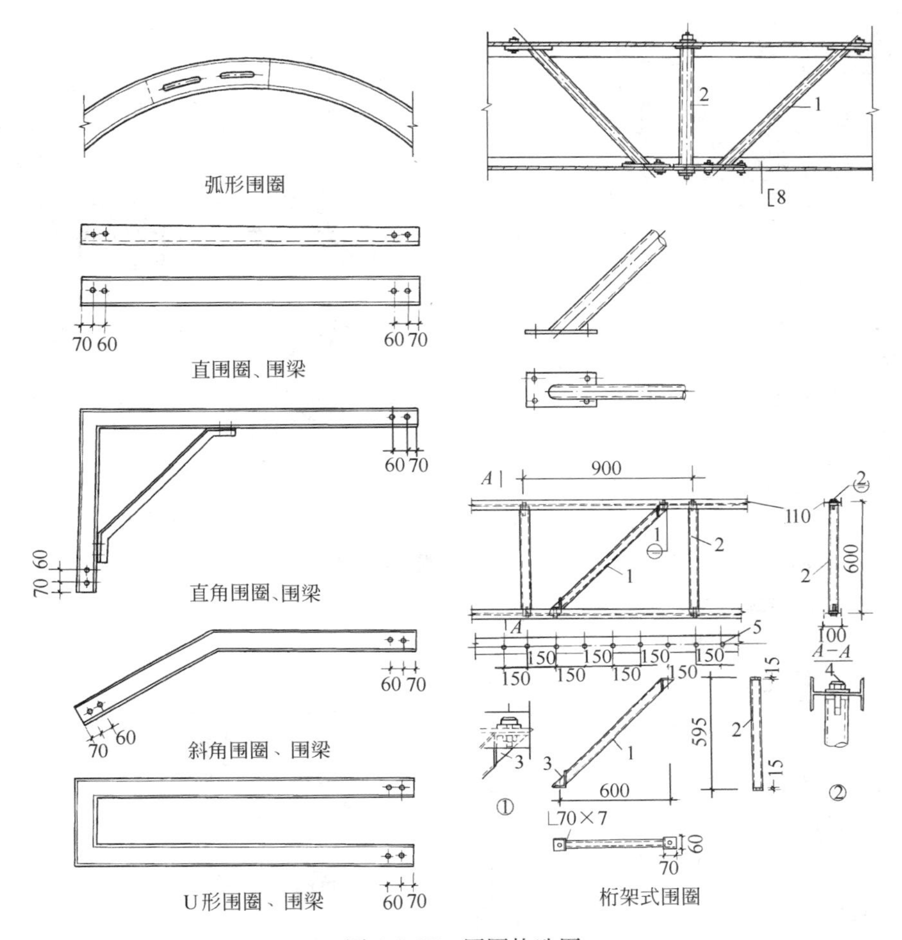

图 2-2-77　围圈构造图

在使用荷载作用下，相邻提升架之间围圈的垂直与水平方向的变形，不应大于跨度的 1/500。连续变截面筒壁结构的围圈，宜采用分段伸缩式。

模板与围圈的连接，一般采用挂在围圈上的方式。当采用横卧工字钢作围圈时，可用双爪钩将模板与围圈钩牢，并用顶紧螺栓调节位置（图 2-2-78）。

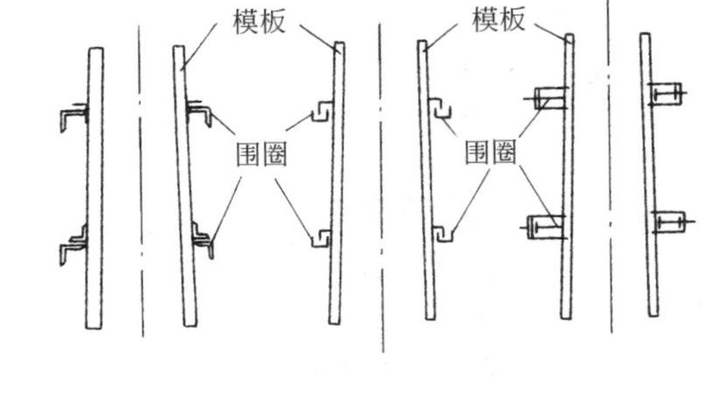

图 2-2-78　模板与围圈的连接

（3）提升架。提升架又称作千斤顶架。它是安装千斤顶并与围圈、模板连接成整体的主要构件。提升架的主要作用是控制模板、围圈由于混凝土的侧压力和冲击力而产生的向外变形；同时承受作用于整个模板上的竖向荷载，并将上述荷载传递给千斤顶和支承杆。当千斤顶等提升机具工作时，通过它带动围圈、模板及操作平台等一起向上滑动。

提升架的立面构造形式，一般可分为单横梁“Π”形，双横梁的“开”形或单立柱的“Γ”形等几种（图 2-2-79）。

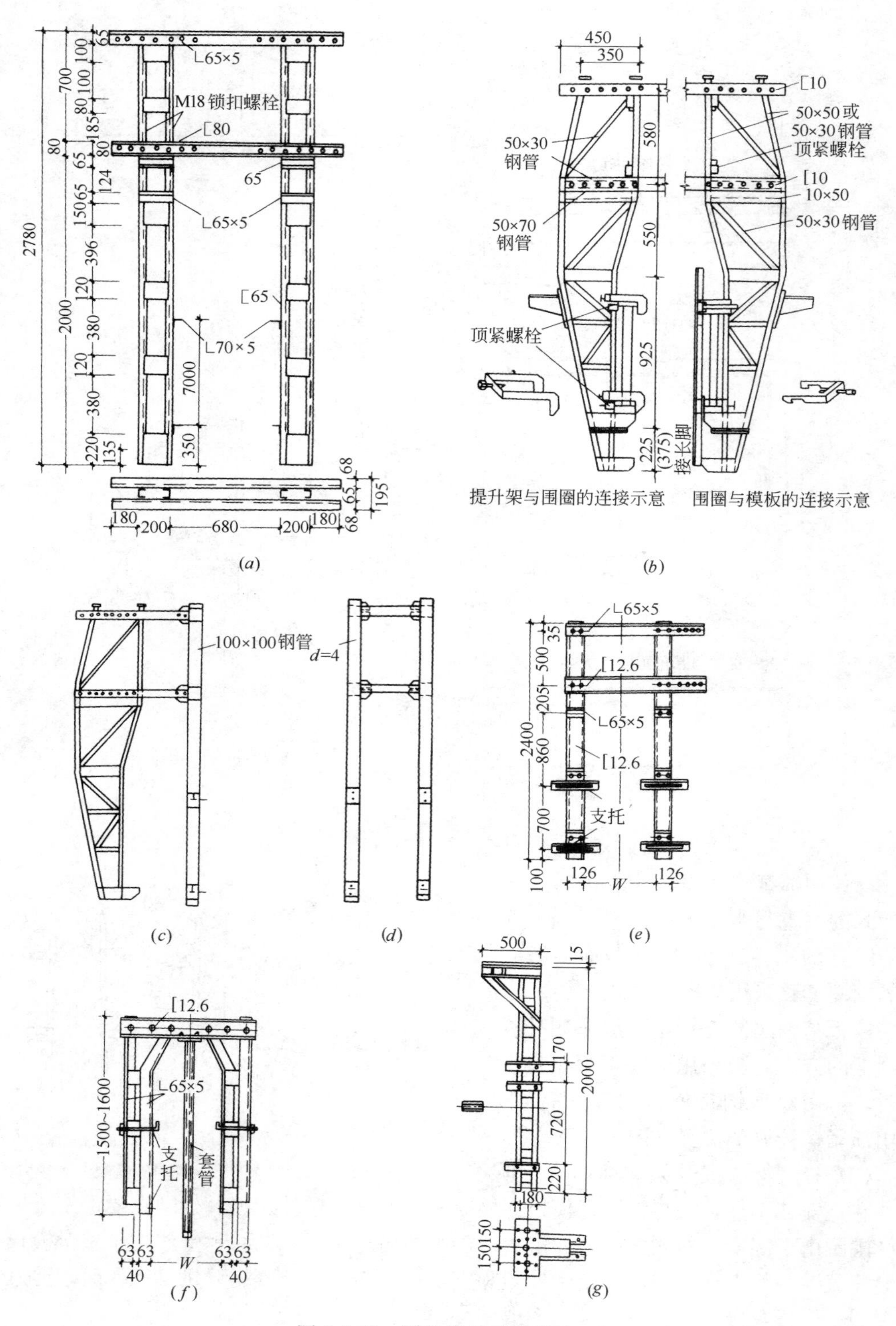

图 2-2-79　提升架立面构造图

(a) 开形提升架；(b) 钳形提升架；(c) 转角处提升架；(d) 十字交叉处提升架；
(e) 变截面提升架；(f) Π 形提升架；(g) Γ 形提升架

提升架的平面布置形式，一般可分为“I”形、“Y”形、“X”形’、“Π”形和“口”形等几种（图 2-2-80）。

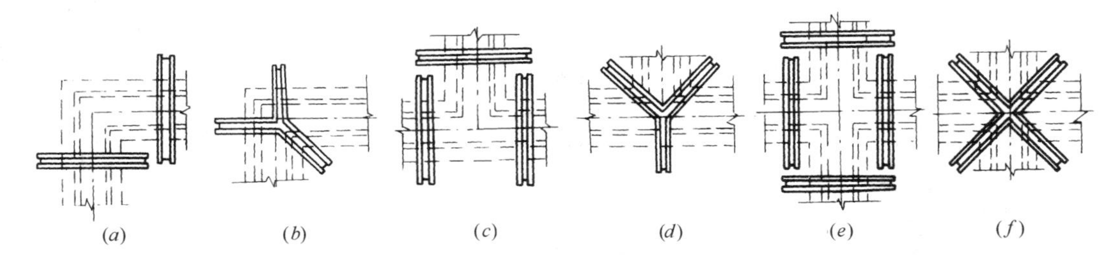

图 2-2-80 提升架平面布置图

（*a*）“I”形提升架；（*b*）L形墙用“Y”形提升架；（*c*）“Π”形提升架；

（*d*）T形墙用“Y”形提升架；（*e*）“口”形提升架；（*f*）“X”形提升架

对于变形缝双墙、圆弧形墙壁交叉处或厚墙壁等摩阻力及局部荷载较大的部位，可采用双千斤顶提升架。双千斤顶提升架可沿横梁布置（图 2-2-81）；也可垂直于横梁布置（图 2-2-82）。

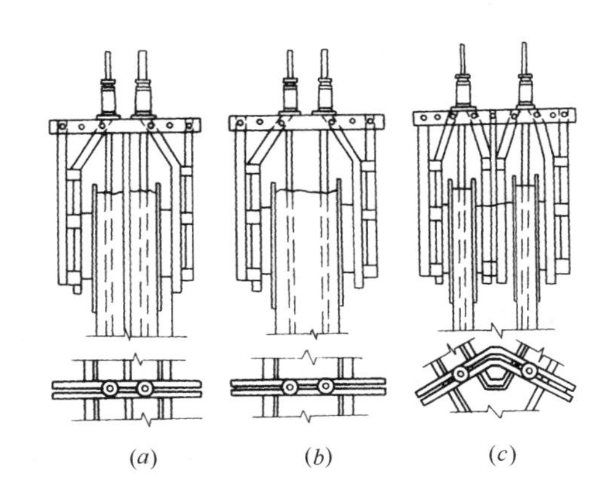

图 2-2-81 双千斤顶提升架示意（沿横梁布置）

（*a*）用于变形缝双墙；（*b*）用于厚墙体；（*c*）用于转角墙体

墙体转角和十字交接处，提升架立柱可采用 100mm×100mm×4～6mm 方钢管。

提升架一般可设计成适用于多种结构施工的通用型，对于结构的特殊部位也可设计成专用型。提升架必须具有足够的刚度，应按实际的水平荷载和垂直荷载进行计算。对多次重复使用的提升架，宜设计成装配式。

提升架的横梁与立柱必须刚性连接，两者的轴线应在同一平面内，在使用荷载作用下，立柱的侧向变形应不大于 2mm。

提升架横梁至模板顶部的净高度，对于配筋结构不宜小于 500mm，对于无筋结构不宜小于 250mm。

用于变截面结构的提升架，其立柱上应设有调整内外模板间距和倾斜度的装置（图 2-2-83）。

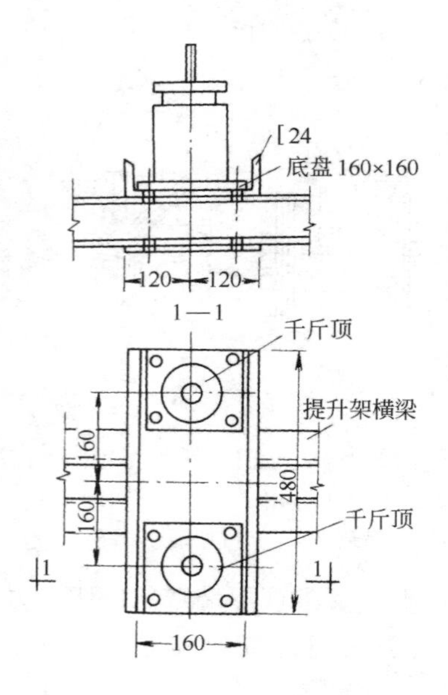

图 2-2-82　双千斤顶提升架示意
（垂直于横梁布置）

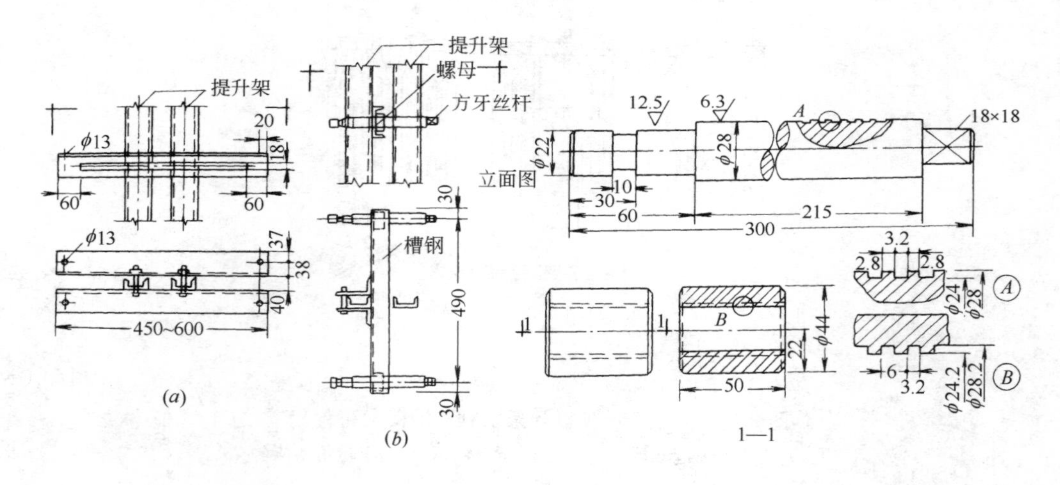

图 2-2-83　围圈调整装置与顶紧装置
（*a*）固定围圈调整装置；（*b*）活动围圈调整装置

在框架结构框架柱部位的提升架，可采取纵横梁“井”字式布置，在提升架上可布置几台千斤顶，其荷载分配必须均匀（图 2-2-84）。

当采用工具式支承杆时，应在提升架横梁下设置内径比支承杆直径大 2～5mm 的套管，其长度应达到模板下缘(见图 2-2-92)。

2. 操作平台系统

（1）操作平台。滑模的操作平台即工作平台，是绑扎钢筋、浇筑混凝土、提升模板、安装预埋件等工作的场所，也是钢筋、混凝土、预埋件等材料和千斤顶、振捣器等小型备用机具的暂时存放场地。液压控制机械设备，一般布置在操作平台的中央部位。有时还可

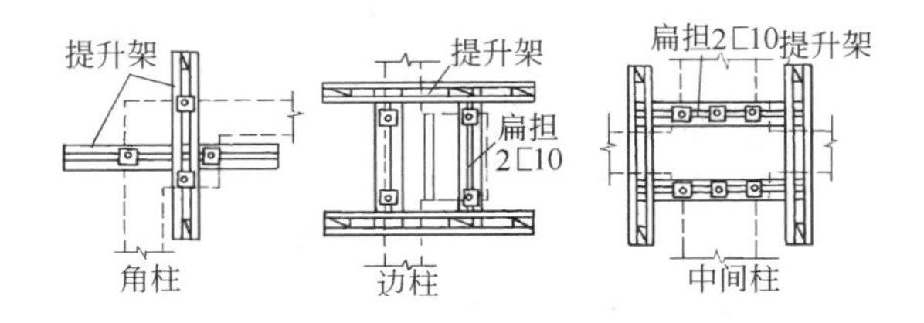

图 2-2-84 框架柱提升架与千斤顶布置

利用操作平台架设垂直运输机械设备，也可利用操作平台作为现浇混凝土顶盖的模板。

按结构平面形状的不同，操作平台的平面可组装成矩形、圆形等各种形状（图 2-2-85、图 2-2-86）。

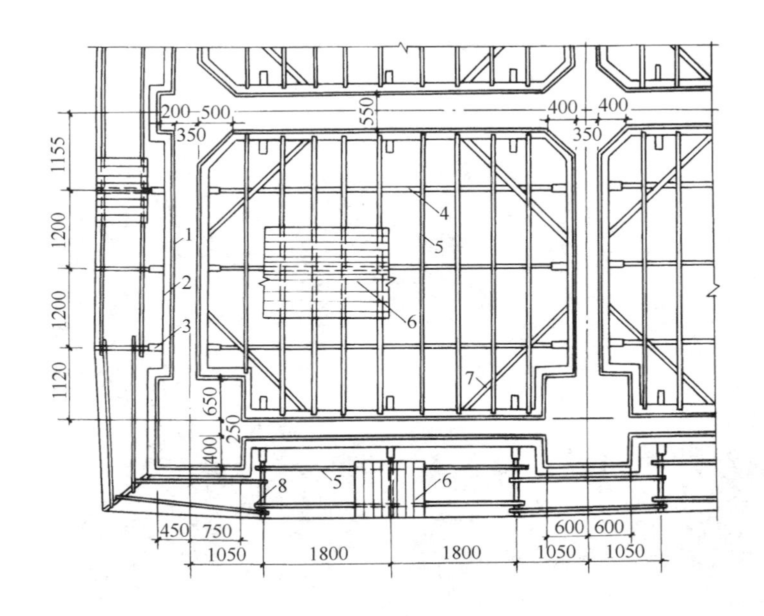

图 2-2-85 矩形操作平台平面构造图

1—模板；2—围圈；3—提升架；4—承重桁架；5—楞木；
6—平台板；7—围圈斜撑；8—三角挑架

按施工工艺要求的不同，操作平台板可采用固定式或活动式。对于逐层空滑楼板并进施工工艺，操作平台板宜采用活动式，以便揭开平台板后，进行现浇或预制楼板的施工（图2-2-87）。

操作平台分为主操作平台和上辅助平台（料台）两种，一般只设置主操作平台。上辅助平台的承重桁架（或大梁）的支柱，大多支承于提升架的顶部（图 2-2-88）。设置上辅助平台时，应特别注意其结构稳定性。

主操作平台一般分为内操作平台和外操作平台两部分。内操作平台通常由承重桁架（或梁）与平台铺板组成，承重桁架（或梁）的两端可支承于提升架的立柱上，亦可通过托架支承于上下围圈上（图 2-2-89）。

外操作平台通常由支承于提升架外立柱的三角挑架与平台铺板组成，外挑宽度不宜大

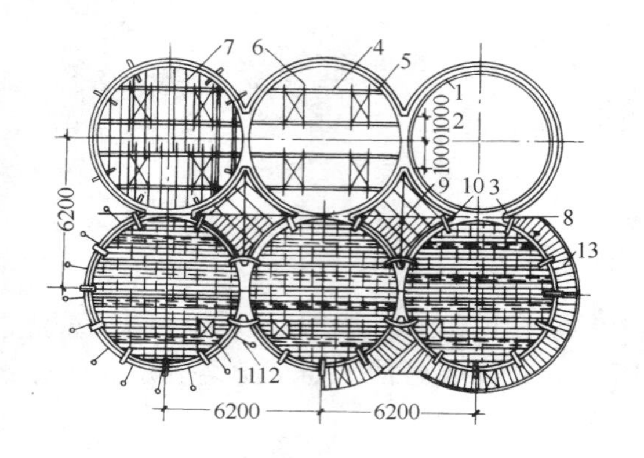

图 2-2-86　圆形操作平台平面构造图

1—模板；2—围圈；3—提升架；4—平台桁架；5—桁架支托；6—桁架支撑；7—楞木；8—平台板；9—星仓平台板；10—千斤顶；11—人孔；12—三角挑架；13—外挑平台

图 2-2-87　活动平台板吊开后施工楼板

于 1000mm，在其外侧需设置防护栏杆。

操作平台的桁架或梁、三角挑架及平台铺板等主要构件，需按其跨度和实际荷载情况通过计算确定。当桁架的跨度较大时，桁架间应设置水平和垂直支撑。当利用操作平台做为现浇混凝土顶板的模板时，除应按实际荷载对操作平台进行验算外，尚应考虑与提升架脱离和拆模等措施。

（2）吊脚手架。吊脚手架又称下辅助平台或吊架。主要用于检查混凝土的质量、模板的检修和拆卸、混凝土表面修饰和浇水养护等工作。根据安装部位的不同，一般分为内、外两种吊脚手架。内吊脚手架可挂在提升架和操作平台的桁架上，外吊脚手架可挂在提升架和外挑三角架上(图 2-2-90)。

吊脚手架铺板的宽度，宜为 500～800mm，钢吊杆的直径不应小于 ϕ16mm，吊杆螺栓必须采用双螺帽。吊脚手架的外侧必须设置安全防护栏杆，并应满挂安全网。

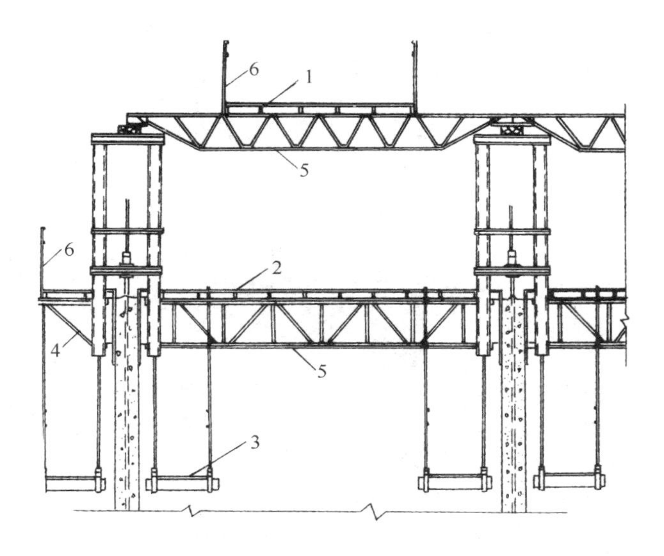

图 2-2-88 操作平台剖面示意图

1—上辅助平台；2—主操作平台；3—吊脚手架；
4—三角挑架；5—承重桁架；6—防护栏杆

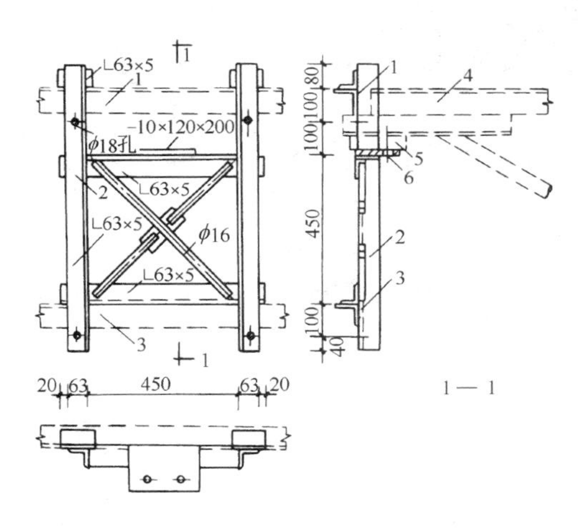

图 2-2-89 托架构造图

1—上围圈；2—托架；3—下围圈；4—承重桁架；
5—桁架端部垫木；6—连接螺栓

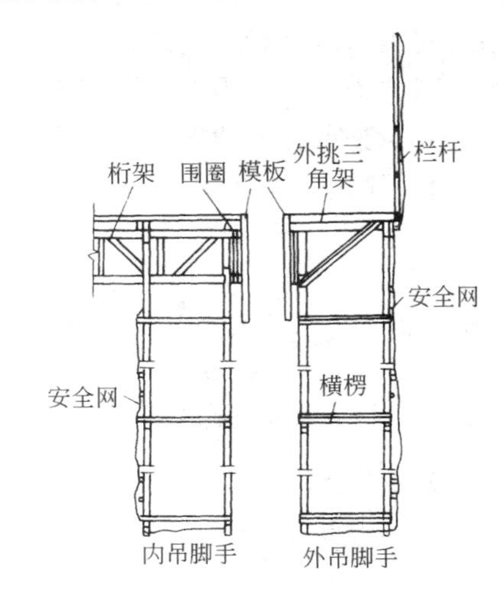

图 2-2-90 吊脚手架

3. 液压提升系统

液压提升系统主要由支承杆、液压千斤顶、液压控制台和油路等部分组成。

（1）支承杆。支承杆又称作爬杆、千斤顶杆或钢筋轴等。它支承着作用于千斤顶的全部荷载。为了使支承杆不产生压屈变形，应用一定强度的圆钢或钢管制作。目前使用的额定起重量为 30kN 的滚珠式卡具液压千斤顶，其支承杆一般采用直径 ϕ25mm 的圆钢制作。如使用楔块式卡具液压千斤顶时，亦可采用直径 25～28mm 的螺纹钢筋作支承杆。因此，对于框架柱等结构，可直接以受力钢筋作支承杆使用。为了节约钢材用量，应尽可能采用工具式支承杆。

ϕ25mm 支承杆的连接方法，常用的有三种：丝扣连接、榫接和焊接（图 2-2-91）。

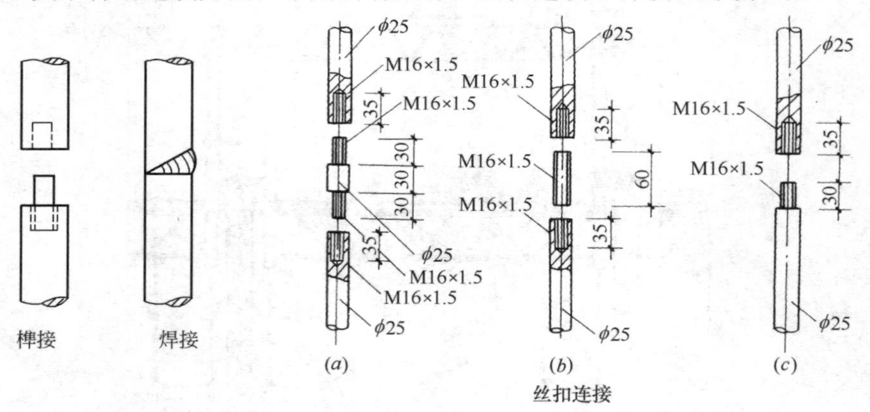

图 2-2-91　ϕ25mm 支承杆的连接

(*a*) 外露双母丝扣连接；(*b*) 不外露双母丝扣连接；(*c*) 公母丝扣连接

支承杆的焊接，一般在液压千斤顶上升到接近支承杆顶部时进行，接口处倘略有偏斜或凸疤，可采用手提砂轮机处理平整，使能顺利通过千斤顶孔道，也可在液压千斤顶底部超过支承杆后进行。当这台液压千斤顶脱空时，其全部荷载应由左右两台液压千斤顶承担。因此，在进行千斤顶数量及围圈设计时，就要考虑到这一因素。采用工具式支承杆时，应在支承杆外侧加设内径大于支承杆直径的套管，套管的上端与提升架横梁底部固定，套管的下端至模板底平，套管外径最好做成上大下小的锥度，以减少滑升时的摩阻力。套管随千斤顶和提升架同时上升，在混凝土内形成管孔，以便最后拔出支承杆。工具式支承杆的底部，一般用套靴或钢垫板支承（如图 2-2-92）。

工具式支承杆的拔出，一般采用管钳、双作用液压千斤顶、倒置液压千斤顶或杠杆式拔杆器。

杠杆式拔杆器见图 2-2-93。

为防止支承杆失稳，在正常施工条件下，直径 ϕ25mm 圆钢支承杆的允许脱空长度，不应超过表 2-2-3 所示数值。

ϕ25 支承杆允许脱空长度　　**表 2-2-3**

支承杆荷载 P（kN）	10	12	15	20
允许脱空长度 L（cm）	152	134	115	94

注：允许脱空长度 L，系指千斤顶下卡头至混凝土上表面的距离，它等于千斤顶下卡头至模板上口距离加模板的一次提升高度。

当施工中超过上表所示脱空长度时，应对支承杆采取有效的加固措施。支承杆一般可采用方木、钢管、拼装柱盒、假柱及附加短钢筋等加固方法（图 2-2-94）。

方木、钢管及拼装柱盒等方法，均应随支承杆边脱空一定高度，边进行夹紧加固。假柱加固法为随模板的滑升，与墙体一起浇筑一段混凝土假柱，其下端用夹层（塑料布）隔开，事后将这段假柱凿掉。

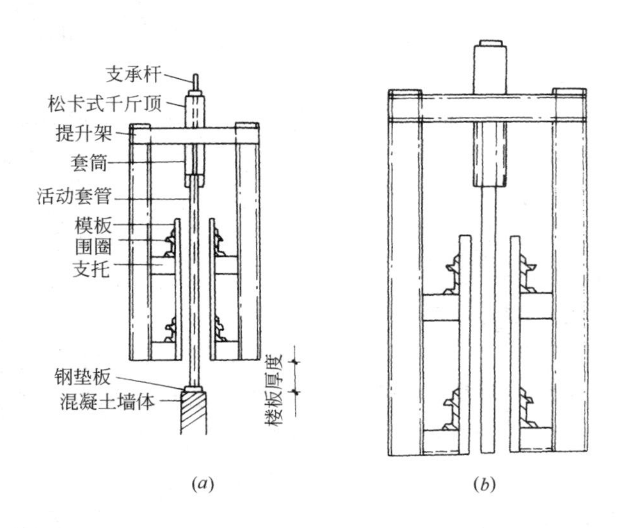

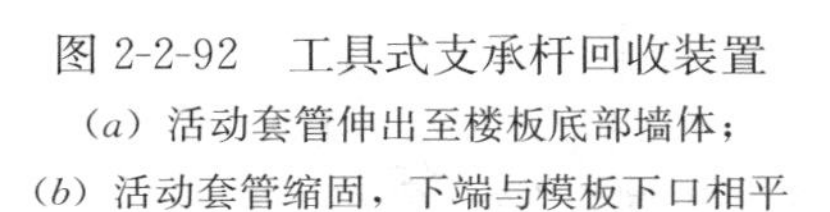

图 2-2-92 工具式支承杆回收装置

(a) 活动套管伸出至楼板底部墙体；

(b) 活动套管缩固，下端与模板下口相平

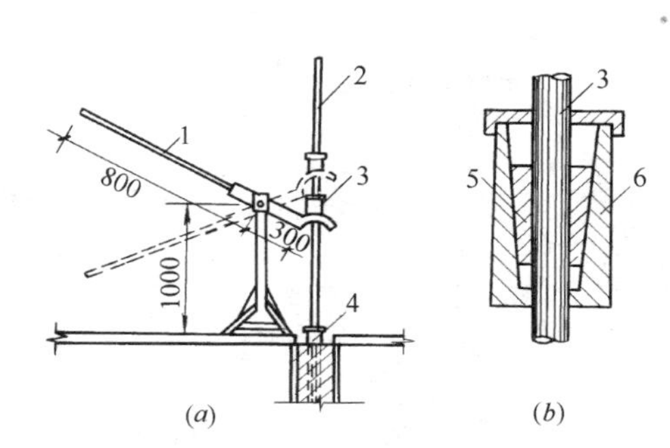

图 2-2-93 杠杆式拔杆器

(a) 工作图；(b) 夹杆盒

1—杠杆；2—工具式支承杆；3—上夹杆盒(拔杆用)；4—下夹杆盒（保险用)；5—夹块；6—夹杆盒外壳

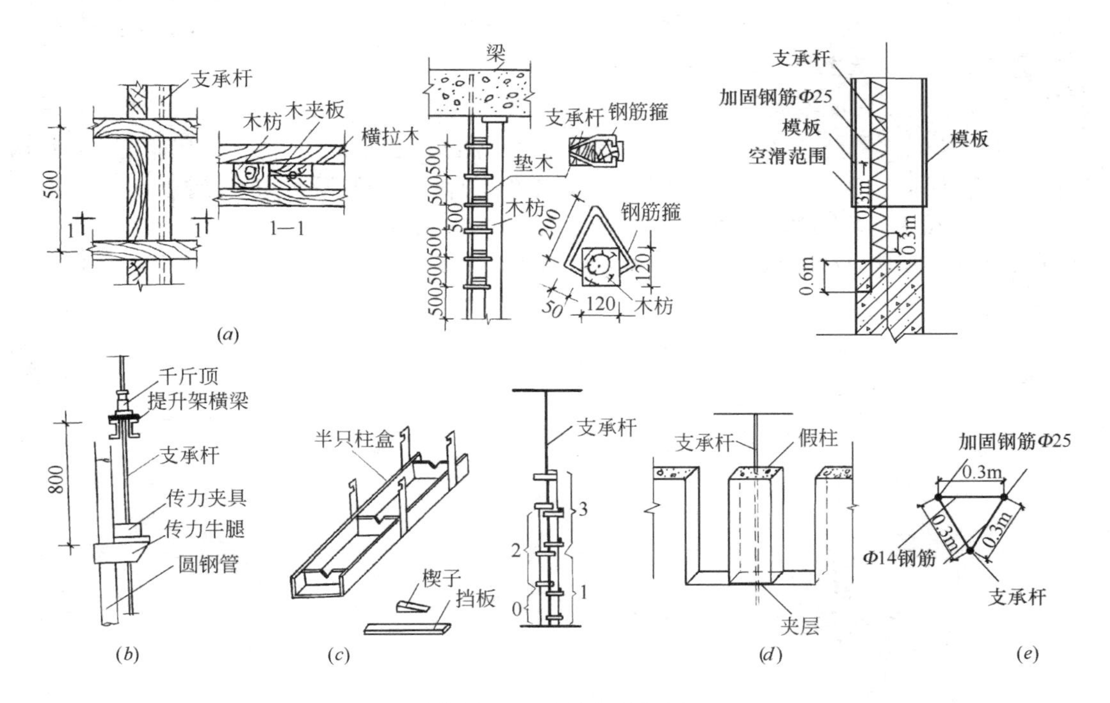

图 2-2-94 支承杆的加固

(a) 方木加固；(b) 钢管加固；(c) 柱盒加固（0、1、2、3 为先后拼装顺序)；(d) 假柱加固；(e) 附加短钢筋加固

对于梁跨中部位的成组脱空支承杆，也可采用扣件式钢管脚手架组成支柱进行加固(图2-2-95)。

近年来我国各地相继研制了一批额定起重量为60～100kN 的大吨位千斤顶（其型号

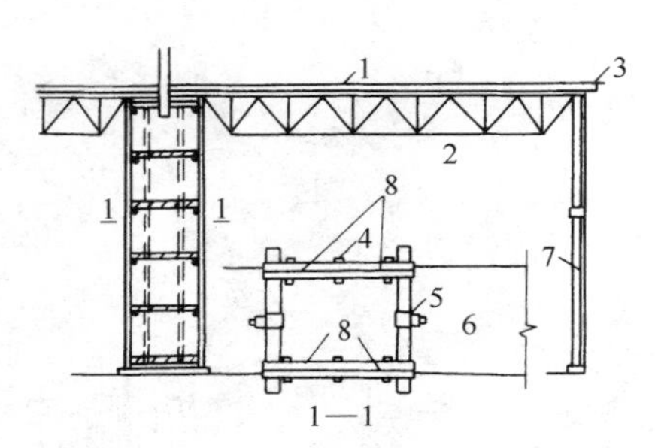

图 2-2-95　梁跨中成组支承杆加固

1—梁底模；2—梁桁架；3—梁端；4—夹紧支承杆螺栓；5—钢管扣件；6—大梁；7—支柱；8—支承杆

见表 2-2-4)。与之配套的支承杆采用 Φ48×3.5 的钢管，其基本参数为：

外径：48mm；内径：41mm；壁厚：3.5mm；

截面面积：4.89cm^2；重量：3.83kg/m；

外表面积：0.152m^2/m；

截面特征：$J=$ 12.296mm^4；$\omega=$ 5.096cm^3；r=1.58cm；

弹性模量：E=2.1×10^{5}MPa。

根据西北工业大学对 ϕ48×3.5 钢管支承杆承载能力的理论计算和荷载—变形曲线分析，在滑模施工中，当采用 ϕ48×3.5 钢管作支承杆且处于混凝土体外时，其最大脱空长度不能超过 2.5m（采用 60kN 的大吨位千斤顶工作起重量为 30kN），当脱空长度控制在 2.4m 以内时，支承杆的稳定性是可靠的。

ϕ48×3.5 钢管为常用脚手架钢管，由于其允许脱空长度较大，且可采用脚手架扣件进行连接，因此作为工具式支承杆和在混凝土体外布置时，比较容易处理。

支承杆布置于内墙混凝土体外时，在逐层空滑楼板并进法施工中，支承杆穿过楼板部位时，可通过加设扫地横向钢管和扣件与其连接，并在横杆下部加设垫块或垫板（图 2-2-96）。

这样支承杆所承受的上部荷载通过扣件传递给扫地横向钢管，再通过垫铁（或垫板）传递到楼板上。为了保证楼板和扣件横杆有足够的支承力，使每个支承杆的荷载一般由三层楼板来承担。所以支承杆要保留三层楼的长度，支承杆的倒换在三层楼板以下才能进行，每次倒换的数量不应大于支承杆总数的三分之一，以确保总体支承杆承载力不受影响。

ϕ48×3.5 支承杆的接长，既要确保上、下中心重合在一条垂直线上，以便千斤顶爬升时顺利通过；又要使接长处具有支承垂直荷载能力和抗弯能力。同时要求支承杆接头装拆方便，以便于周转使用。在接长时，可采用先将支承杆连接件插入下部支承杆钢管内，再将接长钢管支承杆插到连接件上，即可将上下钢管连接成一体。支承杆连接件见图 2-2-97。

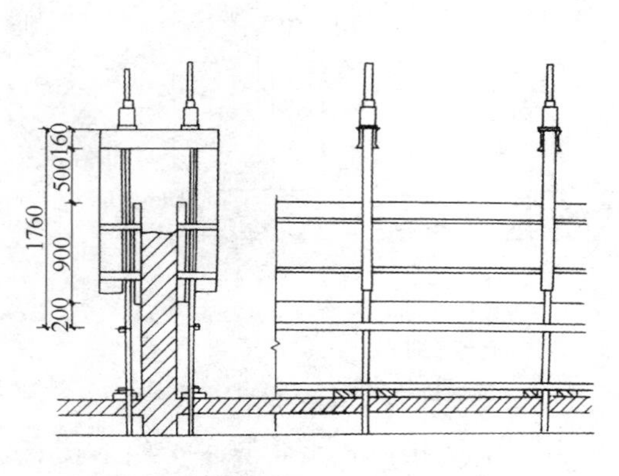

图 2-2-96　内墙支承杆体外布置

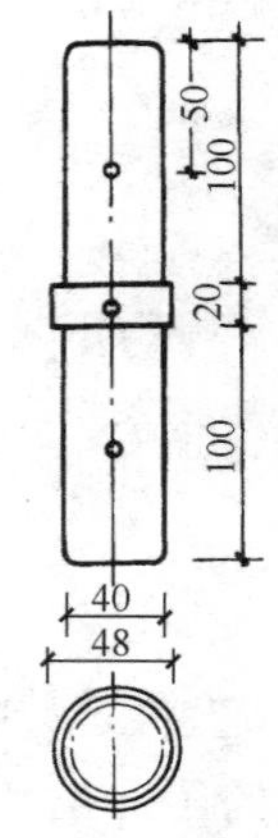

图 2-2-97　Φ48×3.5 支承杆连接件

为了防止钢管向上移动，在连接件及钢管支承杆的两端，均分别钻一个销钉孔，当千斤顶爬升过连接件后，用销钉把上下钢管和连接件销在一起，或焊接在一起。

支承杆布置在框架柱结构体外时，可采用钢管脚手架进行加固（图 2-2-98）。

支承杆布置于外墙体外时，在外墙外侧，由于没有楼板可作为外部支承杆的传力层，可在外墙浇筑混凝土时，在每个楼层上部约 150～200mm 处的墙上，预留两个穿墙螺栓孔洞，通过穿墙螺栓把钢牛腿固定在已滑出的墙体外侧，以便通过横杆将支承杆所承受的荷载传递给钢牛腿（图 2-2-99）。

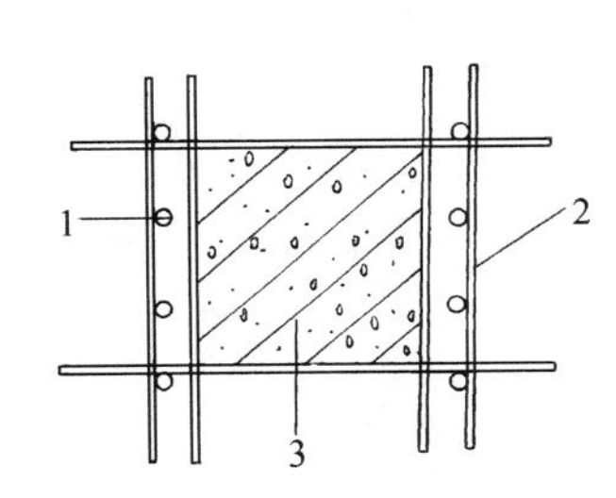

图 2-2-98　框架柱体外支承杆加固示意图
1—支承杆；2—钢管脚手架；3—框架柱

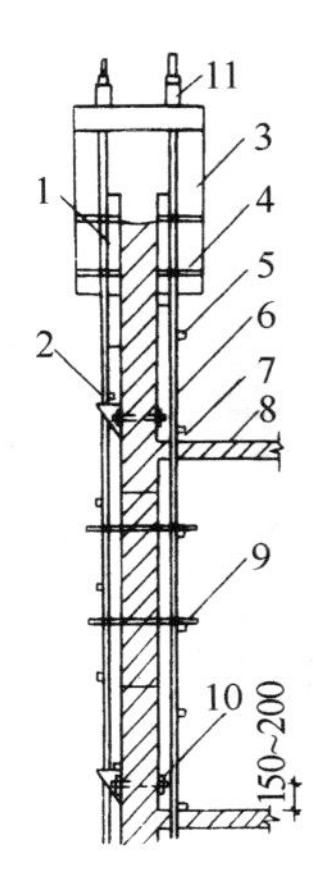

图 2-2-99　外墙支承杆体外布置
1—外模板；2—钢牛腿；3—提升架；4—内模板；5—横向钢管；6—支承杆；7—垫块；8—楼板；9—横向杆；10—穿墙螺栓；11—千斤顶

钢牛腿的作用，是将上部支承杆所承受的荷载，通过横杆和扣件传到已施工的墙体上。因此，必须有一定的强度和刚度，受力后不发生变形和位移，且便于安装。其构造见图 2-2-100。

钢牛腿的安装，可利用滑模的外吊脚手架进行，并按要求及时安装横杆，以增强其稳定性。在窗口处可将外支承杆或横杆与内支承杆相连接，每层至少两道。钢牛腿依靠 2 根 M18 螺栓与墙体固定。

为了提高 $\Phi48\times35$ 钢管支承杆的承载力和便于工具式支承杆的抽拔，在提升架安装千斤顶的下方，宜加设 $\Phi60\times3.5$ 或 $\Phi63\times3.5$ 的钢套管。

（2）液压千斤顶。液压千斤顶又称为穿心式液压千斤顶或爬升器。其中心穿支承杆，在周期式的液压动力作用下，千斤顶可沿支承杆作爬升动作，以带动提升

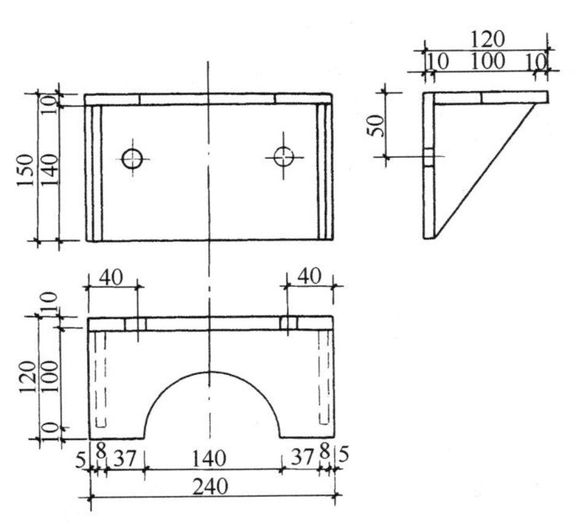

图 2-2-100　钢牛腿构造图

架、操作平台和模板随之一起上升。

目前国内生产的滑模液压千斤顶型号主要有滚珠卡具 GYD-35 型（图 2-2-101）、GSD-35 型（图 2-2-102）、GYD-60 型和楔块卡具 QYD-35 型、QYD-60 型、QYD-100 型、松卡式 SQD-90-35 型以及混合式 QGYD-60 型等型号，额定起重量为 30～100kN。

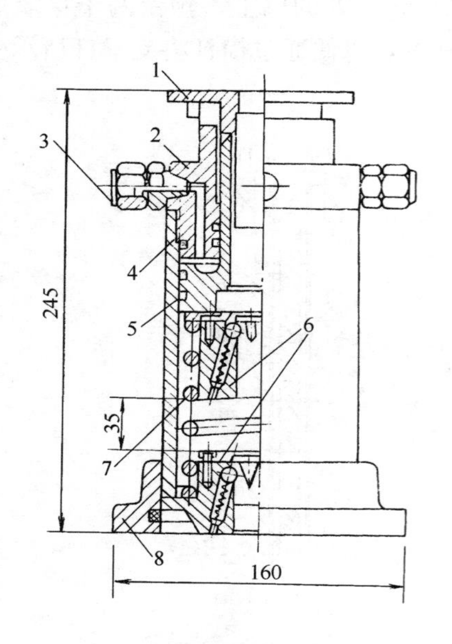

图 2-2-101 GYD-35 型千斤顶

1—行程调节帽；2—缸盖；3—油嘴；4—缸筒；5—活塞；6—卡头；7—弹簧；8—底座

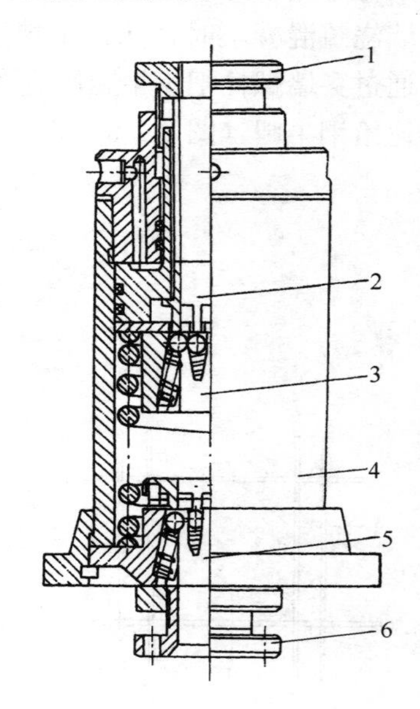

图 2-2-102 GSD-35 型松卡式千斤顶

1—上卡头松卡螺丝；2—上压筒；3—上卡头；4—下压筒；5—下卡头；6—下卡头松卡螺丝

液压千斤顶的主要技术参数见表 2-2-4。

液压千斤顶主要技术参数 **表 2-2-4**

项 目	单位	型号与参数							
		GYD-35 滚珠式	GYD-60 滚珠式	QYD-35 楔块式	QYD-60 楔块式	QYD-100 楔块式	QGYD-60 滚珠楔块混合式	SQD-90-35 松卡式	GSD-35 松卡式
额定起重量	kN	30	60	30	60	100	60	90	30
工作起重量	kN	15	30	15	30	50	30	45	15
理论行程	mm	35	35	35	35	35	35	35	35
实际行程	mm	16～30	20～30	19～32	20～30	20～30	20～30	20～30	16～30
工作压力	MPa	8	8	8	8	8	8	8	8
自重	kg	13	25	14	25	36	25	31	13.5
外形尺寸	mm	160×160×245	160×160×400	160×160×280	160×160×430	180×180×440	160×160×420	202×176×580	16×160×300
适用支承杆	mm	ϕ25 圆钢	ϕ48×3.5 钢管	ϕ25 圆钢 ϕ28 钢管	ϕ48×3.5 钢管	ϕ48×3.5 钢管	ϕ48×3.5 钢管	ϕ48×3.5 钢管	ϕ25 圆钢
底座安装尺寸	mm	120×120	120×120	120×120	120×120	135×135	120×120	140×140	120×120

GYD型和QYD型千斤顶的基本构造相同。主要区别为：GYD型千斤顶的卡具为滚珠式，而QYD型千斤顶的卡具为楔块式。其工作原理为：工作时，先将支承杆由上向下插入千斤顶中心孔，然后开动油泵，使油液由油嘴P进入千斤顶油缸（图2-2-103a），此时，由于上卡头与支承杆锁紧，只能上升不能下降，在高压油液的作用下，油室不断扩大，排油弹簧被压缩，整个缸筒连同下卡头及底座被举起，当上升至上、下卡头相互顶紧时，即完成提升一个行程（图2-2-103b）。回油时，油压被解除，依靠排油弹簧的压力，将油室中的油液由油嘴P排出千斤顶。此时，下卡头与支承杆锁紧，上卡头及活塞被排油弹簧向上推动复位（图2-2-103c）。一次循环可使千斤顶爬升一个行程，加压即提升，排油即复位，如此往复动作，千斤顶即沿着支承杆不断爬升。

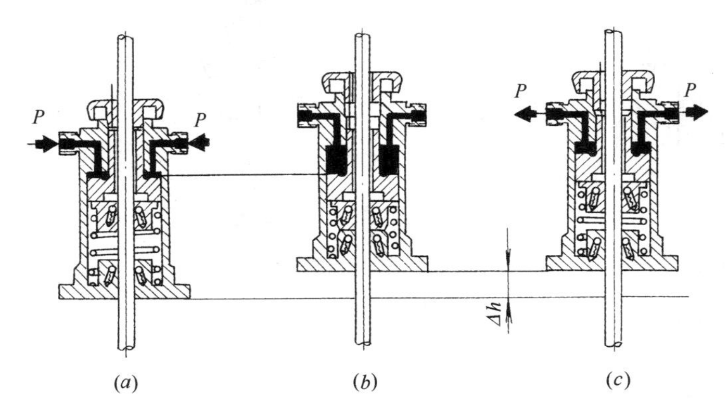

图2-2-103 液压千斤顶工作原理

(a) 进油；(b) 爬升；(c) 排油

滑模液压千斤顶SQD-90-35型，为中建建筑科学技术研究院研制的专利产品，其构造见图2-2-104。

GSD-35型松卡式千斤顶由北京安厦公司在GYD-35型基础上加以改造，增加了松卡功能，其技术参数与GYD-35型基本相同。

这两种千斤顶的工作原理与GYD型千斤顶基本相似，但由于在上卡头和下卡头处均增设了松卡装置，因此，既便利了支承杆抽拔，又为施工现场更换和维修千斤顶提供了十分便利的条件。

SQD-90-35型和GSD-35型松卡式千斤顶既可单独使用，也可与GYD型或QYD型等型号千斤顶混合使用。当需要抽拔支承杆时，停止供油，将上、下卡头松开，然后将支承杆拔出，在支承杆拔出的孔洞处，垫上合适的钢垫块，再将支承杆落在其上面，最后将上、下卡头复原，即可进行下步工作。

QGYD-60型液压千斤顶是我国用于滑模施工的一种中级千斤顶（图2-2-105），主要技术参数见表2-2-5。这种千斤顶的上卡头为双排滚珠式，下卡头为楔块式。其优点是，既可减少千斤顶的下滑量；又可减少对卡头的污染。

1）液压千斤顶出厂前，应按下列要求进行检验：

①千斤顶空载起动压力不得高于0.35MPa。

②在额定起重量内，千斤顶在支承杆上应锁紧牢固，放松灵活，爬升过程应连续平稳。

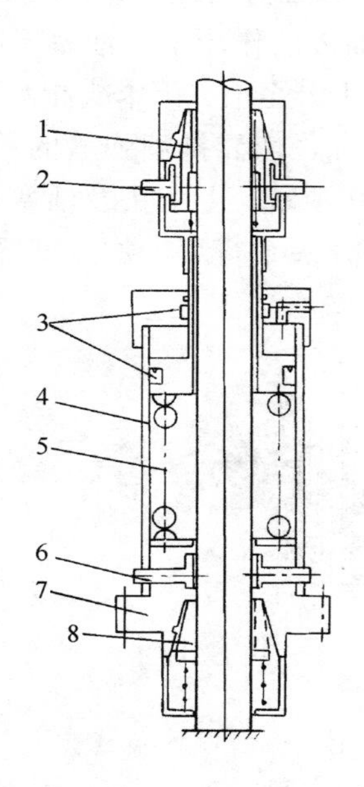

图 2-2-104　SQD-90-35 型松卡式千斤顶

1—上卡头；2—上松卡装置；3—密封件；4—缸筒；5—排油弹簧；6—下松卡装置；7—底座；8—下卡头

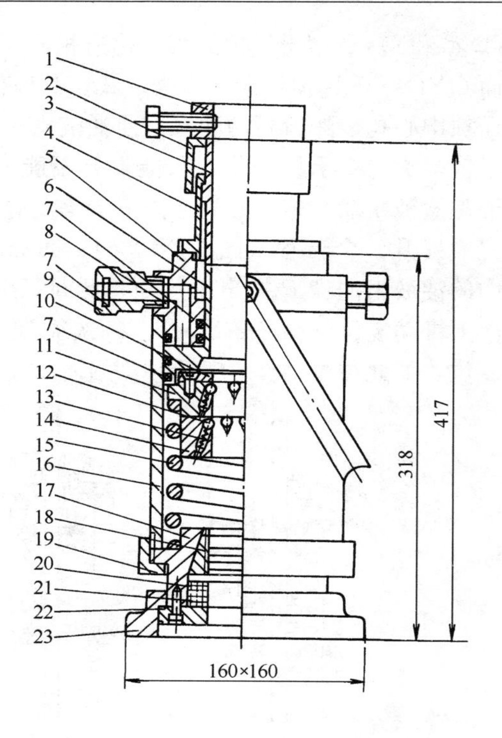

图 2-2-105　QGYD-60 型液压千斤顶

1—限位挡环；2—防尘帽；3—限位管；4—套筒；5—缸盖；6—活塞；7—密封圈；8—垫圈；9—油嘴；10—卡头盖；11—上卡头体（Ⅰ）；12—滚珠；13—小弹簧；14—上卡头体（Ⅱ）；15—回油弹簧；16—缸筒；17—下卡头体；18—楔块；19—连接螺母；20—支架；21—楔块弹簧；22—夹紧垫圈；23—底座

③在额定起重量内，当载荷方向与千斤顶轴线成 0.5°夹角时，千斤顶应能正常工作，各零部件不得产生塑性变形，各密封部位不得有渗漏现象。

④千斤顶应能经受 5000 次由零压至公称工作压力的交变压力的试验，各密封部位不得有渗漏现象。

⑤在额定起重量内，千斤顶反复进行全行程的爬升，其可靠性试验累计次数应符合表 2-2-5规定。

千斤顶可靠性试验　　　　**表 2-2-5**

产品质量等级	合格品	一等品	优等品
累计爬升次数	14000	16000	20000

首次无故障爬升次数不低于 6000 次，平均无故障爬升次数不低于 5000 次。

平均无故障爬升次数按下式计算：

$$平均无故障爬升次数=\frac{总爬升次数}{当量故障数}$$

式中当量故障数由故障类型和故障内容确定，在其值小于 1 时按 1 计算。

2）故障类型分为：

①致命故障：千斤顶主要零部件受到破坏，故障发生后不能继续操作，造成施工危险事故。

②一般故障：故障发生后，千斤顶主要性能降低，影响与其他千斤顶协同动作，必须停机进行修复。

③轻微故障：故障发生后，外观受到影响，但主要性能不受影响，千斤顶还可继续工作。

故障内容和当量故障数按表 2-2-6 规定。

故障内容和当量故障数 **表 2-2-6**

故障类型	故障内容	当量故障数
致命故障	壳体开裂	10
	弹簧断裂，不能爬升	10
	钢球或楔块碎裂，不能卡紧	10
一般故障	爬升达不到规定行程	1
	千斤顶轴端漏油（10min 内渗油成滴或渗油面积达到 $200cm^2$）	1
轻微故障	千斤顶渗油（10min 内不成滴或渗油面积小于 $200cm^2$）	0.1
	接头渗油（10min 内不成滴或渗油面积小于 $200cm^2$）	0.1

注：可靠性试验结束后，检查每次爬升行程，在额定起重量内，其行程值不得小于 16mm。

3）液压千斤顶使用前，应按下列要求检验：

①耐油压 12MPa 以上，每次持压 5min，重复三次，各密封处无渗漏；

②卡头锁固牢靠，放松灵活；

③在 1.2 倍额定荷载作用下，卡头锁固时的回降量，滚珠式不大于 5mm，卡块式不大于 3mm；

④同一批组装的千斤顶，在相同荷载作用下，其行程应接近一致，用行程调整帽调整后，行程差不得大于 2mm。

4）液压千斤顶的试验方法：

①千斤顶液压系统耐压试验：将液压控制台、分油器、压力胶管及千斤顶（数量为 5 个）连接好。调节系统的溢流阀，使压力达到 10MPa，保压 5min，观察控制台、分油器、压力胶管及千斤顶各部工作是否正常，有无渗漏现象。

②千斤顶工作压力试验：试验系统如图 2-2-106 所示。

将一定数量的千斤顶（数量按 JG/T 93—1999 选定）置于平整水泥地面，使之与液压源接通，然后启动液压泵并调节溢流阀，使压力逐渐上升到额定工作压力 10MPa，在千斤顶到达上死点后使其卸压、回油，如此重复 5000 次，检查千斤顶有无渗漏。

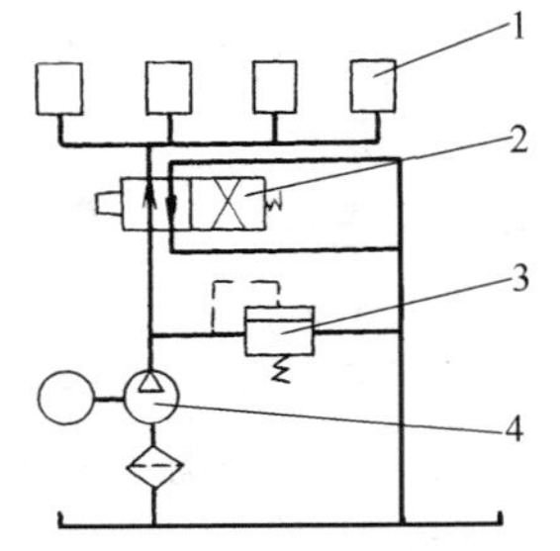

图 2-2-106 千斤顶工作压力试验系统图

1—千斤顶；2—换向阀；3—溢流阀；4—液压泵

③千斤顶最低启动压力试验：将被测千斤顶置于平整水泥地面上，接通液压源，然后启动液压泵使千斤顶全行程动作数次，排除内部空气，接着卸压，并从零压开始，缓慢调节溢流阀，使压力缓慢上升，至千斤顶中的活塞开始运动，记录此时

压力值。每个千斤顶重复测量3次，算出其平均值，并以启动压力最高的值，作为该批千斤顶的最低启动压力。

④千斤顶额定提升质量试验：试验装置见图2-2-107。

千斤顶6与悬吊的支承杆5按图2-2-107装配，并使千斤顶的油嘴与液压源连通。在悬挂的吊篮7中对称地放置砝码，使砝码与吊篮的总质量为千斤顶的额定起重量，然后启动液压泵，使千斤顶全行程正常运行，接着卸载，使千斤顶处于下死点，重复爬升3次，观察千斤顶从下死点运动到上死点过程中的压力变化。

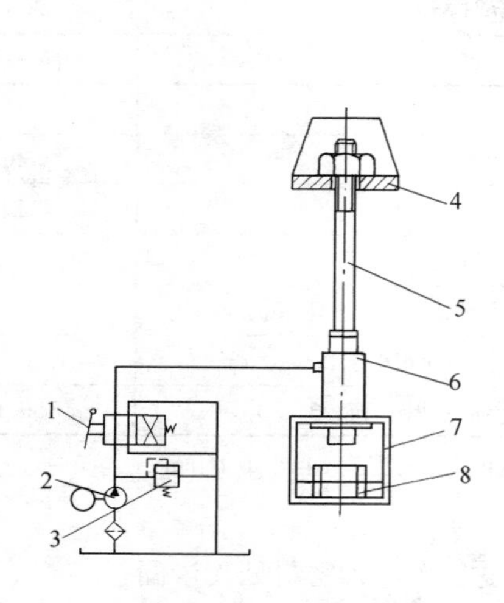

图2-2-107　千斤顶额定提升质量和爬升行程试验装置图

1—手动换向阀；2—液压泵；3—溢流阀；4—悬挂板；5—支承杆；6—千斤顶；7—吊篮；8—砝码

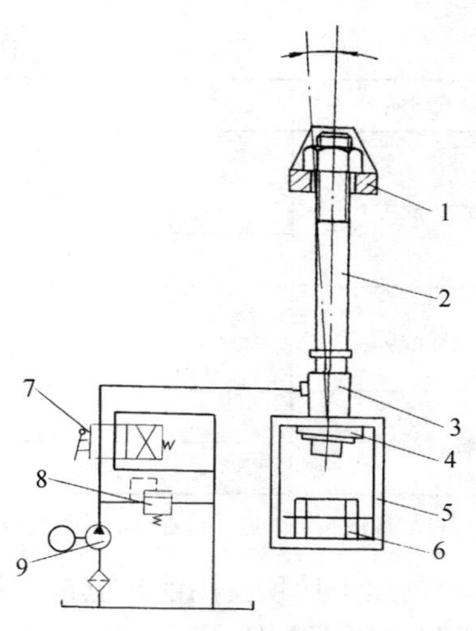

图2-2-108　千斤顶偏心加载试验装置图

1—悬挂板；2—支承杆；3—千斤顶；4—倾斜度为0.5°的斜垫板；5—吊篮；6—砝码；7—手动换向阀；8—溢流阀；9—液压泵

⑤千斤顶爬升行程的试验：试验装置见图2-2-107。

千斤顶处于下死点位置，在吊篮中对称地放置砝码，使砝码与吊篮的总质量为千斤顶的额定起重量，并用高度尺测此时的高度h_1，然后启动液压泵并均匀地调节溢流阀，使被测千斤顶带着吊篮连续均匀地上升到上死点，接着用手控回油，用高度尺测此时新高度h_2。千斤顶行程为h_2与h_1之差值，每个千斤顶测定3次，取其平均值。

⑥千斤顶偏心加载试验：试验装置见图2-2-108。

千斤顶处于下死点位置，在吊篮中对称地放置砝码，使砝码与吊篮的总质量为千斤顶的额定起重量，然后启动液压泵，并连续均匀地调节溢流阀，使千斤顶带着负载连续均匀地上升至上死点，接着手控回油，重复10次，目测千斤顶运动是否平稳，各结合面处有无渗漏现象，试验结束后解体检测各零件，除弹簧自由长度根据设计要求允许缩短一定数值外，其余零件均不得出现永久变形。

⑦千斤顶可靠性试验：试验系统见图2-2-107，图中1—手动换向阀改为电磁换向阀。

在吊篮中对称地放置砝码，使砝码与吊篮的总质量为千斤顶的额定起重量，然后启动液压泵并连续均匀地调节溢流阀，使被测千斤顶带着载荷连续均匀地上升至上死点。系统正常工作以后，由时间继电器控制电磁阀换向，使千斤顶不断连续爬升，在支承杆高度有限的情况下，允许被测千斤顶升到支承杆顶部后再次重新组装，重复进行上述试验，试验结果应符合表2-2-5的规定。

⑧千斤顶超载试验：试验装置见图 2-2-107。

千斤顶按图安装于规定直径的支承杆上，并在与千斤顶连接的吊篮中对称地放置砝码，使砝码与吊篮的总质量为额定超重量的 125%，然后启动液压泵并连续均匀地调节溢流阀，使负载上升到上死点，接着手控回油再加压、回油，连续完成 10 个爬升行程，试验结果应符合可靠性试验的规定。

其他检验包括外观质量检查以及出厂检验和型式检验等，按照我国现行行业标准《滑模液压提升机》(JG/T 93）等有关规定执行。

(3) 液压控制台。液压控制台是液压传动系统的控制中心，是液压滑模的心脏。主要由电动机、齿轮油泵、换向阀、溢流阀、液压分配器和油箱等组成（图 2-2-109)。

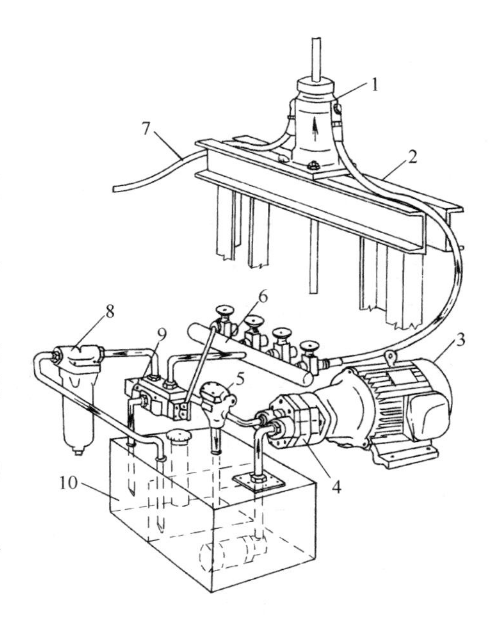

图 2-2-109 液压传动系统示意图

1—液压千斤顶；2—提升架；3—电动机；4—齿轮油泵；5—溢流阀；6—液压分配器；7—油管；8—滤油器；9—换向阀；10—油箱

其工作过程为：电动机带动齿轮油泵运转，将油箱中的油液通过溢流阀控制压力后，经换向阀输送到液压分配器，然后，经油管将油液输入进千斤顶，使千斤顶沿支承杆爬升。当活塞走满行程之后，换向阀变换油液的流向，千斤顶中的油液从输油管、液压分配器，经换向阀返回油箱。每一个工作循环，可使千斤顶带动模板系统爬升一个行程。

齿轮油泵的工作原理见图 2-2-110。

电磁换向阀的工作原理见图 2-2-111。

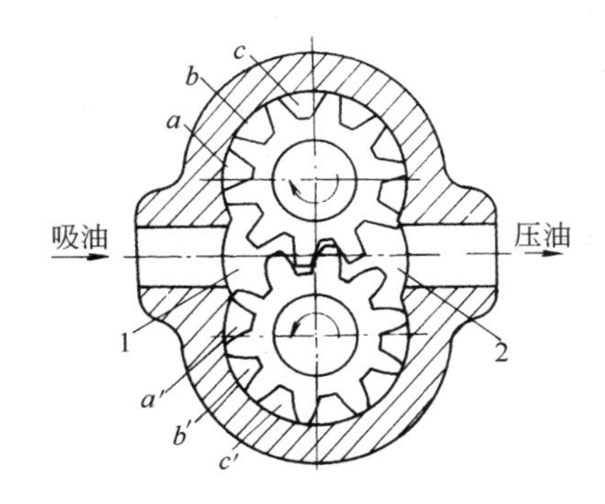

图 2-2-110 齿轮泵工作原理图

1—吸油腔；2—压油腔；

a、b、c、a′、b′、c′—齿间

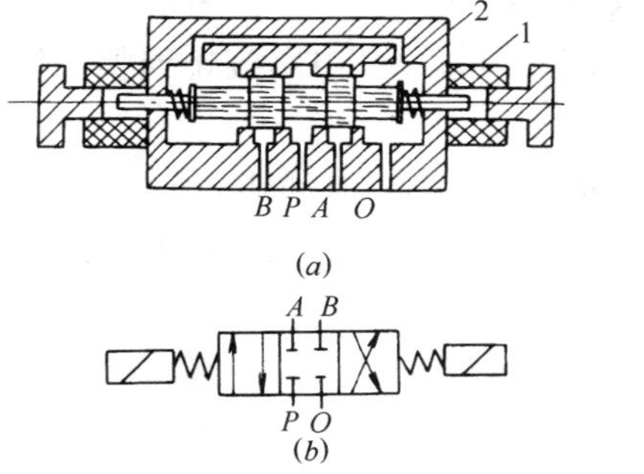

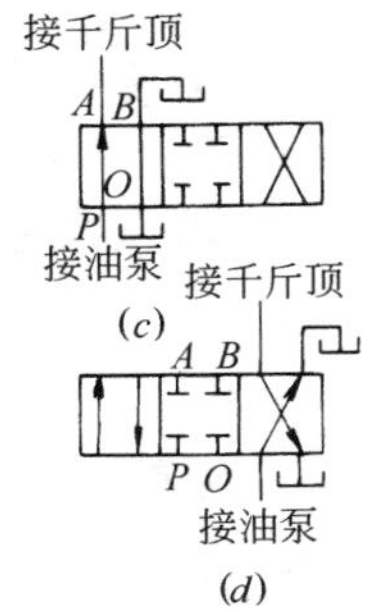

图 2-2-111 电磁换向阀工作原理图

(a) 阀芯在中间位置；(b) 三位四通电磁换向阀简图；(c) 阀芯推向右侧；(d) 阀芯推向左侧

1—电磁铁；2—阀芯

液压控制台按操作方式的不同，可分为手动和自动控制等形式；按油泵流量（L/min）的不同，可分为15、36、56、72、100等型号。常用的型号有HY-36、HY-56型以及HY-72型等。

其基本参数见表2-2-7。

液压控制台基本参数表　　**表2-2-7**

项　目	单位	基　本　参　数						
		HYS-15	HYS-36	HY-36	HY-56	HY-72	HY-80	HY-100
公称流量	L/min	15	36		56	72	80	100
额定工作压力	MPa	8						
配套千斤顶数量	只	20	60	40	180	250	280	360
控制方式		HYS	HY		HY	HY	HY	HY
外形尺寸	mm	700×450×1000	850×640×1090	850×695×1090	950×750×1200	1100×1000×1200	1100×1050×1200	1100×1100×1200
整机重量	kg	240	280	300	400	620	550	670

注：1. 配套千斤顶数量是额定起重量为30kN滚珠式千斤顶的基本数量，如配备其他型号千斤顶，其数量可适当增减。

2. 控制方式：HYS-代表手动；HY-同时具有自动和手动功能。

每套液压控制台供给多少只千斤顶，可以根据千斤顶用油量和齿轮泵送油能力以及模板提升时间等条件，通过计算确定。倘油箱容量不足，可以增设副油箱。对于工作面大，安装千斤顶较多的工程而又采用同一操作平台时，可同时安装两套以上液压控制台。

液压系统安装完毕，应进行试运转，首先进行充油排气，然后加压至12N/mm^2，每次持压5min，重复3次，各密封处无渗漏，进行全面检查，待各部分工作正常后，插入支承杆。

液压控制台应符合下列技术要求：

1）液压控制台带电部位对机壳的绝缘电阻不得低于0.5MΩ。

2）液压控制台带电部位（不包括50V以下的带电部位）应能承受50Hz、电压2000V，历时1min耐电试验，无击穿和闪烙现象。

3）液压控制台的液压管路和电路应排列整齐统一，仪表在台面上的安装布置应美观大方，固定牢靠。

4）液压系统在额定工作压力10MPa下保压5min，所有管路、接头及元件不得漏油。

5）液压控制台在下列条件下应能正常工作：

①环境温度为－10～40℃；

②电源电压为380±38V；

③液压油污染度不低于20/18（注：液压油液样抽取方法按JJ37，污染度测定方法按JJ 38进行）；

④液压油的最高油温不得超过70℃，油温温升不得超过30℃。

为了解决滑模施工中临时停电问题，北京市第一住宅建筑工程公司研制成功了一种简便的停电提模装置——汽油机动力油泵装置，已获国家专利，并转让给江都建筑机械厂生产供应。

这种设备结构紧凑，重量仅有35kg，本身的进出油管均为Φ19高压胶管，一端与原液压控制台的油箱联结，另一端与原控制台的分油器联结。当停电时，可马上将汽油机开动，投入使用。

其主要技术参数见表2-2-8。

停电提模装置主要技术参数表 表2-2-8

项目	单位	技术参数	项目	单位	技术参数
油泵流量	L/min	6	整机重量	kg	35
工作油压	MPa	10	外形尺寸	mm	500×500×550

（4）油路系统：油路系统是连接控制台到千斤顶的液压通路，主要由油管、管接头、液压分配器和截止阀等元、器件组成。

油管一般采用高压无缝钢管及高压橡胶管两种，根据滑升工程面积大小和荷载决定液压千斤顶的数量及编组形式。

主油管内径应为14～19mm，分油管内径应为10～14mm，连接千斤顶的油管内径应为6～10mm。

高压橡胶管的耐压力标准见表2-2-9。

钢丝编织增强液压型橡胶软管及软管组合件（GB/T 3683—2011） 表2-2-9

公称内径	最大工作压力（MPa）		公称内径	最大工作压力（MPa）	
	1ST，1SN，R1ATS型	2ST，2SN、R2ATS型		1ST，ISN，R1ATS型	2ST，2SN、R2ATS型
5	25.0	41.5	19	10.5	21.5
6.3	22.5	40.9	25	8.7	16.5
8	21.5	35.0	31.5	6.2	12.5
10	18.0	33.0	38	5.0	9.0
12.5	16.0	27.5	51	4.0	8.0
16	13.0	25.0	63*	—	7.0

注：1. 根据结构、工作压力和耐油性能的不同，软管分为六个型别：
①1ST型：具有单层钢丝编织层和厚外覆层的软管；
②2ST型：具有两层钢丝编织层和厚外覆层的软管；
③1SN和R1ATS型：具有单层钢丝编织层和薄外覆层的软管；
④2SN和R2ATS型：具有两层钢丝编织层和薄外覆层的软管。
2. 除具有较薄的外覆层以便总成管接头时而无须剥掉外覆层或部分外覆层外，1SN和R1ATS型、2SN和R2ATS型软管的增强层尺寸分别与1ST型和2ST型相同。
3. 软管的验证压力与最大工作压力比率近似为2，最小爆破压力与最大工作压力比率近似为4。
4. 63*公称内径仅适用于R2ATS型。

无缝钢管一般采用内径为8～25mm，试验压力为32MPa。与液压千斤顶连接处最好用高压胶管，油管耐压力应大于油泵压力的1.5倍。

油路的布置一般采取分级方式。即：从液压控制台通过主油管到分油器，从分油器经分油管到支分油器，从支分油器经胶管到千斤顶。示意如图2-2-112。

由液压控制台到各分油器及由分、支分油器到各千斤顶的管线长度，设计时应尽量相近。

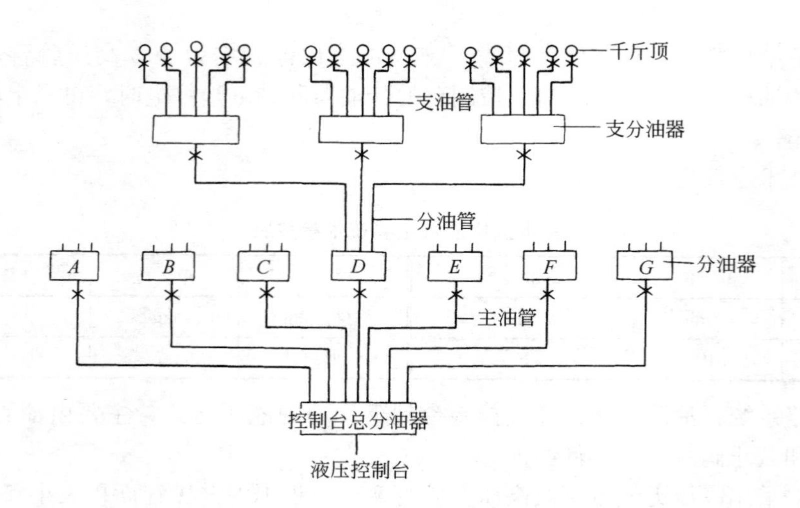

图 2-2-112　油路布置示意图

油管接头的通径、压力应与油管相适应。胶管接头的连接方法是用接头外套将软管与液压控制台分油器接头芯子连成一体，然后再用接头芯子与其他油管或元件连接，一般采用扣压式胶管接头或可拆式胶管接头；钢管接头可采用卡套式管接头，见图 2-2-113。

截止阀又叫针形阀，用于调节管路及千斤顶的液体流量，控制千斤顶的升差。一般设置于分油器上或千斤顶与管路连接处。截止阀的构造如图 2-2-114。

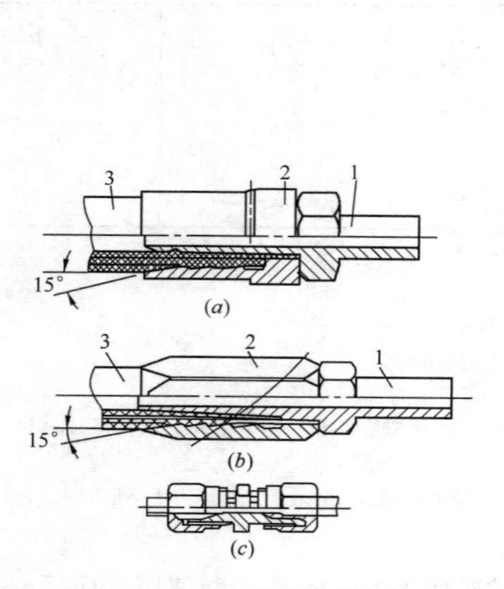

图 2-2-113　胶管接头与钢管接头

(*a*) 扣压式胶管接头；(*b*) 可拆式胶管接头；(*c*) 卡套式钢管接头

1—B 型接头芯；2—接头外套；3—胶管

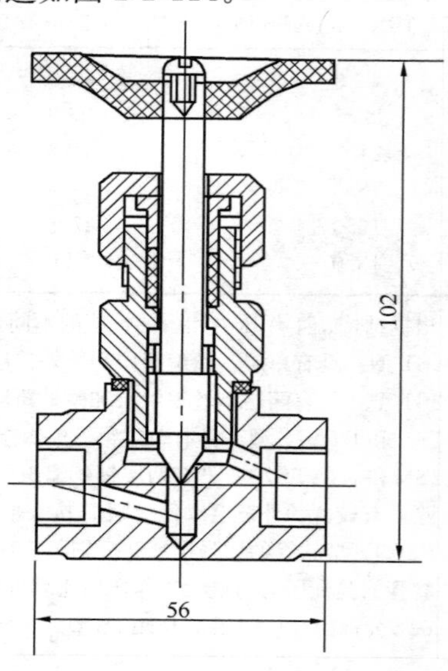

图 2-2-114　截止阀构造图

液压油应具有适当的黏度，当压力和温度改变时，黏度的变化不应太大。一般可根据气温条件选用不同黏度等级的液压油，其性能见表 2-2-10。

L-HL 液压油的技术要求和试验方法（摘自 GB 11118.1—2011） 表 2-2-10

项目	质量指标					试验方法
黏度等级(GB/T 3141)	15	22	32	46	68	
密度(20℃)(kg/m³)	报告					GB/T 1884 和 GB/T 1885
色度(号)	报告					GB/T 6540
外观	透明					目测
闪点(℃) 开口 不低于	140	165	175	185	195	GB/T 3536
运动黏度(mm²/s) 40℃	13.5～16.5	19.8～24.2	28.8～35.2	41.4～50.6	61.2～74.8	GB/T 265
0℃ 不大于	140	300	420	780	1400	
黏度指数 不小于	80					GB/T 1995
倾点(℃) 不高于	−12	−9	−6	−6	−6	GB/T 3535
水分(质量分数)% 不大于	痕迹					GB/T 260
机械杂质	无					GB/T 511
液相锈蚀(24h)	无锈					GB/T 11143（A 法）
泡沫性（泡沫倾向/泡沫稳定性）(mL/mL)						GB/T 12579
程序Ⅰ(24℃) 不大于	150/0					
程序Ⅱ(93.5℃) 不大于	75/0					
程序Ⅲ(后 24℃) 不大于	150/0					
空气释放值(50℃)/min 不大于	5	7	7	10	12	SH/T 0308
密封实用性指数 不大于	14	12	10	9	7	SH/T 0305
氧化安定性 1000h 后总酸值(以 KOH 计)(mg/g) 不大于	—	2.0				GB/T 12581
1000h 后油泥/mg	—	报告				GB/T 0565

注：液压油在使用前和使用过程中均应进行过滤。冬季低温时可用 15～22 号液压油，常温用 32 号液压油，夏季酷热天气用 46 号液压油。

4. 施工精度控制系统

施工精度控制系统主要包括：提升设备本身的限位调平装置、滑模装置在施工中的水平度和垂直度的观测和调整控制设施等。详见 3. “滑模装置的设计”。

5. 水、电配套系统

水、电配套系统包括动力、照明、信号、广播、通信、电视监控以及水泵、管路设施等。详见 3. “滑模装置的设计” 中有关 “水电配套系统” 和 12 “滑模施工的安全技术”。

2.2.2.3 滑模装置的设计、制作

1. 滑模施工准备工作

滑模施工应根据工程结构特点及滑模工艺的要求，对工程设计进行全面细化，提出局部修改意见，确定不宜滑模施工部位的处理方法以及划分滑模施工作业的区段等。

（1）滑模施工必须根据工程结构的特点及现场的施工条件编制滑模施工组织设计，并应包括下列主要内容：

1）施工总平面布置（包括操作平台平面布置）；

2）滑模施工技术设计；

3）施工程序和施工进程计划（包含针对季节性气象条件的安排）；

4）施工安全技术、质量保证措施；

5）现场施工管理机构、劳动组织及人员培训；

6）材料、半成品、预埋件、机具和设备等供应保证计划；

7）特殊部位滑模施工方案。

（2）施工总平面布置应满足下列要求：

1）应满足施工工艺要求，减少施工用地和缩短地面水平运输距离；

2）在施工建筑物的周围应设立危险警戒区。警戒线至建筑物边缘的距离不应小于1/10，且不应小于10m。对于烟囱类圆锥形变截面结构，警戒线距离应增大至其高度的1/5，且不小于25m。不能满足要求时，应采取安全防护措施；

3）临时建筑物及材料堆放场地等均应设在警戒区以外，当需要在警戒区内堆放材料时，必须采取安全防护措施。通过警戒区的人行道或运输通道均应搭设安全防护棚；

4）材料堆放场地应靠近垂直运输机械，堆放数量应满足施工速度的需要；

5）根据现场施工条件确定混凝土供应方式，当设置自备搅拌站时，宜靠近施工地点，其供应量必须满足混凝土连续浇灌的需要；

6）现场运输、布料设备的数量，必须满足滑升速度的需要；

7）供水、供电必须满足滑模连续施工的要求。施工工期较长，且有断电可能时，应有双路供电或自备电源。操作平台的供水系统，当水压不够时，应设加压水泵；

8）确保测量施工工程垂直度和标高的观测站、点不遭损坏，不受振动干扰。

（3）滑模施工技术设计应包括下列主要内容：

1）滑模装置的设计；

2）确定垂直与水平运输方式及能力，选配相适应的运输设备；

3）进行混凝土配合比设计，确定浇灌顺序、浇灌速度、入模时限，混凝土的供应能力应满足单位时间所需混凝土量的1.3～1.5倍；

4）确定施工精度的控制方案，选配观测仪器及设置可靠的观测点；

5）确定初滑程序、滑升制度、滑升速度和停滑措施；

6）制定滑模施工过程中结构物和施工操作平台稳定及纠偏、纠扭等技术措施；

7）制定滑模装置的组装与拆除方案及有关安全技术措施；

8）制定施工工程某些特殊部位的处理方法和安全措施，以及特殊气候（低温、雷雨、大风、高温等）条件下施工的技术措施；

9）绘制所有预留孔洞及预埋件在结构物上的位置和标高的展开图；

10）确定滑模平台与地面管理点、混凝土等材料供应点及垂直运输设备操纵室之间的通信联络方式和设备，并应有多重系统保障；

11）制定滑模设备在正常使用条件下的更换、保养与检验制度；

12）烟囱、水塔、竖井等滑模施工，采用柔性滑道、罐笼及其他设备器材、人员上下时，应按现行相关标准做详细的安全及防坠落设计。

2．滑模装置的设计

（1）滑模装置的总体设计

1）滑模装置设计的主要内容：

① 绘制滑模初滑结构平面图及中间结构变化平面图；

② 确定模板、围圈、提升架及操作平台的布置，进行各类部件和节点设计，提出规格和数量；当采用滑框倒模时，应专门进行模板与滑轨的构造设计；

③ 确定液压千斤顶、油路及液压控制台的布置，提出规格和数量；

④ 制定施工精度控制措施，提出设备仪器的规格和数量；

⑤ 进行特殊部位及特殊措施（附着在操作平台上的垂直和水平运输装置等）的布置与设计；

⑥ 绘制滑模装置的组装图，提出材料、设备、构件一览表。

2）滑模装置设计计算必须包括下列荷载：

① 模板系统、操作平台系统的自重（按实际重量计算）；

② 操作平台上的施工荷载，包括操作平台上的机械设备及特殊措施等的自重（按实际重量计算），操作平台上施工人员工具和堆放材料等；

③ 操作平台上设置的垂直运输设备运转时的附加荷载，包括垂直运输设备的起重量及柔性滑道的张紧力等（按实际重量计算）；垂直运输设备刹车时的制动力；

④ 卸料对操作平台的冲击力，以及向模板内倾倒混凝土时混凝土对模板的冲击力；

⑤ 混凝土对模板的侧压力；

⑥ 模板滑动时混凝土与模板之间的摩阻力，当采用滑框倒模施工时，为滑轨与模板之间的摩阻力；

⑦ 风荷载。

3）设计滑模装置时，荷载标准值取值如下：

① 操作平台上的施工荷载标准值（施工人员、工具和备用材料）：

设计平台铺板及檩条时	25kN/m^2
设计平台桁架时	2.0kN/m^2
设计围圈及提升架时	1.5kN/m^2
计算支承杆数量时	1.5kN/m^2

平台上临时集中存放材料，放置手推车、吊罐、液压控制台、电气焊设备、随升井架等特殊设备时，应按实际重量计算设计荷载。

脚手架的设计荷载（包括自重和有效荷载）按实际重量计算，且不得低于1.8kN/m^2。

② 模板与混凝土的摩阻力标准值

钢模板	1.5～3.0kN/m^2

当采用滑框倒模法施工时，模板与滑轨间的摩阻力标准值，按模板面积计取1.0～1.5kN/m^2。

③ 操作平台上设置的垂直运输设备运转时的额定附加荷载，包括：垂直运输设备的起重量及柔性滑道的张紧力等，按实际荷载计算。

垂直运输设备制动时刹车力按下式计算：

$$w=\left[\left(\frac{V_{\mathrm{a}}}{g}\right)+1\right]Q=K_{\mathrm{d}}Q \tag{2-2-5}$$

式中　w——刹车时产生的荷载（N）；

V_a——刹车时的制动减速度（m/s^2）；

g——重力加速度（$9.8m/s^2$）；

Q——料罐总重（N）；

K_d——动荷载系数。

其中 V_a 值与安全卡的制动灵敏度有关，其数值应根据不同的传力零件和支承结构对象按经验确定。为简化计算因刹车制动而对滑模操作平台产生的附加荷载，K_d 值可取 1.1～2.0。

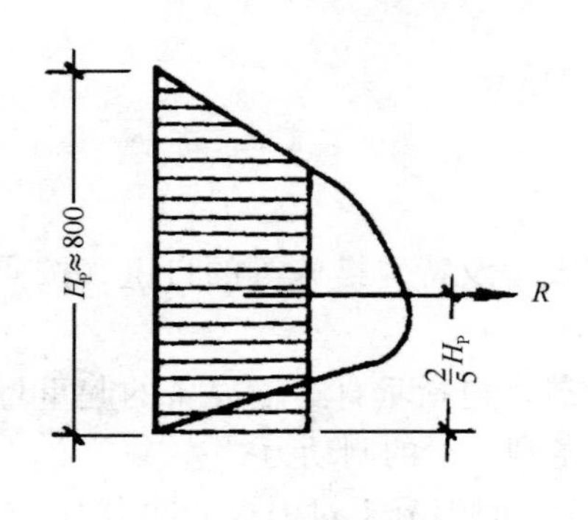

图 2-2-115　模板的侧压力分布
H_P——为混凝土与模板接触的高度

④ 混凝土对模板的侧压力：对于浇灌高度为 800mm 左右的侧压力分布，见图 2-2-115。

其侧压力合力取 5.0～6.0kN/m，合力作用点约在 2/5 H_P 处。

倾倒混凝土时模板承受的冲击力：用溜槽串筒或 $0.2m^3$ 的运输工具向模板内倾倒混凝土时，作用于模板侧面的水平集中荷载为 2.0kN。

⑤ 当采用料斗向平台上直接卸混凝土时，混凝土对平台卸料点产生的集中荷载按实际情况确定，且不应低于下式计算的标准值 W（kN）：

$$W_K = \gamma[(h_m + h)A_1 + B] \tag{2-2-6}$$

式中　γ——混凝土的重力密度（kN/m^3）；

h_m——料斗内混凝土上表面至料斗口的最大高度（m）；

h——卸料时料斗口至平台卸料点的最大高度（m）；

A_1——卸料口的面积（m^2）；

B——卸料口下方可能堆存的最大混凝土量（m^3）。

⑥ 风荷载按《建筑结构荷载规范》的规定采用。模板及其支架的抗倾倒系数不应小于 1.15。

⑦ 可变荷载的分项系数取 1.4。

4）千斤顶数量的确定：液压提升系统所需的千斤顶和支承杆的最少数量（n_{min}）按下式计算：

$$n_{min} = \frac{N}{P_0} \tag{2-2-7}$$

式中　N——总垂直荷载（kN），应取本节第 2 条“滑模装置设计”中第（1）条之 2）所有竖向荷载之和；

P_0——单个支承杆的计算允许承载力（kN），或千斤顶的允许承载能力（为千斤顶额定承载力的二分之一），两者取其较小者。

5）支承杆允许承载力的计算

① 当采用 Φ25 圆钢支承杆，模板处于正常滑升状态时，即从模板上口以下，最多只

有一个浇灌层高度尚未浇灌混凝土的条件下，支承杆的允许承载力按下式计算：

$$P_0 = \alpha \cdot 40EJ / [K(L_0 + 95)^2] \tag{2-2-8}$$

式中 P_0——ϕ25 圆钢支承杆的允许承载力（kN）；

α——工作条件系数，取 0.7～1.0，视施工操作水平、滑模平台结构情况确定。一般整体式刚性平台取 0.7，分割式平台取 0.8，采用工具式支承杆取 1.0；

E——支承杆弹性模量（kN/cm^2）；

J——支承杆截面惯性矩（cm^4）；

K——安全系数，取值应不小于 2.0；

L_0——支承杆脱空长度，从混凝土上表面至千斤顶下卡头的距离（cm）。

② 当采用 $\phi48\times3.5$ 钢管作支承杆时，支承杆的允许承载力按下式计算：

$$P_0 = (\alpha/K) \times (99.6 - 0.22L) \tag{2-2-9}$$

式中 P_0——$\phi48\times3.5$ 钢管支承杆的允许承载力（kN）；

α——工作条件系数，取 0.7～1.0，视施工操作水平、滑模平台结构情况确定。一般整体式刚性平台取 0.7，分割式平台取 0.8，采用工具式支承杆取 1.0；

K——安全系数，取值应不小于 2.0；

L——支承杆长度（cm）。当支承杆在结构体内时，L 取千斤顶下卡头至浇筑混凝土表面的距离；当支承杆在结构体外时，L 取千斤顶下卡头至模板下口第一个横向支撑扣件节点的距离。

6）千斤顶的布置原则：千斤顶的布置应使千斤顶受力均衡，布置方式应符合下列规定：

① 筒壁结构宜沿筒壁均匀布置或成组等间距布置；

② 框架结构宜集中布置在柱子上，当成串布置千斤顶或在梁上布置千斤顶时，必须对支承杆进行加固。当选用大吨位千斤顶时，支承杆也可布置在柱、梁的体外，但应对支承杆进行加固；

③ 墙板结构宜沿墙体布置，并应避开门、窗洞口。洞口部位必须布置千斤顶时，支承杆应进行加固；

④ 平台上设有固定的较大荷载时，应按实际荷载增加千斤顶数量。

7）提升架的布置原则：提升架的布置应与千斤顶的位置相适应，其间距应根据结构部位的实际情况、千斤顶和支承杆允许承载能力以及模板和围圈的刚度确定。

8）操作平台的设计原则：操作平台结构必须保证足够强度、刚度和稳定性。其结构布置宜采用下列形式：

① 连续变截面筒壁结构可采用辐射梁、内外环梁以及下拉环和拉杆（或随升井架和斜撑）等组成的操作平台；

② 等截面筒壁结构可采用桁架（平行或井字形布置）、小梁和支撑等组成操作平台，或采用挑三角架、中心环、拉杆及支撑等组成的环形操作平台；

③ 框架、墙板结构可采用桁架、梁与支撑组成桁架式操作平台，或采用桁架和带边框活动平台板组成可拆装的围梁式活动操作平台；

④ 柱子或排架的操作平台，可将若干个柱子的围圈、柱间桁架组成整体稳定结构。

（2）滑模装置部件的设计与制作

1）模板：模板应具有通用性、耐磨性、拼缝紧密、装拆方便和足够的刚度，并应符合下列规定：

① 模板高度宜采用900～1200mm，对筒体结构宜采用1200～1500mm。滑框倒模的滑轨高度宜为1200～1500mm，单块模板宽度宜为300～600mm；

② 框架、墙板结构宜采用围圈组合大钢模，标准模板宽度为900～2400mm。对筒体结构宜采用小型组合钢模板，模板宽度宜为100～500mm，也可以采用弧形带肋定型模板；

③ 异形模板，如转角模板、收分模板、抽拔模板等，应根据结构截面的形状和施工要求设计；

④ 围圈组合大钢模的板面采用4～5mm厚的钢板，边框为5～7mm厚扁钢，竖肋为4～6mm厚、60mm宽扁钢，水平加强肋为[8槽钢，直接与提升架相连。模板连接孔为ϕ18mm、间距300mm。模板焊接除节点外，均为间断焊。小型组合钢模板的面板厚度宜采用2.5～3mm，角钢肋条不宜小于L40×4，也可采用定型小钢模板；

⑤ 模板制作必须板面平整，无卷边、翘曲、孔洞及毛刺等，阴阳角模的单面倾斜度应符合设计要求；

⑥ 滑框倒模施工所使用的模板宜选用组合钢模板，当混凝土外表面为平面时，组合钢模板应横向组装，若为弧面时，宜选用长300～600mm的模板竖向组装。

2）围圈：围圈的构造应符合下列规定：

① 围圈截面尺寸应根据计算确定，上、下围圈的间距一般为450～750mm，上围圈距模板上口的距离不宜大于250mm；

② 当提升架间距大于2.5m或操作平台的承重骨架直接支承在围圈上时，围圈宜设计成桁架式；

③ 围圈在转角处应设计成刚性节点；

④ 固定式围圈接头应采用等刚度的型钢连接，连接螺栓每边不得少于2个；

⑤ 在使用荷载作用下，两个提升架之间围圈的垂直与水平方向的变形，不应大于跨度的1/500；

⑥ 连续变截面筒体结构的围圈宜采用分段伸缩式；

⑦ 设计滑框倒模的围圈时，应在围圈内挂竖向滑轨，滑轨的断面尺寸及安放间距，应与模板的刚度相适应；

⑧ 高耸烟囱筒壁结构上、下直径变化较大时，应按优化原则，配置多套不同曲率的围圈。

3）提升架：提升架宜设计成适用于多种结构施工的形式。对于结构的特殊部位，可设计专用的提升架。对多次重复使用或通用的提升架宜设计成装配式。提升架的横梁、立柱和连接支腿应具有可调性，但使用中不得松动。

提升架设计时，应按实际的垂直与水平荷载验算，必须有足够的刚度，其构造应符合下列规定：

① 提升架宜用钢材制作，可采用单横梁“Π”形架、双横梁的“开”形架或单立柱的“Γ”形架。横梁与立柱必须刚性连接，两者的轴线应在同一平面内，在使用荷载作用下，

立柱的侧向变形应不大于2mm；

② 模板上口至提升架横梁底部的净高度，对于ϕ25支承杆宜为400～500mm。对于ϕ48×3.5支承杆宜为500～900mm；

③ 提升架立柱上应设有调整内外模板间距和倾斜度的调节装置；

④ 当采用工具式支承杆设在结构体内时，应在提升架横梁下设置内径比支承杆直径大2～5mm的套管，其长度应到模板下缘；

⑤ 当采用工具式支承杆设在结构体外时，提升架横梁相应加长，支承杆中心线与模板的距离应大于50mm。

4）操作平台：操作平台、料台和吊脚手架的结构形式应按所施工工程的结构类型和受力情况确定，其构造应符合下列规定：

① 操作平台由桁架或梁、三角架及铺板等主要构件组成，与提升架或围圈应连成整体，当桁架的跨度较大时，桁架间应设置水平和垂直支撑。当利用操作平台作为现浇顶盖、楼板的模板或模板支承结构时，应根据实际荷载对操作平台进行验算和加固，并应考虑与提升架脱离的措施；

② 当操作平台的桁架或梁支承于围圈上时，必须在支承处设置支托或支架；

③ 外挑脚手架或操作平台的外挑宽度不宜大于800mm，并应在其外侧设安全防护栏杆；

④ 吊脚手架铺板的宽度，宜为500～800mm，钢吊杆的直径不应小于ϕ16mm，吊杆螺栓必须采用双螺帽。吊脚手架的双侧必须设安全防护栏杆，并应满挂安全网。

5）液压控制台：液压控制台的设计应符合下列规定：

① 液压控制台内，油泵的额定压力不应小于12MPa，其流量可根据所带动的千斤顶数量、每只千斤顶的油缸容积及一次给油的时间确定，一般可在15～100L/min范围内选用。大面积滑模施工时，可采用多个控制台并联使用；

② 液压控制台内，换向阀和溢流阀的流量及额定压力均应不小于油泵的流量和液压系统最大工作压力（12MPa），阀的公称内径不应小于10mm，宜采用通流能力大、动作速度快、密封性能好、工作可靠的三通逻辑换向阀；

③ 液压控制台的油箱应易散热、排污，并应有油液过滤的装置，油箱的有效容量应为油泵排油量的2倍以上；

④ 液压控制台的供电方式应采用三相五线制，电气控制系统应保证电动机、换向阀等按滑模千斤顶提升的要求正常工作，并应加设多个备用插座；

⑤ 液压控制台应设有油压表、漏电保护装置、电压及电流表、工作信号灯和控制加压、回油、停滑报警、滑升次数时间继电器等。

6）油路：油路设计应符合下列规定：

① 输油管应采用高压耐油胶管或金属管，其耐压力不得小于油泵额定压力的3倍。主油管内径不得小于16mm，二级分油管内径宜用10～16mm，连接千斤顶的油管内径宜为6～10mm；

② 油管接头、针形阀的耐压力和通径应与输油管相适应；

③ 液压油应定期进行过滤，并应有良好的润滑性和稳定性，其各项指标应符合国家现行有关标准的规定。

7）千斤顶：液压千斤顶使用前必须逐个编号经过检验，并应符合下列规定：

① 液压千斤顶在液压系统额定压力为8MPa时的额定提升能力分别为35kN、60kN、90kN等；

② 液压千斤顶空载启动压力不得高于0.3MPa；

③ 液压千斤顶最大工作油压为额定压力1.25倍时，卡头应锁固牢靠、放松灵活，升降过程应连续平稳；

④ 液压千斤顶的试验压力为额定油压的1.5倍时，保压5min，各密封处必须无渗漏；

⑤ 液压千斤顶在额定压力提升荷载时，下卡头锁固时的回降量对滚珠式千斤顶应不大于5mm，对楔块式或滚楔混合式千斤顶应不大于3mm；

⑥ 同一批组装的千斤顶应调整其行程，使其行程差不大于1mm。

8）支承杆选材和加工要求：支承杆的选材和加工应符合下列规定：

① 支承杆的制作材料为HPB300级圆钢、HRB335级钢筋或外径及壁厚精度较高的低硬度焊接钢管，对热轧退火的钢管，其表面不得有冷硬加工层；

② 支承杆直径应与千斤顶的要求相适应，长度宜为3～6m；

③ 采用工具式支承杆时应用螺纹连接。圆钢ϕ25支承杆连接螺纹宜为M18，螺纹长度不宜小于20mm；钢管ϕ48支承杆连接螺纹宜为M30，螺纹长度不宜小于40mm。任何连接螺纹接头中心位置处公差均为±0.15mm；支承杆借助连接螺纹对接后，支承杆轴线偏斜度允许偏差为（2/1000）L（L为单根支承杆长度）；

④ HPB300级圆钢和HRB335级钢筋支承杆采用冷拉调直时，其延伸率不得大于3%；支承杆表面不得有油漆和铁锈；

⑤ 工具式支承杆的套管与提升架之间的连接构造，宜做成可使套管转动并能有50mm以上的上下移动量的方式；

⑥ 对兼作结构钢筋的支承杆，应按国家现行有关标准的规定进行抽样检验。

9）施工精度控制系统：精度控制仪器、设备的选配应符合下列规定：

① 千斤顶同步控制装置，可采用限位卡挡、激光水平扫描仪、水杯自动控制装置、计算机同步整体提升控制装置等；

② 垂直度观测设备可采用激光铅直仪、自动安平激光铅直仪、全站仪、经纬仪和线锤等，其精度不应低于1/10000；

③ 测量靶标及观测站的设置必须稳定可靠，便于测量操作，并应根据结构特征和关键控制部位确定其位置。

10）水、电配套系统：水、电系统的选配应符合下列规定：

① 动力及照明用电、通信与信号的设置均应符合国家现行有关标准的规定；

② 电源线的选用规格应根据平台上全部电器设备总功率计算确定，其长度应大于从地面起滑开始至滑模终止所需的高度再增加10m；

③ 平台上的总配电箱、分区配电箱均应设置漏电保护器，配电箱中的插座规格、数量应能满足施工设备的需要；

④ 平台上的照明应满足夜间施工所需的照度要求，吊脚手架上及便携式的照明灯具，其电压不应高于36V；

⑤ 通信联络设施应保证声光信号准确、统一、清楚，不扰民；

⑥ 电视监控应能监视全面、局部和关键部位；

⑦ 向操作平台上供水的水泵和管路，其扬程和供水量应能满足滑模施工高度、施工用水及施工消防的需要。

（3）滑模装置构件制作的允许偏差。滑模装置各种构件的制作，应符合现行国家标准《钢结构工程施工质量验收规范》GB 50205 和《组合钢模板技术规范》GB 50214 的规定，其允许偏差应符合表 2-2-11 的规定。其构件表面除支承杆及接触混凝土的模板表面外，均应刷防锈涂料。

构件制作的允许偏差 **表 2-2-11**

名称	内容	允许偏差（mm）
钢模板	高度 宽度 表面平整度 侧面平直度 连接孔位置	±1 －0.7～0 ±1 ±1 ±0.5
围圈	长度 弯曲长度≤3m 弯曲长度＞3m 连接孔位置	－5 ±2 ±4 ±0.5
提升架	高度 宽度 围圈支托位置 连接孔位置	±3 ±3 ±2 ±0.5
支承杆	弯曲 直径 ϕ25 圆钢 ϕ48×3.5 钢管 椭圆度公差 对接焊缝凸出母材	小于（1/1000）L －0.5～＋0.5 －0.2～＋0.5 －0.25～＋0.25 <＋0.25

注：L 为支承杆加工长度。

2.2.2.4 滑模工程施工

近年来，滑模施工工艺不断得到改进，并且吸收了其他施工工艺的一些特点。目前，除一般滑模施工工艺外，滑框倒模、支承杆在结构体外滑模以及液压千斤顶提升模板等施工工艺也相继出现，并不断得到完善。这些施工工艺各有特点，可根据滑模工程的具体情况，因地制宜地加以选用。

1. 滑模装置的组装

滑模施工的特点之一，是将模板一次组装好，一直到施工完毕，中途一般不再拆改。因此，要求滑模基本构件的组装工作，一定要认真、细致、严格地按照设计要求及有关操作技术规定进行。否则，将给施工中带来很多困难，甚至影响工程质量。

(1) 准备工作。滑模装置装组前，应做好各组装部件编号、操作平台水平标记，弹出组装线、做好墙与柱钢筋保护层标准垫块及有关的预埋铁件等工作。

(2) 组装顺序。滑模装置的组装宜按下列程序进行，并根据现场实际情况及时完善滑模装置系统。

1) 安装提升架，应使所有提升架的标高满足操作平台水平度的要求，对带有辐射梁或辐射桁架的操作平台，应同时安装辐射梁或辐射桁架及其环梁；

2) 安装内外围圈、调整其位置，使其满足模板倾斜度的要求；

3) 绑扎竖向钢筋和提升架横梁以下钢筋，安设预埋件及预留孔洞的胎模，对结构体内工具式支承杆套管下端进行包扎；

4) 当采用滑框倒模工艺时，安装框架式滑轨，并调整倾斜度；

5) 安装模板，宜先安装角模后再安装其他模板；

6) 安装操作平台的桁架、支撑和平台铺板；

7) 安装外操作平台的支架、铺板和安全栏杆等；

8) 安装液压提升系统，垂直运输系统及水、电、通信、信号、精度控制和观测装置，并分别进行编号、检查和试验；

9) 在液压系统试验合格后，插入支承杆；

10) 安装内外吊脚手架及挂安全网，当在地面或横向结构面上组装滑模装置时，应待模板滑至适当高度后，再安装内外吊脚手架，挂安全网。

(3) 组装要求。模板的安装应符合下列规定：

1) 安装好的模板应上口小，下口大，单面倾斜度宜为模板高度的 0.1%～0.3%；对带坡度的筒壁结构如烟囱等，其模板倾斜度应根据结构坡度情况适当调整；

2) 模板上口以下 2/3 模板高度处的净间距应与结构设计截面等宽；

3) 圆形连续变截面结构的收分模板必须沿圆周对称布置，每对模板的收分方向应相反，收分模板的搭接处不得漏浆；

4) 液压系统组装完毕，应在插入支承杆前进行试验和检查，并符合下列规定：

① 对千斤顶逐一进行排气，并做到排气彻底；

② 液压系统在试验油压下持压 5min，不得渗油和漏油；

③ 空载、持压、往复次数、排气等整体试验指标应调整适宜，记录准确。

5) 液压系统试验合格后方可插入支承杆，支承杆轴线应与千斤顶轴线保持一致，其偏斜度允许偏差为 2‰。

(4) 滑模装置组装的允许偏差：滑模装置组装的允许偏差应满足表 2-2-12 的规定。

滑模装置组装的允许偏差　　**表 2-2-12**

内容		允许偏差 (mm)
模板结构轴线与相应结构轴线位置		3
围圈位置偏差	水平方向	3
	垂直方向	3
提升架的垂直偏差	平面内	3
	平面外	2

续表

内容		允许偏差（mm）
安放千斤顶的提升架横梁相对标高偏差		5
考虑倾斜度后模板尺寸的偏差	上口	－1
	下口	＋2
千斤顶位置安装的偏差	提升架平面内	5
	提升架平面外	5
圆模直径、方模边长的偏差		－2～＋3
相邻两块模板平面平整偏差		1.5

2. 一般滑模施工

（1）钢筋

1）钢筋的加工应符合下列规定：

①横向钢筋的长度一般不宜大于7m；

②竖向钢筋的直径不大于12mm时，其长度不宜大于5m；若滑模施工操作平台设计为双层并有钢筋固定架时，则竖向钢筋的长度不受上述限制。

2）钢筋绑扎时，应保证钢筋位置准确，并应符合下列规定：

①每一浇灌层混凝土浇灌完毕后，在混凝土表面以上至少应有一道绑扎好的横向钢筋；

②竖向钢筋绑扎后，其上端应用钢筋定位架等临时固定（图2-2-116）；

③双层配筋的墙或筒壁，其立筋应成对排列，钢筋网片间应用V字形拉结筋或用焊接钢筋骨架定位；

④门窗等洞口上下两侧横向钢筋端头应绑扎平直、整齐，有足够钢筋保护层，下口横筋宜与竖钢筋焊接；

⑤钢筋弯钩均应背向模板面；

⑥必须有保证钢筋保护层厚度的措施（图2-2-117）；

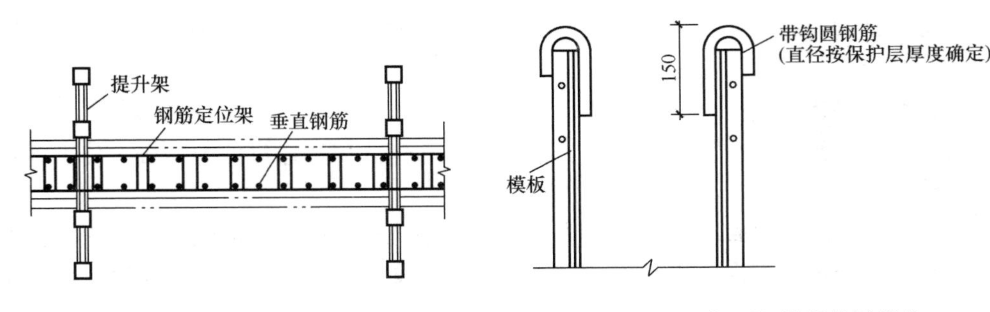

图2-2-116 竖向钢筋定位架

图2-2-117 保证钢筋保护层措施

⑦当滑模施工结构有预应力钢筋时，对预应力筋的留孔位置应有相应的成型固定措施；

⑧顶部的钢筋如挂有砂浆等污染物，在滑升前应及时清除。

3）梁的配筋采用自承重骨架时，其起拱值应满足下列规定：

①当梁跨度不大于6m时，应为跨度的2‰～3‰；

②当梁跨度大于6m时，应由计算确定。

（2）支承杆

1）支承杆的直径、规格应与所使用的千斤顶相适应，第一批插入千斤顶的支承杆其长度不得少于4种，两相邻接头高差应不小于1m，同一高度上支承杆接头数不应大于总量的1/4。

当采用钢管支承杆且设置在混凝土体外时，对支承杆的调直、接长、加固应作专项设计，确保支承体系的稳定。

2）支承杆上如有油污应及时清除干净，对兼作结构钢筋的支承杆其表面不得有油污。

3）对采用平头对接、榫接或螺纹接头的非工具式支承杆，当千斤顶通过接头部位后，应及时对接头进行焊接加固。当采用钢管支承杆并设置在混凝土体外时，应采用工具式扣件及时加固。

4）采用钢管做支承杆时应符合下列规定：

①支承杆宜为ϕ48×3.5焊接钢管，管径及壁厚允许公差为－0.2～0.5mm；

②采用焊接方法接长钢管支承杆时，钢管上端平头，下端倒角2×45°；接头处进入千斤顶前，先点焊3点以上并磨平焊点，通过千斤顶后进行围焊；接头处加焊衬管或加焊与支承杆同直径钢筋，衬管长度应大于200mm；

③作为工具式支承杆时，钢管两端分别焊接螺母和螺杆，螺纹宜为M30，螺纹长度不宜小于40mm，螺杆和螺母应与钢管同心；

④工具式支承杆必须调直，其平直度偏差不应大于1/1000，相连接的两根钢管应在同一轴线上，接头处不得出现弯折现象；

⑤工具式支承杆长度宜为3m。第一次安装时可配合采用4.5m、1.5m长的支承杆，使接头错开；当建筑物每层净高（即层高减楼板厚度）小于3m时，支承杆长度应小于净高尺寸。

5）选用ϕ48×3.5钢管支承杆时，支承杆可分别设置在混凝土结构体内或体外，也可体内、体外混合设置，并应符合下列要求：

①当支承杆设置在结构体内时，一般采用埋入方式，不回收。当需要回收时，支承杆应增设套管，套管的长度应从提升架横梁下至模板下缘；

②设置在结构体外的工具式支承杆，其加工数量应能满足5～6个楼层高度的需要；同时在支承杆穿过楼板的位置处用扣件卡紧，使支承杆的荷载通过传力钢板、传力槽钢传递到各层楼板上；

③设置在体外的工具式支承杆，可采用脚手架钢管和扣件进行加固。当支承杆为群杆时，相互间宜采用纵、横向钢管水平连接成整体；当支承杆为单根时，应采取其他措施可靠连接。

6）用于筒体结构施工的非工具式支承杆，当通过千斤顶后，应与横向钢筋点焊连接，焊点间距不宜大于500mm，点焊时严禁损伤受力钢筋。

7）当发生支承杆局部失稳，被千斤顶带起或弯曲等情况时，应立即进行加固处理。对兼作受力钢筋使用的支承杆，加固时应满足受力钢筋的要求。当支承杆穿过较高洞口或模板滑空时，应对支承杆进行加固。

8）工具式支承杆可在滑模施工结束后一次拔出，也可在中途停歇时拔出。分批拔出时应按实际荷载确定每批拔出的数量，并不得超过总数的 1/4。对于 $\phi25$ 圆钢支承杆，其套管的外径不宜大于 $\phi36$；对于壁厚小于 200mm 的结构，其支承杆不宜抽拔。

拔出的工具式支承杆应检查合格后再使用。

（3）混凝土

1）用于滑模施工的混凝土，应事先做好混凝土配比的试配工作，其性能除应满足设计所规定的强度、抗渗性、耐久性以及季节性施工等要求外，尚应满足下列规定：

①混凝土早期强度的增长速度，必须满足模板滑升速度的要求；

②混凝土宜用硅酸盐水泥或普通硅酸盐水泥配制；

③混凝土入模时的坍落度，宜符合表 2-2-13 的规定：

混凝土入模时的坍落度 **表 2-2-13**

结构种类	坍落度（mm）	
	非泵送混凝土	泵送混凝土
墙板、梁、柱	50～70	100～160
配筋密集的结构（筒体结构及细柱）	60～90	120～180
配筋特密结构	90～120	140～200

注：采用人工捣实时，非泵送混凝土的坍落度可适当增大。

④在混凝土中掺入的外加剂或掺合料，其品种和掺量应通过试验确定。

2）正常滑升时，混凝土的浇灌应满足下列规定：

① 必须分层均匀对称交圈浇灌，每一浇灌层的混凝土表面应在一个水平面上，并应有计划、均匀地变换浇灌方向；

② 每次浇灌的厚度不宜大于 200mm；

③ 上层混凝土覆盖下层混凝土的时间间隔，不得大于混凝土的凝结时间（相当于混凝土贯入阻力值为 $0.35kN/cm^2$ 时的时间），当间隔时间超过规定时，接茬处应按施工缝的要求处理；

④ 在气温高的季节，宜先浇灌内墙，后浇灌阳光直射的外墙；先浇灌墙角、墙垛及门窗洞口等的两侧，后浇灌直墙；先浇灌较厚的墙，后浇灌较薄的墙；

⑤ 预留孔洞、门窗口、烟道口、变形缝及通风管道等两侧的混凝土，应对称均衡浇灌。

3）当采用布料机布送混凝土时，应进行专项设计，并符合下列规定：

① 布料机的活动半径，宜能覆盖全部待浇混凝土的部位；

② 布料机的活动高度，应能满足模板系统和钢筋的高度；

③ 布料机不宜直接支承在滑模平台上，当必须支承在平台上时，支承系统必须专门设计，并有大于 2.0 的安全储备；

④ 布料机和泵送系统之间，应有可靠的通信联系，混凝土宜先布料在操作平台上，再送入模板，并应严格控制每一区域的布料数量；

⑤ 平台上的混凝土残渣应及时清出，严禁铲入模板内或掺入新混凝土中使用；

⑥ 夜间作业时应有足够的照明。

4）混凝土的振捣应满足下列要求：

① 振捣混凝土时振捣器不得直接触及支承杆、钢筋或模板；

② 振捣器应插入前一层混凝土内，但深度不应超过 50mm。

5）混凝土的养护应满足下列规定：

① 混凝土出模后应及时进行检查修整，且应及时进行养护；

② 养护期间，应保持混凝土表面湿润，除冬施外，养护时间不少于 7d；

③ 养护方法宜选用连续均匀喷雾养护或喷涂养护液。

（4）用贯入阻力测量混凝土凝固的试验方法

1）贯入阻力试验是在筛出混凝土拌合物中粗骨料的砂浆中进行。其原理为：以一根测杆在 10±2s 的时间内，垂直插入砂浆中 25±2mm 深度时，测杆端部单位面积上所需力—贯入阻力的大小来判定混凝土凝固的状态。

2）试验仪器与工具应符合下列要求：

① 贯入阻力仪：加荷装置的指示精度为 5N，最大荷载测量值不小于 1kN。测杆的承压面积有 $100mm^2$、$50mm^2$、$20mm^2$ 等三种。每根测杆在距贯入端 25mm 处刻一圈标记；

② 砂浆试模高度为 150mm，圆柱体试模的直径或立方体的边长不应小于 150mm。试模需用刚性不吸水的材料制作；

③ 捣固棒：直径 16mm，长约 500mm，一端为半球形；

④ 标准筛：筛取砂浆用，筛孔直径为 5mm。应符合现行国家标准《试验筛》GB/T 6005 的有关规定；

⑤ 吸液管：用以吸除砂浆试件表面的泌水。

3）砂浆试件的制备及养护应符合下列要求：

① 从要进行测试的混凝土拌合物中，取有代表性的试样，用筛子把砂浆筛落在不吸水的垫板上，砂浆数量满足需要后，再由人工搅拌均匀，然后装入试模中，捣实后的砂浆表面低于试模上沿约 10mm；

② 砂浆试件可用振动器，也可用人工捣实。用振捣器的振动时间，以砂浆平面大致形成为止；人工捣实时，可在试件表面每隔 20～30mm 用棒插捣一次，然后用棒敲击试模周边，使插捣的印穴弥合，表面用抹子轻轻抹平；

③ 把试件置于所要求的条件下进行养护，如标准养护、同条件养护。避免阳光直晒，为不使水分过快蒸发可加覆盖。

4）测试方法应符合下列要求：

① 在测试前 5min 吸除试件表面的泌水，在吸除时，试模可稍微倾斜，但要避免振动和强力摇动；

② 根据混凝土砂浆凝固情况，选用适当规格的贯入测杆，测试时首先将测杆端部与砂浆表面接触，然后约在 10s 的时间内，向测杆施以均匀向下的压力，直至测杆贯入砂浆表面下 25mm 深度，并记录贯入阻力仪指针读数、测试时间及混凝土龄期。更换测杆宜按表 2-2-14 选用：

更换测杆选用表　　**表 2-2-14**

贯入阻力值（kN/cm^2）	0.02～0.35	0.35～2.0	2.0～2.8
测杆截面积（mm^2）	100	50	20

③ 对于一般混凝土，在常温下，贯入阻力的测试时间，可以从搅拌后 2h 开始进行，每隔 1h 测试一次，每次测 3 点（最少不少于 2 点），直至贯入阻力达到 $2.8kN/cm^2$ 时为止。各测点的间距应大于测杆直径的 2 倍且不小于 15mm，测点与试件边缘的距离应不小于 25mm。对于速凝或缓凝的混凝土及气温过高或过低时，可将测试时间适当调整。

④ 计算贯入阻力，将测杆贯入时所需的力除以测杆截面面积，即得贯入阻力。每次测试的 3 点取平均值，当 3 点数值的最大差异超过 20%，取相近两点的平均值。

$$P=\frac{F}{S} \tag{2-2-10}$$

式中 P——贯入阻力；

F——贯入深度 25mm 的压力；

S——贯入测杆断面面积。

5）试验报告应符合下列要求：

① 给出试验的原始资料：

混凝土配合比，水泥、粗细骨料品种，水灰比等；

附加剂类型及掺量；

混凝土坍落度；

筛出砂浆的温度及试验环境温度；

试验日期。

② 绘制混凝土贯入阻力曲线，以贯入阻力为纵坐标（kN/cm^2），以混凝土龄期（h）为横坐标，绘制曲线的试验数据不得少于 6 个。

③ 分析及应用：

按施工技术规范所要求的混凝土出模时应达到的贯入阻力范围，从混凝土贯入阻力曲线上，可以得出混凝土的最早出模时间（龄期）及适宜的滑升速度的范围，并可以此检查实际施工时的滑升速度是否合适；

当滑升速度已确定时，可从事先绘制好的许多混凝土凝固的贯入阻力曲线中，选择与已定滑升速度相适应的混凝土配合比；

在现场施工中，及时测定所用混凝土的贯入阻力，校核混凝土出模强度是否满足要求，滑升时间是否合适。

（5）模板滑升

1）滑升过程是滑模施工的主导工序，其他各工序作业均应安排在限定时间内完成，不宜以停滑或减缓滑升速度来迁就其他作业。

2）在确定滑升程序或平均滑升速度时，除应考虑混凝土出模强度要求外，还应考虑下列相关因素：

① 气温条件；

② 混凝土原材料及强度等级；

③ 结构特点，包括结构形状、构件厚度及配筋的变化数；

④ 模板条件，包括模板表面状况及清理维护情况等。

3）初滑时，宜将混凝土分层交圈浇筑至 500～700mm（或模板高度的 1/2～2/3）高度，待第一层混凝土强度达到 0.2～0.4MPa 或混凝土贯入阻力值达到 0.30～1.05kN/

cm^2 时，应进行 1～2 个千斤顶行程的提升，并对滑模装置和混凝土凝结状态进行全面检查，确定正常后，方可转为正常滑升。

混凝土贯入阻力值测定方法见第（2）条“一般滑模施工”中第 4）项。

4）正常滑升过程中，两次提升的时间间隔不应超过 0.5h。

5）滑升过程中，应使所有的千斤顶充分的进油、排油。当出现油压增至正常滑升工作压力值的 1.2 倍，尚不能使全部千斤顶升起时，应停止提升操作，立即检查原因，及时进行处理。

6）在正常滑升过程中，每滑升 200～400mm，应对各千斤顶进行一次调平。特殊结构或特殊部位，应采取专门措施保持操作平台基本水平。各千斤顶的相对标高差不得大于 40mm，相邻两个提升架上千斤顶升差不得大于 20mm。

7）连续变截面结构，每滑升 200mm 高度，至少应进行一次模板收分。模板一次收分量不宜大于 6mm。当结构的坡度大于 3％时，应减小每次提升高度；当设计支承杆数量时，应适当降低其设计承载能力。

8）在滑升过程中，应检查和记录结构垂直度、水平度、扭转及结构截面尺寸等偏差数值。检查及纠偏、纠扭应符合下列规定：

① 每滑升一个浇灌层高度应自检一次，每次交接班时，应全面检查、记录一次；

② 在纠正结构垂直度偏差时，应徐缓进行，避免出现硬弯；

③ 当采用倾斜操作平台的方法纠正垂直偏差时，操作平台的倾斜度应控制在 1％之内；

④ 对筒体结构，任意 3m 高度上的相对扭转值不应大于 30mm，且任意一点的全高最大扭转值不应大于 200mm。

9）在滑升过程中，应随时检查操作平台结构、支承杆的工作状态及混凝土的凝结状态，发现异常时，应及时分析原因并采取有效的处理措施。

10）框架结构柱子模板的停歇位置，宜设在梁底以下 100～200mm 处。

11）在滑升过程中，应及时清理粘结在模板上的砂浆和转角模板、收分模板与活动模板之间的夹灰，不得将已硬结的灰浆混进新浇的混凝土中。

12）滑升过程中不得出现油污，凡被油污染的钢筋和混凝土，应及时处理干净。

13）因施工需要或其他原因不能连续滑升时，应有准备地采取下列停滑措施：

① 混凝土应浇灌至同一标高；

② 模板应每隔一定时间提升 1～2 个千斤顶行程，直至模板与混凝土不再粘结为止。对滑空部位的支承杆，应采取适当的加固措施；

③ 采用工具式支承杆时，在模板滑升前应先转动并适当托起套管，使之与混凝土脱离，以免将混凝土拉裂；

④ 继续施工时，应对模板与液压系统进行检查。

14）模板滑空时，应事先验算支承杆在操作平台自重、施工荷载、风荷载等共同作用下的稳定性。当稳定性不能满足要求时，应对支承杆采取可靠的加固措施。

15）混凝土出模强度宜控制在 0.2～0.4MPa 或贯入阻力值为 0.30～1.05kN/cm^2；采用滑框倒模施工的混凝土出模强度不得小于 0.2MPa。

16）模板的滑升速度，应按下列规定确定：

① 当支承杆无失稳可能时，应按混凝土的出模强度控制，滑升速度按下式确定：

$$V=\frac{H-h_0-a}{t} \tag{2-2-11}$$

式中 V——模板滑升速度（m/h）；

H——模板高度（m）；

h_0——每个浇筑层厚度（m）；

a——混凝土浇筑后其表面到模板上口的距离，取0.05～0.1m；

t——混凝土从浇灌到位至达到出模强度所需的时间（h）。

② 当支承杆受压时，应按支承杆的稳定条件控制模板的滑升速度。

对于ϕ25圆钢支承杆，滑升速度按下式确定：

$$V=\frac{10.5}{T_1\cdot\sqrt{KP}}+\frac{0.6}{T_1} \tag{2-2-12}$$

式中 V——模板滑升速度（m/h）；

P——单根支承杆承受的荷载（kN）；

T_1——在作业班的平均气温条件下，混凝土强度达到0.7～1.0MPa所需的时间（h），由试验确定；

K——安全系数，取$K=2.0$。

对于ϕ48×3.5钢管支承杆，滑升速度按下式确定：

$$V=\frac{26.5}{T_2\cdot\sqrt{KP}}+\frac{0.6}{T_2} \tag{2-2-13}$$

式中 T_2——在作业班平均气温条件下，混凝土强度达到2.5MPa所需的时间（h），由试验确定。

当以滑升过程中工程结构的整体稳定控制模板的滑升时，应根据工程结构的具体情况，计算确定。

17）当ϕ48×3.5钢管支承杆设置在结构体外且处于受压状态时，该支承杆的自由长度（千斤顶下卡头到模板下口第一个横向支撑扣件节点的距离）L。不应大于下式的规定：

$$L_0=\frac{21.2}{\sqrt{KP}} \tag{2-2-14}$$

模板完成滑升阶段，又称作末升阶段。当模板滑升至距建筑物顶部标高1m左右时，滑模即进入完成滑升阶段。此时应放慢滑升速度，并进行准确的抄平和找正工作，以使最后一层混凝土能够均匀地交圈，保证顶部标高及位置的正确。

（6）阶梯形变截面壁厚的处理

1）调整丝杠法：在提升架立柱上设置调整围圈和模板位置的丝杠（螺栓）和支撑，当模板滑升至变截面的位置，只要调整丝杆移动围圈和模板即可。此法调整壁厚比较简便，但提升架制作比较复杂，而且在调整过程中，必须处理好转角处围圈和模板变截面前后的节点连接（图2-2-118）。

2）衬模板法：按变截面结构宽度制备好衬模，待滑升至变截面部位时，将衬模固定于滑动模板的内侧，随模板一起滑动。这种方法构造比较简单，缺点是需另制作衬模板（图 2-2-119）。

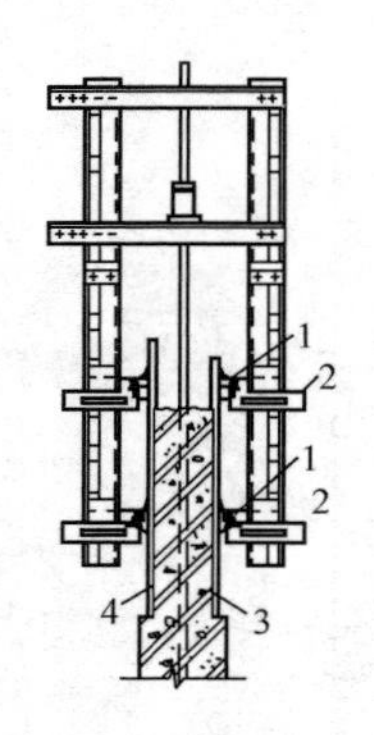

图 2-2-118　调整丝杠法

1—调整丝杠；2—承托角钢；3—内模板；4—外模

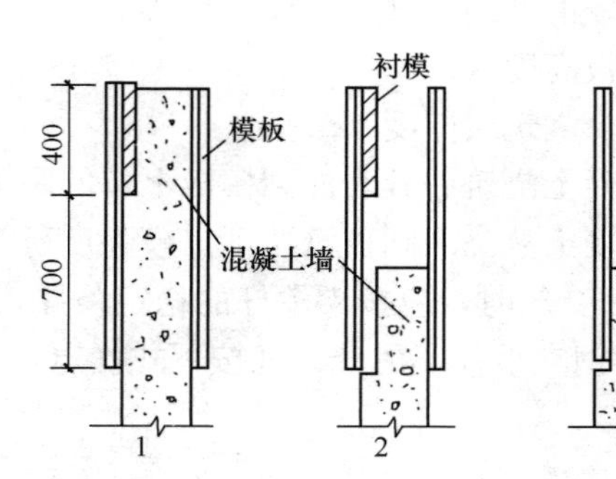

图 2-2-119　衬模板法

1—浇筑完成；2—提升模板；3—模板就位

3）平移提升架立柱法：在提升架的立柱与横梁之间装设一个顶进丝杠，变截面时，先将模板提空，拆除平台板及围圈桁架的活接头。然后拧紧顶进丝杠，将提升架立柱连带围圈和模板向变截面方向顶进，至要求的位置后，补齐模板，铺好平台，改模工作即告完成（图 2-2-120）。

4）模板双挂钩法：在需要变截面一侧的模板背后，设计成双挂钩，依靠挂钩的不同凹槽位置，来调整模板的位置（图 2-2-121）。

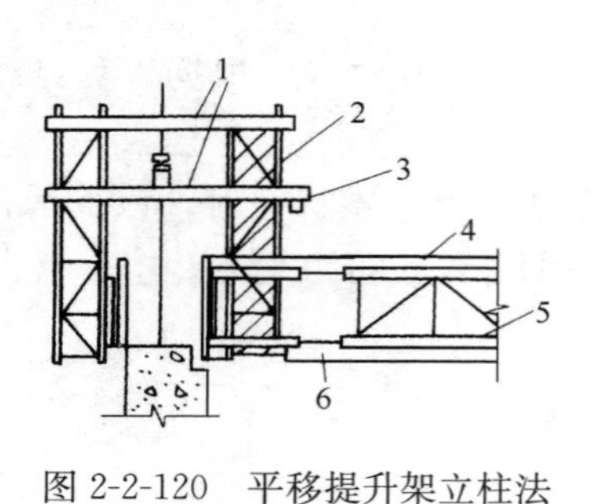

图 2-2-120　平移提升架立柱法

（图中阴影线为位移示意）

1—提升架横梁；2—提升架立柱；3—顶进丝杠；4—向内模板；5—围圈桁架；6—围圈活接头

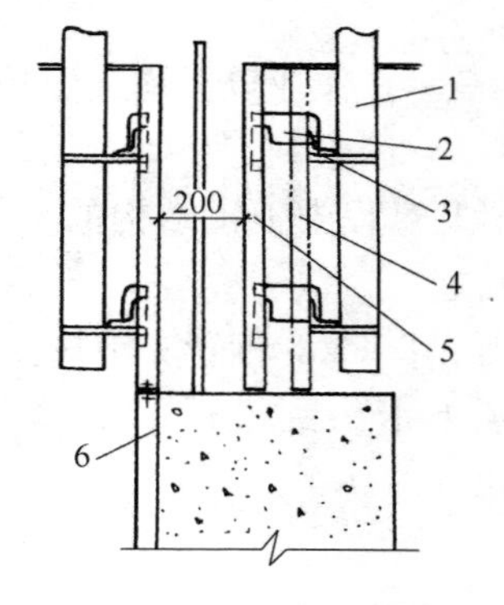

图 2-2-121　模板双挂钩装置

1—提升架；2—模板双挂钩；3—围圈；4—调整前内圆模板位置；5—调整后内圆模板位置；6—外挂模板

当滑升至需要改变壁厚时，停止浇灌混凝土，空滑到一定高度后停止。此时上下围圈与桁架及提升架均不动，只将模板的双挂钩的外钩挂在上下围圈上，与模板双挂钩相连的模板也相应向外窜动。整个过程仅需一天半时间，既改变了壁厚，也大大缩短了工期。

3. 预埋件、孔洞、门窗及线条的留设

（1）预埋件的留设：预埋件安装应位置准确，固定牢靠，不得突出模板表面。滑模施工前，预埋件出模后，应及时清理使其外露，其位置偏差应满足现行国家标准《混凝土结构工程质量验收规范》GB 50204的要求。一般不应大于 20mm。对于安放位置和垂直度要求较高的预埋件，不应以操作平台上的某点作为控制点，以免因操作平台出现扭转而使预埋件位置偏移。应采用线锤吊线或经纬仪定垂线等方法确定位置。

（2）孔洞及门窗的留设：

1）孔洞的留设：预留穿墙孔洞和穿楼板孔洞，可事先按孔洞的具体形状，用钢材、木材及聚苯乙烯泡沫塑料、薄膜包土坯等材料，制成空心或实心孔洞胎模。

预留孔洞的胎模应有足够的刚度，其厚度应比模板上口尺寸小 5～10mm，并与结构钢筋固定牢靠。胎模出模后，应及时校对位置，适时拆除胎模，预留孔洞中心线的偏差不应大于 15mm。

2）框模法：框模可事先用钢材或木材制作，尺寸宜比设计尺寸大 20～30mm，厚度应比内外模板的上口尺寸小 5～10mm。安装时应按设计要求的位置和标高放置。安装后，应与墙壁中的钢筋或支承杆连接固定。也可用正式工程的门窗口直接作框模，但需在两侧立边框加设挡条。挡条可用钢材或木材制成，用螺钉与门窗框连接（图 2-2-122）。

3）堵头模板法：堵头模板通过角钢导轨与内外模板配合。当堵头模板与滑模相平时，随模板一起滑升。堵头模板宜采用钢材制作，其宽度应比模板上口小 5～10mm（图2-2-123）。

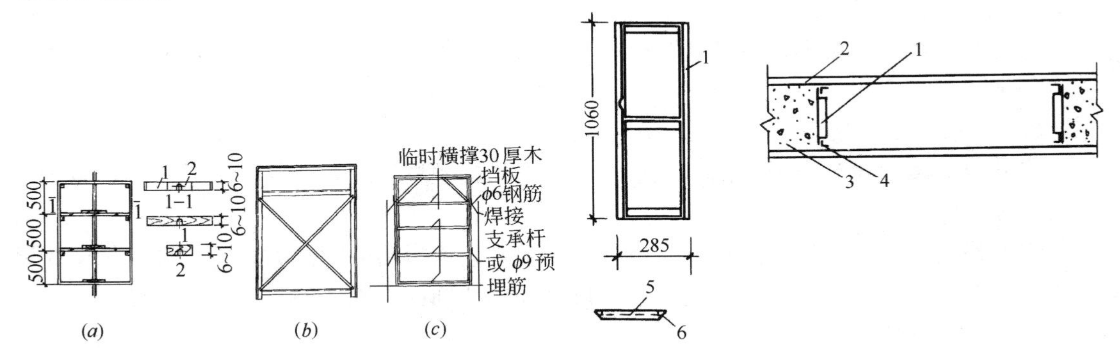

图 2-2-122 孔洞及门窗框模

（a）有支撑杆穿过；（b）无支撑杆穿过；（c）与钢筋或支撑杆焊接

图 2-2-123 堵头模板

1—堵头模板；2—滑升模板；3—墙体；4—L25×3 导轨；5—3mm 钢板；6—L40×4

为了防止滑升时混凝土掉角，可在孔洞棱角处的模板里层加衬一层白铁皮护角板。当模板滑升时，护角板不动，待整个门窗孔洞滑完后，将护角板取下，继续用于上层门窗孔洞的施工。护角板的长度，可做成 1m 左右。

4）预制混凝土挡板法：当利用正式工程的门窗框兼作框模，随滑随安装时，在门窗框的两侧及顶部，可设置预制混凝土挡板，挡板一般厚 50mm。宽度应比内外模板的上口小 10～20mm。为了防止模板滑升时将挡板带起，在制作挡板时可预埋一些木块，与门窗框钉牢；也可在挡板上预埋插筋，与墙体钢筋连接。必要时，门窗框本身亦应与墙体钢筋连接固定。

5）门、窗框安装的允许偏差：当门、窗框采用预先安装时，门、窗和衬框（或衬模）

的总宽度，应比模板上口尺寸小 5～10mm。安装应有可靠的固定措施，其允许偏差应满足表 2-2-15 的规定。

门、窗框安装的允许偏差　　表 2-2-15

项　目	允许偏差（mm）	
	钢门窗	铝合金（或塑钢）门窗
中心线位移	5	5
框正、侧面垂直度	3	2
框对角线长度≤2000mm	5	2
＞2000mm	6	3
框的水平度	3	1.5

（3）墙面线条的留设

1）垂直线条的留设：当建筑物墙面有垂直线条时，无论线条为凸出或凹槽形状，均可将该部位的模板做成凹凸形状。模板的凸出或凹槽部位也应考虑倾斜度，以利于滑升。

2）横向线条的留设

① 横向凹槽的留设

当建筑物墙面有横向凹槽状线条时，可在混凝土中放置木条，待模板滑升过后，立即将木条取出。

② 横向凸状线条的留设

当建筑物墙面设计有横向凸状线条时，可在墙内预埋钢筋，待模板滑升过后，将钢筋剔出，另支模后作。

对于横向凸状装饰线条的留设，也可采用预制装饰板后贴焊的方法，在混凝土墙体滑模施工时，留设预埋件，待墙体施工后，再将预制装饰板与墙体贴焊（图 2-2-124）。

4. 混凝土的脱模与养护

（1）混凝土的脱模：为了减小滑模滑动时的摩阻力，在每次浇筑混凝土之前，必须做好模板的清理和涂刷隔离剂等项工作。清理模板时可采用特制的扁铲、钢板网刷或钢丝刷等工具分工序进行，即先用扁铲清掉粘在模板上的较大块混凝土，再用钢板网刷或钢丝刷将模板面彻底刷干净为止。模板清理完毕后，均匀涂刷隔离剂。模板清理的是否彻底，将直接影响混凝土的脱模质量。

北京中建建筑科学研究院研制成功的 DT 型电脱模器，较适用于滑模工程混凝土的脱模。

1）电脱模技术的原理：是利用电脱模器和置于新浇混凝土中的电极与导电模板形成的电场，使混凝土中所含胶体粒子与水在电场的作用下，产生电渗和电解效应，导致在混凝土与金属模板的界面处，形成一薄层气和水混合的润滑隔离层，从而可减少混凝土与模板之间的黏结力和摩阻力，达到易于脱模的效果。

2）电脱模器的组成：电脱模装置主要由电脱模器、电极、导线、电源及导电模板和新浇筑的混凝土等组成（图 2-2-125）。

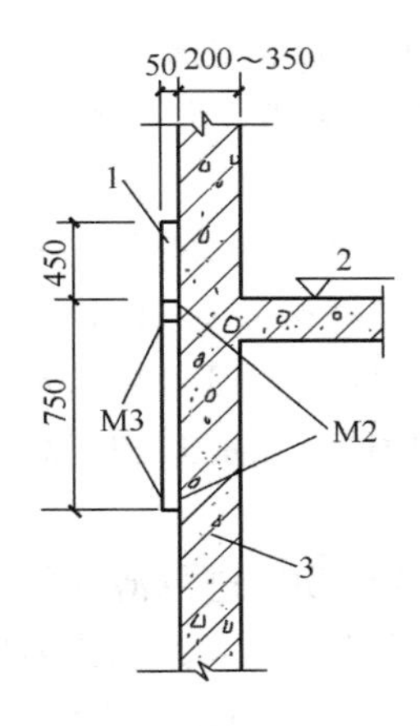

图 2-2-124 预制装饰板贴焊

1—预制装饰板；2—楼板；3—混凝土墙；M2、M3—预埋件

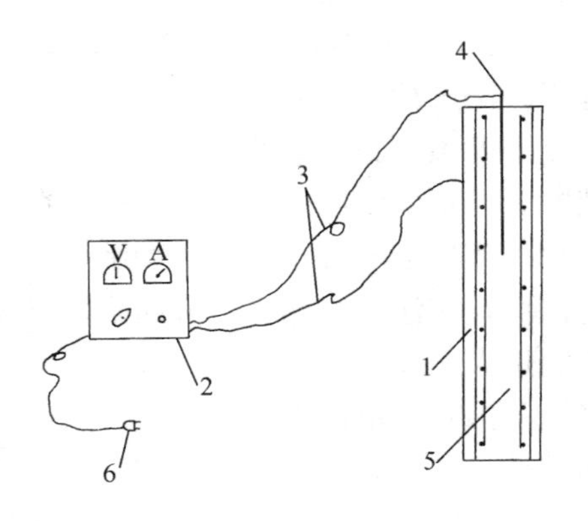

图 2-2-125 电脱模器安装示意图

1—模板；2—电脱模器；3—导线；4—电极；5—混凝土墙体；6—电源

① 电脱模器（DT-Ⅱ型）：其技术指标见表 2-2-16。

DT-Ⅱ型电脱模器技术指标 **表 2-2-16**

项　　目	技术指标	项　　目	技术指标
输入电压	交流 220V、50Hz	工作时间	120h
输出功率	0.6kVA	最高升温	60℃
输出电压	6V，9V，12V，15V	外形尺寸	400mm×200mm×200mm
输出电流（max）	40A	整机重量	14kg
工作温度	−40～+40℃		

② 电极：以 ϕ10 钢筋为宜。电极面积与模板面积的比例关系为 1/160～1/100。电极的间距可在 2m 以内。电极与模板的最小间距 d 与脱模器设定的电压有关（见表 2-2-17）。

电极与模板的间距 **表 2-2-17**

电压档	1（6V）	2（9V）	3（12V）	4（15V）
间距 d（cm）	10～15	14～20	20～26	25～30

电极与钢筋的最小间距不小于 2cm，且应避免与钢筋和模板相碰。

电极在混凝土外的部分，应加塑料管进行绝缘防护。

3）电脱模器的配置：每平方米模板的电流密度一般为 200～400mA，选配脱模器时，可按每平方米模板 600mA 计算。DT—Ⅱ型电脱模器额定最大电流为 40A，当在 15V 档位时，可负担模板面积 66m^2。当一个工程同时需用多台脱模器时，应分区布置，不可交叉使用，且尽可能同时开关。

电脱模器可在混凝土振捣后通电 1h 左右，通电后，在模板与混凝土的界面上会出现微小的气泡或细缝，如果气泡过大，应将电压调小。也可边滑动模板边连续通电。

电脱模器在使用时应注意防雨、防潮，在有雨水的环境中应停用。

（2）混凝土的养护：脱模的混凝土必须及时进行修整和养护。混凝土开始浇水养护的时间应视气温情况而定。夏期施工时，不应迟于脱模后12h，浇水的次数应适当增加。当气温低于+5℃时，可不浇水，但应用岩棉被等保温材料加以覆盖，并视具体条件采取适当的冬期施工方法进行养护。

对于在夏季高温下施工的高大烟囱等筒壁工程，可采用水浴法养护，既可使筒壁降温，又可消除日照不匀引起的偏差。当气温在30℃以上时，可相隔0.5h断续对筒壁进行喷淋水浴养护。环形喷淋管宜设在吊脚手下部。水压力不足时，应设置高压水泵供水。养护水流至地面后，应注意立即排走或回收，以免浸入建筑物地基造成基础沉陷。喷水养护时，水压不宜过大。

近年来，我国有些单位采用养护液对滑模工程新脱模的混凝土进行薄膜封闭养护，取得了较好的效果。目前国内生产的养护液主要有三大类：石蜡水乳液、氯乙烯—偏氯乙烯（简称氯—偏）和硅酸盐（水玻璃）类。施工时，可以采用喷涂、滚涂等方法。

当采用喷涂时，其工具可根据混凝土表面积的大小而定。面积较小时，可采用农用的喷雾器；面积较大时，可采用墙面喷浆机，并在喷口处换上农用喷雾器的喷嘴。

按正常情况，养护液的消耗量为：200～250g/m^2。养护液一般喷刷2层，第一层喷涂时间可在混凝土脱模后1～1.5h，且混凝土表面开始收水时进行。第二层应在第一层干燥后进行。两层分别按水平、垂直方向交叉喷涂。

养护液喷刷温度应大于4℃。用养护液同浇水养护混凝土相比，不仅可提高强度10%左右，而且可以节约用水，是一项很有发展前途的施工技术措施。

5. 滑框倒模施工

滑框倒模施工工艺是在滑模施工工艺的基础上发展而成的一种施工方法。这种方法兼有滑模和倒模的优点，因此，易于保证工程质量。但由于操作较为烦琐，因而施工中劳动量较大，速度略低于滑模。

（1）滑框倒模的组成与基本原理

1）滑框倒模施工工艺的提升设备和模板装置与一般滑模基本相同，亦由液压控制台、油路、千斤顶及支承杆和操作平台、围圈、提升架、模板等组成；

2）模板不与围圈直接挂钩，模板与围圈之间增设竖向滑道，滑道固定于围圈内侧，可随围圈滑升。滑道的作用相当于模板的支承系统，既能抵抗混凝土的侧压力，又可约束模板位移，且便于模板的安装。滑道的间距按模板的材质和厚度决定，一般为300～400mm；长度为1～1.5m，可采用内径25～40mm钢管制作；

3）模板在施工时与混凝土之间不产生滑动，而与滑道之间相对滑动，即只滑框，不滑模。当滑道随围圈滑升时，模板附着于新浇灌的混凝土表面留在原位，待滑道滑升一层模板高度后，即可拆除最下一层模板，清理后，倒至上层使用（图2-2-126）。

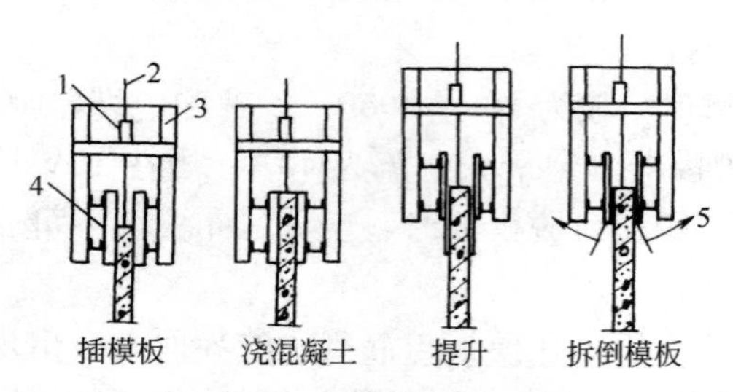

图2-2-126　滑框倒模示意图

1—千斤顶；2—支承杆；3—提升架；
4—滑道；5—向上倒模

模板的高度与混凝土的浇灌层厚度相同，一般为500mm左右，可配置3～4层。模板的宽度，在插放方便的前提下，尽可能加大，以减少竖向接缝。

模板应选用活动轻便的复合面层胶合板或双面加涂玻璃钢树脂面层的中密度纤维板，以利于向滑道内插放和拆除倒模。

4）滑框倒模的施工程序：墙体结构滑框倒模的施工程序见图 2-2-127。

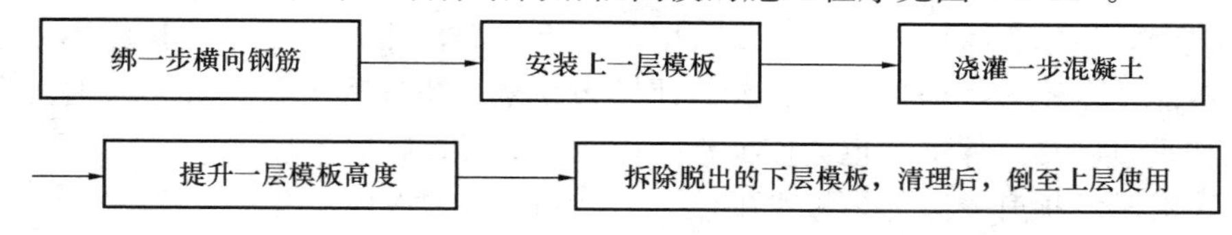

图 2-2-127 墙体结构滑框倒模的施工程序图

如此循环进行，层层上升。

（2）滑框倒模工艺的特点

1）滑框倒模工艺与滑模工艺的根本区别在于：由滑模时模板与混凝土滑动，变为模板与滑道之间滑动，而模板附着于新浇灌的混凝土表面，由滑动脱模变为拆倒脱模。与之相应，滑升阻力也由滑模施工时模板与混凝土之间的摩擦力，变为滑框倒模时的模板与滑道之间的摩擦力。模拟试验说明，滑框倒模施工时摩擦力的数值，不仅小于滑模时的摩阻力，而且随混凝土硬化时间的延长呈下降趋势（图 2-2-128）。

2）滑框倒模工艺只需控制滑道脱离模板时的混凝土强度下限大于 0.05MPa，不致引起混凝土坍塌和支承杆失稳，保证滑升平台安全即可。不必考虑混凝土硬化时间延长，造成的混凝土粘模、拉裂等现象，给施工创造很多便利条件。

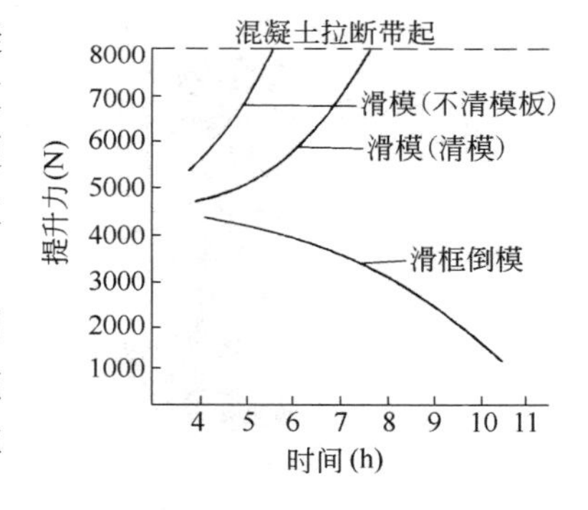

图 2-2-128 滑框倒模与滑模提升阻力模拟试验

3）采用滑框倒模工艺施工有利于清理模板，涂刷隔离剂，以防止污染钢筋和混凝土；同时可避免滑模施工容易产生的混凝土质量通病（如蜂窝麻面、缺棱掉角、拉裂及粘模等）。

4）施工方便可靠。当发生意外情况时，可在任何部位停滑，而无须考虑滑模工艺所采取的停滑措施。同时也有利于插入梁板施工。

5）可节省提升设备投入。由于滑框倒模工艺的提升阻力远小于滑模工艺的提升阻力，相应地可减少提升设备。与滑模相比可节省 1/6 的千斤顶和 15%的平台用钢量。

6）采用滑框倒模工艺施工高耸建筑时，其楼板等横向结构的施工以及水平、垂直度的控制，与滑模工程基本相同。

6. 滑模施工的精度控制

滑模施工的精度控制主要包括：滑模施工的水平度控制和垂直度控制等。

（1）滑模施工的水平度控制

1）水平度的观测：水平度的观测，可采用水准仪、自动安平激光测量仪等设备。在模板开始滑升前，用水准仪对整个操作平台各部位千斤顶的高程进行观测、校平，并在每根支承杆上以明显的标志（如红色三角）划出水平线。当模板开始滑升后，即以此水平线作为基点，不断按每次提升高度（20～30cm）或以每次 50cm 的高程，将水平线上移和进行水平度的观测。以后每隔一定的高度（如每滑升一个楼层高度），均须对滑模装置的水平度进行观测与检查、调整。

2）水平度的控制：在模板滑升过程中，整个模板系统能否水平上升，是保证滑模施工质量的关键，也是直接影响建筑物垂直度的一个重要因素。由于千斤顶的不同步因素，每个行程可能差距不大，但累计起来就会使模板系统产生很大升差，如不及时加以控制，不仅建筑物垂直度难以保证，也会使模板结构产生变形，影响工程质量。

目前，对千斤顶升差（即模板水平度）的控制，主要有以下几种方法：

①限位调平器控制法：筒形限位调平器是在 GYD 或 QYD 型液压千斤顶上改制增设的一种机械调平装置。其构造主要由筒形套和限位挡体两部分组成，筒形套的内筒伸入千斤顶内直接与活塞上端接触，外筒与千斤顶缸盖的行程调节帽螺纹连接（图 2-2-129）。

限位调平器工作时，先将限位挡按调平要求的标高，固定在支承杆上，当限位调平器随千斤顶上升至该标高处时，筒形套被限位挡顶住并下压千斤顶的活塞，使活塞不能排油复位，该千斤顶即停止爬升，因而起到自动限位的作用（图 2-2-130）。

图 2-2-129 筒形限位调平器

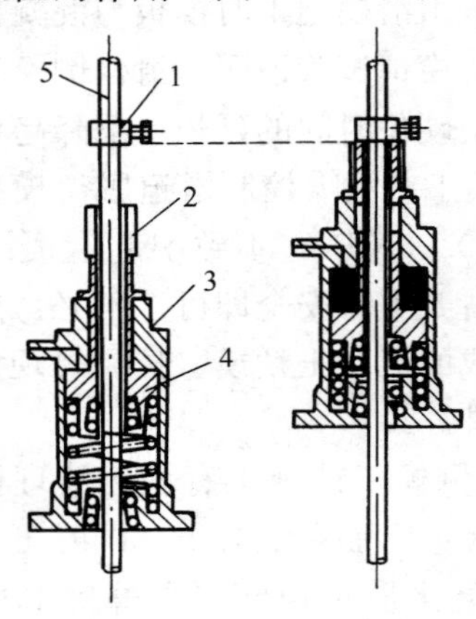

图 2-2-130 筒形限位调平器工作原理图
1—限位挡；2—限位调平器；3—千斤顶；4—活塞；5—支承杆

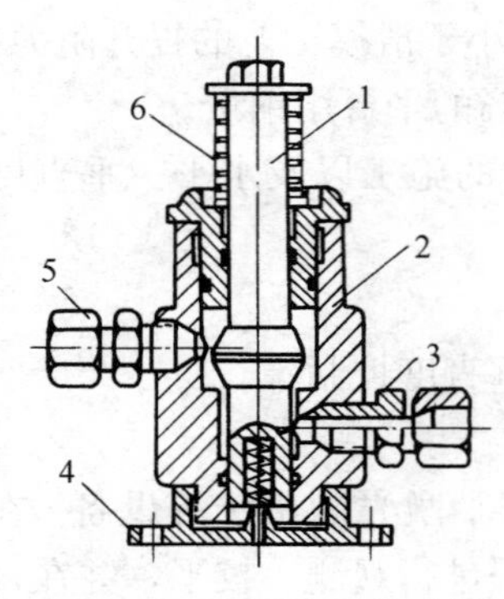

图 2-2-131 限位阀构造图
1—阀芯；2—阀体；3—出油嘴；4—底座；5—进油嘴；6—弹簧

模板滑升过程中，每当千斤顶全部升至限位挡处一次，模板系统即可自动限位调平一次。这种方法简便易行，且投资少，是保证滑模提升系统同步工作的有效措施之一。

这种限位调平器为北京市第一住宅建筑工程公司的专利，由江苏省江都建筑机械厂生产供应。

②限位阀控制法：限位阀是在液压千斤顶的进油嘴处增加一个控制供油的顶压截止阀。限位阀体上有两个油嘴，一个连接油路，另一个通过高压胶管与千斤顶的进油嘴连接（图 2-2-131）。

使用时，将限位阀安装在千斤顶上，随千斤顶向上爬升，当限位阀的阀芯被装在支承杆上的挡体顶住时，油路中断，千斤顶停止爬升。当所有千斤顶的限位阀都被限位挡体顶住后，模板即可实现自动调平。

限位阀的限位挡体与限位调平器的限位挡体的基本构造相同，其安装方法也一样。所不同的是：限位阀是通过控制供油，而限位调平器是控制排油来达到自动调平的目的。

使用前，必须对限位阀逐个进行耐压试验，不得在12MPa的油压下出现泄漏或阀芯密封不严等现象。否则，将使千斤顶失控并将挡体顶坏。另外，向上移动限位挡体时，应认真逐个检查，不得有遗漏或固定不牢的现象。

③截止阀控制法：截止阀一般安设在千斤顶的油嘴与进油路之间。施工中，通过手动旋紧或打开截止阀来控制向千斤顶供油的油路，其工作原理与限位阀相似（图2-2-132）。

利用这种方法进行限位调平时，千斤顶的数量不宜过多，否则，不仅用人过多，不易操作，而且，稍有遗漏，就会使千斤顶产生较大升差。因此，单纯应用截止阀调平的方法已不常用，一般只作为更换千斤顶时，关闭油路使用。

④激光自动调平控制法：激光自动调平控制法，是利用激光平面仪和信号元件，使电磁阀动作，用以控制每个千斤顶的油路，使千斤顶达到调平的目的。

图2-2-133是一种比较简单的激光自动控制方法。激光平面仪安装在施工操作平台的适当位置，水准激光束的高度为2m左右。每个千斤顶都配备一个光电信号接收装置。它收到的脉冲信号后，通过放大，使控制千斤顶进油口处的电磁阀开启或关闭。

图2-2-132 截止阀安装图

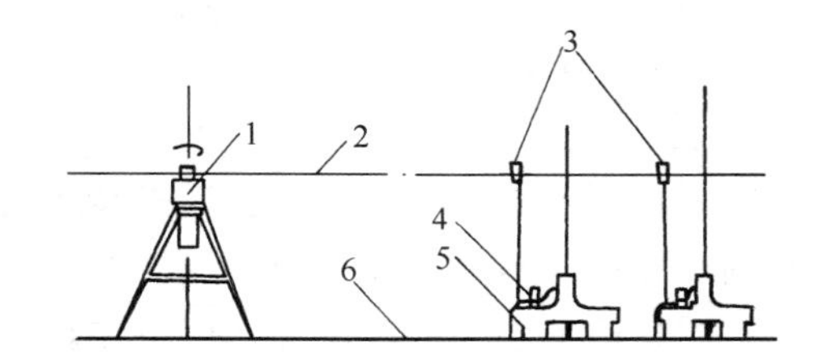

图2-2-133 激光平面仪控制千斤顶爬升示意图
1—激光平面仪；2—激光束；3—光电信号装置；
4—电磁阀；5—千斤顶及提升架；6—滑模操作平台

这种控制系统一般可使千斤顶的升差保持在10mm范围内。但应注意防止日光的影响，而使控制失灵。

（2）滑模施工的垂直度控制

1）垂直度的观测

① 激光铅直仪：激光铅直仪是由经纬仪、氦氖气体激光管和激光电源组成。它具有操作方便、节约时间、精度高等优点。作为垂直测量时的装配方法，如图2-2-134。

激光接收靶是在硫酸纸上绘出40cm直径的环形靶，夹在两块透明玻璃之间装于滑升平台对正地面的定点，激光束射在上面，呈现出明亮的红色光斑，以便观测。

激光铅直仪安装前，应预先校正好光束的垂直度，并将望远镜调焦，使光斑直径最小。架设方法与普通经纬仪相似。测量前应检查水准管气泡是否居中，垂直球或激光管的阴极是否对准。接通激光电源，光束射到平台接收靶上，然后将仪器平转360°，取光斑画的圆心为正确中心。

激光铅直仪在使用中，应设置具有良好抗冲击强度的防护罩，以防高空坠落重物。防护罩内应设防潮剂或采用灯泡烘干，以防仪器受潮。

② 激光导向法：利用激光经纬仪进行观测，可在建筑物外侧转角处，分别设置固定的测点（图 2-2-135）。

当模板滑升前，在操作平台对应地面测点的部位，设置激光接收靶，接收靶由毛玻璃、坐标纸及靶筒等组成。接收靶的原点位置与激光经纬仪的垂直光斑重合。施工中，每个结构层至少观测一次（图 2-2-136）。

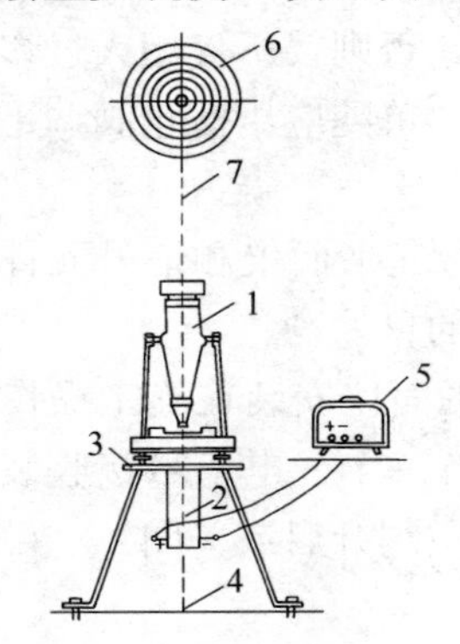

图 2-2-134　激光铅直仪

1—望远镜；2—激光管；3—支架平板；4—中心点；5—激光电源；6—接收靶；7—光束

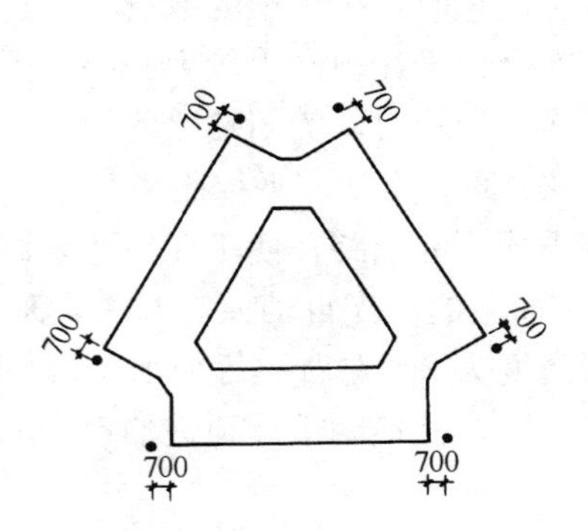

图 2-2-135　观测点平面布置图

（图中“·”系观测点位置）

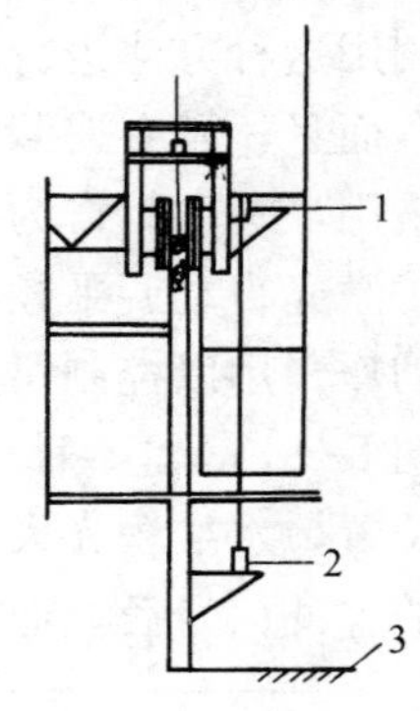

图 2-2-136　激光导向观测

1—接收靶；2—激光经纬仪；3—地面

具体做法：在测点水平钢板上安放激光经纬仪，直接与钢板上的十字线所表示的测点对中，仪器调平校正并转动一周，消除仪器本身的误差。然后，以仪器射出的铅直激光束打在接收靶上的光斑中心为基准位置，记录在观测平面图上。与接收靶原点位置对比，即可得到该测点的位移。

③ 激光导线法：主要用于观测电梯井的垂直偏差情况，同时与外筒大角激光导向观测结果相互验证，并可考察平台刚度对内筒垂直度的影响。

具体做法是：在底层事先测设垂直相交的基准导线，用激光经纬仪通过楼板预留洞。施工中，随模板滑升将此控制导线逐层引测至正在施工的楼层。据此量测电梯井壁的实际位置，与基准位置对比，即可得出电梯井的偏扭结果。如再与外筒观测数据对比，则可检验平台变形情况（图 2-2-137）。

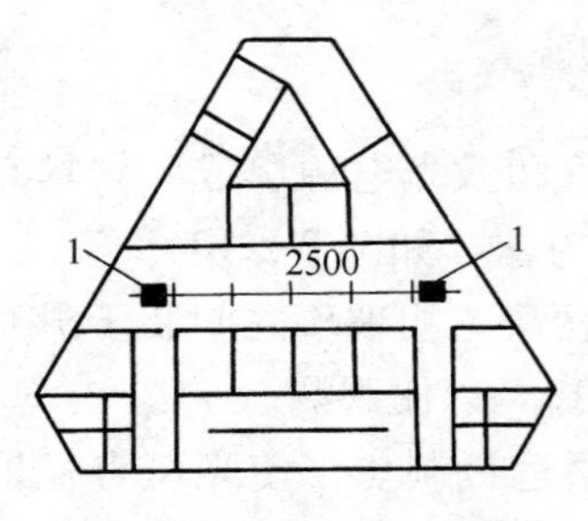

图 2-2-137　激光导线观测

1—预留洞

④ 导电线锤法：导电线锤是一个重量较大的钢铁圆锥体，重约 20kg 左右。线锤的尖端有一根导电的紫铜棒触针。使用时，靠一根直径为 2.5mm 的细钢丝悬挂于吊挂机构上。导电线锤的工作电压为 12V 或 24V。通过线锤上的触针与设在地面上的方位触点相碰，可以从液压控制台上的信号灯光，得知垂直偏差的方向及大于 10mm 的垂直偏差（图 2-2-138）。

导电线锤的上部为自动放长吊挂装置。主要由吊线卷筒、摩擦盘、吊架等组成。吊线卷筒分为两段，分别缠绕两根钢丝绳，一根为吊线、一根为拉线，可分别绕卷筒转动。为了使线锤不致因重量太大而自由下落，在卷筒一侧设置摩擦盘，并在轴向安设一个弹簧，以增加摩擦阻力。当吊挂装置随模板提升时，固定在地面上的拉线即可使卷筒转动将吊线同步自动放长。

2）垂直度的控制

① 平台倾斜法：平台倾斜法又称作调整高差控制法。其原理是：当建筑物出现向某侧位移的垂直偏差时，操作平台的同一侧，一般会出现负水平偏差。据此，可以在建筑物向某侧倾斜时，将该侧的千斤顶升高，使该侧的操作平台高于其他部位，产生正水平偏差。然后，将整个操作平台滑升一段高度，其垂直偏差即可得到纠正（图 2-2-139）。

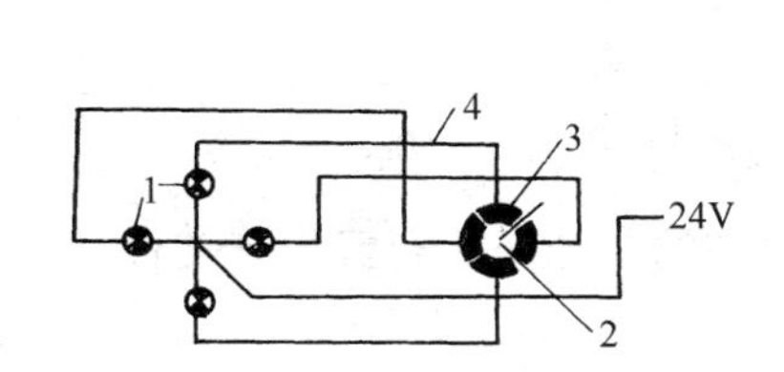

图 2-2-138 导电线锤原理图

1—液压控制台信号灯；2—线锤上的触针；3—触点；4—信号线路

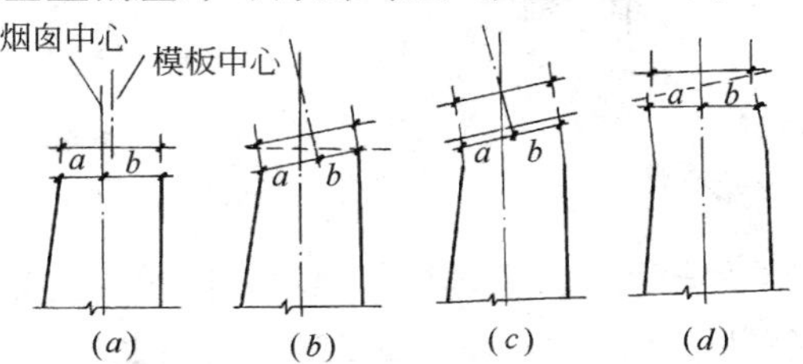

图 2-2-139 利用平台倾斜法纠正垂直偏差

（a）模板中心偏离烟囱中心 $a<b$；（b）适当提高操作平台 b 侧；（c）操作平台倾斜滑升，两中心趋近；（d）当 $a=b$ 时，逐渐恢复操作平台水平

对于千斤顶需要的高差，可预先在支承杆上做出标志（可通过抄平拉斜线，最好采用限位调平器对千斤顶的高差进行控制）。

② 导向纠偏控制法：当发现操作平台的外墙中部模板较弱的部位，产生圆弧状的外胀变形时（图 2-2-140），可通过限位调平器将整个平台调成锅底状的方法进行纠正(图 2-2-141)。

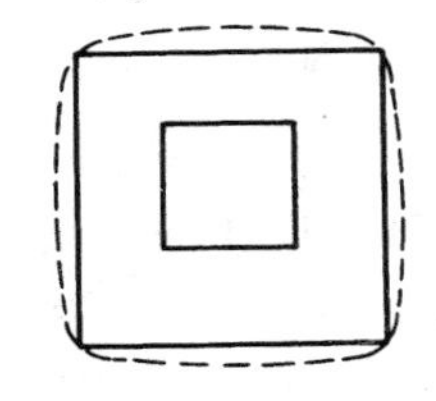

图 2-2-140 外墙中部外涨变形

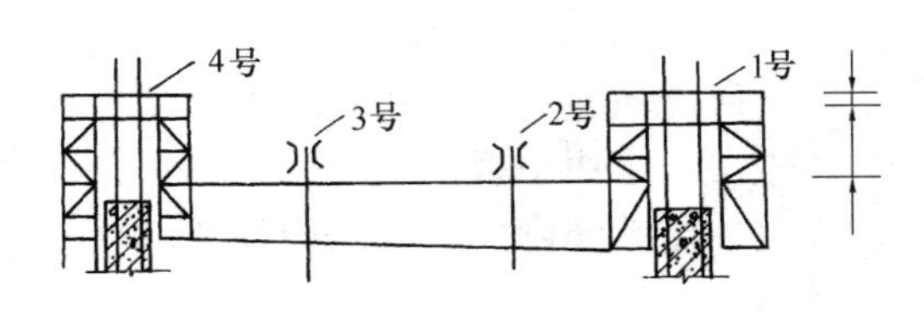

图 2-2-141 将平台调成锅底状

调整后，操作平台产生一个向内倾斜的趋势，使原来因构件变形而伸长的模板投影水平距离，稍有缩短；同时，由于千斤顶的内外高差，使得外墙的提升架（图 2-2-141 中 4 号）也产生向内倾斜趋势，改变了原有的模板倾斜度，这样，利用模板的导向作用和平台自重产生的水平分力，促使外涨的模板向内移位。另外，对局部偏移较大的部位，也可采用这种方法来改变模板倾斜度，使偏移得到纠正和控制。

③ 顶轮纠偏控制法：这种纠偏方法是利用已滑出模板下口并具有一定强度的混凝土作为支点，通过改变顶轮纠偏装置的几何尺寸而产生一个外力，在滑升过程中，逐步顶移模板或平台，以达到纠偏的目的。纠偏撑杆可铰接于平台桁架上（图 2-2-142*a*）；也可铰接于提升架上（图 2-2-142*b*）。

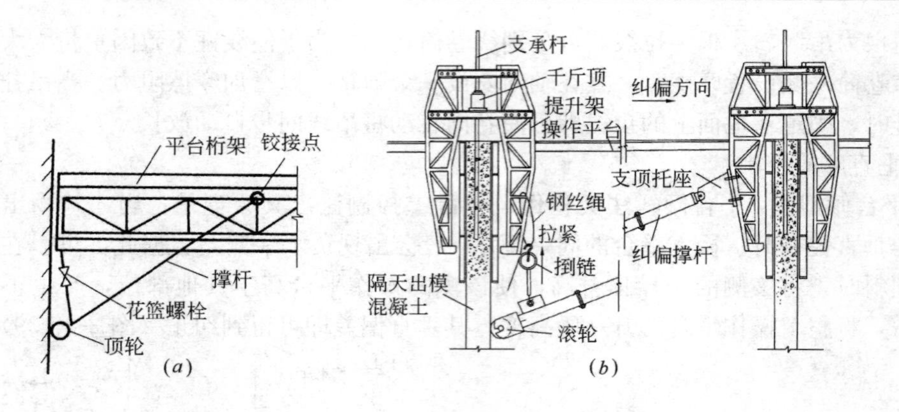

图 2-2-142　顶轮纠偏示意

(a) 顶轮铰接于平台上；(b) 顶轮铰接于提升架上

顶轮纠偏装置由撑杆顶轮和拉紧装置等组成。撑杆的一端与平台或提升架铰接，另一端安装一个滚轮，并顶在混凝土墙面上。拉紧装置一端挂在平台或提升架上，另一端与顶轮撑杆相连接。当提拉顶轮撑杆时，撑杆的水平投影距离加长，使顶轮紧紧顶住混凝土墙面，在混凝土墙面的反力作用下，模板装置（包括操作平台、模板等）向相反方向移位。

图 2-2-143 为深圳国贸大厦工程纠偏、纠扭顶轮的平面布置实例。为了便于纠偏与纠扭工作的进行，沿外墙内侧布置了一圈顶轮，其中每根柱子上设有两个顶轮，四大角上设置 8 个顶轮。当某个部位某一边发生偏移或平台扭转时，就可及时拧紧相应位置处顶轮的拉紧装置，产生纠偏力或纠扭力矩。

这种纠偏、纠扭顶轮设备加工简单，装拆方便，操作灵巧，效果显著，是滑模纠偏、纠扭的一种较好方法之一。

纠偏、纠扭工作，不仅需要从技术上采取有效措施，而且在管理上也必须有严格的制度。

④ 外力法：当建筑物出现扭转偏差时，可沿扭转的反方向施加外力，使平台在滑升过程中逐渐向回扭转，直至达到要求为止。

具体做法：采用手扳捯链（3～5t）等拉紧装置作为施加外力的工具，通过钢丝绳，将一端固定在已有强度的下部结构的预埋件上，另一端与提升架立柱相连。当启动拉紧装置时，相对于结构形心可以得到一个较大的反向扭矩（图 2-2-144）。

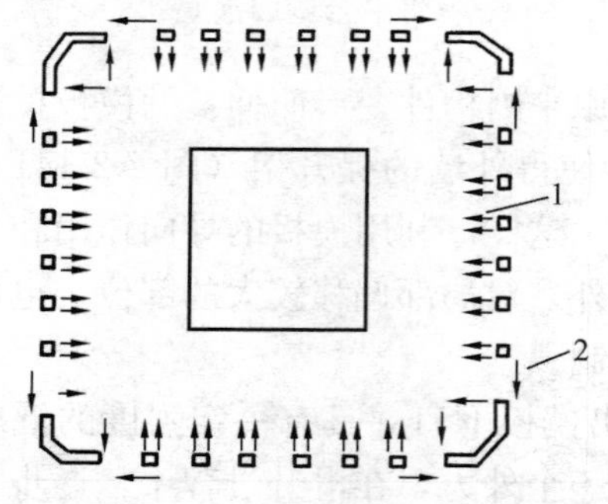

图 2-2-143　纠偏、纠扭顶轮平面布置

1—纠偏顶轮；2—纠扭顶轮

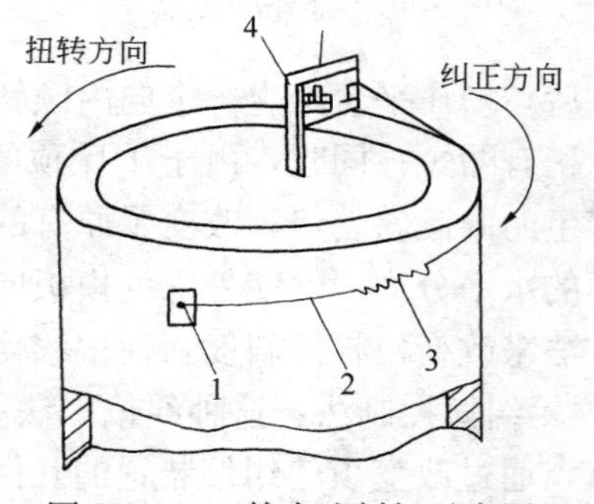

图 2-2-144　外力法纠扭示意图

1—下部结构预埋件；2—钢丝绳；3—拉紧装置；4—提升架

采用外力法纠扭时，动作不可过猛，一次纠扭的幅度不可过大；同时，还要考虑连接拉紧装置的两端高度差不宜过大，以减小竖向分力。

⑤ 双千斤顶法：双千斤顶法又称为双千斤顶纠正扭转法，是当建筑物为圆形结构时，可沿圆周等间距地布置4～8对双千斤顶，将两个千斤顶置于槽钢挑梁上，挑梁与提升架横梁相接，使提升架由双千斤顶承担。通过调节两个千斤顶的不同提升高度，来纠正滑模装置的扭转（图2-2-145）。

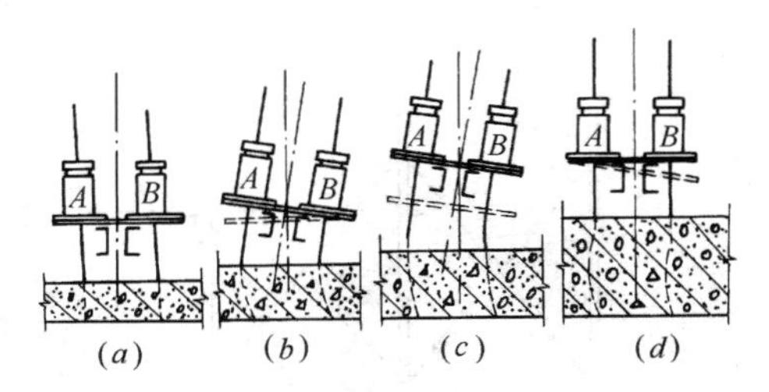

图2-2-145 双千斤顶纠正扭转
(a) 模板扭转、支承杆必然歪斜；(b) 适当提高千斤顶A的高程；(c) 提升几个行程，扭转即可纠正；(d) 然后使两台千斤顶恢复水平

当操作平台和模板产生顺时针扭转时，先将扭转方向一侧的千斤顶A提升一次，然后再将全部千斤顶提升一次。如此重复提升数次，即可达到纠扭目的。

⑥ 变位纠偏器纠正法：变位纠偏器纠正法，是在滑模施工中，通过变动千斤顶的位置，推动支承杆产生水平位移，达到纠正滑模偏差的一种纠偏、纠扭方法。

变位纠偏器实际是千斤顶与提升架的一种可移动的安装方式，双千斤顶变位纠偏器的构造和安装见图2-2-146。

单千斤顶变位纠偏器的构造和安装见图2-2-147。

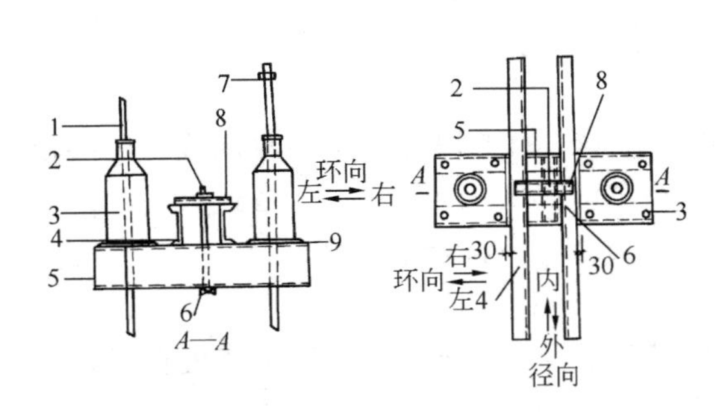

图2-2-146 双千斤顶变位纠偏器的构造和安装
1—ϕ25支承杆；2—变位螺栓；3—千斤顶；4—提升架横梁；5—千斤顶扁担梁；6—变位螺栓下担板；7—限位调平卡；8—变位螺栓上担板；9—千斤顶垫板

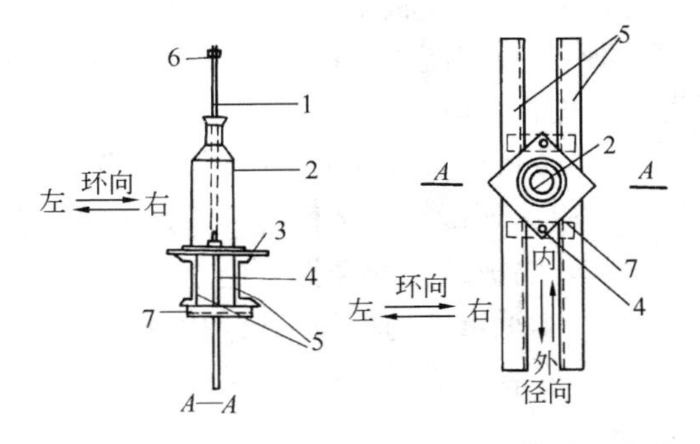

图2-2-147 单千斤顶变位纠偏器的构造和安装
1—ϕ25支承杆；2—千斤顶；3—千斤顶垫板；4—变位螺栓；5—提升架下横梁；6—限位调平卡；7—变位螺栓担板

当纠正偏、扭时，只需将变位螺栓稍微松开，即可按要求的方向推动千斤顶使支承杆位移，再将变位螺栓拧紧。通过改变支承杆的方向，达到纠偏、纠扭的目的。

⑦剪刀撑纠扭法：对于圆形筒壁结构滑模施工中的扭转，可采用在提升架相互间加设剪刀拉撑的方法进行纠正。剪刀拉撑可采用ϕ12钢筋制作，每根拉撑上装置1个紧线器（花篮螺栓）。通过紧线器可控制提升架的垂直度，以达到纠扭目的（图2-2-148）。

也可将剪刀撑的撑杆制作成刚性杆件，在交叉处设中间铰点，杆件的下端设置滑块和滑道，在提升架的外侧，通过剪刀撑及支座、滑道、滑块、上下轴等部件，组成立体封闭型的刚性防扭装置，以达到防扭的目的（图2-2-149）。

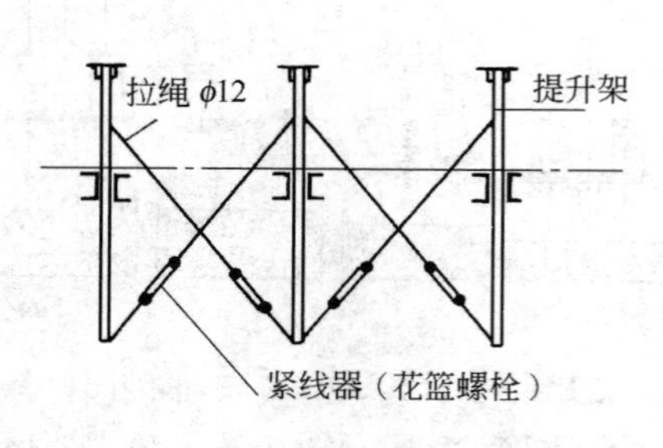

图 2-2-148　剪刀拉撑纠扭

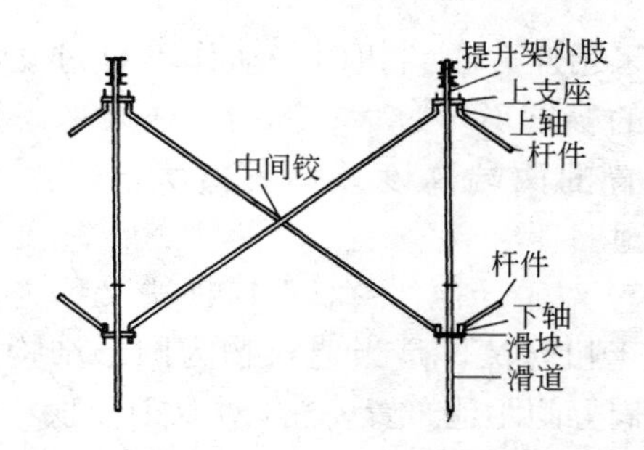

图 2-2-149　刚性防扭装置

除上述方法外，还可采用在千斤顶底座下部加斜垫等方法，使千斤顶斜向爬升，也可达到调整垂直偏差的目的。但这类方法操作比较繁琐，工作量较大。

2.2.2.5　横向结构的施工

1. 基本规定

（1）按整体结构设计的横向结构，当采用后期施工时，应保证施工过程中的结构稳定和满足设计要求。

（2）滑模工程横向结构的施工，宜采取在竖向结构完成到一定高度后，采取逐层空滑现浇楼板和安装预制楼板或用降模法及其他支模方法施工。

（3）墙板结构采用逐层空滑现浇楼板工艺施工时，应满足下列规定：

1）当墙体模板空滑时，其外周模板与墙体接触部分的高度不得小于 200mm；

2）楼板混凝土强度达到 1.2MPa，方能进行下道工序。支设楼板的模板时，不应损害下层楼板混凝土；

3）楼板模板支柱的拆除时间，除应满足《混凝土结构工程施工及验收规范》的要求外，还应保证楼板的结构强度满足承受上部施工荷载的要求。

（4）墙板结构的楼板采用逐层空滑安装预制楼板时，应符合下列规定：

1）非承重墙的模板不得空滑；

2）安装楼板时，板下墙体混凝土的强度不得低于 4.0MPa，并严禁用撬棍在墙体上挪动楼板。

（5）梁的施工应符合下列规定：

1）采用承重骨架进行滑模施工的梁，其支承点应根据结构配筋和模板构造绘制施工图；悬挂在骨架下的梁底模板，其宽度应比模板上口宽度小 3～5mm；

2）采用预制安装方法施工的梁，其支承点应设置支托。

（6）墙板结构、框架结构等的楼板及屋面板采用降模法施工时，应符合下列规定：

1）利用操作平台作楼板的模板或作模板的支承时，应对降模装置和设备进行验算；

2）楼板混凝土的拆模强度应满足《混凝土结构工程施工及验收规范》GB 50204 的有关规定，并不得低于 15MPa。

（7）墙板结构的楼板采用在墙上预留孔洞或现浇牛腿支承预制楼板时，现浇区钢筋应与预制楼板中的钢筋连成整体。预制楼板应设临时支撑，待现浇区混凝土达到设计强度标准值 70%后，方可拆除临时支撑。

（8）后期施工的现浇楼板，可采用早拆模板体系或分层进行悬吊支模施工。

(9) 所有二次施工的构件，其预留槽口的接触面不得有油污染，在二次浇筑之前，必须彻底清除酥松的浮渣、污物，并严格按处理施工缝的程序做好各项作业，加强二次浇筑混凝土的振捣和养护。

2. *逐层空滑楼板并进法*

逐层空滑楼板并进法又称为“逐层封闭”或“滑一浇一”，就是采用滑模施工高层建筑时，当每层墙体滑升至上一层楼板底标高位置，即停止墙体混凝土的浇灌，待混凝土达到脱模强度后，将模板连续提升，直至墙体混凝土脱模，再向上空滑至模板下口与墙体上皮脱空一段高度为止（脱空高度根据楼板的厚度而定）。然后，将操作平台的活动平台板吊开，进行现浇楼板的支模、绑扎钢筋与浇灌混凝土或预制楼板的吊装等工序，如此逐层进行（图 2-2-150）。

模板空滑过程中，提升速度应尽量缓慢、均匀地进行。开始空滑时，由于混凝土强度较低，提升的高度不宜过大，使模板与墙体保持一定的间隙，不致粘结即可。待墙体混凝土达到脱模强度后，方可将模板陆续提升至要求的空滑高度。

另外，支承杆的接头，应躲开模板的空滑自由高度。

逐层空滑模板并进施工工艺的特点，是将滑模连续施工改变为分层间断周期性施工。因此，每层墙体混凝土，都有初试滑升、正常滑升和完成滑升三个阶段。

当墙体混凝土浇灌完毕后，必须及时进行模板的清理工作。即模板脱空后，应趁模板面上水泥浆未硬结时，立即用小铁铲、长把钢丝刷等工具将模板面清除干净，并涂刷隔离剂一道。在涂刷隔离剂时，应力争避免污染钢筋，以免影响钢筋的握裹力。

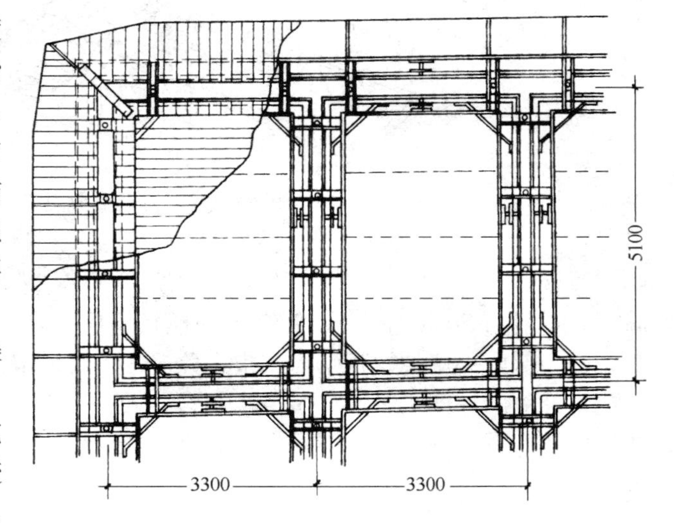

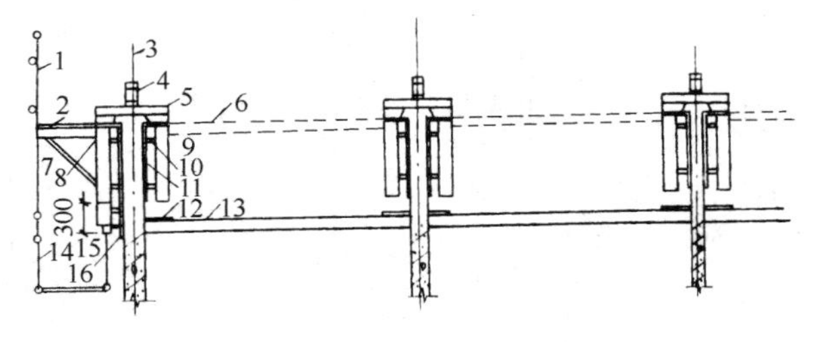

图 2-2-150 活动平台板操作平台

1—栏杆；2—固定平台板；3—支承杆；4—千斤顶；5—提升架；6—活动平台板；7—挑三角架；8—外围梁；9—内围梁；10—围圈；11—模板；12—脱空挡板；13—楼板；14—外吊架；15—山墙提升架接长腿；16—山墙接长外模板

逐层空滑现浇楼板施工法，就是施工一层墙体，现浇一层楼板，墙体的施工与现浇楼板逐层连续地进行。其具体做法是：当墙体模板向上空滑一段高度，待模板下口脱空高度等于或稍大于现浇楼板的厚度后，吊开活动平台板，进行现浇楼板支模、绑扎钢筋和浇灌混凝土的施工（图 2-2-151）。

(1) 模板与墙体的脱空范围：模板与墙体脱空范围，主要取决于楼板和阳台的结构情况。当楼板为单向板，横墙承重时，只需将横墙模板脱空，非承重纵墙应比横墙多浇灌一

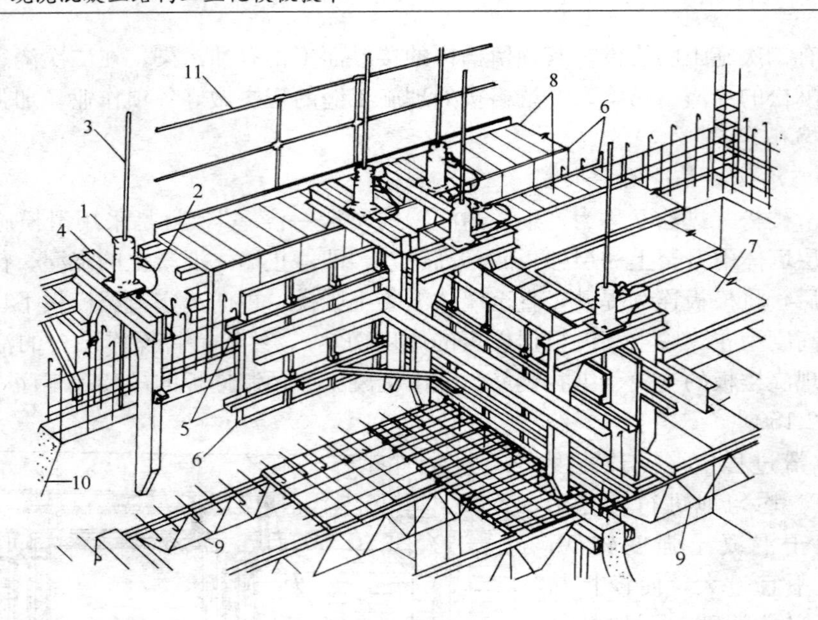

图 2-2-151　模板空滑现浇楼板

1—千斤顶；2—油管；3—支承杆；4—提升架；5—围圈；6—模板；7—活动平台板；8—固定平台板；9—楼板模板；10—混凝土墙体；11—栏杆

段高度（一般为 50cm 左右），使纵墙的模板不脱空，以保持模板的稳定。当楼板为双向板时，则全部内外墙的模板均需脱空，此时，可将外墙的外模板适当加长（图 2-2-152）。

或将外墙的外侧 1/2 墙体多浇灌一段高度（一般为 50cm 左右），使外墙的施工缝部位成企口状（图 2-2-153）。以防止模板全部脱空后，产生平移或扭转变形。

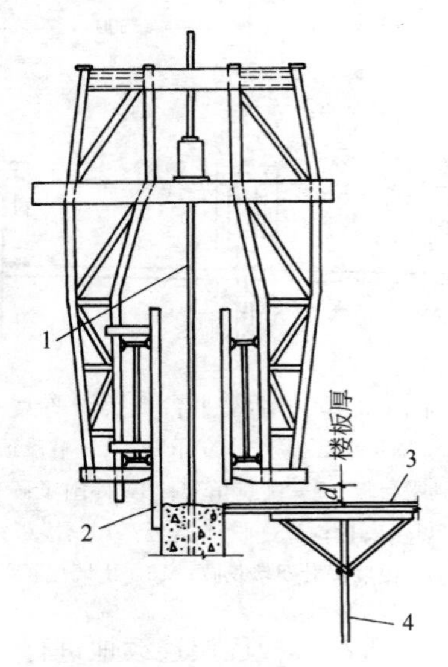

图 2-2-152　墙体脱空时，外模加长

1—支承杆；2—外模加长；3—楼板模板；4—楼板支柱

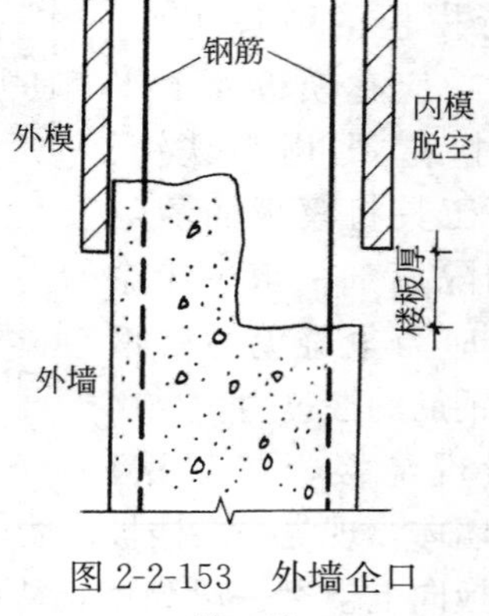

图 2-2-153　外墙企口施工缝

（2）现浇楼板的模板：逐层空滑楼板并进滑模工艺的现浇楼板施工，是在吊开活动平台板后进行，与普通逐层施工楼板的工艺相同，可采用传统方法，即模板为钢模或木胶合板，下设桁架梁，通过钢管或木柱支承于下一层已施工的楼板上；也可采用早拆模板体系，将模板及桁架梁等部件，分组支承于早拆柱头上。可使模板周转速度提高2～3倍，从而大大减少模板的投入量。

3. 先滑墙体楼板跟进法

当墙体连续滑升至数层高度后，即可自下而上地插入进行楼板的施工。在每间操作平台上，一般需设置活动平台板。其具体做法是：施工楼板时，先将操作平台的活动平台板揭开，由活动平台的洞口吊入楼板的模板、钢筋和混凝土等材料或安装预制楼板。对于现浇楼板的施工，在操作平台上也可不必设置活动平台板，而由设置在外墙窗口处的受料挑台将所需材料吊入房间，再用手推车运至施工地点。

（1）现浇楼板与墙体的连接方式如下：

1）钢筋混凝土键连接：当墙体滑升至每层楼板标高时，沿墙体间隔一定的间距需预留孔洞，孔洞的尺寸按设计要求确定。一般情况下，预留孔洞的宽度可取200～400mm。孔洞的高度为楼板的厚度或按板厚上下各加大50mm，以便操作。相邻孔洞的最小净距离，应大于500mm。相邻两间楼板的主筋，可由孔洞穿过，并与楼板的钢筋连成一体。然后，同楼板一起浇灌混凝土，孔洞处即构成钢筋混凝土键（图2-2-154）。

采用钢筋混凝土键连接的现浇楼板，其结构形式，可为双跨或多跨连续密肋梁板或平板。大多用于楼板主要受力方向的支座节点。

2）钢筋销与凹槽连接：当墙体滑升至每层楼板标高时，沿墙体间隔一定的距离，预埋插筋及留设通长的水平嵌固凹槽。待预留插筋及凹槽脱模后，扳直钢筋，修整凹槽，并与楼板钢筋连成一体，再浇灌楼板混凝土（图2-2-155）。

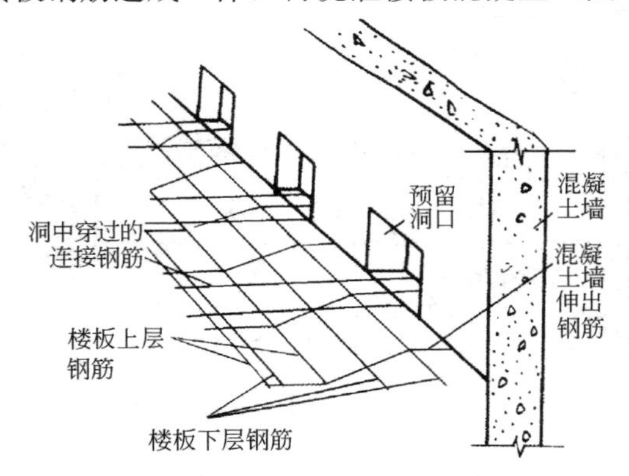

图2-2-154 钢筋混凝土键连接

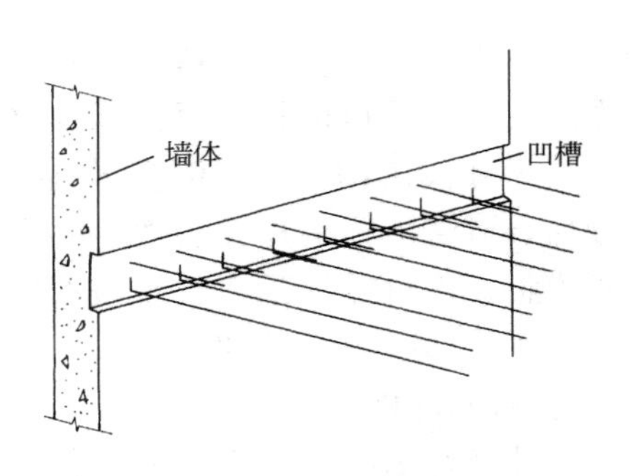

图2-2-155 楼板嵌固凹槽

预留插筋的直径不宜过大，一般应小于ϕ10mm，否则不易扳直。预埋钢筋的间距，取决于楼板的配筋，可按设计要求通过计算确定。

这种连接方法，楼板的配筋可均匀分布，整体性较好。但预留插筋及凹槽均比较麻烦，扳直钢筋时，容易损坏墙体混凝土。因此，一般只用于一侧有楼板的墙体工程。此外，也可采用在墙体施工时，预留钢板埋件再与楼板钢筋焊接的方法。但由于施工较繁琐，而且不经济，故一般很少采用。

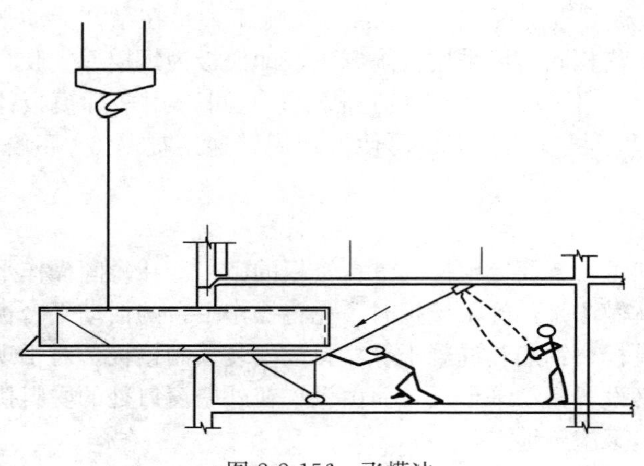

图 2-2-156　飞模法

（2）现浇楼板的模板。采用先滑墙体现浇楼板跟进施工工艺时，楼板的施工顺序为自下而上地进行。现浇楼板的模板，除可采用一般支模方法和快拆模板体系外，还可利用在梁、柱及墙体预留的孔洞或设置一些临时牛腿、插销及挂钩，作为桁架支模的支承点。当外墙有洞口时，也可采用飞模法（图 2-2-156）。

4. 先滑墙体楼板降模法

先滑墙体楼板降模施工法，是针对现浇楼板结构而采用的一种施工工艺。其具体做法是：当墙体连续滑升到顶或滑升至 8～10 层左右高度后，将事先在底层按每个房间组装好的模板，用卷扬机或其他提升机具，徐徐提升到要求的高度，再用吊杆悬吊在墙体预留的孔洞中，即可进行该层楼板的施工（图 2-2-157）。

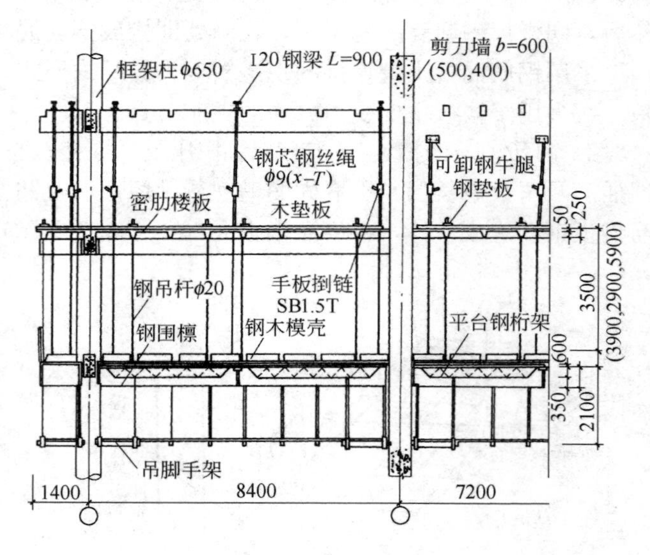

图 2-2-157　悬吊降模法

当该层楼板的混凝土达到拆模强度要求时（不得低于 15MPa），可将模板降至下一层楼板的位置，进行下一层楼板的施工。此时，悬吊模板的吊杆也随之接长。这样，施工完一层楼板，模板降下一层，直至完成全部楼板的施工，降至底层为止。

对于楼层较少的工程，降模只需配置一套或以滑模本身的操作平台作为降模使用，即当滑模滑升到顶后，可将滑模的操作台改制为楼板模板。也可分段配置模板进行降模施工。如以 20 层为例，可将 1～10 层和 11～20 层划为两个降模段，当墙体超过 10 层后，即可进行第一降模段 10 ～1 层的楼板施工；当墙体施工至 20 层后，即可进行第二降模段 20～11 层的楼板施工。

采用降模法施工时，现浇楼板与墙体的连接方式，基本与采用间隔数层楼板跟进施工工艺的做法相同，其梁板的主要受力支座部位，宜采用钢筋混凝土键连接方式。即事先在墙体预留孔洞，使相邻两间楼板的主筋，通过孔洞连成一个整体。非主要受力支座部位，可采用钢筋销凹槽等连接方式。如果采用井字形密肋双向板结构时，则四面支座均须采用钢筋混凝土键连接方式。

对于外挑阳台及通道板等，可采用现浇和预制两种方法，均可采用在墙体预留孔洞的方式解决。当阳台及通道板为现浇结构时，阳台的主筋可通过墙体孔洞与楼板连接成一个整体，楼板和阳台可同时施工；当阳台及通道板为预制结构时，可将预制阳台及通道板的边梁插入墙体孔洞，并使边梁的尾筋锚固在楼板内，与楼板的主筋焊在一起，也可焊在楼板面的预埋件上。阳台及通道板的吊装时间，可与楼板同步，也可待楼板施工后再安装。

降模施工工艺的机械化程度较高，耗用的钢材及模板量较少，垂直运输量也较少，楼层地面可一次完成。但在降模施工前，墙体连续滑升的高度范围内，建筑物无楼板连接，结构的刚度较差，施工周期也较长。同时，降模是一种凌空操作，安全方面的问题也较多。此外，不便于进行内装修及水、暖、电等工序的立体交叉作业。

2.2.2.6 圆锥形变截面筒体结构滑模施工

圆锥形变截面筒体结构主要包括烟囱、排气塔、电视塔以及桥墩等工程。可采用无井架液压滑模、滑框倒模、外滑内提、外滑内砌及自升平台式翻模等液压滑模工艺施工。

1. 无井架液压滑模工艺

无井架液压滑模工艺是将操作平台和模板等荷载全部由支承杆承担，利用液压千斤顶来带动操作平台和模板沿筒壁滑升。

无井架液压滑模构造示意见图 2-2-158。

（1）无井架液压滑模构造

1）操作平台及随升井架：

①构架结构操作平台及随升井架的结构形式：其立面结构见图 2-2-159。

构架结构操作平台由辐射梁为平台结构的下弦，斜撑为上弦，与随升井架、内外钢圈等组成。这种平台结构简单，装拆方便，适用于直径较小的烟囱施工。

其平面布置见图 2-2-160。

构架结构操作平台的随升井架适宜采用单孔单吊笼（图 2-2-160*a*）或单孔双吊笼（图 2-2-160*b*）。斜撑设 8 根，可选用钢管或型钢制作。斜撑之间可加设水平支撑。

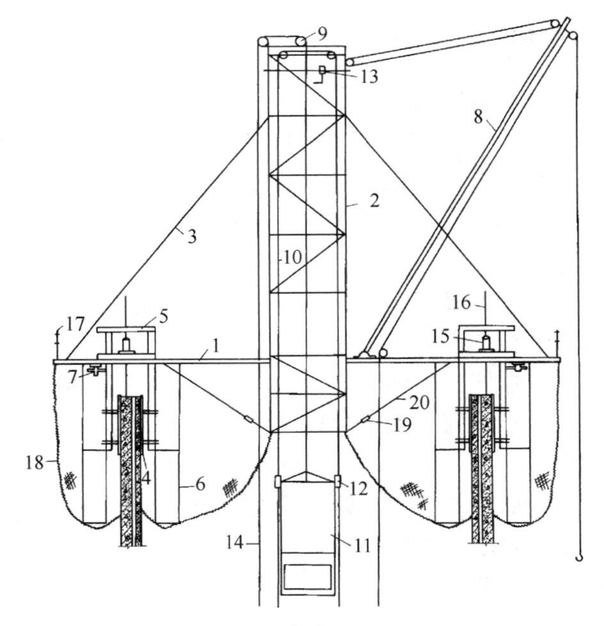

图 2-2-158 无井架液压滑模构造示意图

1—辐射梁；2—随升井架；3—斜撑；4—模板；5—提升架；6—吊架；7—调径装置；8—拔杆；9—天滑轮；10—柔性滑道；11—吊笼；12—安全抱闸；13—限位器；14—起重钢丝绳；15—千斤顶；16—支承杆；17—栏杆；18—安全网；19—花篮螺栓；20—悬索拉杆

②悬索结构操作平台及随升井架的结构形式：其立面结构形式见图 2-2-161。

悬索结构操作平台内钢圈采用上、下双圈形式，用型钢拉杆将上、下钢圈连接成鼓式整体，在辐射梁下部加设圆钢拉杆与下钢圈组成悬索结构。

悬索结构操作平台的稳定性和刚度均较好，适用于大直径的烟囱施工。

其平面布置见图 2-2-162。

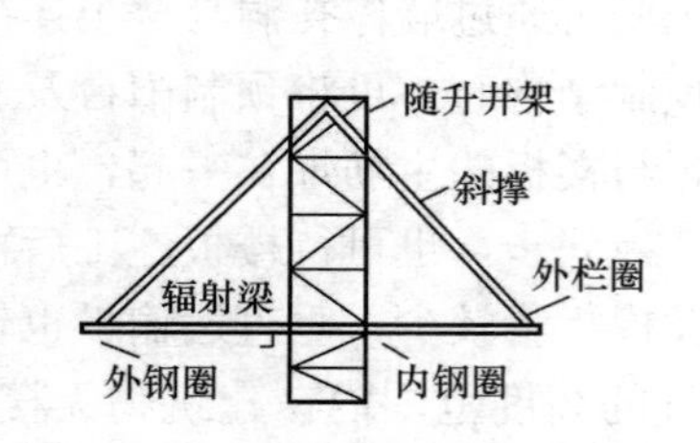

图 2-2-159　构架结构操作平台立面示意图

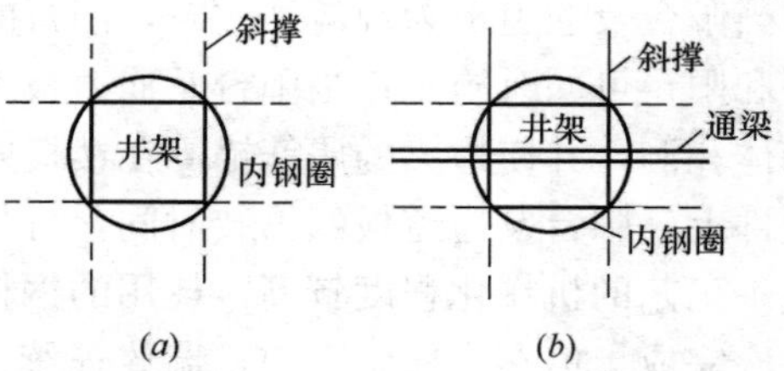

图 2-2-160　构架结构操作平台平面示意图

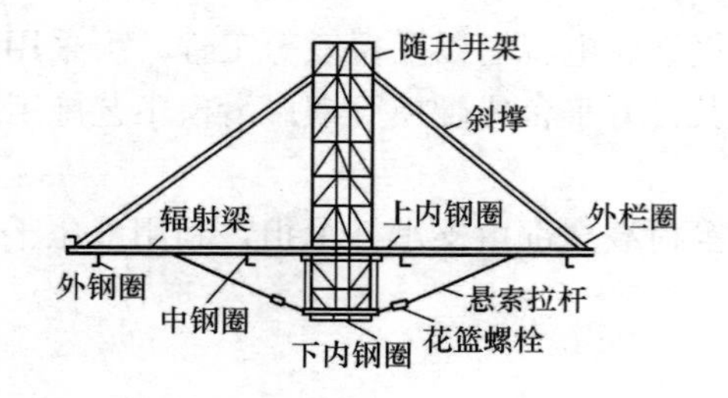

图 2-2-161　悬索结构操作平台立面示意图

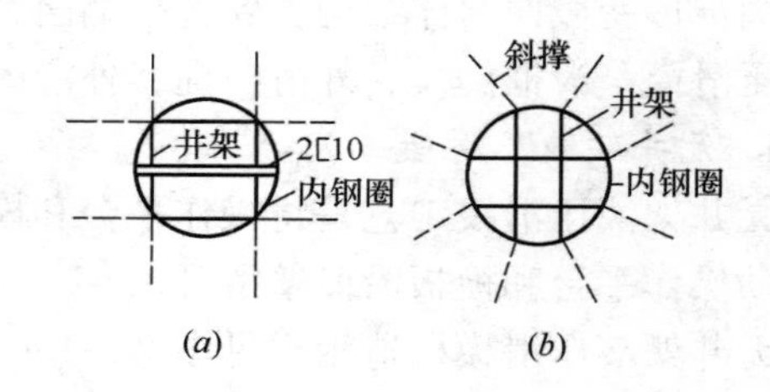

图 2-2-162　悬索结构操作平台平面示意图

悬索结构操作平台的随升井架适宜采用单孔单吊笼（图 2-2-162*a*）或单孔双吊笼（图 2-2-162*b*）。斜撑可选用钢管或型钢制作。斜撑之间应加设水平支撑。

操作平台及随升井架的构造实例：随升井架可采用角钢或钢管制作，并以工具式构件组合而成，高度为 7.5～10.5m。下面为单孔双吊笼随升井架的实例，供参考(图2-2-163)。

③辐射梁与钢圈：操作平台的平面滑架由辐射梁与内、外钢圈等组成，辐射梁与钢圈采用螺栓连接。每组辐射梁由两根 10 号或 12 号槽钢组成，通常辐射梁内端伸至内钢圈里皮，外端伸出外钢圈 500～800mm。悬索结构操作平台每组辐射梁下部靠筒壁一端和下钢圈用一套或两套悬索拉杆拉紧。由于筒身随着升高而直径逐步缩小，辐射梁上的拉耳，亦将逐步内移。因此，辐射梁上一般设有 2～3 个拉耳。每套悬索拉杆由 2～3 根 ϕ18～20 圆钢及花篮螺栓组成。辐射梁的组数与提升架数量相等，即每组辐射梁夹住一个提升架。提升架可在辐射梁的两根槽钢空隙中作径向移动，每组辐射梁安装一个推动提升架向内作径向移动的调径装置。

内、外钢圈一般用槽钢制成，为了便于制作安装，可将钢圈分段制作，安装时，用夹板及螺栓连接成整体。钢圈连接点节构造见图 2-2-164。

内、外钢圈的直径决定于烟囱筒身的最大外径和最小内径，可按下列公式确定：

内钢圈外径：

$$D_{内} = D_{最小} - 2(a_1 + d_1) \qquad (2\text{-}2\text{-}15)$$

式中　$D_{内}$——内钢圈外径（mm）；

$D_{最小}$——筒身最小内径（mm）；

a_1——筒壁内侧的提升架外皮至筒壁的距离（mm）；

d_1——调整余量。一般取 $d_1 > 250$mm。

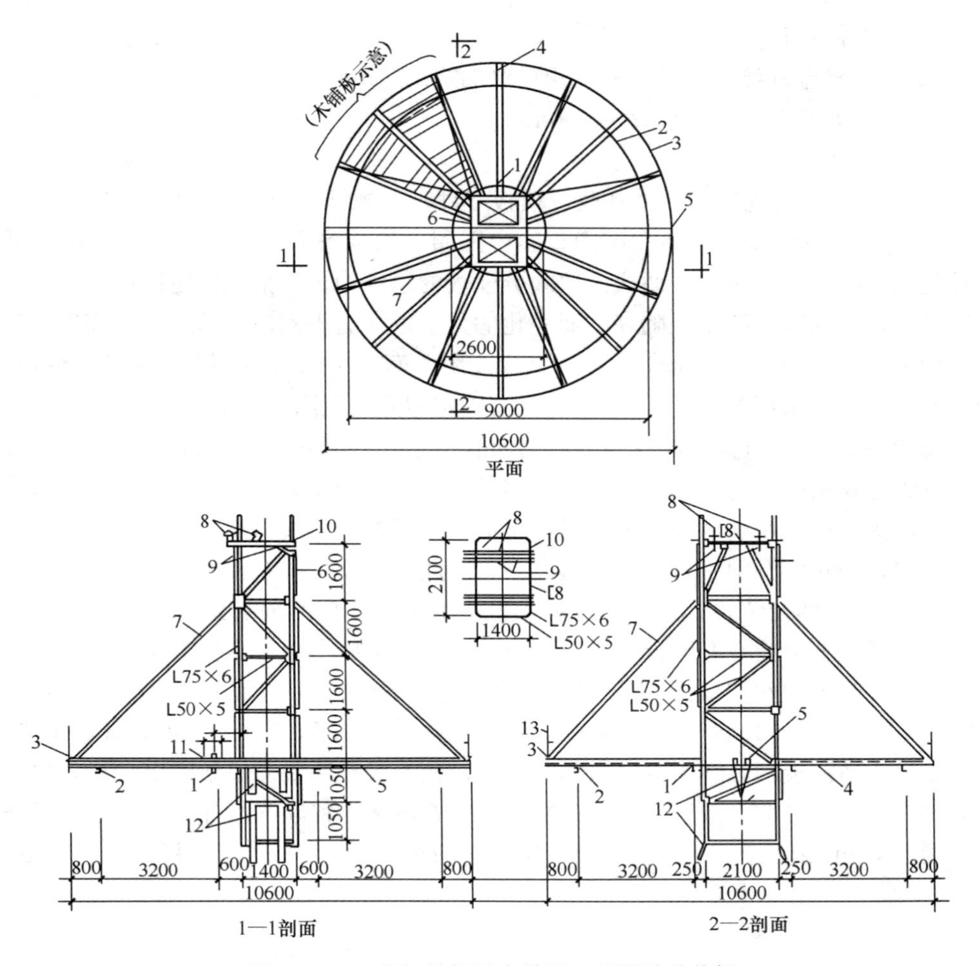

图 2-2-163 构架结构平台单孔双吊笼随升井架

1—内钢圈（[14）；2—外钢圈（[14）；3—外栏圈（[14）；4—辐射梁（2[10）；5—通梁（2120）；6—随升井架；7—钢管斜撑（ϕ80）；8—吊笼滑轮（ϕ300）；9—导索滑轮（ϕ200）；10—滑轮横梁（[12）；11—拔杆底座；12—钢挡板（厚 4mm）；13—栏杆

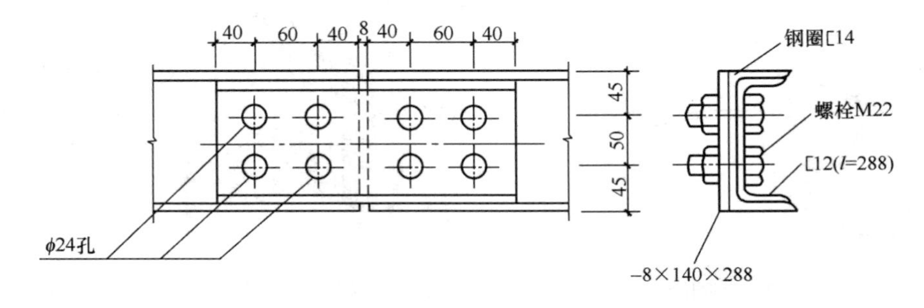

图 2-2-164 钢圈节点

外钢圈内径：

$$D_{外} = D_{最大} + 2(a_2 + d_2) \tag{2-2-16}$$

式中 $D_{外}$——外钢圈内径（mm）；

$D_{最大}$——筒身最大外径（mm）；

a_2——筒壁外侧的提升架外皮距筒壁的距离（mm）；

d_2——调整余量。一般 $d_2=300$mm。

2）模板与围圈

① 模板一般分为固定、活动和收分模板三种。其规格可根据具体施工选用。

② 围圈分为固定围圈和活动围圈，固定围圈的长度略大于固定模板的宽度，活动围圈的长度比一组活动模板加一块或两块收分模板的总和稍长，搭在固定围圈上。由于围圈的弧度已定，而筒身的弧度是随高度而变化的，所以一套围圈只能适于某一高度的筒身弧度。设计围圈时，应将筒身全高分段，每段选用一套一种弧度的围圈。如 100～150m 高度的烟囱，一般可采用 2～3 套活动围和一套固定围圈。围圈构造见图 2-2-165。

③ 模板和围圈的布置：模板和围圈的布置应适应变弧度、变截面的需要。模板的收分是通过收分模板一侧与活动模板的表面相搭接，在收分压力作用下，两种模板搭接宽度逐步加大，当超过一块活动模板宽度时，将活动模板抽出一块，从而达到收分的目的。模板收分均匀是防止滑升中平台扭转措施之一，因此收分模板的布置要求均匀对称。

3）提升架、调径装置、调整和顶紧装置及吊架：平台的辐射梁为提升架的滑道。每组辐射梁上部或下部装设有调径装置，调径装置的螺母底座固定在提升架外侧辐射梁的推进孔上，调径装置的丝杠顶紧提升架外侧。每提升一次模板，即按设计收分尺寸拧动一次调径装置的丝杠，推动提升架向内移动一次。在推动压力作用下，活动围圈与固定围圈、收分模板与活动模板则沿圆周方向作环向移动，相互重叠一些。吊架固定在提升架上，随提升架向内移动，吊架上铺板的搭接重叠长度随着吊架的移动逐渐加大，整个模板结构的直径和周长，可随烟囱直径变化的要求而逐渐减小。提升架与模板、平台的组装见图2-2-166。

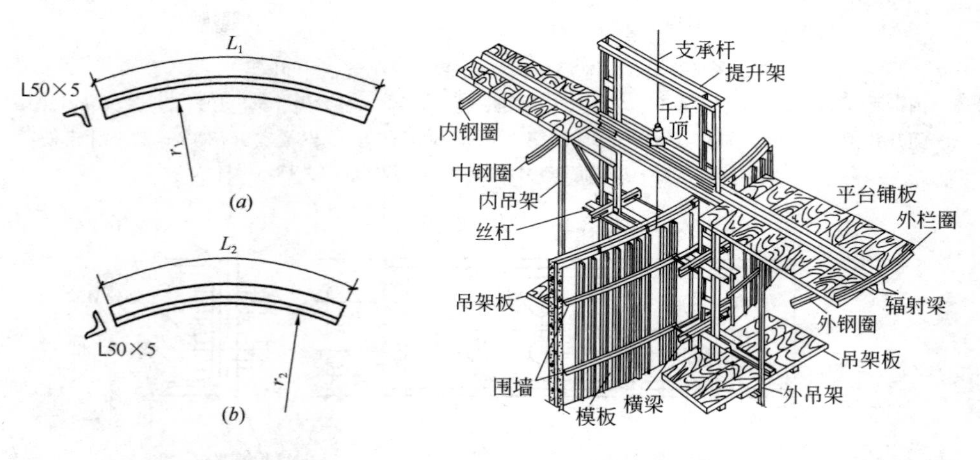

图 2-2-165　围圈

(a) 内围圈；(b) 外围圈

图 2-2-166　提升架、模板、操作平台组装图

烟囱筒壁厚度的变化，是通过提升架上的活动围圈顶紧装置和固定围圈调整装置来控制的。调径装置见图 2-2-167。

4）垂直运输：无井架液压滑升模板施工是在操作平台上设置一个随升井架，在井架上设置柔性滑道，装置吊笼进行垂直运输。柔性滑道是用直径19mm以上的钢丝绳，一端固定在烟囱下部的预埋铁件上，另一端通过随升井架顶部柔性滑道轮又返回烟囱下部，通过导向滑轮用放置在筒壁内侧0.5t卷扬机收紧。吊笼在柔性滑道上升降起落，为防止提升吊笼断绳，发生吊笼坠落事故，在吊笼上设有安全抱闸装置。吊笼见图2-2-168。安全抱闸见图2-2-169、图2-2-170。

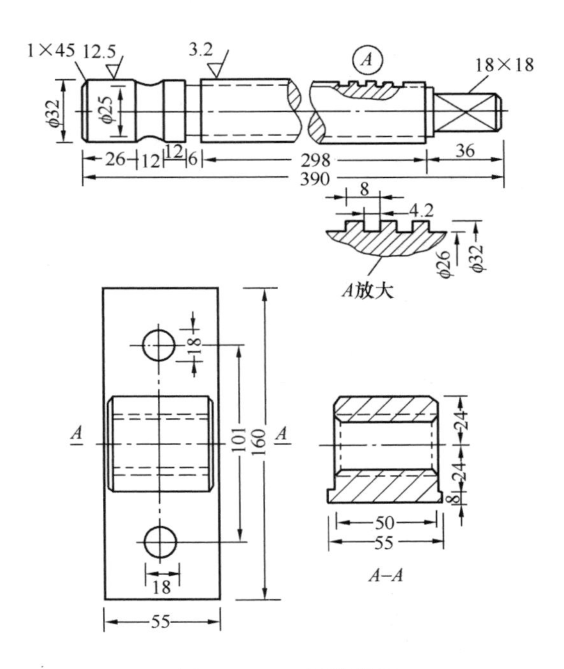

图2-2-167 调径装置

由于吊笼上下运行中钢丝绳与安全抱闸的滑块会有摩擦，时间长了容易发生磨损。因此，施工人员对抱闸应作定期检查，以防磨损过大而影响夹紧钢丝绳的作用。

另一种安全措施是采用同轴双滚筒、双钢丝绳、双刹车卷扬机；由一台16kW电动机带动JQE-500型减速器，变速后的出轴为双头出轴，带动两个绳筒。万一两根钢丝绳中有一根断掉，第2根仍能保证吊笼安全。示意如图2-2-171。

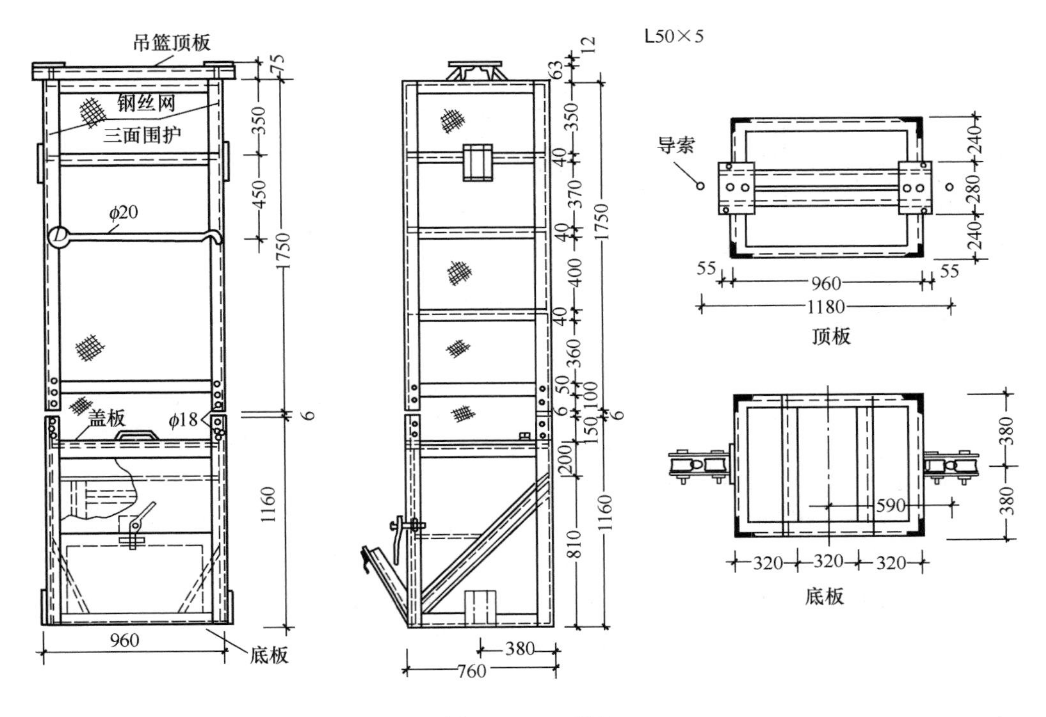

图2-2-168 吊笼

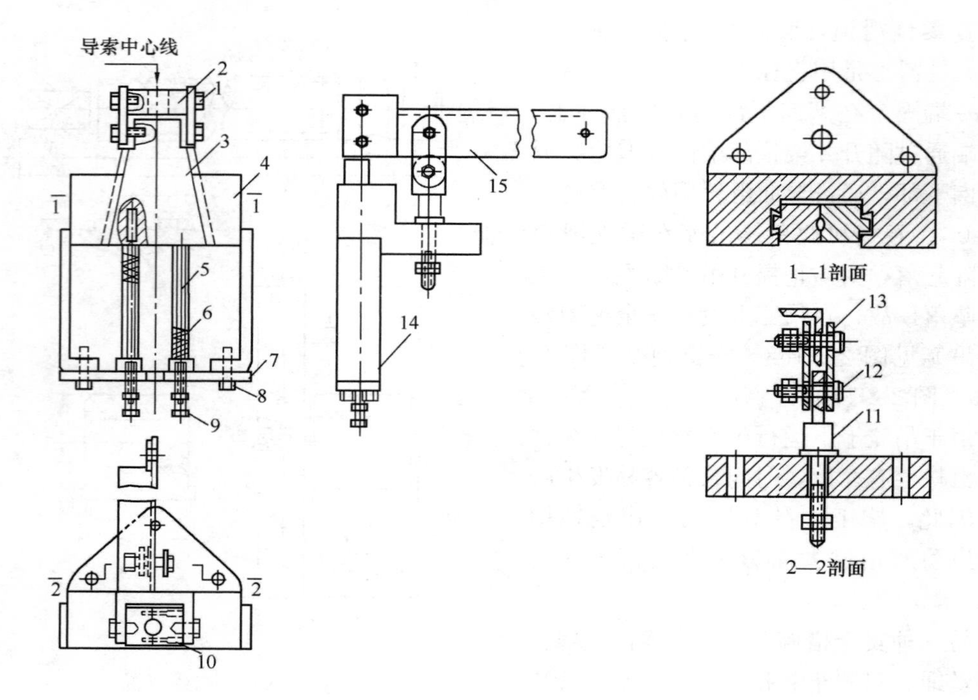

图 2-2-169　安全抱闸（一）

1—螺钉；2—刹车导向块；3—滑块；4—抱闸体；5—顶杆；6—弹簧；7—托板；8—螺栓；9—调节螺钉；10—平头螺钉；11—支座；12—销子；13—连接板；14—托板；15—杠杆

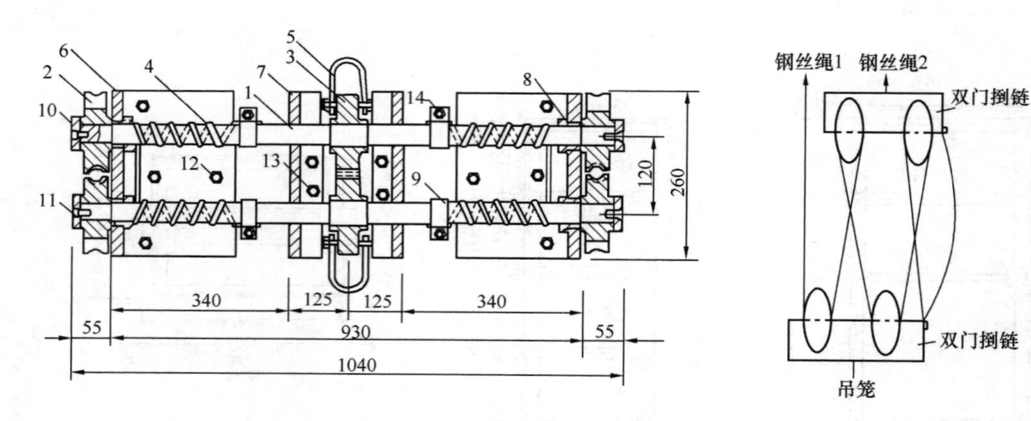

图 2-2-170　安全抱闸（二）

1—轴；2—偏心轮；3—半齿轮；4—扭转弹簧；5—卸扣；6—轴支架(∟200×125×12)；7—轴支架(∟140×80×10)；8—轴套；9—弹簧卡(—30×4)；10—挡板；11—沉头螺栓（M10×20）；12—六角螺栓(M16×50)；13—六角螺栓（M14×50）；14—六角螺栓（M10×40）

图 2-2-171　双绳吊笼示意图

（2）180m 钢筋混凝土烟囱无井架液压滑模平台设计及试压实例

1）平台结构、平面布置和构件规格数量如下：

① 平台结构示意见图 2-2-172。

② 平台平面布置见图 2-2-173。

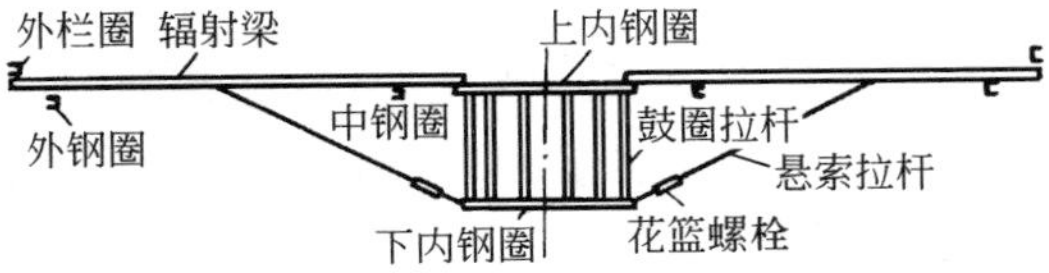

图 2-2-172 平台结构示意图

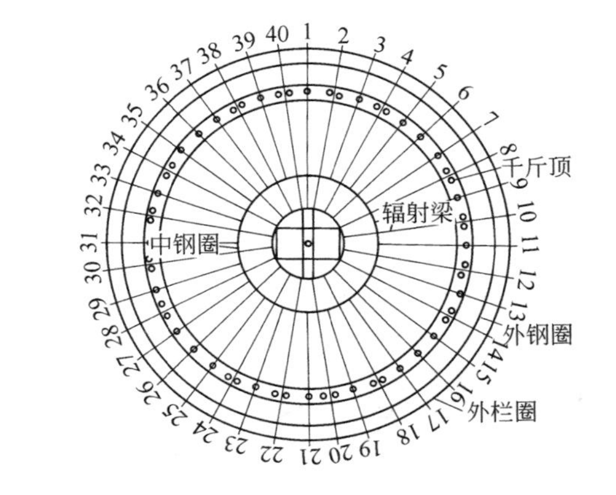

图 2-2-173 平台平面布置

③ 操作平台构件规格数量见表 2-2-18。

操作平台构件规格数量表 **表 2-2-18**

项目	辐射梁			内钢圈	中钢圈	外钢圈		外栏圈		提升架	悬索拉杆	鼓圈拉杆
材料	2[12			[14a				[8		[6.3	ϕ20	2L50×5
尺寸 / 数量 / 高程	$L=$7430	$L=$6400	$L=$4400	$r=$1400	$r=$2400	$r=$8000	$r=$4850	$r=$8650	$r=$5710	1420×2765		$L=$2100
16～94m	20	20	20	2	1	1		1		40	40	12
94m以上				2			1		1	20	20	12

2）操作平台的设计：内钢圈外径的计算：

$$
\begin{aligned}
D_{内} &= D_{最小} - 2(a_1 + d_1) \\
&= 5000 - 2 \times (400 + 700) \\
&= 5000 - 2200 = 2800\text{mm}
\end{aligned}
$$

调整余量考虑 700mm，系考虑内圈放置油泵、调平线路等设施及操作需要。

外钢圈内径：为滑模组装位置（在 16m 处）筒壁的最大外径 14400mm 加 2×800mm；因此外钢圈内径选择为 16000mm，分为 10 段组成。

支承杆的计算及千斤顶的布置

支承杆的最少根数计算：见（公式 2-2-17）。

$$
n_{\min} = \frac{N}{P_0} \tag{2-2-17}
$$

根据计算，支承杆最少需设 50 根，但考虑到均匀对称及改装后的平台使用要求，并

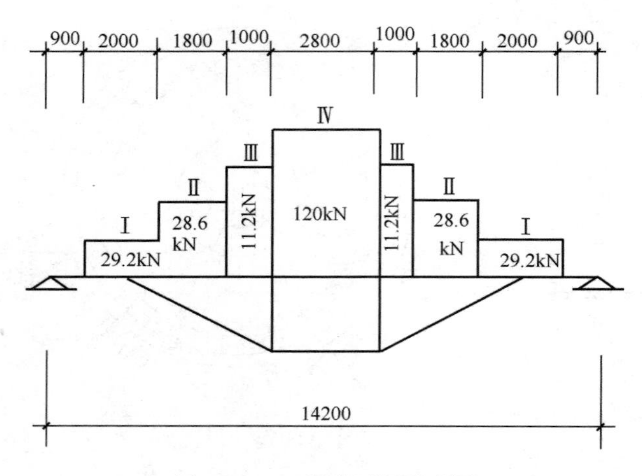

图 2-2-174　平台试压示意图

能在一定程度控制平台扭转等因素，确定设 56 根支承杆。辐射梁设计为 40 根，即将圆周划分为 40 等份，其单号和尾数为 6 的设单千斤顶，其他设双千斤顶，见图2-2-173。

3）平台试压：除平台自重外，根据施工荷载在平台上的实际分布情况，将平台分为四个荷载区，见图 2-2-174。

每个区域荷载值与区域面积分别是：

Ⅰ区—800N/m²，面积 73m²；Ⅱ区—1500N/m²，面积 38.13m²；Ⅲ区—1800N/m²，面积 12.44m²；Ⅳ区—20000N/m²，面积 6m²。根据上述情况确定平台试压荷载值为：800×73＋1500×38.13＋1800×12.44＋20000×6≈258kN。

同时考虑到施工中会出现偏荷载的最不利情况，先对平台进行半荷载试压。当平台半面加完 129kN 时，平台下鼓圈下沉 6.8cm，辐射梁下挠 6.4cm。当整个平台加满 258kN 时，平台下鼓圈下沉 15.6cm，辐射梁下挠 13.3cm。根据试压结果，确认本滑模平台可满足使用要求。由于原设计每隔一组辐射梁设一根 Φ20mm 悬索拉杆，共 20 根拉杆与鼓圈下钢圈连接。经试压发现加拉杆的辐射梁挠度小，没加拉杆的辐射梁挠度大。为改善这种状况，决定再增加 20 根拉杆，即每根辐射梁下部均加设悬索拉杆一根，可进一步增加滑模平台的刚度和稳定性。

4）操作平台的改装：由于烟囱高、直径大，操作平台不可能一次施工到顶，中间需要进行一次改装，改装工作在＋94.5m 高程进行。滑升到标高＋94.5m 改装后的平台平面见图 2-2-175。

具体顺序如下：

① 平台滑到＋80m 以后开始将原 40 个内吊架改装为 20 个。待第二套外钢圈位置滑出后，安装新的外钢圈；

② 平台滑过＋90m 安装信号平台支架后，在＋94.5m 处停止滑升，进行平台改装；

③ 拆除单号千斤顶、油路、模板、围圈及支撑系统、提升架、脚手板和单号辐射梁；

④ 移动悬索拉杆，拆除中钢圈，重新装配辐射梁间铺板；拆除栏杆钢圈及外栏杆并改装 8 根滑轮支架斜撑；安装第二套栏杆钢圈及外栏杆和将双号辐射梁割去 3m；

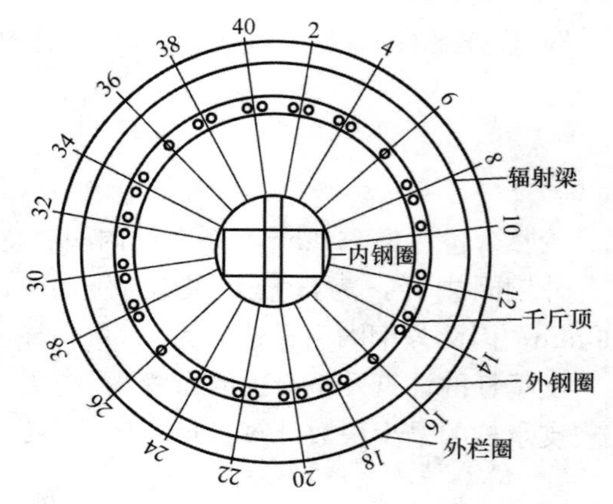

图 2-2-175　滑升到标高＋94.5m 改装后的平台平面

⑤ 重新组合模板、围圈、支撑系统和重新安装液压、调平系统；

⑥ 安装+90m信号平台铺板、栏杆等。

改装完毕后，继续滑升。

(3) 无井架液压滑模施工方法

1) 滑模组装操作要点（表2-2-19）

滑模组装操作要点 **表2-2-19**

序号	项目	操作要点
1	组装的准备及组装架的搭设	1. 组装前应对各部件的质量、规格和数量，进行详细检查校对并编号； 2. 组装架的搭设高度，应比内、外钢圈或辐射梁的安装标高略低，便于安装时垫平找齐
2	内、外钢圈和辐射梁及提升架的安装	1. 内外钢圈及辐射梁安装前，应先在组装架平台上放出位置线； 2. 各构件安装位置应准确，并保持水平； 3. 提升架应同时保持垂直
3	模板的安装	1. 内外模板安装顺序一般为：内模→绑扎钢筋→外模； 2. 模板各部件安装顺序：固定围圈调整装置→固定围圈→固定模板→活动围圈顶紧装置→活动围圈→活动模板及收分模板； 3. 模板安装完后，应对其半径、坡度、壁厚、钢筋保护层等进行检查校正，合格后方可进行下一工序
4	随升井架、吊笼及拔杆的安装	1. 随升井架垂直偏差应不大于1/200，井架中心应与筒身圆心一致； 2. 井架安装后随之安装斜撑、滑轮座、柔性滑道、吊笼及拔杆等； 3. 拔杆一般安装在平台内钢圈近侧，底板应大一些，能将荷载分布在4根以上的辐射梁上。拔杆位置应避开吊笼的出料口，并应使烟囱永久性爬梯在拔杆半径之内
5	平台铺板吊架的安装	1. 铺板按平台尺寸配制为定型板，安装时，按编号铺设于辐射梁之间； 2. 吊架铺板应环向搭接铺设，便于随吊架内移调整其周长。如在吊架下层铺板上安装养生水管，为使水管的周长也随收分而缩短，在按个圆周长设8～10处胶管接头，收分时将胶管弯曲即可； 3. 内、外吊架安装好后，随之安装外侧围栏及悬挂安全网

2) 液压设备的安装

① 油路布置：一般采用并联油路，个别情况下采用串联、并联混合油路。

② 管路安装：油管安装前，管内必须清洗干净，并逐根做加压试验，合格后方可使用。

安装接头时应掌握松紧度，勿过分挤压，以防损坏丝牙，接合不严。

③ 液压控制台安装：液压控制台的安装位置：宜放于平台外侧外钢圈处（另一侧放置电焊机等以便保持平衡平衡)，液压控制台通过分油器至各千斤顶的油管长度应相等。

液压控制台在安装前，必须预先做加压试车工作，经严格检查合格后，再运到工程上去安装。

液压控制台安装就位后，按设计方案接通油路，进行管路的充油和排气工作。然后进行总试压。加压到 10N/mm²，做 5～6 个循环，再对全部油路及千斤顶作详细检查，总试压合格后，方可穿入支承杆。

3）施工顺序及要点

① 模板的提升：

模板提升前，先放下吊笼，放松导索，检查支承杆有无脱空现象，结构钢筋与操作平台有无挂连之处，然后开始提升。

每次提升高度可选择 250mm 或 300mm，提升后拉紧导索再行上料。

因故不能连续提升时，每隔 1～2h 将千斤顶提升 1～2 个行程，避免混凝土与模板粘结。

掌握好提升的时间和进度，是保证滑出模板的混凝土不流淌、不坍落、表面光滑的关键。

施工中在外模板下围圈下部，用 3/8″钢丝绳和一只 1t 捯链将模板捆紧，这种方法是防止混凝土漏浆的有效措施。

② 升差的调整：滑模在施工过程中，平台必须保持水平，应随时检查调整千斤顶的升差。检查调整方法详见 2.2.2.4 中 6. “滑模施工的精度控制”。

③ 模板的收分及半径的检查：模板的收分，可根据每次提升的高度与筒壁外表面坡度，求出该高度半径应收分的尺寸。每提升一次，拧动收分装置丝杠收分一次。

每提升两次，检查一次模板的半径，最后一次在交接班时进行为宜。

检查方法，按混凝土新浇灌面标高的筒身设计半径，在尺杆上做出标记，采用激光铅直仪或吊线法找中，然后实测模板的半径并做好记录，作为继续提升时调整半径和水平的依据。

活动模板的抽出，在模板提升之后浇灌混凝土之前进行。当模板收分到重叠一块时，应及时将活动模板抽出。

（4）特殊部位的施工

1）烟道口、出灰口的支承杆加固方法

① 假柱法：在浇筑筒壁的同时，浇筑假柱混凝土，将支承杆包裹。待模板滑过洞口后，再将假柱混凝土打掉。此法适用于出灰口等较小洞口（图 2-2-176）。

② 角钢加固法：在支承杆旁加设两根角钢，埋入筒壁深度 300mm 左右。角钢与支承杆之间用钢筋随模板滑升随焊接。此方法一般用于方形烟道口（图 2-2-177）。

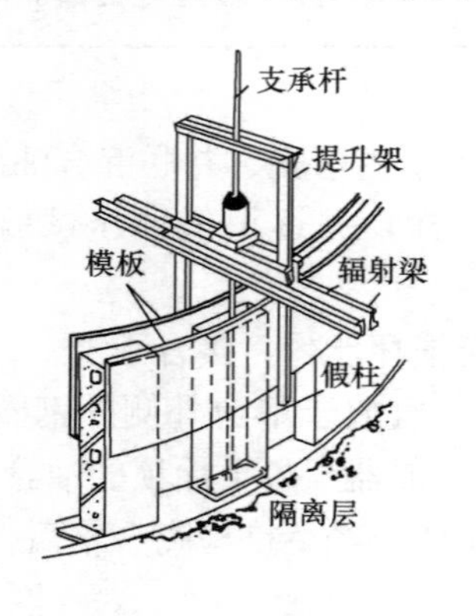

图 2-2-176　假柱法

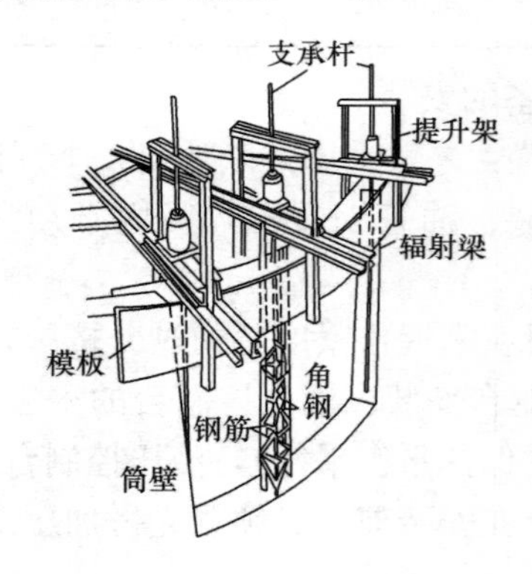

图 2-2-177　角钢加固法

③ 弦胎板及水平钢筋加固法：弦胎板应不大于 300～400mm 高度安设一层，长度 0.8～1m 为宜，在支承杆通过弦胎板处可刻出豁口，支承杆则卡入豁口内。在每道弦胎板上表面配置 1 根水平钢筋，压住弦胎板并与支承杆焊牢。此方法一般用于圆形烟道口（图 2-2-178）。

④ 砌砖加固法：对洞口处的支承杆采用分段加帮条并加强与环筋连接，并在洞口模板内用泥砌砖，随滑随砌，以增强支承杆刚度，防止变形（图 2-2-179）。

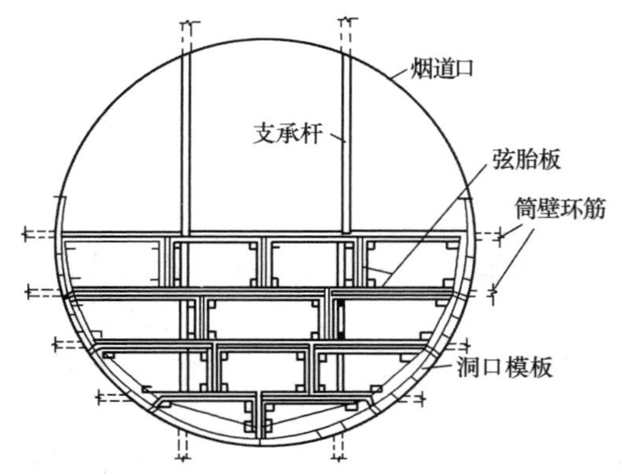

图 2-2-178 弦胎板及水平钢筋加固法

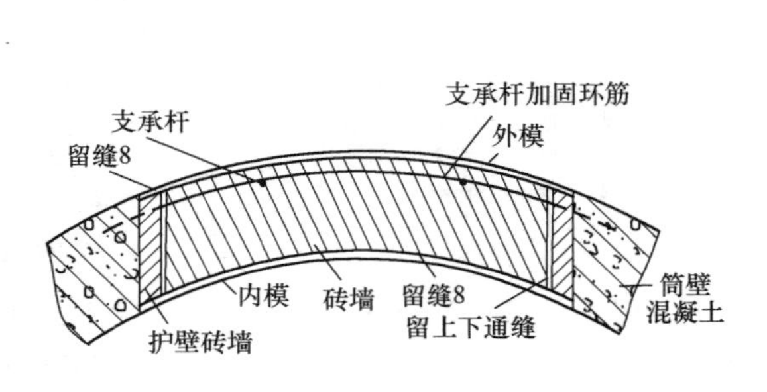

图 2-2-179 砌砖加固法

2）筒壁“单滑”牛腿部位施工方法

① 同时施工法：模板滑升至牛腿底部标高时，调整内模板，使其向里松开，松开的距离等于牛腿的厚度，然后安装牛腿木模板。木模板可制成 900mm 长、500mm 左右宽的定型板。当模板上端滑过牛腿顶面后，安装木盒板。当模板下端滑过牛腿顶部标高后，松开内模，将木盒板取出（图 2-2-180）。

② 分开施工法：在牛腿处筒壁混凝土预埋“7”形钢筋（圆钢），待模板滑过牛腿后，立即挖出钢筋。调直绑扎牛腿钢筋、支模浇灌混凝土（图 2-2-181）。

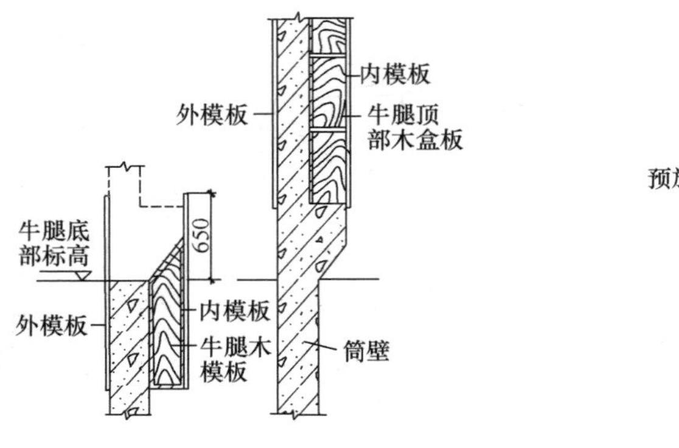

图 2-2-180 同时施工法

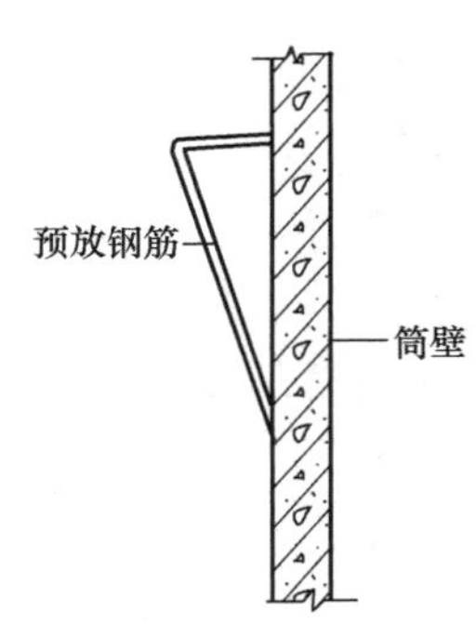

图 2-2-181 分开施工法

③ 两段模板施工法：将内模板设计成上、下两段（即内甲、内乙）。两段分别通过调整螺栓及抽拔支撑与提升架的立柱连接。当滑升至牛腿部位，先将内甲、内乙向内移至设计位置。牛腿施工后，将内甲、内乙拉出。待模板滑升过牛腿位置后，进行正常滑升（图

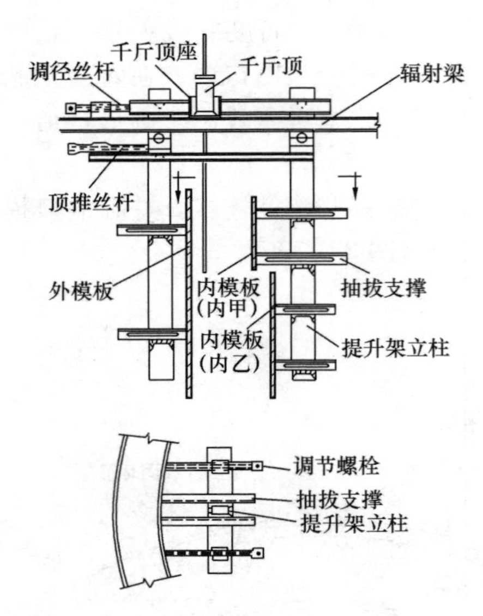

图 2-2-182　两段模板施工法

2-2-182)。

3) 筒首的施工方法：当滑升模板的上端提升到筒首的底部标高时，即停止提升，待已浇灌的混凝土达到可以松开模板的强度时，将外模调松，把模板下口提到反锥度处，然后再将外模调到设计锥度，浇灌混凝土。待混凝土硬化到一定程度后，松开模板向上提升一段，再浇灌一段混凝土，如此循环直至施工完毕。由于反锥度的一段空滑高度较大，应做好空滑加固。筒首花格的设计造型，用预埋木盒的方法成型，脱模后将木盒取出。

4) 筒壁镶嵌字号的施工

① 填塞法：根据字号的大小，按实际尺寸在纤维板上放样，按滑模施工要求自下而上分成 10 层，顺序编号。先按高程埋设第一层字形，在字形背后附加一条－40×4 的扁铁，然后用短钢筋顶位扁铁，并与筒壁钢筋焊接。滑升时，依次将上层编号纤维板字形埋入外模边上，出模后，拆掉纤维板，在凹陷处抹白水泥，以保证其字边棱角方正、字号清晰。

② 镶贴法：滑模施工至预定标高时，停止滑升，在筒壁表面弹出字号，将字号处表面混凝土凿毛，用水冲洗湿润后，在基层抹 1∶2.5 水泥砂浆找平层至筒壁表面平。然后，一种是按字号大小用 1∶2 水泥砂浆粉饰出字形，外刷红色耐久性防水涂料；另一种是按字号大小用 1∶1 水泥砂浆粘接层厚 10mm，从上到下粘贴红色瓷板或玻璃锦砖，保证接缝整齐，字号边框做出宽 50mm，高 10mm 凸状。

③ 埋焊法：根据字号大小，在筒壁内预埋铁件，出模后、清理铁件表面，分段将预制好的不锈钢字焊上，涂刷防锈漆和红色标志漆。

5) 航空标志的涂刷：筒壁外表面红白相间航空标志的涂刷，由于刚脱模的混凝土含水率大，可采用外挂式升降吊篮滞后一步进行。即沿筒壁均匀布置 4 个吊篮，利用上人罐笼加载后作为配重，牵引吊篮同步升降，其布置见图 2-2-183。

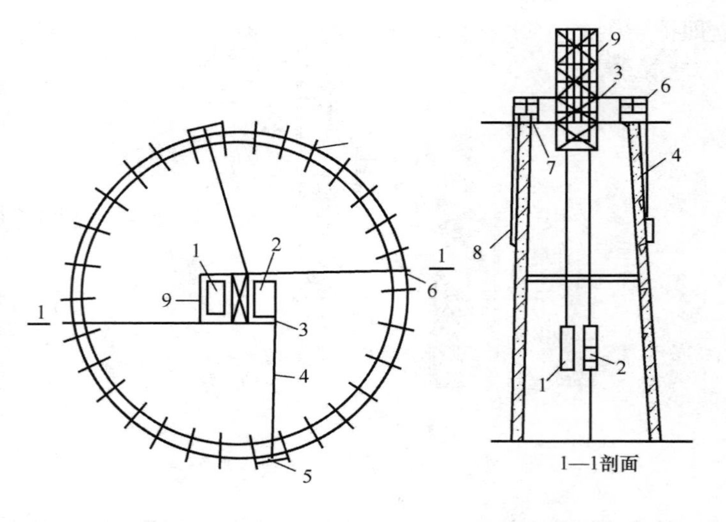

图 2-2-183　外挂式升降吊篮布置图

1—上人吊笼；2—罐笼作配重；3—导向滑轮；4—ϕ13 钢丝绳；5—活动式吊篮承量架；6—定滑轮；7—提升架；8—吊篮；9—平台井架

吊篮用 ∟40×4 角钢焊接而成，长 2m、宽 0.8m、高 1.8m，内侧安装 4 只 Φ150mm 导向橡胶滑轮，吊篮之间用一道 Φ16 棕绳加 8 对 Φ200 橡胶滑轮组连成环状整体，使吊篮紧靠筒壁上。

涂刷前，先自下而上对混凝土筒壁表面进行清理，然后，自上而下地分段涂刷涂料，完成一段后，放松棕绳，启动 5t 卷扬机使罐笼上升，牵引 4 个吊篮同步下降 1 个工作段，如此循环，直至吊篮落至地面。移动筒首的吊篮活动式承重架，再重复上述工序，直至完成涂刷工作。

6）支承杆作永久避雷导线：利用滑模支承杆作为永久避雷导线，既方便了施工；又增加了安全避雷的可靠性，取得了较好的效果。在设计永久避雷装置时也可采用。

其具体作法如下：从已施工完毕的永久避雷接地极上，沿烟囱筒身外侧对称分 4 点引 4 根镀锌扁钢（－60×8）至筒身标高 1.00m 左右，分别用不锈钢螺帽（M18 带平垫圈）固定于筒身壁内预埋的暗榫上。并将暗榫上的扁钢延长至筒身留孔上部一定位置处，用三道环向扁钢（－60×8）将支承杆与暗榫延长扁钢焊接牢固。待滑模到顶后，采用同样方法将永久避雷针与支承杆整体相连（图 2-2-184）。

为了保证避雷效果，扁钢之间及扁钢与支承杆的连接，均应焊接牢固（图 2-2-185），并应达到下列要求。

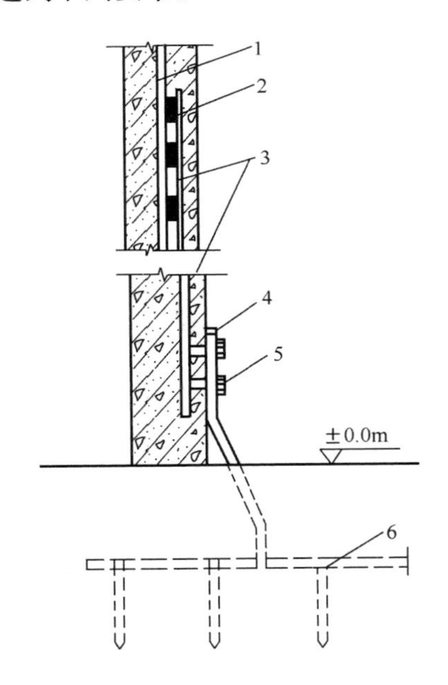

图 2-2-184 支承杆作永久避雷导线

1—支承杆；2—环向扁钢三道（－60×8）；3—延长扁钢与暗榫；4—外接镀锌扁钢（－60×8）；5—不锈钢螺帽；6—接地极

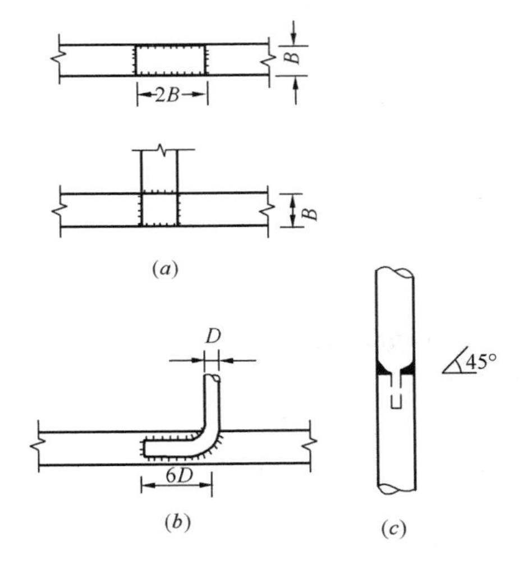

图 2-2-185 扁钢与支承杆的连接

（a）扁钢之间焊接；（b）扁钢与支承杆焊接；（c）支承杆之间焊接

① 扁钢之间搭接焊缝长度，应大于扁钢宽度的 2 倍，接缝处可任选 3 边焊缝，焊缝长≥2B 即可（图 2-2-185a）

② 扁钢与支承杆的搭接长度应大于支承杆直径的 6 倍（图 2-2-185b）；

③ 支承杆对接（榫接）后，应电焊牢固，且满足坡口要求（图 2-2-185c）；

④ 避雷装置外露部分的扁钢一律采用镀锌件，焊接处应刷两道防锈漆。

7）筒壁与内衬“双滑”施工方法

① 内衬伸缩缝施工方法：筒壁与内衬采用“双滑”施工时，内衬的竖向伸缩缝，可采用在滑模的内固定模板滑动面上，加焊竖向切割板的办法，将伸缩缝滑出（图2-2-186）。

② 隔热层预制块固定方法：梳子挡板临时固定法：在相邻两提升架之间悬挂一块高45cm左右的梳子挡板，施工时，作为预制块的临时支挡。挡板用扁钢焊成，分成数片，以利收缩。挡板可随提升架提升，施工至牛腿位置时将其取下。

红砖固定法：采用红砖在内衬一侧将预制块顶住，红砖的另一侧与内模紧贴。浇灌混凝土时，应先筒壁后内衬。施工中砖浇于内衬混凝土之中不再取出（图 2-2-187）。

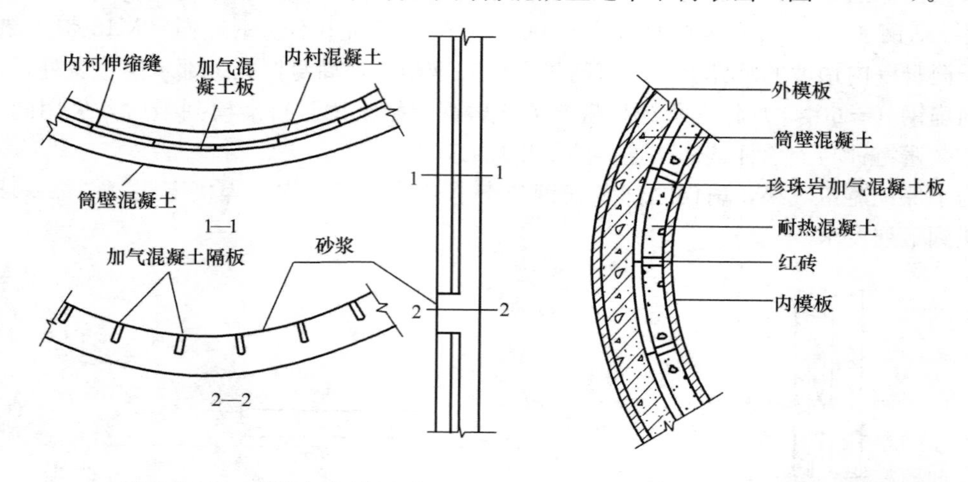

图 2-2-186　筒壁与内衬剖面　　　图 2-2-187　红砖固定隔热层预制块

8）水平和垂直的施工精度控制、参见 2.2.2.4 滑模工程施工中 6.“滑模施工的精度控制”有关内容。

9）外爬梯与信号平台的安装

① 外爬梯安装要点：爬梯暗榫埋设安装前，可成双的焊在扁铁上，以保持两暗榫间距正确。并将螺孔以油纸填塞，以免施工中灰浆灌入。

暗榫安装位置，应用经纬仪测点控制，将爬梯的中心线延长到新标高上，使两暗榫的中心线与其对准，然后以电焊或钢丝绑扎固定在钢筋内侧。

施工中，预埋的暗榫出模后，应立即找出位置，试装螺栓，以免爬梯安装时出现故障。

爬梯安装前，应预先刷上防腐漆。

爬梯安装可在吊架下部先挂两个吊梯和一个捯链，吊梯位于爬梯两侧，操作人员系上安全带站在吊梯上，待拔杆将爬梯吊上来后，将爬梯移挂在捯链上，然后用捯链将爬梯调整到安装位置进行安装。

② 信号平台安装要点：信号平台各构件的制作尺寸要精确。安装前应先在地面上进行预装配，检查各构件数量、质量与制作偏差，发现问题及时整修，然后刷油并分别编号，以备安装。

信号平台三角架暗榫预埋时，应注意安装标高，横向排列位置要准确。上下两个暗榫应在一条垂直线上。

三角架的下边暗榫出模后，可在吊架上将三角架倒立，先装下边的螺栓，待上边的暗榫出模后，可用一根尼龙绳将倒立的三角架翻过来，再装上边的螺栓，然后将上下螺栓拧紧。也可以在吊架下先挂两个吊梯，人站在吊梯上进行安装（图 2-2-188）。

平台板与围栏安装可交叉进行。

施工中，应在做好一切准备并有安全防护措施后，方可解开安全网。安装完毕后应对各连接节点进行检查，必要时应以电焊加固。

（5）操作平台的拆除：设计操作平台时，应考虑拆除方案。拆除应制定可靠的措施，确保操作安全，尽可能分段整体拆除，在地面解体，防止部件变形。拆除后，应对各部件进行检查、维修，并妥善分类存放、保管、备用。下面提供 180m 烟囱滑模平台拆除实例供参考。平台构造见图 2-2-172～图 2-2-175。

1）拆除前准备工作

① 在筒首施工时将拆除需用的预埋件埋设好，做到有备无患；

② 拆除前在烟囱外爬梯上另拉设两对胶皮通信线路，直接与卷扬机联系。在五孔随升井架拆除前仍用原通信系统，井架拆除后，使用新的电路。

2）平台拆除顺序

①拆除油泵及液压调平系统和其他不再使用的设备管线等：

②拆除下部内吊架（外吊架已在安装 177m 信号平台铺板时拆除）；

③拆除内模板及其支撑系统（外模板及其支撑系统在施工筒首环梁时已拆除）：

④把两组临时支承平台用的钢梁（利用改装平台时拆下的两组 6.4m 长的辐射梁）放入筒首预留槽内；

⑤用 10 台 5t 手压式油压千斤顶将操作平台放低，使内钢圈置于钢梁上，平台放在烟囱筒顶上，用方木垫牢。见图 2-2-189；

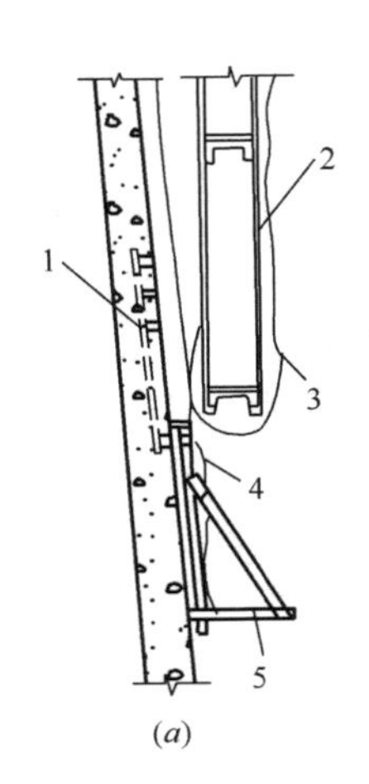

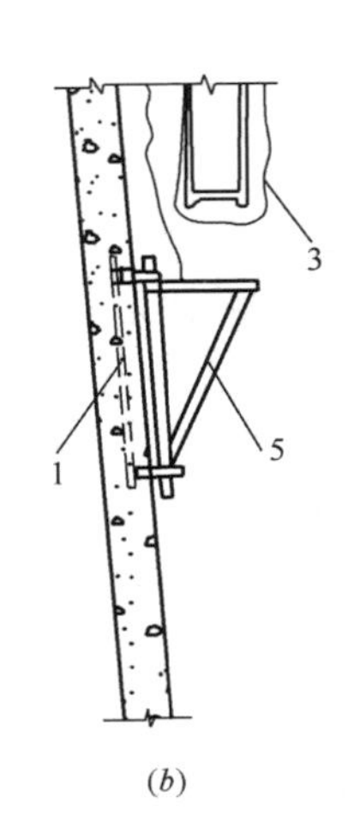

图 2-2-188 倒装平台三角架示意图

（a）倒装三角架；（b）三角架复位

1—平台暗榫；2—下层吊架；3—安全网；

4—牵引复位尼龙绳：5—平台三角架

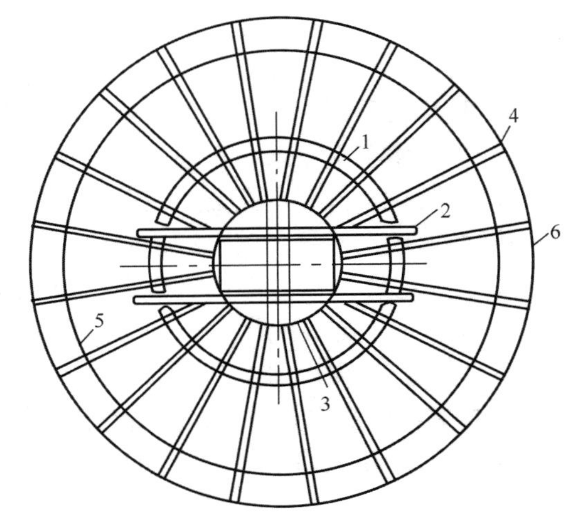

图 2-2-189 操作平台拆除示意图

1—筒首；2—钢梁；3—内钢圈；4—辐射梁；

5—外钢圈；6——外栏圈

⑥ 拆除提升架，割断支承杆；

⑦ 在177m信号平台上搭设临时脚手架及安全栏杆。拆除操作平台外栏杆、外钢圈：

⑧ 用气焊割断竖向角钢，整体拆除随升井架下部五孔底座及鼓筒钢圈下部，用两个提升吊笼同时平衡下放；

⑨ 拆除12组辐射梁，留下与支架底座相连的8组，利用拔杆由筒内放下；

⑩ 利用一个提升吊笼，拆除另一个提升吊笼、导索、天滑轮及钢丝绳。再用拔杆拆除另一个吊笼、导索及垂直运输系统，断绝乘人线路。拆除人员开始由爬梯上下：

⑪ 在筒首环梁处另立一人字杆，拆除拔杆及五孔随升井架的上部构件；

⑫ 在拆五孔随升井架同时，拆除支架斜撑、支架底座井架、内钢圈及余剩的8组辐射梁。利用人字杆吊至地面；

⑬ 用人字杆拆除临时脚手架，临时支承用钢梁，盖好铸铁盖；

⑭ 在筒首预埋的吊钩上挂一滑轮，穿一根直径9mm的麻绳，将人字杆拆下，最后一个人将滑轮从爬梯带下，完成拆除工作。

3）操作平台整体拆除法：滑模操作平台整体拆除工艺，已应用于该公司施工的120m、150m、180m及210m高烟囱中。拆除时，井字架、花鼓筒、辐射梁、两个吊笼及部分工具等随同放下。除准备工作外，180m烟囱的平台，可利用四台主卷扬机将平台平稳地放置于5.6m除灰平台上。施工时充分利用了滑模时的机构设备，下放主绳为原吊笼钢丝绳，且穿法不变。构件下放利用原平台摇头拔杆。为了施工安全，选定175m信号平台作为高空施工基地和拆除操作平台。

施工主要程序如下：

① 烟囱口混凝土强度达到100%后，于随升井架上设置六道缆风，拉在175m信号平台上；

② 割除支承杆，拆去千斤顶，安装铸铁罩，并用方木将辐射梁垫平；

③ 挂好六只手扳捯链（每只起重量为3t），使其处于共同受力状态；

④ 将4个主滑车挂在烟囱口，生根于175m信号平台埋件上；

⑤ 拆除提升架、辅助平台、安全网、平台板等，用摇头拔杆送往地面；

⑥ 检验整个下放系统，关键部位做静荷试验；

⑦ 下放时，待高空人员上完后，将吊笼与花鼓筒固定；

⑧ 松开铰点螺栓，用手扳捯链将平台徐徐降落。平台下降时，利用烟囱口迫使平台辐射梁围绕花鼓筒铰接点向上旋转，呈倒伞形逐渐收拢。当辐射梁端头距烟囱口50cm时，将其扳向井架，并用直径10mm钢丝绳双套千斤与井架固定；

⑨ 当井架顶离烟囱口1m时，抽出原吊笼的起重主绳，将其挂在预先设好的4个主滑车上，挂好导向滑车，使平台保持稳定，拆去缆风；

⑩ 平台下降至烟囱口下5m时（这时主绳张力较小，卷扬机不致超载），手扳捯链停止工作，主绳受力。抽出手扳捯链钢丝绳，随平台下放；

⑪ 启动4台主卷扬机，及时调整同步差，使平台垂直平稳下降。主钢丝绳及主滑车利用另设的1t卷扬机下放；

⑫ 钢丝绳工具下放完后，用麻绳将1t卷扬机主绳及滑车一同下放。到地面后将麻绳扔下，高空人员空载从爬梯下地。

这种滑模平台整体拆除工艺，是一种有发展前途的方法。但在平台设计时应将辐射梁的铰接点设计好，使用时必须保证安全、牢固。

平台拆除工作，危险性较大，施工时须有条不紊，按顺序操作。施工现场要有一套完整而有效的指挥系统。施工人员要定员、定岗，重要操作部位要设立监护人员。

（6）质量安全措施：

1）吊笼等起重设备应设置各种限位器、安全刹车装置、滑轮防脱槽装置、减振缓冲装置等安全装置，并在滑模提升前全面进行检查，调试妥善后方可使用。使用中，应定期对限位器和刹车装置进行校验，以防失灵，发生冒顶、坠笼等意外事故。图 2-2-190 为吊笼安全运行示意图。

2）为了防止高空物体坠落伤人，筒身下部周围必须划出施工危险警戒区。警戒区内应搭设防护棚，上铺不少于二层纵横交错的脚手板或竹夹板和一层 4mm 厚钢板（图 2-2-191）。

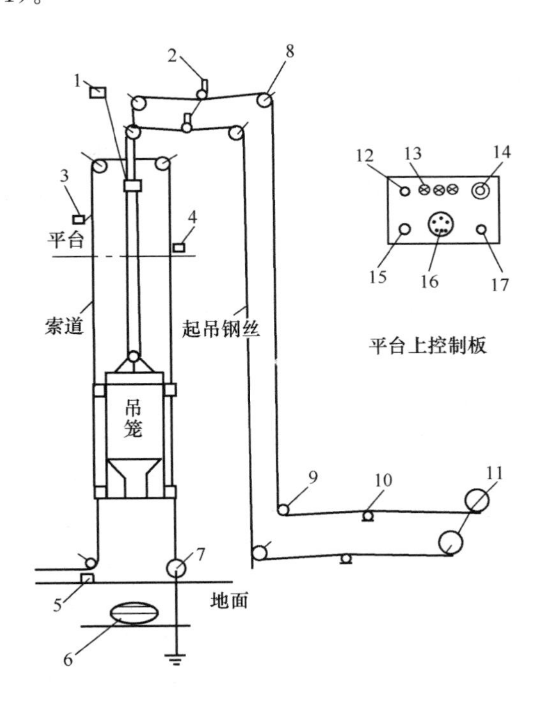

图 2-2-190　吊笼安全运行示意图

1—超高限位器；2—超重限位器；3—平台限位器；4—平台限位器 2；5—下限位；6—减振缓冲装置；7—测力器；8—顶滑轮 $D=300$，加防脱槽装置；9—转向滑轮 $D=300$，加防护罩；10—导向轮 $D\geqslant150$；11—双筒电动卷扬机；12—电铃；13—信号灯；14—紧急开关；15—操纵开关；16—对讲机；17—通信按钮起重钢丝绳 $D6\times19+1D\geqslant17$mm，索道钢丝绳 $D6\times19+1D\geqslant19$mm

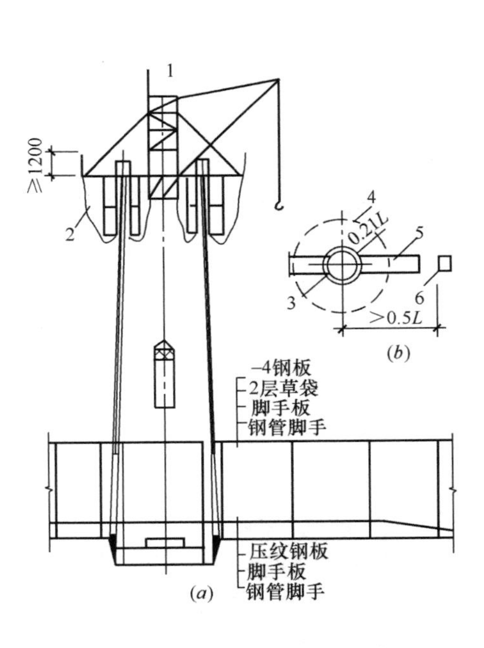

图 2-2-191　滑模施工防护示意图

（a）立面示意；（b）平面布置

1—避雷针（$\phi48$ 镀锌钢管）；2—安全网；3—烟囱；4—警戒线；5—防护通路；6—卷扬机棚；L—烟囱高度

3）平台上的电器设备均应接地线。

（7）电视塔无井架液压滑模工艺：我国采用无井架液压滑模工艺施工的电视塔主要有

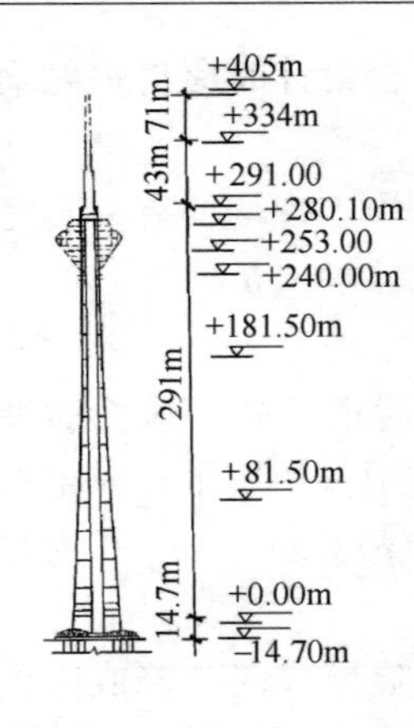

图 2-2-192　天津电视塔结构简图

天津电视塔和辽宁电视塔等工程。

天津电视塔为钢筋混凝土筒中筒结构，由塔基、塔座、塔身、塔楼和桅杆天线等部分组成。总高度±0 以上为 405m（图 2-2-192）。

塔身由内筒、外筒和横隔板构成。内筒为电梯井和楼梯间，平面为切角矩形，壁厚 200mm 和 400mm，从底至顶不变，内设 4 部电梯；外筒为正圆锥形，直径与壁厚随高度而变。内外筒之间每 20m 高设一层横隔板连接成整体。外筒±0m 处外径为 33.9m。+240m 处外径为 12.5m。高度+20～+40m，其壁厚为 0.65m，高度+40～+160m，其壁厚为 0.6m，高度+170～+291m，其壁厚为 0.7m，高度+240～+291m 的筒壁为直线段，筒身钢筋混凝土为 C40。筒壁采用预应力钢筋混凝土结构，在外筒壁设置三种不同长度的预应力钢绞线。

在标高+236m 和+240.2m 处设有挑台，悬臂 2.41m 和 3m。标高+243.15～+278m为塔楼，全部采用钢结构。在钢筋混凝土桅杆施工完毕后，进行预制吊装。

标高+291～+334m 为二节钢筋混凝土桅杆，筒身分别为：5m×5m 和 3.8m×3.8m，壁厚为 0.6m 和 0.55m。标高+334～+405m 为钢桅杆。自标高+20m 至标高+334m采用“内外筒不等高整体同步滑模工艺”施工。筒体混凝土总量为 16000m^3。滑模施工期跨越春夏秋三季，最高气温 37℃，最大风力 7 级以上。

1）滑模平台的设计：塔身外筒是变径的正圆锥形筒体，在滑模过程中易发生扭转，内筒系电梯井道。为保证电梯高速运行，井道垂直偏差限制在 50mm 以内，扭转偏差不得大于 40mm。这就要求滑模平台要有足够的整体刚度，而又必须尽可能减小外筒扭转对内筒的影响。最后确定平台辐射梁与内筒围圈的连接采用铰接，辐射梁设计成简支梁形式，外端通过开字形提升架、千斤顶、支承杆支承于外筒壁上，内端则通过钢围圈、π 形提升架、千斤顶、支承杆支承于内筒壁上，辐射梁用槽钢成对相背组成，提升架可在两相背槽钢中滑动收分变径。环向以型钢钢圈与辐射梁连接成平台骨架，上铺脚手板构成操作平台，下挂两层吊脚手架。

2）提升架与模板系统：提升架均用槽钢、角钢制作，外筒开字形，内筒 π 形，均设有调整模板倾斜度用的锁定丝杆，外筒还设有收分装置，每个提升架可同时安装 1～4 台千斤顶，与烟囱滑模提升架基本相同。

模板系统与烟囱滑模模板基本相同，模板高度 1.25～1.4m，也分为固定、抽拔和收分模板三种类型。为减少扭转，外筒内外固定模板设有防扭条。

3）液压控制系统：采用 GYD-35 型滚珠式千斤顶和 HY-36 型液压控制台，千斤顶平均数量视平台荷重与施工荷载而定。共使用 312 台（后减至 245 台）千斤顶和 4 台液压控制台。油路设计成三级并联，由中央一台液压控制台统一控制。在每根支承杆上均安装限位卡，控制千斤顶同步爬升。

4）垂直运输系统：在电梯井道中设置一台双笼建筑施工电梯，梯笼专门设计成两层，上层装料，下层乘人，可降低电梯使用时停车高度，从而对电梯井架自由高度的要求也可随之降低。为满足滑模施工的运料要求，在另一井道中增设一台运混凝土的吊笼；在平台上对称设置四台拔杆，承担钢筋、钢管与料具的运输。

5）水平运输：地面利用机动翻斗车运输。平台在标高120m以下用手推车运混凝土，标高120m以上平台操作面变小，使用悬挂式水平运输系统，即利用钢管与内筒架子相连，搭成外挑悬臂架，在悬臂下环绕内筒以工字钢架设环形轨道，在环形轨道上安装两台起重量500kg的电动链环捯链，配以相应的混凝土料斗，承担平台上的水平运输。

6）测量控制系统

① 垂直度与扭转的监测：高耸构筑物滑模施工对垂直度与扭转的监测极为重要，可选用方向性、准直度强、精度高的激光铅直仪和激光经纬仪来监测。为了及时反映平台偏移与扭转情况，可在内筒平台上设置4个激光靶，平面布置如图2-2-193。

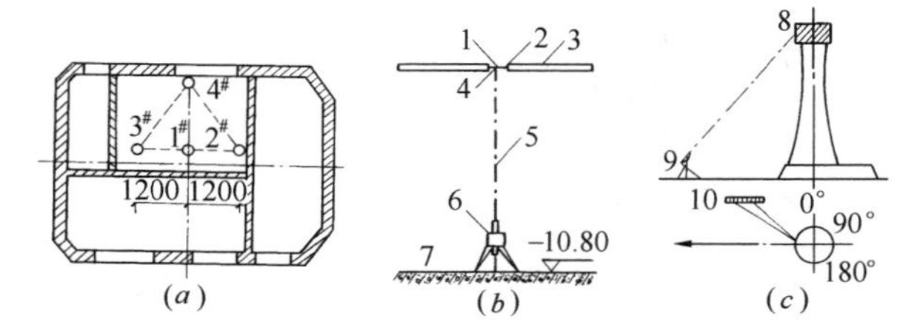

图2-2-193 激光靶平面布置及测试示意图

(a) 激光靶布置；(b) 激光观测示意；(c) 扭转观测示意
1—激光靶；2—保护板；3—操作平台；4—观测口；5—激光束；6—激光铅直仪；7—内筒基础面；8—平台；9—激光经纬仪；10—钢尺

激光室设置在内筒±0m平台。采用BJ-84型自动安平激光铅直仪和JDY-2型激光铅直仪。此外，还在远离塔身80m以外的地方设置一个激光经纬仪施测点，在滑模平台外钢圈上安置一根钢尺，可随时利用J2-JD激光经纬仪观测扭转数据。内筒的4台激光铅直仪每提升一次模板，即观测一次，以便及时采取纠偏纠扭措施。

② 标高控制：在内筒+1m标高处设基点，用钢尺向上量度，每40m设置一换尺点，各段采取累计读数。滑模施工过程中，选择内筒两根竖向钢筋作度量标志，作为预留洞口的标高量度基准。钢筋上的标志每3～4m向上翻一次，每40m以筒壁上的换尺点校准一次。

③ 平台上水平度的观测与调平：平台上水平度的观测，可用三种方法进行。一是利用FA-32型自动安平水准仪找平；二是利用BJ-84激光铅直仪加水平扫描头找平；三是利用连通水管找平。

三种方法均应在全部支承杆上画出一条水平线，以此为依据校正限位卡挡体的标高，从而控制平台水平度。水平线的测画工作须在停滑时进行，以免人多干扰，使观测结果失准。

2. 烟囱滑框倒模施工工艺

大连金州热电厂120m钢筋混凝土烟囱，外壁采用滑框倒模、内衬砌筑、外筒壁与内衬同步施工的“外倒内砌”滑模工艺（图2-2-194）。

钢筋混凝土烟囱滑框倒模工艺是在无井架液压滑模工艺基础上结合移动模板工艺的一种新施工方法，其兼有滑模工艺和移动模板的优点。该工程采用无井架液压滑模操作平台系统，以QYD-60型液压千斤顶为操作平台的提升机具，支承杆为$\phi48\times3.5$钢管。在提升架立杆上设竖向滑轨，滑轨的作用既抵抗混凝土的侧压力，又起操作平台向上提升时的导向作用。当液压千斤顶带动提升架连同操作平台上升时，滑轨沿模板后背向上滑动，而模板不动。当滑轨滑出下层模板后，将下层模板拆除，重新安装于上层模板之上，使两层模板交替倒模，混凝土现浇成型连续施工。在混凝土烟囱施工中，每次滑升高度为1.2～1.5m，工艺原理见图2-2-195。

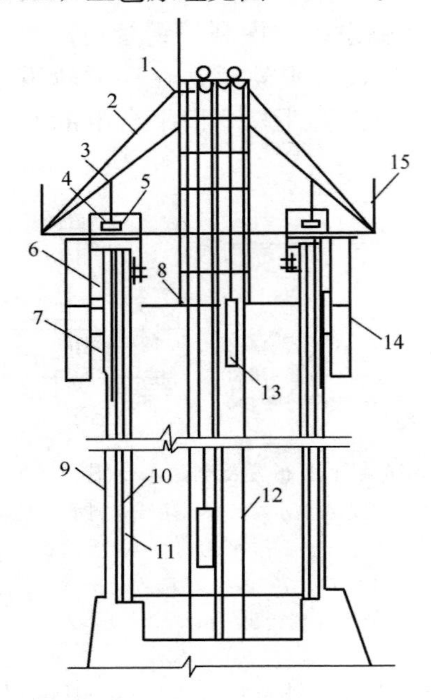

图2-2-194　烟囱滑框倒模装置图

1—随升井架；2—斜撑；3—支承杆（ϕ48×3.5钢管）；4—千斤顶；5—提升架；6—上层模板；7—下层模板；8—砌筑内衬平台；9—混凝土筒壁；10—隔热层；11—内衬；12—柔性滑道；13—罐笼；14—吊脚手架；15—平台栏杆

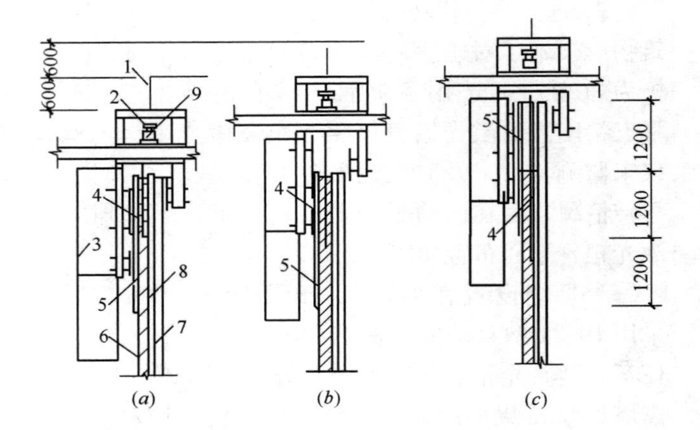

图2-2-195　滑框倒模工艺示意图

（a）浇筑混凝土；（b）提升、收分、钢筋焊接；（c）提升、收分、绑扎钢筋、倒模、砌内衬

1—支承杆；2—提升架；3—吊脚手架；4—上层模板；5—下层楼板；6—混凝土筒壁；7—内衬；8—隔热层；9—千斤顶

采用滑框倒模工艺施工钢筋混凝土烟囱，必须根据其结构特点和现场的施工条件编制专项施工方案，依据现行《液压滑动模板施工技术规范》GB 50113进行滑模装置的设计。

（1）液压千斤顶和支承杆：为满足滑框倒模所需的滑空高度，选择QYD-60型穿心式液压千斤顶。支承杆采用ϕ48×3.5焊接钢管，长度以4～6m为宜，支承杆采用内插接头钢管平头对接，当液压千斤顶通过接头部位后，应及时将接头处焊接加固。

（2）模板系统：提升架呈Γ形，采用[6.3槽钢制作（图2-2-196）。

为满足烟囱连续变截面筒壁的特点，模板平面布置以两组提升架之间为一单元，采用固定模板、活动模板和收分模板进行组配（图2-2-197）。

（3）滑框倒模装置安装顺序

1）搭设筒底施工平台；

2）焊接内衬砌筑平台；

3）组装随升井架；

4）安装施工操作平台（辐射梁、环梁、斜支撑系统）；

5）安装提升架收分装置；

6）内衬砌筑，绑扎首层模板范围内钢筋，支承杆与环向钢筋焊接；

7）液压系统安装及调试；

8）安装首层模板（图 2-2-198），浇筑混凝土；

9）将滑框倒模装置提升 600mm；

10）绑扎钢筋、砌筑内衬、安装第二层模板，浇筑混凝土；

11）安装垂直运输，信号系统。

（4）施工工艺流程：钢筋混凝土筒壁滑框倒模施工工艺流程见图 2-2-199。

（5）施工方法及要求

1）滑框倒模装置组装完成后，经检查其组装的偏差应满足规定，方可进行正常施工；

2）烟囱内衬的砌筑高度应高于模板 100～150mm，块状隔热层材料每块宽度不宜大于 200mm，卷材隔离层应绑扎牢固；

3）混凝土应分层浇筑至模板上口平齐并刮平；

4）采用激光铅直仪检查烟囱及操作平台中心的偏移；

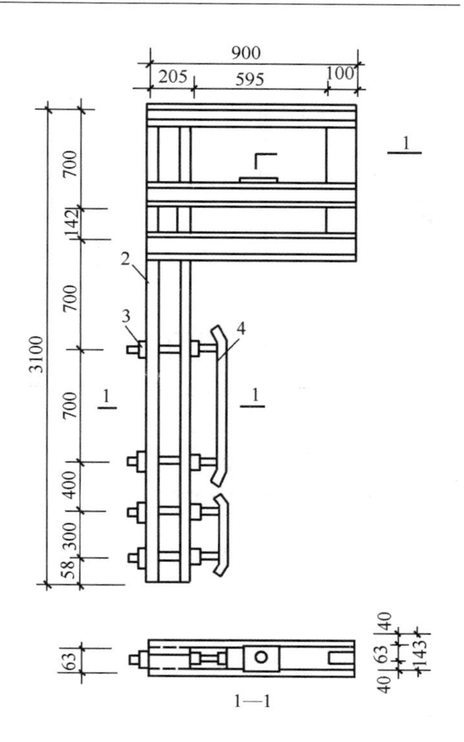

图 2-2-196 Γ型提升架

1—千斤顶底座板；2—提升架立柱；3—调节丝杠；4—滑轨

5）采用平台倾斜法调整操作平台飘移，顶升操作平台 600mm，焊接支承杆与环向钢筋的加固点，向中心顶进提升架（根据筒壁倾斜度确定顶进尺寸）。采用绳拉法纠扭措施，顶升操作平台 600mm，向中心顶进提升架；

6）高出操作平台以上的钢筋应采取临时固定方法，保证其位置和倾斜度准确。钢筋保护层厚度的允许偏差值应保持在 0～10mm；

7）当支承杆通过千斤顶后，应与环向钢筋点焊连接，焊点间距不宜大于 500mm；

8）下层模板拆除、清理、刷隔离剂后安装于上层。模板竖向依靠钢插销和 U 形卡连接固定，内靠楔形砂浆垫块紧靠于环向钢筋上，外靠紧箍钢筋固定；

9）筒壁内衬砌体强度较低情况下浇筑混凝土，需在每组辐射梁底设内衬支顶装置（图 2-2-200）。

3. 电视塔滑框倒模工艺施工

我国采用滑框倒模滑模工艺施工的电视塔工程主要有中央电视塔和南通电视塔等。其中中央电视塔和南通电视塔分别采用“滑框倒模”工艺和“内滑外倒”工艺。

（1）中央电视塔滑框倒模工艺施工：中央电视塔±0 以上总高度为 396m（从室外地坪算起为 405m）。由塔基、塔座、塔身、塔楼、桅杆等组成。塔身为钢筋混凝土筒中筒结构，包括外筒、中筒和内筒（梯筒）三部分。外筒为正圆锥形，标高±0 处半径为 16m，标高＋200mm 处半径变为 6m。标高±0～＋30m 处外筒壁厚为 600mm，标高＋30m～＋200m处壁厚为 500mm。混凝土强度等级为 C40（图 2-2-201、图 2-2-202）。

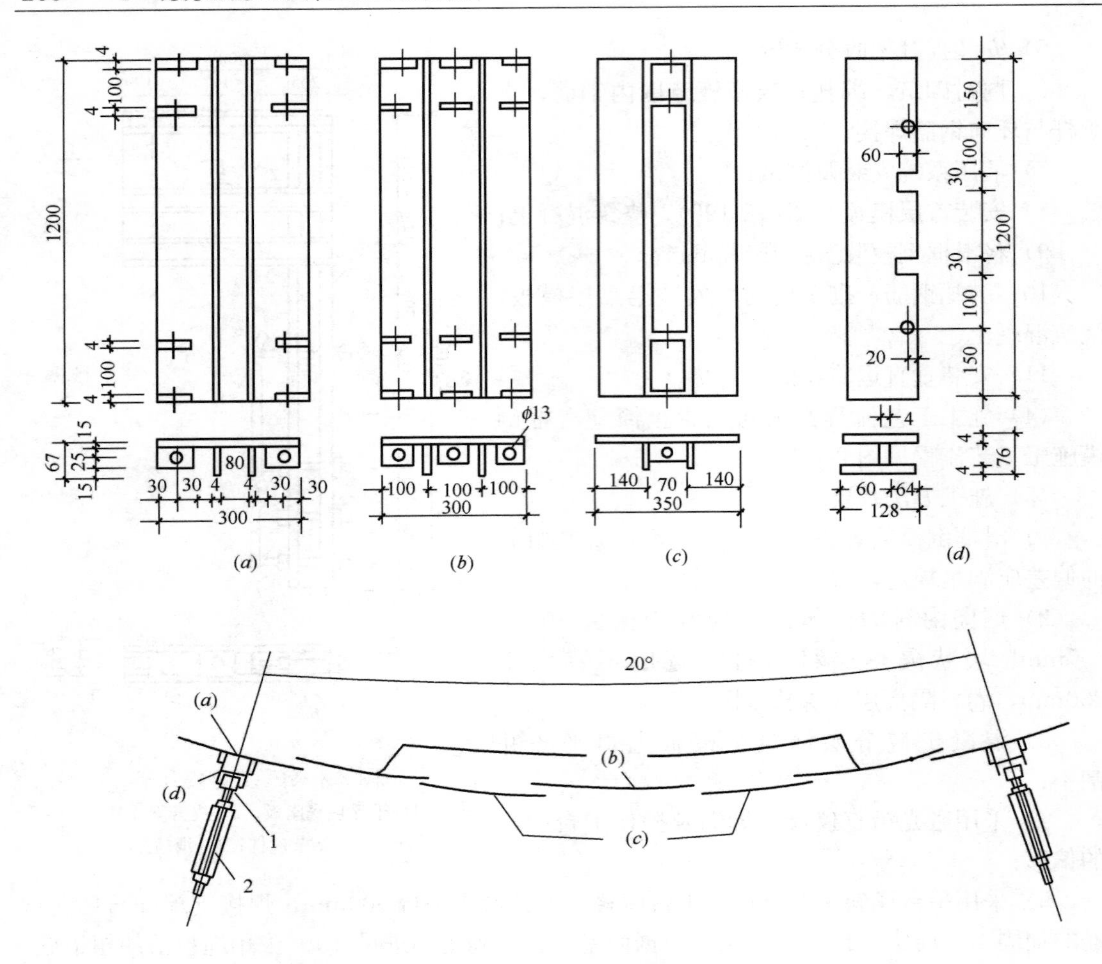

图 2-2-197　模板组配图

（a）固定模板；（b）活动模板；（c）收分模板；（d）H 形滑道

1—滑轨；2—提升架立柱

1）滑模平台：根据外筒、中筒、内筒不同步滑升的条件，将控制提升架缩径和承受施工荷载用的滑模平台，设计成环形平板网架结构。环形滑模平台的外侧，通过提升架支承于千斤顶上，内环没有支承。在其平面内，48 榀提升架的轴线均通过圆心呈放射线布置，以便于提升架向内收缩和模板安装找正及整体纠偏（图 2-2-203）。

当施工至标高＋30m 时，中筒施工到顶，滑模平台内环处须将 24 根辐射梁接长至内筒外壁，在其端部焊接成方形环梁，环梁的内侧与内筒外壁留有 17cm 间隙，以便于调整平台的偏扭。当施工至标高＋150m 时，拆除 1/2 数量的辐射梁，然后增加 24 榀反桁架，并设 3 圈环梁，形成新的环形空间受力平台结构。在标高＋150m 以下，滑模平台环状结构外侧的网架杆件，可随外筒提升架的向内收缩变径，随时拆去多余部分（图 2-2-204）。

2）提升架：提升架由型钢焊接成“开”形，高 4.5m，宽 2.2m，共 48 榀。提升架的下横梁的下部，设有可调角度的千斤顶座，每榀提升架安装 4 台液压千斤顶。在提升架的每侧支腿上，设有 3 层围圈托架，该托架通过可调丝杠与提升架连接，以便于通过径向移动围圈来调整筒壁的厚度（图 2-2-205）。

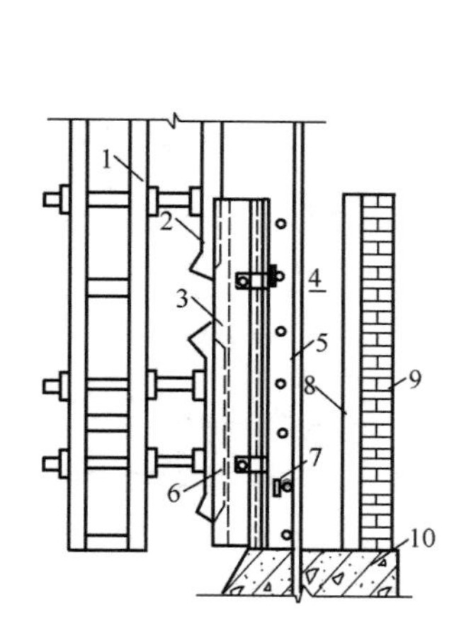

图 2-2-198 首层模板安装示意图

1—提升架；2—滑轨；3—H形滑道；4—固定模板；5—支承杆；6—紧箍钢筋；7—垫块；8—隔热层；9—内衬；10—烟囱基础

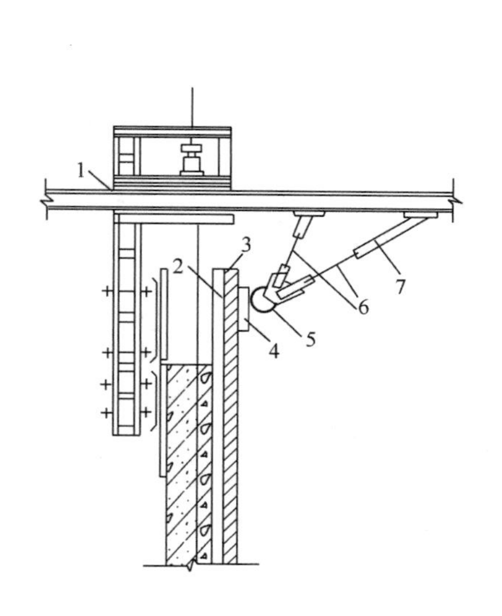

图 2-2-200 内衬支顶措施

1—辐射梁；2—隔热层；3—内衬；4—木楔；5—顶轮；6—调节丝杠；7—撑杆

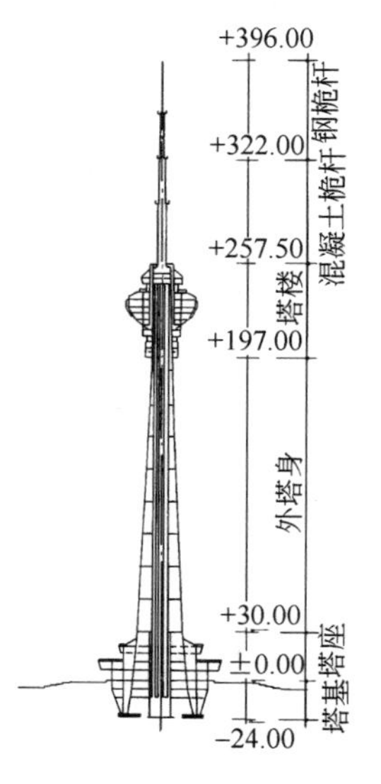

图 2-2-201 中央电视塔建筑结构剖面示意

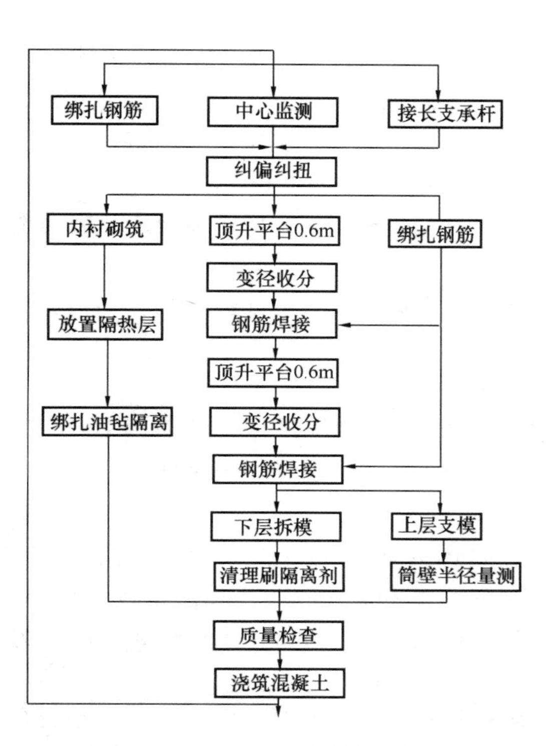

图 2-2-199 筒壁滑框倒模工艺流程

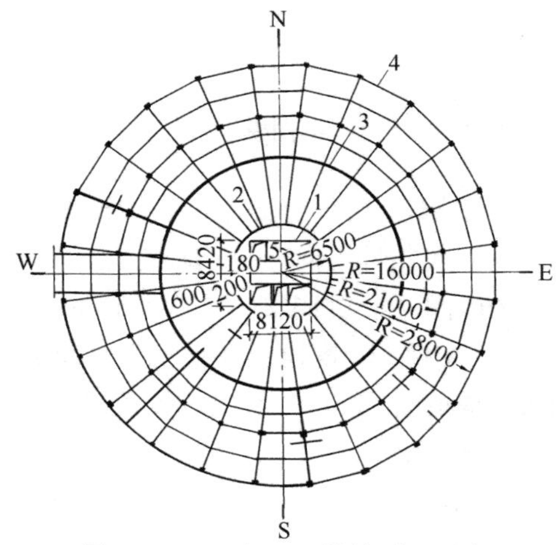

图 2-2-202 ±0.00 结构平面示意

1—内筒（梯筒）；2—中筒；3—外筒；4—塔座框架；5—楼梯间

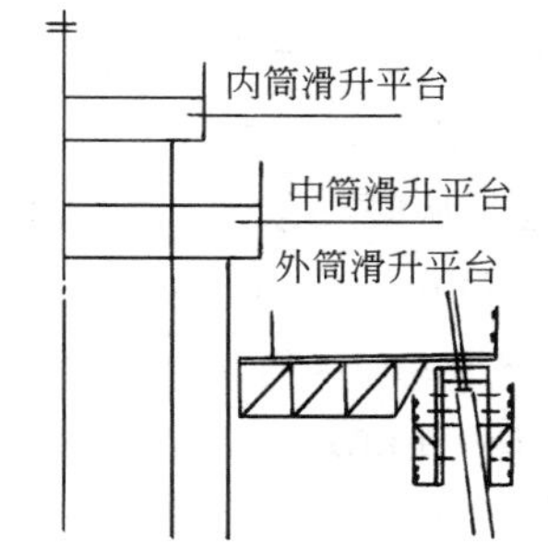

图 2-2-203 滑框倒模平台结构示意图

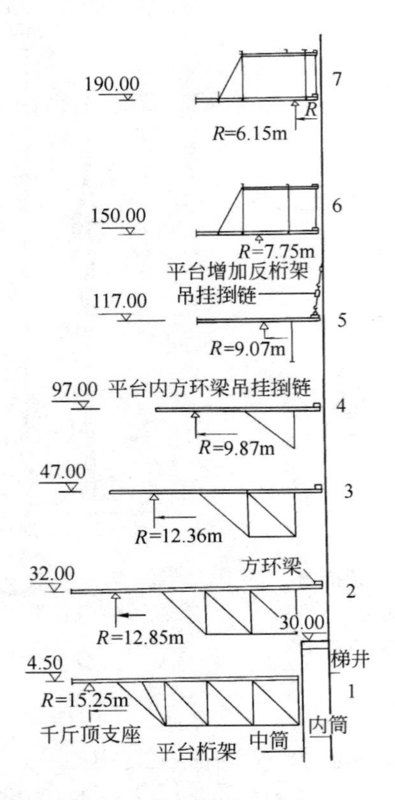

图 2-2-204　滑框倒模平台演变示意图

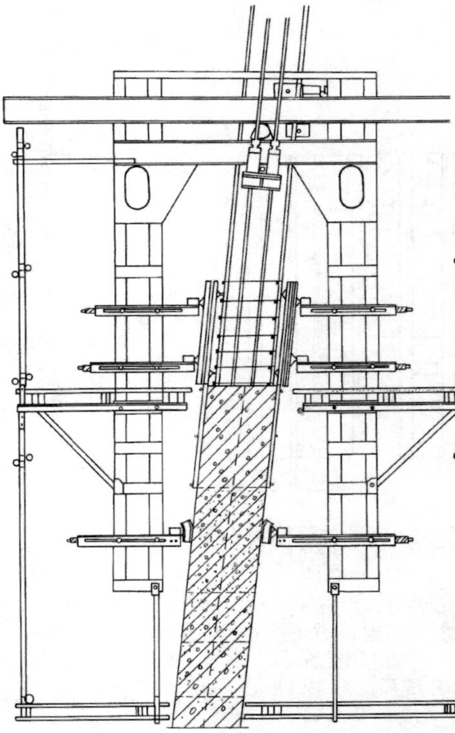

图 2-2-205　滑框倒模构造图

3）围圈：围圈为支撑模板的横向主龙骨（∟80×8），模板背面用 5×10 木方作次龙骨，主、次龙骨之间通过钩环连接。围圈为直线形，两个提升架之间（7.5°）设置上、下各 1 个围圈。通过调整主、次龙骨的规格（厚度），使模板成弧。围圈一端固定，另一端可伸缩，用 M20 螺栓连在托架上，收分时，螺栓在围圈活动端的长孔内滑动，这样 48 根直围圈构成封闭的 48 条边，每条边上的圆弧曲率又转化到模板上，即由模板成弧来实现塔身的圆弧度。

4）液压系统布置：采用 192 台 GYD-35 型液压千斤顶，由 1 台 HY-56 型控制台集中控制。

5）模板

①模板类型：为适应外塔身的变化和简化施工程序，内外模板均分为两种类型：

内模板：一类为钢收分模板，从底到顶尺寸不变，位置不变（模板尺寸：900mm×400mm×3mm）；另一类为 12mm 厚胶合板模板；

外模板：从底到顶分 5 种规格：标高±0～＋20m 为 900mm×1800mm；标高＋20～＋56m 为 900mm×1500mm；标高＋56～＋114m 为 900mm×1200mm；标高＋114～＋171m为 900mm×900mm；标高＋171～200m 以上为 900mm×1200mm（后改为1200mm×1800mm）。

②模板材料：外模选用 12mm 厚覆膜胶合板为面材；内模原选用 8mm 厚的竹塑胶合板，后改成与外模一致；收分模板为 3mm 厚钢板，加工出压口舌边。

③模板平面布置：为保证收分模板脱模后痕迹规律美观，每榀提升架所在的轴线对应一对收分模板（即标高＋150m 以下 7.5°圆心角对应一对收分模板，标高＋150m 以上 15°圆心角对应一对收分模板），覆膜胶合板与收分模板相间布置（图 2-2-206）。

④模板构造：模板与围圈的连结采用拉钩形式。模板竖楞侧面设有连接挂钩孔，支模时用拉钩将模板拉在直围圈上，然后用木楔子挤紧即可。

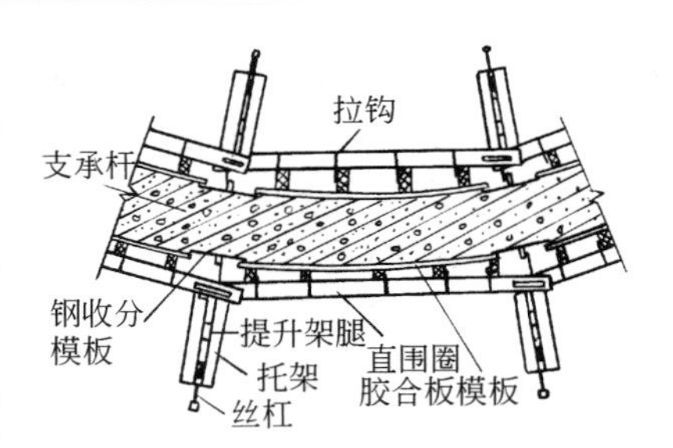

图 2-2-206 外筒滑框倒模平面示意图

6）支承杆稳定性：正常施工时，浇完混凝土即绑扎千斤顶座底至混凝土面 0.9m 高度内的钢筋。钢筋绑扎完后进行 0.9m 高的滑升。为防止支承杆失稳，在 0.9m 钢筋绑完后，将 4 根一组的支承杆与结构主筋通过拉接筋进行点焊连接，形成一个由支承杆和主筋组成的受压柱。

在＋112m 标高预应力张拉端的混凝土牛腿施工中，需将整个系统空滑 3.7m 高，也可采取用 ∟50×5 角钢和支承杆组焊成格构式受压柱的方式进行加固。

7）缩径及收分：外塔身每滑升一步，所有提升架都要沿平台辐射梁的刻度向圆心收缩，收缩方法有两种：一是采用手摇千斤顶向内顶提升架缩径的方法；二是采用牵挂捯链向内缩径的方法。这两种方法工具简单，但操作效率较低。

8）纠偏纠扭问题：由于平台直径大，千斤顶升差和支承杆自由度大，外加荷载分布不均，受风力影响诸多因素的干扰，每次滑升平台均出现漂移和扭转。根据激光铅直仪和经纬仪的观测数值，在确定了平台的偏扭方向和偏差值后，可采用 3～4 个捯链（3～5t）斜拉，即可纠正或控制偏差的发展。

外塔身滑框倒模施工工艺流程（正常施工阶段）如图 2-2-207。

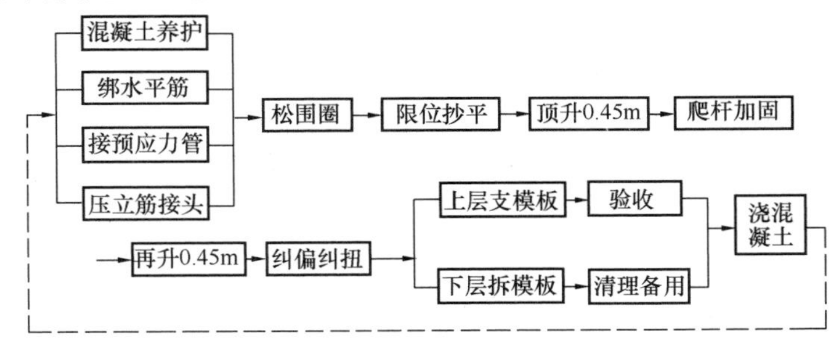

图 2-2-207 外筒滑框倒模工艺流程图

施工工艺流程中，关键工序是滑框（即滑升）→支模板→浇混凝土→绑钢筋。绑钢筋可在混凝土浇完后立即插入，在混凝土养护的 4～6h 内完成，不单独占工时。

在正常的施工条件下，一昼夜能够完成 1.5 步，即 1.35m。

（2）南通电视塔“内滑外倒”滑模工艺。南通电视塔由承台、地下室、工作裙房、塔身、塔楼和天线等部分组成。全高 187.5m，钢筋混凝土筒身高 144.05m。在塔身＋102m 和＋115m 处，分别设有外挑式瞭望楼和微波楼，总建筑面积 2245m^2（图 2-2-208）。

钢筋混凝土塔身分为 6 段、5 种坡度和 5 种壁厚，最厚处 70cm，最薄处 25cm。下部外径 14m，上部外径 3.5m。塔身＋86m 以下设有五道内隔板。在＋102～＋125m 间，设有11道钢结构支座环梁。主要实物量：钢筋1080t，混凝土5563m³，钢结构255t。

1）工艺流程：滑模平台组装就位后，进行内模和外倒模（第①组）的安装，内模第一次安装要高于外模45cm，混凝土浇平外模后，内模提升45cm，再支外模（第②组）。以后每浇一层混凝土（45cm），内模提升一步。每提升二步内模，倒支一次外模。以后程序按此循环（图2-2-209、图2-2-210）。

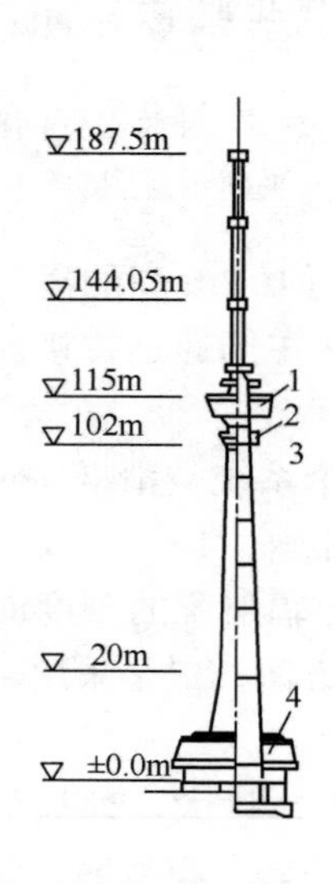

图2-2-208　立面及主体结构

1—微波楼；2—瞭望楼；3—内隔板；4—裙房

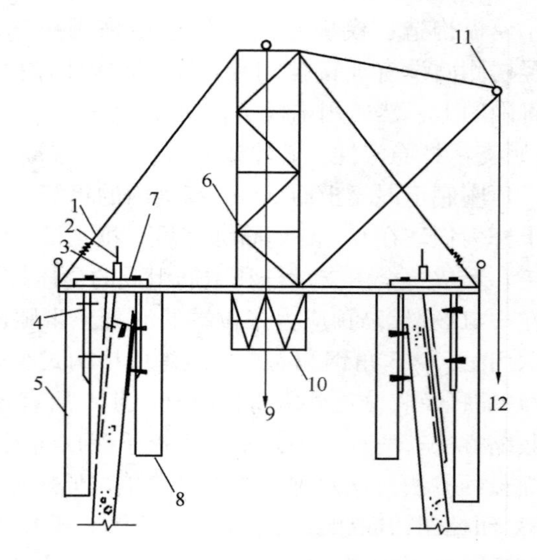

图2-2-209　“内滑外倒”滑模装置

1—斜撑；2—支承杆；3—千斤顶；4—提升架；5—外吊架；6—平台井架；7—横梁；8—内吊架；9—罐笼；10—鼓筒；11—扒杆；12—卷扬机钢绳

2）滑升平台和外模固定系统：平台用24对[12作辐射梁，设置48台HSXQ-30型自改制液压千斤顶。中部设一座长×宽×高=2.1m×1.7m×8.3m的井架。将外提升架上原有小横担降低，增设两道活动钢围圈，既用于调整外模半径，又用于模板支撑和固定环梁外模用（图2-2-211）。

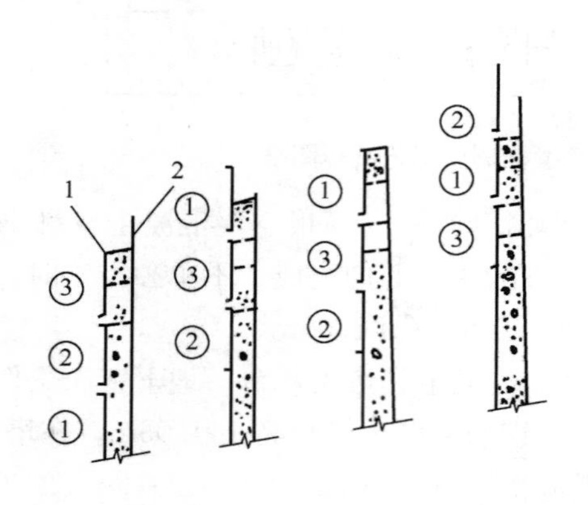

图2-2-210　外倒模板程序图

1—外模 H=90cm；2—内模 H=140cm

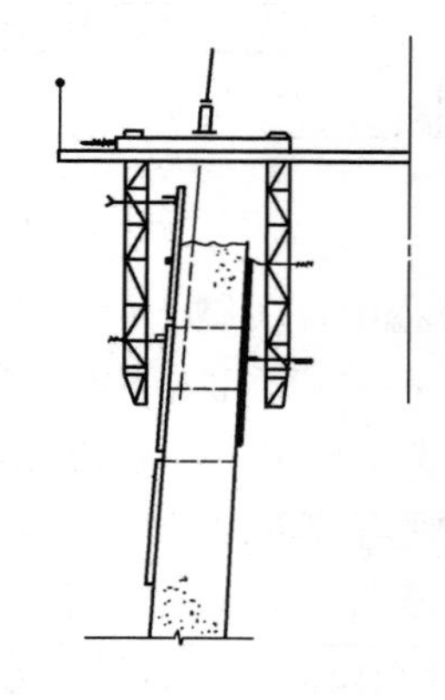

图2-2-211　外模板和固定系统

3）模板配制与组合：内模用原有烟囱滑模模板，高 140cm，由收分、固定、抽拔三种规格组成。

外模高 90cm，由标准模板、锥形模板（根据筒体坡度设计）和搭接模板（作调整累计误差用）组成。

4）平台的纠偏纠扭：内滑外倒由于没有外模对筒壁的侧压力，相应削弱了平台的稳定性，平台的偏、扭幅度较滑模施工大，甚至有失控的可能。对平台的纠偏纠扭，除采用常规调整措施外，可综合采用以下几项措施：

① 将原有的激光靶改为“极坐标”式，能直观反映平台偏、扭值和方位，以便及时、准确地进行调整；

② 采用“预控”法进行调整。当平台偏移值达 10mm 和扭转值达 100mm 时，当班必须采取调整措施，使偏、扭值控制在初始状态；

③ 如果采取调整措施后，平台的偏、扭值仍在增大，当偏移达 15mm、扭转达 200mm 时，则必须采取平台“静态调整”法。此时应根据平台的方位施加相应外力，空提两个行程（60mm）再施加外力，再提升，一般只需重复 4～5 次，平台即有回归趋势。

5）特殊部位的施工：内隔板的施工，可利用提升架外支腿上的活动钢围圈固定外模，内壁采用预埋件固定挑架的方法支模，这样操作方便安全，支模速度快（图 2-2-212）。

在塔身标高＋120～＋124m 段，筒体外径由 5.9m 收缩到 3.5m，壁厚也由 70cm 突变为 25cm，采用预埋支承杆分组径向内移的方法，并将辐射梁减少 12 对，为施工上部小口径段创造了条件（图 2-2-213）。

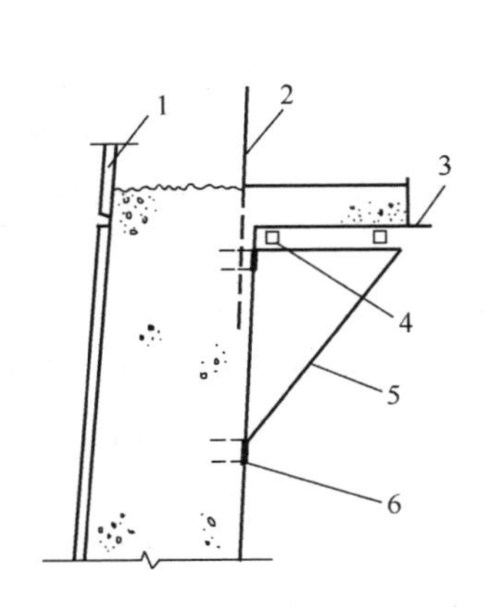

图 2-2-212 内隔板施工方法

1—外模；2—钢筋；3—钢模板；4—40×60 方管；5—三角架（ϕ20～ϕ25）；6—预埋件

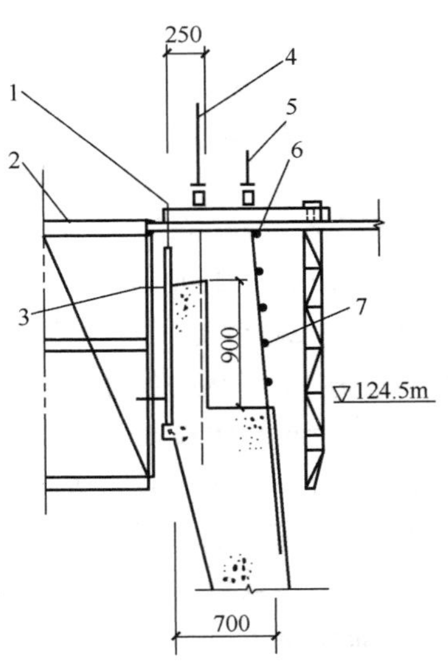

图 2-2-213 支承杆径向内移

1—ϕ20Π 形卡；2—平台鼓筒；3—内滑模固定架；4—预埋支承杆；5—提升支承杆；6—环向加固（Φ25）；7—ϕ14 环筋与支承杆焊接

塔身标高＋124.5～＋144m 段，内径只有 3m，采取“单腿提升架”滑模，即将内滑模模板直接固定在鼓筒上，外模也换用滑模模板，用双滑法施工完小口径段。

6）劳动组织和滑升速度：为保持施工连续性，安排三班作业，每班：瓦工 2 人，电工2人，机运工2人，架工2人，木工5人，钢筋工3人，混凝土工5人，普工7人，35人/班。班组采取综合承包形式。

混凝土设计等级C23，根据混凝土试块的强度增长曲线和平台脱空高度，出模强度取值为0.4MPa，滑升速度每班90cm。

7）安全措施

① 提升罐笼，除设置“防冒顶”开关外，增设了罐笼下卡装置，当出现意外情况，乘员只要拉动笼内的“紧急拉闸”，罐笼便能在15cm以内制动在柔性滑道上，不致发生坠落事故；

② 为提高千斤顶爬升的可靠性，将原有只适用于Φ25mm圆钢的滚珠式千斤顶改为楔块式千斤顶，使其适用于直径25mm螺纹钢筋；

③ 采用油泵—滑道联锁装置，在平台提升过程中，如滑道未松，联锁装置就会显示而且自动切断电源，使提升系统停止启动。

8）“内滑外倒”工艺的特点

①“内滑外倒”可利用原有滑模设备，措施费用低，改制简便，施工速度快，操作方便和安全可靠；

② 该工艺支模条件好，中心复测方便，能保证预埋件、预留孔洞的安放准确。主要是能保证混凝土外观质量，使外表光洁平整；

③ 该工艺适用范围大，对断面变化大、牛腿、环梁、预埋件多的构筑物均可施工；

④ 施工场地集中，内外吊篮可随筒壁变化调整，容易封闭，施工人员操作条件好，能确保施工安全；

⑤ 工期短，效益高。南通电视塔如采用多孔井架倒模需220d，采用内滑外倒后，仅135d，绝对工期为128d。

4. 烟囱外滑内提同步施工滑模工艺

渭河电厂240/7m套筒式烟囱为双筒结构，外筒为C30钢筋混凝土承重筒，±0.00标高直径21.2m，+240m标高外径11m，筒壁厚850～250mm；内筒为自承重排烟筒，出烟口（标高+230m处）直径7m，+230～+240m呈喇叭口，+240m处内径9m。内筒+80m标高以下，从内到外由水玻璃耐酸胶泥砌240mm厚耐火砖、140mm厚配筋水玻璃耐酸陶粒混凝土、水玻璃耐酸胶泥砌120mm厚耐火砖三层组成。每5m高设500mm×（400～600）mm（宽×高）水玻璃耐酸陶粒混凝土圈梁一道。由支承在外筒斜牛腿上的16根钢筋混凝土斜支柱与内筒钢筋混凝土环梁组成空间体系，承担排烟筒重量。+80m以上从内到外由水玻璃耐酸胶泥砌120mm厚耐火砖、140mm厚水玻璃耐酸陶粒混凝土、60mm厚矿棉板和0.6mm镀锌钢板四层组成，每5m高设260mm×（400～600）mm配筋水玻璃耐酸陶粒混凝土圈梁一道。内外筒每25m由每平台相连。从±0.00～+230m，两钢平台之间由支承在外筒内壁的旋转钢梯连通，作为检修通道。

（1）套筒式烟囱外滑内提同步施工工艺。外筒由40榀提升架及模板系统组成，采用常规滑模；内筒由20榀提升架及模板系统组成，采用提模。外筒每滑升250mm高，内筒在模板内砌筑250mm的耐火砖，当外筒连续滑升三个提升层后，浇筑内筒水玻璃耐酸陶粒混凝土750mm高。矿棉板及镀锌钢板的安装，紧跟内筒提升完成。依附在外筒的旋转钢梯及筒间钢平台、信号平台等随滑升同步进行。当外筒滑升到筒间平台标高以上1.5m

处，停止滑升，此时拆除斜支柱与内筒外模相碰的部分模板，用经纬仪测定16根斜支柱及32根水平钢梁的中心线，安装斜支柱劲性骨架、挂模板、浇浇支柱混凝土。然后挂环梁底模，安装10mm厚石棉布及2mm厚钢板，绑扎环梁钢筋，浇环梁混凝土。当环梁C40混凝土达到50%以上强度时，焊接32根水平钢梁。以上工序完成后，外筒滑升750mm后停滑，再扎420mm×1200mm（宽×高）环梁钢筋，浇筑水玻璃耐酸混凝土，这样就完成了一个25m层全部工序，再进入第二个25m层的施工，见图2-2-214。

（2）斜支柱及环梁的施工方法。烟囱每25m高程设有16根350mm×350mm×（2100～4900）mm斜支柱，水平夹角60°，支承在外筒混凝土牛腿上，与排烟筒钢筋混凝土环梁（400mm×450mm）组成空间体系，分段承担排烟筒重量，详见图2-2-215～图2-2-217。

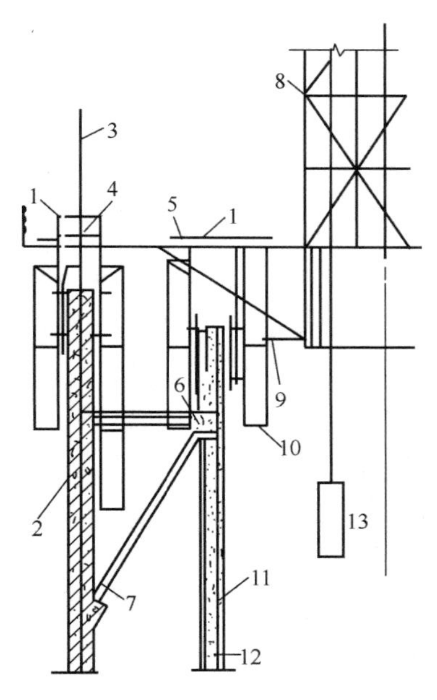

图2-2-214 套筒式烟囱外滑内提同步施工工艺

1—提升架；2—钢平台；3—支承杆；4—千斤顶；5—收分螺杆；6—环梁；7—斜支柱；8—平台井架；9—栈桥；10—吊架；11—圈梁；12—内筒；13—罐笼

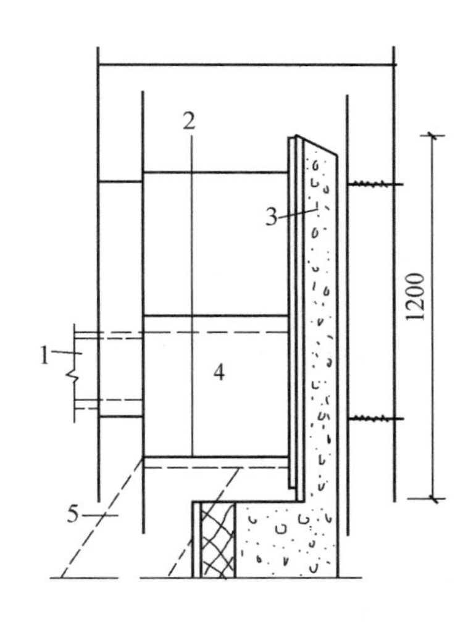

图2-2-215 侧板施工方法

1—钢梁；2—衬模；3—耐酸混凝土、矿棉布和钢模；4—环梁；5—斜支柱

（3）钢梯及钢平台施工。旋转钢梯及钢平台平面布置，各层方位多变，在动态状况下要准确地控制方位及高程，难度较大，为了确保施工质量，可采用以下施工方法：

1）采用激光仪、经纬仪、水平仪配套使用方法，监控中心线、方位角及高程。通过激光仪将烟囱中心点投射到上平台接收靶上，架设经纬仪，对中接收靶上的激光点，俯视地面上的基准点，测定方位。高程控制采用钢尺及水准仪进行双控。以上措施可保证结构安装的准确性。

2）滑升中，钢平台及旋转钢梯按设计要求的高程和方位预埋铁件。当铁件露出钢模后，插入安装旋转钢梯及平台，这样可避免二次安装操作平台，以缩短总工期及投入。

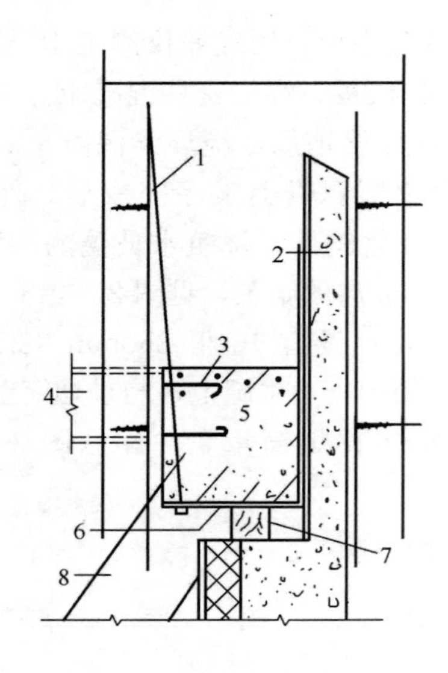

图 2-2-216　环梁施工方法

1—吊杆（Φ6.5）；2—耐酸混凝土、矿棉和钢板；3—预埋件；4—钢梁；5—环梁；6—环形钢板；7—支架；8—斜支柱

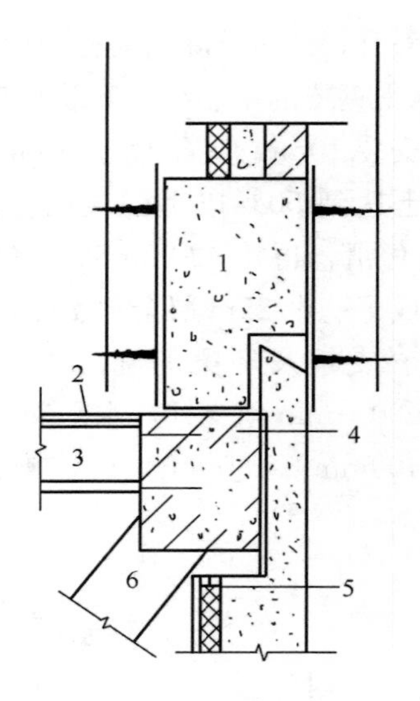

图 2-2-217　耐酸混凝土梁施工

1—耐酸混凝土梁；2—钢搁栅；3—钢梁；4—环梁；5—镀锌钢板、矿棉布和耐酸混凝土；6—斜支柱

(4) 垂直运输系统。套筒式烟囱同步施工，除从技术角度考虑施工工艺的可行性外，还要考虑施工工期的有关问题。同步施工的垂直运输量很大，运输问题解决不好，不但影响总工期，而且也影响结构质量。在进行平台设计时，可采用五孔井架和4个双层吊笼，吊笼柔性滑道的张力控制，可采用3t卷扬机加配重的方案。从使用情况看，这种平台是安全可靠的。

(5) 纠偏、纠扭措施。套筒式烟囱采用内提外滑工艺，偏、扭控制和纠正均比单筒烟囱困难得多，而且效果来的缓慢。纠偏可采用改变模板锥度法及改变平台高低法并用，效果较好。从滑升开始至滑升完毕，最大偏移40mm，＋240m偏移值仅30mm，远小于规范要求。平台扭转可采用以下方法纠正：

1) 在扭转方向活动模板与收分模板间设固定卡，使其产生反向力矩，变双向收分为单向收分。

2) 从扭转方向变换调整千斤顶高度，进行纠扭。以上两种方法并用可达到纠扭目的。

5. 烟囱外滑内砌滑模工艺

陕西省略阳电厂210m烟囱，±0.00处外径为17.96m；顶部外径为5.04m，内径为4m。钢筋混凝土筒壁厚度，＋25m以下为70cm，向上依次减薄至20cm。内衬为耐酸胶泥砌耐火砖及M5砂浆砌红砂。钢筋混凝土外壁与内衬之间的隔热层为水泥蛭石预制板。

烟囱主体施工采用“外滑内砌”滑模工艺，工期共157d。该工程由甘肃省一建施工。

(1) 滑模装置及工艺。滑模平台采用悬索结构，平台直径为19m。双孔井架平面尺寸2860mm×1600mm，高度7.6m。平台以下鼓圈直径3.4m，高2.5m。布置36根辐射梁，每副辐射梁下设置2Φ25双拉杆。平台以上安装24根斜撑与井架连接（图2-2-218）。

平台结构组装完毕后，就地进行荷载试验，加荷至97t（包括结构自重48t），中点竖向变形为 21mm。在施工过程中，未出现较大变形。提升架采用单支腿，以减轻平台结构自重并方便内衬施工（图 2-2-219）。

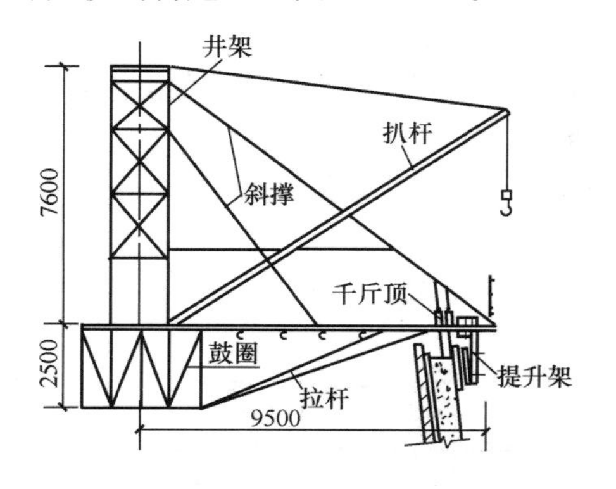

图 2-2-218 悬索结构平台升架

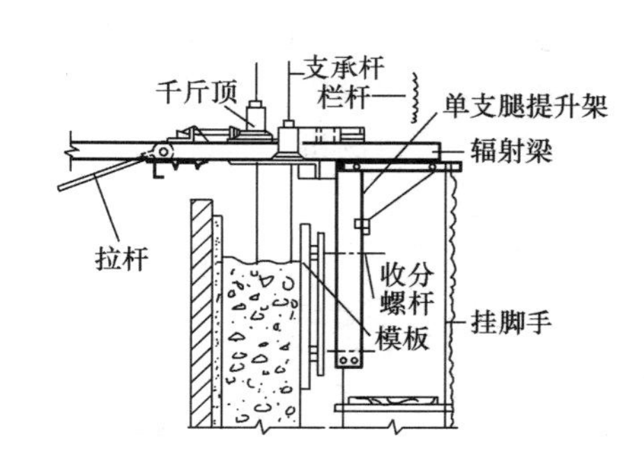

图 2-2-219 单支腿提升架

烟囱内部使用 2 台吊笼运送材料及人员，由 2 台 5t 双滚筒卷扬机提升。每台卷扬机用 2 根钢丝绳同时吊运 1 台吊笼，以保证单根钢丝绳断裂时，不至产生坠落事故。吊笼顶部钢丝绳的装设见图 2-2-220。

（2）正负零起滑。本工程在正负零处安装滑模平台及设备，当烟囱提模施工到除灰平台底部牛腿时，继续提升滑模平台，同时浇筑烟囱筒壁混凝土至＋12m。然后暂停提模施工，开始施工＋9.14m 的除灰平台。混凝土的垂直运输由筒外井架上料，用架子车由烟道口进入除灰平台（图 2-2-221）。

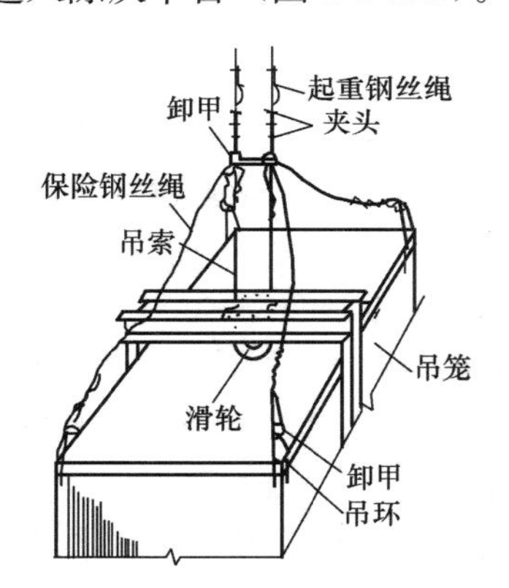

图 2-2-220 吊笼顶部钢丝绳的装设

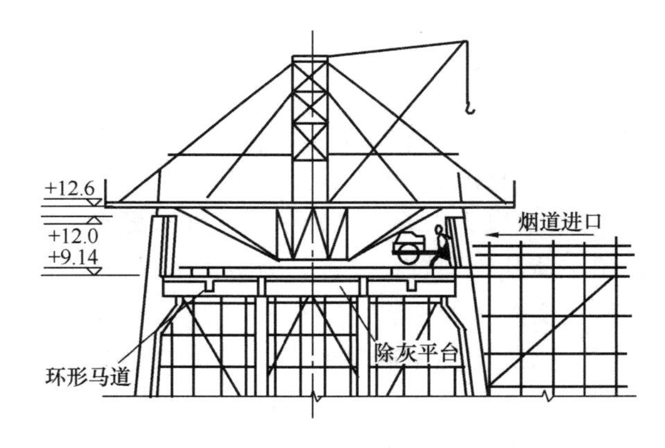

图 2-2-221 除灰平台的施工

在提前作好准备的情况下，除灰平台、梁、柱的施工工期仅 5.5d。

（3）滑模平台拆除。采取平台结构分散、井架整体降落的方案进行滑模平台拆除。烟囱施工时，在顶部内壁四个方向，预埋 4 副槽钢，在槽钢上挂 4 副 5t 捯链，吊住井架鼓圈下口。用 4 根缆风绳连接 4 副 1t 捯链，拉住井架顶部。在鼓圈上部及底部，装两道钢管井字撑，撑住烟囱内壁（图 2-2-222）。

平台拆除完毕后，开始井架的整体降落工作。第一步是降低井架，逐步放松底部 4 副 5t 捯链，同时收紧缆风绳，调整井架垂直度并撑紧井字撑，上面一道井字撑随井架降低逐步上移。当井架顶部降至与烟囱上口相平时，使用 1 台 5t 双滚筒卷扬机，2 根 Φ18.5

钢丝绳，绕过 2 副槽钢上的 2 个滑轮。其中一根钢丝绳吊住一副吊索，吊索吊住鼓圈下口两点。另一根钢丝绳吊住另一副吊索，并通过两副 3t 捯链吊住鼓圈下口。这两副捯链用来调整井架垂直度。将两根起重钢丝绳与井架上部扣牢，使井架重心位于下方。此时，放松 4 副 5t 捯链，使卷扬机及运转部件处于受力状态。接着检查设备、地锚及各运转部位，确认安全可靠后，即可拆去 5t 捯链及顶部缆风绳。

第二步是开动卷扬机，降落井架。由＋210m 降至＋9.14m 除灰平台，最后，将井架解体运出（图 2-2-223）。

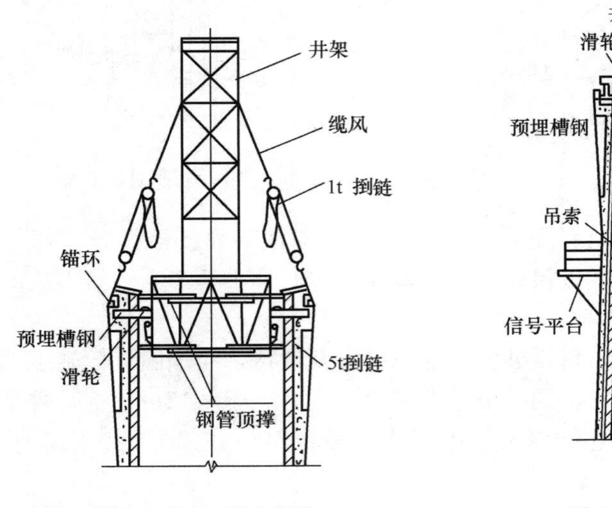

图 2-2-222　平台拆除　　　　图 2-2-223　平台井架降下

（4）几点措施

1）控制混凝土的分层浇捣，每层高度 30cm，每次模板滑升不超过 30cm；

2）适当提高混凝土的出模强度并控制每班最大滑升高度；

3）在考虑风力影响的前提下，减轻滑模平台的负荷。及时清除多余的工具、设备及垃圾，施工荷载均匀对称设置。为防止因提升平台及放松导索时配合不协调而造成事故，采用导索活头配重的办法。导索采用 Φ13.57mm 钢丝绳，每副导索配重最大为 0.9t；

4）提升架支腿上的收分螺杆，要始终顶紧模板围圈。在停滑阶段或模板滑升后，要及时收紧，使钢模板紧靠筒身混凝土。可防止在风力作用下，滑模平台产生水平偏移，又有助于避免模板内的支承杆失稳；

5）加强滑模平台水平偏移及扭转的观察，及时纠正。限制平台高差，在＋180m 以上，要求平台高差不大于 5cm；

6）施工中根据不同情况，对支承杆进行加固，使支承杆由个别受力变为格构柱的形式，或减小支承杆的自由长度。将烟囱筒壁环筋与竖筋（包括支承杆）的交叉点焊接，形成整体钢筋骨架。

沿烟囱全高，各组支承杆采用 V 形箍，间距 60cm（图 2-2-224）。在标高＋155m 以上，为减少滑模平台扭转及水平位移，筒壁外环筋沿高度每 60cm 与竖筋（包括支承杆）交叉处焊接，或在必要时加短斜筋加固支承杆（图 2-2-225）。在标高＋200m 以上，筒壁环筋与竖筋的交叉点全部焊接。

如遇特殊情况，为保证滑模平台的安全，可采取在两组支承杆之间加焊剪刀撑的方案（图 2-2-226）；

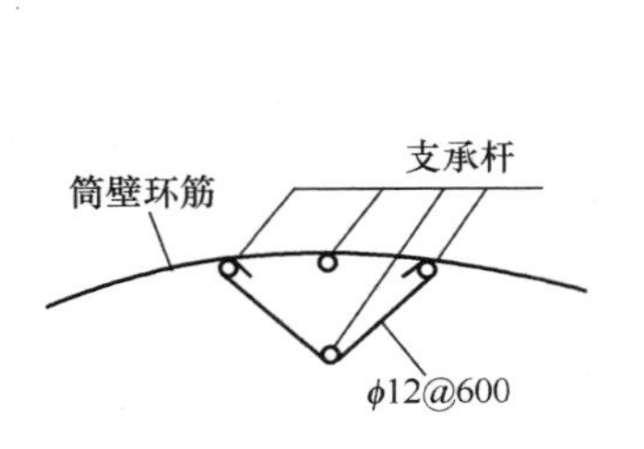

图 2-2-224 支承杆加 V 形箍加固

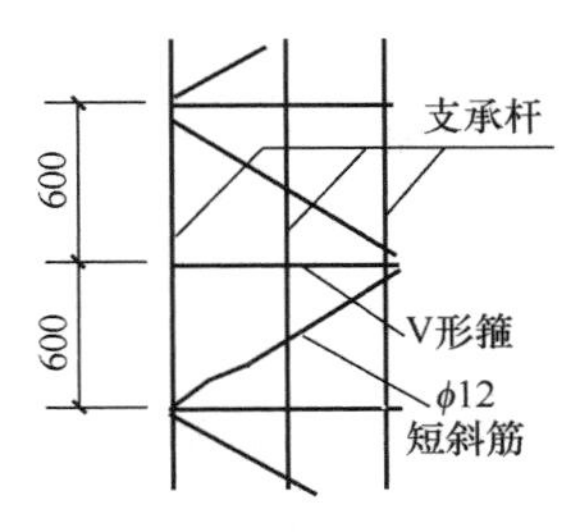

图 2-2-225 支承杆加斜短筋加固

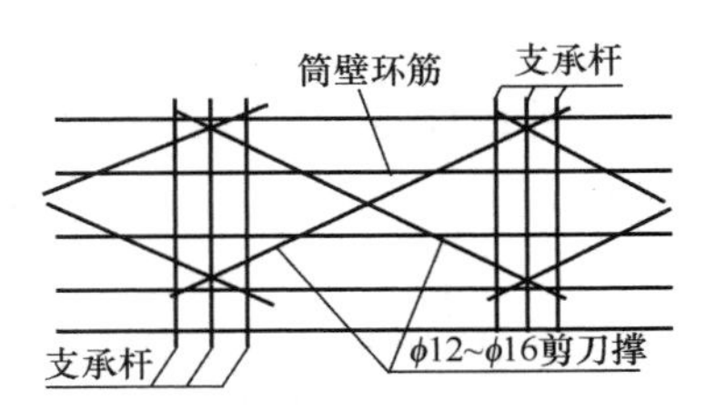

图 2-2-226 支承杆之间加剪刀撑加固

7）按照具体情况，核算支承杆的稳定性。

6. 桥墩液压自升平台式翻模工艺

（1）自升平台式翻模的构造与工作原理：自升平台式翻模由操作平台、提升架、吊架、模板系统、液压提升设备、抗风架、中线控制系统和附属设备等组成。图 2-2-227 为

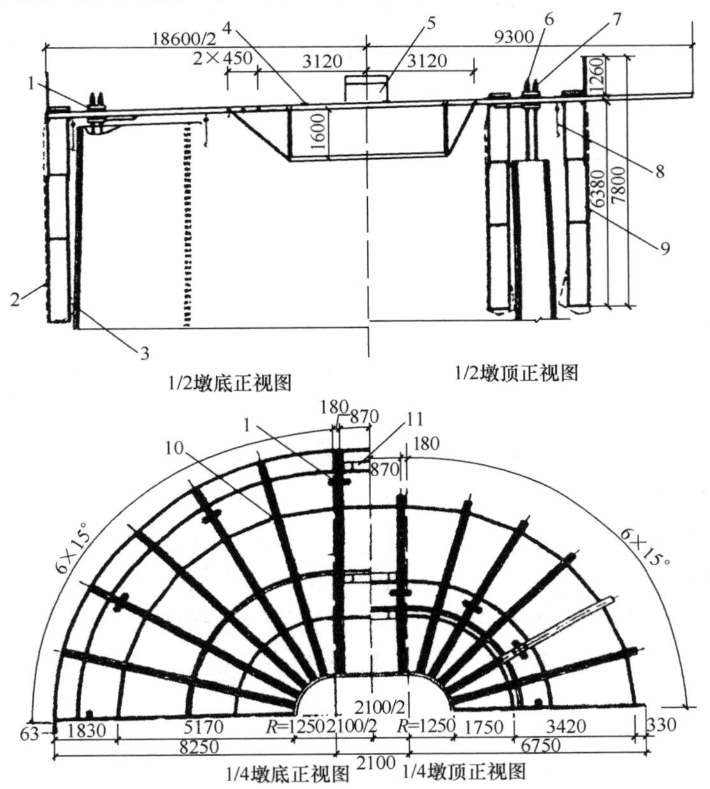

图 2-2-227 自升平台式翻模构造

1—收坡提升架；2—安全网；3—墩身模板；4—操作平台；5—液压控制台；6—支承杆及套管；7—千斤顶；8—捯链滑车；9—吊架；10—固定提升架；11—抗风架

内昆铁路花土坡大桥110m高墩采用的翻模结构。

其工作原理是，将工作平台支撑于已达到一定强度的墩身混凝土上，以液压千斤顶为动力，不断提升操作平台和吊架、提升架等，施工人员在吊架上进行模板的拆卸、提升、安装、绑扎钢筋等项作业。在平台上进行混凝土的灌筑、捣固、吊架移位和中线控制等作业。内外模板各设三层，循环交替翻升。当第三层混凝土浇灌完成后，提升工作平台，拆卸并提升第一层模板至第三层上方，安装、校正后，浇筑混凝土。周而复始，直至完成整个墩身的施工。

1）操作平台：由内上、下钢环，连杆，中钢环，外钢环，辐射梁，栏杆及模板等组成，各杆件之间全部采用螺栓连接。是安装各零部件、安放机具、堆放材料及施工作业的主要场所。操作平台通过千斤顶带动提升架使其提升。

2）收坡提升架：由上下联杆、立柱、丝杆与螺母、丝杆座、滚轮与轴组成，它套装在辐射梁上，通过转动丝杆上的螺母和滚轮可推动千斤顶、支承杆、套管及内外吊架沿辐射梁向圆心移动。

3）内外吊架：由吊杆、吊架板、围栏等组成，安装在收坡提升架的立柱下端，是修整混凝土和拆装模板等施工作业的场所。

4）支承杆与套管：支承杆采用Φ48mm钢管，用于千斤顶爬升、支承操作平台和施工荷载。下端穿入千斤顶与套管内，支承在混凝土中，通过千斤顶内的上下卡头的交替作用，使操作平台提升。

套管采用Φ60mm钢管，安装在收坡提升架的下联杆上，用于增强支承杆的稳定和便于支承杆的抽换。

5）模板：根据墩内外坡率和模板翻升一次圆弧周长的变化情况，外模分固定模板，大、小抽拔模板，收分模板及直线段模板（用于圆端形截面墩）等五种，相互之间均为螺栓连接，外用围带箍紧。

内模板用组合钢模板和收分模板及与其相配套的竖横带和连接件拼装组成。

内外模板之间用ϕ12拉筋并加撑木楔使之成为整体。内外模板竖向各分三节，每节1.5m，模板与操作平台不发生直接联系，由人工借助捯链（0.5t）拆装翻升。

6）液压提升设备：由液压千斤顶、控制台、高压油管及分油器等组成。选用YHJ-56型控制台和GYD-60型滚珠式大吨位千斤顶。

7）抗风架：施工风力较大时，翻模应设置抗风架。抗风架采用型钢组焊的门形结构，设置在桥墩直线段的两根辐射梁之间，下端锚固在桥墩的预埋件上，待翻模平台提升到位翻升模板时，解除下端锚固，提升1.5m，重新锚固在上一节桥墩上。

8）辅助设备：辅助设备包括激光铅直仪、配电盘、混凝土养生用水管、安全网等。

（2）施工工艺

1）工艺流程

施工准备→翻模组装→绑扎钢筋→浇筑混凝土→提升操作平台→模板翻升→翻模拆除

实施作业时，模板翻升、绑扎钢筋、浇筑混凝土和提升操作平台等项工作循环进行，直至墩帽下端为止。中间穿插操作平台调平、接长支承杆、混凝土养生和安装预埋件等项工作。

2）翻模组装：以方便组装、保证安全为原则。首先拼装好第一节模板，然后拼装工作平台。可在墩位上直接拼装；也可根据现场起重设备的最大起重量，将工作平台在墩旁预先拼装组合后，整体吊装就位。

3）组装精度要求见表 2-2-20。

组装精度表 **表 2-2-20**

序　号	内　容	精度要求	备　注
1	中心误差	＋2mm	
2	水平高度	<4/1000	
3	截面尺寸	*D*外<*D*+ 5mm；*d*内<*d*−5mm	
4	水平接缝	<1mm	
5	竖向接缝	<1mm	

4）混凝土的浇筑：

① 混凝土浇筑应分层对称进行，每层厚度为 30cm；

② 振捣应密实。不得漏振、重振和振捣过深。振捣棒不应接触模板和错动预埋件；

③ 混凝土应对准模板口入模，防止外砸伤人。

5）操作平台的提升：

① 操作平台的初次提升，应在混凝土浇筑一定高度后进行，一般不小于 0.6m，同时应在混凝土初凝后终凝前进行。提升高度为千斤顶的 1～2 个行程；

② 正常提升，每隔 1～1.5h 提升一次，提升高度以能满足一节模板组装即可，切忌空提过高。提升到位后，应及时转动丝杆螺母，按要求坡度使收坡提升架向圆心收坡；

③ 在提升过程中，当发现操作平台水平偏斜，可边提升边调整。

6）模板翻升：

① 模板解体：先将模板 3～4 块分成 1 个单元，解体前先用挂钩吊住模板，并悬吊在捯链滑车吊钩上，然后拆下拉筋、竖带与围带。

② 模板翻升：将模板吊升到相邻的上节模板位置，待操作平台提升到 1.7m 高度后，再吊升到安装位置，按收分后要求重新进行组装。

7）翻模拆除：模板翻升至墩顶后，按以下顺序进行翻模的拆除：先拆除模板→拆除吊架→拆除内钢环→拆除收坡提升架→拆除平台铺板→拆除液压控制台→拆除千斤顶→拆除套管连接螺栓→利用缆索吊车将平台整体吊于地面→抽拔支承杆后灌孔。

2.2.2.7 圆形筒壁结构滑模施工

圆形筒壁结构，主要是指上下直径不变或壁厚只作阶梯形变化的各种贮仓、水塔、造粒塔、沉井以及油罐等工程。这类工程适宜采用滑模施工。其组成见图 2-2-228。

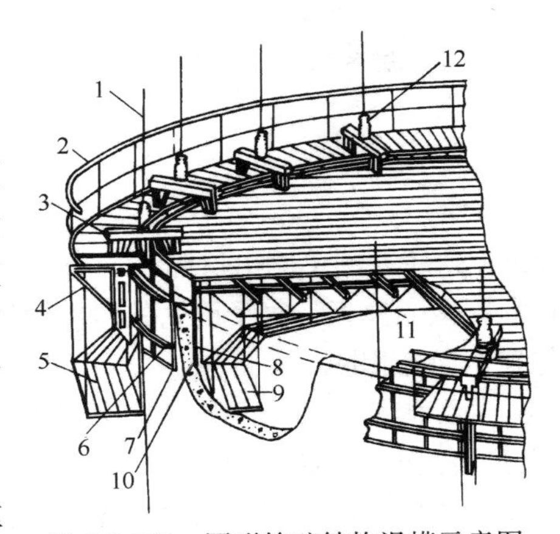

图 2-2-228　圆形筒壁结构滑模示意图

1—支承杆；2—栏杆；3—提升架；4—三角挑架；5—外吊脚手架；6—外围圈；7—外模板；8—内围圈；9—内吊脚手架；10—内模板；11—平台桁架；12—千斤顶

筒壁上不设置洞口时，提升架和千斤顶可沿筒壁均匀布置，其间距一般不大于2.5m。筒壁上设置有洞口时，提升架和千斤顶应尽可能避开洞口布置，以减少因支承杆脱空而造成的加固工作。

1. 圆形筒壁结构滑模操作平台

根据筒壁直径的大小、有无现浇钢筋混凝土顶板和平台荷载的变化情况，一般可采用下列几种结构形式。

（1）桁架式操作平台。当圆形筒壁结构的直径小于10m或顶部有现浇钢筋混凝土盖板时，通常可用桁架作为操作平台的承重结构，在桁架上按一定的间距铺设木楞，在木楞上铺设钢、木制平台板或竹胶合板的平台板。对于有现浇顶盖的工程，可将平台板作为顶盖混凝土的模板。内操作平台的承重桁架可支承于提升架的内立柱上，或通过托架支承于加固后的内围圈上，桁架的端部通过螺栓与支座连接。外操作平台的三角挑架可通过螺栓支承于提升架的外立柱上或外围圈上，在三角挑架上亦铺设木楞和木板。沿操作平台的外侧设置防护栏杆。在内、外操作平台的下部，悬挂环形的内、外吊脚手架（图2-2-229）。

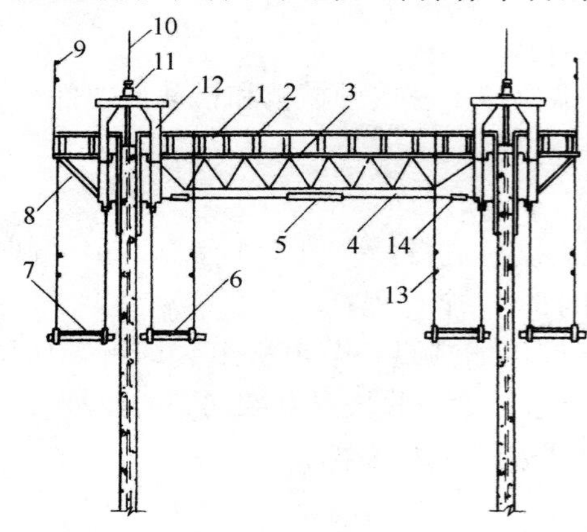

图2-2-229　桁架式操作平台剖面示意图

1—平台板；2—平台木楞；3—平台桁架；4—辐射形水平拉撑；5—中心钢环；6—内吊脚手架；7—外吊脚手架；8—角挑架；9—栏杆；10—支承杆；11—千斤顶；12—提升架；13—吊脚手架栏杆；14—松紧螺栓

操作平台的承重构件，尽可能用钢材做成工具式的，既可多次重复使用，又易于适应不同直径平台的需要。操作平台的桁架可以采取平行式、井字式或辐射式布置。采取平行式布置时，为了保持桁架的侧向稳定，在相邻两个桁架的上下弦之间，需设置水平支撑，将两个桁架连成一组。

图2-2-230为独立筒仓平行式桁架操作平台的布置实例。该工程内径8m、壁厚16cm、仓顶为现浇钢筋混凝土梁板结构。平台桁架分为甲、乙两种型号。桁架的端部需按实测的尺寸做成圆弧形或斜角形。与桁架端部相对应的托架上的钢垫板，亦需做成圆弧形或斜角形。在提升架内侧支腿下端，采用辐射形水平拉撑连接到中心钢环上，使提升架位置保持准确。

图2-2-231为双连筒仓平行桁架操作平台布置实例，该工程内径为10m，壁厚25cm，高53m。仓底采用单侧出口漏斗，仓顶为现浇钢筋混凝土梁板结构，利用滑模操作平台作顶板混凝土的模板。每个筒仓的滑模操作平台采用6榀桁架，分甲、乙、丙三种，其他作法与独立筒仓相同。

当操作平台的桁架采取井字式布置时，其主桁架可整体制作，垂直于主桁架的副桁架需分段制作，待现场安装时，再与主桁架组装在一起。图2-2-232为井字式桁架操作平台的布置实例。该工程为内径9m、壁厚15cm、顶部是现浇钢筋混凝土梁板结构的圆形贮仓。桁架端部与托架的连接方法同平行式桁架。井字式主桁架因与副桁架垂直交叉连接在一起，因此，在桁架的上下弦之间可不必另设水平支撑。

井字式布置的甲、乙型主桁架的结构形式，与平行式布置的甲、乙型桁架相同。副桁架应按实测尺寸分段制作，各段之间在安装时，采用钢板和螺栓连接。钢板和螺栓等连接

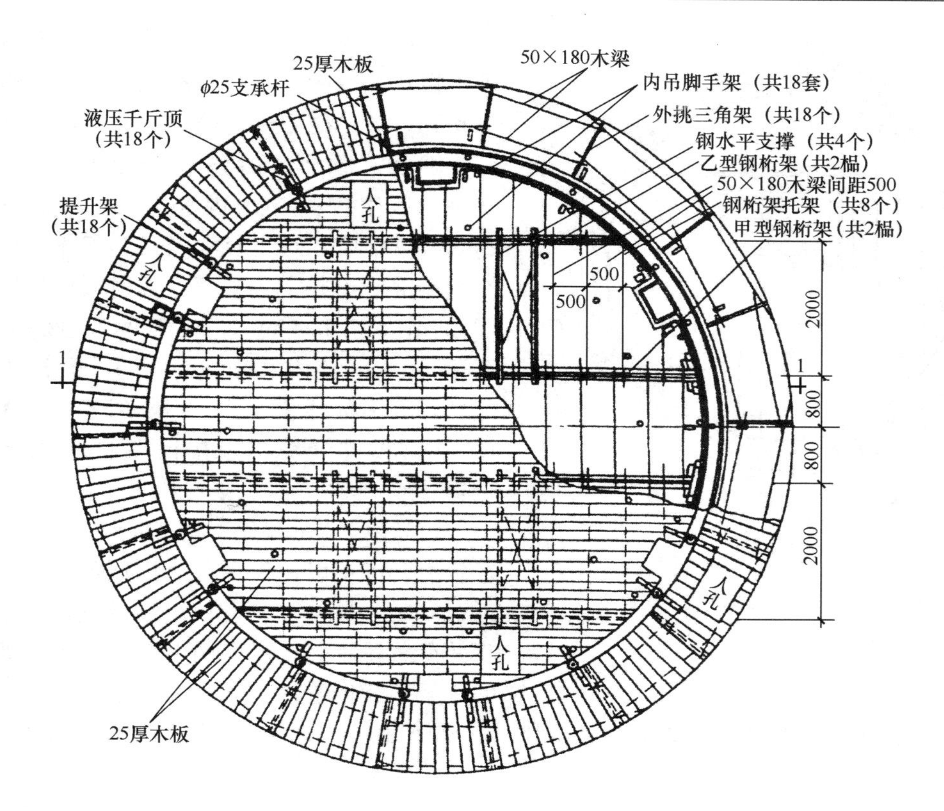

图 2-2-230 独立筒仓平行式桁架操作平台布置图

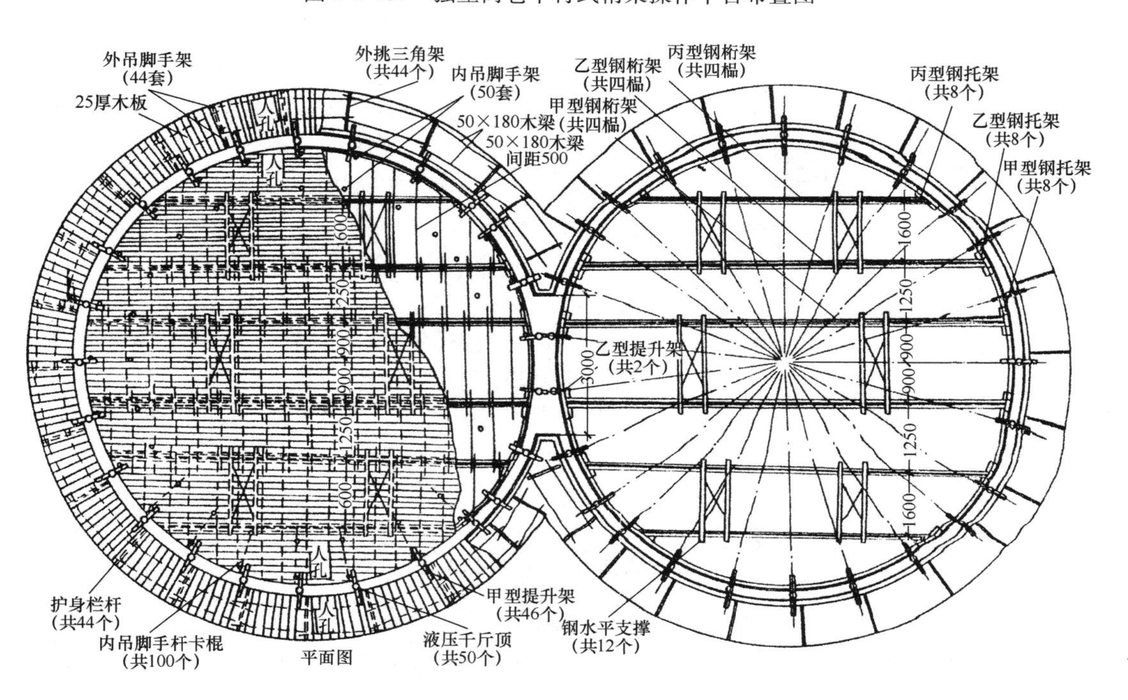

图 2-2-231 双连筒仓平行式桁架操作平台布置图

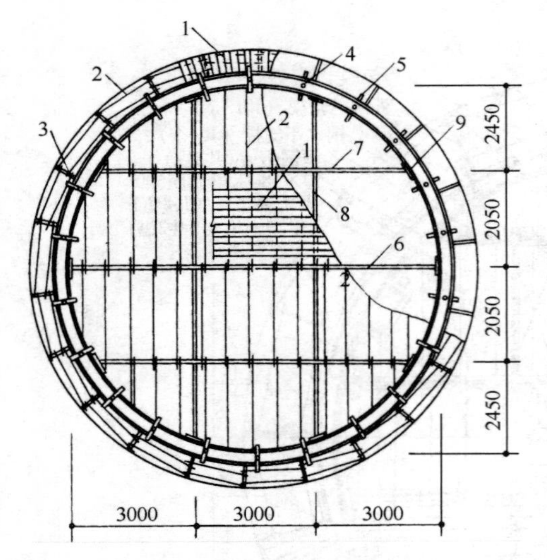

图 2-2-232　井字式桁架操作平台布
1—平台板；2—平台楞木；3—三角挑架；4—千斤顶；5—提升架；6—甲型主桁架；7—乙型主桁架；8—副桁架；9—托架

件的截面，应不小于桁架杆件的截面和内力要求。螺栓孔洞的位置必须准确，不得出现椭圆形长孔，防止受力后变形。

图 2-2-233 为辐射式桁架操作平台的布置实例。该工程是一个内径 20m、壁厚 20cm，高 68m 的圆筒形造粒塔。标高 57.8m 处为劲性钢筋混凝土井字梁楼盖。辐射形桁架跨度为 19.26m，高 1.926m。桁架的上弦用 2 根 ∟70×6，下弦用 2 根 ∟63×6，腹杆用 2 根 ∟50×5，中心交接处用 1 根 Φ159×4 无缝钢管，中心处上下弦的连接板均采用 8mm 厚的钢板。

(2) 挑架式操作平台。圆形墙壁结构的直径较大，或不以操作平台兼作顶盖混凝土的模板，同时，另外设有垂直运输设备，且平台本身的荷载较小时，可采用由内外三角挑架组成的挑架式操作平台（图 2-2-234）。

这种平台的三角挑架大都支承于提升架的立柱上。一般内三角挑架的跨度荷载比外三

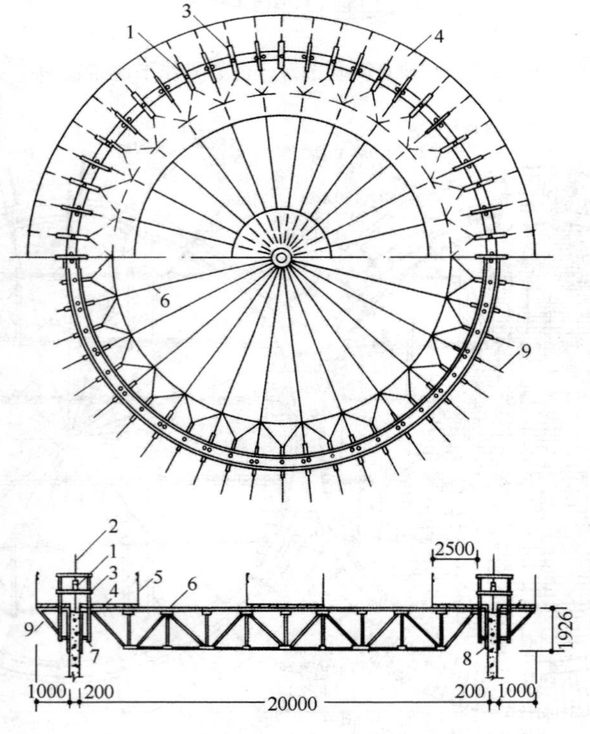

图 2-2-233　辐射式桁架操作平台布置图
1—千斤顶；2—支承杆；3—提升架；4—平台板；5—栏杆；6—辐射式桁架；7—围圈；8—模板；9—三角挑架

角挑架大，为了防止内三角挑架向内倾覆，在其端部需设置水平联系环，水平联系环一般用型钢制作。当水平联系环的直径较大时，在环内尚需设置三角形支撑或水平桁架，以增强联系环的刚度。

为了保证操作平台的整体性，在内三角挑架的下部需设置辐射形水平支撑。水平支撑的作用，不仅可将各个提升架连接成为一个整体；而且，在滑升过程中通过各个拉杆上的松紧螺栓，还可调整模板的椭圆变形。水平支撑的拉杆一般用直径16～18mm的圆钢制作，其一端通过螺栓与中心钢圈连接，另一端与提升架的内立柱连接。中心钢圈可采用钢板或型钢制作成环形结构，必须保证具有足够的刚度，以防止受拉后变形（图2-2-235）。

当直径较大时，也可采用由主副桁架、主副梁组成的八边形操作平台支撑结构（图2-2-236）。

经使用证明，这种八边形操作平台支撑结构用钢量省，组装方便。当直径不同时，稍加改装即可继续周转使用。上表面铺板后，便可形成一条宽3m的内环工作平台。滑模施工时，可作为堆放材料和操作的场所。

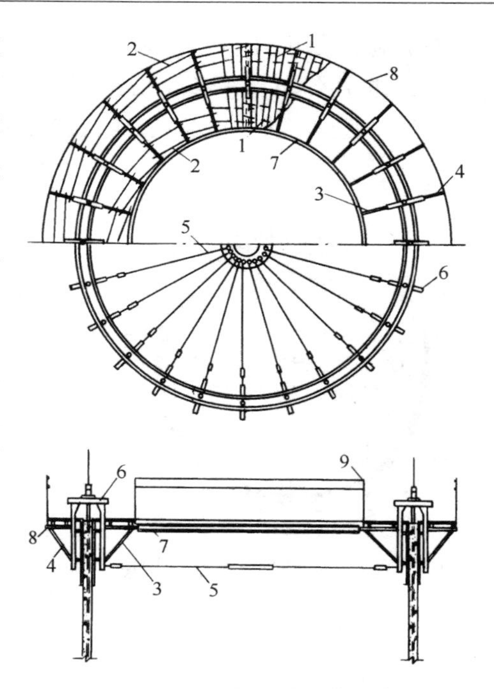

图2-2-234　挑架式操作平台

1—平台板；2—楞木；3—内三角挑架；4—外三角挑架；5—辐射形水平支撑；6—提升架；7—内环梁；8—外挑架；9—栏杆

当采用起重量为60kN以上的千斤顶时，可将支承杆布置于结构体外。

图2-2-237为浅圆仓滑模平台构造平面实例。该工程为内径25m，壁厚260mm，高16m的钢筋混凝土结构。

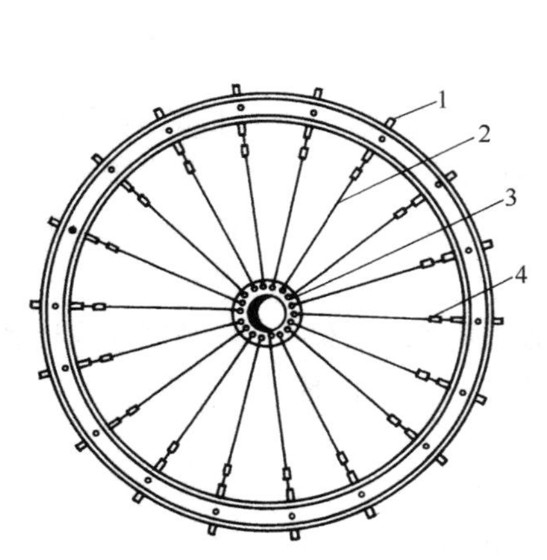

图2-2-235　辐射形水平支撑

1—提升架；2—钢拉杆；3—中心钢圈；4—松紧螺丝（花篮螺丝）

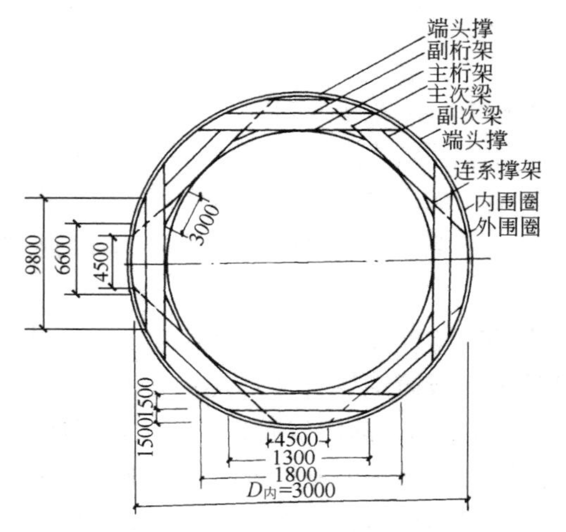

图2-2-236　内径30m浅圆仓八边形操作平台支撑结构布置

滑模施工采用 54 台 GYD-60 型大吨位千斤顶，全部支承杆均布置于结构体外。按内、外环各 27 根均匀布置，形成 27 等分，内环支承杆的间距（弧长）为 2862mm，外环支承杆的间距（弧长）为 3006mm（图 2-2-238）。

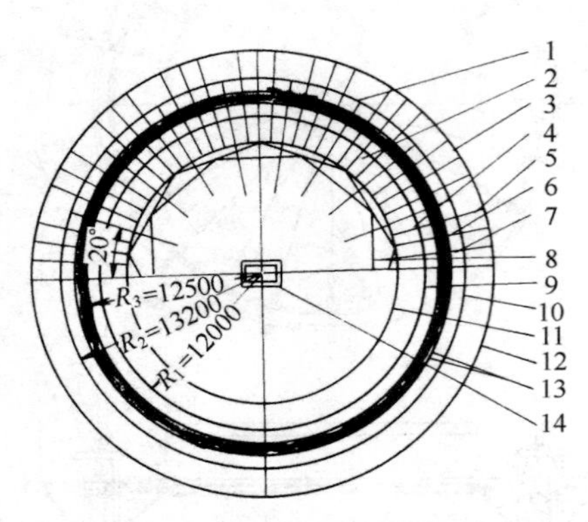

图 2-2-237　浅圆仓滑模平台构造平面

1—桁架分段线（按 20°分段）；2—内平台；3—外平台；4—内挑架；5—外挑架；6—提升架；7—千斤顶（54 台）；8—支承桁架；9—内桁架；10—外桁架；11—内围栏；12—外围栏；13—内、外模；14—液压控制台（设在地面）

说明：

(1) 千斤顶按提升架间隔布置，每榀提升架体外布置 2 台千斤顶，滑过后支承杆作为内外架的立管使用；

(2) 内外桁架按 20°分段，每段接头采用螺栓拆除每段整体吊装，便于二次组装。

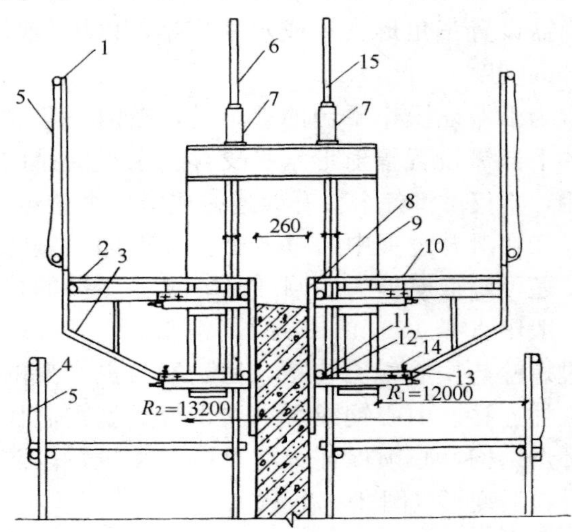

图 2-2-238　滑模平台剖面

1—平台栏杆；2—外平台铺板；3—外挑架；4—外墙脚手架；5—安全网；6—仓外支承杆；7—千斤顶；8—钢模板；9—提升架；10—内平台板；11—钢管围圈；12—围圈挂钩；13—围圈桁架；14—围圈挂钩；15—仓内支承杆

说明：

(1) 围圈桁架安装高度（桁架下弦至混凝土始滑面）400mm；

(2) 模板安装高度按模板上口距钢管围圈 225mm（第二个销孔）。

布置在结构体外的支承杆必须严格进行加固，否则将造成失稳。支承杆的加固采用钢管脚手架的扣件和钢管，并与筒壁外装修相结合。该工程的支承杆（18.66t）全部得到了回收。

该工程由云南四建公司施工。

(3) 井架环梁式操作平台。对于直径较大，顶部有现浇混凝土盖板的圆形墙壁结构，可采用井架环梁式操作平台。这种平台主要由内外环梁和辐射梁等承重构件组成。在内环梁的中间，设置一个竖井架，沿竖井架顶部，根据需要向下吊挂数根受拉支承杆(图2-2-239)。

在内环梁与外环梁或筒壁提升架之间，设置辐射梁（或桁架）。辐射梁（或桁架）外端与外环梁（或筒壁提升架）连接，并以螺栓固定。内端与内环梁连接固定。在辐射梁（或桁架）的上部，铺设搁栅和平台板，组成环形操作平台。

千斤顶除布置在筒壁提升架外，根据平台荷载情况，在围绕井架周围的内环梁与辐射梁相交处，可另外布置一些千斤顶，沿井架吊挂下来的受拉支承杆爬升。

竖井架既是吊挂支承杆的支承点；又是材料和人员的运输通道。还可作为现浇混凝土顶盖模板的支柱。

位于井架周围内环梁部位的千斤顶，也可采用与筒壁千斤顶同步滑升的方法（即支承杆受压），但需边滑升边对脱空支承杆进行加固。

（4）辐射梁下撑拉杆式操作平台。这种操作平台是一种空间悬索结构，具有结构合理、安全可靠、轻便省料等特点，适于大直径筒仓的滑模施工。主要由中心鼓圈、辐射梁、下撑式拉杆及花篮螺栓等组成。

图 2-2-240 是一座水泥筒仓的辐射梁下撑拉杆式操作平台的实例。该水泥仓外径 23.16m，壁厚 38cm，总高度 60m。库顶为一圆形钢筋混凝土锥壳。采用辐射梁下撑拉杆式操作平台，既要满足滑模施工要求；又要满足仓顶锥壳施工荷载作用下的强度、刚度和稳定要求。

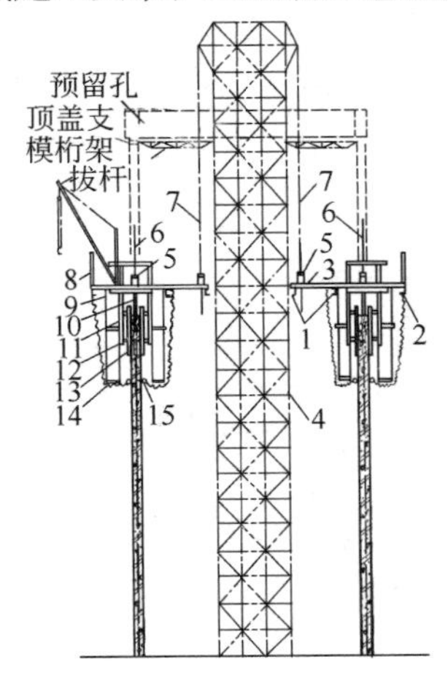

图 2-2-239 井架环梁式操作平台

1—内环梁；2—外环梁；3—辐射梁；4—井架；5—千斤顶；6—受压支承杆；7—吊挂受拉支承杆；8—栏杆；9—吊脚手架；10—套管；11—提升架；12—围圈；13—模板；14—安全网；15—养护水管

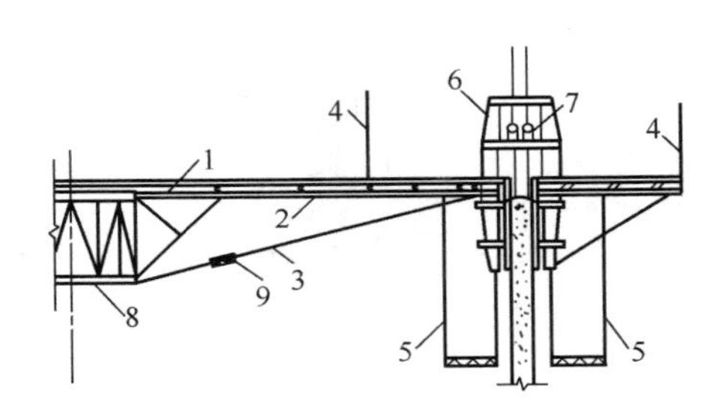

图 2-2-240 辐射梁下撑拉杆式操作平台

1—操作平台；2—辐射梁；3—拉杆；4—栏杆；5—吊架；6—提升架；7—千斤顶；8—鼓圈；9—花篮螺栓

液压提升系统采用 GYD-35 型千斤顶 105 台和 HY-56 型液压控制台，共 7 条油路，每条油路控制 15 台千斤顶。与辐射梁连接的提升架布置 3 台千斤顶，呈三角形布置，其余提升架布置 2 台千斤顶（图 2-2-241）。

图 2-2-242 是一座内径 15m 筒仓的辐射桁架式操作平台的实例。该筒仓为壁厚 250mm 的钢筋混凝土结构，筒仓高 38m。操作平台由辐射桁架和中心钢圈等组成。

液压提升系统采用 QYD-100 型楔块式大吨位千斤顶和 $\phi48\times3.5$ 钢管支承杆，千斤顶布置 32 台。

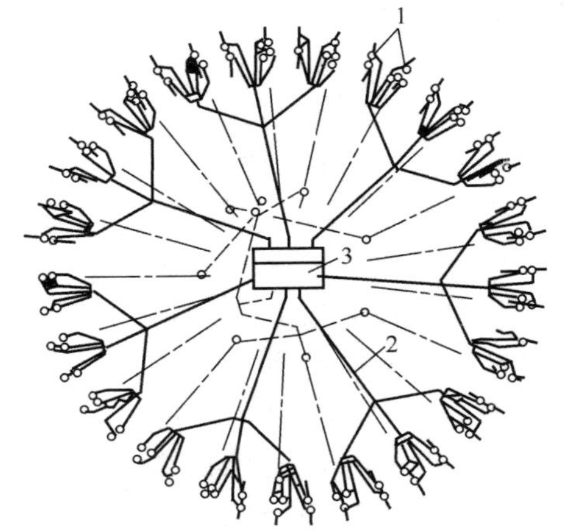

图 2-2-241 液压系统布置图

1—千斤顶；2—油路；3—控制台

2. 贮仓特殊部位的施工

（1）漏斗的施工

1）漏斗与环梁同时施工法：当模板滑升至漏

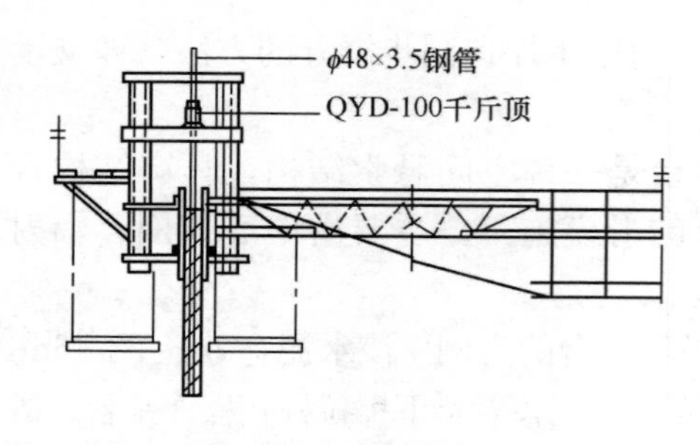

图 2-2-242　辐射桁架式操作平台

斗环梁的下部标高时，筒壁混凝土先找平振实，然后进行空滑。根据出模混凝土强度，每小时提升一次，每次提升高度150～200mm。当混凝土面低于滑升模板上口300mm时应加固支承杆，提升加固交替进行。当滑升模板下口与环梁顶面平齐时，停止滑升。然后，按一般支模方法，将漏斗壁与环梁同时施工。待漏斗壁及环梁浇筑混凝土后，再继续进行上部筒壁的施工（图 2-2-243）。

2）漏斗与环梁二次施工法：与上述模板空滑方法相同，将模板空滑至漏斗环梁的上表面标高后，用一般支模方法，进行环梁的施工。同时，在环梁与漏斗壁的接槎处，预留出接槎钢筋或铁件（图 2-2-244）。

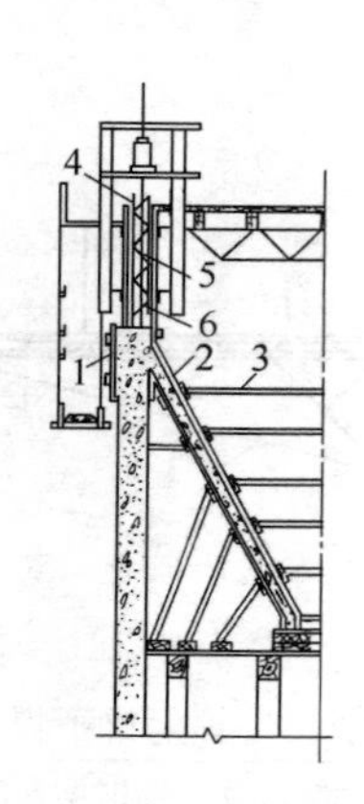

图 2-2-243　漏斗与环梁同时施工
1—漏斗梁模板；2—漏斗模板；3—支撑；4—受力钢筋；5—环向加固筋；6—斜短钢筋

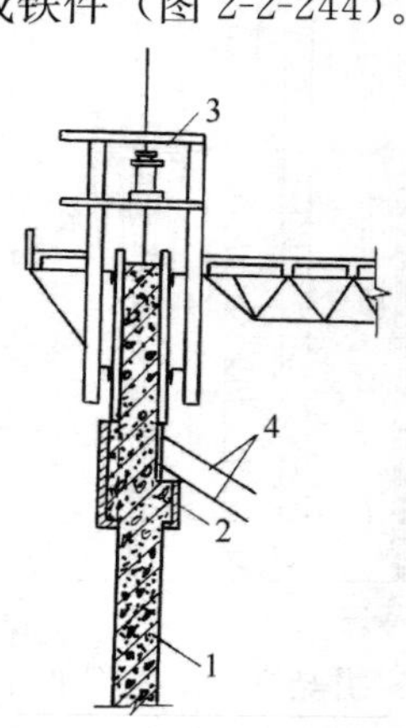

图 2-2-244　漏斗壁与环梁二次施工法
1—已脱模混凝土；2—漏斗环梁模板；3—提升架；4—环梁与漏斗接槎钢筋或铁件

当筒壁施工完毕，绑扎漏斗壁的钢筋时，将预留接槎钢筋或铁件与漏斗壁的钢筋或漏斗铁件按设计要求进行焊接，再按一般支模方法进行漏斗壁混凝土的施工。或与钢漏斗进行焊接。

采用上述两种模板空滑施工方法时，必须及时做好支承杆的加固工作。有条件时，最好采用支承杆成组布置或采用大吨位千斤顶。

(2) 群仓的分组施工。贮仓群为数个至数十个贮仓组合而成的群体，一般分为主仓和星仓。为了节省一次投入的模板、机具和劳动力等，可采取分组施工的方法。

图 2-2-245 为大连北良粮库贮仓群滑模分段施工情况，该工程由 128 只内径 12m 的连体筒仓组成。分为九段进行流水施工，每段 8～20 只筒仓。

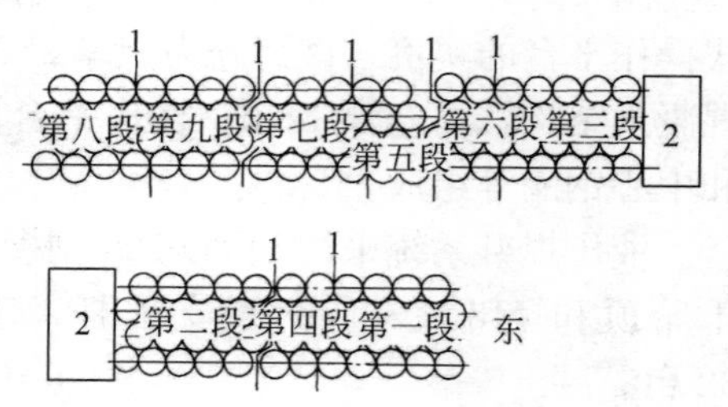

图 2-2-245　128 只贮仓群滑模分段施工
1—施工缝

图 2-2-246 为一组由 27 只筒仓组成的贮仓群

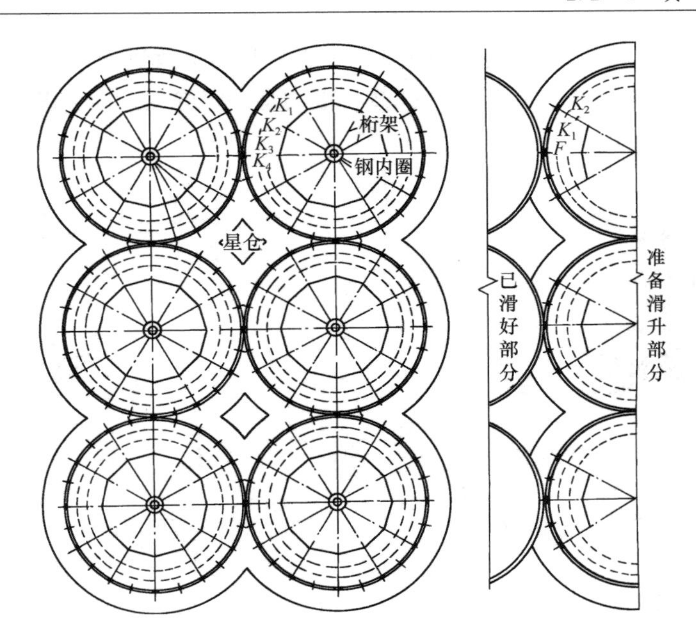

图 2-2-246 27 只贮仓群滑模分组布置示意图
K_1—单千斤顶提升架；K_2—双千斤顶提升架（垂直于横梁布置）；
K_3—转角部位< 形双千斤顶提升架；K_4—厚墙体部位的双千斤顶提升架（沿横梁布置）；F—单千斤顶单侧模板 Γ 形提升架

滑模分组布置示意图。该工程每排 3 只，采取分 5 组施工，即 1～4 组每组 6 只；第 5 组为 3 只。

对于仓壁相交处的墙体加厚和转角部位，可采用特制的双千斤顶提升架（图 2-2-81、2-2-82）。对于第 2 组筒仓与第 1 组已施工筒仓的连接处，除采用 Γ 形单肢提升架和单侧模板外，其竖向施工缝的接槎处理问题，可采取以下几种方法：

1）预埋滑道法：在先施工的一组贮仓接槎处，对应于下一组贮仓的外围圈端部位置，垂直预留两排埋设铁件，在预埋件上垂直安装两根槽钢，作为下一组贮仓施工时的滑道。当下一组贮仓施工时，在外围圈的端部各设置一个滑轮。模板滑升时，滑轮即沿滑道上升。施工完毕，型钢滑道即可拆卸，重复使用。

两组贮仓的接槎处，应按施工缝处理。在前一组贮仓施工时，应预留出接槎钢筋，并将接槎部位的混凝土凿毛。待施工下一组贮仓时，将贮仓钢筋与接槎钢筋按设计要求进行焊接或绑扎（图 2-2-247）。

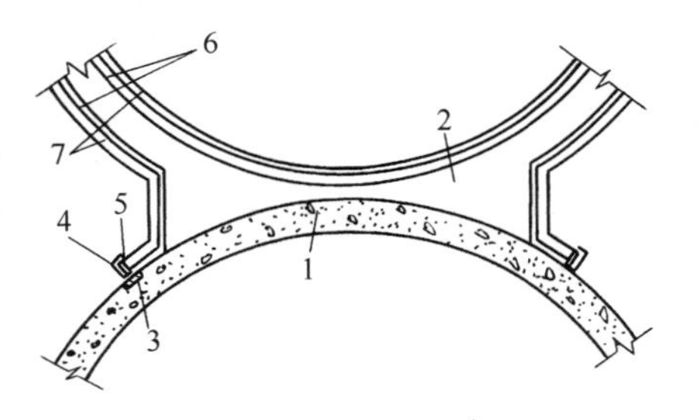

图 2-2-247 预埋滑道法
1—已施工完的筒仓；2—待施工的筒仓；3—埋设铁件；4—槽钢滑道；5—滑轮；6—模板；7—围圈

2）悬挑围圈模板法：贮仓接槎处的模板装置，除尽可能将提升架与千斤顶靠近接槎处布置外；可采用悬挑围圈模板的方法，将悬挑的外围圈和外模板，均做成圆弧形状，以减小滑升时的摩阻力。对悬挑部分的围圈和模板，应适当加固，使其具有足够的刚度（图 2-2-248）。

3）弹簧舌板法：其构造是在悬挑围圈模板法的基础上改进而成。将悬挑的折角模板取消，改为弹簧舌板，其他不变。由于弹簧舌板具有一定弹性，能伸能缩，使接缝处更加严密（图 2-2-249）。

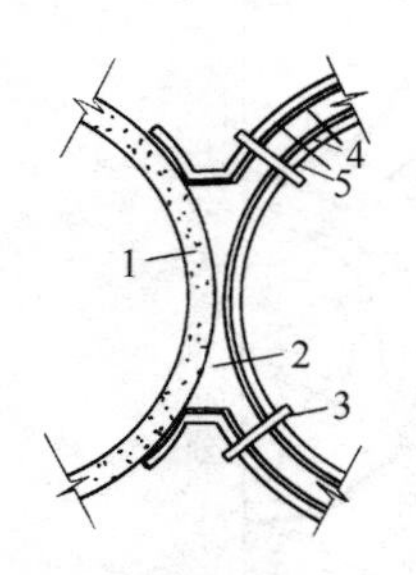

图 2-2-248　悬挑围圈模板法
1—已施工完的筒仓；2—待施工的筒仓；3—提升架；4—内、外模板；5—内、外围圈

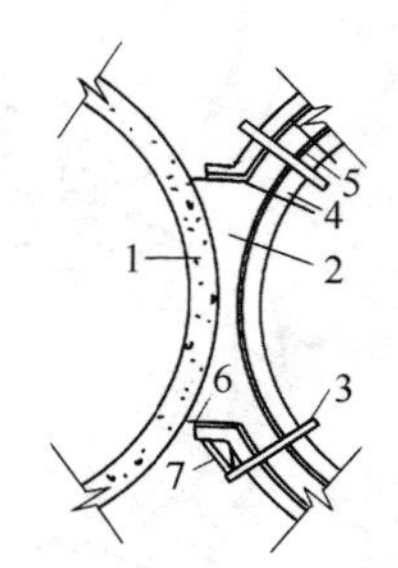

图 2-2-249　弹簧舌板法
1—已施工完的筒壁；2—待施工的筒壁；3—提升架；4—内、外围圈；5—内、外模板；6—舌板；7—劲性格构

（3）仓顶锥壳施工。筒仓顶锥壳的施工，可利用滑模平台进行。但应在滑模平台设计时，按实际荷载进行计算。使其既可作滑模施工操作平台；又可作为仓顶锥壳模板的支承平台。仓顶锥壳可采用现浇混凝土、预制混凝土和钢结构等结构。

1）现浇混凝土锥壳：图 2-2-250 为一座外径 15m 现浇混凝土仓顶锥壳利用滑模平台支模的实例。该工程滑模施工时，采用辐射梁下撑拉杆式操作平台。结合锥壳支模要求，进行滑模平台结构设计。当滑模施工到顶后，即可作为锥壳支模和其他工序施工的平台。

2）预制混凝土锥壳：预制混凝土锥壳的施工其支撑系统可利用滑模平台进行。具体可参照现浇混凝土锥壳的模板结构。安装预制板时应轻吊轻放、对称吊装。

3）钢结构仓顶：钢结构仓顶的施工可与滑模平台的结构设计相结合，并可在滑模平台组装时，将钢结构仓顶的桁架支承于提升架的特制支座上图（图 2-2-251）。为了保证平台不承受桁架支座的水平力，可对称加设水平拉杆以保持平衡。

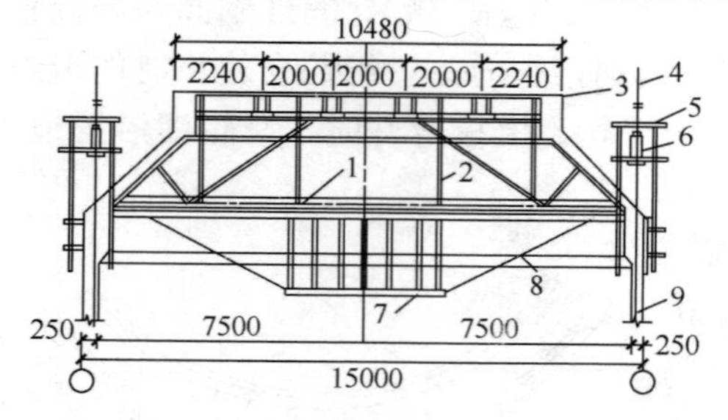

图 2-2-250　利用滑模平台施工现浇混凝土仓顶
1—滑模平台；2—锥壳支模；3—锥壳混凝土；4—支承杆；5—提升架；6—千斤顶；7—鼓圈；8—下撑拉杆；9—仓壁

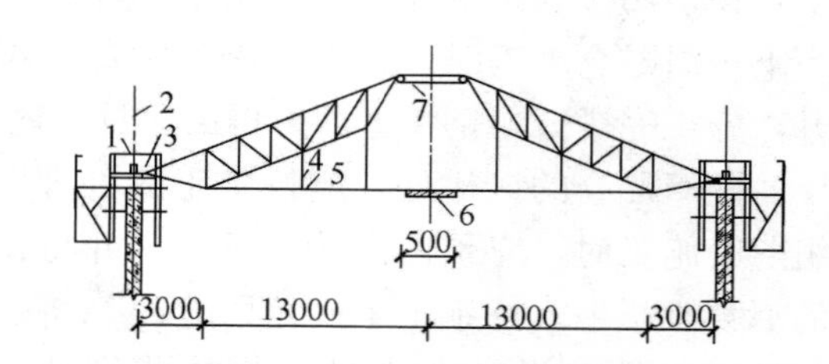

图 2-2-251　利用滑模平台同步提升钢结构仓顶
1—提升架；2—支承杆；3—桁架支座；4—吊杆；5—水平拉杆；6—中心钢圈；7—仓顶中心环

3. 复合壁同步现浇滑模施工

复合壁滑模施工适用于保温复合壁贮仓、节能型建筑、冷库、冻结法施工的矿井复合壁及保温、隔声等工程。

工艺原理与构造。复合壁滑模施工，是在常规滑模装置的内外模板之间(双层墙壁的分界处)增设一个隔离板，隔离板通过连接件固定于提升架上，并随提升架同步提升。在隔板两侧，使两种混凝土入模时分开，隔板滑升后，两种混凝土又自动结合成一体(图 2-2-252)。

隔离板应符合下列规定：

1）隔离板用 1.2～2.0mm 厚的钢板制作；

2）在面向有配筋墙壁一侧，隔板竖向加焊直径 25～28mm 的圆钢，圆钢的下部与隔离板底部相齐，上部与提升架间的联系梁刚性连接，圆钢的间距为 1000～1500mm；

3）隔离板安装后应保持垂直，其上端应高于模板上口 50～100mm，深入模板内的高度可根据现场情况确定，应比混凝土的浇灌层减少 25mm。

滑模的支承杆应布置在强度较高一侧的混凝土内。

浇灌两种不同性质的混凝土时，应先浇灌强度高的混凝土，后浇灌强度较低的混凝土；振捣时，先振捣强度高的混凝土，再振捣强度较低的混凝土，直至密实(图 2-2-253)。

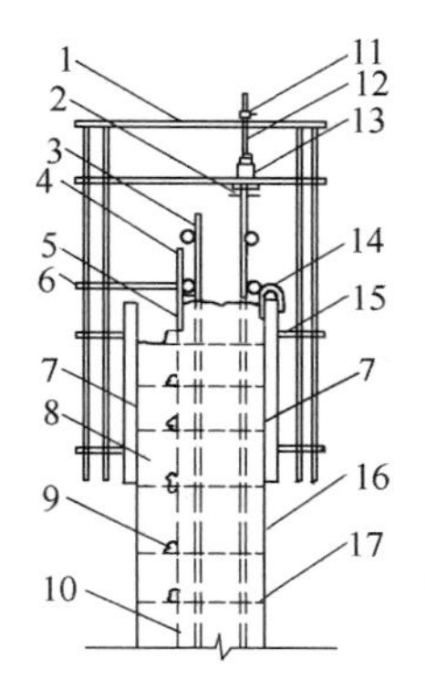

图 2-2-252 同步现浇双滑工艺原理与构造

1—开形提升架；2—槽钢；3—结构钢筋；4—导具；5—双滑隔板；6—连接件；7—滑模；8—轻质混凝土；9—凸出牛腿；10—界面缝；11—限位卡；12—支承杆；13—千斤顶；14—保护层工具；15—上下围圈；16—结构混凝土；17—分层水平线

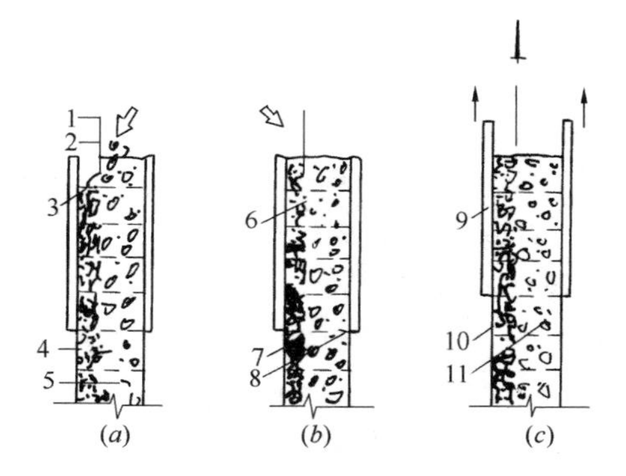

图 2-2-253 复合竖壁同步现浇双滑顺序

(a) 先浇结构混凝土；(b) 浇轻质混凝土；(c) 完成一层同步双滑

1—双滑导具；2—隔离板；3—“凸出”混凝土牛腿；4—珍珠岩轻质混凝土；5—结构普通混凝土；6—灌浆孔道；7—复合壁界面；8—分层水平缝；9—普通滑模；10—新出模轻混凝土；11—新出模结构混凝土

同一层两种不同性质的混凝土浇灌层厚度应一致，浇灌振捣密实后，其上表面应在同一平面上。

隔板上黏结的砂浆应及时清除。两种不同的混凝土内掺加的外加剂应调整其凝结时间、流动性和强度增长速度。轻质混凝土内宜加入早强剂、微沫剂和减水剂，使两种不同性能的混凝土均能满足在同一滑升速度的需要。

在复合壁滑模施工中，不宜进行空滑施工，除非另有防止两种不同性质混凝土混淆的措施。停滑时应按“2.2.2.4 滑模工程施工”中有关要求采取停滑措施，但模板总的提升高度不宜超过一个混凝土浇灌层的厚度。

复合壁滑模施工结束，最上一层混凝土浇筑完毕后，应立即将隔离板提出混凝土表面，再适当对混凝土进行振捣，使两种混凝土之间的隔离缝弥合。

预留洞或门窗洞口四周的轻质混凝土宜用普通混凝土代替，代替厚度不宜小于 60mm。

复合壁滑模施工的壁厚允许偏差应符合表 2-2-21 的规定。

复合壁滑模施工的壁厚允许偏差　　表 2-2-21

项　目	壁厚允许偏差（mm）		
	混凝土强度较高的壁	混凝土强度较低的壁	总壁厚
允许偏差	－5～＋10	－10～＋5	－5～＋ 8

4. 空心筒壁抽孔滑模施工

（1）滑模施工的墙、柱在设计中允许留设或要求连续留设竖向孔道的工程，可采用抽孔工艺施工，孔的形状应为圆形。

（2）采用抽孔滑模施工的结构，柱的短边尺寸不宜小于 300mm，壁板的厚度不宜小于 250mm，抽孔率及孔位应由设计确定。抽孔率宜按下式计算：

1）筒壁和墙（单排孔）

抽孔率（%）＝单孔的净面积/相邻两孔中心距离×壁（墙）厚度）×100%。

2）柱子

抽孔率（%）＝柱内孔的总面积/柱子的全截面积×100%。

3）当设计为先提升模板后提升芯管时，壁板、柱的孔边净距可适当减小，壁板的厚度可降至不小于 200mm。

（3）抽孔芯管的直径不应大于结构短边尺寸的 1/2，且孔壁距离结构外边缘不得小于 100mm，相邻两孔孔边的距离应不小于孔的直径，且不得小于 100mm。

（4）抽孔滑模装置应符合下列规定：

1）按设计的抽孔位置，在提升架的横梁下或提升架之间的联系梁下增设抽孔芯管；

2）芯管上端与梁的连接构造宜做成能使芯管转动，并能有 5cm 以上的上下活动量；

3）芯管可用无缝钢管或冷拔钢管制作，模板上口处外径与孔的直径相同，深入模板内的部分宜有 0～0.2%锥度，有锥度的芯管壁在最小外径处厚度不宜小于 1.5mm，其表面应打磨光滑；

4）芯管安装后，其下口应与模板下口齐平；

5）抽孔滑模装置宜设计成模板与芯管能分别提升，也可同时提升的可间歇作业装置；

6）每次滑升前应先转动芯管。

（5）抽孔芯管表面应涂刷隔离剂。芯管在脱出混凝土后或做空滑处理时，应随即清理粘结在上面的砂浆，再重新施工时，应再刷隔离剂。

（6）抽孔芯管的组装质量和抽孔滑模质量标准见表 2-2-22。

抽孔芯管的组装质量和抽孔滑模质量标准　　表 2-2-22

项　目	管或孔的直径偏差	管的安装位置偏差	管中心垂直度偏差	管的长度偏差	管的锥度范围
质量标准或允许偏差	±3mm	＜10mm	＜2‰	±10mm	0～0.2%

注：不得出现塌孔及混凝土表面裂缝等缺陷。

图 2-2-254 为内径 22m 空心壁贮仓滑模抽孔示意图。

该工程的空心仓壁厚 450mm，抽孔直径 ϕ159mm；孔距 349mm（图 2-2-255）。

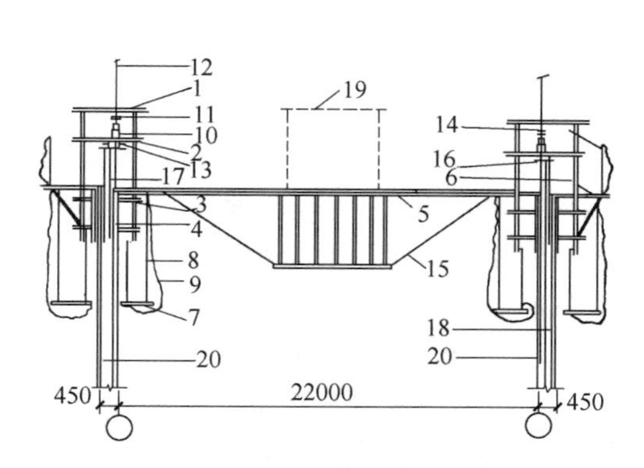

图 2-2-254 空心壁贮仓滑模抽孔示意图

1—开形提升架；2—开形架下横梁；3—围圈工具式支托；4—滑升模板；5—辐射梁式刚性平台；6—外挑三角架平台；7—吊脚手架；8—吊脚手架吊索；9—兜底封闭安全网；10—液压千斤顶；11—限位调平卡；12—ϕ25 支承杆；13—千斤顶扁担梁；14—外挑架封闭围栏；15—辐射下撑拉杆；16—抽孔芯管附加环梁；17—仓壁抽孔芯模；18—仓壁竖向孔道；19—液压控制台；20—空心壁混凝土

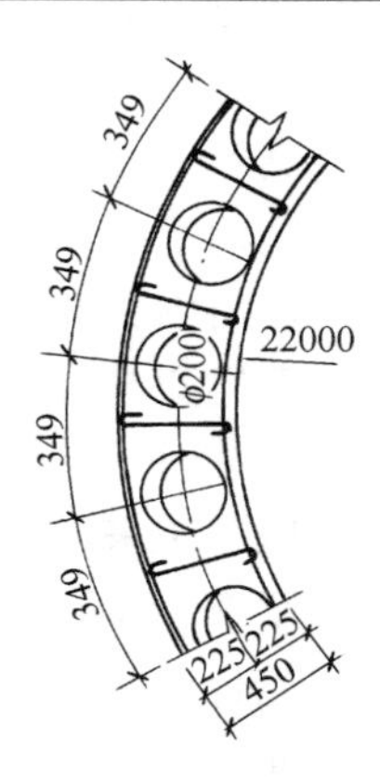

图 2-2-255 空心仓壁图

抽孔系统由工具式钢管芯模和提升机具两部分组成，芯模为 ϕ159mm 无缝钢管，安装间距 349mm，沿仓壁中心线布置，每仓 228 只。芯管上端通过附加环梁与提升架相连接，使竖向自动抽孔和模板滑升同步完成，符合安全、适用、经济的原则。

该工程由中煤建安公司七处施工。

5. 沉井滑模施工

沉井采用滑模施工，其方法与圆筒仓基本相同。沉井的滑模施工有两种方式：一种是将沉井井壁先在地面施工后下沉。另一种方式是边滑边沉。采用此法，必须注意沉井每个阶段的自重都能克服下沉的摩阻力，否则，就应采取前一种方式（图 2-2-256）。

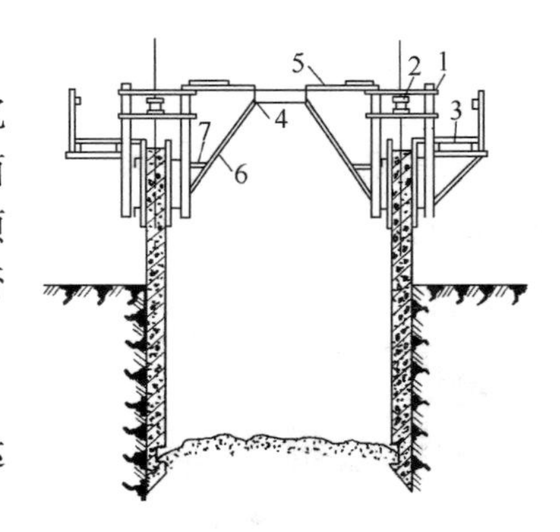

图 2-2-256 沉井滑模施工示意图

1—提升架；2—千斤顶；3—外操作平台；4—环梁；5—内操作平台；6—斜撑；7—脚手架

边滑边沉的施工方式，其特点有以下几方面：

（1）在地面下沉时，其刃脚部分混凝土强度必须达到设计强度的 70%以后方可开始；

（2）滑模施工始终在离地面或水面不太高的位置进行；

（3）在操作平台的中央，必须有足够的空间，作为垂直运输通道；

（4）中心线的控制必须与下沉挖土密切配合，找出不均匀下沉原因（要分析是由不均匀下沉造成，还是提升时的不同步所造成），应先校正下沉的偏斜，然后再调整平台的倾斜；

（5）沉井下沉的速度应与滑升速度相适应，以确保施工的顺利进行；

（6）必须注意沉井每个阶段的自重均能克服下沉摩阻力，如仍不能克服摩阻力时，则应设法增加配重。

图 2-2-257 为一圆筒形钢筋混凝土沉井工程实例，筒体外径 20.60m，壁厚 0.8m，刃脚以上高度 26m，井内设有丁字形隔墙。根据结构特点，采用辐射梁下撑拉杆式操作平台。该结构平面由辐射梁及内外钢圈组成，每组辐射梁由 2 根［14 槽钢拼装并沿径向布置，一端与中心鼓筒上钢圈相连；另一端分别与提升架支托相连，节点采用螺栓连接。中心鼓筒下钢圈与辐射梁靠近筒壁一端采用 Φ16 钢丝绳斜拉索张紧装置，组成类似悬索状结构。组装时，辐射梁与四周筒壁提升架相对布置，数量相等。

液压系统采取沿筒壁四周等距离布置提升架 42 个，每个提升架相应布置千斤顶 2 台，丁字隔墙部分布置提升架 11 个及千斤顶 22 台，共布置 GYD-35 型千斤顶 106 台。油路布置采用混合单线管路。整个滑升动力由 1 台液压控制台驱动，从控制台引出 10 条主干管，通过三通和连接阀引出 53 条支管，每条支管连接 2 根高压胶管和 2 台千斤顶，具体布置如图 2-2-258 所示。

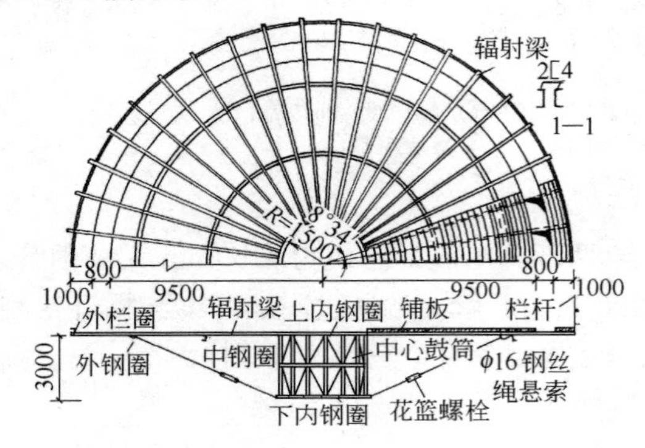

图 2-2-257　滑模平台结构示意图

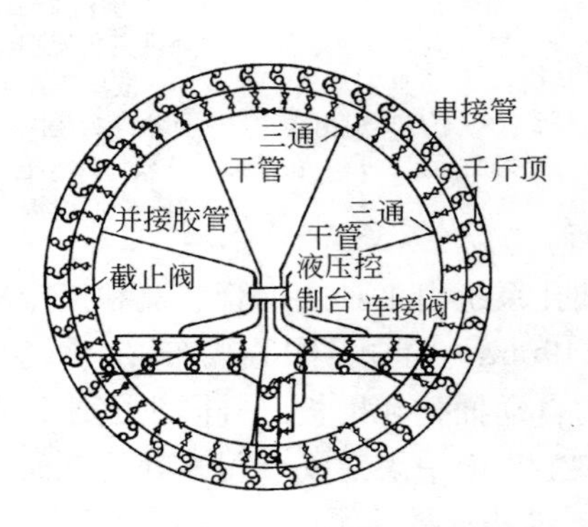

图 2-2-258　液压系统布置图

对于平台结构上的斜拉索与隔墙部分模板发生立体交叉问题。采用平台辐射梁升至提升架顶部，并相应降低安装高度的方法解决。具体作法如图 2-2-259 所示。

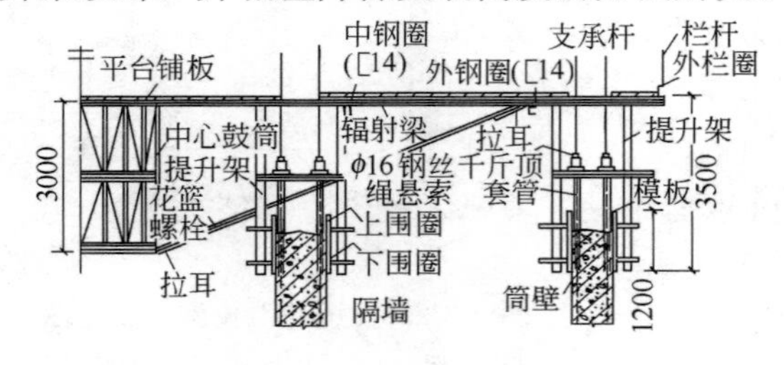

图 2-2-259　平台升至提升架顶部

6. 水塔的施工

水塔由塔身和水箱两部分组成。目前采用较多的倒锥形水塔，塔身为圆形筒壁结构，水箱为倒锥形斜环状箱体。水箱的容积一般为 $200m^3$、$300m^3$，较大者为 500～$1000m^3$。高度一般为 20～40m。

塔身的施工与一般圆形筒壁结构滑模施工相同，但由于平台面积较小，平台结构可与提升架组成一体，且应考虑与水箱提升平台合二为一。垂直运输的井架等，宜设置在塔身以外（图 2-2-260）。

当塔身滑模施工完毕，拆去模板等多余部分，将滑模平台固定在筒壁顶部的预埋件上，即可作为提升水箱的作业平台，进行提升水箱设备的安装提升作业（图 2-2-261）。

提升设备可采用（GYD）或（QYD）-35 型滑模千斤顶倒置串接法或采用 GYD（QYD）-60 型和 SQD-90-35 型大吨位千斤顶，沿吊挂的 Φ25 圆钢或 Φ48×3.5 钢管支承杆爬升（图 2-2-262）。也可采用 YC60A 穿心式预应力张拉千斤顶和 QM15-4 锚具，牵引吊挂的Φ15（7Φ5）钢绞线提升（图 2-2-263）。

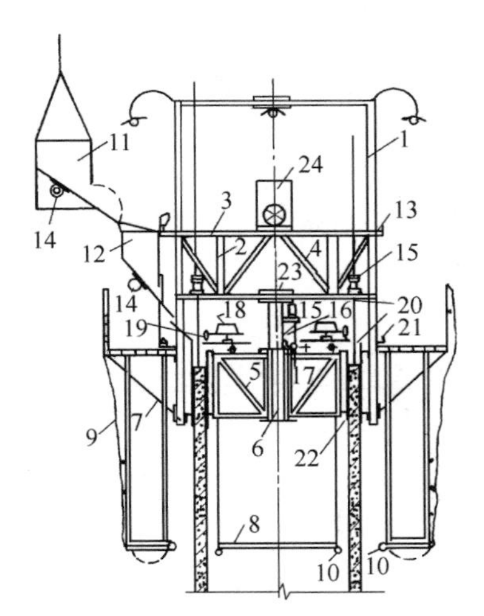

图 2-2-260 塔身滑模施工示意图

1、2—槽钢；3、4、5—角钢；6—钢管；7—操作平台三角架；8—吊脚手架；9—安全网；10—养生用水管；11—混凝土吊斗；12—混凝土布料斗；13—布料斗轨道；14—微型振动器；15—千斤顶；16—支承杆；17—摆杆；18—放丝盘；19—导向滚筒；20—立筋限位铁；21—围圈；22—钢模板；23—激光环靶；24—液压控制台

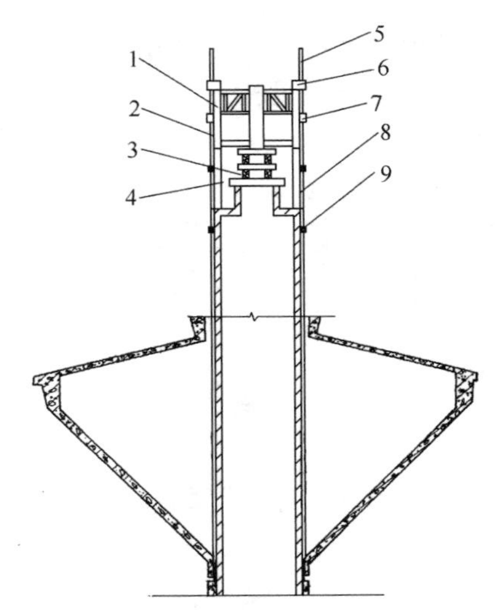

图 2-2-261 水箱提升示意

1—提升桁架；2—提升柱；3—方木垫格；4—钢梁；5—丝杠；6—提升机；7—槽钢扁担；8—吊杆；9—活络接头

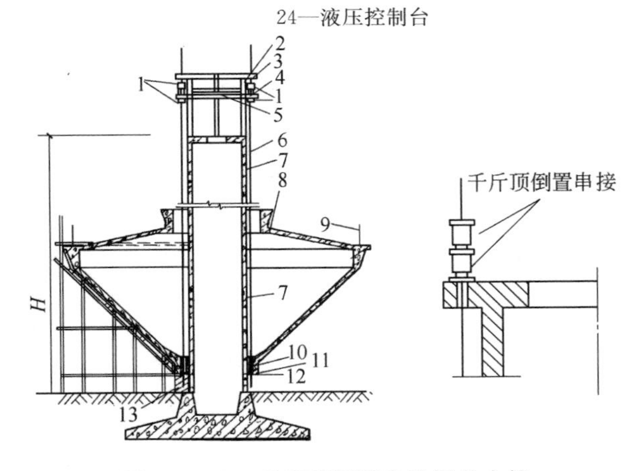

图 2-2-262 千斤顶倒置串接提升水箱

1—千斤顶（倒装）；2—提升架；3—上横梁；4—承重圈；5—下横梁；6—吊杆；7—塔身；8—水箱；9—栏杆；10—预留孔；11—环形承压预埋件；12—螺帽；13—砖砌底模

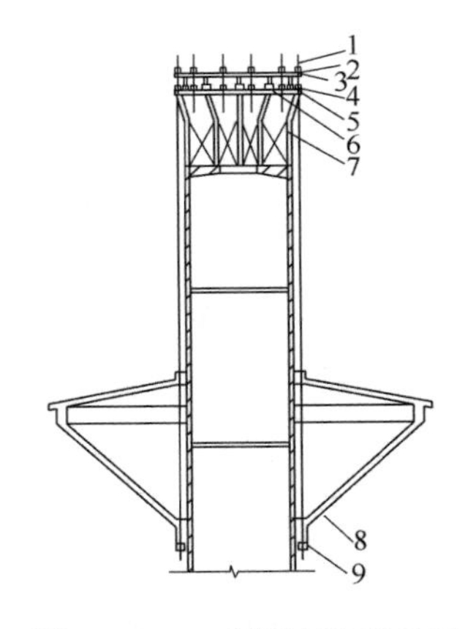

图 2-2-263 利用 YC 型千斤顶牵引钢绞线提升水箱

1—钢绞线；2—上锚具；3—上钢梁；4—下锚具；5—下钢梁；6—千斤顶；7—钢支架；8—水箱；9—固定锚

图 2-2-264 为一座有效容积 300t 的球形水塔。该水塔外直径 10m，下半球壁厚 25～42cm。上半球壁厚 10cm。塔身为圆形筒壁结构，高 35m，筒壁外径 2.4m，壁厚 18cm，采用滑模施工。

球形水箱的提升，与倒锥形水塔相同。但由于球形水箱重心约高 0.9m，提升过程中要求速度缓慢，严格控制水箱平稳上升，保证水箱安全准确落位，位于塔身的 6 个固定支撑牛腿顶面需保持在同一平面上。施工中遇有大风时应停止提升作业。

球形水塔是近年来在倒锥形水塔基础上，开发研制的一种新型水塔。具有外观造型美观、结构合理等特点。

图 2-2-265 为一座双水箱倒锥壳水塔滑模施工实例。该水塔的顶部为 150m³ 的冷水水箱，其下部为 200m³ 的热水水箱。水箱的施工，需分两次进行，先施工塔顶水箱，其工艺与单水箱倒锥壳水塔相同。第一个水箱吊装就位后，再进行第二个水箱的施工。两水箱的吊装孔位制作时必须完全一致，安装时严格对位。

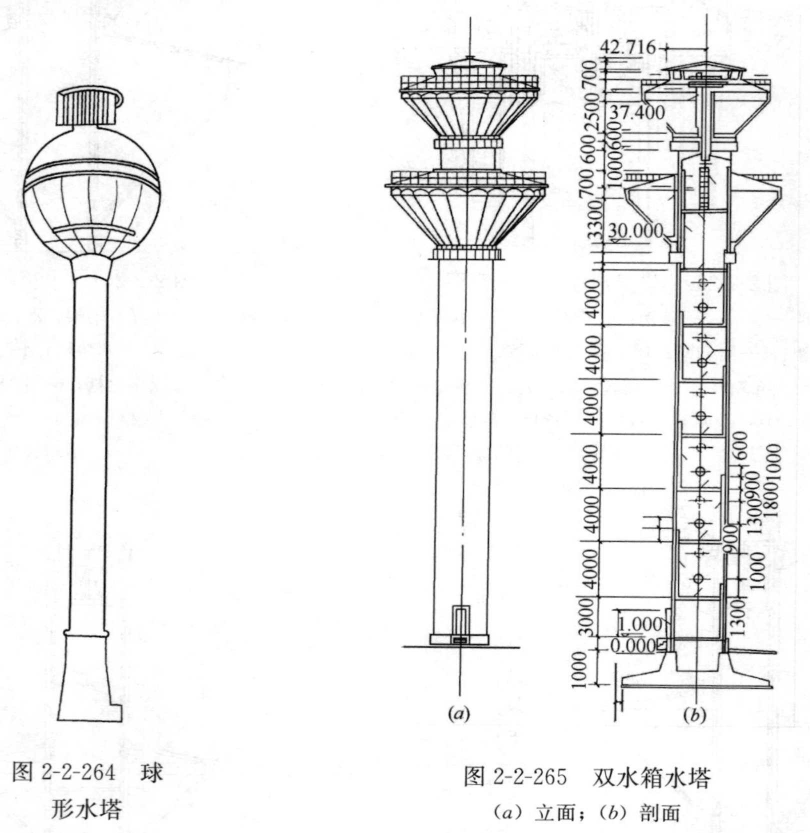

图 2-2-264　球形水塔

图 2-2-265　双水箱水塔
(a) 立面；(b) 剖面

该工程由云南四建公司施工。

2.2.2.8　滑模托带施工

滑模托带施工，是利用滑模装置将在地面组装好的钢结构托带顶升，是一种将滑模与钢结构顶升设备合二为一的施工方法。这种施工方法常应用于群柱与网架屋顶和混凝土筒仓与钢结仓顶等工程。具有以下优点：

- 不需要复杂的大型吊装设备，施工操作简单，节省施工用地；
- 群柱在施工中有网架连接，整体稳定性好，易于保证工程质量，且网架支座就位可以做到准确无误；
- 省去柱子的预制、吊装或一般支模现浇等工序，可缩短工期和节省施工费用。

1. 滑模托带施工应满足下列要求

（1）整体空间结构等重大结构物，其支承结构用滑模工艺施工时，可采用滑模托带方法进行整体就位安装。

（2）滑模托带施工时，应先在地面将被托带结构组装完毕，并与滑模装置连接成整体；支承结构滑模施工时，托带结构随同上升直到其支座就位标高，并固定于相应的混凝土顶面。

（3）滑模托带装置的设计，应能满足钢筋混凝土结构滑模和托带结构就位安装的双重要求。其施工技术设计应包括下列主要内容：

1）滑模托带施工程序设计；

2）墙、柱、梁、筒壁等支承结构的滑模装置设计；

3）被托带结构与滑模装置的连接措施与分离方法；

4）千斤顶的布置与支承杆的加固方法；

5）被托带结构到顶滑模机具拆除时的临时固定措施和下降就位措施；

6）拖带结构的变形观测与防止托带结构变形的技术措施。

（4）对被托带结构应进行应力和变形验算。确定在托带结构自重和施工荷载作用下各支座的最大反力值和最大允许升差值，作为计算千斤顶最小数量和施工中升差控制的依据之一。

（5）滑模托带装置的设计荷载除按一般滑模应考虑的荷载外，还应包括下列各项：

1）被托带结构施工过程中的支座反力，依据托带结构的自重、托带结构上的施工荷载、风荷载以及施工中支座最大升差引起的附加荷载，计算出各支承点的最大作用荷载；

2）滑模托带施工总荷载。

（6）滑模托带施工的千斤顶和支承杆的承载能力应有较大安全储备：对楔块式和滚楔混合式千斤顶安全系数应不小于 3.0，对滚珠式千斤顶安全系数应不小于 2.5。

（7）施工中应保持被托带结构同步稳定提升，相邻两个支承点之间的允许开差值不得大于 20mm，且不得大于相邻两支座距离的 1/400，最高点和最低点允许升差值应小于托带结构的最大允许升差值，并不得大于 40mm；网架托带到顶支座就位后的高度允许偏差，应符合现行国家标准《钢结构工程施工质量验收规范》GB 50205 的规定。

（8）当采用限位调平法控制升差时，支承杆上的限位卡应每 150～200mm 限位调平一次。

（9）混凝土浇灌应严格做到均衡布料，分层浇筑，分层振捣；混凝土的出模强度宜控制在 0.2～0.4MPa。

（10）当滑摸托带结构到达预定标高后，可采用一般现浇施工方法浇灌固定支模的混凝土。

2. 网架与滑模装置

网架及滑模荷载 2350kN。考虑到支座反力及滑模施工的构造要求，通过设计计算，中柱（12 根）每根柱布置 8 台千斤顶；边柱 26 根（柱距 12m），每根柱布置 4 台千斤顶。总计滑模柱 38 根，共布置 GYD-35 型千斤顶 200 台和 HY-36 型液压控制台 2 台（串联），中心设总控制台。油路采取三级并联，干管为无缝钢管，支管为高压胶管。在柱周围的网架上、下弦，均铺设脚手板，作为操作平台和运输道路，网架下吊挂脚手架，以作修整柱子使用（图 2-2-266）。

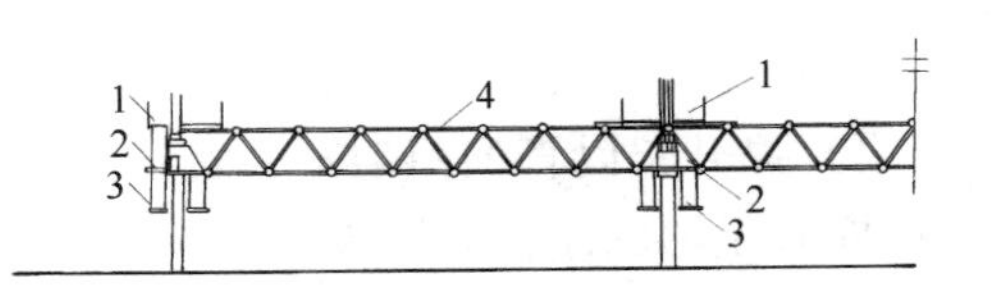

图 2-2-266　网架与滑模装置剖面示意图
1—上弦操作平台及运输道路；2—下弦操作平台；3—吊脚手架；4—网架

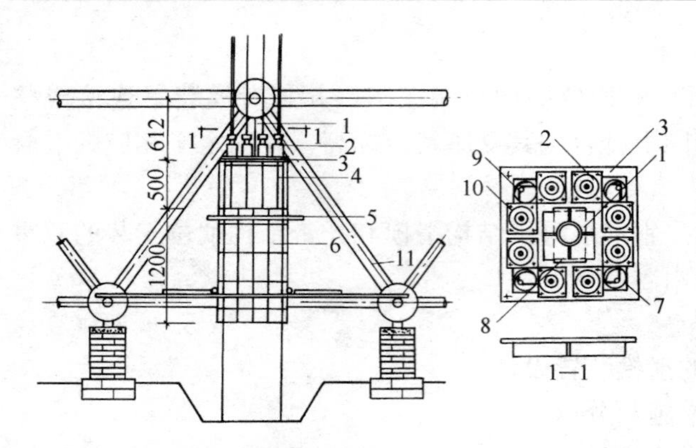

图 2-2-267　网架顶升支座与柱滑模构造示意图

1—网架支座；2—千斤顶；3—柱头钢板；4—提升角钢；5—柱卡具；6—柱钢模板；7—柱头混凝土浇灌孔；8—柱钢筋；9、10—支承杆；11—网架

3. 网架顶升支座与柱滑模构造

结合网架支座设计，在柱顶设一块与柱断面相同大小、厚 20mm 的钢板（加肋），作为千斤顶的支座，既固定千斤顶；同时也直接承托网架支座。钢板的下部通过 L50×5 角钢、螺栓与柱的钢模板相连接（图 2-2-267）。

柱模板采用 1200mm 组合钢模板，中间夹木条，形成滑模倾斜度。模板上口用角钢卡具卡紧，模板下口用 Φ51 钢管和木楔卡紧，并与网架下弦卡牢固定。

当网架提升至设计标高后，再补浇千斤顶下的柱头混凝土。千斤顶支座钢板留在柱头上，切去支承杆的多余部分，并与千斤顶支座钢板焊接牢固。

图 2-2-268 为大直径混凝土筒仓与钢结构仓顶托带施工前在地面同步组装示意图。滑模托带施工前，先在地面将滑模装置与钢结构仓顶组成 1 个一体化的稳定空间钢结构，共同完成混凝土仓壁与仓顶钢结构的托带施工。

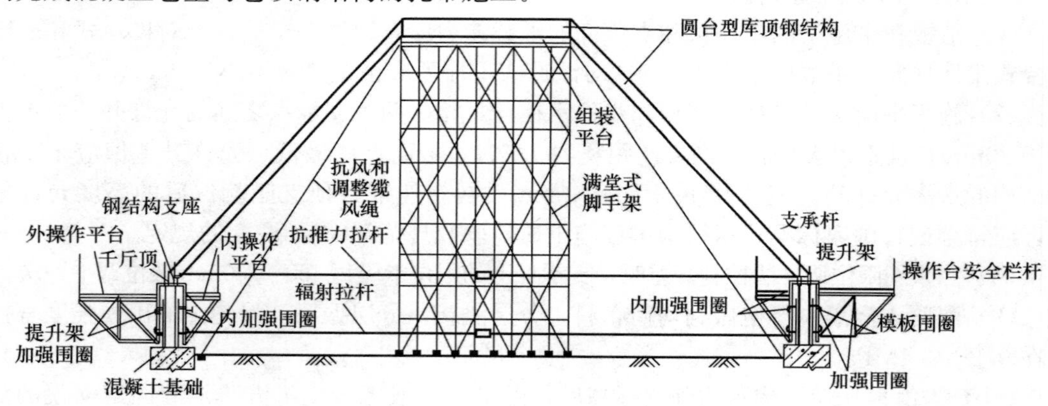

图 2-2-268　滑模平台与仓顶钢结构在地面同步组装

2.2.2.9　双曲线冷却塔滑架提模施工

1. 一般规定

（1）滑架提模施工适用于双曲线冷却塔或锥度较大的筒体结构的工程。

（2）滑架提模装置应满足塔身的曲率和精度控制要求，其装置设计应符合下列规定：

1）提升架以直型门架式为宜，其千斤顶与提升架之间联结应设计为铰接，铰链式剪刀撑应有足够的刚度，既能变化灵活又支撑稳定；

2）塔身中心位移控制标记应明显、准确、可靠，便于测量操作，可设在塔身中央，也可在塔身周边多点设置；

3）滑动提升模板与围圈滑动联结固定，而此固定块与提升架为相对滑动固定，以便模板与混凝土脱离，但又能在混凝土浇灌凝固过程中有足够的稳定性。

（3）采用滑架提模法施工时，其一次提升高度应依据所选用的支承杆承载能力而定。模板的空滑高度宜为1～1.5m。模板与下一层混凝土的搭接处应严密不露浆。

（4）混凝土浇灌应均匀、对称、分层进行，松动模板时的混凝土强度不应低于1.5MPa；模板归位后，操作平台上开始负荷运送混凝土浇灌时，模板搭接处的混凝土强度应不低于3MPa。

（5）混凝土入模前模板位置允许偏差应符合下列规定：

1）模板上口轮圆半径偏差±5mm；

2）模板上口标高偏差±10mm；

3）模板上口内外间距偏差±3mm。

（6）采用滑架提模法施工的混凝土筒体，其质量标准还应满足现行国家标准《混凝土结构工程施工质量验收规范》GB 50204的要求。

双曲线冷却塔通常由蓄水池、人字柱、环梁、筒壁、刚性环、塔芯淋水装置和爬梯等组成。环梁以上筒壁部分可采用滑架提模法施工（图2-2-269）。

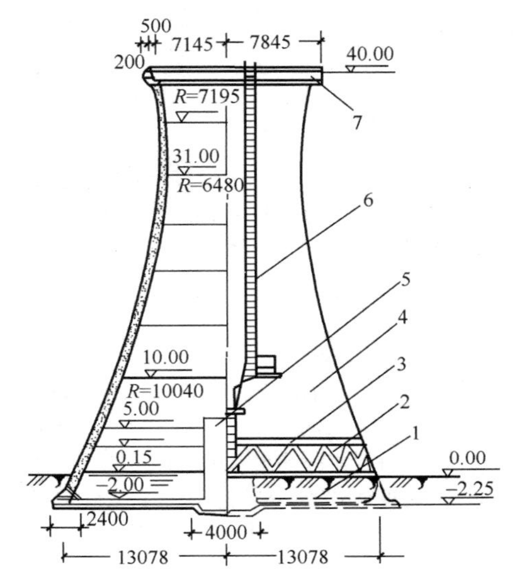

图2-2-269 双曲线冷却塔

1—蓄水池；2—人字柱；3—环梁；4—筒壁；5—塔芯淋水装置；6—爬梯；7—刚性环

这种结构具有筒壁薄、坡度大、直径大、变截面、变坡度、再向外翻坡等特点。为了满足筒壁几何尺寸的特殊要求，保证施工质量，便于操作控制，宜用提升架直立滑架提模法施工。如果各项技术措施落实，也可采用提升架倾斜滑模法施工。

2. 提升架直立滑架提模法

（1）滑架提模法工艺原理。是将液压滑模装置的模板与围圈和提升架之间的连接，改为可松开式固定装置。当浇筑混凝土前，依靠提升架把模板和围圈固定到设计位置，待混凝土浇筑完并达到一定强度时，再松开模板和围圈的固定装置，使模板与混凝土表面脱离，启动液压千斤顶，将模板和围圈、提升架等滑模装置提升至上一个浇筑层位置，再按设计要求的坡度、半径和壁厚，将模板重新调整组装好，进行上一个混凝土浇筑层的施工。如此反复循环，直至达到设计的高度。

在模板提升过程中，提升架始终处于直立状态，依靠模板和围圈来改变筒壁的坡度。

（2）滑架提模的模板系统。滑架提模的模板系统主要由直立提升架、剪刀撑、围圈、模板、操作平台、中心环、吊脚手架、千斤顶等液压提升设备和结构中心线的控制设备等部分组成（图2-2-270）。

采用提升架直立方式，可使内外操作平台和吊架平台均处于水平状态，便于人员操作和滑模系统的控制和纠偏。滑架提模系统的控制核心，是利用提升架之间的剪刀撑夹角的变化和调整提升架之间的距离，来达到滑模装置的外张或内收，使混凝土筒壁结构呈设计要求的双曲线形状。

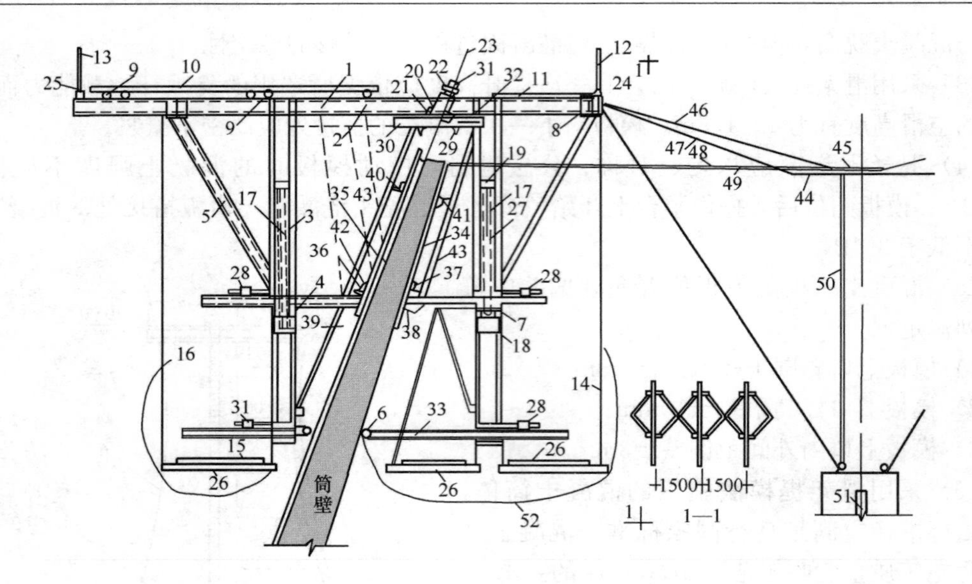

图 2-2-270　提升架直立滑架提模系统

1—提升架长横梁；2—提升架短梁；3—提升架立柱；4—支托小梁；5—斜撑；6—顶轮；7—托梁夹板；8—斜撑连接件；9—操作平台托管；10—平台铺板；11—内铺板；12—栏杆立柱；13—栏杆；14—吊架立柱；15—吊架脚手板；16—吊架栏杆；17—提升架剪刀撑；18—提升架固定座；19—剪刀撑滑动铰座；20—千斤顶调坡铰座；21—千斤顶调坡丝杠；22—千斤顶；23—支承杆；24—栏杆环；25—栏杆座；26—吊架；27—销轴；28—调整丝杠；29—底座架；30—千斤顶调坡架；31—限位卡；32—铰座推拉丝杠；33—顶轮托板；34—内模板；35—外模板；36—外活动围圈；37—内活动围圈；38—下内固定围圈；39—下外固定围圈；40—上外固定围圈；41—上内固定围圈；42—模板挂钩；43—调坡杆；44—中心环；45—激光靶；46—激光靶控制绳；47—径向钢丝绳；48—轮圆钢尺；49—激光靶钢尺；50—激光靶控制线架；51—激光仪；52—安全网

（3）液压滑架提模的操作要点。在常温条件下，每日可完成一个流水循环施工层，即浇筑混凝土 1.4m 高度（采用长 1.5m 标准模板）。作业时间安排为：早 8 时至下午 4 时为模板提升调整阶段，下午 2 时至晚 10 时为混凝土浇灌时间，晚 10 时至第二天早 8 时为混凝土养护期，待混凝土达到一定强度后，将模板与混凝土表面脱离，即可边提升、边绑钢筋、边调整圆周及筒壁曲率至新浇灌高度。

滑架提模施工过程中，主要调整控制项目：

1）筒壁结构中心控制：在塔体中心的地面上设激光铅直仪，在模板上口水平面的中央处设置激光接收靶，中心靶由四根绳索拉紧架立，并向四个方向安放四根钢尺，使靶心与激光点重合，用钢尺测量各个方向的距离，即可知结构中心位移情况。利用提升架上平面相对应的径向钢绳和提升架之间的剪刀撑来调整径向距离，使模板上口处的径向尺寸符合设计要求。

2）提升架水平度控制：液压千斤顶固定在门型提升架上，对其水平度的控制是保证平稳提升避免滑模结构产生偏移的关键因素。因此，对水平度必须随滑升、随检查、随调整。水平度的控制方法，主要利用激光水准仪或一般水准仪测量各曲段提升架上的固定标尺，将提升架调整在统一水平上。调整方法可利用装置于千斤顶上的限位调平卡和支承杆限位档，每提升 25cm 检查调整一次，直至提升至所需的浇筑高度。

3）筒壁厚度的控制：采取先将外模板上口标高和对中心的径向距离调整固定好，再以内模上口至外模之间的距离来控制筒壁厚度。模板下口要与上一段已浇筑的混凝土筒壁搭接 5～10cm，并与筒壁紧贴，使之不漏浆。内外模板的坡度曲率，依靠提升架两个立腿间的调坡杆进行调整固定。

4）液压千斤顶支承杆坡度的控制：千斤顶支承杆时坡度应与外模板平行，这是保证滑升顺利和减少误差调整量的关键。因此当筒壁坡度曲率发生变化，模板随之变化时，支承杆的坡度也应随之变化。调整控制的方法是通过千斤顶底座的外侧调坡丝杆来调整。一般情况下，每个提升段应调整一次，应在模板提空、混凝土浇筑前完成。为下个提升段模板的滑升做好准备工作。

5）提升架之间剪刀撑的控制：用剪刀撑的夹角大小来控制提升架之间距离的收与放，是控制提升架径向尺寸的关键。其变化由移动提升架立腿上的剪刀撑滑块来实现，滑块移动的限位每次不超过 1cm，同一个提升高度的各个提升架上的滑块，均应在统一标尺点上。每个提升高度的滑块移动量，都应精确计算列表，以便在滑升时掌握。

6）辐射拉索的控制：辐射拉系的作用，一是在滑模装置结构组装时，用来控制提升架位置；二是提升中避免提升架产生过大的误差。因此辐射拉索应在每个提升段和每次限位提升高度时，均相应收紧。辐射拉索的长度应保持一致，才能保证滑模结构中心位置的稳定。其长度应用中心靶上的钢尺来检查。

3. 提升架倾斜滑模法

提升架随筒壁坡度变化呈倾斜状态滑升，其他与圆锥形变截面筒体结构滑模大致相同。

（1）模板系统。提升架倾斜滑模法的模板系统，主要由提升架、模板、剪刀撑、水平连杆、中心拉环、机械传动装置、液压系统及电气控制台等部分组成（图 2-2-271）。

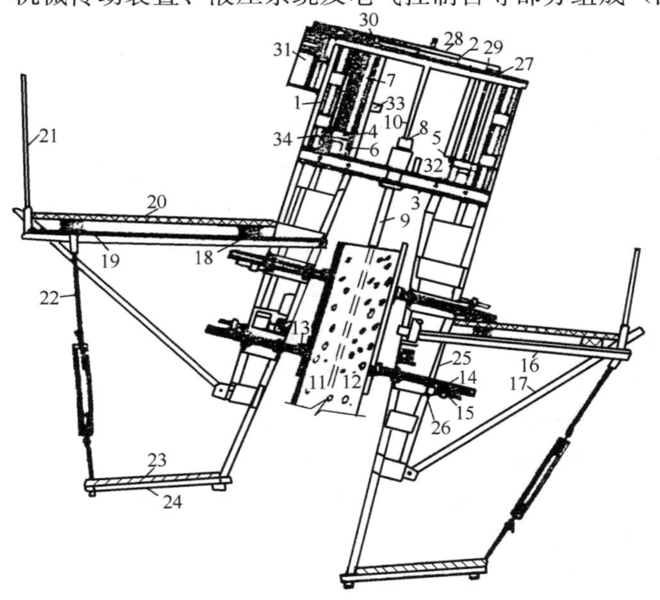

图 2-2-271 提升架倾斜滑模法的模板系统

1—提升架立柱；2—提升架上横梁；3—提升架下横梁；4—外立柱滑块；5—内立柱滑块；6—剪力撑；7—控坡、控径丝杆；8—千斤顶；9—支承杆套管；10—支承杆；11—外模板；12—内模板；13—围圈；14—围圈支承槽钢；15—模板顶紧丝杆；16—平台横梁；17—平台斜撑；18—平台纵梁支座；19—平台纵梁；20—吊脚手架；21—栏杆；22—可调吊脚手杆；23—脚手板；24—吊脚手架横梁；25—围圈支承槽钢滑道；26—顶紧丝杆顶头板；27—上横梁附轴承座；28—油缸；29—推力连杆；30—棘轮扳手；31—收绳卷扬机；32—找平水杯；33—电磁滑阀；34—传动竖轴

（2）施工工艺。提升架倾斜滑模法的施工工艺与一般滑模工艺基本相同。以某电厂3000m² 双曲线冷却塔为例，该工程环梁以上筒壁采用滑模施工。筒壁为双曲线薄壁变截面钢筋混凝土结构，壁厚由500mm逐渐变到160mm，标高14.8～82.8m为等壁厚，筒壁下部最大倾斜度为32.24%，反坡率由底部的1.8‰逐渐增加到9.7‰。筒壁配筋为螺纹钢筋，混凝土强度等级为C25，滑模施工部位的混凝土设计用量为1866m³。筒壁施工前，先将中央竖井、淋水装置的梁柱等构件做好，以缩短总工期。垂直运输采用井架，标高＋30m以下，由于混凝土量大，采用九孔和五孔井架各1座，用两台400升搅拌机，分四组同时浇灌。标高＋30m以上，只用一台搅拌机和一座九孔井架，混凝土分两组浇灌。

劳动力组织按两大班作业，每班12h。筒壁滑升速度每天2.4m。

筒壁施工时，模板每次滑升的高度，按事先定的变量通过计算确定，一般每一浇灌层的厚度为240mm。模板滑升时，对提升架的各种变量要相应进行调整，根据“施工操作管理表”，对内外滑块、水平连杆及收绳卷扬机鼓筒的变量进行控制。必要时，也可根据对主要控制参数的要求，适当调整操作的次数。

操作时，随着模板的滑升，随时绑扎钢筋。滑升到预定的标高后，即可对提升架及模板半径等进行测量，同时，观测滑模装置的漂移量，发现偏差，及时调整。符合要求后，即可浇灌混凝土。

2.2.2.10　单侧筑壁滑模工艺

1. 竖井井壁滑模施工

矿山竖井，以及其他地下竖井的混凝土或钢筋混凝土井壁，可采用滑模施工（图2-2-272）。

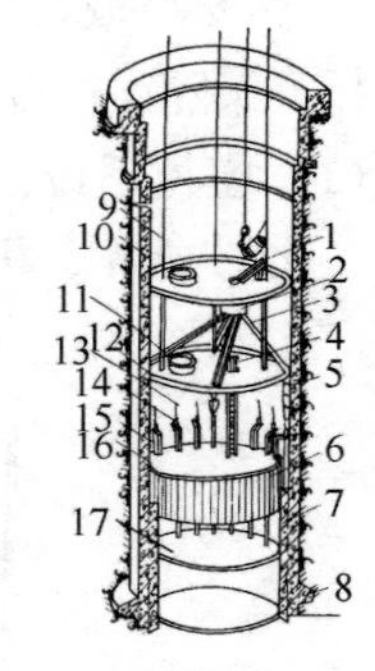

图2-2-272　竖井井壁滑模施工示意图

1—混凝土槽；2—分灰器；3—溜槽；4—爬梯；5—竹节串筒；6—模板；7—内井壁；8—壁座；9—吊盘稳绳；10—外井壁；11—喇叭口；12—吊盘；13—支承杆；14—千斤顶；15—单腿提升架；16—滑模盘；17—下辅助盘

（1）采用滑模施工的竖井，除遵守《滑动模板工程技术规范》（GB 50113）的规定外，还应遵守《矿山井巷工程施工及验收规范》（GBJ 213）等现行国家标准的有关规定。

（2）滑模施工的竖井混凝土强度不宜低于C25。井壁厚度不宜小于150mm，井壁内径不宜小于2m。当井壁结构设计为内、外两层或内、中、外三层时，采用滑模施工的每层井壁厚度不宜小于150mm。

（3）竖井为单侧滑模施工，滑模设施包括凿井绞车、提升井架、防护盘、工作盘（平台）、提升架、提升罐笼、通风、排水、供水、供电管线以及常规滑模施工的机具。

（4）井壁滑模应设内围圈和内模板。围圈宜用型钢加工成桁架形式；模板宜用2.5～3.5mm厚钢板加工成大块模板，按井径可分为3～6块，高度以1200～1500mm为宜。在接缝处配以收分或楔形抽拔模板。模板的组装单而倾斜度以5‰～8‰为宜。提升架为单腿“Γ”形。

（5）防护盘应根据井深和并筒作业情况设置4～5层。防护盘的承重骨架宜用型钢制作，上铺60mm以上厚度的木板，2～3mm厚钢板，其上再铺一层500mm厚的松软缓冲材料。防护盘除用绞车悬吊外，还应用卡具（或千斤顶）与井壁固定牢固。其他配套设施按现行国家标准的有关规定执行。

（6）外层井壁宜采用边掘边砌的方法。由上而下分段进行滑模施工，分段高度以3～6m为宜。

当外层井壁采用掘进一段再施工一段井壁时，分段滑模的高度以30～60m为宜。在滑模施工前，应对井筒岩（土）帮进行临时支护。

（7）竖井滑模使用的支承杆，可分为压杆式和拉杆式，并应符合下列规定：

1）拉杆式支承杆宜布置在结构体外，支承杆接长采用丝扣连接；

2）拉杆式支承杆的上端固定在专用环梁或上层防护盘的外环梁上；

3）固定支承杆的环梁宜用槽钢制作，由计算确定其尺寸；

4）环梁使用绞车悬吊在井筒内，并用4台以上千斤顶或紧固件与井壁固定；

5）边掘边砌施工井壁时，宜采用拉杆式支承杆和升降式千斤顶；

6）压杆式支承杆承受千斤顶传来的压力，同普通滑模的支承杆。

（8）竖井井壁的滑模装置，应在地面进行预组装，检查调整达到质量标准，再进行编号，按顺序吊运到井下进行组装。

每段滑模施工完中，应按国家现行的安全质量标准对滑模机具进行检查，符合要求后，再送到下一工作面使用。需要拆散重新组装的部件，应编号拆、运，按号组装。

（9）滑模设备安装时，应对井筒中心与滑模工作盘中心、提升罐笼中心以及工作平台预留提升孔中心进行检查；应对拉杆式支承杆的中心与千厅顶中心、各层工作盘水平度进行检查。

井壁滑模装置组装的质量标准见表2-2-23。

井壁滑模装置组装质量标准 **表2-2-23**

项目	滑模平台中心与井筒中心偏差	模板上口水平偏差	工作平台水平偏差	模板直径与井筒设计直径偏差	拉杆或支承杆中心与千斤硕中心偏差	模板单面倾斜度范围
质量标准	＜15mm	≤20mm	≤20mm	＜30mm	≤0.5mm	5‰～8‰

注：其他项目的质量标准，同常规滑模施工要求。

（10）外层井壁在基岩十分段滑模施工时，应将深孔爆破的最后一茬炮的碎石留下并整平，作为滑模机具组装的工作面，碎石的最大块径不宜大于200mm。

（11）在组装滑模装置前，沿井壁四周安放的刃脚模板应先固定牢固，滑升时，不得将刃脚模板带起。

（12）滑模中遇到与井壁相连的各种水平或倾斜巷道门、峒室时，应对滑模系统进行加固，并做好滑空处理。在滑模施工前，应对巷道口、峒室靠近井壁的3～5m的范围内进行永久性支护。

（13）滑模施工中必须严格控制井筒中心的位移情况。边掘边砌的工程每一滑模段应检查一次；当分段滑模的高度超过15m时，每10m高应检查一次。其最大偏移不得大于15mm。

（14）滑模施工期间应绘制井筒实测纵横断面图，并应填写混凝土和预埋件检查验收记录。

（15）井壁质量应符合下列要求：

1）与井筒相连的各水平巷道或峒室的标高应符合设计要求，其允许偏差为

±100mm；

2）井筒的最终深度，不得小于设计值；

3）井筒的内半径最大允许偏差：有提升设备时不得大于50mm，无提升设备时不得超过±50mm；

4）井壁厚度局部偏差不得小于设计厚度50mm，每平方米的表面不平整度不得大于10mm。

2. 竖井拉杆式滑模筑壁工艺

竖井拉杆式滑模筑壁工艺，是指滑模装置的千斤顶沿吊挂的支承杆爬升过程中，支承杆在混凝土体外始终处于受拉状态。

某矿风井井筒垂深342.2m，内（净）径为5m，外径为6.6m。冻结地层深度为230m，冻结段为双层钢筋混凝土井壁，分两次浇筑，基岩段为单层井壁，采用地面预注浆法。内、外井壁厚度各为0.4m。冻结段为C35混凝土，基岩段为C25混凝土。该工程由兖州矿务局施工。

内、外井壁均采用拉杆式滑模筑壁工艺，外井壁由上向下分段浇筑，每段高度2～4m。内井壁由下向上连续浇筑，全段高度230m。

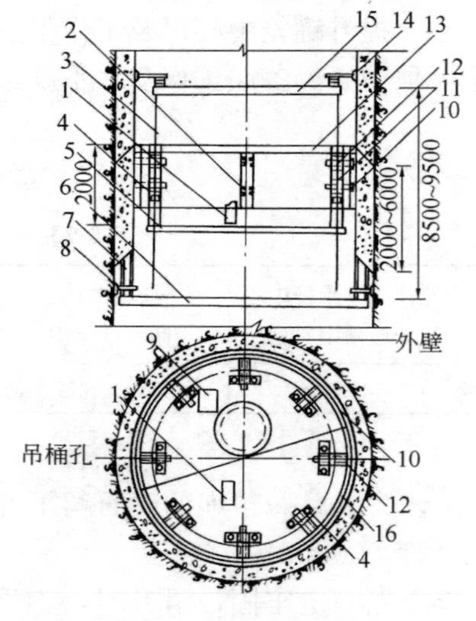

图2-2-273　竖井拉杆式滑模筑壁示意
1—液压控制柜；2—松紧装置；3—支承杆；4—千斤顶；5—四层（滑模辅助盘）；6—五层（掘进工作盘）；7—刃脚模板；8—刃脚处手动千斤顶；9—人孔；10—模板；11—拉柱（提升架）；12—支撑；13—三层（滑模操作盘）；14—固定圈处手动千斤顶；15—固定圈；16—收缩装置

（1）外井壁施工：外井壁施工采用掘进与滑模筑壁平行作业工艺，由上向下分段进行。

1）竖井拉杆式滑模筑壁装置：拉杆式滑模装置主要由刃角、模板、围圈、上下吊盘、拉柱、千斤顶、液压控制台及油路等组成；悬吊设施主要由支承杆（拉杆）、悬吊圈、钢丝绳和凿井绞车等组成（图2-2-273）。

刃角：采用3mm钢板和L50×6角钢焊成圆弧形，高1m，共8块。以伸缩螺栓来调整直径，径向可调范围为200mm，有效高度400m。刃脚随吊盘下送，以激光指向仪找中。

模板：采用3mm钢板和L60～6角钢焊成圆弧形，共16块。模板高度为1.4m，以螺栓连接，可以伸缩。模板的倾斜度为70‰～10‰。

拉柱：采用［10槽钢和扁钢焊接而成，共8根。相当于普通滑模的提升架，在拉柱的两侧设有千斤顶的底座，每根拉柱上安装两台千斤顶。

滑模盘：由操作盘和辅助盘组成，操作盘为五层吊盘中的第三层盘，辅助盘为第四层盘，两盘间距为2m。

千斤顶：采用GYD-35型，共16台，双顶对称均匀布置。

液压控制台：采用HY-36型，一台工作，一台备用。

油路：采用高压胶管。

2）施工工艺：外井壁的施工，采用掘进与滑模筑壁平行作业，通过五层吊盘来实施。

吊盘全高 15m，总重量为 41.5t。第一层为保护盘，第二层浇筑盘，第三层滑模盘，第四层辅助盘，第五层掘进工作盘，盘上安设刃角、悬吊刚性掩护筒以及中心回转式抓岩机（图 2-2-274）。

3）施工顺序如下：

①松吊盘：当掘进段高度可以满足砌筑段高度要求时，立即进行筑壁。筑壁前先整体下送五层吊盘，到预定的标高，将吊盘固定；

②安设刃角：当吊盘固定后，根据激光指向仪在第五层吊盘上安设刃角；

③下送和绑扎钢筋：在吊盘下送前，将钢筋下送到吊盘，然后由第二层吊盘传递到第三层吊盘上，存放和进行绑扎。竖筋一端与上段井壁竖筋绑扎连接，另一端安设在刃角的钢筋孔内。安设全部竖筋后，绑扎横筋，其高度超过刃角时，再浇灌混凝土；

④下送第三层和第四层吊盘：绑扎钢筋前，将第三层和第四层吊盘用 5t 捯链下送 2m 左右，待固定好全部竖筋后，再将第三层和第四层吊盘落到预定位置；

⑤调整模板：五层吊盘下送前，将模板径向收缩 30mm，使模板与井壁脱离。待模板随吊盘落到刃角后，再将模板向外撑 30mm，以激光指向仪找正；

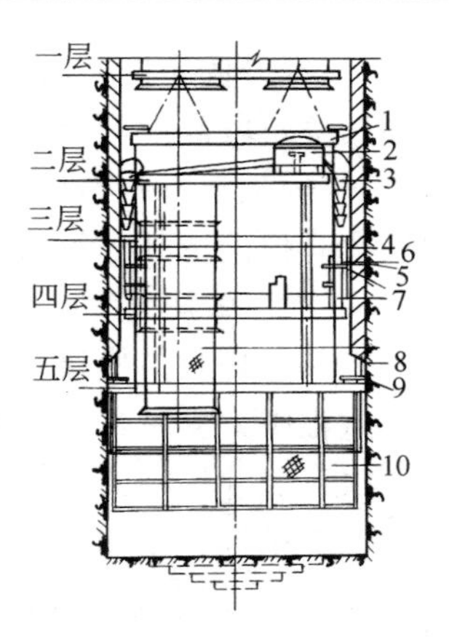

图 2-2-274 五层吊盘掘砌平行作业示意

一层-保护盘；二层-浇筑盘；三层-滑模操作盘；四层-滑模辅助盘；五层-吊盘固定盘（掘进工作盘）

1—支承杆固定圈；2—分灰器；3—竹节溜灰管；4—模板；5—收缩装置；6—拉柱（提升架）；7—千斤顶；8—保护网；9—刃脚模板；10—掩护筒

⑥下放固定圈：井壁每浇筑一个段高度，下放一次固定圈。固定圈放下前，需松开固定千斤顶，卸开支承杆螺帽，根据段高度要求下放。下放后，再固定好千斤顶，上紧螺帽；

⑦安装支承杆：支承杆的上端用螺帽固定在固定圈上，下端穿过千斤顶，中间由不同长度支承杆来调整。长度为 0.5～3m；

⑧浇灌混凝土：混凝土经地面搅拌站搅拌后装入吊桶，用平板车送到井口，再由绞车下送到第二层吊盘，卸入 1.5m³ 分灰器，经竹节串筒直接入模，用风动振捣器振捣密实。

（2）内井壁施工。内井壁在外井壁全部完成后进行，采用拉杆式液压滑模筑壁工艺，由下至上连续浇筑。内井壁滑模筑壁施工高度为 230m，平均日进度 8.21m，最高日浇筑高度 12m。

内井壁滑模筑壁的模板装置与外井壁基本相同，但需进行部分改装。其施工顺序如下：

1）改制吊盘：施工内井壁时，由于施工条件的变化，需将直径改小（拆除外圈 500mm），而且由原五层吊盘改成四层，去掉第五层吊盘。同时，将第三层和第四层吊盘与第一层、第二层吊盘脱离。

2）安装模板：拆除吊盘外圈后，将滑模改装成为不可伸缩的固定式模板，上下找平找正，保证 7‰～10‰的倾斜度，最后安装支承杆（拉杆）。经过空滑 2～3 个行程，检查无误后，方可浇筑混凝土。

3）浇筑混凝土：混凝土由提升机下送至分灰器，经过竹节串筒直接入模，每次浇筑高度为 300mm。

4）提升固定圈：每提升一次吊盘和固定圈，需拆卸及安装一次支承杆（拉杆），其高度根据浇筑段高度而定，一般10m左右。

5）模板滑升：滑模装置在井下安装后，即可连续滑升至顶，中间不需拆卸。钢筋随模板滑升提前绑扎。垂直度中线和水平度每隔30min找正一次。

3. 竖井压杆式滑模筑壁工艺

竖井压杆式滑模筑壁工艺，是指滑模装置的千斤顶沿埋置于混凝土中的支承杆爬升，施工过程中，支承杆始终处于受压状态。与一般滑模基本相同。

（1）竖井压杆式滑模筑壁装置。竖井压杆式滑模装置主要由模板、围圈、滑模盘、提升架、支承杆、千斤顶、控制台和油路等组成（图2-2-275）。

模板：采用固定式，以3m钢板和L50×6角钢焊接成圆弧形模板，每块宽1.2～1.5m，高1.3～1.5m，一般分为12～16块，用螺栓连接成整体。表土冻结段模板倾斜度为7‰，基岩段模板倾斜度为10‰。

围圈：共设两道，由三段［14槽钢加工而成，用螺栓连接。其中两段留有斜岔，便于安装和拆卸。

滑模盘：由操作盘和滑模盘组成框架结构。该盘由［14槽钢加工而成，面板用3mm厚花纹钢板铺设，两盘间距2.8m。

提升架：为“Γ”形，由［8槽钢和10mm厚钢板焊接而成。表土冻结段高为2m，基岩段高为1.8m。每榀提升架上安设1～2台千斤顶。采取单向、均匀、对称和同心圆布置，间距为1m左右。

（2）施工工艺。竖井压杆式滑模筑壁工艺与一般滑模工艺基本相同。

（3）特殊部位的施工

1）马头门施工：马头门净高4.5～5.5m、净宽4.8～5.4m。竖井掘进时，向里各掘进4m，采用喷锚支护。竖井滑模筑壁时，同时施工马头门（图2-2-276）。

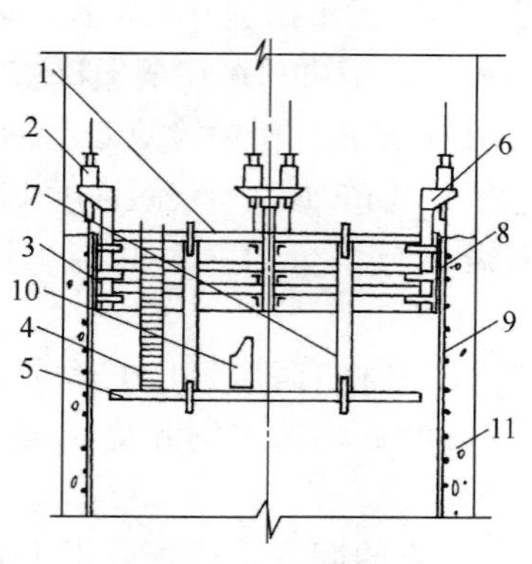

图2-2-275　竖井压杆式滑模筑壁示意

1—滑模上盘；2—GYD-35型千斤顶；3—围圈；4—铁梯；5—滑模下盘；6—提升架；7—立柱；8—模板；9—支承杆；10—HYS-36型控制台；11—内壁

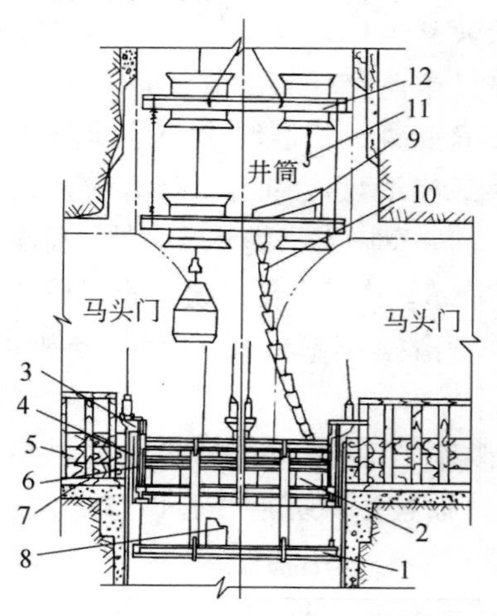

图2-2-276　马头门施工示意图

1—滑模辅助盘；2—滑模操作盘；3—提升架；4—支承杆加固圈；5—块状模块；6—支承杆加固筋；7—下层立模架；8—液压控制台；9—分灰盘；10—竹节溜灰器；11—卡罐钩；12—吊盘

当模板滑升至马头门部位时，仅有1/3井壁可浇筑混凝土，其余部位大部分为空滑。可采取增加纵横向支撑的方法，对脱空支承杆进行加固，以防失稳变形。

2）双面箕斗装载峒室施工：峒室对称布置，预留口高度为19.16m，宽为7.3m，预留口采取喷锚支护。滑模筑壁时洞室预留口的施工，见图2-2-277。

4. 墙体加厚滑模筑壁

适用于高度较大的原建筑物（或构筑物）墙体加厚部位的施工。其构造为：在原建筑物（或构筑物）的顶部安装悬挑三角架，将千斤顶倒装其上，利用千斤顶拔提Φ25支承杆，提升滑模操作平台或模板系统，完成滑模作业（图2-2-278）。

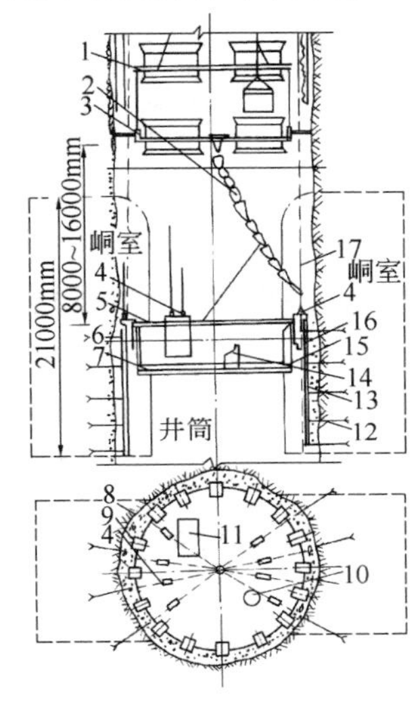

图2-2-277 竖井滑模筑壁时箕斗装载峒室预留口的施工

1—双层吊盘；2—竹节溜灰器；3—吊盘手动千斤顶；4—GYD-35型千斤顶；5—操作盘；6—模板；7—辅助盘；8—提升架；9—花篮螺栓；10—通风孔；11—梯子孔；12—锚杆；13—环筋；14—控制台；15—高压管；16—加固管；17—支承杆

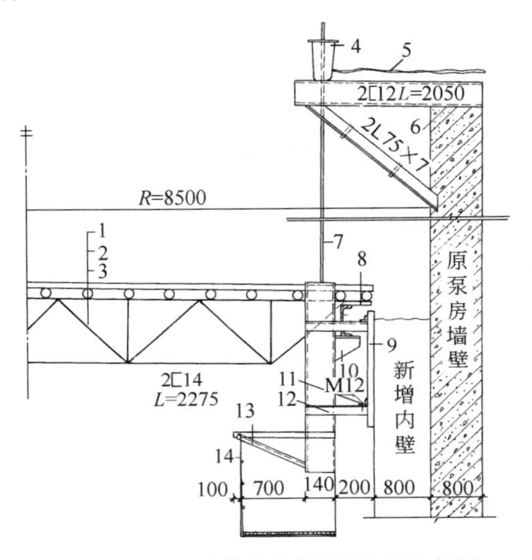

图2-2-278 墙体加厚滑模筑壁示意图

1—脚手板满铺；2—Φ48钢管@600；3—钢桁架；4—千斤顶（倒置）；5—高压油管；6—与原墙壁钢筋焊接；7—支承杆（受拉）；8—托梁；9—钢模板；10—钢牛腿；11—L75×7围圈；12—L75×7支托；13—L75×6斜撑；14—吊脚手架

这种方法支承杆处于受拉、铅垂状态，液压系统全部位于原建筑物（或构筑物）的顶板上，对操作平台无影响。模板滑升时，只需控制千斤顶行程一致，即可达到筒壁垂直的目的。

5. 罐体衬壁滑模施工

罐体衬壁滑模与一般滑模的主要区别是，除采用Γ形提升架和单侧模板外，支承杆采用悬吊方式，变受压杆为受拉杆。

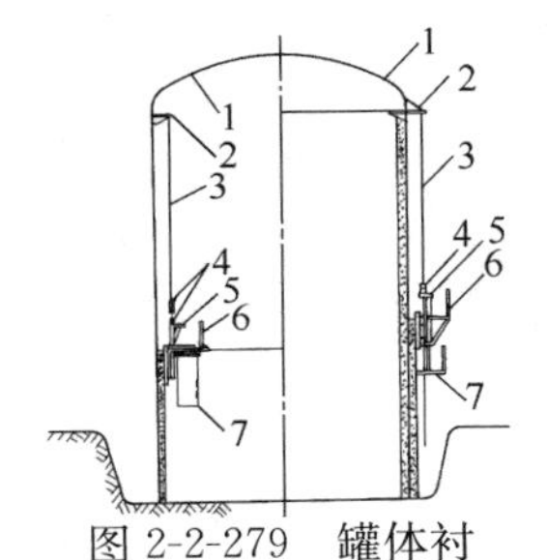

图2-2-279 罐体衬壁滑模示意图

1—钢罐体；2—钢三角挑架；3—悬吊支承杆；4—千斤顶；5—Γ形提升架；6—栏杆；7—吊脚手架

图2-2-279为内、外衬壁单侧滑模的构造。钢罐体内衬壁混凝土厚33cm，外衬壁混凝土厚77cm，其内、外衬壁单侧滑模的构造相同。支承杆悬挂在罐体顶部的钢三角挑架上，钢三角挑架与罐体临时固定，待衬壁施工到顶后再行拆除。操作平台采用环

形，提升架为“Γ”形，围圈、模板的构造和组装方式，与立井筑壁单侧滑模基本相同。

2.2.2.11　滑模施工工程的质量检查和工程验收

1. 质量检查

（1）滑模工程施工应按《滑动模板工程技术规范》和国家现行的有关强制性标准的规定进行质量检查和隐蔽工程验收。并认真做好检查验收记录。

（2）工程质量检查工作必须适应滑模施工的基本条件。

（3）兼作结构钢筋的支承杆的连接接头、预埋插筋、预埋件等应做隐蔽工程验收。

（4）施工中的检查应包括地面上和滑模平台上两部分：

1）地面上进行的检查应超前完成，主要包括：

①所有原材料的质量检查；

②所有加工件及半成品的检查；

③影响平台上作业的相关因素和条件检查；

④各工种技术操作上岗资格的检查等。

2）滑模平台上的跟班作业检查，必须紧随各工种作业进行，确保隐蔽工程质量符合要求。

（5）滑模施工中操作平台上的质量检查工作除常规项目外，尚应包括下列主要内容：

1）检查操作平台上各观测点与相对应标准控制点之间的位置偏差及平台的空间位置状态；

2）检查各支承杆的工作状态；

3）检查各千斤项的升差情况，复核调平装置；

4）当平台处于纠偏或纠扭状态时，检查纠正措施及效果；

5）检查滑模装置质量情况，检查成型混凝土的壁厚、模板上口的宽度及整体几何形状等；

6）检查千斤顶和液压系统的工作状态；

7）检查操作平台的负荷情况，防止局部超载；

8）检查钢筋的保护层厚度，节点处交汇的钢筋及接头质量；

9）检查混凝土的性能及浇灌厚度；

10）提升作业前，检查障碍物及混凝土的出模强度；

11）检查结构混凝土表面质量状态；

12）检查混凝土养护。

（6）混凝土质量检验应符合下列规定：

1）标准养护混凝土试块的组数，应按现行国家标准《混凝土结构工程施工质量验收规范》GB 50204 的要求进行。

2）混凝土出模强度的检查，应在滑模平台现场进行测定，每一工作班应不少于一次；当在一个工作班上气温有骤变或混凝土配合比有变动时，必须相应增加检查次数。

3）在每次模板提升后，应立即检查出模混凝土的外观质量，发现问题应及时处理，重大问题应做好处理记录。

（7）对于高耸结构垂直度的测量，应考虑结构自振、风荷载及日照的影响，并宜以当地时间 6：00～9：00 点间的观测结果为准。

2. 工程验收

(1) 滑模工程的验收应按现行国家标准《混凝土结构工程施工质量验收规范》GB 50204 的要求进行。

(2) 滑模施工工程混凝土结构的允许偏差应符合表 2-2-24 的规定。

滑模施工工程混凝土结构的允许偏差　　表 2-2-24

项目			允许偏差（mm）
轴线间的相对位移			5
圆形筒壁结构	半径	≤5m	5
		＞5m	半径的 0.1%，不得大于 10
标高	每层	高层	＋5
		多层	±10
	全高		±30
垂直度	每层	层高不大于 5m	5
		层高大于 5m	层高的 0.1%
	全高	高度小于 10m	10
		高度不小于 10m	高度的 0.1%，不得大于 30
墙、柱、梁、壁截面尺寸偏差			＋8，－5
表面平整（2m 靠尺检查）	抹灰		8
	不抹灰		5
门窗洞口及预留洞口位置			15
预埋件位置偏差			20

钢筋混凝土烟囱的允许偏差，应符合现行国家标准《烟囱工程施工及验收规范》的规定。特种滑模施工的混凝土结构允许偏差，尚应符合国家现行有关专业标准的规定。

3. 质量问题的处理

(1) 支承杆弯曲

1) 原因分析：在模板滑升过程中，由于支承杆本身不直、自由长度太大、操作平台上荷载不均及模板遇有障碍而硬性提升等原因，均可使支承杆失稳弯曲。对于弯曲的支承杆，必须立即进行加固，否则弯曲现象会继续发展，而造成严重的质量问题或安全事故。

2) 处理方法：弯曲支承杆的处理方法，按弯曲部位的不同，可采取以下措施：

①支承杆在混凝土内部弯曲：从脱模后混凝土表面裂缝、外凸等现象，或根据支承杆突然产生较大幅度的下坠情况，可以观察出支承杆在混凝土内部发生弯曲。

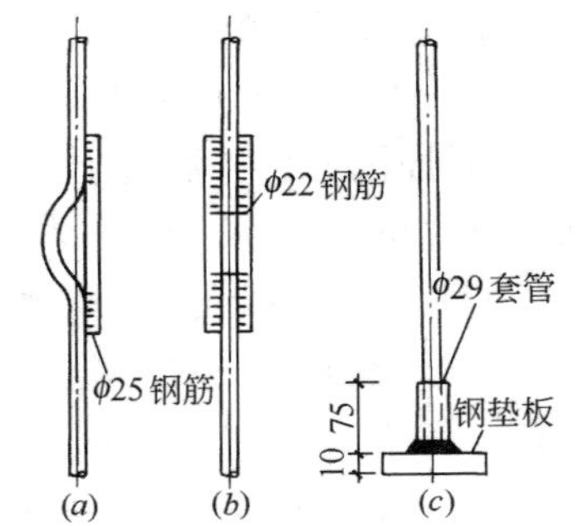

图 2-2-280　支承杆弯曲后的加固处理
(a) 弯曲不大时；(b) 弯曲过长时；(c) 弯曲严重时

对于已弯曲的支承杆，其上的千斤顶必须停止工作，并立即卸荷。然后，将弯曲处混凝土挖洞清除。当弯曲程度不大时，可在弯曲处加焊一根与支承杆同直径的绑条（图 2-2-280）；当弯曲长度较大或弯曲程度较严重时，应将支承杆的弯曲部分切断，在切断处加焊两根总截面积大于支承杆的绑条（图 2-2-280）。加焊绑条时，应保证必要的焊缝长度。

②支承杆在混凝土外部弯曲：支承杆在混凝土外部易发生弯曲的部位，大多在混凝土上表面至千斤顶下卡头之间或门窗洞口及框架梁下等支承杆的脱空处。

发现支承杆弯曲后，首先必须停止千斤顶工作，并立即卸荷。对于弯曲不大的支承杆，可参照图 2-2-280（*a*）的作法；当支承杆的弯曲程度较大时，应将弯曲部分切断，并将上段支承杆下降（或另接一根新杆），上下两段支承杆的接头处，可采用一段钢套管或直接对头焊接。如用上述方法不便，可将弯曲的支承杆齐混凝土上表面切断，另换一根新支承杆，并在混凝土上表面原支承杆的位置上，加设一个由钢垫板及钢套管焊接的套靴，将上段支承杆插入套靴内顶紧即可（图 2-2-280）。

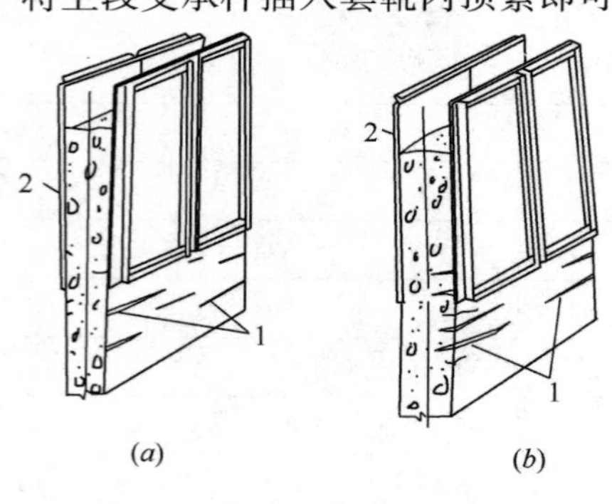

图 2-2-281　混凝土被拉裂情况
1—混凝土裂缝；2—模板

（2）混凝土水平裂缝或被模板带起

1）原因分析：

①模板倾斜度太小或出现上口大、下口小的倒倾斜度时，而硬性提升（图 2-2-281*a*）

②纠正垂直偏差过急，使混凝土拉裂（图 2-2-281*b*）；

③提升模板速度太慢，使混凝土与模板粘结；

④模板表面不光洁，摩阻力太大。

2）处理方法：

①纠正模板的倾斜度，使其符合要求；

②加快提升速度，并在提升模板的同时，用木锤等工具敲打模板背面，或在混凝土的上表面垂直向下施加一定的压力，以消除混凝土与模板的粘结。当被模板带起的混凝土脱模后，应立即将松散部分清除、需另外支模，并将模板的一侧做成高于上口 100mm 的喇叭口，重新浇筑高一级强度等级的混凝土，使喇叭口处混凝土向外斜向加高 100mm，待拆模时，将多余部分剔除；

③纠正垂直偏差时，应缓慢进行，防止混凝土弯折；

④经常清除粘在模板表面的脏物及混凝土，保持模板表面的光洁。停滑时，可在模板表面涂刷一层隔离剂。

（3）混凝土的局部坍塌

1）原因分析：混凝土脱模时的局部坍塌，最容易在模板的初升阶段出现。主要原因是提升过早，或混凝土浇灌层太大和没有按分层交圈的方法浇灌。因此，当模板开始滑升时，虽大部分混凝土已开始凝固，但最后浇筑的混凝土，仍处于流动或半流动状态。

2）处理方法：对已坍塌的混凝土，应及时清除干净。然后在坍塌处补以比原强度等级高一级的干硬性豆石混凝土（同品种的水泥），修补后，将表面抹平，做到颜色及平整度一致。当坍塌部位较大或形成孔洞时，应另外支模补浇混凝土，处理方法同“混凝土水平裂缝或被模板带起”作法。

（4）混凝土表面鱼鳞状外凸（出裙）

1）原因分析：

①提升架设计刚度不够或振捣过猛等造成侧压力过大，引起模板外胀变形；

②模板组装或进行调整时质量不合格。模板单面倾斜度过大，不符合规范要求。这样的模板浇灌混凝土后，就必然会出现鱼鳞状外凸。如果前一层浇灌的混凝土发现“出裙”后，模板不能及时得到纠正，则后一层浇灌的混凝土将继续“出裙”（图2-2-282）。

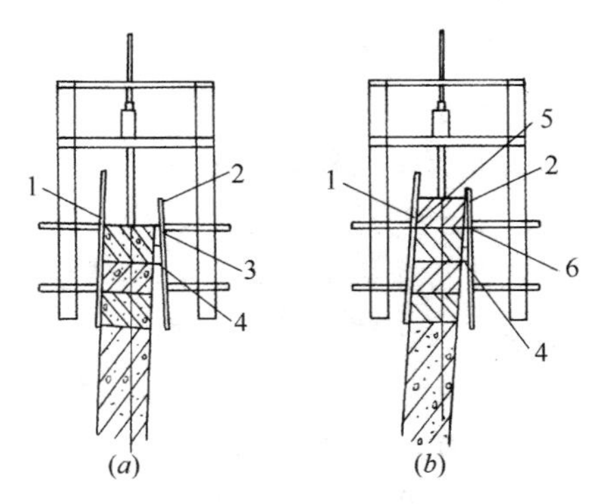

图 2-2-282 鱼鳞状外凸（出裙）示意图
(a) 后一层混凝土浇灌前，内模倾斜度过大；
(b) 后一层混凝土浇灌后，也出现鱼鳞状外凸
1—外模；2—内模；3—内模倾斜度过大；
4—前一层浇灌的混凝土出现鱼鳞状外凸；
5—后一层浇灌的混凝土；6—出现鱼鳞状外凸

2）治理方法

①当混凝土“出裙”不严重，且需后作装修饰面的工程，可先将局部“出裙”凸出的部位剔凿至大致平整，表面用水泥砂浆搓平；

②当“出裙”比较严重且接槎处有麻面、漏浆等质量问题时，应在剔凿“出裙”凸出部位的同时，清理麻面和漏浆部位的浮渣后，表面用与混凝土同品种的水泥砂浆抹平。当麻面松散部位有一定深度时（如20mm以上），应采用豆石混凝土填实抹平；

③继续施工时，混凝土的浇筑应严格按薄层浇灌、均匀交圈等要求进行，浇灌层的厚度不宜大于200mm，禁止将吊罐混凝土直接入模或超厚浇灌。

（5）混凝土缺棱掉角

1）原因分析：

①模板滑升时棱角处的摩阻力比其他部位大，采用木模板时，尤为明显；

②因模板提升不均衡，使混凝土保护层厚薄不匀，过厚的保护层容易开裂掉下；

③钢筋绑扎不直，或有外凸部分，使模板滑升时受阻；

④振捣混凝土时，碰动主筋（尤其采用高频振捣器时），将已凝固的混凝土棱角振掉；

⑤棱角处模板倾斜度过大或过小。

2）处理方法：

①采用钢模板或表面包铁皮的木模板，同时，将模板的角模处改为圆角或八字形，或采用整块角模，并严格控制角模处模板的倾斜度在0.2%～0.5%范围内，以减小模板滑升时的摩阻力；

②严格控制振捣器的插入深度，振捣时不得强力碰动主筋，尽量采用频率较低及振捣棒头较短（如长度为250～300mm）的振捣器。

（6）保护层厚度不匀

1）原因分析：

①混凝土入模浇筑时，只向一侧倾倒，使模板向一侧偏移；

②钢筋绑扎的位置不正确。

2）处理方法：

①混凝土浇筑时，两侧同时入模，尤其注意不得由吊罐直接向模板一侧倾倒混凝土；

②经常注意检查知保持钢筋位置的正确。按图2-2-116、图2-2-117采用钢筋定位架。

（7）蜂窝、麻面、气泡及露筋

1）原因分析：

①混凝土振捣不密实或振捣不匀；

②石子粒径过大、钢筋过密或混凝土可塑性不够，因石子阻挡，水泥浆振不下去；

③混凝土接槎处停歇时间过长，而且未按施工缝处理。

2）处理方法：

①改善振捣质量，严格掌握混凝土的配合比，控制石子的粒径；

②混凝土接槎处继续施工时，应先浇灌一层按原配合比减去石子的砂浆或减去一半石子的混凝土；

③对于已出现蜂窝、麻面、气泡及露筋的混凝土，脱模后，应立即修补，并用木抹搓平，做到颜色及平整度一致。

2.2.2.12　滑模施工的安全技术

滑模施工工艺是一种使混凝土在动态下连续成型的快速施工方法。施工过程中，整个操作平台支承于一群靠低龄期混凝土稳固且刚度较小的支承杆上，因而确保滑模施工安全是滑模施工工艺的一个重要问题。

滑模施工中的安全技术工作，除应遵照一般施工安全操作规程外，尚应遵照《液压滑动模板施工安全技术规程》规定，在施工前制定具体的安全措施。

1.一般规定

（1）采用滑模进行施工应编制滑模专项施工方案，该专项施工方案应通过专家论证。

（2）滑模专项施工方案应包括下列主要内容：

①工程概况和编制依据；

②施工计划和劳动力计划；

③滑模装置设计、计算及相关图纸；

④滑模装置安装与拆除；

⑤滑模施工技术设计；

⑥施工精度控制与防偏、纠偏技术措施；

⑦危险源辨识与不利环境因素评价；

⑧施工安全技术措施、管理措施；

⑨季节性施工措施；

⑩消防设施与管理；

⑪滑模施工临时用电安全措施；

⑫通信与信号技术设计和管理制度；

⑬应急预案。

（3）滑模专项施工方案应经施工企业技术负责人、项目总监理工程师和建设单位项目负责人签字。施工单位应按照审批后的滑模专项方案组织施工。

（4）滑模工程施工前，项目技术负责人应按滑模专项施工方案的要求向参加滑模工程施工的现场管理人员和操作人员进行安全技术交底。参加滑模工程施工的人员，应通过专业培训考核合格后方能上岗工作。

（5）滑模装置的设计、制作及滑模施工应符合现行国家标准《滑动模板工程技术规范》GB 50113 和现行行业标准《建筑施工高处作业安全技术规范》JGJ 80、《建筑施工模板安全技术规范》JGJ 162 的规定。

(6) 滑模施工中遇到雷雨、大雾、风速 10.8m/s 以上大风时，必须停止施工。停工前应先采取停滑措施，对设备、工具、零散材料、可移动的铺板等进行整理、固定并作好防护，切断操作平台电源。恢复施工时应对安全设施逐一加以检查，发现有松动、变形、损坏或脱落现象，应立即修理完善。

(7) 滑模操作平台上的施工人员应身体健康，能适应高处作业环境。

(8) 冬期采用滑模施工时，其冬期施工安全技术措施应纳入滑模专项施工方案中，应按现行行业标准《建筑工程冬期施工规程》JGJ 104 的有关规定执行。

(9) 塔式起重机安装、使用及拆卸应符合现行国家标准《塔式起重机安全规程》GB 5144 及行业标准《塔式起重机安装、使用、拆卸安全规程》JGJ 196 的规定。

(10) 施工升降机安装、使用及拆卸应符合现行国家标准《施工升降机安全规程》GB 10055 的规定。

(11) 滑模施工现场的防雷装置应符合现行国家标准《建筑物防雷设计规范》GB 50057 的规定。

(12) 滑模施工现场的动力、照明用电应符合现行行业标准《施工现场临时用电安全技术规范》JGJ 46 的规定。

2. 施工现场

(1) 滑模施工现场应具备场地平整，道路通畅，排水顺畅等条件，现场布置应按批准的总平面图进行。

(2) 在施工建（构）筑物的周围应设立危险警戒区，拉警戒线，设警示标志。警戒线至建（构）筑物边缘的距离不应小于高度的 1/10，且不应小于 10m。对烟囱等变截面构筑物，警戒线距离应增大至其高度的 1/5，且不应小于 25m。

(3) 滑模施工现场应与其他施工区、办公和生活区划分清晰，并应采取相应的警戒隔离措施。

(4) 滑模操作平台上应设专人负责消防工作，不得存放易燃易爆物品，平台上不得超载存放建筑材料、构件等。

(5) 警戒区内的建筑物出入口、地面通道及机械操作场所，应搭设高度不低于 2.5m 的安全防护棚；滑模工程进行立体交叉作业时，上下工作面之间应搭设隔离防护棚，防护棚应定期清理坠落物。

(6) 防护棚的构造应符合下列规定：

①防护棚结构应通过设计计算确定；

②棚顶可采用不少于 2 层纵横交错的木跳板、竹笆或竹木胶合板组成，重要场所应增加 1 层 2～3mm 厚的钢板；

③建（构）筑物内部的防护棚，坡向应从中间向四周，外（四周）防护棚的坡向应外高内低，其坡度均不应小于 1∶5；

④当垂直运输设备穿过防护棚时，防护棚所留洞口周围应设置围栏和挡板，其高度不应小 1200mm；

⑤对烟囱类构筑物，当利用平台、灰斗底板代替防护棚时，在其板面上应采取缓冲措施。

(7) 施工现场楼板洞口、内外墙门窗洞口、漏斗口等各类洞口，应按下列规定设置防护设施：

①楼板的洞口和墙体的洞口应设置牢固的盖板、防护栏杆、安全网或其他防坠落的防护设施；

②电梯井口应设防护栏杆或固定栅门；

③施工现场通道附近的各类洞口与坑槽等处，除设置防护设施与安全示警标志外，夜间应设红色示警灯；

④各类洞口的防护设施均应通过设计计算确定。

（8）施工用楼梯、爬梯等处应设扶手或安全栏杆。脚手架的上人马道和连墙件应符合现行行业标准《建筑施工扣件钢管脚手架安全技术规范》JGJ 130 的规定。独立施工电梯通道口及地面落罐处等施工人员上下处应设围栏。

（9）各种牵拉钢丝绳、滑轮装置、管道、电缆及设备等均应采取防护措施。

（10）现场垂直运输机械的布置应符合下列规定：

①垂直运输用的卷扬机，应布置在危险警戒区以外；

②当采用多台塔机同场作业存在干涉时，应有防止互相碰撞的措施。

（11）地面施工作业人员在警戒区内防护棚外进行短时间作业时，应与操作平台上作业人员取得联系，并应指定专人负责警戒。

3. 滑模装置制作与安装

（1）滑模装置的制作应具有完整的加工图、施工安装图、设计计算书及技术说明，并应报设计单位审核。

（2）滑模装置的制作应按设计图纸加工；当有变动时，应有相应的设计变更文件。

（3）制作滑模装置的材料应有质量合格文件，其品种、规格等应符合设计要求。材料的代用，应经设计人员同意。机具、器具应有产品合格证。

（4）滑模装置各部件的制作、焊接及安装质量应经检验合格，并应进行荷载试验，其结果应符合设计要求。滑模装置如经过改装，改装后的质量应重新验收。

（5）液压系统的千斤顶、油路、液压控制台和支承杆的规格应根据计算确定，千斤顶额定荷载必须不小于 2 倍工作荷载。

（6）操作平台及吊脚手架上走道宽度不宜小于 800mm，安装的铺板应严密、平整、防滑、固定可靠。操作平台上的洞口应有封闭措施。

（7）操作平台的外侧应按设计安装钢管防护栏杆，其高度不应小于 1800mm；内外吊脚手架周边的防护栏杆，其高度不应小于 1200mm；栏杆的水平杆间距应小于 400mm，底部应设高度不小于 180mm 的挡脚板。在防护栏杆外侧应采用钢板网或密目安全网封闭，并应与防护栏杆绑扎牢固。在扒杆部位下方的栏杆应加固。内外吊脚手架操作面一侧的栏杆与操作面的距离不应大于 100mm。

（8）操作平台的底部及内外吊脚手架底部应设兜底安全平网，并应符合下列规定：

①应使用有安全生产许可证厂家生产的、符合防火要求的、合格的安全网。安全网的网纲应与吊脚手架的立杆和横杆连接，连接点间距不应大于 500mm；

②在靠近行人较多的地段施工时，操作平台外侧的吊脚手架外侧应采取硬防护措施；

③安全网间应严密，连接点间距与网结间距相同；

④吊脚手架的吊杆与横杆采用钢管扣件连接时，应采取双扣件等防滑措施；

⑤在电梯井内的吊脚手架应连成整体，其底部应满挂一道安全平网；

⑥采用滑框倒模工艺施工的内外吊脚手架，对靠结构面一侧的底部活动挡板应设有防坠落措施。

(9) 当滑模装置设有随升井架时，在人和材料的出入口应安装防护栅栏门；在其他侧面栏杆上应采用钢板网封闭。防护栅栏、防护栏杆和封闭用的钢板网高度不应低于1200mm。随升井架的顶部应设有防止吊笼冲顶的限位开关。

(10) 当滑模装置结构平面或截面变化时，与其相连的外挑操作平台应按专项施工方案要求及时改装，并应拆除多余部分。

(11) 当滑模托带钢结构施工时，滑模托带施工的千斤顶，安全系数不应小于2.5，支承杆的承载能力应与其相适应。滑模托带钢结构施工过程中应有确保同步上升措施，支承点之间的高差不应大于钢结构设计要求。

4. 垂直运输设备

(1) 滑模施工中所使用的垂直运输设备应根据滑模施工特点、建筑物的形状、高度及周边地形与环境等条件，宜选择标准的垂直运输设备通用产品。

(2) 滑模施工使用的非标准垂直运输装置，应由专业工程设计人员设计，设计单位技术负责人审核；并应附有安全技术规范要求的设计文件、产品质量合格证明、安装及使用维修说明等文件。

(3) 非标准垂直运输装置应由设计单位提出检测项目、检测指标与检测条件，使用前应由使用单位组织有关设计、制作、安装、使用、监理等单位共同检测验收。安全检测验收应包括下列主要内容：

①非标准垂直运输装置的使用功能；

②金属结构件安全技术性能；

③各机构及主要零、部件安全技术性能；

④电气及控制系统安全技术性能；

⑤安全保护装置；

⑥操作人员的安全防护设施；

⑦空载和载荷的运行试验结果。

(4) 非标准垂直运输装置应按设计的各技术性能参数设置标牌，应标明额定起重量、最大提升速度、最大架设高度、制作单位、制作日期及设备编号等。设备标牌应永久性地固定在设备的醒目处。

(5) 对垂直运输设备和非标准垂直运输装置应建立定期检修和保养的责任制。

(6) 操作垂直运输设备和非标准垂直运输装置的司机，应通过专业培训、考核合格后持证上岗，严禁无证人员操作垂直运输设备。

(7) 非标准垂直运输装置的司机，在有下列情况之一时，不得操作设备，并有权拒绝任何人指使启动设备：

①司机与起重物之间视线不清、夜间照明不足、无可靠的信号和自动停车、限位等安全装置；

②设备的传动机构、制动机构、安全保护装置有故障；

③电气设备无接地或接地不良，电气线路有漏电；

④超负荷或超定员；

⑤无明确统一信号和操作规程。

（8）当采用随升井架作滑模垂直运。输时，应验算在最大起重量、最大起重高度、井架自重、风载、柔性滑道（稳绳）张紧力、吊笼制动力等最不利情况下结构的强度和稳定性。

（9）高耸构筑物滑模施工中，当采用随升井架平台及柔性滑道与吊笼作为垂直运输时应做详细的安全及防坠落设计，并应符合下列规定：

①安全卡钳中楔块工作面上的允许压强应小于150MPa；

②吊笼运行时安全卡钳的楔块与柔性滑道工作面的间隙，不应小于2mm；

③安全卡钳安装后应按最不利情况进行负荷试验，合格后方可使用。

（10）吊笼的柔性滑道应按设计安装测力装置，并应有专人操作和检查。每对两根柔性滑道的张紧力差宜为15%～20%。当采用双吊笼时，张紧力相同的柔性滑道应按中心对称设置。

（11）柔性滑道导向的吊笼采用拉伸门，其他侧面用钢板或带加劲肋的钢板网密封，与地面接触处应设置缓冲器。

5. 动力及照明用电

（1）滑模施工的动力及照明用电电源应使用220V/380V的TN-S接零保护系统，并应设有备用电源。对没有备用电源的现场，必须设有停电时操作平台上施工人员撤离的安全通道。

（2）滑模操作平台上设总配电箱，当滑模分区管理时，每个区应设一个分区配电箱，所有配电箱应由专人管理；总配电箱应安装在便于操作、调整和维修的地方，其分路开关数量应不小于各分区配电箱总数之和。开关及插座应安装在配电箱内，并做好防雨措施。配电箱及开关箱的设置应符合现行行业标准《施工现场临时用电安全技术规范》JGJ 46的规定。

（3）滑模施工现场的地面和操作平台上应分别设置配电装置，地面设置的配电装置内应设有保护线路和设备的漏电保护器，操作平台上设置的配电装置内应设有保护人身安全的漏电保护器。附着在操作平台上的垂直运输设备应有上下两套紧急断电装置。总开关和集中控制开关应有明显的标志。

（4）滑模操作平台上采用380V电压供电的设备，应装漏电保护器和失压保护装置。经常移动的用电设备和机具的电源线，应采用五芯橡套电缆线，并不得在操作平台上随意牵拉。钢筋、支承杆和移动设备的摆放不得压迫电源线。

（5）敷设于滑模操作平台上的各种固定的电气线路，应安装在人员不易接触到的隐蔽处，对无法隐蔽的电线，应有保护措施。操作平台上的各种电气线路宜按强电、弱电分别敷设，电源线不得随地拖拉敷设。

（6）滑模操作平台上的用电设备的保护接零线应与操作平台的保护接零干线有良好的电气通路。

（7）从地面向滑模操作平台供电的电缆应和卸荷拉索连接固定，其固定点应加绝缘护套保护，电缆与拉索不得直接接触，电缆与拉索固定点的间距不应大于2000mm，电缆应有明显的卸荷弧度。电缆和拉索的长度应大于操作平台最大滑升高度10m以上，其上端应通过绝缘子固定在操作平台的钢结构上，其下端应盘圆理顺，并加防护措施。

（8）滑模施工现场的夜间照明，应保证工作面照明充足，其照明设施应符合下列规定：

①滑模操作平台上的便携式照明灯具应采用安全电压电源，其电压不应高于36V；潮湿场所电压不应高于24V；

②操作平台上有高于36V的固定照明灯具时，应在其线路上设置漏电保护器；

（9）施工中停止作业1h以上时，应切断操作平台上的电源。

6. 通信与信号

（1）在滑模专项施工方案中，应根据施工的要求，对滑模操作平台、工地办公室、垂直及水平运输的控制室、供电、供水、供料等部位的通信联络制定相应的技术措施和管理制度，应包括下列主要内容：

①应对通信联络方式、通信联络装置的技术要求及联络信号等做出明确规定；

②应制定相应的通信联络制度；

③应确定在滑模施工过程中通信联络设备的使用人；

④各类信号应设专人管理、使用和维护，并制定岗位责任制；

⑤应制定各类通信联络信号装置的应急抢修和正常维修制度。

（2）在施工中所采用的通信联络方式应简便直接、指挥方便。

（3）通信联络装置安装好后，应在试滑前进行检验和试用，合格后方可正式使用。

（4）当采用吊笼等作垂直运输设备时，应设置限载、限位报警自动控制系统；各平层停靠处及地面卷扬机室，应设置通信联络装置及声光指示信号。各处信号应统一规定，并应挂牌标明。

（5）垂直运输设备和混凝土布料机的启动信号，应由重物、吊笼停靠处和混凝土出口处发出。司机接收到指令信号后，在启动前应发出动作回铃，提示各处施工人员作好准备。当联络不清，信号不明时，司机不得擅自启动垂直运输设备。

（6）当滑模操作平台最高部位的高度超过50m时，应根据航空部门的要求设置航空指示信号。当在机场附近进行滑模施工时，航空指示信号及设置高度，应符合当地航空部门的规定。

7. 防雷

（1）滑模施工过程中的防雷措施，应符合下列规定：

①滑模操作平台的最高点应安装临时接闪器，当邻近防雷装置接闪器的保护范围覆盖滑模操作平台时，可不安装临时接闪器；

②临时接闪器的设置高度，应使整个滑模操作平台在其保护范围内；

③防雷装置应具有良好的电气通路，并应与接地体相连；

④接闪器的引下线和接地体应设置在隐蔽处，接地电阻应与所施工的建（构）筑物防雷设计匹配。

（2）滑模操作平台上的防雷装置应设专用的引下线，当采用结构钢筋做引下线时，钢筋连接处应焊接成电气通路，结构钢筋底部应与接地体连接。

（3）防雷装置的引下线，在整个施工过程中应保证其电气通路。

（4）安装避雷针的机械设备，所有固定的动力、控制、照明、信号及通信线路，宜采用钢管敷设。钢管与该机械设备的金属结构体应做电气连接。

（5）机械上的电气设备所连接的PE线应同时做重复接地，同一台机械电气设备的重复接地和机械的防雷接地可共用同一接地体，但接地电阻应符合重复接地电阻值的要求。

（6）当遇到雷雨时，所有高处作业人员应撤出作业区，人体不得接触防雷装置。

（7）当因天气等原因停工后，在下次开工前和雷雨季节到来之前，应对防雷装置进行全面检查，检查合格后方可继续施工。在施工期间，应经常对防雷装置进行检查，发现问题应及时维修，并应向有关负责人报告。

8. 消防

（1）滑模施工前，应做好消防设施安全管理交底工作，滑升过程中加强日常看护和安全检查。

（2）滑模施工现场和操作平台上应根据消防工作的要求，配置适当种类和数量的消防器材设备，并应布置在明显和便于取用的地点；消防器材设备附近，不得堆放其他物品。

（3）高层建筑和高耸构筑物滑模施工，应设计、安装施工消防供水系统，并应逐层或分段设置施工消防接口和阀门。

（4）在操作平台上进行电气焊时应采取可靠的防火措施，并应经专职安全人员确认安全后再进行作业，作业时现场应设专人实施监护。

（5）施工消防设施及疏散通道的施工应与工程结构施工保持同步。

（6）消防器材设施应有专人负责管理，并应定期检查维修，保持完整适用。寒冷季节应对消火栓、灭火器等采取防冻措施。

（7）在建工程结构的保湿养护材料和冬期施工的保温材料不得采用易燃品。操作平台上严禁存放易燃物品，使用过的油布、棉纱等应妥善处理。

9. 滑模施工

（1）滑模施工开始前，应对滑模装置进行技术安全检查，并应符合下列规定：

①操作平台系统、模板系统及其连接应符合设计要求；

②液压系统调试、检验及支承杆选用、检验应符合现行国家标准《滑动模板工程技术规范》GB 50113中的规定；

③垂直运输设备及其安全保护装置应试车合格；

④动力及照明用电线路的检查与设备保护接零装置应合格；

⑤通信联络与信号装置应试用合格；

⑥安全防护设施应符合施工安全的技术要求；

⑦消防、防雷等设施的配置应符合专项施工方案的要求；

⑧应完成员工上岗前的安全教育及有关人员的考核工作、技术交底；

⑨各项管理制度应健全。

（2）操作平台上材料堆放的位置及数量应符合滑模专项施工方案的限载要求，应在规定位置标明允许荷载值。设备、材料及人员等荷载应均匀分布。操作平台中部空位应布满平网，其上不得存放材料和杂物。

（3）滑模施工应统一指挥、人员定岗和协作配合。滑模装置的滑升应在施工指挥人员的统一指挥下进行，施工指挥人员应经常检查操作平台结构、支承杆的工作状态及混凝土的凝结状态，在确认无滑升障碍的情况下，方可发布滑升指令。

（4）滑模施工过程中，应设专人检查滑模装置，当发现有变形、松动及滑升障碍等问题时，应及时暂停作业、向施工指挥人员反映，并采取纠正措施。应定期对安全网、栏杆和滑模装置中的挑架、吊脚手架、跳板、螺栓等关键部位检查，并应做好检查记录。

（5）每个作业班组应设专人负责检查混凝土的出模强度，混凝土的出模强度应控制在0.2～0.4MPa。当出模混凝土发生流淌或局部坍落现象时，应立即停滑处理。当发现混凝土的出模强度偏高时，应增加中间滑升次数。

（6）混凝土施工应做到均匀布料、分层浇筑、分层振捣，并应根据气温变化和日照情况，调整每层的浇筑起点、走向和施工速度，确保每个区段上下层的混凝土强度相对均衡，每次浇灌的厚度不宜大于200mm。

（7）每个作业班组的施工指挥人员应按滑模专项施工方案的要求控制滑升速度，液压控制台应由经培训合格的专职人员操作。

（8）滑升过程中操作平台应保持水平，各千斤顶的相对高差不得大于40mm。相邻两个提升架上千斤顶的相对标高差不得大于20mm。液压操作人员应对千斤顶进行编号，建立使用和维修记录，并应定期对于斤顶进行检查、保养、更换和维修。

（9）滑升过程中应严格控制结构的偏移和扭转。纠偏、纠扭操作应在当班施工指挥人员的统一指挥下，按滑模专项施工方案预定的方法并徐缓进行。当烟囱等平面面积较小的工程采用倾斜操作平台纠偏方法时，操作平台的倾斜度不应大于1%。当圆形筒壁结构发生扭转时，任意3m高度上的相对扭转值不应大于30mm。高层建筑及平面面积较大的构筑物工程不得采用倾斜操作平台的纠偏方法。

滑模平台垂直、水平、纠偏、纠扭的相关观测记录应按现行国家标准《滑动模板工程技术规范》GB 50113有关表格执行。

（10）施工中支承杆的接头应符合下列规定：

①结构层同一平面内，相邻支承杆接头的竖向间距应大于1m：支承杆接头的数量不应大于总数量的25%，其位置应均匀分布；

②工具式支承杆的螺纹接头应拧紧到位；

③榫接或作为结构钢筋使用的非工具式支承杆接头，在其通过千斤顶后，应进行等强度焊接。

（11）当支承杆设在结构体外时应有相应的加固措施，支承杆穿过楼板时应采取传力措施。当支承杆空滑施工时，根据对支承杆的验算结果，应进行加固处理。滑升过程中，应随时检查支承杆工作状态，当个别出现弯曲、倾斜等现象时，应及时查明原因，并采取加固措施。

（12）滑模施工过程中，操作平台上应保持整洁，混凝土浇筑完成后应及时清理平台上的碎渣及积灰，铲除模板上口和板面的结垢，并应根据施工情况及时清除吊脚手架、防护棚等上的坠落物。

（13）滑模施工中，应加强对滑模装置正常的检查、保养、维护，还应经常组织对垂直运输设备、吊具、吊索等进行检查。

（14）构筑物工程外爬梯应随筒壁结构的升高及时安装，爬梯安装后的洞口处应及时用安全网封严。

10. 滑模装置拆除

（1）滑模装置拆除前，应确定拆除的内容、方法、程序和使用的机械设备、采取的安全措施等；当施工中因结构变化需要局部拆除或改装滑模装置时，同样应有相关措施，并应重新进行安全技术检查；当滑模装置采取分段整体拆除时应进行相应计算，并应满足所使用机械设备的起重能力。

(2) 滑模装置拆除应指定专人负责统一指挥。拆除作业前应对作业人员进行必要的技术培训和技术交底，不宜中途更换作业人员。

(3) 拆除中使用的垂直运输设备和机具，应经检查，合格后方准使用。

(4) 拆除滑模装置时，在建（构）筑物周围和塔吊运行范围周围应划出警戒区，拉警戒线，应设置明显的警戒标志，并设专人监护。

(5) 进入警戒线内参加拆除作业的人员应佩戴安全帽，系好安全带，服从现场安全管理规定。非拆除人员未经允许不得进入拆除危险警戒线内。

(6) 应保护好电线，确保操作平台上拆除用照明和动力线的安全。拆除操作平台的电气系统时，应切断电源。

(7) 支承杆拆除前，提升架必须采取临时固定措施、所有支承杆必须采取防坠落措施；当滑模装置分段整体拆除时，应在起重吊索绷紧后割除支承杆或解除与体外支承杆的加固连接。

(8) 拆除作业应在白天进行，建（构）筑物外围的滑模装置宜采用分段整体拆除，并应在地面解体。拆除的部件及操作平台上的物品宜集中吊运。拆除的木料、支承杆和剩余钢筋等细长物品应捆扎牢固，严禁凌空抛掷。

(9) 当遇到雷、雨、雾、雪、风速 8.0m/s 以上大风天气时，不得进行滑模装置的拆除作业。

(10) 对烟囱类构筑物宜在顶端设置安全行走平台。

2.2.2.13　滑模冬期施工

由于滑模施工的工程一般多为高耸建筑，在冬期施工需要采取较复杂的保温、加热和挡风等技术措施，而且必然会大幅度增加施工费用。因此，滑模工程一般不宜安排在冬期施工。如果必须在冬期进行滑模施工时，施工单位应根据滑模施工的特点制定专门的技术措施。除了满足一般冬施要求的条件外，还应解决以下技术问题：

- 满足滑升速度要求下混凝土所必需的最低环境温度；
- 脱模混凝土的抗冻强度；
- 在不同温度条件下混凝土达到抗冻强度所需的时间（h）；
- 根据滑升速度要求，选用保温材料和确定供热方法；
- 确定有关暖棚结构型式和设备、管线的配置等。

不论采用何种冬施方案，均应通过热工计算，以确保滑模施工的工程质量和结构安全。

滑模的冬期施工，可根据工程对象及气温情况的不同，分别采用混凝土掺早强型外加剂法、蓄热法暖棚法、蒸汽套法及电热法等冬施养护方法，并可综合应用。

1. 初冬及冬末阶段

一般指最低气温为−5℃左右，平均气温为 0℃左右。可采用综合蓄热法，其具体作法如下：

(1) 在迎风面设挡风墙和用岩棉被或石棉布将吊架及门窗口封闭，形成裙幔式保温棚

(图 2-2-283)；

(2) 热拌混凝土：水加热 60～70℃，砂加热 30～40℃。搅拌后的混凝土出机温度为 20℃；

(3) 混凝土中掺加复合抗冻早强剂；

(4) 在模板背面设置保温层，可采用聚氨酯泡沫或岩棉被等材料制作；

(5) 对脱模的混凝土进行修饰后，待水分晾干不粘结时，用石棉被覆盖保温。也可采用乳液喷涂养护。

(6) 具体实例如下：

1) 中铁十二局在北京粮食中心库 30m 大直径浅圆仓滑模施工中，采用裙幔式保温棚，施工时（11 月中旬）最低气温曾达－10℃，通过在混凝土中掺加 SL-Ⅲ防冻剂和 SL-Ⅳ型早强减水剂，使水温在 50～60℃之间，砂石料预热消除冻块并提高温度，混凝土的出机温度一般保持在 18～23℃之间。入模温度在 11～18℃之间。滑升一段高度后，仓内增设火炉 8 个，使仓内环境温度基本保持在 4℃以上。混凝土出模 54h 降至 0℃时，同条件下试件强度已达到 4.5MPa。

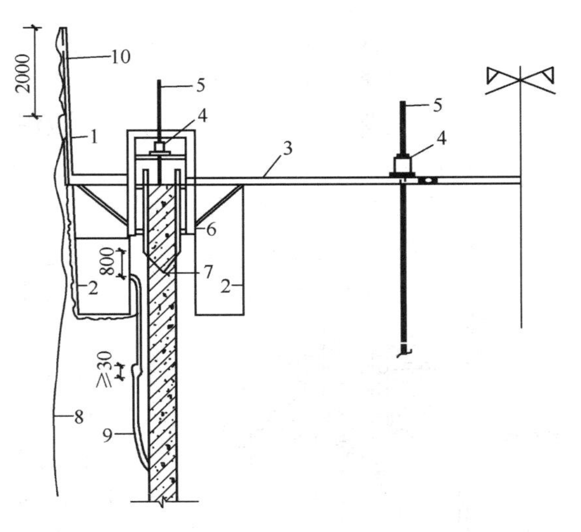

图 2-2-283 裙幔式保温棚

1—平台栏杆；2—内、外吊架；3—操作平台；4—千斤顶；5—支承杆；6—提升架；7—模板；8—帆布帷幔；9—石棉被；10—挡风墙

2) 湖南四建公司在某电厂 210m 和 180m 烟囱滑模施工中，采用综合蓄热法进行冬施。施工期间最低气温为－3℃，在混凝土中掺用亚硝酸钠-三乙醇胺复合早强剂，具体掺量为：亚硝酸钠 1%、三乙醇胺 0.05%和氯化钠 0.5%（均按水泥重量计）。

施工中采用硅酸盐水泥和普通硅酸盐水泥，砂、石保持正温度，水加温在 50～60℃，搅拌时间延长 50%，使混凝土出机温度控制在 10～12.5℃，入模温度不低于 5℃。平均日滑 4～5m。掺用亚硝酸钠-三乙醇胺复合早强剂后，混凝土强度 3d 可达设计强度的 50%，7d 可达设计强度的 70%。

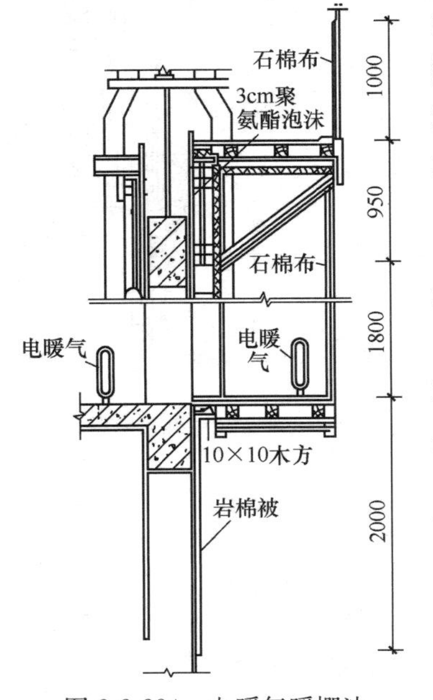

图 2-2-284 电暖气暖棚法

2. 严冬阶段

一般指最低气温为－10℃左右，平均气温为－5℃左右，可采取下列冬施方法：

(1) 电暖气暖棚法（干热空间法）。北京一建公司在北京国际饭店滑模施工中，冬施措施采用电暖气暖棚法，具体措施如下：

1) 将吊脚手架外侧用石棉布封严，在吊脚手架下口靠墙一侧，围挂 5cm 厚岩棉被，悬挂长度为 2m 左右；

2) 将楼梯口及墙、梁模板上口用岩棉被和石棉布封盖，以减少热量损失；

3) 将电暖气放置室内和滑模外吊架上，利用电暖气提高暖棚内的温度（图 2-2-284）；

4）在钢模板背面喷涂5cm厚聚氨酯泡沫，作为模板保温层；

5）在浇筑混凝土前，电暖气应先通电不少于2h，进行预热。墙体混凝土浇筑完成后，还必须有不少于24h的加热养护期，以满足混凝土临界强度4MPa的要求；

6）热拌混凝土：水加热60～70℃，砂子加热30～40℃，混凝土入模温度为5～10℃。同时在混凝土中掺加抗冻早强剂；

7）使用普通硅酸盐水泥。

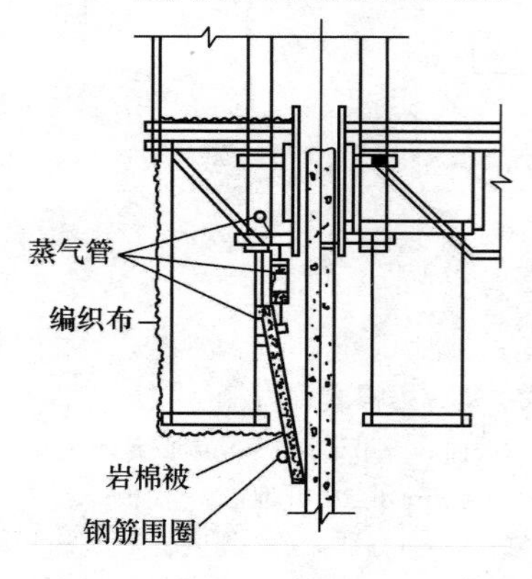

图2-2-285　蒸气管布置图

采用上述方法，根据实测记录，当室外气温为－10℃左右时，暖棚内气温可保持在0℃以上，混凝土可保持4d左右的正温度。

（2）其他热源暖棚法。其他热源暖棚法与电暖气暖棚法作法相似，均为干热空间法。热源可采用蒸汽管、远红外线电热器以及热风机和生火炉等。其他热源暖棚法的布置方法与电暖气暖棚法大致相同。

具体实例如下：

1）河北省三建公司在某贮仓群滑模施工中，采用蒸汽管暖棚法进行冬施。在滑模外挑架和外吊架周围，包一层尼龙编织布，上至护身栏杆，下至外吊架脚手板底。在提升架下悬挂蒸汽排管散热器，通入0.3MPa高压蒸汽（图2-2-285）。

沿散热器外侧直至吊架下端的混凝土外壁，围包一层高3m、厚5cm的岩棉被，沿外壁四周连成一体，岩棉被下端用两道钢筋围圈箍栏。形成一个外包编织布加岩棉被，内有蒸汽管供热的暖棚。可保证出模的混凝土在2昼夜内不受冻。出模后的混凝土压光后，表面涂刷两遍薄膜养生液，形成一层薄膜后，可兼起挡风和保温作用。

原材料采用强度等级为42.5的硅酸盐水泥，水加热不高于80℃。外加剂采用耐RJF-1型复合防冻剂，能使混凝土在负温度下强度继续增长。对混凝土试验表明，在－10℃下，3d抗压强度为8.8MPa。

2）核工业二四公司在北京某高层建筑滑模施工中，冬施措施采用生火炉暖棚法。具体措施如下：

①滑模保温套：在滑模装置四周用篷布进行围护，外模板外侧覆盖岩棉被，并下悬至外吊架以下（图2-2-286）。外墙门窗洞口用塑料布堵严，在每个房间和走廊内生炭火炉，保持正温环境。楼板混凝土浇筑后，表面用岩棉被覆盖。

②搅拌机暖棚及砂、水加热：搅拌机棚四周用石棉瓦和红砖围护封闭，棚内生火炉。水和砂加热，混凝土出机温度在15℃以上。采用强度等级为42.5的硅酸盐水泥或普通硅酸盐水泥。混凝土中掺加KD-2型早强抗冻剂，该抗冻剂在气温－10℃环境中早强性能明显。

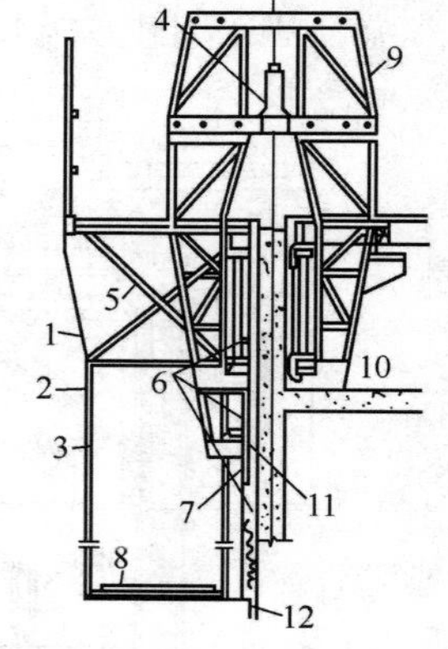

图2-2-286　滑模外围保温示意图

1—帐篷布；2—钢丝绳围圈；3—吊脚手架；4—千斤顶；5—三角挑架；6—岩棉被；7—钢模板；8—脚手架；9—提升架；10—楼板；11—围圈；12—下钢丝绳围圈

③混凝土运输保温：对混凝土运输车和料斗用岩棉被覆盖，使混凝土入模温度保证在10℃以上。

④浇筑时间：加强与气象部门联系，遇寒流、大风天气停止浇筑混凝土。开盘时间在上午10点以后，避免夜晚浇筑。墙体滑升速度适当放慢。

⑤测温：每昼夜测大气及工作环境温度四次（早7：00，中午13：00，下午19：00，夜间2：00），混凝土浇筑后，每4h测混凝土内部温度一次。

（3）远红外线加热器在滑模模板上的布置：远红外线加热器一般分为管式和板式等类型，用于滑模冬施的功率为1～1.5kW。图2-2-287图是远红外线加热器在滑模模板上的布置示意。图中BGF-1500W和BGF-1000W加热器交叉放置。

BGF-1000W距混凝土面80mm，单面控制为400mm×500mm。

BGF-1500W距混凝土面80mm，单面控制为440mm×530mm。

两榀提升架之间，上部安装1台BGF-1500W电热器，下部安装2台BGF-1000W电热器（图2-2-288）。

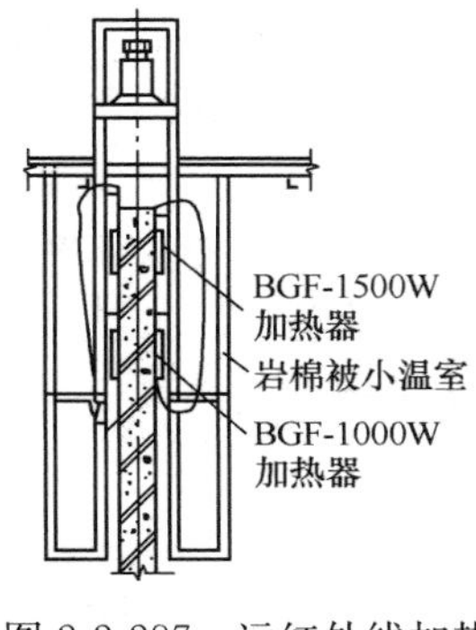

图2-2-287 远红外线加热器在模板上的布置示意

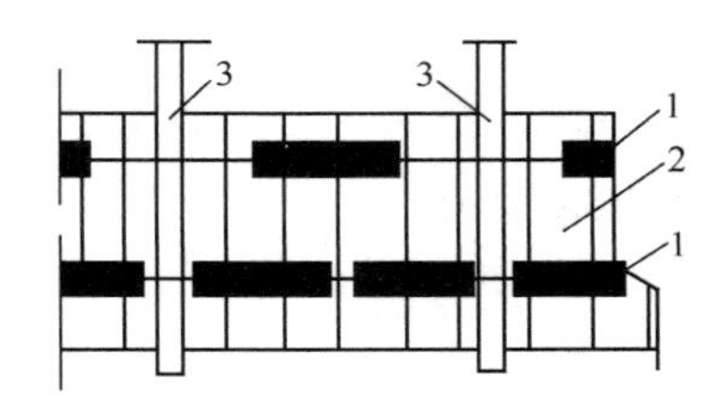

图2-2-288 远红外线加热器在模板上的正面布置示意
1—远红外线加热器；
2—模板；3—提升架

模板装置的保温和围护作法与暖棚法作法相同。

2.2.3 爬升模板

爬升模板技术是指爬模装置通过承载体附着或支承在混凝土结构上，当新浇筑的混凝土脱模后，以电动捯链、液压油缸或液压升降千斤顶为动力，以导轨或支承杆为爬升轨道，将爬模装置向上爬升一层，反复循环作业的施工工艺，简称爬模。目前国内应用较多的是以液压油缸为动力的爬模。《液压爬升模板工程技术规程》JGJ 195已于2010年2月10日发布，于2010年10月1日实施。液压爬升模板技术列入《建筑业10项新技术(2010)》。

液压爬模架是高层、超高层建筑施工中应用最广泛的专用施工技术，也适用于高耸构筑物、筒仓、塔台、桥墩的结构施工，除了具有爬架的自动导向、自动爬升、自动定位功能，爬模架爬升时可带模板一起爬升，有效地节省了塔吊吊次和施工现场用地；架体爬升及模板作业采用自动化控制，只需1～2名操作人员便可完成一组架体爬升，减少操作人员的数量，降低劳动强度；爬模架施工速度快，工期短，节省脚手架施工用料、机具及设备租赁时间；架体强度高，通用性好，可多次重复使用，最大程度的节省成本。

液压爬模架具有以下技术特点：

① 架体与模板一体化爬升。架体既是模板爬升的动力系统，也是支撑体系。

② 爬升动力设备采用液压油缸或液压千斤顶；操作简单、顶升力大、爬升速度快、具有过载保护。

③ 采用专用的同步控制器，爬升同步性好，爬升平稳、安全。

④ 采用钢绞线锚夹具式防坠，最大制动距离不超过 50mm。

⑤ 模板随架体爬升，模板合模、分模、清理维护采用专用装置，省时省力。

⑥ 架体设计多层绑筋施工作业平台，满足不同层高绑筋要求，方便工人施工。

⑦ 架体结构合理，强度高，承载力大，高空抗风性好，安全性高。

⑧自动化程度高，施工速度快，工艺简单，劳动强度低，节省塔吊吊次和现场施工用地。

⑨ 架体一次性投入较大，但周转使用次数多，综合经济性好。

本手册介绍的这种爬升模板是由北京市建筑工程研究院最早研制的导轨倒座式液压爬升模板（国家级工法编号 YJGF 43—2002），从 2001 年 1 月开始已先后用于北京林业大学新生公寓工程、清华同方科技广场工程、首都机场新航站楼塔台工程、国家大剧院歌剧院工程、北京城建大厦工程、北京财富中心一期工程、北京尚都国际中心工程等共约 150 万 m^2 的混凝土剪力墙结构、框架结构以及钢筋混凝土结构工程施工，取得了良好效果。这种将大模板安放在爬架架体上随架体一起自动爬升的液压爬模，与现在已有的有架爬模及无架爬模相比，有较大的创新和发展。

2.2.3.1　构造

1. 液压爬模架一般由四大部分组成：附着机构、升降机构、架体系统、模板系统。

（1）附着机构：附着装置采用预埋件或穿墙套管式，主要由预埋套管、穿墙螺栓、固定座、附着套、导轨挂板等组成。导轨挂板可用于固定导轨，附着套上设有插槽，使用防倾插板将架体和附着装置固定在一起。附着装置直接承受传递全套设备自重及施工荷载和风荷载，具有附着、承力、导向、防倾功能。

（2）升降机构：升降机构由 H 形导轨、上下爬升箱和液压油缸等组成，具有自动爬升、自动导向、自动复位和自动锁定的功能。通过爬升机构的上下爬升箱、液压油缸、H 形导轨上的踏步承力块和导向板以及电控液压系统的相互动作，可以实现 H 形导轨沿着附着装置升降，架体沿着 H 形导轨升降的互爬功能。

（3）架体系统：架体系统一般竖跨 4 个半层高，由上支撑架、架体主框架、防坠装置、挂架、水平桁架、各作业平台、脚手板组成。上支撑架一般为 2 层高，提供 3～4 层绑筋作业平台，可以满足建筑结构不同层高绑筋需求。主框架是架体的主支撑和承力部分，主框架提供模板作业平台和爬升操作平台。防坠装置采用新型的钢绞线锚夹具式防坠，最大制动距离 50mm。挂架提供清理维护平台，主要用于拆除下一层已使用完毕的附着装置。水平桁架与脚手板主要起到安全防护目的。

（4）模板系统：模板系统由模板、模板调节支腿、模板移动滑车组成。模板爬升完全借助架体，不需要单独作业；模板的合模、分模采用水平移动滑车，带动模板沿架体主梁水平移动，模板到位后用楔铁进行定位锁紧。模板垂直度及位置调节通过模板支腿和高低调节器完成。

导轨倒座式液压爬模，主要由附着装置、H型钢导轨、架体系统、模板系统、液压升降系统及控制系统、吊篮设备系统、安全防护系统与防坠落装置等组成。

图2-2-289是带模板自动爬升的JFYM-50型液压爬模，主要用于高层建筑工程和高耸工程结构的爬模施工；图2-2-290是带模板或不带模板自动爬升的JFYM-50A型液压爬升平台，主要用于电梯井或中筒结构内筒壁的爬模施工。

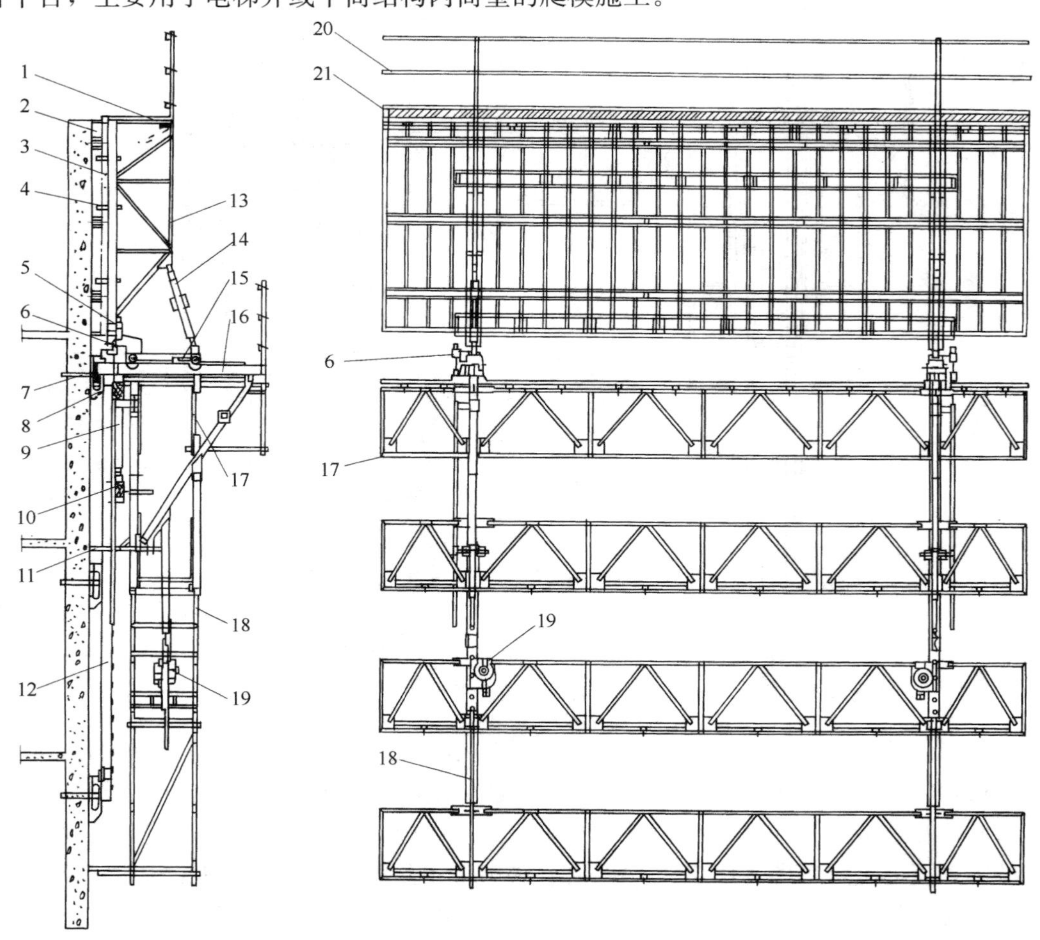

图2-2-289 JFYM-50型液压爬模

1—平台板；2—外模板；3—附加背楞；4—锁紧板；5—模板高低调节装置；6—防坠装置；7—穿墙螺栓；8—附墙装置；9—液压缸；10—爬升箱；11—上架体支腿；12—导轨；13—模板支撑架体；14—调节支腿；15—模板平移装置；16—上架体；17—水平梁架；18—下架体；19—下架体提升机；20—栏杆；21—踢脚板

2. 主要部件

(1) 附着装置：附着装置既是爬模装备附着在建筑结构上的承力装置，又是爬模爬升过程中的导向装置和防止倾覆的装置。主要由导轨转杠挂座、导轨附着靴座与靴座固定套座（固定座）以及螺栓、内外螺母、垫板等组成，如图2-2-290所示。导轨转杠挂座通过销轴旋转放置在靴座的顶部，靴座钳挂在固定座上，而固定座通过螺栓螺母固定在建筑结构上。它是施工中唯一倒换用的部件。图2-2-291（*a*）是当附着的建筑结构厚度较小时使

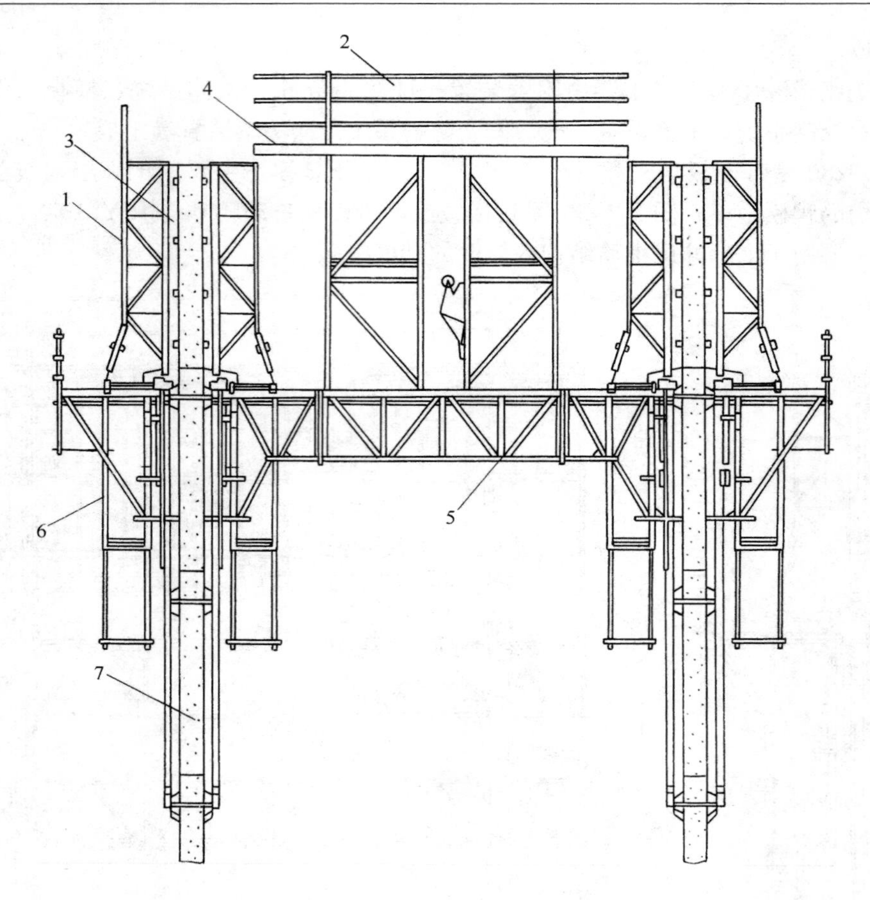

图 2-2-290　JFYM-50A 型液压爬升平台示意图
1—模板支撑架体；2—栏杆；3—模板；4—操作平台；5—桁架；6—架体；7—筒壁

用的一种附着装置，用 M48 螺杆将其固定在建筑结构上。当建筑结构厚度较大时，在建筑结构内预埋专门制作的预埋套件将其固定在建筑结构上，如图 2-2-291（*b*）所示。

（2）H 型钢导轨：导轨用 H 型钢制成，其长度一般大于 2 个楼层的高度，在 H 型钢顶部的内表面上组焊有导轨挂座（钩座）；在外表面上组焊有供爬升箱升降用的踏步块和导向板，相邻的踏步块之间的距离与相邻的导向板之间的距离相同，并与液压油缸的行程相一致。

（3）竖向承力架体：竖向承力架体由上部承力架（主承力架）和悬挂其下的下部承力架（次承力架）两部分组成。

主承力架为三角方框组合形，模板操作平台宽度≥2.0m，内端带有与附着装置锁紧用的 U 形挂座和与上爬箱箱轴连接用的轴套座；外端带有栏杆固定座，呈长方形框架的宽度不大于 1.0m，中下部位的附着的支腿呈 U 形，长度可以调节，支腿内侧设有双向开口式夹板供导轨升降时通过。

次承力架为长方框形，通过销轴悬挂在主承力架 2 根立柱的下边。

主次承力架的两侧均设有供连接横向承力架用的座板（耳板）。

（4）横向承力架：除了在模板上部设置作业平台外，相邻竖向承力架之间的作业平

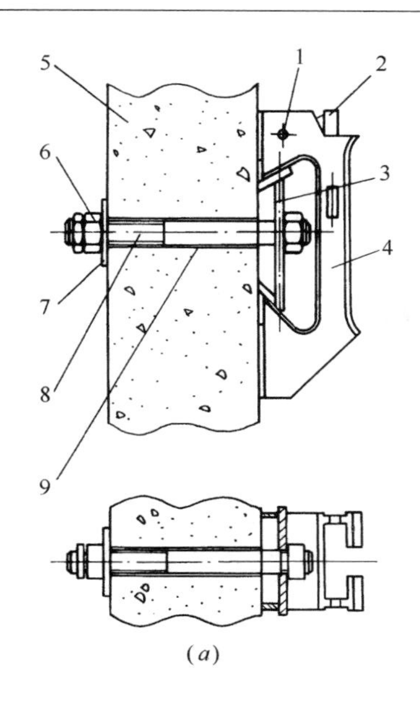

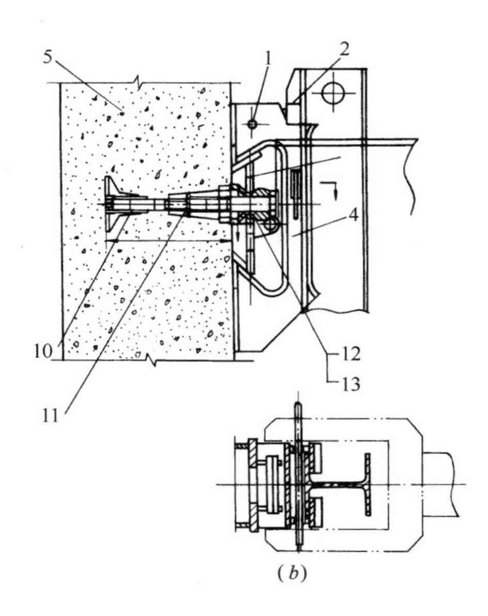

(*a*)　(*b*)

图 2-2-291　附着装置

（*a*）穿墙套管式；（*b*）预埋套件式

1—销轴；2—导轨转杠挂座；3—固定座；4—导轨附着靴座；5—墙体；6—螺母；7—垫板；8—穿墙螺杆；9—穿墙管；10—反拔盘；11—锥套；12—套；13—螺栓

台，也均为桁架式水平梁架，由钢管扣件以及脚手板等组装而成。水平梁架的端头设有连接板以便与竖向承力架的耳板通过螺栓连为一体。

上下承力架与相应的横向承力架等组装而成的架体，分别称为上架体（主架体）和下架体，两者可以联体也可以分体。

（5）模板系统：模板系统除了大模板外，主要由模板附加背楞、竖向支撑架、模板移动台车（水平移动装置）以及垂直调节装置、高度调节装置、模板锁紧机构等组成，如图 2-2-292 所示。

爬模用的模板应使外模与对应的内模一致。可以采用无背楞大模板，也可以采用全钢大模板或用组合式模板组装。

图 2-2-293 是无背楞大模板的构造示意图。无背楞大模板是指模板骨架的边框、主肋（横肋）、次肋（竖肋）均用同一截面高度的矩形钢管分别组焊在同一板面上，或者是模板主肋的截面高度与模板边框的截面高度相等并组焊在一个板面上，类似这种构造形式的模板，不再在模板骨架的外侧设计通常所指的背楞。其板面可以是钢面板，也可以是竹木胶合板模板或其他材质的面板。

（6）液压升降系统：爬模的液压升降系统，主要由附着在导轨上的上下爬升箱及液压缸和液压油管、液压油泵等组成。上下爬升箱内均设有供自动升降用的承力块及其导向、复位、锁定装置等。

（7）吊篮设备系统：悬挂在主架体下面使用时要先安装好可用的吊篮设备，主要有：提升机、滑轮、钢丝绳、安全锁等。

（8）防坠装置：如图 2-2-294 所示，主要由预应力钢丝束的锚座、锁座以及钢丝束和

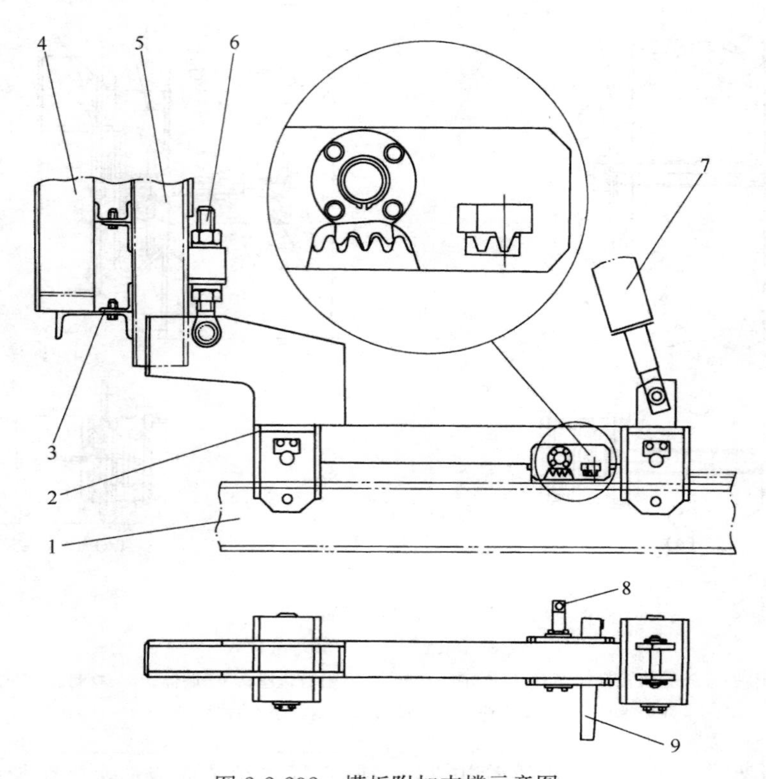

图 2-2-292 模板附加支撑示意图

1—承力架主梁；2—模板移动台车；3—模板附加背楞；4—大模板；5—模板支承架；6—高度调节装置；7—垂直调节装置；8—齿轮轴；9—锁紧板

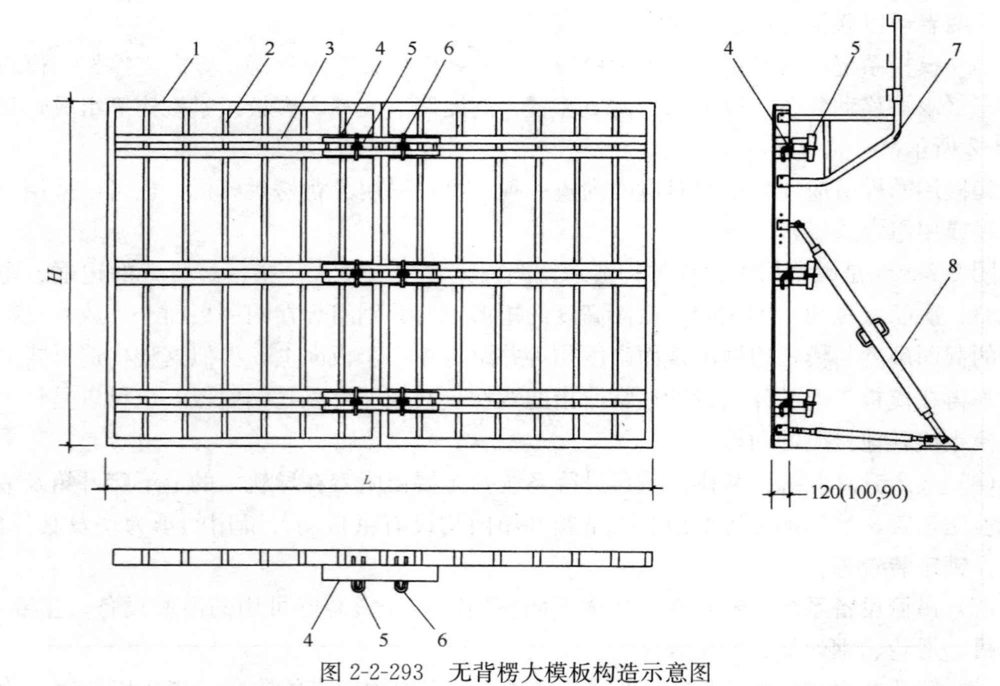

图 2-2-293 无背楞大模板构造示意图

1—边框；2—次肋；3—主肋；4—连接背楞；5—U形销钩；6—楔销；7—操作架；8—调节支撑

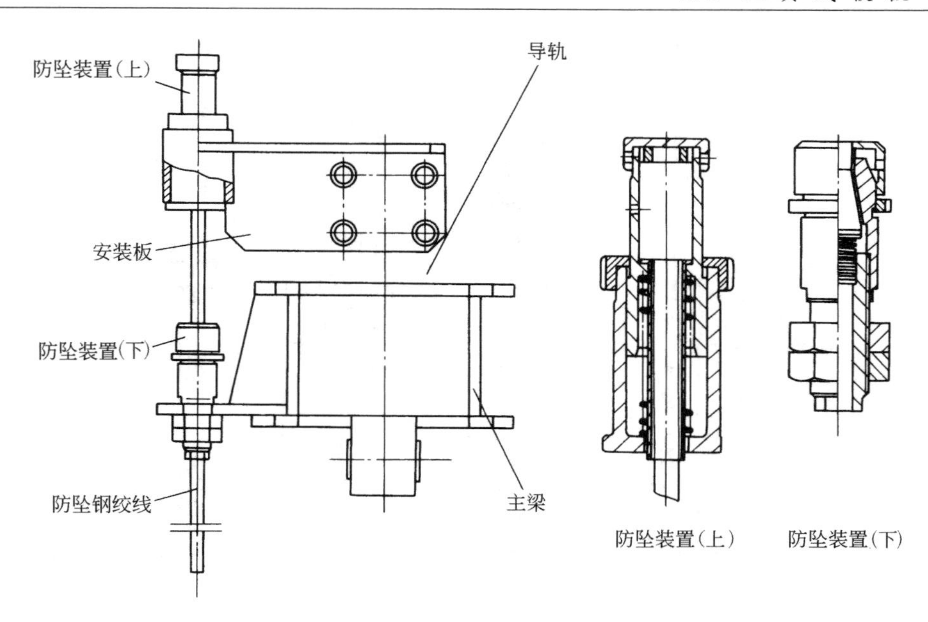

图 2-2-294 防坠装置构造示意图

护管等组成。锚座固定在 H 型钢导轨的顶部，锁座固定在竖向主承力架的 U 形挂座上。

(9) 控制系统：根据爬模施工工艺与使用要求，分别设置两种控制系统：一是由一般电器部件组成的手动控制系统；二是由行程传感器及可编程控制器等部件组成的自动控制系统。

(10) 安全防护系统：按照高空作业要求，设置了相应的护栏、护杆、护板和安全护网等防护设施。

2.2.3.2 爬模主要特征与技术原理

1. 主要特征

(1) 联体爬升，分体下降：爬模的架体如图 2-2-295 和图 2-2-296 所示，为联体爬升分体下降的组合式，具有多种功能，既能够用于结构施工，又能够进行外装饰施工。

在结构施工期间。架体的三部分（即竖向主承力架、竖向次承力架和模板支承系统）连为一体。由于外模板及其作业系统是坐落在主架体上，可随主架体一起爬升；又由于下架体是通过销栓挂在主架体的下面，也随主架体一起爬升，即联体爬升。当工程结构施工到一定高度而下部结构需提前进行外装饰施工时，可在架体上及时安装吊篮设备系统，使下架体作为吊篮架与主架体分开，即分体下降，以满足外装饰提前施工的要求。

当用于现浇混凝土框架结构施工时，只需进行适当的改造，即在相应的主架体上安装框架结构施工用的支撑及作业平台即可。架体仍可联体爬升和分体下降，也可以不安装下架体。

(2) 导轨、架体相互自动爬升：采用 H 型钢制作的导轨，它的顶部设有钩座，外表面上有间距一样的踏步块和导向板，架体通过爬升箱和附着支腿附着在导轨的外侧翼缘上。导轨和架体之间相互为依托进行升降时，是通过爬升箱之间液压油缸的往复运动而实现升降过程中的自动导向、自动复位与自动锁定。所以，当启动液压系统，导轨架体之间

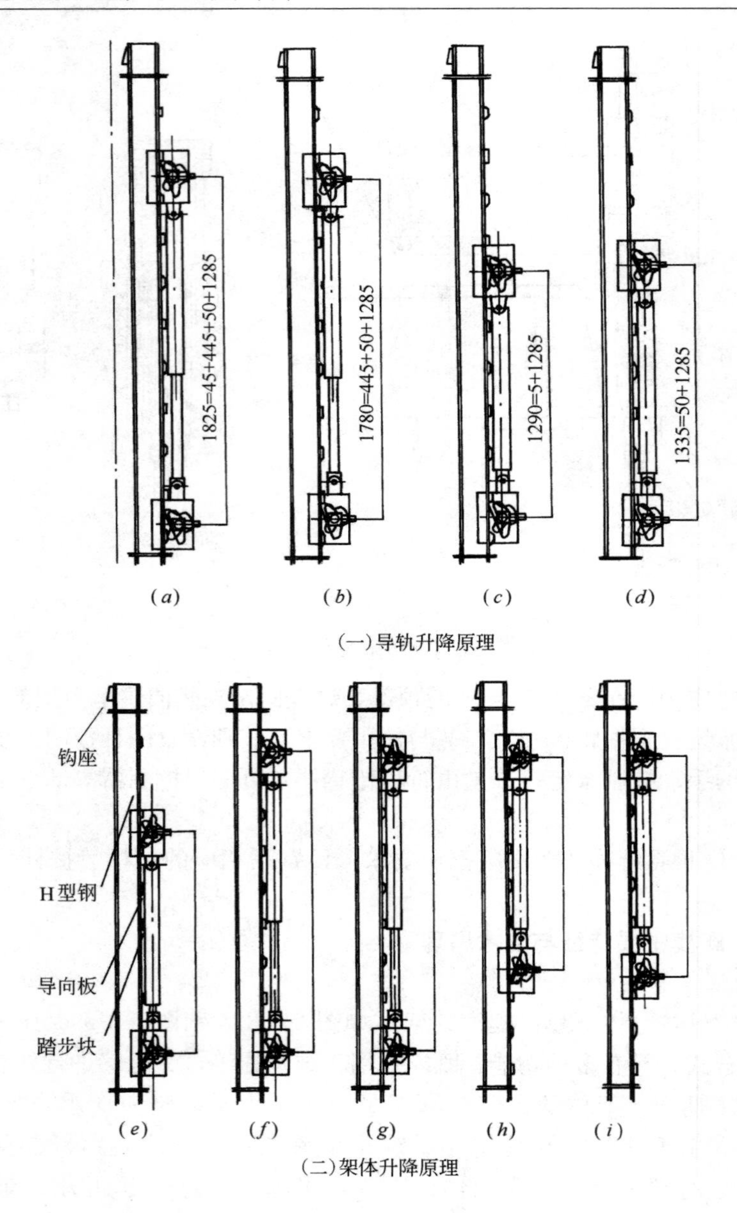

图 2-2-295　导轨架体相互自动爬升原理示意图

(*a*) 伸出缸体；(*b*) 伸缸到位，带导轨上升；(*c*) 凸轮复位；(*d*)、(*e*) 准备缸体伸出；(*f*) 伸出缸体，带架体上升；(*g*) 架体到位，准备缩缸；(*h*) 收缩缸体；(*i*) 准备伸缸

的升降就有节奏地进行。

(3) 多功能附着装置：附着装置，通过 M48 螺栓螺母或采用预埋套件等方法将它牢固地固定在工程结构上。它既是爬模全套装备和施工荷载等的附着承力装置；又是导轨和架体升降时的附着导向装置和防倾装置。

(4) 轻型大模板和灵活多用的模板支承装置：组装支承在主架体上的大模板为轻型大模板，自重为 70～90kg/m^2，能抵抗 70～80kN/m^2 的侧压力。

在大模板支承机构中，设有模板高度调节装置、垂直调节装置和水平移动调节装置，

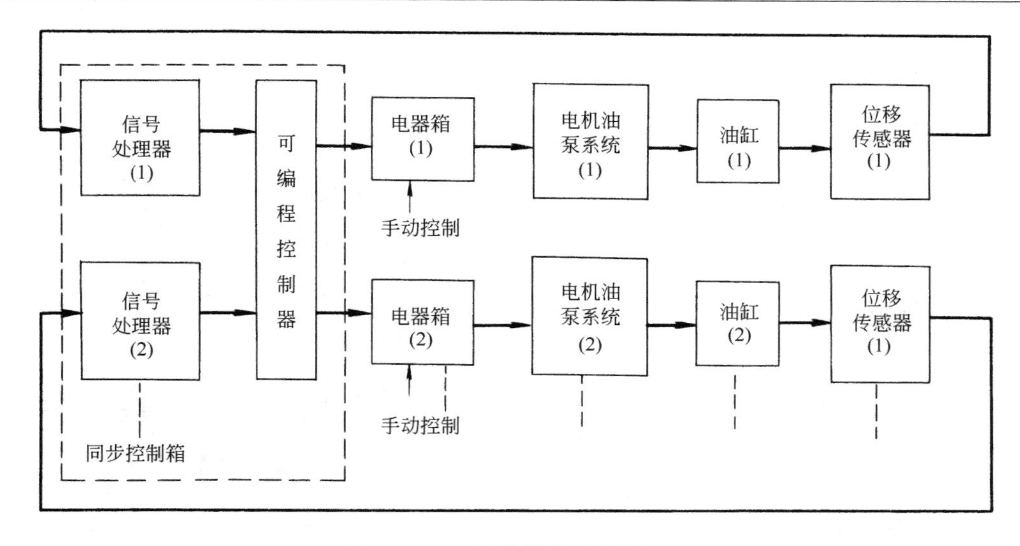

图 2-2-296 同步控制系统框架图

水平移动的最大距离为0.75m，能满足支拆模和清理模板涂刷隔离剂等要求。同时，在大模板水平移动装置中设有模板锁紧机构，锁紧力达5kN，有利于提高施工质量。

（5）灵活的组架方式与简单适用的自动控制同步装置：爬模架的组架、爬升和控制是以爬架组为单元。爬架组可由1根导轨或多根导轨与相应的架体装备组成，其导轨数量的多少，主要是根据工程结构平面的外形尺寸以及施工区段的划分和施工要求等，进行方案比较后合理配置。

多个爬架组爬升时，可分组爬升，也可以整体爬升。其控制方法由于是采用液压爬升，易于做到同步升降，通常采用由一般电器元件组成的控制系统，达到平稳爬升和同步升降的目的。另一种控制方法是在液压系统中设置行程传感器，采用由可编程控制器组成的闭环控制系统，能够达到高精度的同步自动控制（图2-2-296）。

（6）多道完备的安全装置：爬升装备中设置了多道安全装置。如：为了确保升降安全，在H型钢导轨上组焊有钩座、踏步块和导向板；在爬升箱内设有承力块及其自动导向、自动复位和自动锁定的控制装置；为了防止液压油缸、油管的破裂，在液压系统中设置了双向液压锁和过载保护；另外，还设置了防坠装置，以及安全防护栏杆、防护板及防护网等。

（7）架体高度小，一般不影响塔吊附着：爬模的架体始终位于塔吊附着臂杆的上部空间作业，因此不会影响塔吊臂杆与结构的附着。

（8）设有多层桁架式水平梁架作业平台：爬模架体设有3～6层作业平台，安装在竖向承力架之间，便于操作，如图2-2-297所示。

2. 技术原理

爬模的模板安放在附加背楞上，并通过模板支撑坐落在主架体的上面，跟随架体一起逐层升高，其技术原理主要是指：导轨架体升降原理、附着导向防倾覆原理、同步升降原理以及防止坠落原理。

（1）导轨、架体升降原理：导轨、架体的相互升降是由附着固定在导轨和架体上的上下爬升箱之间的升降机构完成的。爬升时，导轨、架体两者相互为依托，先爬升导轨，待

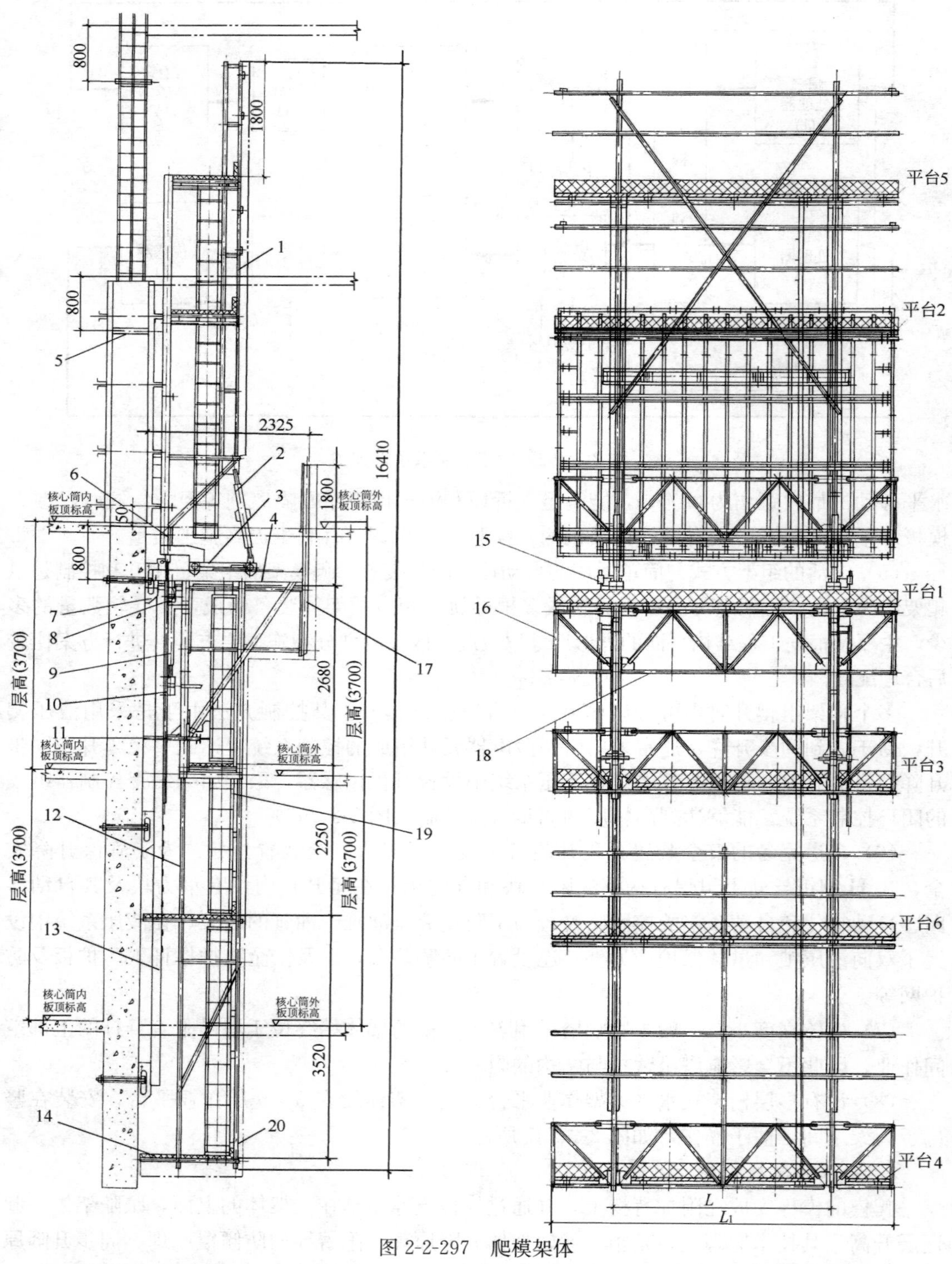

图 2-2-297　爬模架体

1—模板竖支撑；2—支腿；3—滑座；4—架体；5—预埋套管；6—模板高度调节装置；7—附墙装置；8—上爬升箱；9—油缸；10—下爬升箱；11—架体支腿；12—下架体；13—导轨；14—防护板；15—防坠装置；16—悬挑架；17—防护栏；18—水平梁架；19—竖梯；20—护网

导轨到位后再爬升架体。

爬升导轨时，架体仍然停留在静止不动的施工状态，爬升过程中，导轨以架体为依托逐级爬升，直至爬升到位。

爬升架体时，导轨已升至上一层的附着装置部位，并处于静止状态，此时，架体与附着装置固定用的锁紧板已经卸掉，调节支腿已不再顶靠建筑结构；架体以导轨为依托逐级爬升，直至爬升到位并固定好。

导轨或架体升降时，启动泵站，通过液压油缸的伸缩，上下爬升箱内的承力块就会沿着H型钢导轨上的导向板和踏步块而变换方向，从而实现其自动导向、自动复位和自动锁定的功能，带动导轨或架体逐级爬升，直至完成导轨或架体的爬升。

（2）附着、导向、防倾覆原理。

由导轨靴座、靴座套座和导轨转杠支座等部件组成的附着装置，通过M48螺栓螺母或预埋组合套件等方法牢固地固定在工程结构上。

施工作业期间，H型导轨上端带斜面的座钩钩挂在附着装置的导轨挂座上面，架体主承力架上部的U形挂座通过楔形锁紧板与附着装置联系在一起，架体主承力架下部的支腿顶靠在工程结构上。与此同时，架体通过爬升箱内两侧的燕尾槽以及调节支腿的双向开口式夹板附着并支承在H型导轨上。

爬模架爬升时，先爬升导轨，当导轨爬升至上一个附着装置时，导轨上端的钩座就钩挂在附着装置的挂座上，当爬升架体时，先将锁紧架体的楔形锁紧板卸掉，使架体主承力架上部的U形挂座与附着装置脱开，此时直至架体爬升到位，架体全套设备包括随其爬升的模板等全部荷载是通过爬升箱的承力块和液压油缸附着支承在导轨的踏步块上，并通过主承力架下部调节支腿的双向开口式夹板而附着在导轨上。由于附着装置中附着靴座是根据导轨截面尺寸设计的，两者之间的间隙较小，爬升箱的燕尾槽与导轨之间的间隙也较小，同时又由于导轨及主承力架的刚度较大，所以架体在作业工况和爬升工况都具有安全可靠地附着、导向和防倾覆的功能。

（3）液压油缸升降控制与同步升降原理。

液压爬升的同步升降是由液压油缸的同步伸缩完成的。根据工程应用实践，设计有两种控制方式：一种是采用手动控制，一种是自动控制。

爬升用的液压油缸为便携式，设有液压锁，压力是按设计预先调定的，在一个大约500mm的行程内，升降误差较小，一般小于5～10mm，当误差较大时可用电控手柄按键进行控制。在同步自动控制系统中，由于油缸内设有位移传感器，油缸的顶升距离由传感器自动测出，测量信号经自动处理后再递送到可编程控制器进行位移差处理，当某台油缸出现大于设定的升降差值时，就会暂时自动停止运行；一旦位移差值小于设定的升降差值时，将自动重新启动。所以，在整个顶升过程中，由于采用了可编程控制器闭环自动同步控制技术，既能使各油缸在荷载不均的情况下自动调节同步顶升，又能在升降过程中遇到障碍时会使油缸顶升力达到设定的最大值而暂时停机报警，确保安全。

（4）防坠落原理：在液压爬升设计中，由于采用的爬升箱具有特殊的构造，在升降过程中爬升箱内的承力块能够自动转向、自动复位与自动锁定，并且在升降的全过程中，始终有一个爬升箱的承力块交替地支承在导轨的踏步块上，所以在升降过程中能够防止坠落而达到安全施工的目的。根据我国关于附着式升降脚手架必须设置防坠装置的规定与要求，专门设计了如图 2-2-294 所示采用楔块锁紧钢绞线防止架体坠落的防坠装置。其原理是：防坠装置的固定端安装在 H 型钢导轨的顶部，锁紧端安装在竖向主承力架的主梁上，预应力钢绞线一端锚固在固定端内；另一端从锁紧端内穿过。爬升导轨时，将紧固端的螺母旋紧，使紧固端内的夹片与钢绞线处于松弛状态，钢绞线跟随导轨的爬升而顺利通过紧固端；导轨爬升到位后再爬升架体时，先将紧固端的螺母旋松，使夹片与钢绞线处于锁紧的触发状态，架体在爬升过程中一旦发生下坠时，锁紧端内的弹簧会自动推动夹片将钢绞线锁紧，从而使架体立刻停止下坠，达到防止坠落的目的。

2.2.3.3　爬模性能参数

1. 爬模架体系统性能参数

架体支承跨度：≤8.0m（轻型模板）

≤6.0m（重型模板）

架体悬挑长度：≤2.0m

架体高度：≥建筑结构 2 个标准层高＋1.8m

架体平台宽度：0.8～2.3m

架体步距（上下平台的距离）：1.9～3.6m

架体步数（平台层数）：4～6

2. 模板系统性能参数

模板平台挑出宽度：≤2.3m

平台护栏高度：≥1.8m

模板台车移动距离：≤0.75m

模板台车锁紧力：≥5.0kN

模板倾斜调节角度：90°～70°

模板高度调节尺寸：≤100mm

模板自重：≤1.0kN/m^2（轻型模板）

≤1.5kN/m^2（重型模板）

3. 液压升降系统性能参数

油缸顶推力：50kN，75kN，100kN

额定压力：16MPa

油缸行程：500mm

升降速度：450～550mm/min

同步误差：≤12mm（手动控制）

≤5mm（自动控制）

油缸自重：≤0.28kN

油泵自重：≤0.12kN（便携式）

控制操作：单缸、双缸、多缸手动操作

单缸、双缸、多缸自动操作

4. 吊篮设备系统性能参数

提升力：8.0kN，5.0kN

电机功率：1.1kW

提升速度：6～7m/min

倾斜角度≤8°

安全锁型号：SAL800型，SAL500型

同步操作：可实现多机同步升降

5. 防坠落装置性能参数

制动载荷能力：≥130kN

下坠制动距离：≤50mm

预应力钢绞线直径：15.24mm

钢绞线长度：≥2个楼层高度+1.5m

2.2.3.4 爬模设计

1. 液压爬模架设计依据

结构设计遵循：《建筑结构荷载规范》GB 50009、《混凝土结构设计规范》GB 50010、《混凝土结构工程施工规范》GB 50666、《混凝土结构工程施工质量验收规范》GB 50204、《钢结构设计规范》GB 50017、《钢结构工程施工质量验收规范》GB 50205、《冷弯薄壁型钢结构技术规范》GB 50018、《滑动模板工程技术规范》GB 50113、《液压系统通用技术条件》GB/T 3766、《高层建筑混凝土结构技术规程》JGJ 3、《建筑机械使用安全技术规程》JGJ 33、《建筑现场临时用电安全技术规范》JGJ 46、《建筑施工高处作业安全技术规范》JGJ 80、《钢框胶合板模板技术规程》JGJ 96、《建筑施工模板安全技术规范》JGJ 162、《建筑施工大模板技术规程》JGJ 74、《液压爬升模板施工技术规程》JGJ 195以及《建设工程安全生产管理条例》国务院第393号令、《危险性较大的分部分项工程安全管理办法》建质［2009］87号等标准、规范、规定等有关要求。

2. 液压爬模架施工设计流程

工程概况分析→工程施工流程及重点难点分析→爬模架平面、立面图设计→架体结构改造→爬模架施工流程及周期设计→架体安装工艺设计→架体爬升工艺设计→架体拆除工艺设计。

3. 主要技术内容

（1）采用液压爬升模板施工的工程，必须编制爬模专项施工方案，进行爬模装置设计与工作荷载计算。

（2）采用油缸和架体的爬模装置由模板系统、架体与操作平台系统、液压爬升系统、电气控制系统四部分组成。

（3）根据工程具体情况，爬模技术可以实现墙体外爬、外爬内吊、内爬外吊、内爬内吊等爬升施工。

（4）模板优先采用组拼式全钢大模板及成套模板配件。也可根据工程具体情况，采用钢框（铝框）胶合板模板、木工字梁槽钢背楞胶合板模板等；模板的高度为标准层层高，模板之间以对拉螺栓紧固。

（5）模板采用水平油缸合模、脱模，也可采用吊杆滑轮合模、脱模，操作方便安全；所有模板上都应带有脱模器，确保模板顺利脱模。

4. 技术指标

（1）液压油缸额定荷载50kN、100kN、150kN；工程行程150～600mm。

（2）油缸机位间距不宜超过 5m，当机位间距内采用梁模板时，间距不宜超过 6m。

（3）油缸布置数量需根据爬模装置自重及施工荷载进行计算确定，根据《液压爬升模板工程技术规程》JGJ 195 规定，油缸的工作荷载应小于额定荷载 1/2。

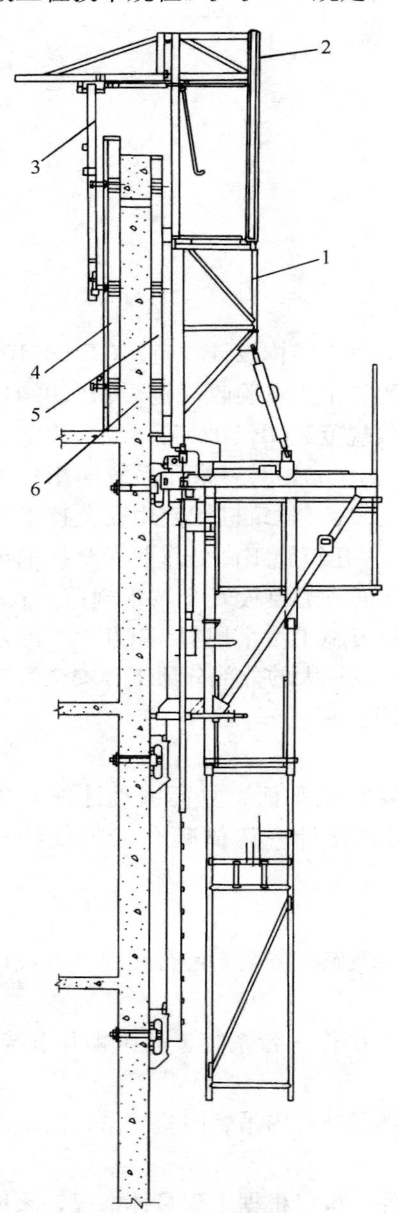

图 2-2-298　外墙内外模板同时爬升构造示意图
1—模板支撑；2—内模悬挑架；3—内模吊挂装置；4—内模；5—外模；6—墙体

（4）爬模装置爬升时，承载体受力处的混凝土强度必须大于 10MPa，并应满足爬模设计要求。

5. 适用范围

适用于高层建筑剪力墙结构、框架结构核心筒、桥墩、桥塔、高耸构筑物等现浇钢筋混凝土结构工程的液压爬升模板施工。

导轨入位后，爬升架体，完成液压爬模的变截面爬升作业。

6. 爬模的配置

（1）模板的配置

1）应优先选用自重较轻、刚度较大、强度较高和板块尺寸较大的大模板。

2）当外墙外侧模板需要随架体一起爬升时，应优先考虑整层配置，并按照施工区段的要求分别组装在爬模用的附加背楞上。如果按分段流水作业配置应考虑施工周期和吊装等因素，同时应考虑模板便于在附加背楞上进行组装与拼接。

3）当外墙的内侧模板和外侧模板均随架体一起爬升施工时，则要配置齐全外墙施工的全套模板，配置的模板要便于安装与拆卸（图 2-2-298）。

4）配置模板时，尚应考虑绑扎钢筋、浇灌混凝土等施工要求。

（2）爬模施工作业层的配置爬模施工中作业平台层的设置，应以满足框架结构、剪力墙结构、筒体结构多种结构工艺体系的施工需求，进行合理、灵活地配置。

（3）爬升机位的配置

1）爬升机位或附着装置的位置，应根据工程的结构与外形尺寸、施工用模板的重量、爬模的构造形式和爬升用液压油缸的顶升力等因素，进行综合分析确定。

2）附着爬升机位的结构混凝土强度，要进行复核验算，并在合格的基础上进行选择和确定。配置时，要选择有利附着位置，既要避开门窗洞口部位，又要避开暗柱、暗梁以及型钢等需要避让的部位，如果难以避让时应采取相应的补强措施。

3）爬升机位附着位置之间的距离，主要应依据所用爬升设备液压油缸的顶升力与所要顶升的模板重量、爬模装备与架管的自重等，经计算确定。并应考虑爬升中不同步产生的抗力等因素，进行综合分析与比较后再行确定。见表 2-2-25 所示。当液压油缸的顶升力为 50kN 时，对于自重≤1.0kN/m² 的轻型模板，架体最大跨度宜<8.0m；对于自重≤1.5kN/m² 的重型模板，架体最大跨度宜<6.0m。

液压爬模爬升机位附着位置间距方案比较表　　表 2-2-25

爬模、装备、架体、模板参数		单位	第1方案	第2方案	推荐方案
爬模架组	架体跨度（爬升机位间距）	m	8.0	6.0	1. 采用轻型全钢大模板时，架体最大跨度宜<8.0m； 2. 采用重型全钢大模板时，架体最大跨度宜<6.0m
	架体两端悬挑长度	m	2.0	1.5	
	架体总长度	m	12.0	9.0	
	架体高度	m	13.8	13.8	
	作业平台层数	层	5	5	
	爬模装备架管自重	kN	40	35	
液压油缸	液压油缸顶升力	kN	50	50	
	液压油缸数量	支	2	2	
	液压油缸总顶升力	kN	100	100	
轻型模板	模板自重	kN/m²	≤1.0	≤1.0	
	模板高度	m	3.0	3.0	
	模板重量	kN	≤36.0	≤27.0	
重型模板	模板自重	kN/m²	≤1.5	≤1.5	
	模板高度	m	3.0	3.0	
	模板重量	kN	≤54.0	≤40.5	
说明	1. 爬模装备架管自重包括模板装备、架管扣件、脚手板、安全防护设施等全套爬模架的自重； 2. 模板重量是指安装在架体总长度上的模板自重之和				

4）当工程采用分段流水施工时，爬升机位附着位置的设置，尤其是架体悬挑长度的确定，应满足分段流水对支模、拆模等的使用要求。

5）爬升机位附着位置的设置，既要利于架体的安全围护，又要利于平稳爬升，满足爬模施工对质量和安全的要求。

2.2.3.5　爬模施工要点

1. 爬模施工工艺

图 2-2-299 是爬模施工工艺流程示意图。

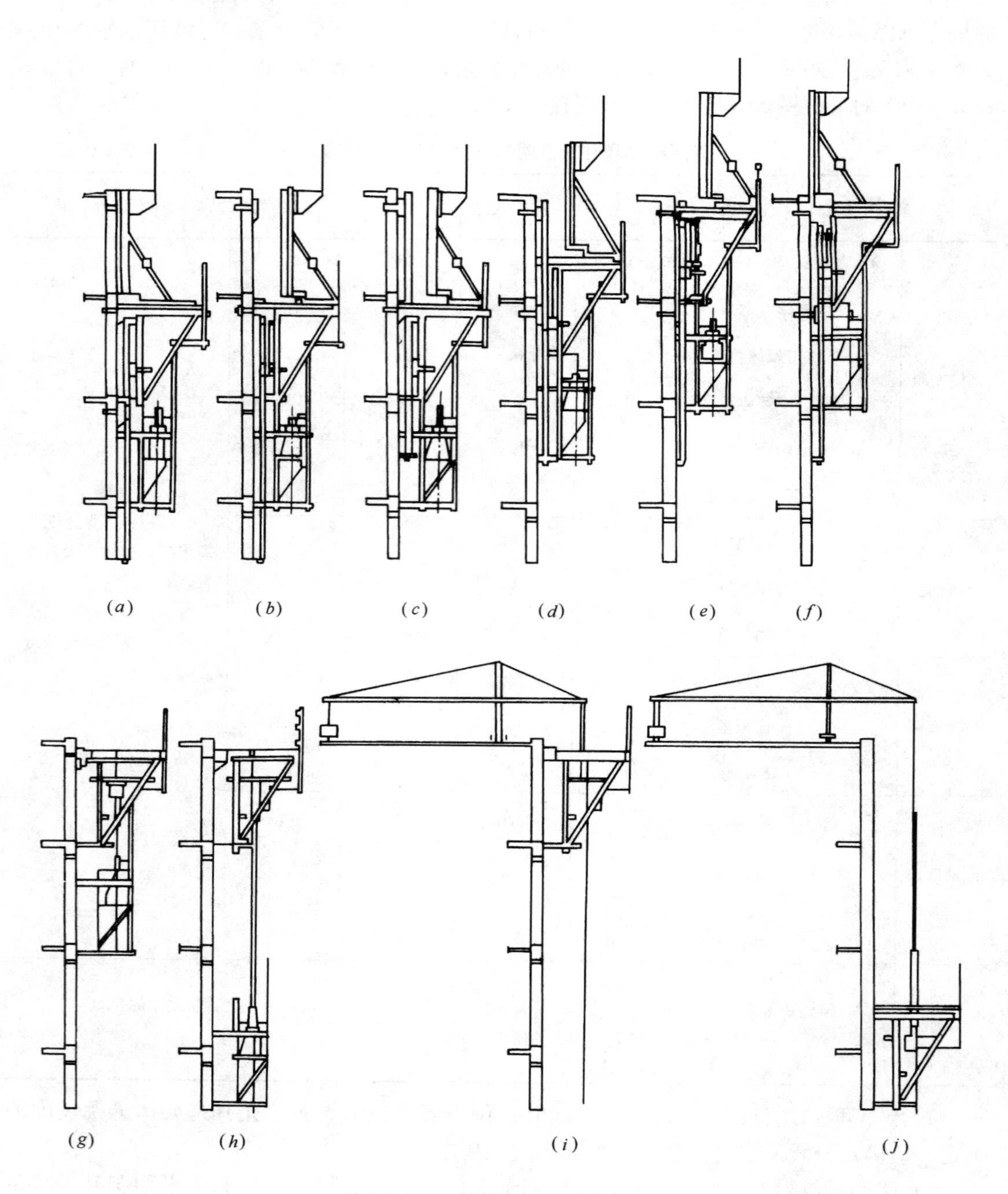

图 2-2-299　爬模施工工艺流程图

(a) 浇灌；(b) 拆模；(c) 提升导轨；(d) 提升架体；
(e) 架体爬升到位；(f) 支模；(g) 拆导轨安装吊篮装置；
(h) 装饰作业；(i) 安装屋面悬挂装置；(j) 拆除主架体

爬模施工工艺流程如下所示。

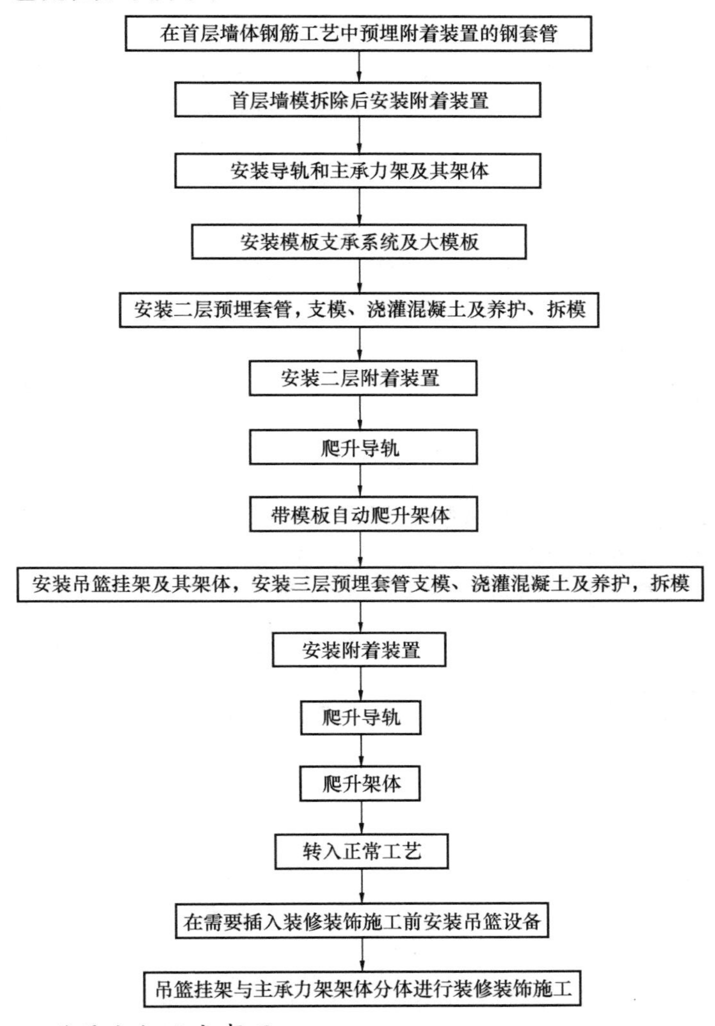

2. 爬模施工工艺要点与注意事项

(1) 工艺要点

1) 钢套管的埋放和附着装置的安装：按照设计方案，在设计位置埋放好穿墙螺栓用的钢套管，其长度比墙厚尺寸小2～3mm，套管两端要用胶带密封好；钢套管的高度位置要准确，水平位置偏差控制在25mm以内。

当墙体厚度尺寸较大时，宜采用预埋组合件的方法固定附着装置。埋放时，可将预埋套件安装在外模板上，也可预先安装固定在钢筋网片上，并将外露的环状螺母密封好。

安装附着装置时，要将靴座套拧紧拧牢，并使导轨靴座的中心位置准确，其误差小于±5mm。

2) 爬模的安装与验收：按照爬模的安装工艺，先在地面组装和低空安装，随施工随安装，随安装随使用，待全部安装到位后要组织工程设计、施工、监理以及爬模设计与使用等有关方面人员参加验收，验收合格后，方可投入正常运行。

3) 爬模的爬升和安全操作：爬模在安装与使用前，要对有关人员进行技术交底和专门培训，爬模施工人员要持证上岗。每次爬升前和爬升后，要认真做好安全检查，及时拆除各部位的障碍物；当结构混凝土强度≥10MPa时方可下达爬升通知书；爬升时，要统一指挥，各负其责，确保平稳爬升，并逐层做好安全操作记录。

4）吊篮设备的安装与使用：爬模在结构施工期间，为了及早插入对下部的外装饰作业，应及时做好下架体吊篮架使用时所用设备的准备工作，并要掌握好安装的时期。一般，当结构施工到1/2～2/3高度时，下部结构的外装饰作业方可开始。

5）爬模架的拆除：当结构施工完毕后，使用塔吊先将模板系统的装备拆除，导轨可在塔吊拆除前进行。当用于装饰时，下架体要在装饰作业基本完成后降落在地面再行拆除；上架体应在装修作业基本完工时，在屋面上临时安装屋面机构，由屋面机构吊挂上架体完成最后的装饰修补作业后再降落到地面进行拆除。

如果不用爬模架进行装饰施工，可在结构施工完成后将下架体和上架体一起用塔吊进行拆除，也可以不安装下架体。

（2）注意事项

1）在架体设计中，每层作业平台的桁架水平梁架，都是采用螺栓螺母连接固定在竖向承力架之间。为了减小不同步升降产生的水平力，在安装时螺栓不要拧得过紧。

2）架体上的荷载，不应超过规定的数值，即上下各作业平台上的载荷之和应≤600kg/m^2；尤其是在爬升时，不应有较大的集中堆载与偏载，尚应使模板系统的重心尽量靠近墙体，以利于平稳爬升。此外，遇有5级以上大风时，不应爬升。

3）架体在爬升前和爬升到位之后，应将爬架组相互间的连接以及与工程结构之间的联系等，按要求处置好。当采取分组爬升时，爬升前应拆除相互之间和与工程结构的连接，待爬升到位后再恢复到原状。

4）采用手动控制的爬升施工中，应密切注视各个油缸伸出的长度，避免出现较大的升降差，做到平稳升降。

5）当下架体分体下降进行装饰施工时，应与上部结构施工密切配合好。当模板爬升时，下架体应停止作业，与主架体联体爬升；当分体下降进行施工时，尤其要把作业平台以及架体与墙体之间的空隙、缝隙密封好，防止混凝土等物料坠落伤人，确保安全施工。

6）在安装与拆卸爬模装备时，应安全有序装拆，将各部件分类堆放整齐，不得乱扔乱放，避免碰撞弄伤部件。

2.2.3.6 爬模拆除

1. 条件准备

（1）人员组织：爬模爬架技术提供单位或专业承包单位配备现场工程、安全负责人1名、技术指导2名、专门负责爬模爬架拆除过程中的技术指导和安全培训工作，工程总承包方和专业承包单位共同成立爬模架拆除工作小组，负责爬模爬架的拆除工作。

拆除工作应配20名专业架子工分成2个作业班组，并事先由设备所有方进行培训，合格后颁发上岗证，持证上岗。

（2）机械设备：由现场已有塔吊配合爬模爬架的拆除作业。

（3）爬模爬架拆除条件：当结构施工完毕，即可对爬模爬架进行拆除。

爬模爬架的拆除必须经项目生产经理、总工程师签字后方可。爬模爬架拆除前，工长要向拆架施工人员进行书面安全交底工作。交底有接受人签字。

① 拆除时，写书面通知，拆架前先清理架上杂物，如脚手板上的混凝土、砂浆块、U形卡、活动杆件及材料。爬模爬架拆除后，要及时将结构周圈搭设防护栏杆。

② 拆架前，先对爬模爬架进行检查验收，待检查合格后方可拆除。

③ 拆架前，先将进入楼的通道封闭，并做醒目标识，画出拆除警戒线，严禁人员进入警戒线内。

2. 拆除方法

(1) 拆除顺序：按机位编号，顺时针方向依次拆除。

(2) 拆除步骤：

1) 清理架体杂物，拆除架体上的脚手板和踢脚板，将架体分割为2～4个机位的独立单元，将两独立单元间机位架体的连接解除。

2) 用塔吊吊住支模体系，拔出调节支腿和高低调节螺栓上的销轴，将支模体系吊离主承力架至地面分解。

3) 用液压油缸将导轨提升出来，然后用塔吊吊离作业面。

4) 拆除上、下爬升箱、液压电控系统和爬模爬架下两层附墙座并吊离作业面。

5) 将主承力架及挂架体系整体吊至地面进行分解。

6) 以上拆除的爬模爬架各零部件要统一堆放，统一管理。

2.2.3.7 质量、安全要求

1. 爬模施工质量要求

对爬模施工质量的要求，见表2-2-26。

爬模施工质量要求　　表2-2-26

项目		质量标准（技术要求）	检验方法
模板	外形尺寸	−3mm	钢尺检查
	对角线	±3mm	钢尺检查
	板面平整度	<2mm	2m靠尺和塞尺检查
	侧边平直度	<2mm	2m靠尺和塞尺检查
	螺栓孔位置	±2mm	钢尺检查
	螺栓孔直径	+1mm	钢尺检查
	连接孔位置	±1mm	钢尺检查
	连接孔直径	+1mm	钢尺检查
	板块拼接缝隙	<2mm	塞尺检查
	板块拼接平整度	<2mm	2m靠尺和塞尺检查
模板支撑系统	垂直调节支腿	调节角度为70°～90°	角度尺检查
	高度调节装置	调节高度≤100mm	钢尺检查
	模板台车移动距离	300～750mm	卷尺检查
	模板锁紧力	≥5kN	
	模板附加背楞	能放置多种形式的模板，便利模板拼接，不影响对拉螺栓的装拆	复核设计方案和查看
	模板连接组件	每块模板用4～6个≥ϕ14的连接钩组合件与附加背楞连接在一起，移动模板时不松动	安装操作中观察
	模板竖向支撑宽度	≥0.8m	卷尺检查
	模板竖向支撑高度	≥1～2个层高+1.8m	卷尺检查
	竖向支撑承载力	≤3kN/m^2	复核施工方案和查看

续表

项目		质量标准（技术要求）	检验方法
附着装置	转杠支座	转动灵活自如	操作查看
	导轨靴座	左右移动>50mm	钢尺检查
	靴座套座	负荷肩宽≥200mm	钢尺检查
	穿墙螺栓	M48，两端头有螺纹	钢尺检查
	垫　板	≥100mm×100mm×10mm	钢尺检查
	螺　母	M48，内双，外单，拧紧力达60～80N·m,外露3扣以上，中心位置±20mm	扭力扳手检查和查看
	预埋套管		卷尺检查
导轨	截面尺寸	≥140mm×140mm×10mm	钢尺检查
	长　度	相邻2个楼层高度+0.5m	卷尺检查
	直线度	$\leqslant\frac{5}{1000}$，并≤30mm	直线和钢尺
	爬升状态挠度	$\leqslant\frac{5}{1000}$，并≤20mm	直线和钢尺
	踏步块中心距	±2mm	钢尺检查
	导向板中心距	±2mm	钢尺检查
	导轨座钩长度	+5mm	钢尺检查
	导轨座钩宽度	+5mm	钢尺检查
	焊缝高度	≥10mm	目　测
爬升箱	承力块	转动灵活	示　范
	定位装置	转动灵活	示　范
	限位装置	转动灵活	示　范
	导向装置	转动灵活	示　范
	导轨滑槽宽度	≥14mm，通畅	目测和钢尺
竖向主承力架与主架体	三角形框架主梁长度	≥2000mm	卷尺检查
	主梁截面尺寸	≥140mm×140mm×10mm	钢尺和卡尺
	爬升状态主梁挠度	$\leqslant\frac{1}{500}$，且≤5mm	直线和钢尺
	长方形框架宽度	800～1000mm	卷尺检查
	长方形框架高度	≥2000mm	卷尺检查
	框架内立柱截面尺寸	≥80mm×80mm×4mm	钢尺和卡尺
	内立柱中心至墙面距离	400～600mm	卷尺检查
	爬升状态内立柱弯曲	≤3mm	直线和钢尺
	调节支腿	调节灵活	示　范
	施工状态支腿弯曲	≤1mm	钢尺检查
	主架体直线跨度	≤8.0m	卷尺检查
	主架体折线跨度	≤5.4m	卷尺检查
	桁架式水平梁架高度	≥900mm	卷尺检查

续表

项目		质量标准（技术要求）	检验方法
液压与电气控制系统	液压油泵电压	380±10V	电压表检测
	油泵电机功率	1泵双缸1.1kW，1泵1缸750W	功率表检测
	油泵工作情况	工作正常，不漏油	查看
	液压油缸伸出长度	≤550mm	钢尺检查
	油缸伸出长度误差	≤12mm	钢尺检查
	液压油缸工作情况	工作正常，不漏油	查看
	液压油管	不破裂，不漏油	查看
	电气控制工作电压	380±10V	电压表检测
	电气控制工作电流	≤2A	电流表检测
	控制器电压	24V	电压表检测
	控制器电流	≤500mA	电流表检测

（1）施工单位要结合工程实际情况，对爬模的安装、使用、拆除等制定切实可行的施工方案。

（2）爬模施工，要组建专门的爬模施工队伍，培训上岗，把好爬模施工质量关。

（3）爬模的板面应平整，符合清水混凝土施工要求。

（4）爬模用的模板支撑系统，应能满足支模、拆模、清理模板以及绑扎钢筋、浇筑混凝土等施工的基本要求。清理模板的空间宽度应≥0.6m。

（5）附着装置的安装应尽量准确，使其中心位置差（±5～10mm）降低到最小。

（6）导轨及主架体的安装，要求H型钢导轨的垂直偏差≤5/1000或20～30mm，爬升状态下最大挠度≤5/1000或20mm；要求架体的最大跨度为6.0m，折线时≤5.4m，主承力架主梁的最大挠度或6～8mm。

（7）在爬模施工中，要做到同步爬升，及时消除升降差，使不同步升降差≤12mm。

2. 爬模施工安全要求

（1）按照爬模施工方案的要求，预先配备齐全可用的爬模装备（包括各个零部件）。并要符合设计要求，产品质量或加工制作的质量要达到合格品的要求。

（2）爬模装备进场前，要对质量进行检查和确认，出具产品合格证和使用说明书，不允许不符合安全使用要求的产品进入施工现场。

（3）在安装爬模装备之前，要进行技术交底，按照安装工艺与要求进行安装。安装过程中，要有专人进行逐项检查。并在安装完毕后，要组织联合检查与验收，合格后方可投入使用。

（4）爬模的每一层作业平台，脚手板要满铺，铺平铺稳，护脚板要铺设到位，符合安全使用与安全防护等要求。

（5）对于爬架组相互之间的间隙，相邻作业平台之间的空隙，架体与墙体之间的空隙，要用盖板、护板和护网等封闭。严防物料坠落伤人。

（6）爬模施工完毕，要按照爬模拆卸工艺，进行安全有序的拆除。拆卸的部件要分类堆放整齐，并及时组织安全退场。

（7）爬升之前，必须暂时拆除爬架组之间的联系，及时在作业平台两端的开口部位安装好防护栏杆，及时拆除架体与墙体之间妨碍爬升的防护设施或障碍物；经安全检查后方可下达爬升指令。

(8) 爬升到位后，要及时做好各个部位的固定或安装；相邻爬升架组之间，要做好相互联系以及架体与墙体之间的安全防护。待整个施工层都爬升到位并经检查后、要及时完成爬升作业的记录。

(9) 爬升时，作业平台上禁止堆放施工料具。

(10) 遇有 6 级以上大风时，不得爬升。以避免由于推移晃动而导致伤人。

(11) 支拆模所用工具，应放入专用箱内，不要乱扔乱放。

(12) 爬模施工中的垃圾，应及时清理入袋，集中处理，严禁抛扔。

(13) 冬、雪天施工时，应及时清扫作业平台上的积雪，防止滑倒伤人。

(14) 附着装置的安装必须准确牢靠，安装与拆卸必须及时。

(15) 液压油缸的拆装，要相互配合协作好，做到安全操作。

(16) 施工前，要制定专项安全管理与安全检查制度；在与厂家签订租赁合同时，要签订爬模施工安全协议，强化安全管理。

3. 爬模安全使用要求

(1) 架体使用应符合建筑施工附着升降脚手架有关管理规定。

(2) 架体支承跨度的布置，不能超过液压油缸的顶升能力。

(3) 在使用工况下，应有可靠措施保证物料平台荷载不传递给架体。

(4) 架体使用前应由相关人员进行全面检查，包括架体的安装、防坠装置是否灵敏有效、爬升动力系统超载保护及同步控制等。

(5) 爬升时架体上不得有任何活动零件。

(6) 严禁在夜间进行架体的安装和搭设、爬升、拆除等工作。

(7) 从事作业人员必须年满 18 岁，两眼视力均不低于 1.0、无色盲、无听觉障碍，无高血压、心脏病、癫痫、眩晕和突发性昏厥等疾病，无其他疾病和生理缺陷。

(8) 正确使用个人防护用品和采取安全防护措施。进入施工现场，必须戴好安全帽，作业时必须系好安全带，工具使用完要放在工具套内。

(9) 操作人员必须经过培训教育，考核、体检合格，持证上岗。任何人不得安排未经培训的无证人员上岗作业。现场施工人员，都要自觉遵守国家和施工现场制定的各种安全技术规程和制度。

(10) 施工作业时，必须严格按照设计图纸要求和施工操作规程进行。

(11) 模板的合模、拆模必须严格按照爬模架合模、拆模施工工艺进行。

(12) 严格保证安全用电。

(13) 认真做好班前班后的安全检查和交接工作。有权拒绝违章指挥违章作业的指令。非爬架专职操作人员不得随便搬动、拆卸、操作爬架上的各种零配件和电气、液压等装备。

(14) 结构施工时，与架体无关的其他东西均不应在脚手架上堆放，严格控制施工荷载，不允许超载。

(15) 架体附墙作业时，墙体混凝土强度应达到 10MPa（特殊要求的另行规定）以上。

(16) 五级(含五级)以上大风应停止作业，大风前须检查架体悬臂端拉接状态是否符合要求，大风后要对架体做全面检查符合要求后方可使用，冬天下雪后应清除积雪并经检查后方可使用。

2.2.3.8 施工验算

为了适应液压爬模对不同类型和不同结构形式的使用要求，在编制爬模方案时应结合工程实际情况，对关键部件或关键项目进行必要的施工验算。验算的内容包括附着结构的强度、穿墙螺栓的抗冲剪能力、导轨的强度与刚度、导轨钩座与踏步块的焊缝强度和抗冲剪能力以及液压油缸的顶升能力等。鉴于导轨钩座、踏步块设计得比较坚实，穿墙螺栓直径较大等，故只需进行一般验算，但对于厚度≤200mm 的结构，使用重型模板时的油缸顶升力以及爬升施工层高度较大时的导轨刚度等，由于使用条件多变需要进行详实验算。

【例】 北京某工程位于高层建筑较多的区域内，钢筋混凝土剪力墙结构，外围尺寸 38m×38m，地上 38 层，总高 148m，采用 JFYM-50 型液压爬模施工，模板重为 1.5kN/m² 全钢大模板。

1）基本条件

① 该工程地下 4 层，地上 38 层，总高 148m，标准层高 3.9m，墙厚 0.5m，部分墙厚 0.2m，混凝土强度等级为 C30～C50。

② 爬模装备为 JFYM-50 型，液压油缸单缸顶升力为 50kN 或 75kN，型钢导轨长 8.0m，截面尺寸为 150mm×150mm×7mm×10mm；穿墙螺栓为 M48，垫板尺寸为 160mm×160mm×12mm；由 2 个爬升机位组成的爬模架，跨度最大为 6.0m，两端各悬挑 1.5m，架体长 9.0m，高 16.4m；设 6 层作业平台。

③ 随架体一起爬升的全钢大模板重 1.5kN/m²，高 4.0m。

④ 爬升施工层高度为 3.9m。

2）基本要求与验算内容

① 在上述条件下，一个爬升机位设 1 支液压油缸，需要将顶升力调定到多大方能满足要求？

② 处于最不利工况下，导轨跨中的变形是否符合设计与使用要求？

③ 处于最不利工况下，穿墙螺栓的冲剪能力是否符合设计与使用要求？

④ 当墙厚为 0.2m，混凝土强度达到 10MPa 时，混凝土结构的冲切承载力和局部受压承载力是否满足爬升要求？

3）荷载计算

若由 2 个爬升机位组成最大的爬模架，跨度为 6.0m，长度为 9.0m，高度为 16.4m，设有 6 层作业平台，平台累积宽度为 7.0m，木脚手板厚 50mm，如图 2-2-300 所示。

1 个爬升机位上的荷载为：

①自重荷载，由 6 部分组成，共计 49.60kN：

G_1＝27.0kN，是模板自重；

G_2＝5.3kN，是模板支撑自重；

G_3＝13.6kN，是架体自重（包括油泵设备自重）；

G_4＝0.4kN，是爬升箱和液压油缸自重；

G_5＝3.0kN，是导轨自重；

G_6＝0.3kN，是附着装置自重；

② 施工荷载

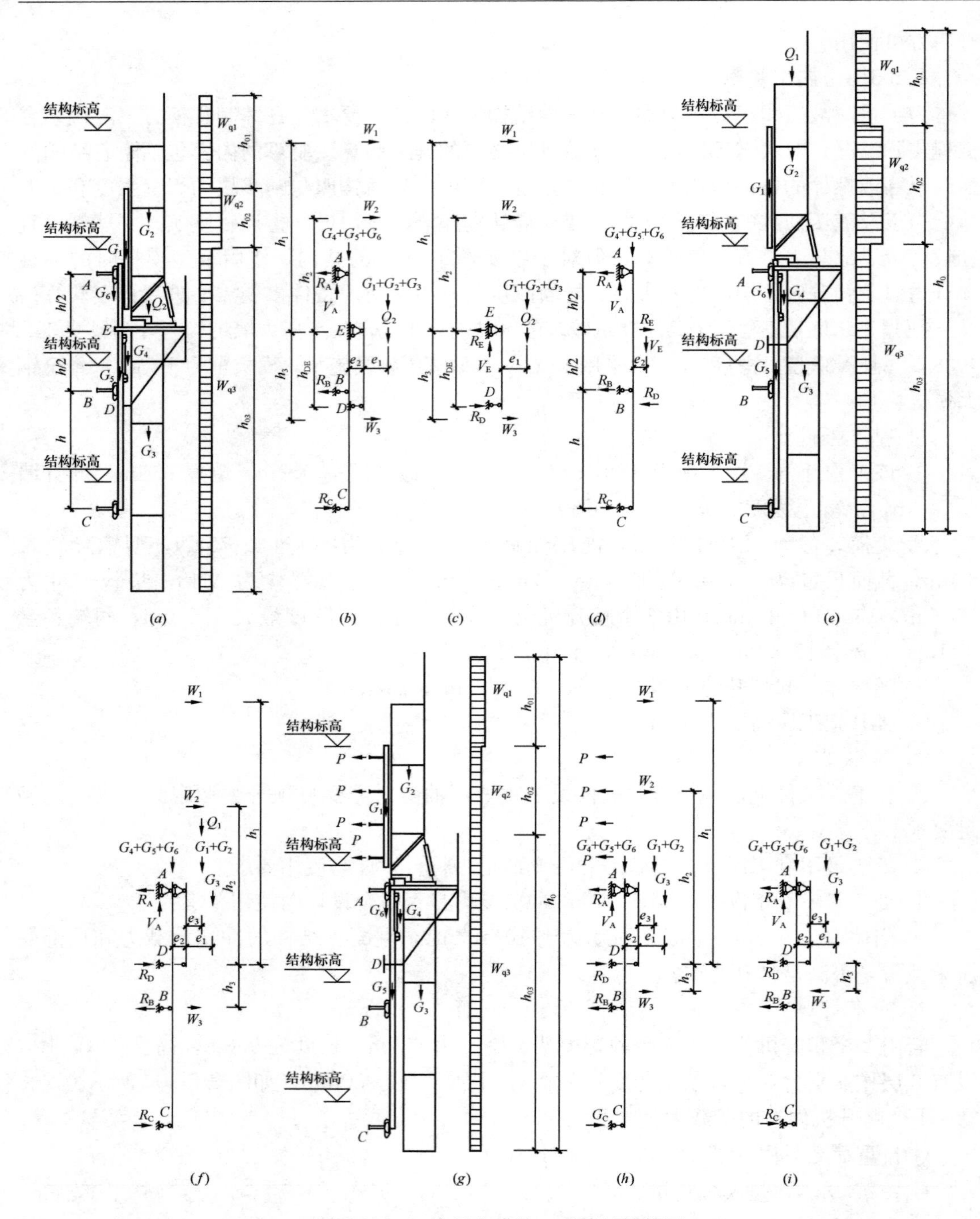

图 2-2-300　液压爬模施工验算计算简图

作用在爬模装备上的施工荷载，是指作用在上操作平台（宽 1.0m）上的荷载 4.0kN/m² 和下操作平台（宽 2.3m）上的荷载 1.0kN/m²，施工总荷载为：

$$Q_1 = 4.0 \times 4.5 \times 1.0 = 18.0\text{kN}$$

$$Q_2 = 1.0 \times 4.5 \times 2.3 = 10.35\text{kN}$$

③ 风荷载

液压爬模在施工中依附于建筑结构体，作用其上的风荷载应根据现行《高层建筑混凝土结构技术规程》JGJ 3（以下称规程）和《建筑结构荷载规范》GB 50009（以下称规范）中的有关计算公式与图表并结合实际情况，进行相应的计算。

a. 关于风荷载标准值的计算公式

垂直于液压爬模装备表面上的风荷载标准值，按式（2-2-17）计算，风荷载作用面积应取垂直于风向的最大投影面积。

$$\omega_k = \beta_{gz}\mu_s\mu_2\omega_0 \quad (2\text{-}2\text{-}17)$$

式中 ω_k——风荷载标准值（kN/m^2）；

β_{gz}——高度 z 处的阵风系数；

ω_0——基本风压（kN/m^2）；

μ_2——风压高度变化系数；

μ_s——风荷载体型系数。

b. 关于基本风压 $\boldsymbol{w}_0$。

液压爬模一般是用于高层建筑或高耸构筑物，其基本风压按《液压爬升模板工程技术规程》JGJ 195 附录 A. 0. 4 计算。

$$w_0 = \frac{v_0^2}{1600} \quad (kN/m^2)$$

式中 v_0——距地面 10m 高度处相当风速（m/s）按表 2-2-27 取值。

风 力 等 级 **表 2-2-27**

风力等级	距地面 10m 高度处相当风速 v_0（m/s）	风力等级	距地面 10m 高度处相当风速 v_0（m/s）
5	8.0～10.7	9	20.8～24.4
6	10.8～13.8	10	24.5～28.4
7	13.9～17.1	11	28.5～32.6
8	17.2～20.7	12	32.7～36.9

由表 2-2-78 求得：

施工、爬升工况下 $w_{07} = \frac{v_{07}^2}{1600} = \frac{17.1^2}{1600} = 0.183kN/m^2$，

停工工况下 $w_{09} = \frac{v_{09}^2}{1600} = \frac{24.4^2}{1600} = 0.372kN/m^2$。

c. 关于风压高度变化系数 μ_z。

风压系数既随建筑高度的增加而增大，又与建筑所在位置的地面粗糙度有关。《规范》将地面粗糙度分为四类，见表 2-2-28。表 2-2-29 是相应的系数。

地面粗糙度分类 **表 2-2-28**

类别	粗 糙 度 的 描 述	类别	粗 糙 度 的 描 述
A	近海海面和海岛、海岸、湖岸及沙漠地区	C	有密集建筑群的城市市区
B	田野、乡村、丛林、丘陵以及房屋比较稀疏的乡镇	D	有密集建筑群且房屋较高的城市市区

风压高度变化系数 μ_z　　表 2-2-29

离地面或海平面高度(m)	地面粗糙度类别			
	A	B	C	D
5	1.09	1.00	0.65	0.51
10	1.28	1.00	0.65	0.51
15	1.42	1.13	0.65	0.51
20	1.52	1.23	0.74	0.51
30	1.67	1.39	0.88	0.51
40	1.79	1.52	1.00	0.60
50	1.89	1.62	1.10	0.69
60	1.97	1.71	1.20	0.77
70	2.05	1.79	1.28	0.84
80	2.12	1.87	1.36	0.91
90	2.18	1.93	1.43	0.98
100	2.23	2.00	1.50	1.04
150	2.46	2.25	1.79	1.33
200	2.64	2.46	2.03	1.58
250	2.78	2.63	2.24	1.81
300	2.91	2.77	2.43	2.02
350	2.91	2.91	2.60	2.22
400	2.91	2.91	2.76	2.40
450	2.91	2.91	2.91	2.58
500	2.91	2.91	2.91	2.74
≥500	2.91	2.91	2.91	2.91

d. 关于风荷载的体型系数 μ_s

μ_s 参照《建筑施工扣件式钢管脚手架安全技术规范》JGJ 130—2011、《建筑施工工具式脚手架安全技术规范》JGJ 202—2010 脚手架的风荷载体型系数采用，见表 2-2-30。

脚手架的风荷载体型系数 μ_s　　表 2-2-30

背靠建筑物的状况		全封闭墙	敞开、框架和开洞墙
脚手架状况	全封闭、半封闭	1.0Φ	1.3Φ

Φ 为挡风系数，规范中要求密目式安全立网全封闭脚手架挡风系数 Φ 不宜小于 0.8。密目式安全立网的挡风系数试验结果为 0.5，规范规定是考虑施工中安全立网上积灰等因素确定的。本计算中密目式安全立网全封闭的爬模架部分挡风系数取 0.8；对于施工工况，在模板爬升到位，尚未连接对侧模板的情况下，按照模板一侧承受正风压，挡风系数取 1.0；爬升工况中超出已浇筑混凝土墙体部分的模板高度内，按照模板一侧承受正风压，挡风系数取 1.0。

爬模装置风荷载体型系数 μ_s 分段计算表见表 2-2-31。架体分段范围见图 2-2-300。各工况 h_{01} 为大模板上方的操作架高度；施工工况 h_{02} 为大模板高度，爬升工况 h_{02} 为超出已浇筑混凝土墙体部分的模板高度；停工工况 h_{02} 和各工况 h_{02} 为已浇筑混凝土墙体部分的爬模架体高度。

爬模装置风荷载体型系数 μ_s 分段计算表 **表 2-2-31**

项目	工况		背靠建筑物状况	计算公式	挡风系数 Φ	μ_s
	爬升、施工	停工				
架体分段范围	h_{01}	h_{01}	敞开	$\mu_s=1.3\Phi$	0.8	1.04
	h_{02}	—	敞开	$\mu_s=1.3\Phi$	1.0	1.3
	h_{03}	h_{02}、h_{03}	全封闭墙	$\mu_s=1.0\Phi$	0.8	0.8

e. 关于风荷载的阵风系数 β_{gz}

β_{gz}按照《规范》GB 50009—2012 取值，见表 2-2-32。

阵风系数 β_{gz} **表 2-2-32**

离地面高度(m)	地面粗糙度类别			
	A	B	C	D
5	1.65	1.70	2.05	2.40
10	1.60	1.70	2.05	2.40
15	1.57	1.66	2.05	2.40
20	1.55	1.63	1.99	2.40
30	1.53	1.59	1.90	2.40
40	1.51	1.57	1.85	2.29
50	1.49	1.55	1.81	2.20
60	1.48	1.54	1.78	2.14
70	1.48	1.52	1.75	2.09
80	1.47	1.51	1.73	2.04
90	1.46	1.50	1.71	2.01
100	1.46	1.50	1.69	1.98
150	1.43	1.47	1.63	1.87
200	1.42	1.45	1.59	1.79
250	1.41	1.43	1.57	1.74
300	1.40	1.42	1.54	1.70
350	1.40	1.41	1.53	1.67
400	1.40	1.41	1.51	1.64
450	1.40	1.41	1.50	1.62
500	1.40	1.41	1.50	1.60
550	1.40	1.41	1.50	1.59

f. 关于风荷载标准值 w_k 的计算

由表 2-2-80 求得地面粗糙度为 D 类、高度为 148m 时的风压高度变化系数 μ_z=1.32。

由表 2-2-82 可知风荷载体型系数 μ_s。

由表 2-2-83 求得地面粗糙度为 D 类、高度为 148m 时的阵风系数 β_{gz}=1.87。

将上述相关系数代入式（2-2-17），求得 w_k，见表 2-2-33。

w_k 为风荷载标准值，W_{oi} 为沿高度方向的折算线荷载，W_i 为折算集中荷载。

一个机位覆盖范围为 4.5m，风荷载折算为线荷载标准值 $W_{oi} = 4.5w_{ki}$kN/m

风荷载折算为集中荷载 $W_i = W_{oi}h_{0i}$kN

风荷载标准值计算表　　　　**表 2-2-33**

工况	架体分段，i	h_{0i} (m)	w_o (kN/m²)	β_{gz}	μ_z	μ_s	$w_k=\beta_{gz}\mu_z\mu_s w_o$ (kN/m²)	W_{oi} (kN/m)	W_i (kN)
爬升	1	3.05	0.183	1.87	1.32	1.04	0.47	2.11	6.45
	2	1.95				1.30	0.59	2.64	5.15
	3	11.40				0.80	0.36	1.63	18.54
施工	1	3.05				1.04	0.47	2.11	6.45
	2	3.90				1.30	0.59	2.64	10.31
	3	9.45				0.80	0.36	1.63	15.37
停工	1	3.05	0.372			1.04	0.95	4.30	13.11
	2	2.95				0.80	0.73	3.31	9.75
	3	10.40				0.80	0.73	3.31	34.38

4）内力计算

①计算简图：

鉴于爬模架体是一种较为复杂的空间组合结构，为便于计算简化为平面结构。图 2-2-300（*a*）、（*e*）、（*g*）分别是爬升、施工、停工三种工况时的示意图，图 2-2-300（*b*）～（*d*）、图 2-2-300（*f*）、图 2-2-300（*h*）～（*i*）分别是爬升、施工、停工三种工况相应的计算简图。

若标准施工层高 h=3.9m，相应的架体参数见表 2-2-85，单位：mm。

②各工况和荷载构成：

爬升工况选择附着在导轨上的上爬升箱升至 1/2 层高位置，作用在导轨跨中的力达到最大值，处于不利的受力状态。导轨荷载主要有自重荷载 G_1、G_2、G_3，7 级风荷载 W_1、W_2、W_3 和下操作平台施工荷载 Q_2。

施工工况选择在模板爬升到位尚未连接对侧模板的情况下，上操作平台堆放适量的钢筋、并进行钢筋绑扎作业，模板一侧承受正风压、爬模装置下架体承受负风压的情况下，承载螺栓、与混凝土接触处的混凝土受力处于不利的受力状态。荷载主要有自重荷载 G_1、G_2、G_3、G_4、G_5、G_6，7 级风荷载 W_1、W_2、W_3 和上操作平台施工荷载 Q_1。

停工工况取恶劣气候下，爬模停止施工和爬升，并且爬模与对侧模板、已浇筑混凝土或已绑扎钢筋进行可靠拉接措施情况下进行安全验算。荷载主要有自重荷载 G_1、G_2、G_3、G_4、G_5、G_6，9 级风荷载 W_1、W_2、W_3 和模板穿墙螺栓的拉力 P。

各工况下荷载取值及作用位置尺寸见表 2-2-34，单位：kN。

爬模装置架体参数及荷载取值表　　表 2-2-34

<table>
<tr><th>工况</th><th>计算简图</th><th>e_1 (mm)</th><th>e_2 (mm)</th><th>e_3 (mm)</th><th>h_0 (mm)</th><th>h_{01} (mm)</th><th>h_{02} (mm)</th><th>h_{03} (mm)</th><th>h_{DE} (mm)</th><th>h_1 (mm)</th><th>h_2 (mm)</th><th>h_3 (mm)</th></tr>
<tr><td>爬升</td><td>图 2-2-299 (a) ～ (d)</td><td rowspan="3">680</td><td rowspan="3">75</td><td>—</td><td rowspan="3">16400</td><td rowspan="3">3050</td><td>1950</td><td>11400</td><td>2300</td><td>6275</td><td>3775</td><td>2900</td></tr>
<tr><td>施工</td><td>图 2-2-299 (e) (f)</td><td rowspan="2">480</td><td>3900</td><td>9450</td><td>2300</td><td>8755</td><td>5280</td><td>1395</td></tr>
<tr><td>停工</td><td>图 2-2-299 (g) ～ (i)</td><td>3050</td><td>2950</td><td>1040</td><td>8755</td><td>5755</td><td>920</td></tr>
<tr><th>工况</th><th>计算简图</th><th>G_1 (kN)</th><th>G_2 (kN)</th><th>G_3 (kN)</th><th>G_4 (kN)</th><th>G_5 (kN)</th><th>G_6 (kN)</th><th>Q_1 (kN)</th><th>Q_2 (kN)</th><th>W_1 (kN)</th><th>W_2 (kN)</th><th>W_3 (kN)</th></tr>
<tr><td>爬升</td><td>图 2-2-299 (a) ～ (d)</td><td rowspan="3">27</td><td rowspan="3">5.3</td><td rowspan="3">13.6</td><td rowspan="3">0.4</td><td rowspan="3">3</td><td rowspan="3">0.3</td><td>—</td><td>10.35</td><td>6.45</td><td>5.15</td><td>18.54</td></tr>
<tr><td>施工</td><td>图 2-2-299 (e) (f)</td><td>18</td><td>—</td><td>6.45</td><td>10.31</td><td>15.37</td></tr>
<tr><td>停工</td><td>图 2-2-299 (g) ～ (i)</td><td>—</td><td>—</td><td>13.11</td><td>9.75</td><td>34.38</td></tr>
</table>

③荷载组合

爬模装置荷载效应组合依据《液压爬升模板技术规程》JGJ 195—2010：强度计算采用基本组合，自重荷载分项系数 1.2，施工荷载、风荷载分项系数 1.4，施工荷载、风荷载组合系数取 0.9；刚度计算采用标准组合，荷载分项系数取 1.0，组合系数取 1.0。

④计算支座反力

爬模施工验算项目包括爬升、施工、停工三种工况下承载螺栓承载力、混凝土冲切承载力、混凝土局部受压承载力、顶升力、导轨变形，其对应各工况下需要计算的反力项目见表 2-2-35。

爬模施工验算项目表　　表 2-2-35

<table>
<tr><th rowspan="2">工况</th><th rowspan="2">荷载组合</th><th colspan="5">施工验算项目</th></tr>
<tr><th>承载螺栓承载力</th><th>混凝土冲切承载力</th><th>混凝土局部受压承载力</th><th>顶升力</th><th>导轨变形</th></tr>
<tr><td rowspan="2">爬升</td><td>基本组合</td><td>R_A、V_A</td><td>R_A</td><td>R_A</td><td>V_E</td><td>—</td></tr>
<tr><td>标准组合</td><td>—</td><td>—</td><td>—</td><td>—</td><td>R_E</td></tr>
<tr><td>施工</td><td>基本组合</td><td>R_A、V_A</td><td>R_A</td><td>R_A</td><td>—</td><td>—</td></tr>
<tr><td>停工</td><td>基本组合</td><td>R_A、V_A</td><td>R_A</td><td>R_A</td><td>—</td><td>—</td></tr>
</table>

爬升工况（荷载基本组合）

对于图 2-2-300（c）：

由 $\Sigma Y=0$，即竖向力平衡，求得 V_E

$$V_E-\gamma_G S_{GK}-\psi\gamma_Q S_{QK}=0$$

$$\begin{aligned}V_E&=\gamma_G S_{GK}+\psi\gamma_Q S_{QK}\\&=\gamma_G(G_1+G_2+G_3)+\psi\gamma_Q Q_2\\&=1.2\times(27+5.3+13.6)+0.9\times1.4\times10.35\\&=68.12\text{kN}\end{aligned}$$

由 $\Sigma M_E=0$，可求得 R_D

$$\gamma_G S_{GK}+\psi\gamma_Q(S_{QK}+S_{WK})-R_D h_{DE}=0$$

$$\begin{aligned}R_D&=\frac{1}{h_{DE}}[\gamma_G S_{GK}+\psi\gamma_Q(S_{QK}+S_{WK})]\\&=\frac{1}{h_{DE}}[\gamma_G(G_1+G_2+G_3)e_1+\psi\gamma_Q(Q_2e_1+W_1h_1+W_2h_2-W_3h_3)]\\&=\frac{1}{2.3}\Big[1.2\times(27+5.3+13.6)\times0.68+0.9\times1.4\times(10.35\times0.68\\&\quad+6.45\times6.275+5.15\times3.775-18.54\times2.9)\Big]\\&=23.51\text{kN}\end{aligned}$$

由 $\Sigma M_D=0$，可求得 R_E

$$\gamma_G S_{GK}+\psi\gamma_Q(S_{QK}+S_{WK})-R_E h_{DE}=0$$

$$\begin{aligned}R_E&=\frac{1}{h_{DE}}[\gamma_G S_{GK}+\psi\gamma_Q(S_{QK}+S_{WK})]\\&=\frac{1}{h_{DE}}\{\gamma_G(G_1+G_2+G_3)e_1+\psi\gamma_Q[Q_2e_1+W_1(h_1+h_{DE})+W_2(h_2+h_{DE})\\&\quad-W_3(h_3-h_{DE})]\}\\&=\frac{1}{2.3}\Big\{1.2\times(27+5.3+13.6)\times0.68+0.9\times1.4\times[10.35\times0.68+6.45\times\\&\quad(6.275+2.3)+5.15\times(3.775+2.3)-18.54\times(2.9-2.3)]\Big\}\\&=61.49\text{kN}\end{aligned}$$

对于图 2-2-300（d）：

由 $\Sigma Y=0$，即竖向力平衡，求得 V_A

$$V_A-\gamma_G S_{GK}-V_E=0$$

$$\begin{aligned}V_A&=\gamma_G S_{GK}+V_E\\&=\gamma_G(G4+G5+G6)+V_E\\&=1.2(0.4+3+0.3)+68.12\\&=72.56\text{kN}\end{aligned}$$

由 $\Sigma M_B=0$，可求得 R_A。鉴于传递到支座 C 的力较小，可以忽略不计。

$$R_E\frac{h}{2}+R_D\left(h_{DE}-\frac{h}{2}\right)+V_E e_2-R_A h=0$$

$$R_A = \frac{1}{h}\left[R_E \frac{h}{2} + R_D\left(h_{DE} - \frac{h}{2}\right) + V_E e_2\right]$$
$$= \frac{1}{3.9}\left[61.49 \times \frac{3.9}{2} + 31.51 \times \left(2.3 - \frac{3.9}{2}\right) + 68.12 \times 0.75\right]$$
$$= 34.88\text{kN}$$

爬升工况（荷载标准组合）

对于图 2-2-300（c）：

由 $\Sigma M_D = 0$，可求得 R_E。

$$S_{GK} + S_{QK} + S_{WK} - R_E h_{DE} = 0$$

$$R_E = \frac{1}{h_{DE}}[S_{GK} + S_{QK} + S_{WK}]$$
$$= \frac{1}{h_{DE}}[(G_1 + G_2 + G_3)e_1 + Q_2 e_1 + W_1(h_1 + h_{DE})$$
$$+ W_2(h_2 + h_{DE}) - W_3(h_3 - h_{DE})]$$
$$= \frac{1}{2.3}[(27 + 5.3 + 13.6) \times 0.68 + 10.35 \times 0.68$$
$$+ 6.45 \times (6.275 + 2.3) + 5.15 \times (3.775 + 2.3)$$
$$- 18.54 \times (2.9 - 2.3)]$$
$$= 49.44\text{kN}$$

施工工况（荷载基本组合）

对于图 2-2-300（f）：

由 $\Sigma Y = 0$，即竖向力平衡，求得 V_A

$$V_A - \gamma_G S_{GK} - \psi\gamma_Q S_{QK} = 0$$

$$V_A = \gamma_G S_{GK} + \psi\gamma_Q S_{QK}$$
$$= \gamma_G(G_1 + G_2 + G_3 + G_4 + G_5 + G_6) + \psi\gamma_Q Q_1$$
$$= 1.2 \times (27 \times 5.3 + 13.6 + 0.4 + 3.0 + 0.3) + 0.9 \times 1.4 \times 18.0$$
$$= 82.2\text{kN}$$

由 $\Sigma M_D = 0$，可求得 R_A

$$\gamma_G S_{GK} + \psi\gamma_Q(S_{QK} + S_{WK}) - R_A h_{DE} = 0$$

$$R_A = \frac{1}{h_{DE}}[\gamma_G S_{GK} + \psi\gamma_Q(S_{QK} + S_{WK})]$$
$$= \frac{1}{h_{DE}}\{\gamma_G[(G_1 + G_2)(e_2 + e_3) + G_3(e_1 + e_2)] + \psi\gamma_Q[Q(e_2 + e_3) + W_1 h_1$$
$$+ W_2 h_2 - W_3 h_3]\}$$
$$= \frac{1}{2.3}\left\{1.2 \times [(27 + 5.3)(0.075 + 0.48) + 13.6 \times (0.68 + 0.075)] + 0.9 \times 1.4 \times\right.$$
$$\left.\left[18.0 \times (0.075 + 0.48) + 6.45 \times 8.755 + 10.31 \times 5.28 - 15.37 \times 1.395\right]\right\}$$
$$= 66.85\text{kN}$$

停工工况（荷载基本组合）

停工工况下，爬模装置采取可靠拉接措施后上架体处于平衡稳定状态，故只近似取上架体自重、下架体受自重和风荷载效应组合计算。考虑此时 W_3 为正压，承载螺栓和混凝土受力处于最不利状态。

对于图 2-2-300（i）：

由 $\Sigma Y=0$，即竖向力平衡，求得 V_A

$$V_A-\gamma_G S_{GK}=0$$

$$\begin{aligned}V_A&=\gamma_G S_{GK}\\&=\gamma_G(G_1+G_2+G_3+G_4+G_5+G_6)\\&=1.2\times(27+5.3+13.6+0.4+3.0+0.3)\\&=59.52\text{kN}\end{aligned}$$

由 $\Sigma M_D=0$，可求得 R_A

$$\gamma_G S_{GK}+\gamma_Q S_{WK}-R_A h_{DE}=0$$

$$\begin{aligned}R_A&=\frac{1}{h_{DE}}(\gamma_G S_{GK}+\gamma_Q S_{WK})\\&=\frac{1}{h_{DE}}[\gamma_G(G_1+G_2)(e_2+e_3)+G_3(e_1+e_2)+\gamma_Q W_3 h_3]\\&=\frac{1}{2.3}\{1.2\times[(27+5.3)\times(0.075+0.48)+13.6\times(0.68+0.075)\\&\quad+1.4\times34.38\times0.92]\}\\&=33.96\text{kN}\end{aligned}$$

爬模施工荷载效应汇总表（kN）　　**表 2-2-36**

工况	荷载组合	施工验算项目				
		承载螺栓承载力	混凝土冲切承载力	混凝土局部受压承载力	顶升力	导轨变形
爬升	基本组合	$R_A=33.57$ $V_A=72.56$	$R_A=33.57$	$R_A=33.57$	$V_E=68.12$	—
	标准组合	—	—	—	—	$R_E=49.44$
施工	基本组合	$R_A=66.85$ $V_A=82.20$	$R_A=66.85$	$R_A=66.85$	—	—
停工	基本组合	$R_A=33.96$ $V_A=59.52$	$R_A=33.96$	$R_A=33.96$	—	—

说明：验算时采用三种工况下荷载效应的最大值。

5）施工验算

① 单支液压油缸顶升力的验算

由支座内力计算可知，在爬升工况下 $R_N=68.12\text{kN}>50\text{kN}$，须将液压油缸的顶升力调定为 75kN 方能满足安全爬升要求。

② 穿墙螺栓冲剪承载力的验算

1 个爬升机位在每一施工层的附着位置使用 1 个 M48 穿墙螺栓，同时承受剪力和拉力。由内力计算可知，承受的剪力为 82.20kN、拉力的 66.85kN，用式（2-2-18）进行验算：

$$\sqrt{\left(\frac{N_v}{N_v^b}\right)^2+\left(\frac{N_t}{N_t^b}\right)^2}\leqslant 1 \tag{2-2-18}$$

式中 N_v^b——螺栓受剪承载力设计值；

N_t^b——螺栓受拉承载力设计值；

N_v——螺栓承受剪力的最大值；

N_t——螺栓承受拉力的最大值。

对于 M48 螺栓，材质为 Q235，$N_v^b=185\text{kN}$，$N_t^b=242\text{kN}$；由表 2-2-87，$N_v=82.20\text{kN}$，$N_t=66.85\text{kN}$。代入式（2-2-18），得：

$$\sqrt{\left(\frac{82.20}{185}\right)^2+\left(\frac{66.85}{242}\right)^2}=\sqrt{0.20+0.08}$$

$$=\sqrt{0.28}=0.53<1.0$$

满足使用要求。

③ 导轨跨中最大变形的验算

导轨是用 150×150 优质 H 型钢制造的，截面特性为：$I_X=166\times10^5\text{mm}^4$，$E=2.06\times10^5\text{N/mm}^2$。计算简图如图 2-2-300（$d$）所示，由图 2-2-300（$c$）求得的 $R_E=49.44\text{kN}$，亦即导轨跨中最大的集中力 $F=49.44\text{kN}$，跨中的最大变形为：

$$\Delta L=\frac{FL^3}{48EI}$$

$$=\frac{49440\times3900^3}{48\times2.06\times10^5\times166\times10^5}$$

$$=17.87\text{mm}$$

$$=\frac{4.6L}{1000}<\frac{5L}{1000}=19.5\text{mm}$$，按照《液压爬升模板工程技术规程》JGJ 195—2010，导轨的刚度要求其跨中变形值 $\Delta L\leqslant 5\text{mm}$，该取值较为严格。

④ 爬升时墙体混凝土冲切承载力和局部受压承载力的验算

由表 2-2-36 可知，支座 A 处最大拉力为 66.85kN。爬升时要求结构混凝土强度达到 10MPa 以上，分别验算承载螺栓与混凝土接触处混凝土冲切承载力和局部受压承载力，图2-2-301为计算简图。

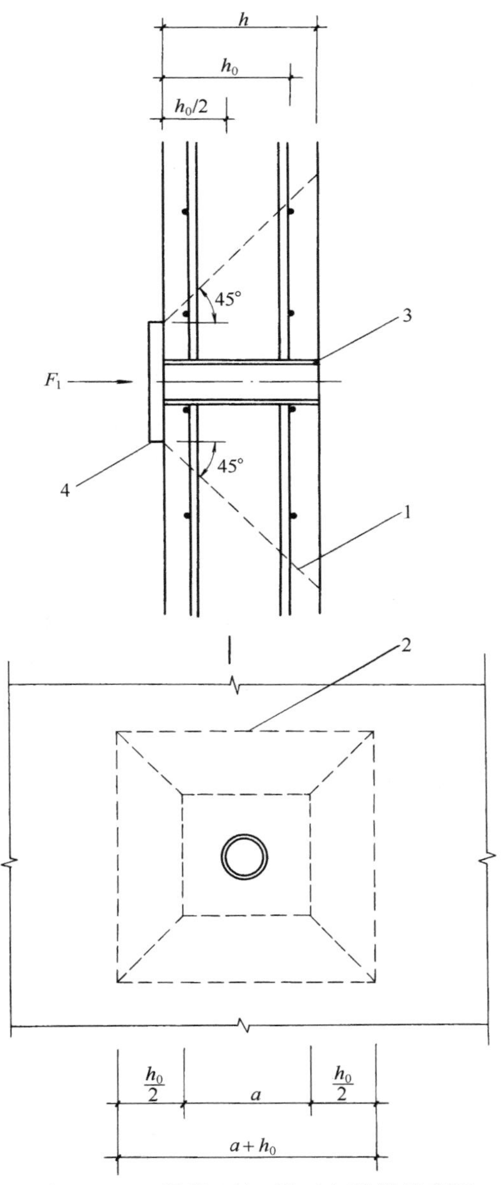

图 2-2-301 混凝土墙面抗冲切计算示意图

1—冲切破坏时的锥体斜截面；2—距承力面$\frac{h_0}{2}$处的锥体截面边长；3—穿墙螺栓钢套管；4—穿墙螺栓方形垫板

⑤混凝土冲切承载力验算

承载螺栓采用预埋套管设置。

承载螺栓垫板尺寸为 160mm×160mm×12mm，即 $a=0.16\text{m}$；混凝土墙厚为

0.2m 时，$h_0=0.165$m；

混凝土强度达到 10MPa 时，混凝土抗拉强度设计值取 $f_t=0.65\text{N/mm}^2=650\text{kN/m}^2$。

$$
\begin{aligned}
2.8(a+h_0)h_0f_t &= 2.8(0.16+0.165)\times0.165\times650\\
&= 97.60\text{kN}\\
F &= 66.85\text{kN} < 97.60\text{kN}
\end{aligned}
$$

混凝土冲切承载力满足爬升要求。

⑥混凝土局部受压承载力验算

混凝土强度达到 10MPa 时，混凝土抗压强度设计值取 $f_c=5\text{N/mm}^2=5000\text{kN/m}^2$

$$
\begin{aligned}
2.0a^2f_c &= 2.0\times0.162\times5000\\
&= 256\text{kN}\\
F &= 66.85\text{kN} < 256\text{kN}
\end{aligned}
$$

混凝土局部受压承载力满足爬升要求。

2.2.3.9　工程实例

××新生公寓工程，建筑面积为 36557m²，现浇混凝土剪力墙结构，地下 2 层，地上 24 层，总高度 72.3m，标准层高 2.8m，楼板厚 0.1m，墙厚 0.2m，结构施工工期××年 1～6 月。图 2-2-302 为爬模施工平面图。

该工程共配置了由 48 根导轨、8 个辅助支点组成的 23 组爬架组。爬架组中多数是由

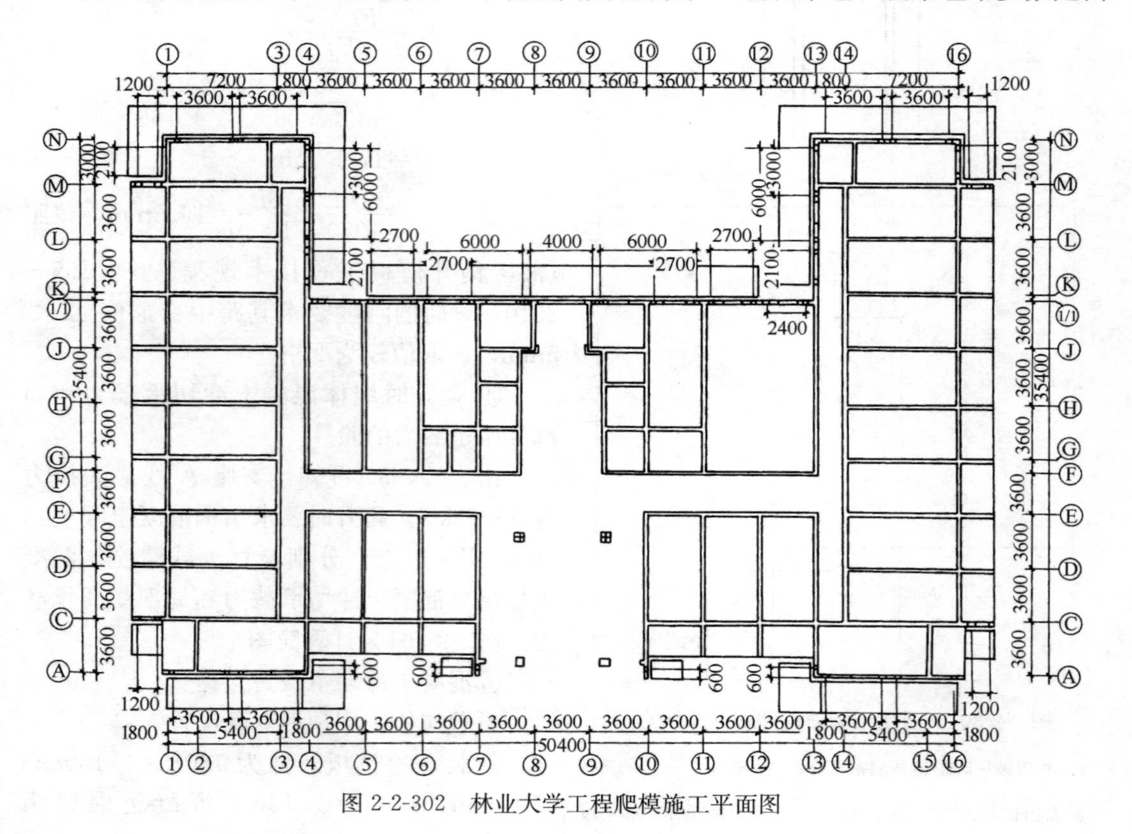

图 2-2-302　林业大学工程爬模施工平面图

2个爬升机位组成，但也有仅由1个爬升机位组成的爬模平台，爬架组最大跨度为6m，为了增加模板支撑架的刚度，在跨中设置1个不带导轨的辅助支撑，见表2-2-37。

××工程爬模配置表 **表2-2-37**

爬升机位间距（架体跨度）（m）	爬模架组		爬架组数	备注
	爬升机位（导轨）数	辅助支点数		
0	1	0	2	
1.2	2	0	2	
1.2	2	1	2	小阴角部位
7	2	0	2	
3.6	2	0	6	
4.0	2	0	1	中轴线部位
6.0	2	1	4	
2.4+2.1	2+1	1	2	大阴角部位
3.6+0	2+1	0	2	阴角部位
合计	48	8	23	配置8个液压油缸和4套1泵带2缸的泵站

该工程使用的大模板有两种，多数是自重为120～130kg/m^{2}的普通型全钢大模板，另一种是与爬模配套研究开发的120系列无背楞大模板，自重为90kg/m^2。模板附加支撑系统均能够满足这两种大模板的使用要求，在结构施工到十二层时开始安装爬模的吊篮设备并投入使用。结构施工质量被评为北京市结构长城杯。

2.2.4 飞（台）模施工

飞模是一种大型工具式模板，因其外形如桌，故又称桌模或台模。由于它可以借助起重机械从已浇筑完混凝土的楼板下吊运飞出转移到上层重复使用，故称飞模。

飞模主要由平台板、支撑系数（包括梁、支架、支撑、支腿等）和其他配件（如升降和行走机构等）组成。适用于大开间、大柱网、大进深的现浇钢筋混凝土无梁楼盖施工，尤其适用于现浇板柱结构（无柱帽）楼盖的施工。

飞模的规格尺寸，主要根据建筑物结构的开间（柱网）和进深尺寸以及起重机械的吊运能力来确定，一般按开间（柱网）乘以进深尺寸设置一台或多台。

飞模按其支承方式分以下两类：

- 飞模
  - 无支腿（悬架式）飞模
  - 有支腿飞模
    - 立柱式飞模
    - 桁架式飞模

我国目前采用较多的是伸缩支腿式，无支腿式只在个别工程中采用。

采用飞模用于现浇钢筋混凝土楼盖的施工，具有以下特点：

（1）楼盖模板一次组装重复使用，从而减少了逐层组装、支拆模板的工序，简化了模板支拆工艺，节约了模板支拆用工，加快了施工进度。

（2）由于模板在施工过程中不再落地，从而可以减少临时堆放模板的场地。

2.2.4.1 常用的几种飞模

1. 立柱式飞模

立柱式飞模是飞模中最基本的一种类型，由于它构造比较简单，制作和施工也比较简

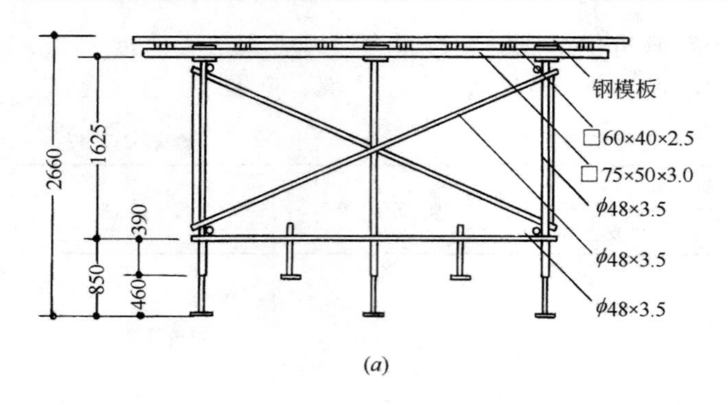

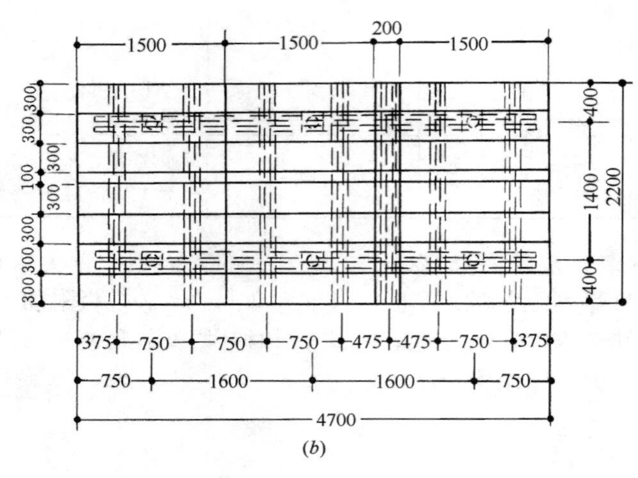

图 2-2-303　钢管组合式飞模之一
（a）侧视图；（b）平面图

便，故首先得到广泛应用。

立柱式飞模主要由面板、主次（纵模）梁和立柱（构架）三大部分组成，另外辅助配备有斜支撑、调节螺旋等。立柱常做成可以伸缩形式。

（1）钢管组合式飞模

是我国发展较早的一种立柱式飞模，可以根据工程结构的具体情况和起重设备的能力进行设计。

钢管组合式飞模的面板，一般可以采用组合式钢模板，亦可采用钢框木（竹）胶合板模板、木（竹）胶合板；主、次梁一般采用型钢；立柱多采用普通钢管，并做成可伸缩式，其调节幅度最大约 800mm（图 2-2-303 和图 2-2-304）。

1）构造：用组合式钢模板和钢管脚手组合的飞模构造如下：

①面板：由组合式钢模板组拼，为了减少缝隙，尽量采用大规格模板。

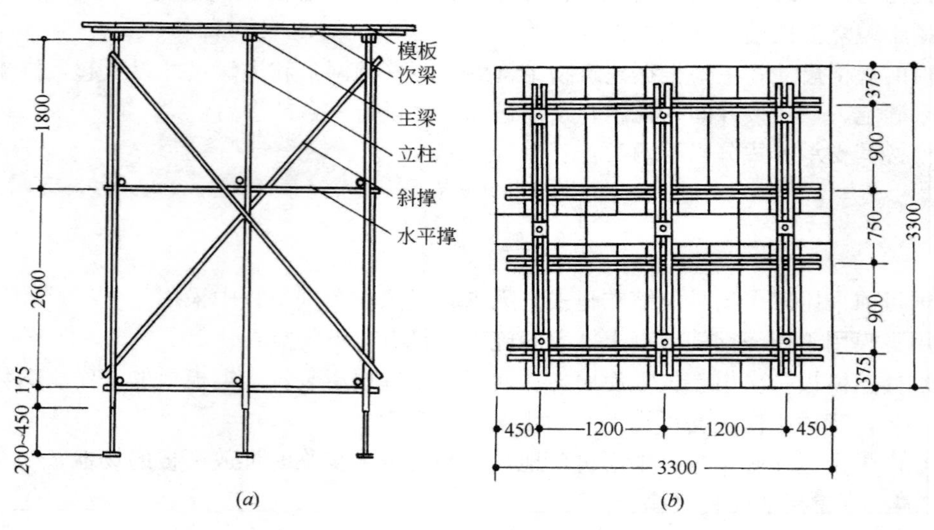

图 2-2-304　钢管组合式飞模之二
（a）侧视图；（b）仰视图

②次梁：可采用□60mm×40mm×2.5mm 或 ϕ48×3.5，用钩头螺栓和碟形扣件与面板连接。

③主梁：可采用□70mm×50mm×3.0mm，主、次梁采用紧固螺栓和蝶形扣件连接。

④立柱：由柱头、柱脚和柱体三部分组成。可采用焊接管 ϕ48×3.5 或无缝管 ϕ38×4mm（图 2-2-305）。

立柱顶座与主梁可用长螺栓和蝶形扣件连接。

为了适应楼层在一定范围内可变动的要求，立柱伸缩支腿设有一排孔眼，用于高低的调节（图 2-2-306）。

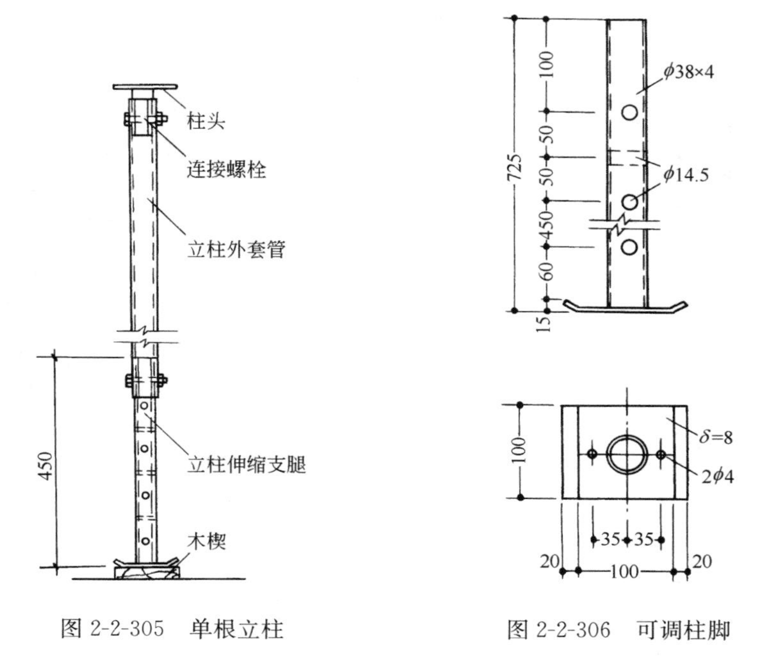

图 2-2-305 单根立柱

图 2-2-306 可调柱脚

⑤水平支撑和斜支撑：一般采用 ϕ48×3.5 的焊接钢管，与立柱用扣件连接。立柱的下端，可加上柱脚或垫板（图 2-2-307）。

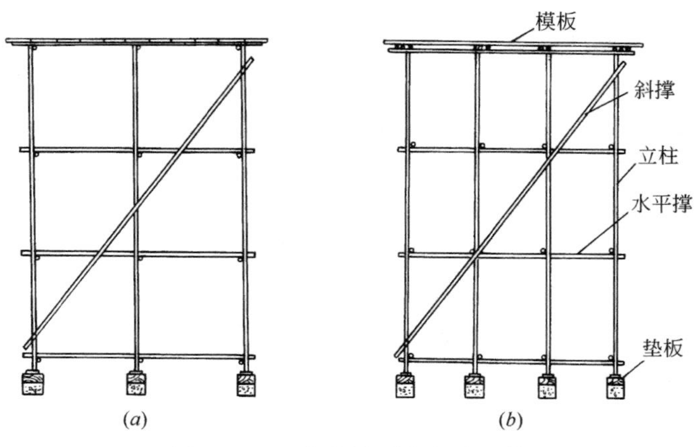

图 2-2-307 钢管脚手架组合飞模

（a）主视图；（b）侧视图

2）特点：

①可以根据建筑物的开间（柱网）、进深平面尺寸进行组合。

②部件来源容易，加工制作简便，一般建筑施工企业均具备制作条件，并可充分利用现有工具式脚手架，组拼飞模的部件，除升降机构和行走机构需要一定的加工或外购外，其他部件拆卸后还可当其他工具、材料使用。投资较少，上马快。

③自重较大，约为 80～90kg/m²。

④由于组装的飞模杆件相交节点不在一个平面上，属于随机性较大的空间力系，故在设计时要考虑这一特点。

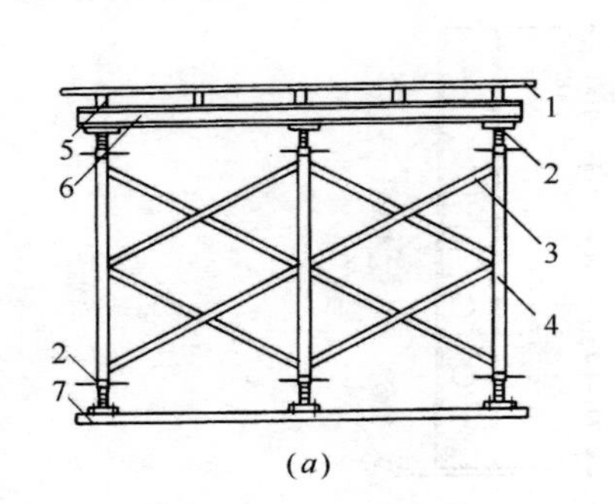

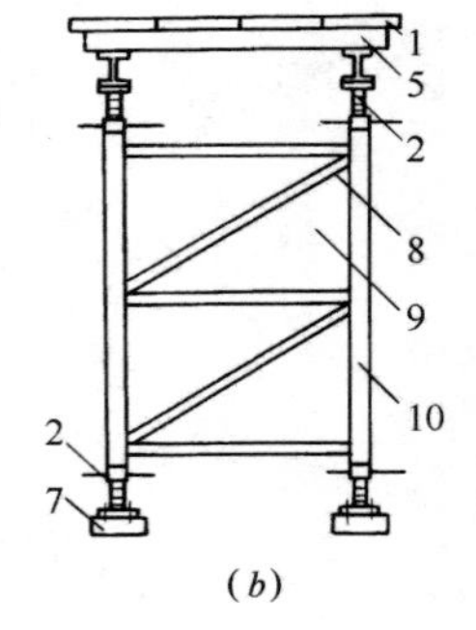

图 2-2-308　构架飞模主视和侧视图
（a）主视图；（b）侧视图
1—面板；2—可调螺杆；3—剪刀撑；4—构架；5—搁栅；6—主梁；7—支承连杆；8—水平杆；9—斜杆；10—竖杆

（2）构架式飞模

构架式飞模主要由构架、主梁、搁栅（次梁）、面板及可调螺杆等组成。每榀构架的宽度在 1～1.4m，构架的高度与建筑物层高接近（图 2-2-308）。其构造如下：

1）面板：采用木（竹）胶合板。板面经覆膜防水处理。

2）梁：主梁采用铝合金型材制成，搁栅（次梁）采用方木，以便于面板的铺钉。搁栅间距的大小，由面板材料和荷载选定。

3）构架：采用薄壁钢管。竖杆一般采用 $\phi42\times2.5$，水平杆和斜杆的直径可略小些。

竖杆上加焊钢碗扣型连接件，以便与水平杆和斜杆连接。

4）剪刀撑：每两榀构架间采用两对钢管剪刀撑连接。剪刀撑可制成装配式，以便于安装和拆卸。

5）可调螺杆：用于调节飞模高低，安装在构架竖杆上、下端。可调螺杆配有方牙丝和螺母旋杆，可随着螺母旋杆的上下移动来调节构架高低。上下可调螺杆的调节幅度相同，总调节量上下可以叠加。

6）支承连杆：安放在各构架底部，可以采用钢材或木材，但其底面要求平整光滑。支承连杆的作用主要起整体连接作用，也便于采用地滚轮滑移飞模。

（3）门式架飞模

门式架飞模，是利用门式脚手架作支承架，根据建筑物的开间（柱网）、进深尺寸拼装成的飞模（图 2-2-309）。

1）构造：门式架飞模由多功能门式架、面板和升降移动设备等组成。

①在门架上部，用两根 45mm×80mm×3mm 的薄壁方钢管做大龙骨，大龙骨用蝶形扣件连接固定在门式架顶托；下部外侧用 L50×50×4 角铁通长连接，组成一个整体桁架，使板面荷载通过门式架支腿传递到底托并传到楼板上。为了加强飞模桁架的整体刚度，用 $\phi48\times3.5$ 钢管在门式架之间进行支撑拉结。

②大龙骨上架设 45mm×80mm×3mm 薄壁方钢管和 50mm×100mm 木方各一根，共

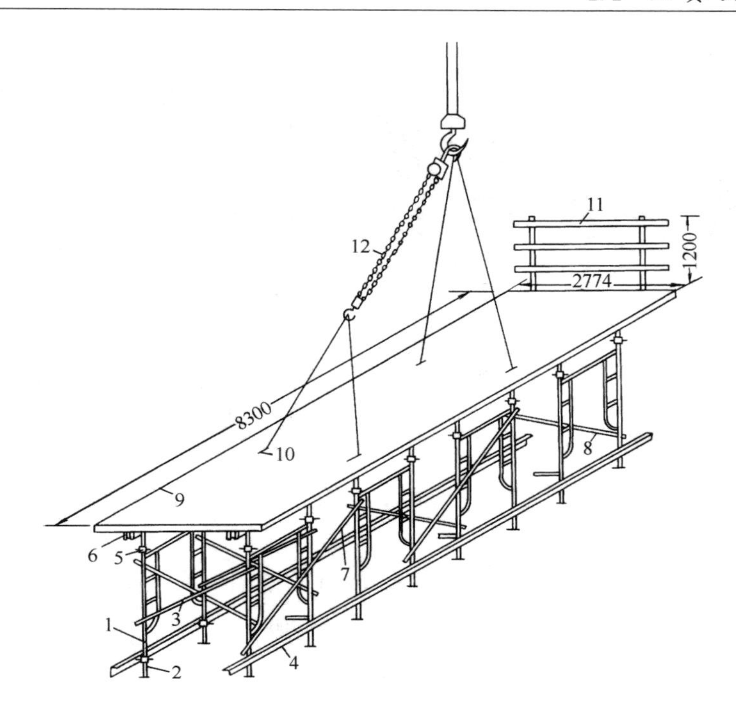

图 2-2-309 门式架飞模

1—门式脚手架（下部安装连接件）；2—底托（插入门式架）；3—交叉拉杆；4—通长角钢；5—顶托；6—大龙骨；7—人字支撑；8—水平拉杆；9—面板；10—吊环；11—护身栏；12—电动环链

同组成小龙骨（次梁）。小龙骨的间距以 1m 左右为宜。

③小龙骨上钉铺飞模面板，面板材料可以用覆膜木（竹）胶合板；也可以用 20mm 厚木板加铺一层 2～3mm 的薄钢板。

④门式架的下端插入可调式底托上。

⑤在飞模横向相对的两榀门式架之间，设交叉拉杆，把支撑飞模的门式架组成一个整体。拉杆可采用 ϕ48×3.5 钢管，用扣件连接。

2）特点

①选用门式架作飞模的竖向受力构件，既可以避免竖向构件的大量金属加工；也消除了采用钢管组成的飞模所存在的繁琐连接。

②门式架本身受力比较合理，能最大程度的减少杆件与材料的应用，所以飞模比较轻巧坚固。

③门式架为工具式脚手架定型产品，用后仍可解体作为脚手架使用，具有较大的经济效益。

2. 桁架式飞模

桁架式飞模是由桁架、龙骨、面板、支腿和操作平台组成，它是将飞模的板面和龙骨放置于两榀或多榀上下弦平行的桁架上，以桁架作为飞模的竖向承重构件。桁架材料可以采用铝合金型材，也可以采用型钢制作，前者轻巧，但价格较贵，一次投资大；后者自重较大，但投资费用较低。

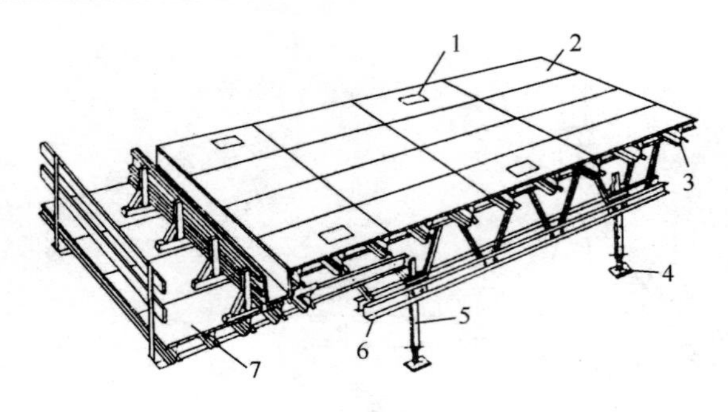

图 2-2-310　竹铝桁架式飞模

1—吊点；2—面板；3—铝龙骨（搁栅）；4—底座；5—可调钢支腿；6—铝合金桁架；7—操作平台

(1) 铝桁架式飞模

铝桁架式飞模，是一种工具式飞模（图 2-2-310）。

1) 面板：采用竹塑板（或木胶合板），即表面为木片，中间为竹片，板材表面经防水处理。板材的规格为 900mm×2100mm 或 1200mm×2400mm，厚度为 8～12mm。板的厚度按板面荷载大小选用。根据计算，在龙骨间距为 500mm、混凝土板厚 220mm 时，可选用 12mm 厚竹塑板。

2) 铝合金桁架：选用国产铝合金型材，其屈服强度为 240N/mm^2，弹性模量为 $E=0.71\times10^5$N/mm^2。

铝合金桁架结构的上弦、下弦都由高 165mm 的槽铝组成（图 2-2-311）。

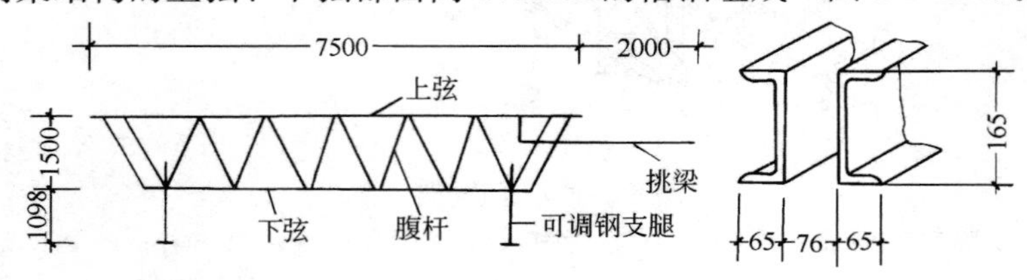

图 2-2-311　铝合金桁架示意及上下弦槽铝断面

上弦分别由 2 根长度为 3m 和 4.5m 的槽铝组成，下弦由 4 根 3m 长槽铝组成。腹杆使用 76mm×76mm×5mm 的方铝管。挑梁由 2 根 [165 槽铝组成，通过螺栓与腹杆和上弦连接。

桁架组合规格，见表 2-2-38。

桁架组合规格　　**表 2-2-38**

型号	长×高（m）	组合部件						
		上弦		下弦		腹杆（根）	水平支撑	垂直支撑
		规格（m）	根数	规格（m）	根数			
HJ60	6×1.5	3	2	4.5	1	8	×	√
HJ75	7.5×1.5	3 4.5	1 1	3	1	10	×	√
HJ90	9×1.5	4.5	2	3 4.5	1 1	12	√	√
HJ105	10.5×1.5	3 4.5	2 1	4.5	2	14	√	√
HJ120	12×1.5	3 4.5	1 2	3 4.5	2 1	16	√	√

注：1. 表中“×”表示无，“√”表示有；
2. 本表均为一榀桁架组合部件；
3. 支撑规格为 100mm×50mm×2.5mm 方管。

3）可调钢支腿：由套管座、套管及调管底座组成，套管用63mm×63mm×5mm方钢管制作，长度与桁架高度相同（图2-2-312）。

4）边梁模板、操作平台及护身栏：边梁模板、操作平台及护身栏均安装在挑架上，通过挑梁与飞模的桁架连接，构成悬挑结构。在挑梁上布置工字铝龙骨。上铺50mm×100mm木龙骨。边梁模板可用胶合板或小钢模等其他模板。操作平台与梁底可在同一标高，铺2cm厚木板。护身栏立柱与挑梁用螺栓连接，外挂安全网。在悬挑结构的下端设附加支撑，支撑间距可通过计算决定，但一般不大于1.5m（图2-2-313）。

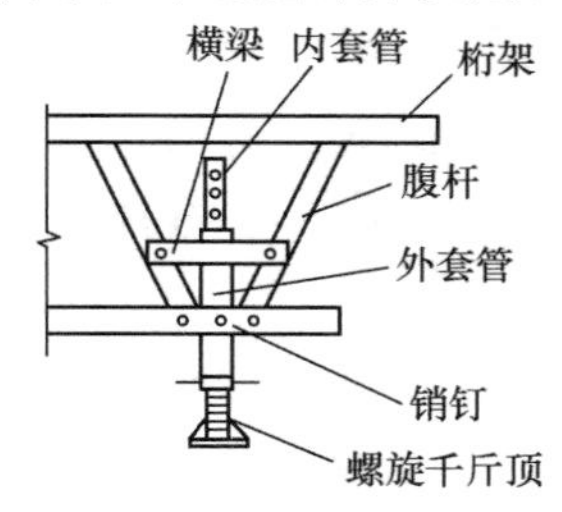

图2-2-312 可调钢支腿示意图

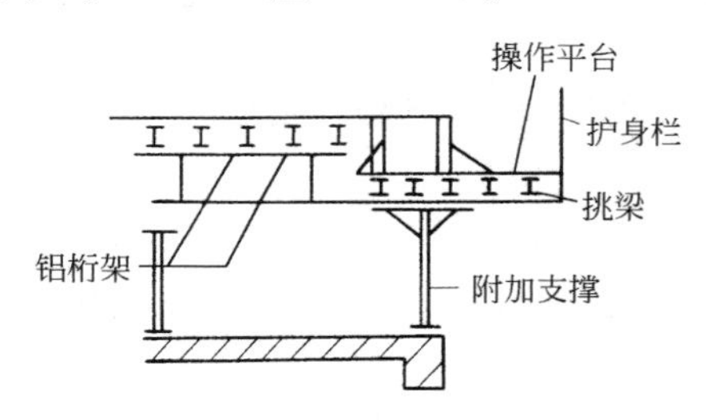

图2-2-313 附加支撑

5）吊装盒、剪刀撑：每台飞模有4个吊点，设在飞模重心两边对称布置的桁架节点上。4个吊点设有钢吊装盒（图2-2-314），与桁架上弦用螺栓连接。在面板的吊点位置，留出300mm×200mm的活动盖板。

为了加强飞模整体的稳定性，桁架之间设有剪刀撑。剪刀撑采用大小两种规格的铝合金方管组成，均在相同的间距上打孔，组装时将小管插入大管，调整好安装尺寸，然后将方管两端与桁架腹杆用螺栓固定，再将两种规格管子用螺栓固定。另外，当支腿高度较高时，也要加设腿间的纵向剪刀撑。

（2）钢管组合桁架式飞模

钢管组合桁架式飞模，是用ϕ48×3.5脚手架钢管组合成的桁架式支承飞模。每间使用一座飞模，整体吊运，其平面尺寸可为3.6m×7.56m，但不宜太大。这种飞模的特点与立柱式钢管脚手架飞模相同。

1）支承系统：飞模支承系统由三榀平面桁架组成，杆件采用ϕ48×3.5脚手架钢管，并用扣件连接（图2-2-315）。

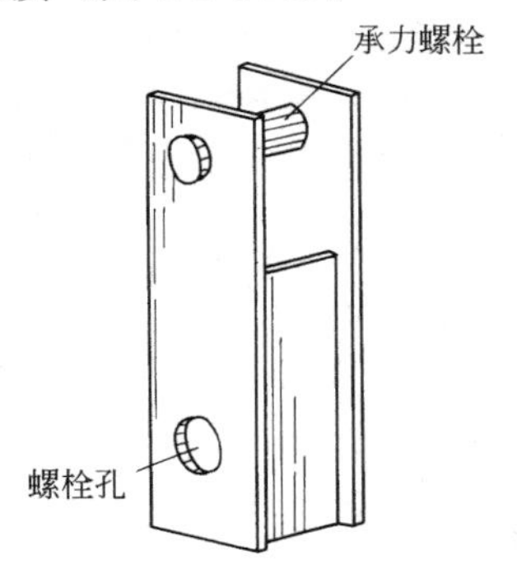

图2-2-314 吊装盒

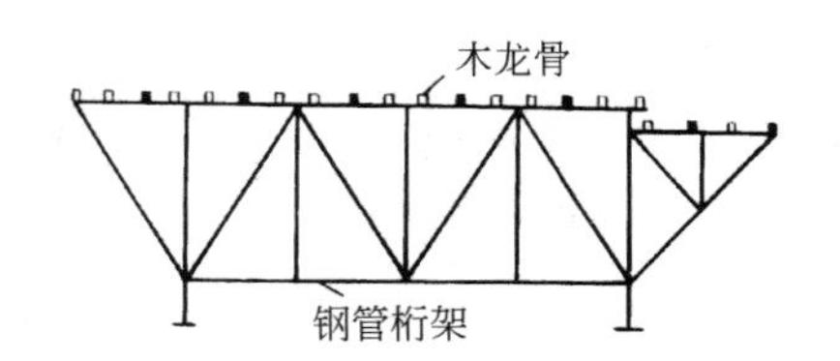

图2-2-315 脚手架钢管组合式平面桁架示意图

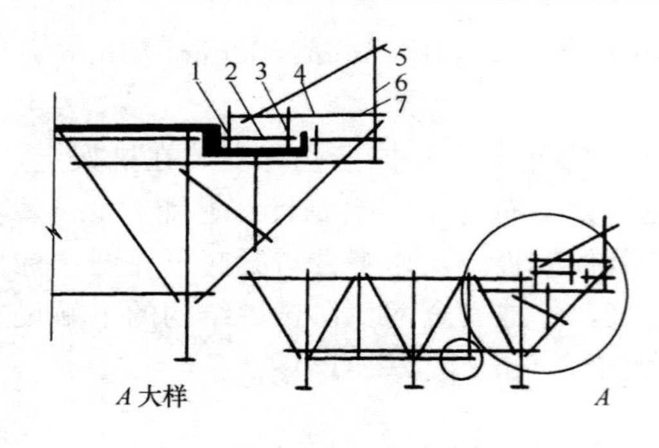

图 2-2-316　桁架挑檐部分

平面桁架间距为 1.4m，并用剪刀撑和水平拉杆作横向连接。材料均为 ϕ48×3.5 脚手架钢管。

当桁架用于阳台支模的挑檐部位时，其构造自成体系，见图 2-2-316。图中杆件 1～4 用以支承挑檐模板，杆件 5～7 作为杆件 1～4 的依托，其中杆件 6 还可兼作护身栏的立柱。

每榀桁架设 3 条支腿。组装时，中部桁架上弦起拱 15mm，边部桁架上弦起拱 10mm。桁架腹杆轴线与上、下弦连杆轴线的交点，离开的距离为 200mm。

2）龙骨：桁架上弦铺设 50mm×100mm 方木龙骨，间距 350mm，用 U 形铁件将龙骨与桁架上弦连接。

3）面板：采用 18mm 厚胶合板，用木螺钉与木方龙骨固定。

（3）跨越式钢管桁架式飞模

跨越式钢管桁架式飞模，是一种适用于有反梁现浇楼盖施工的工具式飞模，其特点与钢管组合式飞模相同（图 2-2-317）。

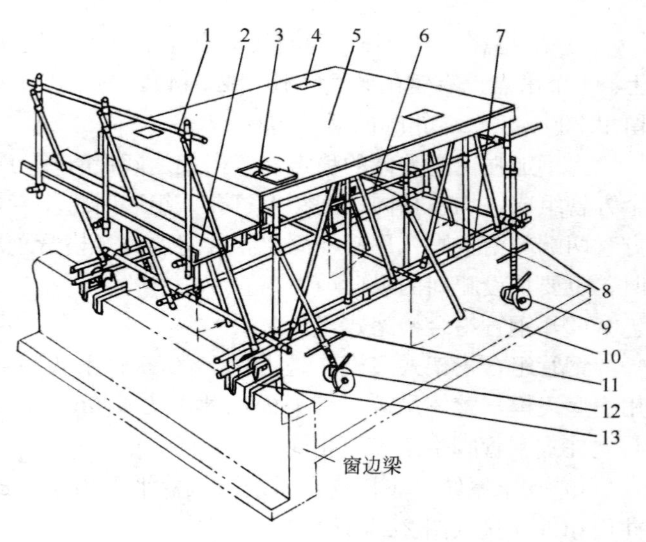

图 2-2-317　跨越式飞模示意图

1—平台栏杆（挂安全网）；2—操作平台；3—固定吊环；4—开启式吊环孔；5—板面；6—钢管组合桁架；7—钢管导轨；8—后撑脚（已装上升降行走杆）；9—后升降行走杆；10—中间撑脚（正作收脚动作）；11—前撑脚（正作拆卸升降行走杆动作）；12—前升降行走杆；13—窗台滑轮（钢管导轨已进入滑轮槽）

1）钢管组合桁架：采用 ϕ48×3.5 钢管用扣件相连。每台飞模由 3 榀桁架拼接而成。两边的桁架下弦焊有导轨钢管，导轨至模板面高按实际情况决定。

2）龙骨和面板：桁架上弦铺放 50mm×100mm 木龙骨，用 U 形螺栓将龙骨与桁架上弦钢管连接。

木龙骨上铺放 18mm 厚胶合板拼成的面板，其顶面覆盖 0.5mm 厚的铁皮，板面设 4 个开启式吊环孔。

3）前后撑脚和中间撑脚：每榀桁架设前后撑脚和中间撑脚各一根，均采用 ϕ48×3.5 钢管。它们的作用是承受飞模自重和施工荷载，且将飞模支撑到设计标高。

撑脚上端用旋转扣件与桁架连接。当飞模安装就位后，在撑脚中部用十字扣件与桁架紧固；当飞模跨越反梁时，松开十字扣件，将撑脚移离楼面向后旋转收起，并用钢丝临时固定在桁架的导轨上方。

4）窗台滑轮：是将飞模送出窗口边梁的专用工具，由滑轮和角钢组成（图 2-2-318）。

吊运飞模时，将窗台滑轮角钢架子卡固在窗边梁上，当飞模导轨前端进入滑轮槽后，即可将飞模平移推出楼外。

窗台滑轮可以周转使用，无需每台飞模均配置。

5）升降行走杆：是飞模升降和短距离行走的专用工具（图 2-2-319）。

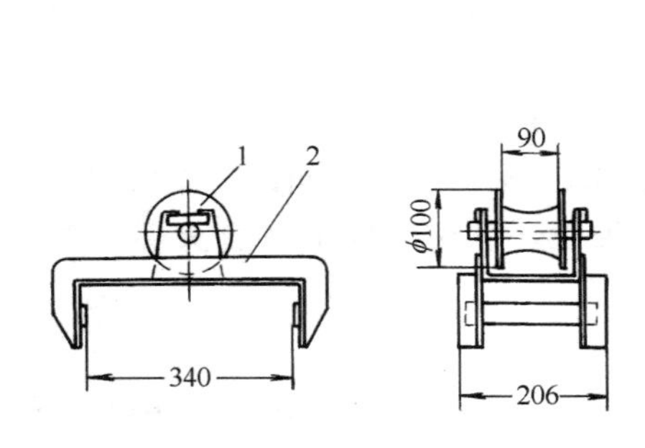

图 2-2-318 窗台滑轮

1—滑轮；2—角钢架

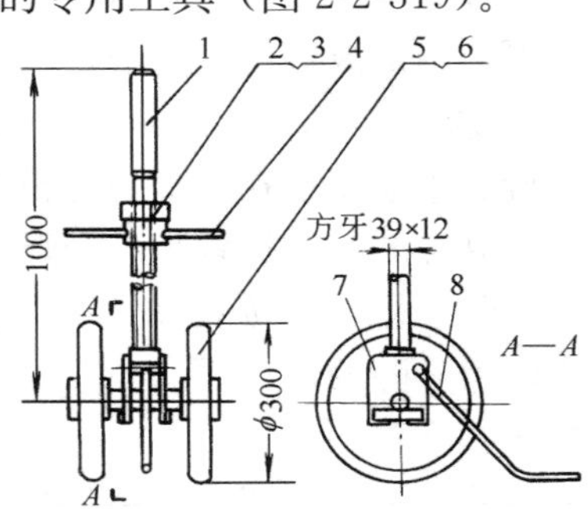

图 2-2-319 升降行走杆

1—螺杆；2—螺母；3—轴承；4—手柄；5—车轮；6—轴承；7—车轮座；8—牵引杆

支模时，将其插入前、后撑脚钢管内；脱模后，当飞模推出窗口时，可从撑脚钢管中取出。

6）吊环：由钢板和钢筋加工而成，用 U 形螺栓紧固在桁架上弦（图 2-2-320）。

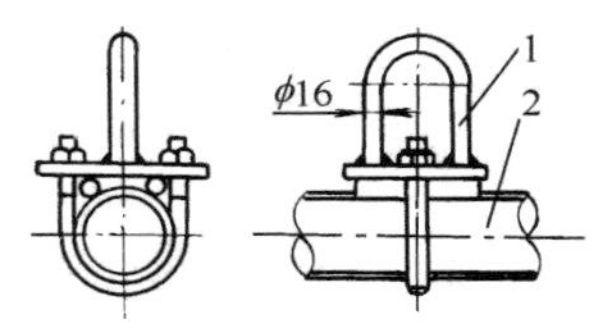

图 2-2-320 吊环

1—吊环；2—桁架上弦

7）操作平台：由栏杆、脚手板和安全网组成，主要用于操作人员通行和进行窗边梁支模、绑扎钢筋用。

2.2.4.2 飞模施工的辅助机具

飞模在施工中，为了便于脱模和在楼层上运转，通常需配备一套使用方便的辅助机具，其中包括升降、行走、吊运等机具，除在“2.2.4.1 常用的几种飞模”中已作介绍外，现介绍几种常用的辅助机具。

1. 升降机具

飞模的升降机具，是使飞模在吊装就位后，能调整飞模台面达到设计要求标高；以及当现浇梁板混凝土达到脱模强度时，能使飞模台面下降，以便于飞模运出建筑物的一种辅助机具。

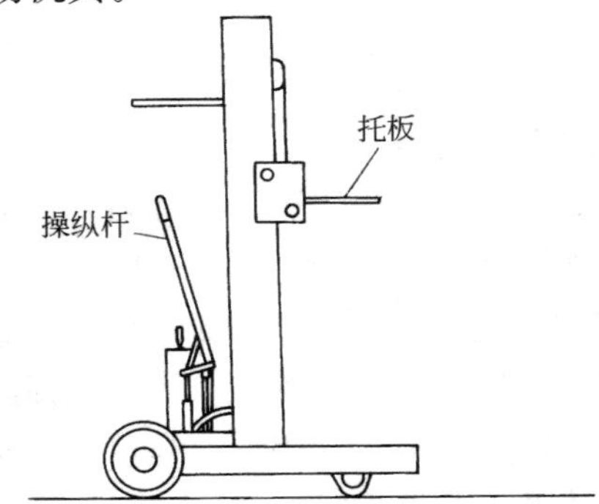

图 2-2-321 杠杆式液压升降器

（1）杠杆式液压升降器

杠杆式液压升降器为赛蒙斯飞模附件，其升降方式是在杠杆的顶端安装一个托板。飞模升起时，将托板置于飞模桁架上，用操纵杆起动液压装置，使托板架从下往上作弧线运动，直至飞模就位。下降时操作杆反向操作，即可使飞模下降（图 2-2-321）。

这种升降机构的优点是升降速度快，操作简便。其缺点是因杠杆作弧线运动，升降时不容易就位于预定的位置，故在升降后，常因位置不正确需进行位置校正工作。

（2）螺旋起重器

螺旋起重器分为两种，一种为工具式（图 2-2-322），其顶部设 U 形托板，托在桁架下部。中部为螺杆和调节螺母及套管，套管上留有一排销孔，便于固定位置。升降时，旋动调节螺母即可。下部放置在底座下，可根据施工的具体情况选用不同的底座。一般一台飞模用4～6个起重器。

另一种螺旋起重器安装在桁架的支腿上，随飞模运行，其升降方法与前者工具式螺旋起重器相同，但升降调节量比较小。升降量要求较大的飞模，支腿之间需另设剪刀撑。

这种螺旋升降机构，可按具体情况进行设计和加工。螺纹的加工以双头梯形螺纹为好，操作时应注意升降的同步。

（3）手摇式升降器

手摇式升降器（竹铝桁架式飞模配套工具），由摇柄、传动箱、升降台、导轨、导轮、升降链、行走轮、限位器和底板等组成（图 2-2-323）。操作时，摇动手柄通过传动箱将升降链带动升降台使飞模升降，下设行走轮以便于搬运，是一种工具式的升降机构。适用于桁架式飞模的升降，一般每台飞模使用四个升降器。

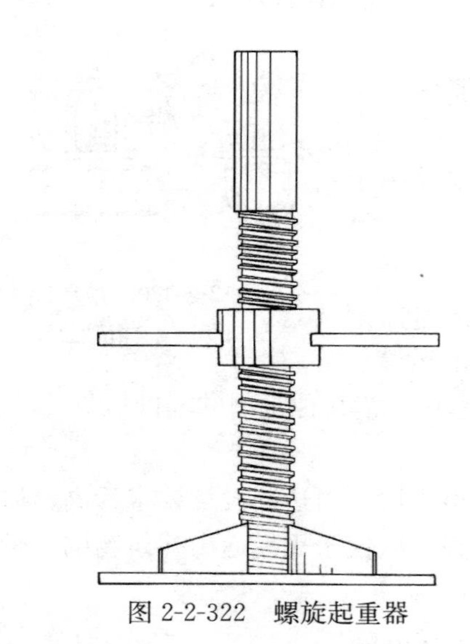
图 2-2-322　螺旋起重器

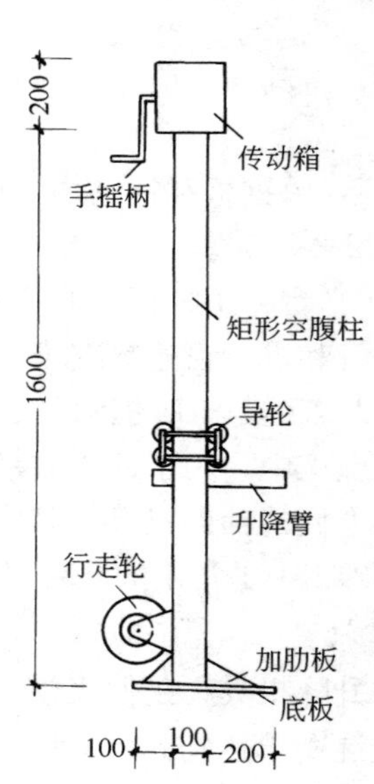

图 2-2-323　手摇式升降器

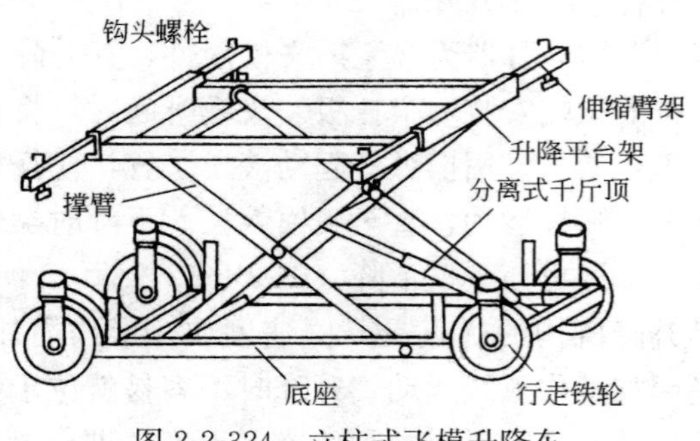

图 2-2-324　立柱式飞模升降车

（4）升降车

钢管组合式飞模升降车：这种升降车的特点是既能升降飞模和调平飞模台面；又能在楼层作飞模运输车使用。它是利用液压顶升撑臂装置来达到升高平台的目的。由底座、撑臂、升降平台架、液压顶升器、称动液轮和行走铁轮等组成（图 2-2-324）。其主要技术参数见表 2-2-39。

表 2-2-39

顶升荷载（kN）	升降高度（mm）	顶升速度（m/min）	下降速度（m/min）	重　量（kg）	外形尺寸（mm）	升降设备
5～10	500	0.5	0～5	200	1600×1200×400	10t 分离式千斤顶

2. 行走工具

(1) 滚杠

这是一种飞模最简单的行走工具，一般用于桁架式飞模的运行。即当浇筑的梁板混凝土达到一定强度时，先在飞模下方铺设脚手板，在脚手板上放置若干根钢管，然后用升降工具将飞模降落在钢管上，再用人工推动飞模，将它推出建筑物以外。这种方法的特点是，所需工具简单，操作比较费力，需要随时注意防止飞模偏行，保持飞模直行移动。另外，当飞模滚到建筑物边缘时，钢管容易滚动掉落建筑物以外，不利于安全施工。

(2) 滚轮

这是一种较普遍用于桁架飞模运行的工具。滚轮的形式很多，分单轮、双轮及轮式组等，可按照具体情况选用（图 2-2-325）。使用时，将飞模降落在滚轮上，用人工将飞模推至建筑物以外，滚轮内装有轴承，所以操作起来比滚杠轻便。

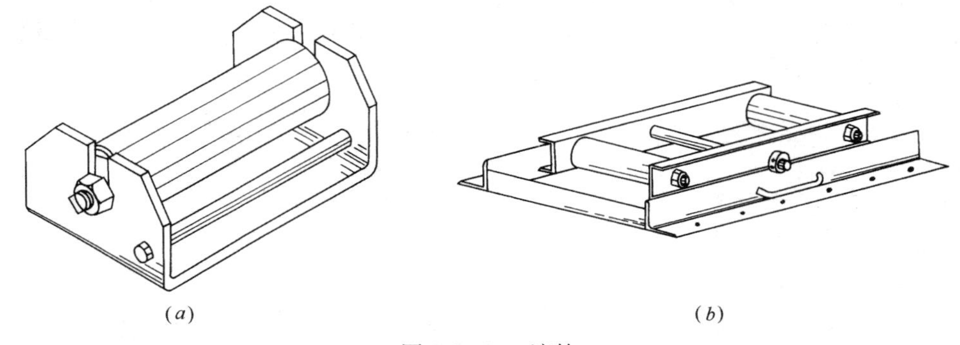

(*a*)　　(*b*)

图 2-2-325　滚轮

(*a*) 单轮；(*b*) 双轮

(3) 车轮

飞模采用车轮作运行的工具其形式很多，图 2-2-326 (*a*) 是在轮子上装上杆件，当飞

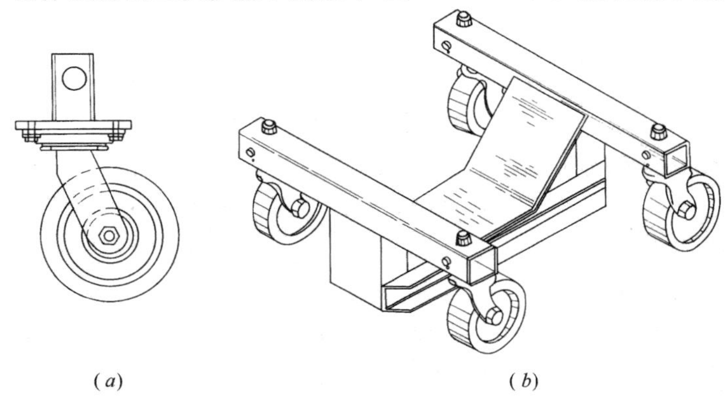

(*a*)　　(*b*)

图 2-2-326　车轮

(*a*) 单个车轮；(*b*) 带架的车轮

模下落时插入飞模预定的位置中，用人工推行即可。这种车轮的配置数量，要根据飞模荷载确定，其主要特点是轮子可以作 360°转向，所以可以使飞模直行，也可以侧向行走。图 2-2-326（*b*）是一种带有架子的轮车，将飞模搁置在车轮架上，即可由人工将飞模推出建筑物楼层。

除此以外，还可以根据不同的情况，配备不同的车轮。如按照飞模的重量选用适当数量的人力车车轮组装成工具式飞模行走机构（图 2-2-327），这种方法多用于钢管脚手架组合式飞模的运行。

3. 吊运工具

（1）C 形吊具

飞模除了利用滚动摩擦来解决在楼层的水平运行，用吊索将飞模吊出楼层外，还可采用特制的吊运工具，将飞模直接起吊运走，这种吊具又称 C 形吊具。

图 2-2-328 是可以平衡起吊的一种 C 形吊具，由起重臂和上、下部构架组成。上、下构架的截面可做成立体三角形桁架形式，上下弦和腹杆用钢管焊接而成，上、下构架用钢板连接；起重臂与上部构架用避振弹簧和销轴连接，起重臂可随上部构架灵活平稳地转动。在操作过程中，下部构架的上表面始终保持水平状态，以便确保飞模沿水平方向拖出楼面。即在起吊未负荷时，起重臂与钢丝绳成夹角，将起吊架伸入飞模面板下；当缓慢提升吊钩，使起重臂与钢丝绳逐步成一直线，同时使飞模坐落在平衡架上；当飞模离开楼面，钢丝绳受力，使飞模沿水平方向外移（图 2-2-329）。

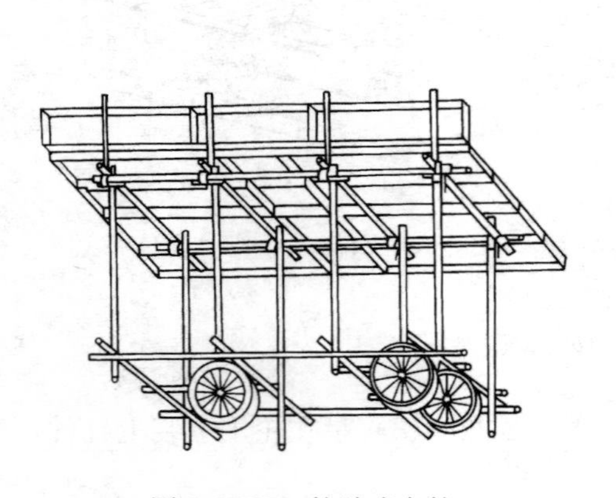
图 2-2-327　轮胎式车轮

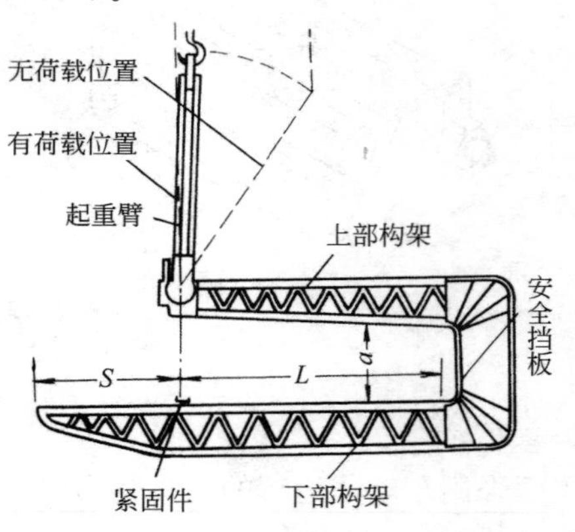

图 2-2-328　平衡起吊架

图 2-2-330 是一种用于吊运有阳台的钢管组合飞模的 C 形吊具，吊具采用钢结构，吊点设计充分考虑到吊运不同阶段的需要，图中①的 *A*、*B* 吊点能保证吊具平稳地进入飞模；②设置临时支承柱，确保吊点由 *B* 换至 *C*；③以吊点 *A*、*C* 将飞模平稳飞出。

（2）外挑出模操作平台

在建筑物的平面布置中，往往因为剪力墙或其他构件的障碍，使飞模不能从建筑物的两侧或一侧飞出；或因塔吊的回转半径不能覆盖整个建筑物，飞模尚需在预定的出口飞出，这样，在飞模出口处要设立出模操作平台。出模时，将所有飞模都陆续推至一个或两个平台上，然后用吊车吊走（图 2-2-331）。这种操作平台一般用钢材制作，尺寸可根据飞模的大小设计，平台的根部与建筑物预留的螺栓锚固，端部要用钢丝绳斜拉于建筑物的上方可靠部位上，平台要随施工的结构进度逐步向上移动。

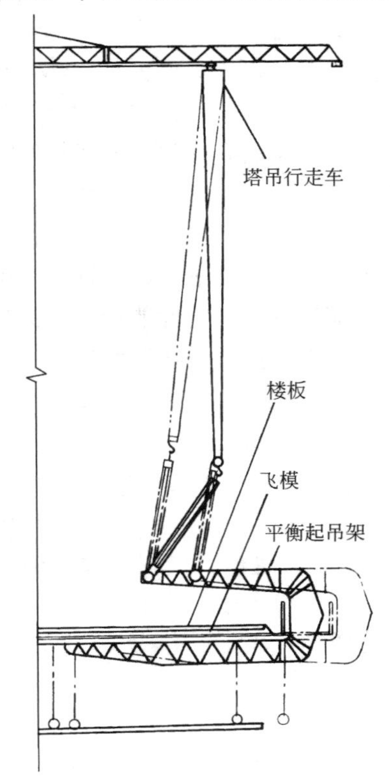

图 2-2-329 平衡起吊 C 形架操作过程

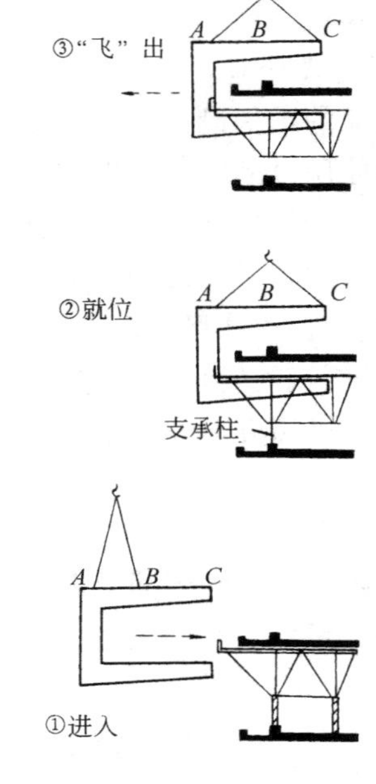

图 2-2-330 C 形吊具工作过程示意图

（3）电动环链

用于飞模从建筑物直接飞出的一种调节飞模平衡的工具。当飞模飞出建筑物时，由于飞模呈倾斜状，可在吊具上安装一台电动环链，以调节飞模的水平度，使飞模安全飞出上升。

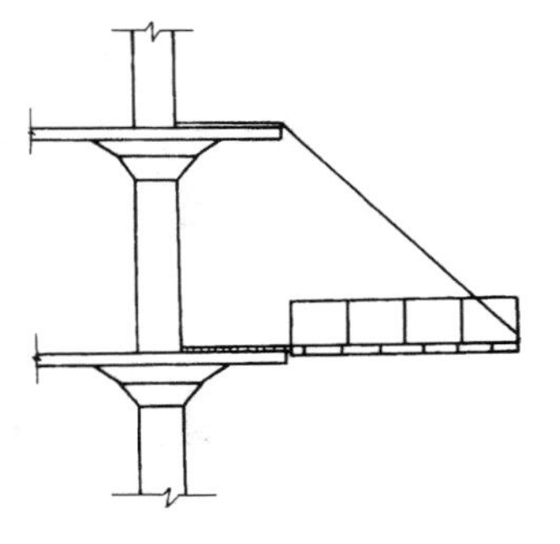

图 2-2-331 外挑操作平台示意图

2.2.4.3 飞模的选用和设计布置原则

1. 飞模的选用原则

（1）在建筑工程施工中，能否使用飞模，要按照技术上可行、经济上合理的原则选用。主要取决于建筑物的结构特点。如框架或框架-剪力墙体系，由于梁的高度不一，梁柱接头比较复杂，采用飞模施工难度较大；剪力墙结构体系，由于外墙窗口小或者窗的上下部位墙体较多，也使飞模施工比较困难；板柱结构体系（尤其是无柱帽），最适于采用飞模施工。

（2）板柱剪力墙结构体系，也可以使用飞模施工，但要注意剪力墙的多少和位置，以及飞模能否顺利出模。重要的是要看楼板有无边梁，以及边梁的具体高度。因为飞模的升降量必须大于边梁高度才能出模，所以这是影响飞模施工的关键因素。

（3）在选用飞模施工时，要注意建筑物的总高度和层数。一般说来，十层左右的民用建筑使用飞模比较适宜；再高一些的建筑物，采用飞模施工经济上比较合理。另外，一些层高较高，开间较大的建筑物，采用飞模施工，也能取得一定的效果。

（4）飞模的选型要考虑两个因素，其一要考虑施工项目的规模大小，如果相类似的建筑物量大，则可选择比较定型的飞模，增加模板周转使用，以获得较好的经济效果；其二是要考虑所掌握的现有资源条件，因地制宜，如充分利用已有的门式架或钢管脚手架组成飞模，做到物尽其用，以减少投资，降低施工成本。

2. 飞模的设计布置原则

（1）飞模的结构设计，必须按照国家现行有关规范和标准进行设计计算。引进的定型飞模或以前使用过的飞模，也需对关键部位和改动部分进行结构性能校核。另外，各种临时支撑、附设操作平台等亦需通过设计计算。在飞模组装后，应作荷载试验。

（2）飞模的布置应遵循以下原则：

1）飞模的自重和尺寸，应能适应吊装机械的起重能力。

2）为了便于飞模直接从楼层中运行飞出，尽量减少飞模的侧向运行。图 2-2-332 为在柱网轴线沿进深方向设置小飞模，脱模时，先将大飞模飞出，再将小飞模作侧向运动后飞出。图 2-2-333 是在一个开间内设置两台飞模，沿轴线进深方向，飞模板面可设计成折叠式或伸缩式板面，其支撑结构可采用斜支撑支承在飞模主体结构上；亦可在板面下加临时支撑，拆模时，先将这部分板面脱模，飞模即可顺利飞出。

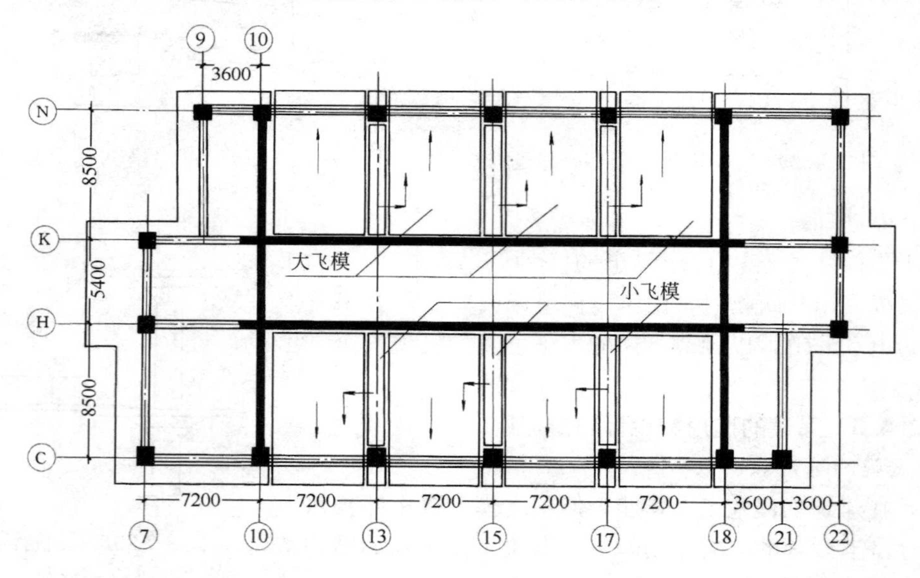

图 2-2-332　飞模布置方案之一

2.2.4.4　飞模施工工艺

1. 施工准备

（1）施工场地准备

1）飞模宜在施工现场组装，以减少飞模的运输。组装飞模的场地应平整，可利用混凝土地坪或钢板平台组拼。

2）飞模坐落的楼（地）面应平整、坚实，无障碍物，孔洞必须盖好，并弹出飞模位

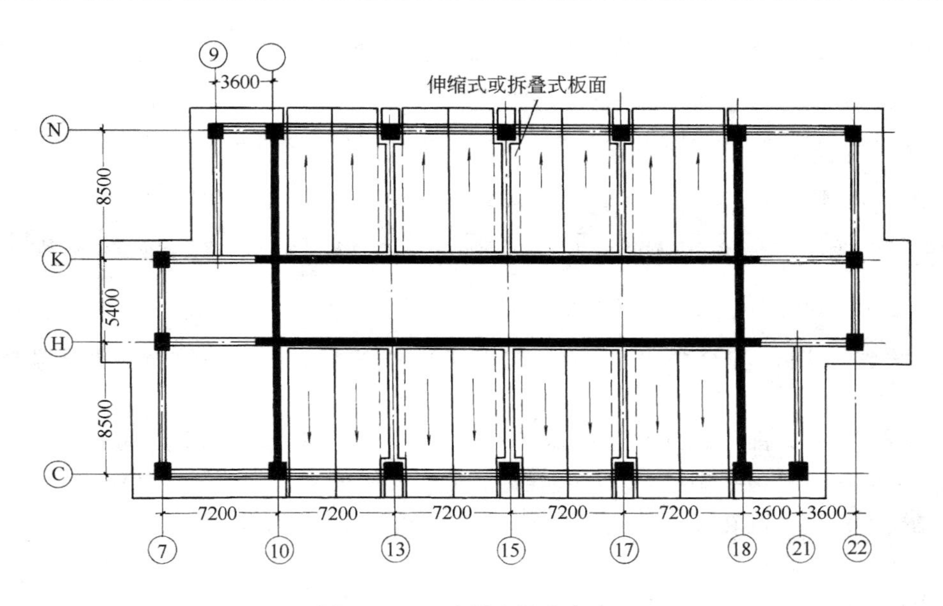

图 2-2-333 飞模布置方案之二

置线。

3）根据施工需要，搭设好出模操作平台，并检查平台的完整情况，要求位置准确，搭设牢固。

（2）材料准备

1）飞模的部件和零配件，应按设计图纸和设计说明书所规定的数量和质量进行验收。凡发现变形、断裂、漏焊、脱焊等质量问题，应经修整后方可使用。

2）凡属利用组合钢模板、门式脚手脚、钢管脚手架组装的飞模，所用的材料、部件应符合《组合钢模板技术规范》（GBJ 214）、《冷弯薄壁型钢结构技术规范》（GBJ 18）以及其他专业技术规定的要求。

3）凡属采用铝合金型材、木（竹）塑胶合板组装的飞模，所用材料及部件，应符合有关专业规定的要求。

4）面板使用木（竹）塑多层板时，要准备好面板封边剂及模板隔离剂等。

（3）机具准备

1）飞模升降机构所需的各种机具，如各种飞模升降器、螺栓起重器等。

2）吊装飞模出模和升空所用的电动环链等机具。

3）飞模移动所需的各类地滚轮、行走车轮等。

4）飞模施工必需的量具，如钢卷尺、水平尺等。

5）吊装所用的钢丝绳、安全卡环等。

6）其他手工用具，如扳手、锲头、螺钉旋具等。

2. 立柱式飞模施工工艺

（1）双肢柱管架式飞模施工工艺

1）飞模组装及吊装就位

①工艺流程

清扫楼（地）面 → 放飞模位置线 → 铺放模架支腿木垫板和底部调节支腿 → 将螺栓调到同一高度 →
安装支架和剪刀撑 → 通过支腿底板上的孔眼用钉子与木垫板钉牢 →
安装顶部调节螺旋和顶板，并调到同一高度 → 安装工字钢纵梁，并用顶板上的夹子进行固定 →
用U形螺栓将槽钢挑梁固定在支架 支腿的规定高度上 →
按照规定的间距把横梁固定在工字钢纵梁和槽钢挑梁上 → 用木螺栓或钉子将胶合板固定在横梁上 →
用钢丝把脚手板绑在槽钢挑梁上 → 安设护身栏、挂好安全网

②飞模组装时，胶合板的边应设在横梁中心线处，其外边缘距横梁端至少突出50mm。

③飞模组装后，即可整体吊装就位。飞模就位前，应检查楼（地）面是否坚实、平整，有无障碍物，预留孔洞是否均已覆盖好，并应按事先弹好的位置线就位。

④飞模就位后，旋转上、下调节螺旋，使平台调到设计标高。然后在槽钢挑梁下安放单腿支柱和水平拉杆。

⑤当飞模就位后，即可进行梁模、柱模的支设、调整和固定工作。最后填补飞模平台四周的胶合板以及修补梁、柱、板交界处的模板。

⑥清扫梁、板模板，贴补缝胶条，刷隔离剂，绑扎钢筋，固定预埋管线和铁件。

⑦在浇筑梁、板混凝土前，还需用空压机清除模板内杂物一次，然后才能进行浇筑。双肢柱管架式飞模支设情况，如图2-2-334所示。

2）飞模脱模和转移

①当梁、板混凝土强度达到设计强度的75%时方可脱模。

②先将柱、梁模板（包括支承立柱）拆除，然后松动飞模顶部和底部的调节螺旋，使台面下降至梁底以下50mm（图2-2-335*a*）。

③将楼（地）面上的杂物清除干净，用撬棍将飞模撬起，在飞模底部木垫板下垫入ϕ50钢管滚杠。每块垫板不少于4根。

④将飞模推到楼层边缘，然后用起重机械的吊索（专用铁扁担有4个吊钩）挂在飞模前端两个支腿上（图2-2-335*b*），同时将飞模后端支腿用两根绳索系在结构柱子上。当起重机械的吊索微微起吊时，缓慢放松绳索，使飞模继续缓慢地向外滚动。

⑤当飞模滚出楼层约2/3时，一方面放松起重吊索，一方面拉紧绳索，在飞模向外倾斜时，随即将起重机械的另两根吊索挂在第三排支腿上（图2-2-335*c*），继续起吊，直至飞模全部离开楼层。

⑥将飞模吊到下一施工区域使用。

3）注意事项

①飞模在组装前，对其零配件必须进行检查，螺旋部分要经常上油。

②由于飞模各零部件组装后，其连接处会存在微小空隙，在承受梁、板混凝土荷载后，台面会下降5mm左右。因此在组装时，应使飞模台面和梁底模抬高3～5mm。

③飞模台面不得用钉子固定各种预埋件，亦不得穿孔安装管道。必要时，应采用其他措施解决。

④飞模在升降时，各承重支架应同步进行，防止因不均匀升降造成模板变形。

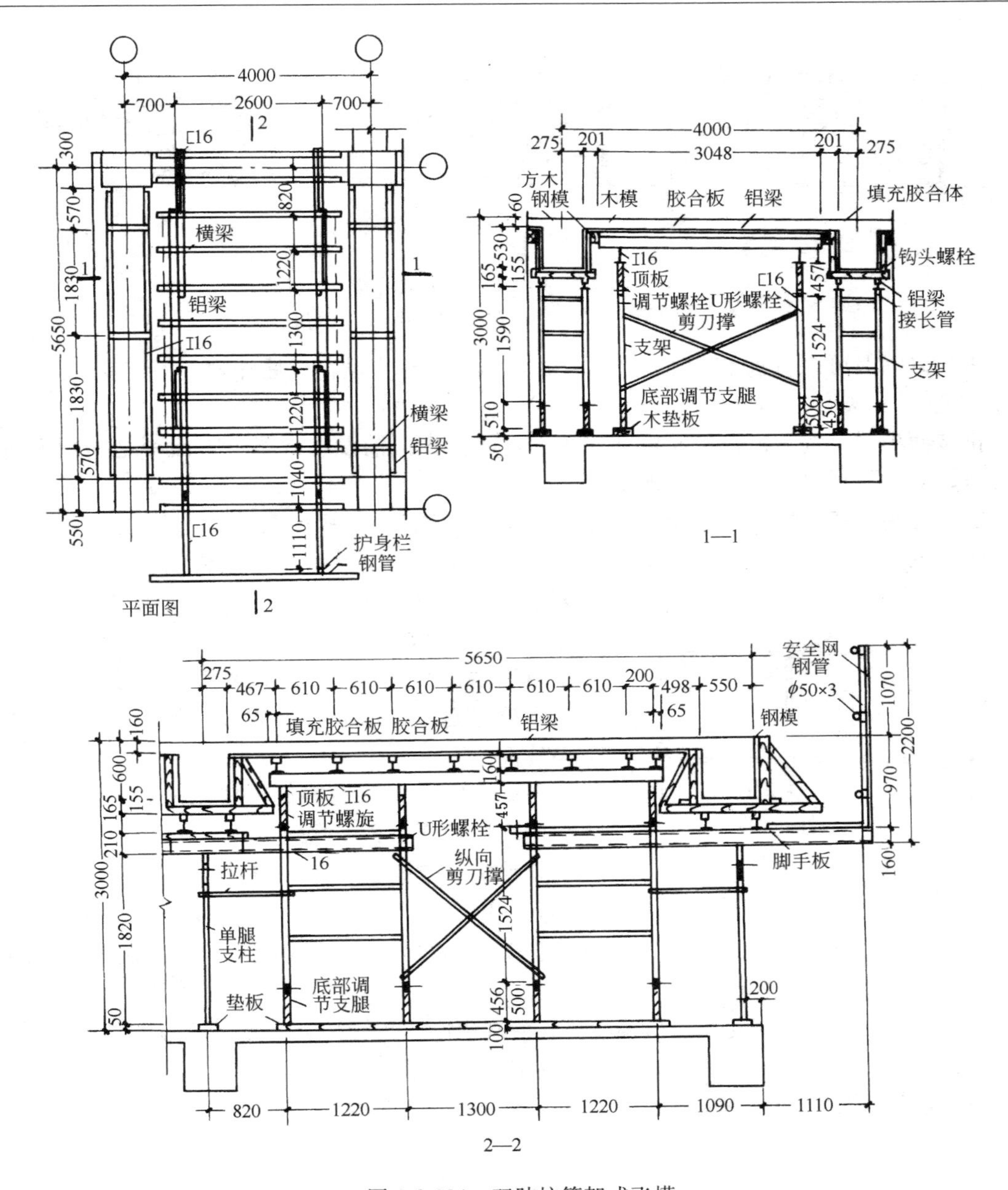

图 2-2-334 双肢柱管架式飞模

(2) 钢管组合式飞模施工工艺

1) 组装：钢管组合式飞模的组装方法分正装和反装两种。

①正装：根据飞模设计图纸的规格尺寸分以下几步组装：

拼装支架片——将立柱、主梁及水平支撑组装成支架件。其顺序是：先将主梁与立柱用螺栓连接，再将水平支撑与立柱用扣件连接，然后再将斜撑与立柱用扣件连接。

拼装骨架——将拼装好的两片支架片用水平支撑采用扣件与支架立柱连接，再用斜撑将支架片采用扣件连接。然后校正已经成形的骨架尺寸，当符合要求后，再用紧固螺栓在主梁上安装次梁。

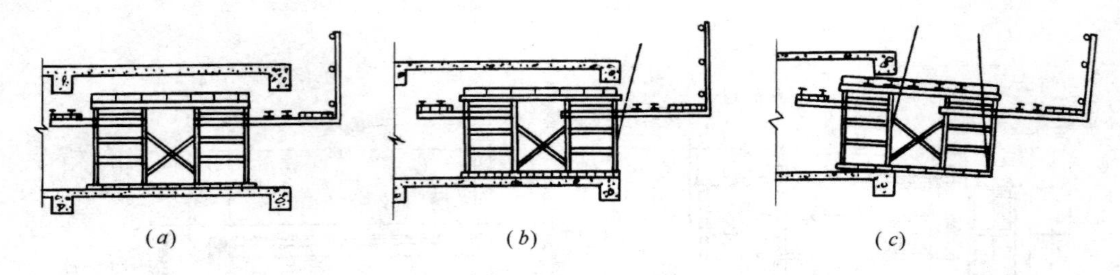

图 2-2-335　飞模脱模和转移过程
(a) 飞模平台下落脱模；(b) 向外滚动；(c) 飞出

拼装时一般可以将水平支撑安设在立柱内侧，斜撑安设在立柱外侧。各连接点应尽量相互靠近。

拼装面板——按飞模设计面板排列图，将面板直接铺设在次梁上，面板之间用U形卡连接，面板与次梁用钩头螺栓连接。

②反装法：反装法的组装顺序正好与正装法相反，其步骤如下：

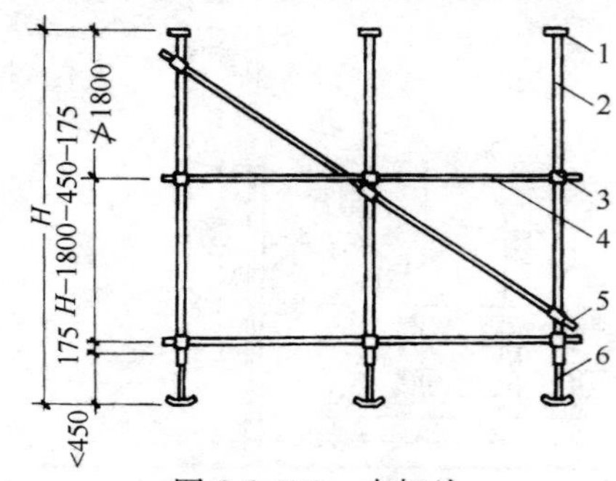

图 2-2-336　支架片
1—立柱顶座；2—立柱；3—扣件；4—水平支撑；5—斜撑；6—立柱脚

拼装面板——按面板排列图将面板铺设在操作平台上。拼缝应错开，一般仅允许负偏差。面板之间用U形卡连接。

拼装主、次梁——按设计要求放置次梁，并用钩头螺栓与面板和蝶形扣件连接，使次梁与面板形成整体。

主梁在次梁安放后按设计要求放置，主、次梁之间用蝶形扣件和紧固螺栓连接。

单独拼装支架片——先将柱顶座和立柱脚分别插入立柱钢管两端，并用螺栓连接；然后按正装法拼装支架片的方法组装水平支撑和斜撑，如图2-2-336所示。

拼装整体飞模——将支架片吊装就位，使柱顶座与主梁贴紧，校正后用螺栓和蝶形扣件相互连接。然后安装第二片支架，两片支架间用水平支撑和斜撑相互连接，如此即可完成飞模的整体拼装。再用吊车将整体飞模翻转180°，使台面向上，以备使用。

2）吊装就位：

①先在楼（地）面上弹出飞模支设的边线，并在墨线相交处分别测出标高，标出标高的误差值。

②飞模应按预先编好的序号顺序就位。为了保证位置相对正确，一般应由楼层中部形成“十”字形向四面扩展就位。

③飞模就位后，即将面板调节至设计标高，然后垫上垫块，并用木楔楔紧。当整个楼层标高调整一致后，再用U形卡将相邻飞模连接。

④飞模就位工序经验收合格后，方可进行下道工序。

3）脱模：

①当浇筑的楼层混凝土强度达到设计强度的75%时，方可脱模。

②脱模前，先将飞模之间的连接件拆除，然后将升降运输车（见图2-2-324）推至飞模水

平支撑下部合适位置，拔出伸缩臂架，并用伸缩臂架上的钩头螺栓与飞模水平支撑临时固定。

③退出支垫木楔，拔出立柱伸缩腿插销，同时下降升降运输车，使飞模脱模并降低到最低高度。如果飞模面板局部被混凝土粘住，可用撬棍撬动。

④脱模时，一般应由6～8人操作，并应由专人统一指挥，使各道工序顺序同步进行。

4）转移

①飞模由升降运输车用人力推动，运至楼层出口处。

②飞模出口处可根据需要安设外挑操作平台（图2-2-331）。

③当飞模运抵外挑操作平台上时，可利用起重机械将飞模吊至下一流水段就位，同时撤出升降运输车。

（3）门式架飞模施工工艺

1）组装：

①平整场地，按飞模设计图纸核对所用材料、构配件的规格尺寸。

②铺垫板，放足线尺寸，安放底托。

③将门式架插入底托内，安装连接件和交叉拉杆。

④安装上部顶托，调平找正后安装大龙骨。

⑤安装下部角铁和上部连接件。

⑥在大龙骨上安装小龙骨，然后铺放木板，刨平后在其上安装钢面板。

⑦安装水平和斜拉杆，安装剪刀撑。

⑧加工吊装孔，安装吊环及护身栏。

2）吊装就位：

①飞模在楼（地）面吊装就位前，应先在楼（地）面上准备好四个已调好高度的底托，换下飞模上的四个底托。待飞模在楼（地）面上落实后，再放下其他底托。

②一般一个开间采用两吊飞模（图2-2-333），这样形成一个中缝和两个边缝。边缝考虑柱子的影响，可将面板设计成折叠式。较大的缝隙（100mm以内），在缝上盖5mm厚、宽150mm的钢板，钢板锚固在边龙骨下面。较小缝隙（60mm以内），可用麻绳堵严，再用砂浆抹平，以防止漏浆而影响脱模。

③飞模应按照事先在楼层上弹出的位置线就位，就位后再进行找平、调直、顶实等工序。找平应用水准仪检查板面标高。调整标高，应同步进行。门架支腿垂直偏差应小于8mm。另外，边角缝隙、板面之间及孔洞四周要严密。

④在调平的同时，安装水暖立管的预留洞，即将加工好的圆形铁筒拧在板面的螺钉上，待混凝土浇筑后及时拔出。

3）脱模和转移：

待浇筑的楼层混凝土强度达到设计强度的75%时，方可脱模。其脱模和转移工序如下：

①拆除飞模外侧护身栏和安全网。

②每架飞模除留四个底托不动外，松开其他底托，拆除或升起锁牢在固定部位。

③在留下的四个底托处，安装四个升降装置，并放好地滚轮。

④用升降装置勾住飞模的下角铁，但不要拉的太紧。开动升降装置，上升到顶住飞模。

⑤松开四个底托，使飞模面板脱离混凝土楼板底面，开动升降机构，使飞模降落在地滚轮上。

⑥将飞模向建筑物外推到能挂外部（前）一对吊点处，将吊钩挂好前吊点。

⑦在将飞模继续推出的过程中，安装电动环链，直到能挂好后吊点。然后启动电动环链，使飞模平衡。

⑧飞模完全推出建筑物后，调整飞模平衡，塔吊起臂，将飞模吊往下一个施工部位。

3. 支腿桁架式飞模施工工艺

（1）铝桁架式飞模施工工艺

1）组装：

①平整组装场地，要求夯实夯平。支搭拼装台，拼装台由 3 个 800mm 高的长凳组成，间距为 2m 左右。

②拼接上下弦槽铝。按图纸要求的尺寸，将两根槽铝用弦杆接头夹板和螺栓连接。

③将上下弦与方铝管腹杆用螺栓拼成单片桁架。

④安装钢支腿组件。

⑤安装吊装盒。

⑥立起桁架，并用木方作临时支撑。

⑦将两榀或三榀桁架用剪刀撑组装成稳定的飞模骨架。

⑧安装梁模、操作平台的挑梁及护身栏和立杆。

⑨将方木镶入工字铝梁中，并用螺栓拧牢，然后把工字铝梁安放在桁架的上弦上。

⑩安装边梁龙骨。

⑪铺好面板，在吊装盒处留 400mm×500mm 的活动盖板。

⑫将面板用电钻打孔，用木螺栓拧在工字梁的木方中，或用钉子将面板钉在木方上。

⑬安装边梁底模和里侧模（外侧模板在飞模就位后组装）。

⑭铺设操作平台脚手板。

⑮绑护身栏（安全网在飞模就位后安装）。

2）吊装就位：

①在楼板上放飞模位置线和支腿十字线，在墙体或柱子上弹出 1m（或 50cm）水平线。

②在飞模支腿处放好垫板。

③飞模吊装就位。当飞模吊装距楼面 1m 左右时，拔出伸缩支腿的销钉，放下支腿套管，安好可调支座，然后飞模就位。

④用可调支座调整面板标高，安装附加支撑。

⑤支四周接缝模板及边梁、柱头或柱帽模板。

⑥模板面板上刷隔离剂。

⑦检查验收。

3）脱模和转移：

当楼层浇筑的混凝土强度达到设计强度的 75%时，即可脱模，其工序如下：

①拆除边梁侧模、柱头或柱帽模板，拆除飞模之间、飞模与墙柱之间的模板和支撑。拆除安全网。

②每榀桁架下放置三个地滚轮，分别放置在桁架前方、前支腿下和桁架中间。

③在紧靠四个支腿部位，用升降机构托住桁架下弦。

④将可调支腿松开，把飞模重量卸到升降机构上。

⑤将伸缩支腿销钉拔出，支腿收入桁架内并用销钉销牢，将可调支座插入支座腿夹板缝隙内。

⑥操纵升降机构，使飞模同步下降，面板脱离混凝土，飞模落在地滚轮上。

⑦在飞模上挂好安全绳，防止飞模外滑。

⑧将飞模用人工缓缓推出，当飞模的前两个吊点超出边梁后，锁牢地滚轮，这时要使飞模的重心不得超出中间的地滚轮。

⑨塔吊落钩，用钢丝绳和卡环将飞模前面的两个吊装盒内的吊点卡牢，再将装有平衡吊具电动环链的钢丝绳将飞模后面的两个吊点卡牢。

⑩松开地滚轮，将飞模继续缓缓向外推出，同时放松安全绳，并操纵平衡吊具，调整环链长度，使飞模保持水平状态。

⑪飞模完全推出建筑物以外后，拆除安全绳，将平衡吊具控制器放在飞模的可靠部位，用塔吊将飞模提升吊到下一个施工部位，重复支模程序（图 2-2-337）。

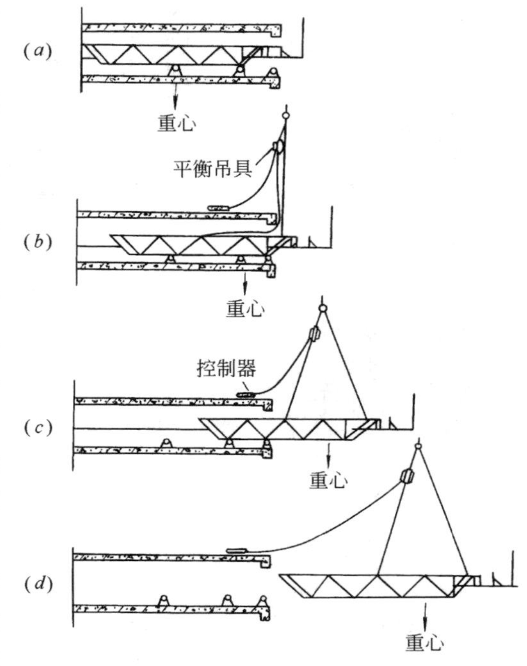

图 2-2-337　铝桁架式飞模脱模转移示意图

(a) 向外推时；(b) 挂钩；(c) 平衡后外吊；(d) 提升

(2) 跨越式钢管桁架式飞模施工工艺

1) 组装：

①先将导轨钢管和桁架上弦钢管焊接。

②按飞模设计要求用钢管和扣件组装成桁架。

③安装撑脚。

④安装面板（预留出吊环孔）和操作平台。

其他可参照立柱式钢管组合式飞模进行。

2) 吊装就位：

①按楼（地）面弹线位置，用塔式起重机吊装飞模就位。

②放下四角钢管撑脚，装上升降行走杆，并用十字扣件扣紧。

③将飞模调整到设计标高，校正好平面位置。

④放下其余撑脚，扣紧十字扣件。

⑤在撑脚下楔入木楔（此时飞模已准确就位）。

⑥将四角处升降行走杆拆掉，换接钢管撑脚，扣上扫地杆，并用钢管与周围飞模或其他模板支撑连成整体。

3) 脱模：

①首先拆除飞模周围的连接杆件，再拆除四角撑脚下的木楔和撑脚中部扣件。

②装上升降行走杆，旋转螺母顶紧飞模后，将其余撑脚下木楔拆除，并把撑脚收起。

③旋转四角升降行走杆螺母，使飞模下降脱模。

④当导轨前端进入已安装好的窗台滑轮槽后，前升降行走杆卸载。

4）转移飞出：

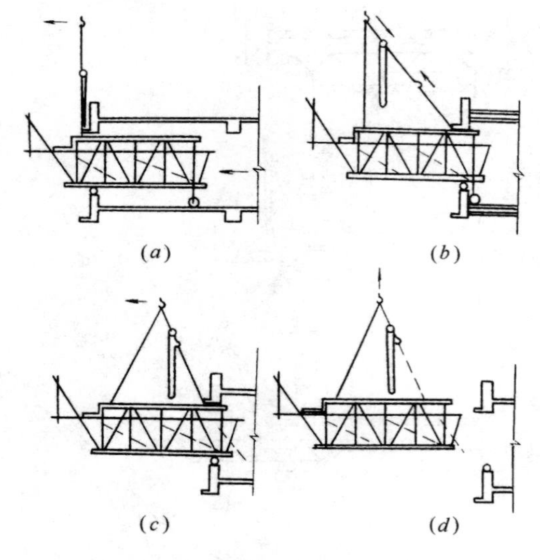

图 2-2-338 跨越式飞模吊运示意图

①取下前升降行走杆，将飞模平移推出窗口 1m，打开前吊装孔，挂好前吊绳（图 2-2-338*a*）。

②再将飞模推至后升降行走杆靠近窗边梁为止，打开后吊装孔，挂上后吊绳（图 2-2-338*b*）。

③用手动捯链调整飞模的起吊重心，取下后升降行走杆（图 2-2-338*c*）。

④飞模继续平移，使它完全离开窗口，此时塔吊吊钩提升，将飞模吊至下一个施工区域就位（图 2-2-338*d*）

5）注意事项：

①飞模吊出前应检查桁架整体性。

②每次飞模就位后应维修面板，涂刷隔离剂。

③飞模边缘缝隙和吊环孔盖处均应先铺上油毡条，才能浇筑混凝土。

④飞模吊运时，挂吊绳和拉手动捯链的操作人员，必须系好安全带。

2.2.4.5 飞模施工安全技术要求

1. 飞模的制作组装必须按设计图进行。运到施工现场后，应按设计要求检查合格后方可使用安装。安装前应进行一次试压和试吊，检验确认各部件无隐患。对利用组合钢模板、门式脚手架、钢管脚手架组装的飞模，所用的材料、部件应符合现行国家标准《组合钢模板技术规范》GB 50214、《冷弯薄壁型钢结构技术规范》GB 50018 以及其他专业技术规范的要求。凡属采用铝合金型材、木或竹塑胶合板组装的飞模，所用材料及部件应符合有关专业标准的要求。

2. 飞模起吊时，应在吊离地面 0.5m 后停下，待飞模完全平衡后再起吊。吊装应使用安全卡环，不得使用吊钩。

3. 飞模就位后，应立即在外侧设置防护栏，其高度不得小于 1.2m，外侧应另加设安全网，同时应设置楼层护栏。并应准确、牢固地搭设出模操作平台。

4. 当飞模在不同楼层转运时，上下层的信号人员应分工明确、统一指挥、统一信号，并应采用步话机联络。

5. 当飞模转运采用地滚轮推出时，前滚轮应高出后滚轮 10～20mm，并应将飞模重心标画在旁侧，严禁外侧吊点在未挂钩前将飞模向外倾斜。

6. 飞模外推时，必须用多根安全绳一端牢固栓在飞模两侧，另一端围绕在飞模两侧建筑物的可靠部位上，并应设专人掌握；缓慢推出飞模，并松放安全绳，飞模外端吊点的钢丝绳应逐渐收紧，待内外端吊钩挂牢后再转运起吊。

7. 在飞模上操作的挂钩作业人员应穿防滑鞋，且应系好安全带，并应挂在上层的预埋铁环上。

8. 吊运时，飞模上不得站人和存放自由物料，操作电动平衡吊具的作业人员应站在楼面上，并不得斜拉歪吊。

9. 飞模出模时，下层应设安全网，且飞模每运转一次后应检查各部件的损坏情况，同时应对所有的连接螺栓重新进行紧固。

2.2.5 柱模

2.2.5.1 玻璃钢圆柱模板

玻璃钢圆柱模板，是采用不饱和聚酯树脂为胶结材料和无碱玻璃布为增强材料，按照拟浇筑柱子的圆周周长和高度制成的整块模板。以直径为700mm，厚3mm圆柱模板为例，模板极限拉应力为194N/mm^2，极限弯曲应力为178N/mm^2。

1. 特点

（1）重量轻、强度高、韧性好、耐磨、耐腐蚀。

（2）可按不同的圆柱直径加工制作，比采用木模、钢模模板易于成型。

（3）模板支拆简便，用它浇筑成型的混凝土柱面平整光滑。

2. 构造

玻璃钢圆柱模板，一般由柱体和柱帽模板组成。

（1）柱体模板

1）柱体模板一般是按圆柱的圆周长和高度制成整张卷曲式模板，也可制成两个半圆卷曲式模板。

2）整张和半张卷曲式模板拼缝处，均设置用于模板组拼的拼接翼缘，翼缘用扁钢加强。

扁钢设有螺栓孔，以便于模板组拼后的连接（图2-2-339）。

3）为了增强模板支设后的整体刚度和稳定性，在柱模外一般须设置上、中、下三道柱箍，柱箍采用L40×4或－56×6制成，一般可设计成两个半圆形（图2-2-340），拼接处用螺栓连接。

4）柱模的厚度，根据混凝土侧压力的大小，通过计算确定，一般为3～5mm。考虑模板在承受侧压力后，模板断面会膨胀变形，因此，模板的直径应比圆柱直径小0.6%为妥。

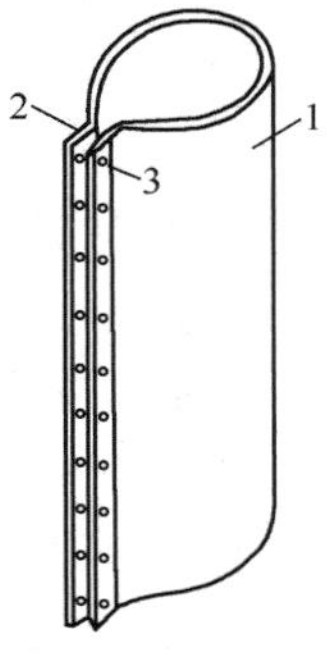

图2-2-339 整张卷曲玻璃钢圆柱模板

1—模板；2—加强扁钢；3—螺栓孔

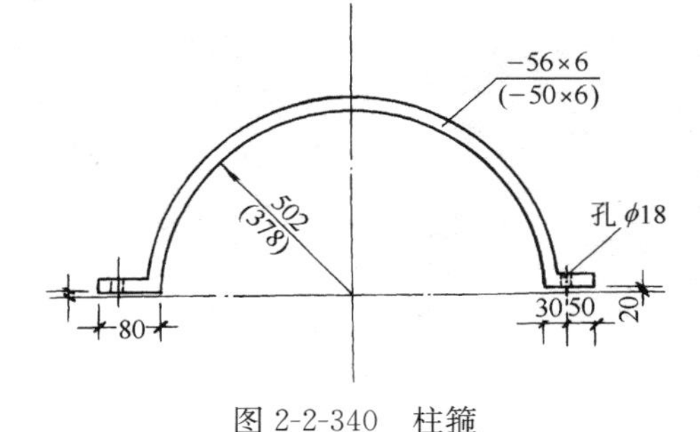

图2-2-340 柱箍

(2) 柱帽模板

1) 一般设计成两个半圆锥体，周边及接缝处用角钢加强（图 2-2-341）。

2) 为了增强悬挑部分的刚度，一般在悬挑部位还应增设环梁（图 2-2-342），以承受浇筑混凝土时的荷载。

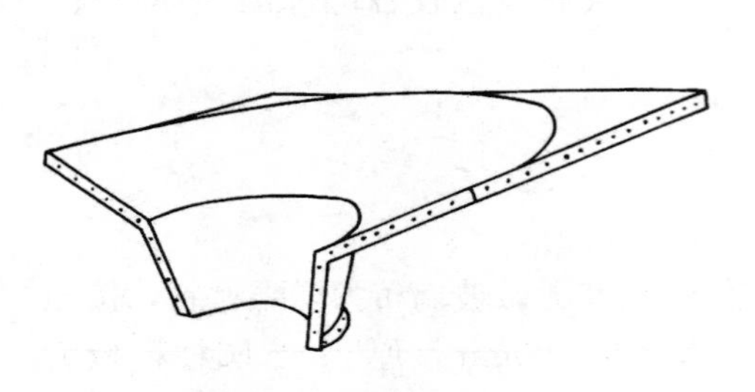

图 2-2-341　柱帽模板

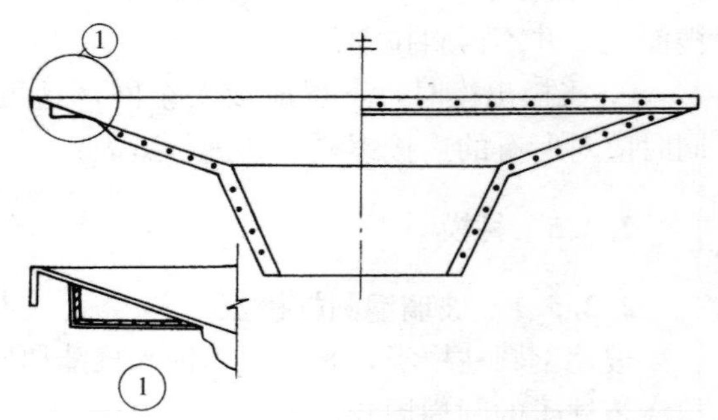

图 2-2-342　柱帽模板增设环梁

3. 加工质量要求

(1) 模板内侧表面应平整、光滑、无气泡、皱纹、外露纤维、毛刺等现象。

(2) 模板拼接部位的边肋和加强肋，必须与模板连成一体，安装牢固。

(3) 模板拼接的接缝，必须严密，无变形现象。

4. 施工工艺

(1) 柱模施工工艺

1) 工艺流程

柱模就位安装 → 闭合（组拼）柱模并固定接口螺栓 → 安装柱箍 → 安设支撑或缆绳 → 校正垂直度后固定柱模 → 搭脚手架 → 浇筑混凝土 → 拆除脚手架、模板 → 清理模板、刷隔离剂

2) 施工要点

图 2-2-343　安装玻璃钢圆柱形柱模

①整张卷曲式模板安装时，需要由两人将模板抬至柱钢筋一侧，将模板竖立，然后顺着模板接口由上往下用手将模板扒开，套钢筋外圈，再逐个拧紧接口螺栓（图 2-2-343）。

安装半圆卷曲式模板时，将两个柱模分别从柱钢筋两侧就位，对准接口后拧紧螺栓。

②安设柱箍与支撑（或缆绳）。每个柱箍至少设上、中、下三道，中间柱箍应设在柱模高度 2/3 处。其上安 3 根缆绳（ϕ10 钢筋），用花篮螺栓紧固，以此调整柱模的垂直（图 2-2-344），缆绳固定在楼板上，三根缆绳在水平方向按 120°夹角分开，与地面交角以 45°～60°为宜。为了防止柱箍下滑，可用 50mm×50mm 木方或角钢支顶。

需要注意的是：缆绳的延长线要通过圆柱模板的圆心，否则缆绳用力后，易使模板扭转。

③待混凝土强度达到 1N/mm^2 时，即可拆除模板（图 2-2-345），拆模工艺流程为：

卸缆绳→拆柱箍→卸接口螺栓→自上而下松动接口→拆除模板→清理后涂隔离剂

图 2-2-344 玻璃钢圆柱模板调整垂直

图 2-2-345 拆玻璃钢圆柱模板情况

（2）柱帽施工工艺

1）工艺流程

支设安装柱帽模板的支架→支设楼板模板→混凝土柱顶安装柱箍→安装柱帽模板→固定连接螺栓→调整柱帽模板标高→与楼板模板接缝处理→浇筑柱帽及楼板混凝土→养护→拆除柱帽模板支架→拆除连接螺栓及模板→清理模板、涂刷隔离剂

2）施工要点

①柱帽模板支架的安装必须牢固，支柱、横梁及斜撑必须形成结构整体。

②在柱顶安装定位柱箍，高度一定要准确，安装要牢固，以防止柱帽模板下滑。

③两片柱帽模板就位时，要对正接口，再连接螺栓。柱帽的下口要坐落在定位柱箍上。

④柱帽模板的环形梁安装在支架横梁上，以增加环梁和柱帽模板的承载能力。与横梁搭接要牢固，不平处可用木楔填实。

⑤校正柱帽模板的标高，处理好与楼板模板的接缝。

⑥待柱帽混凝土强度达到设计强度时方准拆模。先拆除柱帽模板的支架和柱顶的柱箍，再拆除连接螺栓。为了防止柱帽模板下落时摔坏，斜放两根 ϕ50mm 钢管或 10mm×10mm 木方，让模板沿着钢管或木方下滑，并在下边设专人接受，防止模板损坏。

（3）施工注意事项

1）由于水泥的碱性较大，拆模后一定要及时清除模板表面的水泥残渣，防止腐蚀模板，并刷好隔离剂。

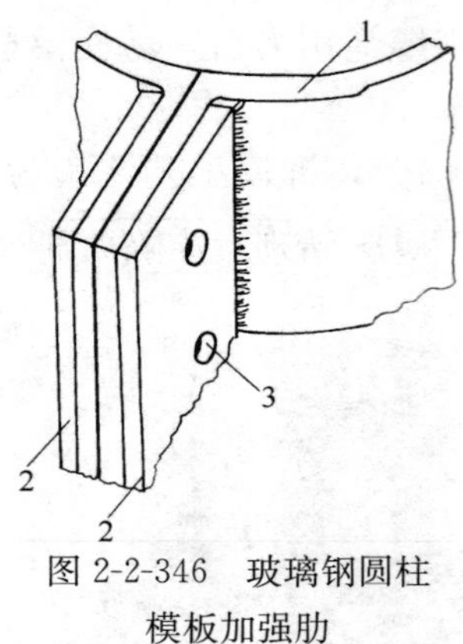

图 2-2-346　玻璃钢圆柱模板加强肋

1—模板；2—扁钢；3—螺栓孔

2）圆柱模板要竖向放置，水平放置时必须单层码放。

3）对于接口处的加强肋（图 2-2-346）要注意保护，不得摔碰。

2.2.5.2　圆柱钢模

1. 大直径圆柱钢模，采用 1/4 圆柱钢模组拼（图 2-2-347），圆柱钢模面板采用 $\delta=4$mm 钢板，竖肋为 $\delta=5$mm 钢板，横肋为 $\delta=6$mm 钢板，竖龙骨采用［10 槽钢；梁柱节点面板，竖肋和横肋均采用 $\delta=4$mm 钢板。每根柱模均配有 4 个斜支撑，且沿柱高每 1.5mm 增设 $\delta=6$mm 加强肋。

2. 小直径圆柱钢模，采用 1/2 圆柱钢模组拼（图 2-2-347）。

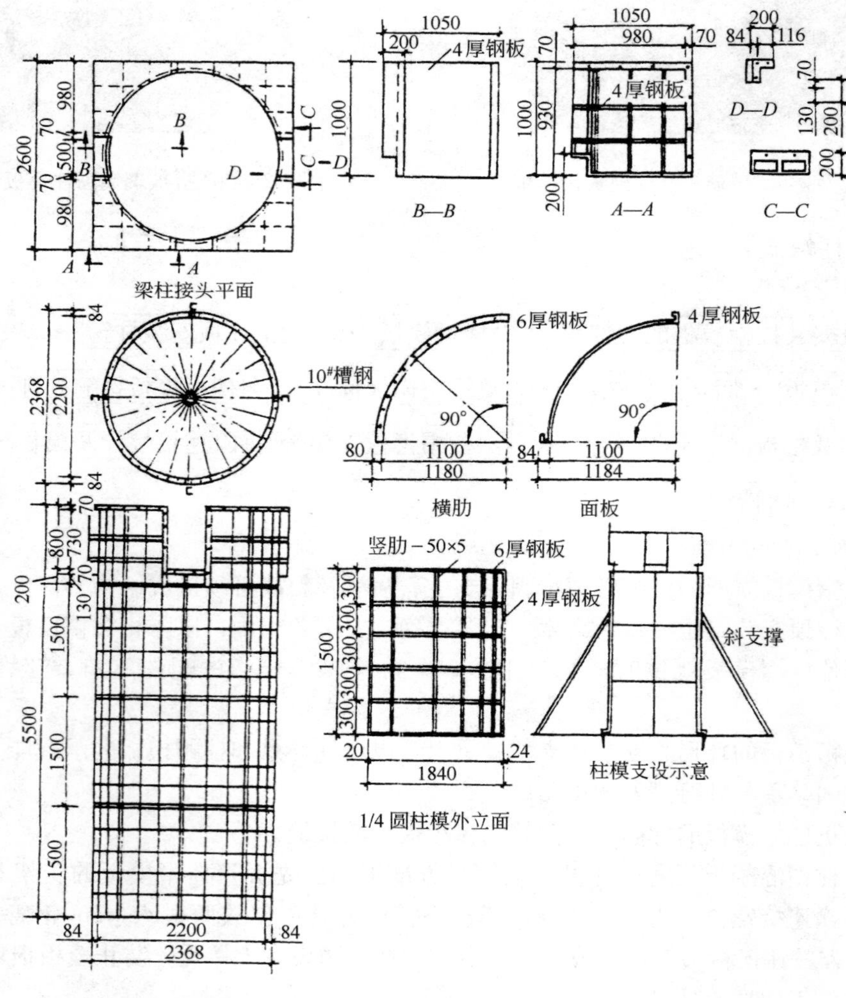

图 2-2-347　大直径 1/4 圆柱组拼钢模及梁柱节点

2.2.6 密肋模盖模壳

模壳是用于钢筋混凝土现浇密肋楼板的一种工具式模板。由于密肋楼板是由薄板和间距较小的单向或双向密肋组成（图 2-2-348），因而，使用木模和组合式模板组拼成比较小的密肋梁模板难度较大，且不经济。

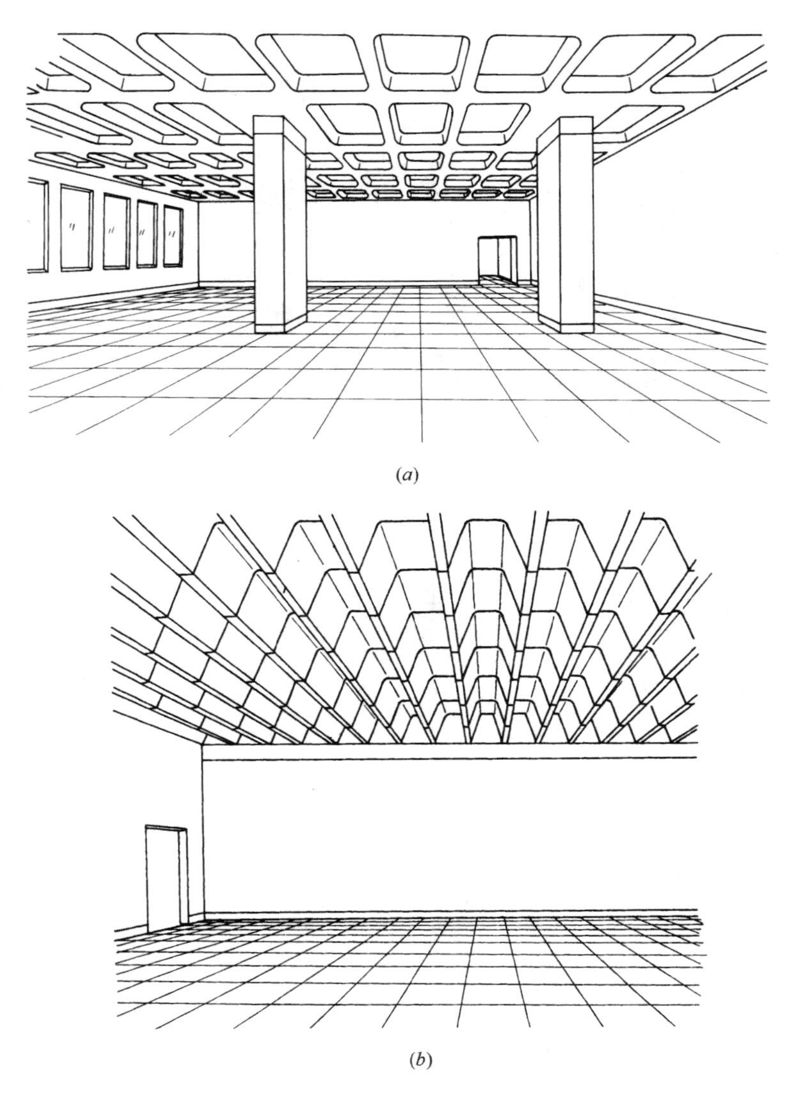

图 2-2-348　密肋楼板

(a) 双向；(b) 单向

采用塑料或玻璃钢按密肋楼板的规格尺寸加工成需要的模壳，具有一次成型多次周转使用的特点。目前我国的模壳，主要采用玻璃纤维增强塑料和聚丙烯塑料制成，配置以钢支柱（或门架）、钢（或木）龙骨、角钢（或木支撑）等支撑系统，使模板施工的工业化程度大大提高。

1. 模壳的种类、特点及质量要求

(1) 种类

1) 按材料分类

①塑料模壳：塑料模壳是以改性聚丙烯为基材，采用模压注塑成型工艺制成。由于受注塑机容量的限制，采用四块组装成钢塑结合的整体大型模壳（图 2-2-349、图 2-2-350）。其规格见表 2-2-40。

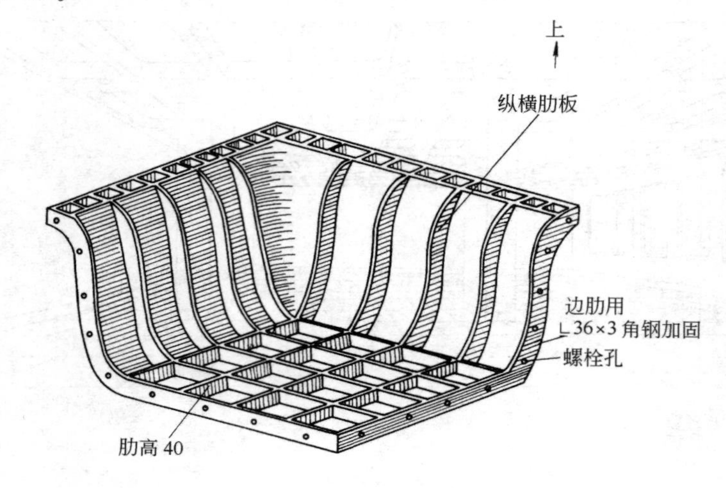

图 2-2-349　1/4 聚丙烯塑料模壳

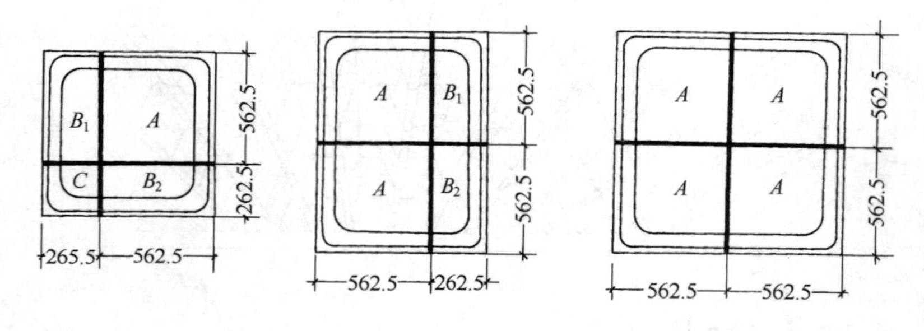

图 2-2-350　四合一聚丙烯塑料模壳

塑　料　模　壳　　表 2-2-40

系　　列		序　　号	规格（外形尺寸）长×宽×高（mm）	生　产　厂　家
300mm 肋高现浇密肋塑料模壳	双向	T_1	1200×1125×330	常州市东方红塑料厂
		T_2	1200×825×330	
		T_3	1125×900×330	
		T_4	900×825×330	
		T_5	1125×1125×330	
		T_6	1125×825×330	
		T_7	825×825×330	

续表

系列		序号	规格（外形尺寸） 长×宽×高（mm）	生产厂家
400mm肋高现浇密肋塑料模壳	双向	F_1	1200×1125×430	常州市东方红塑料厂
		F_2	1200×825×430	
		F_3	1125×900×430	
		F_4	900×825×430	
		F_5	1125×1125×430	
		F_6	1125×825×430	
		F_7	825×825×430	

②玻璃钢模壳：玻璃钢模壳是以中碱方格玻璃丝布做增强材料，不饱和聚酯树脂做粘结材料，手糊阴模成形，采用薄壁加肋的构造形式，先成型模体，后加工内肋，可按设计要求制成不同规格尺寸的整体大模壳如图2-2-351所示。

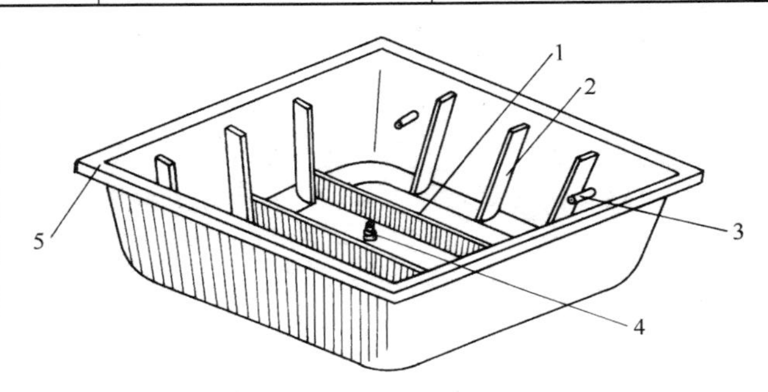

图 2-2-351 玻璃钢模壳

1—底肋；2—侧肋；3—手动拆模装置；4—气动拆模装置；5—边肋

2）按适用范围分类

①公共建筑模壳：适用于大跨度，大空间的多层和高层建筑，柱网一般在6m以上，对普通混凝土密肋跨度不宜大于10m；对预应力混凝土密肋跨度不宜大于12m，如图书馆、火车站、教学楼、商厦、展览馆等，常用规格见表2-2-41所示。

M型玻璃钢模壳规格（mm） **表 2-2-41**

图例	小肋间距	a	b	c	d	h	科研单位
h；1:5；d；c；c；$a \times b$；模壳规格；δ板厚；肋高 h；肋底宽；小肋间距；密肋楼盖	1500×1500	1400	1400	40～50	50	300～500	北京市建筑工程研究院
	1200×1200	1100	1100	40～50	50	300～500	
	1100×1100	1000	1000	40～50	50	300～500	
	1000×1000	900	900	40～50	50	300～500	
	900×900	800	800	40～50	50	300～500	
	800×800	700	700	40～50	50	300～500	
	600×600	500	500	40～50	50	300～500	

②大开间住宅模壳：由于住宅建筑楼层层高较低，为了节省空间，将肋的高度降低到100～150mm，见图2-2-352所示。

3）按构造分类

①M形模壳：M形模壳为方形模壳，边部也有长方形的模壳，适用于双向密肋楼板，如图2-2-353所示。

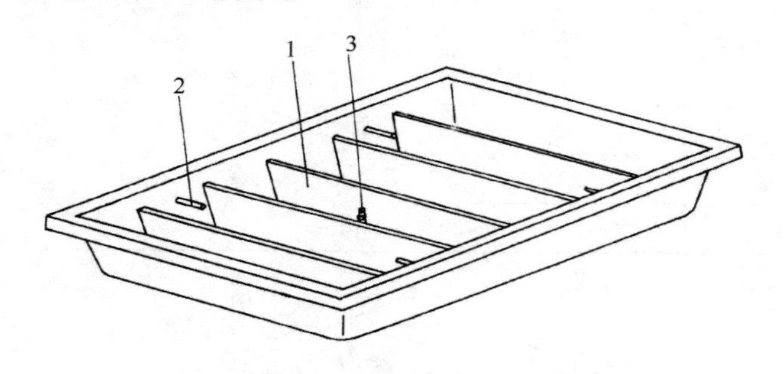

图2-2-352　大开间住宅楼板玻璃钢模壳

1—底肋；2—手动拆模装置；3—气动拆模装置

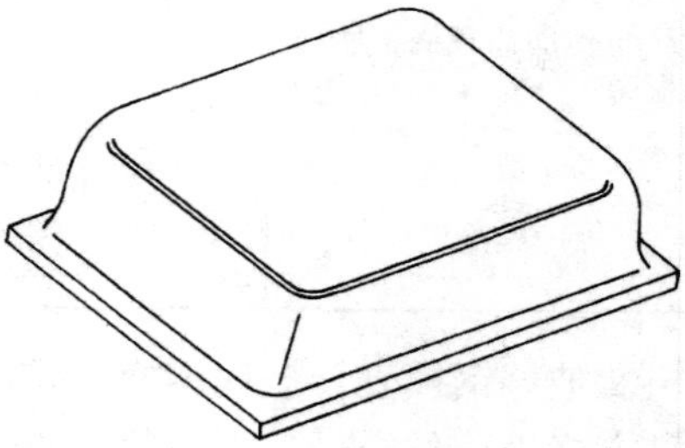

图2-2-353　M形模壳

②T形模壳：T形模壳为长形模壳，适用于单向密肋楼板，如图2-2-354所示。

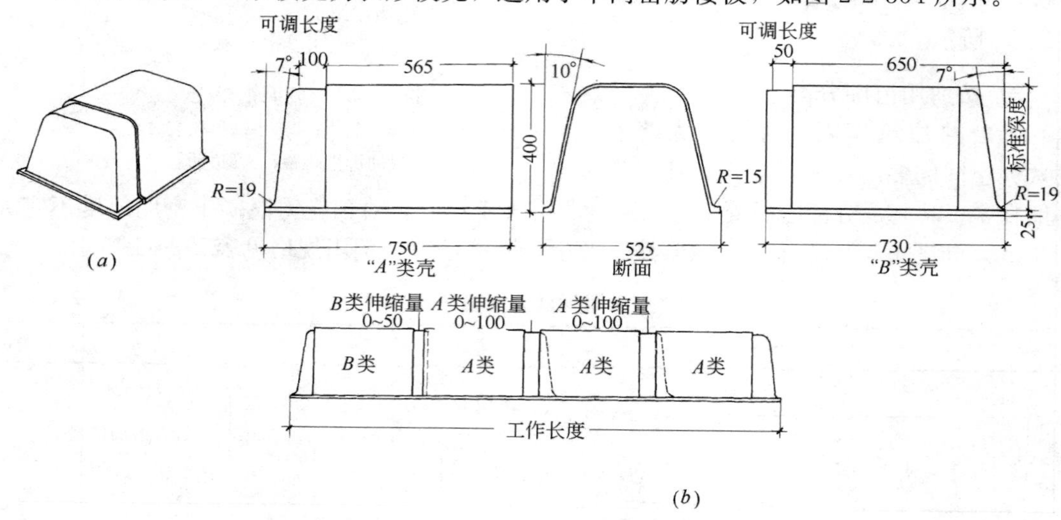

图2-2-354　T形模壳

(a) 外形图；(b) 组装图

（2）特点

1）塑料模壳

①采用聚丙烯为原料，易于注塑成形，价格也便宜，但其刚度、强度、耐冲击性能均较差。用注塑压力机注塑成形，生产效率高，但模具费用昂贵，一次性投资大，因此模壳构造、尺寸存在一些问题，修改较困难。

②自重轻，以1.2m×1.2m塑料模壳为例，其重量每个约30kg。

③拆模方式用人工撬模壳的边部，密肋楼板模壳与混凝土的接触面大，因此吸附力

大，拆除模壳的控制强度为10MPa，如隔离剂效果好，比较好拆；当超过控制强度时，十分难拆，劳动强度大，模壳易撬坏，是施工技术上的一大难点，必须要采取气动拆除。

④使用寿命，根据施工单位统计，在正常使用情况下，其破损率达到30%。

⑤塑料模壳的力学性能见表2-2-42所示。

塑料模壳力学性能 **表2-2-42**

序号	项目	性能指标（MPa）	备注	序号	项目	性能指标（MPa）	备注
1	拉伸强度	40	摘自总后设计院鉴定资料	3	弯曲强度	38.7	摘自化工研究院试验资料
2	抗压强度	46		4	弯曲弹性模量	1.8×10^3	

2）玻璃钢模壳

①材料：表层为胶衣树脂，中间层增强材料为中碱方格玻璃丝布，粘接材料为不饱和聚酯树脂，这种材料自重轻，刚度、强度、韧性较好。

②成型方法：手糊阴模成型，这种成型方法，可保证模壳表面光滑平整，并使脱模后的混凝土表面平整美观，可以简化施工工艺，降低成本，阴模成型模具费便宜，但生产效率较低，因工艺要求每个模具一天只能生产一个模壳，如正常生产1000个模壳一般需3个月的工期。

③重量轻：1.2m的模壳每个重27～28kg，两人即可搬运。

④采用气动拆模：拆模是密肋楼板施工的一大难点，气动拆模解决了拆模的难题，它是在模壳中心部位预留拆模气孔，气孔要固定牢固。成型时将气孔用石蜡封死，以免树脂流入孔内。除此之外模体上设两个拆模装置，以防施工过程中因违反操作规程，将气孔堵死时，可用拆模装置补救。

⑤密肋楼板的施工，支撑系统必须采用快拆体系，可以加快模壳的周转，降低模板费用。

⑥刚度、强度好。如按工艺要求施工，模壳可周转80～100次以上。

⑦玻璃钢模壳的力学性能见表2-2-43所示。

玻璃钢模壳力学性能 **表2-2-43**

序号	项目	性能指标（MPa）	序号	项目	性能指标（MPa）
1	拉伸强度	1.68×10^2	4	弯曲强度	1.74×10^2
2	拉伸强度模量	1.19×10^4	5	弯曲弹性模量	1.02×10^4
3	冲剪	9.96×10			

⑧模板的投入量：当采用小流水段施工，模壳投入量按一层占地面积的1/2～1/4即可，可以节约模板费用3/4。

（3）加工质量要求

1）塑料模壳

①模壳表面要求光滑平整，不得有气泡、空鼓。

②如果模壳是用多块拼成的整体，要求拼缝处严密、平整，模壳的顶部和底边不得产生翘曲变形，并应平整，其几何尺寸要满足施工要求。

③加工的规格允许偏差见表 2-2-44 所示。

塑料和玻璃钢模壳规格尺寸偏差　　表 2-2-44

序号	项目	允许偏差(mm)	序号	项目	允许偏差(mm)
1	外形尺寸	−2	4	侧向变形	−2
2	外表面不平度	2	5	底边高度尺寸	−2
3	垂直变形	4			

2）玻璃钢模壳

①模壳表面光滑平整，不得有气泡、空鼓、分层、裂纹、斑点条纹、皱纹、纤维外露、掉角、破皮等现象。

② 模壳的内部要求平整光滑，任何部位不得有毛刺。

③ 拆模装置的部位，要按图纸的要求制作牢固，气动拆模装置周围要密实，不得有透气现象，气孔本身要畅通。

④ 模壳底边要平整，不得有凹凸现象。

⑤ 规格尺寸允许偏差，见表 2-2-95 所示。

⑥ 入库前将模壳内外用水冲洗一遍。

2. 支撑系统

密肋楼板模壳的支撑系统，自 20 世纪 80 年代以来，几经发展，共有以下几种：

（1）钢支柱支撑系统

钢支柱采用标准件，顶部增加一个柱帽（扣件），以防止主龙骨位移。支柱在主龙骨方向的间距一般为 1.2～2.4m，个别异形部位支柱可视具体位置决定增减。钢支柱系统因龙骨和支撑件的不同可分四种（表 2-2-45），均采取“快拆体系”先拆模壳、后拆支柱，即可松动螺栓卸下角钢，先拆下模壳，以加快模壳的周转。图 2-2-355 为钢支柱支撑系统的一种。该种支撑的主龙骨采用 3mm 厚的钢板压制成方管，其截面尺寸为 150mm×75mm，在静载作用下垂直变形≤1/300。如静载过大，钢梁不能满足要求时，则应加大钢梁截面或缩小支柱间距。主龙骨每隔 400mm 穿一销钉，在穿销钉处预埋 ϕ20 钢管，这

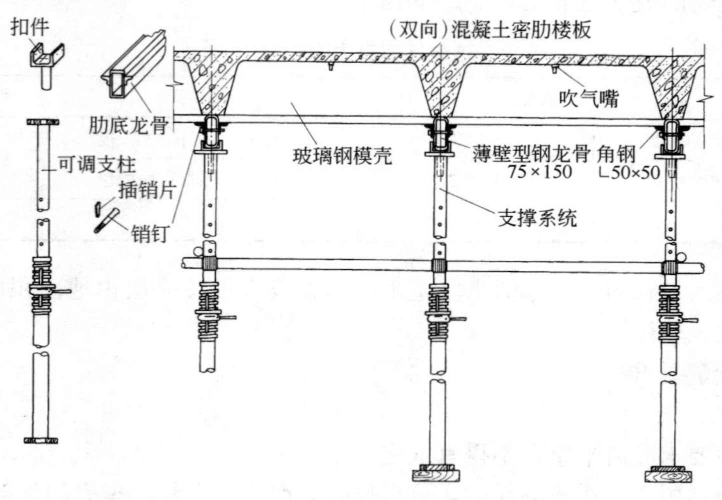

图 2-2-355　模壳钢支柱支撑系统之一

样不仅便于安装销钉，而且能在销紧角钢的过程中防止主龙骨侧面变形。角钢采用∟50×5，用 ϕ18 销钉固定在主龙骨上，作为模壳支撑点。四种钢支柱支撑系统的特点，见表2-2-45所示。

四种钢支柱支撑系统的特点　　表 2-2-45

序号	支撑系统的构造形式	优　点	缺　点	备　注
1	见图 2-2-354	成形尺寸准确，表面光滑，周转次数较高	一次性投资较大，加工要求高，加工周期较长	曾在北京图书馆等工程中使用
2	方木龙骨 方木 钢支柱	材料来源充足，加工容易，造价比较便宜	木材易变形，损坏率高，不能保证质量	用于大开间住宅等工程
3	角钢 ∟50×5 方木龙骨 钢支柱	材料来源充足，加工容易，造价低	木材易变形，损坏率高，不易保证质量	用于北京华侨大厦等工程
4	玻璃钢模壳 [10槽钢龙骨 角钢 螺栓 钢支柱	加工容易，槽钢还可以利用，造价比图 2-2-354 低	成形后小密肋底，平整程度不如图 2-2-354 效果好	用于北京大学新教学楼等工程

以上这四种支撑系统均为施工单位自己加工制作。

（2）门式架支撑系统

采用门式架，组成整体式架子（图 2-2-356）

顶托上放置 100mm×100mm 方木做主梁，主梁上放 70mm×100mm 方木作次梁，按密肋的间距设置。次梁两侧钉 L50×5 的角钢，作模壳的支托（图 2-2-357）。这种支撑系统，同样可

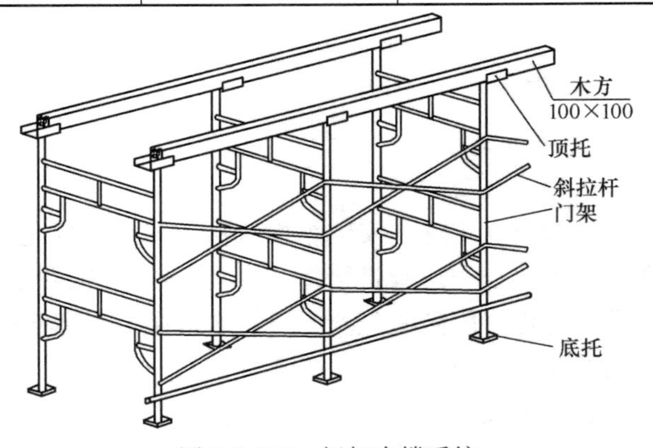

图 2-2-356　门架支撑系统

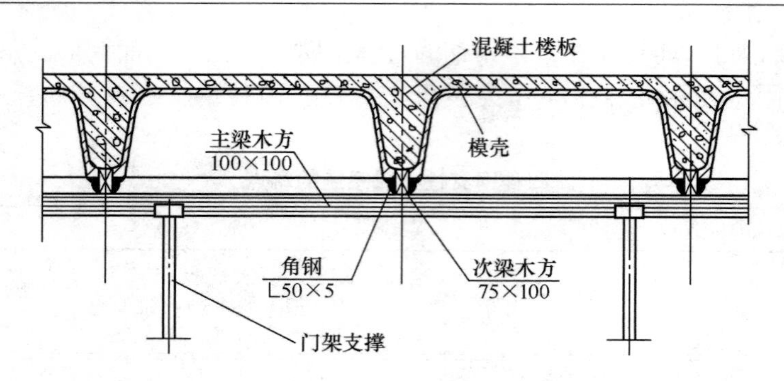

图 2-2-357　门式架支撑支托模壳

以采取先拆除模壳，后拆肋底支撑。

（3）早拆柱头支撑系统

由支柱、柱头、模板主梁、次梁、水平支撑、斜撑、调节地脚螺栓组成，详见组合式模板有关早拆模板体系内容。这种支撑系统，是在钢支柱顶部安置快拆柱头（图 2-2-358）。采用这种支撑系统，支拆方便、灵活，脱模后密肋楼板小，肋底部平整光滑，特别是它的适用范围广泛，是目前最好的一种支撑系统，但一次性投资较大。其支撑系统图见图2-2-359。

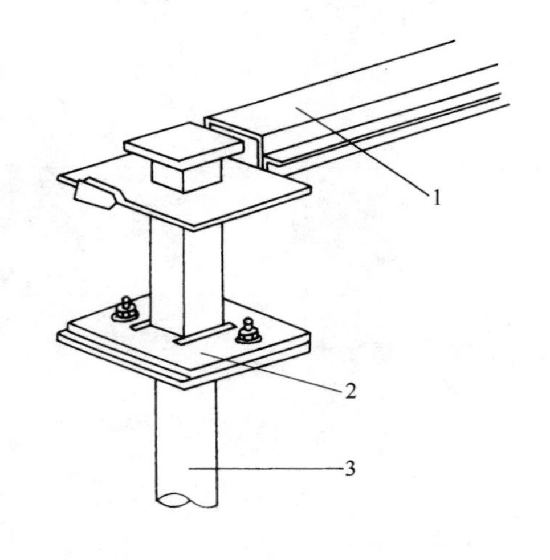

图 2-2-358　快拆柱头

1—桁架梁；2—柱头板；3—支柱

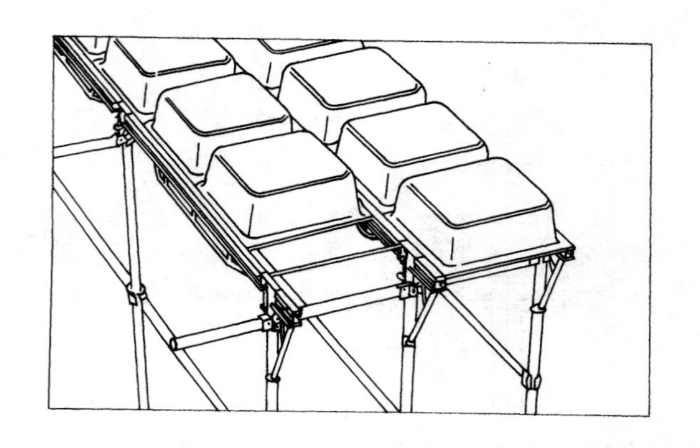

图 2-2-359　早拆体系支撑系统

3. 施工工艺

（1）工艺流程

弹线→立支柱、安装纵横拉杆→安装主次龙骨→安装支撑角钢→安放模壳→堵拆模气孔→刷隔离剂→用胶带堵缝→绑扎钢筋（先绑扎肋梁钢筋、后绑扎板钢筋）→安装电气管线及预埋件→隐蔽工程验收→浇筑混凝土→养护→拆角钢支撑→卸模壳→清理模壳→刷隔离剂备用→用时再刷一次隔离剂。

（2）模壳支设方法

1）施工前，根据图纸设计尺寸，结合模壳的规格，按施工流水段做好工具、材料的

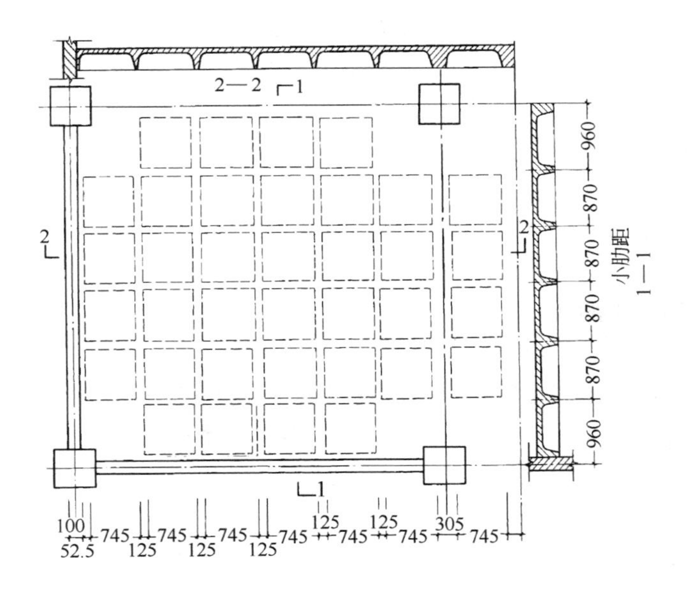

图 2-2-360 公共建筑模壳平面布置

准备。

2）模壳进厂堆放，要套叠成垛，轻拿轻放。

3）模壳排列原则，均由轴线中间向两边排列，以免出现两边的边肋不等的现象，凡不能用模壳的地方可用木模代替。图 2-2-360 为公共建筑模壳平面布置图。

4）安装主龙骨时要拉通线，间距要准确，做到横平竖直。

5）模壳加工时只允许有负差，因此模壳铺好后均有一定缝隙，需用布基胶带或胶带将缝粘贴封严，以免漏浆。

6）拆模气孔要用布基胶布粘贴，防止浇筑混凝土时灰浆流入气孔。在涂刷隔离剂前先把气孔周围擦干净，并用细钢丝疏通气孔，使其畅通，然后粘贴不小于 50mm×50mm 的布基胶布堵住气孔。这项工作要作为预检项目检查。浇筑混凝土时应设专人看管。

7）模壳安装完毕后，应进行全面质量检查，并办理预检手续。要求模壳支撑系统安装牢固，允许偏差见表 2-2-46 所示。

模壳支模验收标准允许偏差 **表 2-2-46**

项 次	项 目	允许偏差（mm）	检 验 方 法
1	表面平整	5	用 2m 直尺和塞尺量
2	模板上表面标高	±5	用尺量
3	相邻两板表面高低差	2	用尺量

（3）绑扎钢筋及混凝土施工注意事项

1）钢筋绑扎应按图纸设计要求及现行《混凝土结构工程施工质量验收规范》（GB 50204）施工。但双向密肋楼板的钢筋应由设计单位根据具体工程对象，明确纵向和横向底筋上下位置，以免因底筋互相编织而无法施工。

2）混凝土根据设计要求配制，骨料选用粒径为0.5～2cm的石子和中砂，并根据季节温度差别选用不同类型的减水剂。混凝土搅拌严格控制用水量，坍落度控制在6～8cm。密肋部位采用ϕ30或ϕ50插入式振捣器振捣，以保证楼板混凝土质量。

3）模壳的施工荷载应控制在不大于2～2.5kN/m^2。

4）混凝土养护。密肋楼板板面较薄，因此要防止混凝土水分过早蒸发，早期宜采用塑料薄膜覆盖的养护方法，这样有利于混凝土早期强度的提高和防止裂缝的产生。

（4）脱模

由于模壳与混凝土的接触面呈碗形，人工拆模难度较大，模壳损坏较多，尤其是塑料模壳。采用气动拆模，效果显著。

气动拆模是在混凝土成型后，根据现场同条件试块强度达到9.8MPa后，用气泵作能源，通过高压皮管和气枪，将气送进模壳的进气孔，由于气压作用和模壳富有弹性的特点，使模壳能完好地与混凝土脱离。

1）施工准备

① 工具准备：气泵（一般工作压力不少于0.7MPa）高压胶管、气枪、橡皮锤、撬棍等。

② 作业准备：接好气泵电源和输气高压胶管；铺好脚手板；拆除支承模壳的角钢。

③ 劳动组织：4～5人一组，其中送气1人，拆模2人，接模壳1～2人。

2）工艺要点

① 接通电源，启动气泵。

② 将气枪对准模壳的气孔，充气后使模壳与混凝土脱离。

③ 人工辅助将模壳拆下。

（5）安全注意事项

1）模壳支柱应安装在平整、坚实的底面上，一般支柱下垫通长脚手板，用楔子夹紧，用钉子与垫板钉牢。

2）当支柱使用高度超过3～5m时，每隔2m高度用直角扣件和钢管将支柱互相连接牢固。

3）当楼层承受荷载大于计算荷载时，必须经过核验后，加设临时支撑。

4）支拆模壳时，垂直运送模壳，配件应上下有人接应，严禁抛扔，防止伤人。

2.3 永久性模板

永久性模板，亦称一次性消耗模板，是在结构构件混凝土浇筑后模板不拆除，并构成构件受力或非受力的组成部分。这种模板，一般广泛应用于房屋建筑的现浇钢筋混凝土楼板工程，作为楼板的永久性模板。它具有施工工序简化、操作简便、改善劳动条件、不用或少用模板支撑、模板支拆量减少和加快施工进度等优点。

目前，我国用在现浇楼板工程中作永久性模板的材料，一般有压型钢板模板和钢筋混凝土薄板模板两种。永久性模板的采用，要结合工程任务情况、结构特点和施工条件合理选用。

2.3.1 压型钢板模板

压型钢板模板，是采用镀锌或经防腐处理的薄钢板，经成型机冷轧成具有梯波形截面的槽型钢板或开口式方盒状钢壳的一种工程模板材料。

2.3.1.1 压型钢板模板的特点

压型钢板一般应用在现浇密肋楼板工程。压型钢板安装后，在肋底内面铺设受拉钢筋，在肋的顶面焊接横向钢筋或在其上部受压区铺设网状钢筋，楼板混凝土浇筑后，压型钢板不再拆除，并成为密肋楼板结构的组成部分。如无吊顶顶棚设置要求时，压型钢板下表面便可直接喷、刷装饰涂层，可获得具有较好装饰效果的密肋式顶棚。压型钢板组合楼板系统如图 2-3-1 所示。压型钢板可做成开敞式和封闭式截面（图 2-3-2、图 2-3-3）。

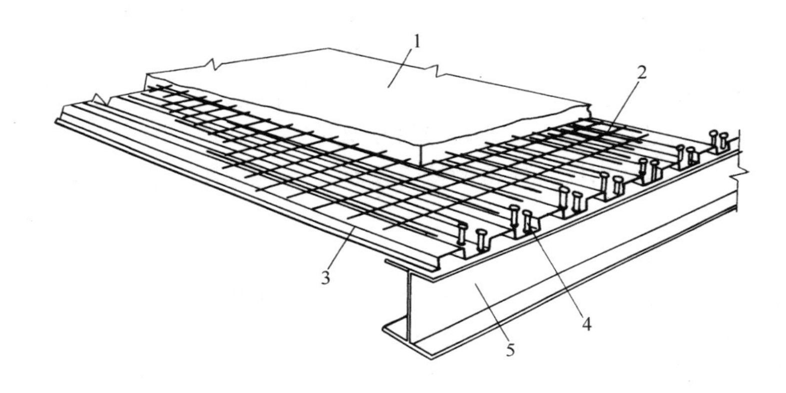

图 2-3-1 压型钢板组合楼板系统图

1—现浇混凝土层；2—楼板配筋；3—压型钢板；4—锚固栓钉；5—钢梁

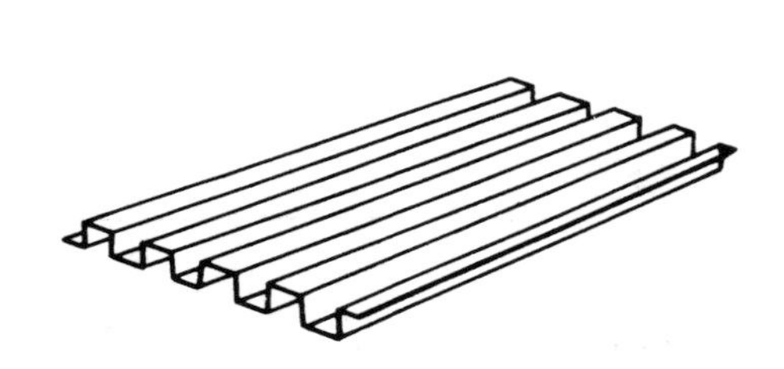

图 2-3-2 开敞式压型钢板

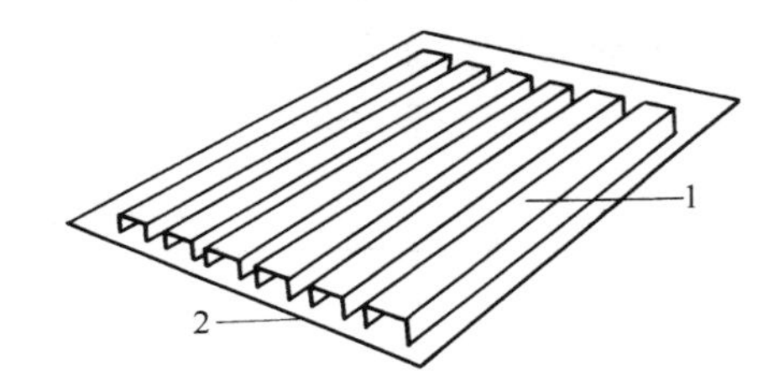

图 2-3-3 封闭式压型钢板

1—开敞式压型钢板；2—附加钢板

封闭式压型钢板，是在开敞式压型钢板下表面连接一层附加钢板。这样可提高模板的刚度，提供平整的顶棚面，空格内可用以布置电器设备线路。

压型钢板模板具有加工容易，重量轻，安装速度快，操作简便和取消支、拆模板的繁琐工序等优点。

2.3.1.2 种类及适用范围

压型钢板模板，主要从其结构功能分为组合板的压型钢板和非组合板的压型钢板。

1. 组合板的压型钢板

既是模板又是用作现浇楼板底面受拉钢筋。压型钢板，不但在施工阶段承受施工荷载和现浇层钢筋和混凝土的自重，而且在楼板使用阶段还承受使用荷载，从而构成楼板结构受力的组成部分。

此种压型钢板，主要用在钢结构房屋的现浇钢筋混凝土有梁式密肋楼板工程。

2. 非组合板的压型钢板

只作模板使用。即压型钢板在施工阶段，只承受施工荷载和现浇层的钢筋混凝土自重，而在楼板使用阶段不承受使用荷载，只构成楼板结构非受力的组成部分。

此种模板，一般用在钢结构或钢筋混凝土结构房屋的有梁式或无梁式的现浇密肋楼板工程。

2.3.1.3 材料与规格

1. 压型钢板材料

(1) 压型钢板一般采用 0.75～1.6mm 厚的 Q235 薄钢板冷轧制而成。用于组合板的压型钢板，其净厚度（不包括镀锌层或饰面层的厚度）不小于 0.75mm。

(2) 用于组合板和非组合板的压型钢板，均应采用镀锌钢板。用作组合板的压型钢板，其镀锌厚度尚应满足在使用期间不致锈蚀的要求。

(3) 压型钢板与钢梁采用栓钉连接的栓钉钢材，一般与其连接的钢梁材质相同。

2. 压型钢板规格

(1) 楼板底板压型钢板

① 单向受力压型钢板，其截面一般为梯波形，其规格一般为：板厚 0.75～1.6mm，最厚达 3.2mm；板宽 610～760mm，最宽达 1200mm；板肋高 35～120mm，最高达 160mm，肋宽 52～100mm；板的跨度从 1500～4000mm，最经济的跨度为 2000～3000mm，最大跨度达 12000mm。板的重量 9.6～38kg/m²。

② 用于组合板的压型钢板，浇筑混凝土的槽（肋）平均宽度不应小于 50mm。当在槽内设置栓钉时，压型钢板的总高度不应超过 80mm。

③ 压型钢板的截面和跨度尺寸，要根据楼板结构设计确定，目前常用的压型钢板截面和参数见表 2-3-1～表 2-3-4。

常用的压型钢板截面和参数 表 2-3-1

型号	截面简图	板厚 (mm)	重量	
			(kg/m)	(kg/m²)
M型 270×50	80 100 50 40 100 80 50 270 50	1.2 1.6	3.8 5.06	14.0 18.7
N型 640×51	51 35 166.5 35 35 640	0.9 0.7	6.71 4.75	10.5 7.4

续表

型号	截面简图	板厚 (mm)	重量 (kg/m)	重量 (kg/m²)
V型 620×110	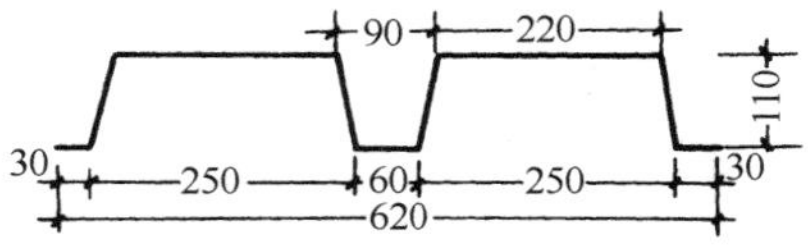 30, 250, 60, 250, 30, 620, 90, 220, 110	0.75 1	6.3 8.3	10.2 13.4
V型 670×43	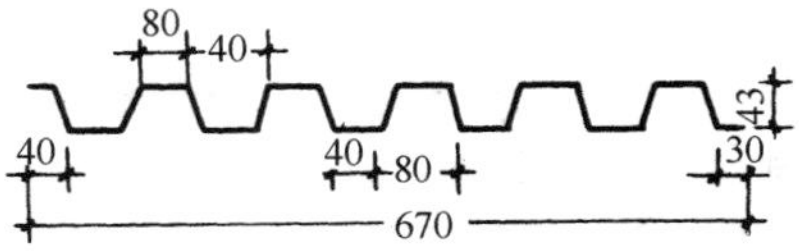 80, 40, 40, 40, 80, 30, 670, 43	0.8	7.2	10.7
V型 600×60	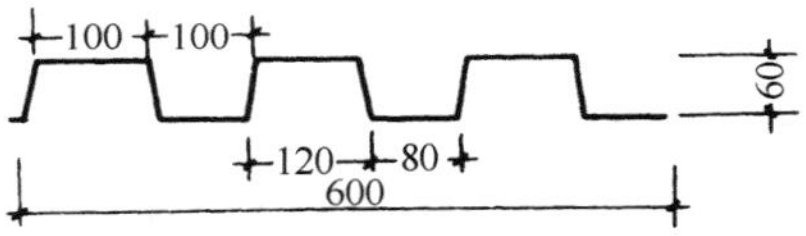 100, 100, 120, 80, 600, 60	1.2 1.6	8.77 11.6	14.6 19.3
U型 600×75	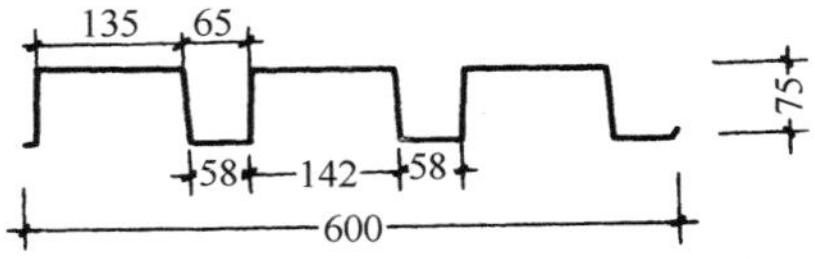 135, 65, 58, 142, 58, 600, 75	1.2 1.6	9.88 13.0	16.5 21.7
U型 690×75	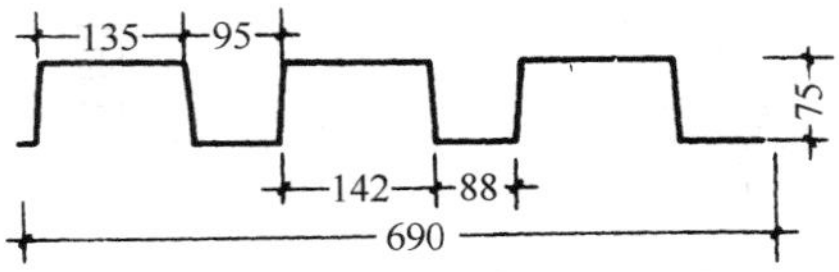 135, 95, 142, 88, 690, 75	1.2 1.6	10.8 14.2	15.7 20.6
W型 300×120	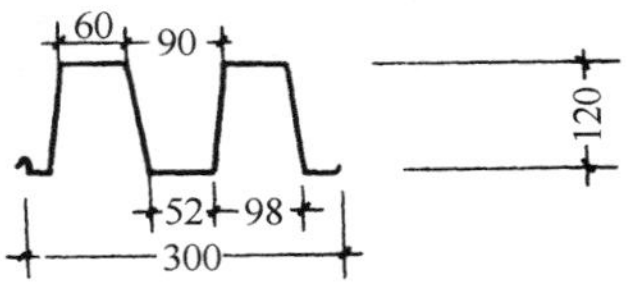 60, 90, 52, 98, 300, 120	1.6 2.3 3.2	9.39 13.5 18.8	31.3 45.1 62.7

原冶金部建筑研究总院生产的压型钢板重量及截面特性　　表 2-3-2

型号	截面基本尺寸(mm)	有效宽度(mm)	有效利用系数(%)	展开宽度(mm)	板厚(mm)	板重(kg/m)	每平方米型板重(kg/m²)	惯性矩 J (cm⁴/m)	截面系数 W (cm³/m)	备注
W - 550	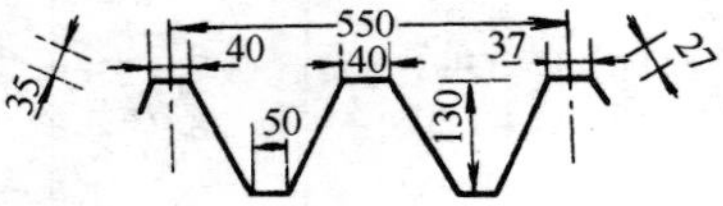	550	60	914	0.6	4.58	8.33	213	30.3	均为理论计算值，仅供参考
					0.8	6.02	10.95	285	40.5	
					1.0	7.45	13.55	356	50.6	
					1.2	8.96	16.29	428	60.7	
W - 600	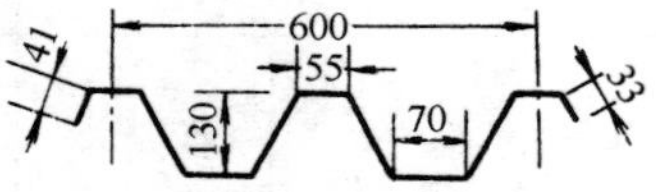	660	60	1000	0.8	6.28	10.79	307.8	43.9	
					1.0	7.85	13.49	384.2	54.8	
					1.2	9.42	16.19	460.3	65.7	
					1.4	10.99	18.89	536.1	76.5	
					1.6	12.55	21.59	611.8	87.3	

其他压型钢板截面和参数（一）　　表 2-3-3

型号	截面基本尺寸	有效宽度(mm)	有效利用系数(%)	展开宽度(mm)	板厚(mm)	板重(kg/m)	每平方米型板重(kg/m²)	型板宽1m 全断面 惯性矩 J (cm⁴/m)	全断面 截面系数 W (cm³/m)	有效断面 惯性矩 J (cm⁴/m)	有效断面 截面系数 W (cm³/m)
UKA - 7523	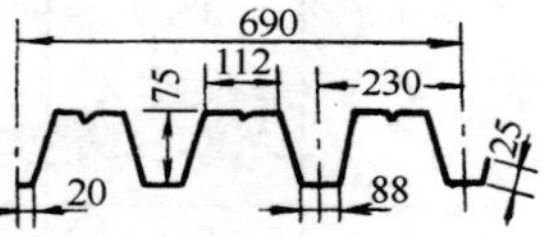	690	63	1100	0.8	7.29	10.6	117	29.3	82	18.8
					1.0	8.99	13.0	148	36.3	110	26.2
					1.2	10.70	15.5	173	43.2	140	34.5
					1.6	14.0	20.3	226	56.4	204	54.1
					2.3	19.80	28.7	316	79.1	316	79.1
UKA-N-7523	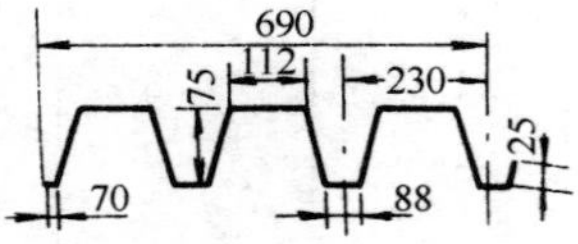	690	63	1100	1.0	8.96	13.0	146	36.5	110	26.2
					1.2	10.6	15.4	174	43.4	140	34.5
					1.6	14.0	20.3	228	57.0	204	54.1
					2.3	19.7	28.6	318	79.5	318	79.5

其他压型钢板截面和参数（二）　　表 2-3-4

型号	截面基本尺寸	有效宽度(mm)	有效利用系数(%)	展开宽度(mm)	板厚(mm)	每米型板重(kg/m)	每平方米型板重(kg/m²)	单跨简支板 惯性矩 J (cm⁴/m)	单跨简支板 截面系数 W (cm³/m)	连续板 惯性矩 J (cm⁴/m)	连续板 截面系数 W (cm³/m)
YB-W-5125	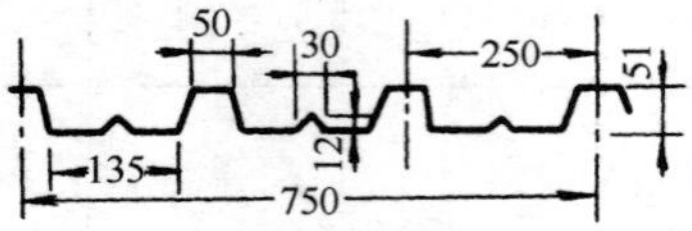	750	75	1000	0.6	4.71	6.28	27.035	7.962	24.687	8.631
					0.8	6.28	8.37	39.451	11.955	35.727	11.901
					1.0	7.85	10.47	52.392	16.201	47.171	15.185
					1.2	9.42	12.56	65.558	20.560	57.156	18.240
U-125	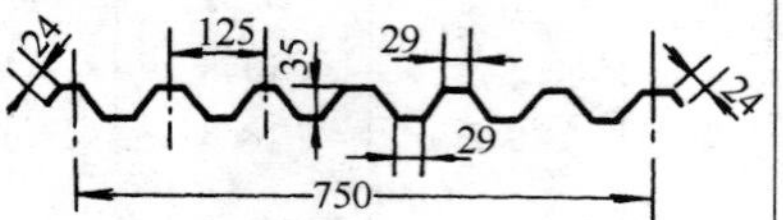	750	75	1000	0.5	3.93	5.24	11.9	6.3		
					0.6	4.71	6.28	14.2	7.6		
					0.8	6.28	8.37	19	10.2		

注：以上数值均为理论计算值，仅供参考。

（2）楼板周边封沿钢板。封沿钢板为楼板边沿封边模板（或称堵头模板），其选用的材质和厚度一般与压型钢板相同，板的截面为L形（图2-3-4）。

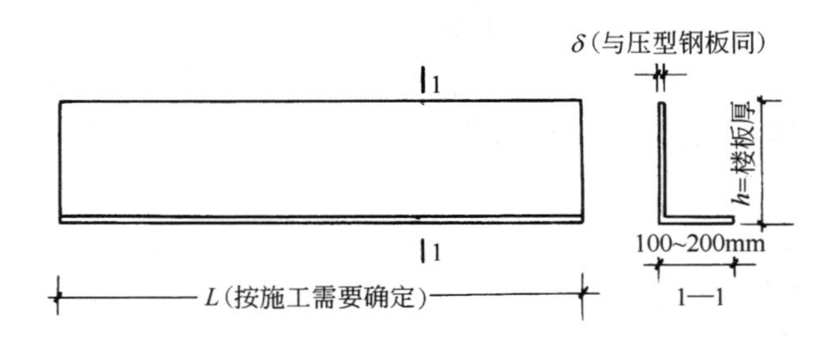

图2-3-4 楼板周边封沿钢板

2.3.1.4 构造

1. 组合板的压型钢板

为保证与楼板现浇层组合后能共同承受使用荷载，一般做成以下三种抗剪连接构造：

（1）压型钢板的截面做成具有楔形肋的纵向波槽（图2-3-5）。

（2）在压型钢板肋的两内侧和上、下表面，压成压痕、开小洞或冲成不闭合的孔眼（图2-3-6）。

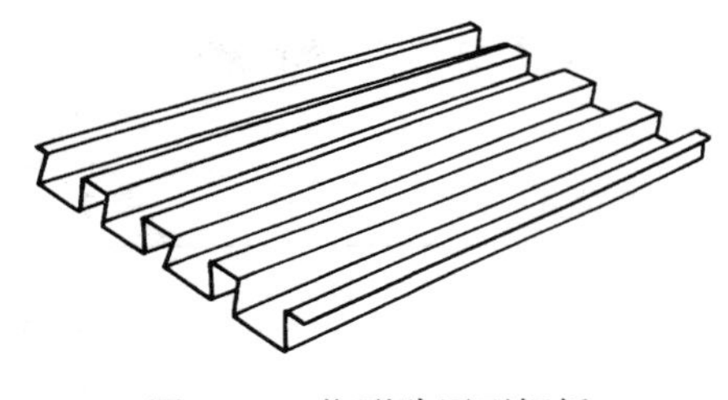

图2-3-5 楔形肋压型钢板

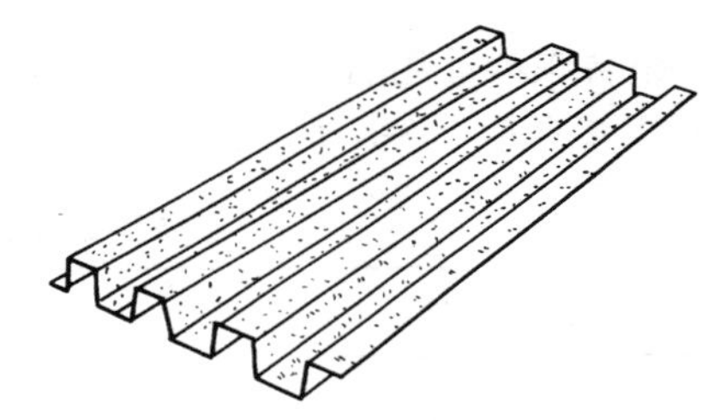

图2-3-6 带压痕压型钢板

（3）在压型钢板肋的上表面，焊接与肋相垂直的横向钢筋（图2-3-7）。

在以上任何构造情况下，板的端部均要设置端部栓钉锚固件（图2-3-8）。栓钉的规格和数量按设计确定。

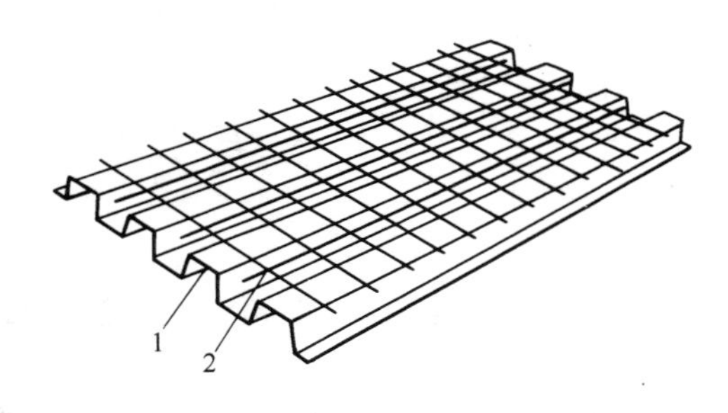

图2-3-7 焊有横向钢筋压型钢板
1—压型钢板；2—焊接在压型钢板上表面的钢筋

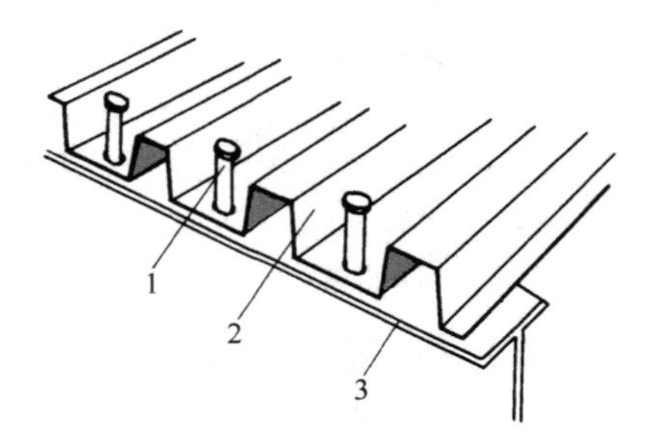

图2-3-8 压型钢板端部栓钉锚固
1—锚固栓钉；2—压型钢板；3—钢梁

2. 非组合板的压型钢板

可不需要做成抗剪连接构造。

3. 压型钢板的封端

为防止楼板浇筑混凝土时，混凝土从压型钢板端部漏出，对压型钢板简支端的凸肋端头，要做成封端（图 2-3-9，图 2-3-10）。封端可在工厂加工压型钢板时一并做好，也可以在施工现场，采用与压型钢板凸肋的截面尺寸相同的薄钢板，将其凸肋端头用电焊点焊、封好。

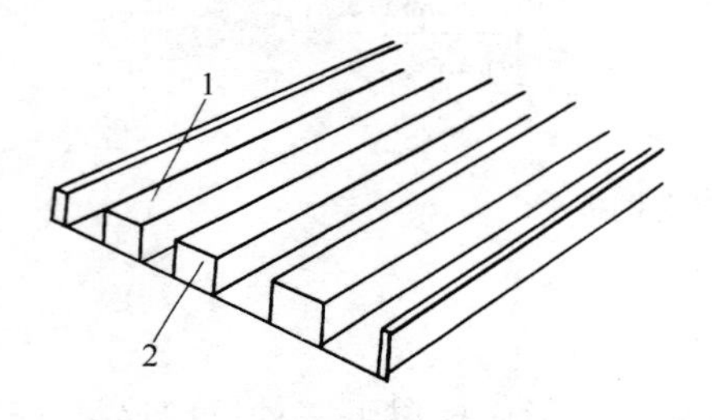

图 2-3-9　压型钢板坡型封端

1—压型钢板；2—端部坡型封端板

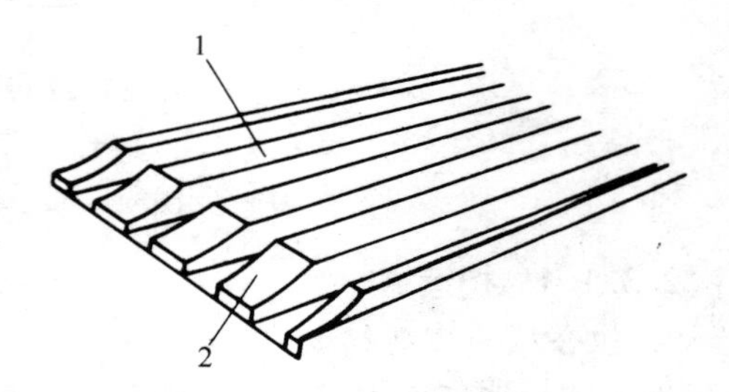

图 2-3-10　压型钢板直型封端

1—压型钢板；2—直型封端板

2.3.1.5　压型钢板模板的应用

1. 压型钢板强度和变形验算

（1）组合板或非组合板的压型钢板，在施工阶段均须进行强度和变形验算。单向受力压型钢板可参照表 2-3-5 中公式进行应力和挠度计算。

压型钢板模板应力和挠度计算公式　　**表 2-3-5**

使用条件	应力公式	挠度计算
均布荷载简支梁	$\sigma=\frac{WL^2}{8Z}$	$\delta=\frac{5WL^4}{384EI}$
均布荷载连续梁	$\sigma=\frac{WL^2}{8Z}$	$\delta=\frac{WL^4}{185EI}$

注：式中　σ——应力（N/mm^2）；

L——板计算跨度（cm）；

E——板的弹性模量（N/mm^2）；

Z——断面系数（cm^3），根据理论计算和试验确定；

δ——板的计算挠度（cm）；

I——板的惯性矩（cm^4）；

W——均布荷载（N/mm^2）。

压型钢板跨中变形应控制在 $\delta=L/200\leqslant20$mm，（L—板的跨度），如超出变形控制量时，应在铺设后于板底采取加设临时支撑措施。

组合板的压型钢板，在施工阶段要有足够的强度和刚度，以防止压型钢板产生“蓄聚”现象，保证其组合效应产生后的抗弯能力。

（2）在进行压型钢板的强度和变形验算时，应考虑以下荷载；

1）永久荷载：包括压型钢板、楼板钢筋和混凝土自重；

2）可变荷载：包括施工荷载和附加荷载。施工荷载系指施工操作人员和施工机具设备，并考虑到施工时可能产生的冲击与振动。此外尚应以工地实际荷载为依据，若有过量冲击、混凝土堆放、管线、泵荷等，尚应增加附加荷载。

2. 压型钢板安装

（1）安装准备工作

1）核对压型钢板型号、规格和数量是否符合要求，检查是否有变形、翘曲、压扁、裂纹和锈蚀等缺陷。对存有影响使用缺陷的压型钢板，需经处理后方可使用。

2）对布置在与柱子交接处及预留较大孔洞处的异型钢板，通过放出实样提前把缺角和洞口切割好。

3）用作钢筋混凝土结构楼板模板时，按普通支模方法和要求，安装好模板的支承系统直接支承压型钢板的龙骨宜采用木龙骨。

4）绘制出压型钢板平面布置图，按平面布置图在钢梁或支承压型钢板的龙骨上，划出压型钢板安装位置线和标注出其型号。

5）压型钢板应按安装房间使用的型号、规格、数量和吊装顺序进行配套，将其多块叠置成垛和码放好，以备吊装。

6）对端头有封端要求的压型钢板，如在现场进行端头封端时，要提前做好端头封闭处理。

7）用作组合板的压型钢板，安装前要编制压型钢板穿透焊施工工艺，按工艺要求选择和测定好焊接电流、焊接时间、栓钉熔化长度参数。

（2）钢结构房屋的楼板压型钢板模板安装

1）安装工艺顺序：于钢梁上分划出钢板安装位置线→压型钢板成捆吊运并搁置在钢梁上→钢板拆捆、人工铺设→安装偏差调整和校正→板端与钢梁电焊（点焊）固定→钢板底面支撑加固*→将钢板纵向搭接边点焊成整体→栓钉焊接锚固（如为组合楼板压型钢板时）→钢板表面清理。

2）安装工艺要点：

① 压型钢板应多块叠置成捆，采用扁担式专用吊具，由垂直运输机具吊运并搁置在待安装的钢梁上，然后由人工抬运、铺设。

② 压型钢板宜采用“前推法”铺设。在等截面钢梁上铺设时，从一端开始向前铺设至另一端。在变截面梁上铺设时，由梁中开始向两端方向铺设。

③ 铺设压型钢板时，相邻跨钢板端头的波梯形槽口要贯通对齐。

④ 压型钢板要随铺设、随调整和校正位置，随将其端头与钢梁点焊固定，以防止在安装过程中钢板发生松动和滑落。

⑤ 在端支座处，钢板与钢梁搭接长度不少于50mm。板端头与钢梁采用点焊固定时，如无设计规定，焊点的直径一般为12mm，焊点间距一般为200～300mm（图2-3-11）。

⑥ 在连续板的中间支座处，板端的搭接长度不少于50mm。板的搭接端头先点焊成整体，然后与钢梁再进行栓钉锚固（图2-3-12）。如为非组合板的压型钢板时，先在板端

---

* 模板跨度过大，则应先加设支撑。

的搭接范围内，将板钻出直径为 8mm、间距为 200～300mm 的圆孔，然后通过圆孔将搭接叠置的钢板与钢梁满焊固定（图 2-3-13）。

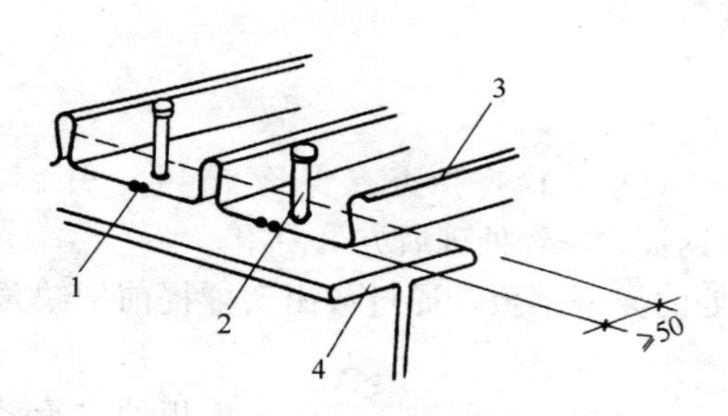

图 2-3-11　组合板压型钢板连接固定

1—压型钢板与钢梁点焊固定；2—锚固栓钉；3—压型钢板；4—钢梁

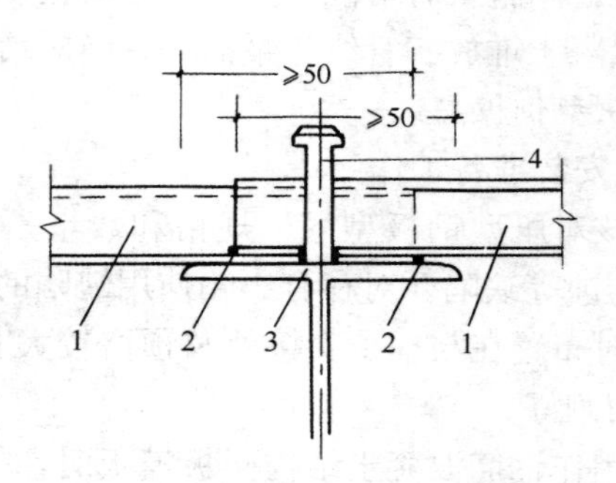

图 2-3-12　中间支座处组合板的压型钢板连接固定

1—压型钢板；2—点焊固定；3—钢梁；4—栓钉锚固

⑦ 对需加设板底支撑的压型钢板，直接支承钢板的龙骨要垂直于板跨方向布置。支撑系统的设置，按压型钢板在施工阶段变形控制量的要求及《混凝土结构工程施工质量验收规范》（GB 50204）普通模板的设计和计算有关规定确定。压型钢板支撑，需待楼板混凝土达到施工要求的拆模强度后方可拆除。如各层间楼板连续施工时，还应考虑多层支撑连续设置的层数，以共同承受上层传来的施工荷载。

⑧ 楼板边沿的封沿钢板与钢梁的连接，可采用点焊连接，焊点直径一般为 10～12mm，焊点间距为 200～300mm。为增强封沿钢板的侧向刚度，可在其上口加焊直径 ϕ6、间距为 200～300mm 的拉筋（图 2-3-14）。

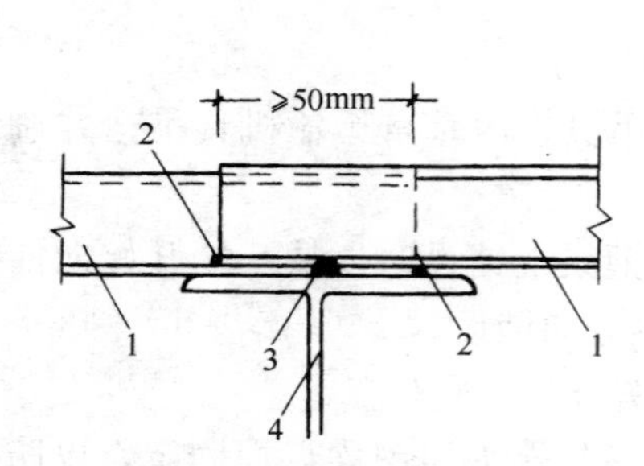

图 2-3-13　中间支座处非组合板的压型钢板连接固定

1—压型钢板；2—板端点焊固定；3—压型钢板钻孔后与钢梁焊接；4—钢梁

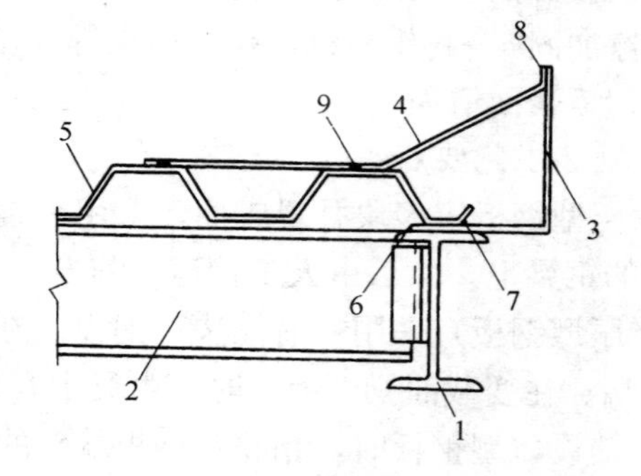

图 2-3-14　楼板周边封沿钢板拉结

1—主钢梁；2—次钢梁；3—封沿钢板；4—ϕ6 拉结钢筋；5—压型钢板；6—封沿钢板；与钢梁点焊固定；7—压型钢板与封沿钢板点焊固定；8—拉结钢筋与封沿钢板点焊连接；9—拉结钢筋与压型钢板点焊连接

3）组合板的压型钢板与钢梁栓钉焊连接：

① 栓钉焊的栓钉，其规格、型号和焊接的位置按设计要求确定。但穿透压型钢板焊接于钢梁上的栓钉直径不宜大于 19mm，焊后栓钉高度应大于压型钢板波高加 30mm。

② 栓钉焊接前，按放出的栓钉焊接位置线，将栓钉焊点处的压型钢板和钢梁表面用砂轮打磨处理，把表面的油污、锈蚀、油漆和镀锌面层打磨干净，以防止焊缝产生脆性。

③ 栓钉的规格、配套的焊接药座（亦称焊接保护圈）、焊接参数可参照表 2-3-6、表 2-3-7 选用。

一般常用的栓钉规格 **表 2-3-6**

型号	栓钉直径 D（mm）	端头直径 d（mm）	头部厚度 δ（mm）	栓钉长度 L（mm）
13	13	22	9～10	80～100
16	16	29	10～12	75～100
19	19	32	10～12	75～150
22	22	35	10～12	100～175

栓钉、药座和焊接参数表 **表 2-3-7**

项目			参数			
栓钉直径（mm）			13～16		19～22	
焊接药座	标准型		YN-13FS	YN-16FS	YN-19FS	YN-22FS
	药座直径（mm）		23	28.5	34	38
	药座高度（mm）		10	12.5	14.5	16.5
焊接参数	标准条件（向下焊接）	焊接电流（A）	900～1100	1030～1270	1350～1650	1470～1800
		弧光时间（s）	0.7	0.9	1.1	1.4
		熔化量（mm）	2.0	2.5	3.0	3.5
	电容量（kVA）		>90	>90	>100	>120

④ 栓钉焊应在构件置于水平位置状态施焊，其接入电源应与其他电源分开，其工作区应远离磁场或采取避免磁场对焊接影响的防护措施。

⑤ 栓钉要进行焊接试验。在正式施焊前，应先在试验钢板上按预定的焊接参数焊两个栓钉，待其冷却后进行弯曲、敲击试验检查。敲弯角度达 45°后，检查焊接部位是否出现损坏或裂缝。如施焊的两个栓钉中，有一个焊接部位出现损坏或裂缝，就需要在调整焊接工艺后，重新做焊接试验和焊后检查，直至检验合格后方可正式开始在结构构件上施焊。

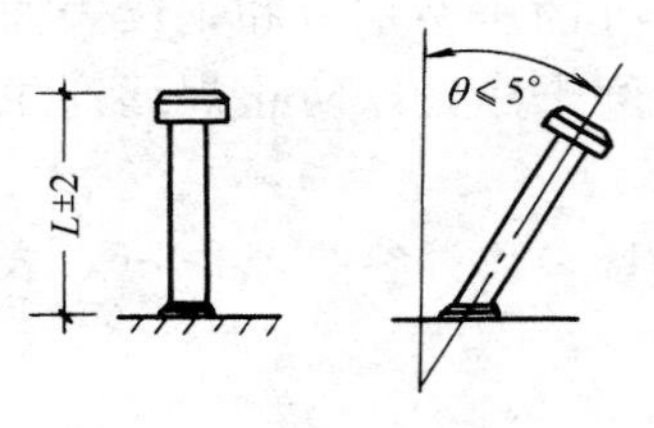

图 2-3-15　栓钉焊接允许偏差

L—栓钉长度；θ—偏斜角

⑥ 栓钉焊毕，应按下列要求进行质量检查。

目测检查栓钉焊接部位的外观，四周的熔化金属已形成均匀小圈而无缺陷者为合格。

焊接后，自钉头表面算起的栓钉高度 L 的公差为±2mm，栓钉偏离垂直方向的倾斜角$\theta\leqslant5°$（图 2-3-15）者为合格。

目测检查合格后，对栓钉按规定进行冲力弯曲试验，弯曲角度为 15°时，焊接面上不得有任何缺陷。

经冲力弯曲试验合格后的栓钉，可在弯曲状态下使用。不合格的栓钉，应进行更换并进行弯曲试验检验。

（3）钢筋混凝土结构房屋的楼板压型钢板安装

1）安装顺序

于钢筋混凝土梁上或支承钢板的龙骨上放出钢板安装位置线→由吊车把成捆的压型钢板吊运和搁置在支承龙骨上→人工拆捆、抬运、铺放钢板→调整、校正钢板位置→将钢板与支承龙骨钉牢→将钢板的顺边搭接用电焊点焊连接→钢板清理。

2）安装工艺和技术要点

① 压型钢板模板，可采用支柱式、门架或桁架式支撑系统支承，直接支承钢板的水平龙骨宜采用木龙骨。压型钢板支撑系统的设置，应按钢板在施工阶段的变形量控制要求和《混凝土结构工程施工质量验收规范》(GBJ 50204) 中模板设计与施工有关规定确定。

② 直接支承压型钢板的木龙骨，应垂直于钢板的跨度方向布置。钢板端部搭接处，要设置在龙骨位置上或采取增加附加龙骨措施，钢板端部不得有悬臂现象。

③ 压型钢板安装，可把叠置成捆的钢板用吊车吊运至作业地点，平稳搁置在支承龙骨上，然后由人工拆捆、单块抬运和铺设。

④ 钢板随铺放就位、随调整校正、随用钉子将钢板与木龙骨钉牢，然后沿着板的相邻搭接边点焊牢固，把板连接成整体（图 2-3-16～图 2-3-21）。

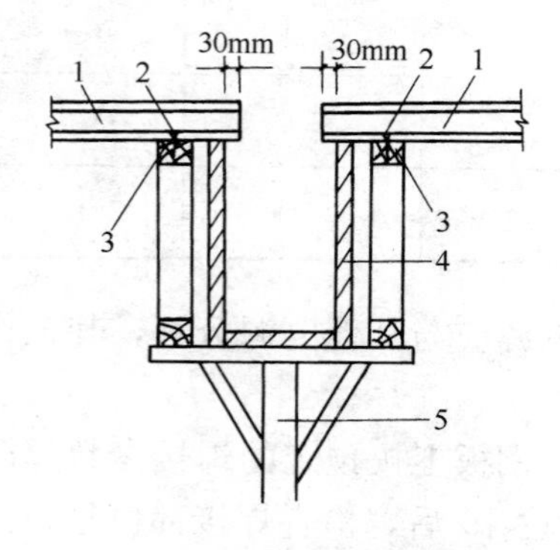

图 2-3-16　压型钢板与现浇梁连接构造

1—压型钢板；2—压型钢板与支承龙骨钉子固定；3—支承压型钢板龙骨；4—现浇梁模；5—模板支撑架

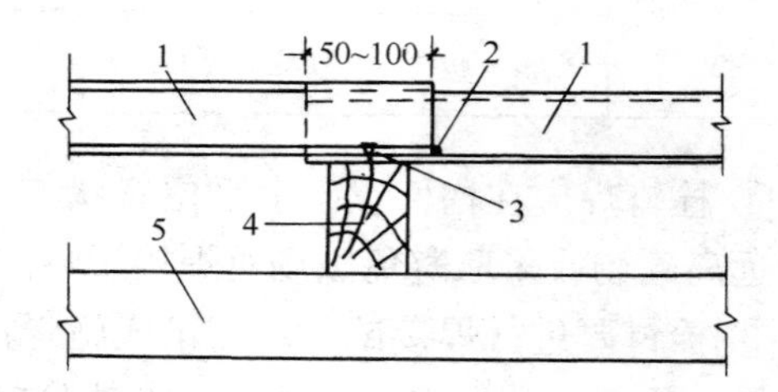

图 2-3-17　压型钢板长向搭接构造

1—压型钢板；2—压型钢板端头点焊连接；3—压型钢板与木龙骨钉子固定；4—支承压型钢板次龙骨；5—主龙骨

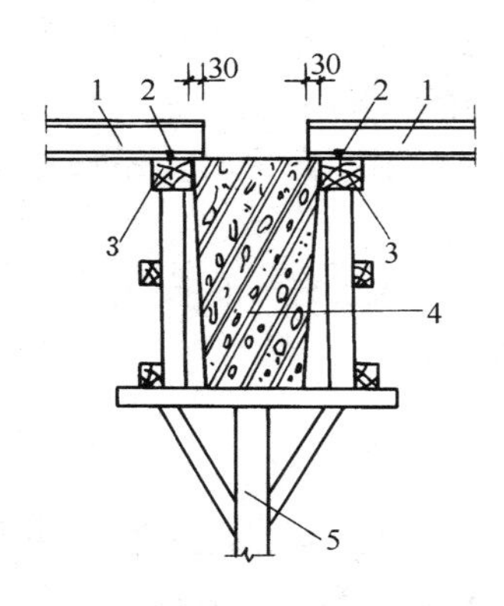

图 2-3-18 压型钢板与预制梁连接构造

1—压型钢板；2—压型钢板与支承木龙骨钉子固定；3—支承压型钢板木龙骨；4—预制钢筋混凝土梁；5—预制梁支撑架

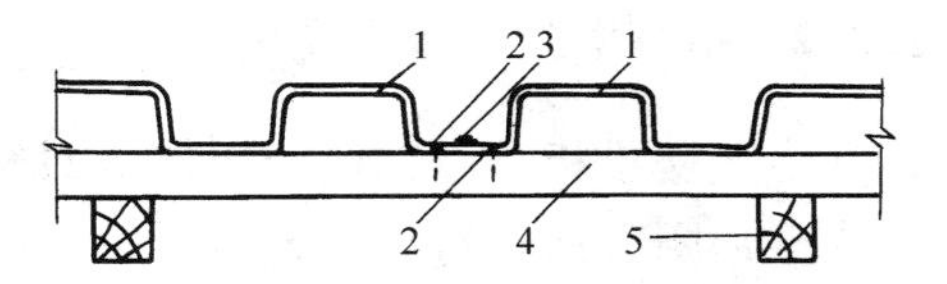

图 2-3-19 压型钢板短向连接构造

1—压型钢板；2—压型钢板与龙骨钉子固定；3—压型钢板点焊连接；4—次龙骨；5—主龙骨

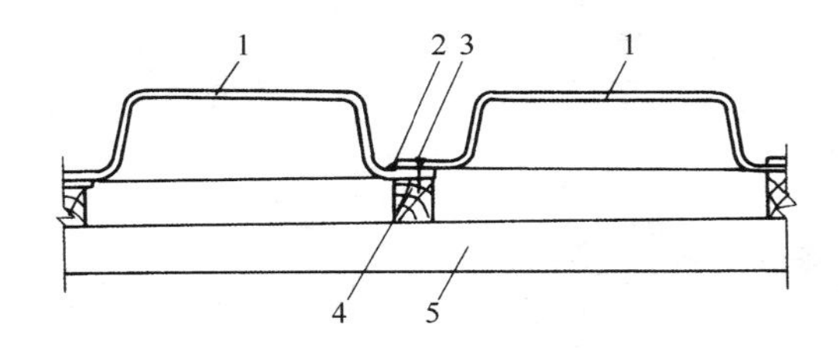

图 2-3-20 压型钢模壳纵向搭接构造

1—压型钢模壳；2—钢模壳点焊连接；3—钢模壳与支承龙骨钉子固定；4—次龙骨；5—主龙骨

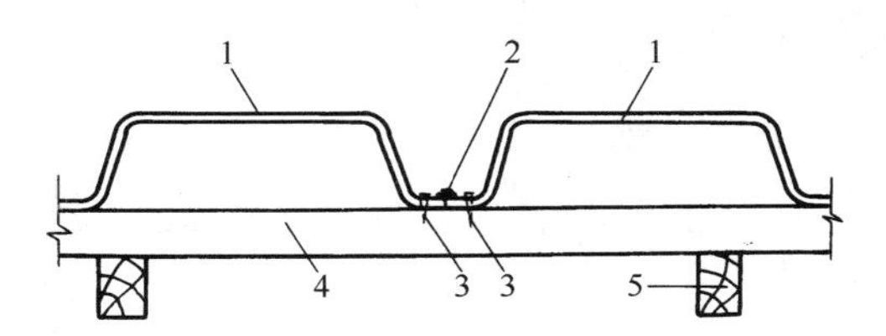

图 2-3-21 压型钢模壳横向搭接构造

1—压型钢模壳；2—钢模壳点焊连接；3—钢模壳与龙骨钉子固定；4—次龙骨；5—主龙骨

2.3.1.6 安装安全技术要求

(1) 压型钢板安装后需要开设较大孔洞时，开洞前必须于板底采取相应的支撑加固措施，然后方可进行切割开洞。开洞后板面洞口四周应加设防护措施。

(2) 遇有降雨、下雪、大雾及六级以上大风等恶劣天气情况，应停止压型钢板高空作业。雨雪停后复工前，要及时清除作业场地和钢板上的冰雪和积水。

(3) 安装压型钢板用的施工照明、动力设备的电线应采用绝缘线，并用绝缘支撑物使电线与压型钢板分隔开。要经常检查线路的完好，防止绝缘损坏发生漏电。

(4) 施工用临时照明行灯的电压，一般不得超过 36V，在潮湿环境不得超过 12V。

(5) 多人协同铺设压型钢板时，要相互呼应，操作要协调一致。钢板应随铺设、随调整、校正，其两端随与钢梁焊牢固定或与支承木龙骨钉牢，以防止发生钢板滑落及人身坠落事故。

(6) 安装工作如遇中途停歇，对已拆捆未安装完的钢板，不得架空搁置，要与结构物或支撑系统临时绑牢。每个开间的钢板，必须待全部连接固定好并经检查后，方可进入下道工序。

（7）在已支撑加固好的压型钢板上，堆放的材料、机具及操作人员等施工荷载，如无设计规定时，一般每平方米不得超过2500N。施工中，要避免压型钢板承受冲击荷载。

（8）压型钢板吊运，应多块叠置、绑扎成捆后采用扁担式的专用平衡吊具，吊挂压型钢板的吊索与压型钢板应呈90°夹角。

（9）压型钢板楼板各层间连续施工时，上、下层钢板支撑加固的支柱，应安装在一条竖向直线上，或采取措施使上层支柱荷载传递到工程的竖向结构上。

2.3.2　钢筋桁架楼承板模板

钢筋桁架楼承板是由钢筋桁架与压型钢板底模通过电阻焊连接成一体的楼承板，由北京多维联合集团香河建材有限公司研发。该产品施工阶段可以承受全部施工荷载。目前类似品种较多。

1. 型号

钢筋桁架楼承板按底模钢板板型（V型和W型）分为TDV型（图2-3-22）和TDW型（图2-3-23）两种。

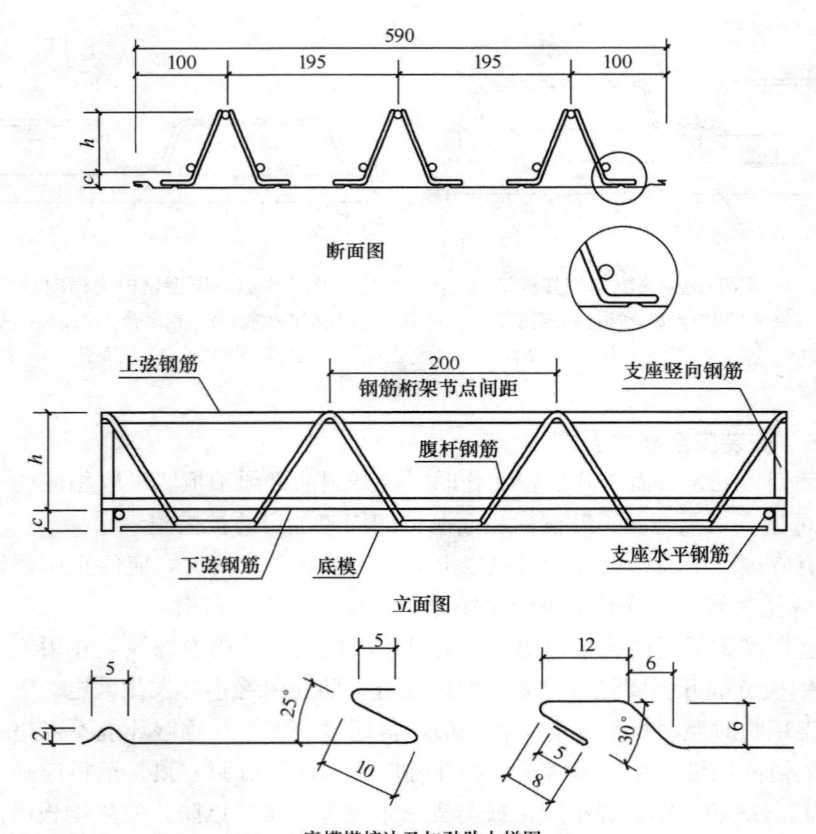

图2-3-22　钢筋桁架楼承板（TDV型）

c—混凝土保护层厚度；h—钢筋桁架高度

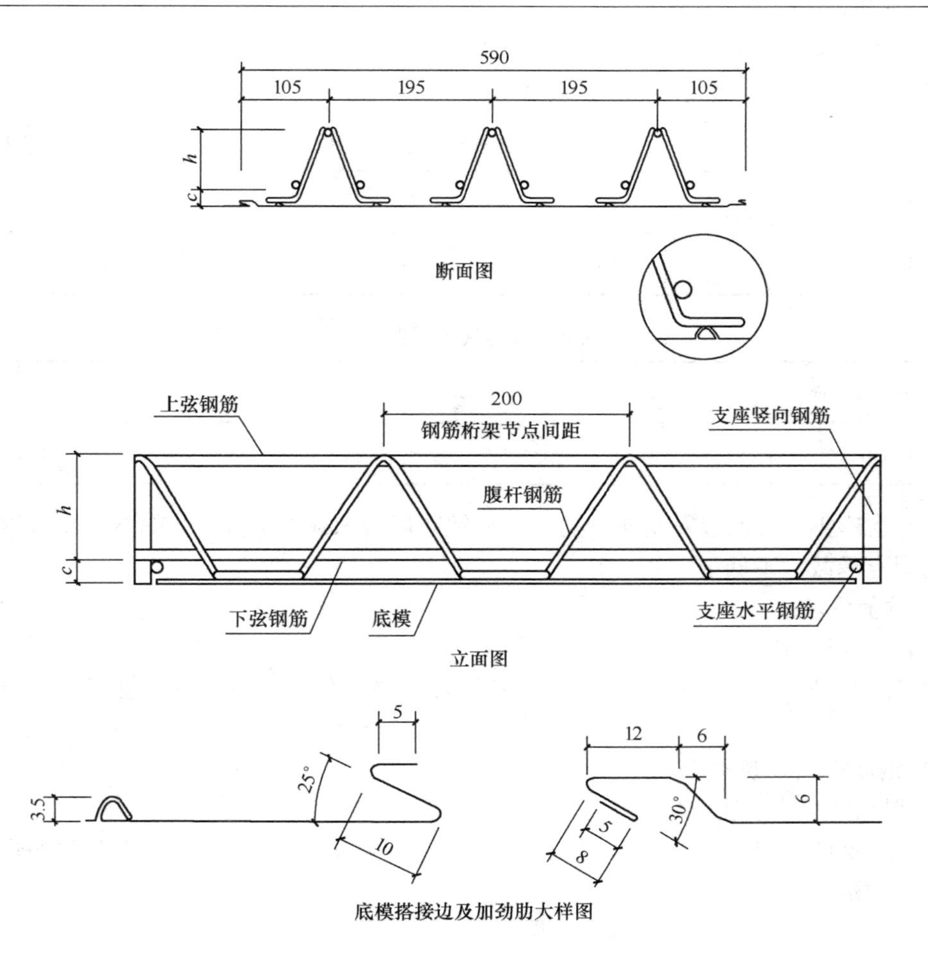

图 2-3-23 钢筋桁架楼承板（TDW 型）

c—混凝土保护层厚度；h—钢筋桁架高度

2. 钢筋桁架楼承板参数，见表 2-3-8。

钢筋桁架楼承板参数 **表 2-3-8**

名 称	规 格	
上、下弦钢筋直径(mm)	HPB300、HRB335、HRB400、CPB550	6～12
腹杆钢筋直径(mm)	CPB550	4～7
支座水平钢筋直径(mm)	HPB235、HRB335、HRB400	8、10
支座竖向钢筋直径(mm)	HPB235	12(用于 $h\leqslant150$)，14(用于 $h>150$)
	HRB335、HRB400	10(用于 $h\leqslant150$)，12(用于 $h>150$)
底模厚度(mm)	0.4～0.8	
钢筋桁架高度 h(mm)	70～270	
混凝土保护层厚度 c(mm)	15～30	
钢筋桁架楼承板长度(m)	1.0～12.0	

3. 钢筋桁架楼承板力学性能

（1）焊点承载力，见表2-3-9、表2-3-10。

钢筋桁架节点焊接承载力　表2-3-9

腹杆钢筋直径（mm）	4	4.5	5	5.5	6	6.5	7	7.5
焊点承载力（N）	4490	5680	7020	8490	10100	11850	13750	15780

钢筋桁架与底模焊点承载力　表2-3-10

底模厚度（mm）	0.4	0.5	0.6	0.8
焊点承载力（N）	750	1000	1350	2100

（2）支座钢筋之间以及支座钢筋与下弦钢筋焊点承载力不低于6000N，支座钢筋与上弦钢筋焊点承载力不低于13000N。

4. 质量要求

（1）外观质量

1）底模：底模不允许有明显裂纹或其他表面缺陷存在，镀锌板底模不得有明显的镀层脱落。

2）钢筋桁架外观质量

① 焊点处熔化金属应均匀；

② 每件制品的焊点脱落、漏焊数量不得超过焊点总数的4%，且任意相邻两焊点不得有漏焊及脱落；

③ 焊点应无裂纹、多孔性缺陷及明显的烧伤现象。

3）钢筋桁架与底模的焊接外观质量应符合表2-3-11的要求。

钢筋桁架与底模焊接质量要求　表2-3-11

板　型	焊点脱落、漏焊总数	相邻四焊点脱落或漏焊	焊点烧穿总数	空　洞
TDV型板	不超过焊点总数的2%	不得大于1个	不超过焊点总数的20%	不得有大于4mm²的空洞
TDW型板	不超过焊点总数的1%	不得大于1个	每件制品不超过3个	不允许有空洞

4）支座钢筋之间以及支座钢筋与上、下弦钢筋连接采用电弧焊，其外观质量应符合标准JGJ 18的规定。

（2）构造尺寸允许偏差，见表2-3-12、表2-3-13。

钢筋桁架构造尺寸允许偏差　表2-3-12

对应尺寸	允许误差（mm）	对应尺寸	允许误差（mm）
钢筋桁架高度	±3	钢筋桁架节点间距	±3
钢筋桁架间距	±10		

宽度、长度允许偏差　表 2-3-13

钢筋桁架楼承板的长度	宽度允许偏差（mm）	长度允许偏差（mm）
≤5.0m	±4	±6
>5.0m		±10

5. 钢筋桁架楼承板规格尺寸，见表 2-3-14。

钢筋桁架楼承板选用表　表 2-3-14

楼板厚度（mm）	板型 V（590mm 宽）	板型 W（600mm 宽）	桁架高度（mm）	施工阶段无支撑最大适用跨度（m）		上弦、腹杆下弦直径（mm）	中和轴高度 Y_0（mm）	惯性矩 I_0（$\times 10^5 mm^4$）
				板简支	板连续			
100	TDV1-70	TDW1-70	70	1.8	1.8	8，4.5，6	47.65	1.059
110	TDV1-80	TDW1-80	80	1.9	1.8		52.35	1.421
120	TDV1-90	TDW1-90	90	2.0	2.0		57.06	1.837
130	TDV1-100	TDW1-100	100	2.1	2.0		61.77	2.305
140	TDV1-110	TDW1-110	110	2.1	2.2	8，4.5，6	66.47	2.826
150	TDV1-120	TDW1-120	120	2.1	2.2		71.18	3.401
100	TDV2-70	TDW2-70	70	1.8	2.4	8，4.5，8	39.67	1.294
110	TDV2-80	TDW2-80	80	1.9	2.6	8，4.5，8	43.00	1.743
120	TDV2-90	TDW2-90	90	2.0	2.6		46.33	2.259
130	TDV2-100	TDW2-100	100	2.0	2.8		49.67	2.842
140	TDV2-110	TDW2-110	110	2.1	2.8		53.00	3.492
150	TDV2-120	TDW2-120	120	2.1	3.0	8，5，8	56.33	4.210
160	TDV2-130	TDW2-130	130	2.2	3.0		59.67	4.994
170	TDV2-140	TDW2-140	140	2.2	3.0		63.00	5.845
180	TDV2-150	TDW2-150	150	2.2	3.0		66.33	6.763
190	TDV2-160	TDW2-160	160	2.3	3.0	8，5.5，8	59.67	7.748
200	TDV2-170	TDW2-170	170	2.3	3.0		73.00	8.800
100	TDV3-70	TDW3-70	70	2.5	3.0	10，4.5，8	45.75	1.650
110	TDV3-80	TDW3-80	80	2.7	3.0		50.14	2.232
120	TDV3-90	TDW3-90	90	2.9	3.2		54.53	2.902
130	TDV3-100	TDW3-100	100	3.0	3.2		58.91	3.660
140	TDV3-110	TDW3-110	110	3.2	3.4	10，5，8	63.30	4.507
150	TDV3-120	TDW3-120	120	3.4	3.6		67.68	5.442
160	TDV3-130	TDW3-130	130	3.5	3.6		72.07	6.465
170	TDV3-140	TDW3-140	140	3.6	3.6	10，5.5，8	76.46	7.600

续表

楼板厚度（mm）	板型 V（590mm 宽）	板型 W（600mm 宽）	桁架高度（mm）	施工阶段无支撑最大适用跨度（m）		上弦、腹杆下弦直径（mm）	中和轴高度 Y_0（mm）	惯性矩 I_0（$\times 10^5 mm^4$）
				板简支	板连续			
180	TDV3-150	TDW3-150	150	3.7	3.8	10，5.5，8	80.84	8.775
190	TDV3-160	TDW3-160	160	3.7	3.8		85.23	10.062
200	TDV3-170	TDW3-170	170	3.8	3.8	10，6，8	89.61	11.438
100	TDV4-70	TDW4-70	70	2.6	3.2	10，4.5，10	40.00	1.900
110	TDV4-80	TDW4-80	80	2.8	3.4		43.33	2.580
120	TDV4-90	TDW4-90	90	3.1	3.4		46.47	3.366
130	TDV4-100	TDW4-100	100	3.3	3.6		50.00	4.256
140	TDV4-110	TDW4-110	110	3.4	3.6	10，5，10	53.33	5.251
150	TDV4-120	TDW4-120	120	3.5	3.8		56.67	6.350
160	TDV4-130	TDW4-130	130	3.6	3.8		60.00	7.555
170	TDV4-140	TDW4-140	140	3.6	4.0		63.33	8.864
180	TDV4-150	TDW4-150	150	3.7	4.0	10，5.5，10	66.67	10.277
190	TDV4-160	TDW4-160	160	3.7	4.0		70.00	11.796
200	TDV4-170(2)	TDW4-170(2)	170	3.8	3.6		73.33	13.419
210	TDV4-180（2）	TDW4-180（2）	180	3.8	3.2	10，5.5，10	76.67	15.144
200	TDV4-170	TDW4-170	170	3.8	4.2		73.33	13.419
210	TDV4-180	TDW4-180	180	3.8	4.2	10，6，10	76.67	15.144
220	TDV4-190	TDW4-190	190	3.8	4.0		80.00	16.971
230	TDV4-200	TDW4-200	200	3.9	3.6		83.33	18.907
240	TDV4-210	TDW4-210	210	3.8	3.4		86.67	20.948
250	TDV4-220	TDW4-220	220	3.6	3.0		90.00	23.094
260	TDV4-230	TDW4-230	230	3.2	2.8		93.33	25.344
100	TDV5-70	TDW5-70	70	2.6	2.8		50.77	1.930
110	TDV5-80	TDW5-80	80	2.8	3.2	12，4.5，8	56.06	2.622
120	TDV5-90	TDW5-90	90	3.0	3.2		61.35	3.420
130	TDV5-100	TDW5-100	100	3.2	3.2		66.65	4.325
140	TDV5-110	TDW5-110	110	3.4	3.4		71.94	5.336
150	TDV5-120	TDW5-120	120	3.6	3.6	12，5，8	77.24	6.454
160	TDV5-130	TDW5-130	130	3.7	3.6		82.53	7.678
170	TDV5-140	TDW5-140	140	3.8	4.0		87.82	9.009
180	TDV5-150	TDW5-150	150	4.0	3.8	12，5.5，8	93.12	10.446
190	TDV5-160（2）	TDW5-160（2）	160	4.0	4.0		98.41	11.989

续表

楼板厚度(mm)	板型V(590mm宽)	板型W(600mm宽)	桁架高度(mm)	施工阶段无支撑最大适用跨度(m)		上弦、腹杆下弦直径(mm)	中和轴高度Y_0(mm)	惯性矩I_0(×10^5mm^4)
				板简支	板连续			
200	TDV5-170（2）	TDW5-170（2）	170	4.0	3.6	12，5.5，8	103.71	13.639
210	TDV5-180（2）	TDW5-180（2）	180	3.7	3.2		109.00	15.388
190	TDV5-160	TDW5-160	160	4.0	4.0		98.41	11.989
200	TDV5-170	TDW5-170	170	4.0	3.8	12，6，8	103.71	13.639
210	TDV5-180	TDW5-180	180	4.2	3.8		109.00	15.388
220	TDV5-190	TDW5-190	190	4.2	4.0		114.29	17.249
230	TDV5-200	TDW5-200	200	4.2	3.6		119.59	19.218
240	TDV5-210	TDW5-210	210	3.8	3.4		124.88	21.292
250	TDV5-220	TDW5-220	220	3.6	3.0		130.17	23.473
260	TDV5-230	TDW5-230	230	3.2	2.8		135.47	25.761
100	TDV6-70	TDW6-70	70	2.8	3.6		44.70	2.309
110	TDV6-80	TDW6-80	80	3.0	3.6		48.88	3.151
120	TDV6-90	TDW6-90	90	3.3	4.2	12，4.5，10	53.07	4.124
130	TDV6-100	TDW6-100	100	3.5	4.2		57.26	5.228
140	TDV6-110	TDW6-110	110	3.6	4.4	12，5，10	61.44	6.465
150	TDV6-120	TDW6-120	100	3.8	4.6		65.63	7.832
160	TDV6-130	TDW6-130	130	3.9	4.6		69.81	9.331
170	TDV6-140	TDW6-140	140	4.0	4.8	12，5.5，10	74.00	10.962
180	TDV6-150（2）	TDW6-150（2）	150	4.2	4.4		78.19	12.724
190	TDV6-160（2）	TDW6-160（2）	160	4.2	4.0		82.37	14.618
200	TDV6-170（2）	TDW6-170（2）	170	4.2	3.6	12，5.5，10	86.56	16.643
210	TDV6-180（2）	TDW6-180（2）	180	3.8	3.2		90.74	18.791
180	TDV6-150	TDW6-150	150	4.2	4.8	12，6，10	78.19	12.724
190	TDV6-160	TDW6-160	160	4.2	5.0		82.37	14.618
200	TDV6-170	TDW6-170	170	4.4	5.0		86.56	16.643
210	TDV6-180	TDW6-180	180	4.4	4.6		90.74	18.791
220	TDV6-190	TDW6-190	190	4.5	4.2		94.93	21.078
230	TDV6-200	TDW6-200	200	4.4	3.8		99.12	23.496

续表

楼板厚度（mm）	板型 V（590mm 宽）	板型 W（600mm 宽）	桁架高度（mm）	施工阶段无支撑最大适用跨度（m）		上弦、腹杆下弦直径（mm）	中和轴高度 Y_0（mm）	惯性矩 I_0（$\times10^5mm^4$）
				板简支	板连续			
240	TDV6-210	TDW6-210	210	4.0	3.4	12，6，10	103.30	26.046
250	TDV6-220	TDW6-220	220	3.6	3.0		107.49	28.728
260	TDV6-230	TDW6-230	230	3.4	2.8		111.67	31.540
100	TDV7-70	TDW7-70	70	2.9	3.8		40.33	2.567
110	TDV7-80	TDW7-80	80	3.2	3.8		43.67	3.517
120	TDV7-90	TDW7-90	90	3.4	4.2	12，4.5，12	47.00	4.618
130	TDV7-100	TDW7-100	100	3.6	4.4		50.33	5.869
140	TDV7-110	TDW7-110	110	3.8	4.4	12，5，12	53.67	7.272
150	TDV7-120	TDW7-120	120	3.9	4.6		57.00	8.825
160	TDV7-130	TDW7-130	130	4.0	4.6		60.33	10.529
170	TDV7-140	TDW7-140	140	4.2	4.8		63.67	12.384
180	TDV7-150（2）	TDW7-150（2）	150	4.3	4.6	12，5.5，12	67.00	14.389
190	TDV7-160（2）	TDW7-160（2）	160	4.4	4.0		70.33	16.546
200	TDV7-170（2）	TDW7-170（2）	170	4.2	3.6		73.67	18.853
210	TDV7-180（2）	TDV7-180（2）	180	3.8	3.2	12，5.5，12	77.00	21.300
220	TDV7-190（2）	TDW7-190（2）	190	3.6	3.0		80.33	23.908
180	TDV7-150	TDW7-150	150	4.3	4.8		67.00	14.389
190	TDV7-160	TDW7-160	160	4.4	5.0		70.33	16.546
200	TDV7-170	TDW7-170	170	4.5	5.0		73.67	18.853
210	TDV7-180	TDW7-180	180	4.6	4.6	12，6，12	77.00	21.300
220	TDV7-190	TDW7-190	190	4.6	4.2		80.33	23.908
230	TDV7-200	TDW7-200	200	4.4	3.8		83.67	26.666
240	TDV7-210	TDW7-210	210	4.0	3.4		87.00	29.575
250	TDV7-220	TDW7-220	220	3.6	3.0		90.33	32.634
260	TDV7-230	TDW7-230	230	3.4	2.8		93.67	35.845

6. 钢筋桁架楼承板模板安装工艺

参见 2.3.1 压型钢板模板相关内容。

2.3.3　钢筋混凝土薄板模板

钢筋混凝土薄板模板，一般是在构件预制工厂的台座上生产，并通过配筋制作成的一种混凝土薄板构件（图 2-3-24）。这种薄板主要应用于现浇钢筋混凝土楼板工程，薄板本身既是现浇楼板的永久性模板；当与楼板的现浇混凝土叠合后，又是构成楼板的受力结构

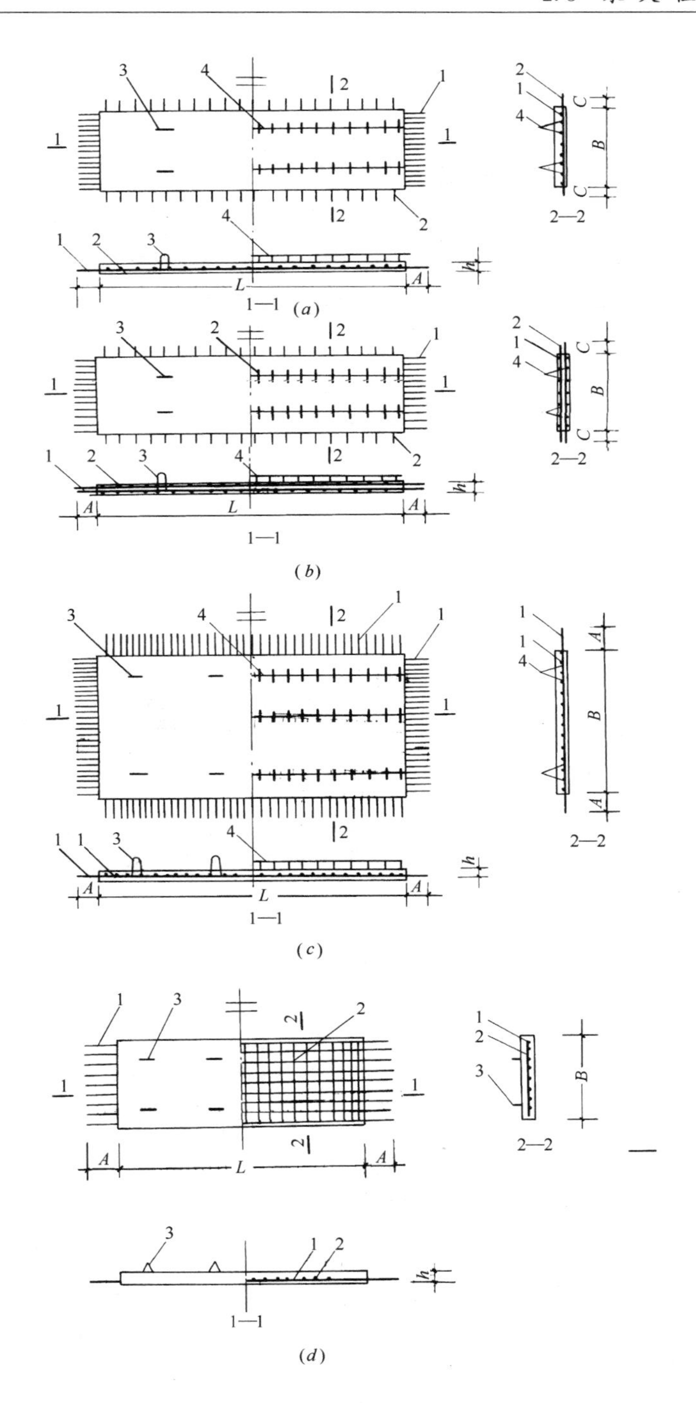

图 2-3-24 钢筋混凝土薄板

(*a*) 有侧向伸出钢筋的单向单层钢筋混凝土薄板；(*b*) 有侧向伸出钢筋的单向双层钢筋混凝土薄板；(*c*) 双向单层钢筋混凝土薄板；(*d*) 无侧向伸出钢筋的单向单层钢筋混凝土薄板

1—钢筋；2—分布钢筋；3—吊环（ϕ8）；4—板面抗剪焊接骨架；*A*—钢筋伸出长度；当支座宽度为 160mm、180mm、200mm 时，≥300mm；当支座宽度为 250mm 时，≥350mm；当支座宽度为 300mm 时，≥400mm；当支座宽度为 350mm 时，≥450mm

部分，与楼板组成组合板（图 2-3-25），或构成楼板的非受力结构部分，而只作永久性模板使用（图 2-3-26）。

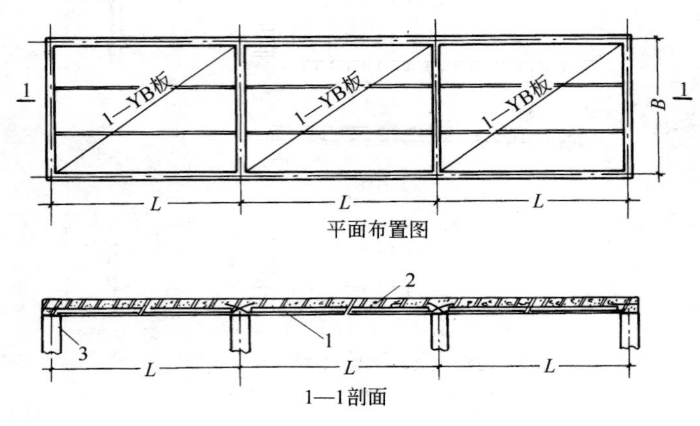

图 2-3-25　预应力混凝土组合板模板

1—钢筋混凝土薄板；2—现浇混凝土叠合层；3—墙体

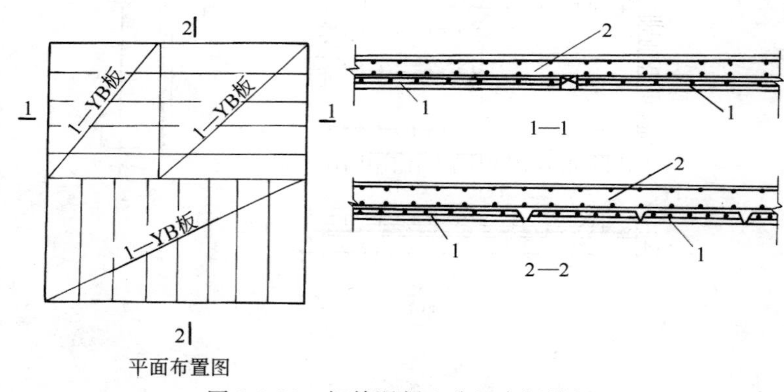

图 2-3-26　钢筋混凝土非组合板模板

1—钢筋混凝土薄板；2—现浇钢筋混凝土楼板

作为组合板的薄板，其主筋就是叠合成现浇楼板后的主筋，使楼板具有与全现浇楼板一样的刚度大、整体性强和抗裂性能好的特点。

2.3.3.1　适用范围

适用于抗震设防烈度为 7 度、8 度、9 度地震区和非地震区，跨度在 8m 以内的多层和高层房屋建筑的现浇楼板或屋面板工程。尤其适合于不设置吊顶的顶棚为一般装修标准的工程，可以大量减少顶棚抹灰作业。用于房屋的小跨间时，可做成整间式的双向钢筋混凝土薄板。对大跨间平面的楼板，只能做成一定宽度的单向配筋薄板，与现浇混凝土层叠合后组成单向受力楼板。

作为组合板的薄板，不适用于承受动力荷载；当应用于结构表面温度高于 60℃或工作环境有酸、碱等侵蚀性介质时，应采取有效的可靠措施。

此外，也可以根据结构平面尺寸的特点，制作成小尺寸的薄板，应用于现浇钢筋混凝土无梁楼板工程。这种薄板与现浇混凝土层叠合后，不承受楼板的使用荷载，而只作为楼板的永久性模板使用（图 2-3-26）。

2.3.3.2 组合板的钢筋混凝土薄板模板

1. 薄板构造

(1) 薄板板面构造

为保证薄板与现浇混凝土层组合后在叠合面的抗剪能力，其板面的构造如下：

1）当要求叠合面承受的抗剪能力较小时，可在板的上表面加工成具有粗糙、划毛的表面；用辊筒辊压成小凹坑，凹坑的宽和长度一般在 50～80mm，深度在 6～10mm，间距在150～300mm；用网状滚轮，辊压出深 4～6mm、成网状分布的压痕表面；各种表面处理如图2-3-27所示。

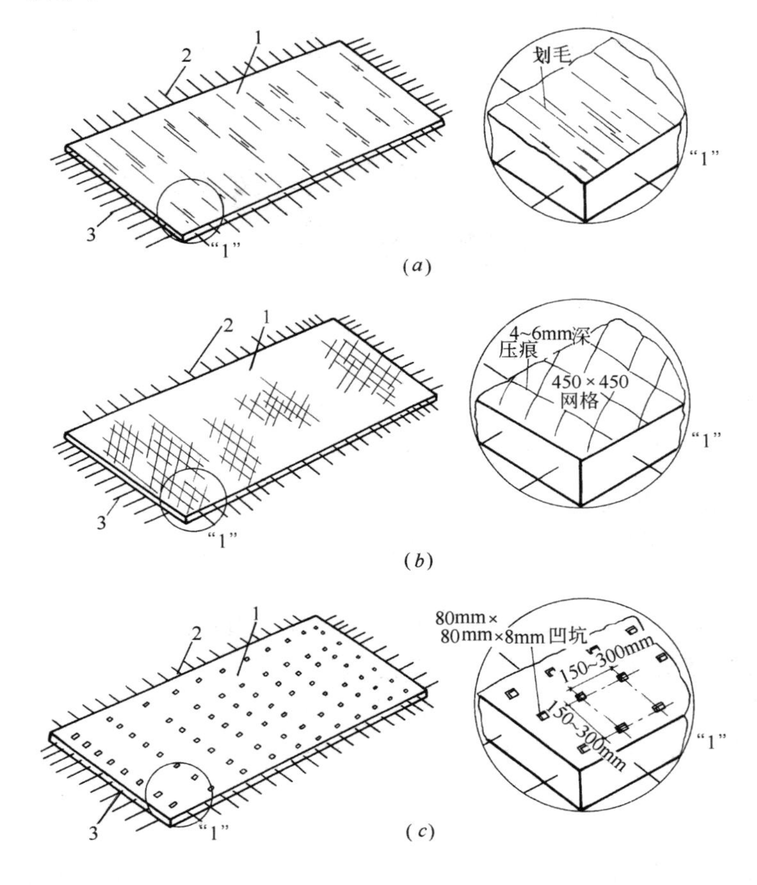

图 2-3-27 板面表面处理

(a) 板面划毛表面处理；(b) 板面网状压痕表面处理；(c) 板面压凹坑表面处理

1—预应力混凝土薄板；2—横向分布筋；3—纵向预应力筋

2）当要求叠合面承受的抗剪能力较大时（剪应力 $V/bh_0>0.4\text{N/mm}^2$），薄板表面除要求粗糙、划毛外，还要增设抗剪钢筋，其规格和间距由设计计算确定。抗剪钢筋可做成单片的波纹或折线形状，或用点焊的片网弯折成具有三角形断面的肋筋（图 2-3-28）。

3）在薄板表面设有钢筋桁架，桁架除能提高叠合面上的抗剪能力外，还可用以加强薄板施工时的刚度，以减少薄板在安装时板底的临时支撑（图 2-3-29）。

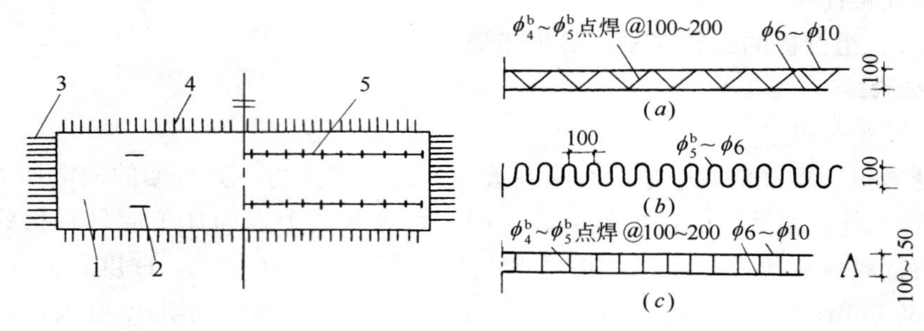

图 2-3-28　板面抗剪钢筋

(a) 折线形焊接片网；(b) 波纹形片网；(c) 三角形断面焊接骨架

1—预应力混凝土薄板；2—吊环；3—预应力钢筋；4—分布筋；5—抗剪钢筋

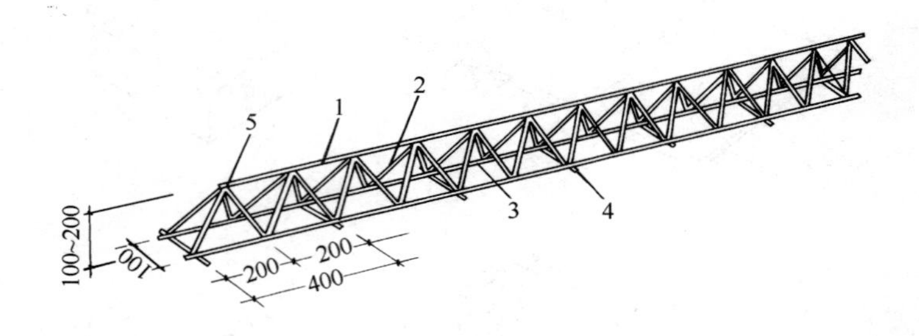

图 2-3-29　板面钢筋桁架

1—2ϕ10～ϕ16 上铁；2—ϕ6 肋筋；3—ϕ8 下铁；4—ϕ6 - 400 分布钢筋；5—焊接点

（2）薄板内钢筋的排列

1）主筋在薄板截面上配置的高度，一般根据跨度的大小，配置在板的截面 1/3～2/3 高度范围内。

2）板的厚度小于 60mm 时，于板内配置一层主筋，其间距一般为 50mm。

3）当板的厚度大于 60mm 时，可于板内配置两层主筋，其层间的间距一般为 20～30mm，其上、下层主筋均布置在对正于同一位置上。

4）薄板内分布钢筋一般采用 ϕ^b4、ϕ^b5 冷拔低碳钢丝或 ϕ6 钢筋，其间距一般为 200～300mm。

（3）薄板的连接构造

为了从构造上保证组合楼板在支座处受力的连续性和增强楼板横向的整体性，薄板之间一般采用以下几种连接构造：

1）板端在中间支座处构造（图 2-3-30a）。

2）板端（侧）在山墙支座处构造（图 2-3-30b）。

3）板与板的侧面连接构造（图 2-3-30c）。

4）板侧尽端处连接构造（图 2-3-30d）。

2. 薄板材料与规格

（1）薄板材料

1）钢筋

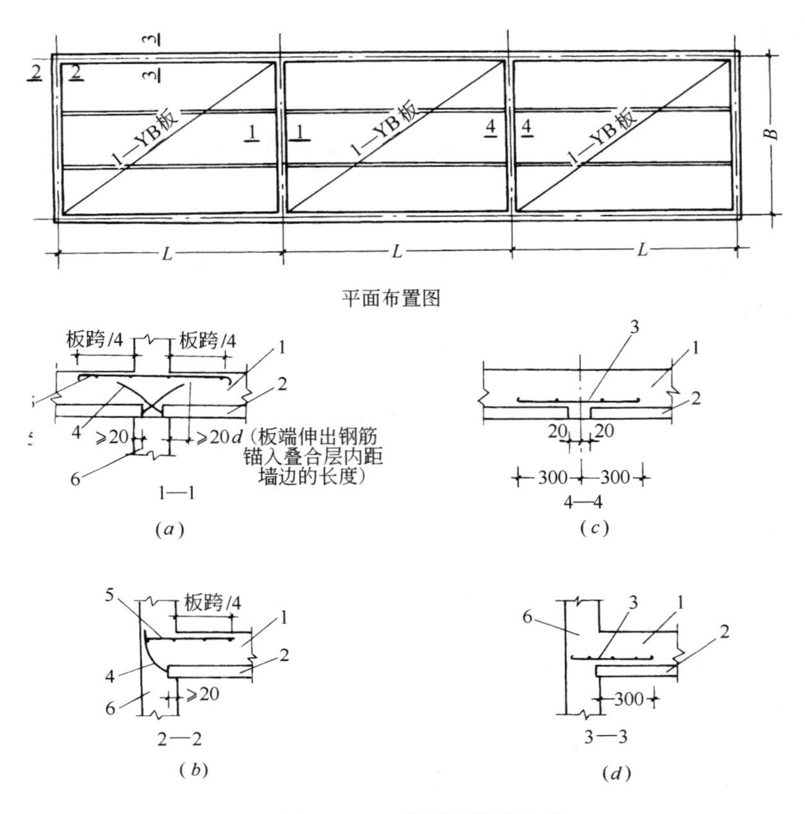

图 2-3-30　薄板的构造连接

(a) 中间支座处构造连接；(b) 端支座处构造连接；(c) 板侧面构造连接；(d) 板侧尽端处构造连接

1—现浇混凝土叠合层；2—钢筋混凝土薄板；3—构造连接钢筋 ϕ^b5 - 200mm（双向）；4—板端伸出钢筋；5—支座处构造负钢筋；6—混凝土墙或梁（当为砖墙时，板伸入支座长≥40mm）

① 薄板主筋，通过设计确定。

② 薄板的分布钢筋，一般采用 ϕ^b4、ϕ^b5 冷拔低碳钢丝。

③ 薄板设置焊接骨架的架立钢筋，一般采用 ϕ^b4 或 ϕ^b5 冷拔钢丝，其主筋一般为 $\phi8$ 或 $\phi10$HPB300 钢。

④ 薄板吊环，必须采用未经冷拉的 HPB300 热轧钢筋制作，不得以其他钢筋代换。

⑤ 采用的冷拔钢丝和 HPB300 钢，其机械性能应分别符合《钢筋混凝土用钢第 2 部分热轧带肋钢筋》GB 1499.2 和《冷拔低碳钢丝应用技术规程》JGJ 19 的规定。

2）混凝土

薄板混凝土强度等级，一般为 C30～C40。

① 配制混凝土所用的水泥，宜采用 32.5 级或 42.5 级的硅酸盐水泥、普通硅酸盐水泥和矿渣硅酸盐水泥，其质量应分别符合现行规范中水泥标准和试验方法的规定。

② 配制混凝土所用的石子宜采用碎石，其最大粒径不得大于薄板截面最小尺寸的 1/4，同时不得大于钢筋间最小净距的 3/4。其质量标准应符合有关标准的规定。

③ 配制混凝土所用的砂子，应使用粗砂或中砂，其质量标准应符合有关标准的规定。

④ 混凝土中掺用的外加剂，应符合有关标准，并经试验符合要求后方可使用。不得

掺用对钢筋有锈蚀作用的外加剂。

（2）薄板规格

1）薄板的厚度依据跨度由设计确定。一般为60～80mm，其最小厚度为50mm。

2）薄板的宽度由设计依据开间尺寸确定。一般单向板常用的标定宽度为1200mm、1500mm两种。

3）薄板的跨度。单向板的标定长度，一般以三模为基准分为：2700mm、3000mm、3300mm……7800mm等标定长度，最长可达9000mm。双向板最大的跨间尺寸可达5400mm×5400mm。

3. 薄板生产

钢筋混凝土薄板，一般在构件预制工厂生产，其生产台面宜采用钢模或水磨石的固定式或整体滑动式台面，以使薄板获得平整和光滑的底面。

（1）钢筋绑扎

1）铺设钢筋时，应在隔离剂干燥或铺设隔油条后进行，要防止因沾污钢筋而降低钢筋与混凝土的握裹力。

2）薄板的吊环要严格按照设计位置放置，并必须锚固在主筋下面。

3）绑扎单向受力板钢筋，其外围两排交点应每点绑扎，而中间部分可成梅花式交错绑扎，绑扎双向受力板钢筋应每点绑扎。

（2）混凝土浇筑

1）台座内每条生产作业线上的薄板，应一次连续将混凝土浇筑完。

2）混凝土振捣要密实，要注意加强板的端部振捣。

3）混凝土配合比要准确，严格控制水灰比。混凝土在浇筑及表面处理等操作过程中，不得任意加水。混凝土表面处理好后，要及时进行养护。

（3）薄板养护

薄板蒸汽养护应符合以下规定：

升温速度每小时不得超过25℃，降温速度每小时不得超过10℃，恒温加热阶段温度宜控制在80～85℃，最高温度不得大于95℃，并应保持90%～100%的相对湿度。出池后，薄板表面与外界温差不得大于20℃，否则应采取覆盖措施。

4. 薄板存放与运输

（1）薄板堆放的铺底垫木必须用通长垫木（板）。其存放场地要平整、夯实，要有良好的排水措施。

（2）板的堆放高度一般不宜超过8块；整间板或超出4m长条板的堆放高度不超过6块。

（3）薄板堆放时，应采用四支点支垫。整间板或超过4m长的条板，应在跨中增设支点。支垫薄板的垫木要靠近吊环位置，各层板的垫木要上、下竖直对齐，垫木厚度必须超出板的吊环及预留钢筋骨架的高度（图2-3-31）。板在堆放过程中，若发现有过大的下挠现象，可于各层板中部的两侧分别增设支点。

（4）薄板必须达到其混凝土的设计强度后方可运输出厂。薄板平放运输时，其支垫的方法与堆放要求相同，捆绑的绳索应设在垫木处。整间式薄板要使用板架立放运输，板与板架要捆绑牢固，板的底部应有5点以上的支垫。

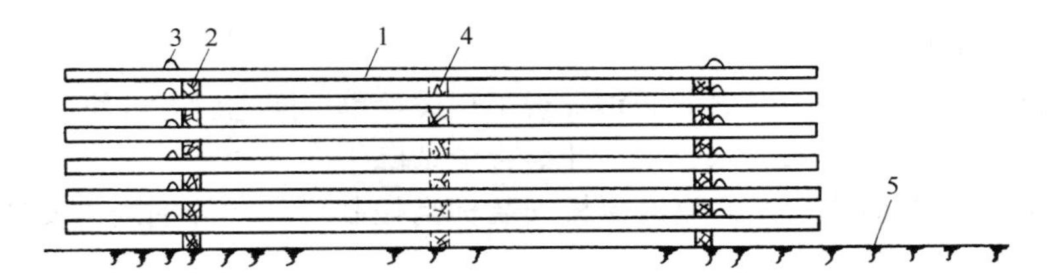

图 2-3-31 预应力薄板堆放

1—预应力薄板；2—垫木；3—吊环；4—整间板或超出 4m 长条板时增加的中间垫木；5—夯实的堆放场地

5. 质量要求

(1) 薄板出池、起吊时的混凝土强度必须符合设计要求，如无设计规定时，不得低于设计强度标准值的 75%。薄板的混凝土试块，在标准养护条件下 28 天的强度必须符合施工规范的规定。

(2) 外观要求。薄板不得有蜂窝、孔洞、掉皮、露筋、裂缝、缺棱和掉角现象，板底要平整、光滑，板上表面的扫毛、划痕、压坑要清晰。

(3) 薄板制作的允许偏差见表 2-3-15 所示。

薄板制作的允许偏差 **表 2-3-15**

项次	项目	允许偏差 (mm)	检测方法
1	板长度	+5 −2	尺检：5m 或 10m 钢尺
2	板宽度	±5	尺检：2m 钢尺
3	板厚度	+4 −2	尺检：2m 钢尺
4	串角	±10	尺检：5m 或 10m 钢尺
5	侧向弯曲	构件长/750 且≯20	小线拉，钢板尺量
6	扭翘	构件宽/750	小线拉，钢板尺量
7	表面平整	±8	2m 靠尺靠，楔形尺量
8	板底平整度	±2	2m 靠尺靠，楔形尺量
9	主筋外伸长度	±10	尺量
10	主筋保护层	±5	钢板尺量
11	钢筋水平位置	±5	钢板尺量
12	钢筋竖向位置	(距板底) ±2	钢板尺量
13	吊钩相对位移	≯50	钢板尺量
14	预埋件位置	中心位移：10 平面高差：5	钢板尺量
15	钢筋下料长度相对差值	≯L/5000 且≯2 (L—下料长度)	钢板尺量

6. 薄板安装

(1) 作业条件准备

1) 单向板如出现纵向裂缝时，必须征得工程设计单位同意后方可使用。

钢筋向上弯成45°角，板上表面的尘土、浮渣清除干净。

2) 在支承薄板的墙或梁上，弹出薄板安装标高控制线，并分别划出安装位置线和注明板号。

3) 按硬架设计要求，安装好薄板的硬架支撑，检查硬架上龙骨的上表面是否平直和符合板底设计标高要求。

4) 将支承薄板的墙或梁顶部伸出的钢筋调整好。检查墙、梁顶面是否符合安装标高要求（墙、梁顶面标高比板底设计标高低20mm为宜）。

(2) 料具准备

1) 薄板硬架支撑。其龙骨一般可采用100mm×100mm方木，也可用50mm×100mm×2.5mm薄壁方钢管或其他轻钢龙骨、铝合金龙骨。其立柱宜采用可调节钢支柱，亦可采用100mm×100mm木立柱。其拉杆可采用脚手架钢管或50mm×100mm方木。

2) 板缝模板。一个单位工程宜采用同一种尺寸的板缝宽度，或做成与板缝宽度相适应的几种规格木模。要使板缝凹进缝内5～10mm深（有吊顶的房间除外）。

3) 配备好钢筋扳子、撬棍、吊具、卡具、8号钢丝等工具。

(3) 安装工艺

1) 安装顺序：在墙或梁上弹出薄板安装水平线并分别划出安装位置线→薄板硬架支撑安装→检查和调整硬架支承龙骨上口水平标高→薄板吊运、就位→板底平整度检查及偏差纠正处理→整理板端伸出钢筋→板缝模板安装→薄板上表面清理→绑扎叠合层钢筋→叠合层混凝土浇筑并达到要求强度后拆除硬架支撑。

2) 工艺技术要点

① 硬架支撑安装。硬架支承龙骨上表面应保持平直，要与板底标高一致。龙骨及立柱的间距，要满足薄板在承受施工荷载和叠合层钢筋混凝土自重时，不产生裂缝和超出允许挠度的要求。一般情况，立柱及龙骨的间距以1200～1500mm为宜。立柱下支点要垫通板（图2-3-32）。

当硬架的支柱高度超过3m时，支柱之间必须加设水平拉杆拉固。如采用钢管立柱时，连接立柱的水平拉杆必须使用钢管和卡扣与立柱卡牢，不得采用钢丝绑扎。硬架的高度在3m以下时，应根据具体情况确定是否拉结水平拉杆。在任何情况下，都必须保证硬架支撑的整体稳定性。

② 薄板吊装。吊装跨度在4m以内的条板时，可根据垂直运输机械起重能力及板重一次吊运多块。多块吊运时，应于紧靠板垛的垫木位置处，用钢丝绳兜住板垛的底面，将板垛吊运到楼层，先临时、平稳停放在指定加固好的硬架或楼板位置上，然后挂吊环单块安装就位。

吊装跨度大于4m的条板或整间式的薄板，应采用6～8点吊挂的单块吊装方法。吊具可采用焊接式方钢框或双铁扁担式吊装架和游动式钢丝绳平衡索具（图2-3-33和图2-3-34）。

薄板起吊时，先吊离地面50cm停下，检查吊具的滑轮组、钢丝绳和吊钩的工作状况

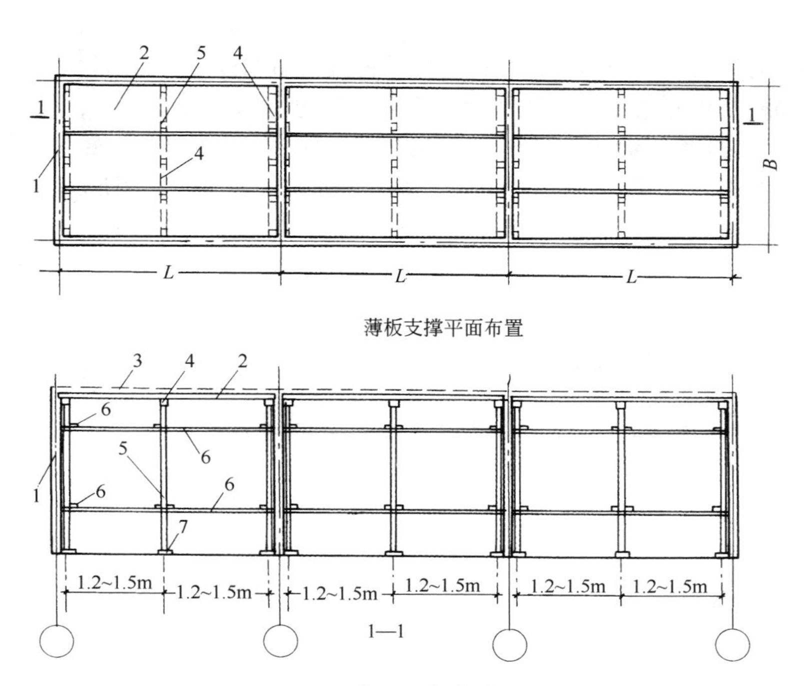

图 2-3-32 薄板硬架支撑系统

1—薄板支承墙体；2—预应力薄板；3—现浇混凝土叠合层；4—薄板支承龙骨（100mm×100mm 木方或 50mm×100mm×2.5mm 薄壁方钢管）；5—支柱（100mm×100mm 木方或可调节的钢支柱，横距 0.9～1m）；6—纵、横向水平拉杆（50mm×100mm 木方或脚手架钢管）；7—支柱下端支垫（50 厚通板）

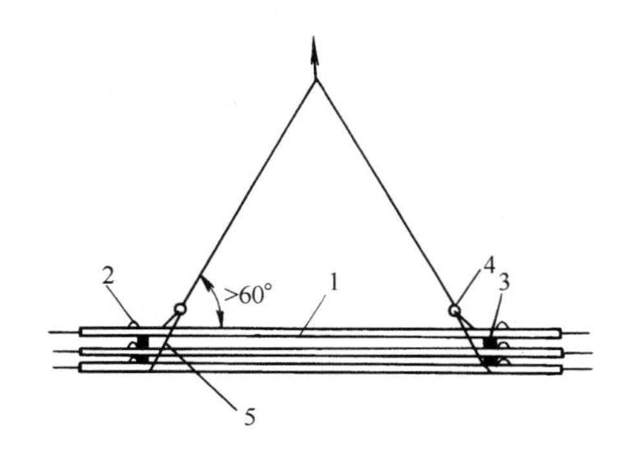

图 2-3-33 4m 长以内薄板多块吊装

1—预应力薄板；2—吊环；3—垫木；4—卡环；5—带胶皮管套兜索

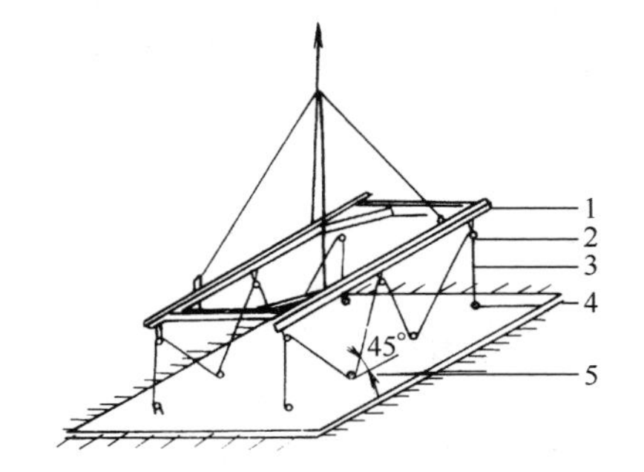

图 2-3-34 单块薄板八点吊装

1—方框式Ⅰ12 双铁扁担吊装架；2—开口起重滑子；3—钢丝绳 6×19ϕ12.5；4—索具卸扣；5—薄板

及薄板的平稳状态是否正常，然后再提升安装、就位。

③ 薄板调整。采用撬棍拨动调整薄板的位置时，撬棍的支点要垫以木块，以避免损坏板的边角。

薄板位置调整好后，检查板底与龙骨的接触情况，如发现板底与龙骨上表面之间空隙较大时，可采用以下方法调整：如属龙骨上表面的标高有偏差时，可通过调整立柱丝扣或木立柱下脚的对头木楔纠正其偏差；如属板的变形（反弯曲或翘曲）所致，当变形发生在板端或板中部时，可用短粗钢筋棍与板缝成垂直方向贴住板的上表面，再用8号钢丝通过板缝将粗钢筋棍与板底的支承龙骨别紧，使板底与龙骨贴严（图2-3-35）；如变形只发生在板端部时，亦可用撬棍将板压下，使板底贴至龙骨上表面，然后用粗短钢筋棍的一端压住板面，另一端与墙（或梁）上钢筋焊牢固定，撤除撬棍后，使板底与龙骨接触严（图2-3-36）。

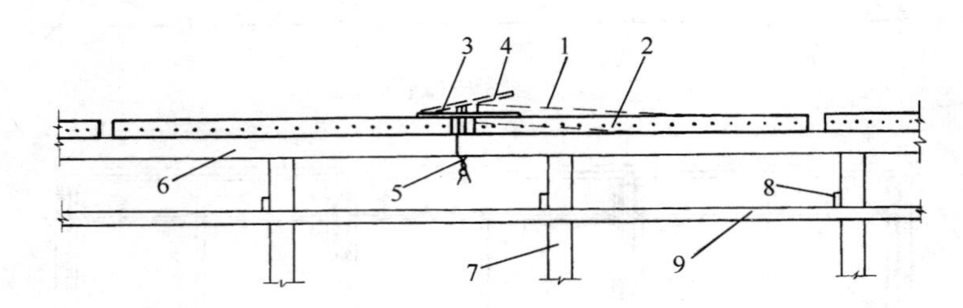

图2-3-35　板端或板中变形的矫正

1—板矫正前的变形位置；2—板矫正后的位置；3—l=400mm，ϕ25以上钢筋用8号钢丝拧紧后的位置；4—钢筋在8号钢丝拧紧前的位置；5—8号钢丝；6—薄板支承龙骨；7—立柱；8—纵向拉杆；9—横向拉杆

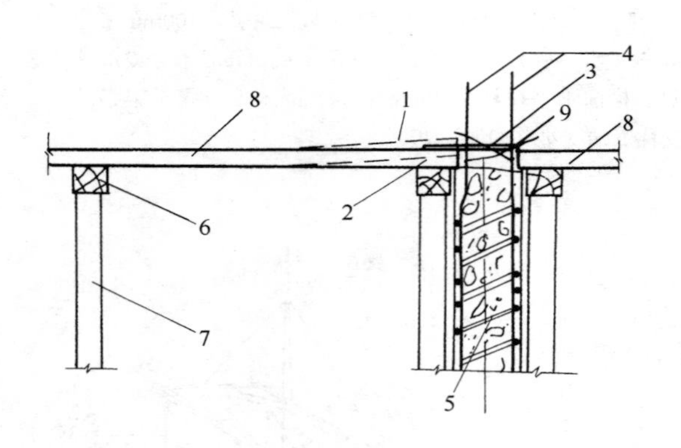

图2-3-36　板端变形的矫正

1—板端矫正前的位置；2—板端矫正后的位置；3—粗短钢筋头与墙体立筋焊牢压住板端；4—墙体立筋；5—墙体；6—薄板支承龙骨；7—立柱；8—混凝土薄板；9—板端伸出钢筋

④ 板端伸出钢筋的整理。薄板调整好后，将板端伸出钢筋调整到设计要求的角度，再理直伸入对头板的叠合层内（图2-3-37*a*）。不得将伸出钢筋弯曲成90°角或往回弯入板的自身叠合层内。

⑤ 板缝模板安装。薄板底如作不设置吊顶的普通装修顶棚时，板缝模宜做成具有凸沿或三角形截面并与板缝宽度相配套的条模，安装时可采用支撑式或吊挂式方法固定（图2-3-37）。

⑥ 薄板表面处理。在浇筑叠合层混凝土前，板面预留的剪力钢筋要修整好，板表面的浮浆、浮渣、起皮、尘土要处理干净，然后用水将板润透（冬施除外）。冬期施工薄板不能用水冲洗时应采取专门措施，保证叠合层混凝土与薄板结合成整体。

⑦ 硬架支撑拆除。如无设计要求时，必须待叠合层混凝土强度达到设计强度标准值的70%后，方可拆除硬架支撑。

（4）薄板安装质量要求

薄板安装的允许偏差见表2-3-16。

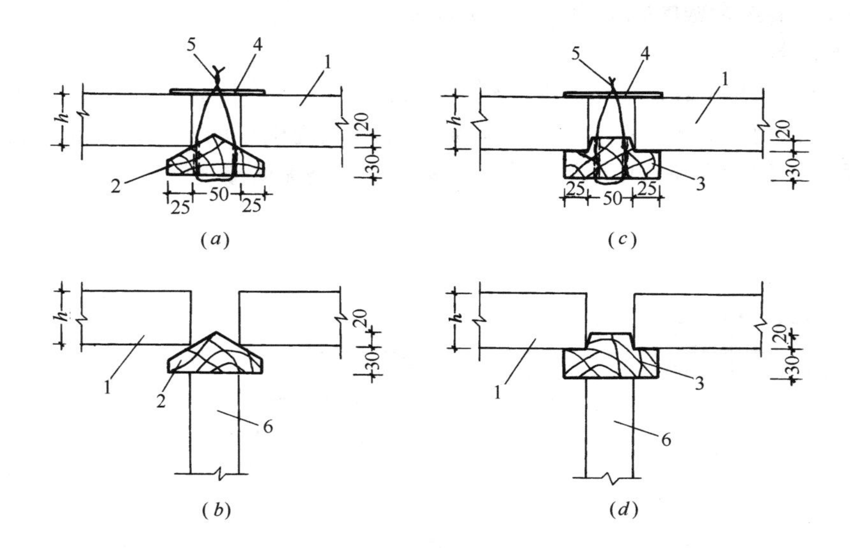

图 2-3-37 板缝模板安装

(a) 吊挂式三角形截面板缝模；(b) 支撑式三角形截面板缝模；(c) 吊挂式带凸沿板缝模；(d) 支撑式带凸沿板缝模

1—混凝土薄板；2—三角形截面板缝模；3—带凸沿截面板缝模；4—$l=100$mm，$\phi6\sim\phi8$，中-中500mm 钢筋别棍；5—14 号钢丝穿过板缝模 $\phi4$ 孔与钢筋别棍拧紧（中-中 500mm）；6—板缝模支撑（50mm×50mm 方木，中-中 500mm）；h—板厚（mm）

薄板安装的允许偏差 **表 2-3-16**

项次	项目	允许偏差(mm)	检验方法
1	相邻两板底高差	高级≤2 中级≤4 有吊顶或抹灰≤5	安装后在板底与硬架龙骨上表面处用塞子尺检查
2	板的支承长度偏差	5	用尺量
3	安装位置偏差	≤10	用尺量

(5) 薄板安装安全技术要求

1) 支承薄板的硬架支撑设计，要符合《混凝土结构工程施工质量验收规范》GB 50204 和《混凝土结构工程施工规范》GB 50666 中关于模板工程的有关规定。

2) 当楼层层间连续施工时，其上、下层硬架的立柱要保持在一条竖线上，同时还必须考虑共同承受上层传来的荷载所需要连续设置硬架支柱的层数。

3) 硬架支撑，未经允许不得任意拆除其立柱和拉杆。

4) 薄板起吊和就位要平稳和缓慢，要避免板受冲击造成板面开裂或损坏。板就位后，采用撬棍拨动调整板的位置时，操作人员的动作要协调一致。

5) 采用钢丝绳（不小于 $\phi12.5$）通过兜挂方法吊运薄板时，兜挂的钢丝绳必须加设胶皮套管，以防止钢丝绳被板棱磨损、切断而造成坠落事故。吊装单块板时，严禁钩挂在板面上的剪力钢筋或骨架上进行吊装。

2.3.3.3　非组合板的钢筋混凝土薄板模板

1. 薄板特点

此种混凝土薄板，在施工阶段只承受现浇钢筋混凝土自重和施工荷载，与现浇混凝土层结合后，在使用阶段不承受使用荷载，而只作为现浇楼板的永久性模板使用。这种薄板，比较适合用作大跨间、顶棚为一般装修标准的现浇无梁楼板模板（图 2-3-38）。

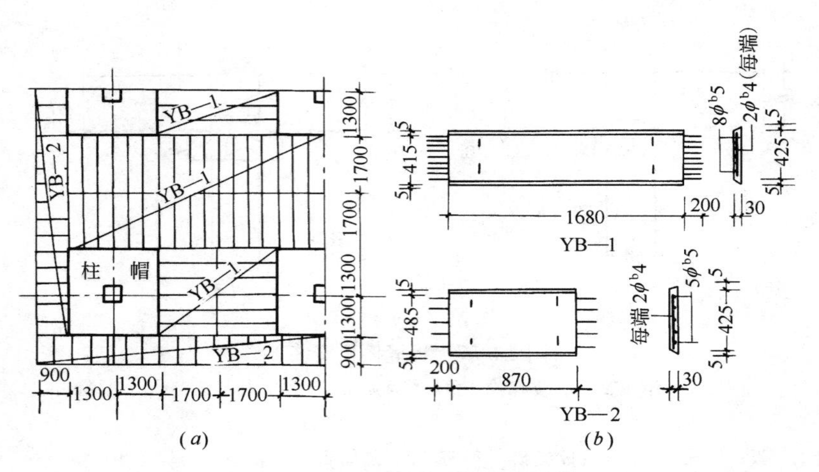

图 2-3-38　非组合板的钢筋混凝土薄板
(*a*) 薄板平面布置；(*b*) 薄板构造

2. 薄板材料与规格

(1) 材料。薄板的主筋按设计确定。薄板的分布钢筋，一般采用 ϕ^b4 或 ϕ^b5 冷拔钢丝。吊钩采用 HPB300 热轧钢筋。薄板混凝土强度等级一般为 C30～C40。

对制作薄板所用的钢筋、水泥、砂、石材料质量，与制作组合板的钢筋混凝土薄板所用的材料质量要求相同。

(2) 规格。薄板的规格及其配筋，要根据房屋楼板结构的平面特点、现浇混凝土层的厚度及施工荷载作用下薄板允许挠度的取值确定。

为了能与普通模板的支撑系统（支柱式、台架式和桁架式支撑系统）相适应，及便于人工安装就位，薄板的长度不宜超过 1500mm，宽度不宜超过 500mm，最小厚度不小于 30mm。

3. 薄板构造

为了保证薄板与楼板现浇混凝土层的可靠锚固和结合成整体，薄板可同时采用以下构造方法：

(1) 制作薄板时，其板端钢筋的伸出长度不少于 40*d*（*d* 为主筋直径）。薄板安装后，将伸出钢筋向上弯起并伸入楼板现浇混凝土层内（图 2-3-39）。

(2) 绑扎现浇楼板的钢筋时，在纵横两个方向各用一根直径为 $\phi8$ 的通长钢筋穿过薄板板面上预留的吊环内，将薄板锚挂在楼板底部的钢筋上，与现浇凝土层浇筑在一起（图 2-3-39）。

(3) 薄板制作时，将板的上表面加工成具有拉毛或压痕的表面，以增加其与现浇层的结合能力。

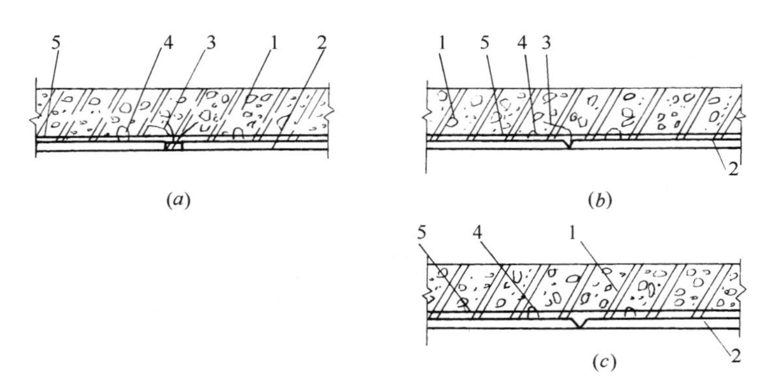

图 2-3-39 非组合板薄板与叠合现浇层的连接构造

（a）板端的连接；（b）板端与板侧面连接；（c）板侧间的连接

1—现浇混凝土层；2—预应力薄板；3—伸出钢筋；4—穿吊环锚固筋；5—钢筋

4. 薄板制作

薄板一般采用长线台座生产，对其制作的工艺技术和质量要求，与制作组合板薄板要求相同。但因此种板只作模板使用，其厚度一般较薄，故对制作薄板的台面平整度要求较高，生产时要严格控制板的厚度和钢筋的位置。

5. 薄板安装

（1）安装准备工作

1）安装好薄板支撑系统，检查支承薄板的龙骨上表面是否平直和符合板底的设计标高要求。在直接支承薄板的龙骨上，分别划出薄板安装位置线、标注出板的型号。

2）检查薄板是否有裂缝、掉角、翘曲等缺陷，对有缺陷者需处理后方可使用。

3）将板的四边飞刺去掉，板两端伸出钢筋向上弯起 60°角，板表面尘土和浮渣清除干净。

4）按板的规格、型号和吊装顺序将板分垛码放好。

（2）安装顺序

薄板支撑系统安装→薄板的支承龙骨上表面的水平度及标高校核→在龙骨上划出薄板安装位置线、标注出板的型号→板垛吊运、搁置在安装地点→薄板人工抬运、铺放和就位→板缝勾缝处理→整理板端伸出钢筋→薄板吊环的锚固筋铺设和绑扎→绑叠合层钢筋→板面清理、浇水润透（冬施除外）→混凝土浇筑、养护至设计强度后拆除支撑系统。

（3）安装技术要点

1）薄板的支撑系统，可采用立柱式、桁架式或台架式的支撑系统。支撑系统的设计应按《混凝土结构工程施工质量验收规范》（GB 50204）中模板设计有关规定执行。

2）薄板安装，可由起重机成垛吊运并搁置在支撑系统的龙骨上，或已安装好的薄板上，然后采用人工或机械从一端开始按顺序分块向前铺设。

3）薄板一次吊运的块数，除考虑吊装机械的起重能力外，尚应考虑薄板采用人工码垛及拆垛、安装的方便。对板垛临时停放在支撑系统的龙骨上或已安装好的薄板上，要注意板垛停放处的支撑系统是否超载，防止该处的支承龙骨或薄板发生断裂，造成板垛坍落事故。

4）薄板堆放的铺底支垫，必须采用通长的垫木（板），板的支垫要靠近吊环位置。其存放场地要平整、夯实和有良好的排水措施。

5）吊运板垛采用的钢丝兜索应加设橡胶套管，以防止钢丝索被板棱磨损、切断。吊运板垛的兜索要靠近板垛的支垫位置，起吊要平稳，要注意防止发生倾翻事故。

6）薄板采用人工逐块拆垛、安装时，操作人员的动作要协调一致，防止板垛发生倾翻事故。

7）薄板铺设和调整好后，应检查其板底与龙骨的搭接面及板侧的对接缝是否严密，如有缝隙时可用水泥砂浆钩严，以防止在浇筑混凝土时产生漏浆现象。

8）板端伸出钢筋要按构造要求伸入现浇混凝土层内。穿过薄板吊环内的纵、横锚固筋，必须置于现浇楼板底部钢筋之上。

9）薄板安装质量允许偏差，与组合薄板安装允许偏差要求相同。

3　现浇混凝土结构现场加工拼装模板技术

3.1　胶合板模板及木模板

3.1.1　胶合板模板

钢筋混凝土结构构件施工所采用的模板面板材料和支承材料，较早均采用木模板。从20世纪70年代以来，虽然模板材料已广泛"以钢代木"，采用钢材和其他面板材料，其构造也向定型化、工具化方向发展，但到20世纪90年代，由于主客观原因，我国模板市场已形成钢模板、木（竹）胶合板上大模板，并且胶合板模板的应用范围正在逐步扩大，其支模工艺近似木模板。

3.1.1.1　特点

胶合板用作混凝土模板具有以下特点：

（1）板幅大、自重轻、板面平整。既可减少安装工作量，节省现场人工费用，又可减少混凝土外露表面的装饰及磨去接缝的费用；

（2）承载能力大，特别是经表面处理后耐磨性好，能多次重复使用；

（3）材质轻，厚18mm的木胶合板，单位面积重量为50kg，模板的运输、堆放、使用和管理等都较为方便；

（4）保温性能好，能防止温度变化过快，冬期施工有助于混凝土的保温；

（5）锯截方便，易加工成各种形状的模板；

（6）便于按工程的需要弯曲成型，用作曲面模板；

（7）用于清水混凝土模板，最为理想。

3.1.1.2　种类

混凝土结构所用的胶合板模板有木质胶合板和竹胶合板两类。

1. 木胶合板模板

混凝土模板用的木胶合板属具有高耐气候、耐水性的Ⅰ类胶合板，胶粘剂为酚醛树脂胶，主要用克隆、阿必东、柳安、桦木、马尾松、云南松、落叶松等树种加工。

（1）构造和规格

1）构造：模板用的木胶合板通常由5层、7层、9层、11层等奇数层单板经热压固化而胶合成型。相邻层的纹理方向相互垂直，通常最外层表板的纹理方向和胶合板板面的长向平行，因此，整张胶合板的长向为强方向，短向为弱方向，使用时必须加以注意。

木胶合板模板分为三类：

① 素板：未经表面处理。

② 涂胶板：经树脂饰面处理。

③ 覆膜板：经浸渍胶膜纸贴面处理。

2）规格：见表 3-1-1。

混凝土模板用木胶合板规格尺寸（mm）　　**表 3-1-1**

模数制		非模数制		厚度
宽度	长度	宽度	长度	
600	1800	915	1830	12.0
900	1800	1220	1830	15.0
1000	2000	915	2135	18.0
1200	2400	1220	2440	21.0

注：引自《混凝土模板用胶合板》（GB/T 17658—1999）。

（2）木胶合板物理力学性能

1）胶合性能检验：模板用木胶合板的胶粘剂主要是酚醛树脂。此类胶粘剂胶合强度高，耐水、耐热、耐腐蚀等性能良好，其突出的是耐沸水性能及耐久性优异。也有采用经化学改性的酚醛树脂胶。

评定胶合性能的指标主要有两项：

胶合强度——为初期胶合性能，指的是单板经胶合后完全粘牢，有足够的强度；

胶合耐久性——为长期胶合性能，指的是经过一定时期，仍保持胶合良好。

上述两项指标可通过胶合强度试验、沸水浸渍试验来判定。

施工单位在购买混凝土模板用胶合板时，首先要判别是否属于Ⅰ类胶合板，即判别该批胶合板是否采用了酚醛树脂胶或其他性能相当的胶粘剂。如果受试验条件限制，不能做胶合强度试验时，可以用沸水煮小块试件快速简单判别。方法是从胶合板上锯截下 20mm 见方的小块，放在沸水中煮 0.5～1h。用酚醛树脂作为胶粘剂的试件煮后不会脱胶，而用脲醛树脂作为胶粘剂的试件煮后会脱胶。

2）物理力学性能：见表 3-1-2。

物理力学性能指标　　**表 3-1-2**

项目		单位 ＼ 树种	柳安、拟赤杨、马尾松、云南松、落叶松、辐射松、奥堪美				克降、阿必东、荷木、枫香				桦木			
		板厚（mm）	12	15	18	21	12	15	18	21	12	15	18	21
含水率		%	6～14											
胶合强度≥		MPa	0.70				0.80				1.0			
静曲强度≥	顺纹	MPa	26	24	24	26	26	24	24	26	26	24	24	26
	横纹		20	20	20	18	20	20	20	18	20	20	20	18
弹性模量≥	顺纹	MPa	5500	5000	5000	5500	5500	5000	5000	5500	5500	5000	5000	5500
	横纹		3500	4000	4000	3500	3500	4000	4000	3500	3500	4000	4000	3500

注：同表 3-1-1。

（3）使用注意事项

1）必须选用经过板面处理的胶合板：未经板面处理的胶合板用作模板时，因混凝土硬化过程中，胶合板与混凝土界面上存在水泥——木材之间的结合力，使板面与混凝土粘结较牢，脱模时易将板面木纤维撕破，影响混凝土表面质量。这种现象随胶合板使用次数的增加而逐渐加重。

经覆膜罩面处理后的胶合板，增加了板面耐久性，脱模性能良好，外观平整光滑，最适用于有特殊要求的、混凝土外表面不加修饰处理的清水混凝土工程，如混凝土桥墩、立交桥、筒仓、烟囱等。

经过浸渍膜纸贴面处理的胶合板，其物理力学性能见表3-1-3。

浸渍膜纸贴面胶合板物理力学性能 **表3-1-3**

项目		单位	指标要求
含水率		%	6～14
胶合强度		MPa	≥0.7
表面胶合强度		MPa	≥1.0
浸渍剥离性能		—	试件贴面胶层与胶合板表层上的每一边累计剥离长度不超过25mm
静曲强度	顺纹	MPa	≥57
	横纹		50
弹性模量	顺纹	MPa	≥6000
	横纹		≥5000

注：引自《混凝土模板用浸渍膜纸贴面胶合板》(CY/T 1600—2002)。

2）未经板面处理的胶合板（亦称白坯板或素板），在使用前应对板面进行处理。处理的方法为冷涂刷涂料，把常温下固化的涂料胶涂刷在胶合板表面，构成保护膜。

3）经表面处理的胶合板，施工现场使用中，一般应注意以下几个问题：

① 脱模后立即清洗板面浮浆，堆放整齐；

② 模板拆除时，严禁抛扔，以免损伤板面处理层；

③ 胶合板边角应涂有封边胶，故应及时清除水泥浆。为了保护模板边角的封边胶，最好在支模时在模板拼缝处粘贴防水胶带或水泥纸袋，加以保护，防止漏浆；

④ 胶合板板面尽量不钻孔洞。遇有预留孔洞，可用普通木板拼补。

⑤ 现场应备有修补材料，以便对损伤的面板及时进行修补；

⑥ 使用前必须涂刷脱模剂。

2. 竹胶合板模板

我国竹材资源丰富，且竹材具有生长快、生产周期短（一般2～3年成材）的特点。另外，一般竹材顺纹抗拉强度为18MPa，为杉木的2.5倍；红松的1.5倍；横纹抗压强度为6～8MPa，是杉木的1.5倍，红松的2.5倍；静弯曲强度为15～16MPa。因此，在我国木材资源短缺的情况下，以竹材为原料，制作混凝土模板用竹胶合板，具有收缩率小、膨胀率和吸水率低、承载能力大的特点，是一种具有发展前途的新型建筑模板。

（1）组成和构造。混凝土模板用竹胶合板，其面板与芯板所用材料既有不同之处，又有相同之处。不同的材料是芯板将竹子劈成竹条（称竹帘单板），宽14～17mm，厚3～5mm，在软化池中进行高温软化处理后，作烤青、烤黄、去竹衣及干燥等进一步处理。竹帘的编织可用人工或编织机编织。面板通常为编席单板，做法是竹子劈成篾片，由编工编成竹席。表面板采用薄木胶合板。这样既可利用竹材资源，又可兼有木胶合板的表面平整度。

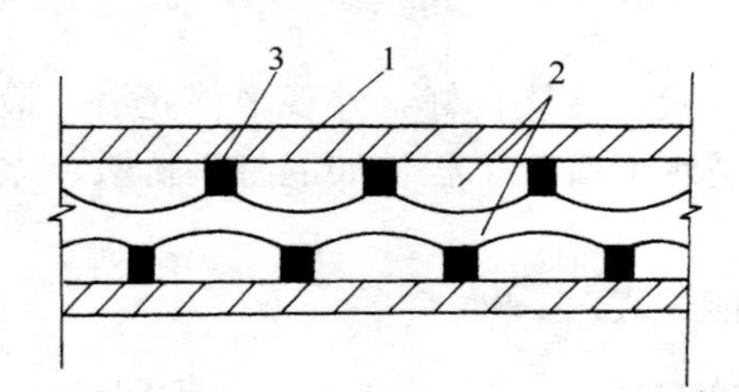

图 3-1-1　竹胶合板断面示意
1—竹席或薄木片表板；2—竹帘芯板；3—胶粘剂

另外，也有采用竹编席作面板的，这种板材表面平整度较差，且胶粘剂用量较多。

竹胶合板断面构造，如图 3-1-1 所示。

为了提高竹胶合板的耐水性、耐磨性和耐碱性，经试验证明，竹胶合板表面进行环氧树脂涂面的耐碱性较好，进行瓷釉涂料涂面的综合效果最佳。

（2）规格和性能

1）规格

混凝土模板用竹胶合板的厚度为 9mm、12mm、15mm、18mm。

我国建筑行业标准对竹胶合板模板的规格尺寸规定，见表 3-1-4。

竹胶合板模板规格尺寸（mm）　**表 3-1-4**

长　度	宽　度	厚　度
1830	915	9，12，15，18
1830	1220	
2000	1000	
2135	915	
2440	1220	
3000	1500	

注：引自《竹胶合板模板》(JG/T 3026—1995)。

2）性能：见表 3-1-5。

竹胶合板物理力学性能指标值　**表 3-1-5**

项　目		单　位	优　等　品	合　格　品
含水率		%	≤12	≤14
静曲弹性模量	板长向	N/mm^2	≥7.5×103	≥6.5×103
	板短向	N/mm^2	≥5.5×103	≥4.5×103
静曲强度	板长向	N/mm^2	≥90	≥70
	板短向	N/mm^2	≥60	≥50
冲击强度		kJ/m^2	≥60	≥50
胶合性能		mm/层	≤25	≤50
水煮、冰冻、干燥后的保存强度	板长向	N/mm^2	≥60	≥50
	板短向	N/mm^2	≥40	≥35
折减系数	—	—	0.85	0.80

3.1.1.3 施工工艺

1. 胶合板模板的配制方法和要求

(1) 胶合板模板的配制方法

1) 按设计图纸尺寸直接配制模板：形体简单的结构构件，可根据结构施工图纸直接按尺寸列出模板规格和数量进行配制。模板厚度、横档及楞木的断面和间距，以及支撑系统的配置，都可按支承要求通过计算选用。

2) 利用计算机辅助配制模板：形体复杂的结构构件，如楼梯、圆形水池等，可利用计算机，按结构图的尺寸模拟结构构件的实样，进行模板的制作。

(2) 胶合板模板配制要求

1) 应整张直接使用，尽量减少随意锯截，造成胶合板浪费。

2) 木胶合板常用厚度一般为12mm或18mm，竹胶合板常用厚度一般为12mm，内、外楞的间距，可随胶合板的厚度，通过设计计算进行调整。

3) 支撑系统可以选用钢管脚手架，也可采用木支撑。采用木支撑时，不得选用脆性、严重扭曲和受潮容易变形的木材。

4) 钉子长度应为胶合板厚度的1.5～2.5倍，每块胶合板与木楞相叠处至少钉2个钉子。第二块板的钉子要转向第一块模板方向斜钉，使拼缝严密。

5) 配制好的模板应在反面编号并写明规格，分别堆放保管，以免错用。

2. 胶合板模板施工

(1) 墙体模板。常规的支模方法是：胶合板面板外侧的立档用50mm×100mm方木，横档（又称牵杠）可用ϕ48×3.5脚手钢管或方木（一般为100方木），两侧胶合板模板用穿墙螺栓拉结（图3-1-2）。

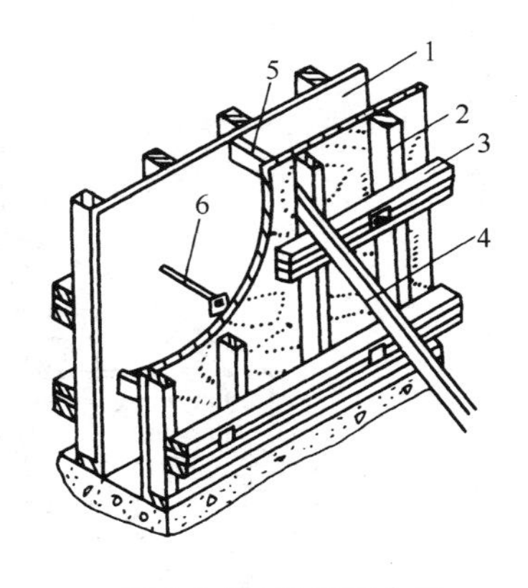

图3-1-2 采用胶合板面板的墙体模板

1—胶合板；2—主档；3—横档；4—斜撑；5—撑头；6—穿墙螺栓

1) 墙模板安装时，根据边线先立一侧模板，临时用支撑撑住，用线锤校正使模板垂直，然后固定牵杠，再用斜撑固定。大块侧模组拼时，上下竖向拼缝要互相错开，先立两端，后立中间部分。

待钢筋绑扎后，按同样方法安装另一侧模板及斜撑等。

2) 为了保证墙体的厚度正确，在两侧模板之间可用小方木撑头（小方木长度等于墙厚），防水混凝土墙要加有止水板的撑头。小方木要随着浇筑混凝土逐个取出。为了防止浇筑混凝土的墙身鼓胀，可用8～10号钢丝或直径12～16mm螺栓拉结两侧模板，间距不大于1m。螺栓要纵横排列，并在混凝土凝结前经常转动，以便在凝结后取出，如墙体不高，厚度不大，亦可在两侧模板上口钉上搭头木即可。

(2) 楼板模板。楼板模板的支设方法有以下几种：

1) 采用脚手钢管搭设排架，铺设楼板模板常采用的支模方法是：用ϕ48×3.5脚手钢管搭设排架，在排架上铺设50mm×100mm方木，间距为400mm左右，作为面板的格栅（楞木），在其上铺设胶合板面板（图3-1-3）。

2) 采用木顶撑支设楼板模板

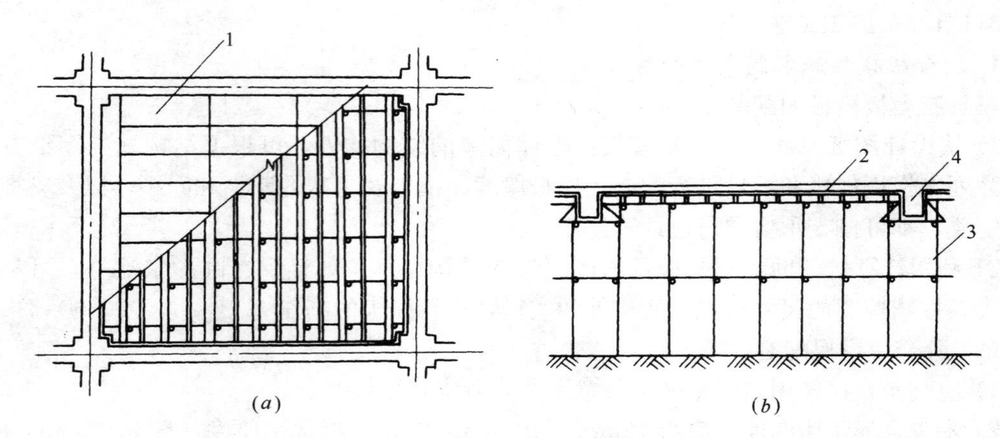

图 3-1-3　楼板模板采用钢管脚手排架支撑

(a) 平面；(b) 立面

1—胶合板；2—木楞；3—钢管脚手架支撑；4—现浇混凝土梁

① 楼板模板铺设在格栅上。格栅两头搁置在托木上，格栅一般用断面 50mm×100mm 的方木，间距为 400～500mm。当格栅跨度较大时，应在格栅下面再铺设通长的牵杠，以减小格栅的跨度。牵杠撑的断面要求与顶撑立柱一样，下面须垫木楔及垫板。一般用（50～75）mm×150mm 的方木。楼板模板应垂直于格栅方向铺钉，如图 3-1-4 所示。

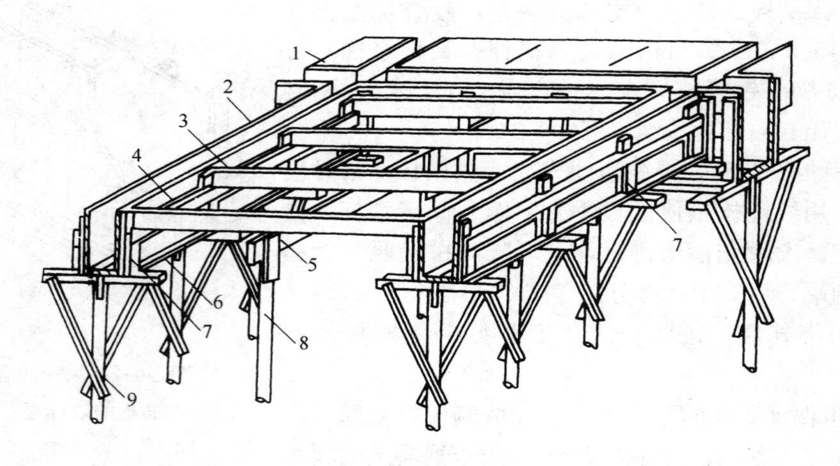

图 3-1-4　肋形楼盖木模板

1—楼板模板；2—梁侧模板；3—格栅；4—横档(托木)；5—牵杠；6—夹木；

7—短撑木；8—牵杠撑；9—支柱(琵琶撑)

② 楼板模板安装时，先在次梁模板的两侧板外侧弹水平线，水平线的标高应为楼板底标高减去楼板模板厚度及格栅高度，然后按水平线钉上托木，托木上口与水平线相齐。再把靠梁模旁的格栅先摆上，等分格栅间距，摆中间部分的格栅。最后在格栅上铺钉楼板模板。为了便于拆模，只在模板端部或接头处钉牢，中间尽量少钉。如中间设有牵杠撑及牵杠时，应在格栅摆放前先将牵杠撑立起，将牵杠铺平。

木顶撑构造，如图 3-1-5 所示。

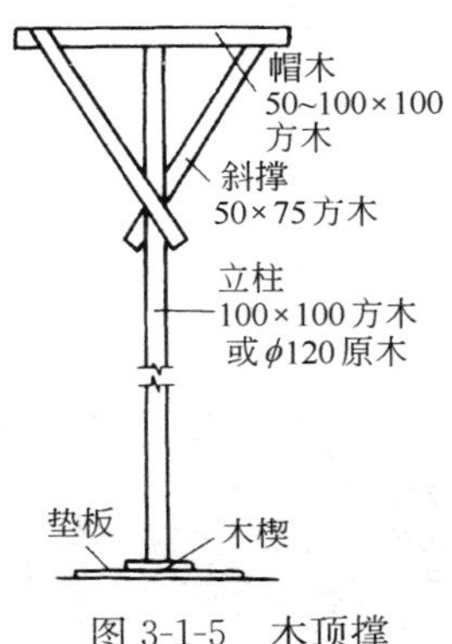

图 3-1-5　木顶撑

(3) 注意事项

1) 模板安装完毕后先进行自检，再报监理预检，合格后方可进行下道工序。

2) 严格控制顶板模板的平整度，两块板的高低差不大于 1mm。主、次木楞平直，过刨使其薄厚尺寸一致，用可调 U 形托调整高度。

3) 梁、板、柱接头处，阴阳角、模板拼接处要严密，模板边要用电刨刨齐整，拼缝不超过 1mm，并且在板缝底下必须加木楞支顶。

4) 按规范要求起拱：先按照墙体及柱子上弹好的标高控制线和模板标高全部支好模板，然后将跨中的可调支托丝扣向上调动，调到要求的起拱高度，起拱应由班组长、放线员、专业工长严格控制，在保证起拱高度的同时还要保证梁的高度和板的厚度。

5) 板过刨后必须用厂家提供的专用漆封边，以减少模板吸水。

3.1.2　工具式可调曲线墙体胶合板模板

3.1.2.1　构造及作用

可调曲线模板主要由面板、背楞、紧伸器、边肋板等四部分组成，构造简单。标准板块的尺寸为 4880mm×3660mm 的标准板块、混凝土侧压力按 60kN/m^2 设计，面板采用 15mm 厚酚醛覆膜木质胶合板，竖肋采用[10 槽钢，翼缘卡采用 3mm 厚钢板轧制而成，横肋双槽钢和翼缘卡通过有效的结构组合，使之成为一个整体，增强了刚度，并且同时起四个方面的作用：

(1) 双槽钢横肋的刚度和整体性得到提高；

(2) 通过翼缘卡将竖肋与横肋固定，本身翼缘卡与横肋即为一体，这样横肋与竖肋的整体性增强；

(3) 通过双槽钢横肋将穿墙拉杆固定，使木竖肋与面板紧帖，完全发挥整个背楞的作用；

(4) 用曲率调节器将所有同一水平的双槽钢横肋连接，使独立的横肋变为整体，同时可以调节出任意半径的弧线模板。如图 3-1-6 及图 3-1-7 所示。

3.1.2.2　工艺流程

1. 组拼

搭设组拼操作架→铺放主背楞钢件→主背楞长向拼接→相邻主背楞间连接调节器 1→铺放面层木胶合板→将木胶合板与主背楞用螺钉固定→安装边肋带孔角钢→主背楞与边肋角钢间连接调节器 2→钻穿墙螺栓孔→通过背部调节器调节模板弧度→用专用量具检测模板弧度→安装吊钩→模板编号→合格后吊至存放架内存放。见图 3-1-8 所示。

2. 安装

测量放线→用塔吊吊运对应编号模板至墙体一侧设计位置→插放穿墙螺栓及塑料套管→根据墙体控制线将模板下口调整到位→吊运墙体另一侧模板→调整模板位置→穿墙螺栓初步拧紧→螺栓拧紧连接→加设墙体斜撑及斜拉钢丝绳→模板主背楞水平拼缝处加强处理→调整模板垂直度→验收。

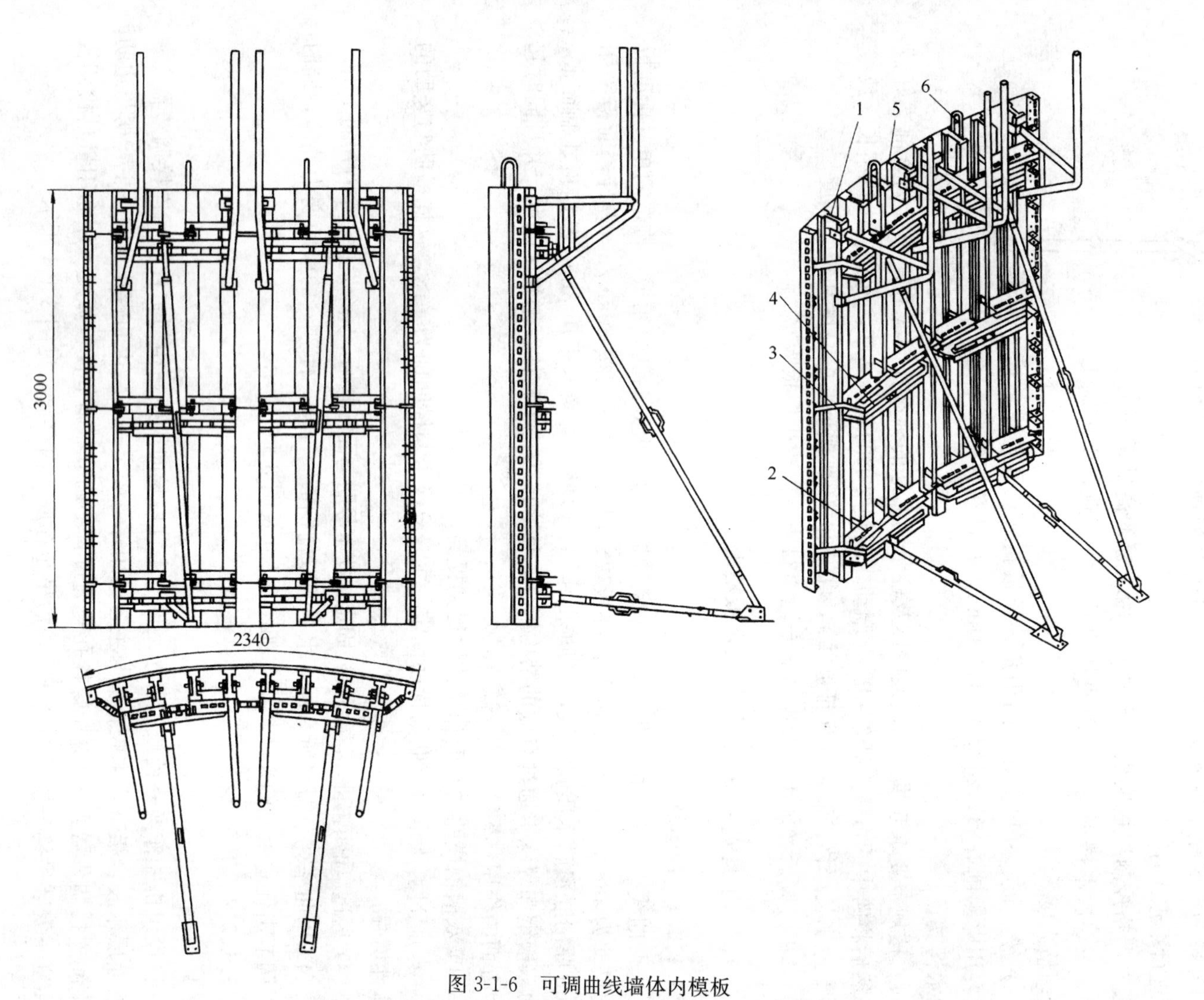

图 3-1-6　可调曲线墙体内模板

1—木工字梁；2—调节支座；3—调节螺栓；4—短槽钢背楞；5—胶合板面板；6—吊钩

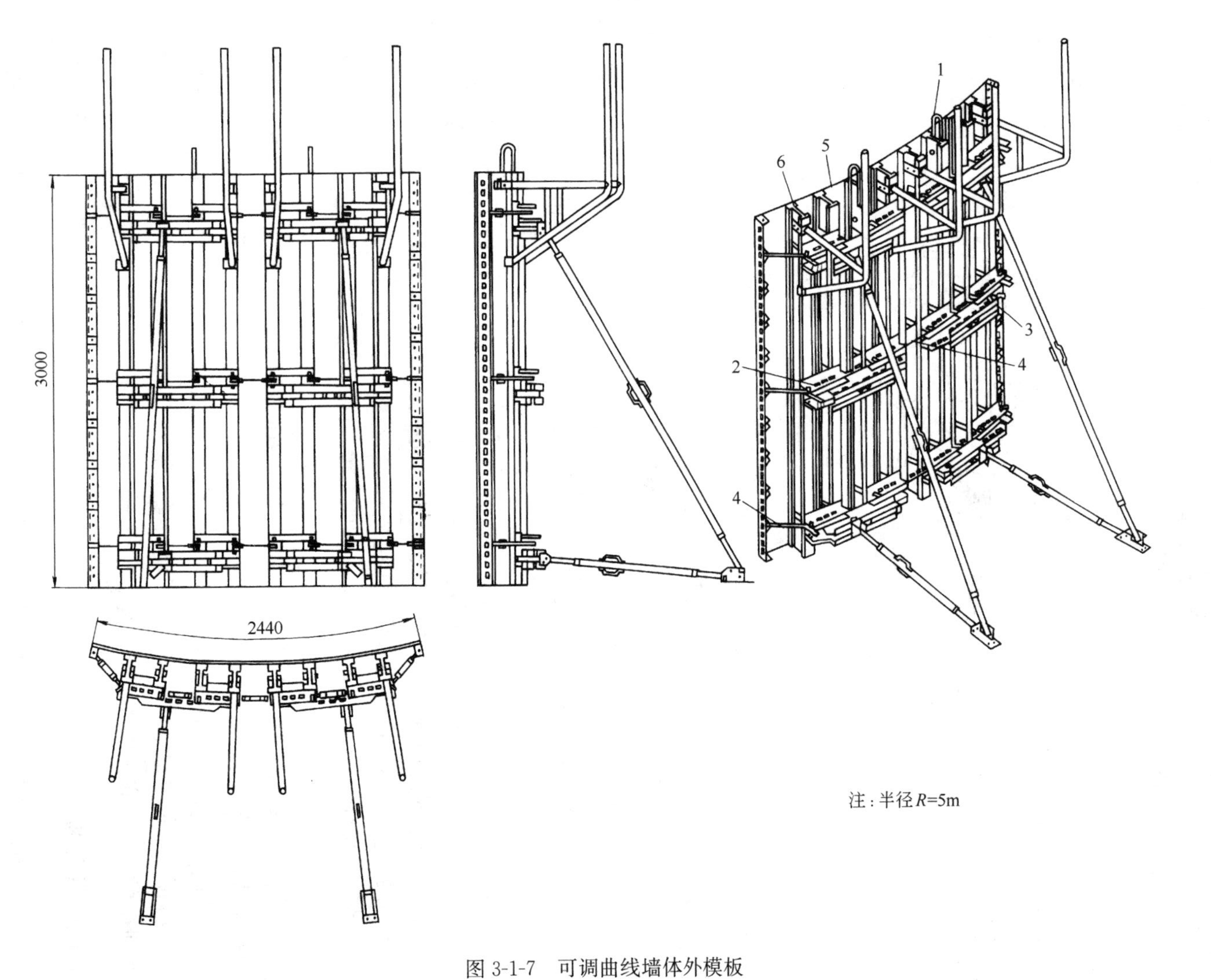

注：半径R=5m

图 3-1-7 可调曲线墙体外模板

1—吊钩；2—调节支座；3—短槽钢背楞；4—调节螺栓；5—面板；6—木工字梁

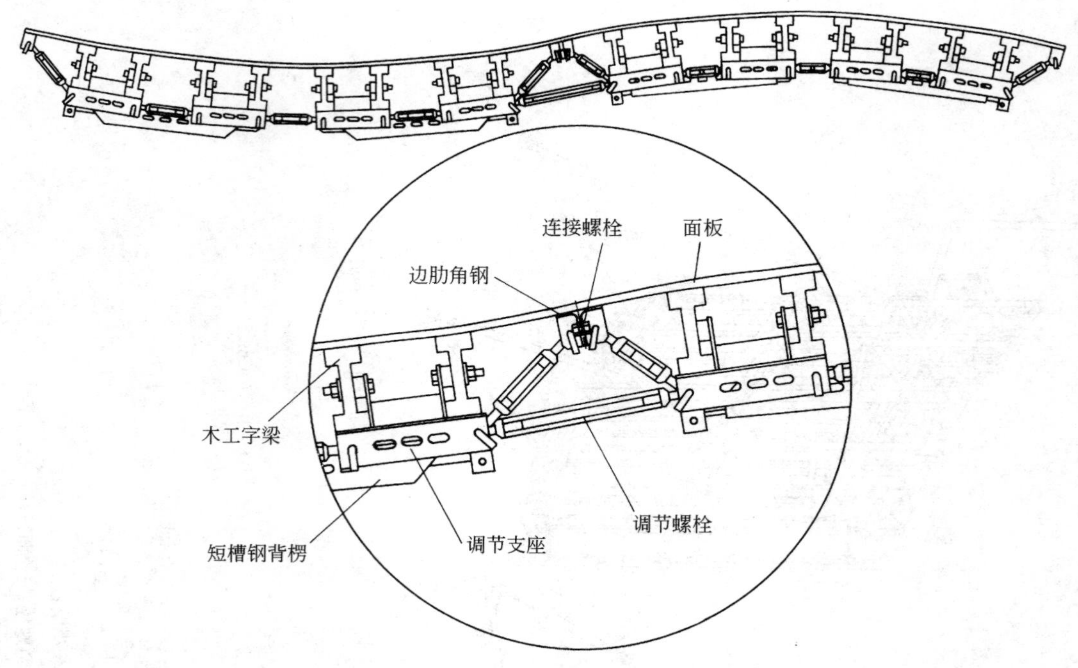

图 3-1-8　弧形模板组装示意图

3. 拆卸

松开支撑→抽出穿墙螺栓→拆除模板横向拼接螺钉→塔吊将整块模板吊离→模板面清理并整平。

3.1.2.3　施工要点

1. 主背楞钢件竖向接拼时，接头位置错开。

2. 调节器安装时方向统一，以便调节弧度时向同一方向操作，避免混淆。

3. 调节弧度时，不同位置调节器每次旋 2～3 个丝扣，同步进行。

4. 模板横向拼接螺丝按不大于 300mm 间距布置，同时应保证与边肋连接的调节器处于拧紧状态。

5. 因模板只有竖向背楞，在其水平拼接处加设横向方木，再用钢管和穿墙螺栓将方木与模板主背楞背紧。

6. 墙体高度较大时，墙体的四道斜撑则不可能全部支在楼板上，要利用墙体两边的操作架进行顶撑，但要保证操作架与楼板用斜撑顶紧。

此项模板用于北京国家大剧院工程。

3.1.3　木模板

木模板，俗称壳子板，与混凝土表面接触的模板，为了保证混凝土表面的光洁，宜采用红松、白松、杉木。木模板的主要优点是制作拼装随意，尤其适用于浇筑外形复杂、数量不多的混凝土结构或构件。另外，因木材导热系数低，混凝土冬期施工时，木模板具有保温作用。

木模板由于耗用木材资源多，目前只在少数地区使用，逐步被胶合板、钢模板及塑料板所取代。

3.1.3.1 木模板的配制、安装和基本要求

1. 木模板的配制要求

(1) 木模板的配置应以节约为原则，并考虑可持续使用，提高周转使用率。

(2) 木模板及支撑系统所用的木材，不得有脆性、严重扭曲和受潮后容易变形的木材。拼装模板时，板边要刨平刨直，接缝严密，不漏浆。不得将木料上有节疤、缺口等疵病的部位与混凝土面直接接触，应放在反面或截去。

(3) 木模厚度。侧模一般可采取 20～30mm 厚，底模一般可采取 40～50mm 厚。

(4) 拼制模板的木板条不宜宽于下值：

① 工具式模板的木板为 150mm；

② 直接与混凝土接触的木板为 200mm；

③ 梁和拱的底板，如采用整块木板，其宽度不加限制。

(5) 木板条应将拼缝处刨平刨直，模板的木档也要刨直。

(6) 钉子长度应为木板厚度的 1.5～2 倍，每块木板与木档相叠处至少钉 2 只钉子。

(7) 混水模板正面高低差不得超过 3mm；清水模板安装前应将模板正面刨平。

(8) 配制好的模板应在反面编号与写明规格，分别堆放保管，以免错用。

2. 模板的安装要求

对模板及支撑系统的基本要求是：

(1) 保证结构构件各部分的形状、尺寸和相互间位置的正确性。

(2) 具有足够的强度、刚度和稳定性。能承受本身自重及钢筋、浇捣混凝土的重量和侧压力，以及在施工中产生的其他荷载。

(3) 装拆方便，能多次周转使用。

(4) 模板拼缝严密，不漏浆。

(5) 所用木料受潮后不易变形。

(6) 支撑必须安装在坚实的地基上，并有足够的支承面积，以保证所浇筑的结构不致发生下沉。

(7) 节约材料。

3.1.3.2 现浇结构木模板

现浇结构木模板的基本形式是散支散拆组拼式木模板。

1. 基础模板

混凝土基础的形式有独立式和条形式两种。独立式基础又分阶形和杯形等（图 3-1-9）。基础模板的构造随着其形式的不同而有所不同。

(1) 阶形基础模板

1) 构造：阶形基础的模板，每一台阶模板由四块侧板拼钉而成，其中两块侧板的尺寸与相应的台阶侧面尺寸相等；另两块侧板长度应比相应的台阶侧面长度长约 150～200mm，高度与其相等。四块侧板用木档拼成方框。上台阶模板的其中两块侧板的最下一块拼板要加长，以便搁置在下层台阶模板上，下层台阶模板的四周要设斜撑及平撑支撑住。斜撑和平撑一端钉在侧板的木档（排骨档）上；另一端顶紧在木桩上。上台阶模板的四周也要用斜撑和平撑支撑住，斜撑和平撑的一端钉在上台阶侧板的木档上，另一端可钉在下台阶侧板的木档顶上（图 3-1-10）。

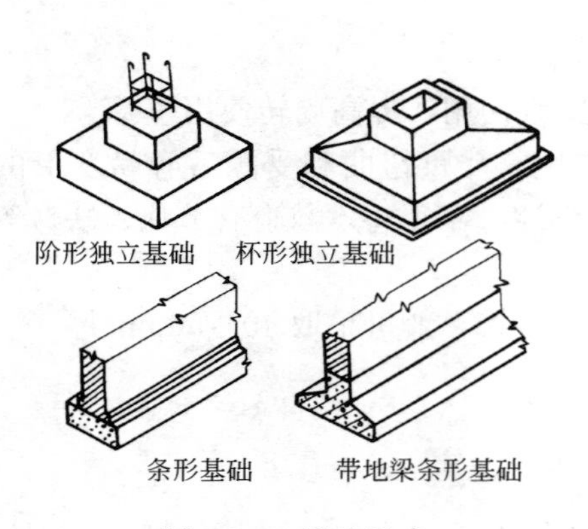

图 3-1-9　基础形式

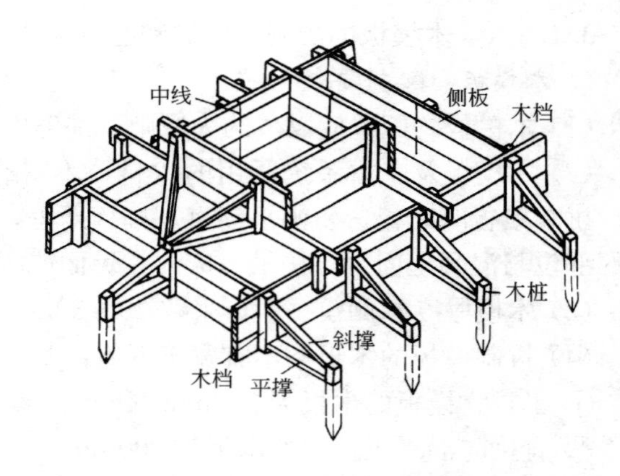

图 3-1-10　阶形独立基础模板

2）安装：模板安装前，在侧板内侧划出中线，在基坑底弹出基础中线。把各台阶侧板拼成方框。

安装时，先把下台阶模板放在基坑底，两者中线互相对准，并用水平尺校正其标高，在模板周围钉上木桩，在木桩与侧板之间，用斜撑和平撑进行支撑，然后把钢筋网放入模板内，再把上台阶模板放在下台阶模板上，两者中线互相对准，并用斜撑和平撑加以钉牢。

（2）杯形基础模板

1）构造：杯形基础模板的构造与阶形基础相似，只是在杯口位置要装设杯芯模。杯芯模两侧钉上轿杠，以便搁置在上台阶模板上。如果下台阶顶面带有坡度，应在上台阶模板的两侧钉上轿杠，轿杠端头下方加钉托木，以便搁置在下台阶模板上。近旁有基坑壁时，可贴基坑壁设垫木，用斜撑和平撑支撑侧板木档（图 3-1-11）。

杯芯模有整体式和装配式两种。整体式杯芯模是用木板和木档根据杯口尺寸钉成一个整体，为了便于脱模，可在芯模的上口设吊环，或在底部的对角十字档穿设 8 号钢丝，以便于芯模脱模。装配式芯模是由四个角模组成，每侧设抽芯板，拆模时先抽去抽芯板，即可脱模（图 3-1-12）。

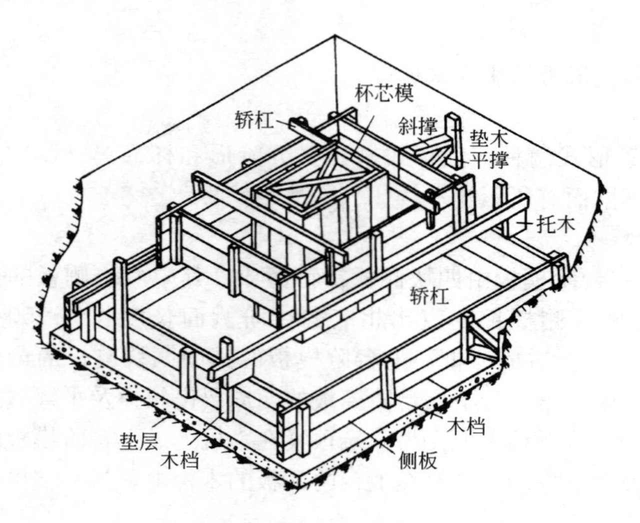

图 3-1-11　杯形独立基础模板

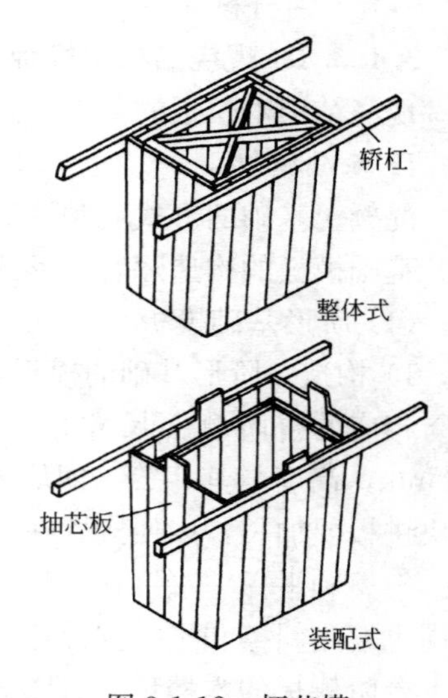

图 3-1-12　杯芯模

杯芯模的上口宽度要比柱脚宽度大 100～150mm，下口宽度要比柱脚宽度大 40～60mm，杯芯模的高度（轿杠底到下口）应比柱子插入基础杯口中的深度大 20～30mm，以便安装柱子时校正柱列轴线及调整柱底标高。

杯芯模一般不装底板，这样浇筑杯口底处混凝土比较方便，也易于振捣密实。

2）安装：安装前，先将各部分划出中线，在基础垫层上弹出基础中线。各台阶钉成方框，杯芯模钉成整体，上台阶模板及杯芯两侧钉上轿杠。

安装时，先将下台阶模板放在垫层上，两者中心对准，四周用斜撑和平撑钉牢，再把钢筋网放入模板内，然后把上台阶模板摆上，对准中线，校正标高，最后在下台阶侧板外加木档，把轿杠的位置固定住。杯芯模应最后安装，对准中线，再将轿杠搁于上台阶模板上，并加木档予以固定。

（3）条形基础模板

1）构造：条形基础模板一般由侧板、斜撑、平撑组成。侧板可用长条木板加钉竖向木档拼制，也可用短条木板加横向木档拼成。斜撑和平撑钉在木桩（或垫木）与木档之间（图 3-1-13）。

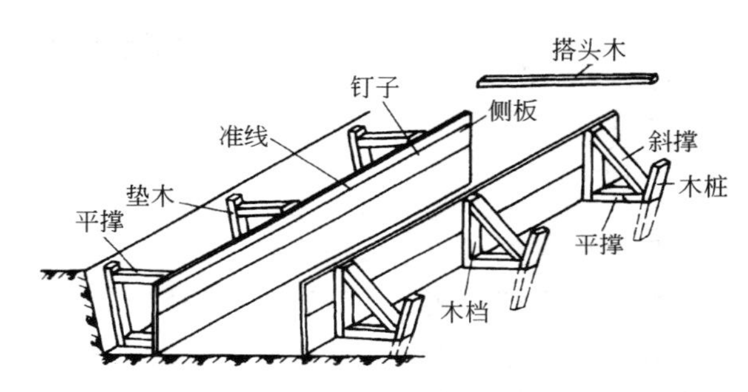

图 3-1-13　条形基础模板

2）安装：

① 条形基础模板安装时，先在基槽底弹出基础边线，再把侧板对准边线垂直竖立，同时用水平尺校正侧板顶面水平，无误后，用斜撑和平撑钉牢。如基础较长，则先立基础两端的两块侧板，校正后，再在侧板上口拉通线，依照通线再立中间的侧板。当侧板高度大于基础台阶高度时，可在侧板内侧按台阶高度弹准线，并每隔 2m 左右在准线上钉圆钉，作为浇筑混凝土的标志。为了防止浇筑时模板变形，保证基础宽度的准确，应每隔一定距离在侧板上口钉上搭头木。

② 带有地梁的条形基础，轿杠布置在侧板上口，用斜撑，吊木将侧板吊在轿杠上。在基槽两边铺设通长的垫板，将轿杠两端搁置在其上，并加垫木楔，以便调整侧板标高（图 3-1-14）。

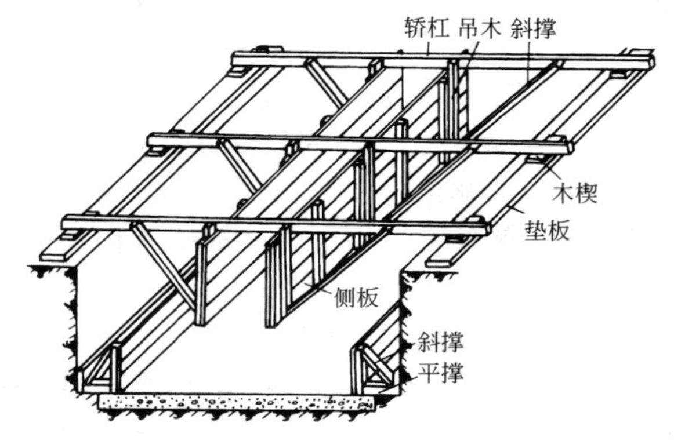

图 3-1-14　有地梁的条形基础模板

安装时，先按前述方法将基槽中的下部模板安装好，拼好地梁侧板，外侧钉上吊木（间距 800～1200mm），将侧板放入基槽内。在基槽两边地面上铺好垫板，把轿杠搁置于垫板上，并在两端垫上木楔。将地梁边线引到轿杠上，拉上通线，再按通线将侧板吊木逐个钉在轿杠上，用线坠校正侧板的垂直，再用斜撑固定，最后用木楔调整侧板上口标高。

2. 墙模板

(1) 构造。混凝土墙体的模板主要由侧板、立档、牵杠、斜撑等组成（图 3-1-15）。

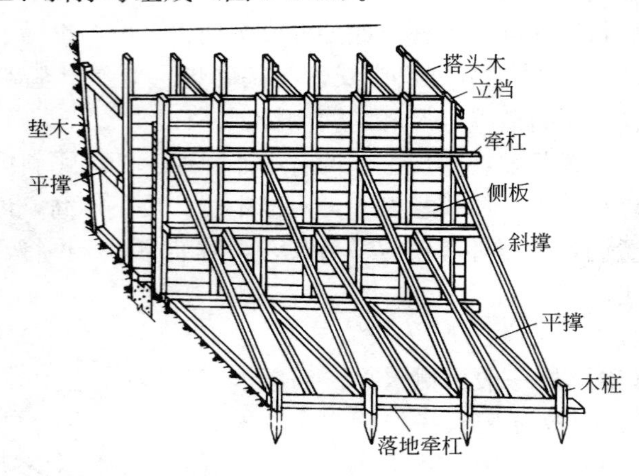

图 3-1-15　墙模板

侧板可以采取用长条板模拼，预先与立档钉成大块板，板块高度一般不超过 1.2m 为宜。牵杠钉在立档外侧，从底部开始每隔 0.7～1.0m 一道。在牵杠与木桩之间支斜撑和平撑，如木桩间距大于斜撑间距时，应沿木桩设通长的落地牵杠，斜撑与平撑紧顶在落地牵杠上。当坑壁较近时，可在坑壁上立垫木，在牵杠与垫木之间用平撑支撑。

(2) 安装。墙模板安装时，先在基础或地面上弹出墙的中线及边线，根据边线立一侧模板，临时用支撑撑住，用线锤校正模板的垂直，然后钉牵杠，再用斜撑和平撑固定。也可不用临时支撑，直接将斜撑和平撑的一端先钉在牵杠上，用线锤校正侧板的垂直，即将另一端钉牢。用大块侧模时，上下竖向拼缝要互相错开，先立两端，后立中间部分。

待钢筋绑扎后，按同样方法安装另一侧模板及斜撑等。

为了保证墙体的厚度正确，在两侧模板之间可用小方木撑好（小方木长度等于墙厚）。小方木要随着浇筑混凝土逐个取出。为了防止浇筑混凝土的墙身鼓胀，可用 8～10 号钢丝或直径 12～16mm 螺栓拉结两侧模板，间距不大于 1m。螺栓要纵横排列，并在混凝土凝结前经常转动，以便在凝结后取出。如墙体不高，厚度不大，亦可在两侧模板上口钉上搭头木即可。

3. 柱模板

(1) 构造。矩形柱的模板由四面侧板、柱箍、支撑组成。其中的两面侧板为长条板用木档纵向拼制；另两面用短板横向逐块钉上，两头要伸出纵向板边，以便于拆除，并每隔 1m 左右留出洞口，以便从洞口中浇筑混凝土。纵向侧板一般厚 40～50mm，横向侧板厚 25mm。在柱模底用小方木钉成方盘，用于固定（图 3-1-16）。

柱子侧模如四边都采用纵向模板，则模板横缝较少，其构造见图 3-1-17。

柱顶与梁交接处，要留出缺口，缺口尺寸即为梁的高及宽（梁高以扣除平板厚度计算），并在缺口两侧及口底钉上衬口档，衬口档离缺口边的距离即为梁侧板及底板的厚度（图3-1-18）。

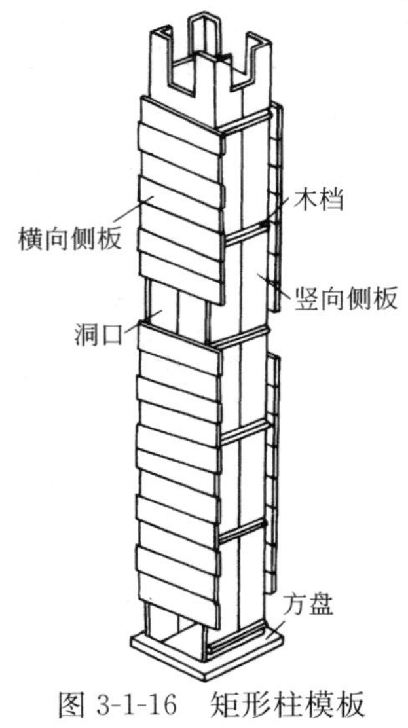

图 3-1-16 矩形柱模板

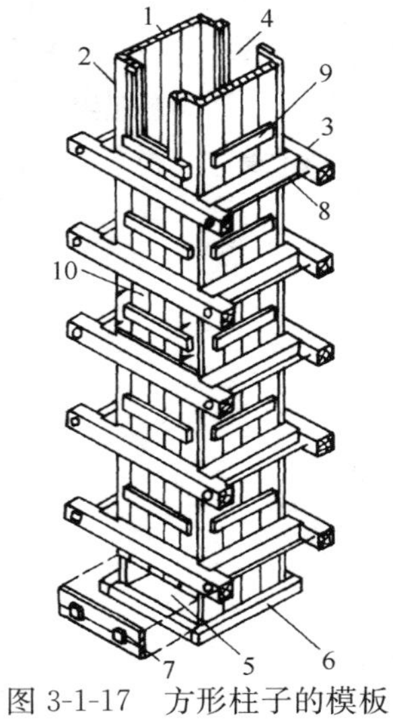

图 3-1-17 方形柱子的模板

1—内拼板；2—外拼板；3—柱箍；4—梁缺口；5—清理孔；6—木框；7—盖板；8—拉紧螺栓；9—拼条；10—活动板

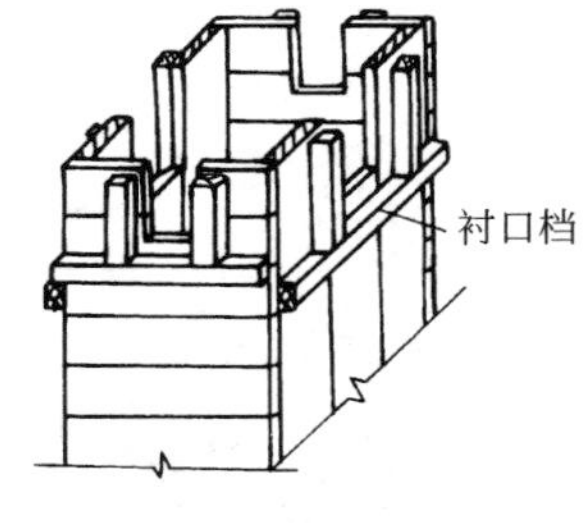

图 3-1-18 柱模顶处构造

断面较大的柱模板，为了防止在混凝土浇筑时模板产生鼓胀变形，应在柱模外设置柱箍（图 3-1-19）。柱箍可采用木箍、钢木箍及钢箍等几种，见图 3-1-20 所示。

柱箍间距应根据柱模断面大小确定，一般不超过 100mm，柱模下部间距应小些，往上可逐渐增大间距。设置柱箍时，横向侧板外面要设竖向木档。

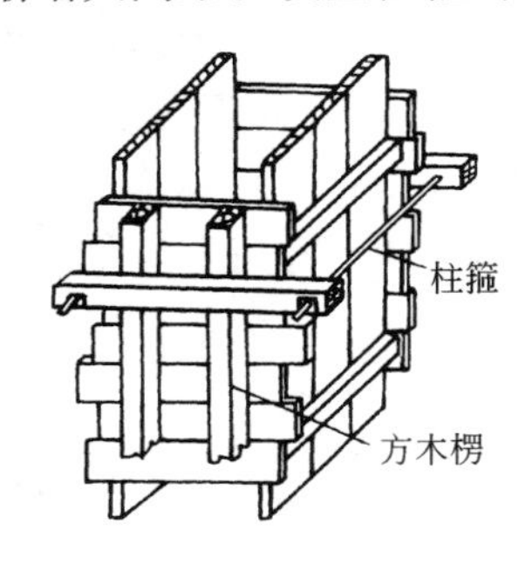

图 3-1-19 柱模加箍示意

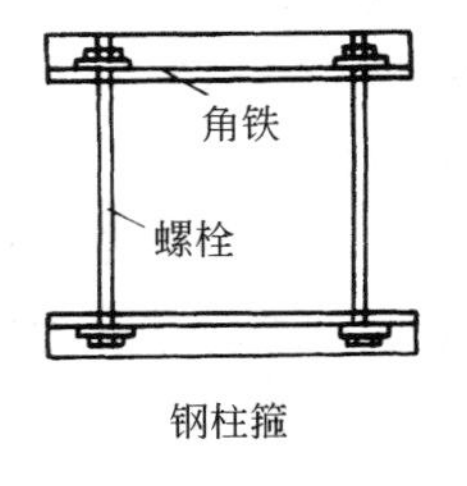

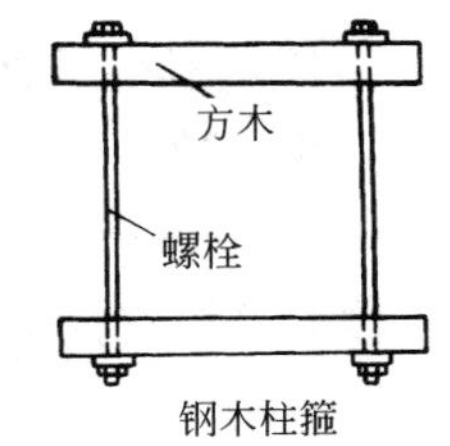

图 3-1-20 柱箍

（2）安装。柱模板安装时，先在基础面（或楼面）上弹柱轴线及边线。同一柱列应先弹两端柱轴线、边线，然后拉通线弹出中间部分柱的轴线及边线。按照边线先把底部方盘固定好，再对准边线安装两侧纵向侧板，用临时支撑支牢，并在另两侧钉几块横向侧板，把纵向侧板互相拉住。用线坠校正柱模垂直后，用支撑加以固定，再逐块钉上横向侧板。为了保证柱模的稳定，柱模之间要用水平撑、剪刀撑等互相拉结固定（图 3-1-21）。

同一柱列的模板，可采取先校正两端的柱模，在柱模顶中心拉通线，按通线校正中间部分的柱模。

4. 梁模板

（1）构造。梁模板主要由侧板、底板、夹木、托木、梁箍、支撑等组成。侧板可用厚

25mm 的长条板加木档拼制，底板一般用厚 40～50mm 的长条板加木档拼制，或用整块板。

在梁底板下每隔一定间距支设顶撑。夹木设在梁模两侧板下方，将梁侧板与底板夹紧，并钉牢在支柱顶撑上。次梁模板，还应根据搁栅标高，在两侧板外面钉上托木。在主梁与次梁交接处，应在主梁侧板上留缺口，并钉上衬口档，次梁的侧板和底板钉在衬口档上（图 3-1-22）。

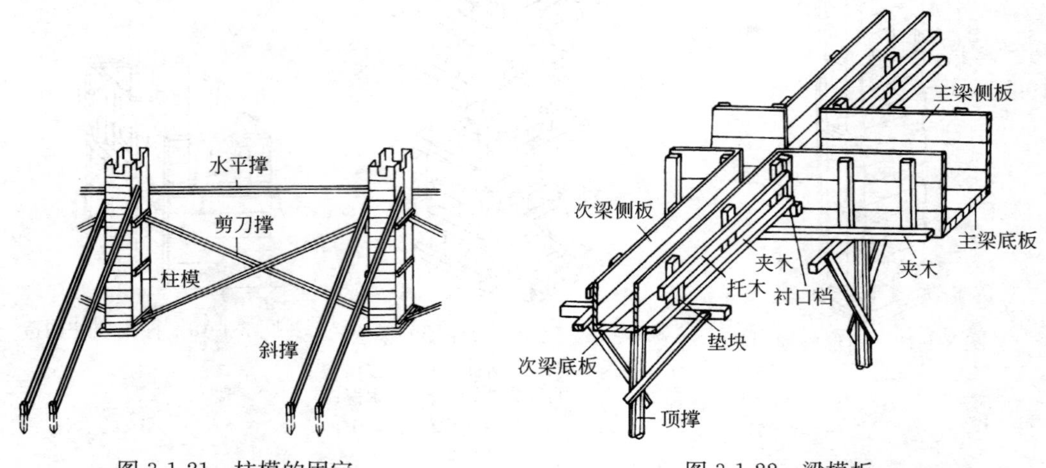

图 3-1-21 柱模的固定

图 3-1-22 梁模板

支承梁模的顶撑（又称琵琶撑、支柱），其立柱一般为 100mm×100mm 的方木或直径 120mm 的原木，帽木用断面（50～100）mm×100mm 的方木，长度根据梁高决定，斜撑用断面 50mm×75mm 的方木；亦可用钢制顶撑（图 3-1-23）。为了调整梁模的标高，在立柱底要垫木楔。沿顶撑底在地面上应铺设垫板。垫板厚度应不小于 40mm，宽度不小于 200mm，长度不小于 600mm。新填土或土质不好的基层地面须采取夯实措施。

顶撑的间距要根据梁的断面大小而定，一般为 800～1200mm。

当梁的高度较大（大于 70cm），梁侧模板宜加穿梁螺栓加固；亦可在侧板外面另加斜撑，斜撑上端钉在托木上，下端钉在顶撑的帽木上（图 3-1-24），独立梁的侧板上口用搭头木互相卡住。

（2）安装。梁模板安装时，应在梁模下方地面上铺垫板，在柱模缺口处钉衬口档，然

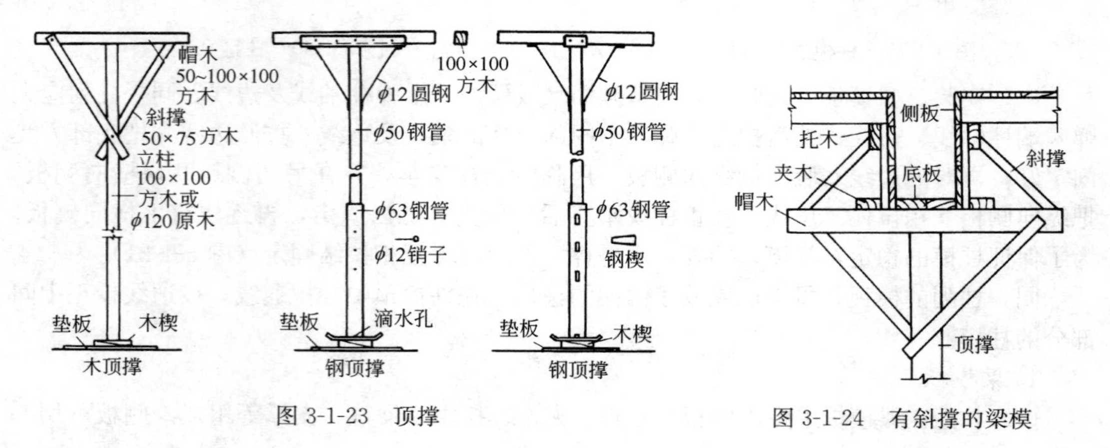

图 3-1-23 顶撑

图 3-1-24 有斜撑的梁模

后把底板两头搁置在柱模衬口档上，再立靠柱模或墙边的顶撑，并按梁模长度等分顶撑间距，立中间部分的顶撑。顶撑底应打入木楔。安放侧板时，两头要钉牢在衬口档上，并在侧板底外侧铺上夹木，用夹木将侧板夹紧并钉牢在顶撑帽木上，随即把斜撑钉牢。

次梁模板的安装，要待主梁模板安装并校正后才能进行。其底板及侧板两头是钉在主梁模板缺口处的衬口档上。次梁模板的两侧板外侧要按格栅底标高钉上托木。

梁模板安装后，要拉中线进行检查，复核各梁模中心位置是否对正。待平板模板安装后，检查并调整标高，将木楔钉牢在垫板上。各顶撑之间要设水平撑或剪刀撑，以保持顶撑的稳固（图 3-1-25）。

当梁的跨度在 4m 或 4m 以上时，在梁模的跨中要起拱，起拱高度为梁跨度的 0.2%～0.3%。

当楼板采用预制圆孔板、梁为现浇花篮梁时，应先安装梁模板，再吊装圆孔板，圆孔板的重量暂时由梁模板来承担。这样，可以加强预制板和现浇梁的连接。其模板构造如图 3-1-26 所示。安装时，先按前述方法将梁底板和侧板安装好，然后在侧板的外边立支撑（在支撑底部同样要垫上木楔和垫板），再在支撑上钉通长的格栅，格栅要与梁侧板上口靠紧，在支撑之间用水平撑和剪刀撑互相连接。

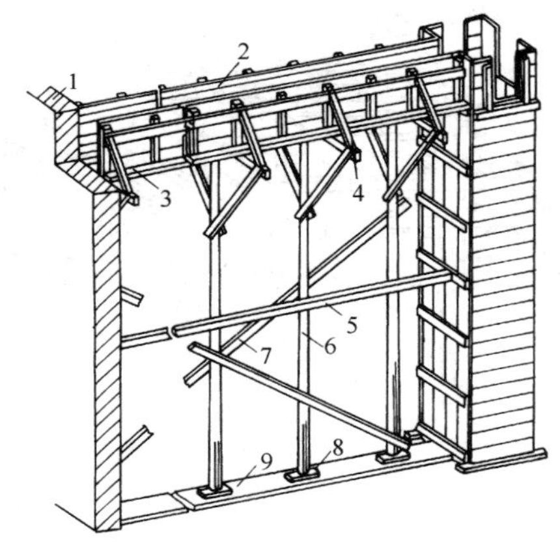

图 3-1-25 梁模板的安装

1—砖墙；2—侧板；3—夹木；4—斜撑；5—水平撑；6—琵琶撑；7—剪刀撑；8—木楔；9—垫板

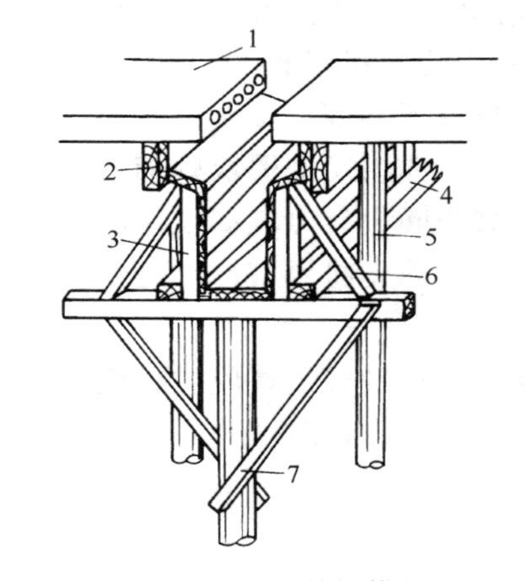

图 3-1-26 花篮梁模板

1—圆孔板；2—格栅；3—木档；4—夹木；5—牵杠撑；6—斜撑；7—琵琶撑

当梁模板下面需留施工通道，或因土质不好不宜落地支撑，且梁的跨度又不大时，则可将支撑改成倾斜支设，支设在柱子的基础面上（倾角一般不宜大于 30°），在梁底板下面用一根 50mm×75mm 或 50mm×100mm 的方木，将两根倾斜的支撑撑紧，以加强梁底板刚度和支撑的稳定性（图 3-1-27）。

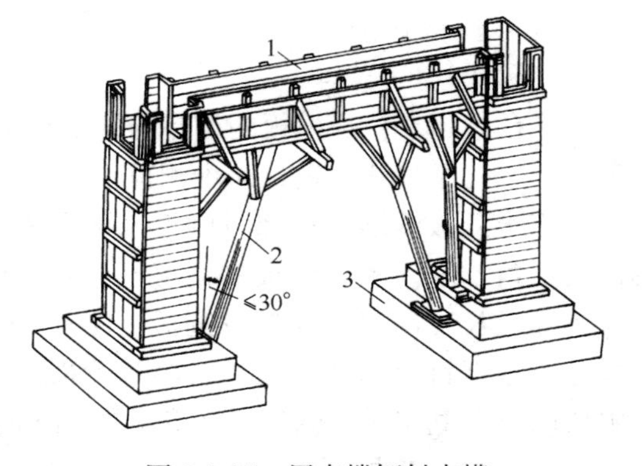

图 3-1-27 用支撑倾斜支模

1—侧板；2—支撑；3—柱基础

5. 楼板模板

（1）构造。楼板模板一般用厚 20～25mm 的木板拼成，或采用定型木模块，铺设在格栅上。格栅两头搁置在托木上，格栅一般用断面

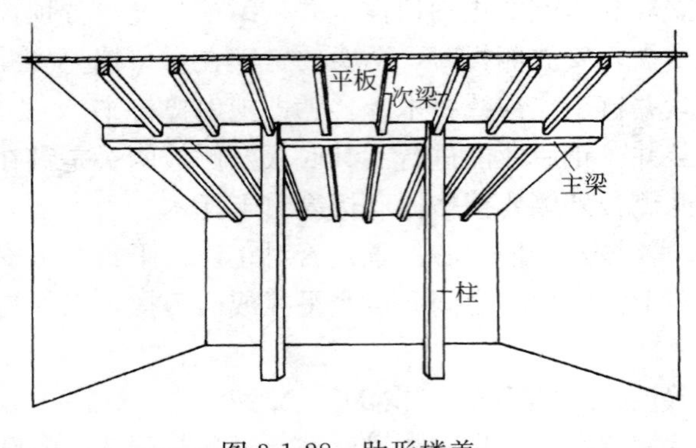

图 3-1-28　肋形楼盖

50mm×100mm 的方木，间距为 400～500mm。当格栅跨度较大时，应在格栅中间立支撑，并铺设通长的龙骨，以减小格栅的跨度。牵杠撑的断面要求与顶撑立柱一样，下面须垫木楔及垫板。一般用（50～75）mm×150mm 的方木。楼板模板应垂直于格栅方向铺钉。定型模块的规格尺寸要符合格栅间距，或适当调整格栅间距来适应定型模块的尺寸（图 3-1-28、图 3-1-29）。

（2）安装。楼板模板安装时，先在次梁模板的两侧板外侧弹水平线，水平线的标高应为平板底标高减去楼板模板厚度及格栅高度，然后按水平线钉上托木，托木上口与水平线相齐。再把靠梁模旁的格栅先摆上，等分格栅间距，摆中间部分的格栅。最后在格栅上铺钉楼板模板。为了便于拆模，只把模板端部或接头处钉牢，中间尽量少钉。如用定型模块则铺在格栅上即可。如中间设有牵杠撑及牵杠时，应在格栅摆放前先将牵杠撑立起，将牵杠铺平。

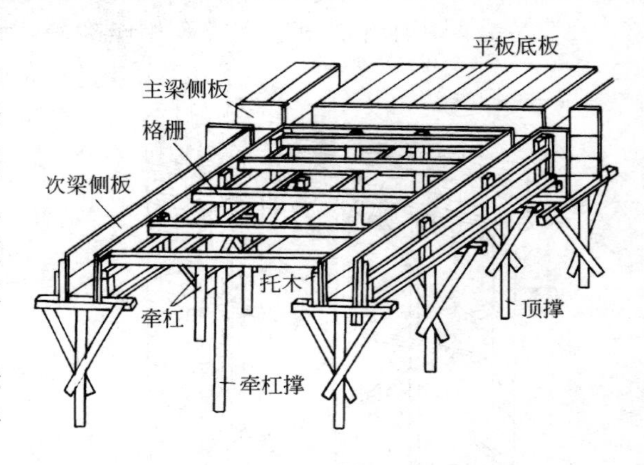

图 3-1-29　平板模板

楼板模板铺好后，应进行模板面标高的检查工作，如有不符，应进行调整。

6. 楼梯模板

现浇钢筋混凝土楼梯分为有梁式、板式和螺旋式几种结构形式。有梁式楼梯段的两侧有边梁，板式楼梯则没有。

（1）板式楼梯模板

1）双跑板式楼梯：双跑板式楼梯包括楼梯段（梯板和踏步）梯基梁、平台梁及平台板等（图 3-1-30）。

平台梁和平台板模板的构造与肋形楼盖模板基本相同。楼梯段模板是由底模、格栅、牵杠、牵杠撑、外帮板、踏步侧板、反三角木等组成（图3-1-31）。

踏步侧板两端钉在梯段侧板（外帮板）的木档上，如先砌墙体，则靠墙的一端可钉在反三角木上。梯段侧板的宽度至少要等于梯段板厚及踏步高，板的厚度为 30mm，长度按梯段长度确定。在梯段侧板内侧划出踏步形状与尺寸，并在踏步高度线一侧留出踏步侧板厚度钉上木档，用于钉踏步侧板。反三角木是由若干三角木块钉在方木上，三角木块两直角边长分别各等于踏步的高和宽，板的厚度为 50mm，方木断面为50mm×100mm。每一梯段反三角木至少要配一块。楼梯较宽时，可多配。反三角木用横楞及立木支吊。

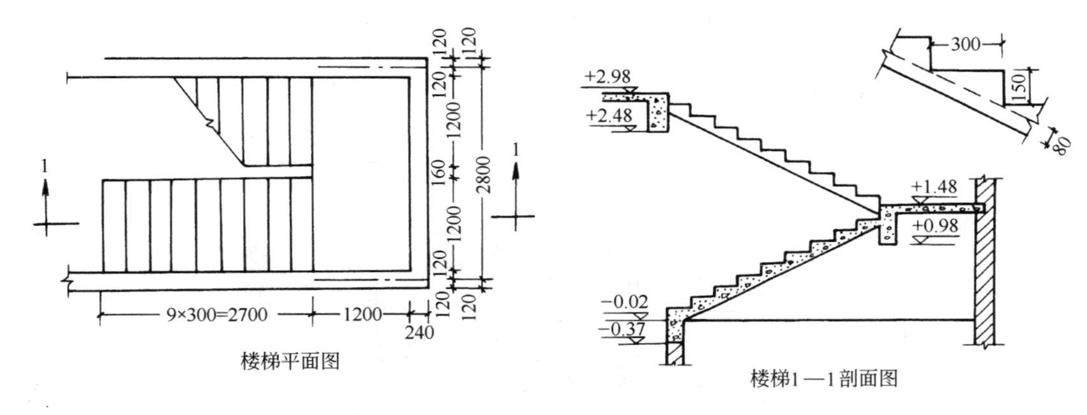

图 3-1-30　楼梯详图

2）配制方法

① 放大样方法：楼梯模板有的部分可按楼梯详图配制，有的部分则需要放出楼梯的大样图，以便量出模板的准确尺寸。

● 在平整的水泥地坪上，用 1∶1 或 1∶2 的比例放大样。先弹出水平基线 x - x 及其垂线 y - y。

● 根据已知尺寸及标高，先画出梯基梁、平台梁及平台板。

● 定出踏步首末两级的角部位置 A、a 两点，及根部位置 B、b 两点（图 3-1-32a），两点之间画连线。画出 B - b 线的平行线，其距离等于梯板厚，与梁边相交得 C、c（图 3-1-32a）。

● 在 Aa 及 Bb 两线之间，通过水平等分或垂直等分画出踏步（图 3-1-32a）。

● 按模板厚度于梁板底部和侧部画出模板图（图 3-1-32b）。

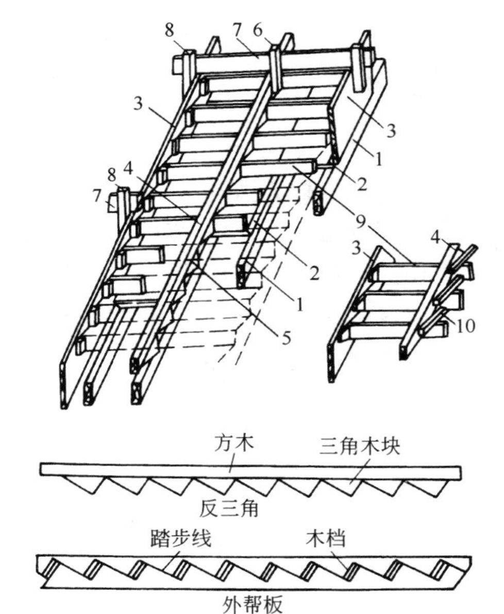

图 3-1-31　楼梯模板构造

1—楞木；2—底模；3—外帮板；4—反三角木；5—三角板；6—吊木；7—横楞；8—立木；9—踏步侧板；10—顶木

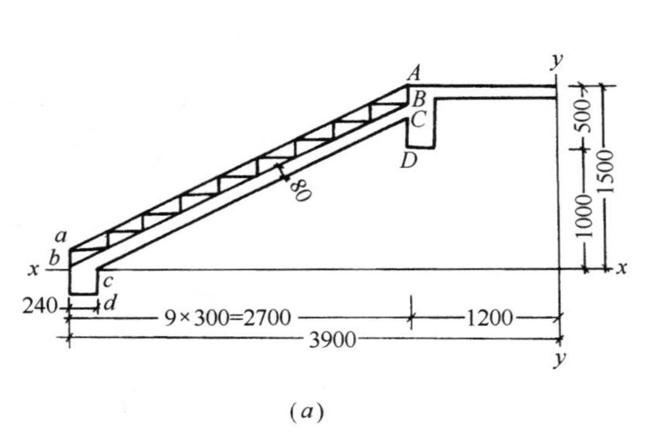

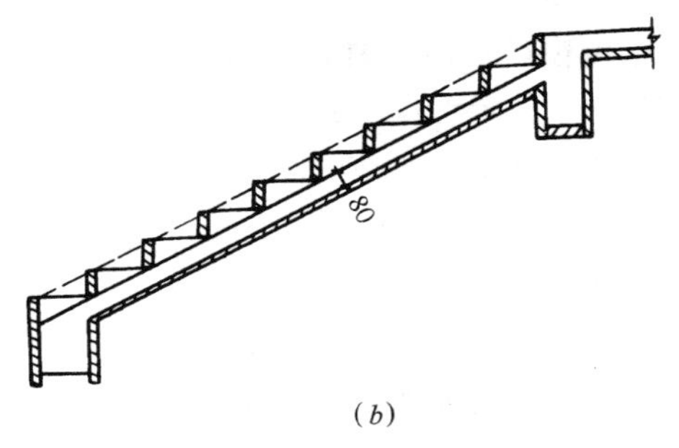

图 3-1-32　楼梯放样图

● 按支撑系统的规格画出模板支撑系统及反三角等模板安装图（图 3-1-33）。

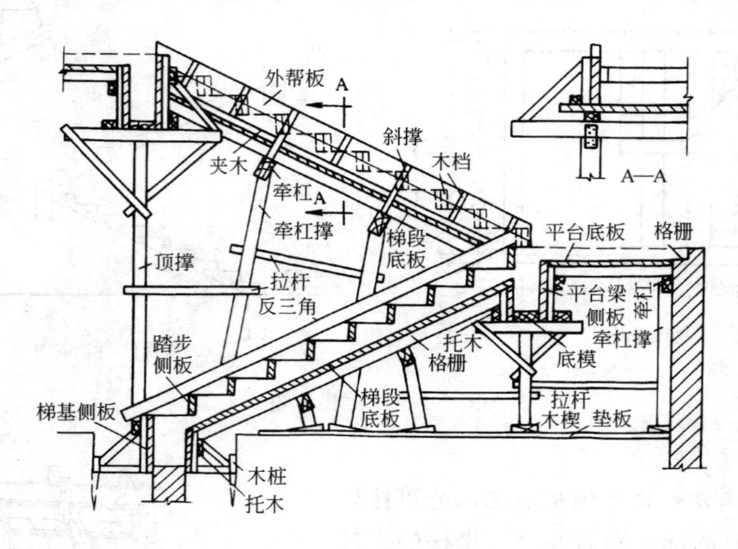

图 3-1-33　楼梯模板

第二梯段放样方法与第一梯段基本相同。

② 计算方法：楼梯踏步的高和宽构成的直角三角形与梯段和水平线构成的直角三角形都是相似三角形（对应边平行），因此，踏步的坡度和坡度系数即为梯段的坡度和坡度系数。通过已知踏步的高和宽可以得出楼梯的坡度和坡度系数，所以楼梯模板各倾斜部分都可利用楼梯的坡度值和坡度系数，进行各部分尺寸的计算。

以图 3-1-30 为例：踏步高＝150mm

踏步宽＝300mm

踏步斜边长$=\sqrt{150^2+300^2}=335.4$mm

$$坡度=\frac{短边}{长边}=\frac{150}{300}=0.5$$

$$坡度系数=\frac{斜边}{长边}=\frac{335}{300}=1.118$$

根据已知的坡度和坡度系数，可进行楼梯模板各部分尺寸的计算：

● 楼基梁里侧模的计算（图 3-1-34）

外侧模板全高为 450mm

里侧模板高度＝外侧模板$-AC$

其中：$AC=AB+BC$

$AB=60\times0.5=30$mm

$BC=80\times1.118=90$mm

$AC=30+90=120$mm

所以：里侧模板高＝450－120＝330mm；

侧模板厚取 30mm，坡度已知为 0.5；

又：　模板倒斜口高度＝30×0.5＝15mm；

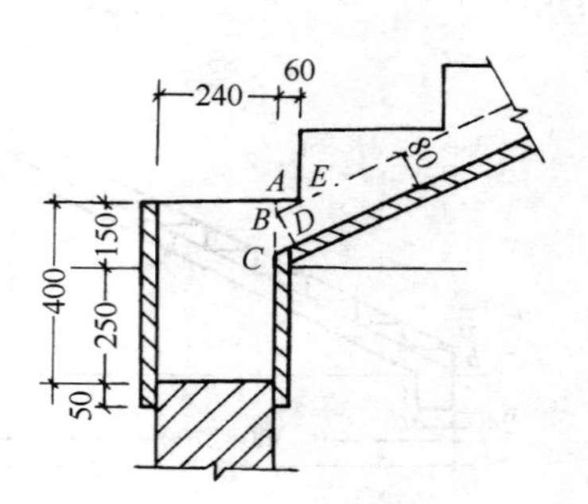

图 3-1-34　梯基梁模板

里侧板接上梯度，模板外边应高 15mm；

则： 梯基梁里侧模高应取 330＋15＝345mm。

● 平台梁里侧模的计算（图 3-1-35）

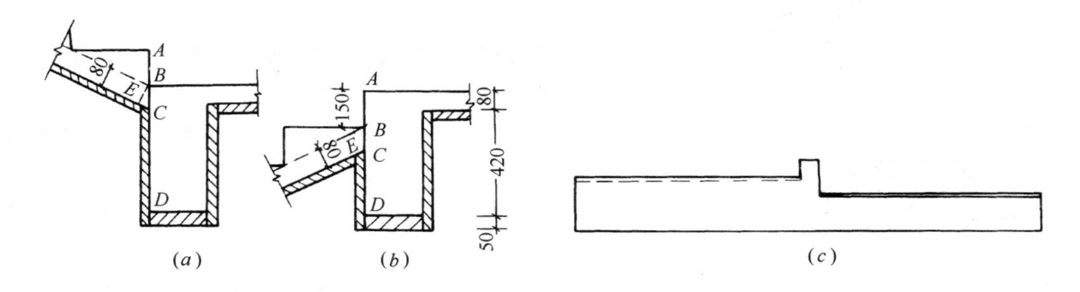

图 3-1-35 平台梁模板

里侧模的高度：由于平台梁与下梯段相接部分以及与上梯段相接部分的高度不相同，模板上口倒斜口的方向也不相同；另外，两梯段之间平台梁末与梯段相接部分一小段模板的高度为全高。因此：

里侧模全高＝420＋80＋50＝550mm（图 3-1-35*b*）；

平台梁与梯段相接部分高度 *BC* 为 80×1.118＝90mm

踏步高 *AB*＝150mm；

则：与下梯段连接的里侧模高＝550－150－90＝310mm；

与上梯段连接的里侧模高＝550－90＝460mm（图 3-1-35*a*）。

又：侧模上口倒斜口高度＝30×0.5＝15mm；

下梯段侧模外边倒口 15mm，高度仍为 310mm；

上梯段侧模里边倒口 15mm，高度应为 460＋15＝475mm；

平台板里侧模见图 3-1-35（*c*）。

● 梯段板底模长度计算

梯段板底模长度为底模水平投影长乘以坡度系数（以图 3-1-32 为例）。

底模水平投影长度＝2700－240（梁宽）－（30＋30）（梁侧模板厚）＝2400mm；

底模斜长＝2400×1.118＝2683mm。

● 梯段侧模计算（图 3-1-36）

踏步侧板厚为 20mm，木档宽为 40mm

则：*AB*＝300＋20＋40＝360mm

AC＝360×0.5＝180mm

AD＝180÷1.118＝160mm

侧模宽度＝160＋80＝240mm（图 3-1-36*a*）。

侧模长度约为梯段斜长加侧模宽度与坡度的乘积（3-1-36*b*），即侧模长度 *L*＝2700×1.118＋240×0.5＝3139mm

侧模割锯部分的尺寸计算，见图 3-1-36（*c*）。

模板四角编号为 *bDeg*，*bD* 端锯去△*abc*，△*abc* 为与楼梯坡度相同的直角三角形，*ac*＝踏步高＋梯板厚×坡度系数＝150＋80×1.118＝240mm；*bc*＝240÷1.118＝214mm；*ab*

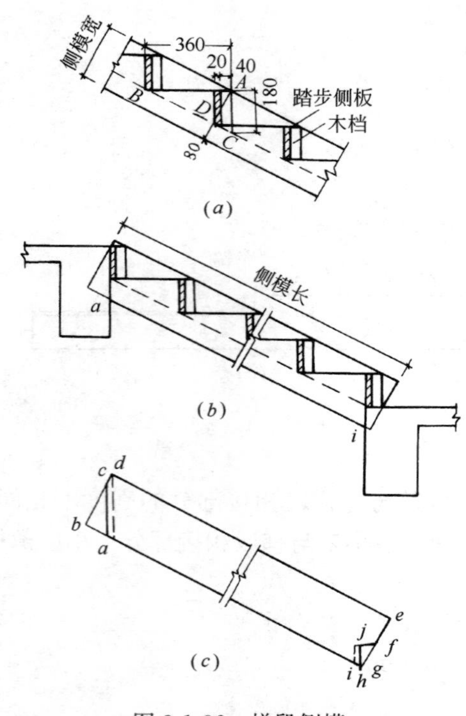

图 3-1-36　梯段侧模

(a) 踏步尺寸；(b) 侧模长；(c) 侧模成型

=214×0.5=107mm。

eg 端锯去△fjh，△fjh 为与楼梯坡度相同的直角三角形，fj=踏步侧板厚+木档宽=20+40=60mm，ai 与 ji 交于 i 点，ji 必须等于梯板厚×坡度系数，ai 必须等于梯板底的斜长。

模板的长度如有误差，在满足以上两个条件下，可以平移 ji，进行调整。

虚线部分为最后按梁侧模板厚度锯去的部分。

3）楼梯模板的安装：现以先砌墙体后浇楼梯的施工方法介绍楼梯模板安装步骤。

先立平台梁、平台板的模板以及梯基的侧板。在平台梁和柱基侧板上钉托木，将格栅支于托木上，格栅的间距为 400～500mm，断面为 50mm×100mm。格栅下立牵杠及牵杠撑，牵杠断面为 50mm×150mm，牵杠撑间距为 1～1.2m，其下垫通长垫板。牵杠应与格栅相垂直。牵杠撑之间应用拉杆相互拉结。然后在格栅上铺梯段底板，底板厚为 25～30mm。底板纵向应与格栅相垂直。在底板上划梯段宽度线，依线立外帮板，外帮板可用夹木或斜撑固定。再在靠墙的一面立反三角木，反三角木的两端与平台梁和梯基的侧板钉牢。然后在反三角木与外帮板之间逐块钉踏步侧板，踏步侧板一头钉在外帮板的木档上，另一头钉在反三角木的侧面上。如果梯形较宽，应在梯段中间再加设反三角木。

如果是先浇楼梯后砌墙体时，则梯段两侧都应设外帮板，梯段中间加设反三角木，其余安装步骤与先砌墙体做法相同。

（2）旋转楼梯模板

旋转楼梯模板板面采用木材，次龙骨为螺旋弧形（类似于弹簧的一段），同时承担模板荷载和楼梯面成型作用；主龙骨呈水平射线布置，只在节点向立杆传递竖向荷载。龙骨和支撑立杆均采用 ϕ48 钢管。

旋转楼梯的楼梯板内外两侧为同一圆心，但半径不同；楼梯板的内外两侧升角不同（图 3-1-37）。楼梯板沿着贯穿楼梯两侧曲线的水平射线，绕圆心上旋，形成螺旋曲面；其上的楼梯踏步以一定角度分级，一般转 360°达到一个楼层高度。由于梯面荷载集度随半径而不同，使得其自重荷载统计和对模架的作用力较为复杂。

1）旋转楼梯支模位置计算

① 旋转楼梯位置、尺寸关系：图 3-1-37 为旋转楼梯空间示意。其内侧与外侧边缘的水平投影是两个同心圆。等厚度梯段表面，半径相同的截面展开图都是直角三角形，但半径不同的三角形斜面与地面的夹角均不相同，所以旋转楼梯梯段是一个旋转曲面，在这个旋转曲面上的每一条水平线都过圆心。

假设在圆心位置，有一条垂线 OO'，这条线就是该旋转楼梯的圆心轴。距圆心轴半径相等的点的连线其水平投影是同心圆。

由于旋转楼梯的梯段在每个不同半径的同心圆上升角是固定的，所以，垂直于圆心轴的某个半径 R，所截断的楼梯板表面，其断面是圆柱螺线，如图 3-1-38（a）所示。将圆柱螺线展开后，就得到一个三角形，如图 3-1-38（b）所示。

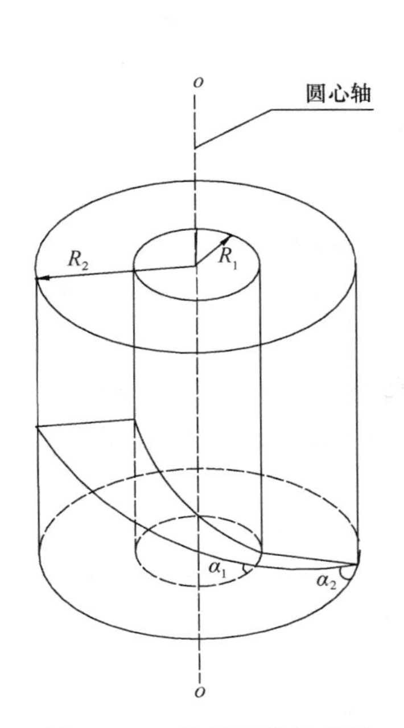

图 3-1-37　旋转楼梯示意图

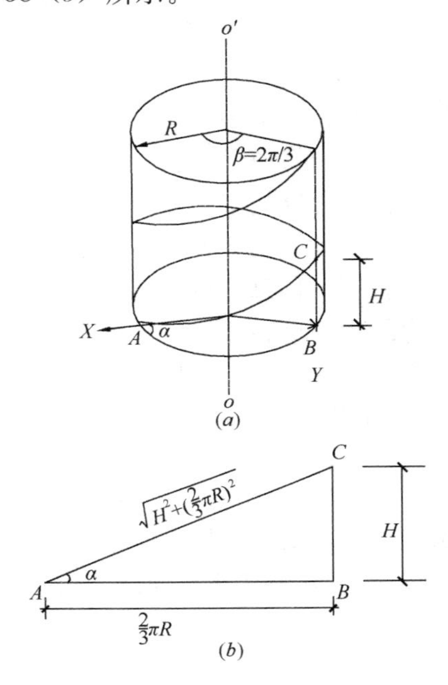

图 3-1-38　圆柱螺旋及其展开
（a）圆柱螺旋；（b）展开图

旋转楼梯梯段的水平投影是扇面的一部分，其实际形状为曲面扇面，梯面面积的精确计算可用积分；亦可采用楼梯中心线（即梯段的平均值）简化计算。

② 旋转楼梯内、外侧边缘水平投影长度：一般施工图在旋转楼梯上仅标出内侧、外侧边缘的半径、楼梯步数和中心线尺寸等。施工所需梯段内、外侧边缘的投影长度，支承梯段模板的弧形底楞长度等，均须换算。

可先按中心线半径和楼梯段中心线尺寸，反算出该段楼梯所夹的圆心角。将圆心角转换为弧度制，即可方便地计算任意半径长梯段、休息平台的投影弧长。

已知夹角为 β（弧度），半径长为 R 的弧长投影为：$R\times\beta$。

③ 计算旋转楼梯内、外侧边缘升角：普通直跑楼梯，其全段坡度是一样的，而旋转楼梯，半径不等的位置。升角不同，只能通过计算确定。所以像内、外侧边缘，弧形底楞钢管等，均需单独进行计算。若升角用 α 表示，则

$$\mathrm{arctg}\alpha_i=\frac{\text{楼梯段两端高差}}{\text{楼梯段任一半径}(R_i)\text{水平投影长度}}$$

④ 确定楼梯支模起始位置：旋转楼梯梯段模板的起、终点位置，与前述普通直跑楼梯，在方法上没有差异。只是因为楼梯内、外侧升角不同，所以 L_1、L_2、L_3 的计算，应根据内、外侧各自的升角分别计算。上下两侧四个端点的起、终点位置确定了，休息平台

的位置也就确定了。

⑤ 休息平台支模位置、踏步、尺寸：根据下跑楼梯起、终点位置，确定两个端点位置，然后算出休息平台内侧与外侧的弧长。此长度是根据图纸数据直接算得的，实际支模尺寸（长度方向）为：

$$计算弧长+L_2-L_3$$

旋转楼梯平台内、外弧分别计算。由于首段楼梯支模时考虑了踏步踢面的面层厚度，以后的平台、楼梯等依次后移，故不必在计算平台支模尺寸中再考虑。每层楼梯只考虑一次。

旋转楼梯的踏步，应根据图纸标注的中心线尺寸，转换为内、外弧边缘的实际尺寸。

2）旋转楼梯支模计算实例

现浇钢筋混凝土结构旋转楼梯的施工图上所标出内外侧边缘的半径、楼梯步数和中心线等位置尺寸，都是结构成型尺寸。施工所需梯段内、外侧边缘的投影长度，支承梯段模板的弧形底楞长度，休息平台定位尺寸等，往往是按实际尺寸放样来确定。以下通过一个施工实例，介绍板式旋转楼梯支模位置图表计算方法。

计算实例：某工程地下二层设备机房（建筑标高－11.80m）到地下一层（建筑标高－4.50m）为：内弧半径 2.15m、外弧半径为 3.8m 的旋转楼梯，中间设三个梯段两个休息平台。

设计每 6°为一级楼梯踏步，允许施工时取整数，作适当调整。

楼梯施工简图见图 3-1-39，楼梯段支模数据列表计算见表3-1-6，休息平台支模数据计算见表 3-1-7，图 3-1-40 为下达给施工班组的模板施工图。

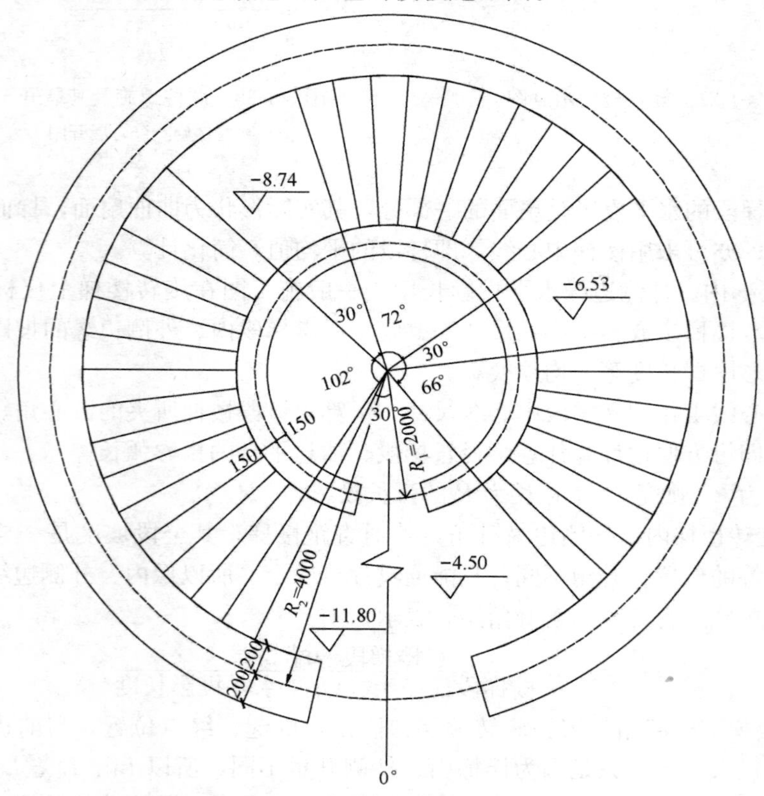

图 3-1-39　楼梯建筑平面图

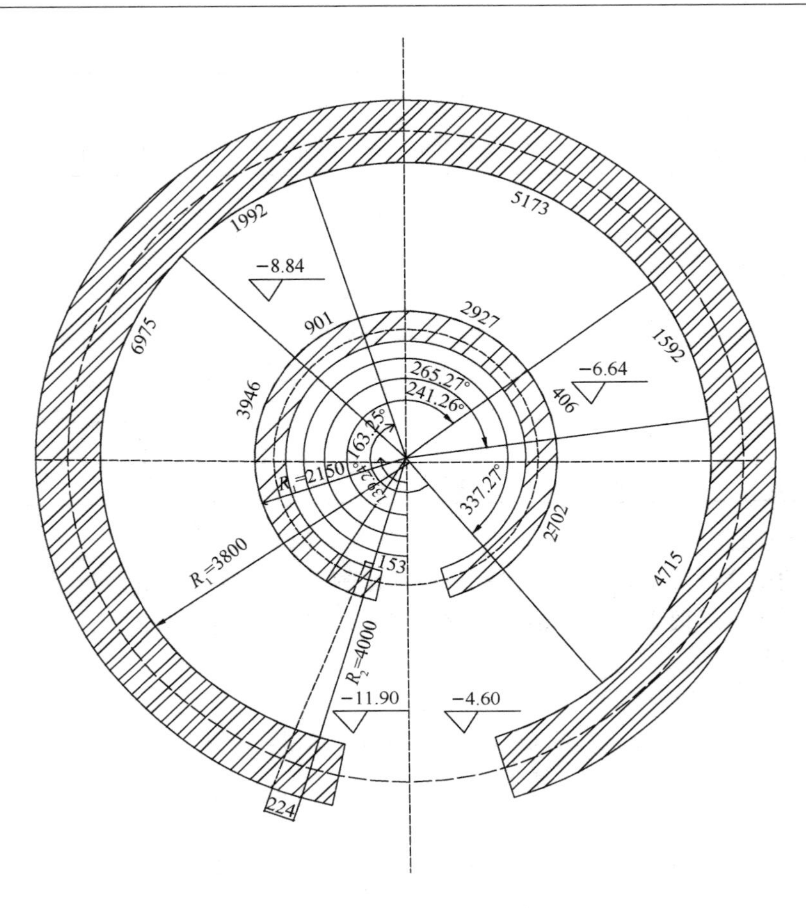

图 3-1-40 模板施工图

① 弧形楼梯段支模计算表

弧形楼梯段支模计算表 表 3-1-6

计算项目 \ 数值 \ 部位		首段楼梯	第二段楼梯	第三段楼梯	备注
梯段水平投影夹角	角度(°)	102	72	66	弧度＝角度值×π/180°
	弧度	1.7802	1.2566	1.1519	
楼梯踏步支模宽度	内侧(mm)	225			按每级踏步夹角为6°计算
	外侧(mm)	398			
梯段升角（角度）	内侧(°)	37.07			—
	外侧(°)	23.13			
图示梯段投影长度	内侧(mm)	3827	2702	2477	—
	外侧(mm)	6765	4775	4377	
楼梯段高差（mm）		3060	2210	2030	每级踏步高 H＝170

续表

计算项目 \ 数值 \ 部位		首段楼梯	第二段楼梯	第三段楼梯	备　注
模板起步后退尺寸	内侧(mm)	133	—		—
	外侧(mm)	204			
由休息平台起步尺寸	内侧(mm)	—	27		—
	外侧(mm)		16		
梯段上部模板延伸距离	内侧(mm)	252			—
	外侧(mm)	414			
梯段模板水平投影长度	内侧(mm)	3946	2927	2702	—
	外侧(mm)	6975	5173	4775	

表 3-1-7 说明：

- 本例的楼梯踏步支模宽度是根据每级踏步圆心角为 6°计算出来的。
- 梯段升角：梯段上距圆心轴不同半径处升角不一。确切地说，本计算项目应称为梯段指定部位升角。
- L_1 计算

由：板厚 δ=80mm，$\alpha_{内}$=37.06°，$\alpha_{外}$=23.13°，得：

$$L_{1内侧}=\frac{板厚(\delta)}{\sin\alpha_{内}}=\frac{80}{\sin37.06^\circ}=133\text{mm}$$

$$L_{1外侧}=\frac{板厚(\delta)}{\sin\alpha_{外}}=\frac{80}{\sin23.13^\circ}=204\text{mm}$$

- L_2 计算

$$L_{2内侧}=\delta\times\text{tg}\frac{\alpha_{内}}{2}=80\times\text{tg}\frac{37.07^\circ}{2}=27\text{mm}$$

$$L_{2外侧}=\delta\times\text{tg}\frac{\alpha_{外}}{2}=80\times\text{tg}\frac{23.13^\circ}{2}=16\text{mm}$$

- L_3 计算：

踏步高 H=170mm

$$L_{3内侧}=\frac{H-\delta+\dfrac{\delta}{\cos\alpha_{内}}}{\text{tg}\alpha_{内}}=\frac{170-80+\dfrac{80}{\cos37.06^\circ}}{\text{tg}37.06^\circ}=252\text{mm}$$

$$L_{3外侧}=\frac{H-\delta+\dfrac{\delta}{\cos\alpha_{外}}}{\text{tg}\alpha_{外}}=\frac{170-80+\dfrac{80}{\cos23.13^\circ}}{\text{tg}23.13^\circ}=414\text{mm}$$

梯段模板水平投影长度（以首段为例）：

由：内侧踏面长度之和=3827mm，L_1=133mm，L_3=252mm

得：梯段内侧模板水平投影长度= 3827−133+252=3946mm

由：外侧踏面长度之和=6765mm，L_1=204mm，L_3=414mm

得：梯段外侧模板水平投影长度=6765−204+414=6975mm

- 在计算首段模板投影长度时，并没有考虑楼梯踢面的面层厚度。因为这个尺寸，只是使楼梯模板整体前移。它的影响，将在楼梯模板及休息平台模板定位时再作考虑。

● 本例中三个楼梯段踏步尺寸相等。所以，像梯段升角、L_2、L_3，各梯段无差别。若不同，则上述数据均需单独计算。

② 休息平台支模计算表：见表 3-1-7。

休息平台支模计算表 表 3-1-7

数值 / 计算项目 \ 部位		−8.74m 休息平台	−6.53m 休息平台	−4.50m 休息平台
图纸平台长度（mm）	内弧	1126	1126	—
	外弧	1990	1990	—
实际支模长度（mm）	内弧	901	901	—
	外弧	1592	1592	—
平台模板夹角（角度值）	内弧	24°	24°	—
	外弧	24°	24°	—
平台内侧端点弧长坐标（mm）	下侧	5225	9053	12656
	上侧	6126	9954	—
平台外侧端点弧长坐标（mm）	下侧	9189	15954	22321
	上侧	10781	17546	—
平台内侧端点角度坐标（角度值）	下侧	139.24°	241.26°	337.27°
	上侧	163.25°	265.27°	—
平台外侧端点角度坐标（角度值）	下侧	138.55°	240.55°	336.55°
	上侧	162.55°	264.56°	—
平台模板板面标高（m）		−8.84	−6.64	−4.60

表 3-1-7 说明：

● 实际支模尺寸：图纸平台尺寸$+L_2-L_3$。如平台内侧支模尺寸为：1126＋27－252＝901mm。

● 平台弧长端点坐标：以图 3-1-39 所标 0 位置为圆心角 0 及梯段内、外弧两个同心圆的 O 起点位置。

因考虑踢面面层构造厚度为 20mm，故首段楼梯起步位置为：

30°弧长$+L_1+$踢面面层厚度

内侧：1126＋133＋20＝1279mm

外侧：1990＋204＋20＝2214mm

上述尺寸加上梯段模板投影长即平台端点。

● 造成平台处与上、下梯板交角不处在同一圆心射线的原因有两个：一是内侧升角大，探入平台的模板长；二是内、外侧同时平推 20mm 厚踢面面层，使得内弧一侧弧长的圆心角比外侧大一些。这两个原因造成的差异，在后续的支楼梯踏步模板和楼梯面层抹灰完成以后，在楼梯上表面就会消除。

综合表 3-1-6、表 3-1-7 数据即可画出模板施工图（图 3-1-40）。

③ 模板受力计算：梯板与平台板均为 80mm 厚，踏步按中心线尺寸折算为 80mm。梯板的背楞钢管为支座，梯板长度 $l=1.25$m，梯板两端各伸出支座 $m=0.20$m。

- 荷载统计

荷载标准值：

背楞钢管+模板	$0.13+0.05\times6=0.43\text{kN/m}^2$
钢筋混凝土楼梯板	$0.08\times25.1=2.01\text{kN/m}^2$
混凝土楼梯踏步	$0.08\times25.1=2.01\text{kN/m}^2$
Σ	4.45kN/m^2
施工均布荷载：	2.0kN/m^2

荷载设计值

$$q=1.2\times4.45+1.4\times2.0=8.14\text{kN/m}^2$$

$$q_{组合}=1.35\times4.45+1.4\times0.9\times2=8.52\text{kN/m}^2$$

取荷载设计值：　$q=1.2\times4.45+1.4\times2.0=8.52\text{kN/m}^2$

验算模板变形取固定荷载标准值：

$q'=4.45\text{kN/m}^2$

- 模板面板强度验算（按单块模板）：

$$M_{支座}=1/2\times0.2q\times0.2^2$$

$$=1/2\times1.704\times0.04=0.0341\text{kN}\cdot\text{m}$$

$$M_{跨中}=\frac{ql^2}{8}\left(1-\frac{4m^2}{l^2}\right)$$

$$=1/8\times0.2q\times1.25^2(1-4\times0.2^2/1.25^2)$$

$$=0.2987\text{kN}\cdot\text{m}$$

$$W_{模板}=(200\times40^2)/6=53333\text{mm}^3$$

$$\delta_{模板}=\frac{M_{跨中}}{W_{模板}}=\frac{0.2987\times10^6}{53333}=5.6\text{MPa}$$

一般松木板 [δ] =13～17MPa，故模板强度满足要求。

从模板受力合理角度，两根底楞还应向中间靠拢，但模板边上可能不稳，特别是外弧一侧首先集中受荷时，内弧一侧模板容易翘起。一般边楞的位置可在距梯板边缘 $l/8\sim l/6$ 之间找个整数即可。

- 模板变形验算（按单块模板）：

$$\omega_{\max}=\frac{ql^4}{384EI}(5-24\lambda^2)$$

$$=\frac{0.2\times4.45\times1250^4}{384\times9000\times1.067\times10^6}\left[5-24\left(\frac{0.2}{1.25}\right)^2\right]$$

$$=2.584\text{mm}<\frac{l}{400}=\frac{1250}{400}=3.125\text{mm(可)}$$

3）楼梯段螺旋面面积折算

① 作用于弧形次龙骨的荷载取值：图 3-1-41 所示阴影面积是外弧的次龙骨在一个受力单元所负担的荷载区域的水平投影。此区域荷载，通过次龙骨，经主龙骨（只承受节点传递荷载，不必计算；如用扣件与立杆连接，只计算扣件锁固能力）与立杆的结点，从立杆、斜撑传下。

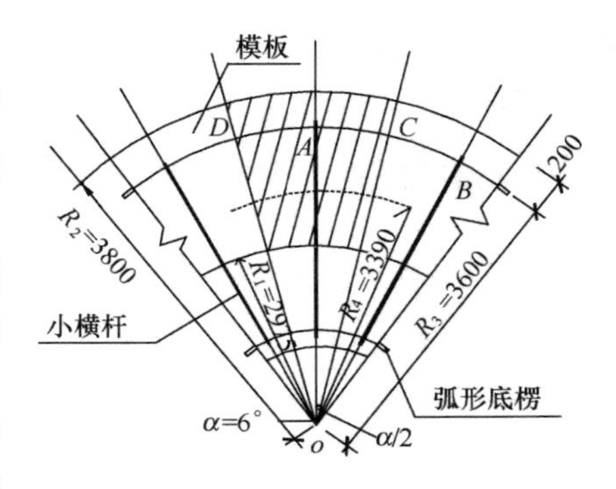

图 3-1-41 外侧底楞受荷面积投影（一级楼梯踏步）

作用在次龙骨上的均布荷载，可分解为法向荷载（垂直于钢管）$q\cos\alpha$，以及沿钢管方向的切向荷载 $q\sin\alpha$。其中，法向荷载使钢管受弯、受剪、受扭；切向荷载使管子受压（可忽略不计）。

②次龙骨受荷面积计算：每一个微小角度的曲面扇面上的荷载，对扇面区域次龙骨的作用值可以用一个区域的荷载之和除以该区域次龙骨长度来表示。

$$次龙骨线荷载=\frac{曲面扇形面积荷载之和}{曲面区域内底楞钢管长度}$$

由于内弧段与外弧段半径相差较大，两根弧管负担的面积差异较大。所以，外弧段次龙骨所受荷载作用，可作为计算校核控制截面。以两根次龙骨之间为界，计算外弧段荷载。

如图 3-1-41，作用在外弧次龙骨上阴影部分的曲面扇形面积为：

$$1/2(R_2^2\phi-R_1^2\phi)\div\cos\alpha=\phi(R_2^2-R_1^2)/(2\cos\alpha) \tag{3-1-1}$$

上式中 α 为梯段升角。对整个梯面来说，α 随半径变化，不是一个固定的值。为了求得精确解，对曲面进行积分。

在楼梯表面，距圆心轴为 R 的点的连线是圆柱螺线，其在梯段上的长度可表示为 $\sqrt{(R\phi)^2+H^2}$。我们以梯段上每一个确定半径 R 的圆柱螺线长和 $\mathrm{d}R$ 的长方形面积代替微小的部分圆环面积，对半径 R 方向积分，可列出：

$$楼梯模板面积=\int_{R_1}^{R_2}\sqrt{(R\phi)^2+H^2}\,\mathrm{d}R \tag{3-1-2}$$

式中 R_1、R_2——待求区域上、下界；

ϕ——待求区域的圆心角（用弧度表示）；

H——该楼梯段两边高差。

【解】 令 $R\phi=t$，则 $R=\frac{t}{\phi}$，$\mathrm{d}R=\frac{1}{\phi}\mathrm{d}t$

积分上下限为：$R_1\phi=t_1$　$R_2\phi=t_2$ 则有：

$$楼梯模板面积=\int_{t_1}^{t_2}\frac{1}{\phi}\sqrt{t^2+H^2}\,\mathrm{d}t$$

$$=\frac{1}{2\phi}\{[t_2\sqrt{t_2^2+H^2}+H^2\ln(t_2+\sqrt{t_2^2+H^2})]-[t_1\sqrt{t_1^2+H^2}+H^2\ln(t_1+\sqrt{t_1^2+H^2})]\}$$

代入图 3-1-41，作用在外弧次龙骨上阴影部分的曲面扇形面积计算如下：

图 3-1-41 中，阴影范围扇形面积（一级踏步）水平投影夹角 $\phi=\frac{6^\circ\times\pi}{180^\circ}=0.1047$，高

差 $H=170\text{mm}$；$t_1=R_1\times\phi=2.975\times0.1047=0.31154$；$t_2=R_2\times\phi=3.8\times0.1047=0.39794$；

$$\begin{aligned}\text{则阴影部分楼梯模板面积}&=\int_{t_1}^{t_2}\frac{1}{\phi}\sqrt{t^2+H^2}\,\mathrm{d}t\\&=\frac{1}{2\phi}\{[t_2\sqrt{t_2^2+H^2}+H^2\ln(t_2+\sqrt{t_2^2+H^2})]\\&\quad-[t_1\sqrt{t_1^2+H^2}+H^2\ln(t_1+\sqrt{t_1^2+H^2})]\}\\&=\frac{1}{2\times0.1047}\{[0.39794\sqrt{0.39794^2+0.17^2}\\&\quad+0.17^2\ln(0.39794+\sqrt{0.39794^2+0.17^2})]\\&\quad-[0.31154\sqrt{0.31154^2+0.17^2}+0.17^2\ln(0.31154\\&\quad+\sqrt{0.31154^2+0.17^2})]\}\\&=0.3245\text{m}^2\end{aligned}$$

③ 外弧次龙骨线荷载：

对应的外弧次龙骨长度$=R_3/\cos\alpha_3$，其中 $R_3=3600\text{mm}$，该钢管升角为：

$$\alpha_3=\text{arctg}\frac{H}{R_3\times\frac{6^\circ\times\pi}{180^\circ}}=\text{arctg}0.4509=24.27^\circ$$

外弧次龙骨所负担阴影范围梯段中线 $R_{中}=3390\text{mm}$，该钢管升角为：

$$\alpha_{中}=\text{arctg}\frac{H}{R_{中}\times\frac{6^\circ\times\pi}{180^\circ}}=\text{arctg}0.4789=25.59^\circ$$

梯段中心线升角为：

$$\alpha_1=\text{arctg}\frac{H}{R_1\times\frac{6^\circ\times\pi}{180^\circ}}=\text{arctg}0.5457=28.62^\circ$$

模板荷载作用于次龙骨时，应分解为垂直于钢管的法向荷载 $q\cos\alpha_3$（α_3 为次龙骨升角）和沿钢管方向的切向荷载 $q\sin\alpha_3$。

由此，可以得到次龙骨上的法向线荷载为：

$$q_{法}=q\frac{\cos^2\alpha_3\int_{R_1}^{R_2}\sqrt{(R\phi)^2+H^2}\,\mathrm{d}R}{R_3\phi}\tag{3-1-3}$$

将前面计算的结果代入式（3-1-3），可得到次龙骨上的法向线荷载：

$$\begin{aligned}q_{法}&=q\frac{\cos^2\alpha_3\int_{R_1}^{R_2}\sqrt{(R\phi)^2+H^2}\,\mathrm{d}R}{R_3\phi}\\&=8.52\times\frac{\cos^2 24.27^\circ}{3.6\times0.1047}\times0.3245\\&=6.094\text{kN/m}\end{aligned}$$

亦可用扇形面积内外端半径的平均值，计算次龙骨上法向线荷载的近似值：

$$q_{法}=q\frac{\cos^2\alpha_3}{\cos\alpha_{中}}\times\frac{R_2^2\phi-R_1^2\phi}{2R_3\phi}=q\frac{\cos^2\alpha_3}{\cos\alpha_{中}}\times\frac{R_2^2-R_1^2}{2R_3}\tag{3-1-4}$$

将计算的结果代入式（3-1-4），可得到次龙骨上的法向（近似）线荷载：

$$q_{法} = q\frac{\cos^2\alpha_3}{\cos\alpha_{中}} \times \frac{R_2^2 - R_1^2}{2R_3}$$
$$= 8.52\frac{\cos^2 24.27°}{\cos 25.59°} \times \frac{3.8^2 - 2.975^2}{2 \times 3.6}$$
$$= 6.092\text{kN/m}$$

由上面计算，把扇形范围的平均半径所对应的 $\cos\alpha$ 及楼梯的相应数据，代入式（3-1-1），求得数值比精确解小不到万分之四；用楼梯段中线所对应的 $\cos\alpha$ 代入式（3-1-4），得到的结果比用式（3-1-1）小 3‰左右；所以，对于精度要求不是很高的情况，可用式（2-2-4）计算，再略作放大。

4）弧形次龙骨的受力计算

① 弧形次龙骨的受力分析：弧形次龙骨一般用较长的钢管加工。假定每根管有4个以上的支点，其计算简图为三～五跨连续梁，按四跨梁受均布荷载的内力系数进行分析，如图 3-1-42 所示。

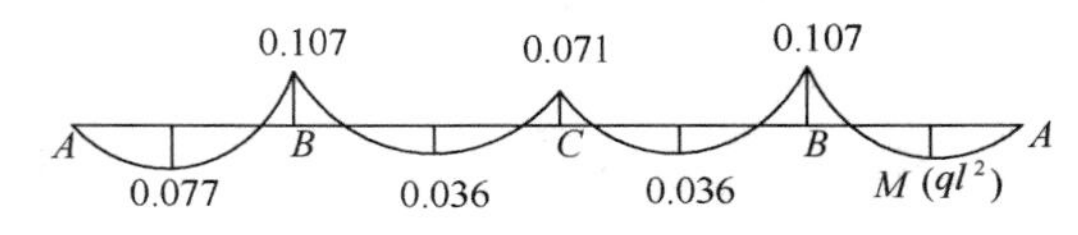

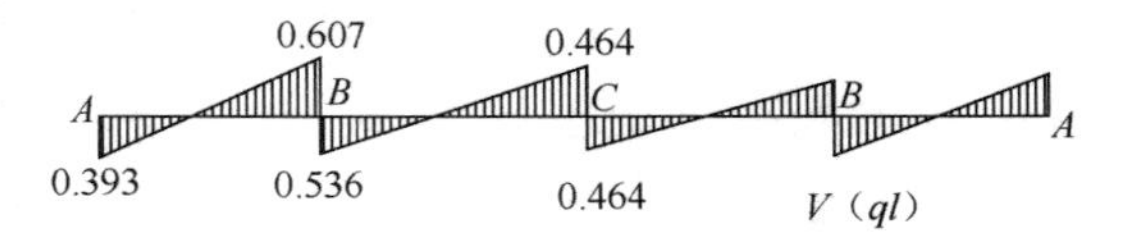

图 3-1-42 四跨连续梁（直梁）内力系数

- 在均布竖向荷载作用下，B 支座处负弯矩和剪力最大。
- 弧形次龙骨在两支点（水平小横杆）之间，偏离支点连线，因此会产生扭矩。若各支点间距相等，则扭矩所产生的支座剪力亦相等。

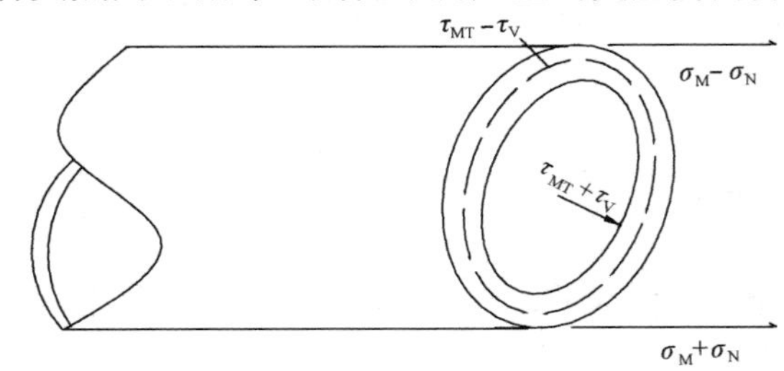

图 3-1-43 B 支座管子局部组合受力

- 弧形次龙骨两支座之间的高差，致使竖向荷载在每个节点处积累的沿次龙骨方向的压应力最大。

综上所述，各结点为弯、剪、扭、压组合受力状态，其中 B 支座受力最大（图 3-1-43）。

②次龙骨强度计算：由于旋转楼梯次龙骨（材料 ϕ48 钢管为低碳钢）受力较复杂，可按第三强度理论验算其强度。其压应力最大值为：

$$\delta_{max} = \frac{1}{2}(\delta + \sqrt{\delta^2 + 4\tau^2}) \tag{3-1-5}$$

其剪应力最大值为：

$$\tau_{max} = \frac{1}{2}\sqrt{\delta^2 + 4\tau^2} \tag{3-1-6}$$

- 弧形次龙骨的弯曲应力：立杆间距为 18°圆心角，对应的外弧次龙骨长度为：

$$L = \frac{R_3}{\cos\alpha_3} \times \frac{18° \times \pi}{180°} = \frac{3.6 \times \pi}{\cos 24.27° \times 10} = 1.24\text{m}$$

次龙骨弯曲应力：

$$\sigma = \frac{M_W}{W} = \frac{0.107 \times q_{法} \times L^2}{5078}$$
$$= \frac{0.107 \times 6.094 \times 1240^2}{5078} = 197.44\text{MPa}$$

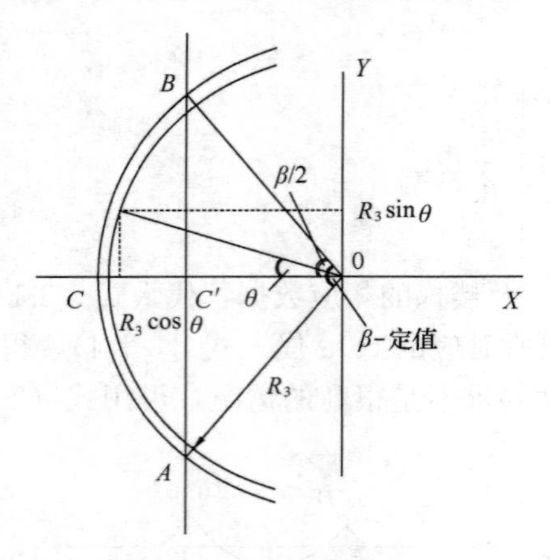

图 3-1-44　底楞扭矩示意

● 弧形次龙骨的扭矩和相应剪力：在图 2-2-41 的受力单元上，作用在外弧次龙骨上的荷载，分别从 C 点、D 点沿次龙骨向支点立杆传递。由于弧管偏离两支点连线（AB），对弧管产生了扭矩。为了推导扭矩数值，可将 ABC 弧放大，如图 3-1-44 所示。

从图 3-1-44 可以看出，作用在次龙骨 ACB 上的任一点荷载对 AB 两点连线的偏心距（即扭矩力臂）为：

$$R_3\cos[-R_3\cos(\beta/2)]=R_3[\cos\theta-\cos(\beta/2)] \tag{3-1-7}$$

上式中，θ 为变量，β 是已知量。需要说明的是以下几点：

ⅰ　图 13-160 所示为实际梯面和弧管的水平投影，但次龙骨弧管上任一点到圆心轴之距 R_3，与水平投影无异。

ⅱ　次龙骨 ABC 弧线，与 AB 点连线，只是两端点和弧线中点的水平投影。所以式（2-2-7）给出的偏心距（扭矩力臂）也仅是实际力臂到连线轴的投影，偏心荷载与连线轴的力臂恰好是投影长度。

ⅲ　为了和扭矩力臂相统一，扭矩计算在水平投影平面进行。用于计算的次龙骨法向线荷载，应该除以次龙骨升角的余弦，折算为作用于次龙骨的水平投影荷载。

ⅳ　弧形次龙骨对应于 $\mathrm{d}\theta$ 的水平投影长度应为 $R_3\mathrm{d}\theta$，作用于这段长度上的法向线荷载为：

$$\frac{q_{法}\times R_3\mathrm{d}\theta}{\cos\alpha_3}$$

基于以上分析，楼梯段上每一微小面积荷载的水平投影作用于次龙骨所产生的扭矩为：

$$M_{\mathrm{T}}=\int_{-\frac{\beta}{2}}^{\frac{\beta}{2}}\frac{q_{法}}{\cos\alpha_3}\times R_3\mathrm{d}\theta\times R_3\left(\cos\theta-\cos\frac{\beta}{2}\right)$$

即：

$$M_{\mathrm{T}}=\frac{q_{法}\times R_3^2}{\cos\alpha_3}\int_{-\frac{\beta}{2}}^{\frac{\beta}{2}}\left(\cos\theta-\cos\frac{\beta}{2}\right)\mathrm{d}\theta \tag{3-1-8}$$

代入已知数值：$q_{法}=6.094\mathrm{kN/m}$；$R_3=3600\mathrm{mm}$；$\alpha_3=24.27°$；$\beta=18°$；因 $\cos\frac{\beta}{2}=\cos9°$为常数，故可得到弧管偏心对 A、B 点（支撑点）处的扭矩：

$$\begin{aligned}M_{\mathrm{T}}&=\frac{q_{法}\times R_3^2}{\cos\alpha_3}\int_{-\frac{\beta}{2}}^{\frac{\beta}{2}}\left(\cos\theta-\cos\frac{\beta}{2}\right)\mathrm{d}\theta\\&=\frac{6.094\times3.6^2}{\cos24.27°}\left(\int_{-\frac{\beta}{2}}^{\frac{\beta}{2}}\cos\theta\mathrm{d}\theta-\cos9°\int_{-\frac{\beta}{2}}^{\frac{\beta}{2}}\mathrm{d}\theta\right)\\&=86.6352\left(\sin9°-\sin(-9°)-\cos9°[9°-(-9°)]\frac{\pi}{180}\right)\end{aligned}$$

$$= 86.6352\left(2\sin 9° - \cos 9° \times \frac{\pi}{10}\right) = 0.226\text{kN} \cdot \text{m}$$

A、B点（支撑点）处所受扭转剪力及转角分别为：

$$\tau_{MT} = \frac{M_T}{W_T}$$

由 $\phi48$ 钢管 $W_T = \frac{\pi(D^4 - d^4)}{16D} = 10156\text{mm}^3$，可计算本例：

$$\tau_{MT} = \frac{M_T}{W_T} = \frac{0.226 \times 10^6}{10156} = 22.25\text{MPa}$$

- 按第三强度理论验算次龙骨材料 $\phi48$ 钢管（支撑点处）强度。

其压应力最大值为：

$$\sigma_{max} = \frac{1}{2}(\sigma + \sqrt{\sigma^2 + 4\tau^2})$$

$$= \frac{1}{2}(197.44 + \sqrt{197.44^2 + 4 \times 22.25^2})$$

$$= 199.92\text{MPa} < [\sigma] = 205\text{MPa}$$

其剪应力最大值为：

$$\tau_{max} = \frac{1}{2}\sqrt{\sigma^2 + 4\tau^2} = \frac{1}{2}\sqrt{197.44^2 + 4 \times 22.25^2}$$

$$= 101.20\text{MPa} < [\tau] = 120\text{MPa}$$

③弧形次龙骨的刚度计算：次龙骨中点挠度，由两部分内力的作用叠加而成。其一是法向荷载作用产生的弯矩；其二是扭矩引起的结点转角 θ 致使弧管偏转，中点下垂。中点挠度为两项变形之和。

由于模板及支撑系统在弹性范围工作，其对混凝土结构成型的挠度影响，是由混凝土养护期间的荷载产生的，所以模板及支撑系统的刚度计算不考虑振捣等施工活荷载的作用，且荷载取标准值，比强度计算荷载小很多，一般强度条件可满足，刚度可不校核。

5）支撑立杆计算：立杆承受弧形次龙骨法向荷载，外侧受荷面积大。校核外侧立杆承载能力：

每根立杆负担18°范围楼板，由前面计算，荷重为 $1.24 \times 6.094 = 7.56\text{kN}$；

立杆步距1.5m，计算长细比

$$\lambda = L_0/i = 1.155 \times 1.8 \times 1500/15.8 = 197.4$$

查表得稳定性系数：$\varphi = 0.185$

则立杆稳定承载力设计值：$f = F/(\varphi A) = 7560/(0.185 \times 489) = 83.57\text{N/mm}^2 < 205\text{N/mm}^2$

由于楼梯板存在较大的水平方向荷载：$7.56 \times \text{tg}24.27° = 3.41\text{kN}$，故需设与楼板相垂直的斜撑，计算从略。

6）地基承载力核算：与常规计算无差异，此处从略。

（3）旋转楼梯模架施工

1）旋转楼梯施工：

旋转楼梯施工步骤：以前述板式旋转楼梯为例。支模材料：模板板面采用木模板；竖向支撑及主次龙骨采用扣件、$\phi48$ 钢管。

熟悉图纸→确定支模材料→放楼梯内、外侧两个控制圆及过圆心射线的线→计算楼梯段、休息平台、楼梯踏步尺寸→确定支模位置→加工楼梯段弧形底楞钢管（次龙骨）→确定休息平台水平投影位置及标高→支平台模板→支楼梯段控制点放射状水平小横杆→安放楼梯段弧形底楞钢管→铺楼梯段模板→加固支撑→封侧帮模板→绑钢筋→吊楼梯踏步模板→浇混凝土。

①备料

● 立柱：采用扣件、ϕ48 钢管，根据相应踏步的底标高确定钢管的不同长度，相同长度的各截 2 根为 1 组。长度为相应踏步的底标高减去梯段底板厚及楞木、底板木模的厚度。

● 主龙骨：ϕ48 钢管采用扣件与立柱锁固，如外侧立杆一只扣件不满足要求，可再增加一只；长度为楼梯宽度加 600mm，即每边长出 300mm，以供固定边模板用。

● 模板面板：可按楼梯的图纸尺寸，锯出梯形板，亦可用 50mm×50mm 方木加楔，沿着弧面铺设。由于弧形底楞间距较大，板厚不宜小于 40mm。

● 侧帮：侧帮是指踏步两端头的模板。侧帮应能弯成一定弧度，由于材料较薄刚度差，除了在主龙骨处加固外，尚需以扁铁等材料作径向约束。

● 立帮：因为踏步的高度和长度一致，故按正常板式楼梯的支模方法准备立帮即可。

②放线：放线是支旋转楼梯模板的最重要的工作，具体按下述步骤进行：

● 定出中心点：根据图纸尺寸，定出楼梯中心点位置，然后在中心点处做出标志；中空的旋转楼梯中心点较为直观，中间为结构筒时需将中心点引测上来。

● 划圆定轮廓：以中心点为圆心，分别以中心点至内外弧的距离为半径，在地面上画出两条半圆弧，即为旋转楼梯轮廓的水平投影基准线。

● 建立中垂线：在中心点处设一根垂直线。在楼梯位置的上方放一根固定的 100mm×100mm 方木，并在方木的中间部位上定出一个点，使这点与地面中心点重合。然后用一根 16～20 号的钢丝，将地面中心点桩钉与木方中心点连通拉紧。

● 画点线：按图示尺寸，画出分隔点、踏步线、找踏步交点、确定梯段底板线。

③支模：放好线后，即可按线支模。

● 立支柱、主龙骨、弧形次龙骨，形成支撑骨架。

● 安装梯段底板。在立好的骨架上钉牢事先配好的小块梯形底板。

● 钉侧帮。按内外圆弧的不同尺寸选取已准备好的梯形侧模板，分别安装在同一踏步的两端。要把每个侧帮靠紧，两相邻侧帮用短木方钉牢，但必须钉在踏步外侧。

● 模板支到一定程度后，需检查楼梯的尺寸和标高，不妥之处要进行调整。如底板的平整、侧帮所组成圆弧的棱角等。当确认没有问题后，再对楼梯模板进行整体加固。

● 立踏步板。与常规做法相同，但应待钢筋绑扎完毕后方能进行。

● 钉上口拉条。方法与普通楼梯一样。

2）弧形底楞钢管的加工：弧形底楞钢管（次龙骨）是旋转楼梯的梯段模板成型的重要杆件。它的形状是螺旋线。为了保证加工精度，直钢管在加工前调直、在预定的顶面弹通长直线，以便于量测、画线；加工高差。一般加工时，先按弧形管与弦长处在同一水平面弯曲成水平投影夹角的圆弧形，然后再按所支撑的梯段高差加工弧形管竖向弧度。加工弧形管两端高差的方法是以该管中点为中心，将管子两端分别垂直于加工平面（弹通长直线的一面朝上）向上和向下按弧长比例逐点弯曲，弯曲角度要均匀。见图 3-1-45 弧形底楞投影示意图。

高差偏离（该管中点）平面的尺寸 Δ 的具体计算公式如下：

$$\Delta = \text{弧管实长} \times \sin\alpha$$

弧管加工前要仔细计算。然后绘制加工尺寸图，按图下料。弯制亦可使用手工。

计算步骤：先算出水平投影尺寸及各控制点投影位置，然后按底楞钢管所在位置的升角（α）折算为实长加工尺寸。

下面以图 3-1-46 旋转楼梯的第二段楼梯外侧弧形底楞的加工尺寸计算为例，进行具体说明，并绘制加工图（计算数据见图 3-1-41 和表 3-1-6）。弧管 R_3=3600mm，α_3=24.27°。

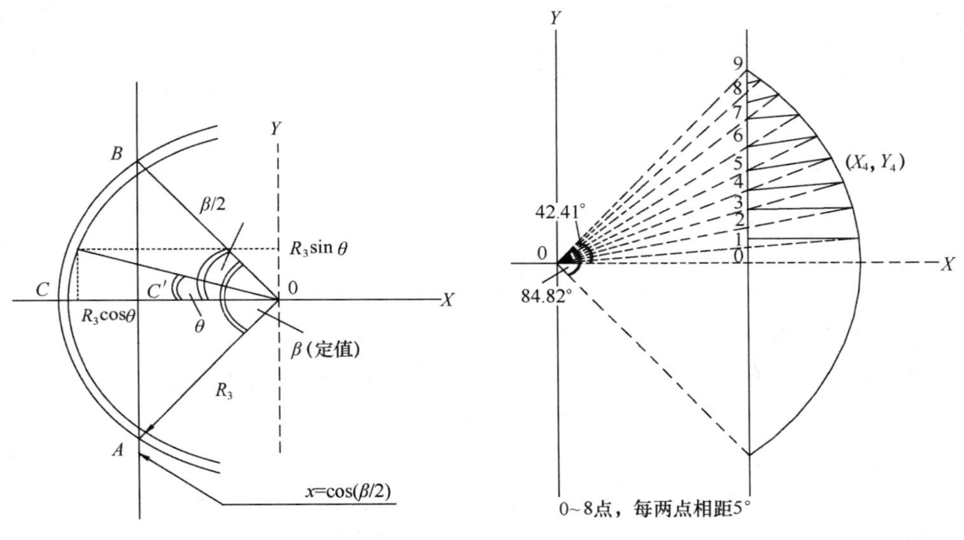

图 3-1-45 弧形底楞投影示意图　　图 3-1-46 弧形底楞加工尺寸推导

【解】

以弧形管平面投影弦长为基线（Y 轴平行于基线，过圆心），做直角坐标系。以 R_3 为半径，从圆心按 5°间隔画射线。射线与圆弧交点坐标：$X=R_3\cos\theta$，$Y=R_3\sin\theta$，以此作为加工的控制点。具体计算详见图 3-1-40、图 3-1-45 和表 3-1-8，加工图见图 3-1-46。

列表计算加工控制点数值。

加工控制点数值（mm）　　**表 3-1-8**

项目 / 数值 / 点编号	水平投影				加工尺寸	
	X_i 坐标 $R_3\cos\beta_i$	Y_i 坐标 $R_3\sin\beta_i$	本点矢高 （X_i-X_9）	本点至 O 点距离 （Y_i）	本点矢高	本点至 O 点距离 （$Y_i/\cos\alpha_3$）
0	2658	2428	0	2428	0	2663
1	3600	0	942	0	942	0
2	3586	314	928	314	928	344
3	3545	625	887	625	887	686
4	3477	932	819	932	819	1022

续表

项目 / 数值 / 点编号	水平投影				加工尺寸	
	X_i 坐标 $R_3\cos\beta_i$	Y_i 坐标 $R_3\sin\beta_i$	本点矢高 (X_i-X_9)	本点至 O 点距离 (Y_i)	本点矢高	本点至 O 点距离 $(Y_i/\cos\alpha_3)$
5	3383	1231	725	1231	725	1350
6	3263	1521	605	1521	605	1668
7	3118	1800	460	1800	460	1975
8	2949	2065	291	2065	291	2265
9	2758	2314	100	2314	100	2538
弦长投影	$2R_3\sin42.41°=4856$			加工后弦长	$\sqrt{4856^2+2403^2}=5418$	
弧长投影	$R_3=\frac{82.82°\times\pi}{180°}=5329$			下料弧管实长	5846	
弧管两端均匀偏离下料平面中点距离为：弧管实长×$\sin\alpha/2$=1201mm						

3）定位问题：为了防止积累误差，休息平台端点和梯段控制点，一般应直接从楼梯水平投影位置直接引测上去。在楼梯根部，弹出两个水平投影范围以外的同心控制圆线和圆心射线。同心控制圆比旋转楼梯水平投影半径大（小）200mm 左右。圆心射线的密度，根据立杆间距定，一般每 15°～20°放一根。定位的校核，应作为一道工序，严格掌握。若不使用经纬仪，也可计算各点之间的弦长距离，用弦长来确定弧长点位置。

① 支撑弧形底楞钢管的小模杆，安放位置一定要准确。所有小模杆安放时，必须垂直地指向圆心。如果梯板是等厚的，小模杆安装必须水平。

② 由于旋转楼梯支撑系统的荷载所产生的水平力在方向上是连续变化的，特别是浇筑混凝土时，产生的水平力极易使支撑及模板系统发生扭转，严重的甚至造成模板坍塌，所以除了竖向支撑必须满足强度和刚度要求外，还应增加与模板板面相垂直的斜支撑和侧向支撑。

③ 坡度靠尺：用于检查弧形底楞及模板的铺设是否满足要求，靠尺用容易弯曲的三合板或纤维板制作。其下料尺寸见图 3-1-47（*a*）。长度分别是内弧和外弧两根底楞钢管位置的三级踏步宽，高度是三级踏步高。靠尺上口钉制图 3-1-47（*c*）形状木条固定。斜边两角之间可用细铁丝作弓弦，使其与上口木条一致。用此尺检查时，放尺的位置要准确，见图 3-1-47（*b*），若靠尺斜边与模板（弧管）无缝、直角边垂直、水平，则为合格。

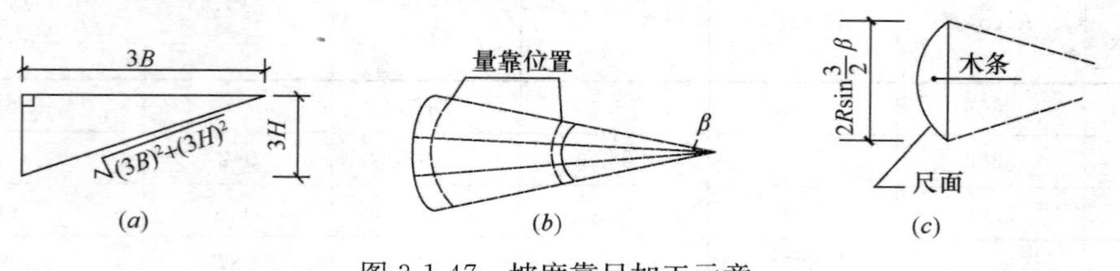

图 3-1-47　坡度靠尺加工示意

H—踏步高；β—每段踏步夹角；B—弧管位置踏步宽；R—对应于弧管位置的半径

4）注意事项

① 旋转楼梯（亦称螺旋楼梯）依传递荷载的路径不同，其梯板的受力形式有很大区别。本例所述的梯板是向两侧的内外筒墙上传力，故为简支板；向单侧传力时，梯板为悬挑结构。若梯段中间无支点，仅在上下两端传力时，楼梯为空间结构，梯板受力较复杂。但无论哪种形式，对支模板来说，都没有太大区别，在模板的强度校核和支撑系统的受力计算方面方法一致。

计算时，从施工实际出发，进行了一些简化。比如梯面模板，虽然分块很小，但每一块在支点的高度和水平方向上都有一点变化，由于量值较小，我们视为水平放置的简支板受竖向荷载作用。弧形底楞与模板之间，可以认为是点接触，受力简化为只受垂直于管的正压力和模板与管子之间传递的摩擦力。这两种力作用于弧管应产生剪力、弯矩、扭矩、扭转剪力以及截面拉（压）应力产生的切向弯矩。由于最后一项量值较小，计算时予以忽略。

② 常见的双折直跑楼梯，在楼梯板与休息平台相交处，一般设有楼梯梁。因此，前面分析的 L_1、L_2 的推算，显得没有什么意义。但往往在这个部位，由于楼梯模板就位不准，给钢筋的合理就位造成很大麻烦，也影响了结构的安全，建议在施工休息平台处带有楼梯梁的楼梯时，也需要计算一下楼梯模板应该在什么位置与楼梯梁相交。同时核定梯板钢筋与楼梯梁钢筋在位置上是否矛盾。

③ 大多数楼梯的梯板板厚与休息平台板厚是一致的，所以本例的分析也是建立在这个基础上的。如果这两种板的板厚不同，在计算 L_2、L_3 时，应做适当的调整。如将 L_3 改为：

$$L_3 = \frac{H - \delta_{\text{平台板}} + \dfrac{\delta_{\text{梯板}}}{\cos\alpha}}{\mathrm{tg}\alpha}$$

L_2 的情况复杂一些，需另作图分析。

④ 某些楼梯，楼梯踏面的面层厚度与休息平台面层厚度不一致，一般是后者稍厚一些，如图 3-1-48 所示，在支楼梯模板时，应整体将梯模向下侧休息平台水平推移 $(H-h)\div \mathrm{tg}\alpha$。式中 H 为休息平台建筑构造厚度，h 为楼梯踏步踏面面层厚度，α 为楼梯升角。楼梯踏步第一级的支模位置仍应该是原设计位置。这样，就会有一小段梯板斜面暴露在休息平台根部。在做平面面层时，切不可剔凿该部位，只能在面层上采取措施，把局部做薄一点。同时，楼梯最上一级踢面位置是与图纸尺寸一致的，但踏步高比其他踏步低 $H-h$。

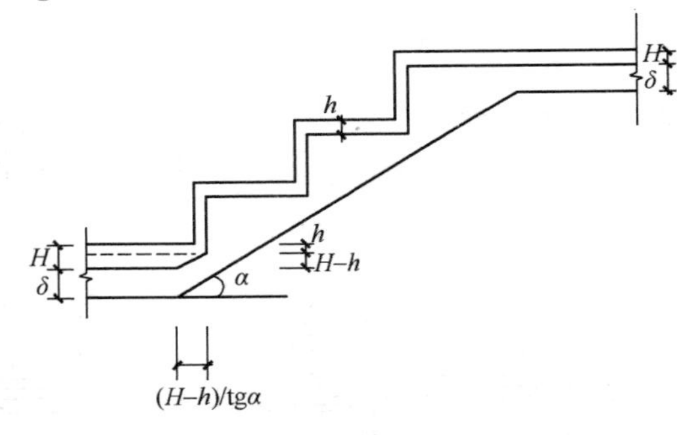

图 3-1-48 踏面与休息平台板厚不一致时支模尺寸示意

⑤ 同心圆汽车坡道模板施工，亦可参考本法进行受力分析。

7. 门窗过梁、圈梁和雨篷模板

(1) 门窗过梁模板。由底模、侧模、夹木和斜撑等组成。底模一般用厚 40mm 的木板，其长度等于门、窗洞口长度，宽度与墙厚相同。侧模用 25mm 厚的木板，其高度为过梁高度加底板厚度，长度应比过梁长400～500mm，木档一般选用50mm×75mm的方木。

安装时，先将门、窗过梁底模按设计标高搁置在支撑上，支撑立在洞口靠墙处，中间部分间距一般为1m左右，然后装上侧模，侧模的两端紧靠砖墙，在侧模外侧钉上夹木和斜撑，将侧模固定。最后，在侧模上口钉搭头木，以保持过梁尺寸的正确（图3-1-49）。

（2）圈梁模板。由横楞（托木）、侧模、夹木、斜撑和搭头木等组成，其构造与门、窗过梁基本相同。圈梁模板是以砖墙顶面为底模，侧模高度一般是圈梁高度加一皮砖厚度，以便支模时两侧侧模夹住顶皮砖。安装模板前，在离圈梁底第二皮砖，每隔1.2～1.5m放置楞木，侧模立于横楞上，在横楞上钉夹木，使侧模夹紧墙面。斜撑下端钉在横楞上，上端钉在侧模的木档上。搭头木上划出圈梁宽度线，依线对准侧板里口，隔一定距离钉在侧模上（图3-1-50）。

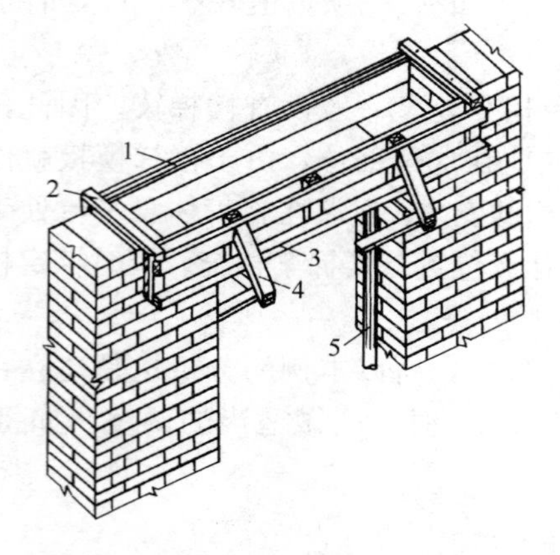

图3-1-49　门、窗过梁模板之一

1—木档；2—搭头木；3—夹木；4—斜撑；5—支撑

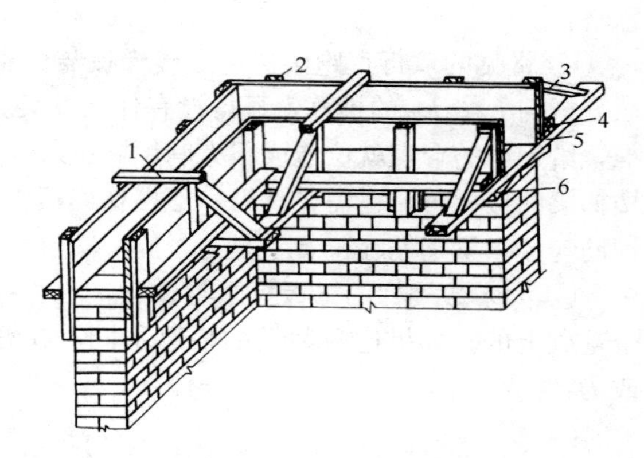

图3-1-50　圈梁模板

1—搭头木；2—木档；3—斜撑；4—夹木；5—横楞；6—木楔

（3）雨篷模板。包括门过梁和雨篷板两部分。门过梁的模板由底模、侧模、夹木、顶撑、斜撑等组成；雨篷板的模板由托木、格栅、底板、牵杠、牵杠撑等组成（图3-1-51）。

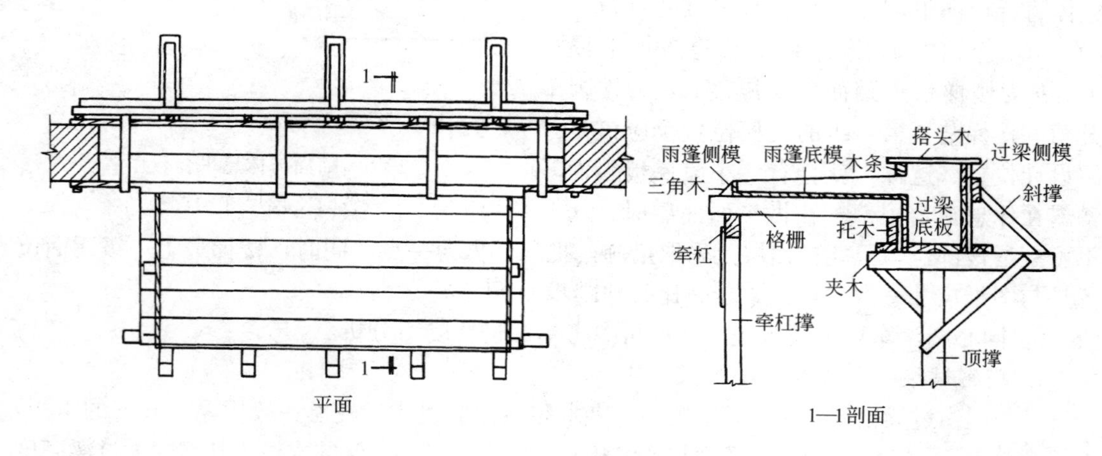

图3-1-51　雨篷模板

雨篷模板安装时，先立门洞两旁的顶撑，搁上过梁的侧模，用夹木将侧模夹紧，在侧模外侧用斜撑钉牢。在靠雨篷板一边的侧板上钉托木，托木上口标高应是雨篷板底标高减去雨篷板底板厚及格栅高。再在雨篷板前沿下方立起牵杠撑，牵杠撑上端钉上牵杠，牵杠撑下端要垫上木楔板，然后在托木与牵杠之间摆上格栅，在格栅上钉上三角撑。如雨篷板顶面低于梁顶面，则在过梁侧板上口（靠雨篷板的一侧）钉通长木条，木条高度为两者顶面标高之差。安装完后，要检查各部分尺寸及标高是否正确，如有不符，予以调整。

8. 圆形结构模板

(1) 圆柱模板

1) 构造：圆柱模板一般由 20～25mm 厚，30～50mm 宽的木板拼钉而成，木板钉在木带上，木带是由 30～50mm 厚的木板锯成圆弧形，木带的间距为 700～800mm。圆柱模板一般要等分两块或四块（图 3-1-52），分块的数量要根据柱断面的大小及材料的规格确定。

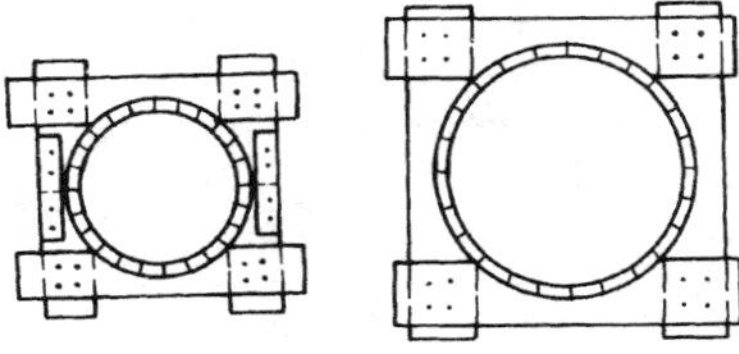

图 3-1-52 圆形模板

圆柱模板在浇筑混凝土时，木带要承受混凝土的侧压力。因此规定在拱高处的木带净宽应不小于 50mm。

2) 制作：木带的制作采取放样的方法。模板分为四块时，以圆柱半径加模板厚作为半径画圆，再画圆的内接四边形，即可量出拱高和弦长。木带的长度取弦长加 200～300mm，以便于木带之间钉接。宽度为拱高加 50mm。根据圆弧线锯去圆弧部分，木带即成（图 3-1-53）。

3) 安装：木带制作后，即可与木板条钉成整块模板（图 3-1-54），并应留出清渣口和混凝土浇筑口。木带上要弹出中线，以便于柱模安装时吊线校正。柱箍与支撑设置与方柱模板相同。

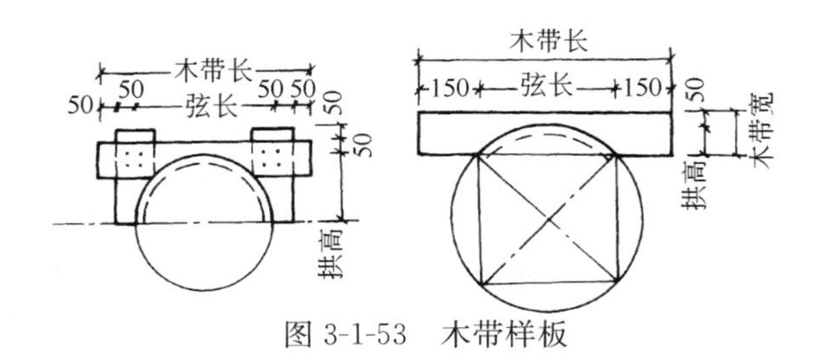

图 3-1-53 木带样板

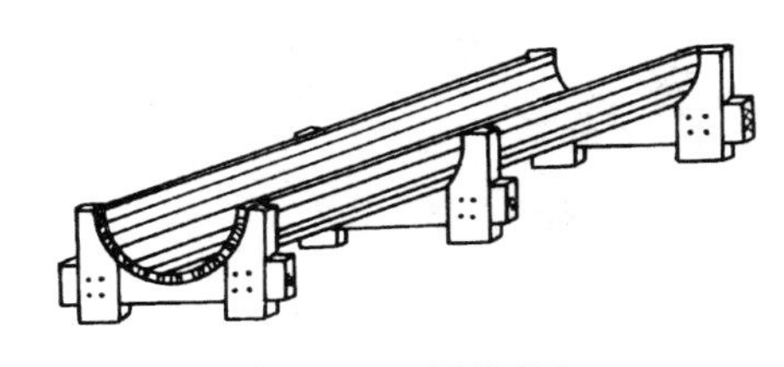

图 3-1-54 圆模装钉

(2) 圆形水池模板。圆形水池由于直径大，模板分块多，可根据多边形分块及拱高系数表（表 3-1-9）计算。

按下列公式，根据圆的直径算出拱高和弦长：

拱高＝直径×拱高系数

弦长＝直径×分块系数

例如：水池直径为 8m，高 4m，池壁和池底厚都是 200mm（图 3-1-55），进行池壁内外模板配料计算。

1) 配料计算：首先确定模板分块数，分块数尽量用双数，以便木带成对钉接，如确定内外模都分为 20 块。

多边形分块及拱高系数表　　表 3-1-9

分块数	分块系数	拱高系数	分块数	分块系数	拱高系数	分块数	分块系数	拱高系数
1			18	0.17365	0.00761	35	0.08964	0.00205
2	1.00000	0.50000	19	0.16459	0.00685	36	0.08716	
3	0.86603	0.25000	20	0.15643	0.00620	37	0.08481	
4	0.70711	0.14645	21	0.14904		38	0.08258	
5	0.58779	0.09560	22	0.14232		39	0.08047	
6	0.50000	0.06700	23	0.13617		40	0.07846	0.00160
7	0.43388	0.04950	24	0.13053		41	0.07655	
8	0.38268	0.03805	25	0.12533	0.00400	42	0.07473	
9	0.34202	0.03020	26	0.12054		43	0.07300	
10	0.30902	0.02447	27	0.11609		44	0.07134	
11	0.28173	0.02030	28	0.11197		45	0.06976	0.00126
12	0.25882	0.01705	29	0.10812		46	0.06824	
13	0.23932	0.01460	30	0.10453	0.00260	47	0.06679	
14	0.22252	0.01250	31	0.10117		48	0.06540	
15	0.20791	0.01090	32	0.09802		49	0.06407	
16	0.19509	0.00926	33	0.09506		50	0.06279	0.00110
17	0.18375	0.00850	34	0.09227				

注：本表摘自李瑞环著《木工简易计算法》。

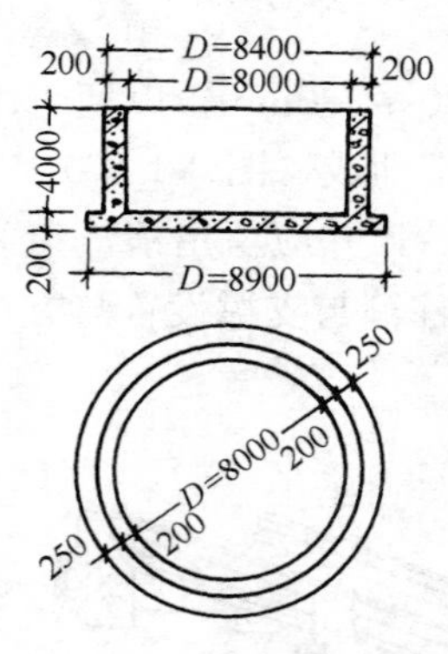

图 3-1-55　钢筋混凝土水池示意

外模木带圆弧直径为水池直径加模板厚：8400＋2×20＝8440mm

查表 3-1-9 得：分块系数＝0.15643；拱高系数＝0.0062

外模弦长＝8440×0.15643＝1320mm

外模拱高＝8440×0.0062＝52mm

木带长为弦长加 200mm，长＝1320＋200＝1520mm

木带宽为拱高加 50mm，宽＝52＋50＝102mm，取 110mm 宽，木带厚取 50mm。

木带规格确定后，即可放样。

2）木带放样：选一块大于木带规格的木板作为样板，以 4220mm 为半径画弧线，在弧线上截取弦长 1320mm，此为拼块模板的宽度。1320mm 以内的弧线就是模板带的弧线（图 3-1-56）。

模板内带的放样方法，与外带放样基本相同。

为便于安装和支撑，内外模板分块数应相同，即内模板也为 20 块，以利于立楞的支撑。

内带的圆弧半径是水池内径减去两模板的厚度，即 8000－2×20＝7960mm，则内木带的弦长为：7960×0.15643＝1245mm，拱高为 7960×0.0062＝49mm。

内带放样见图 3-1-57 所示。

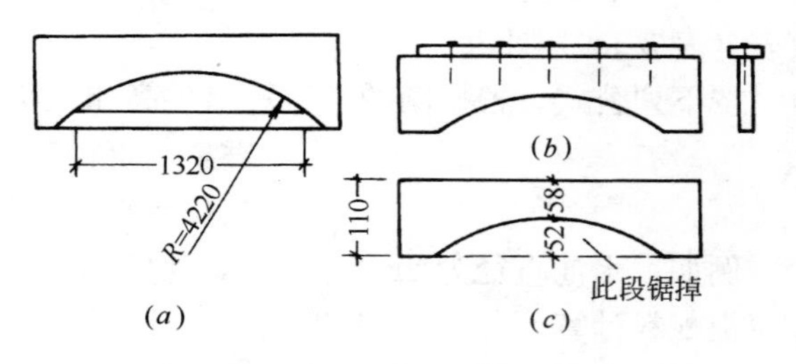

图 3-1-56　外带
(a) 外带放样；(b) 外带样板；(c) 外带

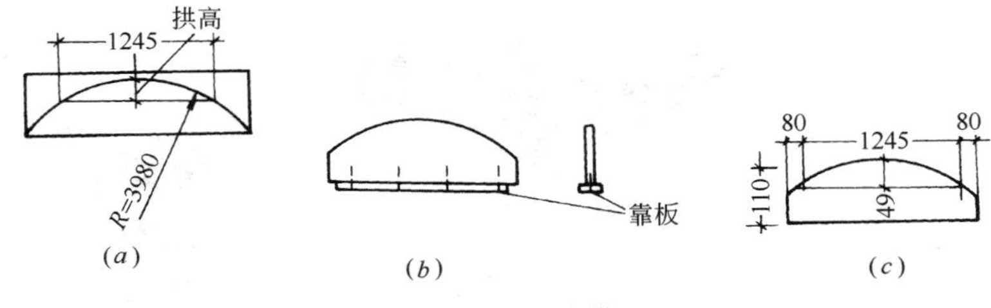

图 3-1-57 内带

(a) 内带放样；(b) 内带样板；(c) 内带

3）模板配制

① 根据实践，按照计算得出的弦长钉制的模板，在安装时，往往在封闭最后一块模板时安不下去。为了保证圆形模板的规格，在钉制模板时，模板的宽度，即弦（边）长应比计算的数字窄 1～2mm 为妥。

② 为了使支撑的木楞和木带紧密相靠，在用样板画出木带时，样板的靠板和木带的背面应贴紧，以保证放样准确。

③ 钉制圆形内外池壁模板，模板带应错开，即分成甲乙块模板，且甲乙块数相同。甲模板在画分好木带距离线的上面钉带，乙模板在线的下面钉带，甲乙带之间应留出 2～3mm 的距离，以便拼镶（图 3-1-58）。

为了解决钢筋较密、捣固困难的问题。可将外壁模采用花钉法，见图 3-1-59。即模板不全钉在木带上，而是在模板的两边钉两块长板，下部钉一节短板，其余的空隙，待混凝土浇筑到接近本部位时，随时加上短模板。

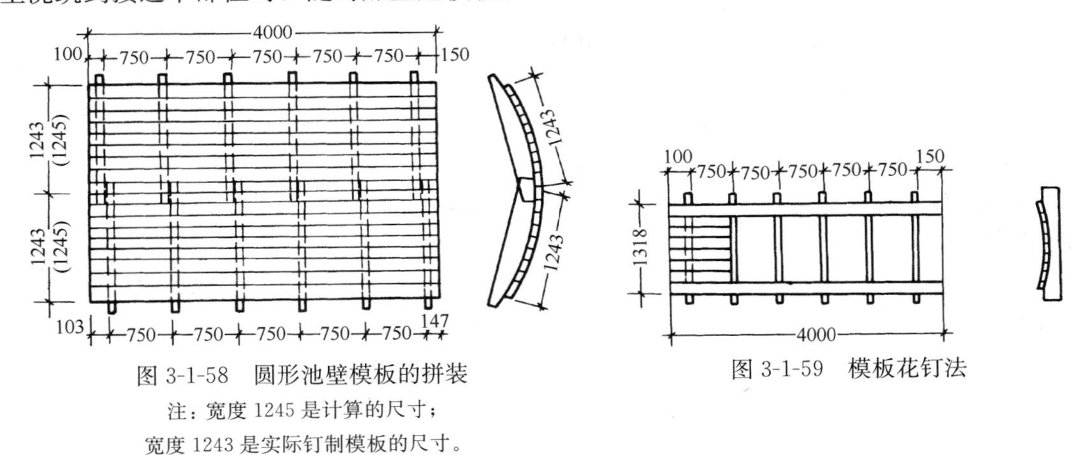

图 3-1-58 圆形池壁模板的拼装

注：宽度 1245 是计算的尺寸；

宽度 1243 是实际钉制模板的尺寸。

图 3-1-59 模板花钉法

4）模板安装：在混凝土池底上弹线放样，以 4000mm 和 4200mm 为半径分别放出水池内壁和外壁圆。

先立内壁模板，下部要按圆弧线固定，上部用钢丝和外楞拉紧（图 3-1-60）。内模安装后再绑池壁钢筋，然后立外壁模板。外壁模板甲块和乙块的位置要和内壁模板的甲、乙块模板位置相对，使内、外模板在一个垂直面上受力，便于支撑加固。

模板的下部可对准水池内外壁弧线，上部可用与池壁混凝土厚度相同的木方作临时支撑，在混凝土浇到本部位时再将支撑拆除。

混凝土的侧向压力，虽对内模作用较小，一般不易崩裂，但也应注意，以免发生变

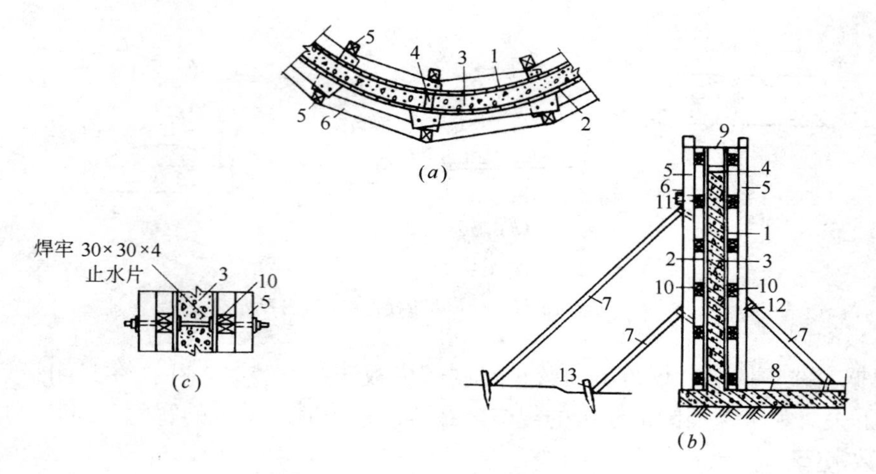

图 3-1-60　水池池壁模板的组装

(*a*) 水池模板组装平面（局部）；(*b*) 水池池壁模板局部剖面；(*c*) 水池模板用螺栓固定剖面（局部）
1—内壁模板；2—外壁模板；3—水池池壁；4—临时支撑；5—加固立楞；6—加固钢箍；7—加固支撑；8—附加底楞；9—加固钢丝；10—弧形木带；11—防滑木；12—圆钉；13—木桩

形；外壁模板则应注意防止崩裂，一般可在甲、乙两带之间立方木楞，规格为 100mm×120mm，在木楞外面用两道方木支顶，并在楞外用 10～16mm 的钢筋环绕加固。钢筋最好绕在有木带的地方，以便于混凝土的捣固和加钉插板。

外模插板应提前备好，随着混凝土的浇筑，逐层将上一层插板钉好。

9. 圆锥形结构模板

圆锥形结构模板的配制比较复杂，现以圆形漏斗为例，尺寸如图 3-1-61 所示。

(1) 漏斗里侧模板的配制

1) 放足尺大样：用墨线放出 *ABDC* 图形，使 *AB*＝1000mm，*AC*＝1600mm，*CD*＝200mm，然后量出模板长度，*BD*＝1790mm（图 3-1-62）。

延长 *AC* 和 *BD* 相交于 *O* 点，然后用尺量出漏斗上口的倾斜半径 *OB*＝2237mm，下口的倾斜半径 *OD*＝447mm。

2) 确定钉几道木带：模板长为 1790mm，可钉四道木带，从 *B* 点开始每隔 560mm 设一道木带，即图 3-1-62 中的 *B*、*K*、*E*、*F* 四点，即为木带的位置。

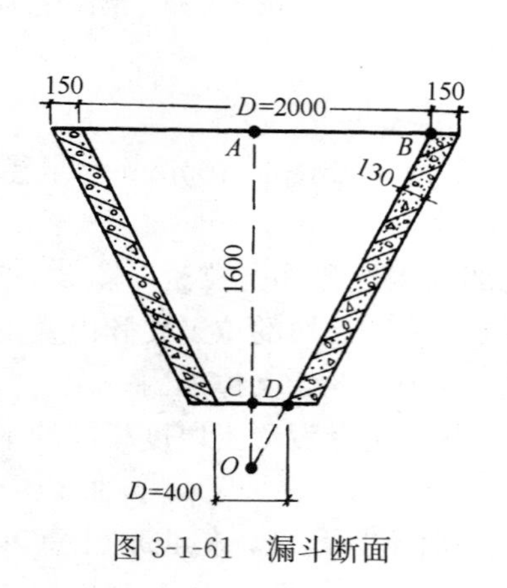

图 3-1-61　漏斗断面

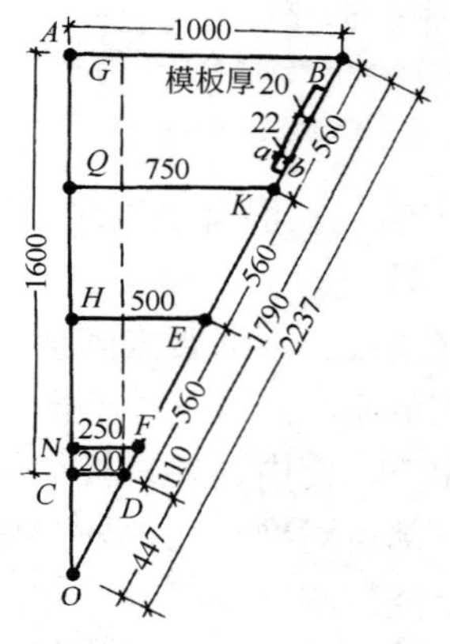

图 3-1-62　里帮模板放样

3）计算各道木带的半径：过 K、E、F 三点，作平行 AB 的线段 KQ、EH、FN，然后用尺量得：KQ=750mm、EH=500mm、FN=250mm。但当计算木带半径时，要减去模板的厚度，如模板厚度为 20mm，则：

第一道木带的半径=1000−20=980mm

第二道木带的半径=750−20=730mm

第三道木带的半径=500−20=480mm

第四道木带的半径=250−20=230mm

注：按图 3-1-62 木带的半径应减去 ab（22mm），因相差很小，为了计算方便，就只减去模板的厚度 20mm。

4）确定模板的分块数：模板的分块数要根据漏斗上口直径的大小和木带的木料长、宽确定，并要考虑便于运输和安装。如木带用料长为 1000mm，宽 150mm，确定将模板分为 6 块，则查表 3-1-9 可得：

第一道木带的弦长=半径×分块系数=980×2×0.5=980<1000mm

第一道木带的拱高=半径×拱高系数=980×2×0.067=131<150mm

验算结果证明：采用 6 块模板进行组装合适。

5）制作木带：每道木带做一个标准样板，其余木带可按样板进行加工。木带样板的做法如图 3-1-63 所示，其步骤如下：

① 以 O 点为中心，以 230、480、730、980mm 长在木带上画弧。

② 在第一道木带的弧线上，截取弦长 B_1B_1=980mm，然后用墨线连接 B_1O。则在各个木板上，由弧线和两条边线 B_1O 所围成的图形，即为四道木带的样板。

③ 取弦长 B_1B_1 的中点 O_1，并连接 OO_1，则 OO_1 线即为各道木带样板的中心线。

④ 木带的两端要锯准，其木带样板的锯法如图 3-1-64 所示。

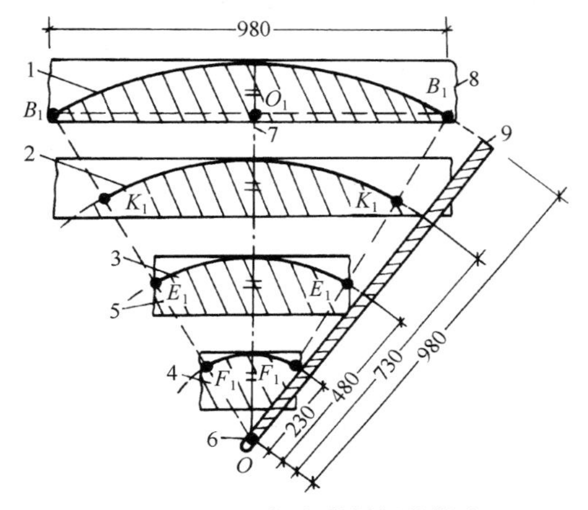

图 3-1-63 里帮木带样板的做法

1—第一道木带样板；2—第二道木带样板；3—第三道木带样板；4—第四道木带样板；5—木带的边线；6—钉子；7—木带中心线；8—木板；9—木杆

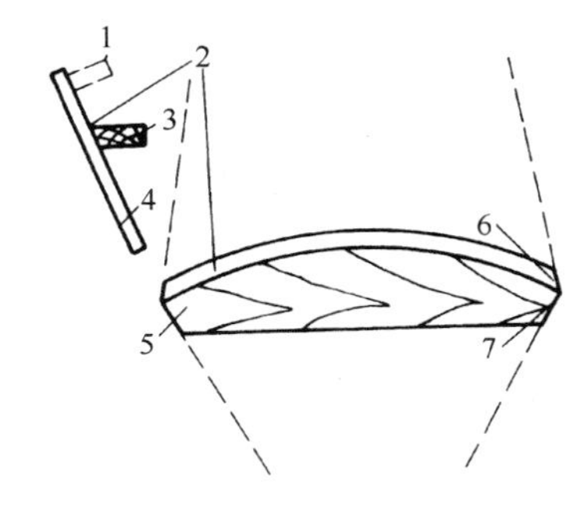

图 3-1-64 木带样板锯法

1—钉法不正确；2—木带的弧线部分按 0.5 的坡度锯；3—木带；4—模板；5—木带样板；6—按一块模板的斜度锯；7—按木带的边线锯

6）钉制模板：模板可在操作台上钉。为了保证混凝土质量和浇筑方便，在钉模板时，需预留混凝土浇筑口，即模板不全部钉死，留几块活木板。如图 3-1-65 所示。

模板尺寸及木带位置线弹出后，即可钉模板。

7）模板的组装：组装前，先将浇筑口处的活木板拿掉，编上号放在一起，以免弄乱，待混凝土浇筑到附近时，再随即封上。模板组装情况参见图 3-1-66。

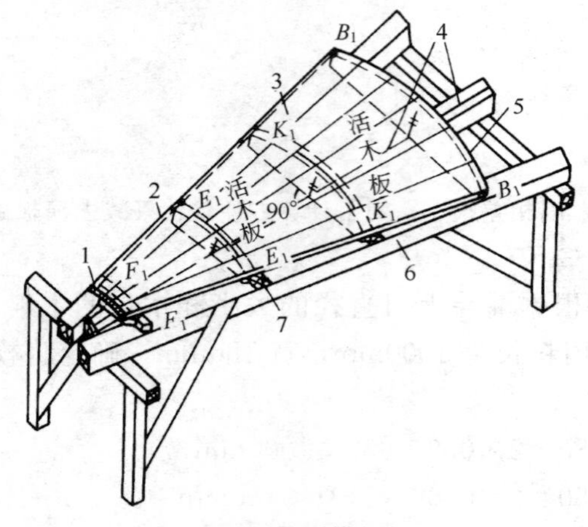

图 3-1-65　锥形模板钉法

1—模板下口按木带的弧度锯成弧形；2—一块模板的斜度；3—模板要预先刨光；4—在木楞上弹出的模板中心线用来控制木带中心位置；5—模板的上口沿木带的弧度锯齐；6—操作台；7—利用木档控制木带的位置

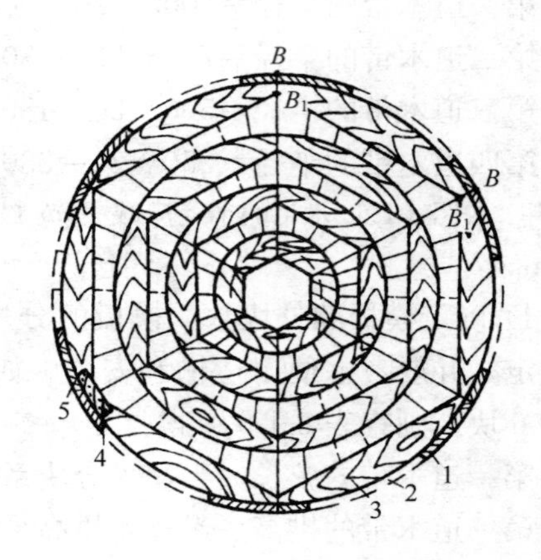

图 3-1-66　模板组装示意

1—模板；2—捣固孔处的活木板位置；3—木带；4—用短木板联结木带接头；5—钉子

注：B 点为模板的外皮；B_1 点为模板的里皮；弦长 BB=1000mm，B_1B_1=980mm

8）配制时应注意事项

① 如木带的弧线部分不按 0.5 的坡度锯出斜度，木带和模板垂直相钉，则模板组装后，就会出现图 3-1-67 的第一种情况。

② 如木带没钉在原来计算的 K、E、F 等点的位置上，往上移，则木带的半径缩小，模板组装后会出现图 3-1-67 中的第一种情况；如果木带往下移，则木带半径扩大，模板组装后就会出现第二种情况。

（2）漏斗外侧模板的配制

1）放足尺大样：外模大样放法与里侧模板相同，只是把图 3-1-62 中的 B、K、E、F、D 各点处的半径，加上漏斗壁的水平厚度 15mm 即可，如图 3-1-68 所示。

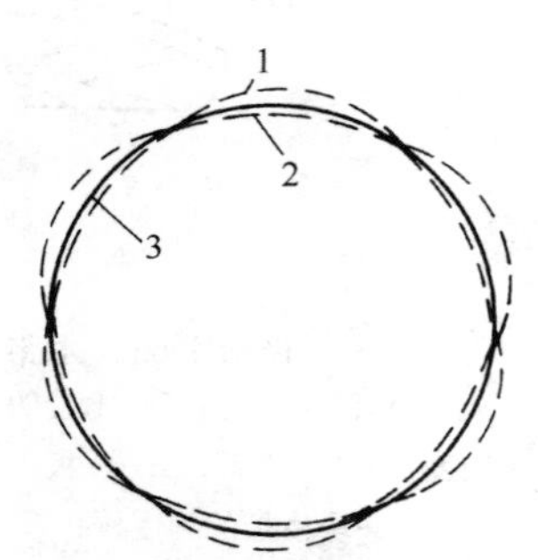

图 3-1-67　出现梅花形的情况

1—第一种情况，说明木带的半径小了；2—第二种情况，说明木带的半径大了；3—标准的圆度

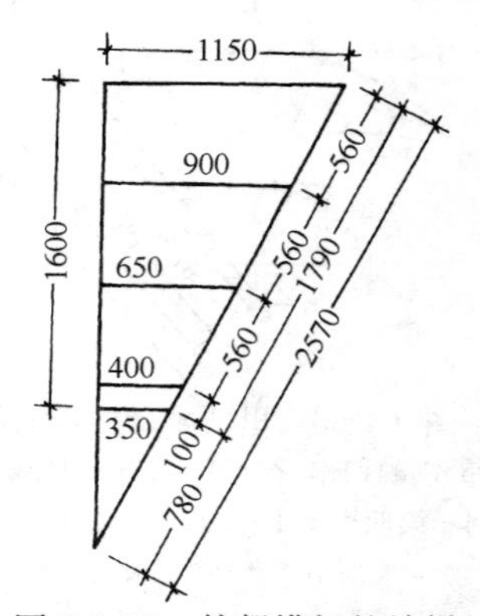

图 3-1-68　外帮模板的放样

2）计算各道木带的半径：计算外模木带半径，要加模板的厚度。

第一道木带半径＝1150＋20＝1170mm

第二道木带半径＝900＋20＝920mm

第三道木带半径＝650＋20＝670mm

第四道木带半径＝400＋20＝420mm

3）确定模板的分块数：如模板仍分为 6 块，则：第一道木带的弦长＝直径×分块系数＝1170×2×0.5＝1170mm＞木料长 1000mm。

第二道木带挖去的拱高＝直径×拱高系数＝1170×2×0.067＝156.8mm＞木料宽 150mm。

验算的结果说明：木带的弦长和挖去的拱高，大于做木带用的木料尺寸，不符合要求，所以外模的分块数改为 8 块，则：

第一道木带的弦长＝直径×分块系数＝1170×2×0.3827＝895.5mm＜木料长 1000mm。

第二道木带挖去的拱高＝直径×拱高系数＝1170×2×0.038＝88.9≈89mm＜木带宽 150mm。

木带净宽＝木料宽－挖去的拱高＝150－89＝61mm。

4）制作木带：木带的做法如图 3-1-69 所示。

5）钉制模板：外模钉法可参照里模钉法。但外模可不留浇筑口。

（3）模板组装要点

1）安装漏斗出料口处平台。由于施工时出料口处荷载很大，因此一般应采用多根立柱加纵横枕木铺成平台作底模。

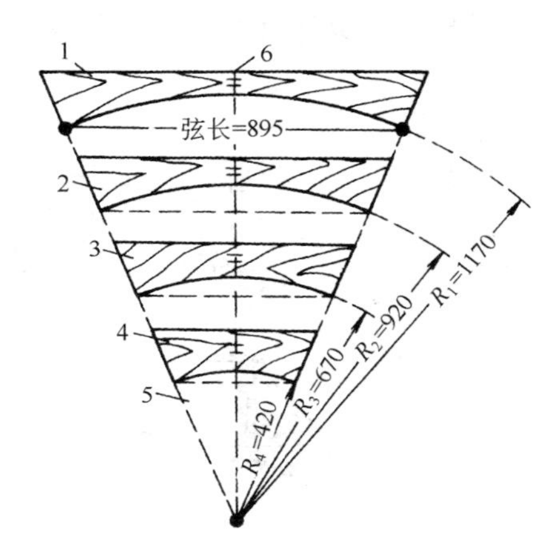

图 3-1-69 外帮带的做法

1—第一道木带；2—第二道木带；3—第三道木带；4—第四道木带；5—木带边线；6—木带中心线

2）按照设计布置，搭设支撑排架，立外模支柱，安设牵杠和支柱拉杆。所有支柱下均铺垫木。

3）铺设外模。木带与牵杠之间的空隙，应用木楔垫实。

4）铺设支柱和拉杆，用木楔调整标高。

5）绑扎钢筋。

6）铺设内模。为了加强内外模的整体和确保漏斗壁厚一致，内外模牵杠应用钢丝拉结，同时在内外模之间应垫混凝土垫块。

3.1.3.3 预制构件模板

钢筋混凝土预制构件，由于其产品不同，制作要求也不一。采用木模板制作钢筋混凝土构件的方法，大致可分为单层生产和重叠生产两类。

1. 柱子模板

预制构件柱子有矩形、工字形等外形，支模方法可根据其外形及场地条件和节约材料的要求，选用不同的方法。

（1）单层生产。工形柱的支模，如有较宽敞的场地条件，可采取单层生产。

工形柱模板的特点是上下都要做芯模，芯模用方木和木板钉成。下芯模钉于底板上，

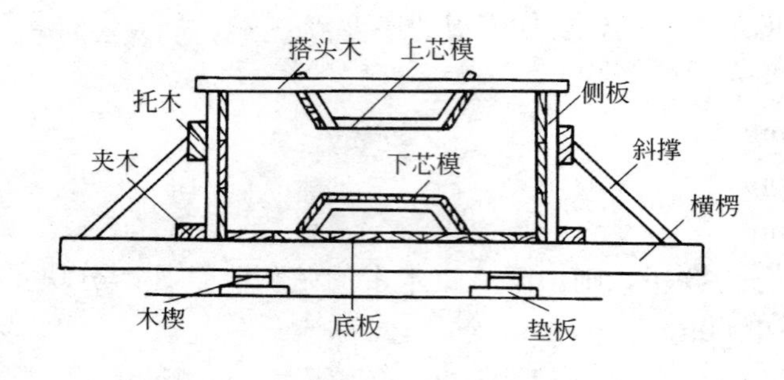

图 3-1-70　工形柱模板

其顶面及侧面要符合工形断面形状；上芯模吊在搭头木上（搭头木要适当加大），侧面要符合工字形断面形状，但无底面，以便于筑捣混凝土，其他部位与矩形柱模相同（图 3-1-70）。

为了使木底模在浇筑混凝土后能尽早拆除，提高底模周转使用率，亦可采用分节脱模法。

分节脱模法是：将构件的底模分成若干节，安装底模时，先设置若干固定支座，固定支座可用砖墩或用方木，在固定支座之间安装木底模。当混凝土强度达到 40%～50%时，木底模可以拆出再周转使用，构件重量全部由固定支座支承（图 3-1-71）。

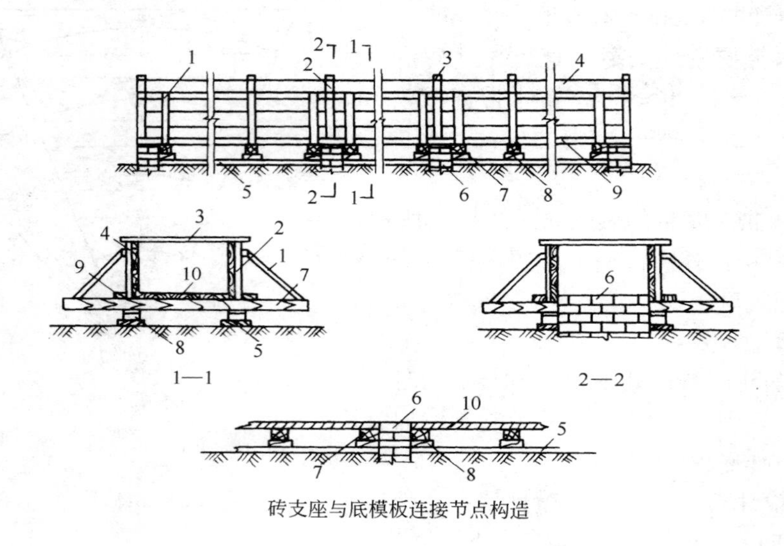

图 3-1-71　分节脱模预制柱的木模板

1—斜撑；2—木档；3—搭头木；4—侧板；5—垫板；6—砖墩支座；
7—横楞；8—木楔；9—夹木；10—活动底板

当柱子模板长度不大时，适宜采用两个固定支座三节底模。当柱子较长时，则可采用多支点分节脱膜。支座距离以不超过 3m 为宜。

支座（即构件支点）的位置及拆模时间须经验算，应使构件自重产生的弯矩不应引起构件产生裂缝。

（2）重叠生产。当场地较小时，为了减少预制构件占地面积，以及节约底模材料，可利用已浇筑好的构件作底模，沿构件两侧安装侧板，再制作同类构件。

用重叠法支模时，应使侧板和端板的宽度大于构件的厚度，至少大 50mm。第一层构件浇筑混凝土前，要在侧板和端板里侧弹出构件的厚度线。上几层构件支模时要使侧板和端板与下层构件搭接一部分（图 3-1-72）。

2. 吊车梁模板

吊车梁的断面呈T形，根据生产方法有水平浇筑和垂直浇筑两种。

（1）水平浇筑。模板是由底模、侧模、端板、斜撑、夹木等组成。

底模用木料钉成或用砖砌（上抹水泥砂浆）。底模的形状和尺寸要符合吊车梁两侧凹进的尺寸。侧模分有翼缘上侧模、翼缘下侧模及肋底侧模，这些均应根据相应尺寸先配好，侧模外面要钉上托木。端模呈T形符合吊车梁断面形状。

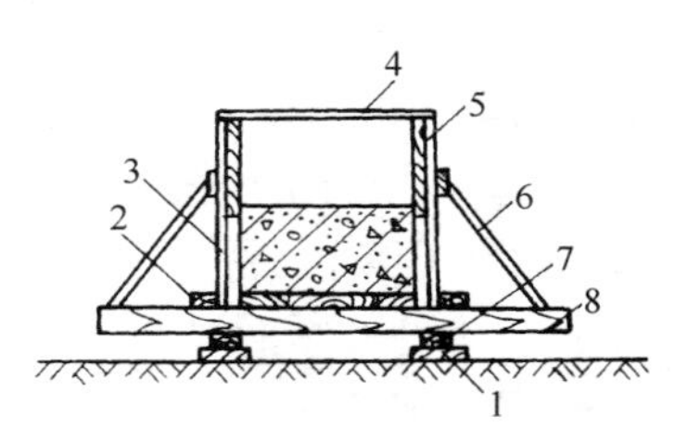

图 3-1-72 预制柱重叠法支模断面图

1—垫板；2—夹木；3—支脚；4—搭头木；5—侧板；6—斜撑；7—木楔；8—横楞

支模时，先在平整的水泥地面上弹出吊车梁的长度、高度及翼缘厚度线，依线把底模放好，再在两侧立翼缘上侧模及肋底侧模，侧模底边外用夹木夹住，夹木钉于木块上，在侧模外面用斜撑撑住。沿侧模上口可钉些搭头木，搭头木要适当加大，翼缘下侧模可钉在搭头木上。在两端钉上端模。

如采取重叠生产吊车梁，则须另做芯模。芯模用方木和木板钉成，无底面，芯模长度等于吊车梁长度，厚度等于吊车梁翼缘伸出的宽度，宽度等于吊车梁的总高减两个翼缘厚度。芯模放置在下层吊车梁上，紧靠翼缘侧面。侧模外面要加钉支脚（图 3-1-73）。

（2）垂直浇筑

模板是由侧板、端板、夹木、斜撑、立档等组成（图 3-1-74）。

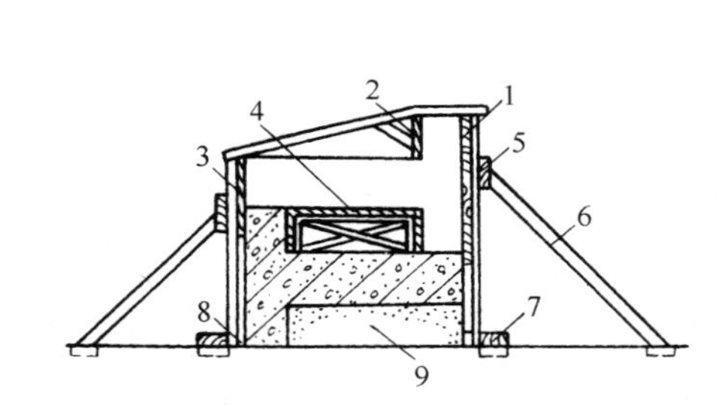

图 3-1-73 叠层生产吊车梁模板

1—翼缘上侧模；2—翼缘下侧模；3—肋底侧模；4—芯模；5—托木；6—斜撑；7—夹木；8—木楔；9—底模

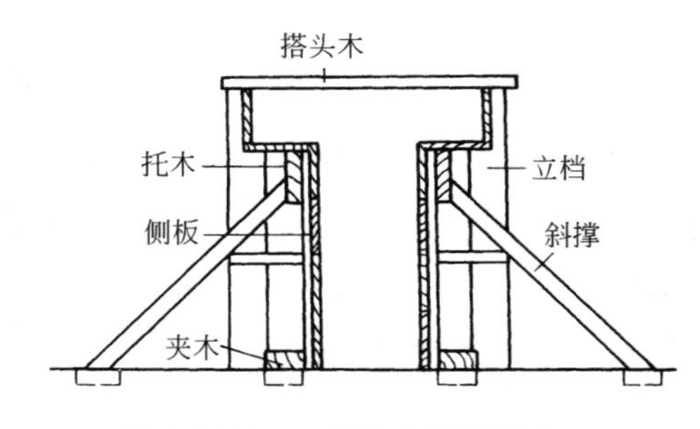

图 3-1-74 立捣吊车梁模板之一

立档主要是保持侧模形状，每隔一定距离设一道。夹木夹于侧模外侧。斜撑上端钉于托木上，下端钉于地面中的木块上。

这种方法是在平整的水泥地面上直接支设，如现场为土地面，则应在地面上铺通长的垫板，在垫板上均匀摆放横楞，在横楞及垫板之间加垫木楔，在横楞上铺设底模，沿底模两侧立侧模，斜撑的下端钉在横楞上（图 3-1-75）。

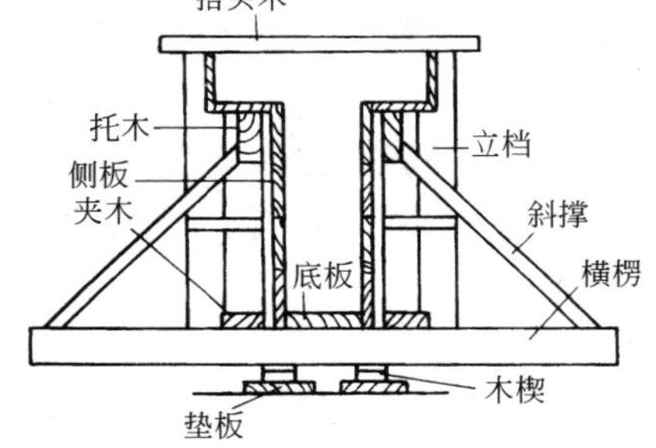

图 3-1-75 立捣吊车梁模板之二

3. 屋架和薄腹梁模板

（1）桁架模板

1）单层生产：

① 模板的配制：桁架模板由底板、横楞、侧板、搭头木等组成（图 3-1-76）。底板及侧板的制作一般采用放大样的方法。桁架模板放大样的方法如下：

- 选择一块面积稍大于桁架的水泥地面，先弹出桁架的轴线，并按桁架下弦起拱的要求，画出下弦起拱后的轴线。
- 按构件的断面尺寸，画出桁架图形。
- 根据桁架的大样图进行底模和侧模划块、编号。量出各部分尺寸，套出异形部位的样板。

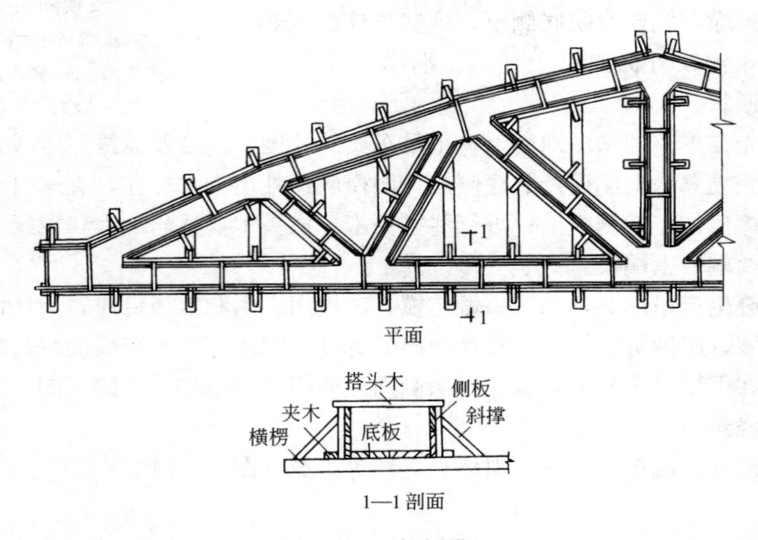

图 3-1-76　桁架模板

② 模板的安装：横楞垂直于桁架长度布置（在竖腹杆范围内要垂直于腹杆长度布置）。在横楞上弹出各杆件边线，事先按照各杆件形状和尺寸做好底模，底模依所弹的边线铺钉在横楞上，沿底模两边立起侧模，侧模外侧下部用夹木夹住，夹木钉子横楞上。侧模外侧上部用斜撑撑住，斜撑上端钉于侧模木档上，下端钉于横楞上。沿各杆件侧模上口加钉若干搭头木，以保持杆件宽度达到要求。

如现场为平整的水泥地面，则可在地面上直接立侧板，其他部位构造同上。

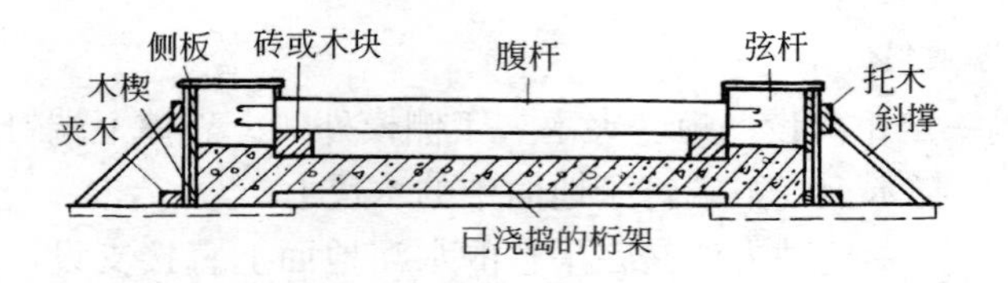

图 3-1-77　桁架重叠法支模

2）重叠生产：图 3-1-77 为桁架重叠法支模。桁架的腹杆为已预制生产的成品，两端嵌入桁架模板内。其他与吊车梁支模方法相同。

3）薄腹梁分节脱模法：薄腹梁平卧支模时，适合采用多支点分节脱模法支模。模板由垫板、横楞、固定垫木、底板、侧板、芯模、端板等组成（图 3-1-78）。

先按支点的布置设置固定垫木，垫木要在一个平面上，在垫木上放一块梯形截面底板，两边底模要与其斜缝相接。垫板与横楞之间加垫木楔。横楞顶面要符合薄腹梁侧面形状，在横楞上铺设底板，沿底板两侧及梁的端头立起侧板和端板，沿侧板底边外钉夹木，

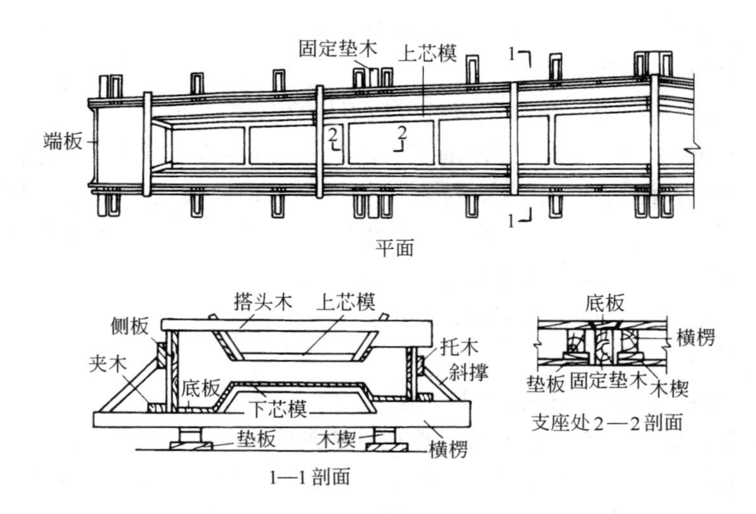

图 3-1-78 薄腹梁模板之一

用斜撑撑于侧板托木与横楞之间。沿侧板上口加钉若干搭头木，将芯模吊钉在搭头木下方。芯模用方木及木板钉成，符合薄腹梁侧面形状，但无底面，以便于浇筑混凝土。

如现场为平整水泥地面，则可在地面上直接立侧板，但需另做一个底模，底模的顶面和侧面与薄腹梁侧面形状相同，其他部分与上述基本相同（图 3-1-79)。

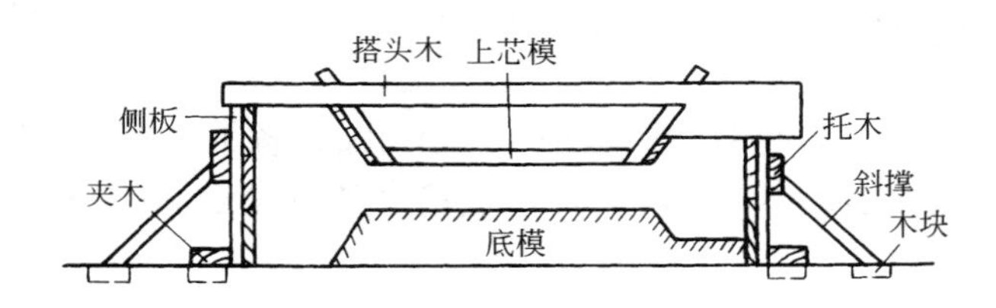

图 3-1-79 薄腹梁模板之二

3.2 塑 料 模 板

塑料模板技术是住房和城乡建设部大力推广的建筑业 10 项新技术（2010 版）之一，用它取代胶合板·木模板面板，符合绿色施工的理念，顺应模板产业可持续发展的潮流。它具有表面光滑、易于脱模、重量轻、耐腐蚀、回收率高、加工制作简便等特点。

3.2.1 种类与特性

1. 种类

目前我国塑料模板应用较为成熟的品种主要有 PVC 木塑建筑模板和改性增强聚丙烯复合材料模板（简称强塑 PP 模板）。

塑料模板常用的规格为：长 2440mm、1830mm，宽 1220mm、915mm，厚度 12mm、15mm、18mm。

2. 塑料模板与木（竹）胶合板及钢模板性能相比

(1) 与木（竹）胶合板相比

与竹（木）胶合板相比，塑料模板具有如下优势。

1) 耐水性能突出，在水中长期浸泡不会出现分层、起泡、开裂、翘曲、变形等现象。

2) 吸水率小，在浇筑混凝土前，浇水过多不会出现模板变形；浇筑混凝土后，能保持混凝土中的水分，减少混凝土干缩裂缝，加快混凝土强度增长，确保混凝土质量。

3) 使用寿命长，周转使用次数可达50次以上。

4) 施工使用报废后，可全部回收再利用。

(2) 与钢模板相比

与钢模板相比，塑料模板具有如下优势。

1) 表面平整，拼缝间隙小，混凝土外观可达到清水混凝土的效果。

2) 无须涂刷隔离剂，拆模不费力，拆模后工作面干净，减少模板清洁、保养费用。

3) 重量轻、支拆方便，搬运操作劳动强度低、施工效率高。

4) 前期投入少，可与现在竹（木）胶合板等多种材质模板同时使用。

3. 塑料模板自身的优缺点

(1) 优点

1) 有较好的物理性能，使用温度－5～65℃，不吸潮、不吸水，防腐蚀，并且有足够的机械强度，可以多次使用。

2) 可塑性强，能根据设计要求，通过不同模具形式，模板表面可以生产出各种装饰图案，使模板工程与装饰工程相结合。

3) 塑料模板重量轻，铺设1m^2模板约16±0.5kg，省工、省时、省圆钉，施工轻便。

4) 塑料模板表面光洁，不需要隔离剂，板接缝处不需要贴胶带，有助于实现清水混凝土效果。

5) 可以回收利用，经处理后可以再生塑料模板或其他产品。

(2) 缺点

1) 模板的强度和刚度较小。用于顶板和楼板的平板形式模板，承载量较低（表3-2-1），需适当控制木楞的间距才能满足施工要求。

塑料模板、覆面木胶合板、覆面竹胶合板的技术性能比较 **表3-2-1**

	塑料模板	覆面木胶合板	覆面竹胶合板
抗弯强度（N/mm^2）	20.5～32	20～33	35～37
弹性模量（N/mm^2）	1360～2080	4500～11500	9898～10584
数据来源	产品检验报告	JGJ 262—2008	JGJ 262—2008

注：本表以15mm厚板材比较。

2) 热胀冷缩系数大。塑料板材的热胀冷缩系数比钢铁、木材均要大，因此塑料模板受气温影响较大，如夏季高温期，昼夜温差达40℃，木塑建筑模板夏季在阳光的照射之下大量变形；冬季在0℃时钉钉子会开裂；在脱模时高空摔落容易破裂。

3) 电焊渣易烫坏板面：塑料模板用作楼板模板时，在铺设钢筋，由于钢筋电焊连接的焊渣温度很高，落在塑料模板上，易烫坏板面，影响成型混凝土的表面质量。

3.2.2 施工技术

作为竹（木）胶合板的替代产品，塑料模板的规格尺寸、支撑体系、加工、安装以及拆除方法与竹（木）模板相似，在建筑工程中可用于剪力墙、柱、梁、板等各类现浇混凝土构件的施工。

1. 模板工程设计要点

（1）根据工程结构设计图，分别绘制各现浇构件的配模设计图、支撑设计布置图（图3-2-1）、细部构造和异型模板大样图。

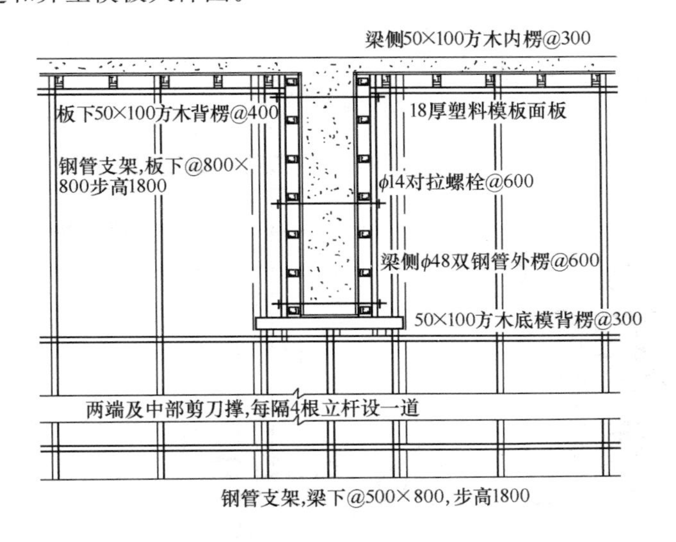

图 3-2-1　梁、板模板及支撑设计布置示意

（2）根据周转使用计划，计算出所需塑料模板规格和配件的数量。

（3）根据混凝土施工工艺和季节性施工措施，确定模板及支撑体系所承受的荷载，并按模板承受荷载的最不利组合对模板和支架的刚度、强度和稳定性进行验算。

在验算塑料模板的刚度和强度时，如何确定塑料模板的抗弯强度和弹性模量等技术参数应注意以下问题：由于目前塑料模板行业及国家标准尚未颁布，各厂家的产品配方和生产工艺也不尽相同，不同厂家生产的同一规格的塑料模板，其抗拉强度、抗弯强度和弹性模量也有所差别。故在使用塑料模板前应认真核对产品合格书和型式检验报告，采用据实验所得可靠数据。

（4）编制模板工程专项施工方案。内容包括：塑料模板安装及拆除的程序和方法；施工计划；施工工艺流程；劳动力组织等；模板工程质量、施工安全的保证措施和塑料模板管理等有关措施。

（5）对操作人员进行培训和技术交底，明确模板加工、安装的标准及要求。

2. 模板加工

塑料模板可随意切割、裁锯、开洞以及钻孔，施工简便。模板加工应按配板方案要求进行，整块模板锯开后，应将边缘打磨平顺，以延长模板使用寿命。模板裁制时应本着科学、有效、节约、合理的原则进行，才能降低模板的破损率和使用成本。

3. 模板安装和拆除

(1) 塑料模板安装应严格按设计图纸及工艺流程的要求进行，做到拼缝严密，尺寸准确，支设牢固。塑料模板安装和拆除的工艺流程与竹（木）胶合板相近，但因塑料模板自身一些特点，施工时应重视以下几个问题：

1) 塑料模板的强度和刚度比竹（木）胶合板略低。故只有适当缩小次（背）楞的间距或增加塑料模板厚度才能满足承受新浇混凝土的自重、侧压力和施工过程中所产生的荷载及风荷载。以柱模板施工为例，当采用12mm厚的塑料模板，50mm×100mm的方木背楞进行柱模板搭设时，与采用相同厚度的竹（木）胶合板相比，背楞的间距减小至100～180mm（图3-2-2、图3-2-3）；当采用15mm厚的塑料模板时，背楞的间距与采用12mm厚的竹（木）胶合板的基本一致。

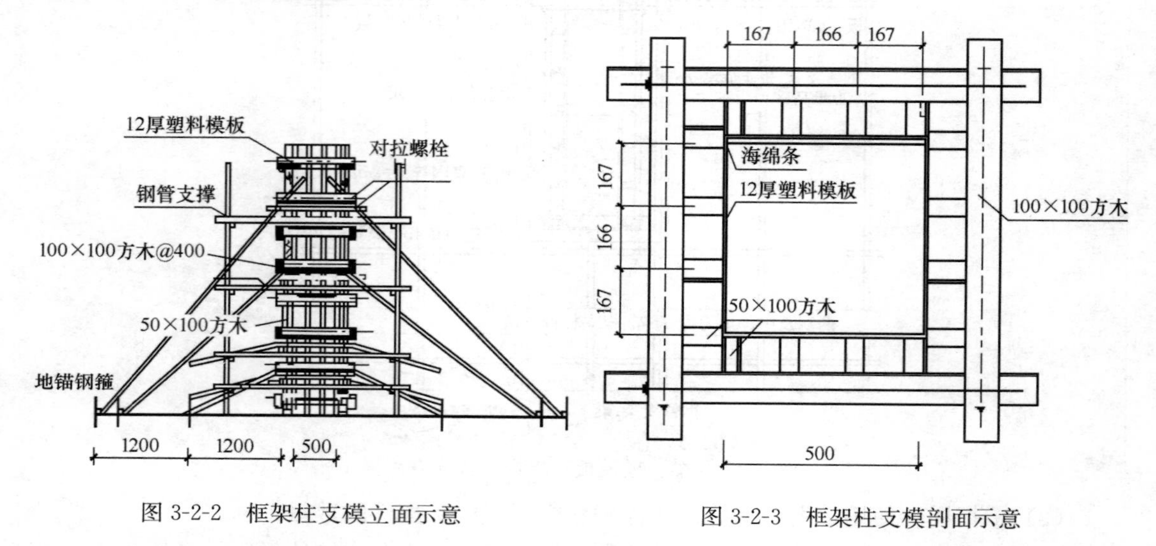

图3-2-2　框架柱支模立面示意

图3-2-3　框架柱支模剖面示意

2) 遇有电焊作业时，作业区域周边模板表面可用石棉板、薄钢板隔离，以防大块焊渣灼伤表面。

3) 塑料板材随气温变化易出现较明显的热胀冷缩现象。因此，在高温环境下施工时应选择一天中气温较低的时间来铺板，或在板与板之间粘贴10mm×5mm的海绵条，既可做到消除模板缝隙，保证浇筑混凝土时不漏浆，又可解决高温起拱的问题。冬期施工时，应在距板边5mm以上的地方钉钉子且不可悬空钉，须钉在木楞上。

4) 模板安装时不得随意开洞，穿墙螺栓应穿在专用条板上。

5) 拆模时，不得用大锤硬砸或撬杠硬撬，须轻拿、轻放、轻撬，以免损伤模板。拆下的模板，切忌不要让模板边角对着地面垂直下落。清理干净地面，防止下落的模板落在建筑垃圾上造成板面损坏。

(2) 施工工艺

1) 工艺流程

弹线→铺垫板→支设架子支撑→安主次龙骨、墙体四周加贴海绵条并用50mm×100mm单面刨光方木顶紧→大于4m时支撑起拱→铺模板→校正标高→安装顶板周边侧模→验收。

2) 弹线：墙体拆模后，在每面墙上弹出1m标高水平线和顶板模板底线。

3）铺垫板：垫板采用400mm×50mm×100mm方木，垫在立杆底部，木方的方向应保持一致。

4）安装支撑体系：顶板支撑采用钢管支撑，立杆高度依楼层确定，立杆上设丝托，支撑边柱距墙皮为150～250mm，中间立柱采用均分的方法，尽量采用1.2m的间距，不足处用0.9m及0.6m的补足，可预先在地面上弹出位置线，第一层间距确定后，往上每层应保持一致，以保证上下层立柱对齐。上下至少设2道水平横杆，下横杆距地450mm，上下横杆间距随碗扣定。

5）安装主次龙骨：主龙骨采用100mm×100mm方木，其间距和立杆的间距保持一致，主龙骨应放置在丝托的托槽内，并根据墙体水平线调整高度。主龙骨完成后，在主龙骨上面设置次龙骨，次龙骨采用50mm×100mm木方，间距为300mm，次龙骨应根据标高拉线调平，不平处应在次龙骨下垫木楔调平。房间四周靠墙应紧贴一根50mm×100mm方木。

6）塑料模板板面铺设：次龙骨铺设完成且调平后，即可进行塑料模板铺设，铺设时按照排板图进行，先铺设塑料模板，最后用多层板补边。安装时顺着塑料模板长边方向顺序进行，拼缝直接硬拼，不需设置胶条，板缝要挤严。板位置和拼缝调整合适后，立即将板沿长边方向用钉子固定，钉钉只能从钉眼处钉（当塑料模板比较硬不能直接钉钉时，可用钻头钻孔钉钉），模板四角宜都有钉，中间部位可根据实际情况按适当间距下钉。最后一块不足以使用塑料模板的地方，根据实际尺寸用12mm厚竹多层板补齐、挤严。

当顶板上有需要开洞的地方需用多层板替换，以减少对模板的破坏。顶板板面与梁或墙体侧模相接时，应压在梁侧模或墙体侧模上，但不得吃进梁内，必须与侧模一平。板四周靠墙时应在墙面上粘贴胶条，海绵条要求与板面平齐，不得突出模板表面，与墙体挤严，防止漏浆。

7）起拱：跨度大于4m的板，应按10mm要求起拱，起拱线要顺直，不得有折线。起拱方法：先按照墙体上及柱子上弹好的标高控制线和模板标高全部支好模板，然后将跨中的可调支托向上调动丝扣，调到要求的起拱高度，在保证起拱高度的同时还要保证梁的高度和板的厚度。

板面安装完成后，直接用清水擦洗干净即可。

8）模板使用注意事项

① 因塑料模板尺寸特别准确，厚度没有太多偏差，补边用的多层板或其他材料应确保厚度与其一致，拼缝不错台。

② 次龙骨木方一定要过刨，使其表面平整，以保证表面铺设的平整度。

③ 不得直接在板面进行电气焊施工，以免烧坏模板。

④ 模板边设有钉子眼，只能从眼内下钉，不得随意下钉。

⑤ 塑料模板在现场搬运时要轻拿轻放，不得乱砸乱摔。堆放时要码放整齐，专模专用。

⑥ 拆模时，注意不得用铁件翘边，避免砸坏模角，要轻拆轻放。

4. 质量安全管理措施

（1）在浇筑混凝土前应对模板工程进行验收，浇筑混凝土时须派专人护模，当出现漏浆、胀模等异常情况时，应暂停施工，并按施工方案及时进行处理。

（2）模板及其支架拆除顺序及安全措施应按施工方案执行。安装及拆除高度在 2m 以上的模板应搭设脚手架，操作人员应佩戴安全帽、系安全带、穿防滑鞋，作业面下方严禁站人，闲杂人员不得进入作业区。满堂模板、建筑层高 8m 及以上和梁跨度不小于 15m 的模板，在安装、拆除作业前，工程技术人员应以书面形式向施工班组进行施工操作安全技术交底，施工班组应对照书面交底进行上下班自检和互检。

（3）为防止模板接缝漏浆，在剪力墙、柱、梁、板等现浇构件模板接缝处粘贴塑料胶带，在阴阳角处粘贴 10mm×5mm 的海绵条。

（4）为防止层间交接处错台，剪力墙和柱模板垂直度应控制在 2mm 以内。

（5）模板安装偏差和模板拆除时间应符合《混凝土结构工程施工质量验收规范》（GB 50204—2002）的相关要求。

4　模板工程施工新技术

4.1　早拆模板技术

早拆模板技术从20世纪80年代引进我国，在国内得到广泛的应用，是住房和城乡建设部10项新技术推广内容之一。

4.1.1　基本原理、适用范围和特点

4.1.1.1　基本原理

早拆支模体系是指先拆模板和支承梁，后拆门架。根据《混凝土结构工程施工质量验收规范》(GB 50204)的规定，当板的跨度不大于2m时，可按混凝土强度达到设计强度的50%拆模。早拆支模体系就是按照规范的要求，在支撑柱间距最大小于2m的情况下，利用早拆装置先将支承梁和模板拆除，以加快模板和支承梁的周转使用，减少其一次性投入，从而达到降低施工费用的目的。

模板的早拆一般是通过早拆托座（早拆柱头）实现的。图4-1-1（*a*）为模板处于支承状态，图4-1-1（*b*）为模板与支承梁随着早拆托座的卡板和托板的降落而脱落。托板降落前，先用小锤敲击卡板的一端并使其水平错位移动，这样使托板降落到挡板上面，降落的距离约100mm。模板和支承梁随着卡板、托板的降落而降落，而早拆托座的顶板仍处于支承状态。

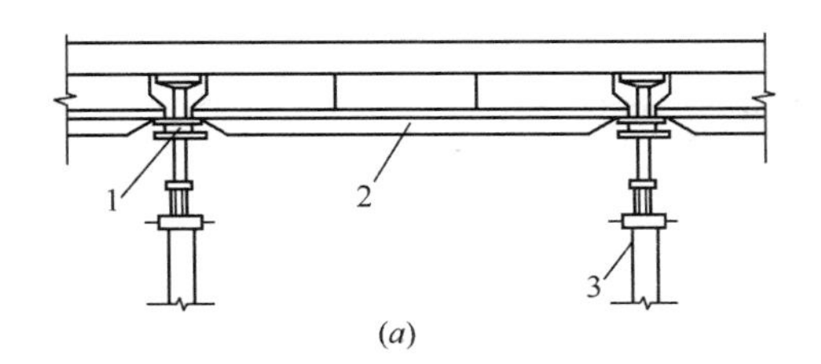

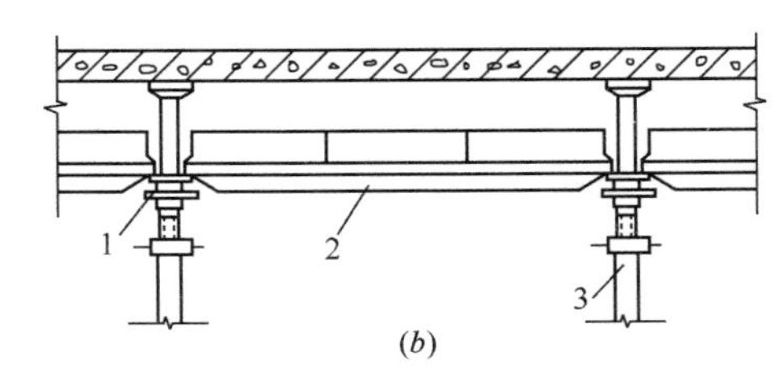

图4-1-1　模板早拆原理

（*a*）支承状态；（*b*）早拆做法

1—早拆柱头；2—支承梁；3—支撑柱

4.1.1.2　适用范围

1. 早拆模板适用于工业与民用建筑现浇钢筋混凝土楼板施工，但第一次拆除模架后保留二次支顶的竖向支撑间距≤2000mm。早拆模板不适用于预应力楼板的施工。

2. 早拆模板的支撑（立柱）可采用插卡式、碗扣式、独立钢支撑、门式脚手架等多种形式，但必须配置早拆（柱头）装置，以符合早拆的要求。

早拆柱头参见图2-1-18、图2-1-73。

3. 模板可根据工程需要及现场实际情况，选用组合钢模板、钢框竹木胶合板、模壳、木（竹）胶合塑料板模板等（图 4-1-2）。龙骨可根据现场实际情况，选用专用型钢、方

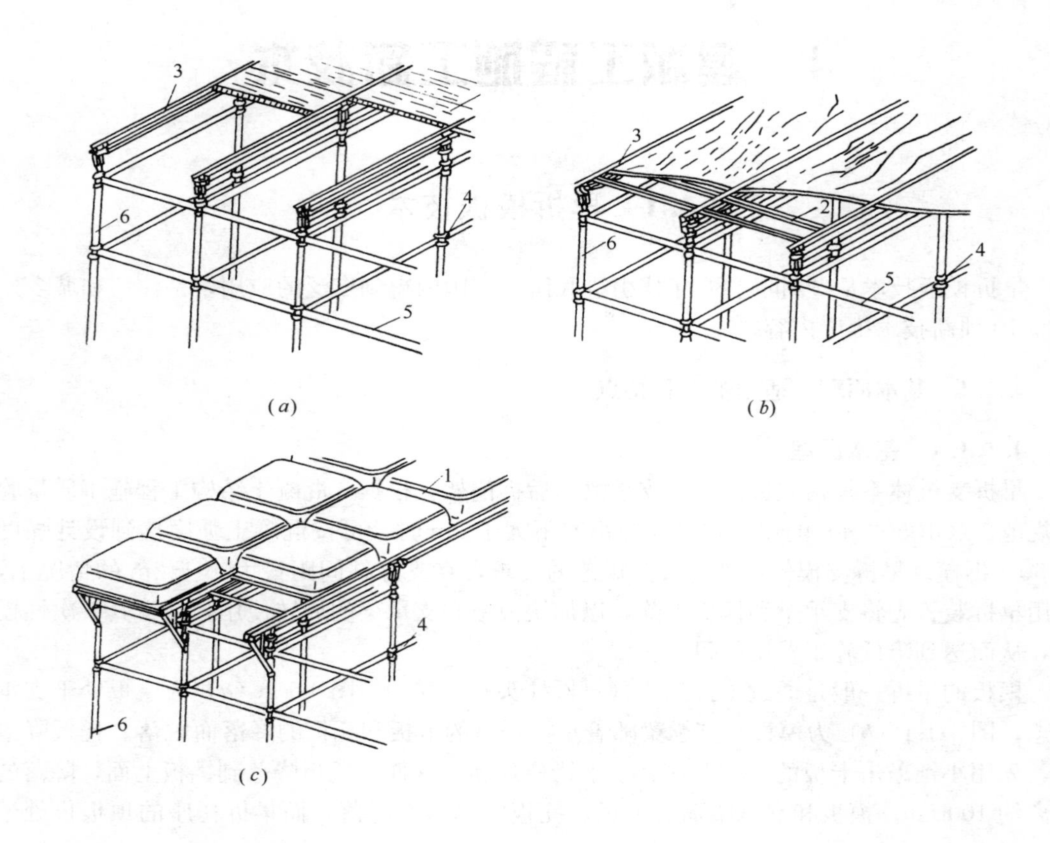

图 4-1-2 楼（顶）板模板典型组合示意图

(a) 楼板模板（有框）组合；(b) 楼板模板（无框）组合；(c) 采用模壳密肋梁的组合

1—平面模板块/胶合板/模壳；2—次梁；3—主梁；4—碗扣型接头；5—横杆；6—立杆

木、钢木复合龙骨等。

4.1.1.3 特点

1. 早拆模板支架构造简单，操作方便、灵活，施工工艺容易掌握，与常规支模工艺相比较，工作效率可提高 2～3 倍，可加快施工速度，缩短施工工期。

2. 结构受力明确，支架整齐，施工过程规范化，减少了搭设时的随意性，确保工程质量和施工安全。

3. 早拆模板施工，可与多种规格系列的模板及龙骨配合使用。

4. 早拆模板体系施工过程中，避免了周转材料的中间堆放环节，立、横杆用量少，没有斜杆，有利于文明施工及现场管理。对于狭窄的施工现场尤为适用。

5. 早拆模板体系与传统支模方式比较，材料周转快，投入小、模板及龙骨可比常规的投入减少 30％～50％，同时降低了材料进出场运输费、损坏和丢失所支出的费用，经济效益显著。

4.1.2 施工设计要点和施工工艺

4.1.2.1 施工设计要点

1. 早拆模板应根据施工图纸及施工组织设计，结合现场施工条件进行设计。

2. 模板及其支撑设计计算必须保证足够的强度、刚度和稳定性，满足施工过程中承受浇筑混凝土的自重荷载和施工荷载，确保安全。

3. 根据以下内容（立杆最大间距及早拆装置的型号、横杆步距等），制定早拆模板支撑体系施工方案，明确模板的平面布置。

（1）参照楼板厚度、混凝土设计强度等级及钢筋配置情况，确定最大施工荷载，进行受力分析，设计竖向支撑间距及早拆装置的布置。

（2）早拆模板设计应明确标注第一次拆除模架时保留的支撑，并应保证上下层支撑位置对应准确。

（3）根据楼层的净空高度，按照支撑杆件的规格，确定竖向支撑组合，根据竖向支撑结构受力分析确定横杆步距。

（4）确定需保留的横杆，保证支撑架体的空间稳定性。

（5）第一次拆除模架后保留的竖向支撑间距应≤2m。

4. 计算模板材料及配件用量。

5. 安装上层楼板模架时，常温施工在施层下应保留不少于两层支撑，特殊情况可经计算确定。

4.1.2.2 施工工艺

1. 70 型组合钢模板楼（顶）板模板及早拆支撑系统支拆工艺

（1）支模工艺

1）根据楼层标高初步调整好立柱的高度，并安装好早拆柱头板，将早拆柱头板托板升起，并用楔片楔紧；

2）根据模板设计平面布置图，按测量的控制线立第一根立柱；

3）将第一榀模板主梁挂在第一根立柱上（图 4-1-3*a*）；

4）将第二根立柱、早拆柱头板与第一根模板主梁挂好，按模板设计平面布置图将立

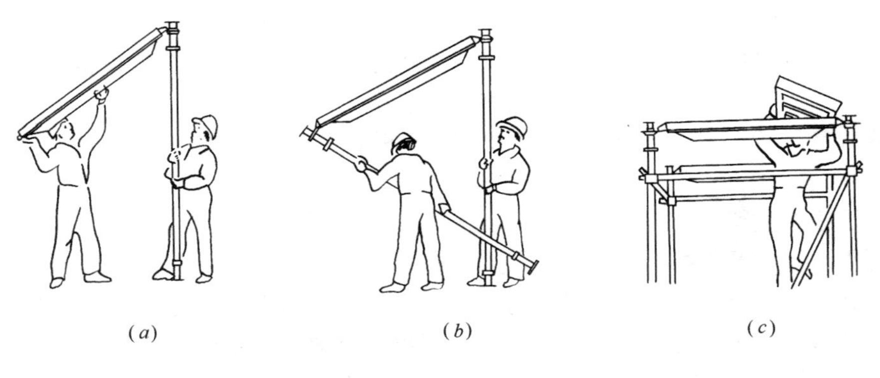

图 4-1-3 支模示意图

（*a*）立第一根立柱，挂第一根主梁；（*b*）立第二根立柱；（*c*）完成第一格构，随即铺模板块

柱就位（图 4-1-3b），并依次再挂上第一根模板主梁，然后用水平撑和连接件做临时固定；

5）依次按照模板设计布置图完成第一个格构的立柱和模板梁的支设工作，当第一个格构完全架好后，随即安装模板块（图 4-1-3c）；

6）依次架立其余的模板梁和立柱；

7）根据模板主梁的长度，调整柱的位置，使立柱垂直，然后用水平尺调整全部模板的水平度；

8）安装斜撑，将连接件逐个锁紧。

（2）拆模工艺

1）用榔头将早拆柱头板铁楔打下，落下托板，模板主梁随之落下；

2）逐块卸下模板块。卸时要轻轻敲击，使模板块落在主梁的翼缘上，然后向一端移开退出卸下；

3）卸下模板主梁；

4）拆除水平撑及斜撑；

5）将卸下的模板块、模板主梁、悬挑梁、水平撑、斜撑等整理码放好备用；

6）待楼板混凝土强度达到设计要求后，再拆除全部支撑立柱。

2. 多功能早拆柱头支撑系统支拆工艺

（1）支模工艺

1）根据楼层标高按配模设计选择合适高度的主柱，并安装好多功能早拆柱头。

2）根据模板设计平面布置图，按测量的控制线立第一根立柱。

3）立第二根立柱，按配模设计，用两根横杆将第一根主柱和第二根立柱连接起来。

4）依次立第三、第四根立柱和横杆，形成一个方形封闭的格构。

5）按前四根立柱、横杆安装次序，逐步扩展。

6）按配模设计，在调整好立杆垂直度的基础上安装斜杆。

7）调整好多功能早拆柱头的高度，使所有柱头上口保持在同一个水平面上。

8）安装模板梁。

9）安装模板块。

10）用水平尺调整全部模板的水平度。

11）将连接件逐个锁紧。

（2）拆模工艺

1）用榔头将多功能早拆柱头支撑梁托板的铁楔板打下（或将支撑楔板的丝扣逆时针方向旋转），落下托板，模板主梁，随之落下；

2）逐块卸下模板块。卸时要轻轻敲击，使模板块落在主梁上，然后逐一移开退出卸下；

3）卸下模板主梁；

4）拆除水平撑及斜撑；

5）将卸下的模板块、模板主梁、悬挑梁、水平撑、斜撑等整理码放好备用；

6）待楼板混凝土程度达到设计要求后，再拆除全部支撑立柱。

3. 无边框木（竹）胶合板楼（顶）板模板及早拆支撑系统支拆工艺

（1）支模工艺

立可调支撑立柱及早拆柱头 → 安装模板主梁 → 安装水平支撑 → 安装斜撑 → 调平支撑顶面 → 安装模板次梁 → 铺设 G-70 组合钢模平面模板块 → 面板拼缝粘胶带 → 刷胶模剂 → 模板预检 → 进行下道工艺

（2）拆模工艺

降下模板主梁 → 拆除斜撑及上部水平支撑 → 拆除模板主次梁 → 拆除面板 → 拆除下部水平支撑 → 清理拆除支撑件 → 运至下一流水段 → 待楼（顶）板达到设计强度，拆除立柱（现浇顶板可根据强度的增长情况暂保留 1～2 层的立柱）

4. 施工注意事项

（1）放线前应检查基地是否平整、坚实，对于首层尚应做好排水设施，以防地基下沉。

（2）当底部为固定托座时，支撑高度的调平是利用早拆托座上的螺母进行调节的，故应在支模前计算好微调量，并在安装前调好。

当底部是可调托座时，同样要在支模前计算好底部和上部的调节高度，均应在安装前调好。对于较大的跨度，应计算模板起拱量。

支撑高度的调节应在支模过程中及时检查，与支模交替进行。

（3）严格控制柱顶标高，一般要求误差不大于±1mm。

（4）模板安装时，必须严格按模板设计平面布置图就位施工，所有立柱必须垂直。模板块相邻板面高差不得超过 2mm。所有节点必须逐个检查是否连接牢固、卡紧。

（5）模板块、使用前均应刷隔离剂。地脚螺栓及接头使用后，应及时清理并定期刷油防锈。

（6）严格控制模板和立柱的拆除时间。在进行模板设计时，为使模板能达到早期拆模的要求，应对混凝土楼板在有效支撑情况下的承载能力进行必要的验算，以便确定拆除模板块的时间。一般要求楼（顶）板混凝土达到设计强度 50%时方可拆模；立柱要求楼（顶）板混凝土达到设计强度的 75%以后，并保留有两层立柱支顶的情况下方可拆除。要严格建立模板和立柱的拆除申请和批准手续，防止盲目拆模。

（7）二次顶撑操作，一般应分为小区段顺次进行，区段要适中不宜太大。操作时，要使用力矩扳手，确保螺母的拧紧程度一致。

（8）上下层立柱应对齐，并在同一个轴线上。

（9）模板与支撑的安装、拆除，要有专人统一指挥，按工艺顺序进行。装拆模板时要轻装轻卸，堆放有序。同时要做好模板清理工作。

（10）及时做好混凝土强度的测试工作，确保在混凝土强度达到拆模要求时，方可拆模。

（11）模板在组装和拆运时，均应人工传递，要轻拿轻放，严禁摔、扔、敲、砸。

（12）严格控制楼层荷载，施工用料要分散堆放。

（13）在支模过程中，必须先完成一个格构的水平支撑及斜撑安装，再逐渐向外扩展，以保持支撑系统的稳定性。

（14）临时性的爬梯、脚手板，均应搭设牢固，在楼层边缘施工时，要设防护栏和安全网，以防摔人。

(15) 拆模时须在立柱的下层水平支撑上铺设脚手板，操作人员行走，不宜直接踩在水平支撑上操作。拆下的模板，必须及时码放在楼层上，以防坠落伤人。

5. 质量要求

见表 4-1-1。

组装后的模板质量标准　表 4-1-1

项　目	允许偏差（mm）	检验方法
模板上表面标高	±5	用尺量
相邻两板表面高低差	2	用尺量
板面平整	5	2m 靠尺

4.2 清水混凝土模板技术

清水混凝土技术属于一次浇筑成型、不做任何外装饰、表面平整光滑、色泽均匀、棱角分明、无碰损和污染的混凝土模板技术。

清水混凝土适用于民用建筑、公共建筑、构筑物、园林等工程中，同时也适用于清水混凝土装饰造型、景观造型施工。

清水混凝土分为：普通清水混凝土、饰面清水混凝土和装饰混凝土，见表 4-2-1。

清水混凝土分类和做法要求　表 4-2-1

序号	清水混凝土分类	清水混凝土表面做法要求	备　注
1	普通清水混凝土	拆模后的混凝土有本身的自然质感	—
2	饰面清水混凝土	混凝土表面自然质感	禅缝、明缝清晰、孔眼排列整齐，具有规律性
		混凝土表面上直接做保护透明涂料	孔眼按需设置
		混凝土表面砂磨平整	禅缝、明缝清晰、孔眼排列整齐，具有规律性
3	装饰清水混凝土	混凝土有本身的自然质感以及表面形成装饰图案或预留装饰物	装饰物按需设置

4.2.1 设计与构造

1. 设计原则

(1) 应根据工程结构形式和特点及现场施工条件，对模板进行设计，确定模板选用的形式，平面布置，纵横龙骨规格、数量、排列尺寸、间距、支撑间距、重要节点等。同时还应验算模板和支撑的强度、刚度及稳定性。模板的数量应在模板设计时按流水段划分，并进行综合研究，确定模板的合理配制数量、拼装场地（包括操作平台）的要求。按模板设计图尺寸提出模板加工要求。

(2) 应根据规范和规程的有关要求，根据清水混凝土工程的结构形式、造型特点、荷载大小、施工设备和材料供应等条件。制定专项施工方案。

(3) 模板必须具有足够的刚度，在混凝土重力作用下不允许有一点变形，以保证结构物的几何尺寸均匀、防止浆体流失；对模板的材料，表面要平整光洁，强度高、耐腐蚀；对模板的接缝和固定模板的螺栓等，则要求接缝严密，要加密封条防止跑浆。

（4）对模板的分隔线的布置要合理、有规律，以保证整体的外观效果。

（5）模板应尽可能拼大，减少接缝，接缝位置应有规律，并尽可能隐蔽。暴露在外的接缝，如工程允许，接缝处应设压缝条。

2. 模板的选用

对于不同类型造型的清水混凝土构件应选择不同体系的模板，见表 4-2-2。模板面板选材需兼顾面板材料的吸水性、周转使用次数、清水混凝土饰面效果影响程度等因素。面板的选择可见表 4-2-3。

清水混凝土模板选型表 **表 4-2-2**

序号	模板类型	清水混凝土分类		
		普通清水混凝土	饰面清水混凝土	装饰清水混凝土
1	木梁胶合板模板	●	●	●
2	铝梁胶合板模板		●	●
3	木框胶合板模板	●		●
4	钢框胶合板模板（包边）	●		●
5	钢框胶合板模板（不包边）		●	●
6	全钢大模板	●	●	●
7	全钢不锈钢贴面模板		●	●
8	全钢不锈钢装饰模板			●
9	50mm 厚木板模板			●
10	铸铝装饰内衬模板			●
11	胶合板装饰模板			●
12	玻璃钢模板	●	●	●
13	塑料模板	●	●	●

清水混凝土模板面板选材表 **表 4-2-3**

面板材料	吸水性能	混凝土饰面效果	注意事项	周转次数	备注
原木板材，表面不封漆	吸水性面板	粗糙木板纹理	色差大，有斑纹	2～3	
锯木板材，表面不封漆	吸水性面板	粗糙木板纹理，暗色调	多次使用后，纹理和吸水性会减退	3～4	具体使用次数与清水混凝土饰面要求等级的高低有关
表面刨平的木板材	吸水性面板	平滑的木板纹理，暗色调	多次使用后，纹理和吸水性会减退	3～5	

续表

面板材料	吸水性能	混凝土饰面效果	注意事项	周转次数	备 注
普通胶合板或松木板	弱吸水性面板	粗糙木板纹理，暗色调	多次使用后，纹理和吸水性会减退	3～5	
表面封漆的平木板	弱吸水性面板	平滑的木板纹理，深色调	多次使用后，纹理和吸水性会减退	10～15	具体使用次数与板材的封漆厚度有关
木质光面多层板，三合板	弱吸水性面板	平滑的木板纹理	多次使用后，纹理和吸水性会减退	8～15	具体使用次数与板材的厚度有关
压实处理的三合板	弱吸水性面板	平滑的木板纹理	多次使用后，纹理和吸水性会减退	15～20	具体使用次数多取决于板材的压实胶结度
覆膜多层板	弱吸水性面板	平滑表面没有纹理	面层不均匀性和覆膜色调差异	5～30	具体使用次数与板材的覆膜厚度有关（120～600g/m²）
平面塑料板材	非吸水性面板	平滑发亮的混凝土表面		50	
塑料、塑胶、聚氨酯内衬膜	非吸水性面板	根据设计选择制作		20～50	具体使用次数与衬膜厚度和使用部位有关
玻璃钢	非吸水性面板	平滑表面	混凝土表面易形成气孔和石状纹理	8～10	
金属模板	非吸水性面板	平滑表面	混凝土表面易形成气孔和石状纹理甚至锈痕	80～100	

（1）钢模板。墙体模板设计应根据墙面大小，尽量根据“一面墙、一块板”的原则进行设计，一般墙体在不超过 6m 的时候只需用一块大模板，如果墙体过长时，可采取拼装的形式。

组合式钢模一般用于形状不规则的构件。

（2）木模板。木模板适用于墙体或一些不规则构件，装拆比较灵活方便，但对于木模板的材质要求较高。

（3）其他模板。其他模板的选用是根据结构特点和受力需要，保证施工质量而选用。

3. 节点构造设计

清水混凝土模板。各种构件连接部位必须做节点设计，针对不同的情况画出节点图，以保证模板连续严密，牢固可靠，避免施工的随意性。

（1）模板分块设计应满足清水混凝土饰面效果的设计要求。当设计无具体要求时，应符合下列规定：

1）外墙模板分块宜以轴线或门窗口中线为对称中心线，内墙模板分块宜以墙中线为对称中心线；

2）外墙模板上下接缝位置宜设于明缝处，明缝宜设置在楼层标高、窗台标高、窗过梁梁底标高、框架梁梁底标高、窗间墙边线或其他分格线位置；

3）阴角模与大模板之间不宜留调节余量；当确需留置时，宜采用明缝方式处理。

① 拼缝是面板拼缝的缝隙在混凝土表面上留下有规则的印迹又名"禅缝"。见图 4-2-1。配模设计时应按设缝的合理性、均匀对称性、长宽比例协调的原则，确定模板分块、分割尺寸。

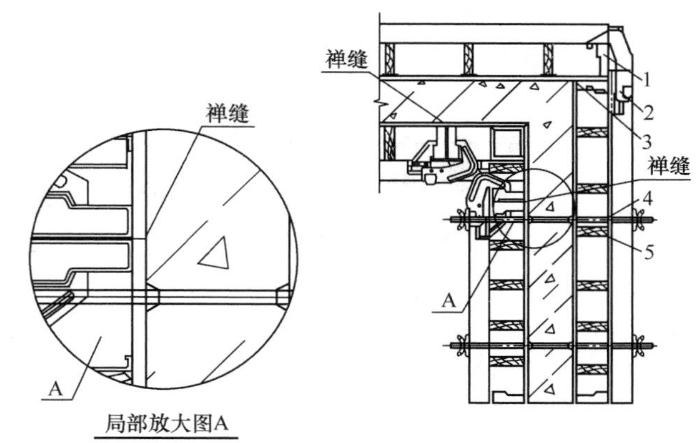

图 4-2-1 禅缝

1—型材边框；2—模板夹具；3—密封条；4—对拉螺栓；5—型材龙骨

模板面板采用胶合板时，竖向拼缝设置在竖肋位置，并在接缝处涂胶；水平拼缝位置一般无横肋（木框模板可加短木方），模板接缝处背面切 85°坡口并涂胶，用高密度密封条沿缝贴好，再用胶带纸封严。如图 4-2-2 所示。

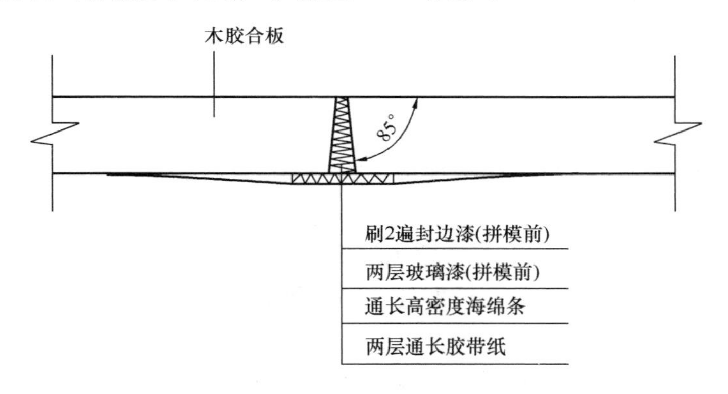

图 4-2-2 禅缝的处理

② 明缝是凹入混凝土表面的分格线，它是清水混凝土重要的装饰之一。明缝可根据设计要求，将压缝条镶嵌在模板上经过混凝土浇筑脱模而自然形成。明缝的截面宜为梯形。见图 4-2-3。

（2）单块模板的面板分割设计应与禅缝、明缝等清水混凝土饰面效果一致。当设计无具体要求时，应符合下列规定：

1）墙模板的分割应依据墙面的长度、高度、门窗洞口的尺寸、梁的位置和模板的配置高度、位置等确定，所形成的禅缝、明缝水平方向应交圈，竖向应顺直有规律。

2）当模板接高时，拼缝不宜错缝排列，横缝应在同一标高位置。

3）群柱竖缝方向宜一致。当矩形柱较大时，其竖缝宜设置在柱中心。柱模板横缝宜从楼面标高开始向上作均匀布置，余数宜放在柱顶。

4）水平模板排列设计应均匀对称、横平竖直；对于弧形平面宜沿径向辐射布置。

5）装饰清水混凝土的内衬模板的面板分割应保证装饰图案的连续性及施工的可操作性。

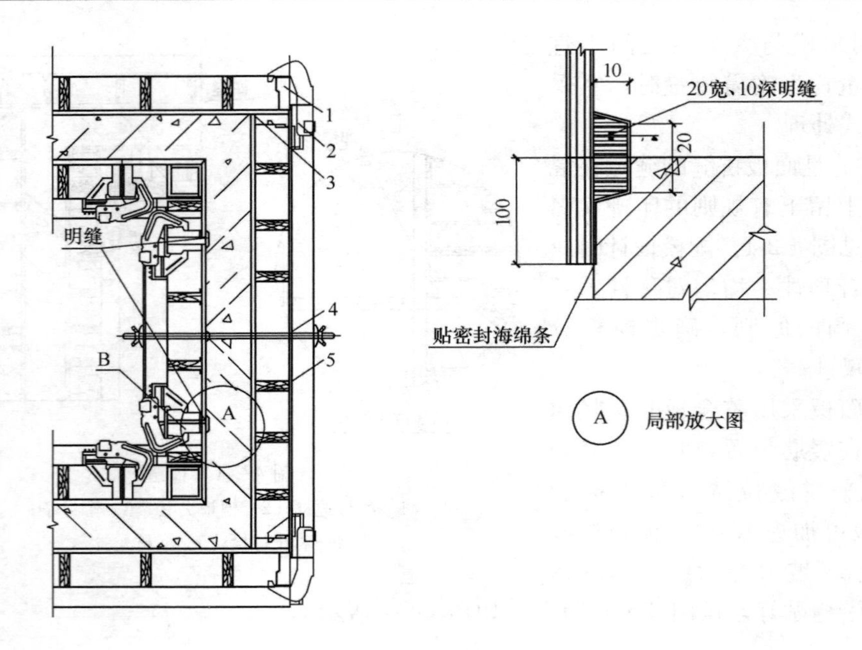

图 4-2-3　明缝

1—型材边框；2—模板夹具；3—密封条；4—对拉螺栓；5—型材龙骨

(3) 饰面清水混凝土模板应符合下列规定：

1) 阴角部位应配置阴角模，角模面板之间宜斜口连接；

2) 阳角部位宜两面模板直接搭接；

3) 模板面板接缝宜设置在肋处，无肋接缝处应有防止漏浆措施；

4) 模板面板的钉眼、焊缝等部位的处理不应影响混凝土饰面效果；

5) 假眼宜采用同直径的堵头或锥形接头固定在模板面板上；

6) 门窗洞口模板宜采用木模板，支撑应稳固，周边应贴密封条，下口应设置排气孔，滴水线模板宜采用易于拆除的材料，门窗洞口的企口、斜坡宜一次成型；

7) 宜利用下层构件的对拉螺栓孔支承上层模板；

8) 宜将墙体端部模板面板内嵌固定；

9) 对拉螺栓应根据清水混凝土的饰面效果，且应按整齐、匀称的原则进行专项设计。具体做法如下：

① 螺栓孔：螺栓孔眼的排布应纵横对称、间距均匀。

a. 穿墙螺杆：墙体模板的穿墙螺杆应根据墙体的侧压力选用螺栓的直径，施工时需安装塑料套管，并在塑料套管的两端头套上塑料堵头套管，既防止了漏浆，又起到模板定位作用，饰面效果较好。孔眼内后塞 BW 膨胀止水条和膨胀砂浆，见图 4-2-4。

b. 假眼和堵头：如果螺栓孔眼达不到对称、间距均匀的要求，考虑建筑外观的需要，可排放一些堵头和假眼（图 4-2-5）。

● 堵头：用于固定模板和套管，设置在穿墙套管的端头对拉螺杆两边的配件，拆模后形成统一的孔洞作为混凝土重要的装饰效果之一。见图 4-2-6、图 4-2-7。

● 假眼：当构件无法设置对拉螺栓时，为了统一对拉螺栓孔的美学效果，在模板上

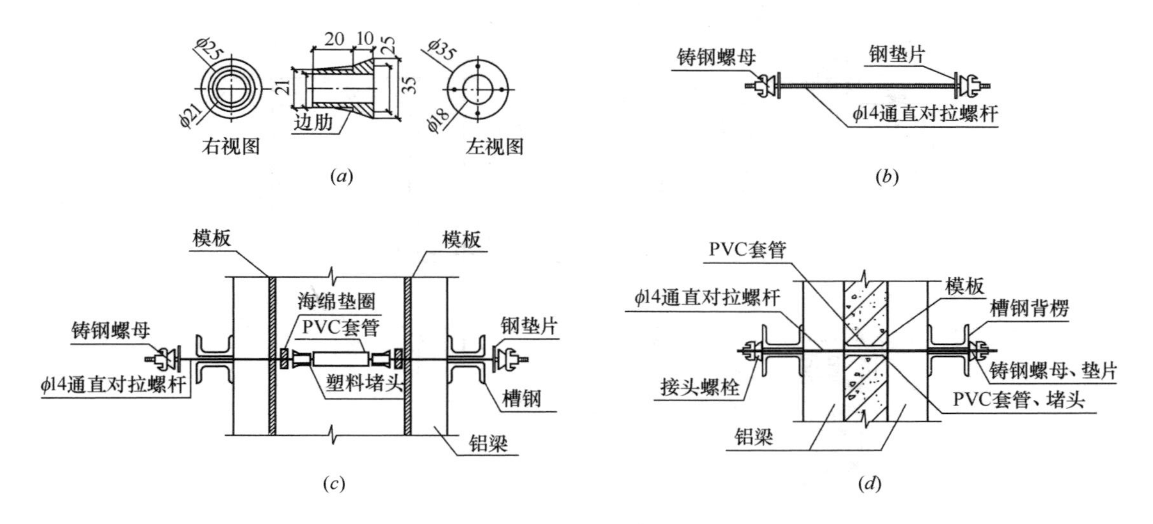

图 4-2-4 清水混凝土构件穿墙螺栓示意图

(*a*) 塑料堵头剖面；(*b*) 对拉螺杆配件；(*c*) 对拉螺栓组装示意；(*d*) 对拉螺栓安装成品示意

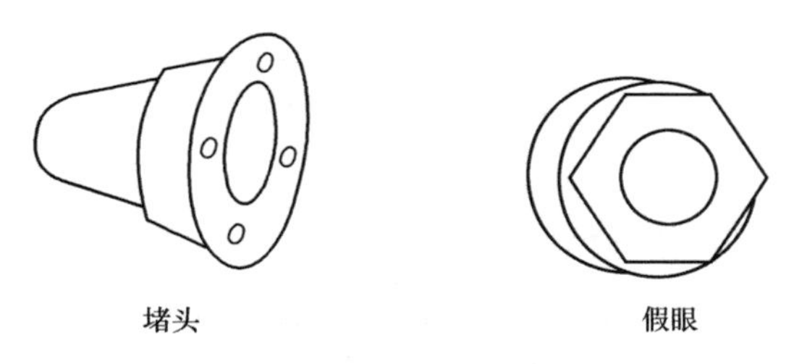

图 4-2-5 堵头与假眼

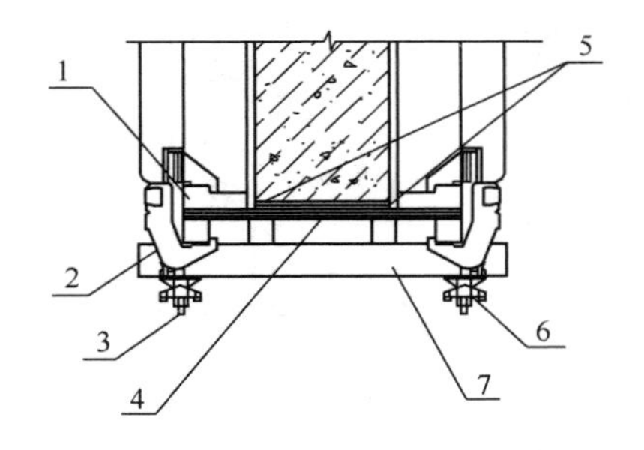

图 4-2-6 堵头模板处理一

1—模板边框；2—模板夹具；3—钩头螺栓；4—堵头模板；5—加海绵条；6—铸钢螺母、垫片；7—背楞

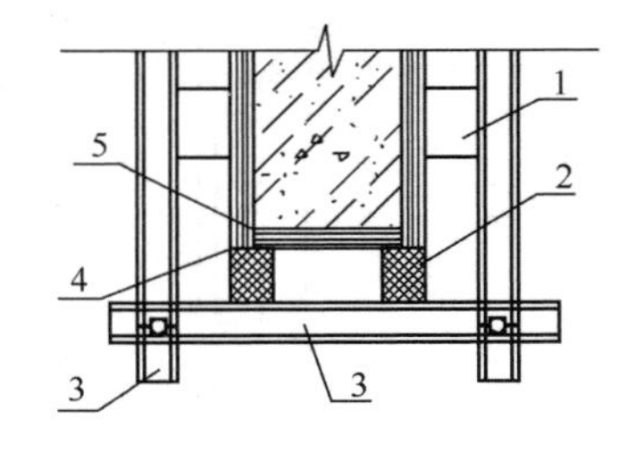

图 4-2-7 堵头模板处理二

1—模板竖楞；2—50mm×100mm 木方；3—10 号槽钢；4—贴透明胶带纸；5—海绵条嵌缝

设置假眼，其外观尺寸要求与对拉螺栓孔堵头相同，拆模后与对拉螺杆位置形成一致。见图 4-2-8。

② 阴角模及阳角模：清水墙体阴角部位采用定型阴角模，与大模板分别与明缝条搭接，明缝条用螺栓拉接在模板和角模的边框上，以达到调节缝的目的，如图 4-2-9 所示。

阳角部位的模板相互搭接，并由模板夹具夹紧；模板面的结合处需贴上密封条，以防漏浆。如图 4-2-10 所示。

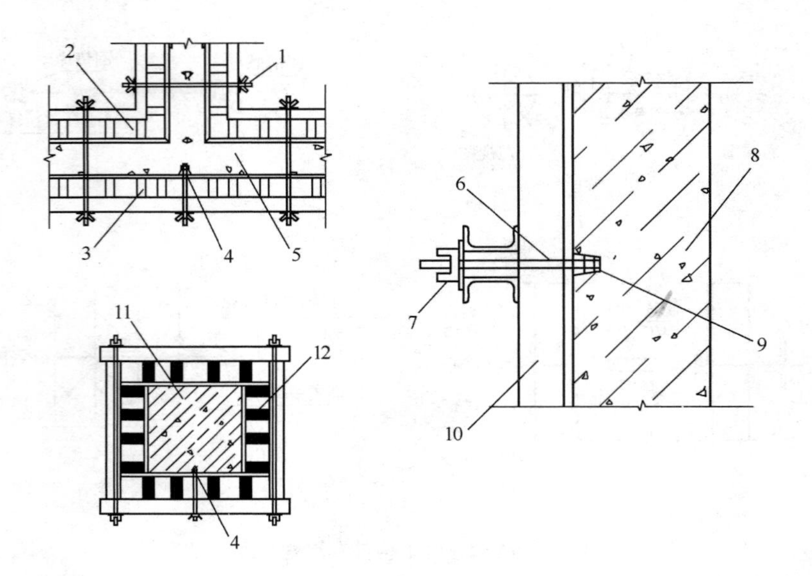

图 4-2-8　假眼的位置

1—穿墙螺栓；2—内侧模板；3—外侧模板；4—假眼；5—混凝土墙；
6—螺栓；7—螺母；8—混凝土墙柱；9—堵头；10—清水混凝土模板；
11—混凝土柱；12—柱模

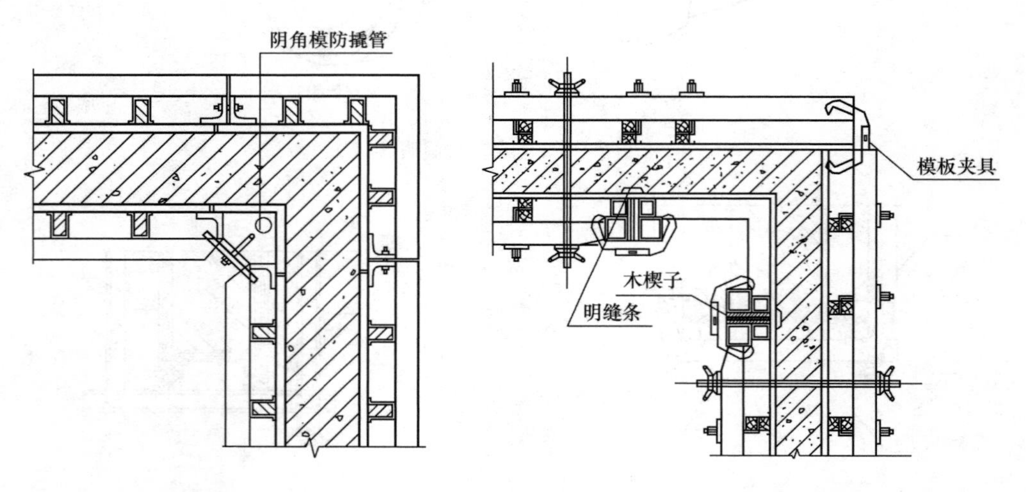

图 4-2-9　墙体阴角模板配置图　　　　图 4-2-10　墙体阳角模板配置图

③ 上下模板交接处理：墙体上下层施工时，若模板搭设不当，极易出现错台。节点处理。见图 4-2-11。

④ 梁柱接头：梁柱节点模板、主次梁交接处模板设计及安装质量是框架结构梁柱节点施工质量的直接表现。梁柱节点采用多层板配制成工具式或定型专用模板，与柱、梁模配套安装。

⑤ 门窗洞口：门窗洞口采用后塞口做法，模板设计为企口形，一次浇筑成型，确保门窗洞口尺寸和窗台排水坡度，如图 4-2-12 所示。

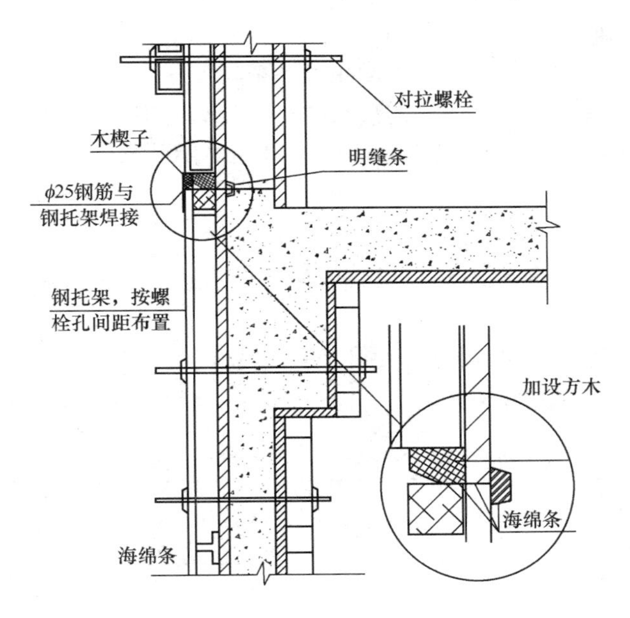

图 4-2-11 模板交接局部错台处理详图

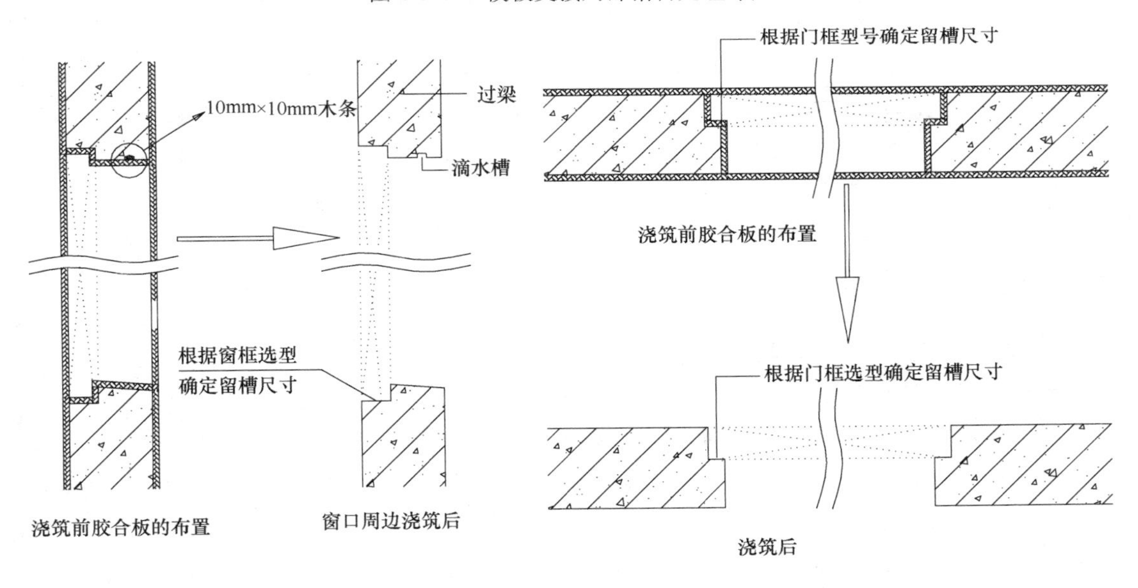

图 4-2-12 清水门窗洞口模板——滴水、企口、披水等细部节点图

4.2.2 模板加工

1. 模板加工制作

（1）模板的加工制作在加工厂完成，按设计出具的加工图、安装图，要求在现场进行安装，每块墙模板要进行编号。

（2）模板面板材料应干燥、表面应平滑，无破损，夹板层无空隙、扭曲，边口整洁，厚度、长度公差符合要求。

（3）清水混凝土墙面的面板应进行模板分割设计，必须保证在模板安装就位后，模板分割线位置与建筑立面设计的禅缝、明缝完全吻合。

（4）面板后面的受力竖肋，其布置间距应严格按照受力计算的间距进行。

（5）模板龙骨不宜有接头。当确需接头时，有接头的主龙骨数量不应超过主龙骨总数量的50%。模板背面与主肋（双槽钢）间的连接用专用的钩头螺栓，须交错布置，且须保证螺栓紧固。

2. 模板制作验收

（1）模板制作尺寸的允许偏差与检验方法应符合表4-2-4的规定。检查数量：全数检查。

（2）模板版面应干净，隔离剂应涂刷均匀。模板间的拼缝应平整、严密，模板支撑应设置正确、连接牢固。检查方法：观察。检查数量：全数检查。

清水混凝土模板制作尺寸允许偏差与检验方法　　表4-2-4

项次	项目	允许偏差（mm）		检验方法
		普通清水混凝土	饰面清水混凝土	
1	模板高度	±2	±2	尺量
2	模板宽度	±1	±1	尺量
3	整块模板对角线	≤3	≤3	塞尺、尺量
4	单块板面对角线	≤3	≤2	塞尺、尺量
5	板面平整度	3	2	2m靠尺、塞尺
6	边肋平直度	2	2	2m靠尺、塞尺
7	相邻面板拼缝高低差	≤1.0	≤0.5	平尺、塞尺
8	相邻面板拼缝间隙	≤0.8	≤0.8	塞尺、尺量
9	连接孔中心距	±1	±1	游标卡尺
10	边框连接孔与面板距离	±0.5	±0.5	游标卡尺

4.2.3　施工工艺

1. 工艺流程

根据图纸结构形式设计计算模板强度和板块规格→结合留洞位置绘制组合展开图→按实际尺寸放大样→加工配制标准和非标准模板块→模板块检测验收→编排顺序号码、涂刷隔离剂→放线→钢筋绑扎、管线预埋→排架搭设→焊定位筋→模板组装校正、验收→浇筑混凝土→混凝土养护→模板拆除后保养模板周转使用。

2. 模板安装

（1）模板面板不清洁或隔离剂喷涂不均匀，将影响清水混凝土饰面效果。补刷遭雨淋、水浇或隔离剂失效的模板。清洗清水混凝土模板面板上的墨线痕迹、油污、铁锈等。

（2）模板吊运时，应将模板水平吊离，并在吊绳与模板的接触部位垫方木或角钢护角，避免吊绳伤及面板，吊点位置应作用于背楞位置，确保四个吊点均匀受力。

（3）模板应平放在平整坚实的地面上，下垫方木。平放时背楞向下，面对面或背对背地堆放，严禁将面板朝下接触地面。模板面板之间加毡子以保护面板。模板施工中必须慢起轻放，吊装模板时需注意避免模板随意旋转或撞击脚手架、钢筋网等物体，造成模板的机械性损坏和变形。严禁单点起吊；四级风（含）以上不宜吊装模板。

（4）模板入模就位时下方应有人用绳子牵引入位，模板下口应避免与混凝土墙体发生碰撞摩擦，防止“飞边”。模板需要支顶或撬动时保证模板背楞龙骨位置受力，并且必须加方木垫块。

（5）模板之间的连接易产生漏浆、错台等现象，影响清水混凝土的饰面效果，因此规定了应有防漏浆措施。为防止密封条挤压后凸出板面，在模板侧边退后板面 1～3mm 粘贴；将竖向模板下部的缝隙封堵严密。模板之间的连接采用以下方式：

1）木梁胶合板模板之间加连接角钢、密封条，并用螺栓连接；或采用背楞加芯带的做法，面板边口刨光，木梁缩进5～10mm，相互之间连接靠芯带、钢销紧固。如图 4-2-13 所示。

2）以木方作边框的胶合板模板，采用企口连接，一块模板的边口缩进 25mm，另一块模板边口伸出35～45mm，连接后两木方之间留有 10～20mm 拆模间隙，模板背面以 $\phi 48 \times 3.5$ 钢管作背楞。如图 4-2-14 所示。

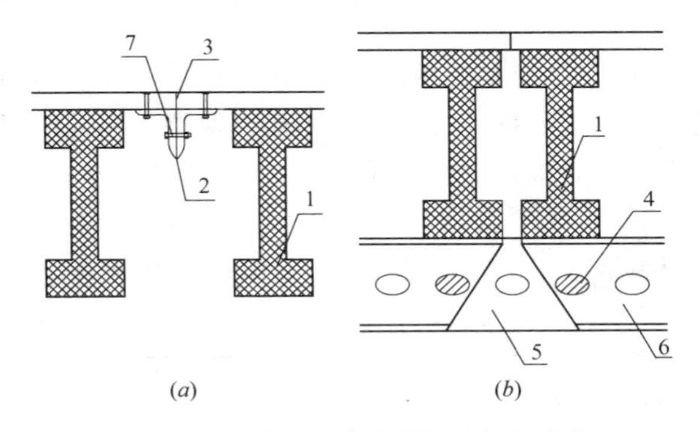

图 4-2-13 木梁胶合板模板之间的连接

（a）边口加角钢；（b）背楞加芯带

1—木梁；2—角钢；3—密封条；4—钢销；5—芯带；6—背楞；7—连接螺栓

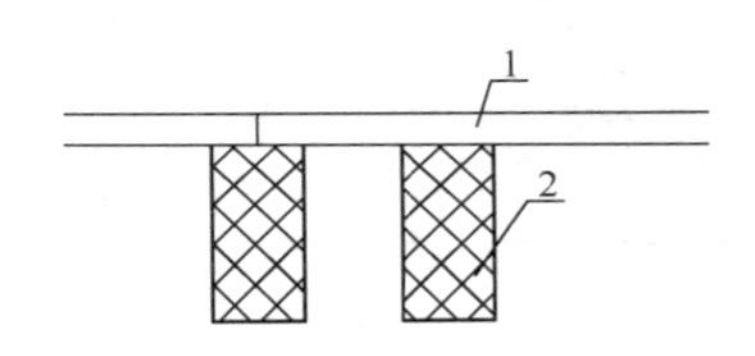

图 4-2-14 木方胶合板模板之间的连接

1—多层板；2—50mm×100mm 木方

3）铝梁胶合板模板及钢框胶合板模板，边框采用空腹型材，用模板夹具连接。如图 4-2-15 所示。

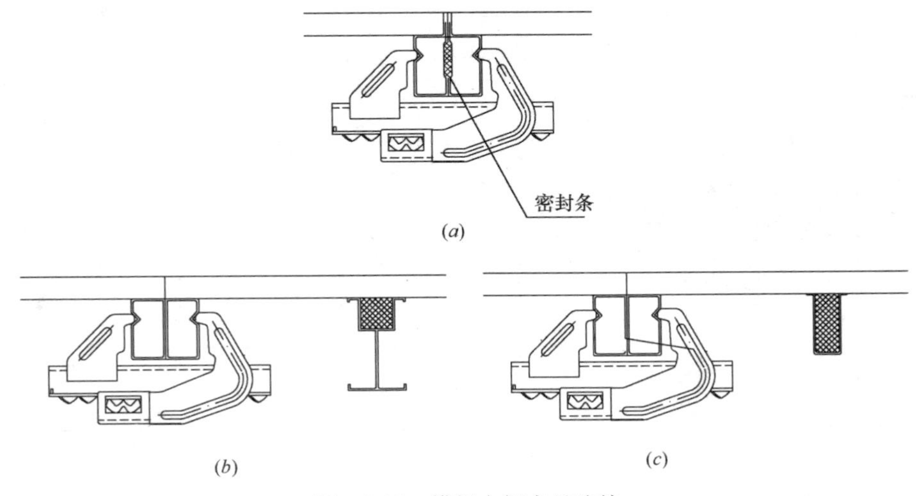

图 4-2-15 模板之间夹具连接

（a）空腹钢框胶合板模板；（b）铝梁胶合板模板；（c）钢木胶合板模板

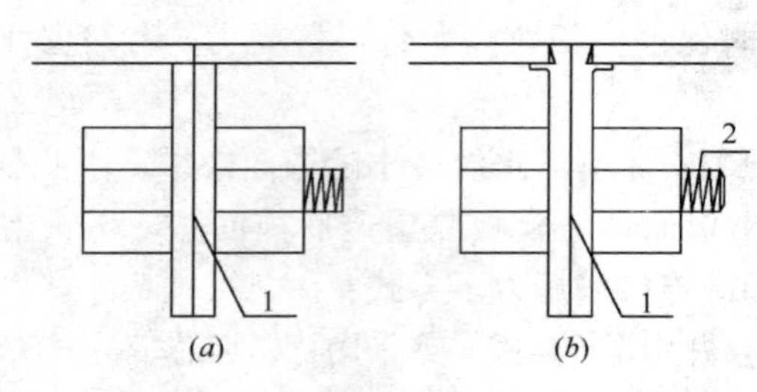

图 4-2-16　全钢大模板及实腹钢框胶合板模板中模板之间的连接
(*a*) 全钢大模板；(*b*) 钢框胶合板模板
1—密封条；2—螺栓

4）实腹钢框胶合板模板及全钢大模板，采用螺栓、专用连接器或模板夹具连接。如图 4-2-16 所示。

（6）必须在调整好位置后，套穿墙螺栓，保证每个孔位都加塑料垫圈，避免螺纹损伤穿墙孔眼。模板紧固之前，应保证面板对齐。浇筑过程中，严禁振动棒与面板、穿墙套管接触。

（7）模板支搭完成后，应进行验收。在浇筑混凝土时，应派人观察。

3. 模板拆除

模板拆卸时应按先装后拆、后装先拆的顺序进行。拆模时，应先将模板上口撬离墙体，然后整体拆离墙体，严禁直接用撬棍挤压面板。拆模过程中必须做好对清水墙面的保护工作。拆下的模板轻轻吊离墙体，放在存放位置准备周转使用。

4. 安装尺寸允许偏差与检验

模板安装尺寸允许偏差与检验方法应符合表 4-2-5 的规定。检查数量：全数检查。

清水混凝土模板安装尺寸允许偏差与检验方法　　表 4-2-5

项次	项目		允许偏差（mm）		检验方法
			普通清水混凝土	饰面清水混凝土	
1	轴线位移	墙、柱、梁	4	3	尺量
2	截面尺寸	墙、柱、梁	±4	±3	尺寸
3	标高		±5	±3	水准仪、尺量
4	相邻版面高低差		3	2	尺量
5	模板垂直度	不大于 5m	4	3	经纬仪、线坠、尺量
		大于 5m	6	5	
6	表面平整度		3	2	塞尺、尺量
7	阴阳角	方正	3	2	方尺、塞尺
		顺直	3	2	线尺
8	预留洞口	中心线位移	8	6	拉线、尺量
		孔洞尺寸	+8，0	+4，0	
9	预埋件、管、螺栓		3	2	拉线、尺量
10	门窗洞口	中心线位移	8	5	拉线、尺寸
		宽、高	±6	±4	
		对角线	8	6	

5 现浇混凝土结构模板制作、安装、拆除、维护要求

5.1 制 作 与 安 装

5.1.1 基本要求

1. 模板应按图加工、制作。通用性强的模板宜制作成定型模板。

2. 模板面板背楞的截面高度宜统一。模板制作与安装时，面板拼缝应严密。有防水要求的墙体，其模板对拉螺栓中部应设止水片，止水片应与对拉螺栓环焊。

3. 与通用钢管支架匹配的专用支架，应按图加工、制作。搁置于支架顶端可调托座上的主梁，可采用木方、木工字梁或截面对称的型钢制作。

4. 支架立柱和竖向模板安装在土层上时，应符合下列规定：

(1) 应设置具有足够强度和支承面积的垫板；

(2) 土层应坚实，并应有排水措施；对湿陷性黄土、膨胀土，应有防水措施；对冻胀性土，应有防冻胀措施；

(3) 对软土地基，必要时可采用堆载预压的方法调整模板面板安装高度。

5. 安装模板时，应进行测量放线，并应采取保证模板位置准确的定位措施。对竖向构件的模板及支架，应根据混凝土一次浇筑高度和浇筑速度，采取竖向模板抗侧移、抗浮和抗倾覆措施。对水平构件的模板及支架，应结合不同的支架和模板面板形式，采取支架间、模板间及模板与支架间的有效拉结措施。对可能承受较大风荷载的模板，应采取防风措施。

6. 对跨度不小于 4m 的梁、板，其模板施工起拱高度宜为梁、板跨度的 1/1000～3/1000。起拱不得减少构件的截面高度。

7. 采用扣件式钢管作模板支架时，支架搭设应符合下列规定：

(1) 模板支架搭设所采用的钢管、扣件规格，应符合设计要求；立杆纵距、立杆横距、支架步距以及构造要求，应符合专项施工方案的要求。

(2) 立杆纵距、立杆横距不应大于 1.5m，支架步距不应大于 2.0m；立杆纵向和横向宜设置扫地杆，纵向扫地杆距立杆底部不宜大于 200mm，横向扫地杆宜设置在纵向扫地杆的下方；立杆底部宜设置底座或垫板。

(3) 立杆接长除顶层步距可采用搭接外，其余各层步距接头应采用对接扣件连接，两个相邻立杆的接头不应设置在同一步距内。

(4) 立杆步距的上下两端应设置双向水平杆，水平杆与立杆的交错点应采用扣件连接，双向水平杆与立杆的连接扣件之间的距离不应大于 150mm。

(5) 支架周边应连续设置竖向剪刀撑。支架长度或宽度大于6m时，应设置中部纵向或横向的竖向剪刀撑，剪刀撑的间距和单幅剪刀撑的宽度均不宜大于8m，剪刀撑与水平杆的夹角宜为45°～60°；支架高度大于3倍步距时，支架顶部宜设置一道水平剪刀撑，剪刀撑应延伸至周边。

(6) 立杆、水平杆、剪刀撑的搭接长度不应小于0.8m，且不应少于2个扣件连接，扣件盖板边缘至杆端不应小于100mm。

(7) 扣件螺栓的拧紧力矩不应小于40N·m，且不应大于65N·m。

(8) 支架立杆搭设的垂直偏差不宜大于1/200。

8. 采用扣件式钢管作高大模板支架时，支架搭设除应符合规范第4.4.7条的规定外，尚应符合下列规定：

(1) 宜在支架立杆顶端插入可调托座，可调托座螺杆外径不应小于36mm，螺杆插入钢管的长度不应小于150mm，螺杆伸出钢管的长度不应大于300mm，可调托座伸出顶层水平杆的悬臂长度不应大于500mm；

(2) 立杆纵距、横距不应大于1.2m，支架步距不应大于1.8m；

(3) 立杆顶层步距内采用搭接时，搭接长度不应小于1m，且不应少于3个扣件连接；

(4) 立杆纵向和横向应设置扫地杆，纵向扫地杆距立杆底部不宜大于200mm；

(5) 宜设置中部纵向或横向的竖向剪刀撑，剪刀撑的间距不宜大于5m；沿支架高度方向搭设的水平剪刀撑的间距不宜大于6m；

(6) 立杆的搭设垂直偏差不宜大于1/200，且不宜大于100mm；

(7) 应根据周边结构的情况，采取有效的连接措施加强支架整体稳固性。

9. 采用碗扣式、盘扣式或盘销式钢管架作模板支架时，支架搭设应符合下列规定：

(1) 碗扣架、盘扣架或盘销架的水平杆与立柱的扣接应牢靠，不应滑脱；

(2) 立杆上的上、下层水平杆间距不应大于1.8m；

(3) 插入立杆顶端可调托座伸出顶层水平杆的悬臂长度不应大于650mm，螺杆插入钢管的长度不应小于150mm，其直径应满足与钢管内径间隙不大于6mm的要求。架体最顶层的水平杆步距应比标准步距缩小一个节点间距；

(4) 立柱间应设置专用斜杆或扣件钢管斜杆加强模板支架。

10. 采用门式钢管架搭设模板支架时，应符合现行行业标准《建筑施工门式钢管脚手架安全技术规范》JGJ 128的有关规定。当支架高度较大或荷载较大时，主立杆钢管直径不宜小于48mm，并应设水平加强杆。

11. 支架的竖向斜撑和水平斜撑应与支架同步搭设，支架应与成型的混凝土结构拉结。钢管支架的竖向斜撑和水平斜撑的搭设，应符合国家现行有关钢管脚手架标准的规定。

12. 对现浇多层、高层混凝土结构，上、下楼层模板支架的立杆宜对准。模板及支架杆件等应分散堆放。

13. 模板安装应保证混凝土结构构件各部分形状、尺寸和相对位置准确，并应防止漏浆。

14. 模板安装应与钢筋安装配合进行，梁柱节点的模板宜在钢筋安装后安装。

15. 模板与混凝土接触面应清理干净并涂刷隔离剂，隔离剂不得污染钢筋和混凝土接楼处。

16. 后浇带的模板及支架应独立设置。

17. 固定在模板上的预埋件、预留孔和预留洞，均不得遗漏，且应安装牢固、位置准确。

5.1.2 质量检查

1. 模板、支架杆件和连接件的进场检查，应符合下列规定：

（1）模板表面应平整；胶合板模板的胶合层不应脱胶翘角；支架杆件应平直，应无严重变形和锈蚀；连接件应无严重变形和锈蚀，并不应有裂纹；

（2）模板的规格和尺寸，支架杆件的直径和壁厚，及连接件的质量，应符合设计要求；

（3）施工现场组装的模板，其组成部分的外观和尺寸，应符合设计要求；

（4）必要时，应对模板、支架杆件和连接件的力学性能进行抽样检查；

（5）应在进场时和周转使用前全数检查外观质量。

2. 模板安装后应检查尺寸偏差。固定在模板上的预埋件、预留孔和预留洞，应检查其数量和尺寸。

3. 采用扣件式钢管作模板支架时，质量检查应符合下列规定：

（1）梁下支架立杆间距的偏差不宜大于 50mm，板下支架立杆间距的偏差不宜大于 100mm；水平杆间距的偏差不宜大于 50mm。

（2）应检查支架顶部承受模板荷载的水平杆与支架立杆连接的扣件数量，采用双扣件构造设置的抗滑移扣件，其上下应顶紧，间隙不应大于 2mm。

（3）支架顶部承受模板荷载的水平杆与支架立杆连接的扣件拧紧力矩，不应小于40N·m，且不应大于 65 N·m；支架每步双向水平杆应与立杆扣接，不得缺失。

4. 采用碗扣式、盘扣式或盘销式钢管架作模板支架时，质量检查应符合下列规定：

（1）插入立杆顶端可调托座伸出顶层水平杆的悬臂长度，不应超过 650mm；

（2）水平杆杆端与立杆连接的碗扣、插接和盘销的连接状况，不应松脱；

（3）按规定设置竖向和水平斜撑。

5.2 拆除与安全维护

5.2.1 基本要求

1. 混凝土结构浇筑后，达到一定强度方可拆模。冬期施工时，应视其施工方法和混凝土强度增长情况及测温情况决定拆模时间。

2. 底模及其支架的拆除，结构混凝土强度应符合设计要求。当设计无要求时，同条件养护试件的混凝土强度应符合表 5-2-1 的规定。

3. 侧模拆除时，混凝土强度应能保证其表面及棱角不因拆模而受损坏，预埋件或外露钢筋插铁不因拆模碰挠而松动。

4. 位于楼层间连续支模层的底层支架的拆除时间，应根据各支架层已浇筑混凝土强度的增长情况以及顶部支模层的施工荷载在连续支模层及楼层间的荷载传递计算确定。模板支架拆除后，应对其结构上部施工荷载及堆放料具进行严格控制，或经验算在结构底部增设临时支撑。悬挑结构按施工方案加临时支撑。

拆模时混凝土强度要求　表 5-2-1

构件类型	构件跨度（m）	达到设计的混凝土立方体抗压强度标准值的百分率（%）
板	≤2	≥50
	>2、≤8	≥75
	>8	≥100
梁、拱、壳	≤8	≥75
	>8	≥100
悬臂构件	—	≥100

5. 采用快拆模板体系时，且立柱间距不大于 2m 时，板底模板可在混凝土强度达到设计强度等级值的 50%时，保留支架体系并拆除模板板块；梁底模板应在混凝土强度达到设计强度等级值的 75%时，保留支架体系并拆除模板板块。

6. 后张预应力混凝土结构的侧模宜在施加预应力前拆除，底模及支架的拆除应按施工技术方案执行，并不应在预应力建立前拆除。

7. 大体积混凝土的拆模时间除应满足混凝土强度要求外，还应使混凝土内外温差降低到 25℃以下时方可拆模。否则应采取有效措施防止产生温度裂缝。

5.2.2　拆模顺序与方法

1. 模板拆除的顺序和方法，应遵循先支后拆，后支先拆，先非承重部位，后承重部位以及自上而下的原则。

2. 支承件和连接件应逐件拆卸，模板应逐块拆卸传递，拆除时不得损伤模板和混凝土。

3. 拆下的模板和配件应清理干净不得抛扔，均应分类堆放整齐，附件应放在工具箱内。

4. 当拆除 4～8m 跨度的梁下立柱时，应先从跨中开始，对称地分别向两端拆除。

5. 对于多层楼板模板的立柱，当上层及以上楼板正在浇筑混凝土时，下层楼板立柱的拆除，应根据下层楼板结构混凝土强度的实际情况，经过计算确定。

6. 阳台模板应保持三层原模板支撑，不宜拆除后再加临时支撑。

7. 后浇带模板应保持原支撑，如果因施工方法需要也应先加临时支撑支顶后拆模。

8. 拆除柱模应符合下列要求：

（1）柱模拆除可分别采用分散拆和分片拆两种方法。

（2）分散拆除的顺序为：拆除拉杆或斜撑→自上而下拆除柱箍或横楞→拆除竖楞→自上而下拆除配件及模板→运走分类堆放→清理→拔钉→钢模维修→刷防锈油或隔离剂→入库备用。

(3) 分片拆除的顺序为：拆除全部支撑系统→自上而下拆除柱箍及横楞→拆除柱角U形卡→分片拆除模板→原地清理→刷防锈油或隔离剂→分片运至新支模地点备用。

9. 拆除墙模应符合下列要求：

(1) 墙模分散拆除顺序为：拆除斜撑或斜拉杆→自上而下拆除外楞及对拉螺栓→分层自上而下拆除木楞或钢楞及零配件和模板→运走分类堆放→拔钉清理或清理检修后刷防锈油或隔离剂→入库备用。

(2) 预组拼大块墙模拆除顺序为：拆除全部支撑系统→拆卸大块墙模接缝处的连接型钢及零配件→拧去固定埋设件的螺栓及大部分对拉螺栓→挂上吊装绳扣并略拉紧吊绳后拧下剩余对拉螺栓→用方木均匀敲击大块墙模立楞及钢模板，使其脱离墙体→用撬棍轻轻外撬大块墙模板使全部脱离→起吊、运走、清理→刷防锈油或隔离剂备用。

(3) 拆除每一大块墙模的最后2个对拉螺栓后，作业人员应撤离大模板下侧，以后的操作均应在上部进行。个别大块模板拆除后产生局部变形者应及时整修好。

(4) 大块模板起吊时，速度要慢，应保持垂直，严禁模板碰撞墙体。

10. 拆除梁、板模板应符合下列要求：

(1) 梁、板模板应先拆梁侧模，再拆板底模，最后拆除梁底模，并应分段分片进行，严禁成片撬落或成片拉拆。

(2) 拆除模板时，严禁用铁棍或铁锤乱砸，已拆下的模板应妥善传递或用绳钩放至地面。

(3) 待分片、分段的模板全部拆除后，将模板、支架、零配件等按指定地点运出堆放，并进行拔钉、清理、整修、刷防锈油或隔离剂，入库备用。

5.2.3 模板拆除安全要求

1. 模板拆除应有可靠的技术方案和安全保证措施，并应经过技术主管部门或负责人批准。

2. 模板的拆除工作应设专人指挥。作业区应设围栏，其内不得有其他工种作业，并应设专人负责监护。

3. 多人同时操作时，应明确分工、统一信号或行动，应具有足够的操作面，人员应站在安全处。

4. 高处拆除模板时，应符合有关高处作业的规定，应搭脚手架，并设防护栏杆，防止上下在同一垂直面操作。搭设临时脚手架必须牢固，不得用拆下的模板作脚手板。

5. 操作层上临时拆下的模板不得集中堆放，要及时清运。高处拆下的模板及支撑应用垂直升降设备运至地面，不得乱抛乱扔。

6. 在提前拆除互相搭连并涉及其他后拆模板的支撑时，应补设临时支撑。拆模时，应逐块拆卸，不得成片撬落或拉倒。

7. 拆模如遇特殊情况需中途停歇，应将已拆松动、悬空、浮吊的模板或支架进行临时加固或相互连接稳固。对活动部件必须一次拆除。

8. 已拆除模板的结构，应在混凝土强度达到设计强度值后方可承受全部设计荷载。若在未达到设计强度以前，需在结构上加置施工荷载时，应另行核算，强度不足时，应加设临时支撑。

9. 遇6级或6级以上大风时，应暂停室外的高处作业。雨、雪、霜后应先清扫施工现场，方可进行工作。

10. 拆除有洞口的模板时，应采取防止操作人员坠落的措施。洞口模板拆除后，应及时进行防护。

11. 拆除平台、楼板下的立柱时，作业人员应站在安全处，严禁站在已拆或松动的模板上进行拆除作业，严禁站在悬臂结构边缘敲拆下面的底模。

6　模板工程施工质量及验收要求

6.1　一　般　规　定

1. 模板及其支架应根据工程的结构形式、荷载大小、地基土类别、施工设备和材料供应等条件进行设计。模板及其支架应具备足够的承载能力、刚度和稳定性，能可靠地承受浇筑混凝土的重量、侧压力以及施工荷载。

2. 在浇筑混凝土之前，应对模板工程进行验收。模板安装和浇筑混凝土时，应对模板及其支架进行观察和维护。发生异常情况时，应按施工技术方案及时进行处理。

3. 模板及其支架拆除的顺序及安全措施应按施工技术方案执行。

6.2　模　板　安　装

6.2.1　主控项目

1. 安装现浇混凝土的上层模板及其支架时，下层楼板应具有承受上层荷载的承载能力，或加设支架；上、下层支架的立柱应对准，并铺设垫板。

检查数量：全数检查。

检验方法：对照模板设计文件和施工技术方案观察。

2. 在涂刷模板隔离剂时，不得沾污钢筋和混凝土接槎处。

检查数量：全数检查。

检验方法：观察。

6.2.2　一般项目

1. 模板安装应满足下列要求：

（1）模板的接槎不应漏浆；在浇筑混凝土前，木模板应浇水湿润，但模板内不应有积水；

（2）模板与混凝土的接触面应清理干净并涂刷隔离剂，但不得采用影响结构性能或妨碍装饰工程施工的隔离剂；

（3）浇筑混凝土前，模板内的杂物应清理干净；对清水混凝土工程及装饰混凝土工程，应使用能达到设计效果的模板。

检查数量：全数检查。

检验方法：观察。

2. 用作模板的地坪、胎膜等应平整光洁，不得产生影响构件质量的下沉、裂缝、起砂或起鼓。

检查数量：全数检查。

检验方法：观察。

3. 对跨度不小于4m的现浇钢筋混凝土梁、板，其模板应按设计要求起拱；当设计无具体要求时，起拱高度宜为跨度的1/1000～3/1000。

检查数量：在同一检验批内，对于梁应抽查构件数量的10%，且不少于3件；对于板应按有代表性的自然间抽查10%，且不少于3间；对大空间结构，板可按纵横轴线划分检查面，抽查10%，且不少于3面。

检验方法：水准仪或拉线、钢尺检查。

4. 固定在模板上的预埋件、预留孔和预留洞均不得遗漏，且应安装牢固，其偏差应符合表6-2-1的规定。

检查数量：在同一检验批内，对梁、柱和独立基础，应抽查构件数量的10%，且不少于3件；对墙和板，应按有代表性的自然间抽查10%，且不少于3间；对大空间结构，墙可按相邻轴线间高度5m左右划分检查面，板可按纵横轴线划分检查面，抽查10%，且均不少于3面。

检验方法：钢尺检查。

预埋件和预留孔洞的允许偏差 **表6-2-1**

项目		允许偏差（mm）
预埋钢板中心线位置		3
预埋管、预留孔中心线位置		3
插筋	中心线位置	5
	外露长度	+10，0
预埋螺栓	中心线位置	10
	外露长度	+10，0
预留洞	中心线位置	10
	尺寸	+10，0

注：检查中心线位置时，应沿纵、横两个方向量测，并取其中的较大值。

5. 现浇结构模板安装的偏差应符合表6-2-2的规定。

检查数量：在同一检验批内，对梁、柱和独立基础，应抽查构件数量的10%，且不少于3件；对墙和板，应按有代表性的自然间抽查10%，且不少于3间；对大空间结构，墙可按相邻轴线间高度5m左右划分检查面，板可按纵横轴线划分检查面，抽查10%，且均不少于3面。

现浇结构模板安装的允许偏差及检验方法 **表6-2-2**

项目	允许偏差（mm）	检验方法
轴线位置（纵、横两个方向）	5	钢尺检查
底模上表面标高	±5	水准仪或拉线、钢尺检查

续表

项目		允许偏差（mm）	检验方法
截面内部尺寸	基础	±10	钢尺检查
	柱、墙、梁	+4，−5	钢尺检查
层高垂直度	不大于5m	6	经纬仪或吊线、钢尺检查
	大于5m	8	经纬仪或吊线、钢尺检查
相邻两板表面高低差		2	钢尺检查
表面平整度		5	2m靠尺和塞尺检查

6. 预制构件模板安装的偏差应符合表6-2-3的规定。

检查数量：首次使用及大修后的模板应全数检查；使用中的模板应定期检查，并根据使用情况不定期抽查。

预制结构模板安装的允许偏差及检验方法　　表6-2-3

项目		允许偏差(mm)	检验方法
长度	梁、板	±5	钢尺量两角边，取其中较大值
	薄腹梁、桁架	±10	
	柱	0，−10	
	墙板	0，−5	
宽度	板、墙板	0，−5	钢尺量一端及中部，取其中较大值
	梁、薄腹梁、桁架、柱	+2，−5	
高(厚)度	板	+2，−3	钢尺量一端及中部，取其中较大值
	墙板	0，−5	
	梁、薄腹梁、桁架、柱	+2，−5	
侧向弯曲	梁、板、柱	l/1000且≤15	拉线、钢尺量最大弯曲处
	墙板、薄腹梁、桁架	l/1500且≤15	
板的表面平整度		3	2m靠尺和塞尺检查
相邻两板表面高低差		1	钢尺检查
对角线差	板	7	钢尺量两个对角线
	墙板	5	
翘曲	板、墙板	l/1500	调平尺在两端量测
设计起拱	薄腹梁、桁架、梁	±3	拉线、钢尺量跨中

注：l为构件长度。

6.3 模板拆除

6.3.1 主控项目

1. 底模及其支架拆除时的混凝土强度应符合设计要求；当设计无具体要求时，混凝土强度应符合表 2-4-1 的规定。

检查数量：全数检查。

检验方法：检查同条件养护试件强度试验报告。

2. 对后张法预应力混凝土结构构件，侧模宜在预应力张拉前拆除；底模支架的拆除应按施工技术方案执行，当无具体要求时，不应在结构构件建立预应力前拆除。

检查数量：全数检查。

检验方法：观察。

3. 后浇带模板的拆除和支顶应按施工技术方案执行。

检查数量：全数检查。

检验方法：观察。

6.3.2　一般项目

1. 侧模拆除时的混凝土强度应能保证其表面及棱角不受损伤。

检查数量：全数检查。

检验方法：观察。

2. 模板拆除时，不应对楼层形成冲击荷载。拆除的模板和支架宜分散堆放并及时清运。

检查数量：全数检查。

检验方法：观察。

7　现浇混凝土结构整体模板设计

7.1　模板设计的内容和主要原则

7.1.1　模板设计的内容

模板设计的内容，主要包括模板和支撑系统的选型；支撑格构和模板的配置；计算简图的确定；模架结构强度、刚度、稳定性核算；附墙柱、梁柱接头等细部节点设计和绘制模板施工图等。各项设计内容的详尽程度，根据工程的具体情况和施工条件确定。

7.1.2　设计的主要原则

1. 实用性

主要应保证混凝土结构的质量，具体要求是：

(1)保证构件的形状尺寸和相互位置的正确；

(2)接缝严密，不漏浆；

(3)模架构造合理，支拆方便。

2. 安全性

保证在施工过程中，不变形，不破坏，不倒塌。

3. 经济性

针对工程结构的具体情况，因地制宜，就地取材，在确保工期、质量的前提下，尽量减少一次性投入，降低模板在使用过程中的消耗，提高模板周转次数，减少支拆用工，实现文明施工。

7.2　模架材料及其性能

7.2.1　木材

见表 7-2-1。

木材的强度设计值和弹性模量(N/mm²)　　表 7-2-1

<table>
<tr><th rowspan="2">强度等级</th><th rowspan="2">组别</th><th rowspan="2">抗弯
f_m</th><th rowspan="2">顺纹抗压及承压
f_c</th><th rowspan="2">顺纹抗拉
f_t</th><th rowspan="2">顺纹抗剪
f_v</th><th colspan="3">横纹承压 $f_{c,90}$</th><th rowspan="2">弹性模量
E</th></tr>
<tr><th>全表面</th><th>局部表面和齿面</th><th>拉力螺栓垫板下</th></tr>
<tr><td rowspan="2">TC17</td><td>A</td><td rowspan="2">17</td><td>16</td><td>10</td><td>1.7</td><td rowspan="2">2.3</td><td rowspan="2">3.5</td><td rowspan="2">4.6</td><td rowspan="2">10000</td></tr>
<tr><td>B</td><td>15</td><td>9.5</td><td>1.6</td></tr>
</table>

续表

强度等级	组别	抗弯 f_m	顺纹抗压及承压 f_c	顺纹抗拉 f_t	顺纹抗剪 f_v	横纹承压 $f_{c,90}$			弹性模量 E
						全表面	局部表面和齿面	拉力螺栓垫板下	
TC15	A	15	13	9.0	1.6	2.1	3.1	4.2	10000
	B		12	9.0	1.5				
TC13	A	13	12	8.5	1.5	1.9	2.9	3.8	10000
	B		10	8.0	1.4				9000
TC11	A	11	10	7.5	1.4	1.8	2.7	3.6	9000
	B		10	7.0	1.2				
TB20	—	20	18	12	2.8	4.2	6.3	8.4	12000
TB17	—	17	16	11	2.4	3.8	5.7	7.6	11000
TB15	—	15	14	10	2.0	3.1	4.7	6.2	10000
TB13	—	13	12	9.0	1.4	2.4	3.6	4.8	8000
TB11	—	11	10	8.0	1.3	2.1	3.2	4.1	7000

注：计算木构件端部(如接头处)的拉力螺栓垫板时，木材横纹承压强度设计值应按“局部表面和齿面”一栏的数值采用。

7.2.2　钢材

见表7-2-2～表7-2-5。

普通型钢、钢管、钢板的强度设计值(N/mm²)　**表7-2-2**

钢材			抗拉、抗压和抗弯 f	抗剪 f_v	端面承压(刨平顶紧) f_{ce}	弹性模量 E
钢号	组别	厚度或直径(mm)				
Q235钢	第1组	—	215	125	320	2.06×10^5
	第2组	—	200	115	320	2.06×10^5
	第3组	—	190	110	320	2.06×10^5
16Mn钢 16Mnq钢	—	≤16	315	185	445	2.06×10^5
	—	17～25	300	175	425	2.06×10^5
	—	26～36	290	170	410	2.06×10^5

注：Q235镇静钢钢材的抗拉、抗压、抗弯和抗剪强度设计值，可按表中的数值增加5%。

Q235钢钢材分组尺寸(mm)　**表7-2-3**

组别	圆钢、方钢和扁钢的直径或厚度	角钢、工字钢和槽钢的厚度	钢板的厚度
第1组	≤40	≤15	≤20
第2组	>40～100	>15～20	>20～40
第3组		>20	>40～50

注：工字钢和槽钢的厚度系指腹板的厚度。

普通型钢、钢管、钢板焊缝强度设计值（N/mm²） **表 7-2-4**

焊接方法和焊条型号	构件钢材			对接焊缝				角焊缝
	钢　号	组　别	厚度或直径（mm）	抗压 f_c^w	焊缝质量为下列级别时，抗拉和抗弯 f_t^w		抗剪 f_v	抗拉、抗压和抗剪 f_c^w
					一级、二级	三级		
自动焊、半自动焊和E43××型焊条的手工焊	Q235钢	第1组	—	215	215	185	125	160
		第2组	—	200	200	170	115	160
		第3组	—	190	190	160	110	160
自动焊、半自动焊和E50××型焊条的手工焊	16Mn钢 16Mnq钢	—	≤16	315	315	270	185	200
		—	17～25	300	300	255	175	200
		—	26～36	290	290	245	170	200

螺栓连接的强度设计值（N/mm²） **表 7-2-5**

螺栓和构件		构件钢材		普通螺栓						锚栓	承压型高强度螺栓	
				螺栓（C级）			螺栓（A、B级）					
名称	钢号或性能等级	组别	厚度（mm）	抗拉 f_t^b	抗剪 f_v^b	承压 f_c^b	抗拉 f_t^b	抗剪（Ⅰ类孔）f_v^b	承压（Ⅰ类孔）f_c^b	抗拉 f_t^a	抗剪 f_v^b	承压 f_c^b
普通螺栓	Q235钢	—	—	170	130	—	170	170	—	—	—	—
锚栓	Q235钢	—	—	—	—	—	—	—	—	140	—	—
	16Mn钢	—	—	—	—	—	—	—	—	180	—	—
承压型高强度螺栓	8.8级	—	—	—	—	—	—	—	—	—	250	—
	10.9级	—	—	—	—	—	—	—	—	—	310	—
构件	Q235钢	第1～3组	—	—	—	305	—	—	400	—	—	465
	16Mn钢 36Mnq钢	—	≤16	—	—	420	—	—	550	—	—	640
		—	17～25	—	—	400	—	—	530	—	—	615
		—	26～36	—	—	385	—	—	510	—	—	590
	15MnV钢 15MnVq钢	—	≤16	—	—	435	—	—	570	—	—	665
		—	17～25	—	—	420	—	—	550	—	—	640
		—	26～36	—	—	400	—	—	530	—	—	615

注：孔壁质量属于下述情况者为Ⅰ类孔：① 在装配好的构件上按设计孔径钻成的孔；② 在单个零件和构件上按设计孔径分别用钻模钻成的孔；③ 在单个零件上先钻成或冲成较小的孔径，然后在装配好的构件上再扩钻至设计孔径的孔。

7.2.3　薄壁型钢

见表7-2-6、表7-2-7。

冷弯薄壁型钢钢材的强度设计值与弹性模量（N/mm²）　表7-2-6

钢　号	抗拉、抗压和抗弯 f	抗　剪 f_v	端面承压（磨平顶紧） f_{cc}	弹性模量 E
Q235钢	205	120	310	2.06×10^5
16Mn钢	300	175	425	2.06×10^5

注：厚度不小于2.5mm的Q235镇静钢钢材的抗拉、抗压、抗剪和抗弯强度设计值可按本表中的Q235钢栏的数值提高5%。

冷弯薄壁型钢焊接强度设计值（N/mm²）　表7-2-7

钢　号	对接焊缝			角焊缝
	抗　压 f_c^w	抗　拉 f_t^w	抗　剪 f_v^w	抗压、抗拉、抗剪 f_t^w
Q235钢	205	175	120	140
16Mn钢	300	255	175	195

注：Q235钢与16Mn钢对接焊接时，焊缝设计强度应按本表中Q235钢栏的数值采用。

7.2.4　铝合金型材

见表7-2-8～表7-2-9。

铝合金型材的机械性能　表7-2-8

牌号	材料状态	壁厚 (mm)	机械性能		
			抗拉强度 σ_b (N/mm²)	屈服强度 $\sigma_{0.2}$ (N/mm²)	伸长率 σ (%)
LD_2	C_z	所有尺寸	≥180	—	≥14
	C_s		≥280	≥210	≥12
LY_{11}	C_z	≤10.0	≥360	≥220	≥12
	C_s	10.1～20.0	≥380	≥230	≥12
LY_{12}	C_z	<5.0	≥400	≥300	≥10
		5.1～10.0	≥420	≥300	≥10
		10.1～20.0	≥430	≥310	≥10
LC_4	C_s	≤10.0	≥510	≥440	≥6
		10.1～20.0	≥540	≥450	≥6

铝合金型材的横向机械性能　表 7-2-9

牌号	材料状态	取样部位	机械性能		
			抗拉强度 σ_b (N/mm²)	屈服强度 $\sigma_{0.2}$ (N/mm²)	伸长率 δ (%)
LY_{12}	C_z	横向 高向	≥400 ≥350	≥290 ≥290	≥6 ≥4
LC_4	C_s	横向 高向	≥500 ≥480	— —	≥4 ≥3

注：1. 摘自《铝及铝合金管、型材安全生产规范　第4部分：隔热型材的生产》YS/T 769.4。
2. 材料状态代号的名称如下：C_z——淬火（自然时效），C_s——淬火（人工时效）。

7.2.5　常用工程塑料的物理、力学性能

见表 7-2-10。

常用工程塑料的物理、力学性能　表 7-2-10

性能指标	塑料名称及代号						
	聚氯乙烯	聚酰胺（尼龙）66	聚苯乙烯	聚碳酸酯	聚四氟乙烯	环氧树脂（玻纤）	聚甲基丙烯酸甲脂（有机玻璃）
	PVC	PA66	PS	PC	PTFE	EP	PMMA
密度(g·cm⁻³)	1.30～1.58	1.14～1.15	1.04～1.10	1.18～1.2	2.1～2.2	1.6～2.0	1.17～1.2
吸水率（%）	0.07～0.4	1.5	0.03～0.30	0.2～0.3	0.01～0.02	0.04～0.2	0.2～0.4
抗拉强度(N/mm²)	45～50	57～83	50～60	60～88	14～25	35～137	50～77
拉伸模量(GPa)	3.3		2.8～4.2	2.5～3.0	0.4	20.7	2.4～3.5
断后伸长率(%)	20～40	40～270	1.0～3.7	80～95	250～500	4	2.7
抗压强度(N/mm²)	—	90～120	—	—	—	124～276	—
抗弯强度(N/mm²)	80～90	60～110	69～80	94～130	18～20	55～207	84～120
冲击韧度悬臂梁，缺口(J·m⁻²)	简支梁无缺口 30～40kJ/m²	43～64	10～80	640～830	107～160	16.0～53.4	14.7
硬度 洛氏/邵氏/布氏 HR/HBS/HBS	14～17HBS	100～118HRR	65～80HRM	68～86HRM	50～65HSD	100～112HRM	10～18HBS
成型收缩率(%)	0.1～0.5	1.5～2.2	0.2～0.7	0.5～0.8	1～5	0.1～0.8	0.2～0.6
无负荷最高使用温度(℃)	66～79	82～149	60～79	121	288	149～260	65～95
连续耐热温度(℃)	—	—	—	120	—	—	—

7.2.6　常用模架材料

见表 7-2-11～表 7-2-13。

常用各种龙骨的力学性能　表 7-2-11

名　称	规格（mm）	截面积 A（cm^2）	截面惯性矩 I_x（cm^4）	截面最小抵抗矩 W_x（cm^3）	重量（kg/m）
圆钢管	ϕ48×3.0 ϕ48×3.5	4.24 4.89	10.78 12.19	4.49 5.08	3.33 3.84
矩形钢管	□80×40×2.0 □100×50×3.0	4.52 8.54	37.13 112.12	9.28 22.42	3.55 6.78
轻型槽钢	80×40×3.0 100×50×3.0	4.5 5.7	43.92 88.52	10.98 12.20	3.53 4.47
内卷边槽钢	80×40×15×3.0 100×50×20×3.0	5.08 6.58	48.92 100.28	12.23 20.06	3.99 5.16
轧制槽钢	80×43×5.0	10.24	101.30	25.30	8.04

木胶合板物理力学性能指标值表　表 7-2-12

项　目		单位	厚度（mm）			
			12≤h<15	15≤h<18	18≤h<21	21≤h<24
含水率		%	6～14			
胶合强度		N/mm²	≥0.70			
静曲强度	顺纹	N/mm²	≥50	≥45	≥40	≥35
	横纹		≥30	≥30	≥30	≥25
弹性模量	顺纹	N/mm²	≥6000	≥6000	≥5000	≥5000
	横纹		≥4500	≥4500	≥4000	≥4000
浸渍剥离性能						

竹胶合板物理力学性能指标值　表 7-2-13

项　目		单　位	优等品	合格品
含水率		%	≤12	≤14
静曲弹性模量	板长向	N/mm²	≥7.5×103	≥6.5×103
	板短向	N/mm²	≥5.5×103	≥4.5×103
静曲强度	板长向	N/mm²	≥90	≥70
	板短向	N/mm²	≥60	≥50
冲击强度		kJ/m²	≥60	≥50
胶合性能		mm/层	≤25	≤50
水煮、冰冻、干燥的保存强度	板长向	N/mm²	≥60	≥50
	板短向	N/mm²	≥40	≥35
折减系数		—	0.85	0.80

7.2.7 注意事项

1. 对材料的使用限度（设计数值）应控制在弹性材料的弹性工作范围。

2. 目前，现浇结构模板为追求接缝少，成型混凝土表面光洁，大量性采用木质酚醛覆膜多层板。但是由于板材材质问题以及表面覆盖的酚醛胶膜纸品质以及由于各层木纤维纸层厚不均匀，致使表层砂光薄厚不均等对混凝土成型质量影响显著。此类问题在设计时应充分考虑到。

3. 采用没有纤维增强层的塑料模板，应仔细审核其热稳定性。对其塑性变形在设计时应有充分的考虑。

7.3 模板设计取值

7.3.1 模板施工工况分析

根据《混凝土结构工程施工规范》GB 50666—2011 第 4.1.2 条规定，现浇混凝土模板设计，首先应对模板及支架在施工过程中的各种工况进行分析。由此确定模架基本参数和构造要求。以下就模架在施工各阶段受力特点和功能分析来描述模架施工工况。

1. 模板及支架作用时效

混凝土结构构件在其成型到强度形成，经历了塑性流动状态、失去可塑性成型、强度增长到可承受自重、达到和超越设计强度等几个状态阶段。模架的作用应满足混凝土结构构件在形成过程中不同阶段的要求。

混凝土终凝以后，模板成型功能完成；模架荷载的传递功能随结构自身强度的逐渐增长而降低，模板面板、次、主龙骨逐渐退出原有功能。混凝土水平构件的模架，在支撑的不同施工阶段，所发挥的作用不同。最大作用期间应在从浇筑混凝土到混凝土终凝之前。此时其承担构件成型和堆积荷载传递全部工作。模板成型功能完成以后，模板面板、次、主龙骨需要维持到结构具备承担自重能力，比如结构强度达到 50%，跨度小于 2m，可以拆除。

2. 模板面板的受力特点和功能分析

模板面板直接约束着塑性混凝土材料，承受与板面相垂直的压力；模板面板一般由次龙骨承托，是结构构件的成型工具。

（1）墙柱等竖向构件：模板面板，在混凝土成型过程中大体经历以下几个阶段。混凝土初凝前，塑性状态的构件所产生的侧压力完全作用在模板上。在振捣作用下，混凝土会呈现液态性状；此时所产生的侧压力是模板受力的最大值。模板材料随之发生弹性变形，振捣消失了，变形随之得到恢复（某些弹性变形则需要拆模后才得以恢复）；如果模板材料在构件成型过程中超过了弹性变形能力，造成的塑性变形则得不到自然的恢复；木材类材料还可能断裂损坏。随着混凝土水化，侧向压力逐渐减小，结构底部截面能够承受构件自重以后，竖向构件的模板就失去了成型作用（在保水、保温方面还在继续起作用）。混凝土强度继续增长，表面与模板形成一定的吸附能力。

施工中要求墙柱混凝土要分层、分步浇注，是从振捣棒的作用范围考虑的，但也起到了降低模板侧压力的作用。自密实混凝土由于无需振捣，在初凝时间较长、浇注高度较高的情况下，会产生比普通混凝土高得多的侧压力。高大桥墩采用高抛混凝土入模，模板面板尚应考虑混凝土重力加速度的作用。这些问题都应该在侧压力计算时予以相应的考虑。

（2）梁板等水平构件模板：在混凝土强度没有形成之前，构件自重完全由模板的底模承担。随着混凝土强度的增长，构件逐步形成沿设计荷载传递路线向梁、柱、墙体、基础卸荷的能力。由于混凝土水平构件的强度条件由弯曲拉应力控制，达到满足重力作用的弯曲拉应力条件的时间相对长一些，在模架逐渐失去作用的过程中，模板板面在一定阶段还承担着卸荷作用。

（3）模板应力分布：模板板面受的短时作用，如混凝土入模位置的集中堆积、振捣作用等超荷现象，可在模板材料弹性力作用下，得到恢复。同一水平面模板板面一般受与之垂直的均布荷载。在次龙骨支撑处的上截面和次龙骨支撑跨中的下截面弯曲应力最大，在次龙骨支撑处截面剪切应力最大。

（4）模板材质还需要保证构件的外观效果。一般木质模板刚度好，强度较低；金属模板涂敷的隔离剂易吸附气泡；塑料、橡胶模板较易变形；需要采取不同措施予以克服。不同材质模板对水泥浆体的吸附作用差异很大。天然木材虽然表面较为粗糙，但其木纤维吸水膨胀时侵入水泥浆表面，水分通过毛细管转移出去后，模板收缩，自然与构件表面脱离。金属模板表面光洁，有真空吸附现象，需涂敷隔离剂。塑料类模板表层会产生薄膜转移，脱模较容易。

（5）底模强度应满足构件所受的重力作用，对其进行强度计算时的取值与侧模板有区别。同时应考虑浇筑混凝土时自由降落的冲击影响和不均匀堆载影响。模板面板的刚度应满足构件在养护期间的变形控制指标，所以计算取值荷载采用标准值，同时不考虑施工振捣等可变荷载作用。

3. 模板主次龙骨的受力特点和功能分析

次龙骨承托模板板面的一侧，集中面板传来的面荷载，传递到其支撑点——主龙骨；是具有一定强度和刚度的条带形受弯杆件。次龙骨布置均匀，可使所支撑的面板受力和变形均匀一致。如果次龙骨初始的变形较大（如木方子边材一侧和芯材一侧收缩变形不一致，致使木方弯曲、扭曲变形），超过了所支撑的面板极限挠度，会使支顶不实处的面板发生断裂或挠度超标。验算次龙骨抗剪能力，应考虑支承次龙骨的主龙骨的形状。主龙骨采用木方，次龙骨可按两个剪切面向支座传力；主龙骨采用钢管，次龙骨应按1个剪切面向支座传力（截面所受剪力增加1倍）。

主龙骨支承次龙骨，也是典型的受弯杆件。将所受次龙骨的集中荷载传递到支撑节点。

具有三个以上支座的主、次龙骨支座处截面弯曲应力最大；主次龙骨在支撑点截面均有较大的剪力传递。

4. 模板锁固件的受力特点和功能分析

散拼模板的安装需要配件相互联结、固定、卸荷。传统木模板靠铁钉固定。一般墙、梁帮、柱模板常用螺栓等对拉卸荷；组合钢（铝）模采用U形卡、穿墙扁铁及楔形卡连接固定；柱模板常采用柱箍相向平衡侧压力；单面支模桁架将所受水平荷载转为对地面的拉、压作用；承担连结和固定模板，约束模板系统水平侧向力的部件、设施，称之为模板锁固件。

模板锁固件常用于模板之间、模板与主次龙骨、主龙骨与支撑结点的荷载传递部件。模板锁固件受力必须控制在材料弹性范围内。

比如穿墙螺栓，受力要控制在弹性范围内，并应充分考虑部件的弹性恢复力影响。如：侧向模板面板的强度应满足构件（振捣时）呈液态时的侧压力作用；振捣结束，穿墙螺栓会回缩。但对于（像加有缓凝剂的）长时间的液态侧压力，会使穿墙螺栓的弹性伸长得不到恢复，而造成构件表面的凸凹。在螺栓设计时，应考虑有否这种工况。

5. 模板支撑架体的受力特点和功能分析

现浇混凝土水平构件在没有形成自身的卸荷能力之前，全部重量都由模架支撑系统承担。模板系统的功能、受力形态与竖向构件无区别。但其支撑体系，承担向底板、地面传递混凝土水平构件所受的重力，是典型的按稳定性控制的受力结构。采用对顶方法对撑两侧墙体的模架，其支撑体系承担两侧墙体混凝土侧压力。也是按稳定性控制的受力结构。

水平构件支撑体系处理不当，会发生失稳垮塌事故。当荷载达到受压杆件稳定承载极限时，支撑架体的短向发生"S"形小波屈曲变形，此种情况架体虽未垮塌，但已失去承载能力。继续加荷有可能架体发生扣件崩扣，引发连锁反应，致使支撑体系整体垮塌。对撑两侧墙体支撑失稳，一般造成崩模。

支撑系统节点：目前所普遍使用的扣件式脚手架，其连接节点扣件锁固能力，靠与钢管的摩擦力传递。受施工人员操作经验影响较大。容易存在系统性的差异，而降低了支撑系统整体协调受力能力。新型架体如碗扣式节点为旋转扣紧；插卡式节点为楔形片重力自锁；销孔楔卡（安德固）、圆盘楔卡等节点靠重力自锁；节点的锁固程度较为均匀，锁固型式也相对可靠。

竖向构件的模板往往需要侧向斜撑。由于斜撑与水平侧压力有角度差，因此斜撑在承受模板侧压力时，会产生向上的分力，因而使模板受到上浮作用。必须加拉杆或钢索予以平衡。

6. 构造要求对模架工况的影响

（1）起拱。梁板起拱应综合考虑以下因素：地基变形，支撑立杆变形（压缩、温度、侧向变形），模板、主次龙骨挠度的叠加；也就是说起拱得当，混凝土浇筑完毕后，梁板起拱位置应当恢复到水平状态，而不应该是拱起状态或下垂状态。在确定起拱值时，既需要计算又需要经验。

（2）顶墙抱柱措施。梁板模架的水平杆能与已施工完毕的竖向结构，如墙、柱、共享大厅周边的梁侧、楼板板端等顶实、拉结牢固，对于架体稳定十分有效。梁板浇筑混凝土时荷载的不均匀分布、施工活荷载、风荷载、架体立杆不垂直等因素均会使架体结构产生水平力。这些附墙、附柱的构造对于向结构传递架体水平力非常有效，并且结构构件刚度、质量远大于模架结构，帮忙的作用应该大于剪刀撑。

（3）梁板模架主次龙骨交错顶墙。在剪力墙结构内搭设梁板模架，可将主次龙骨交错顶墙（图 7-3-1），借此将梁板浇筑混凝土时荷载的不均匀分布、施工活荷载的影响直接传递到结构墙体，而不再向架体传递，对减轻模架的水平作用，提高其稳定性非常有效。

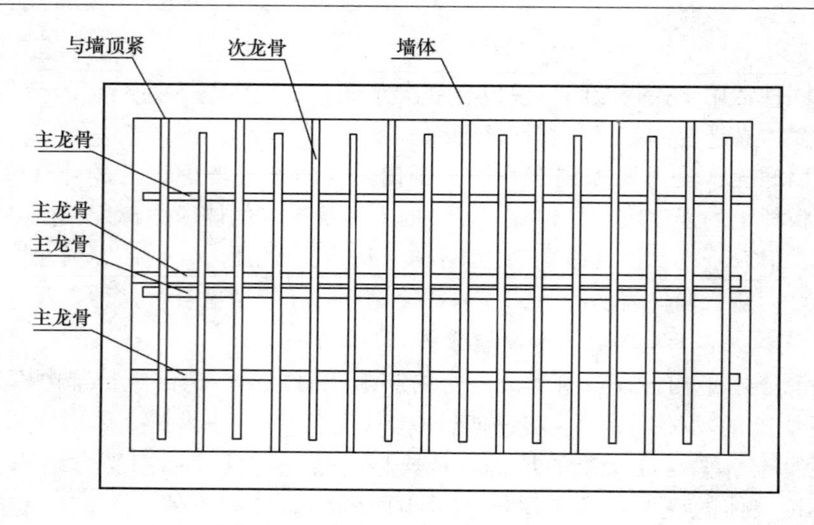

图 7-3-1　主次龙骨交错顶墙示意图

7.3.2　荷载与荷载组合

7.3.2.1　荷载

梁板等水平构件的底模板以及支架所受的荷载作用，一般为重力荷载；墙、柱等竖向构件的模板及其支架所受的荷载作用，一般为侧向压力荷载。荷载的物理数值称为荷载标准值，考虑到模板材料差异和荷载分布的不均匀性等不利因素的影响，将荷载标准值乘以相应的荷载分项系数，即荷载设计值进行计算。

1. 荷载标准值

（1）水平构件底模荷载标准值

1）模板及支架自重标准值（G_{1K}）——应根据设计图纸确定；常用材料可以查阅相应的图集、手册。

2）新浇混凝土自重标准值（G_{2K}）——对普通混凝土，可采用 24kN/m^3；对其他混凝土，可根据实际重力密度确定。

3）钢筋自重标准值（G_{3K}）——按设计图纸计算确定。一般可按每立方米混凝土的钢筋含量计算：

框架梁　　　1.5kN/m^3

楼板　　　　1.1kN/m^3

4）施工人员及设备荷载标准值（Q_{1K}）：

① 计算模板及直接支承模板的次龙骨时，对工业定型产品（如组合钢模）按均布荷载取 2.5kN/m^2，另应以集中荷载 2.5kN 再行验算，比较两者所得的弯矩值，按其中较大者采用；现场拼装模板按均布荷载取 2.5kN/m^2，集中荷载按实际作用数值选取。

② 计算直接支承次龙骨的主龙骨时，均布活荷载取 1.5kN/m^2；考虑到主龙骨的重要性和简化计算，亦可直接取次龙骨的计算值。

③ 计算支架立柱时，均布活荷载取 1.0kN/m^2；考虑到立柱的重要性和简化计算，亦可直接取主龙骨的计算值。

5）振捣混凝土时产生的荷载标准值（Q_{2K}）——（每个振捣器）对水平面模板作用，

可采用 2.0kN/m^2。

（2）竖向构件侧模荷载标准值

1）新浇筑混凝土对模板侧面的压力标准值——采用内部振捣器时，可按以下两式计算，并取其较小值：

$$F_1 = 0.28\gamma_c t_0 \beta \sqrt{V} \tag{7-3-1}$$

$$F_2 = \gamma_c \times H \tag{7-3-2}$$

式中 F_1、F_2——新浇筑混凝土对模板的最大侧压力（kN/m^2）；

γ_c—— 混凝土的重力密度，（kN/m^3）；

t_0——新浇筑混凝土的初凝时间，（h），可经试验确定。当缺乏试验资料时，可采用 $t_0=200/(T+15)$ 计算，T 为混凝土的温度（℃）；

V——混凝土的浇筑速度，（m/h）；当浇筑速度大于 10m/h 或混凝土坍落度大于 180mm 时，可按（2.6.2）式计算。

β——混凝土坍落度影响修正系数，当坍落度大于 50mm 且不大于 90mm 时，取 0.85；坍落度大于 90mm 且不大于 130mm 时，取 0.9；坍落度大于 130mm 且不大于 180mm 时，取 1.0；

H——混凝土侧压力计算位置处至新浇筑混凝土顶面的总高度 m。

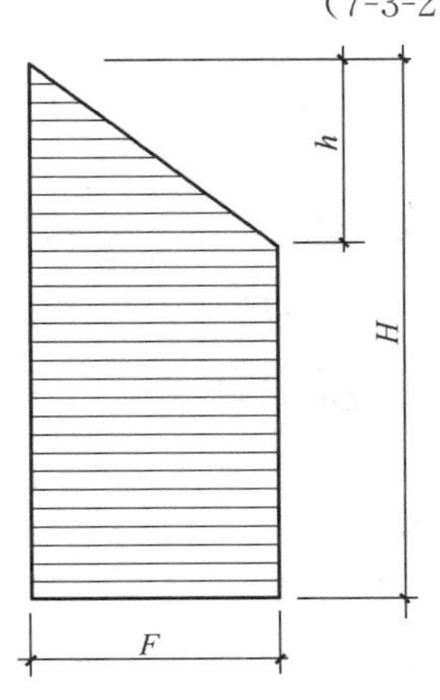

图 7-3-2 侧压力计算分布图

h—有效压头高度；H—模板内混凝土总高度；F—最大侧压力

混凝土侧压力的计算分布图形，见图 7-3-2。

2）倾倒混凝土时产生的荷载标准值——倾倒混凝土时对垂直面模板产生的水平荷载标准值，可按表 7-3-1 采用。

混凝土倾倒时产生的水平荷载标准值 **表 7-3-1**

向模板内供料方法	水平荷载（kN/m^2）
溜槽、串筒或导管	2
容积小于 0.2 m^{3}的运输器具	2
容积为 0.2～0.8 m^{3}的运输器具	4
容积大于 0.8 m^{3}的运输器具	6

3）振捣混凝土时产生的荷载标准值——对垂直面模板可采用 4.0kN/m^2。

4）竖向构件采用坍落度大于 250mm 的免振自密实混凝土时，模板侧压力承载能力确定以后，应按 $F=\gamma_c \times H$ 核定其可承担混凝土初凝前的浇注高度 H；再按 $H=t_0 \times V$ 对浇筑速度或混凝土初凝时间进行控制（H 计算值≤竖向构件浇筑高度）。

2. 荷载设计值

（1）计算模板及支架结构或构件的强度、刚度、稳定性和连接强度时，应采用荷载设计值（荷载标准值乘以荷载分项系数）。

（2）计算正常使用极限状态的变形时，应采用荷载标准值。

（3）荷载分项系数应按表 7-3-2 采用。

荷载分项系数（γ_i）　　表 7-3-2

荷 载 类 别	分 项 系 数 γ_i
模板及支架自重标准值（G_{1k}）	永久荷载的分项系数： 当其效应对结构不利时：对由可变荷载效应控制的组合，应取 1.2；对由永久荷载效应控制的组合，应取 1.35； 当其效应对结构有利时：一般情况应取 1； 对结构的倾覆、滑移验算，应取 0.9
新浇混凝土自重标准值（G_{2k}）	
钢筋自重标准值（G_{3k}）	
新浇混凝土对模板的侧压力标准值（G_{4k}）	
施工人员及施工设备荷载标准值（Q_{1k}）	可变荷载的分项系数： 一般情况下应取 1.4；对标准值大于 4kN/m² 的活荷载应取 1.3。对 3.7kN/m²≥标准值≤4kN/m²； 按标准值为 4kN/m² 计算
振捣混凝土时产生的荷载标准值（Q_{2k}）	
倾倒混凝土时产生的荷载标准值（Q_{3k}）	
风荷载（W_K）	1.4

7.3.2.2　荷载组合

1. 对于承载能力极限状态，应按荷载效应的基本组合采用，并应采用下列设计表达式进行模板设计：

$$\gamma_0 S \leqslant R \tag{7-3-3}$$

式中　γ_0——结构重要性系数，重要模板及支架宜取≥1.0，一般模板及支架其值按≥0.9采用；

S——荷载效应组合的设计值，可按式（7-3-4）计算；

R——结构构件抗力的设计值，应按各有关建筑结构设计规范的规定确定。

2. 荷载基本组合的效应设计值 S 应按下式确定：

$$S = 1.35\alpha \sum_{j=1}^{m} S_{G_i k} + 1.4\psi_{cj} \sum_{i=1}^{n} S_{Q_j k} \tag{7-3-4}$$

式中　α——模板及支架的类型系数，侧面模板，取 0.9；对底地面模板及支架取 1.0；

ψ_{cj}——第 j 个可变荷载的组合值系数，宜取 $\psi_{cj} \geqslant 0.9$；

$S_{G_i k}$——第 i 个永久荷载标准值产生的荷载效应值；

$S_{Q_j k}$——第 j 个可变荷载标准值产生的荷载效应值。

3. 参与计算模板及其支架荷载效应组合的各项荷载应符合表 7-3-3 的规定。

参与模板及支架承载力计算的各项荷载　　表 7-3-3

计 算 内 容		参与荷载项	
		计算承载能力	验算挠度
模板	底面模板	$G_{1K}+G_{2K}+G_{3K}+Q_{1K}$	$G_{1K}+G_{2K}+G_{3K}$
	侧面模板	$G_{4K}+Q_{2K}$	G_{4K}

续表

计算内容		参与荷载项	
		计算承载能力	验算挠度
支架	支架水平杆及节点的承载力	$G_{1K}+G_{2K}+G_{3K}+Q_{1K}$	$G_{1K}+G_{2K}+G_{3K}$
	支架立杆	$G_{1K}+G_{2K}+G_{3K}+Q_{1K}+Q_{4K}$	
	支架结构的整体稳定性	$G_{1K}+G_{2K}+G_{3K}+Q_{1K}+Q_{3K}$ $G_{1K}+G_{2K}+G_{3K}+Q_{1K}+Q_{4K}$	

注：表中的"+"仅表示各项荷载参与组合，而不表示代数相加。

4. 非满跨的荷载组合

水平构件模板尚应考虑荷载分布为非满跨时的最不利情况。

7.3.2.3 模板的变形值规定

1. 当验算模板及其支架的刚度时，其最大变形值不得超过下列容许值：

（1）对结构表面外露的模板，为模板构件计算跨度的 1/400；

（2）对结构表面隐蔽的模板，为模板构件计算跨度的 1/250；

（3）支架的压缩变形或弹性挠度，为相应的结构计算跨度的 1/1000。

2. 组合钢模板结构或其构配件的最大变形值不得超过表 7-3-4 的规定。大模板制作允许偏差不得超过表 7-3-5 的规定。

组合钢模板及构配件的容许变形值（mm）　　表 7-3-4

部件名称	容许变形值	部件名称	容许变形值
钢模板的面板	≤1.5	柱箍	B/500 或≤3.0
单块钢模板	≤1.5	桁架、钢模板结构体系	L/1000
钢楞	L/500 或≤3.0	支撑系统累计	≤4.0

注：L 为计算跨度，B 为柱宽。

大模板制作允许偏差　　表 7-3-5

项次	项目名称	允许偏差（mm）	检验方法
1	板面平整	3	用 2m 靠尺塞尺检查
2	模板高度	+3、−5	用钢尺检查
3	模板宽度	+0、−1	用钢尺检查
4	对角线长	±5	对角拉线用直尺检查
5	模板边平直	3	拉线用直尺检查
6	模板翘曲	L/1000	放在平台上，对角拉线用直尺检查
7	孔眼位置	±2	用钢尺检查

注：1. 引自《大模板多层住宅结构设计与施工规范》JGJ 20；
2. L 为模板对角线长度。

7.4　竖向构件模板设计

7.4.1　墙体单侧支模

【例 1】　地下室外墙墙体单侧支模如图 7-4-1。现浇混凝土墙体厚为 700mm，模板高度为 5.945m，面板采用 18mm 多层板；竖向背楞采用几字梁，间距为 300mm，水平背楞采用双 10 号槽钢背楞，槽钢最大间距 900mm，距模板端头最大距离 350mm。

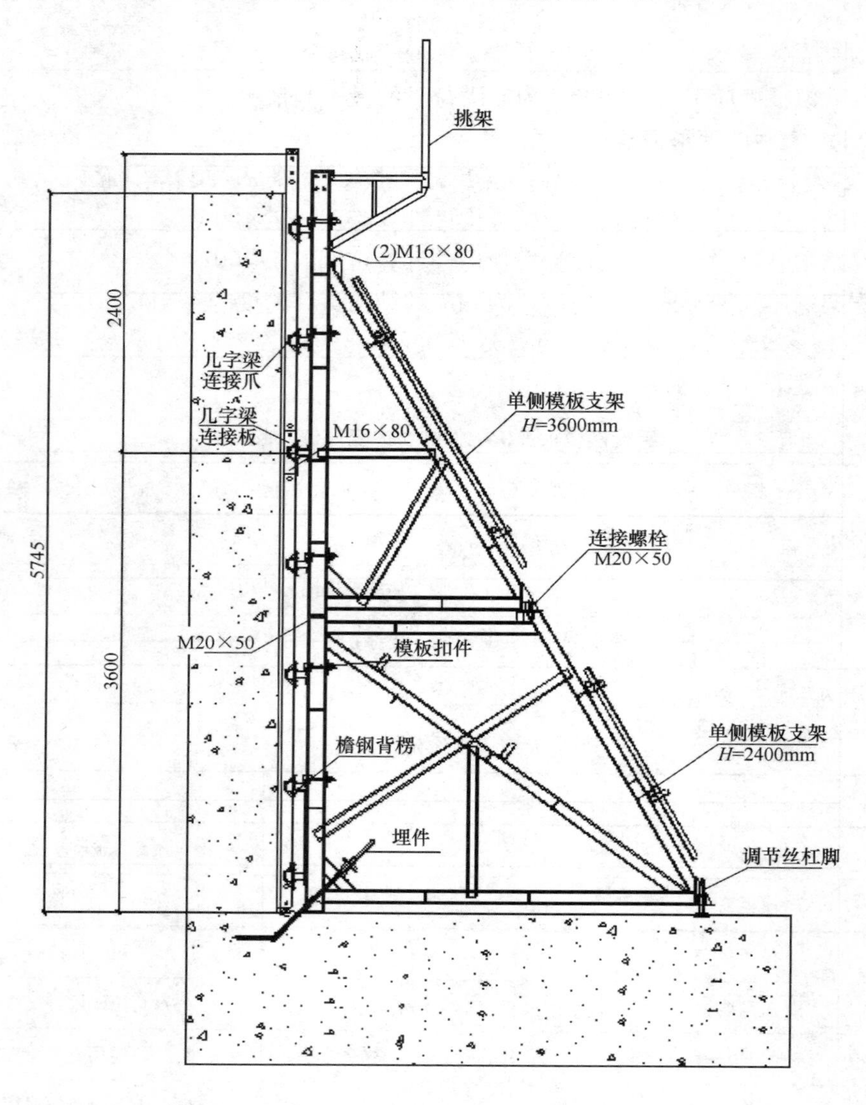

图 7-4-1　单侧支模示意图

（1）单侧墙模板的组成

1）模板材料，见表 7-4-1

模 板 材 料 **表 7-4-1**

序号	名 称	效 果 图
1	模板面板	18mm 木质酚醛覆膜多层板
2	竖向背楞	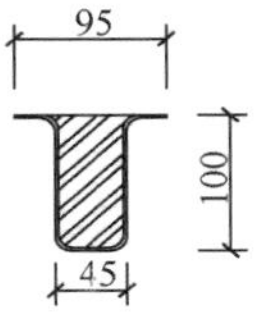 95 100 45 几字梁断面尺寸
3	水平背楞	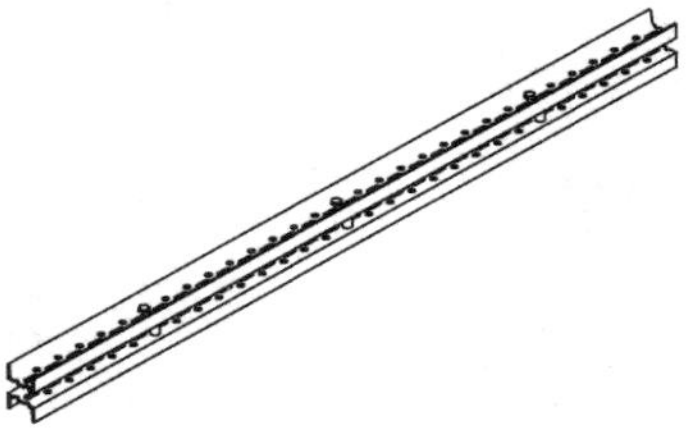
4	连接爪	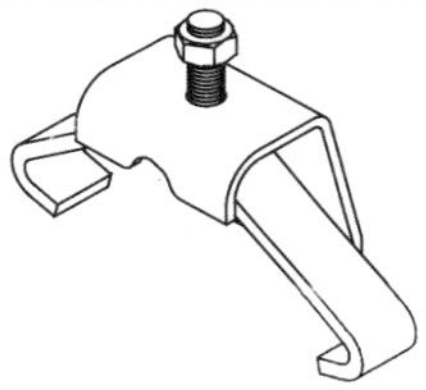
5	芯带	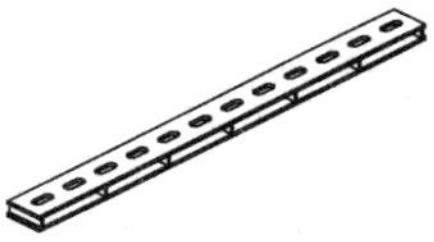
6	芯带销	

2）模板组成，见图 7-4-2

3）埋件部分安装，见图 7-4-3。

（2）单侧墙模板荷载及计算简图

1）侧压力标准值计算

引自式（7-3-1）或（7-3-2）

$$F_1 = 0.28\gamma_c t_0 \beta \sqrt{V}$$

$$F_2 = \gamma_c \times H$$

式中 F_1、F_2——新浇筑混凝土对模板的最大侧压力（kN/m^2）；

γ_c——混凝土的重力密度（kN/m^3），取 $24kN/m^3$；

t_0——新浇混凝土的初凝时间(h)，可按实测确定。当缺乏实验资料时，可采用 $t=200/(T+15)$计算。所以 $t=200/(20+15)=5.71$；

T——混凝土的温度(°)，取 20°；

V——混凝土的浇灌速度(m/h)，取 2m/h；

H——混凝土侧压力计算位置处至新浇混凝土顶面的总高度(m)，取 5.945m；

β——混凝土坍落度影响系数，取 1.0。

$$F_1 = 0.28\gamma_c t_0 \beta\sqrt{V}$$
$$= 0.28\times24\times5.71\times1\times2^{1/2}$$
$$= 54.27\text{kN/m}^2$$
$$F_2 = \gamma_c H$$
$$= 25\times5.945 = 148.6\text{kN/m}^2$$

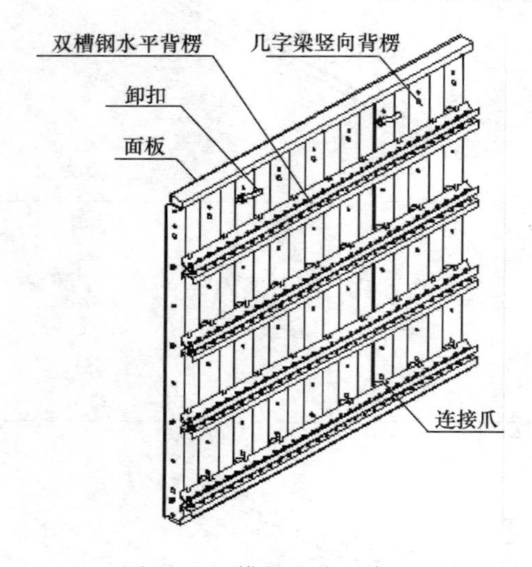

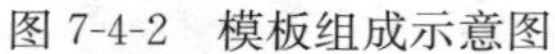

图 7-4-2　模板组成示意图

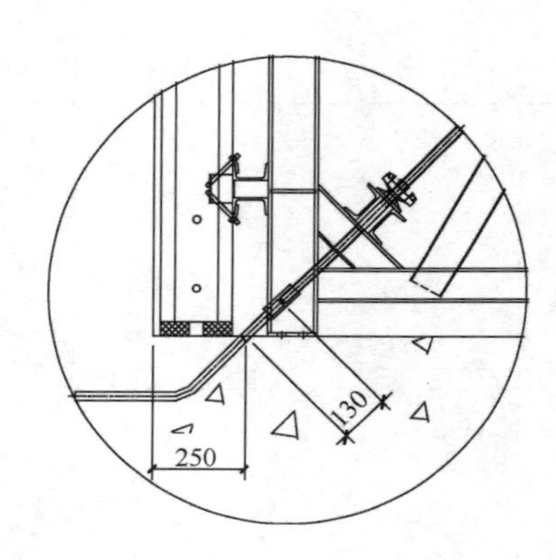

图 7-4-3　埋件示意图

取二者中的较小值，$G_{4K}=F_1=54.27\text{kN/m}^2$ 作为模板侧压力的标准值，并考虑倾倒混凝土产生的水平载荷标准值 $Q_{3K}=2\text{kN/m}^2$。

2）荷载（强度）设计值：由荷载组合引自式（7-3-4）

$$F = \gamma_0(1.35\alpha\sum_{i=1}^{n}S_{G_i k} + 1.4\psi_{cj}\sum_{i=1}^{n}S_{Q_j k})$$

$$F = 0.9\times(1.35\times0.9\times54270 + 1.4\times0.9\times2000) = 61612\text{N/m}^2$$

取 $F=61612\text{N/m}^2$ 作为墙模板侧压力荷载设计值。对于浇筑过程中墙体不同截面位置，本压力值并非定值；为简化计算取为全墙面侧压力值。

3）荷载（刚度）设计值：取混凝土侧压力标准值

$$F' = F_1 = 54.27\text{kN/m}^2$$

4）单侧支架主要承受混凝土侧压力，取混凝土最大浇筑高度为 5.745m，侧压力取为 $q=F=61.61\text{kN/m}^2$，有效压头高度 $h=2.57$m。

（3）支架与埋件受力计算（图 7-4-4）

单侧支架按间距 800mm 布置，$F_1'F_2'$计算

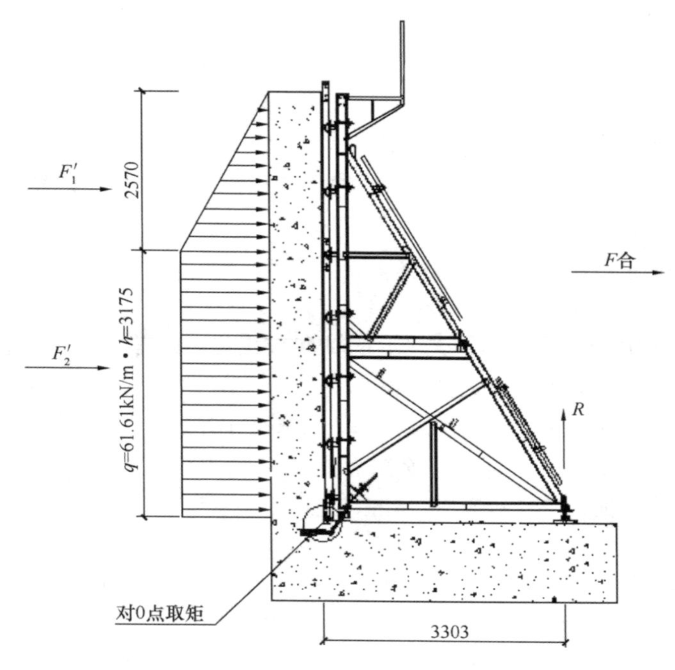

图 7-4-4　单侧支模侧压力示意图

1）分析支架受力情况：新浇筑混凝土对模板侧压力和支架后支座对模板跟部（埋件位置）取矩，则有：

$$R \times 3.303 = F_1' \times (3.175 + 2.57/3) + F_2' \times (3.175/2)$$

$$R = 152.53\text{kN}$$

其中：

$F_1' = 1/2$(墙厚×(三角形分布)高)×混凝土侧压力(F)

$= 0.5 \times 0.8 \times 2.57 \times 61.61 = 63.34\text{kN}$

$F_2' =$(墙厚×高)×混凝土侧压力(F)

$= 0.8 \times 61.61 \times 3.175 = 156.49\text{kN}$

2)支架侧面的合力为：$F_{合} = F_1' + F_2' = 219.83\text{kN}$

根据力的矢量图得 $F_{合}$ 和 R 的合力为：

$$(F_{总})^2 = (F_{合})^2 + (R)^2 = 219.83^2 + 152.53^2$$

$$F_{总} = 267.56\text{kN}$$

可计算出合力 $F_{总}$ 地面夹角 34.75°，预埋螺栓与地面成 45°，相差 10.25°。支架所受水平力较大，埋件所提供的水平方向的抗拉能力，应满足模板侧压力要求。故埋件对每个支架所提供拉力为：

$$T = F_{合}/\cos45° = 219.83/\cos45° = 310.89\text{kN}$$

支架间距为 0.8m，埋件埋设间距为 0.3m，每个埋件承担每个支架荷载比例为 0.3/0.8。故单个埋件最大拉力为：$P = T \times (3/8) = 310.89 \times (3/8) = 116.58\text{kN}$

3）埋件强度验算：预埋件为Ⅱ级钢 d=25mm，埋件最小有效截面积为：

$$A = 3.14 \times (d/2)^2 = 3.14 \times 12.5^2 = 491\text{mm}^2$$

轴心受拉应力强度：$\sigma = P/A = 116.58 \times 10^3/491$

$= 237.44\text{N/mm}^2 < f = 310\text{N/mm}^2$

故符合要求。

4）埋件锚固深度计算：对于弯钩螺栓，其锚固深度的计算，只考虑埋入混凝土的螺栓表面与混凝土的粘结力，不考虑螺栓端部的弯钩在混凝土基础内的锚固作用。

锚固深度：由 $P_{锚} = \pi d h \tau_b$

$$h = P_{锚}/\pi d \tau_b = 116.58 \times 1000/(3.14 \times 25 \times 3.0) = 495\text{mm}$$

锚固深度应大于 500mm。

式中　$P_{锚}$——锚固力，作用于地脚螺栓上的轴向拔出力（N）；

d——埋件（地脚螺栓）直径（mm）；

h——埋件（地脚螺栓）在混凝土基础内的锚固深度（mm）；

τ_b——混凝土与埋件（地脚螺栓）表面的粘结强度（N/mm²），一般在普通混凝土中 τ_b 取值 2.5～3.5N/mm²。

（4）模板受力计算

墙体厚为 700mm，模板高度为 5.945m，面板采用 18mm 多层板；竖向背楞采用几字梁，间距为 300mm，水平背楞采用双 10 号槽钢背楞。

1）面板验算：木质酚醛覆膜多层板抗弯强度设计值，f_m 取 15N/mm²；弹性模量 E，木质酚醛覆膜多层板取 $6 \times 10^3\text{N/mm}^2$，钢材取 $2.1 \times 10^5\text{N/mm}^2$。

将面板视为支撑在次龙骨上的四跨连续梁计算，面板长度取 2440mm，面板宽度取 1220mm，并且面板为 18mm 厚胶合板，几字梁间距为 l=300mm。

① 承载力验算

面板最大弯矩：$M_{max} = ql^2/10 = (61.61 \times 300 \times 300)/10 = 0.554 \times 10^6\text{N}\cdot\text{mm}$

面板的截面系数：$W = bh^2/8 = \frac{1}{8} \times 1000 \times 18^2 = 4.1 \times 10^4\text{mm}^3$

应力：$\sigma = M_{max}/W = 0.554 \times 10^6/4.1 \times 10^4 = 13.5\text{N/mm}^2 < f_m = 15\text{N/mm}^2$

故满足要求。

② 挠度验算

挠度验算采用标准荷载(F_1)，同时不考虑振动荷载的作用，则 $F_1 = q' = 54.27\text{kN/m}$

模板挠度 $\omega = q'l^4/150EI$

$= 54.27 \times 300^4/(150 \times 6 \times 1000 \times 59.3 \times 10^4)$

$= 0.82\text{mm} < [\omega] = 300/400 = 0.75\text{mm}$

故满足要求。

面板截面惯性矩：$I = bh^3/12 = 1220 \times 18^3/12 = 59.3 \times 10^4\text{mm}^4$

2）几字梁验算：几字梁作为竖肋支承在横向背楞上，可作为支承在横向背楞上的连续梁计算，其跨距等于横向背楞的间距最大为 L=900mm。

几字梁上的荷载为：$q_3 = Fl = 61.61 \times 0.3 = 18.48\text{kN/m}$

式中　F——混凝土的侧压力；

l——几字梁之间的水平距离。

强度验算：

最大弯矩：$M_{max}=\frac{1}{10}q_3L^2=0.1\times18.48\times0.9^2=1.5kN\cdot m$

几字梁截面系数：$W=20.475\times10^3mm^3$

应力：$\sigma=M_{max}/W=1.5\times10^6N\cdot mm/20.475\times10^3mm^3$

$=73.26N/mm^2<f=195N/mm^2$

满足要求。

挠度验算：

几字梁截面惯性矩：$I=397\times10^4mm^4$

几字梁截面弹性模量：$E=2.06\times10^5N/mm^2$

几字梁悬臂部分挠度：

$\omega=q'l_1^4/8EI$

$=54.27\times0.3\times350^4/(8\times2.06\times10^5\times397\times10^4)$

$=0.037mm<[\omega]=L_1/400=0.875mm$

几字梁跨中挠度：$\omega=q'l_2^4x(5-24\lambda^2)/384EI$

$=54.27\times0.3\times900^4\times(5-24\times0.39^2)/(384\times2.06\times10^5\times397\times10^4)$

$=0.046mm<[\omega]=L_2/400=2.25mm$

其中，容许挠度：$[\omega]=L/400$，$L_1=350mm$，$L_2=900mm$

λ——悬臂部分长度与跨中部分长度之比，$\lambda=l_1/l_2$

3）双10号钢槽水平背楞验算：几字梁竖向背楞间距为300mm，单面支模支架间距为800mm。由于两者之间模数不配套，造成双10号槽钢水平背楞上荷载分布不规律；计算简图表达有一定困难。可以通过分析的方法，对荷载作用略作放大，借用相似的力学模型近似解决计算问题。

一般说相同荷载情况下，简支梁跨中弯矩大于连续梁，两跨连续梁支座弯矩大于多跨连续梁。可以将多跨连续梁所受的荷载最大状态找出来，按其作用于简支梁计算荷载效应，再将结果作用于连续梁进行核算。对所核算的结构来说，是偏于安全的。

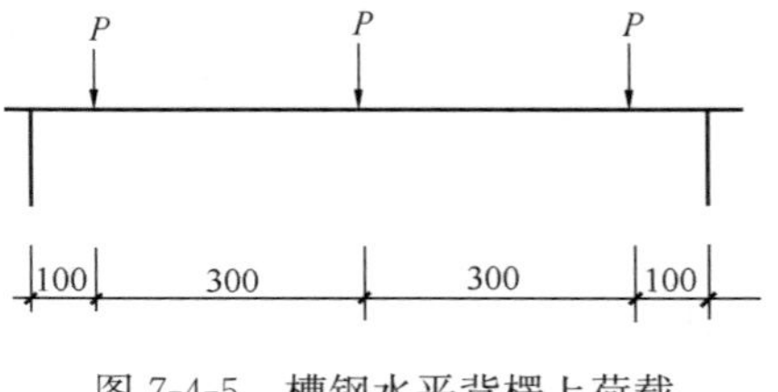

图7-4-5 槽钢水平背楞上荷载处于极值状态图

通过分析，可知双10号槽钢水平背楞上荷载处于极值状态如图7-4-5：

按简支梁计算，在此状态下，钢槽水平背楞跨中最大弯矩为：

$$M_{max}=3P/2\times L/2-P\times3L/8=3P\times L/8$$

均布荷载下，简支梁跨中最大弯矩为：$M_{max}=qL^2/8$；

化为等效均布荷载即：$3P\times L/8=qL^2/8$；

有：$$q_{等效}=3P/L$$

可取：$q_{等效}=3\times(61.61\times0.3\times0.9)/0.8=62.38kN/m$ 对槽钢水平背楞进行受力核

算。槽钢水平背楞为连续布置，可按均布荷载作用于三跨连续梁计算。

槽钢水平背楞强度、刚度核算：

① 双10号槽钢截面惯性矩：$I=2\times198.3\times10^4\text{mm}^4$

双10号槽钢抗弯截面系数：$W=2\times39.7\times10^3\text{mm}^3$

双10号槽钢截面弹性模量：$E=2.06\times10^5\text{N/mm}^2$

② 抗弯强度验算：

$$M_{\max}=ql^2/10=(62.38\times800\times800)/10=3.99\times10^6\text{N}\cdot\text{mm}$$

双10号槽钢受弯状态下的应力为：

$$\sigma=\frac{M}{W}=\frac{3.99\times10^6}{2\times39.7\times10^3}=50.25\text{N/mm}^2<f_{\text{m}}=215\text{N/mm}^2(\text{可})$$

③ 挠度验算：(借用等效均布荷载)

$$\omega=\frac{0.677ql^4}{100EI}$$

$$=\frac{0.677\times62.38\times800^4}{100\times2.06\times10^5\times2\times198.3\times10^4}$$

$$=0.21\text{mm}<[\omega]=L/400=2.0\text{mm}(\text{可})$$

7.4.2　采用组合钢模板组拼的墙模板设计

【例2】　某工程墙体高3m，厚180mm，宽3.3m，采用组合钢模板组拼，验算条件如下。

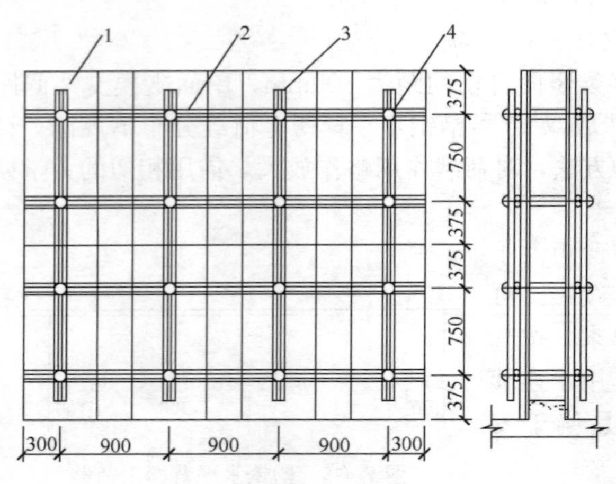

图7-4-6　组合钢模板拼装图

1—钢模；2—内龙骨；3—外龙骨；4—对拉螺栓

钢模板采用P3015（1500mm×300mm)分二行竖排拼成。内龙骨采用2根ϕ48×3.5钢管，间距为750mm，外龙骨采用同一规格钢管，间距为900mm。对拉螺栓采用M20，间距为750mm(图7-4-6)。

混凝土自重(γ_c)为24kN/m³，强度等级C20，坍落度为70mm，采用0.6m³混凝土吊斗卸料，浇筑速度为1.8m/h，混凝土温度为20℃，用插入式振捣器振捣。

钢材抗拉强度设计值：Q235钢为215N/mm²，普通螺栓为170N/mm²。钢模的允许挠度：面板为1.5mm，纵横肋钢板厚度为3mm。

试验算：钢模板、钢楞和对拉螺栓是否满足设计要求。

【解】

(1) 荷载设计值：

1) 混凝土侧压力标准值：

其中 $t_0=\dfrac{200}{20+15}=5.71$

$F_1=0.28\gamma_c t_0 \beta \sqrt{V}$

$F_1=0.28\times 24000\times 5.71\times 0.85\times 1.8^{1/2}$

$=43.76\text{kN/m}^2$

$F_2=\gamma_c\times H=24\times 3=72\text{kN/m}^2$

取两者中小值，即 $F_1=43.76\text{kN/m}^2$

考虑荷载折减系数：

$$F_1\times \text{折减系数}=43.76\times 0.9=39.38\text{kN/m}^2$$

2）倾倒混凝土时产生的水平荷载：表 7-3-1 为 2kN/m^2

荷载标准值为 $F_2=2\times$折减系数$=2\times 0.9=1.8\text{kN/m}^2$

3）混凝土侧压力设计值按（式 7-3-1）进行荷载组合：

$$F'=1.35\times 0.9\times 39.38+1.4\times 0.9\times 1.8=50.11\text{kN/m}^2$$

（2）模板验算

1）计算简图：

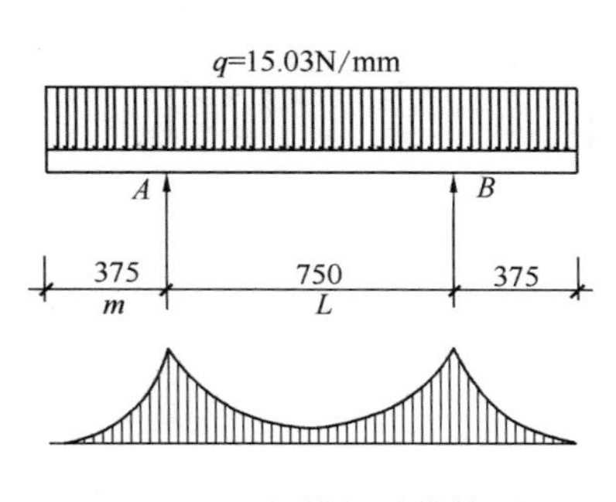

图 7-4-7 钢模板计算简图

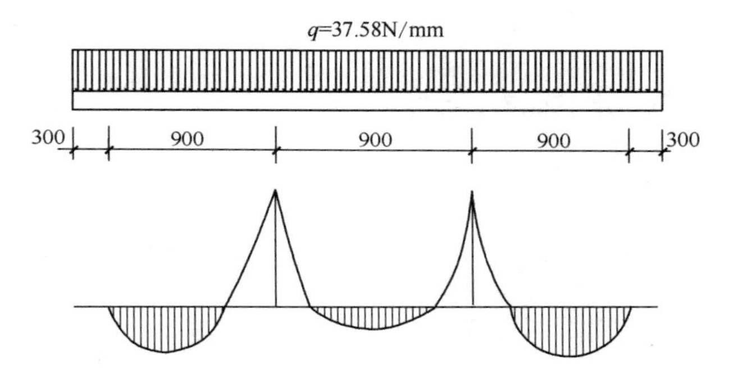

图 7-4-8 钢模板计算简图

化为线均布荷载：

$q_1=F'\times 0.3/1000=\dfrac{50.11\times 1000\times 0.3}{1000}=15.03\text{N/mm}$(用于计算承载力)；

$q_2=F_1\times 0.3/1000=\dfrac{43.76\times 100\times 0.3}{1000}=13.13\text{N/mm}$(用于验算挠度)。

2）抗弯强度验算：

$$M=\frac{q_1 m^2}{2}=\frac{15.03\times 375^2}{2}=1.06\times 10^6\text{N/mm}$$

小钢模受弯状态下的模板应力为：

$$\sigma=\frac{M}{W}=\frac{1.06\times 10^6}{5.94\times 10^3}=178.45\text{N/mm}^2<f_m=215\text{N/mm}^2\text{(可)}$$

3）挠度验算：

$$\omega=\frac{q_2 m}{24EI_{xj}}(-l^3+6m^2l+3m^3)$$

$$=\frac{13.13\times 375(-750^3+6\times 375^2\times 750+3\times 375^3)}{24\times 2.06\times 10^5\times 26.97\times 10^4}$$

$$=1.36\text{mm}<[\omega]=1.5\text{mm}\text{(可)}$$

（3）内龙骨（双根 $\phi48\times3.5$ 钢管）验算

2 根 $\phi48\times3.5$ 的截面特征为：$I=2\times12.19\times10^4\text{mm}^4$，$W=2\times5.08\times10^3\text{mm}^3$

1）计算简图：

化为线均布荷载：

$$q_1=F'\times0.75/1000=\frac{50.11\times1000\times0.75}{1000}=37.58\text{N/mm}(\text{用于计算承载力})；$$

$$q_2=F_1\times0.75/1000=\frac{43.76\times1000\times0.75}{1000}=32.82\text{N/mm}(\text{用于验算挠度})。$$

2）抗弯强度验算：由于内龙骨两端的伸臂长度（300mm）与基本跨度（900mm）之比，300/900=0.33<0.4，则伸臂端头挠度比基本跨度挠度小，故可按近似三跨连续梁计算。

$$M=0.10q_1l^2=0.10\times37.58\times900^2$$

抗弯承载能力：$\sigma=\dfrac{M}{W}=\dfrac{0.1\times37.58\times900^2}{2\times5.08\times10^3}=299.6\text{N/mm}^2>f_\text{m}=215\text{N/mm}^2$（不可）

改用 2 根□60×40×2.5 作内龙骨后，$I=2\times21.88\times10^4\text{mm}^4$，$W=2\times7.29\times10^3\text{mm}^3$

抗弯承载能力：$\sigma=\dfrac{M}{W}=\dfrac{0.1\times37.58\times900^2}{2\times7.29\times10^3}=208.78\text{N/mm}^2>f_\text{m}=215\text{N/mm}^2$（可）

3）挠度验算：

$$\omega=\frac{0.677\times q_2l^4}{100EI}=\frac{0.677\times32.82\times900^4}{100\times2.06\times10^5\times2\times21.88\times10^4}=1.62\text{mm}<3.0\text{mm}(\text{可})$$

（4）对拉螺栓验算

T20 螺栓净截面面积 $A=241\text{mm}^2$

1）拉螺栓的拉力：

$N=F'\times$内龙骨间距$\times$外龙骨间距$=50.11\times0.75\times0.9=33.82\text{kN}$

2）对拉螺栓的应力：

$$\sigma=\frac{N}{A}=\frac{33.82\times10^3}{241}=140.35\text{N/mm}^2<170\text{N/mm}^2\ (\text{可})$$

7.4.3　柱模板设计计算

【例 3】　基本参数：柱子截面尺寸为 1000×1100 最大高度为 8.24m，竖背楞采用 50×100 方木（角处为 100×100 方木），最大间距为 200mm；面板采用 18mm 覆膜多层板；柱箍采用［10 双槽钢，竖向间距为 500mm，柱箍采用 M20 螺杆拉接，见图 7-4-9 至图 7-4-11。

（1）柱模板施工说明

1）柱箍统一采用［100mm×48mm×5.3mm 双槽钢制作，槽钢立放，使用 M20 螺栓连接。柱箍间距 500mm。

2）柱模支撑系统每面设置一道平撑，两道斜撑；柱根设置一道水平支撑，水平支撑向上每间隔 1.5m 设置一道斜撑，支撑杆与地面预留 $\phi25$ 地锚固定。支撑高度不低于 1/2 柱高，利用支撑系统在保证柱身稳定的同时，可以同时抵抗一部分荷载。

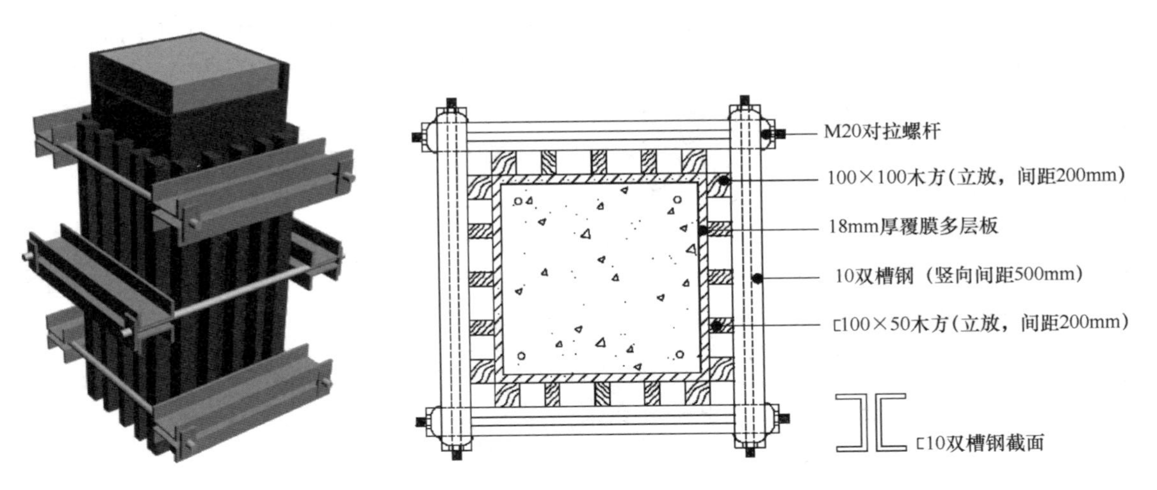

图 7-4-9 柱模板立体图　　图 7-4-10 柱模板截面图

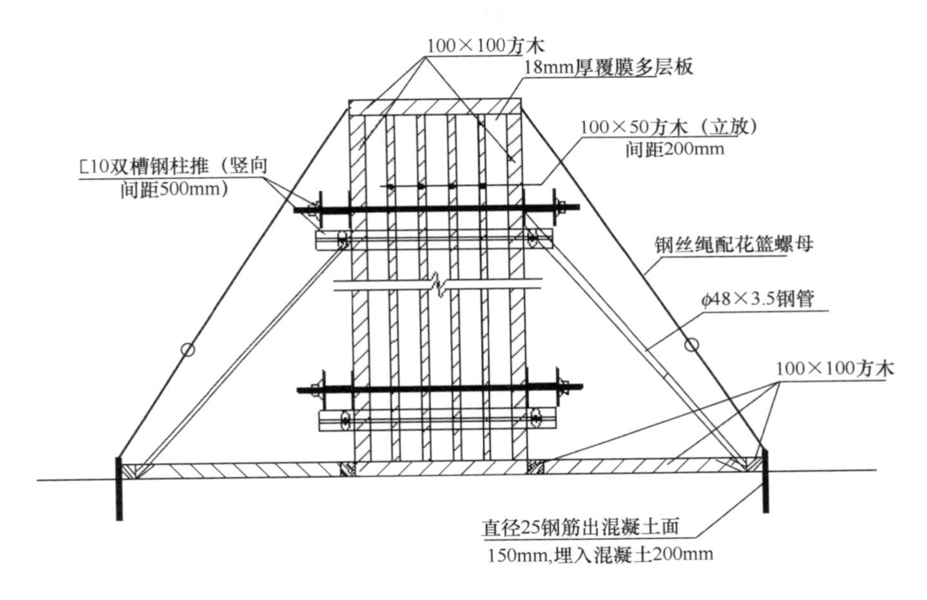

图 7-4-11 柱模板立面图

（2）柱模板侧压力计算

1）混凝土侧压力标准值

$$F_1=0.28\gamma_c t_0 \beta V^{1/2}=0.28\times24\times5.71\times1\times3^{1/2}=66.46\text{kN/m}^2$$

$$F_2=\gamma_c H=24\times8.24=197.76\text{kN/m}^2$$

取　$G_{4k}=66460\text{N/m}^2$

2）施工活荷载：$Q_{3k}=6000\text{N/m}^2$

3）荷载（强度）设计值：由荷载组合，引自式（7-3-4）：

$$F=\gamma_0(1.35\alpha\sum_{i=1}^{n}S_{G_{ik}}+1.4\psi_{cj}\sum_{i=1}^{n}S_{Q_{jk}})$$

$$F=0.9\times(1.35\times0.9\times66460+1.4\times0.9\times6000)=79478\text{N/m}$$

取 $F=79478$N/m 作为柱模板侧压力荷载设计值。对于浇筑过程中柱子不同截面位置，本压力值并非定值；为简化计算取为全柱面侧压力值。

4）荷载（刚度）设计值：取混凝土侧压力标准值。

$$F'=F_2=66.46\text{kN/m}^2$$

（3）柱面模板（覆膜多层板）验算

1）荷载设计值：板面宽度取 1m

$$q_1=79478\times1=79478\text{N/m}$$

2）强度验算：按简支跨连续梁计算

施工荷载为均布线荷载：

$$M_1=\frac{1}{8}q_1l^2=\frac{1}{8}\times79478\times0.2^2$$

$$=397.4\text{N/m 取 }400\text{N}\cdot\text{m}$$

① 材料设计指标

18mm 厚覆膜多层板截面参数为：$I=486000\text{mm}^4$，$W_j=54000\text{mm}^3$

18mm 厚覆膜多层板力学参数为：$E=4200\text{N/mm}^2$，$f_{jm}=15\text{N/mm}^2$

② 核算

$\sigma=M_1/W_j=400000/54000=7.4\text{N/mm}^2<15\text{N/mm}^2$

强度满足要求。

3）挠度验算

$q=66460\times1=66460\text{N/m}=66.46\text{N/mm}$

$\upsilon=\frac{5}{384EI}ql^4=5\times66.46\times2004/(384\times4200\times486000)=0.68\text{mm}<200/250=0.8\text{mm}$

挠度满足要求。

（4）次龙骨计算

1）荷载设计值：次龙骨间距取 0.2m

$$q_4=79478\times0.2=15896\text{N/m}$$

2）强度验算：按三跨连续梁计算

① 施工荷载为均布线荷载：

$M_{B支}=Kmq_4\times L^2=-0.1\times15896\times0.5^2=-397.4\text{N/m}$

$V=K_Vq_4\times L=0.5\times15896\times0.5=3974\text{N}$

② 材料设计指标

$50\times100\text{mm}^2$ 方木截面参数为：$I=4167000\text{mm}^4$，$W=83330\text{mm}^3$，$S=62500\text{mm}^3$

$50\times100\text{mm}^2$ 方木力学参数为：$E=10000\text{N/mm}^2$，$f_m=13\text{N/mm}^2$，$f_V=1.4\text{N/mm}^2$，

③ 核算

$\sigma=M_{B支}/W=397400/83330=4.77\text{N/mm}^2<17\text{N/mm}^2$

$\tau=VS/Ib=3974\times62500/(4167000\times50)=1.19\text{N/mm}^2<1.4\text{N/mm}^2$

强度满足要求。

3）挠度验算

$q=0.2\times66460=13292\text{N/m}=13.3\text{N/mm}$

$\upsilon=K_{w}ql^4/100EI=0.677\times13.3\times500^4/(100\times10000\times4167000)$

$=0.14mm<L/400=500/400=1.25mm$

挠度满足要求。

(5) 柱箍计算

柱箍长度：螺栓孔本身25mm，中心距外侧50mm，距次龙骨边25mm；两侧主龙骨、次龙骨、模板$2\times(100+18)=236mm$。故边长1100mm方柱柱箍螺栓孔中心距计算长度1400mm。

1) 荷载设计值：每侧柱箍负担侧压力宽度0.5m

$$q_5=79478\times0.5=39739N/m$$

2) 强度验算

① 受力计算：按简支梁承受均布荷载

$M_1=\frac{1}{8}q_5l^2=39739\times1.4^2/8=9736N/m$

$V=q_5\times L/2=39739\times1.1/2=21856N$

② 材料设计指标

双［10槽钢截面参数为：$A_n=2548.8mm^2$，$I=3966671mm^4$，$t=2\times5.3=10.6mm$，$W_j=79333mm^3$，$S=47056mm^3$

双［10槽钢力学参数为：$E=206000N/mm^2$，$f=215N/mm^2$，$f_V=125N/mm^2$

③ 核算

$$\sigma=M_1/W_j=9736000/79333=122.7N/mm^2<215N/mm^2$$

$\tau=VS/It=21856\times47056/(3966671\times10.6)=24.5N/mm^2<125N/mm^2$

强度满足要求。

3) 挠度验算：柱箍按承受均布荷载进行计算

$q=$柱箍间距$\times F_1=0.5\times66460=33230N/m=33.23N/mm$

$\upsilon=\frac{5}{384EI}ql^4=5\times33.23\times14004/(384\times206000\times3966671)=2.0mm<L/500=1400/500=2.8mm$

挠度满足要求。

(6) 对拉螺栓计算

$N=21856N$

$M20$：$A_n=225mm^2$，$f_t^b=170N/mm^2$，

$A_nf_t^b=225\times170=38250N>21856N$

满足要求。

7.4.4 柱箍设计计算

柱箍是柱模板面板的横向支撑构件，其受力状态为拉弯杆件，应按拉弯杆件进行计算。

【例4】 框架柱截面尺寸为600mm×800mm，侧压力和倾倒混凝土产生的荷载合计为$60kN/m^2$（设计值），采用组合钢模板，选用［80×43×5槽钢作柱箍，柱箍间距(l_1)为600mm，试验算其强度和刚度。

【解】

(1) 计算简图

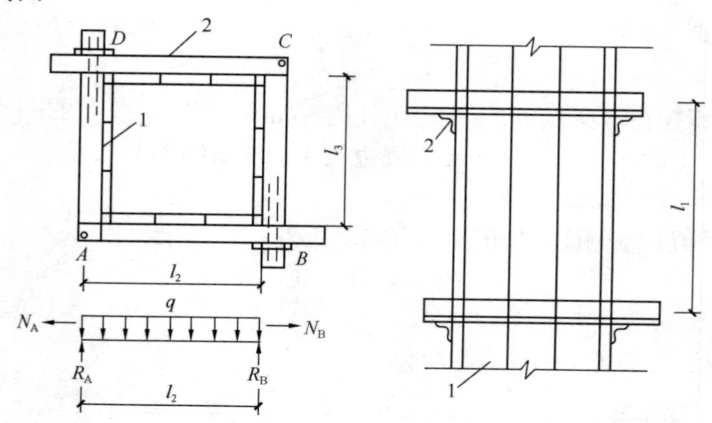

图 7-4-12　小钢模柱模柱箍

1—钢模板；2—柱箍

$$q=FL_1\times0.95$$

式中　q——柱箍 AB 所承受的均布荷载设计值（kN/m）；

F——侧压力和倾倒混凝土荷载（kN/m^2）；

0.95——折减系数。

则：
$$q=\frac{60\times10^3}{10^6}\times600\times0.95=34.2N/mm$$

(2) 强度验算

$$\frac{N}{A_n}+\frac{M_x}{\gamma_x W_{nx}}\leqslant f$$

式中　N——柱箍承受的轴向拉力设计值（N）；

A_n——柱箍杆件净截面面积（mm^2）；

M_x——柱箍杆件最大弯矩设计值（N·mm），$M_x=\frac{ql_2^2}{8}$；

γ_x——弯矩作用平面内，截面塑性发展系数，因受震动荷载，取 $\gamma_x=1.0$；

W_{nx}——弯矩作用平面内，受拉纤维净截面抵抗矩（mm^3）；

F——柱箍钢杆件抗拉强度设计值（N/mm^2），$f=215N/mm^2$。

由于组合钢模板面板肋高为 55mm，故：

$$l_2=b+(55\times2)=800+110=910mm$$

$$l_3=a+(55\times2)=600+110=710mm$$

$$l_1=600mm$$

$$N=\frac{a}{2}q=\frac{600}{2}\times34.2=10260N$$

$$M_x=\frac{1}{8}ql_2^2=\frac{34.2\times910^2}{8}=3540127.5N\cdot m$$

[80×43×5　$A_n=1024mm^2$，W_{nx} = [80×43×5 为 $25.3\times103mm^3$

则 $$\frac{N}{A_n}+\frac{M_x}{\gamma_x W_{nx}}=\frac{10260}{1024}+\frac{3540127.5}{25.3\times10^3}$$

$$=10.02+139.93=149.95<f=215\text{N/mm}^2(\text{可})$$

(3) 挠度验算

$$\omega=\frac{5q'l_2^4}{384EI}\leqslant[\omega]$$

式中 $[\omega]$——柱箍杆件允许挠度(mm);

E——柱箍杆件弹性模量(N/mm^2),$E=2.05\times10^5\text{N/mm}^2$;

I——弯矩作用平面内柱箍杆件惯性矩(mm^4),查表 8-7;

q'——柱箍 AB 所承受侧压力的均布荷载设计值(kN/m),计算挠度扣除活荷载作用。假设采用串筒倾倒混凝土,水平荷载为 2kN/m^2,则其设计荷载为 $2\times1.4=2.8\text{kN/m}^2$,故

$$q'=\left(\frac{60\times10^3}{10^6}-\frac{2.8\times10^3}{10^6}\right)\times600\times0.95=32.6\text{N/mm}$$

则:$$\omega=\frac{5\times32.6\times910^4}{384\times2.05\times10^5\times101.3\times10^4}=\frac{1.118\times10^{14}}{7.974\times10^{13}}(\text{可})。$$

$$=1.4\text{mm}<[\omega]=\frac{l_2}{500}=\frac{910}{500}=1.82\text{mm}$$

7.5 楼梯模板设计计算

7.5.1 直跑板式楼梯模板参数确定

设计图纸一般给出成型以后的楼梯踏步、休息平台的结构位置尺寸。楼梯段、休息平台模板的支模位置,需要在施工前根据楼梯板厚,进行计算。

1. 板式双折楼梯模板位置的确定

(1) 首段楼梯板支模位置确定(图 7-5-1)

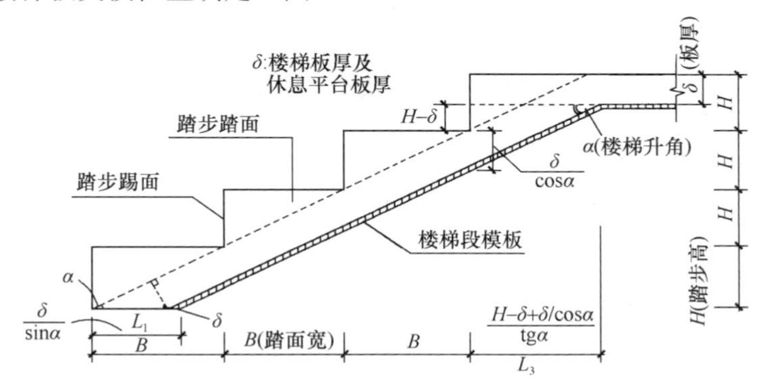

图 7-5-1 首段楼梯支模长度示意图

从图可以看出,模板支设起步位置比第一级楼梯踏步的踢面结构后退

$$\frac{\delta}{\sin\alpha},\ 令\ L_1=\frac{\delta}{\sin\alpha} \tag{7-5-1}$$

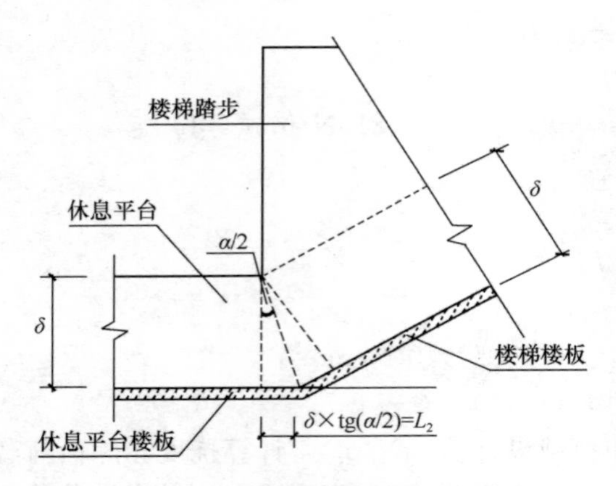

图 7-5-2　休息平台处模板起步示意图

注：图中 α 为梯段升角，$\alpha=\text{arctg}\,\frac{H}{B}$。

由 L_1 即可确定楼梯段模板支设起步位置。

(2) 由休息平台起步的楼梯模板位置

如图 7-5-2 所示，从休息平台起步的楼梯模板，应该按建筑图所示第一级踏步的起步位置向楼梯段方向延伸。延伸的距离，是从楼梯第一级踏步的结构踢面向楼梯段方向延伸：

$$L_2=\delta\times\text{tg}\,\frac{\alpha}{2} \tag{7-5-2}$$

考虑到装修踢面面层的构造厚度，休息平台应向上一跑梯段延伸：

(L_2) ＋踢面面层构造厚度

(3) 楼梯模板上部与休息平台相交的支模位置

楼梯最上一级的踢面，是休息平台的边缘。而最上面一级的踏面（如图 7-5-1 所示），与休息平台面重合。从平台上表面，无法分出那个部位是踏面，那个部位是休息平台。一般木工支这个部位的模板，是按向平台方向推一个踏面宽度来掌握。从图 7-5-1 分析，梯段模板实际上应该比一级踏面尺寸要长。当楼梯陡时，伸出多一些；楼梯坡缓，支模短一些。

由图 7-5-1，楼梯模板应从楼梯最上一级踢面位置向上延伸

$$L_3=\frac{H-\delta+\dfrac{\delta}{\cos\alpha}}{\text{tg}\alpha} \tag{7-5-3}$$

这段距离是将最上一级踏步中扣除板厚（本例休息平台板厚与梯板厚相同），到该位置楼梯模板的垂直距离是根据楼梯升角算出来的。这段距离为：

$$\text{踏步高}(H)-\text{休息平台板厚}(\delta)+\frac{\text{楼梯段厚}(\delta)}{\cos\alpha}$$

用这段距离除以 $\text{tg}\alpha$，就是楼梯模板应从最上一级楼梯踏面向休息平台方面延伸的水平投影距离。这段距离的支模板长度为：

$$\frac{H-\delta+\dfrac{\delta}{\cos\alpha}}{\sin\alpha}$$

(4) 梯段模板的水平投影长度

①首段楼梯模板的水平投影长度为：

首段楼梯建筑图的投影长度（各踏面宽度之和）$-L_1+L_3$

②其余段楼梯模板的水平投影长度为：

该段楼梯建筑图的投影长度（各踏面宽度之和）$-L_2+L_3$

需要说明的是，②仅适用于上下梯段在休息平台处折转方向的情况。如果休息平台

上、下两梯段沿同一方向延伸，若下一段楼梯支模时考虑了踢面的面层厚度，上一跑楼梯支模时就不考虑了。因为休息平台已整体前移了一个踢面厚度。同理，沿同一方向的多段的直跑楼梯，只在首段增加踢面厚度，其他段不增。

以上两个水平投影长度用于确定休息平台支模的平面位置。

(5) 楼梯段支模长度

其支模长度为：$\dfrac{\text{楼梯段的水平投影长度}}{\cos\alpha}$

对于标准层，楼梯坡度基本固定，上述计算简单一些。而层高变化频繁、楼梯坡度不一的工程，每一跑坡度（升角）不一致的楼梯，均需单独进行上述计算。

2. 板式折线形楼梯支模计算

折线形（连续直跑）板式楼梯的施工图纸一般也只表示构件成型以后的尺寸。此类楼梯模板关键是确定休息平台的模板位置。较为复杂的是上下跑楼梯段和休息平台板厚均不相同的情况，可根据（图 7-5-3 所示）相似三角形原理推出计算公式。

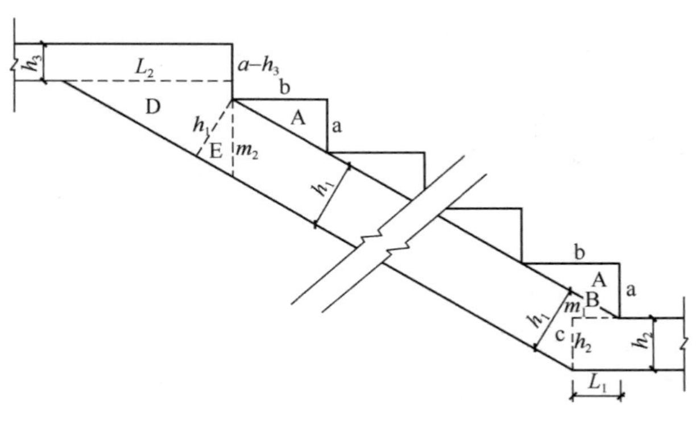

图 7-5-3 折线形板式楼梯支模示意图

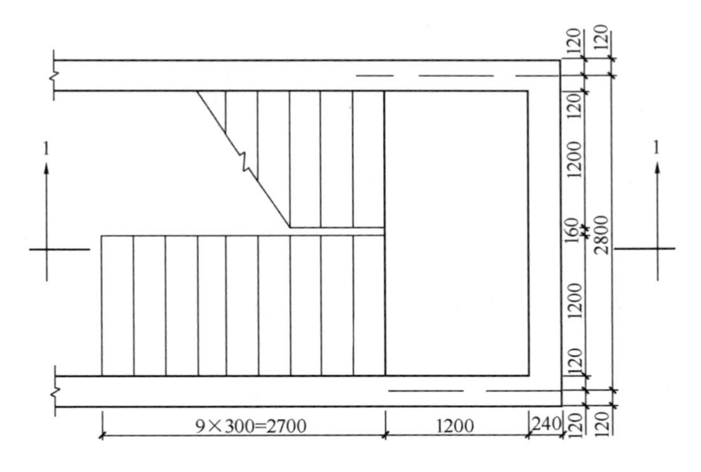

图 7-5-4 双折板式楼梯示意图

下面是根据相似三角形的原理推导休息平台的模板位置参数的过程以及计算公式。

由△A∽△B，$m_1/a=l_1/b \rightarrow m_1 \times b=l_1 \times a$ (1)

由△A∽△C，$h_1/b=(m_1+h_2)/\sqrt{a^2+b^2} \rightarrow$

$$h_1\sqrt{a^2+b^2}=m_1 \times b+h_2 \times b \rightarrow m_1 \times b=h_1\sqrt{a^2+b^2}-h_2 \times b \tag{2}$$

将(1)式代入(2)式得到休息平台板前进一侧的支模参数 l_1。

$$l_1=(h_1\sqrt{a^2+b^2}-h_2 \times b)/a \tag{7-5-4}$$

由△A∽△E　$h_1/b=m_2/\sqrt{a^2+b^2}\rightarrow m_2b=h_1\sqrt{a^2+b^2}$　(3)

由△A∽△C，$l_2/b=(m_2+a-h_3)/a\rightarrow$

$$l_2=(m_2b+b(a-h_3))m_1/a \tag{4}$$

将(3)式代入(4)式得到休息平台板到达一侧的支模参数 l_2。

$$L_2=(h_1\sqrt{a^2+b^2}+b(a-h_3))/a \tag{7-5-5}$$

只要将楼梯图纸上的踏步高度、宽度及板的厚度代入公式内，就可算出折线形板式楼梯模板起步位置，即从踏步向前延伸的尺寸 l_1、l_2，从而确定其支模位置。

7.5.2　旋转楼梯模板参数确定

本例所分析的旋转楼梯模架，模板板面的采用木材，弧形次龙骨为螺旋弧形(类似于弹簧的一段)，同时承担模板荷载和楼梯面成型作用；主龙骨轴线通过圆心，呈水平射线方向布置，用扣件与弧形弧形次龙骨及立杆连接，只向立杆传递节点竖向荷载。主龙骨和支撑立杆均采用 $\phi48$ 钢管。

旋转楼梯的楼梯板内外两侧同一圆心，半径不同；楼梯板的内外两侧升角不同(图 7-5-5)。楼梯板沿着贯穿楼梯两侧曲线的水平射线，绕圆心上旋，形成螺旋曲面；其上的楼梯踏步以一定角度分级，一般转 360°达到一个楼层高度。由于梯面荷载集度随半径而不同，使得其自重荷载统计和对模架的作用较为复杂。

1. 旋转楼梯位置、尺寸关系

图 7-5-5 为旋转楼梯空间示意。其内侧与外侧边缘的水平投影是两个同心圆。等厚度梯段表面，半径相同的截面展开图都是直角三角形，但半径不同的三角形斜面与地面的夹角均不相同。所以旋转楼梯梯段是一个旋转曲面，在这个旋转曲面上的每一条水平线都过圆心。

假设在圆心位置，有一条垂线 OO'，这条线就是该旋转楼梯的圆心轴。距圆心轴半径相等的点的连线的水平投影是同心圆。

由于旋转楼梯的梯段在每个不同半径的同心圆上，升角是固定的。所以，垂直于圆心轴的某个半径 R，所截断的楼梯板表面，其断面是圆柱螺线，如图 7-5-6(a)。将圆柱螺线展开后，就得到一个三角形。如图 7-5-6(b)。

旋转楼梯梯段的水平投影是扇面的一部分，其实际形状为

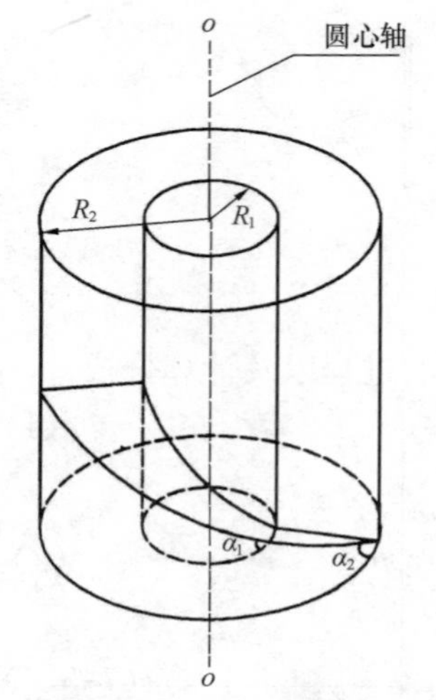

图 7-5-5　旋转楼梯示意图

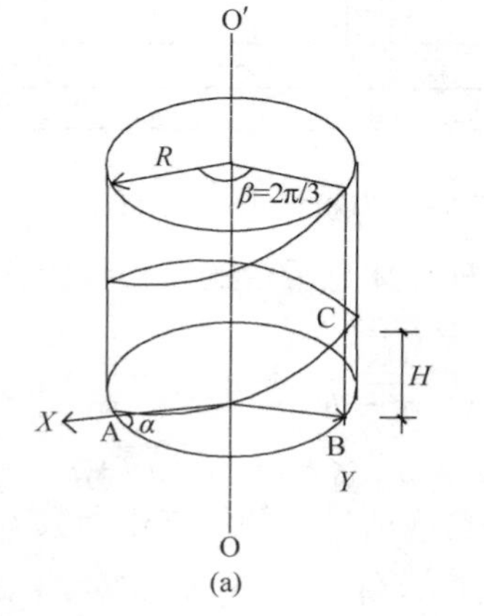

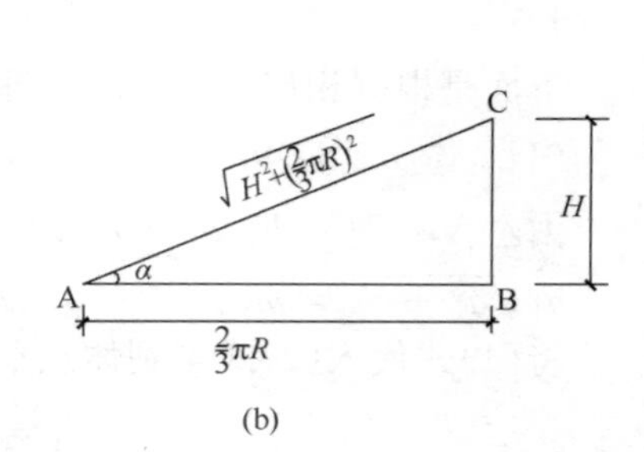

图 7-5-6　圆柱螺旋及其展开

曲面扇面，梯面面积的精确计算可用积分；亦可采用楼梯中心线（即梯段的平均值）简化计算。

2. 旋转楼梯内、外侧边缘水平投影长度

一般施工图在旋转楼梯上仅标出内侧、外侧边缘的半径、楼梯步数和中心线尺寸等。施工所需梯段内、外侧边缘的投影长度，支承梯段模板的弧形底楞长度等，均须换算。

可先按中心线半径和楼梯段中心线尺寸，反算出该段楼梯所夹的圆心角。将圆心角转换为弧度制。即可方便地计算任意半径长梯段、休息平台的投影弧长。

已知夹角为β(弧度)，半径长为R的弧长投影为：$R\times\beta$

3. 计算旋转楼梯内、外侧边缘升角

普通直跑楼梯，其全段坡度是一样的。而旋转楼梯，梯段上距中心轴半径不等的位置，升角不同，只能由计算确定。所以象内、外侧边缘、弧形底楞钢管等，均需单独进行计算。若升角用α表示，则

$$\mathrm{arctg}\alpha_i=\frac{\text{楼梯段两端高差}}{\text{楼梯段任一半径}(R_i)\text{水平投影长度}}$$

4. 确定楼梯支模起始位置

旋转楼梯梯段模板的起、终点位置，与前述普通直跑楼梯，在方法上没有差异。只是因为楼梯内、外侧升角不同，所以L_1、L_2、L_3的计算，应根据内、外侧各自升角，分别计算。上下两侧四个端点的起、终点位置确定了，休息平台的位置也就确定了。

5. 休息平台支模位置、踏步、尺寸

根据下跑楼梯起、终点位置，确定两个端点位置，然后算出休息平台内侧与外侧的弧长。此长度是根据图纸数据，直接算得的、实际支模尺寸（长度方向）为：

$$\text{计算弧长}+L_2-L_3$$

旋转楼梯平台内、外弧分别计算。由于首段楼梯支模时考虑了踏步踢面的面层厚度，以后的平台、楼梯等依次后移，故不必在计算平台支模尺寸中再考虑。每层楼梯只考虑一次。

旋转楼梯踏步，应根据图纸标注的中心线尺寸，转换为内、外弧边缘的实际尺寸。

7.5.3 旋转楼梯支模计算实例

【例 5】 某工程地下二层设备机房（建筑标高－11.800m）到地下一层（建筑标高－4.5m）为：内弧半径 2.15m，外弧半径为 3.8m 的旋转楼梯。中间设三个梯段两个休息平台。

设计每 6°为一级楼梯踏步，允许施工时取整数，作适当调整。

楼梯施工简图见图 7-5-7，楼梯段支模数据列表计算见表 7-5-1，休息平台支模数据计算见表 7-5-2，图 7-5-8 为下达给施工班组的模板施工图。

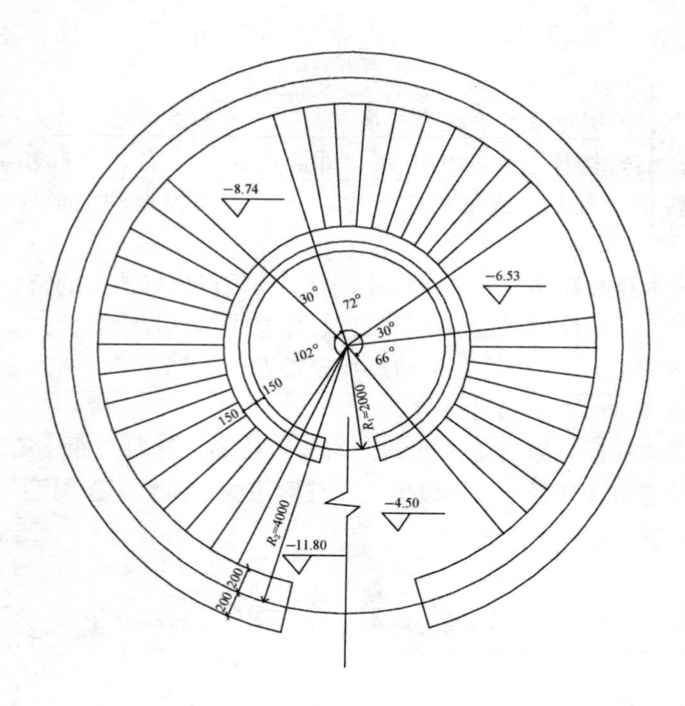

图 7-5-7　－11.8～4.50 楼梯建筑平面图

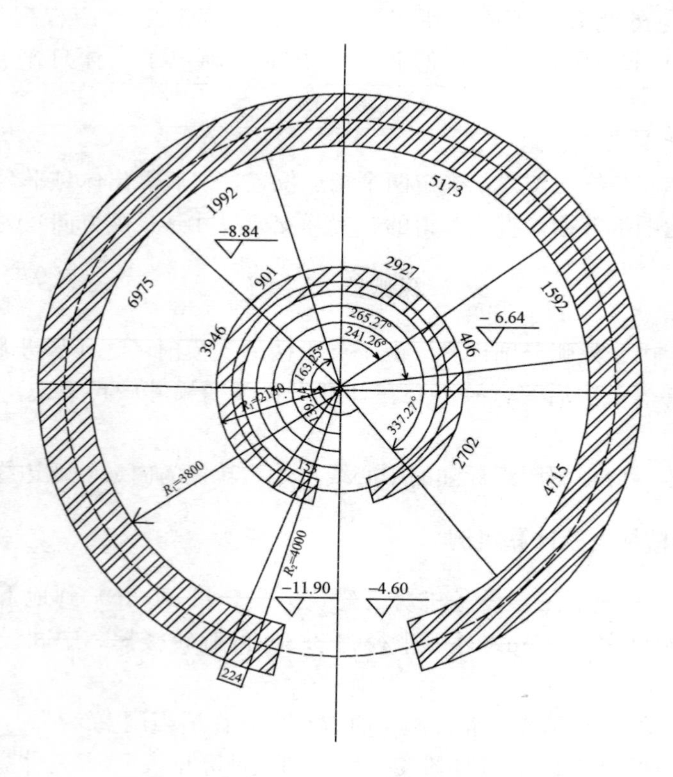

图 7-5-8　模板施工图

1. 弧形楼梯段支模计算表

弧形楼梯段支模计算表　　表 7-5-1

部位 / 数值 / 计算项目		首段楼梯	第二段楼梯	第三段楼梯	备　　注
梯段水平投影夹角	角度（°）	102	72	66	弧度=角度值×π/180°
	弧度	1.7802	1.2566	1.1519	
楼梯踏步支模宽度	内侧（mm）	225			按每级踏步夹角为6°计算
	外侧（mm）	398			
梯段升角（角度）	内侧（°）	37.07			
	外侧（°）	23.13			
图示梯段投影长度	内侧（mm）	3827	2702	2477	
	外侧（mm）	6765	4775	4377	
楼梯段高差（mm）		3060	2210	2030	每级踏步高 H=170
模板起步后退尺寸	内侧（mm）	133			
	外侧（mm）	204			
由休息平台起步尺寸	内侧（mm）		27		
	外侧（mm）		16		
梯段上部模板延伸距离	内侧（mm）	252			
	外侧（mm）	414			
梯段模板水平投影长度	内侧（mm）	3946	2927	2702	
	外侧（mm）	6975	5173	4775	

表中说明：

① 楼梯踏步支模宽度，本例是根据每级踏步圆心角为6°计算出来的。

② 梯段升角：梯段上，距圆心轴不同半径处，升角不一。确切地说，本计算项目应该叫梯段指定部位升角。

③ L_1 计算：

由：板厚 δ=80mm　　$\alpha_{内}=37.06°$　　$\alpha_{外}=23.13°$得：

$$L_1\ 内侧=\frac{板厚(\delta)}{\sin\alpha_{内}}=\frac{80}{\sin 37.06°}=133\text{mm}$$

$$L_1\ 外侧=\frac{板厚(\delta)}{\sin\alpha_{外}}=\frac{80}{\sin 23.13°}=204\text{mm}$$

④ L_2 计算

$$L_2\ 内侧=\delta\times\text{tg}\frac{\alpha_{内}}{2}=80\times\text{tg}\frac{37.07°}{2}=27\text{mm}$$

$$L_2\ 外侧=\delta\times\text{tg}\frac{\alpha_{外}}{2}=80\times\text{tg}\frac{23.13°}{2}=16\text{mm}$$

⑤ L_3 计算：

踏步高 H=170mm

$$L_3\text{内侧}=\frac{H-\delta+\frac{\delta}{\cos\alpha_{内}}}{\mathrm{tg}\alpha}=\frac{170-80+\frac{80}{\cos 37.06^\circ}}{\mathrm{tg}\,37.06^\circ}=252\mathrm{mm}$$

$$L_3\text{外侧}=\frac{H-\delta+\frac{\delta}{\cos\alpha_{外}}}{\mathrm{tg}\alpha}=\frac{170-80+\frac{80}{\cos 23.13^\circ}}{\mathrm{tg}23.13^\circ}=414\mathrm{mm}$$

梯段模板水平投影长度：(以首段为例)

由：内侧踏面长度和＝3827mm，L_1＝133m，L_3＝252mm

得：梯段内侧模板水平投影长度＝3827－133＋252＝3946mm

由：外侧踏面长度和＝6765mm，L_1＝204m，L_3＝414mm

得：梯段外侧模板水平投影长度＝6765－204＋414＝6975mm

⑥ 在计算首段模板投影长度时，并没有考虑楼梯踢面的面层厚度。因为这个尺寸，只是使楼梯模板整体前移。它的影响，将在楼梯模板及休息平台模板定位时，再作考虑。

⑦ 本例中，三个楼梯段踏步尺寸相等。所以，像梯段升角、L_2、L_3，各梯段无差别。若不同，则上述数据，均需单独计算。

2. 休息平台支模计算表

休息平台支模计算表 **表 7-5-2**

计算项目 \ 数值 \ 部位		−8.74m 休息平台	−6.53m 休息平台	−4.50m 休息平台
图纸平台长度 (mm)	内弧	1126	1126	
	外弧	1990	1990	
实际支模长度 (mm)	内弧	901	901	
	外弧	1592	1592	
平台模板夹角 (角度值)	内弧	24°	24°	
	外弧	24°	24°	
平台内侧端点弧长坐标 (mm)	下侧	5225	9053	12656
	上侧	6126	9954	
平台外侧端点弧长坐标 (mm)	下侧	9189	15954	22321
	上侧	10781	17546	
平台内侧端点角度坐标 (角度值)	下侧	139.24°	241.26°	337.27°
	上侧	163.25°	265.27°	
平台外侧端点角度坐标 (角度值)	下侧	138.55°	240.55°	336.55°
	上侧	162.55°	264.56°	
平台模板板面标高 (m)		−8.84	−6.64	−4.60

表中说明：

① 实际支模尺寸：

图纸平台尺寸$+L_2-L_3$，如平台内侧支模尺寸为：1126＋27－252＝901mm。

② 平台弧长端点坐标：

以图 7-5-7 所标 0 位置为圆心角 0 及梯段内、外弧两个同心圆的 O 起点位置。

因考虑踢面面层构造厚度为 20mm，故首段楼梯起步位置为：

30°弧长$+L_1$＋踢面面层厚度

内侧：1126＋133＋20＝1279mm

外侧：1990＋204＋20＝2214mm

上述尺寸加上梯段模板投影长即平台端点。

③ 造成平台处与上、下梯板交角不处在同一圆心射线原因有二：一是内侧升角大，探入平台的模板长；二是内、外侧同时平推 20mm 厚踢面面层。使得内弧一侧弧长的圆心角比外侧大一些。这两项原因造成的差异，在后续的支楼梯踏步模板和楼梯面层抹灰完成以后，在楼梯上表面就会消除。

综合表 7-5-1、表 7-5-2 数据即可画出模板施工图（图 7-5-8）。

3. 模板受力计算

梯板与平台板均为 80mm 厚，踏步按中心线尺寸折算为 80mm。

（1） 荷载统计

荷载标准值：

背楞钢管＋模板　0.13＋0.05×6＝0.43kN/m²

钢筋混凝土楼梯板　0.08×25.1　＝2.01kN/m²

混凝土楼梯踏步　0.08×25.1　＝2.01kN/m²

4.45kN/m²

施工均布荷载　2.0kN/m²

荷载设计值：

$$q=1.2\times4.45+1.4\times2.0=8.14\text{kN/m}^2$$

$$q_{\text{组合}}=1.35\times4.45+1.4\times0.9\times2=8.52\text{kN/m}^2$$

取荷载设计值：$q=1.2\times4.45+1.4\times2.0=8.52\text{kN/m}^2$

（2） 模板面板强度验算：（按单块模板）

$$M_{\text{支座}}=1/2\times0.2q\times0.2^2$$

$$=1/2\times1.704\times0.22=0.0341\text{kN}\cdot\text{m}$$

$$M_{\text{跨中}}=\frac{ql^2}{8}\left(1-\frac{4m^2}{l^2}\right)$$

$$1/8\times0.2q\times1.25^2(1-4\times0.2^2\ /\ 1.25^2)M_{\text{支座}}=0.2987\text{kN}\cdot\text{m}$$

$$W_{\text{模板}}=(200\times40^2)\ /\ 6=53333\text{mm}^3$$

$$\delta_{\text{模板}}=\frac{M_{\text{板中}}}{W_{\text{模板}}}=\frac{0.2987\times10^6}{53333}=5.6\text{MPa}$$

一般松木板［δ］＝13～17N/mm²，模板强度满足。

从模板受力合理角度，两根底楞还应向中间靠拢。但模板边上可能不稳。特别是外弧一侧首先集中受荷时，内弧一侧模板容易翘起。一般边楞的位置，在距梯板边缘 $L/8$～$L/6$ 之间找个整数即可。

(3) 模板变形验算：(按单块模板)

$$\omega_{\max}=\frac{ql^4}{384EI}(5-24\lambda^2)=\frac{0.2\times6.68\times1250^4}{384\times9000\times1.067\times10^6}\left(5-24\left(\frac{0.2}{1.25}\right)^2\right)$$

$$=0.88\text{mm}<\frac{l}{400}=\frac{1250}{400}=3.125\text{mm}$$

4. 楼梯段螺旋面面积折算

(1) 作用于弧形弧形次龙骨的荷载取值

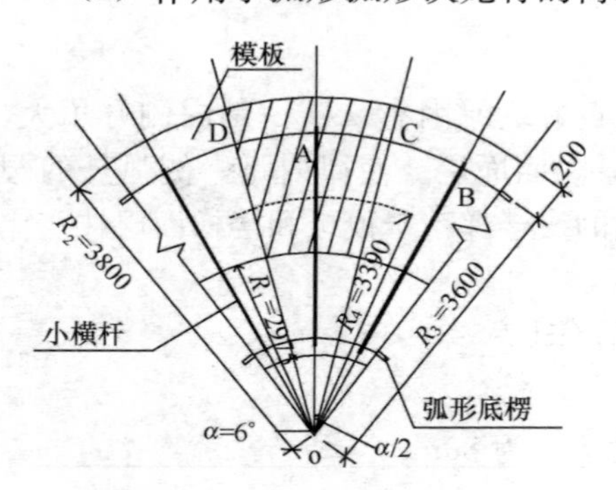

图 7-5-9　外侧底楞受荷面积投影
(一级楼梯踏步)

图 7-5-9 所示阴影面积是外弧的弧形次龙骨在一个受力单元所负担的荷载区域的水平投影。此区域荷载，通过弧形次龙骨，经主龙骨（只承受节点传递荷载，不必计算。如用扣件与立杆连接，只计算扣件锁固能力）与立杆的结点，从立杆、斜撑传下。

作用在弧形次龙骨上的均布荷载，可分解为法向荷载（垂直与钢管）$q\cos\alpha$，和沿钢管方向的切向荷载 $q\sin\alpha$。其中，法向荷载使钢管受弯、受剪、受扭；切向荷载使管子受压（可忽略不计）。

(2) 弧形次龙骨受荷面积计算

每一个微小角度的曲面扇面上的荷载，对扇面区域弧形次龙骨的作用值可以用一个区域的荷载之和除以该区域弧形次龙骨长度来表示。

$$\text{弧形次龙骨线荷载}=\frac{\text{曲面扇形面积荷载之和}}{\text{曲面区域内底楞钢管长度}}$$

由于内弧段与外弧段半径相差较大，两根弧管负担的面积差异较大。所以，外弧段弧形次龙骨所受荷载作用，可作为计算校核控制截面。从两弧形次龙骨之间为界，计算外弧段荷载。

图 7-5-9，作用在外弧次龙骨上阴影部分的曲面扇形面积为：

$$1/2\,(R_2^2\phi-R_1^2\phi)\div\cos\alpha=\phi\,(R_2^2-R_1^2)/2\cos\alpha \qquad (7\text{-}5\text{-}6)$$

上式中 α 为梯段升角。对整个梯面来说，α 随半径变化，不是一个固定的值。为了求得精确解，对曲面进行积分。

在楼梯表面，距圆心轴为 R 的点的连线是圆柱螺线，其在梯段上的长度，可表示为 $\sqrt{(R\Phi)^2+H^2}$。我们以梯段上每一个确定半径 R 的圆柱螺线长和 $\mathrm{d}R$ 的长方形面积代替微小的部分圆环面积，对半径 R 方向积分，可列出：

$$\text{楼梯模板面积}=\int_{R_1}^{R_2}\sqrt{(R\Phi)^2+H^2}\,\mathrm{d}R \qquad (7\text{-}5\text{-}7)$$

式中，R_1、R_2 为待求区域上、下界；Φ 为待求区域的圆心角（用弧度表示）；H 为该楼梯段两边高差。

【解】　令 $R\phi=t$，则 $R=t/\phi$，$\mathrm{d}R=\phi\mathrm{d}t$

积分上下限为：$R_1\phi=t_1$，$R_2\phi=t_2$ 则有：

$$\text{楼梯模板面积}=\int_{t_1}^{t_2}\frac{1}{\Phi}\sqrt{t^2+H^2}\,\mathrm{d}t$$

$$= \frac{1}{2\Phi}\{[t_2\sqrt{t_2^2+H^2}+H^2\ln(t_2+\sqrt{t_2^2+H^2})] - [t_1\sqrt{t_1^2+H^2}+H^2\ln(t_1+\sqrt{t_1^2+H^2})]\}$$

代入图 7-5-9 作用在外弧次龙骨上阴影部分的曲面扇形面积，计算数据如下：

图 7-5-9 中，阴影范围扇形面积（一级踏步）水平投影夹角 $\varphi=\frac{6^\circ\times\pi}{180^\circ}=0.1047$，高差 $H=170\text{mm}$；$t_1=R_1\times\varphi=2.975\times0.1047=0.31154$；$t_2=R_2\times\varphi=3.8\times0.1047=0.39794$；

$$\text{则阴影部分楼梯模板面积} = \int_{t_1}^{t_2}\frac{1}{\Phi}\sqrt{t^2+H^2}\,\mathrm{d}t$$

$$= \frac{1}{2\Phi}\{[t_2\sqrt{t_2^2+H^2}+H^2\ln(t_2+\sqrt{t_2^2+H^2})] - [t_1\sqrt{t_1^2+H^2}+H^2\ln(t_1+\sqrt{t_1^2+H^2})]\}$$

$$= \frac{1}{2\times0.1047}\{[0.39794\sqrt{0.39794^2+0.17^2} + 0.17^2\ln(0.39794+\sqrt{0.39794^2+0.17^2})] - [0.31154\sqrt{0.31154^2+0.17^2} + 0.17^2\ln(0.31154+\sqrt{0.31154^2+0.17^2})]\}$$

$$= 0.3245\text{m}^2$$

（3）外弧次龙骨线荷载：

对应的外弧次龙骨长度$=R_3/\cos\alpha_3$，其中 $R_3=3600\text{mm}$，该钢管升角为：

$$\alpha_3=\text{arctg}\frac{H}{R_3\times\frac{6^\circ\times\pi}{180^\circ}}=\text{arctg}0.4509=24.27^\circ$$

外弧次龙骨所负担阴影范围梯段中线 R 中$=3390\text{mm}$，该钢管升角为：

$$\alpha_{中}=\text{arctg}\frac{H}{R_{中}\times\frac{6^\circ\times\pi}{180^\circ}}=\text{arctg}0.4789=25.59^\circ$$

梯段中心线升角为：

$$\alpha_1=\text{arctg}\frac{H}{R_1\times\frac{6^\circ\times\pi}{180^\circ}}=\text{arctg}0.5457=28.62^\circ$$

模板荷载作用于弧形次龙骨时，应分解为垂直于钢管的法向荷载 $q\cos\alpha_3$（α_3 为弧形次龙骨升角）和沿钢管方向的切向荷载 $q\sin\alpha_3$。

由此，可以得到，弧形次龙骨上的法向线荷载为：

$$q_{法}=q\frac{\cos^2\alpha_3\int_{R_1}^{R_2}\sqrt{(R\phi)^2+H^2}\,\mathrm{d}R}{R_3\phi} \tag{7-5-8}$$

将前面计算的结果代入公式（7-5-8），可得到弧形次龙骨上的法向线荷载：

$$q_{法} = q\frac{\cos^2\alpha_3\int_{R_1}^{R_2}\sqrt{(R\phi)^2+H^2}\,\mathrm{d}R}{R_3\phi} = 8.52\times\frac{\cos^2 24.27°}{3.6\times0.1047}\times0.3245 = 6.094\text{kN/m}$$

亦可以扇形面积内外端半径的平均值，计算弧形次龙骨上法向线荷载的近似值：

$$q_{法} = q\frac{\cos^2\alpha_3}{\cos\alpha_{中}}\times\frac{R_2^2\varphi - R_1^2\varphi}{2R_3\varphi} \tag{7-5-9}$$

将计算的结果代入公式（7-5-10），可得到弧形次龙骨上的法向（近似）线荷载：

$$q_{法} = q\frac{\cos^2\alpha_3}{\cos\alpha_{中}}\times\frac{R_2^2\varphi - R_1^2\varphi}{2R_3\varphi} = 8.52\frac{\cos^2 24.27°}{\cos 25.59°}\times\frac{(3.8^2-2.975^2)}{2\times3.6}$$

$$=6.092\text{kN/m}$$

由上面计算，以扇形范围的平均半径所对应的 $\cos\alpha$ 及楼梯的相应数据，代入式（7-5-6），求得数值比精确解小不到万分之四；用楼梯段中线所对应的 $\cos\alpha$ 代入式（7-5-6），得到的结果比用式（7-5-9）小 3‰左右；所以，对于精度要求不是很高的情况，可用式（7-5-6）计算，再略作放大。

5. 弧形次龙骨的受力计算

（1）弧形次龙骨的受力分析

弧形次龙骨一般用较长的钢管加工。假定每根管有 4 个以上的支点。其计算简图为三～五跨连续梁。按四跨梁受均布荷载的内力系数进行分析，见图 7-5-10。

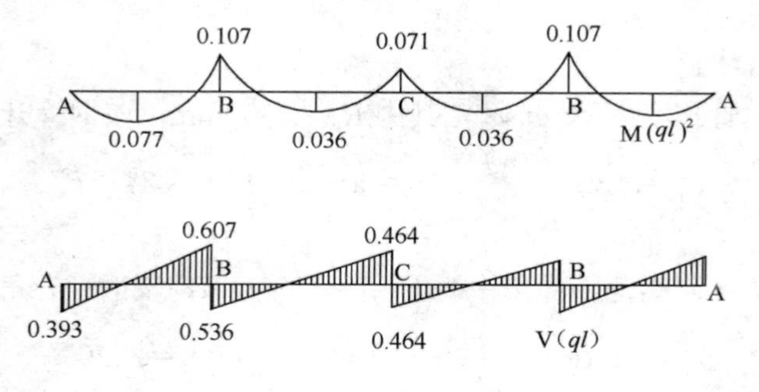

图 7-5-10　四跨连续梁（直梁）内力系数

1）在均布竖向荷载作用下，B 支座处负弯矩和剪力最大；

2）弧形次龙骨在两支点（水平小横杆）之间，偏离支点连线，而产生扭矩。若各支点间距相等，则扭矩所产生的支座剪力亦相等；

3）弧形次龙骨两支座之间的高差，致使竖向荷载在每个节点处积累的沿弧形次龙骨方向的压应力最大。

综上所述，各结点为弯、剪、扭、压组合受力状态。其中 B 结点（图 7-5-11）受力最大。

（2）弧形龙骨强度计算

由于旋转楼梯弧形龙骨（材料 Φ48 钢管为低碳钢）受力较复杂，可按第三强度理论验算其强度。其压应力最大值为：

$$\delta_{max}=\frac{1}{2}(\delta+\sqrt{\delta^2+4\tau^2}) \tag{7-5-10}$$

其剪应力最大值为：

$$\tau_{max}=\frac{1}{2}\sqrt{\delta^2+4\tau^2} \tag{7-5-11}$$

1）弧形龙骨的弯曲应力

立杆间距为180，对应的外弧龙骨长度为：

$$L=\frac{R_3}{\cos\alpha_3}\times\frac{18°\times\pi}{180°}=\frac{3.6\times\pi}{\cos 24.27°\times 10}=1.24\text{m}$$

外弧龙骨弯曲应力：

$$\sigma=\frac{M_W}{W}=\frac{0.107\times q_{法}\times L^2}{5078}=\frac{0.107\times 6.094\times 1240^2}{5078}$$

$$=197.44\text{MPa}$$

2）弧形龙骨的扭矩和相应剪力

在图7-5-9的受力单元上，作用在外弧龙骨上的荷载，分别从C点、D点沿龙骨向支点立杆传递。由于弧管偏离两支点连线（AB），对弧管产生了扭矩。为了推导扭矩数值，可将ABC弧放大，如图7-5-12所示。

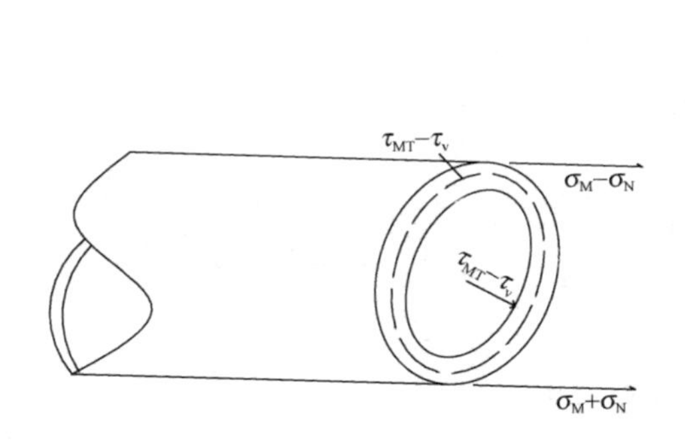

图7-5-11　B支座管子局部组合受力

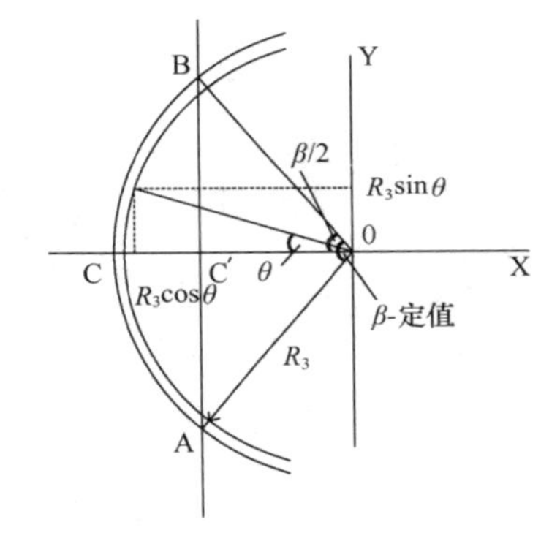

图7-5-12　底楞扭矩示意

从图7-5-12可以看出，作用在外弧龙骨ACB上任一点荷载，对AB两点连线的偏心距（即扭矩力臂）为：

$$R_3\cos\theta-R_3\cos(\beta/2)=R_3[\cos\theta-\cos(\beta/2)] \tag{7-5-12}$$

上式中，θ为变量，β是已知量。需要说明的是：

① 图7-5-9所示为实际梯面和弧管的水平投影。但龙骨弧管上任一点到圆心轴之距R_3，与水平投影无异。

② 弧形龙骨ABC弧线，与AB点连线，只是两端点和弧线中点的水平投影。所以式（7-5-13）给出的偏心距（扭矩边臂）是实际力臂到连线轴的投影。但由于偏心荷载与连线轴的力臂恰好是投影长度，也就是式（7-5-12）所求数值。

③ 为了和扭矩力臂相统一，扭矩计算在水平投影平面进行。用于计算的弧形龙骨法向线荷载，应该除以弧形龙骨升角的余弦，折算为作用于弧形龙骨的水平投影荷载。

④ 弧形龙骨对应于$d\theta$的水平投影长度应为$R_3d\theta$，作用于这段长度上的法向线荷

载为：

$$\frac{q_{法线}\times R_3\mathrm{d}\theta}{\cos\alpha_3}$$

基于以上分析，楼梯段上，每一微小面积荷载的水平投影，作用于弧形龙骨，所产生的扭矩为：

$$M_T=\int_{-\frac{\beta}{2}}^{\frac{\beta}{2}}\frac{q_{法线}}{\cos\alpha_3}\times R_3\mathrm{d}\theta\times R_3(\cos\theta-\cos\frac{\beta}{2}) \tag{7-5-13}$$

即：

$$M_T=\frac{q_{法线}\times R_3^2}{\cos\alpha_3}\int_{-\frac{\beta}{2}}^{\frac{\beta}{2}}\left(\cos\theta-\cos\frac{\beta}{2}\right)\mathrm{d}\theta \tag{7-5-14}$$

代入已知数值：$q_{法}=6.094\mathrm{kN/m}$；$R_3=3600\mathrm{mm}$；$\alpha_3=24.27°$；$\beta=18°$；因 $\cos\frac{\beta}{2}=9°$为常数，故可得到弧管偏心对 A、B 点（支撑点）处扭矩：

$$\begin{aligned}M_T&=\frac{q_{法线}\times R_3^2}{\cos\alpha_3}\int_{-\frac{\beta}{2}}^{\frac{\beta}{2}}\left(\cos\theta-\cos\frac{\beta}{2}\right)\mathrm{d}\theta\\&=\frac{6.094\times3.6^2}{\cos24.27°}\left(\int_{-\frac{\beta}{2}}^{\frac{\beta}{2}}\cos\theta\mathrm{d}\theta-\cos9°\int_{-\frac{\beta}{2}}^{\frac{\beta}{2}}\mathrm{d}\theta\right)\\&=86.6352\left(\sin9°-\sin(-9°)-\cos9°(9°-(-9°))\frac{\pi}{180}\right)\\&=86.6352\left(2\sin9°-\cos9°\times\frac{\pi}{10}\right)=0.226\mathrm{kN\cdot m}\end{aligned}$$

A、B 点（支撑点）处所受扭转剪力及转角分别为：

$$\tau_{MT}=\frac{M_T}{W_P};\ \theta=\frac{M_T}{GI_P};$$

由 $\Phi48$ 钢管 $W_T=\frac{\pi(D^4-d^4)}{16D}=10156\mathrm{mm}^3$，可计算本例：

$$\tau_{MT}=\frac{M_T}{W_P}=\frac{0.226\times10^6}{10156}=22.25\ \mathrm{N/mm^2}$$

3）按第三强度理论验算弧形龙骨材料 $\Phi48$ 钢管（支撑点处）强度。

其压应力最大值为：

$$\begin{aligned}\sigma_{max}&=\frac{1}{2}(\sigma+\sqrt{\sigma^2+4\tau^2})=\frac{1}{2}(197.44+\sqrt{197.44^2+4\times22.25^2})\\&=199.92\mathrm{MPa}<[\sigma]=205\mathrm{N/mm^2}\end{aligned}$$

其剪应力最大值为：

$$\tau_{max}=\frac{1}{2}\sqrt{\sigma^2+4\tau^2}=\frac{1}{2}\sqrt{197.44^2+4\times22.5^2}=101.25\mathrm{MPa}<[\tau]=120\mathrm{N/mm^2}$$

（3）弧形龙骨的刚度计算

龙骨中点挠度，由两部分内力的作用叠加而成。其一是法向荷载作用产生的弯矩；其二是扭矩引起的结点转角 θ 致使弧管偏转，中点下垂。中点挠度为两项变形之和。

由于模板及支撑系统在弹性范围工作，其对混凝土结构成型的挠度影响，是由混凝土养护期间的荷载产生的。所以模板及支撑系统的刚度计算不考虑振捣等施工活荷载的作用，且荷载取标准值，比强度计算荷载小很多，一般强度条件满足，刚度可不校核。

6. 支撑立杆计算

由于主龙骨与弧形次龙骨扣件连接的位置紧靠立杆，直接将次龙骨荷载传到支撑立杆，故不需计算。支撑立杆承受弧形次龙骨法向荷载，外侧受荷面积大。只校核外侧立杆承载能力即可：

每根立杆负担18°范围楼板，由前面计算，荷载设计值为 $1.24\times6.094=7.56\text{kN}$；

本工程立杆仅两排，步距1.5m，纵向（环向）与已浇筑的竖向结构每个跨度均有可靠拉结。无悬臂长度。其计算长细比计算，可按脚手架规定计算：

$$\lambda=L_0/i=K\mu h/i=1.155\times1.8\times1500/15.8=197.4$$

查表得稳定性系数；$\psi=0.185$

则立杆稳定承载力设计值：$f=F/\psi A=7560/0.185\times489=83.57\text{N/mm}^2<205\text{N/mm}^2$

由于楼梯板存在较大的水平方向荷载：$7.56\times\text{tg}\,24.27°=3.41\text{kN}$，故需设与楼板相垂直的斜撑，斜撑必须与各道水平杆用旋转扣件连接。因斜撑与顶板垂直，立杆长度及步距长度均小于支撑立杆，故斜撑立杆内力小于支撑立杆，计算从略。

7. 弧形底楞钢管的加工

弧形底楞钢管（弧形龙骨）是旋转楼梯的梯段模板成型的重要杆件。它的形状是螺旋线。图7-5-13是弧形底楞钢管水平、正立面、侧立面的正投影示意图。

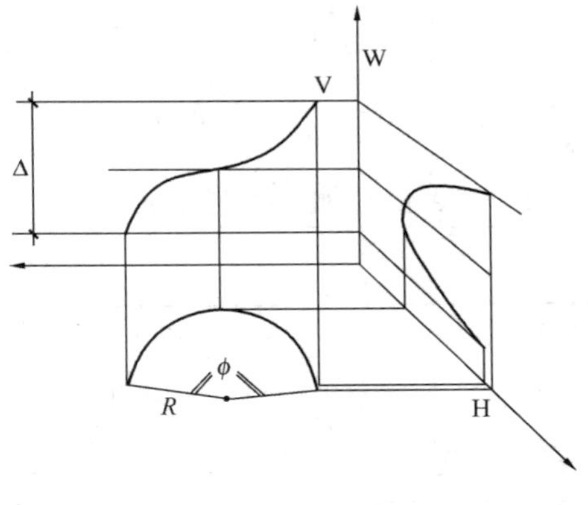

图7-5-13 弧形底楞钢管水平、正立面、侧立面投影

为了保证加工精度，直钢管在加工前调直、在预定的顶面弹通长直线，以便于量测、划线、加工高差。一般加工时，先按弧形管与弦长处在同一水平面弯曲成水平投影夹角的圆弧型，然后再按所支撑的梯段高差加工弧形管竖向弧度。加工弧形管两端高差的方法是以该管中点为中心，将管子两端分别垂直于加工平面（弹通长直线的一面朝上）向上和向下按弧长比例逐点弯曲，弯曲角度要均匀（图7-5-14弧形底楞投影示意图）。高差偏离（该管中点）平面的尺寸 Δ 的具体计算公式如下：

$$\Delta=\text{弧管实长}\times\sin\alpha$$

弧管加工前要仔细计算。然后绘制加工尺寸图，按图下料。弯制亦可使用手工。

计算步骤：先算出水平投影尺寸及各控制点投影位置，然后按底楞钢管所在位置的升角（α）折算为实长加工尺寸。

【例 6】　以图 7-5-15 旋转楼梯的第二段楼梯外侧弧形底楞的加工尺寸计算为例，具体说明。并绘制加工图（计算数据见表 7-5-2）。弧管 $R_3=3600$mm，$\alpha_3=24.27°$。

【解】

1）以弧形管平面投影弦长为基线，（Y 轴平行于基线，过圆心），作直角坐标系。以 R_3 为半径，从圆心按 5°间隔画射线。射线与圆弧交点坐标：$X=R_3\cos\theta$；$Y=R_3\sin\theta$。作为加工的控制点。具体计算，详见图 7-5-14、图 7-5-15 和表 7-5-3。

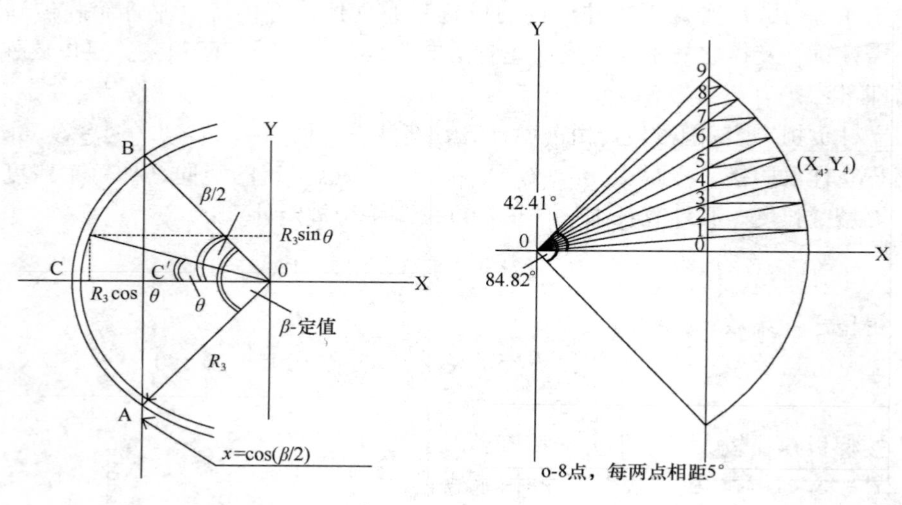

图 7-5-14　弧形底楞投影示意图　　　　图 7-5-15　弧形底楞加工尺寸推导

2）列表计算加工控制点数值

加工控制点数值（mm）　　　　**表 7-5-3**

项目 / 点编号 数值	水平投影				加工尺寸	
	x_i 坐标 $R_3\cos\beta_i$	y_i 坐标 $R_3\sin\beta_i$	本点矢高 (x_i-x_9)	本点至 0 距离（y_i）	本点矢高	本点至 0 距离 $(y_i/\cos\alpha_3)$
0	2658	2428	0	2428	0	2663
1	3600	0	942	0	942	0
2	3586	314	928	314	928	344
3	3545	625	887	625	887	686
4	3477	932	819	932	819	1022
5	3383	1231	725	1231	725	1350
6	3263	1521	605	1521	605	1668
7	3118	1800	460	1800	460	1975
8	2949	2065	291	2065	291	2265
9	2758	2314	100	2314	100	2538
弦长投影	$2R_3\sin42.41°=4856$			加工后弦长	$\sqrt{4856^2+2403^2}=5418$	
弧长投影	$R_3=\frac{82.82°\times\pi}{180°}=5329$			下料弧管实长	5846	

注：弧管两端均匀偏离下料平面中点距离为：弧管实长$\times\sin\alpha/2=1201$mm

7.6 水平构件模板设计计算

7.6.1 现浇梁板模架设计

【例 7】 现浇框架钢筋混凝土梁板，层高 14.9m，纵横向轴线 8m。框架梁 400mm×1000mm，楼板厚 150mm，施工采用扣件、ϕ48×3.5 钢管搭设满堂脚手架作模板支承架。施工地区为北京市郊区。如图 7-6-1，图 7-6-2，模板设计基本数据见表 7-6-1，验算模板支架。

模板设计基本数据 **表 7-6-1**

	楼板	梁侧	梁底
模板面板	15mm 厚木质覆膜多层板	15mm 厚木质覆膜多层板	15mm 厚木质覆膜多层板
次龙骨	50mm×100mm 木方子，间距 250mm	50mm×100mm 木方子纵向通长，上下中心距 267mm	3 根 100mm×100mm 木方子纵向通长，计算间距 200mm
主龙骨	100mm×100mm 木方子，间距 1200mm	50mm×100mm 木方子双根，（左右）中心距 750mm	ϕ48 钢管横向放置，纵向间距 1200mm
可调顶托	长度≥550mm，伸出立杆长度≤300mm；悬臂部分（顶部水平杆中心距主龙骨下皮）长度 a≤400mm		长度≥550mm，伸出立杆长度≤300mm；悬臂部分（顶部水平杆中心距主龙骨下皮）长度 a≤400mm
穿墙螺栓		2ϕ14 加于主龙骨，距梁底 200mm，650mm 处；	
立杆纵横距	纵距、横距相等，即 $L_a=L_b=1.2$m	梁两侧距楼板立杆分别为 400mm	梁下正中横向设 2 根立杆。即 $L_{a1}=450+300+450$mm，纵距 $L_{b1}=L_b=1.2$m
立杆步距	步距 1.2m		步距 1.2m
模架基底	200mm 厚 C30 现浇混凝土楼板（有卸荷支撑）		

（1）计算参数、荷载统计

1）顶板支撑体系的荷载传递：荷载→多层板→木方次龙骨→木方主龙骨→调节螺栓顶托→扣件钢管脚手架支撑系统→楼面地面。

2）本算例，结构重要性系数 γ_0 为 0.9

3）模板及支架的荷载基本组合的效应设计值按

$$S=1.2\sum_i S_{Gi}+1.4\sum_i S_{Qi}$$

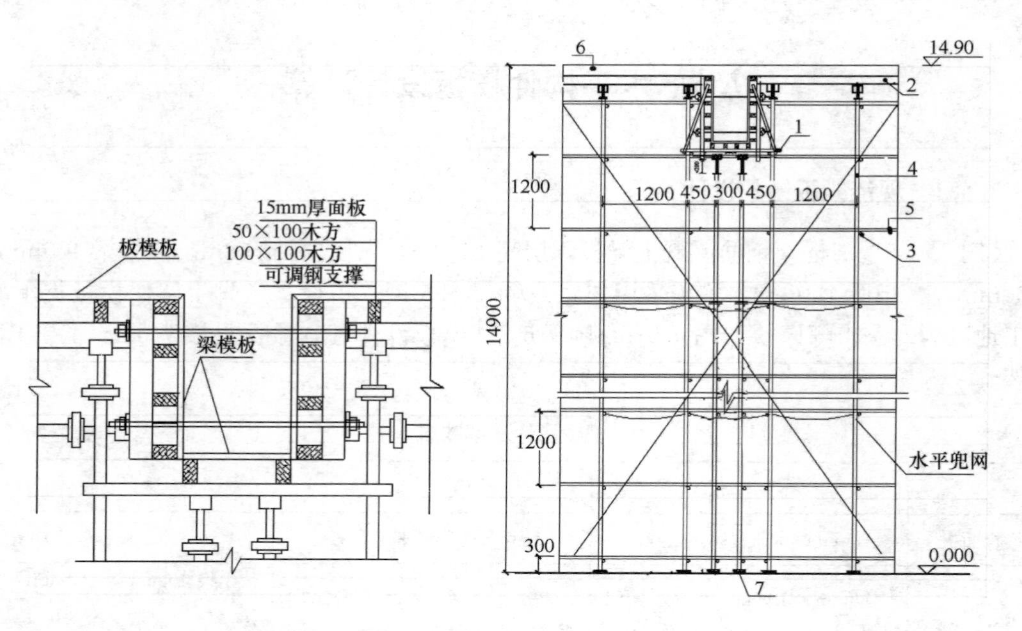

图 7-6-1 现浇框架钢筋混凝土梁板模架示意

1—小横向水平杆；2—木方；3—纵向水平杆；4—立杆；5—大横向水平杆；
6—混凝土楼板；7—木垫板

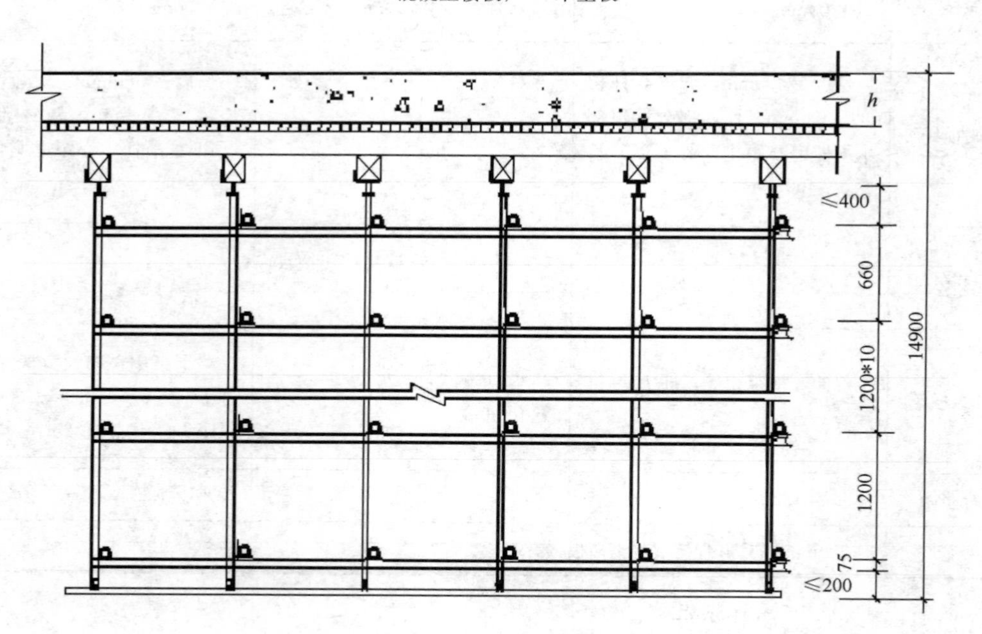

图 7-6-2 现浇框架钢筋混凝土楼板模架示意

$$S = 1.35\alpha \sum_{i} S_{Gi} + 1.4\psi_{cj} \sum_{j} S_{Qj}$$

两式计算，取大值。

式中 α——模板及支架的类型系数。侧面模板取 0.9；底面模板及支架取 1.0；

ψ——活荷载组合系数，取 0.9。

4）荷载标准值、分项系数：见表 7-6-2。

荷载标准值、分项系数 **表 7-6-2**

	荷载类型	分项系数	荷载标准值
固定荷载	混凝土	1.2（1.35α）	24kN/m^3
	楼板钢筋单位重量		1.1kN/m^3
	梁钢筋单位重量		1.5kN/m^3
活荷载	作用于面板、次龙骨的施工均布活荷载	1.4（1.4×ψ）	2.5kN/m^2；
	作用于面板、次龙骨的施工集中活荷载		集中：2.5kN（与均布荷载作用相比较，取大值。）
	作用于主龙骨的施工均布活荷载		1.5kN/m^2
	作用于立杆的施工均布活荷载		1kN/m^2
	振捣混凝土		2kN/m^2
	风荷载（北京地区，重现期 n=10 年）		0.3kN/m^2

5）模板系统计算参数：见表 7-6-3。

模板系统计算参数 **表 7-6-3**

部件名称	规格	设置	自重	惯性矩（mm^4）	抗弯截面系数（mm^3）	抗弯设计强度（N/mm^2）	抗剪强度（N/mm^2）	弹性模量（N/mm^2）
面板	15mm 厚多层板		0.24kN/m^2	$I=\frac{1}{12}bh^3$ =281250mm^4（b 取 1m 宽）	$w=\frac{1}{6}bh^2$ =37500mm^3（b 取 1m 宽）	11.5	1.4	6425
次龙骨	50mm×100mm 木方	间距 250mm	7kN/m^3（本例模板可按 0.14kN/m^2）	$I=\frac{1}{12}bh^3$ $=4.17\times10^6$	$w=\frac{1}{6}bh^2$ $=8.33\times10^4$	13	1.3	9000
主龙骨	100mm×100mm 木方	间距 1200mm	7kN/m^3	$I=\frac{1}{12}bh^3$ $=8.33\times10^6$	$w=\frac{1}{6}bh^2$ $=1.67\times10^5$	13	1.3	9000
立杆 ϕ48 钢管	48×3.5 钢管	纵距=横距=1200mm 步距=1200mm	按 0.0384kN/m	$I=12.19\times10^4$	$W=5080$	205	120	2.05×10^5

6）支杆支撑架自重标准值：见表 7-6-4。

立杆支撑架自重标准值　表 7-6-4

楼板底(计算单元内)模板支架自重	(kN)
立杆(14.9−0.15−0.015−0.1×2)×0.0384=14.535×0.0384	=14.685×0.0384=0.558
横杆　1.2×13×0.0384	=0.599
纵杆　1.2×13×0.0384	=0.599
直角扣件 26×0.0132	=0.343
对接扣件 2×0.0184	=0.0368
调节螺栓及 U 形托	0.035
剪刀撑（每隔四排垂直、水平两个方向设置剪力撑，计算支架自重时，考虑含剪刀撑计算单元，剪刀撑斜杆与地面的倾角近似取为 a=45°）	=1.2×2×2×0.0384/4cos45°=0.0652
旋转扣件 2×4×0.0146/4（剪刀撑（每隔四排）每步与立杆相交处或与水平杆相交处均有旋转扣件扣接）	=0.0292
合计	=2.234kN

7）梁底（计算单元内）模板支架自重：见表 7-6-5。

梁底（计算单元内）模板支架自重　表 7-6-5

梁底（计算单元内）模板支架自重	(kN)
立杆(14.9−1−0.015−0.1×2)×0.0384	=13.685×0.0384=0.5255
横杆(0.375×12)×0.0384	=0.1728
纵杆(1.2×12)×0.0384	=0.553
直角扣件 24×0.0132	=0.317
对接扣件 2×0.0184	=0.0368
调节螺栓及 U 形托	=0.035
剪刀撑(梁下立杆)1.2×2×2×0.0385/4cos45°	=0.0652
旋转扣件 2×4×0.0146/4	=0.0292
合计	=1.735kN

(2) 楼板模板验算

1）模板面板计算：多层板按三跨连续板受力，采用 50×100 木方作为次龙骨间隔 250mm 布置，跨间距 b=250mm=0.25m，取 c=1m 作为计算单元，按三跨连续梁为计算模型进行验算。计算单元简图如图 7-6-3：

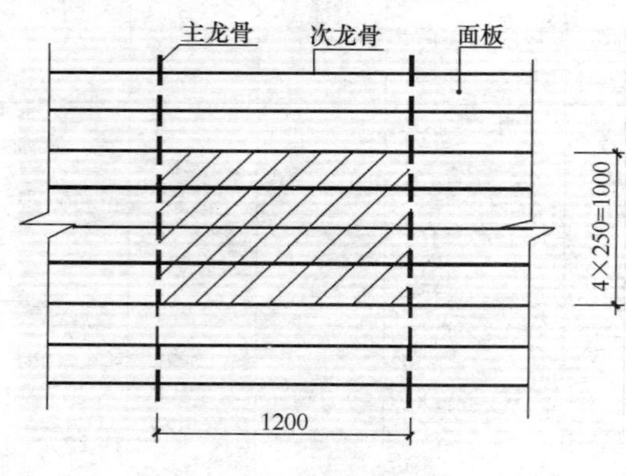

图 7-6-3　模板面板计算简图

①荷载统计：强度计算的设计荷载取值，按固定荷载分项系数取 γ_i=1.2，可变荷载分项系数取 γ_{Qi}=1.4；及按固定荷载分项系数取 γ_i=1.35、α=1.0，可变荷载分项系数取 γ_{Qi}=1.4，ψ=0.9；两种荷载组合计算，取大值。刚度计算的设计荷载取值，只考虑固定均布荷载（标准值）作用。结构重

要性系数 $\gamma_0=0.9$。

a. 强度计算的均布线荷载：

$$q_{11}=\gamma_0[\gamma_i\times(G_{1k}+G_{2k}+G_{3K})+\gamma_{Qi}\times(Q_{1k}+Q_{2k})]\times c$$
$$=0.9\times[1.2\times(0.24+3.6+0.165)+1.4\times(2.5+2)]\times1.0$$
$$=10.00\text{kN/m}$$

$$q_{12}=\gamma_0[\gamma_{Gi}\times\alpha\times(G_{1k}+G_{2k}+G_{3K})+\gamma_{Qi}\times\psi\times(Q_{1k}+Q_{2k})]\times c$$
$$=0.9\times[1.35\times(0.24+3.6+0.165)+1.4\times0.9\times(2.5+2)]\times1.0$$
$$=9.97\text{kN/m}$$

取 $q_1=q_{11}=10.00\text{kN/m}$

b. 当作用于模板施工荷载为集中荷载作用时的均布荷载：

$$q_2=\gamma_0\times\gamma_i(G_{1k}+G_{2k}+G_{3K})\times c$$
$$=0.9\times1.2\times(0.24+3.6+0.165)\times1.0$$
$$=4.325\text{kN/m}$$

c. 刚度计算的荷载值：

$$q_3=\gamma_0(G_{1k}+G_{2k}+G_{3K})\times c$$
$$=0.9\times(0.24+3.6+0.165)\times1.0$$
$$=3.60\text{kN/m}$$

② 模板板面弯曲强度计算：

a. 当作用于模板施工荷载为均布荷载作用时（图 7-6-4）：

$$M_{11}=K_Mq_1b^2$$
$$=0.101\times10.00\times0.25^2=0.063\text{kN}\cdot\text{m}$$

注：K_M 取 0.101，为可能出现的非满跨时的弯矩最大值。以下凡三跨连续梁同。

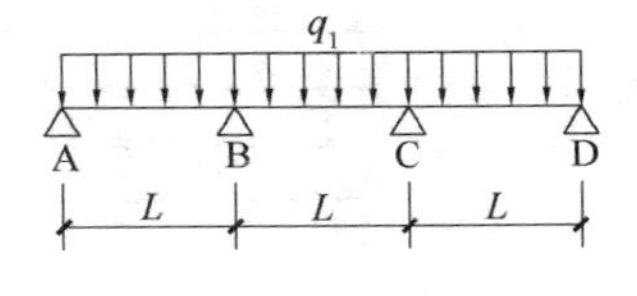

图 7-6-4 考虑荷载均布作用，楼板模板强度计算简图

b. 当作用于模板施工荷载为集中荷载作用时：

模板中间最大跨中弯矩

$$M_{12}=K_Mq_2b^2+K_MPb$$
$$=0.08\times4.325\times0.25^2+0.175\times0.9\times1.4\times2.5\times0.25=0.1594\text{kN}\cdot\text{m}$$

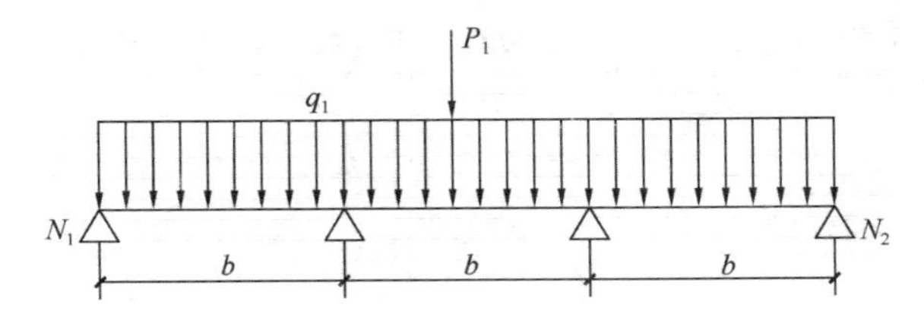

图 7-6-5 当荷载集中作用跨中时，楼板模板强度计算简图

c. 模板弯曲强度

$$\delta=\frac{M_{max}}{W}=\frac{0.1594\times10^6}{37500}=4.25\text{N/mm}^2<[f]=11.5\text{N/mm}^2\ \text{故满足要求。}$$

K_M-弯矩系数，由《建筑结构静力计算手册》查得。

③ 模板抗剪强度计算：当次龙骨采用钢管时，面板跨中两侧分别传到支座的剪力值

Q，按面板所承担的全跨荷载考虑；当次龙骨采用木方子时，面板跨中两侧分别传到支座的剪力值 Q，按面板所承担全跨荷载的一半考虑。

$$Q=\frac{1}{2}q_1\times 0.25=1.25\text{kN}$$

$$\tau=\frac{3Q}{2bh}=\frac{3\times 1250}{2\times 1000\times 15}=0.125\text{N/mm}^2<[\tau]=1.4\text{N/mm}^2\ \text{满足要求。}$$

④ 模板挠度验算：

$$\nu=\frac{K_W q_3 b^4}{100EI}=\frac{0.677\times 3.60\times 250^4}{100\times 6425\times 281250}=0.053$$

$$\nu=0.053<[v]=\frac{b}{400}=\frac{250}{400}=0.63\ \text{故满足要求。}$$

K_W-挠度系数，由《建筑结构静力计算手册》查得。

2）次龙骨强度、挠度验算：按照三等跨连续梁进行验算，计算单元简图如图 7-6-6。

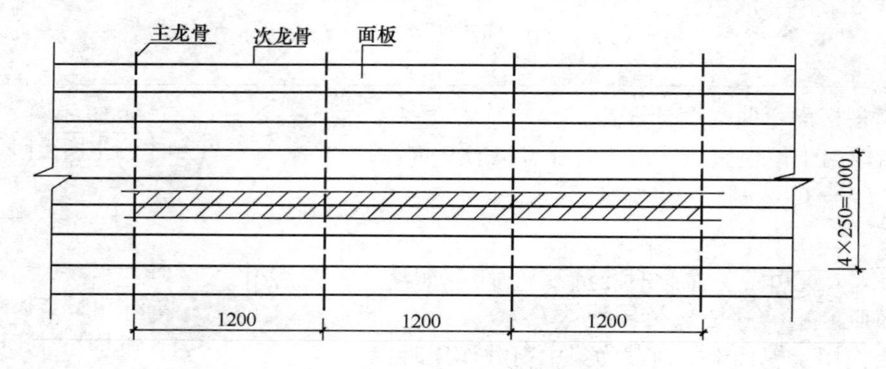

图 7-6-6　楼板次龙骨计算简图

① 荷载计算：

$$q_{11}=\gamma_0\{[\gamma_i\times(G_{1k}+G_{2k}+G_{3K})+\gamma_{Qi}\times Q_{1k}]\times b+\gamma_i\times m_{\text{次龙骨}}\}$$
$$=0.9\times\{[1.2\times(0.24+3.6+0.165)+1.4\times(2.5+2)]\times 0.25+1.2\times 0.035\}$$
$$=2.54\text{kN/m}$$

$$q_{12}=\gamma_0\{[\gamma_i\times\alpha\times(G_{1k}+G_{2k}+G_{3K})+\gamma_{Qi}\times\psi\times Q_{1k}]\times b+\gamma_i\times m_{\text{次龙骨}}\}$$
$$=0.9\times\{[1.35\times 1\times(0.24+3.6+0.165)+1.4\times 0.9\times(2.5+2)]\times 0.25+1.35\times 0.035\}$$
$$=2.53\text{kN/m}$$

取 $q_1=q_{11}=2.54\text{kN/m}$

a. 恒载设计值：

$$q_2=\gamma_0\times\gamma_i\{(G_{1k}+G_{2k}+G_{3K})\times b+m_{\text{次龙骨}}\}$$
$$=0.9\times 1.2\{(0.24+3.6+0.165)\times 0.25+0.035\}$$
$$=1.12\text{kN/m}$$

b. 恒载标准值：

$$q_3 = \gamma_0 \{(G_{1k} + G_{2k} + G_{3K}) \times b + m_{次龙骨}\}$$
$$= 0.9 \times \{(0.24 + 3.6 + 0.165) \times 0.25 + 0.035\}$$
$$= 0.933 \text{kN/m}$$

集中荷载设计值为：$P = \gamma_0 \times \gamma_{Qi} \times Q_{1k'} = 0.9 \times 1.4 \times 2.5 = 3.15\text{kN}$

② 弯曲强度计算：按照三跨连续梁进行分析计算

a. 当施工荷载为均布荷载作用时：

$$M_{11} = K_M q_1 l^2$$
$$= 0.101 \times 2.54 \times 1.2^2 = 0.3694 \text{kN} \cdot \text{m}$$

b. 当施工荷载为集中荷载时：

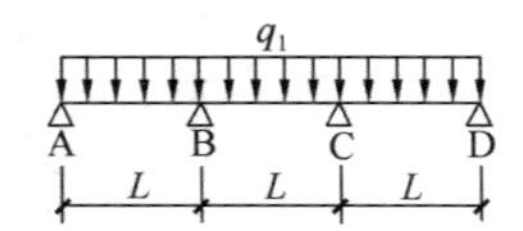

图 7-6-7 当荷载均布作用时，楼板次龙骨强度计算简图

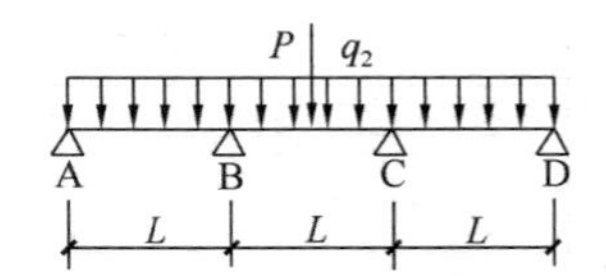

图 7-6-8 楼板次龙骨考虑施工荷载为集中力的计算简图

中间最大跨中弯矩

$$M_{12} = K_M q_2 l^2 + K_M Pl$$
$$= 0.08 \times 1.12 \times 1.2^2 + 0.213 \times 3.15 \times 1.2 = 0.9342 \text{kN} \cdot \text{m}$$

取两者中最大的弯矩 $M_{12} = 0.9733\text{kN} \cdot \text{m}$ 为强度计算值，

则 $\delta = \frac{M_{max}}{W} = \frac{0.9342 \times 10^6}{83333} = 11.21\text{N/mm}^2 < [f_m] = 13\text{N/mm}^2$ 故验算满足要求。

③ 抗剪强度验算：当主龙骨采用钢管时，次龙骨跨中两侧分别传到支座的剪力值 Q，按次龙骨所承担的全跨荷载考虑；当主龙骨采用木方子时，次龙骨跨中两侧分别传到支座的剪力值 Q，按次龙骨所承担全跨荷载的一半考虑。

$$Q = \frac{1}{2}(1.12 \times 1.2 + 3.15) = 2.247\text{kN}$$

$$\tau = \frac{3Q}{2bh} = \frac{3 \times 2247}{2 \times 50 \times 100} = 0.674\text{N/mm}^2 < [\tau] = 1.4\text{N/mm}^2 \text{ 满足要求。}$$

④ 挠度验算：按照三跨连续梁进行计算：

最大跨中挠度：

$$\nu = \frac{K_W q_3 l^4}{100EI}$$
$$= \frac{0.677 \times 0.933 \times 1200^4}{100 \times 9000 \times 4.17 \times 10^6}$$
$$= 0.35$$

取 $\nu = 0.35 < [v] = \frac{l}{400} = \frac{1200}{400} = 3$ 故满足要求。

3）主龙骨强度、挠度验算

① 受力分析

计算单元简图见图 7-6-9：

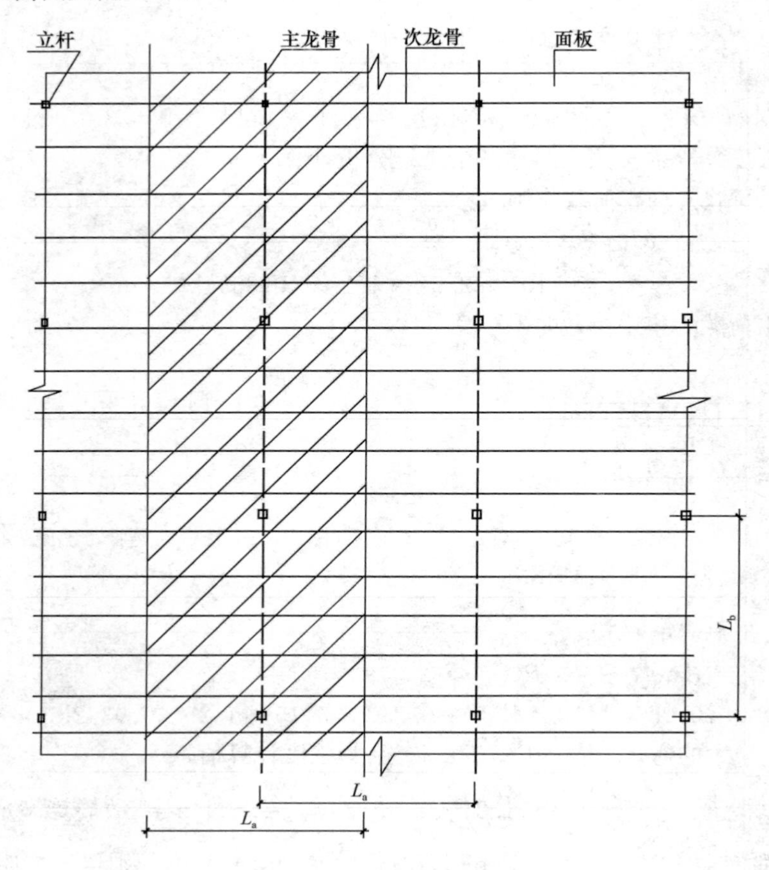

图 7-6-9　楼板主龙骨计算简图

② 荷载计算：由于次龙骨间距较密，可化为均布线荷载：

$$q_{11}=\gamma_0\{l_a\times[\gamma_i\times(G_{1k}+G_{2k}+G_{3k})+\gamma_{Qi}\times Q_{1k}]+\gamma_i\times m_{主龙骨}\}$$
$$=0.9\times\{1.2\times[1.2\times((0.24+0.14)+3.6+0.165)+1.4\times(1.5+2)]+1.2\times0.07\}$$
$$=10.74$$

$$q_{12}=\gamma_0\{l_a\times[\gamma_i\times\alpha\times(G_{1k}+G_{2k}+G_{3k})+\gamma_{Qi}\times\psi\times Q_{1k}]+\gamma_{Qi}\times\alpha\times m_{主龙骨}\}$$
$$=0.9\times\{1.2\times[1.35\times1\times((0.24+0.14)+3.6+0.165)+1.4\times0.9\times(1.5+2)]+1.35\times1\times0.07\}$$
$$=10.89$$

取 $q_1=q_{12}=10.89\text{kN/m}$

a. 恒载设计值：

$$q_2=\gamma_0\gamma_i[l_a\times(G_{1k}+G_{2k}+G_{3k})+m_{主龙骨}]$$
$$=0.9\times1.2\times[1.2\times((0.24+0.14)+3.6+0.165)+0.07]$$
$$=5.45\text{kN/m}$$

b. 恒载标准值：

$$q_3 = \gamma_0 [l_a \times (G_{1k} + G_{2k} + G_{3k}) + m_{主龙骨}]$$
$$= 0.9 \times [1.2 \times ((0.24 + 0.14) + 3.6 + 0.165) + 0.07]$$
$$= 4.54\text{kN/m}$$

③ 弯曲强度计算（图 7-6-10）：按照三跨连续梁进行分析计算，次梁所施加的施工荷载简化为均布荷载作用：

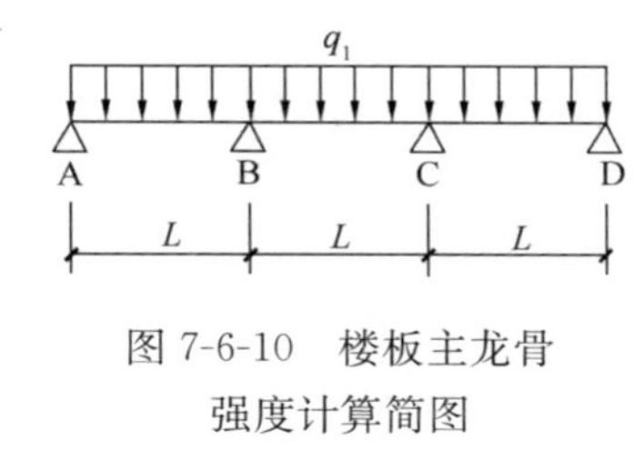

图 7-6-10 楼板主龙骨强度计算简图

$$M_1 = K_M q_1 l^2$$
$$= 0.101 \times 10.89 \times 1.2^2 = 1.584\text{kN} \cdot \text{m}$$

则 $\delta = \dfrac{M_{max}}{W} = \dfrac{1.584 \times 10^6}{166666}$

$= 9.5\text{N/mm}^2 < [f_m]$

$= 13\text{N/mm}^2$ 故满足要求。

④ 抗剪强度验算：当主龙骨采用钢管且与立杆用扣件连接时，主龙骨跨中两侧分别传到支座的剪力值 Q，按全跨荷载考虑；当采用 U 形托支顶主龙骨时，次龙骨跨中两侧分别传到支座的剪力值 Q，按主龙骨所承担全跨荷载的一半考虑。

$$Q = \frac{1}{2}(1.2 \times 10.89) = 6.53\text{kN}$$

$$\tau = \frac{3Q}{2bh} = \frac{3 \times 6530}{2 \times 100 \times 100} = 0.98\text{N/mm}^2 < [\tau] = 1.4\text{N/mm}^2 \text{ 满足要求。}$$

⑤ 挠度验算：按照三跨连续梁进行计算，最大跨中挠度：

$$\nu = \frac{K_W q_3 l^4}{100EI}$$
$$= \frac{0.677 \times 4.54 \times 1200^4}{100 \times 9000 \times 8.33 \times 10^6}$$
$$= 0.85$$

因 $\nu = 0.85 <= \dfrac{l}{400} = \dfrac{1200}{400} = 3$，故满足要求。

4）楼板模板立杆稳定性验算

① 计算参数：

楼板部分模架支撑高度为：14.69m；

活荷载标准值：$N_Q = 1.0\text{kN/m}^2$

a. 立杆根部截面承受压力值：

$$N_{11} = \gamma_0 \times \{l_a \times l_b \times [\gamma_i \times (G_{1k} + G_{2k} + G_{3K}) + \gamma_{Qi} \times Q_{1k}] + \gamma_i \times (l_b \times m_{主龙骨} + m_{支架})\}$$
$$= 0.9 \times \{1.2 \times 1.2 \times [1.2 \times ((0.24 + 0.14) + 3.6 + 0.165)$$
$$+ 1.4 \times (1.0 + 2)] + 1.2 \times [1.2 \times 0.07 + 2.234]\}$$
$$= 14.39$$

$$N_{12} = \gamma_0 \times \{l_a \times l_b \times [\gamma_i \times \alpha \times (G_{1k} + G_{2k} + G_{3K}) + \gamma_{Qi} \times \psi \times Q_{1k}]$$
$$+ \gamma_i \times \alpha \times (l_b \times m_{主龙骨} + m_{支架})\}$$
$$= 0.9 \times \{1.2 \times 1.2 \times [1.35 \times 1 \times ((0.24 + 0.14) + 3.6 + 0.165)$$

$+1.4\times0.9\times(1.0+2)]+1.35\times1\times[1.2\times0.07+1.993]\}$

$=14.97$

取 $N=N_{12}=14.97\text{kN}$

b. 由风荷载设计值产生的立杆段弯矩 M_W，按下式计算：

$$M_W=0.9\times1.4M_{WK}=0.9\times\frac{1.4\times W_K\times L_a\times h^2}{10}$$

式中　M_{wk}——风荷载标准值产生的弯矩；

W_k——风荷载标准值，$W_k=\mu_z\cdot\mu_s\cdot W_0$，计算参数；

μ_Z——风压高度变化系数当 $H=15\text{m}$，$\mu_Z=1.14$

μ_s——风荷载体型系数，$\mu_s=1.3\phi$；

挡风系数 $\phi=1.2A_n/A_w$ 查《建筑施工扣件式钢管脚手架安全技术规范》JGJ 130 规范附录 A 表 A.0.5 得 $\phi=0.106$，$\mu_s=1.3$，$\phi=1.3\times0.106=0.138$

$$W_k=\mu_z\cdot\mu_s\cdot W_0=1.14\times0.138\times0.3=0.047$$

$$M_W=\gamma_0\times\gamma_{Qi}\times W_K\times F_{受风面积}\times L_{力臂}$$

$$=0.9\times\frac{1.4\times W_K\times L_a\times h^2}{10}=\frac{0.9\times1.4\times0.047\times1.2\times1.2^2}{10}=0.0102\text{kN}\cdot\text{m}$$

c. 截面惯性矩：按 $\phi48\times3.5$ 脚手管的截面惯性矩

$$I=12.19\times10^4\text{mm}^4$$

回转半径：按 $\phi48\times3.5$ 脚手管计算

$$i=\frac{\sqrt{D^2+d^2}}{4}=\frac{\sqrt{48^2+41^2}}{4}=15.8\text{mm}$$

② 立杆整体稳定计算：根据《建筑施工扣件式钢管脚手架安全技术规范》JGJ 130 规定，本模架支撑属于满堂支撑架。满堂支撑架立杆整体稳定计算，按支撑高度取计算长度附加系数 k 值（本例按支撑高度 10～20m，$k=1.217$）；立杆顶部和底部计算长度系数 μ，分按相应规则（模架剪刀撑的设置按加强型构造做法，查附录列表中表 C-3、表 C-5）查表插值计算；按计算出的长度较大值求立杆长细比，查计算立杆稳定承载能力的系数 φ。（注：竖向荷载按立杆根部承受的荷载，风荷载按立杆顶部所受的风荷载，进行整体稳定性计算。）

a. 按顶部计算长系比：$\lambda=\dfrac{l_0}{i}=k\mu_1\dfrac{h+2a}{i}=1.217\times1.408\dfrac{1200+2\times400}{15.8}=216.9$

按非顶部计算长系比：$\lambda=\dfrac{l_0}{i}=k\mu_2\dfrac{l_1}{i}=1.217\times2.247\dfrac{1200}{15.8}=207.7$

取大值 $\lambda=216.9$。查《建筑施工扣件式钢管脚手架安全技术规范》JGJ 130—2011 附录 A.0.6 表 A.0.6 轴心受压构件的稳定系数 φ（Q235 钢），得 $\varphi=0.154$

b. 不组合风荷载时，取：$N=14.97\text{kN}$；

$$\sigma=\frac{N}{\varphi A}=\frac{14.97\times10^3}{0.154\times4.89\times10^2}=198.79<f=205\text{ 满足稳定性要求。}$$

c. 立杆稳定性计算在不组合风荷载时，立杆根部截面承受压力值所采用的 $N=N_{12}=14.97\text{kN}$ 由荷载组合：

$N_{12}=\gamma_0\times\{l_a\times l_b\times[\gamma_i\times\alpha\times(G_{1k}+G_{2k}+G_{3k})+\gamma_{Qi}\times\psi\times Q_{1k}]+\gamma_i\times\alpha\times(l_b\times m_{主龙骨}+m_{支架})\}$ 求得，

故在考虑风荷载作用时，

由风荷载设计值产生的立杆段压应力应乘以组合系数 ψ：

$$\sigma'_w=\psi\times\frac{M_w}{W}=0.9\times\frac{0.0102\times10^6}{5080}=1.81\text{MPa}$$

立杆稳定性 $\sigma=\sigma+\sigma'_w=198.79+1.81=200.6<f=205\text{MPa}$

满足稳定性要求。

5）楼板模架基底结构验算：因脚手管截面平均应力为 14970/489＝30.61N/mm²，大于 C30 混凝土承压能力，故需在其根部加支座或垫钢板卸荷。卸荷面积应不小于 0.2×0.2＝0.04m²，楼板抗冲切能力（近似）按两侧截面考虑 2×200×200＝80000mm²，80000mm²×1.43＝114.4kN 大于立杆根部承受压力值 14.97kN，可。

（3）框架梁模板验算：梁侧、梁底面板采用 15mm 厚木质覆膜多层板，梁侧次龙骨采用 50×100 木方，间距 267mm；主龙骨采用双根 50mm×100mm 木方，间距 750mm；双根 Φ14 穿墙螺栓对拉卸荷。梁底纵向采用 3 根 100×100 木方作为次龙骨，跨间距 133mm；主龙骨采用 Φ48 钢管管，间距 1200mm；主龙骨面板按两跨连续板考虑。

1）梁侧模板计算

① 模板板面计算：

a. 荷载统计：

● 混凝土侧压力标准值：

其中 $$t_0=\frac{200}{20+15}=5.71。$$

$$F_1=0.28\gamma_c t_0\beta\sqrt{V}$$

$$F_1=0.28\times24000\times5.71\times0.85\times1.8^{1/2}=43.76\text{kN/m}^2$$

$$F_2=\gamma_C\times H=24\times1=24\text{kN/m}^2$$

混凝土侧压力标准值取两者中小值，$G_4=24\text{kN/m}^2$

倾倒混凝土时产生的水平荷载，查表 2-6-23 为 $Q_3=2\text{kN/m}^2$。

● 计算框架梁混凝土侧压力设计值：

$$F_{11}=\gamma_0\times(\gamma_{Gi}\times F_1+\gamma_{Qi}\times Q_i)$$

$$F_{11}=0.9\times(1.2\times24+1.4\times2)=28.44\text{kN/m}^2$$

$$F_{12}=\gamma_0\times(\gamma_{Gi}\times\alpha\times F_1+\gamma_{Qi}\times\psi\times Q_i)$$

$$F_{12}=0.9\times(1.35\times0.9\times24+1.4\times0.9\times2)=31.68\text{kN/m}^2$$

取 $F=F_{12}=31.68\text{kN/m}^2$

● 面板强度计算的线荷载：

$q_1=L_b\times F=0.75\times31.68=23.76\text{kN/m}$（$L_b$ 为主龙骨间距 750mm 时）

● 刚度计算的设计荷载：

$$q_2=\gamma_0\times G_4\times l_b=0.9\times24\times0.75$$

$$=16.2\text{kN/m}$$

b. 模板板面弯曲强度计算（图 2-6-11）：

$$M_{11}=K_{M}q_{1}b^{2}$$
$$=0.101\times23.76\times0.267^{2}=0.171\text{kN}\cdot\text{m}$$

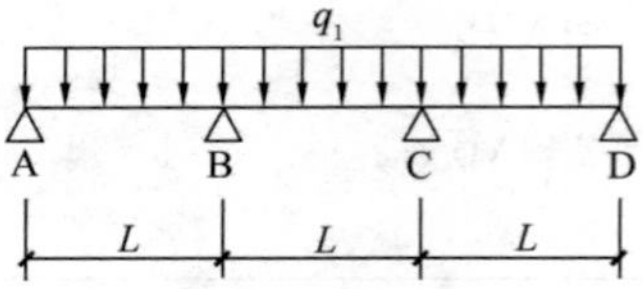

图 7-6-11　梁侧模板强度计算简图

模板截面特性：

$$I=\frac{bh^{3}}{12}=\frac{750\times15^{3}}{12}=210938\text{mm}^{4};W=\frac{bh^{2}}{6}=\frac{750\times15^{2}}{6}=28125\text{mm}^{3}$$

$\delta=\dfrac{M_{max}}{W}=\dfrac{0.171\times10^{6}}{28125}=6.08\text{N/mm}^{2}<[f]=11.5\text{N/mm}^{2}$ 故满足要求。

c. 模板板面抗剪强度计算：

$Q=\dfrac{1}{2}q_{1}\times c=\dfrac{1}{2}23.76\times0.267=3.17\text{kN}$，$c$ 为次龙骨间距。

$\tau=\dfrac{3Q}{2bh}=\dfrac{3\times2970}{2\times750\times15}=0.42\text{N/mm}^{2}<[\tau]=1.4\text{N/mm}^{2}$ 满足要求。

d. 模板板面挠度验算：

$$\nu=\frac{K_{W}q_{2}b^{4}}{100EI}$$
$$=\frac{0.677\times16.2\times267^{4}}{100\times6425\times210938}$$
$$=0.41\text{mm}$$

$\nu=0.41<[\nu]=\dfrac{b}{400}=\dfrac{267}{400}=0.68\text{mm}$ 故满足要求。

② 次龙骨强度、挠度验算

a. 荷载计算：

● 强度计算的设计荷载取值

$q_{1}=F\times c=31.68\times0.267=8.49\text{kN/m}$（$c$ 为次龙骨间距 267mm 时）

● 刚度计算的设计荷载：

$$q_{2}=\gamma_{0}\times G_{4k}\times c$$
$$=0.9\times24\times0.267$$
$$=5.77\text{kN/m}$$

b. 弯曲强度计算：施工荷载为均布荷载，按照三跨连续梁进行分析计算，见图 7-6-12。

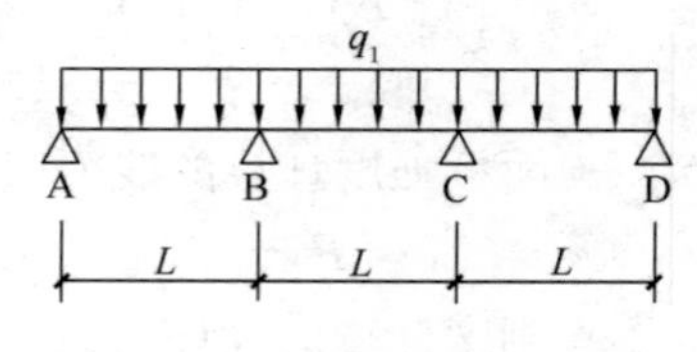

图 7-6-12　梁侧模板次龙骨强度计算简图

$$M_{11}=K_{M}q_{1}l^{2}$$
$$=0.101\times8.49\times0.75^{2}=0.4823\text{kN}\cdot\text{m}$$

$\delta=\dfrac{M_{max}}{W}=\dfrac{0.4823\times10^{6}}{83333}=5.79\text{N/mm}^{2}<[f_{m}]=$

13N/mm^2

故验算满足要求。

c. 抗剪强度验算：主龙骨采用木方子，次龙骨跨中两侧分别传到支座的剪力值 Q，按次龙骨所承担全跨荷载的一半考虑。

$$Q=\frac{1}{2}\times 8.49=4.25\text{kN}$$

$$\tau=\frac{3Q}{2bh}=\frac{3\times 4250}{2\times 50\times 100}=1.28\text{N/mm}^2<[\tau]=1.4\text{N/mm}^2\text{满足要求。}$$

d. 挠度验算：按照三跨连续梁进行计算：

最大跨中挠度：

$$\begin{aligned}\nu&=\frac{K_{W}q_2 l^4}{100EI}\\&=\frac{0.677\times 5.77\times 750^4}{100\times 9000\times 4.17\times 10^6}\\&=0.33\text{mm}\end{aligned}$$

$$\nu=0.33<[\nu]=\frac{l}{400}=\frac{1200}{400}=3\text{mm 故满足要求。}$$

③ 主龙骨强度、挠度验算

a. 受力分析；由于楼板厚度为 150mm，实际梁侧模高度 850mm；对拉螺栓距梁底模 200mm，间隔 450mm 再设一道。作用在主龙骨上的次龙骨集中力 8.49×0.75=6.37kN 计算单元简图见图 7-6-13。

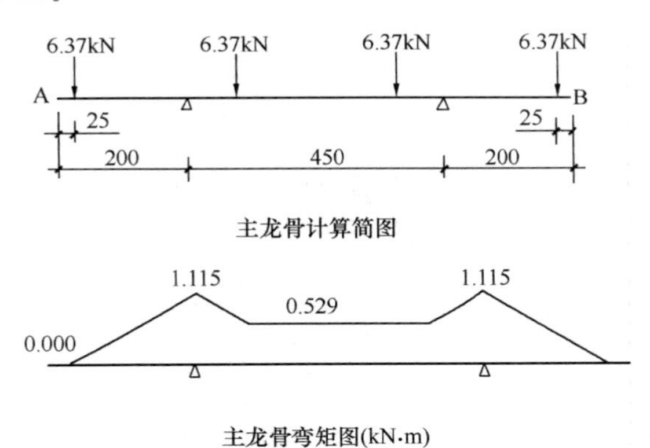

主龙骨剪力图(kN)

图 7-6-13 梁侧主龙骨内力图

b. 强度计算：

由弯矩图：$\delta=\dfrac{M_{max}}{W}=\dfrac{1.115\times10^{6}}{166666}=6.69\text{N/mm}^{2}<[f_{m}]=13\text{N/mm}^{2}$故满足要求。

c. 抗剪强度验算：对拉螺栓两侧分别有一根 50mm×100mm 木方当主龙骨，主龙骨在对拉螺栓处一般加有钢板垫；本例螺栓上下两侧传到垫板边缘的剪力 Q 相等，主龙骨抗剪能力按此荷载考虑。

$Q=6.37\text{kN}$，

$\tau=\dfrac{3Q}{2bh}=\dfrac{3\times6370}{2\times100\times100}=0.96\text{N/mm}^{2}<[\tau]=1.4\text{N/mm}^{2}$满足要求。

d. 挠度验算：精确计算图 7-6-14 主龙骨挠度，手算计算量较大。可以按照不计跨中荷载只计算两侧外伸部分荷载作用的挠度和不记两侧荷载只计算跨中荷载作用的挠度分别进行计算，以计算出的挠度与控制值进行比较，以校核变形是否符合要求。

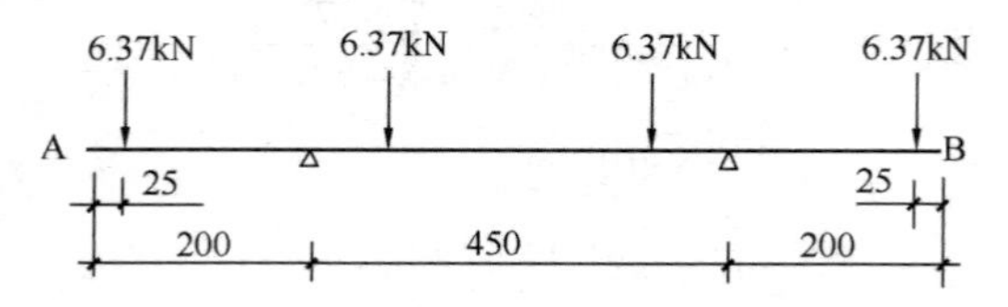

图 7-6-14　梁侧主龙骨变形计算受力图

● 不计跨中荷载时的主龙骨挠度

$$\nu=\frac{Pm^{2}l}{6EI}(3+2\lambda)=\frac{6370\times175^{2}\times450}{6\times9000\times8.33\times10^{6}}\left(3+2\times\frac{175}{450}\right)=0.74\text{mm}$$

式中　$m=175\text{mm}$；

$$\lambda=\frac{m}{l}=\frac{175}{450}$$

● 不计两侧外伸部分的荷载时的主龙骨挠度

$$\nu=\frac{Pa^{2}l}{24EI}(3-4\alpha)=\frac{6370\times92^{2}\times450}{24\times9000\times8.33\times10^{6}}\left(3-4\times\frac{92}{450}\right)=0.029\text{mm}$$

式中　$a=75\text{mm}$；

$$\alpha=\frac{m}{l}=\frac{75}{400}$$

因两种变形方向相反，相互有制，实际变形小于两者中的大值 0.74mm。

即：$\nu<0.74\text{mm}<=\dfrac{l}{400}=\dfrac{400}{400}=1.0\text{mm}$，故满足要求

2）梁底模板计算：对梁底模板及支架，荷载统计按 GB 50666—2011 规定：强度计算的设计荷载取值，按固定荷载分项系数取 $\gamma_{i}=1.2$，可变荷载分项系数取 $\gamma_{Qi}=1.4$；荷载组合：固定荷载分项系数取 $\gamma_{i}=1.35$，$\alpha=1.0$，可变荷载分项系数取 $\gamma_{Qi}=1.4$；组合系数 $\psi=0.9$ 两种荷载组合计算，取大值。刚度计算的设计荷载取值，只考虑固定均布荷载作用。

① 梁底模板计算

a. 梁底模面板荷载

● 面板强度计算的线荷载：

作用于梁横截面模板自重：$G_{1k}=0.24\text{kN/m}$

作用于梁横截面混凝土：$G_{2k}=24\text{kN/m}$

作用于梁横截面钢筋：$G_{3k}=1.5\text{kN/m}$

$$\begin{aligned}q_{11}&=\gamma_0[\gamma_{Gi}\times(G_{1k}+G_{2k}+G_{3K})+\gamma_{Qi}\times Q_{2k}]\times c\\&=0.9\times[1.2\times(0.24+24+1.5)+1.4\times(2+2.5)]\times 1\\&=33.47\text{kN/m}\end{aligned}$$

$$\begin{aligned}q_{12}&=\gamma_0[\gamma_{Gi}\times\alpha\times(G_{1k}+G_{2k}+G_{3K})+\gamma_{Qi}\times\psi\times Q_{2k}]\times c\\&=0.9\times[1.35\times 1\times(0.24+24+1.5)+1.4\times 0.9\times(2+2.5)]\times 1\\&=36.38\text{kN/m}\end{aligned}$$

取 $q_1=q_{12}=36.38\text{kN/m}$

（验算模板时，线荷载方向一般与梁长度方向垂直（次龙骨与梁长同向）；令 c 为 1000mm 宽，梁底模受荷范围就在一延米上）

● 面板刚度计算的设计荷载：

$$\begin{aligned}q_2&=\gamma_0\times(G_{1k}+G_{2k}+G_{3K})\times c\\&=0.9\times(0.24+24+1.5)\times 1\\&=23.17\text{kN/m}\end{aligned}$$

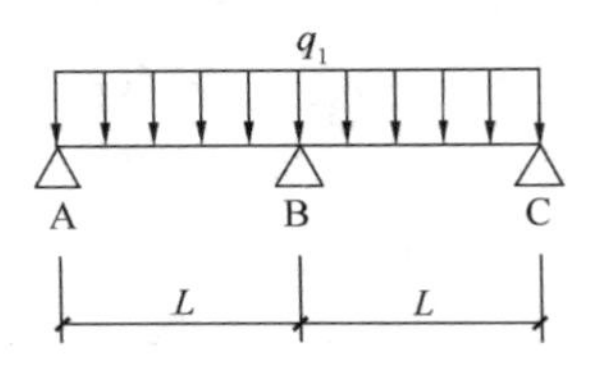

图 7-6-15 当荷载均布作用时，梁底模板强度计算简图

b. 模板板面弯曲强度计算：

$$\begin{aligned}M_{11}&=K_M q_1 b^2\\&=0.125\times 36.38\times 0.2^2=0.1819\text{kN}\cdot\text{m}\end{aligned}$$

模板截面特性：

$$I=\frac{bh^3}{12}=\frac{1000\times 15^3}{12}=281250\text{mm}^4;$$

$$W=\frac{bh^2}{6}=\frac{1000\times 15^2}{6}=37500\text{mm}^3$$

$\delta=\dfrac{M_{\max}}{W}=\dfrac{0.1819\times 10^6}{37500}=4.85\text{N/mm}^2<[f]=11.5\text{N/mm}^2$ 故满足要求。

c. 模板板面抗剪强度计算

$$Q=\frac{1}{2}q_1\times 0.2=3.64\text{kN}$$

$\tau=\dfrac{3Q}{2bh}=\dfrac{3\times 3640}{2\times 1000\times 15}=0.364\text{N/mm}^2<[\tau]=1.4\text{N/mm}^2$ 满足要求。

d. 模板板面挠度验算：

$$\begin{aligned}\nu&=\frac{K_W q_2 b^4}{100EI}\\&=\frac{0.521\times 23.17\times 200^4}{100\times 6425\times 281250}\\&=0.11\text{mm}\end{aligned}$$

$$\nu = 0.11\text{mm} < [\nu] = \frac{b}{400} = \frac{200}{400} = 0.5\text{mm}$$ 故满足要求。

② 次龙骨强度、挠度验算

a. 荷载计算：

● 强度计算的设计荷载取值

梁支撑承担梁本身以及两侧部分楼板模架（梁侧 175mm 范围）及构件的荷载，计有：

每延米模板及主次龙骨：G_{1k} = 楼板、梁模板面板 + 梁侧主、次龙骨 + 楼板、梁底次龙骨

$$G_{1k} = 0.24 \times (2 \times 0.175 + 2 \times 0.85 + 0.4) + 7 \times 0.1 \times 0.05 \times [2 \times 4 + (2 \times 2 \times 0.85/0.75)] + [2 \times 0.175 \times 0.14 + 7 \times 0.1 \times 0.1 \times 3] = 0.588 + 0.439 + 0.259 = 1.29\text{kN/m}$$

作用于梁横截面混凝土：$G_{2k} = 24 \times (2 \times 0.175 \times 0.15 + 1) = 25.26\text{kN/m}$

作用于梁横截面钢筋：　$G_{3k} = 1.1 \times 2 \times 0.175 \times 0.15 + 1.5 \times 1 = 1.56\text{kN}$

$$q_{11} = \gamma_0 [\gamma_{Gi} \times (G_{1k} + G_{2k} + G_{3K}) + \gamma_{Qi} \times Q_{2k}] \times c = 0.9 \times [1.2 \times (1.29 + 25.26 + 1.56) + 1.4 \times (2 + 2.5)] \times 0.2 = 7.21\text{kN/m}$$

$$q_{12} = \gamma_0 [\gamma_{Gi} \times \alpha \times (G_{1k} + G_{2k} + G_{3K}) + \gamma_{Qi} \times \psi \times Q_{2k}] \times c = 0.9 \times [1.35 \times 1 \times (1.29 + 25.26 + 1.56) + 1.4 \times 0.9 \times (2 + 2.5)] \times 0.2 = 7.85\text{kN/m}$$

取 $q_1 = q_{12} = 7.85\text{kN/m}$，$c$ 为次龙骨间距。

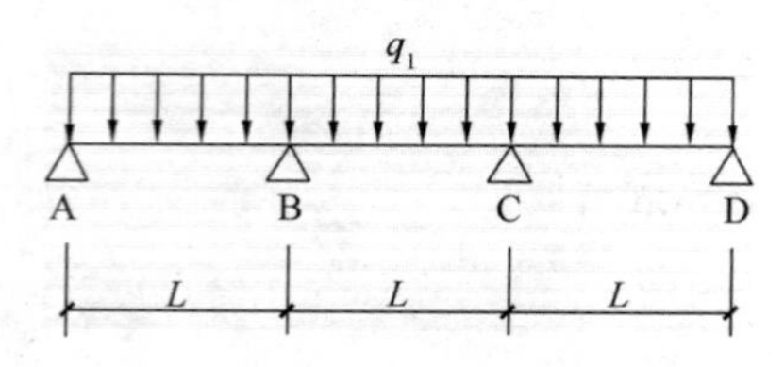

图 7-6-16　当荷载均布作用时，梁底次龙骨强度计算简图

● 刚度计算的设计荷载：

$$q_2 = \gamma_0 \times (G_{1k} + G_{2k} + G_{3K}) \times c = 0.9 \times (1.29 + 25.26 + 1.56) \times 0.2 = 5.1\text{kN/m}$$

b. 弯曲强度计算：施工荷载为均布荷载，按照三跨连续梁进行分析计算

$$M_{11} = K_M q_1 l^2 = 0.101 \times 7.85 \times 1.2^2 = 1.142\text{kN} \cdot \text{m}$$

则 $\delta = \dfrac{M_{max}}{W} = \dfrac{1.142 \times 10^6}{1.67 \times 10^5} = 6.84\text{N/mm}^2 < [f_m] = 13\text{N/mm}^2$，强度验算满足要求。

c. 抗剪强度验算：因主龙骨采用钢管，次龙骨跨中两侧分别传到支座的剪力值 Q，按次龙骨所承担的全跨荷载考虑。

$Q = 7.85 \times 1.2 = 9.42\text{kN}$，

$\tau = \dfrac{3Q}{2bh} = \dfrac{3 \times 9420}{2 \times 100 \times 100} = 1.413\text{N/mm}^2 > [\tau] = 1.4\text{N/mm}^2$，不满足要求。但考虑到实际受荷最大的中龙骨，不承担梁侧楼板及梁侧模板荷载，即实际受荷为：

$Q = 0.9\{0.2 \times [1.35 \times (25.5 + 0.24) + 1.4 \times 0.9 \times (2 + 2.5)] + 1.35 \times 7 \times 0.1 \times 0.1\} \times 1.2 = 8.83\text{kN}$，则 $\tau = \dfrac{3Q}{2bh} = \dfrac{3 \times 8830}{2 \times 100 \times 100} = 1.325\text{N/mm}^2 < [\tau] = 1.4\text{N/mm}^2$，

满足要求。

d. 挠度验算：按照三跨连续梁进行计算：

最大跨中挠度

$$\nu = \frac{K_W q_2 l^4}{100EI} = \frac{0.677 \times 5.1 \times 1200^4}{100 \times 9000 \times 8.33 \times 10^6} = 0.96\text{mm}$$

取 $\nu = 0.96\text{mm} < [\nu] = \frac{l}{400} = \frac{1200}{400} = 3\text{mm}$ 故满足要求。

③ 主龙骨强度、挠度验算

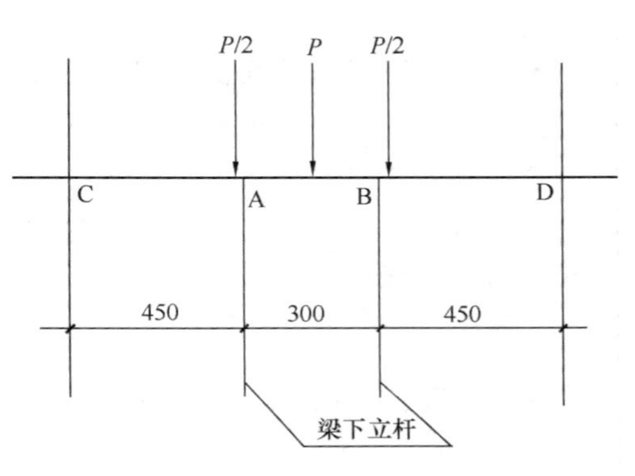

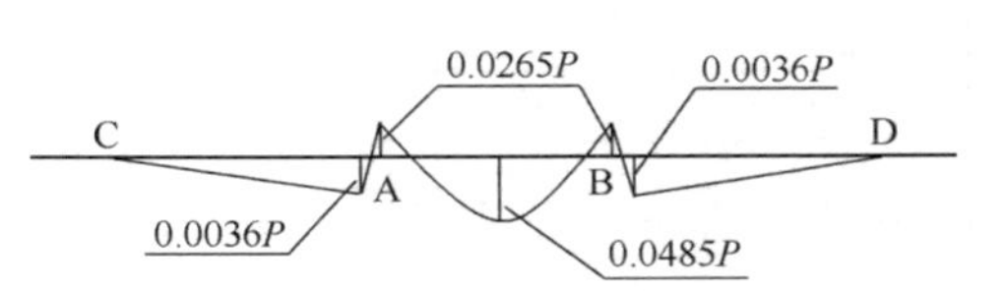

图 7-6-17 梁底主龙骨弯矩图

a. 荷载及弯矩：梁下横向布置两根立杆，位置如图 7-6-17。由力矩分配法（计算从略）可算出主龙骨弯矩如图 7-6-17。

用于强度计算（取次龙骨传递下的节点荷载）$P = 1.2 \times 7.85 = 9.42\text{kN}$

用于刚度计算（取次龙骨传递下的节点荷载）$P' = 1.2 \times 5.1 = 6.12\text{kN}$

b. 弯曲强度计算：

由图 7-6-17，主龙骨弯矩最大值在跨中，

则 $\delta = \frac{M_{\max}}{W} = \frac{0.0485 \times 9.42 \times 10^6}{5080} = 89.94\text{N/mm}^2 < [f_m] = 205\text{N/mm}^2$ 故满足要求。

c. 抗剪强度验算：当主龙骨采用钢管且与立杆用扣件连接时，主龙骨跨中两侧分别传到支座的剪力值 Q，按全跨荷载考虑；当采用 U 形托支顶主龙骨时，主龙骨传到 U 形托支座的剪力值 Q，按主龙骨两侧分别向支座传递考虑，剪切面荷载最大值为中跨荷载的一半。

$$Q = \frac{1}{2}p = \frac{1}{2} \times 7.85 \times 1.2 = 4.71\text{kN}$$

$$\tau = 2\frac{Q}{A} = \frac{2 \times 4710}{489} = 19.26\text{N/mm}^2 < [\tau] = 120\text{N/mm}^2$$ 满足要求。

d. 挠度验算：三跨连续梁上，作用有对称集中荷载。为简化计算，不考虑边跨集中力对中跨跨中挠度的有利影响，按梁中跨为两端固定的单跨梁，计算跨中挠度：

$$\nu = \frac{Pl^3}{192EI} = \frac{1.2 \times 5100 \times 300^3}{192 \times 2.05 \times 10^5 \times 1.219 \times 10^5} = 0.034\text{mm}$$

因为$\nu=0.034\text{mm}<=\frac{l}{400}=\frac{300}{400}=0.75\text{mm}$，故满足要求。

3）梁下模板立杆稳定性验算

①核算参数：梁底部分净高13.685m；

立杆根部承受竖向荷载压力值：

$$N=7.85\times1.2+1.35\times1.735=11.76\text{kN}$$

截面惯性矩：按$\phi48\times3.5$脚手管的截面惯性矩：

$$I=12.19\times10^{4}\text{mm}^{4}$$

② 立杆稳定性验算：

a. 计算长度确定：根据《建筑施工扣件式钢管脚手架安全技术规范》JGJ 130—2011规定，本模架支撑属于满堂支撑架。本例题模架用于混凝土结构施工时，剪刀撑的设置按普通型构造做法。由于《建筑施工扣件式钢管脚手架安全技术规范》JGJ 130—2011没有给出符合本算例的立杆排列相应数据，故按列表中（表C-2、表C-4）中同步距μ_1、μ_2的大值核定。满堂支撑架立杆整体稳定计算，分别按顶部和底部相应规则计算立杆计算长度，取计算大值求长细比，查出模架支撑立杆稳定承载能力的计算系数φ。按立杆根部实际承受的荷载，进行整体稳定性计算：

按顶部计算长系比：$\lambda=\frac{l_0}{i}=k\mu_1\frac{l_1+2d}{i}=1.217\times1.558\frac{1200+2\times400}{15.8}=240$

按非顶部计算长系比：$\lambda=\frac{l_0}{i}=k\mu_2\frac{l_1}{i}=1.217\times2.492\frac{1200}{15.8}=230.34$

根据$\lambda=240$，查《建筑施工扣件式钢管脚手架安全技术规范》JGJ 130—2011附录A.0.6表A.0.6轴心受压构件的稳定系数φ（Q235钢）得$\varphi=0.127$

b. 不组合风荷载时，取：$N=11.76\text{kN}$；

$\sigma=\frac{N}{\varphi A}=\frac{11.76\times10^{3}}{0.127\times4.89\times10^{2}}=189\text{MPa}<f=205\text{MPa}$满足稳定性要求。

c. 立杆稳定性计算在不组合风荷载时，立杆根部截面承受压力值由荷载组合：

$N=7.85\times1.2+1.35\times1.735=11.76\text{kN}$求得，

故在考虑风荷载作用时，

由风荷载设计值产生的立杆段压应力应乘以组合系数ψ：

$$\sigma'_{\text{w}}=\psi\times\frac{M_{\text{w}}}{W}=0.9\times\frac{0.0102\times10^{6}}{5080}=1.81\text{MPa}$$

立杆稳定性$\sigma=\sigma+\sigma'_{\text{w}}=189+1.81=200.6<f=205\text{MPa}$，满足稳定性要求。

7.6.2　混凝土梁模架抗倾覆计算

【例8】　例7梁结构尺寸不变，假定此梁为梁底距地面15m的独立梁。支撑模架材料同例7，立杆横纵向尺寸如图7-6-18所示；每三步设一平面交叉支撑，纵向外围设垂直交叉支撑。

【解】

（1）本架体抗倾覆荷载的取值

1）模架自重标准值G_{1K}：如图7-6-19可算得横向每榀模架的总重：$G_{1K}=G_{架体}+G_{脚手板}$

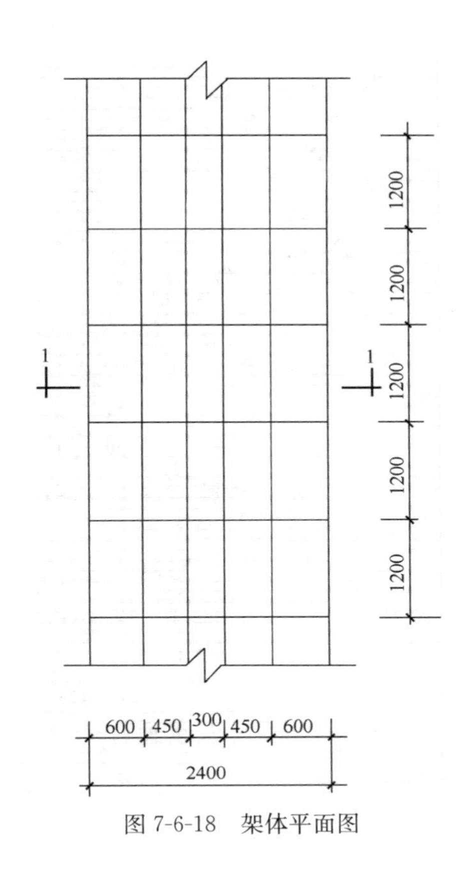

图 7-6-18　架体平面图

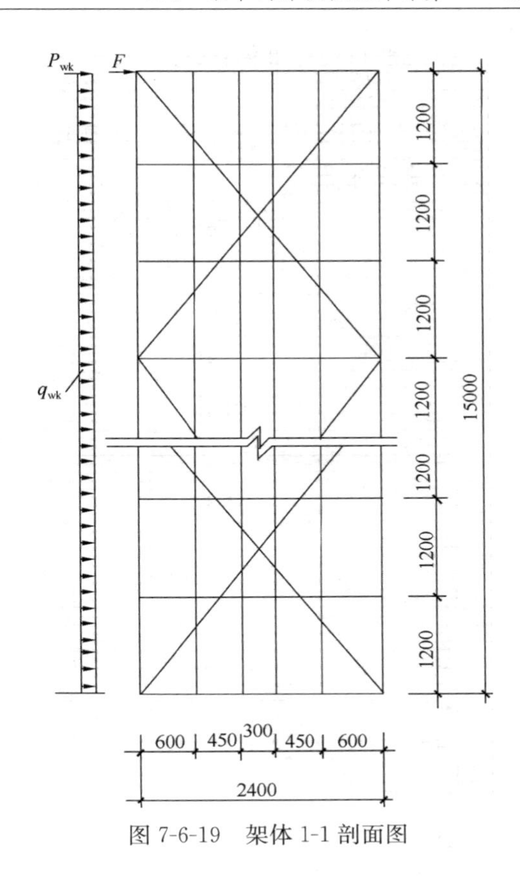

图 7-6-19　架体 1-1 剖面图

其中：

$G_{架体}$ ＝钢管重量＋直角扣件重量＋旋转扣件重量＋对接扣件重量

＝38.4N(6×15＋13×2.6＋4×2×4.6＋2×2×21.5×1.2/15)

＋13.2N(12×6)＋14.6N(4×8＋4)＋18.4N(6×2)

＝38.4N(90＋33.8＋36.8＋6.88)＋13.2N×72＋14.6N×36＋18.4N×12

＝6431.23＋950.4＋525.6＋220.8

＝8128N

按 6 根立杆平均承担，单根立杆自重标准值：1.355kN。

本支撑模架为对称设置，由位置可称为外侧立杆(*N*1)、次外侧立杆(*N*2)和梁下立杆(*N*3)。梁底模架两侧满铺脚手板，外侧立杆承担的脚手板荷载：0.35×(0.6/2)×1.2m＝0.126kN/根；次外侧立杆承担的脚手板荷载 0.35[(0.6＋0.45)/2]×1.2m＝0.221kN/根；

即：$G_{脚手板}$＝2×(0.126＋0.221)kN＝0.694kN

G_{1K}＝$G_{架体}$＋$G_{脚手板}$＝8.128kN＋0.694kN＝8.822kN

2）梁底模自重标准值：G_{2K}＝0.25kN/m×1.2m＝0.3kN/跨

3）梁侧模自重标准值：G_{3K}＝0.6kN/m×1.2m＝0.72kN/（跨·每侧）

4）新浇筑混凝土自重标准值：$G_{4K}=\gamma_c\times b\times h\times l$

＝24×0.4×1×1.2＝11.52kN/跨

5）梁钢筋自重标准值：$G_{5K}=\gamma_s\times b\times h\times l$

$=1.5\times0.4\times1\times1.2=0.72$kN/跨

（2）对本架体有倾覆作用的荷载取值

1）风荷载标准值

$$W_k=\beta_z\times\mu_s\times\mu_z\times w_o$$

$$W_k=1.0\times1.14\times1.0\times0.3=0.342\text{kN/m}^2$$

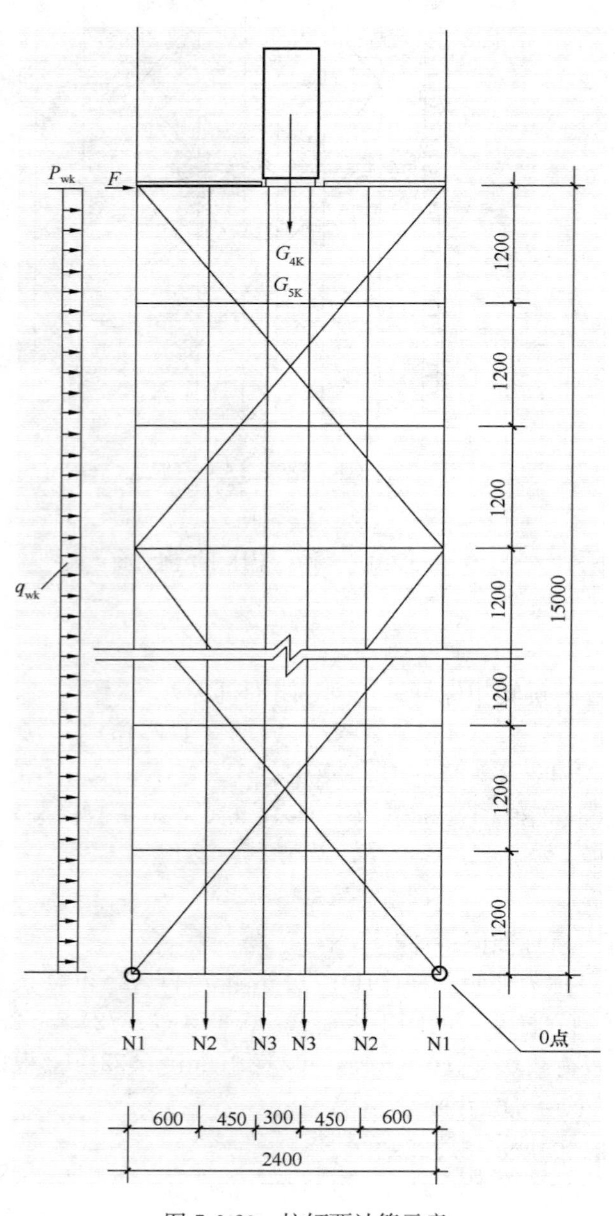

图 7-6-20　抗倾覆计算示意

式中　β_z——风振系数，一般取1.0；

μ_s——风压高度变化系数，按B类高度为15m取1.14；

μ_z——脚手架风荷载体型系数，架体和模板按实际挡风面积计算，取为1.0；

w_o——基本风压值，按北京地区 $N=10$ 年采用，取值为0.3。

2）模架安装偏差诱发荷载

根据经验，取：$0.01G_{1K}=0.01\times8.822\text{kN}=0.08822\text{kN}$

3）广义水平力（根据经验）取为垂直永久荷载的2%，根据所校核的工况确定。

（3）钢筋绑扎完毕，混凝土未浇筑时抗倾覆验算。

1）抗倾覆力矩（对架体外侧立杆根部取矩）

抗倾覆力矩、倾覆力矩取值，见图7-6-20。

① 模架自重抗倾覆力矩：模架自重抗倾覆力矩为各立杆重力对架体外侧立杆根部取矩之和。永久荷载的分项系数取0.9。

$$M_{模架}=0.9\times\{N_1\times r_1+N_2\times r_2+N_2\times r_3\}$$

式中　r——抗倾覆力臂（或倾覆力臂）。

$$M_{模架}=0.9[(1.355+0.126)\times 2.4+(1.355+0.221)\times(1.8+0.6)+1.355\times(1.35+1.05)]=9.52\text{kN}\cdot\text{m}$$

② 梁底模自重抗倾覆力矩

$$M_{模架}=0.9(梁底模自重\times 抗倾覆力臂)=0.9(0.3\text{kN}\times 1.2)=0.32\text{kN}\cdot\text{m}$$

③ 梁侧模自重抗倾覆力矩

$$M_{模架}=0.9(梁侧模自重\times 抗倾覆力臂)=0.9[0.72\text{kN}\times(1.4+1)]=1.56\text{kN}\cdot\text{m}$$

④ 梁钢筋自重抗倾覆力矩

$$M_{梁筋}=0.9(梁钢筋自重\times 抗倾覆力臂)=0.9(0.72\text{kN}\times 1.2)=0.78\text{kN}\cdot\text{m}$$

⑤ $M_{抗倾}$=①+②+③+④

$$=9.52+0.32+1.56+0.78=12.18\text{kN}\cdot\text{m}$$

⑥ 此工况广义水平力（模架顶部的固定荷载标准值）

$$G_{广义}=模板+梁钢筋=0.3+2\times 0.72+0.72=2.46\text{kN}$$

2）倾覆力矩（对架体外侧立杆根部取矩）

① 架体所受风荷载

架体立杆不挂安全网，综合考虑架体立杆、水平杆、剪刀撑风阻作用挡风面积取为 0.2m^2/（跨·米）。$k_2=1.4$，为倾覆力可变荷载分项系数。

$$M_{w立杆}=k_2\times W_K\times 0.2\times h^2/2=1.4\times 0.342\times 15^2/2=10.77\text{kN}\cdot\text{m}$$

② 架体顶部所受风荷载

架体顶部两侧有 1.2m 高操作人员安全网以及 1m 高的模板，按模板面积计算。$k_2=1.4$，为倾覆力可变荷载分项系数。

$$M_{w顶部}=k_2\times W_K\times 1\times h=1.4\times 0.342\times 15=7.18\text{kN}\cdot\text{m}$$

③ 模架安装偏差诱发荷载

$k_1=1.35$，为倾覆力永久荷载分项系数。

$$M_{模诱}=k_1\times 0.01G_{1K}\times h=1.35\times 0.08822\times 15=1.79\text{kN}\cdot\text{m}$$

④ 广义水平力作用

广义水平力取垂直永久荷载的 2%，作用在架体顶部。$k_1=1.35$，为倾覆力永久荷载分项系数。

$$M_{广义诱}=k_1\times 0.02\times G_{广义}\times r=1.35\times 0.02\times 2.46\times 15=0.996\text{kN}\cdot\text{m}$$

⑤ $M_{倾}$=①+②+③+④

$$=10.77+7.18+1.79+0.996=20.74\text{kN}\cdot\text{m}$$

3）验算结论

由于 $M_{抗倾}=12.18kN \cdot m<M_{倾}=20.74kN \cdot m$，此工况假体存在倾覆风险，需进行抗倾覆处理。

（4）梁浇筑阶段抗倾覆验算

1）抗倾覆力矩（对架体外侧立杆根部取矩）

① 模架自重抗倾覆力矩

模架自重抗倾覆力矩为各立杆重力对架体外侧立杆根部取矩之和。永久荷载的分项系数取0.9。

$$\begin{aligned}M_{模架} &=0.9\times\{N_1\times r_1+N_2\times r_2+N_2\times r_3\}\\&=0.9[(1.355+0.126)\times 2.4+(1.355+0.221)\times(1.8+0.6)\\&\quad+1.355\times(1.35+1.05)]\\&=9.52kN\cdot m\end{aligned}$$

② 梁底模自重抗倾覆力矩

$$\begin{aligned}M_{模架} &=0.9(梁底模自重\times抗倾覆力臂)\\&=0.9(0.3kN\times 1.2)=0.32kN\cdot m\end{aligned}$$

③ 梁侧模自重抗倾覆力矩

$$\begin{aligned}M_{模架} &=0.9(梁侧模自重\times抗倾覆力臂)\\&=0.9[0.72kN\times(1.4+1)]=1.56kN\cdot m\end{aligned}$$

④ 梁混凝土及钢筋自重抗倾覆力矩

$$\begin{aligned}M_{梁筋} &=0.9(梁(钢筋+混凝土)自重\times抗倾覆力臂)\\&=0.9(0.72+11.52)\times 1.2=13.22kN\cdot m\end{aligned}$$

⑤ $M_{抗倾}=①+②+③+④$

$$=9.52+0.32+1.56+13.22=24.62kN\cdot m$$

⑥ 此工况广义水平力（模架顶部的固定荷载标准值）

$$\begin{aligned}G_{广义} &=模板+梁(钢筋+混凝土)\\&=0.3+2\times 0.72+0.72+11.52=13.98kN\end{aligned}$$

2）倾覆力矩（对架体外侧立杆根部取矩）

① 架体所受风荷载

架体立杆不挂安全网，综合考虑架体立杆、水平杆、剪刀撑风阻作用挡风面积取为 $0.2m^2$/（跨·米）。$k_2=1.4$，为倾覆力可变荷载分项系数。

$$M_{w立杆}=k_2\times W_K\times 0.2\times h^2/2=1.4\times 0.342\times 15^2/2=10.77kN\cdot m$$

②架体顶部所受风荷载

架体顶部两侧有1.2m高操作人员安全网以及1m高的模板，按模板面积计算。$k_2=1.4$，为倾覆力可变荷载分项系数。

$$M_{w顶部}=k_2\times q_w W_K\times 1\times h=1.4\times 0.342\times 15=7.18kN\cdot m$$

③ 模架安装偏差诱发荷载

$k_1=1.35$，为倾覆力永久荷载分项系数。

$$M_{模诱}=k_1\times0.01G_{1K}\times h=1.35\times0.08822\times15=1.79\text{kN}\cdot\text{m}$$

④ 广义水平力作用

广义水平力取垂直永久荷载的2%，作用在架体顶部。$k_1=1.35$，为倾覆力永久荷载分项系数。

$$M_{广义诱}=k_1\times0.02\times G_{广义}\times r=1.35\times0.02\times13.98\times15=5.66\text{kN}\cdot\text{m}$$

⑤ $M_{倾}$＝①＋②＋③＋④

$=10.77+7.18+1.79+5.66=25.4\text{kN}\cdot\text{m}$

3）验算结论

由于$M_{抗倾}=24.62\text{kN}\cdot\text{m}<M_{倾}=25.4\text{kN}\cdot\text{m}$，此工况架体依然存在倾覆风险，需进行抗倾覆处理。

（5）模架抗倾覆措施

由上面计算可知，浇注混凝土前工况$M_{倾}>M_{抗倾}=20.74-12.18=8.56\text{kN}\cdot\text{m}$；浇注混凝土后$M_{倾}>M_{抗倾}=25.4-24.62=0.78\text{kN}\cdot\text{m}$。只要满足浇注混凝土前工况$M_{抗倾}>M_{倾}$即可。

为此在架体外侧（两侧）立杆根部固定砂袋，砂袋重量需满足：

$M_{抗倾}>8.56\text{kN}\cdot\text{m}$，因抗倾覆永久荷载的分项系数取0.9，

即$M_{抗倾}=0.9\times W_{砂}\times2.4=8.56$

即：每跨需堆放沙袋或压重$W_{砂}=4\text{kN}$，约400kg。

亦可加地锚或揽风绳，计算从略。

7.7 与模架设计计算相关的几个问题

1. 计算软件与参数输入

目前，市场上有很多安全计算软件，可以进行模板支撑和脚手架设计。运用安全计算软件在计算机上进行模板和支撑架设计计算非常方便，选择架体形式后，输入相应参数，结果瞬间就出来了。对于选型决策和模架优化十分便利。可显著提高工作效率和减少计算错误。

但软件计算也有不足之处。比如计算模型不够灵活。某款软件计算梁的内力，将所有作用于受力单元的可变荷载统算为一个集中力，作用于梁中。这对于梁宽较小的情况，影响不大。对于一些宽度大、高度小的扁梁影响就比较大：并排等间距支撑的立杆，荷载值应该相差不大；而在此模型下，跨中的立杆分配到的竖向力比相邻杆件大得多，还往往算不下来。对于这种情况，使用者应当选择其他与之相对应的计算模型。比如选用楼板模型来解决梁宽可变荷载分布问题。此外在计算墙、柱模板侧压力时，按最大值对全部截面进行核算本是手算时为了简化计算所采取的方法，计算机完全具备进行精确计算的能力，只需在编程时导入相应的计算模型。以上这些问题计算软件还需进行改进。

使用者在输入时参数时，还必须关注其关联条件。有的软件，输入了梁高，侧压力就自动将此值作为计算依据；有的软件则需打开有关侧压力的对话框单独再次输入。所以使

用软件也必须熟悉模板计算的基本方法与技能，否则出了错不知错在哪里。还曾经发生过：个别人在编写方案时，为了凑出合格数据，在软件计算生成的文档里，单独修改某些计算结果的情况。所以审查使用软件编写的方案，也不要轻信计算结果，一定要对其计算过程进行校核。

2. 常规计算与有限元分析

有限元法是在计算机计算基础上发展起来的数值分析计算方法。近年来很多工程将其用于模板和模架支撑系统计算。计算的基本步骤是将系统整体分解为互相联系的构件单元，建立各单元之间用数值表达的联系关系（建立相应矩阵），然后分别计算整体受力条件下各个不同单元的受力和变形情况（根据其材料力学特性、受力数值、约束条件等建立相应矩阵），通过相互联系转换（矩阵计算），最后得出各个不同构件和系统总的受力和变形状态。计算的结果通过 3Dmax 等三维可视化软件，可以迅速生成直观的计算结果立体图形。

传统力学对于同一个模架，在相同受力条件下，只会得出唯一的计算结果。和传统力学计算不同的是，由于联系关系相互约束条件可以根据实际情况进行调整，因而同一个模架，在相同受力条件下，采用不同的计算模型、选用不同的结点约束系数，计算结构会有一定的偏差。所以有限元计算提供的计算结果只能作为近似解。

由于我们对事物的认知，还有很多盲区；我们所熟知的规律，并不能完全反映事物的本质。所以，迄今为止所有传统力学计算，并不能说是完全精确的。众多试验检测实例表明：有限元考虑结构实际情况可能更为贴近实际，计算结构也更精确。尤其是对于复杂结构，相互作用影响用传统力学分析手段无法进行计算，有限元法可以轻而易举的解决。目前其应用专业性还较强，范围也不是太广。在计算机应用技术发展突飞猛进的当今年代，其应用优势日趋明显，相信在不久的将来有限元在模板和支架方面的计算会得到更大的普及和发展。

3. 关于建质（2009）87 号文中几个规定的理解

建质（2009）87 号文《危险性较大的分部分项工程安全管理办法》附件二：二（二）规定：混凝土模板支撑工程“搭设高度 8m 及以上；搭设跨度 18m 及以上；施工总荷载 $15kN/m^2$ 及以上；集中线荷载 20kN/m 及以上；”需要进行专家论证。对这四个数据如何界定？现分析如下：

（1）关于混凝土模板支撑工程搭设高度的理解：混凝土支撑模架的坍塌风险源于支撑架体不达标，与主龙骨以上的模板系统关系不大。主次龙骨和模板强度不够，会发生模板及主次龙骨局部断裂，如果架体稳定性没有问题，尚不会引发架体的坍塌。所以搭设高度应为支撑架体自地（楼）面至主龙骨下皮的净高尺寸，不应当含龙骨模板甚至构件的厚度。

（2）关于混凝土模板支撑工程搭设跨度的理解：支撑架体的搭设跨度应当理解为支座与支座之间的净空尺寸。比如框架轴线尺寸 18m，但轴线居中的柱子在轴线方向边长为 1.4m，梁的净跨度以及支撑架体的实际搭设跨度均为 16.6m。

（3）对于文件规定的作用于混凝土模板支撑荷载值使用标准值还是设计值，文件虽然未作详细说明，但应当是确定的物质属性。固定的质量在地球上所受的重力是一定的。因此文件中所规定的荷载值应当是标准值。如果是设计值，那取值就不唯一了。比如同样质量的构件自重，在不同的设计工况下，分项系数取值不同，当可变荷载数值大时，分项系数取 1.2；当永久荷载数值大时，分项系数取 1.35；当进行抗倾覆计算时，分项系数取 0.9；对同一个构件（比如梁）侧模板和底模板，分项系数取值规则都不一样。所以按没有歧义理解，建质（2009）87 号文中对混凝土模板支撑荷载值所作的规定，应该是使用标准值。

（4）87 号文中对混凝土模板支撑计入的施工竖向荷载应该包含那些？应该包含构件（混凝土、钢筋）所受重力、模板主次龙骨所受重力两项。为什么不包含可变荷载？因为施工期间的可变荷载只作用在模架局部，并不均匀作用于全模架（风荷载一般仅考虑作用于模架立面）。将可变荷载全部计入对模架的考量既不符合实际，也不科学。当然在对模架各个不同部件进行设计时，必须要考虑可变荷载。此外，如果将布料机安放到模架系统上，则必须对其自重和动力作用进行分析，采取相应的支顶措施。

（5）在对混凝土支撑模架进行设计时，应该对支撑模架施工的各个阶段工况进行分析，一定不要丢漏可能出现的危险工况；根据分析结果按照规范要求进行核算，规范规定该考虑什么影响因素，就计入相应荷载；在对荷载进行荷载组合时，该取什么分项系数取什么分项系数。严格对模板板面、主次龙骨、支撑立杆和地基进行计算校核。荷载设计值、可变荷载的数值和概念在这个阶段起作用。

8 预制混凝土构件钢模板

我国预制混凝土构件自20世纪90年代中期出现低潮。但是，根据世界发达国家的经验，预制装配技术仍是建筑工业化和混凝土工程现代化的一个重要组成部分，混凝土工程中预制构件的比例仍占35%～50%。因此，进入21世纪我国在发展住宅产业化进程中研发建筑工程新体系，振兴预制混凝土构件仍是有效的途径。生产预制混凝土构件采用的钢模板仍是模板体系中重要的组成部分。

本章介绍的预制混凝土构件钢模板，主要指生产工业与民用建筑工程中各类预制混凝土（包括预应力混凝土构件）的钢模板，对于其他土木工程中的构件亦可参照使用。

8.1 钢模板的分类与结构构造

8.1.1 钢模板分类

8.1.1.1 按构件生产方法分类

1. 台座法模板

是指底模为固定式台座（混凝土台座、砖砌台座、生产预应力构件的钢面热台座），侧模为移动式钢模，如预应力圆孔板拉模等。

2. 机组流水法模板

是指采用吊运机械移动的整套模板。如用于坑室养护生产预应力大型屋面板、预应力圆孔板的钢模等。

3. 传送流水法模板

是指模板沿轨道行走向不同工位连续移动的整套模板。如用于养护窑中的外墙板模板车、大楼板模板车等。

4. 成组立模法模板

是指采用垂直成型方法一次生产多块构件的成组立模。如用于生产承重内墙板的悬挂式偏心块振动成组立模；用于生产非承重隔墙板的悬挂式柔性板振动成组立模等。

8.1.1.2 按混凝土构件类型分类

1. 楼（顶）板类构件钢模板。如大型屋面板钢模、圆孔板钢模、槽形板钢模、大楼板钢模、楼梯段钢模、阳台板钢模等。

2. 墙板类构件钢模板。如外墙板钢模、内墙板钢模。

3. 梁、柱类构件钢模板。如装配式框架结构梁、柱钢模板、工业厂房柱、吊车梁钢模板等。

4. 桩类构件钢模板。

5. 桁架、薄腹梁类构件钢模板。如不同跨度的预制混凝土桁架、薄腹梁钢模板。

8.1.2 钢模板的结构构造

钢模板结构的构造，必须根据构件生产工艺条件、构件类型和对模板使用的要求，进行合理地选用。

8.1.2.1 钢模板底模的一般结构形式

1. 图 8-1-1（*a*），适用 $B<0.8$m，承受单向预应力荷载及垂直荷载的底模。

2. 图 8-1-1（*b*）和图 8-1-1（*c*），适用 $B\leqslant2$m，承受单向预应力荷载及垂直荷载的底模。

3. 图 8-1-1（*d*）和图 8-1-1（*e*），适用 $B\leqslant3$m，图 8-1-1（*d*）适用于承受垂直荷载的底模；图8-1-1（*e*）适用于承受单向预应力荷载及垂直荷载的底模。

4. 图 8-1-1（*f*），适用 $B>3$m，承受双向预应力荷载及垂直荷载的底模。

5. 图 8-1-1（*g*），适用 $B>3$m，承受双向预应力荷载及垂直荷载的等腰三点支承底模或模车。

6. 图 8-1-1（*h*），适用 $B>3$m，仅承受垂直荷载的等腰三点支承底模或模车。

7. 图 8-1-1（*i*），仅适用于非移动式生产工艺底模及封闭式热模骨架结构。

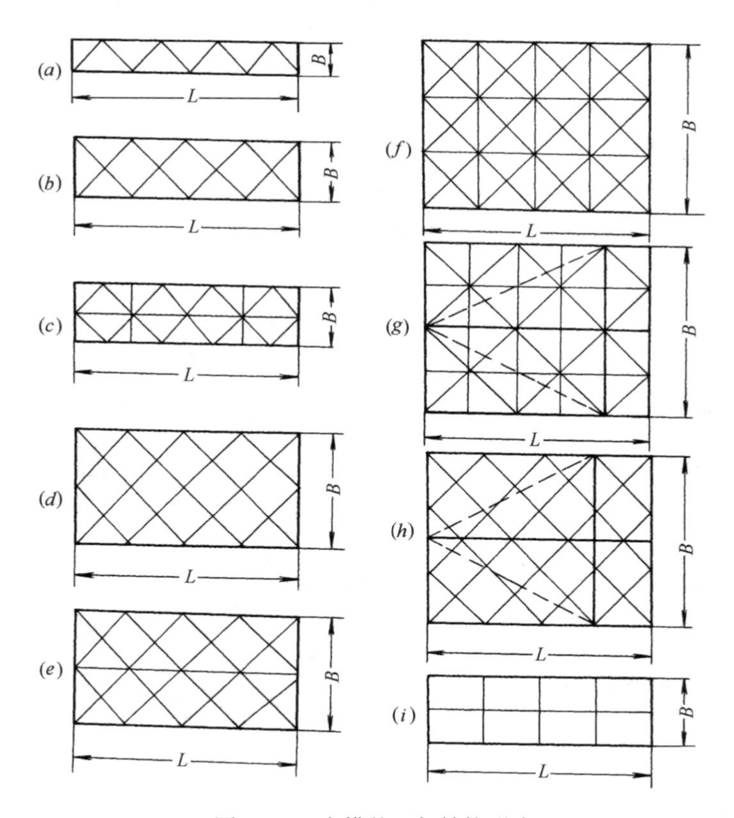

图 8-1-1 底模的一般结构形式

8.1.2.2 钢模板底模几种典型结构构造

1. 菱形格构（图 8-1-2）

适用于承受垂直荷载的底模结构。斜肋与边框夹角 α 宜控制在 35°～55°之间，以 45°

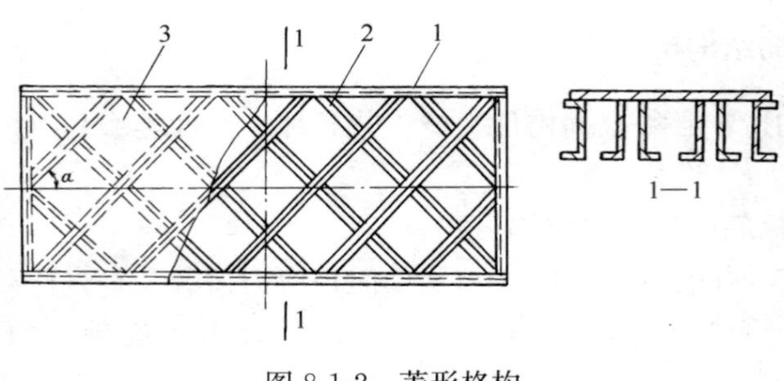

图 8-1-2　菱形格构

1—边框；2—斜肋；3—面板

为佳；斜肋根据计算确定，应优先采用冷弯槽钢或冷弯 L 形型钢，也可适用扁钢或普通热轧槽钢。

2. 组合式格构（图 8-1-3）

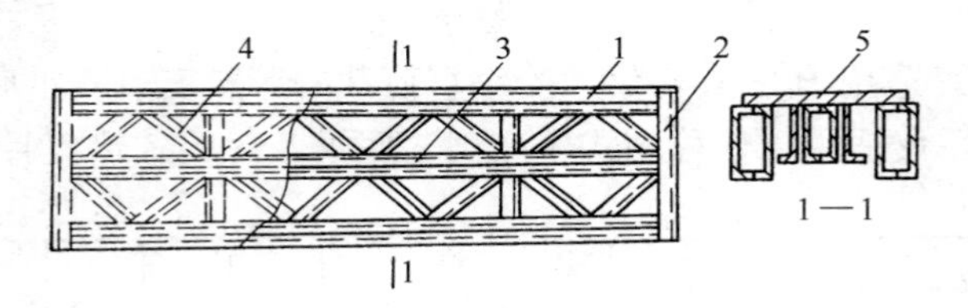

图 8-1-3　组合式格构

1—箱形截面边框；2—箱形截面横框；3—箱形截面中间纵梁；4—斜肋；5—面板

适用于承受单向预应力荷载和垂直荷载共同作用的底模结构。它是由抗扭翘能力高的菱形格构和抗弯扭的箱形截面梁矩形格构组合而成。

3. 等腰三点支承格构（图 8-1-4）

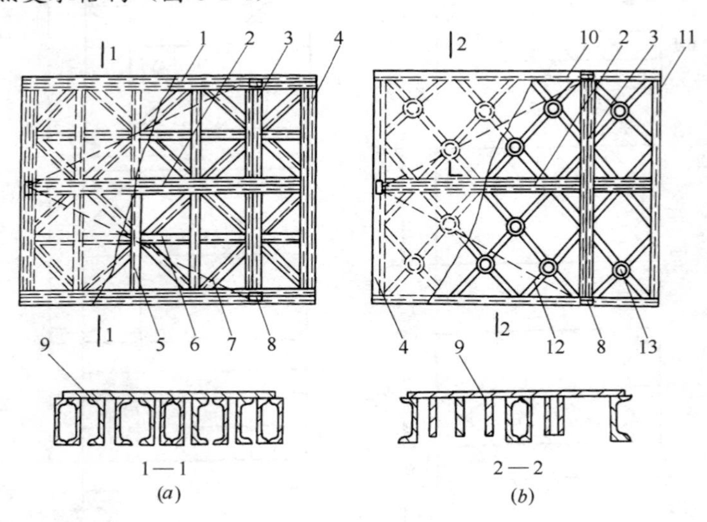

图 8-1-4　等腰三点支承格构

1—箱形截面边框；2—箱形截面中间纵梁；3—箱形截面横梁；4—箱形截面横框；5—开口截面横梁；6—开口截面纵梁；7—斜肋；8—三点支承垫块（座）；9—面板；10—开口截面边框；11—开口截面横框；12—扁钢斜肋；13—节点连接钢管

图 8-1-4（*a*）适用于模板宽度大于 3m，且用于承受双向预应力荷载和垂直荷载；图 8-1-4（*b*)适用于仅有垂直荷载的底模或模车。

4. 等腰三点支承形式（图 8-1-5）

图 8-1-5（*a*）适用于机组流水生产工艺模板的等腰三点支承形式，其高度按生产工艺要求确定。图 8-1-5（*b*）适用于传送流水生产工艺模车的等腰三点支承形式。

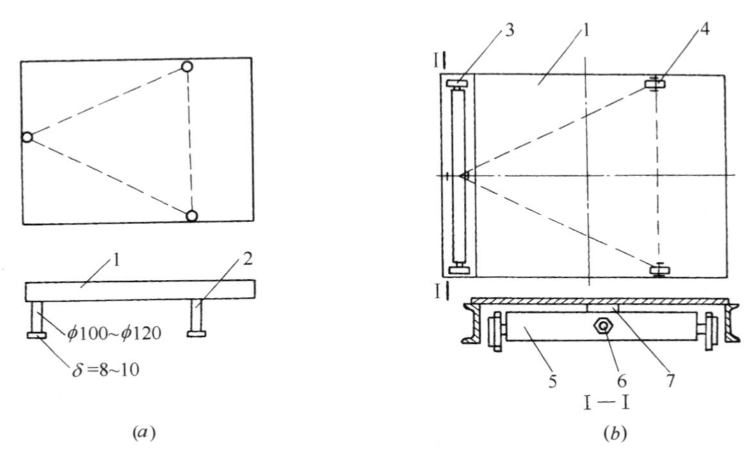

图 8-1-5 等腰三点支承形式

1—模板；2—三点支承力座；3—前轮；4—后轮；5—平衡梁；6—支承平衡梁的托座；7—销轴

8.1.2.3 钢模板侧模的截面形式

侧模截面形式应根据混凝土构件的形状和尺寸、生产方式、工作条件及刚度要求来确定。应优先采用箱形截面。

1. 箱形截面（图 8-1-6）

图 8-1-6（*a*）系由压型钢板与冷弯槽钢组焊而成，特点是刚度好，重量轻，节约钢材；图8-1-6（*b*)系由压型钢板与普通热轧槽钢组焊而成，特点是刚度大，但钢材用量较大。

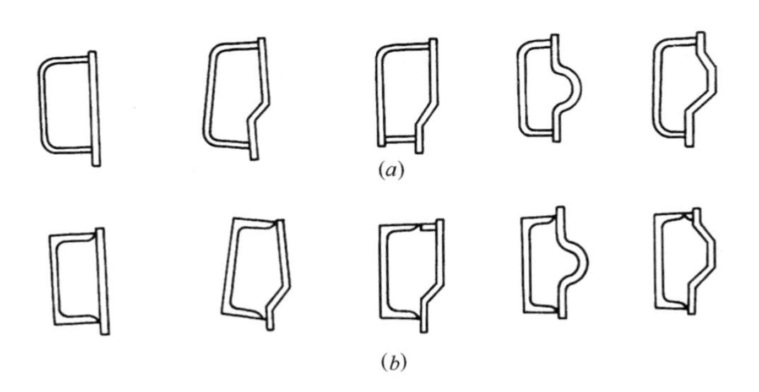

图 8-1-6 箱形截面侧模

2. 槽形截面侧模（图 8-1-7）

3. 组合截面侧模（图 8-1-8）

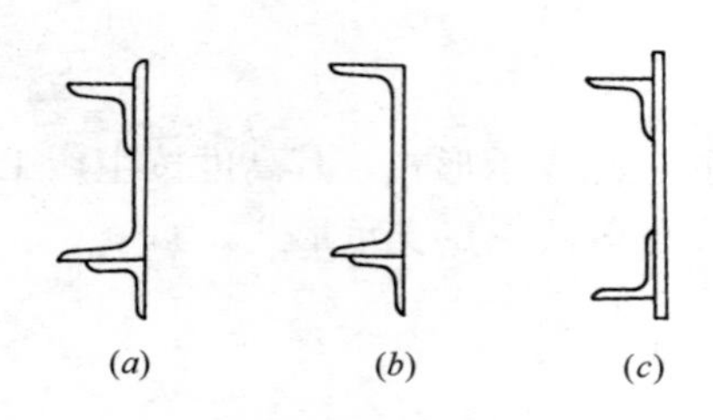

图 8-1-7　槽形截面侧模

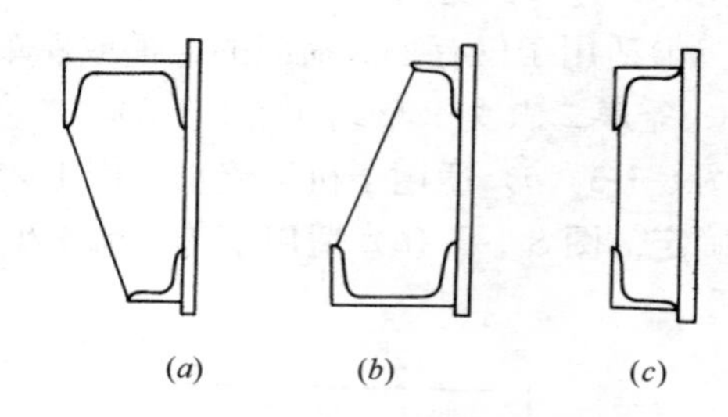

图 8-1-8　组合截面侧模

8.1.2.4　侧模与底模的连接及支撑形式

1. 连接形式

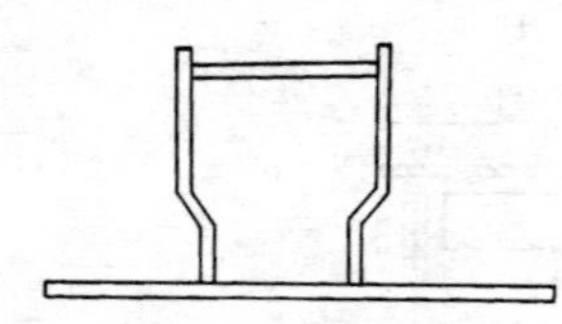

图 8-1-9　固定式连接

侧模在底模上的连接形式应根据混凝土构件的形状、尺寸、生产方式、工作条件和模板的类别来选定，一般可采用固定式、活动式和弹性连接。

（1）固定式连接（图 8-1-9）

这种连接形式采用较少，只用于预应力圆孔板双联钢模中相邻两侧模与底模的连接。

（2）活动式连接（图 8-1-10）

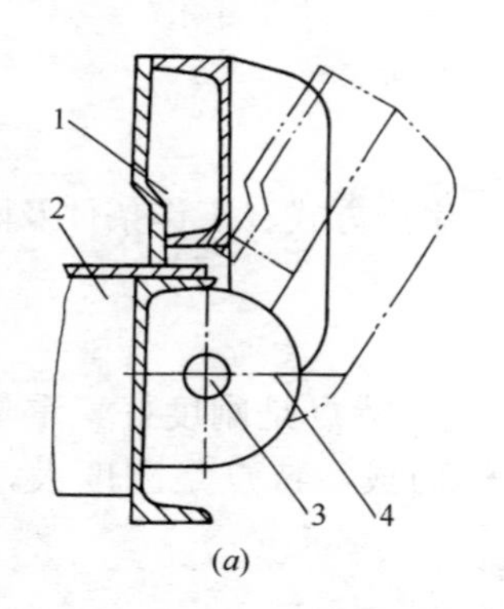

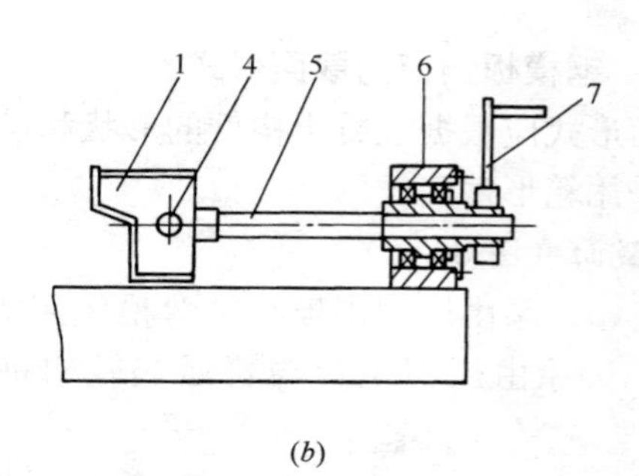

图 8-1-10　活动式连接

（a）转动式；（b）平移式

1—侧模；2—底模；3—耳板；4—销轴；5—调节丝杠；6—轴承座；7—手柄

活动式连接采用很普遍。平移式连接只是在侧模线条复杂且转动式连接不能满足要求时才采用，如外墙板模板的侧模。

（3）弹性件连接（图 8-1-11）

此种连接形式只适用于混凝土构件侧面线条简单的侧模，便于模板的开启。这种连接可以消除漏浆现象。

2. 支撑定位形式

侧模在底模上的支撑定位形式可采用销轴支撑定位装置（图 8-1-12）、螺杆支撑定位装置（图 8-1-13）、拉杆定位装置（图 8-1-14）。

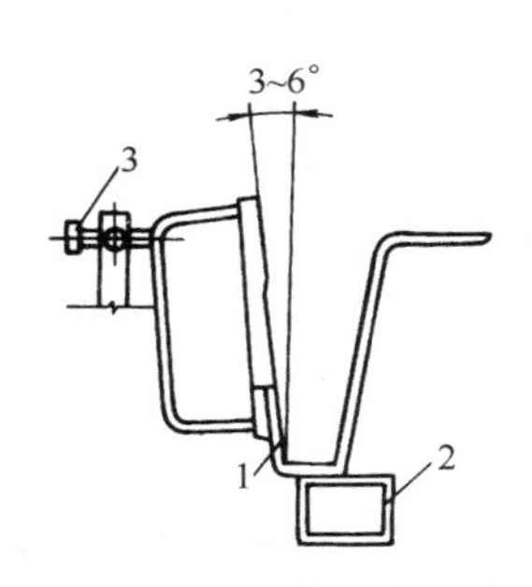

图 8-1-11 弹性件连接

1—弹性连接件；2—底模边梁；3—螺杆顶推装置

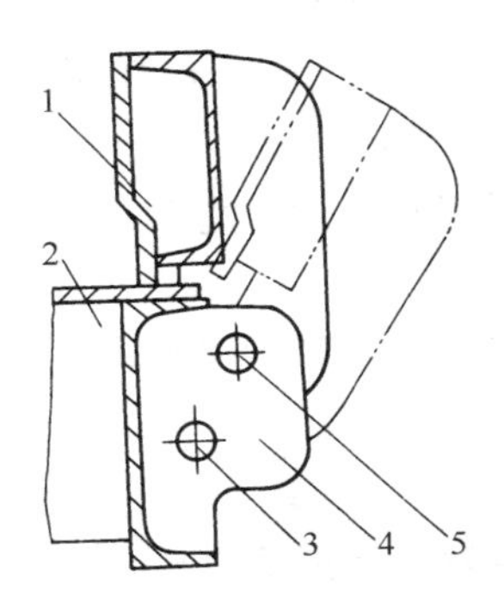

图 8-1-12 销轴支撑定位装置

1—侧模；2—底模；3—转动轴；4—耳板；5—定位销

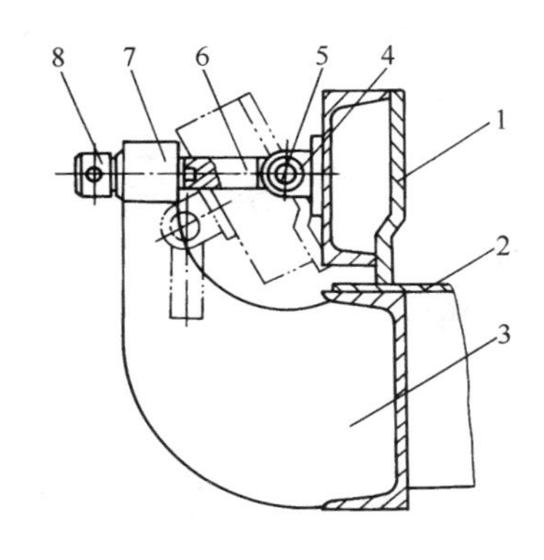

图 8-1-13 螺杆支撑定位装置

1—侧模；2—底模；3—耳板；4—U 形座；5—铰轴；6—端凹顶杆；7—螺母；8—端凸顶丝

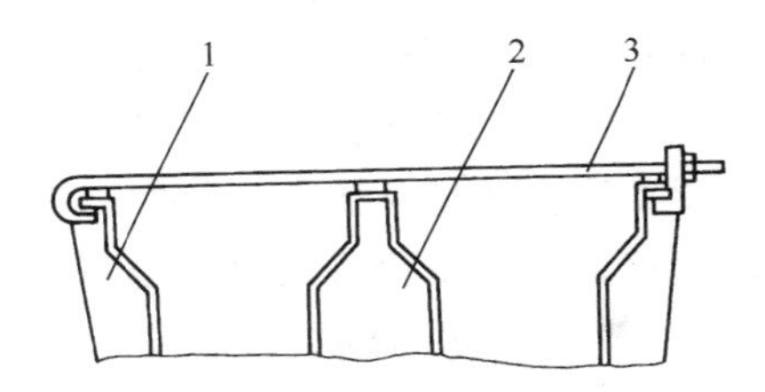

图 8-1-14 拉杆定位装置

1—边侧模；2—中侧模；3—拉杆

8.2 预制构件钢模板设计

8.2.1 钢模板设计原则与要求

1. 钢模板必须具有足够的刚度、承载能力和稳定性。

2. 钢模板首先按刚度设计，在荷载设计值作用下，其变形应在标准规定的允许范围内。其次，再进行承载力校核，并对受压部件进行稳定性验算。

3. 钢模板的起吊装置应安全可靠，使用方便。根据《混凝土结构设计规范》GB 50010—2002 规定，吊环应采用 HPB235 钢筋制作，严禁使用冷加工钢筋，吊环计算应力不应大于 50N/mm²。且 4 个起吊装置按 2 个起吊装置受力设计计算吊环的截面面积。

吊环截面积计算按式（8-2-1）：

$$A_n \geqslant k \cdot \frac{P_x}{2 \times 50} = k \cdot \frac{P_x}{100} \quad (\text{mm}^2) \tag{8-2-1}$$

式中　A_n——每个吊环净截面面积（mm^2）；

P_x——起吊时每个吊环所承受的荷载设计值（kN）；

k——截面调整系数，取 $k=1.4$。

4. 钢模板承受预应力钢筋张拉力的零部件，应安全可靠，在锚固端和张拉端应设置防护装置。

5. 装有铰链侧模的钢模板，其侧模部件应能启合灵活，并应设置开角限位器。限位装置定位一致，且不得少于 2 个。定位锁具及锁紧装置，应性能可靠，坚固耐用，在构件振动成形时，不得出现松脱等现象。

6. 带有蒸汽腔或蒸汽管的钢模板，在结构上应能满足混凝土构件养护工艺的要求，并能畅通地排出冷凝水。

7. 采用电热养护的钢模板，应设置漏电保护装置。在模腔内的电热装置与钢架间，应有绝缘处理。接地电线均使用软橡皮线，以保证使用的安全。

8.2.2　钢模板设计依据与要素

1. 边界条件的确定

预制构件钢模板底模的边界条件，应根据不同的生产工艺确定。

(1) 对于机组流水生产工艺的钢底模，应按吊点的对角线两点支承设计。

(2) 对于轨道传送流水生产工艺模车，凡装有等腰三点支承机构的，则按三点支承设计；此外，则仍按轮子的对角线两点支承设计。

(3) 对于固定台座式钢底模，可根据实际支承情况，按两边支承或四边支承设计。

2. 荷载设计值分项系数的确定

模板属于长期反复使用的工具，要求其刚度和强度应有一定的储备。根据现行行业标准《预制混凝土构件钢模板》JG/T 3032 规定，荷载设计值系按标准荷载乘以荷载分项系数。刚度设计时，钢筋、混凝土、模板自重的荷载分项系数取 1.1，但不考虑动力系数，预应力张拉力荷载分项系数取 1.05。承载力校核和稳定性验算时，钢筋、混凝土、模板自重荷载分项系数取 1.2，且应考虑 1.4 的动力系数，预应力张拉力荷载分项系数取 1.05。

3. 钢材力学性能指标

钢材强度设计值及弹性模量值见表 8-2-1。

钢材力学性能指标　　**表 8-2-1**

材种	钢材强度设计值（MPa）			弹性模量（MPa）（E）	剪变模量（MPa）（G）
	抗拉、抗压和抗弯（f）	抗剪（f_v）	端面承压（刨平顶紧）（f_{ce}）		
热轧钢材	215	125	320	206×10^3	79×10^3
冷弯薄壁型钢	205	120	310	206×10^3	79×10^3

4. 钢模板设计允许变形值

根据现行行业标准《预制混凝土构件钢模板》JG/T 3032 规定，底板面板的区格挠度、底模翘曲变形、底模弯曲变形、侧模侧弯变形，其设计允许变形值应符合表 8-2-2 要求。

设计允许变形值 表 8-2-2

项 次	项 目	允 许 变 形 值 (mm)
1	底模面板区格挠度	$b_1/2000$，且不大于 0.5
2	底模翘曲变形	$L/1500$，且不大于 5
3	底模弯曲变形	$L/1500$，且水平板、桩模不大于 3；墙板、梁、柱模不大于 4
4	侧模侧弯变形	$L/2000$，且水平板、墙板模不大于 2.5；梁、柱、桩、桁架、薄腹梁模不大于 3.5

注：1. b_1 为底模骨架区格中最小跨距，在矩形格构中为短向跨距，在菱形格构中为通过形心平行骨架边的最小跨距。
2. L 为钢底模长度。

8.2.3 钢模板设计计算

8.2.3.1 底模弯曲变形计算

1. 两边支承时，底模弯曲变形计算

(1) 当底模支承位置在两端时，均布荷载的挠度 y_1 按式（8-2-2）计算：

$$y_1 = \frac{5}{384} \cdot \frac{qL^4}{EI} \tag{8-2-2}$$

(2) 当底模支承位置在两端时，在预应力作用下的挠度 y_2，按式（8-2-3）计算：

$$y_2 = \frac{e\ (1-\cos U)}{\cos U} \tag{8-2-3}$$

式中 e——预应力作用于底模的偏心距。

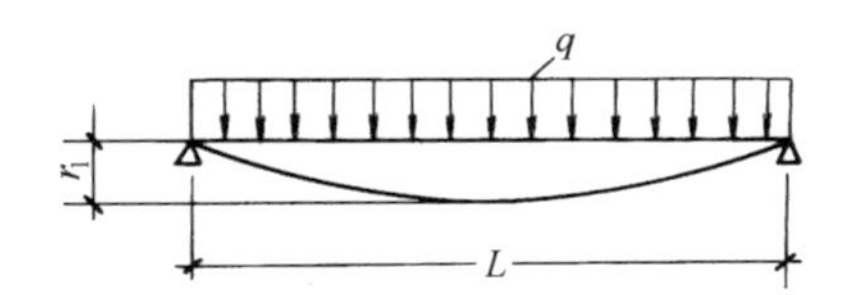

图 8-2-1 底模两端支承均布荷载的挠度计算简图

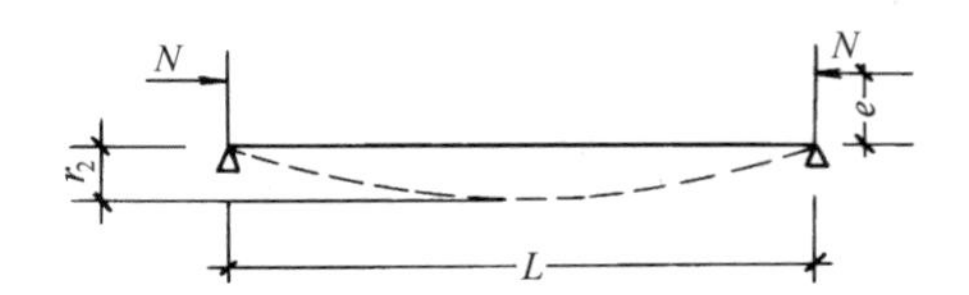

图 8-2-2 底模两端支承预应力作用下挠度计算简图

$$U^2 = \frac{N \cdot L^2}{4EI} \tag{8-2-4}$$

(3) 当底模支承位置在两端时，在均布荷载和预应力共同作用下的挠度 y_3，按式(8-2-5)计算：

$$y_3 = y_1 + y_2 \tag{8-2-5}$$

(4) 当底模支承位于中间部位时，均布荷载的挠度 y_4，按式（8-2-6）计算：

$$y_4 = \frac{ql^4}{384EI}\ (5-24\lambda^2) \tag{8-2-6}$$

式中 $\lambda = \frac{m}{l}$。

(5) 当底模支承位于中间部位时，在预应力作用下的挠度 y_5，按式（8-2-7）计算：

$$y_5 = y_2 \tag{8-2-7}$$

(6) 当底模支承位于中间部位时，在均布荷载和预应力共同作用下的挠度 y_6，按式

(8-2-8)计算：

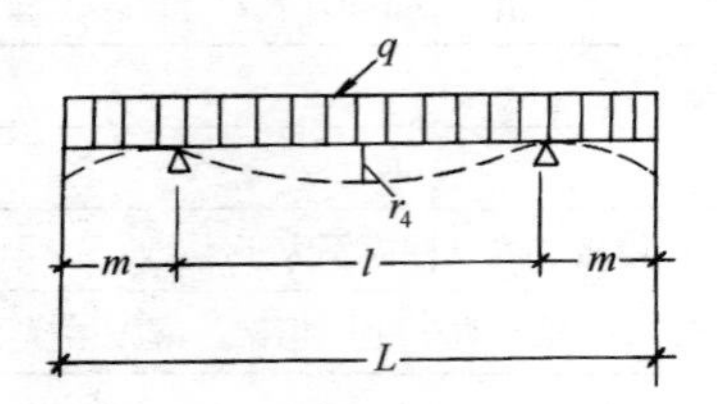

图 8-2-3　底模支承位于中间时，均布荷载挠度计算简图

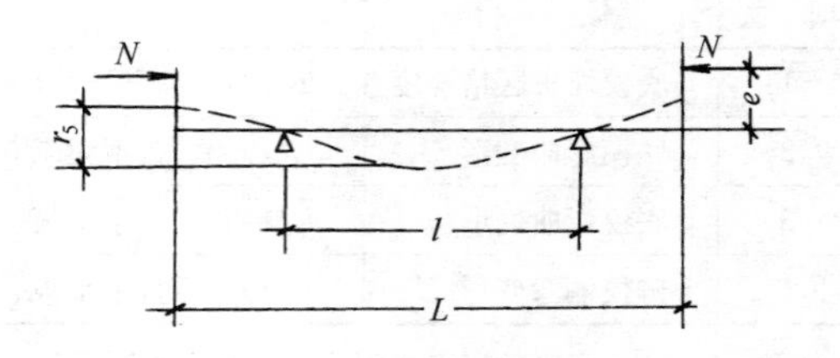

图 8-2-4　底模支承位于中部，预应力作用下挠度计算简图

$$y_6 = y_4 + y_5 \tag{8-2-8}$$

2. 对角线两点支承时，底模弯曲变形计算

(1) 对角线两点支承时，均布荷载的挠度 y_7。根据图 8-2-6 (*b*) 所示，底模的起吊点为对角线两点时，底模中点的挠度 y_7 与底模翘曲变形的自由角挠度 y_B 有如下的关系：

$$y_7 = \frac{y_B}{4} \cdot \frac{a}{a+c} \tag{8-2-9}$$

(2) 对角线两点支承时，在预应力作用下的挠度 y_8，按式 (8-2-10) 计算：

$$y_8 = y_2 \tag{8-2-10}$$

(3) 对角线两点支承时，在均布荷载和预应力共同作用下的挠度 y_9，按式 (8-2-11) 计算：

$$y_9 = y_7 + y_8$$

即
$$y_9 = \frac{y_B}{4} \cdot \frac{a}{a+c} + y_2 \tag{8-2-11}$$

3. 等腰三点支承时，底模弯曲变形计算

(1) 在垂直荷载作用下底模板中挠度 $y_{中}$

等腰三点支承内箱形骨架承重菱形网格结构底模（模车），主要产生弯曲变形，最大变形一般在板中，有时在自由角。荷载在底模上的分布见图 8-2-5 (*a*)。梁 *AB* 承受 A_1 与 A_2 的面积荷载，见图 8-2-5 (*b*)；梁 *CD* 承受 A_3 的面积荷载及梁 *AB* 在 *G* 点处的反力所产生的集中荷载，见图 8-2-5 (*c*)；梁 *EF* 承受 A_4 的面积荷载，见图 8-2-5 (*d*)。

板中挠度 $y_{中}$ 包括两部分变形，一为纵向中间梁在荷载作用下梁的板中挠度 Δ_2；另一为纵向中间梁在 *G* 点的弹性支承向下位移 Δ 引起的该梁中点相应向下位移 Δ_1，此弹性支承向下位移 Δ 是横梁 *CD* 在荷载作用下的中点挠度。

由图 8-2-5 (*b*) 和图 8-2-5 (*c*) 可得：

$$y_{中} = \Delta_1 + \Delta_2$$

又
$$\Delta_1 = \frac{L}{2L_1} \cdot \Delta$$

所以
$$y_{中} = \Delta \cdot \frac{L}{2L_1} + \Delta_2 \tag{8-2-12}$$

(2) 在垂直荷载和预应力共同作用下底模板中挠度 y，按式 (8-2-13) 计算：

$$y = y_{中} + y_2 + y'_2 \tag{8-2-13}$$

式中　y_2——纵向预应力作用下的挠度；

y'_2——横向预应力作用下的挠度。

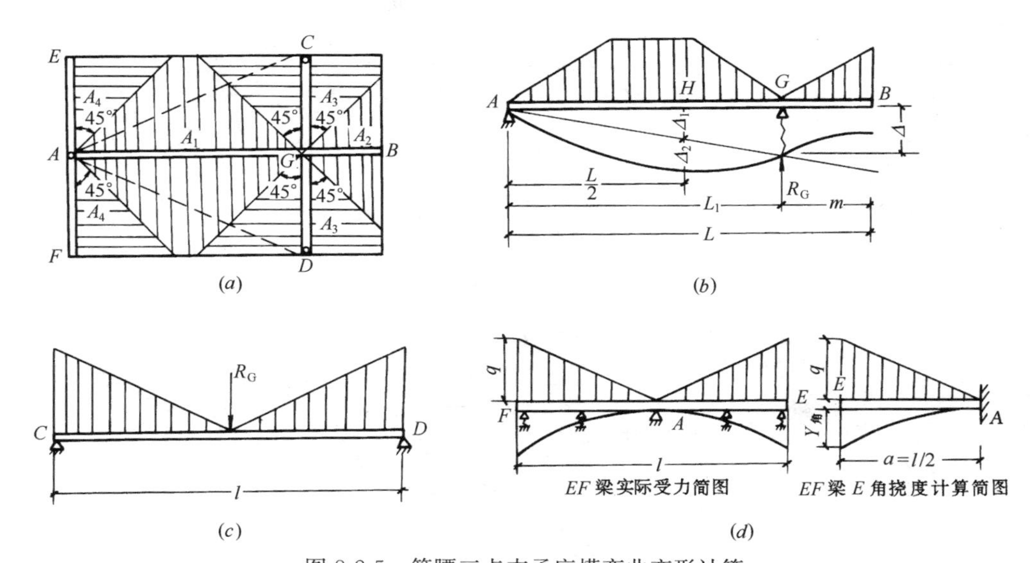

图 8-2-5 等腰三点支承底模弯曲变形计算

(*a*) 荷载在底模上的分布；(*b*) 纵向中间承重梁挠度计算简图；
(*c*) 横向中间承重梁挠度计算简图；(*d*) 横向端部承重梁（EF）挠度计算简图

(3) 在垂直荷载作用下底模板角挠度 $y_{角}$ 的计算，见图 8-2-5（*d*），按式（8-2-14）计算：

$$y_{角}=\frac{11qa^4}{120EI} \tag{8-2-14}$$

8.2.3.2 底模翘曲变形计算

1. 菱形格构钢底模翘曲变形计算

预制构件钢底模在使用中，由于轨道不平或吊索长短不一，钢底模呈对角线两点支承，处于受扭状态。

经实验研究，在对称均布荷载作用下，钢底模的变形特性如图 8-2-6 所示。

图 8-2-6（*a*）为对角线两点支承，另两个支承下垂。底模则在反高斯曲率面内变形，且两个下垂支承的挠度值相等，并具有如下的变形特征：

(1) 板中挠度 $y_{中}$ 近似为拆支点挠度 y_A 的 1/2。

即
$$y_{中}=\frac{1}{2}y_A$$

(2) 按悬臂板计算的挠度 $[y_A]$ 近似拆支点挠度 y_A 的 1/2。

即
$$[y_A]=\frac{1}{2}y_A,\quad 或\ y_A=2[y_A]$$

(3) 拆支点挠度 y_A 与自由角挠度 y_B^0 近似线性关系。

即
$$y_B^0=y_A\cdot\frac{a+c}{a}$$

图 8-2-6（*b*）为对角线两点支承，另一个支承下垂。不论下垂支承的角是两个还是一个，实际上底模表面的变形特征保持不变，只是和选择读数基准面有关。因此，在对角线两点支承时，有一个支承下垂时自由角挠度是有两个支承下垂时自由角挠度的 2 倍。

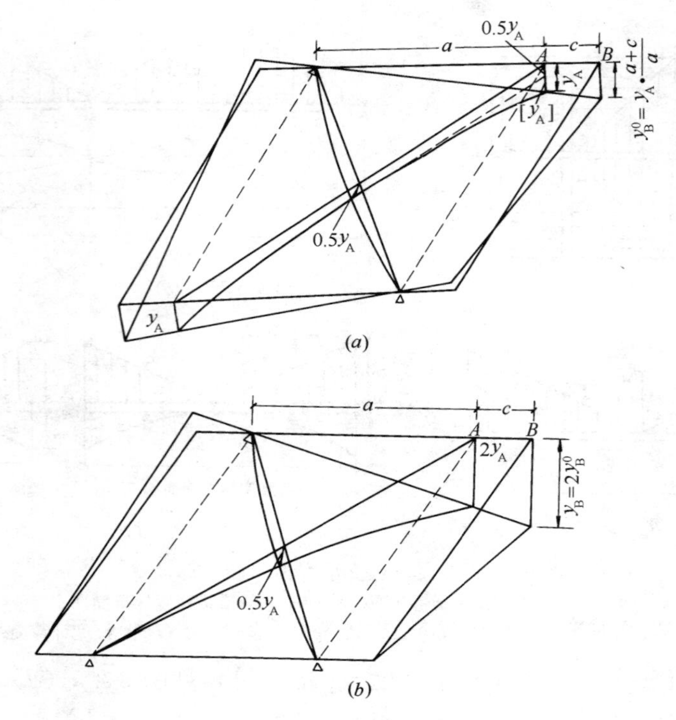

图 8-2-6　对角线两点支承底模变形特性

(a) 对角线两点支承，有两个支承下垂；(b) 对角线两点支承，有一个支承下垂

即
$$y_B=2y_B^0$$

对角线两点支承底模翘曲变形值是以底模中非支承的某一角相对于其他三个角构成的平面而产生的变形 y_B 来表示。

根据以上各式可得：

$$y_B=2y_B^0=2\cdot y_A\cdot\frac{a+c}{a}=2\cdot2\,[y_A]\cdot\frac{a+c}{a}$$

$$y_B=4\,[y_A]\cdot\frac{a+c}{a} \tag{8-2-15}$$

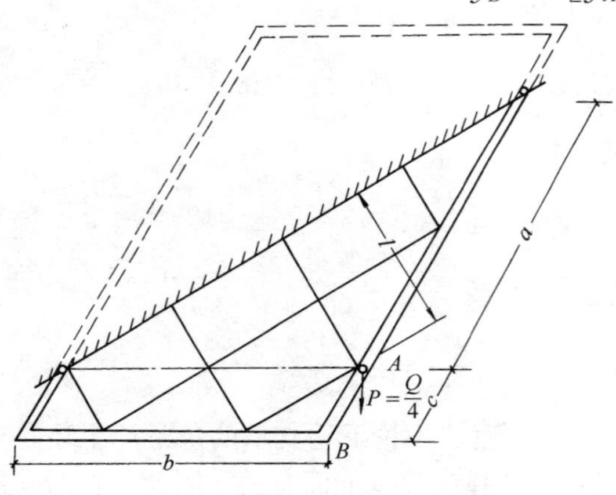

图 8-2-7　悬臂板示意图

菱形格构底模是将传统的槽钢矩形格构底模改革为 45°钢肋布置的底模。经试验证明，此类底模在外力作用下，板中各个斜杆主要产生主拉应力、主压应力，即斜杆主要为弯曲变形。因此，在对角线两点支承条件下，矩形格构的变形计算为剪切变形计算；而菱形格构的变形计算则简化为弯曲变形计算，这就是菱形格构底模比矩形格构底模自由角挠度小得多的原因。根据上述结果，假定底模对角线两点支承连线中部的挠曲转角为零，因此，可把半块

底模看作是一块悬臂板，如图 8-2-7 所示。

将图 8-2-7 简化为图 8-2-8（a），则两支承连线所切割的斜杆有：悬臂跨度为 $l/2$ 的杆①，悬臂跨度为 l 的杆②和悬臂跨度为 $l/2$ 的杆③，此三杆共同承受力 P。再将图 8-2-8（a）两点支承连线切割的各受力杆件叠加，简化为变断面悬臂梁，见图 8-2-8（b）。推导出该变断面悬臂梁的挠度通用计算式。

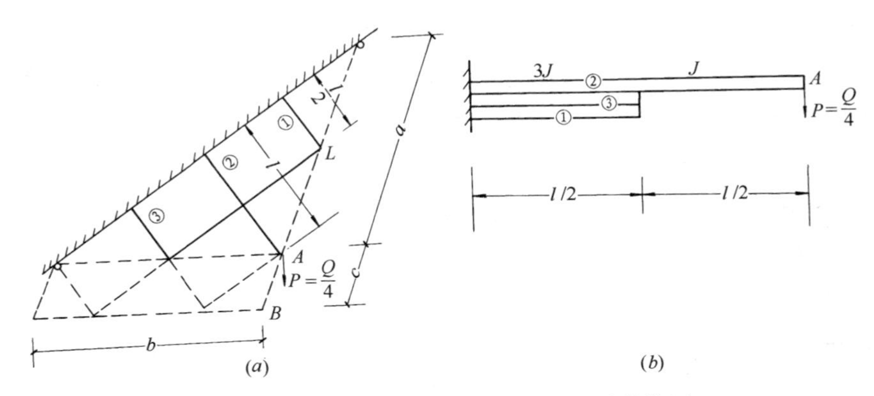

图 8-2-8 悬臂板简化变断面悬臂梁的计算简图

（a）悬臂板受力杆件图；（b）受力杆件叠加成变断面悬臂梁图

$$[y_A]=K\cdot\frac{M\cdot l^2}{E\cdot\Sigma I} \tag{8-2-16}$$

将（8-2-16）式代入（8-2-15）式中得：

$$y_B=4\cdot K\frac{M\cdot l^2}{E\cdot\Sigma I}\cdot\frac{a+c}{a} \tag{8-2-17}$$

式中 K——挠度系数（常用 K 值，查表 8-2-3）；

M——弯矩$=P\cdot l$（N·mm）；

P——集中荷载$=\dfrac{Q}{4}$（N）；

Q——均布荷载总重量（N）；

l——变断面悬臂梁跨度（mm）；

E——抗弯弹性模量（N/mm^2）；

ΣI——变断面悬臂梁最大截面处抗弯惯性矩代数和（mm^4）；

a——底模长向支承间距（mm）；

c——底模长向支承悬臂长度（mm）。

注：图 8-2-8（a）中，作用力点 A 的杆件②必须符合前述假设要求，即处于两点支承连线的中点或中部，否则，须作力的等效变换处理，按变换后的受力状态进行变形计算。

菱形格构底模常用 K 值，见表 8-2-3。

【例】 计算 3000mm×1000mm 菱形格构钢底模的自由角挠度 y_B（图 8-2-9）。

已知条件：$L=3000$mm，$b=1000$mm，

$a=1959$mm，$c=993$mm，

$Q=20995$N（包括模板自重 2216N）

菱形格构底模常用 K 值　　表 8-2-3

序号	计算简图	K	序号	计算简图	K	序号	计算简图	K
1	2J　J；2/3l　1/3l	0.346	6	3J　2J　J；1/2l　1/4　1/4	0.362	11	3J　2J　J；1/4l　1/4l　1/2l	0.466
2	2J　J；7/11l　4/11l	0.35	7	3J　J；5/8l　3/8l	0.368	12	4J　3J　2J　J；1/4l　1/4l　1/4l　1/4l	0.418
3	2J　J；1/2l　1/2l	0.375	8	3　2J　J；3/8l　7/24l　1/3l	0.393	13	4J　3J　2J　J；1/3l　1/6l　1/6l　1/3l	0.419
4	2J　J；1/3l　2/3l	0.432	9	3J　2J　J；1/3l　1/3l　1/3l	0.401	14	4J　3J　2J　J；1/5l　3/10l　3/10l　1/5l	0.489
5	J　2J；2/3l　1/3l	0.654	10	3J　J；1/2l　1/2l	0.417	15	5J　4J　3J　2J　J；l/5　l/5　l/5　l/5　l/5	0.430

注：按模板设计要求计算刚度时，荷载 Q 应乘以 1.1 的分项系数。本例为了与试验变形值对比，免乘 1.1 的荷载分项系数。

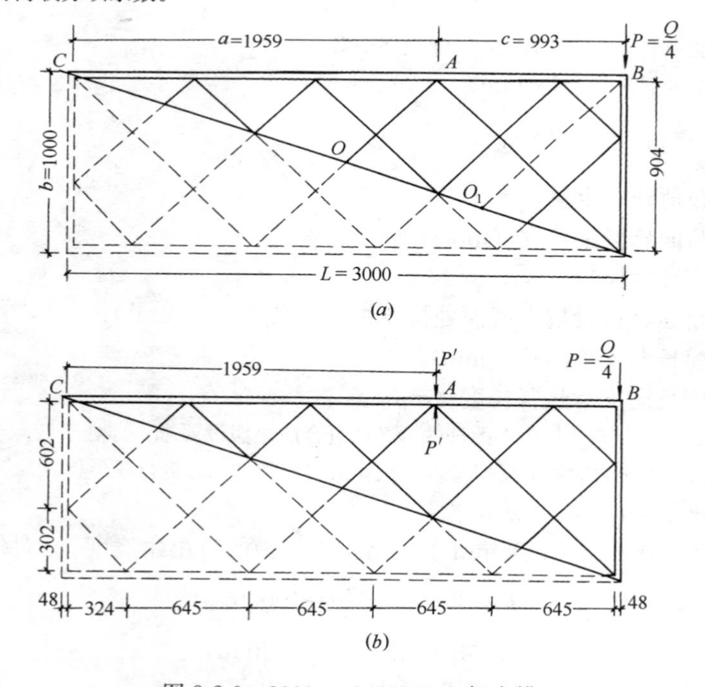

图 8-2-9　3000mm×1000mm 钢底模

1）计算图 8-2-10 力 P'作用于 A 点产生在自由角 B 点的挠度 y'_B

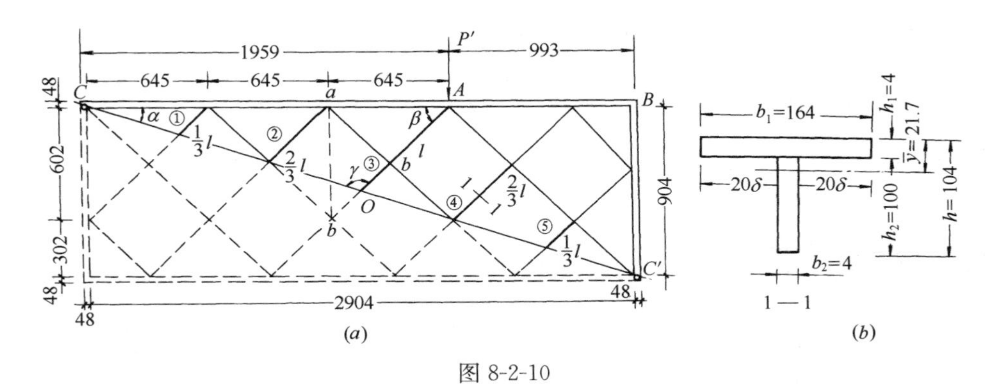

图 8-2-10

图 8-2-9（a）系底模受力原图，由于 P 力作用力点 B 平行斜杆的受力杆线交于两支承连线上的 O_1 点远离中点 O，不符合前述假定条件，故须作力的等效变换，即在点 A 上外加大小相等，方向相反的力 P'，见图 8-2-9（b）。并将图 8-2-9（b）分解为图 8-2-10 和图 8-2-12，由图 8-2-12 确定外加 P'的大小。然后分别求出两图 B 点处的挠度 y'_B 和 y''_B，最后将 y'_B 和 y''_B 相加，即为此模板自由角挠度 y_B。

① 根据图 8-2-12（a）计算力 P'

取 $$\Sigma M_c=0$$

$$P'\times1959-\frac{Q}{4}\ (1959+993)\ =0$$

$$P'=\frac{20995}{4}\times\frac{1959+993}{1959}=7909\text{N}$$

② 悬臂梁跨度 l 的确定

由图 8-2-10（a）中$\triangle CC'B$

$$\text{tg}\alpha=\frac{904}{2904}=0.3113$$

$$\alpha=17°18'$$

由图 8-2-10（a）中$\triangle abA$

$$\text{tg}\beta=\frac{602}{645}=0.9333$$

$$\beta=43°$$

由图 8-2-10（a）中$\triangle COA$，按正弦定理：

$$\frac{l}{\sin\alpha}=\frac{1935}{\sin\gamma}$$

$$l=1935\ \frac{\sin17°18'}{\sin\ (180°-43°-17°18')}=1935\times\frac{0.2974}{0.8686}$$

$$=663\text{mm}$$

③ 弯矩 M 的计算

$$M=P'\times l=7909\times663=5244\times10^3\text{N}\cdot\text{mm}$$

④ T 形梁抗弯惯性矩 I 的计算

T形梁截面见图8-2-10（b）。

面积矩　$S=b_1\cdot h_1\cdot\frac{h_1}{2}+b_2\cdot h_2\cdot\left(\frac{h_2}{2}+h_1\right)$

$=164\times4\times\frac{4}{2}+4\times100\times\left(\frac{100}{2}+4\right)=22.91\times10^3\text{mm}^3$；

面积　$F=b_1\cdot h_1+b_2\cdot h_2$

$=164\times4+4\times100=10.56\times10^2\text{mm}^2$

形心　$\overline{Y}=\frac{S}{F}=\frac{22.91\times10^3}{10.56\times10^2}=21.7\text{mm}$

惯性矩　$I=\frac{b_1\cdot h_1^3}{12}+b_1\cdot h_1\left(\overline{Y}-\frac{h_1}{2}\right)^2+\frac{b_2\cdot h_2^3}{12}+b_2\cdot h_2\left(h_1+h_2-\overline{Y}-\frac{h_2}{2}\right)^2$

$=\frac{164\times4^3}{12}+164\times4\left(21.7-\frac{4}{2}\right)^2+\frac{4\times100^3}{12}+4\times100\left(4+100-21.7-\frac{100}{2}\right)^2$

$=100.61\times10^4\text{mm}^4$

受力各杆惯性矩之代数和$\Sigma I=5\times I=5\times100.61\times10^4\text{mm}^4$。

⑤ 挠度系数K的计算

此例为非常用K值，故应用共轭梁法推导变断面悬臂梁在A点的变形计算式中的K值（图8-2-11）。

按图8-2-11（c）计算变断面悬臂梁力P'在A点处的挠度［y'_A］

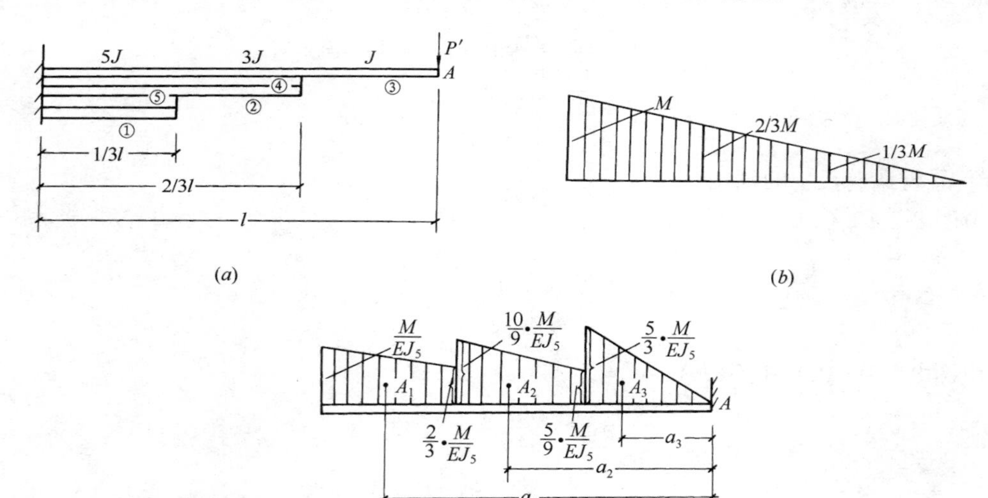

图8-2-11

（a）5杆叠合的变断面悬臂梁受力图；（b）变断面悬臂梁弯矩图；（c）变换成等刚度悬臂梁承受虚荷载图

（注：虚荷载由变断面悬臂梁弯矩图乘以变断面处相关的刚度比值而得）

$$[y'_A]=A_1\cdot a_1+A_2\cdot a_2+A_3\cdot a_3$$

式中　A_1、A_2——梯形面积；

A_3——三角形面积；

a_1、a_2——分别为A_1、A_2梯形面积的形心至A点的距离；

a_3——三角形面积的形心至A点的距离。

$$[y'_A]=\left(\frac{M}{E\cdot\Sigma I}+\frac{2}{3}\cdot\frac{M}{E\cdot\Sigma I}\right)\times\frac{1}{3}l\times\frac{1}{2}\left[\frac{1}{3}\times\frac{l}{3}\times\frac{2\frac{M}{E\Sigma I}+\frac{2}{3}\cdot\frac{M}{E\Sigma I}}{\frac{M}{E\Sigma I}+\frac{2}{3}\cdot\frac{M}{E\Sigma I}}+\frac{2}{3}l\right]$$

$$+\left(\frac{10}{9}\cdot\frac{M}{E\Sigma I}+\frac{5}{9}\cdot\frac{M}{E\Sigma I}\right)\times\frac{1}{3}l\times\frac{1}{2}\left[\frac{1}{3}\times\frac{l}{3}\times\frac{2\cdot\frac{10}{9}\cdot\frac{M}{E\Sigma I}+\frac{5}{9}\cdot\frac{M}{E\Sigma I}}{\frac{10}{9}\cdot\frac{M}{E\Sigma I}+\frac{5}{9}\cdot\frac{M}{E\Sigma I}}+\frac{1}{3}l\right]$$

$$+\frac{5}{3}\cdot\frac{M}{E\Sigma I}\times\frac{1}{3}l\times\frac{1}{2}\times\frac{2}{3}\times\frac{l}{3}l$$

$$=\frac{Ml^2}{E\cdot\Sigma I}\left(\frac{2}{9}\times\frac{114}{135}+\frac{5}{9}\times\frac{7}{27}+\frac{5}{3}\times\frac{1}{27}\right)$$

$$=0.394\frac{Ml^2}{E\cdot\Sigma I}$$

根据变断面悬臂梁的挠度通用计算式（8-2-16）

$$[y_A]=K\frac{M\cdot l^2}{E\cdot\Sigma I}$$

故本例中的 $K=0.394$。

⑥ 力 P' 作用于菱形格构 A 点所产生自由角挠度 y'_B 的计算，根据公式（8-2-17）：

$$y'_B=4\cdot K\frac{M\cdot l^2}{E\cdot\Sigma I}\cdot\frac{a+c}{a}$$

$$y'_B=4\times0.394\times\frac{5244\times10^3\times663^2}{206\times10^3\times5\times100.61\times10^4}\times\frac{1959+993}{1959}=5.28\text{mm}$$

⑦ 强度验算

验算强度时，荷载设计值 Q' 应考虑乘以 1.2 的静载分项系数和 1.4 的动力系数。

即 $Q'=Q\times1.2\times1.4$

$=20995\text{N}\times1.2\times1.4=35272\text{N}$

弯矩 $M=\frac{Q'}{4}\times l$

$=\frac{35272}{4}\times663=5846\times10^3\text{N}\cdot\text{mm}$

抗弯截面系数 $W=\frac{I}{h-\overline{Y}}=\frac{100.61\times10^4}{104-21.7}=12225\text{mm}^3$；

弯曲应力 $\sigma=\frac{M}{\Sigma W}=\frac{5846\times10^3}{5\times12225}=95.6\text{N/mm}^2$；

$\sigma=95.6\text{N/mm}^2<f=205\text{N/mm}^2$；（满足要求）

2）计算边梁 BC 由于力 P 的作用在 B 点的挠度 y''_B

根据《建筑结构静力计算手册》中基本公式：

$$y''_B=2\frac{Pm^2l}{3EI}(1+\lambda)$$

式中 P——集中荷载（N）；$P=\frac{Q}{4}=\frac{20995}{4}=5249\text{N}$；

m——带悬臂的梁悬臂长度（mm）；

l——带悬臂的梁跨度（mm）。

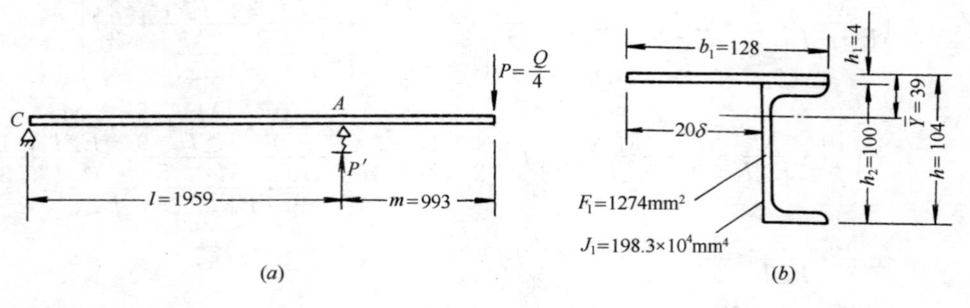

图 8-2-12

$$\lambda=\frac{m}{l}。$$

根据图 8-2-12（*b*）计算抗弯惯性矩 I：

静面矩　$S=b_1\cdot h_1\cdot\frac{h_1}{2}+F_1\cdot\left(\frac{h_2}{2}+h_1\right)$

$$=128\times4\times\frac{4}{2}+1274\left(\frac{100}{2}+4\right)=69.8\times10^3\text{mm}^3$$

面积　$F=b_1\cdot h_1+F_1$

$$=128\times4+1274=17.9\times10^2\text{mm}^2$$

形心　$\overline{Y}=\frac{S}{F}=\frac{69.8\times10^3}{17.9\times10^2}=39\text{mm}$

惯性矩　$I=\frac{b_1\cdot h_1^3}{12}+b_1\cdot h_1\left(\overline{Y}-\frac{h_1}{2}\right)^2+I_1+F_1\cdot\left(h_1+h_2-\overline{Y}-\frac{h_2}{2}\right)^2$

$$=\frac{128\times4^3}{12}+128\times4\left(39-\frac{4}{2}\right)^2+198.3\times10^4+1274\left(4+100-39-\frac{100}{2}\right)^2$$

$$=297\times10^4\text{mm}^4$$

$\therefore\ y''_{\mathrm{B}}=2\frac{Pm^2l}{3EI}\ (1+\lambda)$

$$=2\times\frac{5249\times993^2\times1959}{3\times206\times10^3\times297\times10^4}\times\left(1+\frac{993}{1959}\right)$$

$$=16.65\text{mm}$$

强度验算：

荷载设计值 $P_{\mathrm{c}}=P\times1.2\times1.4$

$$P_{\mathrm{c}}=5249\times1.2\times1.4=8818\text{N}$$

弯矩 $M=P_{\mathrm{c}}\times m=8818\times993=8756\times10^3\text{N}\cdot\text{mm}$

抗弯截面系数 $W=\frac{I}{h-\overline{Y}}=\frac{297\times10^4}{104-39}=4.57\times10^4\text{mm}^3$

弯曲应力 $\sigma=\frac{M}{W}=\frac{8756\times10^3}{4.57\times10^4}=191.6\text{N/mm}^2$；

$$\sigma=191.6\text{N/mm}^2<f=205\text{N/mm}^2\text{（满足要求）}$$

3）B 点自由角挠度 Y_{B}

$$y_B = y'_B + y''_B = 5.28 + 16.65 = 21.93\text{mm} \quad (\text{试验值为 } 23.62\text{mm})$$

2. 箱形截面梁矩形格构钢底模翘曲变形计算

箱形截面梁矩形格构钢底模见图 8-2-13，其翘曲变形计算公式为：

$$y_B = \frac{P \cdot a \cdot b'}{G}\left[\frac{1}{\frac{n_L I_K}{b} + \frac{n_b I_K}{L}}\right] \cdot \frac{a+c}{a}; \tag{8-2-18}$$

式中 P——荷载$=\frac{Q}{4}$（N）；

L——底模长（mm）；

b——底模宽（mm）；

c——底模长向支承悬臂长度（mm）；

a——底模长向支承间距（mm）；

b'——底模宽向支承间距（mm）；

n_L——纵梁数量；

n_b——横梁数量；

G——剪变模量（N/mm^2）；

I_K——箱形截面梁抗扭惯性矩（mm^4）。

箱形梁截面见图 8-2-14，其抗扭惯性矩 I_K 计算公式为：

$$I_K = \frac{4S_1 \cdot S_2^2 \cdot \delta_1}{1 + \frac{\delta_1}{\delta_\mu} + 2\frac{S_2 \cdot \delta_1}{S_1 \cdot \delta_2}} \tag{8-2-19}$$

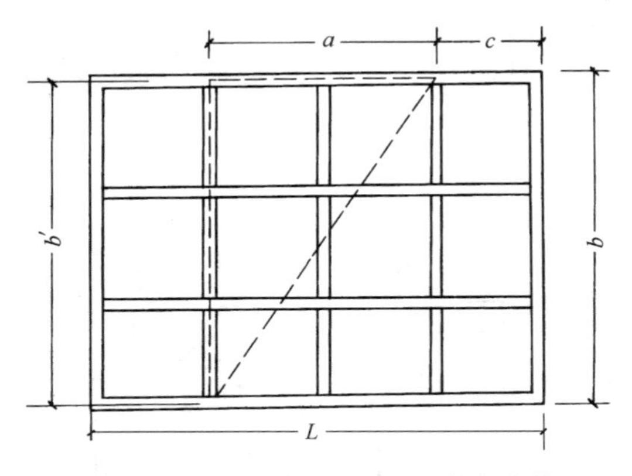

图 8-2-13 箱形截面梁矩形格构钢底模

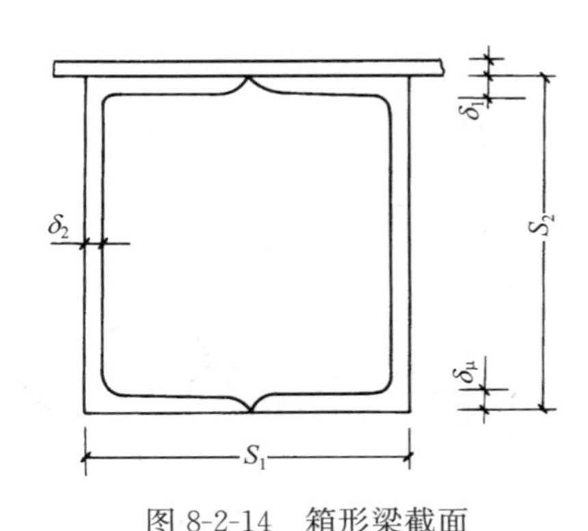

图 8-2-14 箱形梁截面

3. 组合式结构钢底模翘曲变形计算

组合式结构钢底模是将菱形格构和箱形截面梁矩形格构组合而成的一种新的底模结构形式（图 8-2-15），它的翘曲变形计算是建立在菱形格构底模和箱形梁矩形格构底模翘曲变形的计算基础上，从结构受力、变形的概念出发，可以近似地认为：并联结构总刚度为各结构构件刚度之和；又根据刚度与挠度成反比的关系，则组合式结构底模翘曲变形的近似计算公式为：

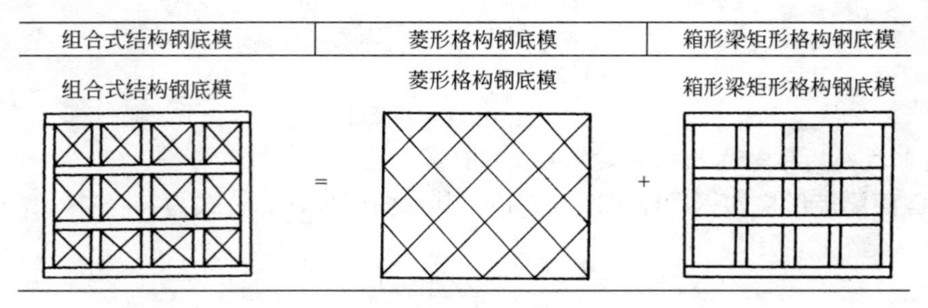

图 8-2-15

$$y=\frac{y_{B1}\cdot y_{B2}}{y_{B1}+y_{B2}} \tag{8-2-20}$$

式中　y_{B1}——菱形格构钢底模翘曲变形值；

y_{B2}——箱形截面梁矩形格构钢底模翘曲变形值。

【例】　计算箱形截面梁矩形格构与菱形格构组合钢底模自由角挠度 y_B（图 8-2-16）。

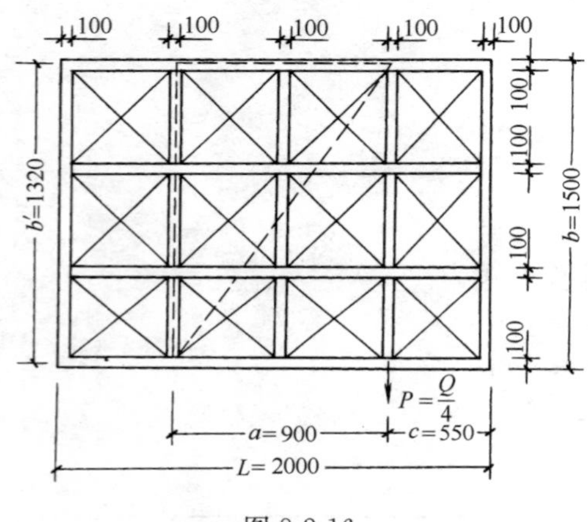

图 8-2-16

已知：　$L=2000\text{mm}$；

$b=1500\text{mm}$；

$a=900\text{mm}$；

$b'=1320\text{mm}$；

$c=550\text{mm}$；

$Q=22269\text{N}$；

$P=\frac{Q}{4}=\frac{22269}{4}=5567\text{N}$。

将图 8-2-16 分解为两种基本结构的模板，如图 8-2-17 和图 8-2-19 所示。

① 计算图 8-2-17 菱形格构钢底模自由角挠度 y_{B1}

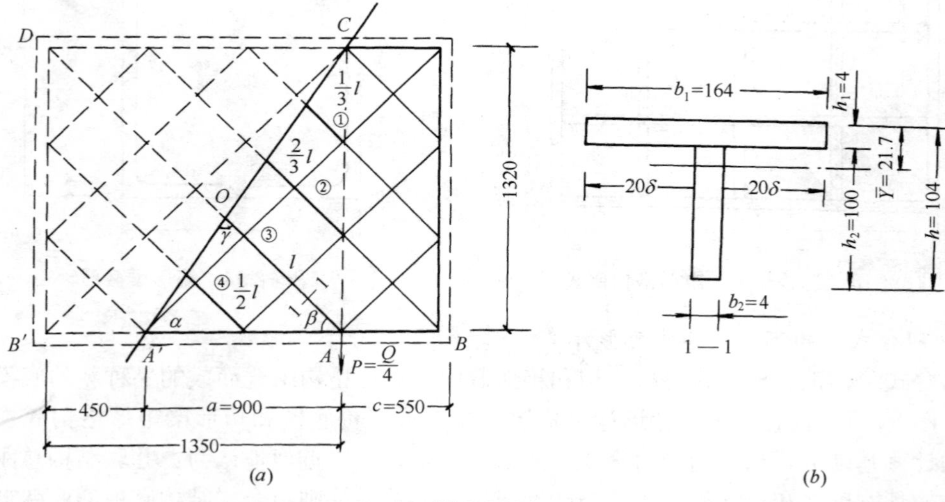

图 8-2-17

(a) 悬臂梁跨度 l 的确定

由图 8-2-17 (a) 中$\triangle A'AC$

$$\text{tg}\alpha=\frac{1320}{900}=1.467$$

$$\alpha=55°46'$$

由图 8-2-17 (a) 中$\triangle B'AD$

$$\text{tg}\beta=\frac{1320}{1350}=0.978$$

$$\beta=44°21'$$

由图 8-2-17 (a) 中$\triangle A'AO$，按正弦定理：

$$\frac{l}{\sin\alpha}=\frac{900}{\sin\gamma};$$

$$l=900\times\frac{\sin 55°46'}{\sin(180°-55°46'-44°21')}$$

$$l=756\text{mm}$$

(b) 计算弯矩 M

$$M=P\cdot l=5567\times756=4209\times10^3\text{N}\cdot\text{mm}$$

(c) 挠度系数 K 值的确定

由图 8-2-17 (a) 中两支承连线切割的斜杆有杆①、杆②、杆③、杆④，将此四杆叠合为变断面悬臂梁，见图 8-2-18。

由图 8-2-18，从表 8-2-3 中查得挠度系数 K：

$$K=0.419$$

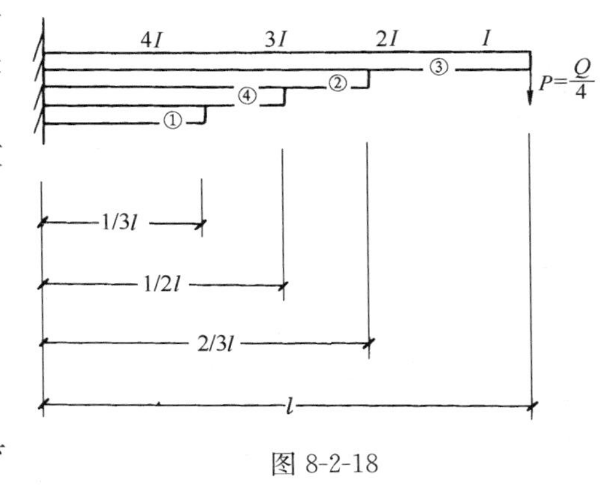

图 8-2-18

(d) 计算 T 形梁抗弯惯性矩 I

按图 8-2-17 (b)：

抗弯惯性矩 $I=100.61\times10^4\text{mm}^4$

(由于本例 T 形梁截面与前例相同，具体计算见前例)

抗弯惯性矩代数和 $\Sigma I=4\times I=4\times100.61\times10^4\text{mm}^4$

(e) 计算菱形格构钢底模自由角挠度 y_{B1}

按公式 (8-2-17)：

$$y_{B1}=4\cdot K\cdot\frac{M\cdot l^2}{E\Sigma I}\cdot\frac{a+c}{a}$$

$$=4\times0.419\frac{4211\times10^3\times756^2}{206\times10^3\times4\times100.61\times10^4}\times\frac{900+550}{900}$$

$$=7.84\text{mm}$$

(f) 强度验算

荷载设计值 $P_c=P\times1.2\times1.4$

$$=5567\times1.2\times1.4=9353\text{N}$$

弯矩　$M=P_c \cdot l=9353\times756=7070\times10^3 N \cdot mm$

抗弯截面系数　$W=\dfrac{I}{h-\overline{Y}}=\dfrac{100.61\times10^4}{104-21.7}=12225mm^3$

弯曲应力　$\sigma=\dfrac{M}{\Sigma W}=\dfrac{7070\times10^3}{4\times12225}=144.6N/mm^2$

$\sigma=144.6N/mm^2<f=205N/mm^2$（满足要求）

② 计算图 8-2-19 箱形梁矩形格构钢底模自由角挠度 y_{B2}

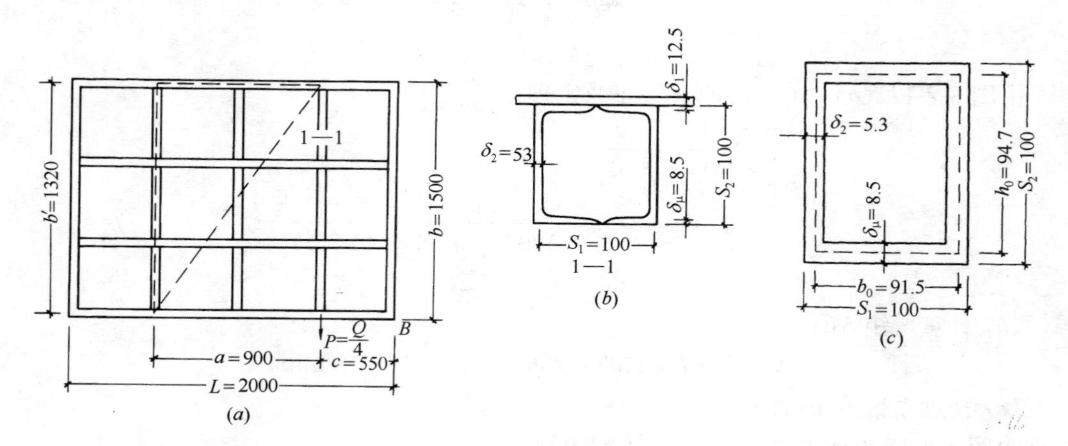

图 8-2-19

（a）计算箱形梁抗扭惯性矩 I_K

按图 8-2-19（b）所示图形尺寸，根据公式（8-2-19）：

$$I_K=\frac{4S_1\cdot S_2^2\cdot\delta_1}{1+\dfrac{\delta_1}{\delta_\mu}+2\dfrac{S_2\cdot\delta_1}{S_1\cdot\delta_2}}=\frac{4\times100\times100^2\times12.5}{1+\dfrac{12.5}{8.5}+2\dfrac{100\times12.5}{100\times5.3}}$$

$$=698\times10^4mm^4$$

（b）计算 B 点的挠度 y_{B2}

按公式（8-2-18）：

$$y_{B2}=\frac{P\cdot a\cdot b'}{G}\left[\frac{1}{\dfrac{n_L I_K}{b}+\dfrac{n_b I_K}{L}}\right]\cdot\frac{a+c}{a}$$

$$=\frac{5567\times900\times1320}{79\times10^3}\left[\frac{1}{\dfrac{4\times698\times10^4}{1500}+\dfrac{5\times698\times10^4}{2000}}\right]\times\frac{900+550}{900}$$

$$=3.65mm$$

（c）强度验算

荷载设计值　$P_c=P\times1.2\times1.4$

$=5567\times1.2\times1.4=9353N$

扭矩 $M_K=P_c\cdot b'=9353\times1320=12346\times10^3N\cdot mm$

抗扭截面系数 W_K，按《材料力学》中扭转强度校核公式计算。

首先将图 8-2-19（b）的矩形格构梁的箱形截面简化为图 8-2-19（c）。

在 Y 轴向截面边缘中点：

$$W_{K1}=2h_0b_0\delta_2$$
$$=2\times91.5\times94.7\times5.3=91850\text{mm}^3$$

在 X 轴向截面边缘中点：

$$W_{K2}=2h_0b_0\delta_\mu$$
$$=2\times91.5\times94.7\times8.5=147306\text{mm}^3$$

择其小者，取用 W_{K1}

$$\Sigma W_K=n_L\cdot W_K=4\times91850\text{mm}^3$$

剪切应力 $\tau=\dfrac{M_K}{\Sigma W_K}=\dfrac{12346\times10^3}{4\times91850}=33.6\text{N/mm}^2$

$\tau=33.6\text{N/mm}^2<f_v=120\text{N/mm}^2$（满足要求）

③ 计算图 8-2-16 组合式结构钢底模自由角挠度 y_B

按公式（8-2-20）：

$$y_B=\frac{y_{B1}\cdot y_{B2}}{y_{B1}+y_{B2}}=\frac{7.84\times3.65}{7.84+3.65}=2.49\text{mm}$$

（实测值为 2.36mm）

8.2.3.3 底模面板设计计算

1. 板的厚度计算

底模上钢板一般为三边固定或四边固定，见图 8-2-20，受均布荷载作用，其厚度通常按经验选用，但仍须进行挠度计算，其值不得大于表 8-2-2 中的规定。

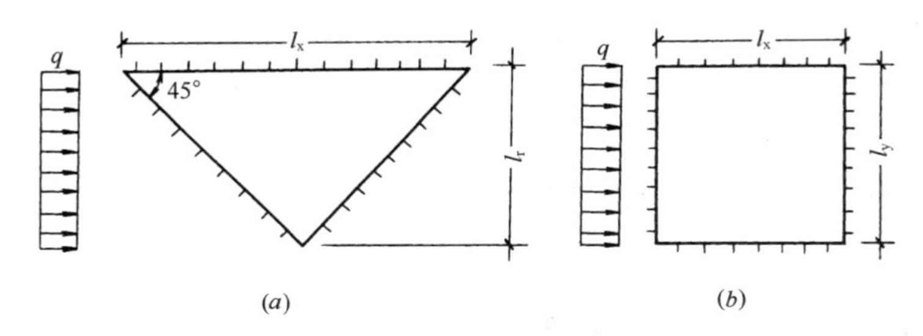

图 8-2-20

（a）三边固定板；（b）四边固定板

挠度 $$Y=\alpha\cdot\frac{ql^4}{B_c} \tag{8-2-21}$$

弯矩 $$M=\beta\cdot ql^2 \tag{8-2-22}$$

式中 l——板长，取 l_x 和 l_y 中较小者（mm）；

α——挠度系数，四边固定板，根据 l_x/l_y 值，从表 8-2-4 中选取；三边固定板，直接从表 8-2-4 中取值；

β——弯矩系数，从表 8-2-4 中取值，查法同上；

B_c——刚度（N·mm²）。

B_c 的计算公式为：

α 与 β 系数　　表 8-2-4

板　型		α	β	
	l_x/l_y	Y	M	M^0
四边固定矩形板	0.5	0.00253	0.0400	−0.0829
	0.55	0.00246	0.0385	−0.0814
	0.60	0.00236	0.0367	−0.0793
	0.65	0.00224	0.0345	−0.0766
	0.70	0.00211	0.0321	−0.0735
	0.75	0.00197	0.0296	−0.0701
	0.80	0.00182	0.0271	−0.0664
	0.85	0.00168	0.0246	−0.0626
	0.90	0.00153	0.0221	−0.0588
	0.95	0.00140	0.0198	−0.0550
	1.00	0.00127	0.0176	−0.0513
三边固定 45°直角三角板		0.0009	0.0194	−0.0221

注：M 的 β 系数—为板跨内之最大正弯矩系数。

M^0 的 β 系数—为板周边固定处之最大负弯矩系数。

$$B_c=\frac{Eh^3}{12\ (1-\nu^2)} \tag{8-2-23}$$

式中　E——弹性模量（N/mm^2）；

h——板厚（mm）；

ν——泊松比。钢材 ν 在 0.25～0.33 之间，一般取 $\nu=0.3$。

计算得出的板厚度，再加 2～3mm 的锈蚀量，即为板的设计厚度。

2. 板的固有频率计算

为避免引起共振，底模面板的固有频率，可按下列范围进行验算。

$$1.25<\frac{\omega}{\omega_n}<0.75 \tag{8-2-24}$$

式中　ω——振动设备的振动频率（弧度/s）；

ω_n——板的固有频率（弧度/s）。

板的固有频率按式（8-2-25）确定：

$$\omega_n=\frac{\phi}{l^2}\sqrt{\frac{B_c}{m}} \tag{8-2-25}$$

式中　l——板长，取 l_x 和 l_y 中较大者（mm）；

ϕ——板缘固定条件系数，按四周固定，计算公式为：

$$\phi=3.56\sqrt{1+0.605\frac{l_Y^2}{l_x^2}+\frac{l_Y^4}{l_x^4}} \tag{8-2-26}$$

m——钢板的单位面积质量，表达式为：

$$m=0.78\times10^{-8}\times h\ (N\cdot s^2/mm^2)$$

h——板厚（mm）。

【例】 预应力短向圆孔板钢底模面板设计计算。

已知：构件平面为 3510mm×1180mm；构件自重 7609N。

面板为 45°直角三角形三边固定，

$$l_x = 860\text{mm}, \quad l_y = 430\text{mm}。$$

① 板的厚度计算

取钢板厚度 3mm 进行核算

构件荷载 $q_1 = \dfrac{7609}{3510 \times 1180} = 1837 \times 10^{-6}\text{N/mm}^2$

钢板自重荷载 $q_2 = 76.487 \times 10^{-6}\text{N/mm}^3 \times 6\text{mm} = 459 \times 10^{-6}\text{N/mm}^2$

（注：钢板重量按实际 6mm 厚度计算）

变形计算的荷载设计值 q

$$q = 1.1\ (q_1 + q_2)$$

$$= 1.1\ (1837 \times 10^{-6} + 459 \times 10^{-6}) = 2526 \times 10^{-6}\text{N/mm}^2$$

板的刚度 B_c，按公式（8-2-23）计算：

$$B_c = \frac{E \cdot h^3}{12\ (1-\upsilon^2)} = \frac{206 \times 10^3 \times 3^3}{12\ (1-0.3^2)} = 509 \times 10^3\text{N} \cdot \text{mm}^2$$

板的挠度 Y，按公式（8-2-21）计算：

$$y = \alpha \cdot \frac{q \cdot l^4}{B_c}$$

其中 α 值由表 8-2-4 中按 45°角三边固定查得，$\alpha = 0.0009$，l 取板长较小的 $l_Y = 430\text{mm}$。

$$y = 0.0009 \times \frac{2526 \times 10^{-6} \times\ (430)^4}{509 \times 10^3} = 0.15\text{mm}$$

$$y = 0.15\text{mm} < \frac{l}{2000} = \frac{430}{2000} = 0.22\text{mm}$$

取锈蚀量为 3mm，与计算厚度 3mm 相加，钢底模面板设计厚度为 6mm。

强度计算的荷载设计值 q：

$$q = 1.2 \times 1.4\ (q_1 + q_2)$$

$$= 1.2 \times 1.4\ (1837 \times 10^{-6} + 459 \times 10^{-6}) = 3857 \times 10^{-6}\text{N/mm}^2$$

强度计算的弯矩 M，按公式（8-2-22）计算：

$$M = \beta \cdot q \cdot l^2$$

其中，β 值由表 8-2-4 中按 45°角三边固定查得：$\beta = 0.0221$。

$$M = 0.0221 \times 3857 \times 10^{-6} \times 430^2 = 15.76\text{N} \cdot \text{mm}$$

抗弯截面系数 $W = \dfrac{bh^2}{6} = \dfrac{1 \times 6^2}{6} = 6\text{mm}^3$（取板宽 $b=1$）

弯曲应力 $\sigma = \dfrac{M}{W} = \dfrac{15.76}{6} = 2.63\text{N/mm}^2$

$$\sigma = 2.63\text{N/mm}^2 < f = 205\text{N/mm}^2\ （满足要求）$$

② 板的固有频率计算

按板厚 6mm 计算板的刚度 B_c

$$B_c=\frac{Eh^3}{12\ (1-\nu^2)}=\frac{206\times10^3\times6^3}{12\ (1-0.3^2)}=4.075\times10^6\text{N}\cdot\text{mm}^2$$

板的单位面积质量

$$m=0.78\times10^{-8}\times h=0.78\times10^{-8}\times6=4.68\times10^{-8}\text{N}\cdot\text{s}^2/\text{mm}^2$$

板缘固定条件系数 ϕ：

当板为 45°直角三边固定时，ϕ 值参照板四边固定计算式确定。

四边固定时，ϕ 值计算公式（8-2-24）中：

l_y 为长边，l_x 为短边。

45°直角三边固定时，ϕ 值计算参照公式（8-2-24）：

长边为 l_x，且折算长为$\frac{2}{3}l_x$，短边为 l_y，见图 8-2-20（a）。

$$\begin{aligned}\phi&=3.56\sqrt{1+0.605\left(\frac{\frac{2}{3}l_x}{l_y}\right)^2+\left(\frac{\frac{2}{3}l_x}{l_y}\right)^4}\\&=3.56\sqrt{1+0.605\left(\frac{\frac{2}{3}\times860}{430}\right)^2+\left(\frac{\frac{2}{3}\times860}{430}\right)^4}\\&=8.15\end{aligned}$$

板的固有频率 ω_n，按公式（8-2-25）计算：

$$\begin{aligned}\omega_n&=\frac{\phi}{l^2}\sqrt{\frac{B_c}{m}}\\&=\frac{8.15}{\left(\frac{2}{3}\times860\right)^2}\sqrt{\frac{4.075\times10^6}{4.68\times10^{-8}}}\\&=231.4\end{aligned}$$

振动设备的频率 ω=300 弧度/s

$$\frac{\omega}{\omega_n}=\frac{300}{231.4}=1.296>1.25$$

上述计算表明，振动设备的频率与钢底模面板的固有频率之比值不在规定的共振范围内，即 0.75～1.25 共振区域内，故板厚 6mm 可以选用。

8.2.3.4　侧模侧弯变形计算

侧模侧弯变形计算系按混凝土和加压装置产生的侧向荷载所造成的水平压力，计算水平方向（即侧向）变形量。在侧模的上、下水平面处的压力分布见图 8-2-21，按式(8-2-27)、(8-2-28) 计算：

$$P_1=Q \quad (8\text{-}2\text{-}27)$$

$$P_2=\gamma h+Q \quad (8\text{-}2\text{-}28)$$

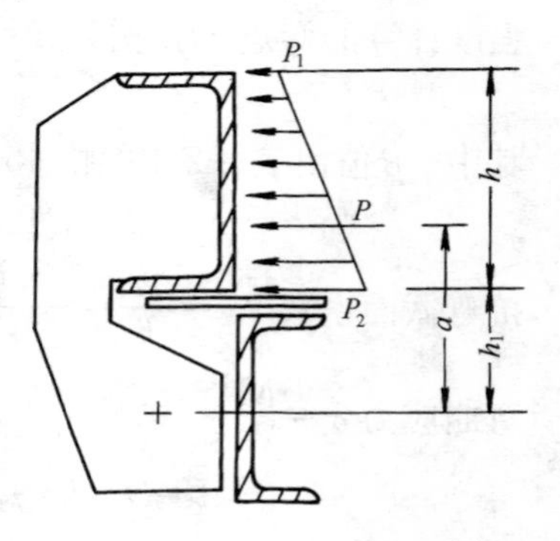

图 8-2-21　侧模受力简图

式中 γ——混凝土重度（N/mm^3），取 24×10^{-6}N/mm^3；

h——侧模高度（mm）；

Q——由加压装置所产生的单位面积的压力（N/mm^2）。

总的水平压力按式（8-2-29）计算：

$$P=\frac{1}{2}\gamma h^2+Qh \tag{8-2-29}$$

侧模水平方向变形计算方法取决于侧模高度和构造，对于高度小于 1200mm 的低侧模，可用以上各式计算。成组立模侧压力计算，可按照现浇混凝土模板侧压力计算公式进行。

侧模的变形首先与底模的连接方式有关，当刚性固定（焊接、螺栓连接）时变形最小，当铰接时变形最大。

当侧模与底模为刚性固定时（图 8-2-22），侧模的变形计算图形为承受三角形或梯形荷载的悬臂梁。

侧模上部的水平变形 y 按下式计算：

$$y=\frac{1.1P_1+0.4P_2}{12}\times\frac{h_4}{EI} \tag{8-2-30}$$

当侧模与底模为铰接时，在计算荷载作用下，侧模对铰轴同时受弯曲和受扭（图 8-2-23），最大变形产生在跨度中央，此处扭转角也最大，这一截面就是计算侧模上部侧向变形时的计算截面。变形按式（8-2-31）计算：

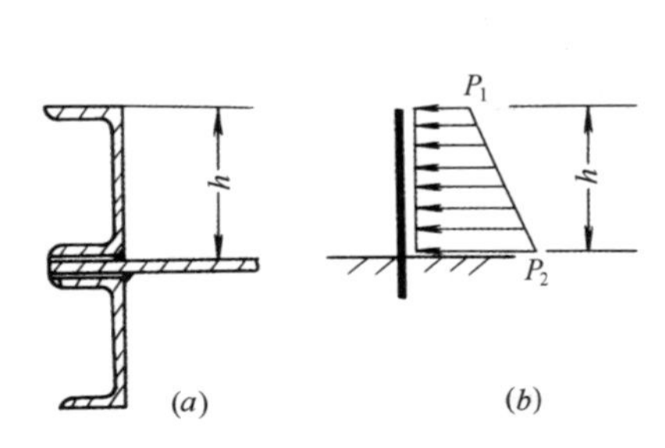

图 8-2-22 侧模与底模刚性固定

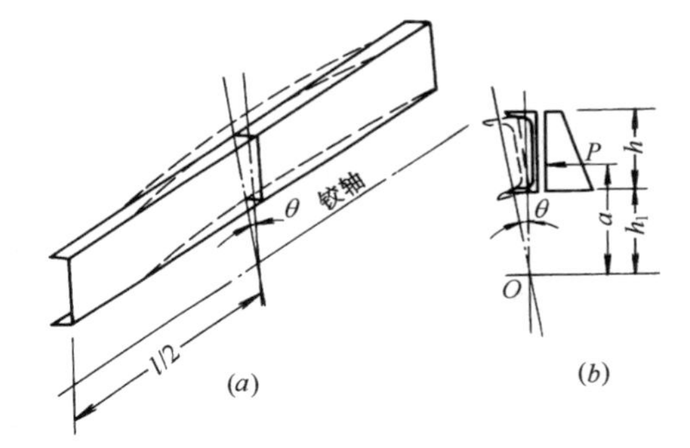

图 8-2-23 侧模与底模铰接时的变形

（a）变形特性；（b）计算截面

$$y=\gamma\frac{Pl^4}{B}a\ (h+h_1) \tag{8-2-31}$$

式中 a——铰轴与总水平力作用力点之间的距离（mm）；

γ——支承条件系数。

当两端支承时，$\gamma=\frac{5}{384}=0.013$；

当有一个中间支承时，$\gamma=0.0052$；

当有二个中间支承点分成三等跨度时，$\gamma=0.0068$；

当有三个和更多的中间支承点分成等跨度时，$\gamma=0.0063$；

h——侧模高度（mm）；

h_1——铰轴与侧模下翼板距离（mm）；

l——支点间的距离（mm）；

B——侧模抗弯扭刚度。

$$B=EI_{WO}+GI_K\left(\frac{l}{\pi}\right)^2 \tag{8-2-32}$$

式中引入了对铰接轴的扇形惯性矩，按式（8-2-33）计算：

$$I_{WO}=I_{WD}+I_x b^2+I_y c^2 \tag{8-2-33}$$

式中　I_{WD}——侧模截面对弯曲中心 D 的扇形惯性矩（mm^6）；

I_x——截面对主轴 x-x 的惯性矩（mm^4）；

I_y——截面对主轴 y-y 的惯性矩（mm^4）；

b——弯曲中心 D 对铰轴 d 水平距离（mm）；

c——弯曲中心 D 对铰轴 d 垂直距离（mm）；

I_K——截面抗扭惯性矩（mm^4）；

G——剪变模量（N/mm^2）。

扇形惯性矩 I_{WD}的计算，对于槽钢截面（图 8-2-24a），计算公式为：

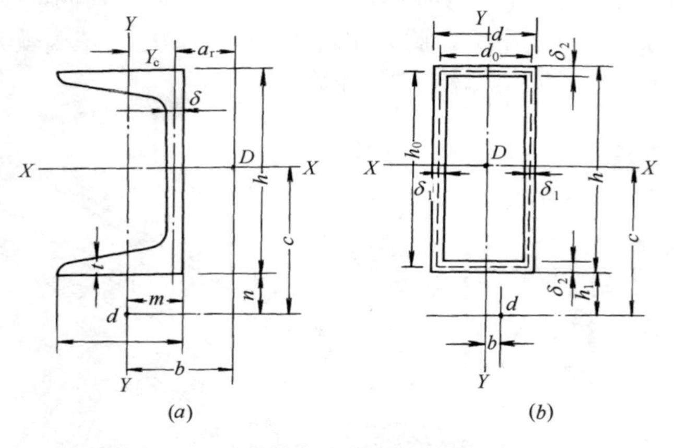

图 8-2-24　侧模与底模铰接时计算简图

（a）槽钢截面；（b）箱形截面

D—弯曲中心；d—铰轴

$$I_{WD}=\frac{d^3\cdot h^2\cdot t}{12}\cdot\frac{2h\delta+3dt}{bdt+h\delta} \tag{8-2-34}$$

$$b=m+\left(a_y-\frac{\delta}{2}\right) \tag{8-2-35}$$

$$c=n+\frac{h}{2} \tag{8-2-36}$$

$$a_y=\frac{3d^2t}{6dt+h\delta} \tag{8-2-37}$$

对于箱形截面（图 8-2-24b）计算公式为：

$$I_{WD}=\left(\frac{h_0}{\delta_2}+\frac{d_0}{\delta_1}\right)h_0^2\cdot d_0^2\,\frac{\delta_1\cdot\delta_2}{24} \tag{8-2-38}$$

槽钢截面的抗扭惯性矩计算公式为：

$$I_K=\frac{2dt^3+h\delta^3}{3} \tag{8-2-39}$$

箱形截面的抗扭惯性矩计算公式为：

$$I_K=\frac{h_0^2d_0^2\delta_1\delta_2}{h\delta_2+d\delta_1-\delta_1^2-\delta_2^2} \tag{8-2-40}$$

【例】 计算侧模与底模铰接、两端支承时，6m 长侧模的变形。侧模截面见图 8-2-25。为了捣实混凝土混合物，采用了 5kN/m^2 的加压值。

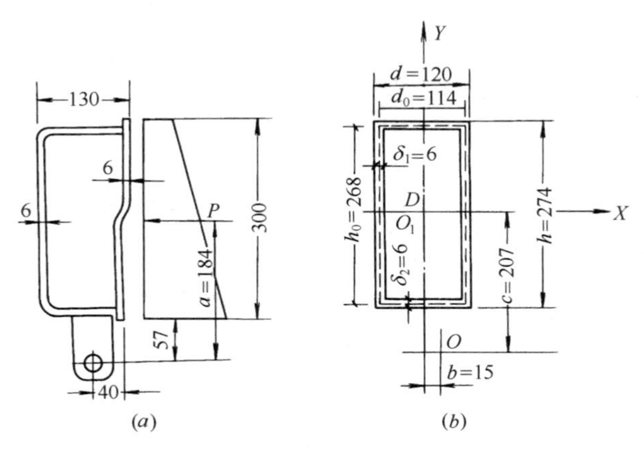

图 8-2-25 箱形截面侧模侧向变形计算简图

（a）侧模的截面；（b）确定扇形特征的计算简图

按式（8-2-29）计算侧模的侧压力 P：

$$P=\frac{1}{2}\gamma h^2+Qh$$

式中，γ 为混凝土重度$=24\times10^{-6}\text{N/mm}^3$，$Q$ 为加压值$=5\times10^{-3}\text{N/mm}^2$。

$$\begin{aligned}P&=\frac{1}{2}\times24\times10^{-6}\times300^2+5\times10^{-3}\times300\\&=2.58\text{N/mm}\end{aligned}$$

按式（8-2-38）计算箱形截面对弯曲中心的扇形惯性矩：

$$\begin{aligned}I_{WD}&=\left(\frac{h_0}{\delta_2}+\frac{d_0}{\delta_1}\right)h_0^2\cdot d_0^2\cdot\frac{\delta_1\cdot\delta_2}{24}\\&=\left(\frac{268}{6}+\frac{114}{6}\right)\times268^2\times114^2\times\frac{6\times6}{24}=89142\times10^6\text{mm}^6\end{aligned}$$

按式（8-2-40）计算箱形截面的抗扭惯性矩：

$$\begin{aligned}I_K&=\frac{h_0^2\cdot d_0^2\cdot\delta_1\cdot\delta_2}{h\cdot\delta_2+d\cdot\delta_1-\delta_1^2-\delta_2^2}\\&=\frac{268^2\times114^2\times6\times6}{274\times6+120\times6-6^2-6^2}=1466\times10^4\text{mm}^4\end{aligned}$$

计算箱形截面对 X 轴的抗弯惯性矩：

$$\begin{aligned}I_x&=\frac{d\cdot h^3}{12}-\frac{(d-2\cdot\delta_1)(h-2\delta_2)^3}{12}\\&=\frac{120\times274^3}{12}-\frac{(120-2\times6)(274-2\times6)^3}{12}=4385\times10^4\text{mm}^4\end{aligned}$$

计算箱形截面对 Y 轴的抗弯惯性矩：

$$I_y=\frac{h\cdot d^3}{12}-\frac{(h-2\delta_2)(d-2\delta_1)^3}{12}$$

$$=\frac{274\times120^3}{12}-\frac{(274-2\times6)(120-2\times6)^3}{12}=1196\times10^4\text{mm}^4$$

按式（8-2-33）计算箱形截面对铰轴的扇形惯性矩：

$$I_{WO}=I_{WD}+I_xb^2+I_yc^2$$

$$=89142\times10^6+4385\times10^4\times15^2+1196\times10^4\times207^2$$

$$=611482\times10^6\text{mm}^6$$

按式（8-2-32）计算箱形截面的抗弯扭刚度 B：

$$B=E\cdot I_{WO}+GI_K\left(\frac{l}{\pi}\right)^2$$

$$=206\times10^3\times611482\times10^6+79\times10^3\times1466\times10^4\left(\frac{6000}{\pi}\right)^2$$

$$=43.46\times10^{17}\text{N}\cdot\text{mm}^4$$

按式（8-2-31）计算箱形截面侧模的侧向变形，见图 8-2-25（a）。

$$y=\gamma\cdot\frac{P\cdot l^4}{B}\cdot a\ (h+h_1)$$

式中 γ 在本例为两端支承，故＝0.013。

$$y=0.013\times\frac{2.58\times6000^4}{43.46\times10^{17}}\times184\ (300+57)$$

$$=0.66\text{mm}$$

$$y=0.66\text{mm}<\frac{l}{2000}=\frac{6000}{2000}=3\text{mm（满足要求）}$$

8.3　钢模板制作要求及质量标准

8.3.1　钢模板制作要求

1. 钢模板应保证使混凝土构件顺利脱模，且不损坏构件。

2. 钢模板的底模工作面宜采用整体材料制造，如需拼接：宽度小于 2m 时，焊缝不得多于 1 条；宽度大于 2m 时，焊缝不得多于 2 条。长度小于 4.2m 时，焊缝不得多于 1 条；长度大于 4.2m 时，焊缝不得多于 2 条。

3. 钢模板的主肋宜采用整体材料制造。如拼接时，拼接焊缝不宜多于 1 条，部位宜在受力较小处，主肋间拼接焊缝应错开大于 200mm。

4. 钢模板的成型工作面，不应有裂缝、结疤、分层等缺陷。如有擦伤、锈蚀、划痕、压痕和烧伤，其深度不得大于 0.5mm，宽度不得大于 2mm。

5. 钢模骨架节点处必须满焊；底模面板、侧模面板拼缝必须满焊，且板厚超过 8mm 以上时必须用坡口焊；组拼骨架的通缝及骨架与面板的接触处焊缝长度，不得少于总缝长度的 40％。

6. 钢模板工作面上的焊缝应磨平，接口平面之间及其磨平后的焊缝与板面之间的高低差，均不得大于 0.5mm。

7. 钢模板在制作中，应采用减少焊接变形的有效措施。

8. 钢模板组装完毕后，其侧模、端模和底模工作面之间的局部最大缝隙不得大于1mm，且0.8～1mm缝隙的累计长度不得大于每边总长度的25%。

9. 预应力钢筋锚固件支承面和底模工作面垂直度的允许偏差，在预应力钢筋锚固件支承部分，不得超过该部分高度尺寸的1/50，且应向外倾斜。

8.3.2 钢模板质量标准

钢模板质量标准须执行建设部颁布的现行行业标准《预制混凝土构件钢模板》(JG/T 3032)中所列各类混凝土构件钢模板允许偏差的规定。

1. 板类构件钢模板允许偏差，见表8-3-1。

板类构件钢模板内腔尺寸允许偏差　　表8-3-1

项次	项目		允许偏差（mm）	项次	项目		允许偏差（mm）
1	长度		0 −4	11	组装缝隙	端、侧模与底模	△1
2	宽度		0 −4			端模与侧模	
3	高度		0 −3	12	组装端模与侧模高低差		
4	对角线差	$L \leqslant 4200$	2	13	中心线位移	插筋、预埋件	3
		$L > 4200$	3			安装孔	
5	肋宽		−1 −2			预留孔	
6	板厚		0 −3	14	张拉板、锚固件、端模槽口中线		△1
7	侧向弯曲		$\triangle L/2500$	15	侧模与底模垂直度	$H \leqslant 200$	1
8	翘曲		$\triangle L/1500$			$200 < H < 400$	2
9	表面平整度		△2			$H \geqslant 400$	3
10	拼板表面高低差		0.5	16	起拱		$L/1500$，且<3

注：L—底模、侧模的长度；H—侧模高度；

△—为基本项目，必须符合本表规定的允许偏差要求。

2. 墙板类构件钢模板允许偏差见表8-3-2。

墙板类构件钢模板内腔尺寸允许偏差　　表8-3-2

项次	项目		允许偏差（mm）	项次	项目		允许偏差（mm）
1	长度		0 −4	5	侧向弯曲		$\triangle L/3000$
				6	翘曲		$\triangle L/1500$
2	宽度		0 −3	7	表面平整度		△2
				8	拼板表面高低差		0.5
3	厚度		0 −3	9	组装缝隙	端、侧模与底模	△1
4	对角线差	$L \leqslant 4200$	2			端模与侧模	
		$L > 4200$	3	10	组装端模与侧模高低差		

续表

<table>
<tr><th>项次</th><th colspan="2">项　目</th><th>允许偏差（mm）</th><th>项次</th><th colspan="2">项　目</th><th>允许偏差（mm）</th></tr>
<tr><td rowspan="3">11</td><td rowspan="3">中心线位移</td><td>插筋、预埋件</td><td rowspan="3">3</td><td rowspan="6">13</td><td rowspan="6">门窗口模</td><td>厚　度</td><td>0
−2</td></tr>
<tr><td rowspan="2">安装孔</td><td>长度、宽度</td><td>0
+2</td></tr>
<tr><td>位　移</td><td>3</td></tr>
<tr><td></td><td>预留孔</td><td></td><td>垂　直</td><td>2</td></tr>
<tr><td rowspan="2">12</td><td colspan="2" rowspan="2">侧模与底模垂直度</td><td rowspan="2">2</td><td>对角线差</td><td>2</td></tr>
</table>

注：L—底模、侧模的长度；

△—为基本项目，必须符合本表规定的允许偏差要求。

3．梁类构件钢模板允许偏差，见表 8-3-3。

梁类构件钢模板内腔尺寸允许偏差　　表 8-3-3

<table>
<tr><th>项次</th><th>项　目</th><th>允许偏差（mm）</th><th>项次</th><th colspan="2">项　目</th><th>允许偏差（mm）</th></tr>
<tr><td>1</td><td>长　度</td><td>0
−4</td><td>8</td><td colspan="2">端模与侧模组装缝隙</td><td>△1</td></tr>
<tr><td>2</td><td>宽　度</td><td>0
−4</td><td rowspan="3">9</td><td rowspan="3">中心线位移</td><td>插筋、预埋件</td><td rowspan="3">3</td></tr>
<tr><td>3</td><td>高　度</td><td>0
−3</td><td>安装孔</td></tr>
<tr><td>4</td><td>侧向弯曲</td><td>△L/2000</td><td>预留孔</td></tr>
<tr><td>5</td><td>表面平整度</td><td>△2</td><td rowspan="2">10</td><td rowspan="2">侧模与底模垂直度</td><td>H<400</td><td>2</td></tr>
<tr><td>6</td><td>拼板表面高低差</td><td>0.5</td><td>H≥400</td><td>3</td></tr>
<tr><td>7</td><td>端、侧模与底模组装缝隙</td><td>△1</td><td>11</td><td>起　拱</td><td></td><td>L/1500，且<3</td></tr>
</table>

注：L—底模、侧模的长度；H—侧模高度，

△—为基本项目，必须符合本表规定的允许偏差要求。

4．柱类构件钢模板允许偏差，见表 8-3-4。

柱类构件钢模板内腔尺寸允许偏差　　表 8-3-4

<table>
<tr><th>项次</th><th colspan="2">项　目</th><th>允许偏差（mm）</th><th>项次</th><th colspan="2">项　目</th><th>允许偏差（mm）</th></tr>
<tr><td>1</td><td colspan="2">长　度</td><td>0
−4</td><td rowspan="3">9</td><td rowspan="3">中心线位移</td><td>插筋、预埋件</td><td rowspan="3">3</td></tr>
<tr><td>2</td><td colspan="2">宽　度</td><td>0
−3</td><td>安装孔</td></tr>
<tr><td>3</td><td colspan="2">厚　度</td><td>0
−3</td><td>预留孔</td></tr>
<tr><td>4</td><td colspan="2">侧向弯曲</td><td>△L/2000</td><td>10</td><td colspan="2">侧模与端模垂直度</td><td>B/300</td></tr>
<tr><td>5</td><td colspan="2">表面平整度</td><td>△2</td><td rowspan="4">11</td><td rowspan="4">侧模与底模垂直度</td><td rowspan="2">H<400</td><td rowspan="2">2</td></tr>
<tr><td>6</td><td colspan="2">拼板表面高低差</td><td>0.5</td></tr>
<tr><td rowspan="2">7</td><td rowspan="2">组装缝隙</td><td>端、侧模与底模</td><td rowspan="3">△1</td><td rowspan="2">H≥400</td><td rowspan="2">3</td></tr>
<tr><td>端模与侧模</td></tr>
<tr><td>8</td><td colspan="2">组装端模与侧模高低差</td><td>12</td><td colspan="2">牛腿支承面位置</td><td>0
−3</td></tr>
</table>

注：L—底模、侧模的长度；H—侧模高度；B—模宽度；

△—为基本项目，必须符合本表规定的允许偏差要求。

5. 桩类构件钢模板允许偏差，见表 8-3-5。

桩类构件钢模板内腔尺寸允许偏差　　表 8-3-5

项次	项目	允许偏差（mm）	项次	项目		允许偏差（mm）
1	长度	+5 −5	7	中心线位移	插筋、预埋件	3
2	宽度	0 −4			桩尖	
					预留孔	
3	高度	0 −3	8	桩顶对角线差		2
4	侧向弯曲	△L/2500	9	桩顶翘曲		△1
5	表面平整度	△2	10	侧模与端模垂直度		B/300
6	拼板表面高低差	0.5	11	侧模与底模垂直度		2

注：L—底模、侧模长度；B—模宽度；

Δ—为基本项目，必须符合本表规定的允许偏差要求。

6. 桁架、薄腹梁类构件钢模板允许偏差，见表 8-3-6。

桁架、薄腹梁类构件钢模板内腔尺寸允许偏差　　表 8-3-6

项次	项目	允许偏差（mm）	项次	项目		允许偏差（mm）
1	长度	±5	7	中心线位移	插筋、预埋件	3
2	宽度	0 −4			安装孔	
3	高度	0 −3			预留孔	
4	侧向弯曲	△L/2500	8	起拱		L/1500，且<3
5	表面平整度	△2	9	侧模与底模垂直度	H≤600	2
6	拼板表面高低差	0.5			H>600	3

注：L—底模、侧模的长度；H—侧模高度。

△—为基本项目，必须符合本表规定的允许偏差要求。

8.3.3 钢模板内腔尺寸检验方法及量具

钢模板内腔尺寸检验方法及量具按表 8-3-7 的要求进行。

钢模板内腔尺寸检验方法及量具　　表 8-3-7

项次	项目	检验方法及量具
1	长	用钢卷尺测量两角边
2	宽	用钢卷尺测量一端及中部
3	高（厚）	用钢卷尺测量一端及中部
4	对角线差	用钢卷尺测量两条对角线长度
5	底模挠度	用 0.3mm 钢丝拉线，用钢板尺测量最大弯曲处
6	侧向弯曲	用 0.3mm 钢丝拉线，用钢板尺测量最大弯曲处
7	翘曲	在工作面四角安置等高垫铁，用 0.3mm 钢丝对角线拉线，量测交点处的高度差值并乘以 2，即为翘曲值

续表

项次	项目		检验方法及量具
8	表面平整		用2m靠尺和塞尺量
9	拼板表面高低差		
10	中心线位移	插筋、预埋件	用钢卷尺测量纵、横两中心位置
		安装孔	
		预留孔	
11	张拉板、锚固件、端模槽口中线		用0.3mm钢丝拉线，用钢板尺测量
12	侧模与底模间隙		用塞尺测量
13	垂直度		在底模上竖放直角尺，并紧贴侧模工作面，用塞尺测量尺边与侧板之间的最大缝隙
14	起拱（预定弯曲度）		在工作面两端安置等高垫铁，用0.3mm钢丝拉线，用钢板尺测量最大弯曲处

注：量具精度均为二级。

8.4 预制构件钢模板主要产品

预制构件钢模板以往在我国都是由混凝土预制构件厂自行设计、自行加工或委托加工。自20世纪80年代以来，随着预制构件标准化的发展，促进了钢模板专业化设计、专业化生产和商品化经销，使得钢模板的质量大幅度提高，并诞生了科、工、贸一体化的预制构件钢模板企业。

8.4.1 预应力圆孔板系列钢模板

预应力圆孔板系列钢模板，已发展为三大类57种系列产品（表8-4-1）。此类钢模特点是：底模采用菱形格构，侧模采用箱形截面，因此，模板刚度大，变形小；侧模与底模为线接触，缝隙严密，基本不漏浆；端头用两侧线条板卡紧，振动成型时不上浮，有助于混凝土构件不超厚；侧模线条板采用模压加工工艺，线条规整、耐用，有利于提高混凝土构件外观质量。

预应力圆孔板系列钢模产品 **表8-4-1**

类别	产品规格（mm）		
预应力短向圆孔板钢模	长度	1800、2100、2400、2700、3000、3300、3600、3900、4200	
	宽度	500、600、900、1200	
	高度	120	
预应力长向圆孔板钢模	长度	6000、6300、6600、6900	
	宽度	600、900、1200	
	高度	180	
预应力圆孔板双联钢模	长度	3300、3600、3900、4200	6000
	宽度	500、600	600
	高度	120	180

注：1. 短向圆孔板构件高度，国标规定为120mm，但地方标准与国标并不完全一致，钢模厂可根据用户要求加工。
2. 除上述表中列举的产品规格外，钢模厂还可根据用户要求加工需要的异形规格。

1. 预应力短向圆孔板系列钢模

预应力短向圆孔板底模边梁，可采用[14热轧槽钢，但以采用140×80×5的冷弯矩形钢管为宜；中间纵梁可采用2[12热轧槽钢，但以采用120×100×5的冷弯矩形钢管为宜；斜撑宜用 4mm 冷弯 L 形钢，亦可用 6mm 的扁钢；面板厚度宜用 6～8mm 厚钢板；侧模线型板宜用 6mm 厚钢板冷压成型；侧模槽形板宜用 100×70×5 冷弯槽钢。预应力短向圆孔板底模结构如图 8-4-1 所示，预应力短向圆孔板钢模构造如图 8-4-2 所示，预应力短向圆孔板钢模产品如图 8-4-3 所示。

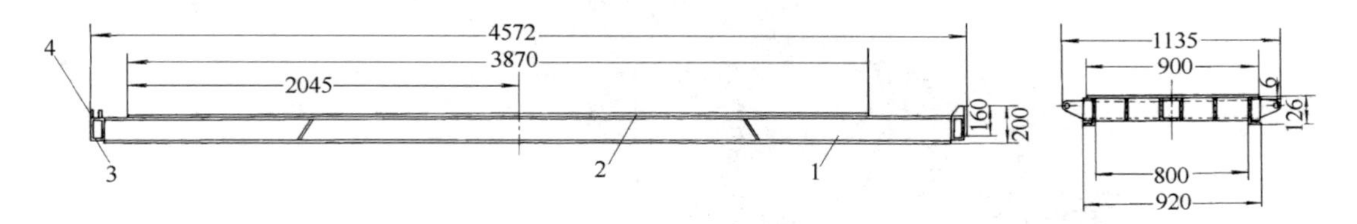

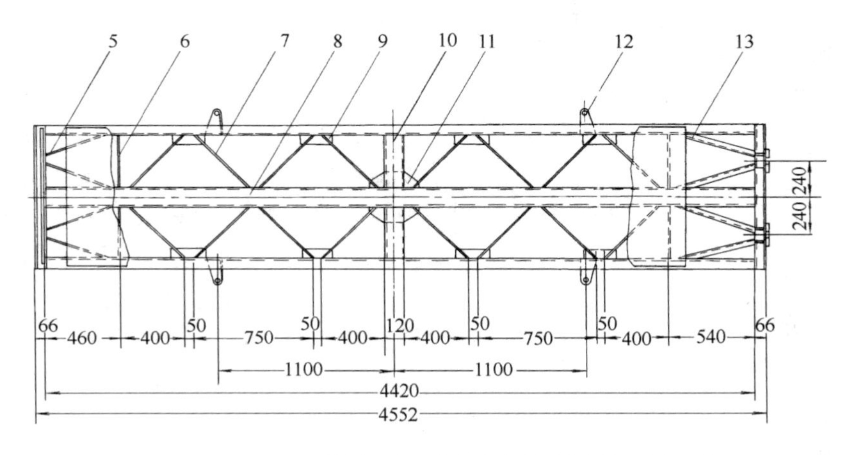

图 8-4-1　预应力短向圆孔板底模结构图

1—纵梁；2—底模封板；3—端槽钢；4—槽钢封板；5—端斜撑 1；6—横撑；7—斜撑；8—中纵梁；9—节点板 1；10—中横撑；11—节点板 2；12—吊耳；13—端斜撑 2

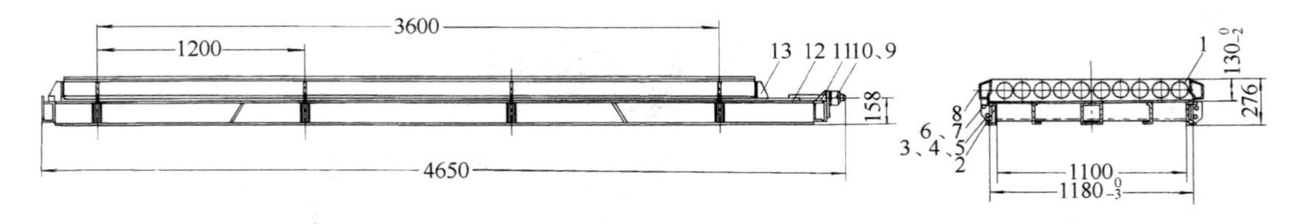

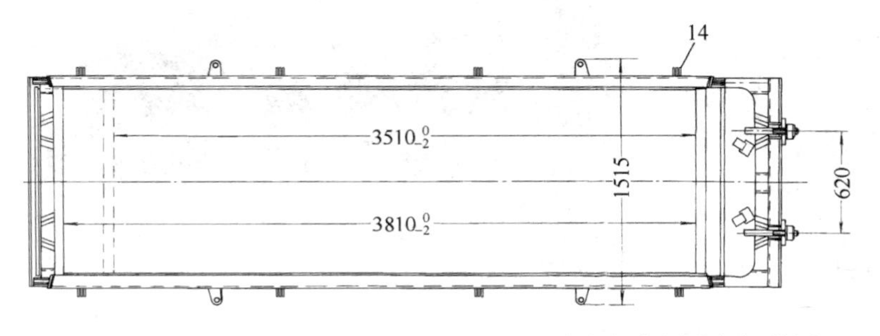

图 8-4-2　预应力短向圆孔板钢模图

1—端模；2—底模；3—定位销；4—钢丝；5—销轴；6—挡圈；7—开口销；8—侧模；9—螺母；10—垫圈；11—承力架；12—张拉梳筋板；13—顶架；14—侧额

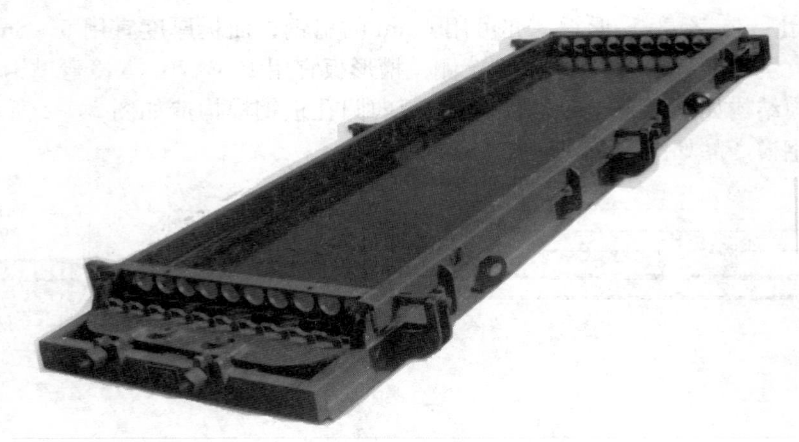

图 8-4-3　预应力短向圆孔板钢模产品图

2. 预应力长向圆孔板系列钢模

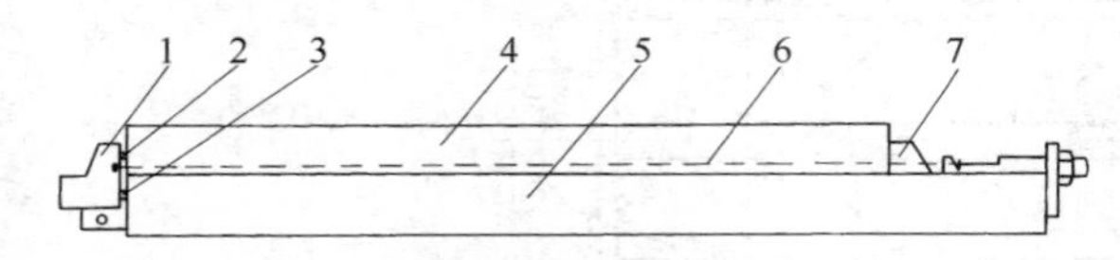

图 8-4-4　预应力长向圆孔板钢模张拉力传递图

1—活动传力座；2—侧模传力点；3—底模传力点；4—侧模；5—底模；6—预应力钢筋；7—固定传力座

此类钢模的设计，已将仅由底模单独承受预应力偏心荷载的传统受力方式改变为由底模和侧模共同承受预应力张拉力，并使底模和侧模分别只承受预应力轴向荷载。模板结构构造也进行了改变，即在底模一端设置铰接式活动传力座，在底模另一端的侧模端部设置固定传力座，预应力荷载通过活动传力座和固定传力座，将力按轴向荷载的设计要求分别传送到底模和侧模上，从而有效地解决了以往预应力长向圆孔板钢模弯曲变形过大的难题。图 8-4-4 为预应力长向圆孔板钢模张拉力传递图。

预应力长向圆孔板底模边梁采用[20 热轧槽钢，但以采用 200×100×5 的冷弯矩形钢管为宜；中间纵梁可采用 2[18 热轧槽钢，但以采用 180×120×5 的冷弯矩形钢管为宜；斜撑宜用 5mm 的冷弯 L 型型钢，亦可用 7～8mm 的扁钢；面板厚度以 8～10mm 厚钢板为宜；侧模线型板宜用 8mm 厚钢板冷压成型；侧模槽形板宜用 140×90×6 的冷弯槽钢。预应力长向圆孔板钢模产品见图 8-4-5。

图 8-4-5　预应力长向圆孔板钢模

3. 预应力圆孔板双联钢模

双联钢模主要用于窄板构件，其优点是可以提高生产效率。如图 8-4-6 所示。

8.4.2　预应力大型屋面板系列钢模板

预应力大型屋面板钢模已发展为四类 11 种系列产品（表 8-4-2）。此种模板的特点是：

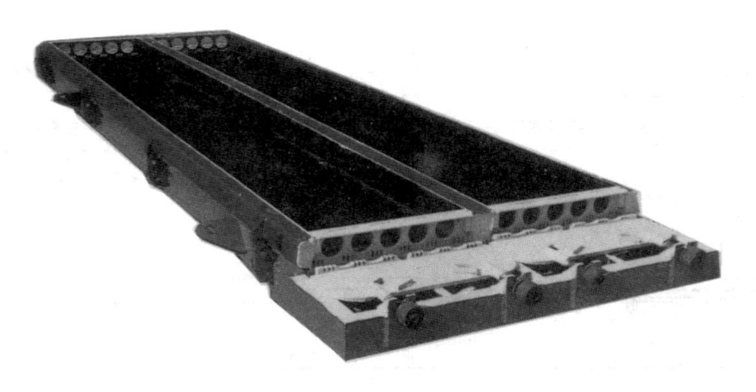

图 8-4-6 预应力圆孔板双联钢模

底模由模架与模芯组成，模架采用菱形格构，模芯采用模压成型工艺制造，侧模采用箱形截面，因此，模板刚度大、变形小；侧模与底模为线接触，基本不漏浆；侧模线型板采用模压成型工艺，线型规整、耐用。

预应力大型屋面板系列钢模产品 表 8-4-2

类别	钢模型号	钢模名称
屋面板钢模	YWB-H	短线钢模(坑窑养护)
	YWB-L	长线钢模(自然养护)
	YWB-R	热钢模(干热养护)
嵌板钢模	KWB-H	预应力嵌板钢模
	KWB-L	非预应力嵌板钢模
挑檐板钢模	YWB-T	短线钢模挑檐
	YWB-T	长线钢模挑檐
	KWB-T	预应力嵌板钢模挑檐
	KWB-T	非预应力嵌板钢模挑檐
天沟板钢模	TGB-S	双联可调天沟板钢模
	TGB-D	单体可调天沟板钢模

注：预应力大型屋面板屋盖系统构件在全国已经执行了统一的国家标准图。

8.4.2.1 预应力大型屋面板钢模

1. 短线钢模

又称标准型钢模。适用于蒸汽坑窑养护、机组流水法生产工艺。该模板特点是：刚度大、变形小。钢模的结构构造如图 8-4-7 和图 8-4-8 所示。

2. 长线钢模

又称轻型钢模。适用于自然养护长线法生产工艺。该模板特点是：模板不承受预应力张拉力；重量较短线钢模轻，但具有足够的刚度；使用方便、价格较低，约为短线钢模价

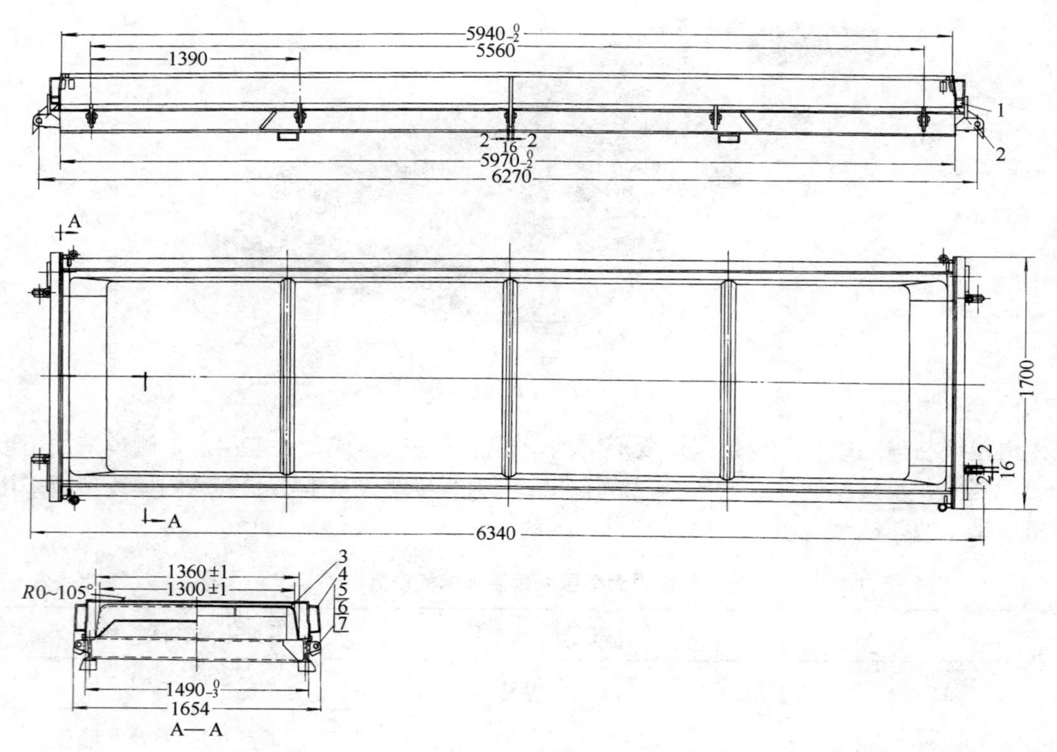

图 8-4-7　预应力大型屋面板短线钢模图

1—端耳板；2—端模；3—底模；4—侧模；5—侧耳板；6—销轴；7—弹簧卡圈

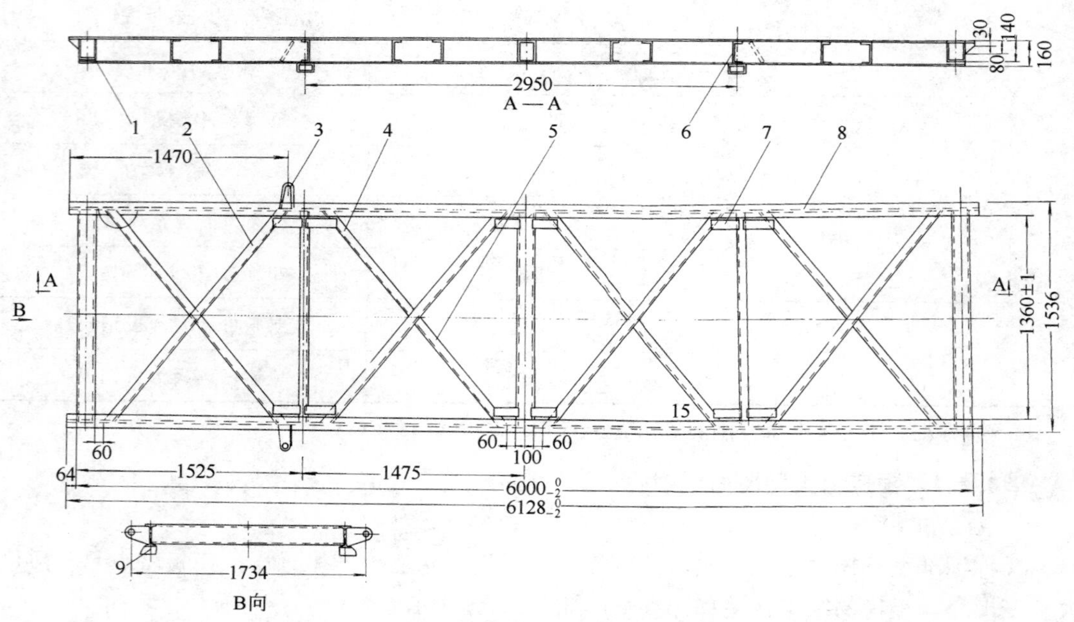

图 8-4-8　预应力大型屋面板短线钢模底架结构图

1—端头方钢；2—长撑槽钢；3—吊耳；4—短撑槽钢 1；5—短撑槽钢 2；

6—横撑槽钢；7—加强板；8—工字梁；9—座板

格的 60%。预应力大型屋面板长线钢模如图 8-4-9 所示。

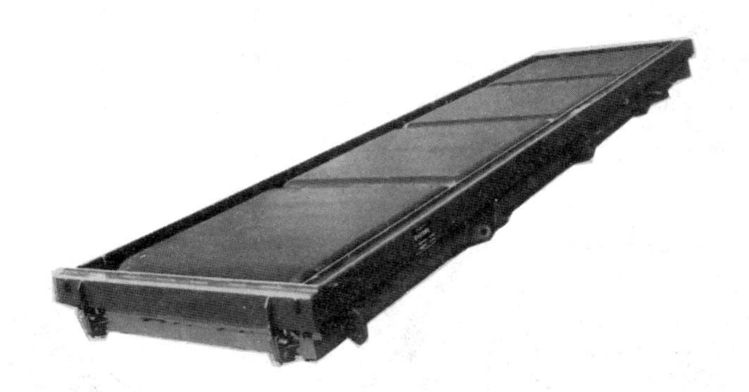

图 8-4-9 预应力大型屋面板长线钢模

3. 热钢模

又称干热养护钢模。此钢模底模用 4.5mm 厚钢板封闭形成模腔，蒸汽通过模腔对混凝土制品进行间接热养护。其特点是：既适用于夏季在室外生产，又可于冬季在室内生产，钢模生产周转快、效率高，养护条件比坑窑养护简单。

此外，屋面板钢模的预应力钢筋锚固装置，除已采用的镦头插片式锚固装置外，为减少预应力张拉值损失，应大力推行端杆螺栓锚固装置，如图 8-4-10 所示。

8.4.2.2 嵌板钢模

模板结构构造基本与大型屋面板钢模相同，只是模芯较简单，如图 8-4-11 所示。嵌板钢模分预应力嵌板钢模和作预应力嵌板钢模。

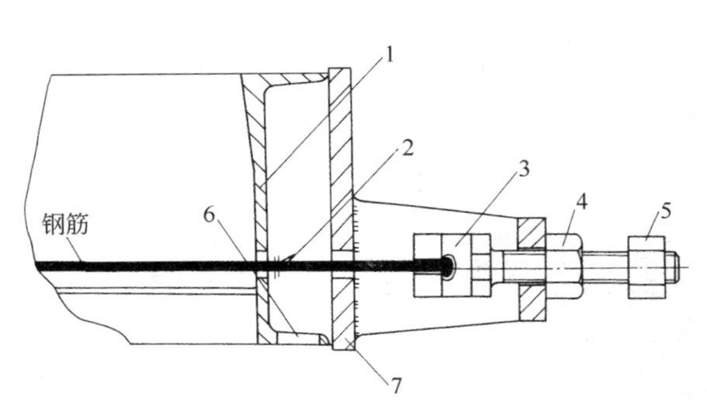

图 8-4-10 端杆螺栓锚固装置

1—模板；2—钢筋切割处；3—张拉螺杆；4—锚固螺母；5—张拉螺母；6—漏浆孔；7—端模张拉处加筋板和应力锚固装置

图 8-4-11 嵌板钢模

8.4.2.3 挑檐板钢模

挑檐板钢模是由基础钢模（指屋面板钢模或嵌板钢模）和檐口钢模组合而成（图 8-4-12）。根据挑檐板构件的檐口型号（即 400mm 与 200mm），有两种檐口钢模。挑檐板钢模的组合，只需将屋面板钢模或嵌板钢模的一侧边模卸下，装上需要的檐口钢模，即为挑檐板钢模。从而达到一模两用的功能。

8.4.2.4　天沟板钢模

此类钢模分双联天沟板钢模和单体天沟板钢模两种。双联是指一次成型两块天沟板构件；单体是指一次成型一块天沟板构件。天沟板钢模根据天沟板构件规格，有五种宽度，即58、62、68、77、86cm。天沟板钢模装有可调模板宽度的螺旋调节装置，因此，一套钢模可生产五种规格的构件，具有一模多用功能。如图8-4-13所示。

图8-4-12　挑檐板钢模　　　图8-4-13　单体天沟板钢模

8.4.3　成组立模

成组立模主要适用于生产装配式大型墙板。成组立模的类型及优缺点见表8-4-3。

成组立模类型　　　**表8-4-3**

分　类	类　型	优　缺　点
按材料分类	钢　立　模	刚度大，传振均匀，升温快，温度均匀，制品质量较好，模板周转次数多，有利于降低成本，但耗钢量大
	钢筋混凝土立模	刚度好，表面平整，不变形，保温性能好，用钢量较少。但自重大，升温较慢，周转次数少
按支承方式分类	悬挂式立模	振动效果较好，开启、拼装方便，安全，但增加车间土建投资
	下行式立模	车间土建比较简单，但拼装、开启不便，且欠安全
按振动方式分类	插入棒振动立模	对模板影响小，振动效果较好，但需要较长振动时间，且劳动强度较大
	柔性隔板振动立模	振动效果较好，但隔板刚度差，制品偏差较大
	偏心块振动立模	振动效果一般，装置简单，但对模板影响较大

注：国内在20世纪60年代采用过下行式、插入棒振钢筋混凝土成组立模，面层为水磨石面，但此种成组立模很快被钢制成组立模所取代。

8.4.3.1　悬挂式偏心块振动成组立模

悬挂式偏心块振动成组立模（图8-4-14）垂直成型工艺，具有占地面积小，养护周期短，节约能源，产量高等优点，与平模机组流水生产工艺相比，占地面积可减少60%～80%，产量可提高1.5～2倍。悬挂式偏心块振动成组立模技术参数见表8-4-4。

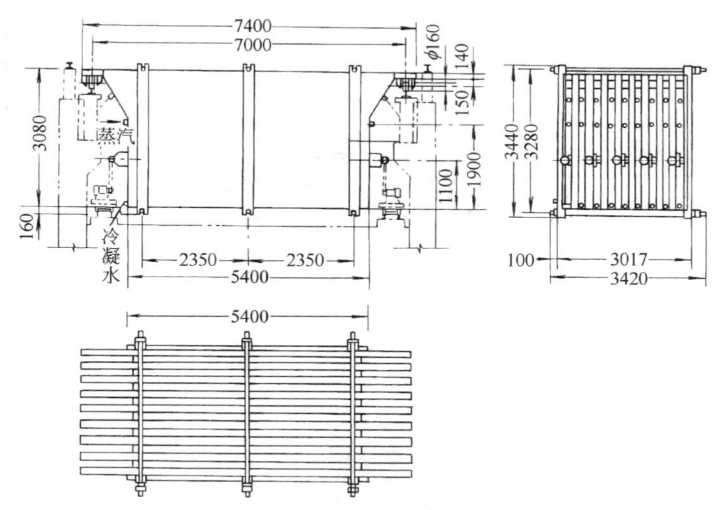

图 8-4-14 悬挂式偏心块振动成组立模

悬挂式偏心块振动成组立模技术参数 **表 8-4-4**

制品规格（mm）（长×宽×厚）	每组制品数量（块）	轨中心距（mm）	偏心动力矩（N·mm）	成组立模外形尺寸（长×宽×高）（mm）	成组立模重量（kg）
4780×2660×140	8	7000	12000	7400×3420×3400	30985
3420×2660×140	8	5200	12000	5550×3420×3400	26540

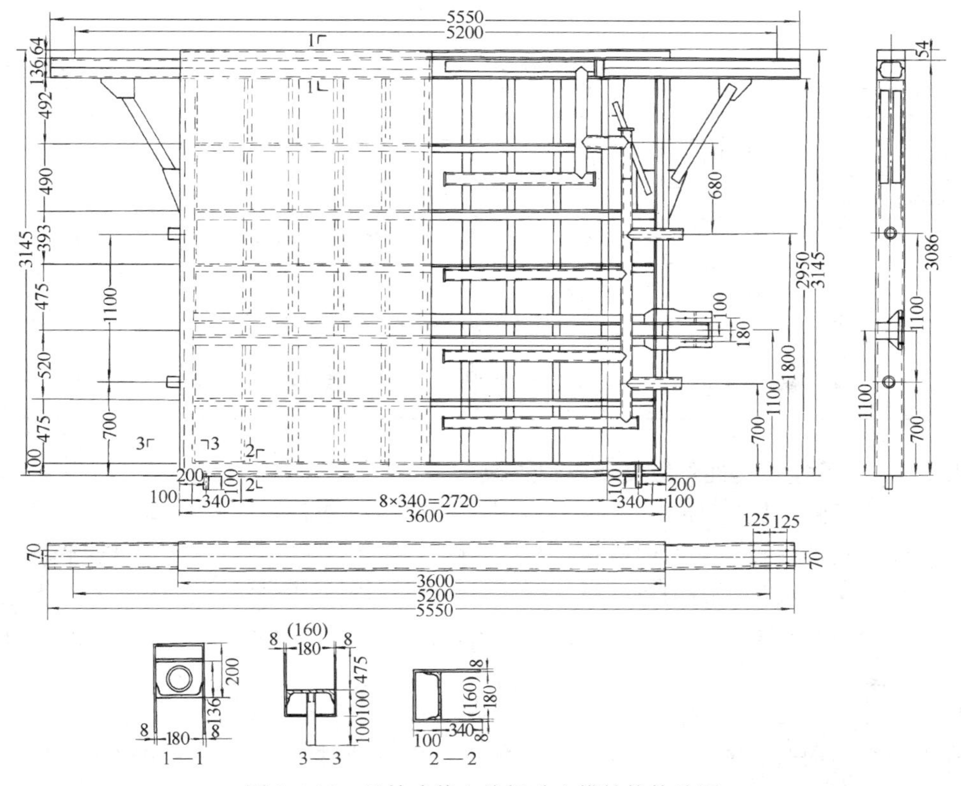

图 8-4-15 悬挂式偏心块振动立模结构构造图

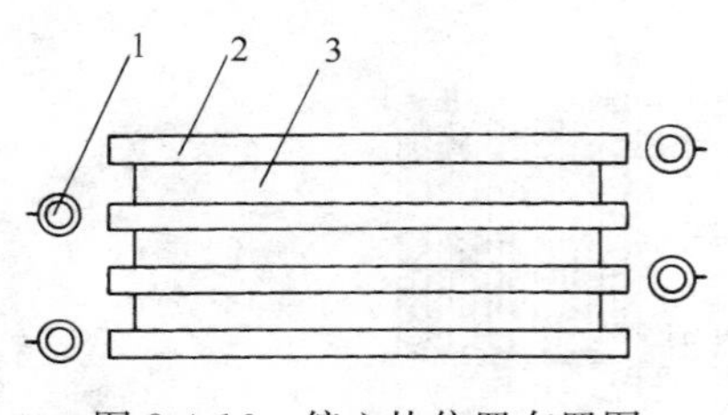

图 8-4-16　偏心块位置布置图

1—振动器；2—模板；3—制品

立模养护为干热养护，在封闭模腔内设置音叉式蒸汽排管。立模骨架采用［18 槽钢矩形格构布置，两面封板采用 8mm 厚钢板，如图 8-4-15 所示。

构件浇筑成型，由安置在动力车上的电动机带动偏心块振动。在每块模板一端只放置一个偏心块，在整组立模两侧成交叉布置，如图 8-4-16 所示，偏心块高度布置在离立模底部 1/3～2/5 高度处。成组立模动力车如图 8-4-17 所示。动力车技术参数见表 8-4-5。

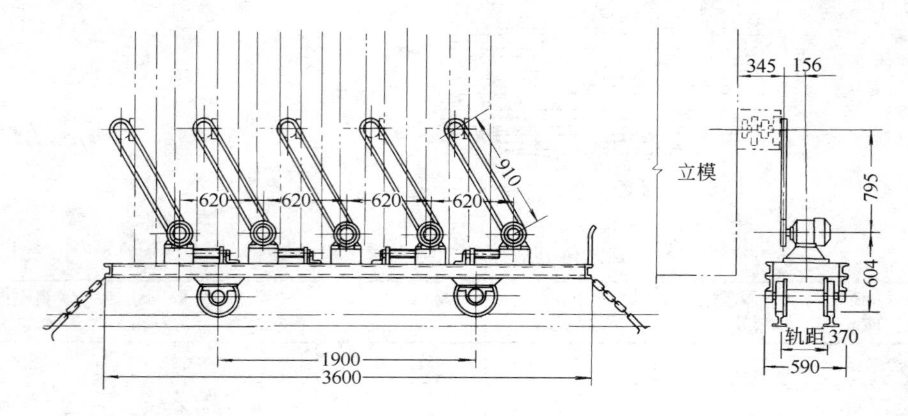

图 8-4-17　成组立模动力车图

成组立模动力车技术参数　　表 8-4-5

项目名称		参数	项目名称	参数
偏心动力矩(N·m)		12000	轨距(mm)	370
振动频率(次/min)		3000		
振幅(mm)		0.15～0.4	钢轨类型(kg/m)	11
配套电机	型号	JO_3—100S		
	功率(kW)	3	外形尺寸(mm)	3600×590×700
	转速(r/min)	2800		
	台数(台)	9	重量(kg)	560

8.4.3.2　悬挂式柔性隔板振动成组立模

悬挂式柔性隔板振动成组立模主要适用于生产 5cm 厚混凝土内隔墙板。此种立模是在一组立模中刚性模板与柔性模板相间布置，刚性模板不设振源，它的功能是作养护腔使用；柔性隔板是一块等厚的均质钢板，端部设振源，它的功能是作振动板使用。具有构造简单、重量轻、移动方便等特点，不仅适用于构件厂使用，而且也适宜施工现场使用。如图8-4-18和表 8-4-6 所示。

1. 刚性模板（又称热模板）

模板的结构构造如图 8-4-19 所示。热模采用电热供热方式，在每块热模腔内设置九根远红外电热管（每根容量为 2kW），担负两侧混凝土制品的加热养护。

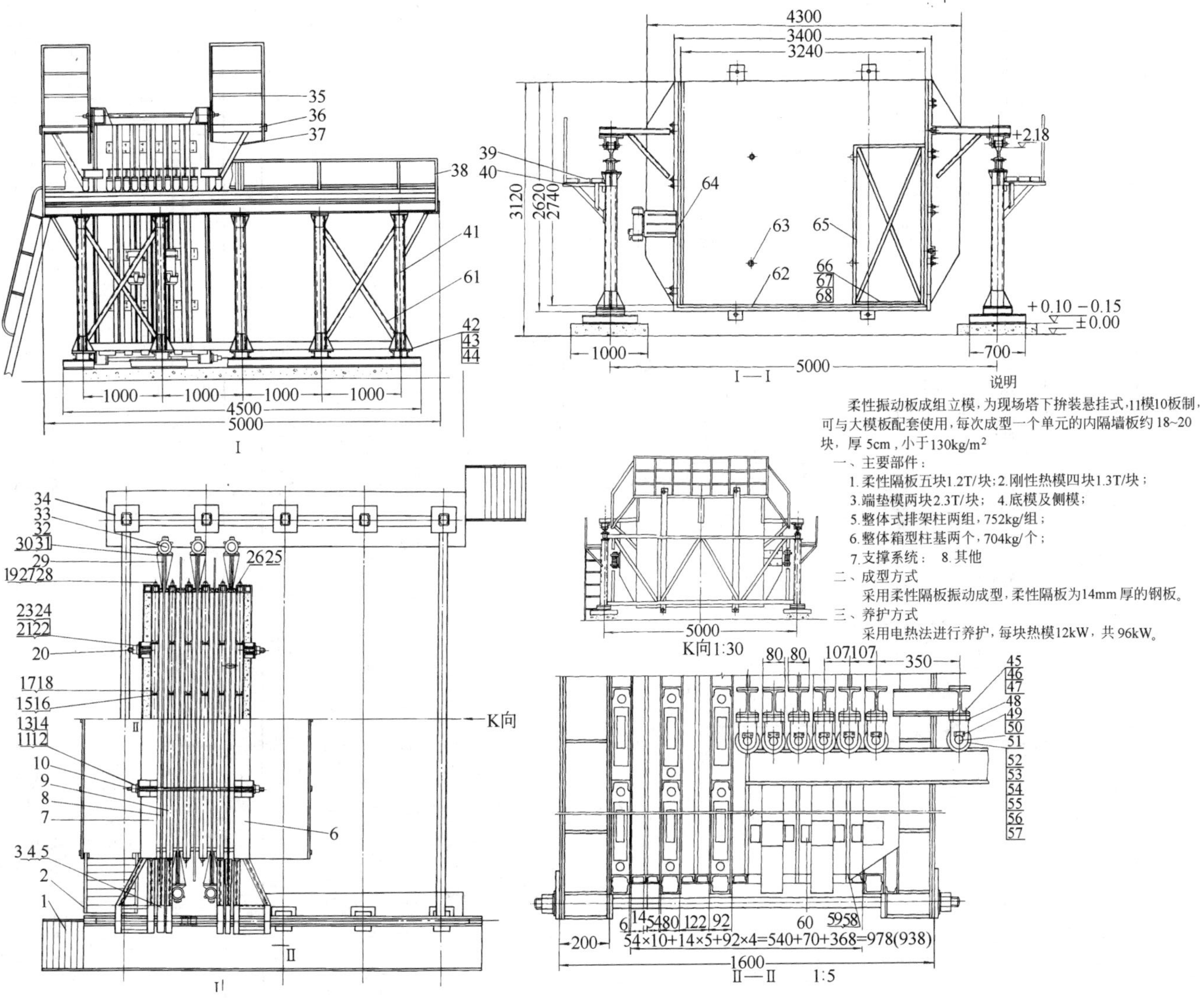

图 8-4-18 悬挂式柔性隔板振动成组立模

1、2—梯子；3、4、5—滚轮支架；6—活动端模板；7—固定端模板；8—柔性振动板；9—刚性模板；10—上拉杆；11、21、30、43、46、67—螺母；12、22—平垫；13、23、68—弹簧垫；14、24—推力球轴承；15—绝缘瓷板；16—绝缘板螺钉；17—电热管；18—保温材料；19—绝缘板；20—下拉杆；25—橡胶压条；26—边模；27、31、44、47—垫圈；28—电热管螺母；29—振动夹板；32—螺杆；33—附着式振动器；34—箱基；35—平台栏杆；36—平台板；37—平台支架；38—走道栏杆；39—走道板；40—走道支架；41—排架柱；42—连接螺栓；45—螺栓；48—滚轮座；49—螺钉；50—压板；51—滚轮轴；52—滚轮；53—轴承；54—轴承盖；55—密封圈；56、57—轴套；58—密封胶条；59—胶条压板；60—挡板；61—排架柱连系撑；62—底模；63—柔性支承垫；64—活动侧模；65—活动内侧模；66—连接螺栓

悬挂式柔性隔板振动成组立模技术参数　　表 8-4-6

模板类别（块）		每组制品模腔数	中心轨距（mm）	激振力（kN）	成组立模外形尺寸（长×宽×高）（mm）	成组立模重量（kg）
刚性模	柔性模					
6	5	10	5000	4.4	5300×1950×3120	21000

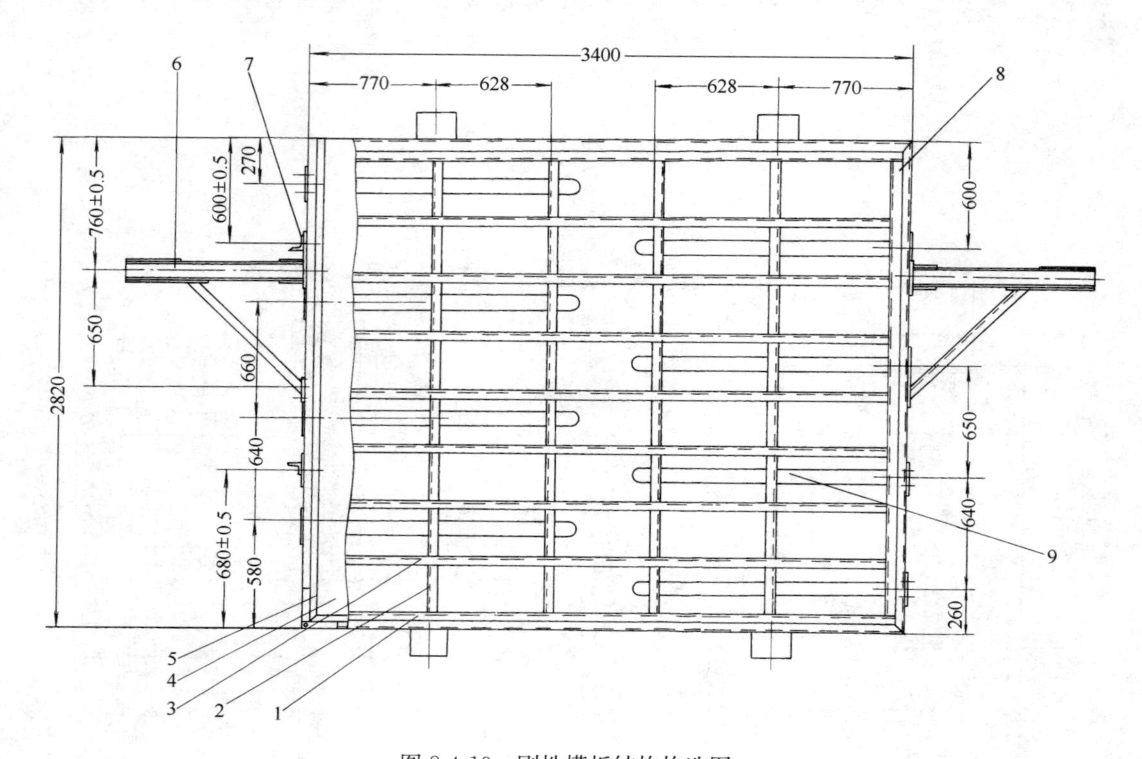

图 8-4-19　刚性模板结构构造图

1—模板横向边框（2[10）；2—中间纵肋（[10）；3—中间横肋（[10）；4—面板（δ=6mm）；5—侧模；6—悬挂支架；7—活动侧模挡板；8—模板纵向边框（2[10）；9—电热管

2. 柔性模板（又称柔性振动板）

柔性板的厚度，既要有一定柔性，又要有足够的刚度，当有效面板内设置 4～6 个锥形垫时，用于成型 5cm 厚混凝土隔墙板，可采用 14mm 厚普通钢板。附着式振动器在柔性板上的安装方式如图 8-4-20 所示。技术参数见表 8-4-7。

柔性振动板及附着式振动器的技术参数　　表 8-4-7

<table>
<tr><th colspan="2">项目名称</th><th>参数</th><th colspan="2">项目名称</th><th>参数</th></tr>
<tr><td colspan="2">激振力（kN）</td><td>4.4</td><td rowspan="4">附着式振动器</td><td>型号</td><td>L_z-011</td></tr>
<tr><td colspan="2">振动频率(次/min)</td><td>2850</td><td>功率(kW)</td><td>1.1</td></tr>
<tr><td colspan="2">振幅（mm）</td><td>0.12～0.28</td><td>转速(转/min)</td><td>2850</td></tr>
<tr><td rowspan="2">振源位置（mm）</td><td>水平位置（跨侧模）</td><td>650</td><td rowspan="2">台数</td><td rowspan="2">5</td></tr>
<tr><td>高向位置（距上边缘）</td><td>0.55H</td></tr>
</table>

注：H—柔性板的高度。

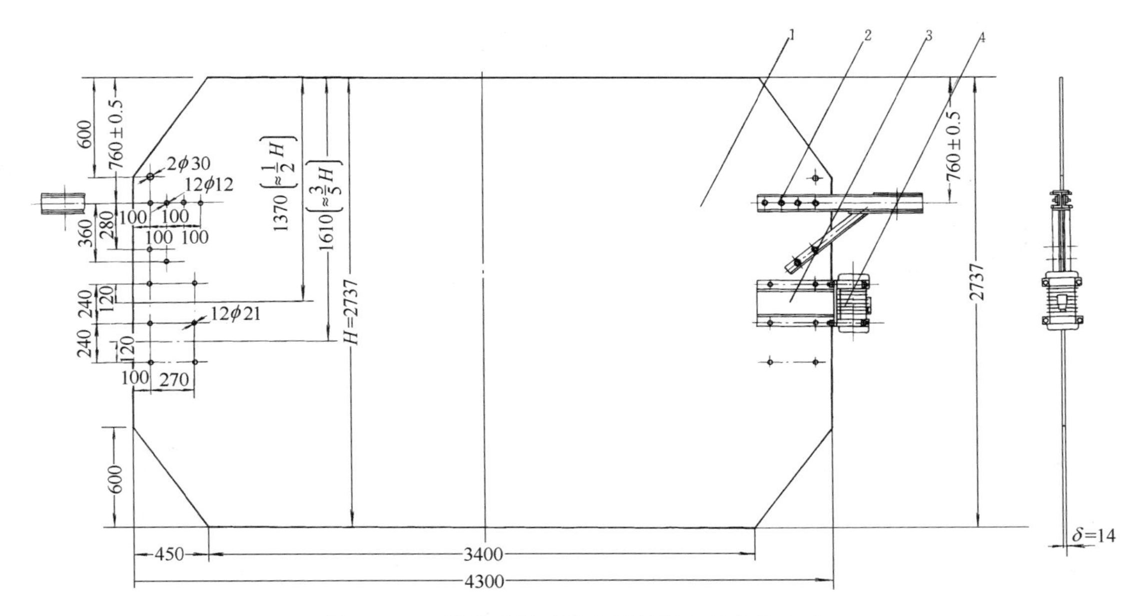

图 8-4-20 附着式振动器在柔性板上的安装方式

1—柔性板（δ=14mm）；2—悬臂支架；3—安装振动器的连接板；4—附着式振动器

8.4.4 大型平面建筑构件钢模板

在内浇外挂大模板建筑施工体系和装配式大板建筑施工体系中，外墙板和大楼板大都采用整间构件，钢模平法成型、隧道窑养护生产工艺。由于构件平面面积较大和轨道铺设不平，传统模板车在行驶中而产生过大翘曲变形，导致构件产生裂缝。采用三点支承模板车，卓有成效的解决了此问题。

8.4.4.1 外墙板钢模

本图例选用反打成型工艺外墙板钢模中有代表性的一种钢模板，它包括有：外墙板钢模图、外墙板侧模截面图、外墙板窗模构造图及外墙板三点支承模板车图。外墙板反打成型工艺的特点是外墙面装饰线条一次成型，形成装饰线条的衬模用压条和螺钉固定在模板车面板上。现将我国研制和应用的四种衬模，即塑料衬模、玻璃钢衬模、橡胶衬模和聚氨酯衬模的主要技术经济指标对比，列于表 8-4-8。

四种衬模材料的技术经济指标对比　　表 8-4-8

衬模种类	衬模价格（元/m²）	周转次数（次）	摊销一次价格（元/m²）	附注
塑料衬模（蒸养）	57.50	23	2.50	1. 橡胶衬模富有弹性，脱模容易，更能保证外观图案清晰 2. 表中价格仅供对比之用
塑料衬模（常温养护）	76	100	0.76	
玻璃钢衬模	105	100	1.05	
橡胶衬模（蒸养）	200	120	1.67	
橡胶衬模（常温养护）	110	120	0.92	
聚氨酯衬模	300	70	4.29	

1. 外墙板钢模图，如图 8-4-21 所示。

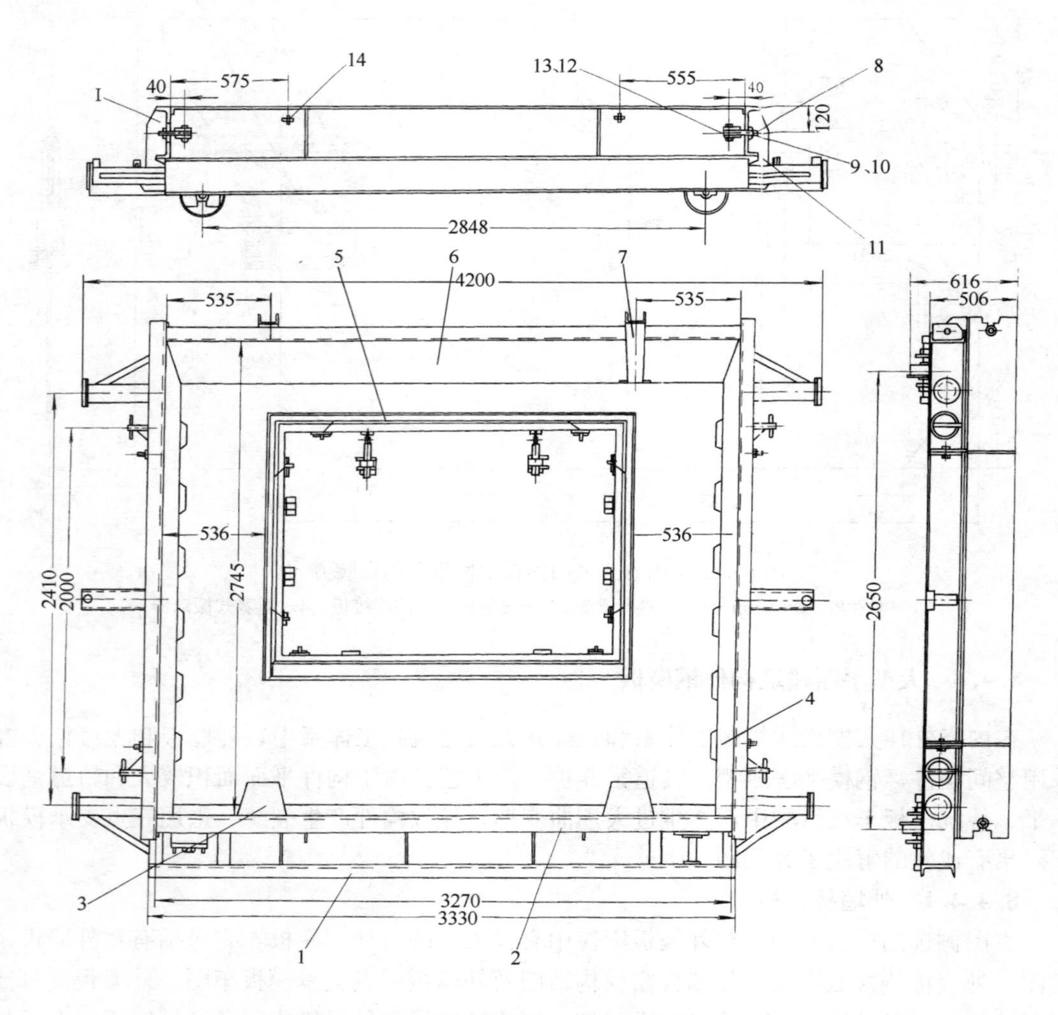

图 8-4-21　外墙板钢模图（剖面图见图 8-4-22）

1—底模；2—下侧模；3—铁壳；4—左右侧模；5—窗模；6—上侧模；7—吊环盒；8—拉紧螺杆；9—销紧螺母；10—垫圈；11—拉紧铰座；12—销轴；13—开口销；14—楔子

2. 外墙板侧模截面图，如图 8-4-22 所示。

3. 外墙板窗模构造图，如图 8-4-23 所示。

4. 外墙板三点支承模板车，如图 8-4-24 所示。

模板车三点支承的特点是：前两个轮子安装在一根单独的横梁上，该梁中央有孔，通过螺栓将此梁与模板车中的两个承托梁相连，形成一个铰。此铰与两个后轮组成三点支承。

8.4.4.2　大楼板三点支承模板车

1. 双向预应力大楼板三点支承模板车，如图 8-4-25 所示。

2. 双钢筋大楼板三点支承模板车，如图 8-4-26 所示。

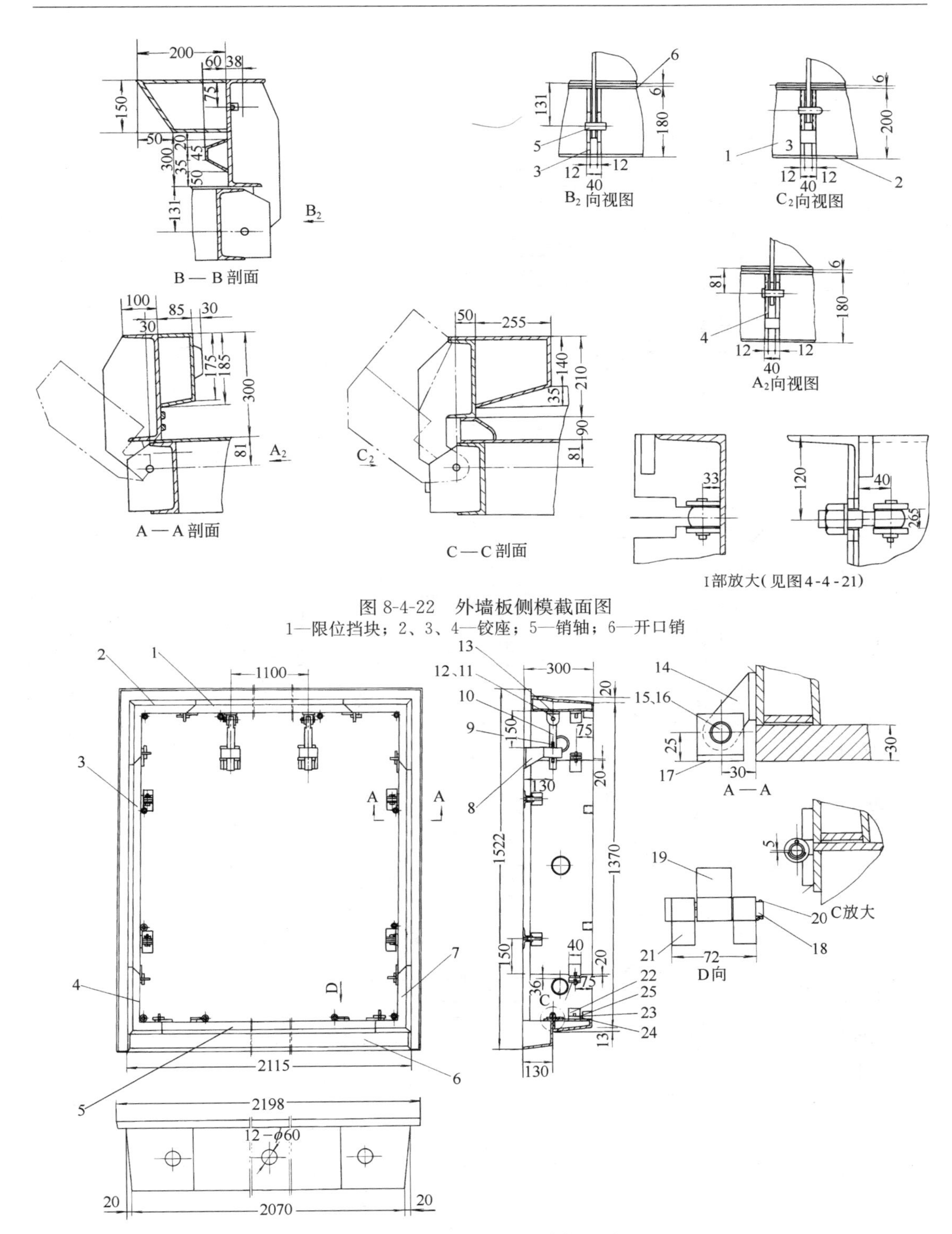

图 8-4-22 外墙板侧模截面图

1—限位挡块；2、3、4—铰座；5—销轴；6—开口销

图 8-4-23 外墙板窗模构造图

1—上窗侧模；2—角模；3—左右窗侧模；4—角模；5—下窗侧模；6—筋边条；7—角模；8—定位座；9—楔子；10—推拉杆；11—销轴；12—开口销；13—推拉铰座；14—铰耳铰；15—销轴；16—开口销；17—铰座；18—合页轴；19—合页板；20—开口销；21—小合页板；22—挡板；23—楔子板；24—楔子；25—垫板

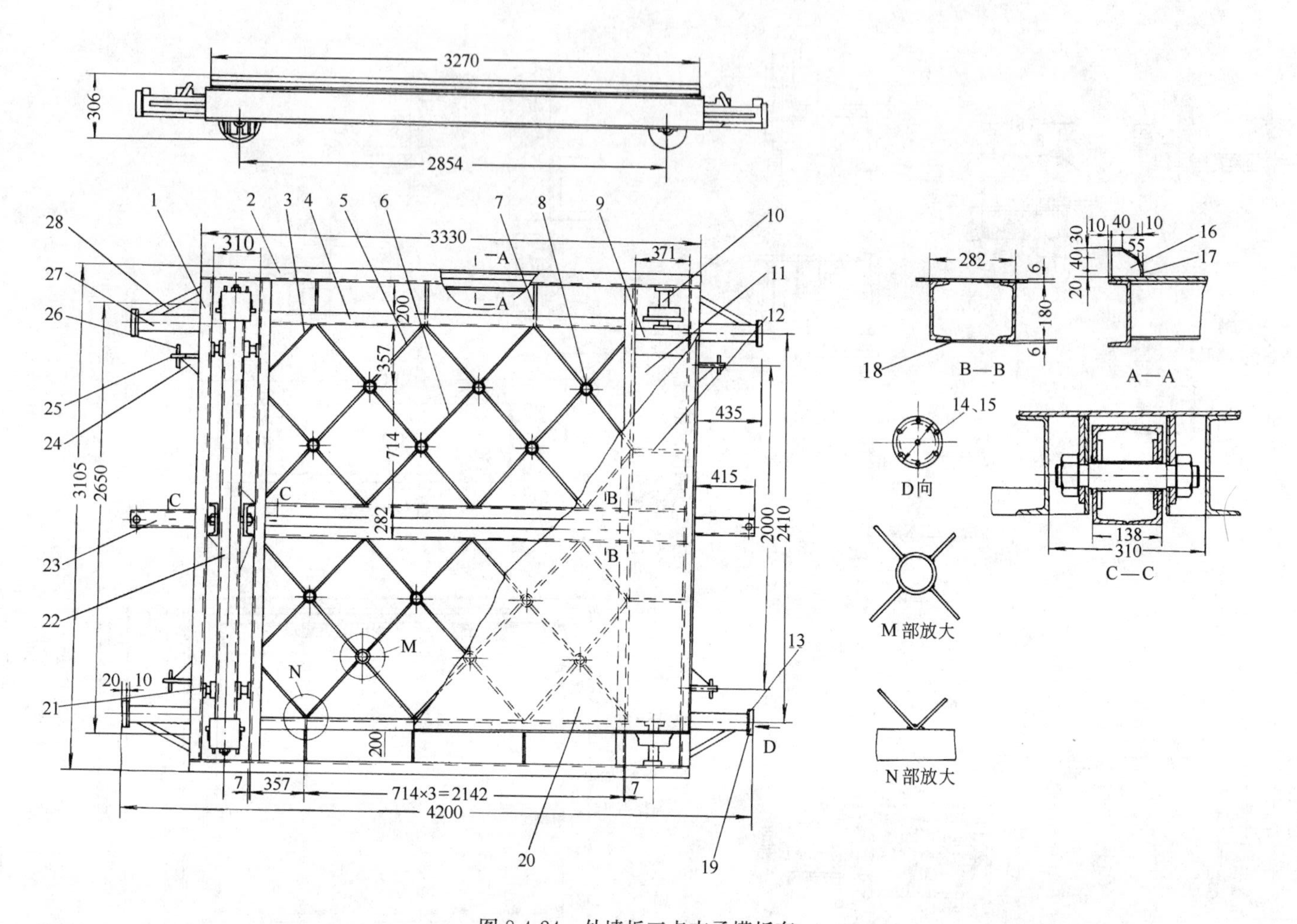

图 8-4-24　外墙板三点支承模板车

1、2、4、9—槽钢；3、5、6、7、12—肋板；8—钢管；10—后轮装配；11、18—下衬板；13—钢板；14—沉头螺钉；15—螺母；16—隔板；17—线型；19—橡胶板；20—面板；21—传力座；22—平衡梁；23—拉杆；24—加强板；25—吊耳板；26—吊环；27—顶杆；28—斜撑

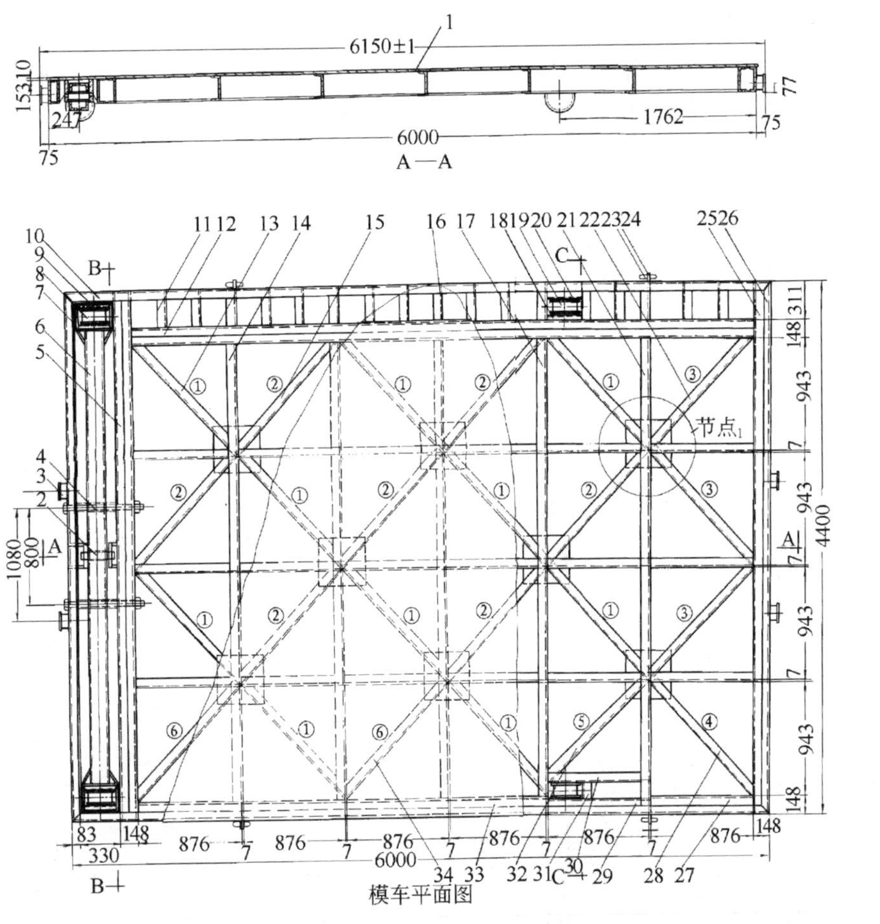

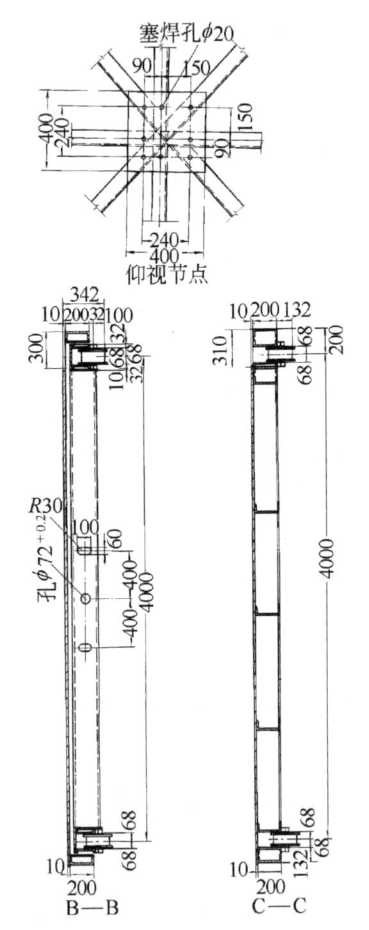

图 8-4-25 双向预应力大楼板三点支承模板车

1—面板；2—铰支承装置；3—顶推杆；4—传力架；5—横向梁 1；6—平衡梁；7—横向梁 2；8—前轮行走装置；9—封板；10—纵向梁 1；11—张拉架槽钢；12—纵向梁 2；13—斜撑 1；14—横向梁 3；15—斜撑 2；16—节点加固板；17—横向梁 4；18—固定轮槽钢 1；19—后轮行走装置；20—固定轮槽钢 2；21—横向梁 5；22—斜撑 3；23—吊环；24—耳板；25—横向梁 6；26—横向梁 7；27—纵向槽钢 1；28—斜撑 4；29—固定轮槽钢 3；30—纵向槽钢 2；31—槽钢；32—斜撑 5；33—纵向槽钢 3；34—斜撑 6

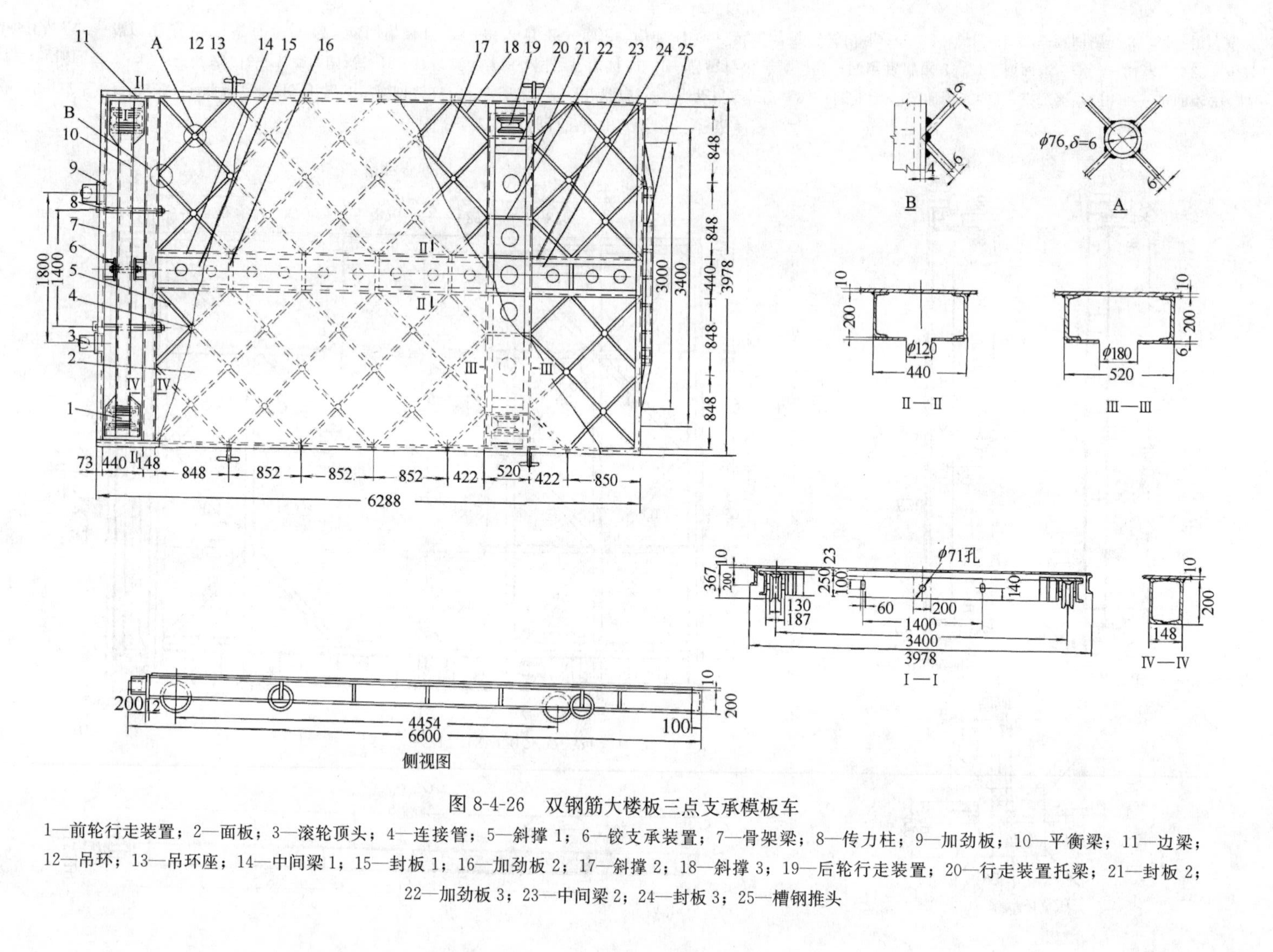

图 8-4-26　双钢筋大楼板三点支承模板车

1—前轮行走装置；2—面板；3—滚轮顶头；4—连接管；5—斜撑 1；6—铰支承装置；7—骨架梁；8—传力柱；9—加劲板；10—平衡梁；11—边梁；12—吊环；13—吊环座；14—中间梁 1；15—封板 1；16—加劲板 2；17—斜撑 2；18—斜撑 3；19—后轮行走装置；20—行走装置托梁；21—封板 2；22—加劲板 3；23—中间梁 2；24—封板 3；25—槽钢推头

8.4.5 其他建筑构件钢模板

弹性模板主要由底模、弹性件、侧模、端头板和拉杆或支撑组成。对于截面比较简单的板、桩、梁、柱之类的构件，可以做成一底多模的弹性钢模板，即在同一底模上，将2～6套模板并联在一起，在两套相邻的模板之间，设一个共用的固定侧模；另一侧，则各自做成弹性钢模板。这样，既增强了模板的整体刚度，又简化了支拆模的操作工艺。由于底侧模为一个整体，因此，刚度好，节约钢材，并完全消除了漏浆现象，具有显著的技术经济效益。

1. 吊车梁弹性钢模板，如图8-4-27所示。

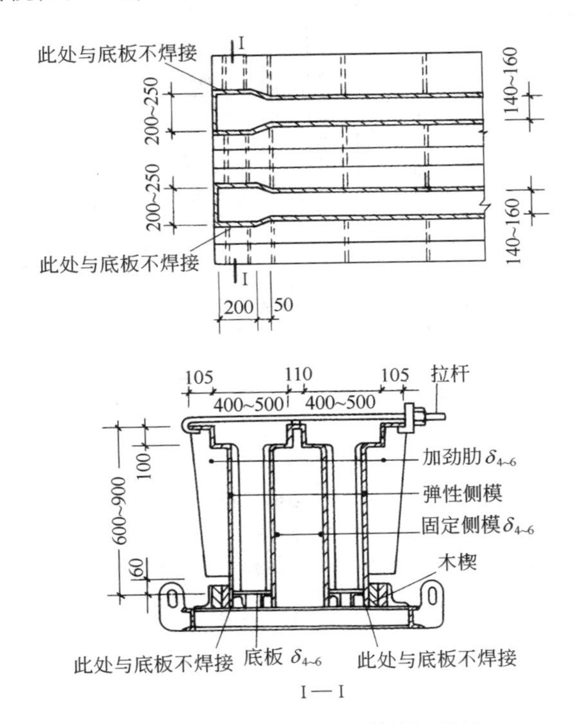

图8-4-27 吊车梁双联弹性钢模板

2. 预制桩弹性钢模板，如图8-4-28所示。

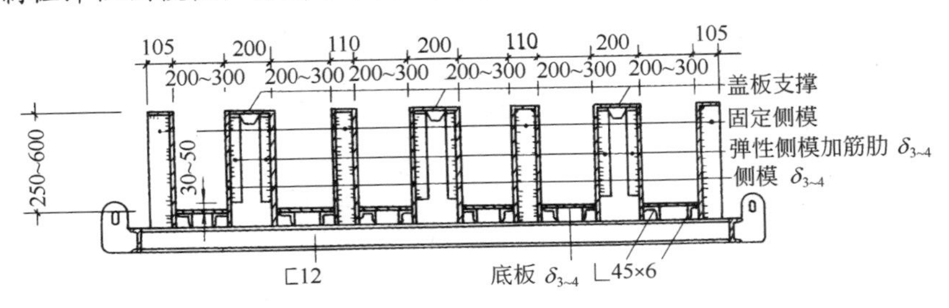

图8-4-28 基础预制桩多块并联弹性钢模板

3. 楼梯段钢模板

此钢模为反打成型工艺模具，踏步直接固定在底模上，踏步模用3mm厚的钢板冲压成形，底模采用在中间加纵梁的菱形格构，侧模采用箱形截面，与底模为线接触，基本上不漏浆。楼梯段钢模板如图 8-4-29 所示。

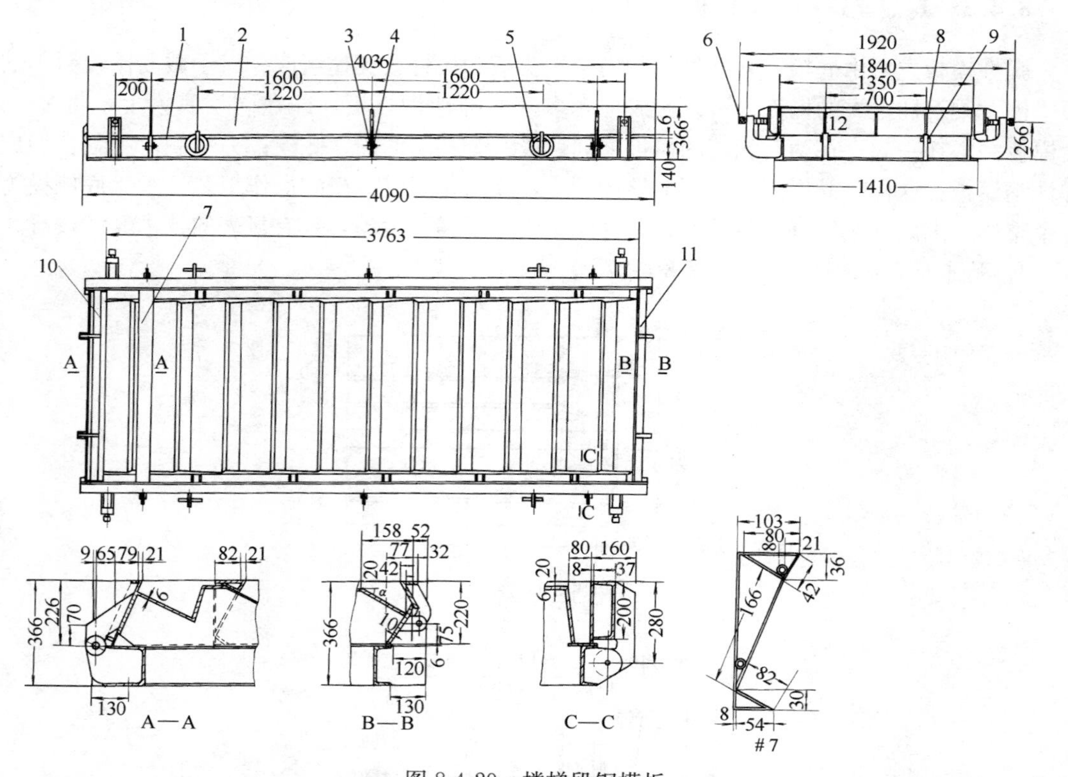

图 8-4-29　楼梯段钢模板

1—底模架；2—钢模；3—钢模销轴；4—开口销；5—吊环；

6—顶紧机构；7—堵头模；8—开口销；9—销轴；10、11—堵头

9 隔离剂的选用

9.1 基 本 要 求

隔离剂对于防止模板与混凝土粘结、保护模板、延长模板的使用寿命以及保持混凝土表面的洁净与光滑，都起着重要的作用。

对隔离剂的基本要求是：

（1）容易脱模，不粘结和污染混凝土构件，保持混凝土表面光滑、平整，棱角整齐无损。

（2）涂刷方便，成膜快，易于干燥和清理。

（3）对模板和混凝土均无侵蚀，不影响混凝土表面的装饰效果，不污染钢筋，不含有对混凝土性能有害的物质；能够保护模板，延长模板使用寿命。

（4）具有较好的稳定性、耐水性、耐候性和适应性。

（5）无毒、无刺激性气味。

（6）材料来源广泛，价格相对便宜。

9.2 隔 离 剂 的 种 类

9.2.1 油类隔离剂

1. 机柴油

用机油和柴油按 3∶7（体积比）配制而成。优点是涂刷方便，脱模效果好。但消耗一定数量的油料，从节约能源考虑，应尽量不用。

2. 机油皂化油

机油皂化油：用机油∶皂化油∶水=1∶1∶6（体积比）混合，用蒸汽拌成乳化剂。

3. 乳化机油

乳化机油（又名皂化石油）50%～55%，水（60～80℃）40%～45%，脂肪酸（油酸、硬脂酸或棕榈脂酸）1.5%～2.5%，石油产物（煤油或汽油）2.5%，磷酸（85%浓度）0.01%，苛性钾 0.02%，按上述质量比，先将乳化机油加热到 50～60℃，并将硬脂酸稍加粉碎然后倒入已加热的乳化机油中，加以搅拌，使其溶解（硬脂酸溶点为 50～60℃），再加入一定量的热水（60～80℃），搅拌至成为白色乳液为止。最后将一定量的磷酸和苛性钾溶液倒入乳化液中，并继续搅拌，改变其酸度或碱度。使用时用水冲淡，按乳液与水的质量比为 1∶5 用于钢模，按 1∶5 或 1∶10 用于木模。

4. 妥尔油

用妥尔油∶煤油∶锭子油=1∶7.5∶1.5 配制（体积比）。这种隔离剂只可刷涂，一昼夜后干燥。

油类隔离剂可以在低温或负温时使用。

9.2.2　水性隔离剂

主要有海藻酸钠隔离剂。其配制方法是：海藻酸钠：滑石粉：洗衣粉：水＝1：13.3：1：53.3（重量比）配合而成。先将海藻酸钠浸泡2～3天，再加滑石粉、洗衣粉和水搅拌均匀即可使用，刷涂、喷涂均可。常用于涂刷钢模。缺点是每涂一次不能多次使用，在冬期、雨期施工时，缺少防冻防雨的有效措施。

9.2.3　长效隔离剂

主要是甲基硅树脂隔离剂，刷一次可用6～10次。

（1）不饱和聚酯树脂：甲基硅油：丙酮：环乙酮：萘酸钴＝1：（0.01～0.15）：（0.30～0.50）：（0.03～0.04）：（0.015～0.02），每平方米模板用料则依次为(*g*)：60：6：30：2：1。

（2）6101号环氧树脂：甲基硅油：苯二甲酸二丁酯：丙酮：乙二胺＝1：（0.10～0.15）：（0.05～0.06）：（0.05～0.08）：（0.10～0.15），每平方米模板用料依次为(*g*)：60：9：3：3：6。

（3）低沸水质有机硅，按有机硅水解物：汽油＝1：10调制，每平方米模板用50g。

采用长效隔离剂，必须预先进行配合比试验。底层必须干透，才能刷第二层。涂刷一次隔离剂，一般模板可以使用10次左右，不用清理，但价格较贵，涂刷也较复杂。

9.3　涂刷施工注意事项

涂刷隔离剂可以采用喷涂或刷涂，操作要迅速。结膜后，不要回刷，以免起胶，起胶后就起不到隔离剂的作用。涂层要薄而均匀，太厚反而容易剥落。

（1）在首次涂敷隔离剂前，必须对模板进行检查和清理。板面的缝隙应用环氧树脂腻子或其他材料进行补缝。当清除掉模板表面的污垢和锈蚀，然后才能涂刷隔离剂。

（2）涂敷隔离剂要薄而均匀，所有与混凝土接触的板面都应涂刷，不可只涂大面而忽略小面及阴阳角。但在阴角处不得积存隔离剂。

（3）在首次涂刷甲基硅树脂隔离剂前，应将板面彻底擦洗干净，打磨出金属光泽，擦去浮锈，然后用棉纱沾酒精擦洗。板面处理越干净，则成膜越牢固，周转使用次数越多。采用甲基硅树脂隔离剂，模板表面不准刷防锈漆。当钢模重刷隔离剂时，要趁拆模后板面潮湿，用扁铲、棕刷、棉丝将浮渣清理干净，否则干固后清理较困难。

（4）不管采用何种隔离剂，均不得涂刷在钢筋上，以免影响对钢筋的握裹力。

（5）现场配制隔离剂时要随用随配，以免影响隔离剂的效果和造成浪费。

（6）涂刷时要注意周围环境，防止散落在建筑物、机具和人身衣物上。

（7）脱模后应及时清理板面的浮渣，并用棉丝擦净，然后再涂敷隔离剂。

（8）涂敷隔离剂后的模板不能长时间放置，以防雨淋或落上灰尘，影响脱模效果。

10 模板工程绿色施工

我国于2007年9月10日公布实施《绿色施工导则》（建质［2007］223号）中对绿色施工要点中包括绿色施工管理、环境保护，节林、节水、节能、节地等“四节一环保”提出了明确要求，其中节材与材料资源的利用是《导则》很重要的一条。此条包含节约材料资源，减少材料资源浪费、增加材料利用周转次数等，它与优选模架材料、节约模架材料使用、提高模架材料的利用周转次数均有着直接的意义。因此，倡导绿色施工，不再只是传统施工过程中所要求的质量优良、施工安全等，而是在保证工程质量和安全施工的前提下，努力实现施工过程中的降耗、增效和环保的最大效果。

建筑模板技术涉及资源和能源的消耗，影响环境保护，对工程质量、工程造价和效益有着明显的作用。因此，必须实行绿色施工。

10.1 降低资源占用，减少资源消耗

我国的建筑模板技术实行绿色施工，应以节约自然资源为原则，实现降低资源占有与消耗，必须坚持“以钢代木”、“以竹代木”、“以塑代木”等。

1. 20世纪80年代，国家已经提出“以钢代木”的技术政策，我国现浇混凝土结构的模板技术已形成组合式、工具式、永久式三大系列十多种模板技术工艺，其技术经济指标与环境效益十分显著，应该坚持推广。

2. 我国森林资源贫乏，且生长缓慢，造林绿化是改善环境的国策。国家技术政策倡导采用竹胶合板用于模板，我国南方竹材生长迅速，资源丰富，故应在提高竹材模板加工制造水平的基础上，广泛采用竹胶合板，取代木胶合板。

3. 我国最早的塑料模板始于1982年，用于上海宝钢民用建筑。随着国家大力提倡开发节能、低耗产品，各种新型塑料模板正在不断开发和诞生。据了解，目前，各地生产塑料模板的企业有百家之多，开发的产品有增强塑料模板、工程塑料大模板、GMJ（玻璃纤维连续毡增强垫塑性复合材料）建筑模板、钢框塑料模板、木塑复合模板等。实践证明，塑料模板具有耐水、耐酸碱等特点，且属于生产和应用能耗低、可循环利用的再生资源，故应在进一步解决强度和刚度小、耐热性和耐老化性较差等方面的基础上，积极推广应用。

4. 铝模板在国外已发展应用了50多年。如今我国已成为铝挤压材的生产、消费和出口大国，我国从21世纪初已开始应用，如由上海五建承建的广州万科科学城工程、中建三局承建的南宁华润万象工程等高层、超高层建筑均采用了铝模板施工技术。实践证明，铝模板比钢模板轻，搬运轻便，且不生锈，易修复；比木胶合板耐用，周转次数多；比塑料模板刚度好，不怕现场电焊，故应在完善产品标准和建立施工规范等基础上，积极开发铝框竹塑板模板、组合式铝模板，广泛推广应用。

10.2 合理选用模板体系，减少模板一次性投入，节约资源，节约用地

建筑施工应根据我国在现浇混凝土结构已形成的结构体系和钢结构中有针对性的合理选用我国已形成的多种模板体系，以达到节约资源，减少投入、节约用地的目的。

1. 现浇混凝土框架结构的梁、柱模板，宜选用可以自由组拼的组合式模板，其中圆柱模板宜选用玻璃钢圆柱模板。

2. 平面布局基本一致的现浇混凝土多、高层剪力墙结构墙体模板，且选用一次配制、逐层周转使用、不再落地堆放的工具或大模板。

3. 现浇混凝土结构中的电梯井及筒体结构，宜采用一次组拼，逐层爬进的工具式筒形模板和爬升模板施工。

4. 现浇混凝土高耸构筑物，如筒仓、烟囱、水塔等，宜选用一次组装，连续提升的滑动模板施工，既做到少配置模板，又能节能人工。

5. 房屋建筑的水平结构，混凝土楼（顶）板，其中混凝土结构工程宜选用永久性混凝土薄板作模板浇筑叠合楼（顶）板，以达到减少模板的支顶工作量，节约资源、节约人工；如设计采用无梁楼盖，亦可选用工具式飞（台）模施工，实现一次组装，逐层周转施工；如采用组合式模板散支散拆，则应积极选用早拆模板工艺，利用混凝土结构早期强度增长迅速的特点，充分利用混凝土早期自身形成的强度，实现模板和支撑加快周转使用，减少施工过程的投入。

钢结构工程的混凝土楼（顶）板，宜选用压型钢板、钢筋桁架楼承板作永久性模板，进行叠合板施工达到减少模板支撑的目的。

10.3 加强施工管理，实行文明施工，杜绝资源浪费，降低污染，节能减排

实现模板工程绿色施工是一项系统工程，除了应遵循节约资源和合理选用模板体系外，还应对施工过程中可能产生的资源浪费、环境污染等问题，如减少竹、塑模板材料的大量裁割、合理使用脱模剂防止污染、节约混凝土养护用水、模板材料整洁码放减少损耗等，本着节材、节能、节水、降噪、防尘、防污染、减少垃圾排放进行施工方案优化，在保证工程质量和安全施工的前提下，确定具体指标，明确具体措施，确立相关责任，落实到人、力求实现。

认真做到施工总平面布置图规划，合理规划模板堆放占用场地，组织平行流水作业施工，争取做到模板不落地，节约临时用地。大力推广早拆模板技术。

10.4 强化模板专业化进程

从二十世纪 80 年代提出“以钢代木”以来，虽然研制开发了多种模板工艺技术，对节约木材、减轻劳动强度、提高工效、加快工程进度，起到了很大作用。遗憾的是进入二

十一世纪以来，由于建筑行业广泛实行了项目管理负责制，加之模板专业化的进程迟缓，在项目经济上不堪重负去加工购买新型模板的情况下，除了支撑杆件采用钢立柱外，其他均改用了一次投资少的木胶板和木方材。从此木模板占领了我国模板市场大半个江山，不仅浪费了可贵的木材资源，而且采用落后的散支散拆木模工艺，劳务费用昂贵。

因此，实行模板工程绿色施工，必须强化模板专业化的进程。建立健全模板专业化队伍，将配模设计、销售租赁、现场服务、工程承包、质量监督实行一体化管理。

参 考 文 献

[1] 中国建筑科学研究院．GB 50204—2002 混凝土结构工程施工质量验收规范．2010 版．北京：中国建筑工业出版社，2002.

[2] 中国建筑科学研究院．GB 50666—2011 混凝土结构工程施工规范．北京：中国建筑工业出版社，2012.

[3] 中冶集团建筑研究总院．GB 50113—2005 滑动模板工程技术规范．北京：中国计划出版社，2005.

[4] 陈柏松，杜永深，刘文赞．JG/T 93—1999 滑模液压提升机．北京：中国标准出版社，2004.

[5] 冶金部建筑研究总院．JGJ 65—2013 液压滑动模板施工安全技术规程．北京：中国建筑工业出版社，2014.

[6] 陈丽卿，王泽思，陈惠卿，吴福丽，郑光，梁勇．GB 11118.1—2011 液压油(L-HL、L-HM、L-HV、L-HS、L-HG)．北京：中国标准出版社，2012.

[7] 江苏江都建设工程有限公司，JGJ 195—2010 液压爬升模板工程技术规程．北京：中国建筑工业出版社，2010.

[8] 毛志兵，张良杰，张晶波等．JGJ 169—2009 清水混凝土应用技术规程．北京：中国建筑工业出版社，2009.

[9] 中国建筑标准设计研究院，廊坊华霖现代建筑材料有限公司，北京榆树庄构件厂等．GB/T 16727—2007 叠合板用预应力混凝土底板．北京：中国标准出版社，2008.

[10] 中国建筑标准设计研究院．06SG439—1 预应力混凝土叠合板(50mm、60mm 实心板)．北京：中国计划出版社，2008.

[11] 杨嗣信，余志成，侯君伟．建筑工程模板施工手册第二版。北京：中国建筑工业出版社，2004.

[12] 中国建筑工业出版社．建筑施工手册．第四版．北京：中国建筑工业出版社，2003.

[13] 中国建筑工业出版社，建筑施工手册．第五版．北京：中国建筑工业出版社，2012.

[14] 蔡辉，罗楠，梁西正，周国钧，冯华儿，陈润明，何孟群，李飒．GB/T 3683—2011 橡胶软管及软管组合件 油基或水基流体适用的钢丝编织增强液压型 规范．北京：中国标准出版社，2011.

[15] 田国良等．新型混凝土筒仓施工技术体系应用研究[J]．建筑技术，2012(8).

[16] 糜嘉平．我国塑料模板发展概况及存在主要问题[J]．建筑技术，2012(8).

[17] 郑华．塑料模板的性能及其应用施工技术[J]．建筑技术，2012(8).

[18] 仇铭华．我国建筑铝模板产业的崛起对绿色施工的推动作用[J]．施工技术，2012(6).

[19] 北京奥宇模板有限公司．绿色施工模板体系．

[20] 中国建筑科学研究院．GB 50666—2011 混凝土结构工程施工规范．北京：中国建筑工业出版社，2012.

[21] 中国建筑科学研究院，江苏南通二建集团有限公司．JGJ 130—2011 建筑施工扣件式钢管脚手架安全技术规范．北京：中国建筑工业出版社，2011.

[22] 胡裕新．钢筋混凝土旋转楼梯支模计算．中国模板学会三届二次年会论文汇编，2000.

[23] 薛惠敏等．超高模板支架专项计算与实例．北京：中国建筑工业出版社，2010.

[24] 王怀岭，牛喜良．折线形板式楼梯支模的计算[J]．建筑工人，2007(9).